Mathematik verstehen und anwenden: Differenzialgleichungen, Fourier- und Vektoranalysis, Laplace-Transformation und Stochastik

Steffen Goebbels · Stefan Ritter

Mathematik verstehen und anwenden: Differenzialgleichungen, Fourier- und Vektoranalysis, Laplace-Transformation und Stochastik

4. Auflage

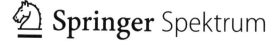 Springer Spektrum

Steffen Goebbels
Fachbereich Elektrotechnik und Informatik
Hochschule Niederrhein
Krefeld, Deutschland

Stefan Ritter
Fakultät für Elektro- und
Informationstechnik
Hochschule Karlsruhe
Karlsruhe, Deutschland

ISBN 978-3-662-68368-2   ISBN 978-3-662-68369-9   (eBook)
https://doi.org/10.1007/978-3-662-68369-9

Die Deutsche Nationalbibliothek verzeichnet diese Publikation in der Deutschen Nationalbibliografie; detaillierte bibliografische Daten sind im Internet über http://dnb.d-nb.de abrufbar.

Ursprünglich erschienen bei Spektrum Akademischer Verlag in einem Band unter dem Titel: Mathematik verstehen und anwenden – von den Grundlagen bis zu Fourier-Reihen und Laplace-Transformation

Planung/Lektorat: Andreas Rüdinger
Springer Spektrum ist ein Imprint der eingetragenen Gesellschaft Springer-Verlag GmbH, DE und ist ein Teil von Springer Nature.
Die Anschrift der Gesellschaft ist: Heidelberger Platz 3, 14197 Berlin, Germany

Das Papier dieses Produkts ist recyclebar.

Vorwort

Nach dem Erfolg der ersten drei Auflagen des Buchs „Mathematik verstehen und anwenden" und dem Anwachsen des Umfangs haben wir uns dazu entschlossen, den Inhalt auf zwei Bände zu verteilen, die weitgehend unabhängig voneinander lesbar sind.

In Teil I dieses zweiten Bands erweitern wir die Differenzial- und Integralrechnung von Funktionen mit einer Variable auf Funktionen mit mehreren Variablen, wie sie in unserer dreidimensionalen Welt auftreten. Damit können wir dann beispielsweise Kurven- und Oberflächenintegrale verstehen, die u. a. beim Umgang mit physikalischen Feldern wichtig sind. Wir betrachten aber auch lineare und nicht-lineare Optimierungsprobleme (also die Suche nach lokalen und globalen Extrema) an vielfältigen Anwendungsbeispielen.

Viele Zusammenhänge in der Natur beschreiben Veränderungen (Wachstum oder Zerfall) und lassen sich als Differenzialgleichungen modellieren. Das sind Gleichungen, in denen gesuchte Funktionen und ihre Ableitungen auftreten. Für die meistverwendeten gewöhnlichen linearen sowie einige nicht-lineare Differenzialgleichungen, bei denen eine Funktion mit einer Variable gesucht wird, sehen wir uns in Teil II Lösungsverfahren an. Wird dagegen über eine Gleichung eine Funktion gesucht, die von mehreren Variablen (wie Ort und Zeit) abhängt, so spricht man von einer partiellen Differenzialgleichung. Auch solche Gleichungen werden einführend behandelt. Da sie meist nicht exakt sondern numerisch mit Näherungsverfahren gelöst werden, gehen wir insbesondere mit der Finite-Elemente-Methode auf eines der wichtigsten Verfahren ein.

Die Fourier-Analysis nimmt aufgrund ihrer praktischen Bedeutung mit Teil III des Buchs einen breiten Raum ein. Hier zerlegt man eine Schwingung in die einzelnen Frequenzen, aus denen sie zusammengesetzt ist. Insbesondere werden die darüber motivierten Integraltransformationen betrachtet. Die Fourier-Transformation wird aus Fourier-Reihen entwickelt, und die Laplace-Transformation, die z. B. in der Systemtheorie eine wichtige Rolle spielt, wird über die Fourier-Transformation erklärt. Mit ihr lassen sich wiederum Differenzialgleichungen lösen. Darüber hinaus führt die Diskretisierung dieser Transformationen zu Abtastsätzen der digitalen Signalverarbeitung und zum FFT-Algorithmus.

Das Buch schließt in Teil IV mit einer kurzen Einführung in die Wahrscheinlichkeitsrechnung und Statistik, die man beispielsweise bei Simulationen, in der digitalen Signalverarbeitung und im Qualitätsmanagement benötigt. Insbesondere ist uns hier wichtig, dass verständlich wird, wie man aus unvollständigen Daten Prognosen abgeben und mit Eintrittswahrscheinlichkeiten versehen kann.

Obwohl das Buch aus Kursen in den Bachelor-Studiengängen Maschinenbau, Elektrotechnik und Mechatronik sowie Informatik an der Hochschule Karlsruhe und der Hochschule Niederrhein entstanden ist, bietet es auch für Leser, die nicht nur an der Anwendung der Mathematik sondern auch an der

Mathematik selbst interessiert sind, viel Material in Form von Beweisen und optionalen Abschnitten sowie Hintergrunderklärungen. Diese sind mit einem Stern (*) gekennzeichnet.

Zum Lesen des Buchs benötigen Sie Grundkenntnisse der Analysis und Linearen Algebra, wie sie im ersten Band „Mathematik verstehen und anwenden: Differenzial- und Integralrechnung, Lineare Algebra" (kurz: Band 1) behandelt werden oder aus der Schule bekannt sind. Wir verwenden einige Notationen und Begriffe des ersten Bands, die aber ebenfalls allgemein üblich sind. Um das Lesen zu erleichtern, wiederholen wir im nächsten Abschnitt ab Seite xiii sehr kompakt diese Notationen und vorausgesetztes Wissen.

Dank

Wir möchten unseren Mitarbeitern und Kollegen in Karlsruhe und Krefeld danken, die uns bei der Erstellung des Buchs unterstützt haben. Ebenso bedanken wir uns bei vielen Lesern, Studierenden und Tutoren für ihre Anregungen und konstruktive Kritik. Besonderer Dank gilt Prof. Dr. Michael Gref, Prof. Dr. Knut Schumacher, Prof. Dr. Elmar Ahle, Prof. Dr. Roland Hoffmann, Prof. Dr. Johannes Blanke-Bohne, Prof. Dr. Pohle-Fröhlich, Prof. Dr. Christoph Dalitz, Prof. Dr. Jochen Rethmann, Prof. Dr. Peer Ueberholz, Prof. Dr. Karlheinz Schüffler, Dipl.-Ing. Ralph Radmacher, Dipl.-Ing. Guido Janßen sowie Prof. Dr. Lorens Imhof und nicht zuletzt unseren Lehrern Prof. Dr. Rolf Joachim Nessel und Prof. Dr. Erich Martensen.

Wir haben eine Fülle von Beispielen verwendet, die sich im Laufe der Jahre angesammelt haben und deren Ursprung nicht immer nachvollziehbar war. Sollten wir hier Autoren unwissentlich nicht zitieren, möchten wir uns dafür entschuldigen. Für einige Beispiele haben wir Geodaten verwendet, die uns freundlicherweise von den Katasterämtern der Städte Dortmund, Krefeld und Leverkusen sowie von GeoBasis NRW zur Verfügung gestellt wurden.

Zum Schluss möchten wir uns noch ganz besonders bei Herrn Dr. Rüdinger und Frau Lühker vom Springer-Verlag für die engagierte Unterstützung des Buchprojekts bedanken.

Inhaltsverzeichnis

Teil II Differenzialgleichungen   **155**

Teil III Fourier-Reihen und Integraltransformationen 277

Teil IV Wahrscheinlichkeitsrechnung und Statistik   461

! Hinweis

Einige Aspekte der **numerischen Mathematik** sind über den Band verteilt:

- Direktes Lösen linearer Gleichungssysteme: Cholesky-Zerlegung 49
- Iteratives Lösen linearer Gleichungssysteme: Gradientenverfahren 39, Verfahren der konjugierten Gradienten 44
- Nullstellensuche: Newton- und Levenberg-Marquard-Verfahren 58
- Interpolation: trigonometrische Interpolation 413

- Ausgleichsrechnung, Regressionsrechnung: Gauß'sche Normalgleichungen 491; Hauptachsentransformation 485
- Numerisches Lösen von Differenzialgleichungen: Cauchy-Euler-Polygonzugverfahren 167; Runge-Kutta-Verfahren, Verfahren von Heun 172; Differenzenverfahren und Finite-Elemente-Methode 253
- Optimierung: Gradientenabstieg 19, 44; Lagrange-Multiplikatoren 53; Lineare Optimierung 60
- Integraltransformationen: FFT-Algorithmus 405; schnelle Wavelet-Transformation 441

Notationen und Voraussetzungen in Kürze

Wir verwenden nur gängige Schreibweisen. Leider gibt es in der Mathematik aber einige Notationen, die unterschiedlich verwendet werden. Andere Schreibweisen und Begriffe werden auf der Schule nicht konsequent eingesetzt.

Ist eine Menge A, also eine Kollektion von unterscheidbaren Objekten, in einer anderen Menge B vollständig enthalten, so schreiben wir $A \subseteq B$, wobei insbesondere $A = B$ erlaubt ist. Stattdessen findet man häufig in der Literatur auch bei erlaubter Gleichheit die Schreibweise $A \subset B$. Diese verwenden wir hier aber nur, wenn keine Gleichheit vorliegt. Das Komplement einer Menge A bezogen auf eine Grundmenge G mit $A \subseteq G$ ist die Menge aller Elemente x von G, also $x \in G$, die keine Elemente von A, also $x \notin A$, sind: $\mathcal{C}_G A := \{x \in G : x \notin A\}$. Ist wie in der Wahrscheinlichkeitsrechnung die Grundmenge G bekannt, lassen wir sie in der Schreibweise weg: $\mathcal{C}A = \mathcal{C}_G A$. Die Menge $A \setminus B$ besteht aus allen Elementen von A, die keine Elemente von B sind.

Wir verwenden das übliche Äquivalenzzeichen „$\Longleftrightarrow$" beim Rechnen mit Gleichungen oder Ungleichungen, wenn die Lösungsmengen gleich bleiben. Bei Verwendung des Folgerungspfeils „$\Longrightarrow$" ist erlaubt, dass Lösungen hinzu kommen. Das logische Und wird mit „$\wedge$" und das logische Oder mit „$\vee$" geschrieben. Das sollte nicht verwechselt werden mit dem Schnittoperator „$\cap$" (Menge der gemeinsamen Elemente zweier Mengen) und dem Vereinigungsoperator „$\cup$" (Menge aller Elemente beider Mengen). Das Symbol $\forall$ steht für „für alle", und $\exists$ bedeutet „es existiert".

Zur Menge der natürlichen Zahlen $\mathbb{N} := \{1, 2, 3, \dots\}$ gehört hier nicht die Null. Soll sie enthalten sein, verwenden wir $\mathbb{N}_0 := \{0, 1, 2, 3, \dots\}$. Neben den ganzen Zahlen $\mathbb{Z} := \{0, 1, -1, 2, -2, 3, \dots\}$, den rationalen Zahlen (Brüchen) $\mathbb{Q}$ und den reellen Zahlen $\mathbb{R}$ benötigen wir auch komplexe Zahlen $\mathbb{C}$. Da wir insbesondere für Studierende der Ingenieurwissenschaften schreiben, verwenden wir als Symbol für die imaginäre Einheit j und nicht i. Also ist $j^2 = -1$, und jede komplexe Zahl $z \in \mathbb{C}$ hat die Darstellung $x + jy$, wobei x der reelle Realteil und y der reelle Imaginärteil von z sind. Eine andere Darstellung, die insbesondere bei der Berechnung von Potenzen und Wurzeln sehr hilfreich ist, verwendet Polarkoordinaten: $x + jy = re^{j\varphi}$, wobei $r := \sqrt{x^2 + y^2}$ der Betrag der komplexen Zahl und φ ein Winkel ist. Dabei gilt: $e^{j\varphi} := \cos(\varphi) + j\sin(\varphi)$.

Wir schreiben die **konjugiert-komplexe Zahl** einer komplexen Zahl $x + jy$ als $\overline{x + jy} := x - jy$. Eine andere, sehr übliche Schreibweise dafür ist $(x + jy)^*$. Da wir das Konjugieren mit einem Überstrich schreiben, haben wir in Band 1 die Negation, die häufig ebenso kenntlich gemacht wird, mit dem Symbol „¬" geschrieben.

Intervalle sind wichtige Teilmengen der reellen Zahlen. Für $a < b$ ist $[a, b] := \{x \in \mathbb{R} : a \leq x \leq b\}$ ein abgeschlossenes und $]a, b[:= \{x \in \mathbb{R} : a < x < b\}$ ein offenes Intervall. Für offene Intervalle ist die Notation $(a, b) :=]a, b[$ sehr verbreitet. Wir verwenden hier allerdings die eckigen Klammern, damit sich die Schreibweise deutlich von der der Punkte

$$(a, b) \in \mathbb{R}^2 := \mathbb{R} \times \mathbb{R} := \{(x, y) : x \in \mathbb{R}, \, y \in \mathbb{R}\}$$

unterscheidet. Ebenso werden einseitig abgeschlossene bzw. offene Intervalle geschrieben: $[a, b[:= \{x \in \mathbb{R} : a \leq x < b\}$ und $]a, b] := \{x \in \mathbb{R} : a < x \leq b\}$. Ist $E \subset \mathbb{R}$, so wird mit $\max E$ bzw. $\min E$ ein größtes bzw. kleinstes Element von E bezeichnet, also ein **Maximum** bzw. ein **Minimum**. Das Intervall $[a, b[$ hat zwar das Minimum a aber kein Maximum, da b nicht zum Intervall gehört. Allerdings ist b eine kleinste obere Schranke. Diese heißt **Supremum**: $\sup[a, b[= b$. Die Menge hat mit dem Minimum auch eine größte untere Schranke, das **Infimum**: $\inf[a, b[= a$. Die besondere Eigenschaft der reellen Zahlen ist, dass nicht-leere Teilmengen immer ein Supremum besitzen, wenn sie nach oben beschränkt sind, und immer ein Infimum haben, wenn sie nach unten beschränkt sind. Diese Eigenschaften sind wichtig für die Existenz von Grenzwerten.

Die Elemente der Mengen $\mathbb{R}^n$ bzw. $\mathbb{C}^n$ sind je nach Kontext entweder Zeilenvektoren $(x_1, x_2, \ldots, x_n)$ oder Spaltenvektoren

$$\begin{pmatrix} x_1 \\ x_2 \\ \vdots \\ x_n \end{pmatrix} = (x_1, x_2, \ldots, x_n)^\top$$

von reellen oder komplexen Zahlen, wobei das Symbol $\top$ die **Transposition** bezeichnet, also das Überführen von Zeilen in Spalten (und umgekehrt) in Vektoren und Matrizen.

Das **Standardskalarprodukt** zwischen zwei Vektoren $\vec{a}, \vec{b} \in \mathbb{R}^n$ schreiben wir mit dem normalen Multiplikationspunkt:

$$\vec{a} \cdot \vec{b} = (a_1, \ldots, a_n) \cdot (b_1, \ldots, b_n) := \sum_{k=1}^{n} a_k b_k = |\vec{a}| \cdot |\vec{b}| \cos(\alpha), \qquad \text{(i)}$$

wobei $|\vec{a}| = \sqrt{\sum_{k=1}^{n} a_k^2}$ die Länge des Vektors und α der Winkel zwischen $\vec{a}$ und $\vec{b}$ sind. Andere übliche Schreibweisen sind $< \vec{a}, \vec{b} >:= (\vec{a}, \vec{b}) := \vec{a} \cdot \vec{b}$. Vektoren stehen senkrecht (orthogonal) zueinander genau dann, wenn ihr Standardskalarprodukt null ergibt.

Für zwei Vektoren $\vec{a}, \vec{b} \in \mathbb{R}^3$ ist

$$\vec{a} \times \vec{b} := \begin{pmatrix} a_2 b_3 - a_3 b_2 \\ a_3 b_1 - a_1 b_3 \\ a_1 b_2 - a_2 b_1 \end{pmatrix} \qquad \text{(ii)}$$

das **Vektorprodukt** oder das äußere Produkt. Es liefert einen Vektor, der senkrecht sowohl zu $\vec{a}$ als auch zu $\vec{b}$ steht und dessen Richtung durch den Mittelfinger der rechten Hand bestimmt ist, wenn der Daumen in Richtung von $\vec{a}$ und der Zeigefinger in Richtung von $\vec{b}$ zeigt. Das Vektorprodukt ist auf $\mathbb{R}^n$ für $n \neq 3$ nicht erklärt.

Mit $\mathbb{R}^{m \times n}$ oder $\mathbb{C}^{m \times n}$ bezeichnen wir die Menge aller $m \times n$-Matrizen (Zahlenschemata) mit reellen oder komplexen Einträgen in m Zeilen und n Spalten. Auf die Einträge greifen wir mit einem Zeilen- und einem Spalten-index (stets in dieser Reihenfolge) zu. Die Matrix $\mathbf{E} \in \mathbb{C}^{n \times n}$, bei der für $k \in \{1, \ldots, n\}$ die Einträge $e_{k,k}$ auf der Hauptdiagonalen eins und alle anderen Einträge null sind, heißt **Einheitsmatrix** und ist neutrales Element bei der Matrixmultiplikation.

Spaltenvektoren aus $\mathbb{R}^2$ sehen formal genau so aus wie die **Binimialko-effizienten** für $n, m \in \mathbb{Z}$:

$$\binom{n}{m} := \begin{cases} \frac{n!}{(n-m)! \cdot m!}, & \text{falls } n \geq m \geq 0, \\ 0, & \text{falls } m < 0 \text{ oder } m > n, \end{cases} \qquad n! := 1 \cdot 2 \cdot 3 \cdots n = \prod_{k=1}^{n} k.$$

Aus dem jeweiligen Zusammenhang ist aber immer klar, was gemeint ist.

Wir werden Gleichungssysteme mit dem Gauß-Verfahren lösen, bei dem Gleichungen vertauscht, mit Konstanten ungleich null multipliziert und ad-diert werden dürfen. Überführt man ein Gleichungssystem in eine Matrix-Schreibweise $\mathbf{A} \cdot \vec{x} = \vec{b}$ mit $\mathbf{A} \in \mathbb{C}^{m \times n}$ und $\vec{b} \in \mathbb{C}^m$ unter Verwendung des Matrix-Produkts, so ändert sich bei diesen (Zeilen-) Umformungen die Reihenfolge der Variablen in $\vec{x}$ nicht. Daher kann eine erweiterte Matrix-Schreibweise

$$\begin{bmatrix} a_{1,1} & a_{1,2} & \ldots & a_{1,n} & b_1 \\ a_{2,1} & a_{2,2} & \ldots & a_{2,n} & b_2 \\ \vdots & \vdots & & \vdots & \vdots \\ a_{m,1} & a_{m,2} & \ldots & a_{m,n} & b_m \end{bmatrix}$$

ohne Variablen beim Rechnen verwendet werden, wobei $a_{k,l}$ die Einträge von
$\mathbf{A}$ und b_k die Einträge von $\vec{b}$ sind. Mit dem Gauß-Verfahren wird versucht,
auf der linken Seite des Strichs eine Dreiecks- oder Diagonalform zu erzeugen, so dass die Lösungen abgelesen werden können. Ein Gleichungssystem
mit einer quadratischen Matrix $\mathbf{A}$, also einer Matrix mit gleicher Zeilen und
Spaltenzahl, hat genau dann eine eindeutige Lösung, wenn die **Determinante** det $\mathbf{A}$ als eine Kennzahl der Matrix ungleich null ist. Dann existiert eine
inverse Matrix $\mathbf{A}^{-1}$, so dass $\mathbf{A}^{-1} \cdot \mathbf{A} = \mathbf{A} \cdot \mathbf{A}^{-1} = \mathbf{E}$. Wir schreiben die
Determinante auch ohne den „det"-Operator, indem wir die Klammern einer
Matrix durch vertikale Striche ersetzen. Diese sehen aus wie Betragsstriche,
allerdings können Determinanten negativ sein:

$$
\det \begin{bmatrix} a_{1,1} & a_{1,2} & \cdots & a_{1,n} \\ a_{2,1} & a_{2,2} & \cdots & a_{2,n} \\ \vdots & \vdots & & \vdots \\ a_{n,1} & a_{n,2} & \cdots & a_{n,n} \end{bmatrix} = \begin{vmatrix} a_{1,1} & a_{1,2} & \cdots & a_{1,n} \\ a_{2,1} & a_{2,2} & \cdots & a_{2,n} \\ \vdots & \vdots & & \vdots \\ a_{n,1} & a_{n,2} & \cdots & a_{n,n} \end{vmatrix}.
$$

Die Determinante einer 1×1-Matrix $\mathbf{A} = [a_{1,1}]$ ist gleich ihrer Komponente
$a_{1,1}$. Für $n > 1$ sei $\mathbf{A}_{i,k}$ die Matrix, die durch Weglassen der i-ten Zeile und
k-ten Spalte in $\mathbf{A}$ entsteht. Für $n > 1$ lässt sich die Determinante einer $n \times n$-
Matrix nach der i-ten Zeile oder der k-ten Spalte entwickeln (berechnen):

$$
\det \mathbf{A} = \sum_{k=1}^{n} (-1)^{k+i} a_{i,k} \det \mathbf{A}_{i,k}, \quad \det \mathbf{A} = \sum_{i=1}^{n} (-1)^{k+i} a_{i,k} \det \mathbf{A}_{i,k}.
$$

Gilt für eine Matrix $\mathbf{A} \in \mathbb{C}^{n \times n}$, einen Vektor $\vec{d} \in \mathbb{C}^n$ mit $\vec{d} \neq \vec{0}$ und eine
Zahl $s \in \mathbb{C}$, dass

$$
\mathbf{A}\vec{d} = s\vec{d}, \tag{iii}
$$

so heißt s ein **Eigenwert** zu $\mathbf{A}$ und $\vec{d}$ ist ein **Eigenvektor** zu s. Durch
Multiplikation mit $\mathbf{A}$ wird $\vec{d}$ also nur um den Faktor s verändert. Eigenwer-
te sind genau die Zahlen s, für die das Gleichungssystem $(\mathbf{A} - s\mathbf{E})\vec{d} = \vec{0}$
Lösungen $\vec{d} \neq \vec{0}$ besitzt. Diese existieren nur, wenn die Determinante der
Matrix gleich null ist. Daher findet man Eigenwerte über die charakteristische Gleichung $\det(\mathbf{A} - s\mathbf{E}) = 0$. Zu jedem Eigenwert berechnet man die
Eigenvektoren dann als nicht-triviale Lösungen des zugehörigen Gleichungssystems. Wir verwenden für Eigenwerte (wie bei der Laplace-Transformation)
die Variable s, häufig wird dagegen λ geschrieben.

Der **Rang** einer Matrix ist die Dimension des von den Zeilen oder von den
Spalten der Matrix aufgespannten Vektorraums. Ein **Vektorraum** ist eine
Menge von Objekten (Vektoren), die man addieren und mit Zahlen (Skalaren)
multiplizieren kann, ohne dass die Menge verlassen wird. Zudem müssen übliche Rechenregeln gelten. Insbesondere bilden die zuvor betrachteten Zeilen-
und Spaltenvektoren der Mengen $\mathbb{R}^n$ oder $\mathbb{C}^n$ einen Vektorraum. Die **Dimension** eines Vektorraums ist die für alle Basen gleiche Anzahl von Vektoren.

Eine **Basis** ist ein linear unabhängiges (und damit minimales) Erzeugendensystem. Ein **Erzeugendensystem** ist eine Menge von Vektoren, so dass man jeden Vektor eines Vektorraums als **Linearkombination** (Summe von Vielfachen) der Basisvektoren schreiben kann. Vektoren heißen **linear unabhängig** genau dann, wenn man mit ihnen den Nullvektor nur trivial als Linearkombination schreiben kann, d. h., alle Vektoren müssen in der Linearkombination mit 0 multipliziert werden. Dann lässt sich keiner der Vektoren als Linearkombination der übrigen schreiben. Sonst heißen die Vektoren **linear abhängig**.

Das Standardskalarprodukt für Vektoren aus $\mathbb{R}^n$ lässt sich auf Basis seiner Eigenschaften $\vec{a} \cdot \vec{a} > 0$ für $\vec{a} \neq \vec{0}$, $\vec{0} \cdot \vec{0} = 0$, $\vec{a} \cdot \vec{b} = \vec{b} \cdot \vec{a}$, $(r\vec{a}) \cdot \vec{b} = r(\vec{a} \cdot \vec{b})$ für $r \in \mathbb{R}$ und $(\vec{a} + \vec{b}) \cdot \vec{c} = \vec{a} \cdot \vec{c} + \vec{b} \cdot \vec{c}$ zu **Skalarprodukten** auf beliebigen reellen Vektorräumen verallgemeinern, so dass Orthogonalität $\vec{a} \perp \vec{b} \iff \vec{a} \cdot \vec{b} = 0$ und Betrag $|\vec{a}| := \sqrt{\vec{a} \cdot \vec{a}}$ erklärt sind. Ein **Orthonormalsystem** $\vec{b}_1, \ldots, \vec{b}_m$ besteht aus Vektoren mit Betrag eins, die paarweise orthogonal sind. Die orthogonale Projektion $\vec{p}$ eines Vektors $\vec{a}$ auf den vom Orthogonalsystem erzeugten **Untervektorraum** ist der Vektor $\vec{p}$ des Untervektorraums mit dem kürzesten Abstand $|\vec{p} - \vec{a}|$ zu $\vec{a}$. Er wird berechnet über

$$\vec{p} = \sum_{k=1}^{m} (\vec{a} \cdot \vec{b}_k)\vec{b}_k. \tag{iv}$$

Mit $(a_n)_{n=1}^{\infty} = (a_1, a_2, a_2, \ldots)$ bezeichnen wir eine unendliche **Folge** von Zahlen. Falls diese Zahlen gegen einen **Grenzwert** L streben, schreiben wir $L = \lim_{n \to \infty} a_n$. Eine Folge $(\sum_{k=1}^{n} a_k)_{n=1}^{\infty}$ heißt **Reihe**. Dabei steht das Symbol $\sum_{k=1}^{n} a_k$ für $a_1 + a_2 + \cdots + a_n$. Sowohl die Reihe als auch ihr möglicher Grenzwert werden mit $\sum_{k=1}^{\infty} a_k$ bezeichnet. Grenzwerte reeller Funktionen f für $x \to \infty$, $x \to -\infty$ und $x \to x_0$ schreiben wir mit $\lim_{x \to \infty} f(x)$, $\lim_{x \to -\infty} f(x)$ und $\lim_{x \to x_0} f(x)$. Mit $\lim_{x \to x_0-} f(x)$ bezeichnen wir einen linksseitigen und mit $\lim_{x \to x_0+} f(x)$ einen rechtsseitigen Grenzwert an der Stelle x_0.

Neben der **Stetigkeit** an einer Stelle x (d. h. $\lim_{h \to 0} f(x + h) = f(x)$) werden wir in allen Teilen des Buchs **Ableitungen** (Tangentensteigungen) verwenden: $f'(x) := \frac{\mathrm{d}}{\mathrm{d}x} f(x) := \lim_{h \to 0} \frac{f(x+h) - f(x)}{h}$. Mehrfache Ableitungen werden durch Angabe der Ableitungsordnung in runden Klammern angegeben:

$$f^{(n)}(x) := \frac{\mathrm{d}^n}{\mathrm{d}x^n} f(x) := (f^{(n-1)})'(x) = \frac{\mathrm{d}}{\mathrm{d}x} f^{(n-1)}(x),$$

wobei $f^{(1)}(x) = f'(x)$ und $f^{(0)}(x) = f(x)$. Zweite und dritte Ableitungen schreiben wir auch als $f''(x) := f^{(2)}(x)$ und $f'''(x) := f^{(3)}(x)$. Für (Fehler-)Abschätzungen ist der **Mittelwertsatz** besonders wichtig: Ist f auf einem Intervall $[a, b]$ stetig und auf $]a, b[$ differenzierbar, d. h., f ist an jeder Stelle $x \in]a, b[$ differenzierbar (und damit auch stetig) sowie an den Rändern a und b (ggfls. einseitig) stetig, dann wird die Sekantensteigung $(f(b) - f(a))/(b - a)$

an einer Stelle $\xi \in]a, b[$ von der Ableitung angenommen:

$$\frac{f(b) - f(a)}{b - a} = f'(\xi) \iff f(b) - f(a) = f'(\xi)(b - a)$$

$$\iff f(b) = f(a) + f'(\xi)(b - a). \tag{v}$$

Mit Ableitungen lassen sich Grenzwerte von Quotienten berechnen, bei denen Zähler und Nenner entweder gemeinsam gegen null konvergieren oder beide bestimmt divergent sind, d. h., in irgend einer Kombination gegen plus oder minus unendlich streben. Das ist der **Satz von L'Hospital**:

$$\lim_{x \to x_0} \frac{f(x)}{g(x)} = \lim_{x \to x_0} \frac{f'(x)}{g'(x)} \text{ bzw. } \lim_{x \to \infty} \frac{f(x)}{g(x)} = \lim_{x \to \infty} \frac{f'(x)}{g'(x)}, \tag{vi}$$

sofern die Grenzwerte auf der rechten Seite existieren oder die entsprechenden Funktionen bestimmt divergent sind.

Das (Riemann-) **Integral** einer reellen, beschränkten Funktion f auf einem Intervall $[a, b]$ ist die Summe der Flächeninhalte der Flächen zwischen Funktionsgraph und x-Achse, wobei die Inhalte zu den Flächen oberhalb der Achse positiv und die Inhalte zu den Flächen unterhalb der Achse negativ gewichtet werden. Wir verwenden die Standardnotation $\int_a^b f(x)\, \mathrm{d}x$ für das Integral und $\int f(x)\, \mathrm{d}x$ für eine **Stammfunktion** F, für die $F'(x) = f(x)$ gilt. Mit dem **Hauptsatz** oder **Fundamentalsatz** der Differenzial- und Integralrechnung

$$\frac{\mathrm{d}}{\mathrm{d}x} \int_a^x f(t)\, \mathrm{d}t = f(x), \tag{vii}$$

nach dem für stetiges f die Funktion $\int_a^x f(t)\, \mathrm{d}t$ eine Stammfunktion von f ist, können Stammfunktionen F zum Ausrechnen von Integralen verwendet werden:

$$\int_a^b f(x)\, \mathrm{d}x = F(x)|_a^b := [F(x)]_a^b := F(b) - F(a).$$

Die (Riemann-) Integrale über einen unbeschränkten Integrationsbereich sind über ein oder zwei zusätzliche Grenzwerte definiert: $\int_a^\infty f(x)\, \mathrm{d}x := \lim_{u \to \infty} \int_a^u f(x)\, \mathrm{d}x$, $\int_{-\infty}^b f(x)\, \mathrm{d}x := \lim_{u \to -\infty} \int_u^b f(x)\, \mathrm{d}x$, $\int_{-\infty}^\infty f(x)\, \mathrm{d}x := \lim_{u \to -\infty} \int_u^0 f(x)\, \mathrm{d}x + \lim_{u \to \infty} \int_0^u f(x)\, \mathrm{d}x$, wobei sich $\int_{-\infty}^\infty f(x)\, \mathrm{d}x$ vom symmetrischen Grenzwert $\lim_{u \to \infty} \int_{-u}^u f(x)\, \mathrm{d}x$ unterscheiden kann.

Am Buchende gibt es eine kleine Sammlung von Formeln, die die wichtigsten Rechenregeln dieser kurzen Zusammenfassung noch einmal übersichtlich darstellt.

Teil I
Funktionen mit mehreren Variablen

In der Schule und im ersten Band werden Funktionen f mit reellem Definitionsbereich D und reellen Funktionswerten betrachtet. Die Menge D ist also eine echte oder unechte Teilmenge der reellen Zahlen: $D \subseteq \mathbb{R}$. Wir schreiben $f : D \subseteq \mathbb{R} \to \mathbb{R}$. Ein reeller Definitions- und Wertebereich ist aber bei Vorgängen in der Wirklichkeit eher selten. Die Regel ist, dass Abhängigkeiten von vielen Parametern bestehen und auch viele Größen beeinflusst werden.

Bei einem Weg-Zeit-Diagramm erhält man die zurückgelegte Wegstrecke (Distanz) $s(t)$ als Funktion der Zeit. Kennt man den Startpunkt, so weiß man aber nicht, welche Richtungen gewählt wurden. Möchte man den genauen Aufenthaltsort nach t Sekunden kennen, so benötigt man eine Funktion, die einem Zeitpunkt t sowohl eine x- als auch eine y-Koordinate und vielleicht sogar eine z-Koordinate zuordnet, d. h., $\vec{s}(t)$ ist nun für jeden Zeitpunkt ein Vektor, d. h. ein Element (x, y) des zweidimensionalen Vektorraums $\mathbb{R}^2$ oder ein Element (x, y, z) des Vektorraums $\mathbb{R}^3$. Damit ist $\vec{s}$ eine vektorwertige Funktion (vgl. das Kapitel III zur Linearen Algebra in Band 1). Die Vektoren hängen hier aber weiterhin nur von der einen reellen Variable t ab. Möchte man aber beispielsweise ein magnetisches Feld darstellen, so ordnet man jedem Raumpunkt einen Vektor zu, der an dieser Stelle das Feld beschreibt. Zusätzlich hängt das Magnetfeld von der Zeit ab, so dass eine Funktion von den vier Variablen x, y, z und t entsteht. Funktionen, die von mehreren Variablen abhängen, nennt man **multivariate Funktionen**. Auch bei solchen Funktionen interessiert man sich für momentane Änderungen, so dass wir die Differenzialrechnung von Funktionen mit einer Variable entsprechend erweitern. Wie bei Kurvendiskussionen lässt sich die Differenzialrechnung zum Bestimmen lokaler Extrema, also zum Lösen von Optimierungsproblemen mit und ohne Nebenbedingungen, nutzen. Dazu sehen wir uns beispielsweise den Satz über die Lagrange-Multiplikatoren an. Ohne Ableitungen werden dagegen lineare Optimierungsprobleme mit dem Simplex-Algorithmus und damit mittels Gauß-Umformungen eines Gleichungssystems gelöst. Bei diesen Problemen wird das globale Maximum oder Minimum einer linearen Funktion unter ebenfalls linearen Nebenbedingungen gesucht. Diese Optimierungsaufgaben sind im Operations Research weit verbreitet und werden bei vielen praktischen Problemen (z. B. in der Logistik, bei der Stunden- und

Fahrplanerstellung oder bei der Steuerung von Gasflüssen durch Pipelines) eingesetzt.

Während bei der Integralrechnung von reellen Funktionen mit einer Variable nur die Größe von Flächen unter Funktionsgraphen bestimmt werden, entstehen bei Funktionen von zwei Variablen zwischen der x-y-Ebene und dem Funktionsgraphen Körper im dreidimensionalen Raum. Deren Volumen kann man ebenfalls über Riemann-Integrale ausrechnen. Auch das sehen wir uns im Folgenden an und verallgemeinern es auf noch mehr Variablen. Wie in Band 1 betrachten wir für eher theoretische Zwecke auch die Erweiterung des Riemann-Integrals zum Lebesgue-Integral und die damit assoziierten Funktionenräume. Der erste Teil des Buchs schließt mit einem Ausflug in die Vektoranalysis. Hier geht es um die Beschreibung von Feldern mit Quellen, Senken und Wirbeln, wie sie beispielsweise in der Physik auftreten.

Vielleicht wirkt die Verwendung vieler Variablen auf Sie zunächst etwas abschreckend. Die gute Nachricht ist aber, dass wir prinzipiell keine neuen Differenziations- und Integrationstechniken außer den bereits bekannten für Funktionen mit einer Variable benötigen. Betrachtet man alle Variablen bis auf eine als Konstanten, so können wir bereits die resultierende Funktion mit einer Variable ableiten und integrieren. Und mit dieser Reduktion auf den bekannten Fall rechnet man mit Funktionen mehrerer Variablen.

Kapitel 1

Differenzialrechnung für multivariate Funktionen

In diesem ersten Kapitel werden zunächst Folgen von Vektoren im $\mathbb{R}^n$ betrachtet. Ihr möglicher Grenzwert wird koordinatenweise berechnet. Dann sehen wir uns Funktionen mit Definitionsbereich im $\mathbb{R}^n$ an, also Funktionen mit n Variablen. Wir übertragen den Grenzwertbegriff (auch unter Verwendung der zuvor diskutierten Folgen) und definieren Stetigkeit. Dann wenden wir uns den Ableitungen zu. Die Grundidee besteht darin, jeweils nach einer Variable abzuleiten, wobei alle anderen Variablen als Konstanten interpretiert werden. Diese partiellen Ableitungen können dann mit den bekannten Ableitungsregeln berechnet werden. Allerdings reicht die Existenz von partiellen Ableitungen noch nicht aus, um einen Ableitungsbegriff zu erhalten, der die gleichen Eigenschaften wie die bekannte Ableitung einer reellen Funktion einer Variable hat. Man muss zusätzlich sicherstellen, dass durch die partiellen Ableitungen eine Tangential- (Hyper-) Ebene analog zur Tangenten bei einer Variable gegeben ist. Das führt zum Begriff des totalen Differenzials. Auch Funktionen mit mehreren Variablen können mit dem Satz von Taylor durch Polynome angenähert werden. Eine erste Anwendung betrachten wir am Ende des Kapitels mit der Fehlerrechnung, eine weitere folgt im nächsten Kapitel mit der Bestimmung von Extremwerten.

© Der/die Autor(en), exklusiv lizenziert an
Springer-Verlag GmbH, DE, ein Teil von Springer Nature 2023
S. Goebbels und S. Ritter, *Mathematik verstehen und anwenden:
Differenzialgleichungen, Fourier- und Vektoranalysis, Laplace-
Transformation und Stochastik*, https://doi.org/10.1007/978-3-662-68369-9_1

1.1 Folgen- und Funktionengrenzwerte, Stetigkeit

1.1.1 Multivariate Funktionen

Wir übertragen in diesem Kapitel Begriffe von Funktionen mit einer reellen Variable auf Funktionen $\vec{f} : D \subseteq \mathbb{R}^n \to \mathbb{R}^m$, $\vec{f}(\vec{x}) = (f_1(\vec{x}), \ldots, f_m(\vec{x}))$. Dabei schreiben wir in diesem Buch statt f das Vektorsymbol $\vec{f}$, wenn $m > 1$ zugelassen ist, also die Funktion vektorwertig wird. In der Literatur wird oft auf den Vektorpfeil verzichtet. Wir glauben aber, dass er dabei hilft zu erkennen, mit welchen Objekten wir es zu tun haben werden. Die vektorwertige Funktion $\vec{f}(\vec{x}) = (f_1(\vec{x}), f_2(\vec{x}), \ldots, f_m(\vec{x}))$ hat die reellwertigen Komponentenfunktionen $f_1, \ldots, f_m$, die die Koordinaten des Vektors $\vec{f}(\vec{x})$ berechnen.

Beispiel 1.1 Wir beschreiben die Oberfläche einer Kugel mit Radius 1 über Funktionswerte. Die Oberfläche ist die Punktmenge

$$\{(x, y, z) \in \mathbb{R}^3 : x^2 + y^2 + z^2 = 1\}$$
$$= \{(x, y, z) \in \mathbb{R}^3 : x^2 + y^2 \le 1, z = \pm\sqrt{1 - x^2 - y^2}\}.$$

Zu jedem Punkt (x, y) in der Einheitskreisscheibe $D := \{(x, y) \in \mathbb{R}^2 : x^2 + y^2 \le 1\}$ erhalten wir so einen Punkt auf der oberen und einen auf der unteren Halbkugeloberfläche. Diese Zuordnung können wir über die beiden Funktionen $f_1 : D \to \mathbb{R}$, $f_1(x, y) := \sqrt{1 - x^2 - y^2}$ (siehe Abbildung 1.1) und $f_2 : D \to \mathbb{R}$, $f_2 := -f_1$, ausdrücken.

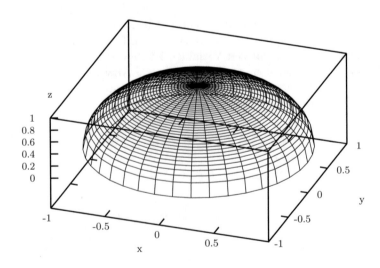

Abb. 1.1 $f_1(x, y) := \sqrt{1 - x^2 - y^2}$

Eigentlich müssten wir für das Argument $(x, y) \in D$ die Funktionswerte im Beispiel mit $f_1((x, y))$ bzw. $f_2((x, y))$ bezeichnen. Die zusätzlichen Vektorklammern lässt man aber üblicherweise weg.

Beispiel 1.2 Sei $f : D \subseteq \mathbb{R}^2 \to \mathbb{R}$. Unter einer **Höhenlinie** zur Höhe $c \in \mathbb{R}$ verstehen wir die Punktmenge $\{(x, y) \in D : f(x, y) = c\}$. Wir skizzieren die Höhenlinie der Funktion $f(x, y) := -x^2 + y^2 - 2y$. Dazu lösen wir die Gleichung $f(x, y) = c$ nach y auf:

$$c = f(x, y) = -x^2 + y^2 - 2y \iff y^2 - 2y - x^2 - c = 0, \quad y = 1 \pm \sqrt{1 + x^2 + c}.$$

Die Höhenlinie für c ist darstellbar über die Vereinigung der Funktionsgraphen zu $g_1(x) = 1 + \sqrt{1 + x^2 + c}$ und $g_2(x) = 1 - \sqrt{1 + x^2 + c}$ (siehe Abbildung 1.2). Falls $c < -1$ ist, sind diese definiert für $x^2 \geq -c - 1$, also für $|x| \geq \sqrt{-c - 1}$. Falls $c \geq -1$ ist, sind sie auf $\mathbb{R}$ definiert.

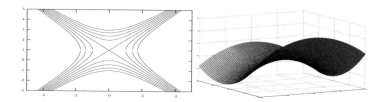

Abb. 1.2 Links: Höhenlinien zu $-x^2 + y^2 - 2y = c$ für $c = -4, -3, \ldots, 4$; rechts: zugehöriger Funktionsgraph

Das Arbeiten mit vektorwertigen Funktionen mit mehreren Variablen vereinfacht sich durch die folgenden Punkte:

- Statt des Betrages einer reellen Zahl verwenden wir den Betrag (die Euklid'sche Norm) eines Vektors $\vec{x} \in \mathbb{R}^n$, der über das Standardskalarprodukt (i), siehe Seite xv, in $\mathbb{R}^n$ berechnet werden kann:

$$|\vec{x}| := \sqrt{x_1^2 + x_2^2 + \cdots + x_n^2} = \sqrt{\sum_{k=1}^n x_k^2} = \sqrt{\vec{x} \cdot \vec{x}},$$

also z. B. $|(1, 2, 3)| = \sqrt{14}$. Damit lassen sich Grenzwertbegriffe nahezu identisch wie für reelle Folgen und reelle Funktionen mit einer Variable formulieren. Falls Sie sich mit Normen auskennen: Der Betrag entspricht genau der l^2-Norm. Diese wird in Band 1, Kapitel 23.1 eingeführt (siehe dort Beispiel 23.2 auf Seite 641). Dort wird insbesondere bereits, mit den folgenden Begriffen verträglich, die Folgenkonvergenz und Stetigkeit definiert.

- In der Regel genügt es, $m = 1$ (also reellwertige Funktionen) zu betrachten. Ist $m > 1$, so kann man die Komponentenfunktionen $f_1, \ldots, f_m$ einzeln untersuchen.

Hintergrund: Currying

Vektorwertige Funktionen können durch Betrachtung ihrer Komponentenfunktionen auf reellwertige Funktionen zurückgeführt werden. In ähnlicher Weise lassen sich viele Variablen auf eine reduzieren. Wir werden beispielsweise mit einer Funktion $f(x, y, z) : \mathbb{R}^3 \to \mathbb{R}$ häufig arbeiten, indem wir für zwei Variablen feste Werte einsetzen und dann eine Funktion einer Variable erhalten. Traut man sich zu, mit Abbildungen zu arbeiten, deren Werte wieder Abbildungen sind, so kann man dieses Prinzip auch als Hintereinanderausführung mehrerer Abbildungen schreiben. Dabei handelt sich um ein Konzept der funktionalen Programmierung aus der Informatik, das **Currying** heißt. Es wird z. B. durch die Programmiersprache Scala unterstützt, die bei der Implementierung von Twitter verwendet wurde.

Wir schreiben $f(x, y, z) = [[f_1(x)](y)](z)$, wobei f_1 eine Abbildung mit Definitionsbereich $\mathbb{R}$ und Werten ist, die selbst Abbildungen sind. Die Abbildung $f_2 := [f_1(x)]$ ist ebenfalls eine Abbildung von $\mathbb{R}$ in eine Menge von Abbildungen. Die Abbildung $f_3 := [[f_1(x)](y)] : \mathbb{R} \to \mathbb{R}$ berechnet schließlich in Abhängigkeit von z die gesuchte Zahl. Zu einem Wert $x \in \mathbb{R}$ liefert f_1 also die von x abhängende Abbildung $f_2 := [f_1(x)] : y \to f_3$. Dabei ist $f_3 : \mathbb{R} \to \mathbb{R}$ eine von x und y abhängende Abbildung mit $f_3(z) := f(x, y, z)$. Für verschiedene Werte von x entstehen (gegebenenfalls) verschiedene Abbildungen f_2, in denen x konstant ist. Verschiedene y führen dann zu (gegebenenfalls) verschiedenen Abbildungen f_3. In f_3 sind x und y konstante Parameter, die Variable ist z.

1.1.2 Grenzwerte

Eine Folge reeller Zahlen $(a_k)_{k=1}^{\infty}$ ist eine Abbildung der natürlichen Zahlen in die reellen Zahlen. Dabei wird $k \in \mathbb{N}$ auf das Folgenglied a_k abgebildet. Entsprechend ist eine Folge $(\vec{a}_k)_{k=1}^{\infty}$ von Vektoren aus dem $\mathbb{R}^n$ eine Abbildung von $\mathbb{N}$ in die Menge $\mathbb{R}^n$, wobei k auf $\vec{a}_k \in \mathbb{R}^n$ abgebildet wird. Der Startindex 1 ist dabei nicht zwingend, er kann auch jede andere ganze Zahl sein.

Einen Grenzwertbegriff für Folgen von Vektoren erhalten wir direkt über den Grenzwertbegriff für Folgen reeller Zahlen:

Definition 1.1 (Konvergente Folge) Eine Folge $(\vec{a}_k)_{k=1}^{\infty}$ mit Gliedern $\vec{a}_k = (a_{k,1}, \ldots, a_{k,n}) \in \mathbb{R}^n$ heißt **konvergent** gegen einen Grenzvektor $\vec{a} \in$

$\mathbb{R}^n$ genau dann, wenn die Folge $(|\vec{a}_k - \vec{a}|)_{k=1}^\infty$ der Abstände zu $\vec{a}$ eine reelle Nullfolge ist, d. h.

$$0 = \lim_{k\to\infty} |\vec{a}_k - \vec{a}| = \lim_{k\to\infty} \sqrt{\sum_{i=1}^n (a_{k,i} - a_i)^2}.$$

Schreibweise: $\lim_{k\to\infty} \vec{a}_k = \vec{a}$.

Lösen wir den in der Definition verwendeten reellen Folgengrenzwert mit seiner Definition auf, dann ist $\lim_{k\to\infty} \vec{a}_k = \vec{a}$ damit äquivalent, dass zu jedem (noch so kleinen) $\varepsilon > 0$ ein Index $n_0 = n_0(\varepsilon) \in \mathbb{N}$ existiert, so dass für die Folgenglieder ab diesem Index, also für alle $k > n_0$, gilt: $|\vec{a}_k - \vec{a}| < \varepsilon$, d. h., die Folgenglieder sind näher am Grenzwertkandidaten $\vec{a}$ als die vorgegebene Toleranz ε.

Die Konvergenz der Folge $(\vec{a}_k)_{k=1}^\infty$ ist gleichbedeutend mit der Konvergenz aller Koordinatenfolgen $(a_{k,i})_{k=1}^\infty$, denn

$$0 = \lim_{k\to\infty} \sqrt{\sum_{i=1}^n (a_{k,i} - a_i)^2} \iff 0 = \lim_{k\to\infty} \sum_{i=1}^n (a_{k,i} - a_i)^2$$

$$\iff 0 = \lim_{k\to\infty} (a_{k,i} - a_i)^2,\ 1 \le i \le n \iff \lim_{k\to\infty} a_{k,i} = a_i,\ 1 \le i \le n. \quad (1.1)$$

Das zweite Äquivalenzzeichen erklärt sich so: Von rechts nach links wird eine endliche Summe konvergenter Folgen gebildet, die gegen die Summe der Einzelgrenzwerte (hier 0) konvergiert. Von links nach rechts wird benutzt, dass $(a_{k,i} - a_i)^2 \ge 0$ ist. Konvergiert die Summe gegen null, so geht das daher nur, wenn die einzelnen, nicht-negativen Summanden gegen null streben.

Beispiel 1.3 Die Folge $\left(\left(2 + \frac{1}{k}, 2 - \frac{2}{k}\right)\right)_{k=1}^\infty$ konvergiert gegen $(2, 2)$.

Bei einem Grenzwert einer Funktion an einer Stelle nähert man sich der Stelle aus allen Richtungen und schaut, wie sich die zugehörigen Funktionswerte verhalten. Dazu muss die Funktion aber in einer Umgebung der Stelle erklärt sein. Das führt zu den folgenden Begriffen.

Definition 1.2 (Offene Menge, innerer Punkt, Randpunkt)

- Sei $E \subseteq \mathbb{R}^n$. Ein Punkt $\vec{x} \in E$ heißt **innerer Punkt** von E genau dann, falls ein $\delta = \delta(\vec{x}) > 0$ existiert, so dass die δ-Umgebung $\{\vec{y} \in \mathbb{R}^n : |\vec{x} - \vec{y}| < \delta\}$ vollständig in E enthalten ist (siehe Abbildung 1.3).
- Eine Menge $E \subseteq \mathbb{R}^n$ heißt **offen** genau dann, falls jeder Punkt von E ein innerer Punkt ist.
- Ein Punkt $\vec{x} \in \mathbb{R}^n$ heißt **Randpunkt** einer Menge $E \subseteq \mathbb{R}^n$ genau dann, wenn in jeder δ-Umgebung von $\vec{x}$ sowohl ein Punkt $\vec{y} \in E$ als auch ein

Punkt $\vec{y} \notin E$ liegt (siehe Abbildung 1.3). Der **Rand** von E ist die Menge der Randpunkte von E.

Für $n = 1$ ist z. B. das offene Intervall $]a, b[\subset \mathbb{R}$ tatsächlich auch eine offene Menge. Die mathematische Definition des Randes einer Menge entspricht genau der Anschauung.

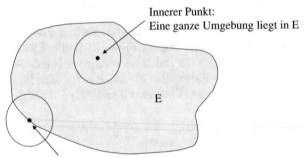

Abb. 1.3 Innerer Punkt und Randpunkt

Definition 1.3 (Grenzwert einer Funktion) Sei $f : D \to \mathbb{R}$ mit $D \subseteq \mathbb{R}^n$ und $\vec{x}_0 \in \mathbb{R}^n$, so dass $\vec{x}_0$ innerer Punkt der Menge $D \cup \{\vec{x}_0\}$ ist (d. h., $\vec{x}_0$ muss nicht in D sein, aber f muss in einer vollständigen Umgebung von $\vec{x}_0$ mit Ausnahme der Stelle $\vec{x}_0$ erklärt sein).

Die Funktion f heißt **konvergent** gegen $L \in \mathbb{R}$ für $\vec{x} \to \vec{x}_0$ genau dann, wenn zu jedem noch so kleinen $\varepsilon > 0$ ein $\delta = \delta(\varepsilon, \vec{x}_0)$ existiert, so dass für alle von $\vec{x}_0$ verschiedenen Punkte $\vec{x} \in D$, die nicht weiter als δ von $\vec{x}_0$ entfernt sind, gilt: Die Funktionswerte sind nicht weiter als ε von L entfernt. Also:

$$0 < |\vec{x} - \vec{x}_0| < \delta \quad \Longrightarrow \quad |f(\vec{x}) - L| < \varepsilon.$$

Schreibweise: $\lim_{\vec{x} \to \vec{x}_0} f(\vec{x}) = L$.

Für $n = 1$ ist dies genau die Grenzwertdefinition einer Funktion mit einer Variable für $x \to x_0$. Auch für $n \geq 1$ muss für jede noch so kleine Toleranz $\varepsilon > 0$ gelten: Wenn man nah genug an der Stelle $\vec{x}_0$ ist (also näher als ein von ε und $\vec{x}_0$ abhängendes δ), dann liegen die Funktionswerte näher bei L als die Toleranz ε.

Die Definition unterscheidet sich von einem iterierten Grenzwert, also z. B. für $n = 2$ von $\lim_{x \to x_0}[\lim_{y \to y_0} f(x, y)] = L$. Aus einem solchen hintereinander gesetzten Grenzwert folgt nicht immer $\lim_{\vec{x} \to (x_0, y_0)} f(\vec{x}) = L$. Das sehen wir am nächsten Beispiel (vgl. (1.2)).

Wie im Eindimensionalen gilt das Übertragungsprinzip, mit dem man Grenzwerte von Funktionen zurückführen kann auf Grenzwerte von Folgen:

Satz 1.1 (Übertragungsprinzip) Sei $f : D \to \mathbb{R}$ und $\vec{x}_0 \in D \subseteq \mathbb{R}^n$ ein innerer Punkt. Äquivalent sind:

a) $\lim_{\vec{x} \to \vec{x}_0} f(\vec{x}) = L$.
b) Für alle Folgen $(\vec{x}_k)_{k=1}^{\infty}$, die gegen $\vec{x}_0$ konvergieren (genauer: $\vec{x}_k \in D \setminus \{\vec{x}_0\}$ und $\lim_{k \to \infty} \vec{x}_k = \vec{x}_0$), gilt: $\lim_{k \to \infty} f(\vec{x}_k) = L$.

Man hat also genau dann an der Stelle $\vec{x}_0$ Konvergenz gegen L, wenn man für jede Folge, die gegen $\vec{x}_0$ strebt, Konvergenz der zugehörigen Funktionswerte gegen L hat. Egal, wie man sich der Stelle $\vec{x}_0$ nähert, die zugehörigen Funktionswerte müssen gegen L streben.

Beweis Der Beweis des Übertragungsprinzips gelingt wie für Funktionen mit einer Variable:

b) folgt aus a) durch Ineinanderschachteln der Definitionen: Sei $\varepsilon > 0$. Aufgrund der Konvergenz der Funktion an der Stelle $\vec{x}_0$ existiert ein $\delta > 0$, so dass für alle $\vec{x} \in \mathbb{R}^n$ mit $0 < |\vec{x} - \vec{x}_0| < \delta$ gilt: $|f(\vec{x}) - L| < \varepsilon$. Sei nun $(\vec{x}_k)_{k=1}^{\infty}$ wie unter b). Wegen $\lim_{k \to \infty} \vec{x}_k = \vec{x}_0$ gibt es zu δ ein n_0, so dass für alle $k > n_0$ zunächst $|\vec{x}_k - \vec{x}_0| < \delta$ und damit auch $|f(\vec{x}_k) - L| < \varepsilon$ gilt. Da $\varepsilon > 0$ beliebig gewählt werden kann, ist $\lim_{k \to \infty} f(\vec{x}_k) = L$ gezeigt.

Um zu sehen, dass a) aus b) folgt, nehmen wir an, b) gelte, aber a) gelte nicht. Dann gibt es ein $\varepsilon > 0$, so dass für jedes $\delta = 1/k$ ein $\vec{x}_k \in D \setminus \{\vec{x}_0\}$ mit $|\vec{x}_0 - \vec{x}_n| < 1/k$ existiert, so dass $|f(\vec{x}_k) - L| > \varepsilon$. Die Folge $(\vec{x}_k)_{k=1}^{\infty}$ konvergiert nach Konstruktion gegen $\vec{x}_0$, aber $(f(\vec{x}_k))_{k=1}^{\infty}$ konvergiert nicht gegen L. Damit haben wir einen Widerspruch zur geltenden Aussage b). $\square$

Es ist schwierig, mit dem Übertragungsprinzip Konvergenz zu zeigen. Dagegen ist es einfach, die Konvergenz zu widerlegen. Man braucht nur zwei gegen $\vec{x}_0$ konvergente Folgen, für die die zugehörigen Funktionswerte nicht gegen die gleiche Zahl streben.

Beispiel 1.4 Die Funktion

$$f(x, y) := \begin{cases} \frac{xy}{x^2 + y^2}, & (x, y) \neq (0, 0), \\ 0, & (x, y) = (0, 0), \end{cases}$$

besitzt in $(0, 0)$ keinen Grenzwert: Wir betrachten die Nullfolge $(\vec{x}_k)_{k=1}^{\infty} = \left(\frac{1}{k}(1, 1)\right)_{k=1}^{\infty}$. Damit ist $f(\vec{x}_k) = \frac{1/k^2}{2/k^2} = \frac{1}{2}$ und $\lim_{k \to \infty} f(\vec{x}_k) = \frac{1}{2}$. Wählen wir aber als Nullfolge $(\vec{y}_k)_{k=1}^{\infty} = \left(\frac{1}{k}(0,1)\right)_{k=1}^{\infty}$, so ist $f(\vec{y}_k) = 0$ und

$$\lim_{k\to\infty} f(\vec{y}_k) = 0 = f(0,0) \neq \frac{1}{2}.$$

Damit besitzt f keinen Grenzwert im Punkt $(0,0)$.

Insbesondere sehen wir auch, dass iterierte Grenzwerte etwas anderes als ein Grenzwert in $\mathbb{R}^2$ sein können: Für festes x ist

$$\lim_{y\to 0} f(x,y) = \left\{ \begin{array}{ll} \lim_{y\to 0} \frac{xy}{x^2+y^2}, & x \neq 0 \\ 0, & x = 0 \end{array} \right\} = 0. \tag{1.2}$$

Damit ist $\lim_{x\to 0}\left[\lim_{y\to 0}\frac{xy}{x^2+y^2}\right] = 0$, obwohl der Grenzwert in $(0,0)$ nicht existiert. Würde aber der Grenzwert existieren, dann können die iterierten Grenzwerte zu keiner anderen Zahl führen. Dann darf also mit einer einzelnen Variable gerechnet werden, indem die andere als konstant angesehen wird. Das werden wir beim Ableiten und bei der Integration ausnutzen.

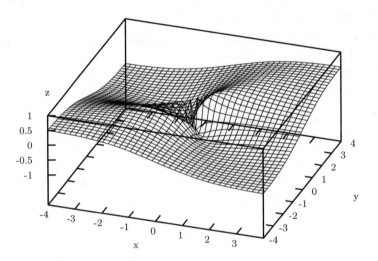

Abb. 1.4 $\frac{xy}{x^2+y^2}$

An einem inneren Punkt $\vec{x}_0 \in D \subseteq \mathbb{R}^n$ lässt sich **bestimmte Divergenz** einer Funktion $f : D \to \mathbb{R}$ gegen $+\infty$ oder $-\infty$ ebenfalls wie für Funktionen mit einer Variable definieren: Wir schreiben $\lim_{\vec{x}\to\vec{x}_0} f(\vec{x}) = \infty$ (bzw. $-\infty$) genau dann, wenn zu jedem noch so großen $M > 0$ (zu jedem noch so kleinen $-M < 0$) ein $\delta > 0$ existiert, so dass für alle $x \in D$ mit $0 < |\vec{x} - \vec{x}_0| < \delta$ gilt: $f(\vec{x}) > M$ (bzw. $f(\vec{x}) < -M$). Mit der Zahl M legen wir quasi einen „beliebig kleinen" (aber immer noch unendlich breiten) Streifen um $+\infty$ bzw. $-\infty$, so dass alle Funktionswerte in der Nähe von $\vec{x}_0$ in diesem Streifen liegen müssen. Der Punkt $\vec{x}_0$ selbst ist von der Bedingung ausgeschlossen, hier muss f gar nicht definiert sein. Beispielsweise ist $\lim_{\vec{x} \to \vec{0}} \frac{1}{|\vec{x}|} = \infty$. Das Übertragungsprinzip gilt ebenfalls für bestimmte Divergenz.

Ein Gegenstück zu Grenzwerten $\lim_{x \to \pm\infty} f(x)$ lässt sich für Funktionen mit mehreren Variablen nicht so einfach angeben, da es statt zwei nun viele Wege ins Unendliche gibt. Wir können aber z. B. $\lim_{|\vec{x}| \to \infty} f(\vec{x}) = L$ für eine Funktion $f : \mathbb{R}^n \to \mathbb{R}$ so verstehen: Zu jedem $\varepsilon > 0$ existiert eine von ε abhängende Zahl $X > 0$, so dass für alle $\vec{x} \in \mathbb{R}^n$ mit $|\vec{x}| > X$ gilt : $|f(\vec{x}) - L| < \varepsilon$.

1.1.3 Stetigkeit

Stetigkeit bedeutet, dass kleine Änderungen im Argument einer Funktion auch nur kleine Auswirkungen auf den Funktionswert haben. Der Grenzwert an einer Stelle ist also gleich dem Funktionswert. Wir definieren die Stetigkeit zunächst mittels einer etwas allgemeineren ε-δ-Bedingung und schreiben dann die Definition für innere Punkte des Definitionsbereichs mittels des Funktionengrenzwerts um.

Definition 1.4 (Stetigkeit) Sei $f : D \to \mathbb{R}$ mit $D \subseteq \mathbb{R}^n$ und $\vec{x}_0 \in D$.

- Die Funktion f heißt **stetig** in $\vec{x}_0$ genau dann, wenn zu jedem noch so kleinen $\varepsilon > 0$ ein $\delta = \delta(\vec{x}_0, \varepsilon) > 0$ existiert, so dass für alle $\vec{x} \in D$, die nicht weiter als δ von $\vec{x}$ entfernt sind (d. h. $|\vec{x} - \vec{x}_0| < \delta$), gilt: $|f(\vec{x}) - f(\vec{x}_0)| < \varepsilon$.
- f heißt genau dann **stetig auf D**, wenn f in jedem Punkt $\vec{x} \in D$ stetig ist.
- f heißt **stetig ergänzbar** in einem Punkt $\vec{x}_0 \in D$ mit Wert L genau dann, wenn die Funktion g stetig in $\vec{x}_0$ ist, wobei

$$g(\vec{x}) := \begin{cases} f(\vec{x}), & \vec{x} \neq \vec{x}_0, \\ L, & \vec{x} = \vec{x}_0. \end{cases}$$

In der Definition haben wir nicht gefordert, dass $\vec{x}_0$ ein innerer Punkt von D ist. Damit haben wir direkt auch die Stetigkeit an den Rändern eines Definitionsbereichs erklärt. In $\mathbb{R}^n$ (für $n > 1$) reicht es im Gegensatz zu $\mathbb{R}$ nicht, von rechts- und linksseitigen Grenzwerten an den Rändern eines Definitionsbereichs zu sprechen, da man hier auch aus beliebigen anderen Richtungen kommen kann.

Ist aber zusätzlich $\vec{x}_0$ ein innerer Punkt, so können wir die Definition der Stetigkeit mit dem Grenzwertbegriff umschreiben:

Folgerung 1.1 (Stetigkeit) Ist $\vec{x}_0 \in D \subseteq \mathbb{R}^n$ ein innerer Punkt, so ist $f : D \to \mathbb{R}$ stetig in $\vec{x}_0$ genau dann, wenn

$$\lim_{\vec{x} \to \vec{x}_0} f(\vec{x}) = f(\vec{x}_0).$$

Damit ist die Funktion f aus dem vorangehenden Beispiel 1.4 nicht stetig in $(0, 0)$.

Wie bei Funktionen mit einer reellen Variable sind die Summe, das Produkt und die Verkettung von Funktionen, die auf einer Menge stetig sind, dort ebenfalls stetig. Typischer Weise führen Fallunterscheidungen oder Nullstellen des Nenners zu Unstetigkeitsstellen.

Die vorangehend definierten Begriffe übertragen sich auf vektorwertige Funktionen $\vec{f} : D \subseteq \mathbb{R}^n \to \mathbb{R}^m$, indem man sie für jede Komponentenfunktion $f_k : D \to \mathbb{R}$ verlangt.

1.2 Ableitungsbegriffe

Eine Funktion $f : D \subseteq \mathbb{R} \to \mathbb{R}$ ist in einem inneren Punkt $x_0 \in D$ genau dann differenzierbar mit Ableitung $f'(x_0)$, wenn der Grenzwert des Differenzenquotienten

$$\lim_{h \to 0} \frac{f(x_0 + h) - f(x_0)}{h} = f'(x_0)$$

an der Stelle x_0 existiert. Das wollen wir nun auf Funktionen mit mehreren Variablen verallgemeinern. Dazu halten wir zunächst alle Variablen bis auf eine fest und rechnen mit der verbliebenen so, als wäre es die Einzige. Zum Beispiel können wir $f(x, y, z) := x^3 + y^2 z$ bei festem y und z (Konstanten) nach x differenzieren und erhalten $3x^2$. Dies ist eine partielle Ableitung nach x.

Definition 1.5 (Partielle Ableitung, Gradient) Gegeben seien $f = f(x_1, \ldots, x_n) : D \subseteq \mathbb{R}^n \to \mathbb{R}$ und $\vec{x}_0 = (x_{0,1}, x_{0,2}, \ldots, x_{0,n})$ als ein innerer Punkt von D.

Die **partielle Ableitung** erster Ordnung von f bezüglich der Variable x_k (für ein $k \in \{1, 2, \ldots, n\}$) im Punkt $\vec{x}_0$ ist definiert als Grenzwert

$$\frac{\partial f}{\partial x_k}(\vec{x}_0) := f_{x_k}(\vec{x}_0) := \lim_{h \to 0}$$

$$\frac{f(x_{0,1}, \ldots, x_{0,k-1}, x_{0,k} + h, x_{0,k+1}, \ldots, x_{0,n}) - f(x_{0,1}, \ldots, x_{0,k}, \ldots, x_{0,n})}{h},$$

sofern dieser existiert.

Existieren in $\vec{x}_0$ alle partiellen Ableitungen, so kann man diese in einem Vektor, dem **Gradienten**, zusammenfassen:

$$(\text{grad } f)(\vec{x}_0) := \nabla f(\vec{x}_0) := \left(\frac{\partial f}{\partial x_1}(\vec{x}_0), \ldots, \frac{\partial f}{\partial x_n}(\vec{x}_0) \right).$$

Man nennt ∇ den **Nabla-Operator**.

Der Nabla-Operator ist nur eine andere, kürzere Schreibweise für grad. Man beachte, dass dies bei festen Werten für die von der partiellen Ableitung nicht betroffenen Variablen x_l, $l \neq k$, der bereits bekannte Ableitungsbegriff ist: $\frac{\partial f}{\partial x_k}(\vec{x}_0) = \frac{\mathrm{d} f}{\mathrm{d} x_k}(\vec{x}_0)$. Man betrachtet also alle Variablen, nach denen man nicht differenziert, als Konstanten. Dadurch erhält man eine Funktion mit einer Variable, für die man die Steigung berechnen kann. Bei Funktionen mit mehreren Variablen schreibt man als Konvention die Ableitungen mit dem Symbol ∂, bei einer Variable mit d. Diese Unterscheidung vereinfacht das Lesen, wäre aber mathematisch gar nicht nötig.

In Abbildung 1.5 ist eine Funktion $f : \mathbb{R}^2 \to \mathbb{R}$ dargestellt, indem die Funktionswerte $z = f(x, y)$ als z-Koordinate aufgetragen sind. Hält man $y = y_0$ als Konstante fest, so erhält man den von links oben nach rechts unten eingezeichneten Funktionsgraphen. An der Stelle x_0 hat dieser die Steigung der gestrichelt eingezeichneten Gerade, die der partiellen Ableitung $\frac{\partial f}{\partial x}(x_0, y_0)$ entspricht. Entsprechend ist $\frac{\partial f}{\partial y}(x_0, y_0)$ die Steigung der zweiten Gerade, die die Tangente an den von links unten nach rechts oben verlaufenden Funktionsgraphen zu $f(x_0, y)$ als Funktion von y ist. Partielle Ableitungen geben also die Steigung in Richtung der Koordinatenachsen an.

Beispiel 1.5 a)

$$\text{grad}(x^2 + x\sin(y))$$
$$= \nabla(x^2 + x\sin(y)) = \left(\frac{\partial}{\partial x}(x^2 + x\sin(y)), \frac{\partial}{\partial y}(x^2 + x\sin(y)) \right)$$
$$= (2x + \sin(y), x\cos(y)).$$

b) Sei $f(x, y, z) := \frac{x - y^2}{yz + 1}$ für $yz \neq -1$:

$$\frac{\partial f}{\partial x}(x, y, z) = \frac{1}{yz + 1}, \qquad \frac{\partial f}{\partial y}(x, y, z) = \frac{-2y(yz + 1) - (x - y^2)z}{(yz + 1)^2},$$

$$\frac{\partial f}{\partial z}(x, y, z) = \frac{-(x - y^2)y}{(yz + 1)^2}, \qquad (\text{grad } f)(0, 0, 0) = (1, 0, 0).$$

Da die partiellen Ableitungen als Ableitungen einer Funktion mit einer Variable aufgefasst werden können, erhält man sofort Ableitungsregeln:

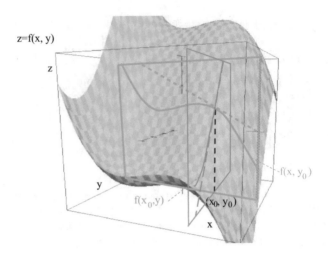

$z=f(x, y)$

z

$f(x, y_0)$

y

$f(x_0, y)$ (x_0, y_0)

x

Abb. 1.5 Die partielle Ableitung nach x in (x_0, y_0) ist die Steigung der von links oben nach rechts unten verlaufenden gestrichelten, die partielle Ableitung nach y die Steigung der von links unten nach rechts oben verlaufenden gestrichelten Gerade. Das Totale Differenzial beschreibt die Ebene, die durch die beiden Geraden aufgespannt wird

Lemma 1.1 (Ableitungsregeln für den Gradienten) Seien $D \subseteq \mathbb{R}^n$ offen und $f, g : D \to \mathbb{R}$ partiell differenzierbar nach allen Variablen in jedem $\vec{x} \in D$. Dann gelten die folgenden Rechenregeln auf D:

a) $\operatorname{grad}(f + g) = \left(\frac{\partial (f+g)}{\partial x_1}, \ldots, \frac{\partial (f+g)}{\partial x_n} \right) = (\operatorname{grad} f) + (\operatorname{grad} g)$,

b) Wir schreiben mit $f \cdot \operatorname{grad} g$ die Multiplikation der reellen Zahl $f(\vec{x})$ (als Skalar) mit dem Vektor $(\operatorname{grad} g)(\vec{x})$:

$$\operatorname{grad}(f \cdot g) = \left(\frac{\partial (f \cdot g)}{\partial x_1}, \ldots, \frac{\partial (f \cdot g)}{\partial x_n} \right)$$

$$= \left(f \cdot \frac{\partial g}{\partial x_1} + g \cdot \frac{\partial f}{\partial x_1}, \ldots, f \cdot \frac{\partial g}{\partial x_n} + g \cdot \frac{\partial f}{\partial x_n} \right)$$

$$= f \cdot (\operatorname{grad} g) + g \cdot (\operatorname{grad} f).$$

Beispiel 1.6 Wir betrachten wieder die Funktion

$$f(x, y) := \begin{cases} \frac{xy}{x^2 + y^2}, & (x, y) \neq (0, 0), \\ 0, & (x, y) = (0, 0), \end{cases}$$

von der wir bereits wissen, dass sie in $(0, 0)$ nicht stetig ist. Für $y = 0$ und $x \in \mathbb{R}$ ist $f(x, 0) = 0$, $\frac{\partial f}{\partial x}(x, 0) = 0$, entsprechend ist $\frac{\partial f}{\partial y}(0, y) = 0$. Beide partiellen Ableitungen existieren also in $(0, 0)$, obwohl f hier nicht stetig ist!

Leider gibt es also Funktionen $f : D \subseteq \mathbb{R}^n \to \mathbb{R}$, bei denen alle partiellen Ableitungen an einer Stelle existieren, die aber dort nicht stetig sind. Dies liegt daran, dass wir hier nur entlang der Koordinatenachsen differenzieren, aber nicht sehen, was in anderen Richtungen geschieht. Wir brauchen einen stärkeren Ableitungsbegriff, aus dem wie in einer Dimension die Stetigkeit folgt.

Eine Funktion f mit nur einer Variable x ist differenzierbar an einer Stelle x_0 mit Ableitung $f'(x_0)$ genau dann, wenn

$$0 = \lim_{h \to 0} \left| \frac{f(x_0 + h) - f(x_0)}{h} - f'(x_0) \right| = \lim_{h \to 0} \underbrace{\left| \frac{h}{|h|} \right|}_{=1} \left| \frac{f(x_0 + h) - f(x_0)}{h} - f'(x_0) \right|$$

$$= \lim_{h \to 0} \left| \frac{f(x_0 + h) - f(x_0)}{|h|} - f'(x_0) \frac{h}{|h|} \right|.$$

Die letzte Formulierung des Grenzwerts lässt sich nun auch für Vektoren $\vec{h}$ hinschreiben, da nur durch die Länge der Vektoren und nicht durch die Vektoren selbst dividiert wird. Das wäre nicht definiert.

Definition 1.6 (Totales Differenzial) Sei $f : E \subseteq \mathbb{R}^n \to \mathbb{R}$ und $\vec{x}_0$ ein innerer Punkt von E.

• Die Funktion f heißt genau dann **(total) differenzierbar** in $\vec{x}_0$, wenn dort die partiellen Ableitungen existieren und zusätzlich gilt:

$$\lim_{\vec{h} \to \vec{0}} \left[\frac{f(\vec{x}_0 + \vec{h}) - f(\vec{x}_0)}{|\vec{h}|} - \sum_{k=1}^n \frac{\partial f}{\partial x_k}(\vec{x}_0) \frac{h_k}{|\vec{h}|} \right] = 0. \qquad (1.3)$$

• Für festes $\vec{x}_0$ heißt dann die Funktion $Df : \mathbb{R}^n \to \mathbb{R}$, definiert als

$$Df(h_1, \ldots, h_n) := \sum_{k=1}^n \frac{\partial f}{\partial x_k}(\vec{x}_0) h_k = (\operatorname{grad} f)(\vec{x}_0) \cdot (h_1, h_2, \cdots, h_n),$$

das **Totale Differenzial** von f in $\vec{x}_0$.

In der Definition haben wir den Definitionsbereich der Funktion nicht mit D sondern mit E bezeichnet, damit es zu keiner Verwechselung der Menge D mit dem totalen Differenzial Df kommt. Im Folgenden werden wir auch den Definitionsbereich wieder D nennen.

Mit den Begriffen Totales Differenzial und Gradient können wir (1.3) umschreiben:

$$\lim_{\vec{h} \to \vec{0}} \left[\frac{f(\vec{x}_0 + \vec{h}) - f(\vec{x}_0)}{|\vec{h}|} - (\operatorname{grad} f)(\vec{x}_0) \cdot \frac{1}{|\vec{h}|} \vec{h} \right]$$

$$= \lim_{\vec{h} \to \vec{0}} \left[\frac{f(\vec{x}_0 + \vec{h}) - f(\vec{x}_0)}{|\vec{h}|} - Df\left(\frac{1}{|\vec{h}|} \vec{h} \right) \right] = 0.$$

Mit dieser Darstellung kann man (wie bei einer Variable) die Stetigkeit von f in $\vec{x}_0$ zeigen, indem man die eckige Klammer mit $|\vec{h}|$ multipliziert:

$$\lim_{\vec{h} \to \vec{0}} f(\vec{x}_0 + \vec{h}) - f(\vec{x}_0)$$

$$= \lim_{\vec{h} \to \vec{0}} \underbrace{\left[\frac{f(\vec{x}_0 + \vec{h}) - f(\vec{x}_0)}{|\vec{h}|} - (\operatorname{grad} f)(\vec{x}_0) \cdot \frac{1}{|\vec{h}|} \vec{h} \right]}_{\to 0} \underbrace{|\vec{h}|}_{\to 0} + \underbrace{(\operatorname{grad} f)(\vec{x}_0) \cdot \vec{h}}_{\to 0} = 0.$$

Das Totale Differenzial Df im Spezialfall $n = 1$ ist eine lineare Funktion $Df : \mathbb{R} \to \mathbb{R}$ mit $Df(\Delta x) = f'(x_0)\Delta x$, die eine Gerade mit Steigung $f'(x_0)$ durch den Koordinatenursprung beschreibt. In der Nähe von x_0 ist

$$f(x_0 + \Delta x) \approx f(x_0) + f'(x_0)\Delta x = f(x_0) + Df(\Delta x).$$

Das ist konsistent mit der Definition 12.4 des Differenzials auf Seite 351 des ersten Bands.

Für allgemeines $n \in \mathbb{N}$ ist $Df : \mathbb{R}^n \to \mathbb{R}$ und beschreibt eine Hyperebene des $\mathbb{R}^{n+1}$ durch den Koordinatenursprung. Bei einer Funktion $f : \mathbb{R}^2 \to \mathbb{R}$ ist diese Hyperebene tatsächlich eine Ebene, und der Begriff stimmt mit der Umgangssprache überein. Bei einer Funktion $f : \mathbb{R}^n \to \mathbb{R}$ handelt es sich bei $\{(h_1, \ldots, h_n, y) : y = Df(h_1, \ldots, h_n)\}$ allgemeiner um einen Unterraum des $\mathbb{R}^{n+1}$ der Dimension n. In Richtung der Koordinatenachsen hat diese Hyperebene die Steigungen

$$\frac{\partial}{\partial h_k} Df(h_1, \ldots, h_n) = \frac{\partial f}{\partial x_k}(\vec{x}_0),$$

die die partiellen Ableitungen von f in $\vec{x}_0$ sind. In Richtung der Koordinatenachsen stimmen damit die Steigungen der Hyperebene mit denen von f in $\vec{x}_0$ überein, die Hyperebene liegt tangential am Funktionsgraphen von f an der Stelle $\vec{x}_0$ an, wenn man sie so verschiebt, dass sie durch den Punkt $(\vec{x}_0, f(\vec{x}_0))$ verläuft. Es handelt sich dann um eine Tangentialebene:

Definition 1.7 (Tangentialebene) Existieren in $\vec{x}_0 = (x_{0,1}, x_{0,2}, \ldots, x_{0,n})$ partielle Ableitungen einer Funktion $f : D \subseteq \mathbb{R}^n \to \mathbb{R}$ nach allen Variablen x_i, $i = 1, 2, \ldots, n$, so wird die (Hyper-) Ebene $E :=$

$$\left\{ \begin{pmatrix} x_1 \\ \vdots \\ x_n \\ y \end{pmatrix} : y = f(\vec{x}_0) + \frac{\partial f}{\partial x_1}(\vec{x}_0)(x_1 - x_{0,1}) + \cdots + \frac{\partial f}{\partial x_n}(\vec{x}_0)(x_n - x_{0,n}) \right\}$$

als **Tangentialebene** an die Funktion f in $\vec{x}_0$ bezeichnet.

Mit der Tangentialebene verbinden wir die Vorstellung, dass wir f in der Nähe von $\vec{x}_0$ durch diese annähern können:

$$f(\vec{x}_0 + (\Delta x_1, \Delta x_2, \ldots, \Delta x_n)) \approx f(\vec{x}_0) + (\operatorname{grad} f)(\vec{x}_0) \cdot \begin{pmatrix} \Delta x_1 \\ \Delta x_2 \\ \vdots \\ \Delta x_n \end{pmatrix}$$
$$= f(\vec{x}_0) + Df(\Delta x_1, \Delta x_2, \ldots, \Delta x_n).$$

Allerdings gelingt dies nur, falls f in $\vec{x}_0$ total differenzierbar ist und man mit der Tangentialebene das Verhalten von f nicht nur in Richtung der Koordinatenachsen wiedergibt: Wählt man unter dieser Voraussetzung für $\vec{h}$ in (1.3) speziell $h\vec{e}$, wobei $\vec{e} \in \mathbb{R}^n$ ein Richtungsvektor mit normierter Länge $|\vec{e}| = 1$ (Einheitsvektor) sei, so existiert die **Richtungsableitung erster Ordnung** im Punkt $\vec{x}_0$ in Richtung $\vec{e}$, definiert als

$$\frac{\partial}{\partial \vec{e}} f(\vec{x}_0) := \lim_{h \to 0} \frac{f(\vec{x}_0 + h\vec{e}) - f(\vec{x}_0)}{h}.$$

Denn aus (1.3) erhalten wir:

$$0 = \lim_{h \to 0} \frac{f(\vec{x}_0 + h\vec{e}) - f(\vec{x}_0) - h(\operatorname{grad} f)(\vec{x}_0) \cdot \vec{e}}{|h\vec{e}|}$$
$$= \lim_{h \to 0} \left| \frac{f(\vec{x}_0 + h\vec{e}) - f(\vec{x}_0)}{h} - (\operatorname{grad} f)(\vec{x}_0) \cdot \vec{e} \right|,$$

denn da der Grenzwert null ist, gilt das auch für den Betrag. Ist $h > 0$, so entspricht der Term im Betrag exakt dem Bruch im ersten Grenzwert. Ist dagegen $h < 0$, so erhält man den negativen Bruch. Aufgrund des Betrags spielt das aber keine Rolle. Damit haben wir gezeigt:

$$\frac{\partial}{\partial \vec{e}} f(\vec{x}_0) = \sum_{k=1}^{n} \frac{\partial f}{\partial x_k}(\vec{x}_0) e_k = (\operatorname{grad} f)(\vec{x}_0) \cdot \begin{pmatrix} e_1 \\ e_2 \\ \vdots \\ e_n \end{pmatrix} = Df(e_1, \ldots, e_n).$$

Das Totale Differenzial beschreibt damit eine (Hyper-) Ebene, die zum Funktionsgraphen tangential bezüglich jeder vorgegebenen Richtung $\vec{e}$ ist. Alle Geraden durch $\vec{x}_0$, die in der Tangentialebene liegen, sind Tangenten an den Funktionsgraphen an dieser Stelle. Ihre Steigung entspricht genau der zugehörigen Richtungsableitung.

Beispiel 1.7 Die Tangentialebene an die Funktion

$$z = f(x, y) = x^2 + 2xy + 4$$

im Punkt $\vec{x}_0 = (1, -2) \in D$ ist durch die Gleichung

$$z = f(1, -2) + \left[\frac{\partial f}{\partial x}(1, -2)\right](x - 1) + \left[\frac{\partial f}{\partial y}(1, -2)\right](y + 2)$$

beschrieben, also mit $\frac{\partial f}{\partial x}(x, y) = 2x + 2y$ und $\frac{\partial f}{\partial y}(x, y) = 2x$ ist

$$z = 1 - 2(x - 1) + 2(y + 2).$$

Beispiel 1.8 (Charakteristiken von partiellen Differenzialgleichungen) Häufig sucht man Funktionen, über deren Ableitungsverhalten man aufgrund von Naturgesetzen etwas weiß. Wie sehen beispielsweise die (total differenzierbaren) Funktionen $f : \mathbb{R}^2 \to \mathbb{R}$ aus, die die Gleichung

$$a\frac{\partial f}{\partial x}(x, y) + b\frac{\partial f}{\partial y}(x, y) = 0$$

für alle $(x, y) \in \mathbb{R}^2$ erfüllen? Dabei ist $\vec{0} \neq (a, b) \in \mathbb{R}^2$ ein konstanter Vektor. Diese Aufgabenstellung ist ein Beispiel für eine **partielle Differenzialgleichung**, also eine Gleichung, in der partielle Ableitungen einer gesuchten Funktion auftreten. Im Teil II des Buchs gehen wir systematischer auf Differenzialgleichungen ein. Das hindert uns aber nicht daran, sie schon jetzt als Beispiele zu verwenden.

Wir können die Gleichung mit der Richtungsableitung umschreiben zu

$$\sqrt{a^2 + b^2}\left(\frac{\partial f}{\partial x}(x, y), \frac{\partial f}{\partial y}(x, y)\right) \cdot \begin{pmatrix} \frac{a}{\sqrt{a^2+b^2}} \\ \frac{b}{\sqrt{a^2+b^2}} \end{pmatrix} = \sqrt{a^2 + b^2}\frac{\partial f}{\partial \frac{1}{\sqrt{a^2+b^2}}(a, b)}(x, y)$$

$$= 0.$$

Die Steigung einer Lösung ist an jeder Stelle in Richtung von (a, b) gleich null, die Lösung ist konstant auf allen Geraden mit Richtungsvektor (a, b). Diese Geraden heißen die **Charakteristiken** der Differenzialgleichung. Die Koordinatenform der Charakteristiken lautet $bx - ay = c$, wobei man für jede Konstante $c \in \mathbb{R}$ eine andere Gerade erhält (vgl. Band 1, S. 521). Da f auf diesen Geraden konstant ist, gibt es nur für jedes c einen anderen Funktionswert. Jede Lösung f hat damit die Gestalt $f(x, y) = g(bx - ay)$

für eine Funktion $g : \mathbb{R} \to \mathbb{R}$, die nur eine Variable hat. Genauer lässt sich g ohne weitere Anforderungen an die Lösung nicht bestimmen. So erfüllt beispielsweise $f(x, y) = \sin(bx - ay)$, aber auch $f(x, y) = \exp(bx - ay)$ die Differenzialgleichung.

In welcher Richtung $\vec{e}$ hat eine Funktion $f : D \subseteq \mathbb{R}^n \to \mathbb{R}$ an einer Stelle $\vec{x}_0$ die größte Steigung $\frac{\partial}{\partial \vec{e}} f(\vec{x}_0)$? Ist α der Winkel zwischen den Vektoren $(\operatorname{grad} f)(\vec{x}_0)$ und $\vec{e}$, so gilt unter Verwendung des Skalarprodukts (siehe (i) auf Seite xv und vgl. Band 1, Kapitel 18.2):

$$\frac{\partial}{\partial \vec{e}} f(\vec{x}_0) = (\operatorname{grad} f)(\vec{x}_0) \cdot \begin{pmatrix} e_1 \\ e_2 \\ \vdots \\ e_n \end{pmatrix} = |(\operatorname{grad} f)(\vec{x}_0)| \cdot |\vec{e}| \cdot \cos(\alpha)$$

$$= |(\operatorname{grad} f)(\vec{x}_0)| \cdot \cos(\alpha).$$

Die größte Richtungsableitung ergibt sich für $\alpha = 0$ bzw. $\cos(\alpha) = 1$. Die zugehörige Richtung ist $\vec{e} = |(\operatorname{grad} f)(\vec{x}_0)|^{-1}(\operatorname{grad} f)(\vec{x}_0)$. Das ist für viele praktische Anwendungen eine sehr wichtige Beobachtung, die wir durch einen Satz würdigen:

Satz 1.2 (Gradient als Richtung des größten Anstiegs) Sei f total differenzierbar in $\vec{x}_0$. Der Gradient $(\operatorname{grad} f)(\vec{x}_0) \neq \vec{0}$ zeigt in die Richtung des größten (steilsten) Anstiegs von f. In entgegengesetzter Richtung $-(\operatorname{grad} f)(\vec{x}_0)$ hat f den steilsten Abstieg.

Beispiel 1.9 (Gradientenverfahren) Ein Algorithmus, mit dem man ein (lokales) Minimum einer Funktion $y = f(x)$ iterativ bestimmen kann, ist das **Verfahren des steilsten Abstiegs** (Gradientenverfahren, steepest descent), vgl. [Dobner und Engelmann(2002), Band 2, S. 102–103]. Dabei sucht man ausgehend von einem Startpunkt $\vec{x}_0$ einen nächsten Punkt $\vec{x}_1$ in Richtung des Vektors des steilsten Abstiegs $\vec{v} = -(\operatorname{grad} f)(\vec{x}_0) \, (\neq \vec{0})$. Dazu minimiert man die Funktion

$$g(t) := f(\vec{x}_0 + t \cdot \vec{v}) \quad \text{mit} \quad \vec{v} = -(\operatorname{grad} f)(\vec{x}_0),$$

indem man einen Wert $t_0 > 0$ über die notwendige Bedingung $g'(t_0) = 0$ bestimmt. Nun kann man den Algorithmus mit dem neuen Startpunkt $\vec{x}_1 = \vec{x}_0 + t_0 \cdot \vec{v}$ wiederholen. Nach einiger Zeit wird $(\operatorname{grad} f)(\vec{x}_k) \approx \vec{0}$ (vgl. Satz 2.1 auf Seite 38) oder man erzielt keine weiteren signifikanten Verbesserungen. Damit hat man annähernd ein lokales Minimum gefunden. Entsprechend kann ein (lokales) Maximum gesucht werden, indem man Schritte in Richtung des jeweils steilsten Anstiegs verwendet.

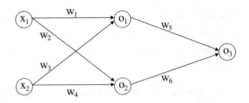

Abb. 1.6 Neuronales Netz

Beispiel 1.10 (Mit dem Gradientenverfahren lernendes neuronales Netz) Seit Ende 2022 ist ein Hype um den Chatbot ChatGPT entstanden. Dieser nutzt ein auf einer gewaltigen Datenmenge trainiertes riesiges neuronales Netz. Neuronale Netze bilden das Verhalten von vernetzten Nervenzellen nach. Sie berechnen dazu aus Eingabewerten einen oder mehrere Ausgabewerte. In Abbildung 1.6 ist ein einfaches dreischichtiges Netz dargestellt. Die Neuronen der ersten Schicht nehmen Eingangswerte x_1 und x_2 an und leiten diese an die beiden Neuronen der zweiten, mittleren (sogenannten verdeckten) Schicht weiter. Dabei werden die Werte jedoch gewichtet. Als Eingabe erhält das obere Neuron der mittleren Schicht den Wert $w_1x_1 + w_3x_2 = (w_1, w_3) \cdot (x_1, x_2)$ und das untere den Wert $w_2x_1 + w_4x_2 = (w_2, w_4) \cdot (x_1, x_2)$. Die Gewichte w_k werden in einem Lernvorgang so gewählt, dass das Netz am Ende ein gewünschtes Verhalten zeigt. Darauf gehen wir gleich ein. Die Neuronen der mittleren Schicht berechnen nun eine Ausgabe, die an die dritte Schicht weitergereicht wird. Einfache Schwellenwertneuronen vergleichen die Eingabe mit einem Schwellenwert. Ist sie kleiner, wird 0 weitergereicht, sonst 1. Das erweist sich jedoch für die Bestimmung der Gewichte beim Lernen als schwierig, da der Ausgabewert über eine Sprungfunktion und nicht über eine differenzierbare Funktion berechnet wird. Hier verwenden wir stattdessen eine **Aktivierungsfunktion**, die einen Ausgabewert zwischen 0 und 1 berechnet. Oft wird die **logistische Funktion** $g(x) := \frac{1}{1+e^{-x}}$ verwendet, da sich ihre Ableitung an einer Stelle x direkt aus dem Funktionswert $g(x)$ ergibt und so die Formeln einfacher werden:

$$g'(x) = \frac{e^{-x}}{(1+e^{-x})^2} = \frac{1}{1+e^{-x}} \frac{1+e^{-x}-1}{1+e^{-x}} = \frac{1}{1+e^{-x}} \left[1 - \frac{1}{1+e^{-x}} \right]$$
$$= g(x)[1 - g(x)].$$

Man nennt g eine **sigmoide Funktion**, da sie monoton wachsend mit $\lim_{x \to -\infty} g(x) = 0$ und $\lim_{x \to \infty} g(x) = 1$ ist. Der „mittlere Wert" $\frac{1}{2}$ wird für $x = 0$ angenommen. Damit entspricht 0 einem Schwellenwert. Möchte man einen anderen Schwellenwert Φ realisieren, so kann man $g(x - \Phi)$ verwenden. Das erreicht man, indem man z. B. statt der Eingabe $w_1x_1 + w_3x_2$ die Eingabe $w_1x_1 + w_3x_2 + (-\Phi) \cdot 1$ verwendet. So wird der Schwellenwert zu einem weiteren Gewicht, und wir müssen beim Lernen nur Gewichte optimieren. Um das Beispiel kurz zu halten, verzichten wir hier auf die Anpassung der Schwellenwerte über Gewichte und lassen den Term $(-\Phi) \cdot 1$ weg.

Wir bezeichnen mit

$$o_1 = o_1(w_1, w_3), \ o_2 = o_2(w_2, w_4) \text{ und } o_3 = o_3(w_1, \ldots, w_6)$$

die Werte, die die Neuronen der mittleren und letzten Schicht berechnen. Im Folgenden lassen wir nur wegen der Übersichtlichkeit die Argumente teilweise weg.

Das Netz berechnet also aus vorgegebenen Werten x_1 und x_2 in Abhängigkeit von den Gewichten den Zahlenwert

$$\begin{aligned}
o_3(w_1, \ldots, w_6) &= g(w_5 o_1(w_1, w_3) + w_6 o_2(w_2, w_4)) \\
&= g(w_5 g(w_1 x_1 + w_3 x_2) + w_6 g(w_2 x_1 + w_4 x_2)).
\end{aligned}$$

Wir berechnen die partiellen Ableitungen

$$\begin{aligned}
\frac{\partial o_3}{\partial w_5}(w_1, \ldots, w_6) &= g'(w_5 o_1 + w_6 o_2) o_1 \\
&= g(w_5 o_1 + w_6 o_2)[1 - g(w_5 o_1 + w_6 o_2)] o_1 \\
&= o_3[1 - o_3] o_1, \\
\frac{\partial o_3}{\partial w_6}(w_1, \ldots, w_6) &= o_3[1 - o_3] o_2, \\
\frac{\partial o_3}{\partial w_1}(w_1, \ldots, w_6) &= o_3[1 - o_3] w_5 o_1[1 - o_1] x_1, \\
\frac{\partial o_3}{\partial w_2}(w_1, \ldots, w_6) &= o_3[1 - o_3] w_6 o_2[1 - o_2] x_1, \\
\frac{\partial o_3}{\partial w_3}(w_1, \ldots, w_6) &= o_3[1 - o_3] w_5 o_1[1 - o_1] x_2, \\
\frac{\partial o_3}{\partial w_4}(w_1, \ldots, w_6) &= o_3[1 - o_3] w_6 o_2[1 - o_2] x_2,
\end{aligned}$$

und kennen damit $(\text{grad}\, o_3)(w_1, \ldots, w_6)$. Insbesondere können die partiellen Ableitungen nach w_5 und w_6 zur Berechnung der partiellen Ableitungen nach $w_1, \ldots, w_4$ genutzt werden. Möchte man für eine spezielle Eingabe x_1, x_2 die Gewichte so bestimmen, dass die Ausgabe o_3 möglichst nahe an einer vorgegebenen Ausgabe o ist, so kann man den Fehler $f(w_1, \ldots, w_6) := (o - o_3(w_1, \ldots, w_6))^2$ minimieren. Dazu kann man von einer Startbelegung der Gewichte ausgehend sukzessive Schritte in Richtung des negativen Gradienten $-(\text{grad}\, f)(w_1, \ldots, w_6) = -2(o - o_3(w_1, \ldots, w_6))[-(\text{grad}\, o_3)(w_1, \ldots, w_6)]$ machen. Bei jedem Schritt addiert man zum aktuellen Vektor der Gewichte den Wert $\lambda 2(o - o_3)\, \text{grad}\, o_3$, wobei λ die Schrittweite bezeichnet, die auch Lernrate genannt wird. Wir minimieren den Fehler also mit einem Gradientenverfahren, wobei im Gegensatz zu Beispiel 1.9 mit einer Schrittweite gearbeitet wird. Ein neuronales Netz soll auch bei anderen Eingabewerten geeignete Ausgaben liefern. Daher benutzt man die Methode des steilsten Abstiegs abwechselnd für verschiedene Eingaben und ihre vorgegebenen Ausgaben. So wird das Netz trainiert, und man hat die Hoffnung, dass es sich für „ähnliche" Eingaben auch ähnlich verhält und so Muster erkennen kann. Ein Schritt in Richtung des steilsten Abstiegs wird häufig mittels **Backpropagation** effizient berechnet. Dabei werden die aktualisierten Gewichte von der Ausgabeschicht zurück zur Eingabeschicht berechnet, also in umgekehrter Reihenfolge der Indizes. Dabei nutzt man aus, dass die benötigten partiellen Ableitungen sich aus bereits zuvor berechneten ergeben, so wie sich oben $w_1, \ldots, w_4$ aus w_5 und w_6 bestimmen lassen.

Beispiel 1.11 (Eine andere Sicht auf das Newton-Verfahren) Mit dem eindimensionale Newton-Verfahren kann eine Nullstelle x_0 einer differenzierbaren Funktion $f : \mathbb{R} \to \mathbb{R}$ bestimmt werden, indem man an einer Stelle x_1 in der Nähe von x_0 die Tangente berechnet, die die Funktion f lokal in einer Umgebung von x_1 gut darstellt. Dann wird die Nullstelle x_2 der Tangentengerade berechnet, die eine Näherung an x_0 ist. Das Verfahren wird nun mit dem neuen Startpunkt x_2 wiederholt, usw. (vgl. Band 1, Seite 349). Dieser Algorithmus kann nun als modifiziertes Gradientenverfahren aufgefasst werden. Sofern Nullstellen vorliegen, ist die Nullstellenbestimmung äquivalent mit der Suche nach (globalen) Minima der Funktion $[f(x)]^2$. Beginnend an einer Stelle x_1 geht man hier ein Stück in Richtung des negativen Gradienten (der negativen Ableitung) $-2f(x)f'(x)$ bis zu der Stelle, an der die Tangente an f im Punkt $(x_1, f(x_1))$ die x-Achse schneidet. Diese Stelle ist x_2, und der Vorgang wiederholt sich. Der negative Gradient bestimmt hier also, ob nach rechts oder nach links weitergesucht werden soll. Wie weit in diese Richtung zu gehen ist, wird allerdings einfacher als in Beispiel 1.9 berechnet, indem die Funktion durch die Tangente angenähert wird.

Existiert das Totale Differenzial, so hat man über den Gradienten sofort alle Richtungsableitungen. Der über einen Grenzwert definierte Begriff des Totalen Differenzials ist allerdings für die Anwendung sperrig. Glücklicherweise gibt es aber den folgenden Satz (vgl. [Arens et al.(2022), S. 886]), den wir ohne Beweis zitieren:

Satz 1.3 (Hinreichende Bedingung: Existenz des Totalen Differenzials) Sei $f : D \subseteq \mathbb{R}^n \to \mathbb{R}$, D offen, so dass alle partiellen Ableitungen erster Ordnung stetig sind auf D, dann existiert das Totale Differenzial Df für jeden Punkt aus D.

In der Praxis kommt man daher ganz gut mit dem Begriff des Gradienten aus, ohne den Begriff des Totalen Differenzials bemühen zu müssen. Man muss lediglich sicherstellen, dass die partiellen Ableitungen stetig sind.

Wir haben bislang das Totale Differenzial nur für reellwertige Funktionen betrachtet. Ber vektorwertigen Funktionen betrachten wir wieder die Komponentenfunktionen:

Definition 1.8 (Jacobi-Matrix) Eine vektorwertige Funktion $\vec{f} : D \subseteq \mathbb{R}^n \to \mathbb{R}^m$ heißt genau dann **total differenzierbar** an einer Stelle $\vec{x}_0$, wenn alle Komponentenfunktionen $f_1, f_2, \ldots, f_m$ an dieser Stelle total differenzierbar sind. Die Matrix

$$
\begin{bmatrix}
\frac{\partial f_1}{\partial x_1}(\vec{x}_0) & \frac{\partial f_1}{\partial x_2}(\vec{x}_0) & \cdots & \frac{\partial f_1}{\partial x_n}(\vec{x}_0) \\
\frac{\partial f_2}{\partial x_1}(\vec{x}_0) & \frac{\partial f_2}{\partial x_2}(\vec{x}_0) & \cdots & \frac{\partial f_2}{\partial x_n}(\vec{x}_0) \\
\vdots & \vdots & & \vdots \\
\frac{\partial f_m}{\partial x_1}(\vec{x}_0) & \frac{\partial f_m}{\partial x_2}(\vec{x}_0) & \cdots & \frac{\partial f_m}{\partial x_n}(\vec{x}_0)
\end{bmatrix},
$$

deren Zeilen die Gradienten $(\operatorname{grad} f_1)(\vec{x}_0), \ldots, (\operatorname{grad} f_m)(\vec{x}_0)$ der Komponentenfunktionen sind, heißt **Jacobi-Matrix** von $\vec{f}$ in $\vec{x}_0$ und wird mit $\vec{f}'(\vec{x}_0)$ bezeichnet (Jacobi: 1804–1851). Im Fall $n = m$ heißt die Determinante der Matrix die **Funktionaldeterminante**.

Die Funktionaldeterminante werden wir später bei der Integration über Teilmengen des $\mathbb{R}^n$ benötigen.

Bei vektorwertigen Funktionen kann man einzeln mit den Komponentenfunktionen rechnen. Man kann partielle Ableitungen aber auch unter Ausnutzung der Matrizen-Schreibweise berechnen. Dabei übertragen sich die Ableitungsregeln sinngemäß:

Beispiel 1.12 Wir betrachten eine Situation, die wir später bei Differenzialgleichungssystemen noch benötigen werden.

$$
\vec{f}(x) := \mathbf{W}(x)\vec{y}(x), \quad \mathbf{W}(x) := \begin{bmatrix} w_{1,1}(x) & w_{1,2}(x) \\ w_{2,1}(x) & w_{2,2}(x) \end{bmatrix}, \quad \vec{y}(x) := \begin{pmatrix} y_1(x) \\ y_2(x) \end{pmatrix}.
$$

$\vec{f} : \mathbb{R} \to \mathbb{R}^2$, wobei die Funktionen $w_{k,i}$, y_1 und y_2 reelle Funktionen einer reellen Variable seien. Für die Jacobi-Matrix $\vec{f}'(x) = \begin{bmatrix} f_1'(x) \\ f_2'(x) \end{bmatrix} =: \frac{\mathrm{d}}{\mathrm{d}x}\vec{f}(x)$ gilt:

$$
\begin{aligned}
\vec{f}'(x) &= \frac{\mathrm{d}}{\mathrm{d}x}\left[\mathbf{W}(x)\vec{y}(x)\right] = \frac{\mathrm{d}}{\mathrm{d}x}\begin{pmatrix} w_{1,1}(x)y_1(x) + w_{1,2}(x)y_2(x) \\ w_{2,1}(x)y_1(x) + w_{2,2}(x)y_2(x) \end{pmatrix} \\
&= \begin{pmatrix} w_{1,1}'(x)y_1(x) + w_{1,2}'(x)y_2(x) + w_{1,1}(x)y_1'(x) + w_{1,2}(x)y_2'(x) \\ w_{2,1}'(x)y_1(x) + w_{2,2}'(x)y_2(x) + w_{2,1}(x)y_1'(x) + w_{2,2}(x)y_2'(x) \end{pmatrix} \\
&= \left[\frac{\mathrm{d}}{\mathrm{d}x}\mathbf{W}(x)\right]\vec{y}(x) + \mathbf{W}(x)\frac{\mathrm{d}}{\mathrm{d}x}\vec{y}(x). \tag{1.4}
\end{aligned}
$$

Hier verwenden wir $\frac{\mathrm{d}}{\mathrm{d}x}$ auch für Vektoren und Matrizen und verstehen darunter die komponentenweise Ableitung nach der einzigen Variable x. Bei partiellen Ableitungen würden wir analog $\frac{\partial}{\partial x}$ schreiben.

Die Kettenregel $(f \circ g)'(x) = \frac{d}{dx}(f(g(x)) = f'(g(x))g'(x)$ für reelle Funktionen mit einer reellen Variable (Seite 596) geht nun über in diese allgemeinere Gestalt:

Satz 1.4 (Kettenregel) Ist $\vec{g} : D \subseteq \mathbb{R}^n \to \mathbb{R}^m$, so dass im inneren Punkt $\vec{x}_0 \in D$ alle partiellen Ableitungen von $\vec{g}$ existieren (wir können also die Jacobi-Matrix aufschreiben). Weiter sei $f : E \subseteq \mathbb{R}^m \to \mathbb{R}$, so dass $\vec{g}(D) \subseteq E$, $\vec{g}(\vec{x}_0)$ ein innerer Punkt von E ist und alle partiellen Ableitungen von f in $\vec{g}(\vec{x}_0)$ existieren. Dann gilt für $1 \le k \le n$:

$$\left[\frac{\partial}{\partial x_k}(f \circ \vec{g}) \right](\vec{x}_0) = (\operatorname{grad} f)(\vec{g}(\vec{x}_0)) \cdot \begin{pmatrix} \frac{\partial g_1}{\partial x_k}(\vec{x}_0) \\ \frac{\partial g_2}{\partial x_k}(\vec{x}_0) \\ \vdots \\ \frac{\partial g_m}{\partial x_k}(\vec{x}_0) \end{pmatrix},$$

d. h., wir erhalten die partielle Ableitung über ein Skalarprodukt. Unter Verwendung der Jacobi-Matrix sieht das so aus:

$$[\operatorname{grad}(f \circ \vec{g})](\vec{x}_0) = (\operatorname{grad} f)(\vec{g}(\vec{x}_0)) \cdot \begin{bmatrix} \frac{\partial g_1}{\partial x_1}(\vec{x}_0) & \cdots & \frac{\partial g_1}{\partial x_n}(\vec{x}_0) \\ \vdots & & \vdots \\ \frac{\partial g_m}{\partial x_1}(\vec{x}_0) & \cdots & \frac{\partial g_m}{\partial x_n}(\vec{x}_0) \end{bmatrix}.$$

Hier wird der Zeilenvektor der partiellen Ableitungen $\operatorname{grad} f$ an der Stelle $\vec{g}(\vec{x}_0)$ berechnet und mit der Jacobi-Matrix der ersten partiellen Ableitungen von $\vec{g}$ an der Stelle $\vec{x}_0$ multipliziert. Diese Kettenregel sieht genauso aus wie die altbekannte für Funktionen mit einer Variable. Man muss nur die Ableitungen durch die entsprechenden Begriffe für Funktionen mit mehreren Variablen austauschen, so dass die Regel mit Vektoren und Matrizen geschrieben wird. An dieser Stelle zeigt sich, wie genial die Definition der Matrixmultiplikation ist. Sie erlaubt hier das Rechnen wie mit einer Variable.

Beispiel 1.13 Wir verketten eine Funktion $f : \mathbb{R}^3 \to \mathbb{R}$ mit $g :]0, \infty[\subset \mathbb{R} \to \mathbb{R}^3$:

$$f(x_1, x_2, x_3) := \exp(x_1 + 3x_2 - x_3), \quad \vec{g}(t) := (t, t^2, \sqrt{t}) = (g_1(t), g_2(t), g_3(t)).$$

Damit ist

$$[f \circ \vec{g}]'(t) = (\operatorname{grad} f)(\vec{g}(t)) \cdot \left(\frac{\partial g_1}{\partial t}(t), \frac{\partial g_2}{\partial t}(t), \frac{\partial g_3}{\partial t}(t) \right)^{\top}$$

$$= \exp\left(t + 3t^2 - \sqrt{t}\right)(1, 3, -1) \begin{pmatrix} 1 \\ 2t \\ \frac{1}{2\sqrt{t}} \end{pmatrix}$$

$$= \exp\left(t + 3t^2 - \sqrt{t}\right)\left[1 + 6t - \frac{1}{2\sqrt{t}}\right].$$

Wegen $[f \circ \vec{g}](t) = \exp\left(t + 3t^2 - \sqrt{t}\right)$ folgt mit der „eindimensionalen" Kettenregel ebenfalls $[f \circ \vec{g}]'(t) = \exp\left(t + 3t^2 - \sqrt{t}\right)\left(1 + 6t - \frac{1}{2\sqrt{t}}\right)$.

Beispiel 1.14 Sei $f(x_1, x_2) := x_1^{x_2}$ und $\vec{g}(t) := (t, t)$ für $t > 0$. Dann ist wegen $\frac{\partial}{\partial x_1} x_1^{x_2} = x_2 \cdot x_1^{x_2-1}$ und $\frac{\partial}{\partial x_2} x_1^{x_2} = \frac{\partial}{\partial x_2} \exp(x_2 \ln(x_1)) = x_1^{x_2} \ln(x_1)$:

$$\frac{\mathrm{d}}{\mathrm{d}t} t^t = [f \circ \vec{g}]'(t) = (\mathrm{grad}\, f)(\vec{g}(t)) \cdot \begin{pmatrix} \frac{\partial g_1}{\partial t}(t) \\ \frac{\partial g_2}{\partial t}(t) \end{pmatrix} = (t \cdot t^{t-1}, t^t \ln(t)) \cdot \begin{pmatrix} 1 \\ 1 \end{pmatrix}$$

$$= t^t(1 + \ln(t)).$$

Dieses Ergebnis ergibt sich natürlich auch bei „eindimensionaler" Rechnung:

$$\frac{\mathrm{d}}{\mathrm{d}t} t^t = \frac{\mathrm{d}}{\mathrm{d}t} \exp(t \ln(t)) = t^t[\ln(t) + \tfrac{t}{t}].$$

Die Kettenregel ist auch für äußere Funktionen $\vec{f} : E \subseteq \mathbb{R}^m \to \mathbb{R}^p$ anwendbar, indem man sie für die Komponentenfunktionen $f_1, \ldots, f_p$ benutzt. Es entsteht die Formel

$$\begin{bmatrix} \frac{\partial[f_1 \circ \vec{g}]}{\partial x_1}(\vec{x}_0) & \cdots & \frac{\partial[f_1 \circ \vec{g}]}{\partial x_n}(\vec{x}_0) \\ \vdots & & \vdots \\ \frac{\partial[f_p \circ \vec{g}]}{\partial x_1}(\vec{x}_0) & \cdots & \frac{\partial[f_p \circ \vec{g}]}{\partial x_n}(\vec{x}_0) \end{bmatrix}$$

$$= \begin{bmatrix} \frac{\partial f_1}{\partial x_1}(\vec{g}(\vec{x}_0)) & \cdots & \frac{\partial f_1}{\partial x_n}(\vec{g}(\vec{x}_0)) \\ \vdots & & \vdots \\ \frac{\partial f_p}{\partial x_1}(\vec{g}(\vec{x}_0)) & \cdots & \frac{\partial f_p}{\partial x_n}(\vec{g}(\vec{x}_0)) \end{bmatrix} \cdot \begin{bmatrix} \frac{\partial g_1}{\partial x_1}(\vec{x}_0) & \cdots & \frac{\partial g_1}{\partial x_n}(\vec{x}_0) \\ \vdots & & \vdots \\ \frac{\partial g_m}{\partial x_1}(\vec{x}_0) & \cdots & \frac{\partial g_m}{\partial x_n}(\vec{x}_0) \end{bmatrix}.$$

Zum Abschluss noch eine Bemerkung zu komplexwertigen Funktionen einer komplexen Variable. Eine Funktion $f : \mathbb{C} \to \mathbb{C}$ kann durch Auftrennen der Variable z und des Funktionswerts $f(z)$ in Real- und Imaginärteil auch als Funktion $\vec{f} : \mathbb{R}^2 \to \mathbb{R}^2$ betrachtet werden über $f(z) = f(x + jy) = f_1(x, y) + jf_2(x, y)$. Die komplexe Ableitung an einer Stelle $z_0 = x_0 + jy_0$ wird über die Existenz des Grenzwerts eines komplexen Differenzenquotienten definiert: $f'(z_0) := \lim_{z \to z_0} \frac{f(z_0) - f(z)}{z_0 - z}$. Man kann nachrechnen, dass im Falle der Existenz von $f'(z_0)$ die partiellen Ableitungen von $\vec{f}$ an der Stelle (x_0, y_0) existieren und sie zusätzlich die **Cauchy-Riemann-Differenzialgleichungen** erfüllen:

$$\frac{\partial}{\partial x} f_1(x_0, y_0) = \frac{\partial}{\partial y} f_2(x_0, y_0), \quad \frac{\partial}{\partial y} f_1(x_0, y_0) = -\frac{\partial}{\partial x} f_2(x_0, y_0). \quad (1.5)$$

1.3 Implizite Differenziation und implizite Funktion

Wir wollen in diesem Abschnitt eine differenzierbare Funktion $f :]a, b[\to \mathbb{R}$ ableiten, die nicht explizit gegeben ist, sondern implizit über eine Gleichung

$$F(x, f(x)) = c$$

definiert ist. Dabei ist c eine Konstante und $F : D \subseteq \mathbb{R}^2 \to \mathbb{R}$ eine Funktion, deren partielle Ableitungen auf einer offenen Menge D existieren. Damit wir die Paare $(x, f(x))$ in $F(x, y)$ einsetzen können, muss zudem die Menge $]a, b[\times \{ f(x) : x \in]a, b[\}$ in D enthalten sein.

Die Voraussetzungen sind jetzt so gewählt, dass wir die Kettenregel (Satz 1.4) anwenden können:

$$0 = \frac{\mathrm{d}}{\mathrm{d}x} F(x, f(x)) = (\operatorname{grad} F)(x, f(x)) \cdot \begin{pmatrix} 1 \\ f'(x) \end{pmatrix}$$

$$= \frac{\partial F}{\partial x}(x, f(x)) + f'(x) \cdot \frac{\partial F}{\partial y}(x, f(x)).$$

Wir möchten diese Gleichung nach $f'(x)$ auflösen. Dazu benötigen wir als weitere Voraussetzung, dass $\frac{\partial F}{\partial y}(x, f(x)) \neq 0$ ist. Sei also $x_0 \in]a, b[$ eine Stelle mit $\frac{\partial F}{\partial y}(x_0, f(x_0)) \neq 0$, dann gilt:

$$f'(x_0) = -\frac{\frac{\partial F}{\partial x}(x_0, f(x_0))}{\frac{\partial F}{\partial y}(x_0, f(x_0))}.$$

Ist $\frac{\partial F}{\partial y}$ stetig, so ist der Nenner nicht nur für x_0, sondern sogar in einer Umgebung $]x_0 - \delta, x_0 + \delta[$ ungleich null, so dass hier die Ableitung ausgerechnet werden kann.

Beispiel 1.15 Wir können den oberen Rand des Einheitskreises über die Funktion $f(x) = \sqrt{1 - x^2}$, $x \in [-1, 1]$ beschreiben. Diese erfüllt die Gleichung $x^2 + f(x)^2 = 1$. Mit $F(x, y) := x^2 + y^2$ wenden wir die Regel zur impliziten Differenziation an. Zunächst ist $(\operatorname{grad} f)(x, y) = (2x, 2y)$. Damit erhalten wir für $x \in]-1, 1[$:

$$f'(x) = -\frac{2x}{2f(x)} = -\frac{2x}{2\sqrt{1 - x^2}}.$$

Die Ableitung im vorangehenden Beispiel hätten wir auch direkt mit der klassischen Kettenregel berechnen können. Die implizite Differenziation wird dann wichtig, wenn man die Gleichung nicht unmittelbar nach f auflösen kann. Dabei stellt sich die Frage, ob und wo es für eine Gleichung $F(x, y) = c$ eine Funktion f gibt, so dass für y die Funktionswerte $y = f(x)$ eingesetzt werden können, so dass die Gleichung erfüllt ist. Ein passendes Kriterium ist der **Satz über die implizite Funktion**: Sei F stetig differenzierbar auf D und die Gleichung für das Zahlenpaar (x_0, y_0) erfüllt (d. h. $F(x_0, y_0) = c$).

Dann genügt die oben verwendete Bedingung $\frac{\partial F}{\partial y}(x_0, y_0) \neq 0$, damit in einer (eventuell kleinen) Umgebung $]x_0 - \delta, x_0 + \delta[$ von x_0 eine (eindeutige) stetig differenzierbare Funktion f mit $f(x_0) = y_0$ existiert, so dass $F(x, f(x)) = c$ für alle $x \in]x_0 - \delta, x_0 + \delta[$. Die Ableitung dieser Funktion f haben wir oben berechnet.

Der Satz über die implizite Funktion gilt auch dann, wenn statt der reellen Variablen x und y Vektoren $\vec{x} \in \mathbb{R}^m$ und $\vec{y} \in \mathbb{R}^n$ verwendet werden, $F = \vec{F}$ in den $\mathbb{R}^n$ abbildet und eine Funktion $\vec{f}$ mit m Variablen und Werten im $\mathbb{R}^n$ gesucht ist. Die partiellen Ableitungen nach x und y werden dann durch entsprechende Jakobi-Matrizen ersetzt.

1.4 Höhere Ableitungen

Partielle Ableitungen lassen sich als Funktionen auffassen, die dann selbst wieder partiell abgeleitet werden können. So entstehen partielle Ableitungen höherer Ordnung, wobei die Ableitungsordnung die Anzahl aller vorzunehmenden einzelnen partiellen Ableitungen ist. Dabei schreiben wir (am Beispiel einer Funktion $f(x, y)$ und Ableitungen zweiter und dritter Ordnung)

$$\frac{\partial^2 f}{\partial x^2} := \frac{\partial}{\partial x}\frac{\partial f}{\partial x}, \quad \frac{\partial^2 f}{\partial y \partial x} := \frac{\partial}{\partial y}\frac{\partial f}{\partial x}, \quad \frac{\partial^2 f}{\partial x \partial y} := \frac{\partial}{\partial x}\frac{\partial f}{\partial y}, \quad \frac{\partial^3 f}{\partial y \partial x^2} := \frac{\partial}{\partial y}\frac{\partial^2 f}{\partial x^2}.$$

Die Ableitungsoperatoren $\frac{\partial}{\partial x}$ und $\frac{\partial}{\partial y}$ sind bei dieser Schreibweise also nacheinander von rechts nach links abzuarbeiten. Dagegen wertet man die folgende Notation von links nach rechts (und damit ebenfalls vom Funktionssymbol f nach außen) aus:

$$f_{xy} := (f_x)_y := \frac{\partial^2 f}{\partial y \partial x} = \frac{\partial f_x}{\partial y}.$$

Hier stellt sich die Frage, ob die Reihenfolge der Durchführung der partiellen Ableitungen eine Rolle spielt.

Beispiel 1.16

$$\frac{\partial^2}{\partial x \partial y}\sin(yx^2) = \frac{\partial}{\partial x}\left[x^2 \cos(yx^2)\right] = 2x \cos(yx^2) - 2x^3 y \sin(yx^2).$$

Andererseits ist

$$\frac{\partial^2}{\partial y \partial x}\sin(yx^2) = \frac{\partial}{\partial y}\left[2yx \cos(yx^2)\right] = 2x \cos(yx^2) - 2x^3 y \sin(yx^2).$$

Die Reihenfolge der Ableitungen spielt zumindest in diesem Beispiel keine Rolle. Allgemeiner gibt der folgende Satz eine hinreichende Bedingung für die Vertauschbarkeit der partiellen Ableitungen (siehe [Arens et al.(2022), S. 880]):

Satz 1.5 (Hermann Amandus Schwarz (1843–1921)) Sei $D \subseteq \mathbb{R}^n$ und $f : D \to \mathbb{R}$, so dass alle partiellen Ableitungen von f bis zur Ordnung 2 von f in einer Umgebung des inneren Punkts $\vec{x}_0 \in D$ existieren. Weiterhin mögen die zweiten partiellen Ableitung in $\vec{x}_0$ stetig sein. Dann gilt für $l, k \in \{1, \ldots, n\}$:

$$\frac{\partial}{\partial x_l} \frac{\partial f}{\partial x_k}(\vec{x}_0) = \frac{\partial}{\partial x_k} \frac{\partial f}{\partial x_l}(\vec{x}_0).$$

Die Reihenfolge der partiellen Ableitungen ist also vertauschbar (analog für vektorwertige Funktionen).

Man muss sich schon etwas Mühe geben, um ein Beispiel zu konstruieren, bei dem die Voraussetzungen des Satzes nicht erfüllt und die partiellen Ableitungen nicht vertauschbar sind. Gängig ist das folgende:

Beispiel 1.17

$$f(x,y) := \begin{cases} \frac{xy(x^2 - y^2)}{x^2 + y^2}, & (x,y) \neq (0,0), \\ 0, & (x,y) = (0,0). \end{cases}$$

Wir rechnen nach, dass diese Funktion stetig auf $\mathbb{R}^2$ ist. Dabei ist nur die Stetigkeit an der Stelle $(0,0)$ fraglich: Zu $\varepsilon > 0$ wählen wir $\delta := \sqrt{\frac{2}{3}\varepsilon}$, und sei $(x,y) \in \mathbb{R}^2$ mit $|(x,y) - (0,0)| = \sqrt{x^2 + y^2} < \delta$. Ist $y = 0$, so ist $|f(x,y) - 0| = 0 < \varepsilon$. Ist $y \neq 0$:

$$\left| \frac{xy(x^2 - y^2)}{x^2 + y^2} - 0 \right| = |xy| \left| 1 - \frac{2y^2}{x^2 + y^2} \right| \leq |xy| \left[1 + \frac{2y^2}{y^2} \right] = 3|xy|.$$

Nun benutzen wir $0 \leq (|x| - |y|)^2 = x^2 - 2|xy| + y^2 \implies |xy| \leq \frac{1}{2}[x^2 + y^2]$, um weiter abzuschätzen:

$$\left| \frac{xy(x^2 - y^2)}{x^2 + y^2} - 0 \right| \leq 3|xy| \leq \frac{3}{2}[\sqrt{x^2 + y^2}]^2 = \frac{3}{2}|(x,y)|^2 < \frac{3}{2}\delta^2 = \varepsilon.$$

Nachdem wir uns von der Stetigkeit überzeugt haben, berechnen wir nun die partiellen Ableitungen erster Ordnung mit der Quotientenregel: Für $(x,y) \neq (0,0)$ ist

$$\frac{\partial f}{\partial x}(x,y) = \frac{(3x^2y - y^3)(x^2 + y^2) - (x^3y - xy^3)2x}{(x^2 + y^2)^2}$$

$$= \frac{3x^4y - x^2y^3 + 3x^2y^3 - y^5 - 2x^4y + 2x^2y^3}{(x^2 + y^2)^2} = \frac{x^4y + 4x^2y^3 - y^5}{(x^2 + y^2)^2},$$

$$\frac{\partial f}{\partial y}(x,y) = \frac{(x^3 - 3xy^2)(x^2 + y^2) - (x^3y - xy^3)2y}{(x^2 + y^2)^2}$$

$$= \frac{x^5 + x^3y^2 - 3x^3y^2 - 3xy^4 - 2x^3y^2 + 2xy^4}{(x^2 + y^2)^2} = \frac{x^5 - 4x^3y^2 - xy^4}{(x^2 + y^2)^2}.$$

Im Punkt $(0,0)$ ist

$$\frac{\partial f}{\partial x}(0,0) = \lim_{h \to 0} \frac{1}{h}[f(h,0) - f(0,0)] = \lim_{h \to 0} \frac{1}{h}[0 - 0] = 0,$$

$$\frac{\partial f}{\partial y}(0,0) = \lim_{h \to 0} \frac{1}{h}[0 - 0] = 0.$$

Jetzt sehen wir uns die gemischten zweiten partiellen Ableitungen im Nullpunkt an:

$$\frac{\partial^2 f}{\partial x \partial y}(0,0) = \lim_{h \to 0} \frac{1}{h}\left[\frac{\partial f}{\partial y}(h,0) - \frac{\partial f}{\partial y}(0,0)\right] = \lim_{h \to 0} \frac{1}{h}\left[\frac{h^5}{h^4}\right] = 1,$$

$$\frac{\partial^2 f}{\partial y \partial x}(0,0) = \lim_{h \to 0} \frac{1}{h}\left[\frac{\partial f}{\partial x}(0,h) - \frac{\partial f}{\partial x}(0,0)\right] = \lim_{h \to 0} \frac{1}{h}\left[-\frac{h^5}{h^4}\right] = -1.$$

Die gemischten zweiten partiellen Ableitungen im Nullpunkt sind also unterschiedlich, die Voraussetzungen des Satzes 1.5 können nicht erfüllt sein. Das Beispiel ist tatsächlich so konstruiert, dass zweite Ableitungen im Nullpunkt unstetig sind. Der Regelfall in Anwendungen ist dagegen aber, dass die Ableitungen vertauschbar sind.

Vertauschungsprobleme gibt es nach Satz 1.5 nicht, wenn die partiellen Ableitungen stetig sind. Das würdigen wir mit einem weiteren Begriff:

Definition 1.9 (k-fache stetige Differenzierbarkeit) Sei $D \subseteq \mathbb{R}^n$ offen und $f : D \to \mathbb{R}$. f heißt genau dann k-mal stetig differenzierbar auf D, wenn alle partiellen Ableitungen bis zur Ordnung k existieren und selbst als Funktionen stetig auf D sind. Eine vektorwertige Funktion $\vec{f} : D \to \mathbb{R}^m$ heißt (k-mal) stetig differenzierbar auf D genau dann, wenn jede Komponentenfunktion (k-mal) stetig differenzierbar auf D ist.

Man beachte: Ist f stetig differenzierbar (also 1-mal stetig differenzierbar), so existiert nach Satz 1.3 das Totale Differenzial in jedem Punkt aus D.

Definition 1.10 (Hesse-Matrix) Sei $D \subseteq \mathbb{R}^n$ und $\vec{x}_0$ ein innerer Punkt von D. Ist die Funktion $f : D \to \mathbb{R}$ in $\vec{x}_0$ zweimal partiell nach allen Variablen differenzierbar, so nennt man

$$\mathbf{H}(\vec{x}_0) := \begin{bmatrix} \frac{\partial^2 f}{\partial x_1^2}(\vec{x}_0) & \frac{\partial^2 f}{\partial x_1 \partial x_2}(\vec{x}_0) & \cdots & \frac{\partial^2 f}{\partial x_1 \partial x_n}(\vec{x}_0) \\ \frac{\partial^2 f}{\partial x_2 \partial x_1}(\vec{x}_0) & \frac{\partial^2 f}{\partial x_2^2}(\vec{x}_0) & \cdots & \frac{\partial^2 f}{\partial x_2 \partial x_n}(\vec{x}_0) \\ \vdots & \vdots & & \vdots \\ \frac{\partial^2 f}{\partial x_n \partial x_1}(\vec{x}_0) & \frac{\partial^2 f}{\partial x_n \partial x_2}(\vec{x}_0) & \cdots & \frac{\partial^2 f}{\partial x_n^2}(\vec{x}_0) \end{bmatrix},$$

die **Hesse-Matrix** der Funktion f an der Stelle $\vec{x}_0$.

- Die ersten partiellen Ableitungen haben wir als Vektor (Gradient) geschrieben, die zweiten bilden eine Matrix.
- Die Hesse-Matrix entspricht der zweiten Ableitung einer Funktion mit einer Variable und wird im Rahmen einer hinreichenden Bedingung für das Identifizieren von Extremstellen benutzt (siehe Kapitel 2).
- Ist die Funktion f zweimal stetig differenzierbar, so ist die Reihenfolge der Ableitungen vertauschbar, und die Hesse-Matrix wird symmetrisch.

Viele Aussagen der Analysis über Funktionen mit einer Variable lassen sich auf Funktionen mit mehreren Variablen übertragen. Ein Beispiel ist der Satz von Taylor, der für eine Funktion f mit einer Variable wie folgt lautet: Seien $]a, b[\subseteq \mathbb{R}$ ein offenes Intervall, $x \in]a, b[$ und f eine $(k+1)$-mal stetig differenzierbare Funktion auf $]a, b[$, $k \in \mathbb{N}_0$. Dann gibt es für jedes $y \in]a, b[$ eine insbesondere von y abhängende Stelle ξ zwischen y und x, so dass

$$f(y) = \sum_{l=0}^{k} \frac{f^{(l)}(x)}{l!} (y-x)^l + \frac{f^{(k+1)}(\xi)}{(k+1)!} (y-x)^{k+1}.$$

Die Summe ist das Taylor-Polynom, das an der Stelle $y = x$ den gleichen Funktionswert und die gleichen ersten m Ableitungen wie f besitzt. Für $k = 0$ entsteht im Wesentlichen die Aussage des Mittelwertsatzes (siehe Seite xviii). Der Satz von Taylor funktioniert auch bei vielen Variablen:

Satz 1.6 (Satz von Taylor) Sei $D \subseteq \mathbb{R}^n$ offen und $f : D \to \mathbb{R}$ eine Funktion, die $(k+1)$-mal stetig differenzierbar ist. Zu zwei Punkten $\vec{x}$ und $\vec{y} \in D$, für die auch die komplette Verbindungsstrecke in D liegt, existiert eine Zwischenstelle $\vec{\xi}$ auf dieser Verbindungsstrecke, so dass

$$f(\vec{y}) = f(\vec{x})$$

$$+ \frac{1}{1!} \sum_{l_1=1}^{n} \frac{\partial f(\vec{x})}{\partial x_{l_1}} (y_{l_1} - x_{l_1}) + \frac{1}{2!} \sum_{l_1, l_2=1}^{n} \frac{\partial^2 f(\vec{x})}{\partial x_{l_1} \partial x_{l_2}} (y_{l_1} - x_{l_1})(y_{l_2} - x_{l_2})$$

$$+ \cdots + \frac{1}{k!} \sum_{l_1, l_2, \ldots, l_k=1}^{n} \frac{\partial^k f(\vec{x})}{\partial x_{l_1} \ldots \partial x_{l_k}} (y_{l_1} - x_{l_1})(y_{l_2} - x_{l_2}) \ldots (y_{l_k} - x_{l_k})$$

$$+ \frac{1}{(k+1)!} \sum_{l_1,\ldots,l_{k+1}=1}^{n} \frac{\partial^{k+1} f(\vec{\xi})}{\partial x_{l_1} \ldots \partial x_{l_{k+1}}} (y_{l_1}-x_{l_1})(y_{l_2}-x_{l_2})\ldots(y_{l_{k+1}}-x_{l_{k+1}}).$$

Der Beweis ist eine Reduktion auf die oben beschriebene eindimensionale Taylor-Formel. Diese wendet man unter Zuhilfenahme der mehrdimensionalen Kettenregel auf die Funktion $g(t) := f((1-t)\vec{x}+t\vec{y})$ an, die auf einem offenen Intervall, in dem $[0,1]$ liegt, $(k+1)$-mal stetig differenzierbar ist.

Beim Satz von Taylor muss die Verbindungsstrecke von $\vec{y}$ zum **Entwicklungspunkt** $\vec{x}$ im Definitionsbereich liegen. Man nennt eine Menge $D \subseteq \mathbb{R}^n$ **konvex** genau dann, wenn sie zu je zwei beliebigen Elementen auch ihre Verbindungsstrecke vollständig enthält. Linksgekrümmte Funktionen $f :]a,b[\to \mathbb{R}$ werden ebenfalls konvex genannt. Das sind beispielsweise Funktionen mit $f''(x) > 0$ für alle $x \in]a,b[$. Tatsächlich ist die Fläche $\{(x,y) \in \mathbb{R}^2 : x \in]a,b[, y \geq f(x)\}$ oberhalb des Funktionsgraphen von f eine konvexe Menge.

Hintergrund: Krümmungsverhalten

Die Hesse-Matrix $\mathbf{H}(\vec{x})$ übernimmt im mehrdimensionalen Satz von Taylor mit dem Term $\frac{1}{2!}[\vec{y}-\vec{x}]^\top \mathbf{H}(\vec{x})[\vec{y}-\vec{x}]$ die Rolle der zweiten Ableitung im Term $\frac{f''(x)}{2!}(y-x)^2$ des entsprechenden eindimensionalen Satzes. Damit beschreibt $\mathbf{H}(\vec{x})$ wie die zweite Ableitung in einer Dimension das Krümmungsverhalten an der Stelle $\vec{x}$. Im Gegensatz zum eindimensionalen Fall können wir aber die Krümmung in unterschiedlichen Richtungen betrachten. Bei beispielsweise zwei Variablen ist die (vorzeichenbehaftete) Größe der Krümmung in Richtung $(\cos(\alpha), \sin(\alpha))$ die Zahl

$$(\cos(\alpha), \sin(\alpha)) \cdot \mathbf{H}(\vec{x}) \cdot \begin{pmatrix} \cos(\alpha) \\ \sin(\alpha) \end{pmatrix}.$$

Später zeigen wir mit Lemma 17.2 für symmetrische Matrizen auf Seite 483, dass die größte Krümmung in Richtung eines Eigenvektors zum größten Eigenwert von $\mathbf{H}(\vec{x})$ vorliegt. Die kleinste Krümmung erhalten wir in Richtung eines Eigenvektors zum kleinsten Eigenwert.

1.5 Fehlerrechnung *

Die **Fehlerrechnung** ist eine weitere wichtige Anwendung der mehrdimensionalen Differenzialrechnung, insbesondere des Differenzials (vgl. Band 1, Seite 352). Wir orientieren uns an [Dobner und Engelmann(2002), Band 2,

S. 115–119]. Dabei möchten wir einen Funktionswert

$$y = f(x_1, \ldots, x_n)$$

berechnen, kennen aber statt der exakten Eingangsdaten $\vec{x} = (x_1, \ldots, x_n)$ z. B. durch Messung nur fehlerbehaftete Eingangsdaten $\vec{z} = (z_1, \ldots, z_n)$. Auch bei exakten Eingangsdaten entstehen durch Rundungsfehler fehlerbehaftete Zwischenergebnisse. Da im Computer nur Dualzahlen mit endlich vielen Stellen gespeichert werden, lassen sich Rundungsfehler in realen Anwendungen nicht vermeiden. Wir berechnen also $\tilde{y} = f(z_1, \ldots, z_n)$ anstatt y. Weiter sei ein absolutes Fehlerniveau als obere Schranke

$$|x_i - z_i| \le \Delta x_i, \quad i \in \{1, \ldots, n\}$$

bekannt. Gesucht ist eine Schranke Δy mit $|\tilde{y} - y| \le \Delta y$, d. h. ein absolutes Fehlerniveau in y.

Ist f stetig differenzierbar, so kann das Problem mit dem Satz von Taylor 1.6 für $k = 0$ (dafür wird der Satz von Taylor zu einem mehrdimensionalen Mittelwertsatz, vgl. (v) auf Seite xviii) gelöst werden. Wir stellen $\vec{z} = \vec{x} + (\vec{z} - \vec{x}) = \vec{x} + \vec{h}$ mit einem Fehlervektor $\vec{h} = (h_1, \ldots, h_n)$ dar, wobei $h_i = z_i - x_i$, $i \in \{1, \ldots, n\}$. Der Satz von Taylor liefert dann

$$\tilde{y} = f(\vec{z}) = f(\vec{x} + \vec{h}) = f(\vec{x}) + \sum_{i=1}^{n} \frac{\partial f(\vec{\xi})}{\partial x_i} h_i = y + \sum_{i=1}^{n} \frac{\partial f(\vec{\xi})}{\partial x_i}(z_i - x_i),$$

wobei $\vec{\xi} = \vec{x} + t(\vec{z} - \vec{x})$ für eine Zahl $0 < t < 1$ eine Zwischenstelle zwischen $\vec{x}$ und $\vec{z}$ ist. Da $y = f(\vec{x})$ die exakte Ausgangsgröße ist, folgt mit der Dreiecksungleichung die Abschätzung

$$|\tilde{y} - y| \le \sum_{i=1}^{n} \left| \frac{\partial f(\vec{\xi})}{\partial x_i} \right| |z_i - x_i| \le \sum_{i=1}^{n} \left| \frac{\partial f(\vec{\xi})}{\partial x_i} \right| \Delta x_i.$$

Die Punkte $\vec{\xi}$ und $\vec{x}$ liegen in dem n-dimensionalen **Unsicherheitsintervall**

$$I = [z_1 - \Delta x_1, z_1 + \Delta x_1] \times [z_2 - \Delta x_1, z_2 + \Delta x_2] \times \cdots \times [z_n - \Delta x_n, z_n + \Delta x_n].$$

Mit mehrdimensionalen Intervallen als Integrationsbereiche werden wir später ab Seite 82 intensiver arbeiten.

Verwendet man in der Abschätzung die Maxima der Ableitungen über dem Unsicherheitsintervall I der Daten, so erhält man die **Maximalfehlerabschätzung**

$$|\tilde{y} - y| \le (\Delta y)_{\max} := \sum_{i=1}^{n} \left(\max_{\vec{x} \in I} \left| \frac{\partial f(\vec{x})}{\partial x_i} \right| \right) \cdot \Delta x_i. \tag{1.6}$$

Die Maxima existieren übrigens auf I wegen der Stetigkeit der partiellen Ableitungen, das ist nicht anders als bei Funktionen mit einer Variable. Die Abschätzung (1.6) ist aber schwierig anzuwenden, da man Maxima für die Beträge der Ableitungen kennen muss.

Daher rechnet man näherungsweise mit den Werten der Ableitungen in der Mitte $\vec{z}$ des Unsicherheitsintervalls. Dabei nimmt man an, dass die Niveaus der Eingangsfehler Δx_i, $i = 1, \ldots, n$, klein sind und die Ableitungen $\frac{\partial f(\vec{x})}{\partial x_i}$ auf dem kleinen Unsicherheitsintervall I nahezu konstant sind. Dann werden sich die Maxima der Ableitungen nur wenig von den Werten der Ableitungen in $\vec{z}$ unterscheiden. Diese Vereinfachungen führen zur **linearisierten Fehlerschätzung**

$$(\Delta y)_{\max} \approx (\Delta y)_{\lin} := \sum_{i=1}^{n} \left| \frac{\partial f(\vec{z})}{\partial x_i} \right| \cdot \Delta x_i. \tag{1.7}$$

Der tatsächliche Fehler kann zwar im Gegensatz zur Abschätzung (1.6) größer als der durch (1.7) geschätzte Wert sein, im Allgemeinen ist diese Fehlerschranke aber realistisch.

Für den **relativen Fehler** muss man $\frac{|y - \tilde{y}|}{|y|}$ abschätzen. Im Sinne der linearisierten Fehlerabschätzung wird der Zähler durch (1.7) ersetzt. Da man den exakten Wert von y nicht kennt, setzt man im Nenner $\tilde{y}$ ein. Damit erhält man den **relativen linearisierten Fehler**

$$\frac{|y - \tilde{y}|}{|y|} \approx \frac{|(\Delta y)_{\lin}|}{|\tilde{y}|} := \sum_{i=1}^{n} \left| \frac{\partial f(\vec{z})}{\partial x_i} \right| \cdot \frac{\Delta x_i}{|\tilde{y}|} = \sum_{i=1}^{n} \left[\left| \frac{\partial f(\vec{z})}{\partial x_i} \right| \cdot \frac{|z_i|}{|\tilde{y}|} \right] \cdot \frac{\Delta x_i}{|z_i|},$$

der sich auf die relativen Größen bezieht. Wir betrachten die Anwendung der Fehlerrechnung an zwei einfachen Beispielen.

Beispiel 1.18 a) Die Fläche einer rechteckigen Tischlerplatte mit positiver Länge a und Breite b berechnet sich zu

$$F(a, b) = a \cdot b.$$

Die positiven Längenmessungen sind mit einem Fehler von 3% behaftet, d. h. es gilt

$$|a - \tilde{a}| \leq = 0{,}03\,\tilde{a}, \quad |b - \tilde{b}| \leq 0{,}03\,\tilde{b},$$

wobei a, b die exakten und $\tilde{a}, \tilde{b}$ die gemessenen Längen bedeuten. Wir fragen, wie sich diese Fehler auf das Ergebnis der Flächenberechnung auswirken. Die „wahren" Werte a und b liegen im Unsicherheitsintervall

$$I = [\tilde{a} - 0{,}03\,\tilde{a}, \tilde{a} + 0{,}03\,\tilde{a}] \times [\tilde{b} - 0{,}03\,\tilde{b}, \tilde{b} + 0{,}03\,\tilde{b}].$$

Mit dem absoluten Fehlerniveau $\Delta a = 0{,}03\,\tilde{a}$, $\Delta b = 0{,}03\,\tilde{b}$ ergibt die linearisierte Fehlerschätzung

$$(\Delta F)_{\text{lin}} = \left| \frac{\partial F}{\partial a}(\tilde{a}, \tilde{b}) \right| \cdot \Delta a + \left| \frac{\partial F}{\partial b}(\tilde{a}, \tilde{b}) \right| \cdot \Delta b$$

$$= \tilde{b} \cdot 0{,}03\tilde{a} + \tilde{a} \cdot 0{,}03\tilde{b} = 0{,}06 \cdot \tilde{a}\tilde{b}.$$

Der mit $a \cdot b$ berechnete Flächeninhalt ist mit einem Fehler von bis zu ca. 6% behaftet.

b) Eine von Messdaten x_1, x_2, x_3 abhängige Größe y werde mit Hilfe der Formel

$$y = f(x_1, x_2, x_3) = \frac{x_1^2 \sqrt{x_2}}{x_3}$$

berechnet, wobei für die x_i unsichere Messdaten $\vec{z} = (3{,}0, 4{,}0, 1{,}0)$ vorliegen. Dabei ist das Unsicherheitsintervall

$$I = [2{,}9, 3{,}1] \times [3{,}8, 4{,}2] \times [0{,}9, 1{,}1]$$

bekannt. Durch den Vektor $\vec{\Delta x} = (\Delta x_1, \Delta x_2, \Delta x_3) = (0{,}1, 0{,}2, 0{,}1)$ ist also das absolute Fehlerniveau gegeben. Den Näherungswert $\tilde{y}$ erhält man durch Einsetzen von $\vec{z}$, also $\tilde{y} = f(\vec{z}) = f(3, 4, 1) = 18$.

Wir bestimmen den Näherungswert $\tilde{y}$ für y und seine Genauigkeit mit Hilfe der Maximalfehlerabschätzung sowie der linearisierten Fehlerschätzung. Dazu berechnen wir die partiellen Ableitungen sowie die Werte der Ableitungen, die in (1.6) bzw. (1.7) eingehen. Diese sind in Tabelle 1.1 zusammengefasst. Für die Maximalfehlerabschätzung (1.6) sind die Maxima der

Tabelle 1.1 Werte der partiellen Ableitungen zu Beispiel 1.18 b)

Partielle Ableitung	Maximaler Betrag der Ableitung über I	Betrag der Ableitung in $\vec{z}$
$\frac{\partial f}{\partial x_1}(x_1, x_2, x_3) = \frac{2x_1\sqrt{x_2}}{x_3}$	$\frac{2 \cdot 3{,}1 \cdot \sqrt{4{,}2}}{0{,}9} \approx 14{,}118$	$\frac{2 \cdot 3 \cdot \sqrt{4}}{1} = 12$
$\frac{\partial f}{\partial x_2}(x_1, x_2, x_3) = \frac{x_1^2}{2x_3\sqrt{x_2}}$	$\frac{3{,}1^2}{2 \cdot 0{,}9 \cdot \sqrt{3{,}8}} \approx 2{,}739$	$\frac{3^2}{2 \cdot 1 \cdot \sqrt{4}} = 2{,}25$
$\frac{\partial f}{\partial x_3}(x_1, x_2, x_3) = -\frac{x_1^2\sqrt{x_2}}{x_3^2}$	$\frac{3{,}1 \cdot \sqrt{4{,}2}}{0{,}9^2} \approx 24{,}314$	$\frac{3^2 \cdot \sqrt{4}}{1} = 18$

Ableitungen über I zu verwenden, die hier leicht zu berechnen sind. Man erhält

$$(\Delta y)_{\text{max}} = \max_{\vec{x} \in I}\left|\frac{\partial f}{\partial x_1}(\vec{x})\right| \cdot \Delta x_1 + \max_{\vec{x} \in I}\left|\frac{\partial f}{\partial x_2}(\vec{x})\right| \cdot \Delta x_2 + \max_{\vec{x} \in I}\left|\frac{\partial f}{\partial x_3}(\vec{x})\right| \cdot \Delta x_3$$

$$\approx 14{,}118 \cdot 0{,}1 + 2{,}739 \cdot 0{,}2 + 24{,}314 \cdot 0{,}1 = 4{,}391.$$

Der Wert 4,3914 ist eine obere Schranke für den maximalen Fehler, die vom tatsächlichen Fehler nicht überschritten werden kann. Verwendet man die linearisierte Fehlerschätzung, so gilt

$$(\Delta y)_{\text{lin}} = \left| \frac{\partial f}{\partial x_1}(\vec{z}) \right| \cdot \Delta x_1 + \left| \frac{\partial f}{\partial x_2}(\vec{z}) \right| \cdot \Delta x_2 + \left| \frac{\partial f}{\partial x_3}(\vec{z}) \right| \cdot \Delta x_3$$
$$= 12 \cdot 0{,}1 + 2{,}25 \cdot 0{,}2 + 18 \cdot 0{,}1 = 3{,}45.$$

Der Wert 3,45 stellt eine realistische Schätzung des möglichen Fehlers dar, wie man durch Vergleich mit der Maximalfehlerabschätzung sieht. Der wahre Fehler kann allerdings größere Werte annehmen. Im Fall der einfachen Formel für y kann das Minimum y_{min} und Maximum y_{max} über I direkt bestimmt werden:

$$18 - 3{,}096 \approx \frac{2{,}9^2 \cdot \sqrt{3{,}8}}{1{,}1} = y_{\text{min}} \le y \le y_{\text{max}} = \frac{3{,}1^2 \cdot \sqrt{4{,}2}}{0{,}9} \approx 18 + 3{,}883.$$

Diese Ungleichung zeigt, dass der tatsächliche Fehler den Wert 3,883 nicht überschreiten kann. Der durch die Maximalfehlerabschätzung berechnete Wert 4,391 erweist sich als eine etwas zu pessimistische obere Schranke. Der mittels linearisierter Fehlerschätzung bestimmte Wert 3,45 liefert die Größenordnung des Fehlers, kann aber sehr wohl von diesem übertroffen werden.

Literaturverzeichnis

Arens et al.(2022). Arens, T. et al.: Mathematik. Springer Spektrum, Heidelberg, 2022.

Dobner und Engelmann(2002). Dobner, H.-J. und Engelmann, B.: Analysis Band 1 und 2. Fachbuchverlag Leipzig/Hanser, München, 2002/2003.

Kapitel 2

Extremwertrechnung

Hier beschäftigen wir uns mit Extremwerten einer reellwertigen Funktion, die mehrere reelle Variablen hat. Bei vektorwertigen Funktionen $f : D \subseteq \mathbb{R}^n \to \mathbb{R}^m$ mit $m > 1$ kann man die Funktionswerte nicht der Größe nach vergleichen, so dass man auch nicht nach Extremwerten suchen kann.

Zunächst übertragen wir die bekannte notwendige Bedingung $f'(x) = 0$ für lokale Extrema unter Verwendung partieller Ableitungen. Dann leiten wir auch ein Gegenstück der hinreichenden Bedingung $f'(x) = 0 \wedge f''(x) \neq 0$ her. Das ist gar nicht so einfach, da es viele Möglichkeiten gibt, zweimal hintereinander nach gleichen oder unterschiedlichen Variablen abzuleiten. Wir werden uns daher mit Eigenschaften der Hesse-Matrix beschäftigen, in der zweite partielle Ableitungen stehen. In vielen praktischen Anwendungen und in Naturgesetzen sucht man Extrema unter zusätzlichen Nebenbedingungen. Mit dem Satz über die Lagrange-Multiplikatoren lassen sich dazu notwendige Bedingungen über erste partielle Ableitungen angeben. Ebenfalls mit Nebenbedingungen beschäftigt sich die lineare Optimierung. Allerdings werden hier (globale) Optima nicht mittels Differenzialrechnung sondern über den Simplex-Algorithmus mit Gauß-Umformungen eines unterbestimmten Gleichungssystems gefunden. Wir beschäftigen uns auch mit gemischt-ganzzahligen linearen Problemen, bei denen einige oder alle Variablen nur gewisse ganzzahlige Werte annehmen dürfen. Dazu betrachten wir Beispiele aus der kombinatorischen Optimierung und können z. B. ein Sudoku-Rätsel lösen.

© Der/die Autor(en), exklusiv lizenziert an
Springer-Verlag GmbH, DE, ein Teil von Springer Nature 2023
S. Goebbels und S. Ritter, *Mathematik verstehen und anwenden:*
Differenzialgleichungen, Fourier- und Vektoranalysis, Laplace-
Transformation und Stochastik, https://doi.org/10.1007/978-3-662-68369-9_2

2.1 Lokale und globale Extrema

Definition 2.1 (Extremstellen) Sei $f : D \subseteq \mathbb{R}^n \to \mathbb{R}$.

- f hat genau dann in $\vec{x}_0 \in D$ ein **globales Maximum**, wenn $f(\vec{x}) \leq f(\vec{x}_0)$ für alle $\vec{x} \in D$. Gilt stattdessen sogar $f(\vec{x}) < f(\vec{x}_0)$ für $\vec{x} \neq \vec{x}_0$, so spricht man von einem **strikten globalen Maximum**.
- f hat genau dann in $\vec{x}_0 \in D$ ein **globales Minimum**, wenn $f(\vec{x}) \geq f(\vec{x}_0)$ für alle $\vec{x} \in D$. Gilt stattdessen sogar $f(\vec{x}) > f(\vec{x}_0)$ für $\vec{x} \neq \vec{x}_0$, so spricht man von einem **strikten globalen Minimum**.
- f hat genau dann in $\vec{x}_0 \in D$ ein **lokales Maximum (relatives Maximum)**, wenn für ein $\delta > 0$ gilt: $f(\vec{x}) \leq f(\vec{x}_0)$ für alle $\vec{x} \in D$ mit $|\vec{x} - \vec{x}_0| < \delta$. Gilt hier für $\vec{x} \neq \vec{x}_0$ sogar $f(\vec{x}) < f(\vec{x}_0)$, spricht man von einem **strikten lokalen Maximum**.
- f hat genau dann in $\vec{x}_0 \in D$ ein **lokales Minimum (relatives Minimum)**, wenn für ein $\delta > 0$ gilt: $f(\vec{x}) \geq f(\vec{x}_0)$ für alle $\vec{x} \in D$ mit $|\vec{x} - \vec{x}_0| < \delta$. Gilt hier für $\vec{x} \neq \vec{x}_0$ sogar $f(\vec{x}) > f(\vec{x}_0)$, spricht man von einem **strikten lokalen Minimum**.

Wir verwenden die Bezeichnung Extremum sowohl für ein Minimum als auch für ein Maximum. Eine an einer Stelle $x_0 \in \mathbb{R}$ differenzierbare Funktion mit einer Variable kann dort nur dann ein Extremum besitzen, wenn $f'(x_0) = 0$ ist. Diese auch als Satz von Fermat bekannte notwendige Bedingung für die Existenz eines lokalen Extremums lässt sich unmittelbar auf Funktionen mit Definitionsbereich aus $\mathbb{R}^n$ verallgemeinern. Diese können nur dann an einer Stelle $\vec{x}_0$ ein lokales Extremum besitzen, wenn dies insbesondere auch eingeschränkt auf jede Koordinatenrichtung der Fall ist, wenn also alle partiellen Ableitungen null sind:

Satz 2.1 (Notwendige Bedingung für ein lokales Extremum) Hat $f : D \subseteq \mathbb{R}^n \to \mathbb{R}$ im inneren Punkt $\vec{x}_0 \in D$ ein lokales Extremum und ist f dort partiell differenzierbar nach allen Variablen, dann gilt:

$$(\operatorname{grad} f)(\vec{x}_0) = \vec{0}.$$

Beweis Da f in $\vec{x}_0 = (x_{0,1}, x_{0,2}, \ldots, x_{0,n}) \in D$ ein lokales Extremum besitzt, haben insbesondere die Funktionen

$$g_k(x) := f(x_{0,1}, \ldots, x_{0,k-1}, x, x_{0,k+1}, \ldots, x_{0,n})$$

in $x_{0,k}$ ein lokales Extremum. Damit folgt mit dem Satz von Fermat für Funktionen mit einer Variable, dass $g'_k(x_{0,k}) = 0$, oder anders ausgedrückt: $(\operatorname{grad} f)(\vec{x}_0) = \vec{0}$. □

Beispiel 2.1 Wir suchen lokale Extrema der Funktion $f_1 : \{(x,y) \in \mathbb{R}^2 : x^2 + y^2 < 1\} \to \mathbb{R}$, $f_1(x,y) := \sqrt{1 - x^2 - y^2}$, aus Abbildung 1.1 auf Seite 4. Aus der notwendigen Bedingung

$$(0,0) = (\operatorname{grad} f)(x,y) = \left(\frac{-2x}{2\sqrt{1 - x^2 - y^2}}, \frac{-2y}{2\sqrt{1 - x^2 - y^2}} \right)$$

folgt $x = y = 0$. Ein lokales Extremum kann also nur im Punkt $(0,0)$ vorliegen. Dies ist hier (sogar) das globale Maximum.

Es folgen drei etwas kompliziertere Beispiele, bei denen die notwendige Bedingung für lokale Extrema genutzt wird, um interessante mathematische Ergebnisse herzuleiten.

Beispiel 2.2 (Iteratives Lösen eines linearen Gleichungssystems) Erstaunlicherweise lässt sich die notwendige Bedingung in Kombination mit dem Gradientenabstiegsverfahren nutzen, um lineare Gleichungssysteme näherungsweise mit dem Computer zu lösen.

Um eine Lösung $\vec{x} \in \mathbb{R}^n$ des linearen Gleichungssystems $\mathbf{A}\vec{x} = \vec{b}$ mit $\mathbf{A} \in \mathbb{R}^{n \times n}$ und $\vec{b} \in \mathbb{R}^n$ zu bestimmen, betrachten wir die Funktion

$$f(\vec{x}) := \frac{1}{2}\vec{x}^\top \cdot \mathbf{A} \cdot \vec{x} - \vec{b}^\top \cdot \vec{x}.$$

Dabei fassen wir $\vec{x}$ und $\vec{b}$ als Spaltenvektoren auf, so dass die Produkte Matrixmultiplikationen (bzw. Standardskalarprodukte zwischen Vektoren) sind. Dann lässt sich der Gradient elementar ausrechnen zu

$$(\operatorname{grad} f)(\vec{x}) = \mathbf{A} \cdot \vec{x} - \vec{b}.$$

Wenn wir die Stelle $\vec{x}$ eines lokalen Extremums von f finden, dann ist

$$\vec{0} = (\operatorname{grad} f)(\vec{x}) = \mathbf{A} \cdot \vec{x} - \vec{b} \iff \mathbf{A} \cdot \vec{x} = \vec{b},$$

und wir haben eine Lösung des Gleichungssystems gefunden. Damit eignet sich das Gradientenabstiegsverfahren aus Beispiel 1.9 (Seite 19) auch zum (numerischen) Lösen von Gleichungssystemen: In Richtung des (bei einem Minimum negativen) Gradienten gehen wir dabei ausgehend von einer Stelle $\vec{x}^{(k)}$ nicht ein beliebiges Stück zu einer Stelle $\vec{x}^{(k+1)}$, sondern wir suchen ein lokales Extremum von f eingeschränkt auf die durch den Gradienten

$$\vec{r}^{(k)} := (\operatorname{grad} f)(\vec{x}^{(k)}) = \mathbf{A} \cdot \vec{x}^{(k)} - \vec{b}$$

vorgegebenen Gerade $\vec{x}^{(k)} + r\,\vec{r}^{(k)}$. Den verwendeten Richtungsvektor $\vec{r}^{(k)}$ nennt man **Residuum**, er beschreibt den verbleibenden Rest zwischen $\mathbf{A}\cdot\vec{x}^{(k)}$ und $\vec{b}$.

Aufgrund der notwendigen Bedingung für ein lokales Extremum hinsichtlich des Parameters r ermitteln wir eine Nullstelle der Ableitung nach r:

$$0 = \frac{\mathrm{d}}{\mathrm{d}r} f(\vec{x}^{(k)} + r\,\vec{r}^{(k)}) = \left[\mathbf{A}(\vec{x}^{(k)} + r\,\vec{r}^{(k)}) - \vec{b}\right]^{\top} \cdot \vec{r}^{(k)}$$

$$= \left[\vec{r}^{(k)} + r\mathbf{A}\vec{r}^{(k)}\right]^{\top} \cdot \vec{r}^{(k)},$$

so dass

$$r_k := r = -\frac{(\vec{r}^{(k)})^{\top} \cdot \vec{r}^{(k)}}{(\mathbf{A}\vec{r}^{(k)})^{\top} \cdot \vec{r}^{(k)}}. \tag{2.1}$$

Damit ist $\vec{x}^{(k+1)} := \vec{x}^{(k)} + r_k\,\vec{r}^{(k)}$ berechnet.

Beispiel 2.3 (Fourier-Koeffizienten*) Wir werden in Kapitel 11 Signale in ihre Frequenzbestandteile zerlegen, d. h. als Überlagerung vieler Sinus- und Kosinusfunktionen mit unterschiedlichen Kreisfrequenzen schreiben. So lässt sich beispielsweise die komplexe Wechselstromrechnung (Band 1, Kapitel 5.4) auf beliebige periodische Spannungen und Ströme übertragen. Die Amplituden der einzelnen Sinus- und Kosinusfunktionen, die wir Fourier-Koeffizienten nennen werden, erhält man über eine Optimierungsaufgabe unter Verwendung des Gradienten.

Hat man eine 2π-periodische, auf $[-\pi, \pi]$ integrierbare Funktion f (z. B. eine periodische Spannung), so kann man diese als Überlagerung von Funktionen $a_k \cos(kt)$ und $b_k \sin(kt)$, $k \in \mathbb{Z}$ darstellen. Die Amplituden a_k und b_k heißen Fourier-Koeffizienten und werden in Kapitel 11 so eingeführt, dass der quadratische Fehler

$$g(a_0, \ldots, a_n, b_1, \ldots, b_n)$$

$$:= \int_{-\pi}^{\pi} \left[f(x) - \left(a_0 + \sum_{k=1}^{n}(a_k \cos(kx) + b_k \sin(kx))\right)\right]^2 \mathrm{d}x$$

$$= \int_{-\pi}^{\pi} \left[a_0 + \left(-f(x) + \sum_{k=1}^{n}(a_k \cos(kx) + b_k \sin(kx))\right)\right]^2 \mathrm{d}x$$

(die Abweichung zwischen der Funktion f und einer endlichen Summe dieser Sinus- und Kosinus-Funktionen, siehe (11.1)) minimal wird, die Funktion f also bestmöglich durch die Summe angenähert wird. Dabei ist $g : \mathbb{R}^{2n+1} \to \mathbb{R}$ eine Funktion von $2n + 1$ Variablen, die hier nicht $x_1, x_2, \ldots, x_{2n+1}$, sondern $a_0, a_1, \ldots, a_n, b_1, \ldots, b_n$ heißen.

Wir suchen also insbesondere ein lokales Minimum dieser Funktion. Aus der notwendigen Bedingung $(\operatorname{grad} g)(a_0, \ldots, a_n, b_1, \ldots, b_n) = \vec{0}$ ergibt sich für a_0:

$$\frac{\partial g}{\partial a_0}(a_0, \ldots, a_n, b_1, \ldots, b_n)$$

$$= \frac{\partial}{\partial a_0} \int_{-\pi}^{\pi} a_0^2 + 2a_0 \left[-f(x) + \sum_{k=1}^{n} (a_k \cos(kx) + b_k \sin(kx)) \right]$$

$$+ \left[-f(x) + \sum_{k=1}^{n} (a_k \cos(kx) + b_k \sin(kx)) \right]^2 \mathrm{d}x$$

$$= \frac{\partial}{\partial a_0} a_0^2 \int_{-\pi}^{\pi} 1 \,\mathrm{d}x + \frac{\partial}{\partial a_0} 2a_0 \int_{-\pi}^{\pi} \left[-f(x) + \sum_{k=1}^{n} (a_k \cos(kx) + b_k \sin(kx)) \right] \,\mathrm{d}x$$

$$+ \frac{\partial}{\partial a_0} \int_{-\pi}^{\pi} \left[-f(x) + \sum_{k=1}^{n} (a_k \cos(kx) + b_k \sin(kx)) \right]^2 \,\mathrm{d}x$$

$$= 2a_0 2\pi + 2 \int_{-\pi}^{\pi} \left[-f(x) + \sum_{k=1}^{n} (a_k \cos(kx) + b_k \sin(kx)) \right] \,\mathrm{d}x$$

$$= 2a_0 2\pi - 2 \int_{-\pi}^{\pi} f(x) \,\mathrm{d}x,$$

da $\int_{-\pi}^{\pi} \cos(kx) \,\mathrm{d}x = \int_{-\pi}^{\pi} \sin(kx) \,\mathrm{d}x = 0$. Aus $0 = \frac{\partial g}{\partial a_0}(a_0, \ldots, a_n, b_1, \ldots, b_n)$ folgt damit

$$a_0 = \frac{1}{2\pi} \int_{-\pi}^{\pi} f(x) \,\mathrm{d}x. \tag{2.2}$$

Genauso erhält man (mit etwas mehr Aufwand bei der Integration) die Darstellung der anderen Fourier-Koeffizienten. Wir rechnen diese auf Seite 294 aus.

Das nächste Beispiel ist noch etwas technischer. Mit ihm schließen wir eine Lücke aus Band 1. Dort werden in Kapitel 23.4.2 Matrix-Normen eingeführt und teilweise berechnet. Allerdings wird keine Formel für die sogenannte Spektralnorm bewiesen. Das können wir jetzt nachholen:

Beispiel 2.4 (Spektralnorm*) Sei $\mathbf{A}$ eine reelle $(m \times n)$-Matrix. Mit $\vec{x} \in \mathbb{R}^n$ bezeichnen wir hier Spaltenvektoren. Wir berechnen die für die Untersuchung vieler numerischer Verfahren wichtige Spektralnorm von $\mathbf{A}$, die wie folgt definiert ist (vgl. Band 1, Seite 653)

$$\|\mathbf{A}\|_2 := \sup_{0 \neq \vec{x} \in \mathbb{R}^n} \frac{|\mathbf{A}\vec{x}|}{|\vec{x}|}.$$

Dazu suchen wir ein Maximum der Funktion

$$f(\vec{x}) := \left[\frac{|\mathbf{A}\vec{x}|}{|\vec{x}|} \right]^2 = \frac{\vec{x}^\top \mathbf{A}^\top \mathbf{A} \vec{x}}{\vec{x}^\top \vec{x}}.$$

Man kann nachrechnen, dass die Menge der Funktionswerte nach oben beschränkt ist, so dass das Supremum existiert. Mit einem Stetigkeitsargument zeigt man, dass das Supremum tatsächlich auch als Maximum und damit als lokales Extremum dieser Funktion angenommen wird. Darauf gehen wir hier nicht weiter ein. Stattdessen benutzen wir die notwendige Bedingung für ein lokales Extremum. Dazu berechnen wir die partiellen Ableitungen. Mittels Kettenregel ist

$$\frac{\partial}{\partial x_k}\left[\vec{x}^\top \mathbf{A}^\top \mathbf{A}\vec{x}\right] = \frac{\partial}{\partial x_k}|\mathbf{A}\vec{x}|^2 = \frac{\partial}{\partial x_k}\sum_{i=1}^n\left[\sum_{l=1}^n a_{i,l}x_l\right]^2$$

$$= \sum_{i=1}^n 2\left[\sum_{l=1}^n a_{i,l}x_l\right]a_{i,k} = 2\sum_{i=1}^n a_{i,k}(\mathbf{A}\vec{x})_i = 2(\mathbf{A}^\top \mathbf{A}\vec{x})_k.$$

Damit und mit der Quotientenregel erhalten wir:

$$\frac{\partial}{\partial x_k}f(\vec{x}) = \frac{\partial}{\partial x_k}\left[\frac{\vec{x}^\top \mathbf{A}^\top \mathbf{A}\vec{x}}{\vec{x}\cdot\vec{x}}\right] = \frac{2(\mathbf{A}^\top \mathbf{A}\vec{x})_k(\vec{x}\cdot\vec{x}) - \vec{x}^\top \mathbf{A}^\top \mathbf{A}\vec{x}\,2x_k}{(\vec{x}\cdot\vec{x})^2}$$

$$= 2\frac{|\vec{x}|^2(\mathbf{A}^\top \mathbf{A}\vec{x})_k - |\mathbf{A}\vec{x}|^2 x_k}{|\vec{x}|^4} = 2\frac{(\mathbf{A}^\top \mathbf{A}\vec{x})_k - \frac{|\mathbf{A}\vec{x}|^2}{|\vec{x}|^2}x_k}{|\vec{x}|^2}.$$

Aus der notwendigen Bedingung $(\operatorname{grad} f)(\vec{x}) = \vec{0}$ für $\vec{x} \neq \vec{0}$ folgt

$$\mathbf{A}^\top \mathbf{A}\vec{x} - \left(\frac{|\mathbf{A}\vec{x}|}{|\vec{x}|}\right)^2\vec{x} = \vec{0}.$$

Wird das Maximum an einer Stelle $\vec{x}_0$ angenommen, so ist die Stelle $\vec{x}_0$ ein Eigenvektor von $\mathbf{A}^\top \mathbf{A}$ zum Eigenwert $\left(\frac{|\mathbf{A}\vec{x}_0|}{|\vec{x}_0|}\right)^2 = \|\mathbf{A}\|_2^2$, vgl. (iii) auf Seite xvi.

Hat man umgekehrt einen beliebigen Eigenvektor $\vec{y}$ von $\mathbf{A}^\top \mathbf{A}$ zum Eigenwert s, so ist $s \geq 0$ und insbesondere reell, denn

$$|\mathbf{A}\vec{y}|^2 = \vec{y}^\top \mathbf{A}^\top \mathbf{A}\vec{y} = \vec{y}^\top s\vec{y} = s|\vec{y}|^2,$$

also $s = \frac{|\mathbf{A}\vec{y}|^2}{|\vec{y}|^2} \geq 0$. Außerdem ist $\|\mathbf{A}\|_2 \geq \frac{|\mathbf{A}\vec{y}|}{|\vec{y}|} = \sqrt{s}$. Damit ist also $\|\mathbf{A}\|_2^2$ größer oder gleich jedem Eigenwert. Da $\|\mathbf{A}\|_2^2$ mit dem Eigenwert des Eigenvektors $\vec{x}_0$ übereinstimmt, ist dieser Eigenwert $\|\mathbf{A}\|_2^2 = \left(\frac{|\mathbf{A}\vec{x}_0|}{|\vec{x}_0|}\right)^2$ insbesondere der größte Eigenwert von $\mathbf{A}^\top \mathbf{A}$.

Ist $m = n$ und $\mathbf{A} \in \mathbb{R}^{n\times n}$ z. B. eine symmetrische Matrix, dann ist $\mathbf{A}$ nach Band 1, Satz 22.7 auf Seite 630, diagonalisierbar zu $\mathbf{A} = \mathbf{X}\mathbf{D}\mathbf{X}^\top$, wobei $\mathbf{D}$ die Diagonalmatrix der Eigenwerte von $\mathbf{A}$ ist, und $\mathbf{X}^{-1} = \mathbf{X}^\top$. Damit gilt

$$\mathbf{A}^\top \mathbf{A} = \mathbf{A}^2 = \mathbf{X}\mathbf{D}\mathbf{X}^\top\mathbf{X}\mathbf{D}\mathbf{X}^\top = \mathbf{X}\mathbf{D}(\mathbf{X}^{-1}\mathbf{X})\mathbf{D}\mathbf{X}^\top = \mathbf{X}\mathbf{D}^2\mathbf{X}^\top,$$

so dass die quadrierten Eigenwerte von $\mathbf{A}$ die Eigenwerte von $\mathbf{A}^2$ sind, die auf der Diagonale von $\mathbf{D}^2$ stehen. Umgekehrt ist zu jedem Eigenwert s von $\mathbf{A}^2$ (als Diagonalelement von $\mathbf{D}^2$) auch $\sqrt{s}$ oder $-\sqrt{s}$ ein Eigenwert von $\mathbf{A}$ (als Diagonalelement von $\mathbf{D}$). Damit ist dann $\|\mathbf{A}\|_2$ gleich dem betragsmäßig größten Eigenwert (dem Spektralradius) von $\mathbf{A}$.

Um eine hinreichende Bedingung für lokale Extremstellen zu erhalten, müssen wir analog zur Kurvendiskussion beim eindimensionalen Definitionsbereich zweite Ableitungen betrachten, nämlich jetzt die Hesse-Matrix. Während bei nur einer Variable die hinreichende Bedingung $f'(x_0) = 0$ und $f''(x_0) < 0$ für ein lokales Maximum und $f'(x_0) = 0$ und $f''(x_0) > 0$ für ein lokales Minimum an einer Stelle x_0 leicht hinzuschreiben sind, ist das bei Funktionen mit mehr Variablen schwieriger. Denn es gibt nun nicht eine sondern viele zweite partielle Ableitungen in der Hesse-Matrix. Und damit ist nicht mehr klar, was kleiner oder größer null bedeutet. Zur Vorbereitung sehen wir uns eine zweimal stetig differenzierbare Funktion $f(x, y) : \mathbb{R}^2 \to \mathbb{R}^2$ an einer lokalen Extremstelle (x_0, y_0) an. Taylor-Entwicklung (siehe Satz 1.6) liefert:

$$f(x_0 + h, y_0 + \delta)$$
$$= f(x_0, y_0) + \frac{\partial f}{\partial x}(x_0, y_0) \cdot (x_0 + h - x_0) + \frac{\partial f}{\partial y}(x_0, y_0) \cdot (y_0 + \delta - y_0)$$
$$+ \frac{1}{2!} \left[\frac{\partial^2 f}{\partial x^2}(\vec{\xi}) \cdot h^2 + 2 \frac{\partial^2 f}{\partial x \partial y}(\vec{\xi}) \cdot h\delta + \frac{\partial^2 f}{\partial y^2}(\vec{\xi}) \cdot \delta^2 \right],$$

wobei die Stelle $\vec{\xi}$ auf der Verbindungsstrecke zwischen (x_0, y_0) und $(x_0 + h, y_0 + \delta)$ liegt. Nach Satz 2.1 sind die partiellen Ableitungen an der Stelle (x_0, y_0) null, und wir erhalten

$$f(x_0 + h, y_0 + \delta) - f(x_0, y_0) = \frac{1}{2} \left[\frac{\partial^2 f}{\partial x^2}(\vec{\xi})h^2 + 2 \frac{\partial^2 f}{\partial x \partial y}(\vec{\xi})h\delta + \frac{\partial^2 f}{\partial y^2}(\vec{\xi})\delta^2 \right]$$
$$= \frac{1}{2}(h, \delta) \cdot \begin{bmatrix} \frac{\partial^2 f}{\partial x^2}(\vec{\xi}) & \frac{\partial^2 f}{\partial x \partial y}(\vec{\xi}) \\ \frac{\partial^2 f}{\partial x \partial y}(\vec{\xi}) & \frac{\partial^2 f}{\partial y^2}(\vec{\xi}) \end{bmatrix} \cdot \begin{pmatrix} h \\ \delta \end{pmatrix}. \quad (2.3)$$

Wir haben an der Stelle (x_0, y_0) ein (striktes) lokales Minimum, wenn für kleine Werte von $|h|$ und $|\delta|$ mit $(h, \delta) \neq (0, 0)$ das Produkt (2.3) stets größer als null ist. Entsprechend liegt ein (striktes) lokales Maximum vor, wenn (2.3) kleiner als null ist. Unschön ist, dass die Matrix in (2.3) von der nicht explizit bekannten Stelle $\vec{\xi}$ und damit aber auch von h und δ abhängt. Wegen der zweimaligen stetigen Differenzierbarkeit von f sind die Einträge aber stetige Funktionen des Parameters $\vec{\xi}$. Wählt man h und δ nahe genug bei null und damit $\vec{\xi}$ nah bei (x_0, y_0), kann man die Matrix durch die Hesse-Matrix an der Stelle (x_0, y_0) ersetzen, um eine hinreichende Bedingung zu erhalten. Wir stellen diese mit dem folgenden Begriff etwas allgemeiner dar:

Definition 2.2 (Positiv definite Matrix) Eine symmetrische reelle $(n \times n)$-Matrix $\mathbf{A}$ heißt genau dann **positiv definit**, wenn

$$(h_1, h_2, \ldots, h_n)\mathbf{A}\begin{pmatrix} h_1 \\ h_2 \\ \vdots \\ h_n \end{pmatrix} > 0$$

für alle Vektoren $\vec{0} \neq \vec{h} \in \mathbb{R}^n$; sie heißt genau dann **negativ definit**, wenn für alle Vektoren $\vec{0} \neq \vec{h} \in \mathbb{R}^n$ gilt:

$$(h_1, h_2, \ldots, h_n)\mathbf{A}\begin{pmatrix} h_1 \\ h_2 \\ \vdots \\ h_n \end{pmatrix} < 0.$$

Beispiel 2.5 Die symmetrische Matrix $\begin{bmatrix} 1 & 1 \\ 1 & 2 \end{bmatrix}$ ist positiv definit, da für alle Vektoren $\vec{h} \neq \vec{0}$ gilt:

$$(h_1, h_2)\begin{bmatrix} 1 & 1 \\ 1 & 2 \end{bmatrix}\begin{pmatrix} h_1 \\ h_2 \end{pmatrix} = h_1(h_1 + h_2) + h_2(h_1 + 2h_2)$$

$$= h_1^2 + 2h_1 h_2 + 2h_2^2 = (h_1 + h_2)^2 + h_2^2 > 0.$$

Die symmetrische Matrix $\begin{bmatrix} -1 & 1 \\ 1 & -2 \end{bmatrix}$ ist negativ definit, da für alle $\vec{h} \neq \vec{0}$ gilt:

$$(h_1, h_2)\begin{bmatrix} -1 & 1 \\ 1 & -2 \end{bmatrix}\begin{pmatrix} h_1 \\ h_2 \end{pmatrix} = h_1(-h_1 + h_2) + h_2(h_1 - 2h_2)$$

$$= -h_1^2 + 2h_1 h_2 - 2h_2^2 = -(h_1 - h_2)^2 - h_2^2 < 0.$$

Beispiel 2.6 (Lösen eines Gleichungssystems mittels CG-Verfahren) Für die speziellen, aber in der Praxis häufig auftretenden symmetrischen, positiv-definiten Matrizen $\mathbf{A}$ aus Definition 2.2 kann man das iterative Lösen eines linearen Gleichungssystems mittels Gradientenabstieg aus Beispiel 2.2 weiter verbessern. Denn mit dem **Verfahren der konjugierten Gradienten (CG-Verfahren)** kann man für diesen Typ Matrix sicherstellen, dass eine Lösung von $\mathbf{A}\vec{x} = \vec{b}$ nach n Abstiegsschritten gefunden wird. Über die Matrix $\mathbf{A}$ lässt sich ein Skalarprodukt $\bullet$ über $\vec{a} \bullet \vec{b} := \vec{a}^\top \cdot (\mathbf{A}\vec{b})$ definieren. Das Skalarprodukt haben wir bereits im Nenner von (2.1) verwendet. Die Definition des allgemeinen Skalarprodukts kann in Band 1, Kapitel 19.3 nachgelesen werden. Die Anforderungen an die Matrix sind erforderlich, damit tatsächlich diese Definition erfüllt ist: So muss ein Skalarprodukt insbesondere positiv definit und symmetrisch sein. Die positive Definitheit von $\mathbf{A}$ führt zur positiven Definitheit von $\bullet$, denn $\vec{a} \bullet \vec{a} = \vec{a}^\top \mathbf{A} \vec{a} > 0$ für $\vec{a} \neq \vec{0}$. Die Symmetrie $\mathbf{A}^\top = \mathbf{A}$ ergibt die Symmetrie von $\bullet$, da

$$\vec{a} \bullet \vec{b} = \vec{a}^\top \cdot (\mathbf{A}\vec{b}) = (\mathbf{A}\vec{b})^\top \cdot \vec{a} = \vec{b}^\top \mathbf{A}^\top \vec{a} = \vec{b}^\top \mathbf{A} \vec{a} = \vec{b} \bullet \vec{a}.$$

Hier müssen wir jetzt nur wissen, dass Vektoren hinsichtlich des Skalarprodukts paarweise senkrecht zueinander stehen, also orthogonal zueinander sind, wenn das Skalarprodukt zwischen ihnen null ist, und dass im $\mathbb{R}^n$ nicht mehr als n vom Nullvektor verschiedene Vektoren zueinander senkrecht stehen können (siehe Satz 19.10 in Band 1, S. 565). Dieser Fakt wird ausgenutzt, um nach n Schritten fertig zu sein.

Das CG-Verfahren startet wie das Gradientenverfahren mit der Suchrichtung $\vec{r}^{(1)} = (\operatorname{grad} f)(\vec{x}^{(1)}) = \mathbf{A} \cdot \vec{x}^{(1)} - \vec{b}$. Die Iterationsvorschrift lautet dann

$$\vec{x}^{(k+1)} := \vec{x}^{(k)} + s_k \, \vec{s}^{(k)}$$

mit $\vec{s}^{(1)} := \vec{r}^{(1)}$ und für $k > 1$

$$\vec{s}^{(k)} := (\operatorname{grad} f)(\vec{x}^{(k)}) - \frac{(\operatorname{grad} f)(\vec{x}^{(k)})\mathbf{A}\vec{s}^{(k-1)}}{(\vec{s}^{(k-1)})^\top \mathbf{A}\vec{s}^{(k-1)}} \vec{s}^{(k-1)}$$

$$= \vec{r}^{(k)} - \frac{(\vec{r}^{(k)})^\top \mathbf{A}\vec{s}^{(k-1)}}{(\vec{s}^{(k-1)})^\top \mathbf{A}\vec{s}^{(k-1)}} \vec{s}^{(k-1)}$$

und (vgl (2.1))

$$s_k = -\frac{(\vec{r}^{(k)})^\top \cdot \vec{r}^{(k)}}{(\mathbf{A}\vec{s}^{(k)})^\top \cdot \vec{s}^{(k)}}.$$

Dabei ist $\vec{r}^{(k)} := (\operatorname{grad} f)(\vec{x}^{(k)}) = \mathbf{A} \cdot \vec{x}^{(k)} - \vec{b}$ wie zuvor das Residuum für $\vec{x}^{(k)}$. Allerdings ergibt sich nun eine andere Folge von Stellen $\vec{x}^{(k)}$, so dass die Werte von $\vec{r}^{(k)}$ andere als beim reinen Gradientenverfahren sein können. Wir erhalten $\vec{r}^{(k)}$ über

$$\vec{r}^{(k)} = \mathbf{A} \cdot \vec{x}^{(k)} - \vec{b} = \mathbf{A} \cdot (\vec{x}^{(k-1)} + s_{k-1}\vec{s}^{(k-1)}) - \vec{b} = \vec{r}^{(k-1)} + s_{k-1}\mathbf{A}\vec{s}^{(k-1)}.$$

Es lässt sich mit Vollständiger Induktion zeigen, dass die Suchrichtungen $\vec{s}^{(k)}$, $1 \leq k \leq n$, paarweise orthogonal bezüglich des Skalarprodukts $\bullet$ sind. Nach n Schritten gibt es keine weiteren orthogonalen Richtungen, und es lässt sich zeigen, dass spätestens dann eine Lösung des Gleichungssystems gefunden ist. Damit das Verfahren auch bei ungenauer Arithmetik anwendbar wird, wird es üblicher Weise in Verbindung mit Vorkonditionierung (siehe Band 1, Seite 655) eingesetzt.

Eine symmetrische Matrix $\mathbf{A}$ hat ausschließlich reelle Eigenwerte (vgl. (iii) auf Seite xvi, siehe Band 1, S. 623). Ist $\mathbf{A}$ positiv definit, so ist zwangsläufig jeder dieser reellen Eigenwerte positiv. Denn ist s ein (reeller) Eigenwert zu

einem Eigenvektor $\vec{d}$, so gilt: $0 < \vec{d}^{\top}\mathbf{A}\vec{d} = s\vec{d}^{\top}\vec{d} = s|\vec{d}|^2$. Damit muss $s > 0$
sein. Eine notwendige Bedingung für die positive Definitheit ist damit, dass
alle Eigenwerte positiv sind. Diese Bedingung ist auch hinreichend. Sind alle Eigenwerte einer symmetrischen, reellen Matrix $\mathbf{A}$ positiv, so lässt sich
$\mathbf{A}$ mit einer orthogonalen Transformationsmatrix $\mathbf{X}$, d. h. $\mathbf{X}^{-1} = \mathbf{X}^{\top}$, dia-
gonalisieren: $\mathbf{D} = \mathbf{X}^{\top}\mathbf{A}\mathbf{X}$ (siehe Band 1, Satz 22.7 auf Seite 630). Dabei
ist $\mathbf{D}$ eine Diagonalmatrix mit den positiven Eigenwerten $d_1, d_2, \ldots, d_n$ als
Diagonalelemente. Damit ergibt sich für jeden Vektor $\vec{h} \neq \vec{0}$:

$$\vec{h}^{\top}\mathbf{A}\vec{h} = \vec{h}^{\top}\mathbf{X}\mathbf{D}\mathbf{X}^{\top}\vec{h} = (\mathbf{X}^{\top}\vec{h})^{\top}\mathbf{D}\underbrace{(\mathbf{X}^{\top}\vec{h})}_{=:\vec{a}} = \vec{a}^{\top}\mathbf{D}\vec{a} = \sum_{k=1}^{n} d_k a_k^2 > 0,$$

da $\mathbf{X}^{\top}$ invertierbar ist und somit wegen $\vec{h} \neq \vec{0}$ auch $\vec{a} \neq \vec{0}$ ist.

Völlig analog ist die negative Definitheit damit äquivalent, dass alle Eigenwerte negativ sind. Damit haben wir bewiesen:

**Satz 2.2 (Charakterisierung positiv und negativ definiter Matri-
zen)** Eine symmetrische, reelle Matrix ist genau dann positiv (negativ)
definit, wenn alle ihre Eigenwerte positiv (negativ) sind.

Wir haben zuvor für den Fall $n = 2$ gezeigt, dass es für ein lokales Minimum
(lokales Maximum) hinreichend ist, wenn die Hesse-Matrix an der betrachteten Stelle positiv (negativ) definit ist. Das lässt sich verallgemeinern:

Satz 2.3 (Hinreichende Bedingung für ein lokales Extremum) Sei
$f : D \subseteq \mathbb{R}^n \to \mathbb{R}$ im inneren Punkt $\vec{x}_0 \in D$ zweimal stetig differenzierbar
mit $(\operatorname{grad} f)(\vec{x}_0) = \vec{0}$. Dann gilt:

a) Ist die Hesse-Matrix $\mathbf{H}(\vec{x}_0)$ negativ definit, so hat f in $\vec{x}_0$ ein lokales
   Maximum.
b) Ist $\mathbf{H}(\vec{x}_0)$ positiv definit, so hat f in $\vec{x}_0$ ein lokales Minimum.

Diesen Satz kann man über die mehrdimensionale Taylor-Entwicklung wie
zuvor im Fall $n = 2$ beweisen. Man beachte, dass aufgrund der vorausgesetz-
ten zweimaligen stetigen Differenzierbarkeit die Hesse-Matrix nach Satz 1.5
symmetrisch ist, so dass Definition 2.2 anwendbar ist.

Um tatsächlich auszurechnen, ob eine Matrix positiv oder negativ definit ist, benötigt man ein einfaches Kriterium. Schließlich möchte man nicht
mit allen denkbaren Vektoren multiplizieren und auch nicht die Eigenwerte
bestimmen, da dazu Nullstellen von Polynomen berechnet werden müssten.

Lemma 2.1 (Sylvester-Kriterium für Definitheit) Sei $\mathbf{A}$ eine symmetrische $(n \times n)$-Matrix mit Elementen $a_{k,l}$, $1 \le k \le n$, $1 \le l \le n$. $\mathbf{A}$ ist genau dann positiv definit, falls alle Hauptabschnittsdeterminanten

$$H_1 := \det[a_{1,1}], \; H_2 := \det \begin{bmatrix} a_{1,1} & a_{1,2} \\ a_{2,1} & a_{2,2} \end{bmatrix}, \; H_3 := \det \begin{bmatrix} a_{1,1} & a_{1,2} & a_{1,3} \\ a_{2,1} & a_{2,2} & a_{2,3} \\ a_{3,1} & a_{3,2} & a_{3,3} \end{bmatrix}, \dots,$$

$H_n := \det \mathbf{A}$ positiv sind. $\mathbf{A}$ ist genau dann negativ definit, falls die Hauptabschnittsdeterminanten ein alternierendes Vorzeichen besitzen, wobei $H_1 = \det[a_{1,1}] < 0$ ist, also $H_1 < 0$, $H_2 > 0$, $H_3 < 0$, $H_4 > 0, \dots$

! Achtung

Bei einer negativ definiten Matrix alterniert das Vorzeichen beginnend mit $H_1 < 0$ (**nicht** mit $H_1 > 0$). Wir haben **keine** Analogie zur positiven Definitheit im Sinne, dass alle Determinanten kleiner null sind.

Beweis (Skizze) Wir beweisen die benötigte Richtung des Sylvester-Kriteriums, dass aus dem Verhalten der Determinanten die positive oder negative Definitheit folgt, exemplarisch für $n = 2$:

$$(h_1, h_2) \begin{bmatrix} a_{1,1} & a_{1,2} \\ a_{1,2} & a_{2,2} \end{bmatrix} \begin{pmatrix} h_1 \\ h_2 \end{pmatrix} = (a_{1,1}h_1 + a_{1,2}h_2, a_{1,2}h_1 + a_{2,2}h_2) \begin{pmatrix} h_1 \\ h_2 \end{pmatrix}$$

$$= a_{1,1}h_1^2 + a_{1,2}h_1h_2 + a_{1,2}h_1h_2 + a_{2,2}h_2^2 = a_{1,1}h_1^2 + 2a_{1,2}h_1h_2 + a_{2,2}h_2^2.$$

Den letzten Ausdruck kann man im Fall $a_{1,1} \ne 0$ geschickt umschreiben zu

$$a_{1,1} \left(h_1 + \frac{h_2 a_{1,2}}{a_{1,1}} \right)^2 + \frac{a_{1,1}a_{2,2} - a_{1,2}^2}{a_{1,1}} h_2^2.$$

Hier kann man die Bedingungen ablesen: Ist $H_1 = a_{1,1} > 0$ und $a_{1,1}a_{2,2} - a_{1,2}^2 = \det \mathbf{A} = H_2 > 0$, so ist der Ausdruck für $\vec{h} \ne \vec{0}$ größer null und damit $\mathbf{A}$ positiv definit. Ist $H_1 = a_{1,1} < 0$ und $a_{1,1}a_{2,2} - a_{1,2}^2 = \det \mathbf{A} = H_2 > 0$, so ist der Ausdruck kleiner null und damit $\mathbf{A}$ negativ definit.

   Ist umgekehrt eine symmetrische, reelle Matrix positiv (oder negativ) definit, dann gilt das auch für alle Matrizen $\mathbf{A}_k$, $1 \le k \le n$, die bei der Berechnung der Hauptabschnittsdeterminante verwendet werden. Jede dieser Matrizen kann wieder zu einer Diagonalmatrix $\mathbf{D}_k = \mathbf{X}_k^\top \mathbf{A}_k \mathbf{X}_k = \mathbf{X}_k^{-1} \mathbf{A}_k \mathbf{X}_k$ mit den Eigenwerten von $\mathbf{A}_k$ als Diagonalelemente transformiert werden (Band 1, Satz 22.7). Sind $\mathbf{A}$ und damit $\mathbf{A}_k$ positiv definit, so sind alle Eigenwerte positiv und $\det(\mathbf{D}_k) > 0$ als Produkt der Eigenwerte. Daher ist auch

$$\det(\mathbf{A}_k) = \det(\mathbf{X}_k \mathbf{D}_k \mathbf{X}_k^{-1}) = \frac{\det(\mathbf{X}_k)}{\det(\mathbf{X}_k)} \det(\mathbf{D}_k) > 0.$$

Sind $\mathbf{A}$ und damit $\mathbf{A}_k$ negativ definit, so sind alle Eigenwerte negativ und $(-1)^k \det(\mathbf{D}_k) > 0$, so dass auch $(-1)^k \det(\mathbf{A}_k) > 0$ ist. $\qquad\square$

Man kann sich das Kriterium in Anlehnung an den letzten Teil des Beweises so merken: Bei einer positiv definiten Diagonalmatrix sind die Hauptabschnitts-determinanten das Produkt der positiven Diagonalelemente (Eigenwerte) und damit alle größer null. Bei einer negativ definiten Diagonalmatrix sind alle Diagonalelemente (Eigenwerte) kleiner null. Die Hautptabschnittsdetermi-nanten sind dann abwechselnd das Produkt von ungradzahlig und gradzahlig vielen negativen Zahlen. So entsteht das alternierende Vorzeichen.

Hat man eine zweimal differenzierbare Funktion $f : \mathbb{R} \to \mathbb{R}$ mit $f'(x_0) = 0$, so besteht die (1×1)-Hesse-Matrix $\mathbf{H}(x_0) = [f''(x_0)]$ nur aus der zweiten Ableitung. Die für ein Maximum dann hinreichende Bedingung $f''(x_0) < 0$ ist identisch mit $H_1 < 0$ (also negativ definite Hesse-Matrix), und die für ein Minimum hinreichende Bedingung $f''(x_0) > 0$ ist identisch mit $H_1 > 0$ (positiv definite Hesse-Matrix).

Beispiel 2.7 Für $f(x,y) := x^3 + y^3 - 3x - 27y + 24$ ergeben sich aus der notwendigen Bedingung $\vec{0} = (\text{grad } f)(\vec{x}) = (3x^2 - 3, 3y^2 - 27)$ die vier Kandi-daten $(\pm 1, \pm 3)$ für lokale Extrema. Die Hesse-Matrix ist $\mathbf{H}(\vec{x}) = \begin{bmatrix} 6x & 0 \\ 0 & 6y \end{bmatrix}$, so dass $H_1 = 6x$, $H_2 = 36xy$. Damit haben wir im Punkt $(1,3)$ ein lokales Minimum, in $(-1,3)$ und $(1,-3)$ keine Aussage (denn $\mathbf{H}$ ist hier weder posi-tiv noch negativ definit, so dass die hinreichende Bedingung nicht anwendbar ist) und in $(-1,-3)$ ein lokales Maximum.

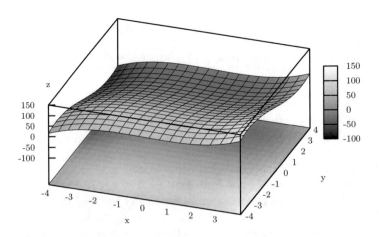

Abb. 2.1 $f(x,y) := x^3 + y^3 - 3x - 27y + 24$

Hintergrund: Cholesky-Zerlegung

Für symmetrische, positiv definite Matrizen kann man vergleichsweise effizient eine Darstellung als Produkt einer unteren mit einer oberen Dreiecksmatrix ausrechnen. Solche LR-Zerlegungen werden in Kapitel 6.6 auf Seite 201 des ersten Bands besprochen. Dort haben wir sie mittels Gauß-Umformungen berechnet. Das geht für symmetrische, positiv definite Matrizen einfacher und effizienter. Hat man eine LR-Zerlegung, so kann man leicht durch fortgesetztes Einsetzen zugehörige Gleichungssysteme lösen.

Jede symmetrische reelle Matrix $\mathbf{A}$ besitzt eine Darstellung $\mathbf{A} = \mathbf{X}\mathbf{D}\mathbf{X}^\top$ mit einer Diagonalmatrix $\mathbf{D}$, wobei die Diagonalelemente in $\mathbf{D}$ die Eigenwerte von $\mathbf{A}$ sind (siehe z. B. Band 1, S. 630). Hier ist $\mathbf{X}$ eine orthogonale Matrix (also $\mathbf{X}^\top = \mathbf{X}^{-1}$), die aus Eigenvektoren besteht. Da nun $\mathbf{A}$ zusätzlich positiv definit ist, sind alle Eigenwerte und damit Diagonalelemente größer als null. Für eine LR-Zerlegung benötigen wir aber keine orthogonale Matrix $\mathbf{X}$, sondern wir suchen eine untere Dreiecksmatrix $\mathbf{L}$:

Satz 2.4 (Cholesky-Zerlegung) Jede symmetrische und positiv definite Matrix $\mathbf{A} \in \mathbb{R}^{n \times n}$ besitzt die (eindeutige) **Cholesky-Zerlegung**

$$\mathbf{A} = \mathbf{L} \cdot \mathbf{D} \cdot \mathbf{L}^\top,$$

wobei $\mathbf{L}$ eine untere Dreiecksmatrix und $\mathbf{D}$ eine Diagonalmatrix wie folgt ist:

$$\mathbf{L} = \begin{bmatrix} 1 & 0 & \cdots & 0 \\ l_{2,1} & 1 & & \vdots \\ \vdots & \ddots & \ddots & 0 \\ l_{n,1} & \cdots & l_{n,n-1} & 1 \end{bmatrix}, \quad \mathbf{D} = \begin{bmatrix} d_1 & 0 & \cdots & 0 \\ 0 & d_2 & \cdots & 0 \\ & & \ddots & \\ 0 & 0 & \cdots & d_n \end{bmatrix}$$

mit $d_k > 0$, $k \in \{1, \ldots, n\}$.

Umgekehrt ist jede Matrix der Form $\mathbf{L} \cdot \mathbf{D} \cdot \mathbf{L}^\top$ (mit $\mathbf{L}$ und $\mathbf{D}$ wie zuvor) symmetrisch und positiv definit.

Beweis Die Symmetrie und positive Definitheit von $\mathbf{L} \cdot \mathbf{D} \cdot \mathbf{L}^\top$ folgt sofort aus den entsprechenden Definitionen.

Wir beweisen die eigentliche Aussage, indem wir den Algorithmus angeben, mit dem die Cholesky-Zerlegung berechnet wird. Um sicherzustellen, dass wir dabei nicht durch null teilen, benötigen wir die Voraussetzungen in Verbindung mit dem Sylvester-Kriterium Lemma 2.1, nach dem alle Hauptabschnittsdeterminanten größer null sind.

Es soll nun

$$(\mathbf{L} \cdot \mathbf{D}) \cdot \mathbf{L}^\top = \mathbf{A}$$

gelten, d. h. mit ausmultiplizierter Matrix $\mathbf{L} \cdot \mathbf{D}$ und für $n = 4$:

$$\begin{bmatrix} d_1 & 0 & 0 & 0 \\ l_{2,1}d_1 & d_2 & 0 & 0 \\ l_{3,1}d_1 & l_{3,2}d_2 & d_3 & 0 \\ l_{4,1}d_1 & l_{4,2}d_2 & l_{4,3}d_3 & d_4 \end{bmatrix} \cdot \begin{bmatrix} 1 & l_{2,1} & l_{3,1} & l_{4,1} \\ 0 & 1 & l_{3,2} & l_{4,2} \\ 0 & 0 & 1 & l_{4,3} \\ 0 & 0 & 0 & 1 \end{bmatrix} = \begin{bmatrix} a_{1,1} & a_{1,2} & a_{1,3} & a_{1,4} \\ a_{2,1} & a_{2,2} & a_{2,3} & a_{2,4} \\ a_{3,1} & a_{3,2} & a_{3,3} & a_{3,4} \\ a_{4,1} & a_{4,2} & a_{4,3} & a_{4,4} \end{bmatrix}.$$

An dieser Darstellung sehen wir, dass wir mit der Cholesky-Zerlegung auch eine LR-Zerlegung finden.

Nun lesen wir sukzessive die gesuchten Einträge von $\mathbf{L}$ und $\mathbf{D}$ ab:

- Wir multiplizieren die erste Zeile von $\mathbf{L} \cdot \mathbf{D}$ mit der ersten Spalte von $\mathbf{L}^\top$ und erhalten

$$d_1 = a_{1,1}.$$

Entsprechend multiplizieren wir die Zeilen 2 bis n mit der ersten Spalte von $\mathbf{L}^\top$:

$$l_{k,1} = \frac{a_{k,1}}{d_1} \text{ für } 2 \le k \le n.$$

Wir dürfen hier durch $d_1 = a_{1,1}$ teilen, da die erste Hauptabschnittsdeterminante von $\mathbf{A}$ gleich $a_{1,1} > 0$ ist. Man beachte, dass wegen der Symmetrie von $\mathbf{A}$ jetzt auch die Produkte der ersten Zeile von $\mathbf{L}\cdot\mathbf{D}$ mit den Spalten 2 bis n von $\mathbf{L}^\top$ die richtigen Ergebnisse liefern, d. h., die berechneten Werte d_1 und $l_{k,1}$ führen zu keinen Widersprüchen. Das gilt entsprechend auch in den folgenden Schritten.

- Wir multiplizieren die zweite Zeile von $\mathbf{L} \cdot \mathbf{D}$ mit der zweiten Spalte von $\mathbf{L}^\top$ und erhalten

$$d_2 = a_{2,2} - l_{2,1}^2 d_1,$$

wobei die Werte der rechten Seite bereits bekannt sind. Wir überlegen uns, dass $d_2 \ne 0$ ist. Das Produkt der bereits berechneten 2×2-Abschnittsmatrizen ergibt den entsprechenden Ausschnitt von $\mathbf{A}$:

$$\begin{bmatrix} d_1 & 0 \\ l_{2,1}d_1 & d_2 \end{bmatrix} \cdot \begin{bmatrix} 1 & l_{2,1} \\ 0 & 1 \end{bmatrix} = \begin{bmatrix} a_{1,1} & a_{1,2} \\ a_{2,1} & a_{2,2} \end{bmatrix}.$$

Falls $d_2 = 0$ wäre, hätte die Produktmatrix die Determinante 0. Das kann aber nicht sein, da die Hauptabschnittsdeterminanten größer null sind. Wir dürfen also im Folgenden durch d_2 dividieren.

Multiplikation der Zeilen 3 bis n mit der zweiten Spalte von $\mathbf{L}^\top$ führt zu

$$l_{k,2} = \frac{1}{d_2}\left(a_{k,2} - l_{k,1}d_1 l_{2,1}\right) \text{ für } 3 \le k \le n.$$

- So verfährt man weiter und erhält im m-ten Schritt durch Multiplikation der m-ten Zeile von $\mathbf{L} \cdot \mathbf{D}$ mit der m-ten Spalte von $\mathbf{L}^\top$:

$$d_m = a_{m,m} - \sum_{k=1}^{m-1} l_{m,k}^2 d_k.$$

Mit dem gleichen Argument wie zuvor ist $d_m \neq 0$, da auch die m-te Hauptabschnittsdeterminante von $\mathbf{A}$ größer als null ist.
Für die Zeilen $m + 1$ bis n ergibt sich wie zuvor

$$l_{k,m} = \frac{1}{d_m} \left(a_{k,m} - \sum_{r=1}^{m-1} l_{k,r} d_r l_{m,r} \right) \text{ für } m + 1 \leq k \leq n.$$

Wir haben jetzt die gewünschte Darstellung, wobei $d_k \neq 0$, $1 \leq k \leq n$. Die Hauptabschnittsdeterminanten von $\mathbf{L} \cdot \mathbf{D} \cdot \mathbf{L}^\top$ sind positiv. Bei blockweiser Matrixmultiplikation ergibt sich die m-te Hauptabschnittsdeterminante als Produkt der m-ten Hauptabschnittsdeterminanten von $\mathbf{L}$, $\mathbf{D}$ und $\mathbf{L}^\top$, welche für $\mathbf{L}$ und $\mathbf{L}^\top$ gleich sind. Ihr Produkt ist also positiv. Damit muss auch die m-te Hauptabschnittsdeterminante von $\mathbf{D}$ positiv sein. Das gelingt für $1 \leq m \leq n$ nur, wenn alle Diagonalelemente positiv sind. $\qquad\square$

Der im Beweis verwendete Algorithmus lautet:
Berechne für $1 \leq m \leq n$ sukzessive:

$$d_m = a_{m,m} - \sum_{k=1}^{m-1} l_{m,k}^2 d_k,$$

$$l_{k,m} = \frac{1}{d_m} \left(a_{k,m} - \sum_{r=1}^{m-1} l_{k,r} d_r l_{m,r} \right) \text{ für } m + 1 \leq k \leq n.$$

Findet man bei der Durchführung des Algorithmus für eine symmetrische Matrix ein Diagonalelement $d_m \leq 0$, dann sind die Voraussetzungen der Cholesky-Zerlegung nicht erfüllt, d. h., die Matrix ist nicht positiv definit.

Beispiel 2.8 Wir berechnen eine Cholesky-Zerlegung für

$$\mathbf{A} = \begin{bmatrix} 4 & 2 & 1 \\ 2 & 8 & 0 \\ 1 & 0 & 16 \end{bmatrix}.$$

- Für $m = 1$ erhalten wir: $d_1 = 4$, $l_{2,1} = \frac{1}{4} \cdot 2 = \frac{1}{2}$, $l_{3,1} = \frac{1}{4}$.
- Für $m = 2$ ergibt sich: $d_2 = 8 - \left(\frac{1}{2}\right)^2 4 = 7$, $l_{3,2} = \frac{1}{7}\left(0 - \frac{1}{4} \cdot 4 \cdot \frac{1}{2}\right) = -\frac{1}{14}$.
- Schließlich erhalten wir für $m = 3$: $d_3 = 16 - \left(\frac{4}{4^2} + \frac{7}{14^2}\right) = 16 - \frac{4}{14} = \frac{110}{7}$.

Damit haben wir die Zerlegung berechnet:

$$\mathbf{L} = \begin{bmatrix} 1 & 0 & 0 \\ \frac{1}{2} & 1 & 0 \\ \frac{1}{4} & -\frac{1}{14} & 1 \end{bmatrix}, \quad \mathbf{D} = \begin{bmatrix} 4 & 0 & 0 \\ 0 & 7 & 0 \\ 0 & 0 & \frac{110}{7} \end{bmatrix}, \quad \mathbf{L}^\top = \begin{bmatrix} 1 & \frac{1}{2} & \frac{1}{4} \\ 0 & 1 & -\frac{1}{14} \\ 0 & 0 & 1 \end{bmatrix}.$$

Folgerung 2.1 (Alternative Formulierung der Cholesky-Zerlegung)
Jede positiv definite, symmetrische Matrix $\mathbf{A}$ besitzt eine eindeutige Dar-

stellung $\mathbf{A} = \mathbf{Q} \cdot \mathbf{Q}^\top$, wobei $\mathbf{Q}$ eine untere Dreiecksmatrix mit positiven Diagonalelementen ist.

Umgekehrt ist natürlich jede Matrix $\mathbf{A} = \mathbf{Q} \cdot \mathbf{Q}^\top$ symmetrisch und positiv definit.

Beweis Wir wissen, dass $\mathbf{A}$ die eindeutige Darstellung $\mathbf{LDL}^\top$ aus Satz 2.4 besitzt. Sei $\sqrt{\mathbf{D}}$ die Diagonalmatrix, die die Diagonalelemente $\sqrt{d_1}, \ldots, \sqrt{d_n}$ besitzt, d. h. $\mathbf{D} = \sqrt{\mathbf{D}} \cdot \sqrt{\mathbf{D}}$.

Mit $\mathbf{Q} := \mathbf{L} \cdot \sqrt{\mathbf{D}}$ ergibt sich sofort die Darstellung $\mathbf{A} = \mathbf{Q} \cdot \mathbf{Q}^\top$. Diese ist auch eindeutig. Denn hat $\mathbf{A}$ eine solche Darstellung, dann kann man die m-te Spalte von $\mathbf{Q}$ durch das Diagonalelement dieser Spalte dividieren. Das lässt sich durch Multiplikation mit der Matrix der positiven Diagonalelemente rückgängig machen:

$$
\mathbf{Q} =
\begin{bmatrix}
1 & 0 & \cdots & 0 \\
\frac{q_{2,1}}{q_{1,1}} & 1 & & 0 \\
\vdots & \ddots & \ddots & \\
\frac{q_{n,1}}{q_{1,1}} & \cdots & \frac{q_{n,n-1}}{q_{n-1,n-1}} & 1
\end{bmatrix}
\cdot
\begin{bmatrix}
q_{1,1} & & & 0 \\
& q_{2,2} & & \\
& & \ddots & \\
0 & & & q_{n,n}
\end{bmatrix}
= \mathbf{L} \cdot \sqrt{\mathbf{D}}.
$$

Da die Darstellung $\mathbf{A} = \mathbf{LDL}^\top$ eindeutig ist, ist somit auch $\mathbf{Q}$ eindeutig festgelegt. $\square$

Beispiel 2.9 Im vorangehenden Beispiel haben wir die Zerlegung

$$
\mathbf{A} = \mathbf{Q} \cdot \mathbf{Q}^\top = (\mathbf{L}\sqrt{\mathbf{D}}) \cdot (\mathbf{L}\sqrt{\mathbf{D}})^\top =
\begin{bmatrix}
2 & 0 & 0 \\
1 & \sqrt{7} & 0 \\
\frac{1}{2} & -\frac{1}{2\sqrt{7}} & \sqrt{\frac{110}{7}}
\end{bmatrix}
\cdot
\begin{bmatrix}
2 & 1 & \frac{1}{2} \\
0 & \sqrt{7} & -\frac{1}{2\sqrt{7}} \\
0 & 0 & \sqrt{\frac{110}{7}}
\end{bmatrix}
$$

berechnet.

Zusammenfassend sind folgende Aussagen für eine reelle Matrix $\mathbf{A} \in \mathbb{R}^{n \times n}$ äquivalent:

- $\mathbf{A}$ ist symmetrisch und positiv definit.
- Die reellen Eigenwerte der symmetrischen Matrix $\mathbf{A}$ sind alle positiv.
- Alle Hauptabschnittsdeterminanten der symmetrischen Matrix $\mathbf{A}$ sind positiv.
- $\mathbf{A} = \mathbf{Q} \cdot \mathbf{Q}^\top$, wobei $\mathbf{Q}$ eine reelle untere Dreiecksmatrix mit positiven Diagonalelementen ist.
- $\mathbf{A} = \mathbf{L} \cdot \mathbf{D} \cdot \mathbf{L}^\top$, wobei $\mathbf{L}$ eine reelle untere Dreiecksmatrix mit Einsen auf der Hauptdiagonalen und $\mathbf{D}$ eine Diagonalmatrix mit positiven Diagonalelementen ist.

2.2 Extrema unter Nebenbedingungen *

Man hat es häufig mit Minima und Maxima unter zusätzlichen Nebenbedingungen zu tun. Das gilt insbesondere für die klassische Mechanik. Dort werden die Nebenbedingungen **Zwangsbedingungen** genannt, die die Bewegungsfreiheit eines Körpers einschränken. Ein Beispiel ist der Einfluss der Seillänge bei einem Pendel.

Wir sehen uns die Problemstellung an einem noch einfacheren Beispiel an. Entlang eines Wegs durchwandern wir ein Gebirge. Uns interessieren jetzt nicht allgemein die Täler und Gipfel des Gebirges, sondern die Stellen, an denen wir einen Tief- oder Hochpunkt auf unserem Weg erreicht haben.

Das Gebirge sei über eine Funktion $f : D \subseteq \mathbb{R}^2 \to \mathbb{R}$ beschrieben. Der Weg ist in der x-y-Ebene durch die Punkte (x, y) gegeben, für die $g(x, y) = 0$ gilt. Dabei ist $g : D \to \mathbb{R}$ eine geeignete Funktion. Durch g werden also die x- und y-Koordinaten unserer Wanderung bestimmt, unsere Höhe ist dann $z = f(x, y)$. Uns interessieren jetzt die lokalen Maxima und Minima von f unter dieser Nebenbedingung $g(x, y) = 0$, da dies Gipfel und Täler auf unserem Weg sind. Zunächst betrachten wir den Spezialfall, dass $g(x, y) = 0$ sich nach y auflösen lässt zu $y = h(x)$, also lautet die Nebenbedingung $g(x, y) := y - h(x) = 0$, und der Wanderweg ist der Funktionsgraph von h. Dies ist tatsächlich nur ein Spezialfall, da z. B. der Einheitskreis, der über die Nebenbedingung $g(x, y) := x^2 + y^2 - 1 = 0$ beschrieben wird, so nicht auflösbar ist (vgl. Abschnitt 1.3). Bei auflösbarem g ist eine notwendige Bedingung für eine Extremstelle (x, y) laut Satz 2.1:

$$\frac{\mathrm{d}}{\mathrm{d}x} f(x, h(x)) = (\operatorname{grad} f)(x, h(x)) \cdot \begin{pmatrix} 1 \\ h'(x) \end{pmatrix} = 0. \qquad (2.4)$$

Beispiel 2.10 Wir betrachten $f(x, y) := x^3 + y^3 - 3x - 27y + 24$ und $g(x, y) := y - x$. Die Nebenbedingung $g(x, y) = 0 \iff y = x$ ist nach y auflösbar (mit $y = h(x) := x$) und beschreibt einen „Weg", der auf die x-y-Ebene projiziert die Hauptdiagonale im kartesischen Koordinatensystem ist.

$$\frac{\mathrm{d}}{\mathrm{d}x} f(x, h(x)) = \frac{\mathrm{d}}{\mathrm{d}x} f(x, x) = \frac{\mathrm{d}}{\mathrm{d}x}[2x^3 - 30x + 24] = 6x^2 - 30.$$

Damit muss $x = \pm\sqrt{5}$ sein, und wegen der Nebenbedingung $y = x$ sind nur $(\sqrt{5}, \sqrt{5})$ und $(-\sqrt{5}, -\sqrt{5})$ Kandidaten für Extremstellen.

Wir betrachten nun einen anderen Ansatz, der auch dann noch funktioniert, wenn die Nebenbedingung später nicht auflösbar ist. Wir starten aber weiterhin mit der einfachen Nebenbedingung $g(x, y) = y - h(x)$. Der Gradient $\operatorname{grad} f$ zeigt als Vektor in Richtung des steilsten Anstiegs von f (siehe Satz 1.2). Erreichen wir auf dem Wanderweg $g(x, y) = 0$ einen Gipfel oder ein Tal, so gibt es keinen Anstieg oder Abstieg in Wanderrichtung, d. h., grad f muss senkrecht zur Wanderrichtung stehen (anders ausgedrückt: Die Richtungsableitung von f in Wanderrichtung ist $\vec{0}$).

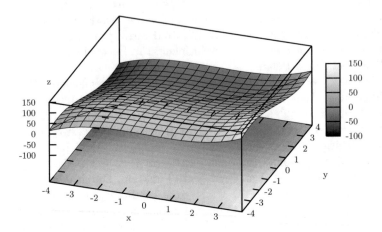

Abb. 2.2 $f(x,y) := x^3 + y^3 - 3x - 27y + 24$ mit „Wanderweg" $g(x,y) = y - x = 0$

Am Punkt $(x, h(x))$ des Wanderwegs gehen wir in Richtung $(1, h'(x))$, denn $h'(x)$ ist die Steigung der Tangenten an den Funktionsgraphen von h an der Stelle x, siehe Abbildung 2.3. Diese Richtung steht senkrecht zum Gradienten genau dann, wenn das Skalarprodukt beider Vektoren 0 ergibt (siehe Band 1, Kapitel 18.2), also genau dann, wenn die Bedingung (2.4) erfüllt ist. Senkrecht zu $(1, h'(x))$ steht z. B. der Vektor $(-h'(x), 1) = \left(\frac{\partial g}{\partial x}(x,y), \frac{\partial g}{\partial y}(x,y)\right) = (\text{grad } g)(x,y)$, siehe ebenfalls Abbildung 2.3. Damit muss sich grad f an einer Extremstelle als Vielfaches dieses Vektors schreiben lassen. Daraus resultiert als notwendige Bedingung: Es existiert ein $\lambda \in \mathbb{R}$, so dass

$$(\text{grad } f)(x,y) + \lambda(\text{grad } g)(x,y) = (0,0) \text{ bzw. } (\text{grad}(f + \lambda g))(x,y) = \vec{0},$$

also

$$\frac{\partial f}{\partial x}(x,y) + \lambda \frac{\partial g}{\partial x}(x,y) = 0,$$
$$\frac{\partial f}{\partial y}(x,y) + \lambda \frac{\partial g}{\partial y}(x,y) = 0.$$

λ nennt man in diesem Zusammenhang **Lagrange-Multiplikator**. Damit findet man als Lösungen dieses (eventuell nicht-linearen) Gleichungssystems eine Menge von Kandidaten für Extremstellen, die noch vom Parameter λ abhängen. Diese kann mittels der Nebenbedingung $g(x,y) = 0$ weiter eingeschränkt werden, indem über sie λ bestimmt wird.

Man beachte, dass zum Hinschreiben dieser notwendigen Bedingung nun kein Auflösen von $g(x,y) = 0$ nach y erforderlich ist.

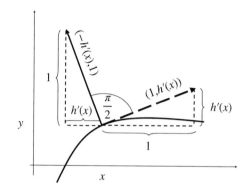

Abb. 2.3 Konstruktion eines Vektors senkrecht zur Tangenten an $h(x)$

Beispiel 2.11 Wir betrachten wie oben $f(x,y) := x^3 + y^3 - 3x - 27y + 24$ und $g(x,y) = y - x$ und erhalten das Gleichungssystem $(\operatorname{grad} f)(x,y) + \lambda(\operatorname{grad} g)(x,y) = (0,0)$, das explizit lautet:

$$3x^2 - 3 - \lambda = 0$$
$$3y^2 - 27 + \lambda = 0.$$

Damit:

$$x = \pm\sqrt{1 + \frac{\lambda}{3}}, \, y = \pm\sqrt{9 - \frac{\lambda}{3}}.$$

Aus der Nebenbedingung $y = x$ folgt, dass das Vorzeichen von x und y gleich ist und

$$1 + \frac{\lambda}{3} = 9 - \frac{\lambda}{3} \iff \frac{2}{3}\lambda = 8 \iff \lambda = 12.$$

Kandidaten für Extrema sind auch bei diesem Ansatz $(-\sqrt{5}, -\sqrt{5})$ und $(\sqrt{5}, \sqrt{5})$. Durch Einsetzen sieht man, dass bei $(-\sqrt{5}, -\sqrt{5})$ ein lokales Maximum und bei $(\sqrt{5}, \sqrt{5})$ ein lokales Minimum liegt.

Tatsächlich funktioniert dieser Ansatz unter Verwendung impliziter Differenziation (vgl. Abschnitt 1.3) auch für Nebenbedingungen $g(x,y) = 0$, die nicht auflösbar sind, und man kann mehrere Nebenbedingungen gleichzeitig haben, die alle erfüllt sein sollen. Man hat dann m Funktionen $g_1, \ldots, g_m : D \to \mathbb{R}$. Die Nebenbedingung lautet $g_1(\vec{x}) = 0 \land g_2(\vec{x}) = 0 \land \ldots \land g_m(\vec{x}) = 0$, also $\vec{g}(\vec{x}) = \vec{0}$ für $\vec{g} : D \to \mathbb{R}^m$. Daraus gewinnt man die notwendige Bedingung

$$(\operatorname{grad}[f + \lambda_1 g_1 + \lambda_2 g_2 + \cdots + \lambda_m g_m])(\vec{x}) = \vec{0}.$$

Genauer gilt der allgemeine Satz (siehe [Forster(2017), S. 124f]):

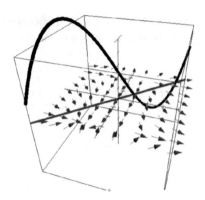

Abb. 2.4 Dort, wo
$(\operatorname{grad} f)(x, y)$ (Pfeile) senkrecht zum Weg $y = x$ ist,
können Extrema vorliegen

Satz 2.5 (Lagrange-Multiplikatoren) Seien $m < n$, $D \subseteq \mathbb{R}^n$ eine offene Menge, $f : D \to \mathbb{R}$, $\vec{g} : D \to \mathbb{R}^m$. Weiter seien f und alle Komponentenfunktionen von $\vec{g}$ stetig differenzierbar auf D. Die Funktion $\vec{g}$ möge
die Nebenbedingung ausdrücken, unter der wir ein lokales Extremum von
f suchen, genauer suchen wir eine Extremstelle von f über der Menge
$N := \{\vec{x} \in D : \vec{g}(\vec{x}) = \vec{0}\}$, d. h., wir suchen Stellen $\vec{x}_0 \in N$, so dass es
ein $\delta > 0$ gibt, so dass für alle $\vec{x} \in N$ mit $|\vec{x} - \vec{x}_0| < \delta$ entweder

- $f(\vec{x}) \geq f(\vec{x}_0)$ im Falle eines lokalen Minimums oder
- $f(\vec{x}) \leq f(\vec{x}_0)$ im Falle eines lokalen Maximums

gilt. Sei $\vec{x}_0 \in N$, so dass der Rang der $(m \times n)$-Matrix

$$\left[\frac{\partial g_l}{\partial x_k}(\vec{x}_0)\right]_{l=1,\ldots,m;\, k=1,\ldots,n}$$

den Wert m hat (d. h., die m-Zeilen sind linear unabhängig, der Rang ist
die maximale Anzahl linear unabhängiger Zeilen oder Spalten der Matrix,
d. h. die Dimension des Zeilen- oder Spaltenraums (siehe Seite xvi sowie
Band 1, Seite 590). Dann folgt aus a) als notwendige Bedingung die Aussage
b):

a) f hat ein lokales Extremum in $\vec{x}_0$ unter der Nebenbedingung N.

b) Es existieren Zahlen (**Lagrange-Multiplikatoren**) $\lambda_1, \ldots, \lambda_m \in \mathbb{R}$, so
   dass

$$(\operatorname{grad}[f + \lambda_1 g_1 + \lambda_2 g_2 + \cdots + \lambda_m g_m])(\vec{x}_0) = \vec{0}, \tag{2.5}$$

d. h., für alle $1 \leq k \leq n$ gilt:

$$\frac{\partial f}{\partial x_k}(\vec{x}_0) + \lambda_1 \frac{\partial g_1}{\partial x_k}(\vec{x}_0) + \cdots + \lambda_m \frac{\partial g_m}{\partial x_k}(\vec{x}_0) = 0. \tag{2.6}$$

- Sucht man lokale Extrema ohne Nebenbedingung, so kann man $g(\vec{x}) := 0$ setzen. Alle $\vec{x} \in D$ erfüllen damit die triviale Nebenbedingung $g(\vec{x}) = 0$. Die notwendige Bedingung (2.5) geht dann über in die bekannte Bedingung $\vec{0} = (\mathrm{grad}[f + \lambda g])(\vec{x}_0) = (\mathrm{grad}\, f)(\vec{x}_0)$.
- Hat man nur eine Nebenbedingung ($m = 1$), also eine Funktion $g : D \to \mathbb{R}$, so ist die Matrix $\left[\frac{\partial g}{\partial x_k}(\vec{x}_0)\right]_{k=1,\ldots,n}$ der Gradient von g. Die zunächst kompliziert aussehende Rang-Bedingung lautet dann einfach $(\mathrm{grad}\, g)(\vec{x}_0) \neq \vec{0}$.

Beispiel 2.12 Als Verpackung soll ein Quader mit Kantenlängen x, y und z gefunden werden, dessen Volumen $1\ \mathrm{m}^3$ ist und dessen Oberfläche möglichst klein ist. Wir suchen das Minimum der Funktion

$$f(x, y, z) := 2xy + 2yz + 2xz,$$

die die Flächeninhalte aller sechs Seiten summiert, unter der Nebenbedingung

$$g(x, y, z) := xyz - 1 = 0,$$

die das Volumen festlegt. Damit erhalten wir das nicht-lineare Gleichungssystem

$$2y + 2z + \lambda yz = 0$$
$$\wedge \quad 2x + 2z + \lambda xz = 0$$
$$\wedge \quad 2y + 2x + \lambda xy = 0$$

zusammen mit der Nebenbedingung $xyz - 1 = 0$, wegen der $x \neq 0$, $y \neq 0$ und $z \neq 0$ ist. Für alle Punkte, die die Nebenbedingung erfüllen, ist damit $(\mathrm{grad}\, g)(x, y, z) = (yz, xz, xy) \neq \vec{0}$. Die Rangbedingung aus Satz 2.5 ist also erfüllt. Multiplizieren wir die erste Gleichung mit x, die zweite mit y und die dritte mit z und nutzen wir die Nebenbedingung aus, so erhalten wir das ebenfalls nicht-lineare Gleichungssystem

$$2xy + 2xz \qquad\quad = -\lambda$$
$$\wedge\ 2xy \qquad + 2yz = -\lambda$$
$$\wedge \qquad 2xz + 2yz = -\lambda.$$

Um die Werte für xy, xz und yz zu erhalten, können wir es als lineares Gleichungssystem mit dem Gauß-Verfahren lösen. Schneller erhalten wir als Differenz der ersten beiden Gleichungen $2xz - 2yz = 0$ und nach Division durch z ($z \neq 0$ aufgrund der Nebenbedingung): $x = y$. Entsprechend erhalten wir aus der Differenz der zweiten und dritten Gleichung und Division durch x, dass $y = z$ ist. Damit sind alle Variablen gleich, und die Nebenbedingung liefert $x^3 = 1$, also $x = y = z = 1$. Nur für $x = y = z = 1$ kann ein Extremum vorliegen – und die Oberfläche ist tatsächlich minimal für den Würfel mit Kantenlänge $1\ \mathrm{m}$.

Beispiel 2.13 Wir bestimmen Kandidaten für alle Extremalstellen der Funktion

$$f(x, y, z) = x^2 + y^2 + z$$

unter den Nebenbedingungen

$$g_1(x, y, z) = x + y - z - 1 = 0 \text{ und } g_2(x, y, z) = x^2 + y^2 - \frac{1}{8} = 0.$$

Mit den Lagrange-Multiplikatoren λ_1, λ_2 erhält man das Gleichungssystem

$$2x + \lambda_1 + 2\lambda_2 x = 0$$
$$\wedge \quad 2y + \lambda_1 + 2\lambda_2 y = 0$$
$$\wedge \quad 1 - \lambda_1 = 0.$$

Hinzu kommen die beiden Nebenbedingungen. Aus der dritten Gleichung liest man $\lambda_1 = 1$ ab. Mit $\lambda_1 = 1$ erhält man aus den ersten beiden Gleichungen

$$2x(1 + \lambda_2) + 1 = 0 \quad \text{und} \quad 2y(1 + \lambda_2) + 1 = 0.$$

Damit ist $\lambda_2 = -1$ ausgeschlossen, da die Gleichungen für diesen Wert zu $1 = 0$ werden. Für $\lambda_2 \neq -1$ folgt sofort $x = y = -\frac{1}{2(1+\lambda_2)}$. Insgesamt haben wir also:

$$\lambda_1 = 1, \quad \lambda_2 \neq -1 \quad \text{und} \quad x = y.$$

Setzen wir $x = y$ in die Nebenbedingungen g_1, g_2 ein, so erhalten wir $2x - z - 1 = 0$ und $2x^2 - \frac{1}{8} = 0$ bzw.

$$x_{1,2} = \pm\frac{1}{4} \quad \text{und das zugehörige} \quad z_{1,2} = 2x_{1,2} - 1.$$

Damit können Extrema unter der Nebenbedingung nur an den beiden Stellen $\vec{x}_1 = \left(\frac{1}{4}, \frac{1}{4}, -\frac{1}{2}\right)$ und $\vec{x}_2 = \left(-\frac{1}{4}, -\frac{1}{4}, -\frac{3}{2}\right)$ liegen. In der Tat handelt es sich bei $\vec{x}_1$ mit $f(\vec{x}_1) = -\frac{3}{8}$ um ein lokales Maximum und bei $\vec{x}_2$ mit $f(\vec{x}_2) = -\frac{11}{8}$ um ein lokales Minimum unter Nebenbedingung.

Beispiel 2.14 (Mehrdimensionales Newton-Verfahren) Bei der Nullstellensuche mit dem eindimensionalen Newton-Verfahren (vgl. Beispiel 1.11 auf Seite 22) gelangt man von einer Stelle x_k zu einer Stelle x_{k+1}, die näher an einer Nullstelle liegen soll, indem man x_{k+1} als Nullstelle der Gerade $f(x_k) + f'(x_k)(x - x_k)$ sucht. Diese ist eine Taylor-Entwicklung von f an der Stelle x_k. Die Nullstelle x_{k+1} ist ein Minimum von $[f(x_k) + f'(x_k)(x - x_k)]^2$. Entsprechend kann man mit einer mehrdimensionalen Taylor-Entwicklung für $f : \mathbb{R}^n \to \mathbb{R}$ die Nullstellensuche von f bzw. allgemeiner die Suche nach einem lokalen Minimum der Funktion f^2 gestalten: Statt f^2 minimiere $[f(\vec{x}_k) + (\text{grad } f)(\vec{x}_k) \cdot (\vec{x} - \vec{x}_k)]^2$. Diese quadrierte Taylor-Entwicklung von f nähert die Funktion $f^2(\vec{x})$ nur sehr gut in der Nähe von $\vec{x}_k$ an. Statt ein Minimum auf $\mathbb{R}^n$ zu suchen, kann es daher besser sein, $\vec{x}_{k+1}$ als ein lokales Minimum auf einer Umgebung $\{\vec{x} \in \mathbb{R}^n : |\vec{x} - \vec{x}_k| \leq \delta(\vec{x}_k)\}$ für ein geeignetes $\delta(\vec{x}_k) > 0$ zu bestimmen und dann von dort aus weiterzusuchen. Im Inneren der Umgebung ist die notwendige Bedingung $\mathrm{grad}([f(\vec{x}_k)+(\mathrm{grad}\,f)(\vec{x}_k)\cdot(\vec{x}-\vec{x}_k)]^2) = \vec{0}$. Man beachte, dass es im Inneren der Umgebung aber kein lokales Minimum geben muss. Daher wird der Rand in die Suche einbezogen. Auf dem Rand lässt sich eine notwendige Bedingung für ein lokales Minimum mit einem Lagrange-Multiplikator λ über die Nebenbedingung $0 = g(\vec{x}) = |\vec{x} - \vec{x}_k|^2 - [\delta(\vec{x}_k)]^2$ formulieren. Ein lokales Minimum auf dem Rand im Punkt $\vec{x}$ kann nur vorliegen, falls ein $\lambda \in \mathbb{R}$ existiert, so dass

$$2[f(\vec{x}_k) + (\mathrm{grad}\,f)(\vec{x}_k) \cdot (\vec{x} - \vec{x}_k)](\mathrm{grad}\,f)(\vec{x}_k) + \lambda \cdot 2(\vec{x} - \vec{x}_k) = \vec{0}$$

gilt. Für $\lambda = 0$ ist der Fall eines Minimums im Inneren der Umgebung eingeschlossen. Der resultierende iterative Algorithmus, der ein auf einer Umgebung gefundenes Minimum (der Annäherung an f^2) als Ausgangspunkt für die nächste lokale Minimumsuche nimmt, heißt **Levenberg-Marquardt-Verfahren**. Es sucht ein lokales Minimum von f^2 und damit gegebenenfalls eine Nullstelle von f. Eine Anwendung dieser Verfahren ist beispielsweise der Iterative Closest Point Algorithmus, siehe Abbildung 2.5.

Abb. 2.5 Beim Iterative Closest Point Algorithmus werden mit Iterationen zwei Punktwolken (blau bzw. dunkler und rot bzw. heller) sukzessive in Übereinstimmung gebracht (registriert). Dazu werden in jeder Iteration die Parameter einer affinen Transformation berechnet, die alle blauen/dunkleren Punkte möglichst nah an die roten/helleren bringt. Der jeweils nächste Nachbar ist durch einen blauen Strich verbunden. Das Minimierungsproblem dieser Strichlängen wird mit dem Newton- oder dem Levenberg-Marquardt-Verfahren gelöst. Dann werden die blauen/dunkleren Punkte mit der affinen Transformation verschoben, und die nächste Iteration kann beginnen. Die Abbildungen zeigen nur einen Bruchteil der 3D Punktwolken nach 3, 13 und 32 Iterationen, die aus technisch unterschiedlichen Scans des Kaiser-Wilhelm-Museums und der Gebäude auf den anderen Straßenseiten in Krefeld entstanden sind und hier von oben betrachtet werden

2.3 Lineare Optimierung

Im vorangehenden Unterkapitel haben wir den Satz über die Lagrange-Multiplikatoren benutzt, um Kandidaten für Extremstellen unter Nebenbedingungen zu erhalten. In diesem Abschnitt betrachten wir eine ähnliche Aufgabenstellung, bei der sowohl die Funktion, für die wir ein Maximum suchen, als auch die Funktionen, über die die Nebenbedingungen formuliert sind, linear sind. Für diesen wichtigen Spezialfall **lineare Optimierung** (auch als **lineare Programmierung** bezeichnet) gibt es leistungsfähige Lösungsalgorithmen, vgl. z. B. [Hochstättler(2010), Kapitel 8], mit denen nicht nur viele betriebswirtschaftliche Aufgaben gelöst werden.

Ausgehend von Leonid Witaljewitsch Kantorowitsch (1912–1986, lineare Optimierung 1939, Wirtschaftsnobelpreis 1975) wurde die lineare Optimierung von Georg Dantzig weiterentwickelt. Er hat 1947 die Grundzüge des Simplex-Verfahrens vorgestellt, das wir weiter unten erklären. Es ist bis heute das meistgenutzte Verfahren zur linearen Optimierung.

Gegeben seien $\vec{p} \in \mathbb{R}^n$, $\vec{s} \in \mathbb{R}^m$ mit nicht-negativen Einträgen $s_k \geq 0$ und $\mathbf{A} \in \mathbb{R}^{m \times n}$. Gesucht sind Zahlen $x_1, \ldots, x_n \in [0, \infty[$, für die die lineare **Zielfunktion** („objective function")

$$p_1 x_1 + p_2 x_2 + \cdots + p_n x_n = \vec{p} \cdot \vec{x}$$

maximal wird, wobei gleichzeitig die Nebenbedingungen

$$(\mathbf{A}\vec{x})_k \leq s_k, \quad 1 \leq k \leq m,$$

für die m Komponenten des Vektors $\mathbf{A}\vec{x}$ erfüllt sein sollen. Es ist üblich, die Nebenbedingungen mit der Abkürzung s. t. (für „subject to") anzukündigen.

Als Beispiel betrachten wir die (lineare) Funktion $2x_1 + 3x_2$, die für $x_1, x_2 \geq 0$ unter den (linearen) Nebenbedingungen (s. t.)

$$x_1 + 2x_2 \leq 4 \text{ und}$$
$$3x_1 + x_2 \leq 6$$

zu maximieren sei. Hier ist

$$\vec{p} = (2, 3), \ \mathbf{A} = \begin{bmatrix} 1 & 2 \\ 3 & 1 \end{bmatrix} \text{ und } \vec{s} = \begin{pmatrix} 4 \\ 6 \end{pmatrix}.$$

Anschaulich kann man das Problem auch so formulieren: Es werden zwei Produkte P_1 und P_2 verkauft. Der Gewinn des ersten Produkts ist zwei Geldeinheiten pro Mengeneinheit, der des zweiten drei Geldeinheiten. Bezeichnen wir mit x_1 die verkaufte Menge von P_1 und mit x_2 die verkaufte Menge von P_2, dann ist der zu maximierende Gewinn $2x_1 + 3x_2$. Die Produkte können aber nicht in beliebigen Stückzahlen hergestellt werden. P_2 möge den doppelten Lagerplatz wie P_1 benötigen. Die Lagerkapazität wird mit $x_1 + 2x_2 \leq 4$

angegeben. Ähnlich kann es eine Beschränkung $3x_1 + x_2 \leq 6$ hinsichtlich der zur Verfügung stehenden Rohstoffe geben.

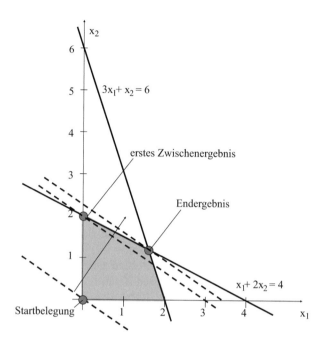

Abb. 2.6 Die gestrichelten Geraden haben die Gleichung $2x_1 + 3x_2 = z$, wobei der größte Wert z gesucht ist, für den es eine solche Gerade mit mindestens einem Punkt im unterlegten zulässigen, durch die Nebenbedingungen berandeten Gebiet gibt. Der Wert z wird umso größer, je weiter man eine gestrichelte Gerade nach rechts oben schiebt. Der größte Wert unter den Nebenbedingungen wird in dem Eckpunkt angenommen, der als Endergebnis markiert ist. Außerdem sind der Startwert und ein Zwischenergebnis des Simplex-Algorithmus eingezeichnet

Die Zielfunktion und die Funktionen auf den linken Seiten der Nebenbedingungen sind linear. Das ist prinzipiell eine viel einfachere Situation als die, die wir mit Lagrange-Multiplikatoren lösen. Tatsächlich besteht in Anwendungen die Schwierigkeit aber in einer sehr großen Anzahl n von Variablen und m von Nebenbedingungen.

Wir haben das Optimierungsproblem in der **Standardform** eingeführt. Viele Optimierungsaufgaben mit linearen Zielfunktionen und Nebenbedingungen lassen sich in diese Form überführen:

- Aus einem Minimierungsproblem wird durch Multiplikation der Zielfunktion mit -1 ein Maximierungsproblem (und umgekehrt).
- Wegen $x_1, \ldots, x_n \in [0, \infty[$ sind alle Variablen nicht-negativ. Möchte man z. B. für x_1 auch negative Zahlen zulassen, so kann man eine weitere Variable $x_{n+1} \geq 0$ einführen und ersetzt x_1 überall durch $x_1 - x_{n+1}$.

- Der Vektor $\vec{s}$ hat in der Standardform nur nicht-negative Einträge. Das ist für den Simplex-Algorithmus wichtig. Ist ein Eintrag im gegebenen Optimierungsproblem negativ, so erfüllt der Nullvektor die Nebenbedingungen nicht. Diesen benötigen wir aber für den Simplex-Algorithmus als Startpunkt. Daher wird in einer Vorverarbeitung mit ähnlichen Gauß-Umformungen wie beim eigentlichen Simplex-Verfahren (s. u.) ein anderer Startpunkt gesucht und gleichzeitig $\vec{s}$ in einen Vektor mit nicht-negativen Einträgen überführt (falls dies möglich ist). Dieses Verfahren, auf das wir hier nicht weiter eingehen, heißt **dualer Simplex-Algorithmus** und ist dem Simplex-Algorithmus sehr ähnlich. Lässt sich das Problem negativer Einträge in $\vec{s}$ damit umgehen, dann lassen sich auch mit „$\geq$" formulierte Nebenbedingungen durch Multiplikation mit -1 in Bedingungen mit „$\leq$" überführen. So sind auch Nebenbedingungen mit unteren und oberen Schranken („$\geq$" und „$\leq$") sowie Gleichungen möglich und in die Standardform überführbar.

Die Nebenbedingungen beschreiben jeweils alle Punkte im $\mathbb{R}^n$, die auf einer Seite einer Hyperebene liegen. Im Beispiel sind das die Punkte unterhalb der beiden Geraden $x_1 + 2x_2 = 4$ und $3x_1 + x_2 = 6$. Da wir uns auf den nicht-negativen Bereich beschränken, kommen weitere Hyperebenen hinzu, deren Punkte in jeweils einer gemeinsamen Komponente null sind. Diese Hyperebenen beschreiben zusammen den Rand des Bereichs der Punkte mit nicht-negativen Einträgen. Im Beispiel sind das die x_1- und die x_2-Achse. In Abbildung 2.6 ist die so entstehende Menge zulässiger Punkte farbig unterlegt.

Die Nebenbedingungen mögen so gewählt sein, dass ein Maximum auf einer beschränkten konvexen Menge gesucht wird. Dadurch wird sichergestellt, dass es tatsächlich ein Maximum gibt. Wenn beispielsweise nicht jede Variable in den Nebenbedingungen vorkommt, so können die nicht vorkommenden Variablen beliebig große Werte annehmen und damit (bei positiven Koeffizienten $p_1, \ldots, p_n$) die lineare Zielfunktion, die ohne Nebenbedingungen keine Extrema besitzt, ebenfalls beliebig groß werden lassen. Das müssen wir ausschließen. Damit gibt es dann insbesondere keine Nullspalten in $\mathbf{A}$.

Ist die Menge zulässiger Punkte beschränkt, dann liegt ein Extremum (mindestens) in einem Eckpunkt, in dem sich n dieser Hyperebenen schneiden. Das liegt daran, dass auch $\vec{p} \cdot \vec{x} = c$ eine Hyperebene beschreibt, wobei durch Parallelverschiebung c größer oder kleiner wird (entsprechend dem Abstand zum Nullpunkt bei der Hesse'schen Normalform einer Ebene (vgl. Band 1, Seite 531). Ein Extremum für c wird also angenommen, wenn eine weitere Verschiebung die Nebenbedingungen verletzen würde – und das passiert nur am Rand und insbesondere in Eckpunkten. Unendlich viele Lösungen kann es geben, wenn die Zielfunktion Hyperebenen beschreibt, die parallel zur Hyperebene einer Nebenbedingung liegen.

Mit Ungleichungen lässt sich nicht gut rechnen. Auch beim Satz über die Lagrange-Multiplikatoren sind die Nebenbedingungen Gleichungen. Daher werden die Ungleichungen zu Gleichungen umgeformt. Dies geschieht über zusätzliche Variablen. Mit diesen sogenannten **Schlupfvariablen** $y_1 \geq 0, \dots, y_m \geq 0$, die den Abstand zu den Werten s_k angeben, lässt sich das Optimierungsproblem so umformulieren:

Gesucht sind Zahlen $x_1, \dots, x_n, y_1, \dots, y_m \in [0, \infty[$, für die $p_1 x_1 + p_2 x_2 + \cdots + p_n x_n = \vec{p} \cdot \vec{x}$ maximal wird, wobei gleichzeitig die folgenden m Nebenbedingungen erfüllt sind:

$$(\mathbf{A}\vec{x})_k + y_k = s_k, \quad 1 \leq k \leq m.$$

Mit $\vec{v} = (x_1, \dots, x_n, y_1, \dots, y_m)^\top$ und $\mathbf{B} \in \mathbb{R}^{m \times (n+m)}$, wobei die ersten n Spalten von $\mathbf{B}$ genau die Matrix $\mathbf{A}$ bilden und die restlichen m Spalten eine $m \times m$-Einheitsmatrix $\mathbf{E}_m$ darstellen (der Rang der Matrix $\mathbf{B}$ ist m), lassen sich die Nebenbedingungen umschreiben zu

$$\mathbf{B}\vec{v} = \vec{s}.$$

Im Beispiel ist also

$$\mathbf{B} = \begin{bmatrix} 1 & 2 & 1 & 0 \\ 3 & 1 & 0 & 1 \end{bmatrix}, \quad \begin{bmatrix} 1 & 2 & 1 & 0 \\ 3 & 1 & 0 & 1 \end{bmatrix} \begin{pmatrix} x_1 \\ x_2 \\ y_1 \\ y_2 \end{pmatrix} = \begin{pmatrix} 4 \\ 6 \end{pmatrix}.$$

Zur Abgrenzung gegen die Schlupfvariablen nennt man die ursprünglichen Variablen $x_1, \dots, x_n$ **Strukturvariablen**.

Ein Maximum tritt in einer Ecke auf, also in einem Punkt, in dem sich n Hyperebenen des $\mathbb{R}^n$ (im Beispiel sind das $n = 2$ Graden im $\mathbb{R}^2$) schneiden, wobei die Hyperebenen durch (a) die m Nebenbedingungen sowie durch (b) die n Bedingungen $x_1 \geq 0, \dots, x_n \geq 0$ gegeben sind. Ein Punkt liegt genau dann auf einer dieser Hyperebenen, wenn im Fall (a) die entsprechende Schlupfvariable null ist und im Fall (b) die entsprechende Strukturvariable null ist. Liegt also ein Punkt $(x_1, \dots, x_n)$ gleichzeitig auf n Hyperebenen, dann gibt es eine Lösung $\vec{v} = (x_1, \dots, x_n, y_1, \dots, y_m)^\top$ von $\mathbf{B}\vec{v} = \vec{s}$, bei der mindestens n Einträge null sind. Wir müssen uns also nur Lösungen anschauen, bei denen n Variablen null sind. Diese Lösungen heißen **Basislösungen** und die von null verschiedenen Variablen **Basisvariablen**. Die Begriffe werden üblicherweise ohne die Einschränkung verwendet, dass die Variablenwerte nicht-negativ sein sollen. Ist aber eine Schlupfvariable negativ, dann ist die zugehörige Nebenbedingung verletzt, und der betrachtete Schnittpunkt der Hyperebenen liegt außerhalb des zulässigen Gebiets. Eine negative Strukturvariable gehört ebenfalls nicht zu einem Punkt im zulässigen Gebiet. Man spricht von einer **zulässigen Basislösung**, wenn zusätzlich alle Variablenwerte nicht-negativ sind. Generell heißt eine nicht-negative Variablenbelegung eine **zulässige Lösung** („feasible solution"), falls sie alle Nebenbedingungen erfüllt.

Jetzt wäre es aber bei großem m sehr zeitaufwändig, die maximal $\binom{n+m}{m}$ verschiedenen Gleichungssysteme alle zu lösen (Kombinationen von m möglichen Basisvariablen aus einer Menge von $n + m$ Variablen). Der **Simplex-Algorithmus** geht hier geschickter vor und ist häufig viel schneller, hat aber im schlechtesten Fall dennoch eine exponentielle und damit ebenfalls schlechte Laufzeit bezogen auf die Anzahl der Variablen. Er beginnt mit der Basislösung $x_1 = \cdots = x_n = 0$, $y_1 = s_1, \ldots, y_m = s_m$, d. h., die letzten m Spalten von $\mathbf{B}$ gelten als ausgewählt, die zugehörigen Schlupfvariablen sind zunächst die Basisvariablen. Es handelt sich hier sogar um eine zulässige Basislösung, da wir die bei den Nebenbedingungen verwendeten Obergrenzen, also die Einträge von $\vec{s}$, als nicht-negativ vorausgesetzt haben. Ausgehend von dieser initialen zulässigen Basislösung werden die ausgewählten Spalten (also die Basisvariablen) durch paarweisen Tausch so lange zu anderen zulässigen Basislösungen variiert, bis ein Maximum gefunden ist. In jedem Schritt wird dabei eine der m ausgewählten Spalten (Basisvariablen) durch eine nicht ausgewählte so ersetzt, dass dadurch der Wert der Zielfunktion um einen möglichst großen, aber in jedem Fall nicht-negativen Wert wächst. Der Austausch geschieht mittels Gauß-Umformungen unter Verwendung eines Pivot-Elements. Darauf gehen wir weiter unten genauer ein. Man hat also stets eine „aktive Menge" von m ausgewählten Variablen (die restlichen sind null), deren Zusammensetzung schrittweise verändert wird. Falls jede nicht berücksichtigte Variable bei Aufnahme in die „aktive Menge" eine echte Verkleinerung des zu maximierenden Werts bewirken würde, ist das Verfahren beendet. Der Algorithmus ist so aufgebaut, dass in jedem Schritt direkt abgelesen werden kann, ob ein Maximum erreicht ist oder welche Variablen auszutauschen sind. Außerdem wird automatisch der Wert des Maximums berechnet.

Wir sehen uns den Simplex-Algorithmus in unserem Beispiel an. Dabei erklären wir, warum die einzelnen Verarbeitungsschritte tatsächlich zu einer Lösung führen. Für den Algorithmus verwenden wir ein Schema, in dessen Zeilen wir die mit den Schlupfvariablen formulierten Nebenbedingungen eintragen. Zudem bezeichnen wir mit $z := 2x_1 + 3x_2$ den Wert der zu maximierenden Zielfunktion, so dass wir durch Umstellen als weitere Gleichung $1z - 2x_1 - 3x_2 = 0$ erhalten. Die Koeffizienten 1, -2 und -3 schreiben wir in die letzte Zeile des Schemas, ebenso die Null dort auf die rechte Seite. Häufig findet man auch eine Variante, bei der dies zur ersten Zeile wird. Da in dieser Gleichung keine Schlupfvariablen vorkommen, sind dort die entsprechenden Koeffizienten für y_1 und y_2 null. In der letzten Zeile treten somit die mit -1 multiplizierten Koeffizienten der zu maximierenden Zielfunktion auf.

z	x_1	x_2	y_1	y_2	
0	1	2	1	0	4
0	3	1	0	1	6
1	-2	-3	0	0	0

Dieses Schema entspricht genau dem linearen Gleichungssystem

$$\begin{bmatrix} 0 & 1 & 2 & 1 & 0 & | & 4 \\ 0 & 3 & 1 & 0 & 1 & | & 6 \\ 1 & -2 & -3 & 0 & 0 & | & 0 \end{bmatrix} \iff \begin{bmatrix} 0 & 1 & 2 & 1 & 0 \\ 0 & 3 & 1 & 0 & 1 \\ 1 & -2 & -3 & 0 & 0 \end{bmatrix} \begin{pmatrix} z \\ x_1 \\ x_2 \\ y_1 \\ y_2 \end{pmatrix} = \begin{pmatrix} 4 \\ 6 \\ 0 \end{pmatrix},$$

das wir auf der linken Seite der Äquivalenz in erweiterter Matrixschreibweise ohne Variablen notiert haben. Auf dieses Gleichungssystem wenden wir die üblichen Gauß'schen Zeilenumformungen an, die die Lösungsmenge nicht verändern. Allerdings suchen wir nicht alle Lösungen, sondern nur eine optimale zulässige, bei der n Variablen null sind. Das geschieht dadurch, dass wir sukzessive Basisvariablen auswählen, indem wir in den zugehörigen Spalten des Schemas verschiedene Standard-Einheitsvektoren erzeugen. Das ist beim Start bereits gegeben, da initial die Schlupfvariablen ausgewählt sind, also y_1 und y_2. Zu allen Werten der nicht ausgewählten Variablen gibt es damit eine Lösung des linearen Gleichungssystems. Das gilt also insbesondere, wenn wir alle nicht ausgewählten Variablen mit null belegen, wie wir es für die Basislösungen benötigen. Allerdings können die Variablenwerte der Lösung durchaus negativ und damit nicht zulässig sein. Deshalb ist eine besondere Strategie für den Ablauf der Gauß-Schritte erforderlich, bei der man von einer zulässigen Lösung zur nächsten gelangt. Das entspricht nicht dem üblichen Vorgehen beim Lösen von Gleichungssystemen, bei dem sukzessive eine Dreiecks- oder eine Diagonalmatrix erzeugt wird und mit dem man hier gegebenenfalls unendlich viele Lösungen finden würde.

Im Beispiel sind zunächst $x_1 = x_2 = 0$ gewählt. Das ist der Startpunkt in Abbildung 2.6 und eine Lösung des Problems, die durch den Algorithmus iterativ verbessert wird. Aus den ersten beiden Gleichungen des Schemas ergeben sich jetzt direkt $y_1 = 4$ und $y_2 = 6$. Diese Startlösung ist, wie bereits erwähnt, aufgrund der nicht-negativen Einträge von $\vec{s}$ zulässig.

Der zur aktuellen Auswahl der Basisvariablen gehörende Wert z der Zielfunktion ist stets unten rechts im Schema ablesbar. Denn die Spalten der Basisvariablen besitzen in der letzten Zeile eine Null. Bei Belegung der nicht ausgewählten Variablen mit null wird aus der letzten Zeile die Gleichung „z gleich Wert unten rechts". Das ist ein wesentlicher Trick des Algorithmus. Die Eigenschaft ist im Startzustand sofort verifiziert: Sind alle Strukturvariablen null, so bleibt nur $z = 0$.

Außerdem stehen in der letzten Spalte die Lösungswerte der ausgewählten Basisvariablen, die zum Funktionswert unten rechts führen.

Jetzt suchen wir den betragsmäßig größten negativen Wert (also den kleinsten Wert) der letzten Zeile in den Spalten der nicht ausgewählten Variablen. Dieser ist hier -3. Der aktuelle Funktionswert $z = 0$ lässt sich zu $z = 3x_2$ vergrößern, indem wir die Variable $x_2 \geq 0$, die zu -3 gehört, auswählen. Allerdings müssen wir noch herausfinden, ob wir y_1 oder y_2 gegen

x_2 austauschen. Dazu berechnen wir die Quotienten der Werte der rechten Spalte durch die Werte der Spalte zu x_2, falls letztere größer null sind.

Man beachte, dass es Einträge größer null geben muss. Denn anderenfalls wären alle Werte der Spalte zu x_2 kleiner oder gleich null, und x_2 kann beliebig groß gewählt werden – im Widerspruch zur Annahme, dass wir ein Maximum auf einer beschränkten Menge suchen.

Wir wählen die Zeile zum kleinsten zuvor berechneten Quotienten aus. Wir erzeugen nun mittels Zeilenumformungen in der Spalte zu x_2 einen Einheitsvektor mit einer 1 in der gewählten Zeile. Damit tauschen wir gegen die ausgewählte Variable, zu der zuvor dieser Einheitsvektor gehörte.

Im Beispiel sind die Quotienten $4/2 = 2$ und $6/1 = 6$. Damit wird die erste Zeile ausgewählt. Das Element dieser Zeile in der Spalte x_2 heißt **Pivot**-Element und ist hier 2. Gauß'sche Zeilenumformungen liefern:

z	x_1	x_2	y_1	y_2	
0	$1/2$	1	$1/2$	0	2
0	$5/2$	0	$-1/2$	1	4
1	$-1/2$	0	$3/2$	0	6

Jetzt sind die Variablen x_2 und y_2 ausgewählt. In ihren Spalten stehen Standard-Einheitsvektoren. Für die jetzigen Werte $x_1 = y_1 = 0$ (da diese Variablen nicht ausgewählt sind), $x_2 = 2$ und $y_2 = 4$ nimmt die Zielfunktion den Wert 6 an (siehe erstes Zwischenergebnis in Abbildung 2.6). Das kann man (wie oben beschrieben) direkt an der letzten Zeile rechts außen ablesen:

$$1 \cdot z - \frac{1}{2} \cdot 0 + 0 \cdot x_2 + \frac{3}{2} \cdot 0 + 0 \cdot y_2 = 6.$$

Die Zeilenauswahl haben wir so über den kleinsten Quotienten vorgenommen, dass bei den anschließenden Zeilenumformungen in der rechten Spalte keine negativen Werte entstehen. Die Bedingung an $\vec{s}$, dass alle Einträge nicht-negativ sind, sorgt initial für eine nicht-negative rechte Spalte. Wir erzeugen dann in der Spalte zu x_2 Nullen, indem wir zunächst die ausgewählte Zeile so normieren, dass in der betreffenden Spalte eine Eins steht. In der rechten Spalte steht dann besagter kleinster Quotient, den wir jetzt α nennen. Nun können wir Vielfache der Zeile von den anderen subtrahieren:

- Hat eine Zeile in der Spalte zu x_2 einen Nulleintrag, dann muss sie nicht mit Gauß-Umformungen geändert werden.

- Hat eine Zeile in der Spalte zu x_2 einen negativen Eintrag, so können wir ein positives Vielfaches der ausgewählten Zeile addieren, um eine Null zu erzeugen. Insbesondere addieren wir zum Wert der rechten Spalte etwas Positives.

- Hat eine Zeile in der Spalte zu x_2 einen positiven Eintrag β, so subtrahieren wir die bereits zuvor normierte ausgewählte Zeile (mit Eintrag eins in Spalte x_2) mal β. Vom Eintrag γ in der rechten Spalte subtrahieren wir $\beta \cdot \alpha$ und erhalten $\gamma - \beta \cdot \alpha$. Nach Auswahl der Zeile ist $\gamma/\beta \geq \alpha$, also

$\gamma/\beta - \alpha \geq 0$. Multiplizieren wir jetzt mit $\beta > 0$, so sehen wir, dass in der rechten Spalte tatsächlich ein nicht-negativer Wert steht.

Damit werden dann auch die Variablenwerte nicht-negativ, schließlich entsprechen die Werte der ausgewählten Variablen wegen der Einheitsvektoren in ihren zugehörigen Spalten direkt den Einträgen der rechten Spalte. So bleibt diese Randbedingung des Optimierungsproblems eingehalten, und wir hangeln uns von einer zulässigen Basislösung zur nächsten.

Die Variablenwahl über den betragsmäßig größten negativen Eintrag δ der letzten Zeile (in den Spalten der nicht ausgewählten Variablen) führt dazu, dass durch die anschließende Gauß-Umformung unten rechts ein (hoffentlich großer) nicht-negativer Wert $|\delta|\alpha \geq 0$ addiert wird, wobei allerdings $\alpha \geq 0$ als kleinster Quotient bestimmt wurde. Die Wahl von δ ist die Strategie (Heuristik), möglichst schnell in die Nähe des Maximums zu kommen. Bei jedem Schritt des Verfahrens werden insbesondere immer nur bessere oder gleich gute Lösungen gefunden.

Jetzt wiederholt sich das Vorgehen, bis alle Einträge zu nicht ausgewählten Variablen in der letzten Zeile nicht-negativ sind. Ist dieses Abbruchkriterium erreicht, dann ist zumindest ein lokales Maximum gefunden. Denn jeder weitere Variablentausch würde dazu führen, dass vom Maximumkandidaten ein nicht-negativer Wert $|\delta|\alpha$ abgezogen wird. Tatsächlich verfängt sich der Algorithmus aber nicht in einem Suboptimum. Da nur Gauß-Operationen durchgeführt werden, gilt auch beim Erreichen der Abbruchbedingung – unabhängig von der Belegung nicht ausgewählter Variablen mit Nullen – die letzte Gleichung. Für jede zulässige Belegung der Struktur- und Schlupfvariablen liefert sie den Wert z der Zielfunktion. Dabei ist z gleich dem Wert unten rechts minus der nicht-negativen Summe aus nicht-negativen Faktoren (Abbruchbedingung) mal nicht-negativen Variablenwerten (zulässige Lösung). Damit kann z nicht mehr größer werden, ein globales Maximum ist gefunden. Damit sieht der Algorithmus so aus:

procedure SIMPLEX(Tableau)
> **while** Negative Einträge existieren in der letzten Tableauzeile **do**
>> Sei k die Spaltennummer des kleinsten Eintrags der letzten Zeile.
>> Berechne Quotienten der Einträge der rechten Spalte durch
>>> positive Einträge der Spalte s.
>> Sei l die Zeilennummer zum kleinsten Quotienten.
>> Erzeuge mittels Gauß-Umformungen einen Einheitsvektor
>>> in Spalte k mit einer Eins in Zeile l.
> **return** Maximalwert = Wert unten rechts.

Eine Schwierigkeit bei der iterativen Durchführung des Verfahrens ist noch, dass prinzipiell Endlosschleifen entstehen können, bei denen sich eine Variablenauswahl immer wiederholt. Das kann geschehen, wenn der rechts unten stehende aktuelle Wert von z z. B. bei $\alpha = 0$ gleich bleibt und sich nicht erhöht. In diesem Fall liegen sogenannte **degenerierte Basislösungen** vor.

Daher muss man bei der Auswahl solche Variablen ausschließen, die zu einer bereits zuvor betrachteten Variablenauswahl führen würden.

Im nächsten Schritt des Beispiels wird x_1 ausgewählt, da $-1/2$ der betragsmäßig größte negative Wert der letzten Zeile zu den nicht ausgewählten Variablen ist und wir die Basisvariablen-Auswahl x_1, x_2 noch nicht betrachtet haben. Die Quotienten der Zeilen sind damit 4 und 8/5, so dass die zweite Zeile passend zum kleinsten Quotienten gewählt wird. Das Pivot-Element ist jetzt 5/2:

z	x_1	x_2	y_1	y_2	
0	0	1	3/5	$-1/5$	6/5
0	1	0	$-1/5$	2/5	8/5
1	0	0	7/5	1/5	34/5

Das Abbruchkriterium ist erreicht. Das Maximum $\frac{34}{5}$ wird angenommen für $x_1 = \frac{8}{5}$, $x_2 = \frac{6}{5}$ mit den Werten $y_1 = y_2 = 0$ für die Schlupfvariablen (siehe Endergebnis in Abbildung 2.6).

Da sich die erste Spalte (Spalte für z) bei der Durchführung des Algorithmus nicht verändert, kann man diese auch weglassen.

Ein im schlechtesten Fall besseres Laufzeitverhalten als der Simplex-Algorithmus haben neuere **Innere-Punkte-Verfahren**, die in polynomialer Laufzeit aus dem Inneren der Menge der zulässigen Lösungen heraus gegen eine Lösung konvergieren. Ein Vorteil des Simplex-Verfahrens, das nur durch Punkte des Rands der Menge iteriert, ist aber, dass man es mit einer zuvor berechneten sub-optimalen, zulässigen Lösung starten bzw. weiterrechnen kann.

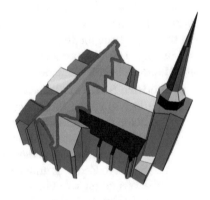

Abb. 2.7 Die markierte Dachfläche ist nicht eben. Die für die Darstellung verwendeten Dreiecke sind unterschiedlich geneigt und daher aufgrund der Beleuchtung deutlich sichtbar

Beispiel 2.15 (Planarisierung mittels linearer Optimierung) Bei unserer Arbeit mit 3-D-Stadtmodellen haben wir das Problem, dass eine durch ein Polygon (Streckenzug) berandete Dachfläche oft nicht in einer Ebene liegt, siehe Abbildung 2.7. Um dies zu korrigieren, modifizieren wir die z-Koordinaten (Höhenwerte) der Polygonknoten (Ecken der Streckenzüge) möglichst minimal mittels eines linearen Programms. Die Menge aller Knoten der Dachpolygone eines Gebäudes sei $\{(x_1, y_1, z_1), \ldots, (x_n, y_n, z_n)\}$, wobei benachbarte Polygone gemeinsame Knoten besitzen. Wir führen die Variablen $h_1^+ \geq 0$, $h_1^- \geq 0, \ldots, h_n^- \geq 0$ mit dem Ziel ein, dass alle Dachpolygone mit der neuen Knotenmenge $\{(x_1, y_1, z_1 + h_1^+ - h_1^-), \ldots, (x_n, y_n, z_n + h_n^+ - h_n^-)\}$ möglichst eben werden. Um die Abweichungen klein zu halten, wollen wir die Zielfunktion $\sum_{k=1}^n (h_k^+ + h_k^-)$ minimieren bzw. $\sum_{k=1}^n (-h_k^+ - h_k^-)$ maximieren. Anstelle eines nicht-linearen Betrags verwenden wir also die Differenz zweier nicht-negativer Variablen. Als Nebenbedingungen sollen die Höhenabweichungen jeder Dachfläche zu einer passenden Referenzebene kleiner als ein Schwellenwert $\varepsilon > 0$ sein. Die Referenzebene wird über drei Polygonpunkte der Dachfläche definiert. Wir formulieren exemplarisch die Nebenbedingung für eine Dachfläche. Um die Notation einfach zu halten und keine weiteren Indizes einzuführen, möge diese Beispielfläche ebenfalls exemplarisch durch ein Polygon mit den Knoten $(x_1, y_1, z_1 + h_1^+ - h_1^-), \ldots, (x_m, y_m, z_m + h_m^+ - h_m^-)$ berandet sein. Die ersten drei Knoten mögen zudem in der x-y-Ebene nicht auf einer Gerade liegen, wir definieren darüber die Referenzebene. Dann sind die x-y-Koordinaten jedes weiteren Knotens zu $4 \leq k \leq m$ darstellbar als

$$(x_k, y_k) = (x_2, y_2) + r_k(x_1 - x_2, y_1 - y_2) + s_k(x_3 - x_2, y_3 - y_2)$$

für Zahlen r_k und s_k. Das Polygon ist genau dann eben, wenn für $4 \leq k \leq m$ gilt:

$$z_k + h_k^+ - h_k^- = z_2 + h_2^+ - h_2^- + r_k(z_1 + h_1^+ - h_1^- - z_2 - h_2^+ + h_2^-) \\ + s_k(z_3 + h_3^+ - h_3^- - z_2 - h_2^+ + h_2^-).$$

Statt der Gleichheit wollen wir eine kleine Abweichung erlauben. Sei $d_k^+ - d_k^-$ die Differenz der beiden Seiten:

$$d_k^+ - d_k^- \\ = -z_k - h_k^+ + h_k^- + z_2 + h_2^+ - h_2^- + r_k(z_1 + h_1^+ - h_1^- - z_2 - h_2^+ + h_2^-) \\ + s_k(z_3 + h_3^+ - h_3^- - z_2 - h_2^+ + h_2^-).$$

Diese lineare Gleichung für die Variablen $d_k^+ \geq 0$ und $d_k^- \geq 0$ wird als Nebenbedingung aufgenommen (die in die Standardform mit Ungleichungen überführt werden kann, s. o.). Jetzt fordern wir als weitere Nebenbedingungen $d_k^+ \leq \varepsilon$ und $d_k^- \leq \varepsilon$. Entsprechende Bedingungen sind für jedes Dachpolygon aufzustellen. Praktische Tests haben zu verfeinerten und weiteren Bedingungen geführt, siehe [Goebbels, Pohle-Fröhlich und Rethmann(2016)].

Wir haben das „**primale Problem**" kennengelernt, bei dem eine Maximalstelle $\vec{x}$ (mit Einträgen $x_1, \ldots, x_n \in [0, \infty[$) der Zielfunktion $\vec{p} \cdot \vec{x}$, $\vec{p} = (p_1, \ldots, p_n)$, unter den Nebenbedingungen $(\mathbf{A}\vec{x})_k \leq s_k$, $1 \leq k \leq m$, gesucht wird. Dabei ist $\mathbf{A} \in \mathbb{R}^{m \times n}$, und die oberen Schranken der Nebenbedingungen sind durch den Vektor $\vec{s} \in \mathbb{R}^m$ gegeben. Das zugehörige **duale Problem** lautet: Suche eine Minimalstelle $\vec{y} = (y_1, \ldots, y_m)$ mit

$y_1, \ldots, y_m \in [0, \infty[$ der linearen Funktion $\vec{s} \cdot \vec{y}$ unter den Nebenbedingungen

$$(\mathbf{A}^\top \vec{y})_k \geq p_k, \ 1 \leq k \leq n.$$

Beispiel 2.16 (duales Problem) Zwei Produkte mit Anzahlen x_1 und x_2 werden aus drei Rohmaterialien hergestellt, die nur beschränkt zur Verfügung stehen. Dabei gibt es vom ersten Rohstoff 50, vom zweiten 100 und vom dritten 150 Einheiten.

$$\text{Maximiere Gewinn } 10x_1 + 20x_2$$
$$\text{s. t. } 2x_1 + 3x_2 \leq 50,$$
$$4x_1 + 5x_2 \leq 100,$$
$$6x_1 + 7x_2 \leq 150, \quad x_1, x_2 \geq 0.$$

Ein anderes Unternehmen bietet an, alle Rohstoffe abzukaufen, also 50 Einheiten vom ersten, 100 vom zweiten und 150 vom dritten. Wir suchen die Preise y_1, y_2 und y_3, die das Unternehmen pro Einheit des jeweiligen Rohstoffs anbieten sollte. Es muss mindestens einen Preis bieten, der dem erzielbaren Gewinn entspricht. Da es nicht zu viel zahlen möchte, löst es das duale Problem:

$$\text{Minimiere Rohstoffpreise } 50y_1 + 100y_2 + 150y_3$$
$$\text{s. t. } 2y_1 + 4y_2 + 6y_3 \geq 10,$$
$$3y_1 + 5y_2 + 7y_3 \geq 20, \quad y_1, y_2, y_3 \geq 0.$$

Für jede verkaufte Einheit des ersten Produkts ist der Gewinn 10. Der angebotene Rohstoffpreis für diese Einheit ist aber $2y_1 + 4y_2 + 6y_3$. Er soll also mindestens den Gewinn erreichen, das ist die erste Nebenbedingung des dualen Problems. Die zweite Nebenbedingung berücksichtigt analog den Gewinn für eine Einheit des zweiten Produkts.

Der starke **Dualitätssatz** besagt, dass, falls primales und duales Problem eine zulässige Lösung besitzen, sie den gleichen Wert des Optimums haben. Die Beweisidee des Satzes besteht im schwachen Dualitätssatz: Seien $\vec{x}$ eine zulässige primale und $\vec{y}$ eine zulässige duale Lösung. Insbesondere sind alle Einträge nicht-negativ. Das nutzen wir aus. Wir schätzen den Wert der dualen Zielfunktion gegen den Wert der primalen Zielfunktion ab. Dazu verwenden wir die Nebenbedingungen beider Probleme koordinatenweise: Da $\vec{s}_k \geq (\mathbf{A}\vec{x})_k$ ist, gilt wegen $y_k \geq 0$ auch $\vec{s}_k y_k \geq (\mathbf{A}\vec{x})_k y_k$. Entsprechend folgt aus $(\mathbf{A}^\top \vec{y})_k \geq \vec{p}_k$, dass $\vec{x}_k (\mathbf{A}^\top \vec{y})_k \geq \vec{x}_k \vec{p}_k$, da $\vec{x}_k \geq 0$. Das benutzen wir in der folgenden Rechnung beim Skalarprodukt „$\cdot$" und beim Matrixprodukt:

$$\vec{s} \cdot \vec{y} \geq (\mathbf{A}\vec{x}) \cdot \vec{y} = \vec{x}^\top \mathbf{A}^\top \vec{y} \geq \vec{x}^\top \vec{p} = \vec{p} \cdot \vec{x}.$$

Das beim dualen Problem gesuchte Minimum ist also größer oder gleich dem im primalen Problem gesuchten Maximum. Wie man mit diesem schwachen

Dualitätssatz den starken zeigen kann, sieht am z. B. in [Saigal(1995), S. 71–73].

Das duale Problem kann ebenfalls mit einem leicht modifizierten Simplex-Algorithmus gelöst werden.

2.4 Gemischt-ganzzahlige lineare Optimierung *

Kommerzielle Softwarepakete wie CPLEX oder Gurobi und nicht-kommerzielle Pakete wie SCIP/SoPlex berechnen nicht nur lineare Programme. Sie lösen auch ganzzahlige oder gemischt-ganzzahlige lineare Optimierungsprobleme, bei denen als zusätzliche Nebenbedingung noch hinzukommt, dass einige oder alle Variablenwerte ganzzahlig sein müssen. Viele reale Probleme wie z. B. die Erstellung eines in gewisser Hinsicht optimalen Stundenplans sind von diesem Typ. Der Simplex-Algorithmus liefert allerdings in der Regel keine ganzzahligen Lösungen, so dass die Programme aus Simplex-Ergebnissen (mit viel Aufwand und vielen Tricks) eine ganzzahlige Lösung gewinnen müssen. Eine gängige Technik ist beispielsweise **Branch-and-Bound**. Dabei wird das gegebene Maximierungsproblem sukzessive (z. B. durch Belegung oder Einschränkung von Variablen) in Teilprobleme aufgeteilt („branch"). Vergleichsweise schnell kann mit dem Simplex-Algorithmus eine eventuell nicht-ganzzahlige Lösung eines Teilproblems berechnet werden. Der zugehörige Wert der Zielfunktion ist offensichtlich eine obere Schranke M für das zu berechnende Maximum des ganzzahligen Teilproblems. Wurde zuvor bereits eine zulässige Lösung mit einem Maximum größergleich M gefunden, so kann das aktuelle Teilproblem ignoriert werden („bound"), es führt zu keiner besseren Lösung. Zur Ermittlung des Werts kann sowohl das primale als auch das duale Problem herangezogen werden. Eine weitere Technik besteht im sukzessiven Hinzufügen weiterer Nebenbedingungen (zusätzlicher Ungleichungen, die „**Cuts**" genannt werden). Durch die neuen Nebenbedingungen dürfen keine zulässigen ganzzahligen Lösungen verloren gehen. Sie sollen aber die Menge der nicht-ganzzahligen Lösungen weiter einschränken. Die sogenannten **Gomory-Cuts** können automatisch aus den Zeilen des Simplex-Tableaus abgelesen werden. Dazu muss man sich nur überlegen, was die entsprechenden Gleichungen für ganzzahlige Lösungen bedeuten. Beispielsweise sei eine nichtnegative ganzzahlige Lösung gesucht von

$$3x_1 + \left(1 + \frac{1}{4}\right) x_2 + \frac{1}{3} x_3 = 2 + \frac{2}{3} \iff$$

$$0 \cdot x_1 + \frac{1}{4} \cdot x_2 + \frac{1}{3} \cdot x_3 + (3 \cdot x_1 + 1 \cdot x_2 + 0 \cdot x_3 - 2) = \frac{2}{3}.$$

Die Klammer ist eine ganze Zahl ≥ -2, und auch

$$0 \cdot x_1 + \frac{1}{4} \cdot x_2 + \frac{1}{3} \cdot x_3 \geq 0.$$

Damit muss für (zulässige) ganzzahlige Lösungen

$$0 \cdot x_1 + \frac{1}{4} \cdot x_2 + \frac{1}{3} \cdot x_3 \in \left\{ \frac{2}{3} + 2, \frac{2}{3} + 1, \frac{2}{3} \right\}$$

gelten, also insbesondere die Nebenbedingung

$$0 \cdot x_1 + \frac{1}{4} \cdot x_2 + \frac{1}{3} \cdot x_3 \geq \frac{2}{3}.$$

Mit solchen Techniken können kombinatorische Probleme geschickter als durch Ausprobieren gelöst werden (vgl. Kapitel 18.3).

Beispiel 2.17 (Sudoku) Mit einem ganzzahligen linearen Programm, bei dem die Variablen $x_{i,k,l} \in \{0, 1\}$, $i, k, l \in \{1, \ldots, 9\}$, nur die binären Werte 0 und 1 annehmen dürfen, lässt sich ein 9×9-Sudoku-Rätsel lösen. Hier ist eine dünn mit einzelnen Ziffern besetzte 9×9-Matrix vorgegeben. Die unbesetzten Plätze sind so mit Ziffern zu belegen, dass jede Ziffer nur einmal pro Zeile, einmal pro Spalte und einmal in jedem der neun 3×3-Kästchen verwendet wird, die nebeneinander die Matrix überdecken. Der Index i bestimmt die Zeile, k die Spalte in der Matrix, l bezeichnet eine Ziffer für diese Position. Steht an der Stelle $(2,3)$ die Ziffer 7, so ist $x_{2,3,7} = 1$, $x_{2,3,l} = 0$ für alle $l \neq 7$. Bei einem Sudoku sind einige Variablen vorbelegt, die Werte der anderen müssen gefunden werden. Dies geschieht durch Lösen der Aufgabe:

$$\text{Maximiere } \sum_{i=1}^{9} \sum_{k=1}^{9} \sum_{l=1}^{9} x_{i,k,l}$$

s. t. $\displaystyle\sum_{l=1}^{9} x_{i,k,l} \leq 1$ für alle $i, k \in \{1, \ldots, 9\}$ (maximal eine Ziffer pro Feld),

$$\sum_{i=1}^{9} x_{i,k,l} \leq 1 \text{ für alle } k, l \in \{1, \ldots, 9\} \text{ (keine Ziffer doppelt pro Spalte)},$$

$$\sum_{k=1}^{9} x_{i,k,l} \leq 1 \text{ für alle } i, l \in \{1, \ldots, 9\} \text{ (keine Ziffer doppelt pro Zeile)},$$

$$\sum_{i=r-1}^{r+1} \sum_{k=s-1}^{s+1} x_{i,k,l} \leq 1 \text{ für alle } l \in \{1, \ldots, 9\}, r \in \{2, 5, 8\}, s \in \{2, 5, 8\}$$

(keine Ziffer doppelt pro Kästchen).

Falls es eine Lösung gibt, ist das Maximum 81.

Bei der Erstellung linearer und gemischt-ganzzahliger Programme helfen einige Tricks, hier sind zwei Beispiele:

- Soll $a < b$ gelten, falls eine Binärvariable $x \in \{0, 1\}$ den Wert eins annimmt, so kann man das ohne Fallunterscheidung mit einer großen Zahl $M > |a| + |b|$ modellieren:

$$a < b + (1 - x) \cdot M. \tag{2.7}$$

- Soll eine Summe von Beträgen $\sum_{k=1}^{n} |b_k|$ minimiert werden (wie bereits in Beispiel 2.15), so lassen sich die Beträge durch nicht-negative Variablen b_k^+ und b_k^- ersetzen:

$$b_k = b_k^+ - b_k^-, \text{ minimiere } \sum_{k=1}^{n} (b_k^+ + b_k^-). \tag{2.8}$$

Beispiel 2.18 (Geometriekorrektur) Bei Gebäuden sind Kanten oft parallel oder stehen in einem rechten Winkel zueinander. Bei der automatischen Berechnung von 3D-Gebäudemodellen kann es aufgrund von wenigen vorliegenden Messpunkten und Rauschen dazu kommen, dass Dachkanten mit einem kleinen Fehler orientiert sind. In Abbildung 2.8 ist das exemplarisch mit drei Firstlinien und der Begrenzung einer Dachgaube angedeutet. Die schwarzen Kanten beschreiben den Grundriss des Hauses. Mittels gemischt-ganzzahliger Programmierung können die Ausrichtungen korrigiert werden: Die schwarzen Knoten sind fix, die anderen dürfen frei bzw. auf der schwarzen Grundrisskante verschoben werden. Wir erstellen eine zu maximierende Zielfunktion als Linearkombination zweier Optimierungsziele. Das erste Ziel besteht darin, durch die Verschiebungen möglichst viele der n Kanten parallel oder senkrecht zu Grundrisskanten auszurichten. Wir verwenden dazu Binärvariablen $b_k \in \{0, 1\}$, wobei $b_k = 1$ genau dann ist, wenn Kante k senkrecht oder parallel zu einer Grundrisskante steht. Somit ist der erste Teil der Zielfunktion $\sum_{k=1}^{n} b_k$. Das zweite Optimierungsziel besteht darin, möglichst wenig zu verschieben. Seien Δx_i und Δy_i die durch Verschiebung auftretenden Koordinatendifferenzen der Knoten $1 \leq i \leq m$. Da wir $\sum_{i=1}^{m} (|\Delta x_i| + |\Delta y_i|)$ nicht direkt darstellen können, führen wir mit Trick (2.8) nicht-negative Variablen Δx_i^+, Δx_i^-, Δy_i^+ und Δy_i^- ein über $\Delta x_i = \Delta x_i^+ - \Delta x_i^-$ und $\Delta y_i = \Delta y_i^+ - \Delta y_i^-$. Damit soll $\sum_{i=1}^{m} (\Delta x_i^+ + \Delta x_i^- + \Delta y_i^+ + \Delta y_i^-)$ möglichst klein werden. Wenn wir die Koordinatenveränderungen auf ein Intervall $[0, \delta[$ begrenzen, dann erhalten wir als Linearkombination die zu maximierende Zielfunktion

$$\sum_{k=1}^{n} b_k - \frac{1}{2m\delta} \sum_{i=1}^{m} (\Delta x_i^+ + \Delta x_i^- + \Delta y_i^+ + \Delta y_i^-).$$

Der Faktor $\frac{1}{2m\delta}$ sorgt dafür, dass das Ausrichten wichtiger ist als die Minimierung der Koordinatendifferenzen.

Mit Nebenbedingungen lassen sich neben der Begrenzung der Koordinatendifferenzen insbesondere die Winkel über Skalarprodukte berechnen, wobei man aber nicht zwei veränderbare Kanten miteinander vergleichen darf, da sonst Produkte von Variablen und damit Nicht-Linearitäten auftreten würden. Deshalb wird nur mit dem fixen Grundriss verglichen. Das Setzen der Binärvariablen in Abhängigkeit der Winkel geschieht mit dem Trick (2.7). Zusätzlich können auch noch nicht-rechte Winkel in Klassen eingeteilt und angeglichen werden. Details sind in [Goebbels und Pohle-Fröhlich(2019)] zu finden.

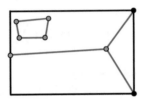

Abb. 2.8 Senkrecht von oben betrachtete Kanten eines Hausdachs: Die schwarzen Kanten beschreiben den Grundriss, die $n = 7$ anderen Kanten gehören zu den Firstlinien und zu einer Dachgaube. Die $m = 6$ nicht-schwarzen Knoten dürfen verschoben werden

Beispiel 2.19 (Schätzung von Dachebenen in 3D-Punktwolken) Bei der Erstellung von 3D-Stadtmodellen müssen (maximal $m \in \mathbb{N}$) Dachflächen (Ebenen) auf der Basis von gemessenen 3D-Laserscanning-Punkten (siehe Abbildung 2.9) $\vec{p}_k \in \mathbb{R}^3$, $1 \leq k \leq n \in \mathbb{N}$, gefunden werden. Dieses Problem lässt sich theoretisch mittels gemischt-ganzzahliger Optimierung lösen. Allerdings ist in der Praxis die Anzahl der Messpunkte zu groß, so dass viele Variablen zu einer inadäquaten Rechenzeit führen. Erheblich schneller findet man Ebenen, zu denen viele Messpunkte einen geringem Abstand haben, mit dem RANSAC-Algorithmus, einem stochastischen Verfahren, siehe Beispiel 18.17 auf Seite 508.

Jede Ebene $E \subset \mathbb{R}^3$ kann über eine Hesse'sche Normalform definiert werden, siehe Definition 18.9 auf Seite 531 in Band 1. Dabei wird ein Normaleneinheitsvektor $\vec{n} \in \mathbb{R}^3$, der senkrecht zur Ebene steht und die Länge 1 hat, und ein Skalar $d \in \mathbb{R}$ verwendet. Genau für jeden Punkt $\vec{x}$ der Ebene gilt dann $\vec{n} \cdot \vec{x} = d$, wobei der Malpunkt das Standardskalarprodukt (i) bezeichnet. Der Abstand der Ebene zum Nullpunkt ist $|d|$. Wir suchen entsprechende Normalenvektoren und Skalare. Um ein lineares Problem zu erhalten, verzichten wir aber auf die Normierung der Normalenvektoren zur Länge 1. Dann sind die Punkte $\vec{x}$ der gesuchten Ebene E_l, $1 \leq l \leq m$, ebenfalls über eine Gleichung $\vec{n}_l \cdot \vec{x} = d_l$ definiert, der Abstand zum Nullpunkt ist aber jetzt $|d_l|/|\vec{n}_l|$. Da wir Dachflächen suchen, können wir wegen der fehlenden Normierung die dritte Koordinate von $\vec{n}_l$ fest gleich 1 wählen und müssen nur die beiden anderen Koordinaten berechnen. Wäre die dritte Koordinate (Anteil nach oben) gleich 0, würde es sich um eine senkrecht stehende Wand handeln.

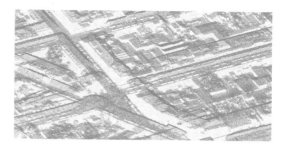

Abb. 2.9 Mit einem Laserscanner aus einem Flugzeug aufgenommene Punktwolke (Quelle: GeoBasis NRW), vgl. mit Abbildung 18.3 auf Seite 510

Dadurch ist außerdem $|\vec{n}_l| \geq 1$. Der Abstand eines beliebigen Punkts $\vec{y}$ zu dieser Ebene ist damit (als Vergleich der Abstände der gegebenen Ebene und einer parallelen Ebene durch $\vec{y}$ zum Nullpunkt)

$$\frac{|\vec{n}_l \cdot \vec{y} - d_l|}{|\vec{n}_l|} \leq |\vec{n}_l \cdot \vec{y} - d_l|.$$

Wir wollen also für m Ebenen je die beiden freien Koordinaten von $\vec{n}_l$ sowie den Distanzwert d_l berechnen. Sei dazu $0 < \varepsilon < 1$ ein Schwellenwert für den Abstand von Punkten zu den Ebenen. Wenn $|\vec{n}_l \cdot \vec{y} - d_l| \leq \varepsilon$ ist, liegt $\vec{y}$ nicht weiter als ε von der Ebene E_l entfernt. Weiter sei $M > 0$ eine Zahl zur Anwendung des Tricks (2.7). Da wir gleich M und das kleine ε addieren, müssen wir beim Lösen auf dem Computer darauf achten, dass M nicht so groß ist, dass ε in der Rundungsungenauigkeit verschwindet. Wir verwenden für $1 \leq k \leq n$ und $1 \leq l \leq m$ die Strukturvariablen $\delta_{k,l}^+$, $\delta_{k,l}^-$ und $\Delta_{k,l} \in \mathbb{R}^{\geq 0}$, um die Beträge der Abstände von Punkten zu den Ebenen als Betrag mit dem Trick (2.8) anzugeben. Die Binärvariablen $a_{k,l} \in \{0, 1\}$ sollen ausdrücken, ob der Punkt $\vec{p}_k$ nah genug an der Ebene E_l liegt (dann ist $a_{k,l} = 1$), oder nicht ($a_{k,l} = 0$). Ein Punkt kann nah an mehreren Ebenen liegen. Unter den Nebenbedingungen

$$\vec{p}_k \cdot \vec{n}_l - d_l = \delta_{k,l}^+ - \delta_{k,l}^-, \quad \Delta_{k,l} = \delta_{k,l}^+ + \delta_{k,l}^-, \quad \Delta_{k,l} \leq \varepsilon + M(1 - a_{k,l}),$$

die für jedes $(k, l) \in \{1, \ldots, n\} \times \{1, \ldots, m\}$ erfüllt sein müssen, ist das Optimierungsproblem

$$\text{maximiere} \left(\sum_{l=1}^m \frac{1}{l} \sum_{k=1}^n a_{k,l} \right) - \frac{1}{m^2 n} \left(\sum_{k=1}^n \sum_{l=1}^m \Delta_{k,l} \right).$$

Hier werden zwei Optimierungsziele verfolgt: Die Anzahl der Punkte, die in der Nähe gefundener Ebenen liegen, wird maximiert, und die Abstände der Punkte zu ihren Ebenen werden minimiert. Das zweite Ziel ist nachrangig, das wird durch die Gewichtung mit $\frac{1}{m^2 n}$ realisiert. Da $|\Delta_{k,l}| \leq \varepsilon < 1$ wird, ist der Wert der letzten Summe beim Optimum kleiner nm, es wird also weniger als $1/m$ abgezogen – und damit weniger als jeder Summand des ersten Optimierungsziels. Der Wert der Summe $\sum_{k=1}^{n} a_{k,l}$ ist die Anzahl der Unterstützerpunkte, die nah an der Ebene E_l liegen. Diese Anzahl wird mit $1/l$ gewichtet. Dadurch wird E_1 maximal viele Unterstützerpunkte erhalten, die Ebenen sind dann absteigend nach der Anzahl ihrer Unterstützerpunkte sortiert. So lassen sich minimal viele Ebenen, die maximal viele Punkte abdecken, ablesen.

Wenn wir mit der zusätzlichen Bedingung

$$\forall_{k \in \{1,\dots,n\}} \sum_{l=1}^{m} a_{k,l} \leq 1$$

verhindern, dass Punkte mehreren Ebenen zugeordnet werden, dann lässt sich die Problemgröße mit bislang $3m + 4nm$ Variablen durch sukzessives Suchen nach einer Ebene reduzieren: Setzen wir $m = 1$, so wird zunächst die Ebene mit den meisten Unterstützerpunkten gefunden. Diese Punkte werden dann entfernt. Auf der Restmenge wird dann wieder mit $m = 1$ die dann „nächstwichtige" Ebene gesucht, usw. So geht man auch bei der Ebenensuche mittels RANSAC vor. Die Variablenanzahlen hängen dann aber immer noch linear von der Anzahl der Punkte ab, was zu (zu) großen Probleminstanzen führt. Dennoch hat der Ansatz auch prinzipielle Vorteile: Im Gegensatz zu RANSAC-Ebenen müssen hier die Ebenen nicht exakt durch einige Punkte gehen, und es lassen sich leicht weitere Zusatzbedingungen hinsichtlich der gewünschten Ebenenausrichtungen ergänzen, wie z. B. hier, dass die Summe der Abstände der Punkte zu ihren Ebenen minimal wird.

Beispiel 2.20 (2D-Packungsproblem) Wir möchten vorgegebene Polygone innerhalb möglichst weniger Rechtecke (Behälter, „bins") gleicher Breite w und Höhe h unterbringen, so dass sich die Polygone nicht überlappen, siehe Abbildung 2.10. Das ist ein Packungsproblem („bin packing problem" bzw. „nesting problem"), wie es beispielsweise beim Zuschnitt von Stoffen entsteht. Dazu entwickeln wir in diesem Beispiel ein gemischt-ganzzahliges Optimierungsproblem, das mit einem entsprechenden Softwarepaket gelöst werden kann.

Abb. 2.10 In zwei gleichgroße Rechtecke überlappungsfrei untergebrachte Polygone

Wir betrachten einfache Polygone P_i, $i \in [n] := \{1, \dots, n\}$. Diese sind geschlossene Kantenzüge ohne Selbstüberschneidung (d. h. „einfach") mit den m_i Eckpunkten $\vec{v}_{i,1}, \dots, \vec{v}_{i,m_i} \in \mathbb{R}^2$, wobei der letzte Punkt wieder mit dem ersten verbunden ist, so dass wir den ersten auch mit $\vec{v}_{i,m_i+1} := \vec{v}_{i,1}$ bezeichnen. Um die beiden Koordinaten der Punkte anzugeben, verwenden wir lokal in diesem Beispiel die Schreibweise $\vec{v}_{i,k} = (\vec{v}_{i,k}.x, \vec{v}_{i,k}.y)$. Und um etwas einfacher rechnen zu können, sollen die Polygone konvex sein, d. h., verbindet man zwei Punkte im Inneren des Kantenzugs durch eine gerade Strecke, so liegt diese ebenfalls vollständig im Inneren.

Um ein Polygon P_i innerhalb eines Rechtecks an eine Position zu verschieben, benutzen wir den Offset-Vektor $\vec{s}_i = (\vec{s}_i.x, \vec{s}_i.y)$. Mit $\vec{s}_i + P_i$ bezeichnen wir das entsprechend verschobene Polygon, bei dem $\vec{s}_i$ zu jedem Eckpunkt addiert ist. Im Optimierungsproblem sind $\vec{s}_i.x$ und $\vec{s}_i.y$ Variablen für reelle Zahlen.

Sei $B \leq n$ die maximale Anzahl von Rechtecken, in denen die Polygone platziert werden sollen. Wir führen Binärvariablen $x_{i,k} \in \{0,1\}$ ein, die angeben, ob ein Polygon P_i innerhalb des Rechtecks mit Index $k \in [B]$ (dann ist $x_{i,k} = 1$) liegt oder nicht ($x_{i,k} = 0$). Außerdem benutzen wir Binärvariablen b_k, die anzeigen, ob das Rechteck mit Index k durch mindestens ein Polygon belegt ist. Das gemischt-ganzzahlige Optimierungsproblem ist dann

$$\text{minimiere} \sum_{k \in [B]} b_k$$

unter den folgenden Nebenbedingungen (2.9) bis (2.13).

- Durch das Optimierungsziel wird $k_k = 0$, sofern durch die folgende Bedingung nicht $k_k = 1$ erzwungen wird. Das geschieht genau dann, wenn im Rechteck k ein Polygon liegt:

$$\forall_{k \in [B]} \sum_{i \in [n]} x_{i,k} \leq n \cdot b_k. \tag{2.9}$$

- Alle Eckpunkte $\vec{v}_{i,k} + \vec{s}_i$ müssen innerhalb der Rechteckbreite w und Rechteckhöhe h liegen. Das ergibt Ungleichungen für die reellwertigen Variablen $\vec{s}_i.x$ und $\vec{s}_i.y$:

$$\forall_{i \in [n]} \forall_{k \in [m_i]} 0 \leq \vec{v}_{i,k}.x + \vec{s}_i.x \leq w \wedge 0 \leq \vec{v}_{i,k}.y + \vec{s}_i.y \leq h. \tag{2.10}$$

- Jedes Polygon muss in genau einem Rechteck untergebracht werden:

$$\forall_{i \in [n]} \sum_{k \in [B]} x_{i,k} = 1. \tag{2.11}$$

- Polygone $\vec{s}_i + P_i$ und $\vec{s}_l + P_l$, die im gleichen Rechteck mit Index r untergebracht sind (d. h. $x_{i,r} = x_{l,r} = 1$), dürfen sich nicht überlappen. Mit dieser Bedingung beschäftigen wir uns im Folgenden.

Die Überlappungsfreiheit prüfen wir mittels eines Tricks: Zu jedem Paar von Polygonen P_i und P_l mit Indizes $(i, l) \in [n] \times [n]$ und $i < l$ berechnen wir ein

sogenanntes „**No-Fit-Polygon**" (NFP, siehe [Adamowicz und Albano(1976),
Art(1966)]) $F_{i,l}$ mit Eckpunkten

$$\vec{f}_{i,l,1}, \ldots, \vec{f}_{i,l,m_{i,l}}, \ \vec{f}_{i,l,m_{i,l}+1} := \vec{f}_{i,l,1},$$

deren Reihenfolge im mathematisch positiven Sinn gewählt ist, d. h., man
umrundet das Polygon im Gegenuhrzeigersinn, wenn man die Ecken in dieser
Reihenfolge besucht.

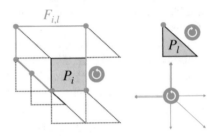

Abb. 2.11 Konstruktion
eines No-Fit-Polygons

Das NFP beschreibt die Kurve eines Referenzpunktes $\vec{v}_{l,1}$ des Polygons P_l
(den wir hier als den ersten Eckpunkt wählen), wenn P_l entlang der Kanten
des fixierten Polygons P_i geschoben wird, siehe Abbildung 2.11 links. Liegt
später der mit $\vec{s}_l$ verschobene Referenzpunkt im mit $\vec{s}_i$ verschobenen NFP,
so überlappen sich beide Polygone, sonst nicht. Für die hier betrachteten
konvexen Polygone gibt es einen einfachen Standard-Algorithmus zur Berechnung eines NFP: Das Polygon P_i wird im mathematisch-positiven Sinn
umlaufen, das Polynom P_l im negativen Sinn. Die im Umlaufsinn gerichteten
Kanten werden als Vektoren an einen gemeinsamen Punkt angesetzt, siehe
Abbildung 2.11 rechts unten. Dann umläuft der Algorithmus den Punkt im
mathematisch positiven Sinn und setzt dabei die Kanten in dieser Reihenfol-
ge aneinander. Dabei entsteht der Kantenzug $\tilde{F}_{i,l}$ mit Eckpunkten $\tilde{\vec{f}}_{i,l,k}$ des
gesuchten NFP, siehe [Cunninghame-Green(1989)]. Aufgrund der Konstruk-
tion ist dieses Polygon konvex. Um daraus das NFP $F_{i,l}$ zu erhalten, muss
lediglich $\tilde{F}_{i,l}$ gemäß des Referenzpunktes korrekt um P_i gelegt werden. Dies
geschieht durch Verschiebung mit dem Vektor $(\Delta x_{i,l}, \Delta y_{i,l})$,

$$\Delta x_{i,l} := \min_{k \in [m_i]} \vec{v}_{i,k}.x - \max_{k \in [m_l]} (\vec{v}_{l,k}.x - \vec{v}_{l,1}.x) - \min_{k \in [m_{i,l}]} \tilde{\vec{f}}_{i,l,k}.x,$$

wobei $\Delta y_{i,l}$ entsprechend mit x ersetzt durch y erklärt ist. Die No-Fit-
Polygone werden einmalig vor dem Lösen des gemischt-ganzzahligen Problems berechnet, so dass die Überlappungsprüfung beim Lösen vergleichsweise schnell durchgeführt werden kann.

Die Polygone $\vec{s}_i + P_i$ und $\vec{s}_l + P_l$ überlappen sich nun genau dann nicht,
wenn $\vec{s}_l + \vec{v}_{l,1}$ außerhalb des Polygons $\vec{s}_i + F_{i,l}$ liegt. Da das NFP konvex
ist, muss dann der Referenzpunkt $\vec{s}_l + \vec{v}_{l,1}$ mindestens in einer Halbebene

liegen, die durch eine Gerade durch eine Kante des NFP $\vec{s}_i + F_{i,l}$ berandet ist und in der das NFP nicht liegt. Für solch eine Halbebene wird die binäre Hilfsvariable $y_{i,l,k} \in \{0,1\}$ auf eins gesetzt. Das geschieht mittels Linearer Algebra unter Verwendung des Standardskalarprodukts „·", siehe Abbildung 2.12: Wir konstruieren zu jeder Kante

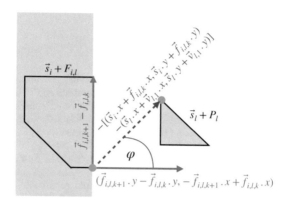

Abb. 2.12 Der Referenzpunkt des Polygons P_l liegt in einer Halbebene (weißer Hintergrund), in der das No-Fit-Polygon nicht liegt

$$\vec{f}_{i,l,k+1} - \vec{f}_{i,l,k} = (\vec{f}_{i,l,k+1}.x - \vec{f}_{i,l,k}.x, \vec{f}_{i,l,k+1}.y - \vec{f}_{i,l,k}.y)$$

des NFP $\vec{s}_i + F_{i,l}$ einen Normalenvektor, also einen Vektor senkrecht zur Kante. Wir wählen zudem seine Richtung unter Berücksichtigung des Umlaufsinns so, dass er aus dem Polygon heraus nach außen zeigt: $(\vec{f}_{i,l,k+1}.y - \vec{f}_{i,l,k}.y, -\vec{f}_{i,l,k+1}.x + \vec{f}_{i,l,k}.x)$. Der Kosinus des Winkels φ zwischen diesem Normalenvektor und dem Vektor $-[(\vec{s}_i.x + \vec{f}_{i,l,k}.x, \vec{s}_i.y + \vec{f}_{i,l,k}.y) - (\vec{s}_l.x + \vec{v}_{l,1}.x, \vec{s}_l.y + \vec{v}_{l,1}.y)]$ von einem Eckpunkt der betrachteten NFP-Kante zum Referenzpunkt lässt sich über das Standardskalarprodukt der beiden Vektoren berechnen, wenn zusätzlich durch das Produkt der Längen der Vektoren dividiert wird. Wir möchten aber nur wissen, ob φ zwischen $-\pi$ und π liegt, denn dann ist der Referenzpunkt in der Halbebene außerhalb des NFP. Dazu müssen wir gar nicht durch die Längen teilen, sondern nur das Vorzeichen des Kosinus als Vorzeichen des Skalarprodukts als positiv feststellen. In der folgenden Bedingung wird noch mit -1 multipliziert und der Trick (2.7) mit einer großen Konstante $M > 0$ angewendet, der dafür sorgt, dass nur dann geprüft wird, wenn P_i und P_l im gleichen Rechteck mit Index $r \in [B]$ liegen.

$$\forall_{i,l \in [n], i < l} \forall_{k \in [m_{i,l}]} \forall_{r \in [B]}\, (\vec{f}_{i,l,k+1}.y - \vec{f}_{i,l,k}.y, -\vec{f}_{i,l,k+1}.x + \vec{f}_{i,l,k}.x)$$
$$\cdot [(\vec{s}_i.x + \vec{f}_{i,l,k}.x, \vec{s}_i.y + \vec{f}_{i,l,k}.y) - (\vec{s}_l.x + \vec{v}_{l,1}.x, \vec{s}_l.y + \vec{v}_{l,1}.y)]$$
$$\leq M(2 - x_{i,r} - x_{l,r}) + M(1 - y_{i,l,k}), \tag{2.12}$$
$$\forall_{i,l \in [n], i < l} \sum_{k \in [m_{i,l}]} y_{i,l,k} \geq 1. \tag{2.13}$$

Die Bedingung (2.13) ist nur erfüllt, wenn mindestens ein $y_{i,k,l}$ gleich eins ist. Das ist problemlos realisierbar, wenn P_i und P_l unterschiedlichen Rechtecken zugeordnet sind, da dann die rechte Seite von (2.12) wegen des ersten Terms größergleich M ist. Sonst muss die rechte Seite in (2.12) mindestens einmal null werden und sichert so die Überlappungsfreiheit.

Literaturverzeichnis

Adamowicz und Albano(1976). Adamowicz, M. und Albano, A.: Nesting two-dimensional shapes in rectangular modules. Comput. Aided Des. 8, 1976, S. 27--33.

Art(1966). Art, R.: An approach to the two dimensional irregular cutting stock problem. Technical Report IBM Cambridge Scientific Centre 36-Y08, 1966.

Cunninghame-Green(1989). Cunninghame-Green, R.: Geometry, shoemaking and the milk tray problem. New Sci. 1677, 1989, S. 50–53.

Forster(2017). Forster, O.: Analysis 2, Springer Spektrum, Wiesbaden, 2017.

Goebbels und Pohle-Fröhlich(2019). Goebbels, St. und Pohle-Fröhlich, R.: Techniques for improved CityGML models. Graphical Models Journal 106, 2019, S. 101044:1–11, https://doi.org/10.1016/j.gmod.2019.101044.

Goebbels, Pohle-Fröhlich und Rethmann(2016). Goebbels, St., Pohle-Fröhlich, R. und Rethmann, J.:Planarization of CityGML models using a linear program. In: Proceedings Operations Research (OR 2016 Hamburg), Springer, Berlin, 2016, S. 591–597.

Hochstättler(2010). Hochstättler, W.: Algorithmische Mathematik, Springer, Berlin, 2010.

Saigal(1995). Saigal, R.: Linear Programming: A Modern Integrated Analysis. Kluwer, Dordrecht, 1995.

Kapitel 3

Integralrechnung mit mehreren Variablen

Während wir bislang mit Integralen den Inhalt von Flächen unter Funktionsgraphen bestimmt haben, berechnen wir nun das Volumen von Körpern in höheren Raumdimensionen. Beispielsweise ist das Integral einer stetigen Funktion $f : D \subseteq \mathbb{R}^2 \to \mathbb{R}$ über eine geeignete Menge D das Volumen des Körpers zwischen der Fläche D in der x-y-Ebene und dem Funktionsgraphen, der als Fläche in $\mathbb{R}^3$ aufgefasst werden kann. Auch wenn es unsere Vorstellung sprengt, so erlauben wir statt $\mathbb{R}^2$ direkt allgemeinere Definitionsbereiche, die in $\mathbb{R}^n$ liegen. Sehr angenehm ist, dass das bislang diskutierte Integral nicht nur der Spezialfall für $n = 1$ ist, sondern sich die Berechnung von Integralen für Funktionen mit n Variablen oft auch darauf zurückführen lässt (Satz von Fubini). Eine Herausforderung sind Integrationsbereiche, die nicht rechteckig oder quaderförmig sind. Hier müssen die Ränder des Bereichs beschrieben werden. In Verbindung mit dem Satz von Fubini funktioniert die Integration gut bei sogenannten Normalbereichen, bei denen die Integrationsgrenzen über Funktionen beschrieben werden können. Daneben betrachten wir aber auch die Substitutionsregel, mit der z. B. kugelförmige Integrationsbereiche zu quaderförmigen werden können. Am Ende des Kapitels verallgemeinern wir das Riemann-Integral zum Lebesgue-Integral. Das lässt sich zwar nicht leichter berechnen, ist aber für wesentlich mehr Funktionen erklärt als das Riemann-Integral, so dass es z. B. benötigt wird, wenn gewisse Funktionengrenzwerte integrierbar sein müssen. Das wird bei den Sobolev-Räumen ausgenutzt. Dabei handelt es sich um Funktionenräume, die beispielsweise bei der Lösungen von Differenzialgleichungen eingesetzt werden und die zum Abschluss des Kapitels kurz definiert werden.

© Der/die Autor(en), exklusiv lizenziert an
Springer-Verlag GmbH, DE, ein Teil von Springer Nature 2023
S. Goebbels und S. Ritter, *Mathematik verstehen und anwenden:
Differenzialgleichungen, Fourier- und Vektoranalysis, Laplace-
Transformation und Stochastik*, https://doi.org/10.1007/978-3-662-68369-9_3

3.1 Integration über mehrdimensionale Intervalle

Wir verallgemeinern nun die Integration von Funktionen mit einer Variable über Intervalle $[a, b] \subset \mathbb{R}$ auf Funktionen mit vielen Variablen über Integrationsbereiche $E \subset \mathbb{R}^n$. Dabei wird die Definition des Riemann-Integrals für Funktionen mit einer Variable mittels Ober- und Untersummen (vgl. Band 1, Kapitel 14) fast unverändert übernommen. Die Erweiterung des Integrationsbegriffs hat vielfältige Anwendungen, z. B. bei der Beschreibung elektrischer Felder (vgl. Satz 4.3) oder bei der Berechnung von Trägheitsmomenten von Körpern mit endlicher Ausdehnung. Auch kann man damit die Größe von Oberflächen bestimmen. Wir beginnen mit der Integration über Intervalle des $\mathbb{R}^n$. Anschließend integrieren wir auch über komplizierter berandete Mengen, indem wir sie in ein entsprechendes Intervall einbetten.

Definition 3.1 (Intervalle in $\mathbb{R}^n$) Seien $\vec{a}, \vec{b} \in \mathbb{R}^n$, $a_k < b_k$ für $1 \leq k \leq n$.

- Die Menge

$$[\vec{a}, \vec{b}] := [a_1, b_1] \times [a_2, b_2] \times \cdots \times [a_n, b_n]$$
$$:= \{(x_1, x_2, \ldots, x_n) \in \mathbb{R}^n : a_k \leq x_k \leq b_k, 1 \leq k \leq n\}$$

  heißt n-**dimensionales (abgeschlossenes) Intervall**. Es ist das kartesische Produkt von n eindimensionalen Intervallen und wird in der Schreibweise $[\vec{a}, \vec{b}]$ über zwei gegenüberliegende Eckpunkte $\vec{a}$ und $\vec{b}$ beschrieben.

- Das Produkt

$$v([\vec{a}, \vec{b}]) := (b_1 - a_1) \cdot (b_2 - a_2) \cdots (b_n - a_n)$$

  heißt der **elementare Inhalt** des Intervalls $[\vec{a}, \vec{b}]$.

- Eine **Zerlegung** Z des Intervalls $[\vec{a}, \vec{b}]$ ist ein Tupel $(Z_1, Z_2, \ldots, Z_n)$ von Zerlegungen Z_k der Intervalle $[a_k, b_k]$. Dabei ist jede Zerlegung Z_k ein Tupel $Z_k = (x_{k,0}, x_{k,1}, \ldots, x_{k,N_k})$ von endlich vielen Zerlegungsstellen mit

$$a_k = x_{k,0} < x_{k,1} < x_{k,2} < \cdots < x_{k,N_k-1} < x_{k,N_k} = b_k.$$

Für $n = 1$ ist der elementare Inhalt die Länge des Intervalls $[a_1, b_1]$, für $n = 2$ entspricht der elementare Inhalt von $[a_1, b_1] \times [a_2, b_2]$ der Fläche des Rechtecks mit Seitenlängen $b_1 - a_1$ und $b_2 - a_2$, und für $n = 3$ erhalten wir das Volumen des Quaders usw.

Beispiel 3.1 $[(1, 0, 2), (3, 2, 5)] = [1, 3] \times [0, 2] \times [2, 5]$ und

$$v([(1, 0, 2), (3, 2, 5)]) = (3 - 1) \cdot (2 - 0) \cdot (5 - 2).$$

Ist $Z_k = \{x_{k,0}, x_{k,1}, \ldots, x_{k,N_k}\}$, so zerlegt Z das Intervall $[\vec{a}, \vec{b}]$ in $N_1 \cdot N_2 \cdots N_n$ Teilintervalle. Über diesen kann jeweils das Supremum und Infimum von f ermittelt werden (bei einer stetigen Funktion f ist das ein größter und ein kleinster Funktionswert), so dass wir analog zu Funktionen mit einer Variable Ober- und Untersummen bilden können:

Definition 3.2 (Unter- und Obersummen) Seien $[\vec{a}, \vec{b}] \subset \mathbb{R}^n$ und Z eine Zerlegung von $[\vec{a}, \vec{b}]$ wie in Definition 3.1. Weiter sei $f : [\vec{a}, \vec{b}] \to \mathbb{R}$ eine **beschränkte Funktion**, d. h., der reelle Wertebereich ist beschränkt.

$$s_Z := \sum_{l_1=1}^{N_1} \sum_{l_2=1}^{N_2} \cdots \sum_{l_n=1}^{N_n}$$
$$\left[\inf\left\{f(\vec{x}) : \vec{x} \in [(x_{1,l_1-1}, \ldots, x_{n,l_n-1}), (x_{1,l_1}, \ldots, x_{n,l_n})]\right\}\right] \cdot$$
$$\cdot v\left([(x_{1,l_1-1}, \ldots, x_{n,l_n-1}), (x_{1,l_1}, \ldots, x_{n,l_n})]\right)$$

heißt eine **Untersumme** von f bezüglich der Zerlegung Z und

$$S_Z := \sum_{l_1=1}^{N_1} \sum_{l_2=1}^{N_2} \cdots \sum_{l_n=1}^{N_n}$$
$$\left[\sup\left\{f(\vec{x}) : \vec{x} \in [(x_{1,l_1-1}, \ldots, x_{n,l_n-1}), (x_{1,l_1}, \ldots, x_{n,l_n})]\right\}\right] \cdot$$
$$\cdot v\left([(x_{1,l_1-1}, \ldots, x_{n,l_n-1}), (x_{1,l_1}, \ldots, x_{n,l_n})]\right)$$

heißt eine **Obersumme** von f bezüglich der Zerlegung Z.

In der Untersumme wird auf jedem der zuvor erwähnten Teilintervalle eine größte untere Schranke der Funktionswerte mit dem Volumen des jeweiligen Teilintervalls multipliziert, bei der Obersumme wird dieses Volumen mit einer kleinsten oberen Schranke der Funktionswerte multipliziert. Das geht, da f nach Voraussetzung mit einem Wert M beschränkt ist ($|f(\vec{x})| \leq M$). Offensichtlich gilt damit

$$-M v([\vec{a}, \vec{b}]) \leq s_Z \leq S_Z \leq M v([\vec{a}, \vec{b}]),$$

und beide Zahlen sind eine Annäherung an den gesuchten Rauminhalt, der zwischen s_Z und S_Z liegt.

Definition 3.3 (Riemann-Integral) Seien $f : [\vec{a}, \vec{b}] \subset \mathbb{R}^n \to \mathbb{R}$ eine beschränkte Funktion und $\mathcal{Z}$ die Menge aller Zerlegungen des Intervalls $[\vec{a}, \vec{b}]$. Die kleinste obere Schranke der Untersummen

$$\underline{I} := \sup\{s_Z : Z \in \mathcal{Z}\}$$

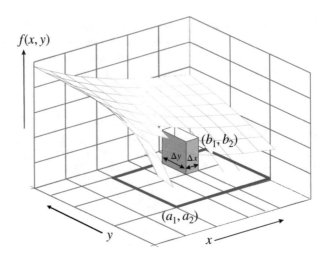

Abb. 3.1 Zur Konstruktion einer Obersumme für $\int_{[\vec{a},\vec{b}]} f(x,y)\,\mathrm{d}(x,y)$

---

heißt **Riemann-Unterintegral** von f auf $[\vec{a},\vec{b}]$. Die größte untere Schranke der Obersummen

$$\overline{I} := \inf\{S_Z : Z \in \mathcal{Z}\}$$

heißt **Riemann-Oberintegral** von f auf $[\vec{a},\vec{b}]$. Falls $\underline{I} = \overline{I}$, heißt f auf $[\vec{a},\vec{b}]$ **Riemann-integrierbar** (kurz: **integrierbar**), und die Zahl $\underline{I} = \overline{I}$ heißt das **Riemann-Integral** (oder kurz **Integral**) von f auf $[\vec{a},\vec{b}]$. Bezeichnung:

$$\int_{[\vec{a},\vec{b}]} f(\vec{x})\,\mathrm{d}\vec{x} = \int\ldots\int_{[\vec{a},\vec{b}]} f(\vec{x})\,\mathrm{d}\vec{x},$$

wobei häufig n Integralzeichen bei einem Integrationsintervall in $\mathbb{R}^n$ geschrieben werden.

Das mehrfache Schreiben des Integralsymbols gibt bereits einen Hinweis darauf, dass wir das Integral später durch mehrere Integrale zu einer Variable lösen werden.

Beispiel 3.2

$$\iint_{[0,1]\times[2,5]} 42\,\mathrm{d}(x,y) = 42(1-0)(5-2) = 126.$$

Wie beim Rechnen mit einer Variable kann man statt der Ober- und Untersummen auch Zwischensummen betrachten. Dabei summiert man über alle Teilintervalle der Zerlegung und multipliziert den elementaren Inhalt des jeweiligen Teilintervalls mit einem Funktionswert zu einer Stelle (an einem

Zwischenpunkt) aus diesem Intervall. Es gilt das Riemann'sche Integrabilitätskriterium: Eine Funktion ist genau dann Riemann-integrierbar, wenn für immer feiner werdende Zerlegungen und für jede zugehörige Zwischenpunktwahl die Zwischensummen gegen eine Zahl streben, die dann gleich dem Integral ist (vgl. Band 1, Satz 14.1 auf Seite 382).

Auch die Eigenschaften des Integrals von Funktionen mit einer Variable übertragen sich. Insbesondere ist das Integral linear, d. h., für $f : [\vec{a}, \vec{b}] \subset \mathbb{R}^n \to \mathbb{R}$, $g : [\vec{a}, \vec{b}] \subset \mathbb{R}^n \to \mathbb{R}$, $c, d \in \mathbb{R}$ gilt, sofern die Integrale existieren:

$$\int_{[\vec{a},\vec{b}]} c \cdot f(\vec{x}) + d \cdot g(\vec{x}) \, \mathrm{d}\vec{x} = c \int_{[\vec{a},\vec{b}]} f(\vec{x}) \, \mathrm{d}\vec{x} + d \int_{[\vec{a},\vec{b}]} g(\vec{x}) \, \mathrm{d}\vec{x}.$$

Ebenso sind auf $[\vec{a}, \vec{b}]$ stetige Funktionen integrierbar (vgl. Band 1, Satz 14.2 auf Seite 384).

Um nun Integrale über Teilmengen des $\mathbb{R}^n$ auszurechnen, ist der Satz von Fubini entscheidend. Mit ihm lassen sich die Integrale auf mehrere Integrale von Funktionen mit einer Variable zurückführen, die mit den entsprechenden Mitteln ausgerechnet werden können. Um zu sehen, wie dies funktioniert, ersetzen wir ein Integral über $[a_1, b_1] \times [a_2, b_2] \subset \mathbb{R}^2$ näherungsweise durch eine Zwischensumme zur Zerlegung $Z = (Z_1, Z_2)$ mit $Z_1 = \{x_{1,0}, x_{1,1}, \ldots, x_{1,N_1}\}$ und $Z_2 = \{x_{2,0}, x_{2,1}, \ldots, x_{2,N_2}\}$. Als Zwischenstellen verwenden wir $(x_{1,k}, x_{2,l}) \in [x_{1,k-1}, x_{1,k}] \times [x_{2,l-1}, x_{2,l}]$, $k = 1, \ldots, N_1$, $l = 1, \ldots, N_2$. Dann sehen wir Zwischensummen zu Integralen über Funktionen einer Variable:

$$\iint_{[a_1,b_1] \times [a_2,b_2]} f(x_1, x_2) \, \mathrm{d}(x_1, x_2)$$

$$\approx \sum_{k=1}^{N_1} \sum_{l=1}^{N_2} (x_{1,k} - x_{1,k-1})(x_{2,l} - x_{2,l-1}) f(x_{1,k}, x_{2,l})$$

$$\approx \sum_{k=1}^{N_1} (x_{1,k} - x_{1,k-1}) \int_{a_2}^{b_2} f(x_{1,k}, x_2) \, \mathrm{d}x_2 \approx \int_{a_1}^{b_1} \left[\int_{a_2}^{b_2} f(x_1, x_2) \, \mathrm{d}x_2 \right] \mathrm{d}x_1.$$

Vertauschen wir die beiden Summen, erhalten wir stattdessen

$$\iint_{[a_1,b_1] \times [a_2,b_2]} f(x_1, x_2) \, \mathrm{d}(x_1, x_2) \approx \int_{a_2}^{b_2} \left[\int_{a_1}^{b_1} f(x_1, x_2) \, \mathrm{d}x_1 \right] \mathrm{d}x_2.$$

Ist z. B. f stetig auf $[\vec{a}, \vec{b}]$, so kann man zeigen, dass alle durch Integration entstehenden Funktionen ebenfalls stetig und damit integrierbar sind. Zusammen mit dem Riemann'schen-Integrabilitätskriterium kann man dann das vorangehende Argument zu einem Beweis des folgenden Satzes ausbauen:

Satz 3.1 (Fubini) Sei $f : [\vec{a}, \vec{b}] \subset \mathbb{R}^n \to \mathbb{R}$ stetig. Dann gilt:

$$\int_{[\vec{a},\vec{b}]} f(\vec{x}) \, \mathrm{d}\vec{x} = \int_{a_1}^{b_1} \left[\int_{a_2}^{b_2} \left[\dots \left[\int_{a_n}^{b_n} f(x_1, x_2, \dots, x_n) \, \mathrm{d}x_n \right] \dots \right] \mathrm{d}x_2 \right] \mathrm{d}x_1.$$

Die Integrationsreihenfolge kann dabei beliebig getauscht werden.

Beim Ausrechnen des innersten Integrals müssen alle übrigen Variablen $x_1, x_2, \dots, x_{n-1}$ als konstante Werte betrachtet werden. Das ist analog zum Ausrechnen einer partiellen Ableitung. Nach dem Ausrechnen hat man eine Funktion der Variablen $x_1, x_2, \dots, x_{n-1}$. Das ist insofern anders als beim Berechnen einer partiellen Ableitung, als nun eine Variable nicht mehr vorkommt. Für das nächste Integral sind die Variablen $x_1, x_2, \dots, x_{n-2}$ als Konstanten zu interpretieren. Hat man schließlich alle n Integrale berechnet, so sind alle Variablen verschwunden, und das Ergebnis ist eine reelle Zahl.

! Achtung

Wichtig beim Aufbrechen des Integrals ist, dass die unteren Integrationsgrenzen der Einzelintegrale alle kleiner oder gleich der jeweiligen oberen Grenze sind. Anderenfalls handelt man sich ein falsches Vorzeichen ein.

Mit der Schreibweise $\int_{A \times B \times \dots} \dots \mathrm{d}(x_1, x_2, \dots)$ ist festgelegt, dass zur Variable x_1 in der ersten Koordinate des Vektors das erste Intervall A gehört, die Variable x_2 „läuft" im Intervall B, usw.

Beispiel 3.3 a) Das Intervall $[0,1] \times [0,2]$ kann auch durch die Eckpunkte als $[(0,0),(1,2)]$ ausgedrückt werden. Wir integrieren darüber die Funktion $x^2 - 2xy + 3$:

$$\iint_{[0,1]\times[0,2]} x^2 - 2xy + 3 \, \mathrm{d}(x,y) = \int_0^1 \left[\int_0^2 x^2 - 2xy + 3 \, \mathrm{d}y \right] \mathrm{d}x$$

$$= \int_0^1 \left[x^2 y - xy^2 + 3y \right]_{y=0}^{y=2} \, \mathrm{d}x = \int_0^1 2x^2 - 4x + 6 \, \mathrm{d}x$$

$$= \left[\frac{2}{3} x^3 - \frac{4}{2} x^2 + 6x \right]_0^1 = \frac{2}{3} - 2 + 6 = \frac{14}{3}.$$

b) Auf $[1,2] \times [0,1] = [(1,0),(2,1)]$ wird $x^3 \cdot \exp(x^2 y)$ integriert:

$$\iint_{[1,2]\times[0,1]} x^3 \cdot \exp(x^2 y) \, \mathrm{d}(x,y) = \int_1^2 \int_0^1 x^3 \cdot \exp(x^2 y) \, \mathrm{d}y \, \mathrm{d}x$$

$$= \int_1^2 \left[x \exp(x^2 y) \right]_{y=0}^{y=1} \mathrm{d}x = \int_1^2 x \exp(x^2) - x \, \mathrm{d}x = \left[\frac{1}{2} \exp(x^2) - \frac{1}{2}x^2 \right]_1^2$$
$$= \frac{e^4}{2} - 2 - \frac{e}{2} + \frac{1}{2} = \frac{e^4 - e - 3}{2}.$$

! Achtung

Integralzeichen $\int_{a_1}^{b_1}$ und die Angabe $\mathrm{d}x_1$ einer Integrationsvariable bilden ein Klammerpaar, dessen Angaben zueinander passen müssen. Wählt man eine andere Integrationsreihenfolge, so ist diese Klammerung konsistent zu ändern:

$$\int_{a_1}^{b_1} \int_{a_2}^{b_2} f(x_1, x_2) \, \mathrm{d}x_2 \, \mathrm{d}x_1 = \int_{a_2}^{b_2} \int_{a_1}^{b_1} f(x_1, x_2) \, \mathrm{d}x_1 \, \mathrm{d}x_2.$$

Im Allgemeinen ist $\int_{a_2}^{b_2} \int_{a_1}^{b_1} f(x_1, x_2) \, \mathrm{d}x_2 \, \mathrm{d}x_1$ eine andere Zahl oder gar nicht definiert.

Nach dem Satz von Schwarz (Satz 1.5) kann die Reihenfolge partieller Ableitungen beliebig gewählt werden, wenn die partiellen Ableitungen stetig sind. Er ist ein Satz zur Vertauschung von Grenzwerten, nämlich der partiellen Ableitungen. Der Satz von Fubini erlaubt in ähnlicher Weise das Vertauschen der Reihenfolge von iterierten Integralen, die ebenfalls über einen Grenzprozess definiert sind. Geht es um das Vertauschen von Integralen, so ist die folgende Version des Satzes praktikabler, die unter geeigneten Bedingungen sogar für unbeschränkte Intervalle gilt und die Stetigkeit des Integranden nicht benötigt. Wir werden sie später noch in Beweisen (z. B. beim Faltungssatz, siehe Seite 307) verwenden, für die Ingenieur-Praxis ist nur wichtig, dass man in vielen Situationen die Integrationsreihenfolge ändern darf.

Satz 3.2 (Satz von Fubini-Tonelli zum Vertauschen von Integralen[*]) Sei $f : [a,b] \times [c,d] \to \mathbb{R}$, so dass $f(x,y)$ (und damit auch $|f(x,y)|$) bei jedem festen $x \in [a,b]$ als Funktion von y auf $[c,d]$ integrierbar ist und $\int_c^d f(x,y) \, \mathrm{d}y$, $\int_c^d |f(x,y)| \, \mathrm{d}y$ als Funktionen von x auf $[a,b]$ integrierbar sind. Dann darf die Integrationsreihenfolge vertauscht werden, es gilt:

$$\int_a^b \left[\int_c^d f(x,y) \, \mathrm{d}y \right] \mathrm{d}x = \int_c^d \left[\int_a^b f(x,y) \, \mathrm{d}x \right] \mathrm{d}y$$
$$= \iint_{[a,b] \times [c,d]} f(x,y) \, \mathrm{d}(x,y).$$

Der Satz gilt auch, wenn alternativ $f(x, y)$ bei jedem festen $y \in [c, d]$ als Funktion von x auf $[a, b]$ integrierbar ist und $\int_a^b f(x, y)\, dx$, $\int_a^b |f(x, y)|\, dx$ als Funktionen von y auf $[c, d]$ integrierbar sind.

Die Voraussetzung, dass

- $\int_a^b |f(x, y)|\, dx$ als Funktion von y oder
- $\int_c^d |f(x, y)|\, dy$ als Funktion von x

integrierbar sein müssen, kann nicht weggelassen werden:

Beispiel 3.4 Wir betrachten (siehe Abbildung 3.2)

$$f(x, y) := \begin{cases} \frac{1}{y^2}, & \text{für } 0 < x < y < 1, \\ -\frac{1}{x^2}, & \text{für } 0 < y < x < 1, \\ 0, & \text{sonst.} \end{cases} \tag{3.1}$$

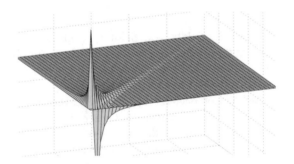

Abb. 3.2 In einer Umgebung des Nullpunkts unbeschränkte Funktion (3.1) als Beispiel zu den Voraussetzungen des Satzes von Fubini

- Für jedes $0 < y < 1$ ist

$$\int_0^1 f(x, y)\, dx = \int_0^y \frac{1}{y^2}\, dx - \int_y^1 \frac{1}{x^2}\, dx = \frac{1}{y} - \left[-\frac{1}{x} \right]_y^1 = \frac{1}{y} + 1 - \frac{1}{y} = 1.$$

Damit ist $\int_0^1 \int_0^1 f(x, y)\, dx\, dy = \int_0^1 dy = 1$. Man beachte aber, dass

$$\int_0^1 |f(x, y)|\, dx = \int_0^y \frac{1}{y^2}\, dx + \int_y^1 \frac{1}{x^2}\, dx = \frac{2}{y} - 1$$

nicht integrierbar bezüglich y auf $[0, 1]$ ist.

- Für jedes $0 < x < 1$ ist

$$\int_0^1 f(x, y)\, dy = \int_0^x -\frac{1}{x^2}\, dy + \int_x^1 \frac{1}{y^2}\, dy = -\frac{1}{x} - 1 + \frac{1}{x} = -1.$$

Damit ist

$$\int_0^1 \int_0^1 f(x,y)\,\mathrm{d}y\,\mathrm{d}x = \int_0^1 -1\,\mathrm{d}y = -1 \neq 1 = \int_0^1 \int_0^1 f(x,y)\,\mathrm{d}x\,\mathrm{d}y.$$

Glücklicherweise sind die Voraussetzungen des Satzes von Fubini ja auch nicht erfüllt. Es ist auch

$$\int_0^1 |f(x,y)|\,\mathrm{d}y = \int_0^x \frac{1}{x^2}\,\mathrm{d}y + \int_x^1 \frac{1}{y^2}\,\mathrm{d}y = \frac{2}{x} - 1.$$

nicht integrierbar bezüglich x auf $[0,1]$.

Zerfällt der Integrand in einzelne Faktoren, die jeweils nur von einer Variable abhängen, so kann man ein Mehrfachintegral als Produkt von Integralen zu einer Variable ausrechnen:

$$\int_{a_1}^{b_1} \left[\int_{a_2}^{b_2} f(x)g(y)\,\mathrm{d}y \right]\,\mathrm{d}x = \int_{a_1}^{b_1} \left[\int_{a_2}^{b_2} g(y)\,\mathrm{d}y \right] f(x)\,\mathrm{d}x$$

$$= \left[\int_{a_2}^{b_2} g(y)\,\mathrm{d}y \right] \left[\int_{a_1}^{b_1} f(x)\,\mathrm{d}x \right],$$

also z. B.

$$\int_0^\pi \int_0^1 \sin(x)\exp(y)\,\mathrm{d}y\,\mathrm{d}x = \int_0^\pi \sin(x)\,\mathrm{d}x \cdot \int_0^1 \exp(y)\,\mathrm{d}y = 2(e-1).$$

! Achtung

Das ist ein Spezialfall. So darf nur vorgegangen werden, wenn f nicht auch noch von y und g nicht auch noch von x abhängt. Dass man sonst einen Fehler macht, sieht man z. B. daran, dass das Ergebnis der Integration noch von Variablen abhängen würde. Es muss aber eine Zahl und keine Funktion herauskommen.

Häufig hat man es mit Parameterintegralen zu tun. Dabei hängt der Integrand von einer weiteren Variable ab, nach der nicht integriert wird. Das ist beispielsweise bei der Faltung und den Integraltransformationen (Fourier- und Laplace-Transformation) der Fall, die wir im Teil III des Buchs behandeln.

Satz 3.3 (Ableitung von Parameterintegralen) Sei f stetig auf dem Intervall $[a,b] \times [c,d] \subset \mathbb{R}^2$ und hier ebenfalls stetig partiell nach x differenzierbar. Dann gilt die **Leibniz'sche Regel für Parameterintegrale**:

$$\frac{\mathrm{d}}{\mathrm{d}x} \int_c^d f(x,y)\,\mathrm{d}y = \int_c^d \frac{\partial}{\partial x} f(x,y)\,\mathrm{d}y,$$

d. h., Differenziation und Integration dürfen vertauscht werden.

Beweis Zum Beweis benutzen wir den hier anwendbaren Satz von Fubini. Dazu seien $x_0, x_0 + h \in [a,b]$ für $h \neq 0$. Wir betrachten den Differenzenquotienten der zu berechnenden Ableitung und schreiben ihn mit dem Hauptsatz der Differenzial- und Integralrechnung (Seite xviii) um:

$$\frac{1}{h}\left[\int_c^d f(x_0 + h, y)\,\mathrm{d}y - \int_c^d f(x_0, y)\,\mathrm{d}y\right] = \frac{1}{h}\int_c^d f(x_0 + h, y) - f(x_0, y)\,\mathrm{d}y$$

$$= \frac{1}{h}\int_c^d \int_{x_0}^{x_0+h} \frac{\partial}{\partial x} f(x,y)\,\mathrm{d}x\,\mathrm{d}y = \frac{1}{h}\int_{x_0}^{x_0+h}\int_c^d \frac{\partial}{\partial x} f(x,y)\,\mathrm{d}y\,\mathrm{d}x,$$

wobei wir die Integrale mit dem Satz von Fubini vertauscht haben. Das funktioniert hier auch, wenn $h < 0$ ist. Die Grenzen x_0 und $x_0 + h$ können dann um den Preis eines Minuszeichens vertauscht werden.

Die Funktion $\frac{\partial}{\partial x} f(x,y)$ ist nach Voraussetzung auf dem Intervall $[a,b] \times [c,d]$ stetig. Eine auf einem solchen abgeschlossenen Intervall stetige Funktion ist sogar gleichmäßig stetig. Das haben wir für Intervalle aus $\mathbb{R}$ in Band 1, S. 325, mit dem Satz von Heine-Borel gezeigt. Dieser gilt aber nicht nur, wie dort dargestellt, auf $\mathbb{R}$ sondern auch auf $\mathbb{R}^n$. Ohne weiteren Beweis benutzen wir daher die Aussage jetzt auch für Intervalle im $\mathbb{R}^2$. Gleichmäßige Stetigkeit bedeutet, dass zu jedem $\varepsilon > 0$ ein $\delta > 0$ existiert, so dass sich Funktionswerte an Stellen, die näher als δ zusammenliegen, höchstens um ε unterscheiden. Dabei hängt δ (in Verschärfung der Definition der Stetigkeit) nicht von den konkreten Stellen ab. Zu $\varepsilon/(d-c) > 0$ gibt es damit ein $\delta > 0$, so dass für alle Stellen $x_1, x_2 \in [a,b]$ mit $|x_1 - x_2| < \delta$ und damit auch $|(x_1, y) - (x_2, y)| < \delta$ gilt:

$$\left|\int_c^d \frac{\partial f}{\partial x}(x_1, y)\,\mathrm{d}y - \int_c^d \frac{\partial f}{\partial x}(x_2, y)\,\mathrm{d}y\right| \leq \int_c^d \left|\frac{\partial f}{\partial x}(x_1, y) - \frac{\partial f}{\partial x}(x_2, y)\right|\,\mathrm{d}y$$

$$< \int_c^d \frac{\varepsilon}{d-c}\,\mathrm{d}y = (d-c)\frac{\varepsilon}{d-c} = \varepsilon.$$

Deshalb ist die Funktion $\int_c^d \frac{\partial f}{\partial x}(x,y)\,\mathrm{d}y$ auf $[a,b]$ (gleichmäßig) stetig. Das ermöglicht die Anwendung des Mittelwertsatzes der Integralrechnung. Er besagt, dass das Integral einer stetigen Funktion über einem Intervall $[x_0, x_0+h]$ gleich der Intervalllänge h mal einem Funktionswert an einer Stelle ξ_h in diesem Intervall ist (siehe Band 1, Seite 387). Daher folgt

$$\frac{1}{h} \int_{x_0}^{x_0+h} \int_c^d \frac{\partial f}{\partial x}(x,y)\,\mathrm{d}y\,\mathrm{d}x = \frac{h}{h} \int_c^d \frac{\partial f}{\partial x}(\xi_h,y)\,\mathrm{d}y.$$

Betrachten wir jetzt $h \to 0$ (an den Intervallrändern $x_0 = a$ bzw. $x_0 = b$ jeweils einseitig als $h \to 0+$ bzw. $h \to 0-$), dann streben die Stellen ξ_h gegen x_0, und wegen der Stetigkeit konvergiert $\int_c^d \frac{\partial f}{\partial x}(\xi_h,y)\,\mathrm{d}y$ gegen $\int_c^d \frac{\partial f}{\partial x}(x_0,y)\,\mathrm{d}y$. Das ist der Grenzwert des Differenzenquotienten, mit dem wir gestartet sind, und die Aussage des Satzes. □

Bisweilen hilft dieser Satz beim Ausrechnen von gewöhnlichen Integralen:

Beispiel 3.5 Die Funktion $\frac{x^2-1}{\ln(x)}$ ist stetig auf $[0,1]$, wenn man sie für $x = 0$ mit dem Wert 0 und für $x = 1$ mit dem Wert 2 fortsetzt, denn insbesondere gilt mit dem Satz von L'Hospital für den Typ $0/0$:

$$\lim_{x\to 1-} \frac{x^2-1}{\ln(x)} = \lim_{x\to 1-} \frac{2x}{\frac{1}{x}} = 2.$$

Wir wollen $\int_0^1 \frac{x^2-1}{\ln(x)}\,\mathrm{d}x$ berechnen. Dazu betrachten wir für $a \geq 0$ aber die Funktion $\frac{x^a-1}{\ln(x)}$, die ebenso stetig fortgesetzt werden kann. Für $x > 0$ ist $\frac{\partial}{\partial a}\frac{x^a-1}{\ln(x)} = \frac{1}{\ln(x)}\frac{\partial}{\partial a}\exp(\ln(x)a) = \frac{\ln(x)}{\ln(x)}\exp(\ln(x)a) = x^a$, und wir erhalten

$$I(a) := \int_0^1 \frac{x^a-1}{\ln(x)}\,\mathrm{d}x,$$

$$I'(a) = \int_0^1 \frac{\partial}{\partial a}\frac{x^a-1}{\ln(x)}\,\mathrm{d}x = \int_0^1 x^a\,\mathrm{d}x = \left[\frac{1}{a+1}x^{a+1}\right]_0^1 = \frac{1}{a+1}.$$

Damit wissen wir durch Bildung der Stammfunktion, dass $I(a) = \ln(a+1)+c$ ist. Offensichtlich ist $I(0) = 0$, da für $a = 0$ der Integrand null wird. Damit ist $c = 0$ bestimmt. Gesucht war ursprünglich $I(2) = \ln(3)$. Der Trick besteht hier darin, dass $\frac{\partial}{\partial a}\frac{x^a-1}{\ln(x)} = x^a$ ist und damit der Nenner wegfällt. Durch die Ableitung nach dem Parameter wird die zu integrierende Funktion also viel einfacher.

Im Beispiel haben wir einen Parameter a eingebaut und dann $I(a)$ berechnet, wobei wir ursprünglich lediglich an $I(2)$ interessiert waren. Das ist ein allgemeiner Rechentrick. Der Parameter a ermöglicht ein Ableiten, wobei $I'(a)$ mit der Regel für Parameterintegrale bestimmt werden kann. Die Hoffnung dabei ist, dass der abgeleitete Integrand einfach zu integrieren ist. Anschließende Bildung der Stammfunktion führt bis auf eine Konstante zu $I(a)$. Die Konstante bestimmt man durch Einsetzen eines Werts für a, für den $I(a)$ leicht berechenbar ist. Damit ist $I(a)$ allgemein bestimmt, und wir verfügen auch über den speziell gesuchten Wert – im Beispiel $I(2)$.

3.2 Integration über Normalbereiche

Die Integration von Funktionen über allgemeine Mengen wird auf die Integration über Intervalle zurückgeführt.

Definition 3.4 (Allgemeiner Integrationsbereich) Sei $E \subset \mathbb{R}^n$ eine **beschränkte Menge**, d. h., die Menge der reellen Beträge der Elemente von E ist beschänkt. Soll eine Funktion f über E integriert werden, dann wählt man ein E umschließendes Intervall $[\vec{a}, \vec{b}]$ (also $E \subseteq [\vec{a}, \vec{b}]$) und setzt

$$g(\vec{x}) := \begin{cases} f(\vec{x}), & \vec{x} \in E, \\ 0, & \vec{x} \in [\vec{a}, \vec{b}] \setminus E. \end{cases}$$

Damit ist (unabhängig von der Wahl des Intervalls) das Integral von f über E definiert als

$$\int_E f(\vec{x}) \, d\vec{x} := \int_{[\vec{a}, \vec{b}]} g(\vec{x}) \, d\vec{x}, \tag{3.2}$$

sofern die rechte Seite (im Sinne von Definition 3.3) existiert.

Beispiel 3.6 Es sei B ein fester Körper in $\mathbb{R}^3$ mit einer Dichte $\varrho(x, y, z)$ (Masse pro Volumen), die vom jeweiligen Punkt (x, y, z) des Körpers abhängt. Dann ist $V = \iiint_B 1 \, d(x, y, z)$ das Volumen von B, die Masse von B ist $M = \iiint_B \varrho(x, y, z) \, d(x, y, z)$, und die Koordinaten des Schwerpunkts (x_s, y_s, z_s) von B lauten:

$$x_s = \frac{1}{M} \iiint_B x \cdot \varrho(x, y, z) \, d(x, y, z), \quad y_s = \frac{1}{M} \iiint_B y \cdot \varrho(x, y, z) \, d(x, y, z)$$

und $z_s = \frac{1}{M} \iiint_B z \cdot \varrho(x, y, z) \, d(x, y, z)$.

Im Beispiel haben wir die konstante Funktion $f(x, y, z) = 1$ integriert und so das Volumen eines Objektes angegeben. Um das zu verstehen, betrachten wir den einfacheren Fall einer Fläche in $\mathbb{R}^2$, über die wir die Funktion $f(x, y) = 1$ integrieren. Wir erhalten das Volumen eines Objektes mit der gegebenen Fläche als Grundfläche und der Höhe 1. Die Maßzahl des Volumens ist damit gleich der Maßzahl des Flächeninhalts. Alternativ können wir diese auch über ein Integral einer Variable ausrechnen, wenn es sich um eine Fläche unter einem Funktionsgraphen handelt.

Man kann nicht erwarten, dass Integrale über beliebige beschränkte Mengen E existieren. Die Mengen bzw. ihr Rand müssen glatt genug sein, damit die Funktion g aus Definition 3.4 integrierbar wird. Ein praktisch wichtiger Spezialfall sind Mengen E, bei denen man den Rand als Graphen integrierbarer Funktionen ausdrücken kann:

Definition 3.5 (Normalbereiche in $\mathbb{R}^2$ und $\mathbb{R}^n$)

- Die Funktionen $f_1(x), f_2(x) : [a_1, b_1] \to \mathbb{R}$ seien integrierbar, und es gelte $f_1(x) \leq f_2(x)$ für alle $x \in [a_1, b_1] \subset \mathbb{R}$. Die Menge

$$B_x := \{(x, y) : a_1 \leq x \leq b_1, \ f_1(x) \leq y \leq f_2(x)\} \subset \mathbb{R}^2$$

heißt x-**Normalbereich** (vgl. Abbildung 3.3).
- Die Funktionen $g_1(y), g_2(y) : [a_2, b_2] \to \mathbb{R}$ seien integrierbar, und es gelte $g_1(y) \leq g_2(y)$ für alle $y \in [a_2, b_2] \subset \mathbb{R}$. Die Menge

$$B_y := \{(x, y) : a_2 \leq y \leq b_2, \ g_1(y) \leq x \leq g_2(y)\} \subset \mathbb{R}^2$$

heißt y-**Normalbereich** (vgl. Abbildung 3.4).
- Eine Menge $E \subset \mathbb{R}^n$ heißt **Normalbereich**, wenn es eine Sortierung der Koordinaten der Elemente von E gibt, so dass die dann erste Koordinate genau die Werte aus einem Intervall $[a_1, b_1]$ annimmt und alle weiteren Koordinaten jeweils ein von den vorangehenden Koordinaten abhängiges Intervall bilden, dessen Grenzen von jeweils zwei integrierbaren Funktionen der vorangehenden Koordinaten gegeben sind.

Mit dem Satz von Fubini folgt nun aus (3.2):

Satz 3.4 (Integration über Normalbereiche)

a) Seien $B_x := \{(x, y) : a_1 \leq x \leq b_1, \ f_1(x) \leq y \leq f_2(x)\}$ ein x-Normalbereich und $f(x, y) : B_x \to \mathbb{R}$ (die Funktion f hat nichts mit den Funktionen f_1 und f_2 des Normalbereichs zu tun) integrierbar, so dass zudem alle auftretenden Integrale im Sinne der Voraussetzungen von Satz 3.2 existieren. Dann gilt:

$$\iint_{B_x} f(x, y)\,\mathrm{d}(x, y) = \int_{a_1}^{b_1} \left[\int_{f_1(x)}^{f_2(x)} f(x, y)\,\mathrm{d}y \right] \mathrm{d}x.$$

b) Seien $B_y := \{(x, y) : a_2 \leq y \leq b_2, \ g_1(y) \leq x \leq g_2(y)\}$ ein y-Normalbereich und $f(x, y) : B_y \to \mathbb{R}$ integrierbar, so dass wie zuvor die Voraussetzungen von Satz 3.2 erfüllt sind. Dann gilt:

$$\iint_{B_y} f(x, y)\,\mathrm{d}(x, y) = \int_{a_2}^{b_2} \left[\int_{g_1(y)}^{g_2(y)} f(x, y)\,\mathrm{d}x \right] \mathrm{d}y.$$

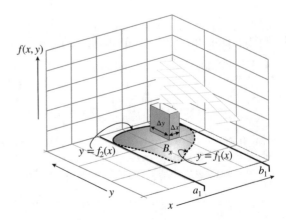

Abb. 3.3 Integration über
einen x-Normalbereich B_x

Beweis Wir zeigen exemplarisch den Teil a). Dazu sei $[\vec{a}, \vec{b}]$ ein Intervall mit $B_x \subseteq [\vec{a}, \vec{b}]$. Weiter sei wie zuvor $g : [\vec{a}, \vec{b}] \to \mathbb{R}$ mit $g(x, y) = f(x, y)$ für alle $(x, y) \in B_x$ und $g(x, y) = 0$ für $(x, y) \notin B_x$. Mit dem Satz 3.2 von Fubini-Tonelli erhalten wir

$$\iint_{B_x} f(x, y) \, \mathrm{d}(x, y) = \iint_{[\vec{a}, \vec{b}]} g(x, y) \, \mathrm{d}(x, y) = \int_{a_1}^{b_1} \left[\int_{a_2}^{b_2} g(x, y) \, \mathrm{d}y \right] \mathrm{d}x$$

$$= \int_{a_1}^{b_1} \left[\int_{f_1(x)}^{f_2(x)} g(x, y) \, \mathrm{d}y \right] \mathrm{d}x = \int_{a_1}^{b_1} \left[\int_{f_1(x)}^{f_2(x)} f(x, y) \, \mathrm{d}y \right] \mathrm{d}x,$$

da die Funktion g außerhalb des inneren Integrationsbereichs $[f_1(x), f_2(x)]$ gleich null ist, innerhalb dieses Bereichs aber mit f übereinstimmt. $\square$

Bei drei Variablen (mehr Variablen analog) diskutiert man entsprechend Integrale vom Typ

$$\int_{a_1}^{b_1} \left[\int_{f_1(x)}^{f_2(x)} \left[\int_{g_1(x,y)}^{g_2(x,y)} f(x, y, z) \, \mathrm{d}z \right] \mathrm{d}y \right] \mathrm{d}x.$$

Auch hier muss man darauf achten, dass die jeweiligen unteren Integrationsgrenzen nicht größer als die entsprechenden oberen Grenzen sind. Außerdem dürfen Integrationsgrenzen nur von den Variablen abhängen, nach denen in den weiter außen liegenden Integralen integriert wird.

Beispiel 3.7 Die Funktion

$$f(x, y) := 3x^2 - 6xy + 9$$

ist zu integrieren über der Menge $E \subset \mathbb{R}^2$, die durch die Graphen zu $f_1(x) := x^2 - 3$ und $f_2(x) := -x^2 + 2$ berandet ist. Zunächst bestimmen wir E genauer, indem wir die Schnittpunkte von f_1 und f_2 berechnen:

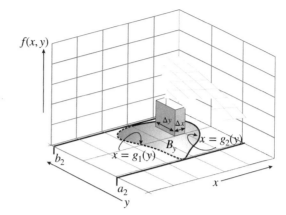

Abb. 3.4 Integration über einen y-Normalbereich B_y

$$-x^2 + 2 = x^2 - 3 \iff 2x^2 = 5 \iff x = \pm\sqrt{\frac{5}{2}}.$$

Damit ist

$$E = \left\{ (x,y) : f_1(x) := -\sqrt{\frac{5}{2}} \leq x \leq f_2(x) := \sqrt{\frac{5}{2}}, x^2 - 3 \leq y \leq -x^2 + 2 \right\}.$$

Man beachte, dass $f_1(x) \leq f_2(x)$ ist. Das sehen wir, indem wir z. B. $x = 0 \in \left[-\sqrt{\frac{5}{2}}, \sqrt{\frac{5}{2}} \right]$ einsetzen.

$$\iint_E f(x,y)\mathrm{d}(x,y) = \int_{-\sqrt{\frac{5}{2}}}^{\sqrt{\frac{5}{2}}} \left[\int_{x^2-3}^{-x^2+2} 3x^2 - 6xy + 9\,\mathrm{d}y \right] \mathrm{d}x$$

$$= 3\int_{-\sqrt{\frac{5}{2}}}^{\sqrt{\frac{5}{2}}} \left[x^2 y - xy^2 + 3y \right]_{y=x^2-3}^{y=-x^2+2} \mathrm{d}x$$

$$= 3\int_{-\sqrt{\frac{5}{2}}}^{\sqrt{\frac{5}{2}}} [-x^4 + 2x^2 - x(x^4 - 4x^2 + 4) - 3x^2 + 6]$$
$$- [x^4 - 3x^2 - x(x^4 - 6x^2 + 9) + 3x^2 - 9]\,\mathrm{d}x$$

$$= \int_{-\sqrt{\frac{5}{2}}}^{\sqrt{\frac{5}{2}}} -6x^4 - 6x^3 - 3x^2 + 15x + 45\,\mathrm{d}x$$

$$= \left[-\frac{6}{5}x^5 - \frac{3}{2}x^4 - x^3 + \frac{15}{2}x^2 + 45x \right]_{-\sqrt{\frac{5}{2}}}^{\sqrt{\frac{5}{2}}}$$

$$= -\frac{12}{5}\sqrt{\frac{5}{2}}^5 - 2\sqrt{\frac{5}{2}}^3 + 90\sqrt{\frac{5}{2}} = \sqrt{\frac{5}{2}}[-15 - 5 + 90] = 70\sqrt{\frac{5}{2}}.$$

3.3 Substitutionsregel

Bei kugel- oder zylinderförmigen Integrationsbereichen wird die Berechnung von Integralen einfacher, wenn man eine Koordinatentransformation durchführt, so dass man anschließend über ein Intervall integrieren kann. Dies geschieht mit einer Substitutionsregel, die eine Verallgemeinerung der Substitutionsregel für Funktionen mit einer Variable (siehe Seite 597 oder (14.14) auf Seite 398 im ersten Band) ist. Danach gilt für eine streng monotone und damit invertierbare Funktion g mit $x = g(t)$ und $\mathrm{d}x = g'(t)\,\mathrm{d}t$:

$$\int_a^b f(x)\,\mathrm{d}x = \int_{g^{-1}(a)}^{g^{-1}(b)} f(g(t))g'(t)\,\mathrm{d}t.$$

Jetzt übertragen wir diese Situation in höhere Dimensionen. Dabei ist $\vec{g}$: $D \subseteq \mathbb{R}^n \to \mathbb{R}^n$. Die Rolle von g' nimmt dann die Funktionaldeterminante (Determinante der Jacobi-Matrix, siehe Definition 1.8) ein.

Satz 3.5 (Substitutionsregel) Sei $E \subset \mathbb{R}^n$ beschränkt und offen. Weiter sei $\overline{E}$ die Menge, die durch Vereinigung von E mit dem Rand von E entsteht (siehe Seite 8). Die Funktion $\vec{g} : \overline{E} \to \mathbb{R}^n$ sei stetig auf $\overline{E}$, stetig differenzierbar auf E und invertierbar (injektiv) auf E. Weiter sei die Funktionaldeterminante

$$\det[\vec{g}'(\vec{x})] = \det \begin{bmatrix} \frac{\partial g_1}{\partial x_1}(\vec{x}) & \cdots & \frac{\partial g_1}{\partial x_n}(\vec{x}) \\ \vdots & & \vdots \\ \frac{\partial g_n}{\partial x_1}(\vec{x}) & \cdots & \frac{\partial g_n}{\partial x_n}(\vec{x}) \end{bmatrix} \neq 0$$

für alle $\vec{x} \in E$. Außerdem sei $\det[\vec{g}'(\vec{x})]$ als reellwertige Funktion von $\vec{x}$ stetig auf E und stetig fortsetzbar auf $\overline{E}$. Weiter sei $f : D \subseteq \mathbb{R}^n \to \mathbb{R}$ stetig und beschränkt, außerdem sei $\vec{g}(E) \subseteq D$. Für jeden Normalbereich (siehe Definition 3.5) $A \subseteq \vec{g}(E)$ gilt:

$$\int_A f(\vec{x})\,\mathrm{d}\vec{x} = \int_{\vec{g}^{-1}(A)\subseteq E} f(\vec{g}(\vec{t})) \cdot |\det \vec{g}'(\vec{t})|\,\mathrm{d}\vec{t}. \tag{3.3}$$

Insbesondere existieren beide Integrale.

- Diese Regel wird in der Praxis überwiegend für wenige Funktionen $\vec{g}$ eingesetzt, die Koordinatentransformationen beschreiben. Damit muss die Regel kaum in dieser komplizierten Form angewendet werden. Die gängigen Koordinatentransformationen sehen wir uns im nächsten Abschnitt an.
- Es wird der Betrag der Determinante benutzt. Das ist nötig, da man bei einem Integrationsbereich aus $\mathbb{R}^n$ für $n > 1$ nicht wie bei $\mathbb{R}^1$ einen Vor-

zeichenwechsel über das Vertauschen von Integrationsgrenzen definieren kann (siehe Satz 3.4). Im Falle von Funktionen mit einer Variable ergibt sich kein Unterschied zur bekannten Substitutionsregel (Seite 597):

– Ist $g(t)$ streng monoton steigend, so ist $g'(t) \geq 0$ und

$$\int_a^b f(x)\,\mathrm{d}x = \int_{g^{-1}(a)}^{g^{-1}(b)} f(g(t))g'(t)\,\mathrm{d}t = \int_{g^{-1}(a)}^{g^{-1}(b)} f(g(t))|g'(t)|\,\mathrm{d}t$$
$$= \int_{g^{-1}([a,b])} f(g(t))|g'(t)|\,\mathrm{d}t,$$

wobei $g^{-1}(a) \leq g^{-1}(b)$ und $g^{-1}([a,b]) = [g^{-1}(a), g^{-1}(b)]$.
– Ist $g(t)$ streng monoton fallend, so ist $g'(t) \leq 0$, und wir erhalten

$$\int_a^b f(x)\,\mathrm{d}x = \int_{g^{-1}(a)}^{g^{-1}(b)} f(g(t))g'(t)\,\mathrm{d}t = -\int_{g^{-1}(a)}^{g^{-1}(b)} f(g(t))|g'(t)|\,\mathrm{d}t$$
$$= \int_{g^{-1}(b)}^{g^{-1}(a)} f(g(t))|g'(t)|\,\mathrm{d}t = \int_{g^{-1}([a,b])} f(g(t))|g'(t)|\,\mathrm{d}t,$$

wobei $g^{-1}(b) \leq g^{-1}(a)$ und $g^{-1}([a,b]) = [g^{-1}(b), g^{-1}(a)]$.

• Wählt man $f(\vec{x}) = 1$, so gilt für das Volumen des Integrationsbereichs A:

$$\int_A 1\,\mathrm{d}\vec{x} = \int_{\vec{g}^{-1}(A)} |\det \vec{g}'(\vec{t})|\,\mathrm{d}\vec{t}.$$

Damit beschreibt $|\det \vec{g}'(\vec{t})|$ lokal die Verzerrung von A unter $\vec{g}^{-1}$. Das wird verständlicher, wenn man bedenkt, dass die Determinante als Fläche eines Parallelogramms oder Volumen eines Parallelepipeds interpretiert werden kann in (siehe Band 1, S. 211 und S. 517). Am Beispiel einer konkreten Substitution mit Polarkoordinaten wird klarer, wie sich die Verzerrung auswirkt, siehe dazu Beispiel 3.8 auf Seite 98.

3.4 Polar-, Zylinder- und Kugelkoordinaten

Die häufigste Anwendung der Substitutionsregel sind Koordinatentransformationen. Dabei hat man eine Funktion $\vec{g} : \mathbb{R}^2 \to \mathbb{R}^2$ oder $\vec{g} : \mathbb{R}^3 \to \mathbb{R}^3$, die verschiedene Koordinatendarstellungen ineinander umrechnet. Sie überführt beispielsweise einen kreisförmigen oder einen kugelförmigen Integrationsbereich in ein Intervall.

3.4.1 Polarkoordinaten

In $\mathbb{R}^2$ können wir einen Punkt (x, y) über den Betrag $r \geq 0$ und Winkel φ zur x-Achse schreiben: $(x, y) = (r\cos(\varphi), r\sin(\varphi)) = (\mathrm{Re}(re^{j\varphi}), \mathrm{Im}(re^{j\varphi}))$, vgl. Band 1, S. 184 und Band 1, Kapitel 5. Hier sind (r, φ) die Polarkoordinaten zu den kartesischen Koordinaten (x, y).

Ist $\vec{t} = (t_1, t_2) = (r, \varphi)$ die Darstellung eines Punktes in Polarkoordinaten, so bekommen wir mittels

$$\vec{g}(\vec{t}) = \vec{g}(t_1, t_2) = \vec{g}(r, \varphi) = (r\cos(\varphi), r\sin(\varphi))$$

den Punkt in kartesischen Koordinaten. Es ist

$$\left|\det[\vec{g}'(\vec{t})]\right| = \left|\det \begin{bmatrix} \cos(\varphi) & -r\sin(\varphi) \\ \sin(\varphi) & r\cos(\varphi) \end{bmatrix}\right| = \left|r\cos^2(\varphi) + r\sin^2(\varphi)\right| = r.$$

Wir erhalten also den Radius der Polarkoordinatendarstellung. Für $r > 0$ ist die Funktionaldeterminante damit von null verschieden (siehe Voraussetzung in Satz 3.5).

Wollen wir die Substitutionsregel mit $\vec{g}$ anwenden, so müssen wir eigentlich $r = 0$ ausschließen. Außerdem ist die Polarkoordinatendarstellung nicht eindeutig für $r = 0$ oder $\varphi = 2\pi$, denn $(0, 0) = (r\cos(\varphi), r\sin(\varphi))$ gilt für $r = 0$ und jeden Winkel φ. Für $\varphi = 2\pi$ erhält man die gleichen Werte wie für $\varphi = 0$. Da $\vec{g}$ invertierbar sein muss, wäre dies ein weiterer Grund, $r = 0$ und zusätzlich $\varphi = 2\pi$ auszuschließen. Aber Teilmengen des $\mathbb{R}^n$, die in mindestens einer Richtung keine echt positive Ausdehnung haben, liefern keinen Beitrag zum Integral und können vernachlässigt werden. Wir erlauben also auch die Werte $r = 0$ und $\varphi = 2\pi$ und erhalten als Anwendung der Substitutionsregel:

Ist $A \subset \mathbb{R}^2$ ein Normalbereich und sei $B := \{(r, \varphi) : r \geq 0, \ 0 \leq \varphi \leq 2\pi,$ und es gibt ein $(x, y) \in A : (x, y) = \vec{g}(r, \varphi)\}$ die entsprechende Menge in Polarkoordinatendarstellung, dann ist

$$\iint_A f(x, y)\,\mathrm{d}(x, y) = \iint_B f(r\cos(\varphi), r\sin(\varphi))r\,\mathrm{d}(r, \varphi).$$

Die Substitution lässt sich also beschreiben mit

$$x = r\cos(\varphi),\ y = r\sin(\varphi)\ \text{und}\ \mathrm{d}(x, y) = r\,\mathrm{d}(r, \varphi),$$

wobei man zusätzlich den Integrationsbereich überführen muss. Ist beispielsweise $A = \{(x, y) \in \mathbb{R}^2 : x^2 + y^2 \leq R^2\}$, so ist $B = \{(r, \varphi) \in \mathbb{R}^2 : 0 \leq r \leq R, 0 \leq \varphi \leq 2\pi\}$.

Polarkoordinaten:

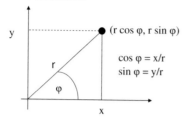

Geometrische Kugelkoordinaten: Astronomische Kugelkoordinaten:

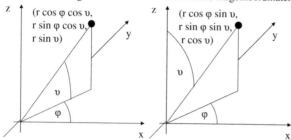

Abb. 3.5 Koordinatentransformationen

Abb. 3.6 A eignet sich zur
Integration mittels Polarkoordinaten

Beispiel 3.8 Wir integrieren $f(x, y) = \arctan^2\left(\frac{y}{x}\right)$ über den Viertelkreisring
(siehe Abbildung 3.6)

$$A := \left\{ (x, y) = r(\cos(\varphi), \sin(\varphi)) : \ r_1 \le r \le r_2, \ 0 \le \varphi \le \frac{\pi}{2} \right\}.$$

Dem Viertelkreisring in der x-y-Ebene entspricht das Rechteck $[r_1, r_2] \times [0, \frac{\pi}{2}]$
in der r-φ-Ebene. Mit der Funktionaldeterminante r ergibt sich

$$\iint_A \arctan^2\left(\frac{y}{x}\right) d(x, y) = \int_0^{\frac{\pi}{2}} \left(\int_{r_1}^{r_2} \left[\arctan\left(\frac{r \cdot \sin(\varphi)}{r \cdot \cos(\varphi)} \right) \right]^2 \cdot r \, dr \right) d\varphi$$

$$= \int_0^{\frac{\pi}{2}} \left(\int_{r_1}^{r_2} \varphi^2 \cdot r \, dr \right) d\varphi = \int_0^{\frac{\pi}{2}} \left[\frac{1}{2} r^2 \cdot \varphi^2 \right]_{r=r_1}^{r=r_2} d\varphi = \frac{\pi^3}{48} (r_2^2 - r_1^2).$$

Wir sehen uns die Rolle der Funktionaldeterminante an: Das linke Randstück
$\{(x, y) = r_1(\cos(\varphi), \sin(\varphi)) : 0 \le \varphi \le \pi/2\}$ hat eine Länge $r_1 \pi/2$, ein Streifen
der (kleinen) Breite ε, der an diesem Rand anliegt, ungefähr den Flächen-

inhalt $\varepsilon r_1 \pi/2$. Durch die Transformation wird das Randstück in die Kante $\{(r_1, \varphi) : 0 \leq \varphi \leq \pi/2\}$ eines Rechtecks überführt, die die Länge $\pi/2$ hat. Ein zugehöriger kleiner Streifen hat den Flächeninhalt $\varepsilon \pi/2$. Um die gleiche Länge bzw. den gleichen Flächeninhalt zu erhalten, muss also mit der Funktionaldeterminante $r = r_1$ multipliziert werden.

3.4.2 Zylinderkoordinaten

Betrachtet man in $\mathbb{R}^3$ als Integrationsbereich einen Zylinder, so kann man für zwei Variablen x und y die Polarkoordinaten verwenden und eine Variable z untransformiert belassen. Man nennt diese Darstellung **Zylinderkoordinaten**. Ist $\vec{t} = (t_1, t_2, t_3) = (r, \varphi, z)$ ein Punkt in Zylinderkoordinatenschreibweise, so bekommen wir mittels

$$\vec{g}(\vec{t}) = \vec{g}(t_1, t_2, t_3) = \vec{g}(r, \varphi, z) = (r\cos(\varphi), r\sin(\varphi), z)$$

die kartesische Darstellung des Punktes (x, y, z) zurück.

$$\left| \det[\vec{g}\,'(\vec{t})] \right| = \left| \det \begin{bmatrix} \cos(\varphi) & -r\sin(\varphi) & 0 \\ \sin(\varphi) & r\cos(\varphi) & 0 \\ 0 & 0 & 1 \end{bmatrix} \right| = r.$$

Als Anwendung der Substitutionsregel erhalten wir nun: Ist $A \subset \mathbb{R}^3$ ein Normalbereich und sei $B := \{(r, \varphi, z) : r \geq 0, \ 0 \leq \varphi \leq 2\pi, \text{ und es gibt ein } (x, y, z) \in A : (x, y, z) = \vec{g}(r, \varphi, z)\}$ die entsprechende Menge in Zylinderkoordinatendarstellung, dann ist

$$\iiint_A f(x, y, z)\, \mathrm{d}(x, y, z) = \iiint_B f(r\cos(\varphi), r\sin(\varphi), z) r\, \mathrm{d}(r, \varphi, z).$$

Die Substitution lautet also

$$x = r\cos(\varphi), \ y = r\sin(\varphi), \ z = z \text{ und}$$
$$\mathrm{d}(x, y, z) = r\, \mathrm{d}(r, \varphi, z).$$

Beispiel 3.9 Wir berechnen das Volumen des Zylinders $A := \{(x, y, z) : x^2 + y^2 \leq R^2, 0 \leq z \leq H\}$:

$$\int_D 1\, \mathrm{d}(x, y, z) = \int_0^R \int_0^{2\pi} \int_0^H 1 \cdot r\, \mathrm{d}z\, \mathrm{d}\varphi\, \mathrm{d}r = H 2\pi \frac{1}{2} R^2 = H\pi R^2.$$

Beispiel 3.10 Wir drehen den Funktionsgraphen zu $y = x^2 + 3$ um die y-Achse und berechnen das Volumen des Rotationskörpers zwischen $y = 3$ und $y = 4$ (vgl. Band 1, S. 427). Dazu integrieren wir über $A := \{(x, y, z) : 3 \leq y \leq 4, \sqrt{x^2 + z^2} \leq \sqrt{y - 3}\}$. Dies ist ein „Zylinder" mit variablem Radius $R(y) = \sqrt{y - 3}$:

$$\int_D 1 \, d(x, y, z) = \int_3^4 \int_0^{2\pi} \int_0^{\sqrt{y-3}} r \, dr \, d\varphi \, dy = 2\pi \int_3^4 \left[\frac{1}{2} r^2 \right]_{r=0}^{r=\sqrt{y-3}} dy$$

$$= \pi \int_3^4 y - 3 \, dy = \pi \left[\frac{y^2}{2} - 3y \right]_3^4 = \frac{\pi}{2}.$$

3.4.3 Kugelkoordinaten

Von den Längen- und Breitengraden kennen wir die Kugelkoordinaten. Jeder Punkt der Erdoberfläche ist eindeutig charakterisiert über zwei Winkel. Der nullte Breitengrad ist der Äquator. Betrachtet man einen Strahl, der im Erdmittelpunkt beginnt und der einen Winkel $0 \leq \vartheta \leq 90°$ zur Äquatorebene nach oben hat, so schneidet er die Erdoberfläche auf dem nördlichen ϑ-ten Breitengrad (siehe Abbildung 3.7). Entsprechend erhält man die südlichen Breitengrade über negative Winkel ϑ. Der nullte Längengrad verläuft durch Greenwich bei London. Von dort ausgehend ist die östliche und westliche Erdhälfte in Längengrade zu Winkeln $0 \leq \varphi \leq 180°$ unterteilt. Man kann ohne die Ost-West-Unterteilung auch Winkel $0 \leq \varphi < 360°$ verwenden. Die Winkel φ und ϑ bilden dann die Kugelkoordinaten für die Erdoberfläche. Lässt man statt des Erdradius beliebige Radien r zu, so kann man jeden Punkt (x, y, z) des $\mathbb{R}^3$ beschreiben mittels der geometrischen Kugelkoordinaten

$$(r \cos(\varphi) \cos(\vartheta), r \sin(\varphi) \cos(\vartheta), r \sin(\vartheta))$$

mit $r \geq 0$, $0 \leq \varphi \leq 2\pi$, $-\frac{\pi}{2} \leq \vartheta \leq \frac{\pi}{2}$. Diese Darstellung ist eindeutig für $r > 0$, $0 \leq \varphi < 2\pi$ und $-\frac{\pi}{2} < \vartheta < \frac{\pi}{2}$. Wie zuvor erlauben wir aber auch $r = 0$, $\varphi = 2\pi$ und jetzt $\vartheta = \pm\frac{\pi}{2}$. Ist $\vec{t} = (t_1, t_2, t_3) = (r, \varphi, \vartheta)$ die Darstellung eines Punktes in Kugelkoordinaten, so erhalten wir die kartesische Darstellung des Punktes mittels

$$\vec{g}(\vec{t}) = \vec{g}(r, \varphi, \vartheta) = (r \cos(\varphi) \cos(\vartheta), r \sin(\varphi) \cos(\vartheta), r \sin(\vartheta)).$$

Als Entwicklung der Determinante nach der letzten Zeile unter Ausnutzung der trigonometrischen Form des Satzes von Pythagoras ($\sin^2(\alpha) + \cos^2(\alpha) = 1$, siehe Seite 595) erhalten wir

$$|\det[\vec{g}\,'(\vec{t})]| = \left|\det\begin{bmatrix}\cos(\varphi)\cos(\vartheta) & -r\sin(\varphi)\cos(\vartheta) & -r\cos(\varphi)\sin(\vartheta)\\ \sin(\varphi)\cos(\vartheta) & r\cos(\varphi)\cos(\vartheta) & -r\sin(\varphi)\sin(\vartheta)\\ \sin(\vartheta) & 0 & r\cos(\vartheta)\end{bmatrix}\right|$$

$$= \left|\sin(\vartheta)[r^2\sin^2(\varphi)\cos(\vartheta)\sin(\vartheta) + r^2\cos^2(\varphi)\cos(\vartheta)\sin(\vartheta)]\right.$$

$$\left. + r\cos(\vartheta)[r\cos^2(\varphi)\cos^2(\vartheta) + r\sin^2(\varphi)\cos^2(\vartheta)]\right|$$

$$= \left|r^2\sin^2(\vartheta)\cos(\vartheta) + r^2\cos^3(\vartheta)\right| = r^2\cos(\vartheta).$$

Für $r > 0$ und $-\frac{\pi}{2} < \vartheta < \frac{\pi}{2}$ ist auch diese Funktionaldeterminante ungleich null (wie in Satz 3.5 gefordert), und wir erhalten mit der Substitutionsregel:

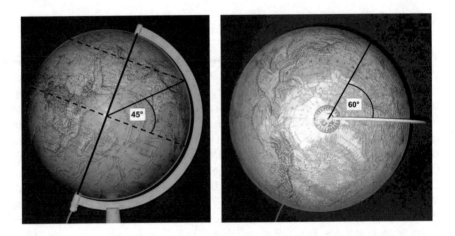

Abb. 3.7 Links: Breitengrad zum Winkel $\vartheta = 45°$, rechts: Längengrad zum Winkel $\varphi = 60°$

Ist $A \subset \mathbb{R}^3$ ein Normalbereich und sei $B := \{(r,\varphi,\vartheta) : r \geq 0,\ 0 \leq \varphi \leq 2\pi,\ -\frac{\pi}{2} \leq \vartheta \leq \frac{\pi}{2},$ und es gibt ein $(x,y,z) \in A : (x,y,z) = \vec{g}(r,\varphi,\vartheta)\}$ die entsprechende Menge in Kugelkoordinatendarstellung, dann ist

$$\iiint_A f(x,y,z)\,\mathrm{d}(x,y,z)$$

$$= \iiint_B f(r\cos(\varphi)\cos(\vartheta),\, r\sin(\varphi)\cos(\vartheta),\, r\sin(\vartheta))\, r^2\cos(\vartheta)\,\mathrm{d}(r,\varphi,\vartheta).$$

Die Substitution lautet also

$$x = r\cos(\varphi)\cos(\vartheta),\ y = r\sin(\varphi)\cos(\vartheta),\ z = r\sin(\vartheta),$$

$$\mathrm{d}(x,y,z) = r^2\cos(\vartheta)\,\mathrm{d}(r,\varphi,\vartheta).$$

Wieder müssen die Integrationsbereiche passend sein. Ist beispielsweise $A = \{(x, y, z) \in \mathbb{R}^3 : x^2 + y^2 + z^2 \leq R^2, z \geq 0\}$, so ist $B = \{(r, \varphi, \vartheta) \in \mathbb{R}^3 : 0 \leq r \leq R, 0 \leq \varphi \leq 2\pi, 0 \leq \vartheta \leq \frac{\pi}{2}\}$.

! Achtung

Bei geometrischen Kugelkoordinaten ist ϑ der Winkel zwischen $(x, y, 0)$ und (x, y, z). Dagegen verwendet man bei astronomischen Kugelkoordinaten den Winkel zwischen (x, y, z) und $(0, 0, z)$, siehe Abbildung 3.5. Dann betrachtet man

$$(r\cos(\varphi)\sin(\vartheta), r\sin(\varphi)\sin(\vartheta), r\cos(\vartheta)), \ r \geq 0, 0 \leq \varphi \leq 2\pi, 0 \leq \vartheta \leq \pi,$$

und erhält als Funktionaldeterminante $r^2 \sin(\vartheta)$.

Beispiel 3.11 Durch den Schnitt der Kugel mit Radius $R > 0$ um den Nullpunkt mit dem ersten Oktanten $\{(x, y, z) : x \geq 0, y \geq 0, z \geq 0\}$ erhält man die Achtelkugel A. Wir bestimmen den Schwerpunkt von A, wobei wir konstante Dichte $\varrho = 1$ annehmen. Zunächst berechnen wir mit Hilfe von Kugelkoordinaten (r, φ, ϑ) die Masse:

$$M = \iiint_A 1 \, d(x, y, z) = \int_0^{\frac{\pi}{2}} \int_0^{\frac{\pi}{2}} \int_0^R r^2 \cos(\vartheta) \, dr \, d\varphi \, d\vartheta$$

$$= \int_0^{\frac{\pi}{2}} \cos(\vartheta) \, d\vartheta \cdot \int_0^{\frac{\pi}{2}} 1 \, d\varphi \cdot \int_0^R r^2 \, dr = [\sin(\vartheta)]_0^{\frac{\pi}{2}} \cdot \frac{\pi}{2} \cdot \frac{R^3}{3} = \frac{\pi}{6} R^3.$$

Für die erste Koordinate des Schwerpunkts $\vec{x}_s = (x_s, y_s, z_s)^\top$ erhalten wir:

$$x_s = \frac{1}{M} \iiint_A x \, d(x, y, z)$$

$$= \frac{1}{M} \int_0^{\frac{\pi}{2}} \int_0^{\frac{\pi}{2}} \int_0^R r \cdot \cos(\varphi) \cos(\vartheta) \cdot r^2 \cos(\vartheta) \, dr \, d\varphi \, d\vartheta$$

$$= \frac{1}{M} \int_0^{\frac{\pi}{2}} \cos^2(\vartheta) \, d\vartheta \int_0^{\frac{\pi}{2}} \cos(\varphi) \, d\varphi \int_0^R r^3 \, dr$$

$$= \frac{1}{M} \int_0^{\frac{\pi}{2}} \cos^2(\vartheta) \, d\vartheta \cdot 1 \cdot \frac{R^4}{4}$$

$$\overset{\substack{\text{Band 1} \\ (14.12)}}{=} \frac{1}{M} \cdot \frac{1}{4} R^4 \left[\frac{1}{2}\vartheta + \frac{1}{2}\cos(\vartheta)\sin(\vartheta) \right]_{\vartheta=0}^{\frac{\pi}{2}} = \frac{1}{M} \cdot \frac{1}{4} R^4 \cdot \frac{\pi}{4} = \frac{3}{8} R.$$

Entsprechend erhalten wir für die weiteren Koordinaten $y_s = z_s = \frac{3}{8} R$.

3.5 Lebesgue-Integral, L^p- und Sobolev-Räume *

Das Riemann-Integral hat den Nachteil, dass viele Funktionen nicht inte-grierbar sind, obwohl man sinnvoll einen Integralwert festlegen könnte. Bei Untersuchungen zur Konvergenz von Funktionenfolgen kann das zu einem echten Problem werden, da Folgen integrierbarer Funktionen eventuell eine nicht-integrierbare Grenzfunktion besitzen. Dieses eher theoretische Problem wird durch die Verwendung des Lebesgue-Integrals gelöst. Es wird aber auch in Kombination mit sogenannten schwachen Ableitungen bei der Beschrei-bung numerischer Verfahren wie die Finite-Elemente-Methode (siehe Kapitel 9.3) benötigt. Aus diesem Grund führen wir insbesondere die Sobolev-Räume ein.

3.5.1 Lebesgue-Integral

Völlig analog zum Aufbau des Lebesgue-Integrals für Funktionen mit einer Variable (Band 1, Kapitel 14.8) wird auch das Lebesgue-Integral für Funktio-nen mit mehreren Variablen definiert. Im Prinzip wird nicht mehr der Integra-tionsbereich wie beim Riemann-Integral in Teilintervalle zerlegt, um mittels Rechtecke den Wert des Integrals anzunähern, sondern nun wird der Wer-tebereich zerlegt. Dazu müssen zu Funktionswerten die Größen der Urbild-mengen gemessen werden, um Flächen unter dem Funktionsgraphen durch Multiplikation dieser Größen mit den Funktionswerten zu berechnen. Daher benötigt man ein Maß für die Größe von Teilmengen des $\mathbb{R}^n$. Dabei helfen mehrdimensionale offene beschränkte Intervalle $]a_1, b_1[\times]a_2, b_2[\times \cdots \times]a_n, b_n[$ mit dem elementaren **Inhalt**

$$v(]a_1, b_1[\times]a_2, b_2[\times \cdots \times]a_n, b_n[) := (b_1 - a_1)(b_2 - a_2) \cdots (b_n - a_n).$$

Das **äußere Lebesgue-Maß** m^* einer Teilmenge $A \subseteq \mathbb{R}^n$ ist damit über Inhalte von Intervallen definiert, mit denen A überdeckt werden kann. Dazu wird genau wie in Band 1 die Menge U verwendet:

$$U := \left\{ \sum_{k=1}^{\infty} v(I_k) : I_k \text{ sind offene, beschränkte Intervalle mit } A \subseteq \bigcup_{k=1}^{\infty} I_k \text{ und} \right.$$
$$\left. \sum_{k=1}^{\infty} v(I_k) < \infty \right\}.$$

Falls es keine Überdeckung gibt und U leer ist, ist $m^*(A) := \infty$, sonst ist $m^*(A) := \inf U$. Das Infimum existiert, da in diesem Fall U nicht-leer und nach unten durch null beschränkt ist. Eine Menge $A \subseteq \mathbb{R}^n$ heißt **Lebesgue-messbar** genau dann, wenn die Bedingung von Constantin Carathéodory erfüllt ist (vgl. Band 1, S. 432):

$$m^*(B) = m^*(B \cap A) + m^*(B \setminus A) \text{ für alle } B \subseteq \mathbb{R}^n,$$

wobei hier $\infty + \infty = \infty$ ist. Schränkt man m^* auf die Menge der Lebesgue-messbaren Mengen $\mathcal{M}$ ein, so heißt m^* das **Lebesgue-Maß**, und wir schreiben m statt m^*. Die Menge $\mathcal{M}$ ist die Sigma-Algebra der Lebesgue-messbaren Teilmengen des $\mathbb{R}^n$. Tatsächlich erfüllt diese Menge die Definition einer Sigma-Algebra, wie sie in der Wahrscheinlichkeitsrechnung verwendet wird, siehe Hintergrundinformationen auf Seite 495.

Eine Funktion $f : D \subseteq \mathbb{R}^n \to \mathbb{R}$ heißt **Lebesgue-messbar** genau dann, wenn D in dieser σ-Algebra liegt und das ebenso für alle Mengen $\{\vec{x} \in \mathbb{R}^n : f(\vec{x}) \geq a\}$ mit $a \in \mathbb{R}$ gilt. Insbesondere sind $\emptyset$, $\mathbb{R}^n$ und alle beschränkten Intervalle Lebesgue-messbar mit $m(\emptyset) = 0$, $m(\mathbb{R}^n) = \infty$,

$$m(]a_1, b_1[\times]a_2, b_2[\times \cdots \times]a_n, b_n[) = (b_1 - a_1) \cdot (b_2 - a_2) \cdots (b_n - a_n).$$

Von besonderem Interesse sind Mengen mit Lebesgue-Maß null. Das sind genau die Mengen, bei denen das äußere Maß gleich null ist. Dazu gehören insbesondere alle höchstens abzählbaren Mengen, d. h. Mengen wie $\mathbb{N}$, $\mathbb{Z}$ oder $\mathbb{Q}$, deren Elemente eineindeutig durch natürliche Zahlen codiert und so in eine Reihenfolge gebracht werden können (siehe Band 1, Kapitel 2.2.3). Unterscheiden sich die Funktionswerte von zwei Funktionen f und g nur auf einer Menge vom Maß null (**Nullmenge**), so nennen wir die Funktionen fast überall (f. ü.) gleich und schreiben $f = g$ f. ü. (im Englischen: a. e. für „almost everywhere").

Unter Verwendung des Lebesgue-Maßes wird das Lebesgue-Integral über einfache Funktionen aufgebaut, mit denen quasi die Zerlegung des Wertebereichs realisiert wird. Dies geschieht genau wie in Band 1, Kapitel 14.8.3, beschrieben: Wir integrieren zunächst einfache Funktionen, die Linearkombinationen von charakteristischen Funktionen von Teilmengen des $\mathbb{R}^n$ sind. Zu $A \subseteq \mathbb{R}^n$ sei 1_A die **charakteristische Funktion**:

$$1_A(\vec{x}) := \begin{cases} 1, & \vec{x} \in A, \\ 0, & \vec{x} \in \mathbb{R}^n \setminus A. \end{cases}$$

Jede **einfache Funktion** $g : \mathbb{R}^n \to \mathbb{R}$ ist eine endliche Linearkombination von $N \in \mathbb{N}$ charakteristischen Funktionen zu disjunkten messbaren Mengen A_k mit endlichem Lebesgue-Maß:

$$g(\vec{x}) := \sum_{k=1}^{N} c_k 1_{A_k}(\vec{x}),$$

wobei c_k reelle Konstanten sind. Dann definiert man für eine einfache Funktion g

$$\text{L-}\int_A g(\vec{x})\,\mathrm{d}\vec{x} := \sum_{k=1}^{N} c_k m(A_k).$$

Man kann zeigen, dass der so definierte Integralwert unabhängig von unterschiedlichen Darstellungen der Funktion g über charakteristische Funktionen ist. Das Integral entspricht der Summe über die verschiedenen Funktionswerte mal des Maßes ihrer Urbilder. Kompliziertere Funktionen werden nun durch einfache Funktionen angenähert und so integriert. Dazu werden im nächsten Entwicklungsschritt messbare beschränkte Funktionen f auf messbaren Mengen A mit endlichem Lebesgue-Maß integriert:

$$\text{L-}\int_A f(\vec{x})\,\mathrm{d}\vec{x}$$
$$:= \sup\left\{\text{L-}\int_A g(\vec{x})\,\mathrm{d}\vec{x} : g \text{ ist einfache Funktion}, g(\vec{x}) \le f(\vec{x}) \text{ für alle } x \in A\right\}.$$

Das Supremum wird über eine nicht-leere und mit $m(A) \cdot \sup\{f(\vec{x}) : \vec{x} \in A\}$ beschränkte Menge gebildet und existiert daher als reelle Zahl.

Im vorletzten Schritt integrieren wir jetzt messbare Funktionen f, die nicht mehr beschränkt sein müssen. Wir erlauben sogar Funktionswerte „∞". Außerdem ist die Einschränkung, dass der messbare Integrationsbereich A ein endliches Maß besitzt, nicht mehr erforderlich. Dafür kommt aber als neue Einschränkung hinzu, dass f nicht-negativwertig ist. In dieser Situation sei

$$U := \left\{\text{L-}\int_{\vec{x} \in A: h(\vec{x}) \ne 0\}} h(\vec{x})\,\mathrm{d}\vec{x} : h \text{ ist eine messbare, beschränkte Funktion}\right.$$
$$\left. \text{mit } h(\vec{x}) \le f(\vec{x}) \text{ für alle } \vec{x} \in A \text{ und } m(\vec{x} \in A : h(\vec{x}) \ne 0\}) < \infty\right\}.$$

In der Definition von U wird nur das bereits definierte Integral einer beschränkten Funktion über eine Menge mit endlichem Maß verwendet. Mit den Nullstellen von h kann aus einer Menge A mit unendlichem Maß eine Menge mit endlichem Maß werden. Für die nun betrachteten nicht-negativwertigen messbaren Funktionen ist das Lebesgue-Integral definiert als

$$\text{L-}\int_A f(\vec{x})\,\mathrm{d}\vec{x} := \begin{cases} \sup U, & \text{falls } U \text{ nach oben beschränkt ist,} \\ \infty, & \text{sonst.} \end{cases}$$

Eine nicht-negativwertige messbare Funktion f heißt genau dann **Lebesgue-integrierbar**, wenn dieses Integral einen endlichen Wert hat. Die Einschränkung auf nicht-negativwertige Funktionen ist wichtig, damit nicht unklare „$\infty - \infty$"-Situationen entstehen können.

Schließlich können wir das Lebesgue-Integral für beliebige messbare Funktionen f über messbare Mengen A definieren. Diese Funktionen lassen sich als Summe von nicht-negativwertigen Funktionen $f^+(\vec{x})$ und $f^-(\vec{x})$ darstellen, wobei für ein $\vec{x}$ immer nur höchstens eine der beiden Funktionen einen

Wert ungleich null annimmt: $f(\vec{x}) = f^+(\vec{x}) - f^-(\vec{x})$. Die Funktion f heißt genau dann **Lebesgue-integrierbar** über A, wenn f^+ und f^- als nicht-negativwertige Funktionen Lebesgue-integrierbar sind. Insbesondere haben dann nach Definition ihre Integrale einen endlichen Wert:

$$\text{L-}\int_A f(\vec{x})\,\mathrm{d}\vec{x} := \text{L-}\int_A f^+(\vec{x})\,\mathrm{d}\vec{x} - \text{L-}\int_A f^-(\vec{x})\,\mathrm{d}x.$$

Das Lebesgue-Integral ist linear, d. h., für Lebesgue-integrierbare Funktionen f und g auf einer messbaren Menge $A \subseteq \mathbb{R}^n$ und $c, d \in \mathbb{R}$ gilt:

$$\text{L-}\int_A c \cdot f(\vec{x}) + d \cdot g(\vec{x})\,\mathrm{d}\vec{x} = c \cdot \text{L-}\int_A f(\vec{x})\,\mathrm{d}\vec{x} + d \cdot \text{L-}\int_A g(\vec{x})\,\mathrm{d}\vec{x}.$$

Zerlegt man den messbaren Integrationsbereich $A := \bigcup_{k=1}^{\infty} A_k$ in disjunkte, messbare Mengen A_k, $k \in \mathbb{N}$, so kann man das Integral aufteilen:

$$\text{L-}\int_A f(\vec{x})\,\mathrm{d}\vec{x} = \sum_{k=1}^{\infty} \text{L-}\int_{A_k} f(\vec{x})\,\mathrm{d}\vec{x}. \tag{3.4}$$

Mit einer auf A Lebesgue-integrierbaren Funktion f ist auch $|f|$ dort Lebesgue-integrierbar, und es gilt die verallgemeinerte Dreiecksungleichung

$$\left| \text{L-}\int_A f(\vec{x})\,\mathrm{d}\vec{x} \right| \leq \text{L-}\int_A |f(\vec{x})|\,\mathrm{d}\vec{x}.$$

Unterscheidet sich eine Funktion g nur auf einer Nullmenge von einer auf der messbaren Menge A Lebesgue-integrierbaren Funktion f, so ist auch g auf A messbar- und Lebesgue-integrierbar und

$$\text{L-}\int_A f(\vec{x})\,\mathrm{d}\vec{x} = \text{L-}\int_A g(\vec{x})\,\mathrm{d}\vec{x}.$$

Die (in diesem Buch nicht verwendeten) Konvergenzsätze von Beppo-Levi und Lebesgue für die Lebesgue-Integrale von Folgen von Funktionen gelten völlig analog zu den Sätzen 14.11 und 14.12 in Band 1, Seite 437.

Das Lebesgue-Integral entspricht dem Riemann-Integral über eine messbare Menge, wenn letzteres existiert und ist damit eine Erweiterung des Riemann-Integrals.

Wie mit dem Satz von Fubini für das Riemann-Integral lassen sich Lebesgue-Integrale über Teilmengen des $\mathbb{R}^n$ in einzelne, nacheinander zu berechnende Integrale zerlegen:

Satz 3.6 (Satz von Fubini für Lebesgue-Integrale) Seien $A \subseteq \mathbb{R}^n$ und $B \subseteq \mathbb{R}^m$ Lebesgue-messbare Mengen. Dann ist auch $A \times B \in \mathbb{R}^{n+m}$

Lebesgue-messbar. Weiter sei $f : A \times B \to \mathbb{R} \cup \{\pm\infty\}$ eine messbare Funktion, die auch die „Funktionswerte" $\pm\infty$ annehmen darf.

Ist f Lebesgue-integrierbar auf $A \times B$, dann ist $f(\vec{x}, \vec{y})$ für fast alle $\vec{x} \in A$ eine Lebesgue-integrierbare Funktion auf B in der Variablen $\vec{y}$. Außerdem ist dann $\int_B f(\vec{x}, \vec{y}) \, d\vec{y}$ Lebesgue-integrierbar bezüglich der Variablen $\vec{x}$ auf A, und es gilt:

$$\text{L-}\int_{A \times B} f(\vec{x}, \vec{y}) \, d(\vec{x}, \vec{y}) = \text{L-}\int_A \left[\text{L-}\int_B f(\vec{x}, \vec{y}) \, d\vec{y} \right] d\vec{x}.$$

Auch darf unter den Voraussetzungen des Satzes (analog zu den Riemann-Integralen) die Reihenfolge der Integrale beliebig gewählt werden.

3.5.2 L^p- und Sobolev-Räume

In diesem Abschnitt betrachten wir Vektorräume von Lebesgue-integrierbaren Funktionen auf messbaren Teilmengen des $\mathbb{R}^n$, für die zusätzlich eine gewisse Norm endlich ist. Die in der Definition eines Vektorraums geforderten Rechenregeln sind für Funktionenräume im Wesentlichen durch die Rechenregeln für die reellen Zahlen erfüllt, da die Addition von Funktionen f und g und die Multiplikation einer Zahl c mit einer Funktion f durch die Addition von Funktionswerten und die Multiplikation der Zahl mit den Funktionswerten erklärt ist: $(f + g)(\vec{x}) := f(\vec{x}) + g(\vec{x})$ und $(c \cdot f)(\vec{x}) := c \cdot f(\vec{x})$. Mit f und g sind aber auch $f + g$ und $c \cdot f$ Lebesgue-integrierbar, so dass Lebesgue-integrierbare Funktionen auf einem gemeinsamen Definitionsbereich tatsächlich einen Vektorraum bilden. Zu einem solchen Vektorraum diskutieren wir einen enthaltenen Untervektorraum, für dessen Elemente eine Norm $\|\cdot\|$ endlich ist. Eine Norm ist eine Abbildung vom Vektorraum in die nicht-negativen reellen Zahlen (hier zuzüglich ∞) mit den Eigenschaften $\|f\| = 0 \implies f = 0$, $\|c \cdot f\| = |c| \cdot \|f\|$ und $\|f + g\| \leq \|f\| + \|g\|$ (Dreiecksungleichung), vgl. Band 1, Kapitel 23.1. Eine solche Norm misst die „Größe" der Vektoren und ermöglicht die Definition eines Konvergenzbegriffs. Der bekannte (Absolut-) Betrag ist z. B. eine Norm auf $\mathbb{R}^n$.

Definition 3.6 (L^p-Räume) Für eine messbare Menge $\Omega \subseteq \mathbb{R}^n$ ist für $1 \leq p \leq \infty$ der L^p-Raum definiert über

$$L^p(\Omega) := \{f : \Omega \to \mathbb{R} \cup \{-\infty, \infty\} : f \text{ ist Lebesgue-messbar}, \|f\|_{L^p(\Omega)} < \infty\}$$

mit der Norm

$$\|f\|_{L^p(\Omega)} := \left[\int_\Omega |f(\vec{x})|^p \, d\vec{x} \right]^{1/p}$$

für $1 \leq p < \infty$. Ist $p = \infty$, so wird mit $\| \cdot \|_{L^\infty(\Omega)}$ das wesentliche Supremum auf Ω bezeichnet:

$$\|f\|_{L^\infty(\Omega)} := \inf \left\{ \sup_{\vec{x} \in \Omega \setminus N} |f(\vec{x})| : N \subseteq \Omega \text{ ist messbar mit } m(N) = 0 \right\}.$$

Die Definition ist analog zum eindimensionalen Fall in Band 1 auf Seite 644 und berechnet das Supremum außerhalb von Mengen vom Maß null. Wie schon dort gibt es aber ein Problem mit der Eigenschaft der Norm $\|f\| = 0 \implies f = 0$. Sind zwei Funktionen f und g fast überall gleich, so ist $\|f - g\|_{L^p(\Omega)} = 0$, aber $f - g$ ist nur f. ü. null und damit nicht die Nullfunktion. Damit sind die L^p-Normen also gar keine Normen im Sinne der Definition. Man kann aber alle Funktionen, die f. ü. übereinstimmen, zu einem neuen Objekt (einer Äquivalenzklasse) zusammenfassen. Zwischen diesen Äquivalenzklassen und den Funktionen wird in der Praxis aber nicht unterschieden: Zwei Funktionen werden in den L^p-Räumen als gleich bezeichnet, wenn sie f. ü. gleich sind.

Die L^p-Räume sind Banach-Räume, d. h., Cauchy-Folgen von Funktionen in L^p konvergieren gegen eine Grenzfunktion in L^p, siehe Band 1, S. 645, für den Fall einer Variable. Darüber hinaus ist $L^2(\Omega)$ sogar ein Hilbert-Raum, d. h. ein Banach-Raum, dessen Norm über ein Skalarprodukt definiert ist. Dieses Skalarprodukt ist hier $(f, g)_{L^2(\Omega)} := \int_\Omega f(\vec{x}) g(\vec{x}) \, d\vec{x}$. Die L^2-Norm ist damit $\|f\|_{L^2(\Omega)} = \sqrt{(f, f)_{L^2(\Omega)}}$.

Jetzt betrachten wir einen erweiterten Ableitungsbegriff, der zu Funktionen aus L^p-Räumen passt (vgl. Band 1, Kapitel 23.6). Dabei dürfen Nullmengen auch für das Differenzieren nichts ausmachen, und ein schwächerer Ableitungsbegriff als die Existenz des Grenzwertes des Differenzenquotienten an jeder Stelle wird benötigt. Die Idee besteht in der Verwendung von Testfunktionen und der partiellen Integration. Ist f auf einem Intervall $[a, b]$ stetig differenzierbar und gilt dies auch für eine Testfunktion φ mit $\varphi(a) = \varphi(b) = 0$, so erhalten wir mit partieller Integration

$$\int_a^b f'(x) \cdot \varphi(x) \, dx = f(b) \cdot \varphi(b) - f(a) \cdot \varphi(a) - \int_a^b f(x) \cdot \varphi'(x) \, dx$$

$$= - \int_a^b f(x) \cdot \varphi'(x) \, dx.$$

Erfüllt eine Funktion g statt f' diese Gleichung für alle möglichen Testfunktionen φ, die auf $[a, b]$ beliebig oft differenzierbar sind, so dass $\varphi^{(k)}(a) = \varphi^{(k)}(b) = 0$ für alle $k \in \mathbb{N}_0$ gilt, also $\int_a^b g(x) \cdot \varphi(x) \, dx = - \int_a^b f(x) \cdot \varphi'(x) \, dx$, dann nennen wir g eine schwache Ableitung von f, und g ist eindeutig bestimmt bis auf eine Nullmenge. Auch wenn f' nicht existiert, kann es die schwache Ableitung geben, z. B. ist $|x|$ auf $[-1, 1]$ schwach differenzierbar.

Jetzt führen wir auch höhere schwache Ableitungen etwas formaler und für Funktionen mit n Variablen ein.

Im Folgenden sei $\Omega \subseteq \mathbb{R}^n$ offen, so dass wir keine Probleme mit der Definition der partiellen Ableitung am Rand von Ω bekommen. Außerdem benötigen wir den Begriff der kompakten Menge $K \subseteq \mathbb{R}^n$.

Definition 3.7 (Kompakte Menge) Eine Menge $K \subseteq \mathbb{R}^n$ heißt **abgeschlossen** genau dann, wenn ihr Komplement offen ist, also nur aus inneren Punkten besteht. Sie heißt **kompakt** genau dann, wenn sie abgeschlossen und beschränkt ist.

Zum Beispiel sind Intervalle $[\vec{a}, \vec{b}] = [a_1, b_1] \times \cdots \times [a_n, b_n]$ kompakt. Man kann zeigen, dass der Grenzwert jeder konvergenten Folge, deren Glieder in einer abgeschlossenen Menge liegen, ebenfalls in dieser Menge liegt. Hat man gar eine Folge mit Gliedern aus einer kompakten Menge, dann hat sie wegen der Beschränktheit eine konvergente Teilfolge – und ihr Grenzwert liegt in der kompakten Menge.

Die Sobolev-Räume basieren wie in einer Dimension auf dem Begriff der schwachen Ableitung. Dazu sei $L_{1,\text{loc}}(\Omega)$ die Menge der auf einer messbaren Menge $\Omega \subseteq \mathbb{R}^n$ definierten messbaren Funktionen $f : \Omega \to \mathbb{R}$, die lokal integrierbar sind, d. h.: $f \in L_1(K)$ für jede kompakte Menge $K \subseteq \Omega$.

Definition 3.8 (schwache Ableitung) Seien $\Omega \subseteq \mathbb{R}^n$ messbar, $f \in L_{1,\text{loc}}(\Omega)$, $\alpha = (\alpha_1, \ldots, \alpha_n) \in \mathbb{N}_0^n$ und $a := \sum_{k=1}^{n} \alpha_k$. Falls es ein $g \in L_{1,\text{loc}}(\Omega)$ gibt mit

$$\int_\Omega g(\vec{x}) \varphi(\vec{x}) \, d\vec{x} = (-1)^a \int_\Omega f(\vec{x}) \frac{\partial^a}{\partial x_1^{\alpha_1} \ldots \partial x_n^{\alpha_n}} \varphi(\vec{x}) \, d\vec{x}$$

für alle unendlich oft partiell nach allen Variablen differenzierbaren Testfunktionen φ, die außerhalb einer kompakten Menge $K \subseteq \Omega$ gleich der Nullfunktion sind, so heißt g die **schwache Ableitung** der Ordnung α von f. Wir führen keine neue Bezeichnung ein, sondern schreiben auch hier:

$$g = \frac{\partial^a}{\partial x_1^{\alpha_1} \ldots \partial x_n^{\alpha_n}} f.$$

Da die Testfunktionen außerhalb einer kompakten Menge gleich null sind, muss man dort auch nichts über f wissen. Daher wird nicht die Lebesgue-Integrierbarkeit von f auf Ω gefordert, sondern nur lokale Integrierbarkeit. Gibt es eine schwache Ableitung, so ist sie f. ü. durch die Bedingung der Definition eindeutig bestimmt. Damit kann in der Definition „die schwache Ableitung" statt „eine schwache Ableitung" geschrieben werden.

Die Notation ist sinnvoll: Ist f entsprechend oft stetig differenzierbar, so stimmen die klassischen partiellen Ableitungen mit den schwachen überein.

Definition 3.9 (Sobolev-Räume) Seien $\Omega \subseteq \mathbb{R}^n$ messbar, $s \in \mathbb{N}_0$ und $1 \leq p \leq \infty$. Die Räume

$$W^{s,p}(\Omega) := \left\{ f \in L^p(\Omega) : \frac{\partial^a}{\partial x_1^{\alpha_1} \dots \partial x_n^{\alpha_n}} f \in L^p(\Omega) \text{ existiert für jedes} \right.$$

$$\left. \alpha = (\alpha_1 \dots, \alpha_n) \in \mathbb{N}_0^n \text{ mit } a := \sum_{k=1}^n \alpha_k \leq s \text{ im Sinne von Definition 3.8} \right\},$$

versehen mit der über die **Halbnormen** $(0 \leq i \leq s)$

$$|f|_{i,p,\Omega} := \begin{cases} \left(\sum_{\alpha \in \mathbb{N}_0^n, \sum_{k=1}^n \alpha_k = i} \left\| \frac{\partial^i}{\partial x_1^{\alpha_1} \dots \partial x_n^{\alpha_n}} f \right\|_{L^p(\Omega)}^p \right)^{\frac{1}{p}}, & \text{für } 1 \leq p < \infty, \\ \sum_{\alpha \in \mathbb{N}_0^n, \sum_{k=1}^n \alpha_k = i} \left\| \frac{\partial^i}{\partial x_1^{\alpha_1} \dots \partial x_n^{\alpha_n}} f \right\|_{L^\infty(\Omega)}, & \text{für } p = \infty, \end{cases}$$

definierten Norm (die entsprechenden Eigenschaften lassen sich beweisen)

$$\|f\|_{s,p,\Omega} := \begin{cases} \left(\sum_{0 \leq i \leq s} |f|_{i,p,\Omega}^p \right)^{\frac{1}{p}}, & \text{für } 1 \leq p < \infty, \\ \sum_{0 \leq i \leq s} |f|_{i,\infty,\Omega}, & \text{für } p = \infty, \end{cases} \tag{3.5}$$

heißen **Sobolev-Räume**. Weiter benutzen wir die Schreibweise $(\alpha \in \mathbb{N}_0^n)$

$$|f|_{\alpha,p,\Omega} := \left\| \frac{\partial^{\sum_{k=1}^n \alpha_k}}{\partial x_1^{\alpha_1} \dots \partial x_n^{\alpha_n}} f \right\|_{L^p(\Omega)}.$$

Es sind durchaus auch geringfügig andere Definitionen der Sobolev-(Halb-)Normen üblich, die aber mit der hier benutzten äquivalent sind. So existiert z. B. ein $c > 0$, so dass für $1 \leq p < \infty$ gilt:

$$c \sum_{\alpha \in \mathbb{N}_0^n, \sum_{k=1}^n \alpha_k = i} \left\| \frac{\partial^i}{\partial x_1^{\alpha_1} \dots \partial x_n^{\alpha_n}} f \right\|_{L^p(\Omega)} \leq |f|_{i,p,\Omega}$$

$$\leq \sum_{\alpha \in \mathbb{N}_0^n, \sum_{k=1}^n \alpha_k = i} \left\| \frac{\partial^i}{\partial x_1^{\alpha_1} \dots \partial x_n^{\alpha_n}} f \right\|_{L^p(\Omega)}.$$

Sobolev-Räume werden häufig benutzt, um partielle Differenzialgleichungen mit Randbedingungen in einer abgeschwächten und damit besser lösbaren Form zu beschreiben. Bei partiellen Differenzialgleichungen sind Funktionen gesucht, deren partielle Ableitungen vorgegebene Gleichungen auf einem Ge-

biet des $\mathbb{R}^n$ erfüllen müssen, vgl. Teil II des Buchs. Dazu kommen meist noch
Bedingungen auf dem Rand des Gebiets, die ebenfalls erfüllt sein müssen.
Zur Darstellung einfacher Randbedingungen benötigt man zu einem Sobolev-
Raum einen Untervektorraum, in dem die Funktionen auf dem Rand gleich
null sind. Da aber in den L^p-Räumen die Funktionen nur bis auf eine Menge vom Lebesgue-Maß null eindeutig sind, ist es zwecklos zu sagen, dass
$f(x) = 0$ für alle x aus dem Rand $\partial\Omega$ von Ω sein soll, da der Rand das
Lebesgue-Maß null hat. Vielmehr definiert man als $W_0^{s,p}(\Omega)$ den Untervektorraum von $W^{s,p}(\Omega)$, der entsteht, wenn man alle unendlich oft differenzierbaren Testfunktionen φ aufnimmt, die außerhalb einer kompakten Menge
$K \subseteq \Omega$ gleich null sind, und dann diese Menge vervollständigt. Das heißt,
man wählt den „kleinsten" Untervektorraum, in dem diese Testfunktionen
und auch alle bezüglich $W^{s,p}$ gebildeten Grenzwerte aller konvergenten Folgen aus Funktionen des Untervektorraums liegen.

Wenn Sobolev-Räume über nicht-offene Mengen Ω gebildet werden, dann
verstehen wir darunter den entsprechenden Sobolev-Raum über das Innere
der Menge.

Aus den Definitionen folgt, dass zu $f \in W^{s,p}(\Omega)$ und $\alpha = (\alpha_1, \ldots, \alpha_n) \in$
$\mathbb{N}_0^n$ mit $\sum_{k=1}^n \alpha_k \leq s$ die Funktion $\frac{\partial^{\sum_{k=1}^n \alpha_k}}{\partial x_1^{\alpha_1} \ldots \partial x_n^{\alpha_n}} f$ zu $W^{s-\sum_{k=1}^n \alpha_k, p}(\Omega)$ gehört.
Das folgende Lemma findet man beispielsweise in [Adams(1975), S. 45, 47,
54, 52, 159]:

Lemma 3.1 (Eigenschaften von Sobolev-Räumen)   Seien $\Omega \subseteq \mathbb{R}^n$
messbar, $s \in \mathbb{N}_0$ und $1 \leq p \leq \infty$.

- Die Räume $W^{s,p}(\Omega)$ sind Banach-Räume. Insbesondere gilt dies auch für
  $W_0^{s,p}(\Omega)$ und für die Räume $W_0^{s,p}(\Omega) \cap W^{k,p}(\Omega)$, $k > s$.
- Die Räume $W^{s,2}(\Omega)$ und $W_0^{s,2}(\Omega)$ sind Hilbert-Räume mit dem Skalarprodukt

$$(f, g)_{s,2,\Omega} := \sum_{\alpha \in \mathbb{N}_0^n, \sum_{k=1}^n \alpha_k \leq s} \left(\frac{\partial^{\sum_{k=1}^n \alpha_k}}{\partial x_1^{\alpha_1} \ldots \partial x_n^{\alpha_n}} f, \frac{\partial^{\sum_{k=1}^n \alpha_k}}{\partial x_1^{\alpha_1} \ldots \partial x_n^{\alpha_n}} g \right)_{L^2(\Omega)}.$$

- **Satz von Meyers und Serrin**: Die s-mal stetig partiell auf Ω differenzierbaren Funktionen liegen dicht in $W^{s,p}(\Omega)$, d. h., man findet zu
  jeder Funktion f aus $W^{s,p}(\Omega)$ und jedem $\varepsilon > 0$ eine s-mal stetig partiell
  differenzierbare Funktion φ, so dass $\|f - \varphi\|_{s,p,\Omega} < \varepsilon$.
- **Poincaré-Ungleichung**: Sei Ω beschränkt und $p < \infty$. Dann existiert
  eine Konstante C, so dass

$$|f|_{s,p,\Omega} \leq \|f\|_{s,p,\Omega} \leq C|f|_{s,p,\Omega} \text{ für alle } f \in W_0^{s,p}(\Omega).$$

Die Halbnorm ist äquivalent zur Norm. Das gilt aber nicht allgemein für
Funktionen aus $W^{s,p}(\Omega)$, sondern nur wenn die Funktionen am Rand zu
null werden im Sinne der Zugehörigkeit zu $W_0^{s,p}(\Omega)$.

Literaturverzeichnis

Adams(1975). Adams, R. A.: Sobolev Spaces. Academic Press, New York, 1975.

Kapitel 4

Vektoranalysis

In der Physik hat man es häufig mit Feldern zu tun. Ein Feld ordnet einem Punkt des Raums einen Wert zu, ist also eine Funktion. Der zugeordnete Wert kann eine reelle Zahl sein (z. B. beim elektrischen Potenzial). Man spricht dann von einem **Skalarfeld**. Der Wert kann aber auch ein Vektor sein, der z. B. eine Kraft beschreibt, die auf eine elektrische Ladung oder einen Körper an der entsprechenden Stelle wirkt. In diesem Fall spricht man von einem **Vektorfeld**. In einem solchen Vektorfeld kann es Quellen, Senken und Wirbel geben. Diese anschaulichen Phänomene lassen sich mit partiellen Ableitungen beschreiben. Die Arbeit, die verrichtet werden muss, um einen Körper auf einem Weg durch ein Gravitationsfeld zu bewegen, wird über ein sogenanntes Kurvenintegral berechnet. Daneben sehen wir uns auch Oberflächen- und Flussintegrale an, wie sie beispielsweise bei den Maxwell'schen Gleichungen der Elektrotechnik verwendet werden. Ähnlich wie beim Fundamentalsatz der Differenzial- und Integralrechnung lassen sich einige der in diesem Kapitel betrachtete Integrale durch Werte auf der Randkurve oder Randfläche des Integrationsbereichs ausdrücken. Das ist Gegenstand der Integralsätze von Green, Gauß und Stokes, die wir auf die Maxwell'schen Gleichungen anwenden.

© Der/die Autor(en), exklusiv lizenziert an
Springer-Verlag GmbH, DE, ein Teil von Springer Nature 2023
S. Goebbels und S. Ritter, *Mathematik verstehen und anwenden:
Differenzialgleichungen, Fourier- und Vektoranalysis, Laplace-
Transformation und Stochastik*, https://doi.org/10.1007/978-3-662-68369-9_4

4.1 Vektorfelder

Definition 4.1 (Vektorfeld) Sei $\vec{V} : D \subseteq \mathbb{R}^n \to \mathbb{R}^n$ eine vektorwertige Funktion. $\vec{V}$ heißt (auch) **Vektorfeld**. Man nennt zur Abgrenzung Funktionen $f : D \subseteq \mathbb{R}^n \to \mathbb{R}$ (auch) **skalare Funktionen**.

Anschaulich wird der Begriff des Vektorfelds bei strömenden Flüssigkeiten. Hier kann man jedem Punkt eine Geschwindigkeit zuordnen. Das ist ein Vektorpfeil, der in Richtung der Strömung zeigt und dessen Länge (Betrag) die Geschwindigkeit angibt.

Beispiel 4.1 (Feldstärke) Elektrische Ladungen üben aufeinander eine Kraft aus, sie erzeugen ein elektrisches Feld. Die elektrische Feldstärke $\vec{E}$ ist die Kraft $\vec{F}$ pro Probeladung q, die in einem elektrischen Feld auf eine sehr kleine positive Probeladung q ausgeübt wird. Die Probeladung muss sehr klein sein, damit sie das Feld nicht beeinflusst. Man definiert daher an einer Stelle (x, y, z) mit der Kraft $\vec{F}(q)$, die an dieser Stelle auf q wirkt:

$$\vec{E}(x, y, z) = \lim_{q \to 0+} \frac{1}{q} \vec{F}(q).$$

$\vec{E}$ ist ein Vektorfeld. Eine positive Punktladung Q erzeugt ein elektrisches Feld, dessen Funktionswerte als Vektoren radial vom Punkt der Ladung wegzeigen. In einem Punkt P, der den Abstand r von der Punktladung hat, ist $|\vec{E}| = \frac{Q}{4\pi\varepsilon_0 r}$, wobei ε_0 eine elektrische Feldkonstante ist.

Beispiel 4.2 (Optischer Fluss) Der optische Fluss ist (für einen festen Zeitpunkt t) ein Vektorfeld von Geschwindigkeitsvektoren, das in der Analyse einer Videosequenz verwendet wird, um die Bewegung von Pixeln von einem Bild zum nächsten zu beschreiben, siehe Abbildung 4.1. Die Funktion $G(x, y, t) : [a, b] \times [c, d] \times [0, \infty[\to [0, 1]$ möge den Grauwert des Bildes zum Zeitpunkt t an der Bildposition (x, y) beschreiben. Unter der Annahme, dass der Gradient von G existiert, gilt zum festen Zeitpunkt t für den optischen Fluss $V(x, y) = (V_1(x, y), V_2(x, y))$ die **Horn-Schunck-Gleichung**

$$\frac{\partial G}{\partial x}(x, y, t) \cdot V_1(x, y) + \frac{\partial G}{\partial y}(x, y, t) \cdot V_2(x, y) + \frac{\partial G}{\partial t}(x, y, t) = 0.$$

Durch diese lineare Gleichung mit den zwei Unbekannten $V_1(x, y)$ und $V_2(x, y)$ ist das Vektorfeld leider noch nicht eindeutig beschrieben, und man benötigt zusätzliche Bedingungen wie z. B., dass der optische Fluss lokal nahezu in die gleiche Richtung zeigt.

Abb. 4.1 Die Pfeile beschreiben den optischen Fluss von diesem Bild eines Videos zum nächsten. Sie definieren damit ein Vektorfeld

4.2 Kurven

Felder werden häufig über Feldlinien beschrieben. Dazu benötigen wir Kurven.

Definition 4.2 (Parametrisierte Kurve) Sei $[\alpha, \beta] \subset \mathbb{R}$ und $\vec{x}(t) = (x_1(t), x_2(t), \ldots, x_n(t)) : [\alpha, \beta] \to \mathbb{R}^n$ eine stetige, vektorwertige Funktion mit einer reellen Variable. Eine **Kurve** $K \subset \mathbb{R}^n$ ist eine (orientierte) Punktmenge $K = \{\vec{x}(t) : t \in [\alpha, \beta]\}$. Die Orientierung (Durchlaufrichtung) entsteht, indem t von α nach β läuft.

- $(\vec{x}(t), [\alpha, \beta])$ heißt **Parameterdarstellung** der Kurve, $\vec{x}(\alpha)$ heißt **Anfangspunkt**, und $\vec{x}(\beta)$ heißt **Endpunkt** der Kurve.
- Stimmen Anfangs- und Endpunkt überein, heißt die Kurve **geschlossen**.
- K heißt genau dann **einfach**, wenn mit $\vec{x}(t)$ für $t \in [\alpha, \beta]$ kein Punkt mehrfach durchlaufen wird, wenn also $\vec{x}(t)$ auf $[\alpha, \beta[$ injektiv ist.
- Eine einfache, geschlossene Kurve heißt **Jordan-Kurve**.
- Eine Kurve heißt **(stückweise) stetig differenzierbar** genau dann, wenn die Komponenten $x_1(t), \ldots, x_n(t)$ (stückweise) stetig differenzierbar sind.

Beispiel 4.3 a) $(\vec{x}(t) := (\cos(t), \sin(t)), [0, 2\pi])$ beschreibt den Einheitskreis um den Nullpunkt und ist eine Jordan-Kurve.
b) Sei $f : [\alpha, \beta] \to \mathbb{R}$ stetig. Dann beschreibt $(\vec{x}(t) := (t, f(t)), [\alpha, \beta])$ als Kurve den Funktionsgraphen von f vom Anfangspunkt $(\alpha, f(\alpha))$ zum Endpunkt $(\beta, f(\beta))$ und ist eine einfache Kurve.

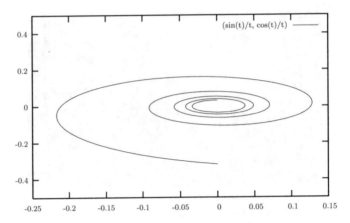

Abb. 4.2 Eine Kurve $\left(\left(\frac{\sin(t)}{t},\frac{\cos(t)}{t}\right),[\pi,10\pi]\right)$

Eine Kurve mit $\vec{x}(t)=(x_1(t),x_2(t)):[\alpha,\beta]\to\mathbb{R}^2$ kann auch als komplexwertige Funktion $f(t):=x_1(t)+j\cdot x_2(t)$ aufgefasst werden und ist damit z. B. der Fourier-Analyse zugänglich, die wir in Kapitel III behandeln. Aus der Kurve mit Parameterdarstellung $(\vec{x}(t):=(\cos(t),\sin(t)),[0,2\pi])$ wird so $f:[0,2\pi]\to\mathbb{C}$ mit $f(\varphi):=e^{j\varphi}$.

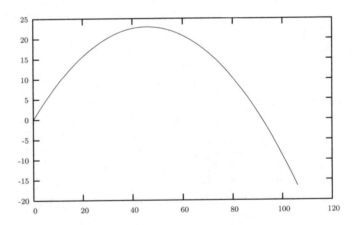

Abb. 4.3 Eine Wurfparabel $(v_0\cos(\alpha)t,v_0\sin(\alpha)t-\frac{a}{2}t^2),[0,5])$ mit $v_0=30$ und $\alpha=\pi/4$

Beispiel 4.4 Wir beschreiben eine Wurfparabel als Kurve (siehe Abbildung 4.3). An der Stelle $(0,0)$ wird im Winkel α ein Ball mit der Anfangsgeschwindigkeit v_0 geworfen. In x-Richtung bewegt er sich (unter Vernachlässigung des Luftwiderstands) mit konstanter Geschwindigkeit $v_0\cos(\alpha)$. Nach t Sekunden befindet er sich bei $x(t)=v_0\cos(\alpha)t$.

In y-Richtung ist die Anfangsgeschwindigkeit $v_0 \sin(\alpha)$. Allerdings wird diese Bewegung durch den freien Fall des Balls überlagert. Die Beschleunigung ist $-a \approx -9{,}81 \frac{m}{s^2}$, so dass nach t Sekunden die Geschwindigkeit $-at$ addiert werden muss: $v_0 \sin(\alpha) - at$. Damit ist $y(t) = \int_0^t v_0 \sin(\alpha) - au\, du = v_0 \sin(\alpha)t - \frac{a}{2}t^2$. Damit erhalten wir für den Wurf bis zum Zeitpunkt T die Kurve $((x(t), y(t)), [0, T])$.

Definition 4.3 (Tangente an eine Kurve) Sei K eine stetig differenzierbare Kurve mit der Parameterdarstellung $(\vec{x}(t), [\alpha, \beta])$ und $\vec{x}\,'(t) \neq \vec{0}$ für alle $t \in [\alpha, \beta]$. Die Funktion $T : [\alpha, \beta] \to \mathbb{R}^n$ mit

$$T(t) := \frac{(x_1'(t), x_2'(t), \ldots, x_n'(t))}{|(x_1'(t), x_2'(t), \ldots, x_n'(t))|}$$

$$= \frac{(x_1'(t), x_2'(t), \ldots, x_n'(t))}{\sqrt{(x_1'(t))^2 + (x_2'(t))^2 + \cdots + (x_n'(t))^2}}$$

heißt **Tangenteneinheitsvektor**. Die Gerade

$$\{\vec{y} \in \mathbb{R}^n : \vec{y} = \vec{x}(t) + rT(t),\ r \in \mathbb{R}\}$$

heißt die **Tangente** an K im Punkt $\vec{x}(t)$.

$T(t)$ ist also ein Vektor, der parallel zur Tangente an die Kurve im Punkt $\vec{x}(t)$ verläuft, so dass man mit ihm die Tangente beschreiben kann.

Beispiel 4.5 a) Wir betrachten wieder den Funktionsgraphen einer differenzierbaren Funktion $f : [\alpha, \beta] \to \mathbb{R}$ als Kurve mit Parametrisierung $((t, f(t)), [\alpha, \beta])$. Dann wird über $T(t) = \frac{(1, f'(t))}{\sqrt{1 + (f'(t))^2}}$ mittels $(t, f(t)) + rT(t)$, $r \in \mathbb{R}$, die Tangente an den Funktionsgraphen an der Stelle t berechnet.

b) Der Tangenteneinheitsvektor des Kreises $(\vec{x}(t) := (\cos(t), \sin(t)), [0, 2\pi])$ ist

$$T(t) = \frac{(-\sin(t), \cos(t))}{\sqrt{(-\sin(t))^2 + \cos^2(t)}} = (-\sin(t), \cos(t)).$$

Definition 4.4 (Kurvenlänge) Sei K eine stetig differenzierbare Kurve mit $(\vec{x}(t), [\alpha, \beta])$ als Parameterdarstellung. Der Zahlenwert

$$\int_\alpha^\beta \sqrt{\sum_{k=1}^n [x_k'(t)]^2}\, dt$$

heißt die **(Bogen-) Länge** der Kurve K.

Diese Länge stimmt mit dem intuitiven Verständnis der Kurvenlänge überein. Das sieht man, indem man die Kurve in kleine Streckenzüge zerlegt und deren Längen aufsummiert. Sei $Z = (\alpha = t_0, t_1, t_2, \ldots, t_m = \beta)$ mit $t_0 < t_1 < \cdots < t_m$ eine Zerlegung des Intervalls $[\alpha, \beta]$. Die Punkte $\vec{x}(t_k)$ werden durch Strecken verbunden. Der Abstand a_i (Streckenlänge) der Punkte t_i und t_{i+1} ist

$$a_i = \sqrt{[x_1(t_{i+1}) - x_1(t_i)]^2 + \cdots + [x_n(t_{i+1}) - x_n(t_i)]^2}.$$

Nach dem Mittelwertsatz (siehe (v) auf Seite xviii) gibt es aber Stellen $\xi_{i,1}, \ldots, \xi_{i,n} \in]t_i, t_{i+1}[$ mit

$$a_i = \sqrt{[x_1'(\xi_{i,1})(t_{i+1} - t_i)]^2 + \cdots + [x_n'(\xi_{i,n})(t_{i+1} - t_i)]^2}$$

$$= (t_{i+1} - t_i)\sqrt{[x_1'(\xi_{i,1})]^2 + \cdots + [x_n'(\xi_{i,n})]^2}.$$

Als Gesamtlänge des Streckenzugs erhalten wir

$$\sum_{i=0}^{m-1}(t_{i+1} - t_i)\sqrt{[x_1'(\xi_{i,1})]^2 + \cdots + [x_n'(\xi_{i,n})]^2} = \sum_{i=0}^{m-1}(t_{i+1} - t_i)\sqrt{\sum_{k=1}^{n}[x_k'(\xi_{i,k})]^2}.$$

Aufgrund der Stetigkeit der Ableitungen ist dies ungefähr gleich

$$\sum_{i=0}^{m-1}(t_{i+1} - t_i)\sqrt{\sum_{k=1}^{n}[x_k'(t_i)]^2}.$$

Jetzt werden die partiellen Ableitungen auf jedem Zerlegungsintervall nur an der einen (Zwischen-) Stelle t_i ausgewertet, und damit ist die Summe eine Riemann-Zwischensumme des Integrals aus der Definition 4.4, die für $m \to \infty$ gegen das Integral strebt.

Beispiel 4.6 Wir berechnen die Bogenlänge des Einheitskreises ($\vec{x}(t) := (\cos(t), \sin(t)), [0, 2\pi]$), also den Umfang des Einheitskreises:

$$\int_0^{2\pi} \sqrt{(-\sin(t))^2 + \cos^2(t)}\, dt = \int_0^{2\pi} 1\, dt = 2\pi.$$

Wir haben die Länge nur für stetig differenzierbare Kurven im $\mathbb{R}^n$ mit Parameterdarstellung ($\vec{x}(t), [\alpha, \beta]$) eingeführt. Auf die Differenzierbarkeit kann man verzichten, allerdings reicht Stetigkeit alleine nicht aus.

Definition 4.5 (Rektifizierbare Kurve) Sei $[\alpha, \beta] \subset \mathbb{R}$ und $\vec{x}(t) = (x_1(t), x_2(t), \ldots, x_n(t)) : [\alpha, \beta] \to \mathbb{R}^n$ eine stetige, vektorwertige Funktion, über die eine Kurve $K = \{\vec{x}(t) : t \in [\alpha, \beta]\}$ parametrisiert ist. Die Kurve K heißt **rektifizierbar** und die Parameterfunktion $\vec{x}(t)$ von **beschränkter**

Variation genau dann, wenn

$$L := \sup\left\{\sum_{k=1}^{m} |\vec{x}(t_k) - \vec{x}(t_{t-1})| : (t_0, t_1, \ldots, t_m) \in \mathcal{Z}\right\}$$

existiert. Dabei ist $\mathcal{Z}$ die Menge der Zerlegungen des Intervalls $[\alpha, \beta]$.

Hier wird die kleinste obere Schranke über Summen zu allen Zerlegungen $\alpha = t_0 < t_1 < \cdots < t_m = \beta$ des Intervalls $[\alpha, \beta]$ mit beliebiger endlicher Anzahl m von Zerlegungsintervallen $[t_{k-1}, t_k]$ betrachtet (vgl. Definition des Integrals). Für jede einzelne Zerlegung entspricht die Summe der Länge eines Kantenzugs, der die zu den Zerlegungspunkten gehörenden Punkte der Kurve verbindet. Ebenfalls über die Länge von Kantenzügen haben wir die vorangehende Definition 4.4 der Bogenlänge B einer stetig differenzierbaren Kurve motiviert. Jetzt können wir aber auch die Länge von Kurven definieren, die „nur" rektifizierbar aber nicht notwendig differenzierbar sind (und die es tatsächlich gibt): Ist die Kurve K rektifizierbar, so heißt die Zahl L aus Definition 4.5 die **Länge der Kurve**. Diese Definition ist für stetig differenzierbare Kurven verträglich mit Definition 4.4, d. h. $B = L$. Die Länge jedes Kantenzugs aus Definition 4.5 (und damit das Supremum L) ist kleinergleich der Länge B aus Definition 4.4. Anschaulich ist das klar, formal kann man die Summe über die Kantenlängen summandenweise mit dem Fundamentalsatz umschreiben und den Betrag mit einer hier nicht behandelten Dreiecksungleichung für Integrale vektorwertiger Funktionen in das entstehende Integral ziehen. Umgekehrt lässt sich mit einer ähnlichen Konstruktion wie in der Motivation der Definition 4.4 zu jedem $\varepsilon > 0$ ein Kantenzug finden, dessen Länge bis auf ε mit B übereinstimmt. Damit ist das Supremum L auch größergleich B, also $L = B$.

Faraday (1791–1867) führte zur Beschreibung elektrischer Felder den Begriff der Feldlinie ein:

Definition 4.6 (Feldlinie) Eine Feldlinie eines Vektorfelds $\vec{V}$ ist eine Kurve, deren Tangenteneinheitsvektor in jedem Punkt der Kurve in Richtung des Funktionswerts von $\vec{V}$ an dieser Stelle zeigt.

Eine Feldlinie folgt sozusagen den Vektoren (Funktionswerten) des Vektorfelds. Die Feldlinien eines Magnetfelds werden sichtbar, wenn man Eisenspäne verstreut. Diese richten sich entlang der Feldlinien aus. Das elektrische Feld einer positiv geladenen Kugel hat Feldlinien, die radial von der Kugel in den Raum weggehen.

4.3 Quellen, Senken und Wirbel in Vektorfeldern

Mittels partieller Ableitungen kann man Eigenschaften eines Vektorfelds charakterisieren.

Definition 4.7 (Divergenz) Ist ein Vektorfeld $\vec{V}$ (auf geeignetem Definitionsbereich $D \subseteq \mathbb{R}^n$) differenzierbar, so heißt

$$\operatorname{div} \vec{V}(\vec{x}) := (\nabla \cdot \vec{V})(\vec{x}) := \sum_{k=1}^{n} \frac{\partial V_k}{\partial x_k}(\vec{x})$$

Divergenz des Vektorfelds $\vec{V}$.

- Den Begriff Divergenz haben wir schon bei Grenzwerten verwendet. Eine Folge (oder Funktion) heißt divergent, wenn der Grenzwert nicht existiert. Die hier definierte Divergenz ist ein völlig anderer Begriff. Aus dem Zusammenhang ist stets klar, was gemeint ist.
- Für eine **skalare** Funktion f ist $\operatorname{grad} f = \nabla f = \left(\frac{\partial f}{\partial x_1}, \frac{\partial f}{\partial x_2}, \ldots, \frac{\partial f}{\partial x_n} \right)$. Hier betrachten wir aber eine vektorwertige Funktion $\vec{V}$. Formal kann man die Divergenz verstehen als Skalarprodukt von $\nabla = \left(\frac{\partial}{\partial x_1}, \frac{\partial}{\partial x_2}, \ldots, \frac{\partial}{\partial x_n} \right)$ mit $\vec{V} = (V_1, V_2, \ldots, V_n)$.

Die Divergenz gibt an, ob ein Vektorfeld Quellen oder Senken hat. In den Quellen beginnen Feldlinien, die in den Senken enden (siehe Abbildung 4.4). Quellen oder Senken liegen in einem Raumabschnitt vor, wenn dort die Divergenz nicht konstant null ist. Dies verstehen wir später mit dem Satz von Gauß. In Kapitel 4.7 sehen wir, dass bei positiver Divergenz „mehr aus einem Volumenelement heraus- als hereinströmt", hier also eine Quelle liegen muss. Umgekehrt findet man eine negative Divergenz bei Senken. Ist die Divergenz überall gleich 0, so sprechen wir von einem **quellenfreien Feld**. Eine Herleitung dieses Zusammenhangs, die ohne explizite Verwendung des Satzes von Gauß auskommt (ihn aber nachempfindet), findet man z. B. in [Papula(2018/2015/2016), Band 3, S. 70–73].

Lemma 4.1 (Regeln für die Divergenz) Seien $D \subseteq \mathbb{R}^n$ offen, $\vec{V}, \vec{W} : D \to \mathbb{R}^n$, $f : D \to \mathbb{R}$ differenzierbar. Dann gelten die folgenden Rechenregeln:

a) $\operatorname{div}(\vec{V} + \vec{W}) = \operatorname{div} \vec{V} + \operatorname{div} \vec{W}$,

b) $\operatorname{div}(f \cdot \vec{V}) = (\operatorname{grad} f) \cdot \vec{V} + f \operatorname{div} \vec{V}$ (beachte: Skalarprodukt + Skalar mal Skalar).

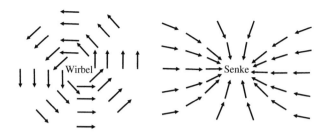

Abb. 4.4 Darstellung zweier Vektorfelder ($n = 2$): Die Funktionswerte zu einigen Punkten der Ebene sind als Vektorpfeile dargestellt

Beweis Alle Aussagen ergeben sich direkt aus den Ableitungsregeln für Funktionen mit einer Variable. □

Definition 4.8 (Rotation) Sei $\vec{V}(\vec{x}) : D \subseteq \mathbb{R}^3 \to \mathbb{R}^3$ ein differenzierbares Vektorfeld (auf geeignetem Definitionsbereich D). Die Rotation von $\vec{V}$ ist definiert als das Vektorfeld

$$\operatorname{rot} \vec{V}(\vec{x}) := \begin{pmatrix} \frac{\partial V_3}{\partial x_2}(\vec{x}) - \frac{\partial V_2}{\partial x_3}(\vec{x}) \\ \frac{\partial V_1}{\partial x_3}(\vec{x}) - \frac{\partial V_3}{\partial x_1}(\vec{x}) \\ \frac{\partial V_2}{\partial x_1}(\vec{x}) - \frac{\partial V_1}{\partial x_2}(\vec{x}) \end{pmatrix}.$$

Die Rotation ergibt sich über das formale Vektorprodukt (siehe (ii) auf Seite xv)

$$\nabla \times \vec{V} = \begin{pmatrix} \frac{\partial}{\partial x_1} \\ \frac{\partial}{\partial x_2} \\ \frac{\partial}{\partial x_3} \end{pmatrix} \times \begin{pmatrix} V_1 \\ V_2 \\ V_3 \end{pmatrix} = \begin{pmatrix} \det \begin{bmatrix} \frac{\partial}{\partial x_2} & V_2 \\ \frac{\partial}{\partial x_3} & V_3 \end{bmatrix} \\ \det \begin{bmatrix} \frac{\partial}{\partial x_3} & V_3 \\ \frac{\partial}{\partial x_1} & V_1 \end{bmatrix} \\ \det \begin{bmatrix} \frac{\partial}{\partial x_1} & V_1 \\ \frac{\partial}{\partial x_2} & V_2 \end{bmatrix} \end{pmatrix}.$$

Die Rotation ist ein Maß für Wirbel im Vektorfeld. Ist die Rotation ungleich dem Nullvektor, so hat das Vektorfeld Wirbel, d. h. geschlossene Feldlinien. Darauf gehen wir in Kapitel 4.7 mit dem Satz von Stokes ein. Ist die Rotation überall gleich $\vec{0}$, so sprechen wir von einem **wirbelfreien Feld**. Der Name „Rotation" ist vom Phänomen abgeleitet, dass bei Flüssen in Ufernähe durch die Reibung mit dem Ufer kleine Wirbel entstehen, die im Fluss schwimmende Teilchen in eine Drehung (Rotation) versetzen.

Lemma 4.2 (Regeln für die Rotation) Seien $f : D \subseteq \mathbb{R}^3 \to \mathbb{R}$ und $\vec{V}, \vec{W} : D \to \mathbb{R}^3$ differenzierbar, wobei D ein geeigneter Definitionsbereich sei. Dann gelten die folgenden Rechenregeln:

a) $\operatorname{rot}(\vec{V} + \vec{W}) = \operatorname{rot}\vec{V} + \operatorname{rot}\vec{W}$,

b) $\operatorname{rot}(f\vec{V}) = f\operatorname{rot}\vec{V} + \vec{V} \times \operatorname{grad} f$,

c) $\operatorname{div}(\vec{V} \times \vec{W}) = \vec{W} \cdot \operatorname{rot}\vec{V} - \vec{V} \cdot \operatorname{rot}\vec{W}$.

d) Sind sogar f und $\vec{V}$ zweimal stetig differenzierbar, so gilt:

   i) $\operatorname{rot}(\operatorname{grad} f)(\vec{x}) = \vec{0}$, insbesondere ist $\operatorname{grad} f$ ein wirbelfreies Vektorfeld,

   ii) $\operatorname{div}\operatorname{rot}\vec{V}(\vec{x}) = 0$, insbesondere ist $\operatorname{rot}\vec{V}$ ein quellenfreies Vektorfeld,

   iii) $\operatorname{rot}\operatorname{rot}\vec{V} = \operatorname{grad}(\operatorname{div}\vec{V}) - \nabla^2(\vec{V})$, wobei $\nabla^2 := \Delta := \sum_{k=1}^{n} \frac{\partial^2}{\partial x_k^2}$ der

    Laplace-Operator bzw. Δ-Operator ist, der auf jede Komponente von $\vec{V}$ angewendet wird.

Die Regeln lassen sich unmittelbar mit den Ableitungsregeln nachrechnen. Je nachdem, ob die Funktionen reell- oder vektorwertig sind, muss im Lemma das Produkt mit einem Skalar oder das Skalarprodukt „$\cdot$" verwendet werden. Daneben wird auch das Vektorprodukt „$\times$" eingesetzt.

4.4 Kurvenintegrale

Bei einem Kurvenintegral berechnet man die Wirkung eines Vektorfelds entlang der Kurve. So kann man die Arbeit ermitteln, die man aufbringen muss, um einen Körper entlang einer Kurve durch ein Kraftfeld zu bewegen.

Nähert man eine Kurve in einem Kraftfeld durch viele kleine gerade Streckenstücke an, wie wir es bereits bei der Berechnung der Kurvenlänge getan haben (siehe Seite 119), so ergibt sich die Arbeit, indem man die Arbeit für jedes Streckenstück berechnet und dann aufsummiert. Für ein Streckenstück ist die Arbeit das Skalarprodukt des Streckenstücks (als Vektor) mit dem Vektor der Kraft, sofern diese auf dem kleinen Streckenstück konstant ist. Das Skalarprodukt berechnet das Produkt der Streckenlänge mit der Länge der Komponente der Kraft in Streckenrichtung. Eine Komponente der Kraft senkrecht zum Streckenstück hat keinen Einfluss. Lässt man nun die Längen der kleinen Streckenstücke gegen null gehen, um die Kurve exakt zu erhalten, so wird die Summation zur Integration, und man kommt von den Streckenstücken zur Ableitung der Kurve (ebenfalls wie bei der Berechnung der Kurvenlänge). Damit erhalten wir die folgende Definition:

Definition 4.9 (Kurvenintegral) Sei K eine (stückweise) stetig differenzierbare Kurve mit der Parameterdarstellung $(\vec{x}(t), [\alpha, \beta])$. Weiter sei

$\vec{V} : K \to \mathbb{R}^n$ ein stetiges Vektorfeld auf K mit Komponentenfunktionen $V_1, \ldots, V_n$. Das **Kurvenintegral** von $\vec{V}$ längs K ist definiert als

$$\int_K \vec{V} \, \mathrm{d}\vec{x} := \int_K V_1(\vec{x}) \, \mathrm{d}x_1 + V_2(\vec{x}) \, \mathrm{d}x_2 + \cdots + V_n(\vec{x}) \, \mathrm{d}x_n$$

$$:= \int_\alpha^\beta \vec{V}(\vec{x}(t)) \cdot \frac{\partial}{\partial t} \vec{x}(t) \, \mathrm{d}t$$

$$= \int_\alpha^\beta V_1(\vec{x}(t)) x_1'(t) + V_2(\vec{x}(t)) x_2'(t) + \cdots + V_n(\vec{x}(t)) x_n'(t) \, \mathrm{d}t.$$

Ist die Kurve K geschlossen, so schreibt man auch $\oint_K \vec{V} \, \mathrm{d}\vec{x} := \int_K \vec{V} \, \mathrm{d}\vec{x}$.

Man beachte, dass dies trotz der beiden neuen Schreibweisen ein normales (eindimensionales) Riemann-Integral ist! Es wird über das Skalarprodukt des Vektorfelds mit dem nicht-normierten Tangentenvektor der Kurve integriert.

Ist $\vec{V}$ beispielsweise unabhängig von $\vec{x}$ ein konstanter Vektor, so erhalten wir mit partieller Integration

$$\int_\alpha^\beta V_1 x_1'(t) + V_2 x_2'(t) + \cdots + V_n x_n'(t) \, \mathrm{d}t$$

$$= [V_1 x_1(t) + V_2 x_2(t) + \cdots + V_n x_n(t)]_\alpha^\beta - \int_\alpha^\beta \vec{0} \cdot \vec{x}(t) \, \mathrm{d}t = \vec{V} \cdot [\vec{x}(\beta) - \vec{x}(\alpha)],$$

und dies ist das Standardskalarprodukt des Vektors vom Anfangs- zum Endpunkt der Kurve mit $\vec{V}$. Dabei wird die Länge des Vektors mit der Länge der in diese oder in die entgegengesetzte Richtung wirkenden Komponente von $\vec{V}$ multipliziert, wobei bei der entgegengesetzten Richtung noch ein Faktor -1 hinzukommt.

Die Spannung zwischen zwei Punkten in einem elektrischen Feld erhält man über ein Kurvenintegral von einem zum anderen Punkt entlang einer Kurve K: $\int_K \vec{E} \, \mathrm{d}\vec{x}$.

Beispiel 4.7 Wir beschreiben einen mathematisch positiv durchlaufenen Halbkreis mit Radius 1 als Kurve K mit der Parametrisierung $(\vec{x}(t) := (\cos(t), \sin(t)), [0, \pi])$. Darüber berechnen wir das Kurvenintegral des Vektorfelds $\vec{V}(x_1, x_2) = (V_1(x_1, x_2), V_2(x_1, x_2))$ mit $V_1(x_1, x_2) := -x_2$, $V_2(x_1, x_2) := x_1$:

$$\int_K \vec{V} \, \mathrm{d}\vec{x} = \int_0^\pi V_1(\cos(t), \sin(t))(-\sin(t)) + V_2(\cos(t), \sin(t)) \cos(t) \, \mathrm{d}t$$

$$= \int_0^\pi -\sin(t)[-\sin(t)] + \cos(t) \cos(t) \, \mathrm{d}t = \int_0^\pi 1 \, \mathrm{d}t = \pi.$$

Durchläuft man eine Kurve in umgekehrter Richtung, also z. B. unter Verwendung der Parameterdarstellung $(\vec{x}(\alpha + \beta - t), [\alpha, \beta])$, so ändert sich das Vorzeichen des Integrals (Substitution $u = \alpha + \beta - t$, $du = -dt$):

$$\int_\alpha^\beta \vec{V}(\vec{x}(\alpha + \beta - t)) \cdot \frac{\partial}{\partial t}\vec{x}(\alpha + \beta - t)\, dt$$

$$= \int_\alpha^\beta V_1(\vec{x}(\alpha + \beta - t))(-x_1'(\alpha + \beta - t)) + V_2(\vec{x}(\alpha + \beta - t))(-x_2'(\alpha + \beta - t))$$

$$+ \cdots + V_n(\vec{x}(\alpha + \beta - t))(-x_n'(\alpha + \beta - t))\, dt$$

$$= \int_\beta^\alpha V_1(\vec{x}(u))x_1'(u) + V_2(\vec{x}(u))x_2'(u) + \cdots + V_n(\vec{x}(u))x_n'(u)\, du$$

$$= -\int_K \vec{V}\, d\vec{x}.$$

Wählt man statt $(\vec{x}(t), [\alpha, \beta])$ eine beliebige andere stückweise stetige Parametrisierung $(\vec{y}(t), [\gamma, \delta])$, mit der die gleiche Punktmenge in der gleichen Richtung durchlaufen wird, so erhält man den gleichen Wert des Kurvenintegrals. Der Wert eines Kurvenintegrals hängt nicht von der konkreten Parametrisierung der Kurve ab. Statt dies nachzurechnen, untersuchen wir, wann selbst unterschiedliche Kurven zum gleichen Wert führen.

Definition 4.10 (Gebiet) Eine Menge $G \subseteq \mathbb{R}^n$ heißt ein **Gebiet** genau dann, wenn die folgenden Bedingungen erfüllt sind:

- G ist offen (siehe Definition 1.2 auf Seite 7).
- G ist **zusammenhängend**, d. h., je zwei Punkte aus G lassen sich durch einen Polygonzug (aneinandergesetzte Strecken) verbinden, der vollständig in G liegt (siehe Abbildung 4.5).

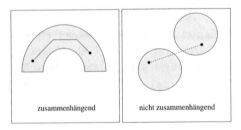

zusammenhängend   nicht zusammenhängend

Abb. 4.5 Zusammenhang

Definition 4.11 (Wegunabhängigkeit) Sei $G \subseteq \mathbb{R}^n$ ein Gebiet und $\vec{V} : G \to \mathbb{R}^n$ ein stetiges Vektorfeld. Man spricht genau dann von **Wegunabhängigkeit** in Verbindung mit G und $\vec{V}$, wenn alle Kurvenintegrale zu stückweise stetig differenzierbaren Kurven, die in G einen gleichen Anfangsmit einem gleichen Endpunkt verbinden, den gleichen Wert haben.

Wegunabhängigkeit liegt genau dann vor, wenn das Integral über jede geschlossene, stückweise stetig differenzierbare Kurve in G null ergibt. Hat man nämlich zwei Kurven, die einen Punkt $\vec{a}$ mit $\vec{b}$ verbinden, so erhält man daraus eine geschlossene Kurve, indem man die zweite in umgekehrter Richtung durchläuft und an die erste anfügt. Wechselt man die Durchlaufrichtung, ändert sich ja das Vorzeichen des Integrals.

Satz 4.1 (Potenzial) Sei $G \subseteq \mathbb{R}^n$ ein Gebiet und $\vec{V} : G \to \mathbb{R}^n$ ein stetiges Vektorfeld. Wegunabhängigkeit liegt vor genau dann, falls es eine stetig differenzierbare Funktion $\varphi : G \to \mathbb{R}$ gibt mit $\vec{V}(\vec{x}) = (\operatorname{grad} \varphi)(\vec{x})$. Die Funktion φ heißt ein **Potenzial** von $\vec{V}$ auf G.

Beweis (Skizze) Der Beweis ist nicht schwer, aber länglich. Um einen Eindruck zu vermitteln, zeigen wir nur die Richtung „$\Longleftarrow$". Seien also φ ein Potenzial und $\vec{a}, \vec{b}$ zwei beliebige Punkte aus G. Für jede stückweise stetig differenzierbare Kurve K, die $\vec{a}$ mit $\vec{b}$ verbindet, gilt unter Verwendung von Kettenregel (Satz 1.4 auf Seite 24, vgl. Beispiel 1.13) und Hauptsatz der Differenzial- und Integralrechnung (Seite xviii):

$$\int_K \vec{V} \, d\vec{x} = \int_\alpha^\beta \sum_{k=1}^n V_k(\vec{x}(t)) x_k'(t) \, dt \overset{\varphi \text{ ist Potenzial}}{=} \int_\alpha^\beta \sum_{k=1}^n \frac{\partial \varphi}{\partial x_k}(\vec{x}(t)) x_k'(t) \, dt$$

$$\overset{\text{Satz 1.4}}{=} \int_\alpha^\beta \frac{d}{dt} [\varphi(\vec{x}(t))] \, dt \overset{\text{Hauptsatz}}{=} \varphi(\vec{x}(\beta)) - \varphi(\vec{x}(\alpha)). \tag{4.1}$$

Unabhängig von K ergibt sich also stets der gleiche Wert.

Bei der umgekehrten Richtung wird das Potenzial über Kurvenintegrale konstruiert. Dies geschieht ähnlich zum Beweis von Satz 6.6 auf Seite 199, bei dem später Potenziale zur Lösung von Differenzialgleichungen genutzt werden. $\qquad \Box$

Wenn wir Wegunabhängigkeit haben, ergibt sich wegen (4.1) der Wert eines Kurvenintegrals als Differenz der Werte des Potenzials am End- und Ausgangspunkt der Kurve.

Das elektrische Potenzial hat nicht nur zufällig den gleichen Namen wie der mathematische Begriff. Es handelt sich dabei (bis auf das Vorzeichen) um ein Potenzial im Sinne der Mathematik.

Jetzt sehen wir uns den Zusammenhang zwischen Wegunabhängigkeit und Wirbelfreiheit an. Anschaulich ist klar, dass man bei einem Integral entlang einer geschlossenen Feldlinie eines Wirbels nicht den Wert null erhält und damit keine Wegunabhängigkeit vorliegt. Zur exakten Formulierung benötigen wir einen weiteren Begriff:

Definition 4.12 (Einfach zusammenhängendes Gebiet) Ein Gebiet G heißt einfach zusammenhängend genau dann, wenn man jede geschlossene Kurve in G zu einem Punkt zusammenziehen kann, ohne G zu verlassen.

Ist eine einfach zusammenhängende Menge G Teilmenge des $\mathbb{R}^2$, so gibt es keine Löcher in G, ist $G \subseteq \mathbb{R}^3$, so gibt es z. B. keine ausgesparten Kanäle von Seite zu Seite des Gebiets oder geschlossene Kanäle im Inneren.

Auf einem einfach zusammenhängenden Gebiet des $\mathbb{R}^3$ kann man für ein stetig differenzierbares Vektorfeld $\vec{V}$ beweisen, dass aus aus der Wirbelfreiheit rot $\vec{V} = \vec{0}$ die Wegunabhängigkeit folgt. Das gelingt z. B. mit dem später auf Seite 146 diskutierten Satz von Stokes (Satz 4.4), nach dem Kurvenintegrale über geschlossene Kurven null sind, da ihr Wert einem Integral über $(\text{rot } \vec{V}) \cdot \vec{N} = \vec{0} \cdot \vec{N} = 0$ entspricht, wobei $\vec{N}$ ein Normalenvektor der von der Kurve eingeschlossenen Fläche ist. Der einfache Zusammenhang stellt sicher, dass es eine entsprechende Fläche innerhalb von G gibt.

Liegt umgekehrt Wegunabhängigkeit vor, so besitzt $\vec{V}$ nach Satz 4.1 ein Potenzial φ. Nach Lemma 4.2 ist rot $\vec{V}(\vec{x}) = \text{rot}(\text{grad } \varphi)(\vec{x}) = \vec{0}$, so dass $\vec{V}$ wirbelfrei ist. Fassen wir beide Argumente zusammen, so erhalten wir:

Lemma 4.3 (Wegunabhängigkeit und Wirbelfreiheit) Für ein stetig differenzierbares Vektorfeld $\vec{V}$ auf einem einfach zusammenhängenden Gebiet $G \subseteq \mathbb{R}^3$ ist Wegunabhängigkeit äquivalent zur Wirbelfreiheit von $\vec{V}$.

Beim Fehlen sich ändernder Magnetfelder ist die elektrische Feldstärke $\vec{E}$ ein wirbelfreies Vektorfeld (siehe Hintergrundinformationen auf Seite 148 und insbesondere (4.10)) mit $\vec{E} = -\text{grad } \varphi$, wobei φ das elektrische Potenzial ist. Die Spannung zwischen zwei Punkten P_1 und P_2 erhält man über ein (beliebiges) Kurvenintegral über eine Kurve K von P_1 nach P_2 und damit als Potenzialdifferenz:

$$\int_K \vec{E} \, d\vec{x} = -[\varphi(P_2) - \varphi(P_1)] = \varphi(P_1) - \varphi(P_2).$$

Unter den Voraussetzungen von Lemma 4.3 sind Wegunabhängigkeit und Wirbelfreiheit gleichbedeutend. Insbesondere hat ein wirbelfreies Feld $\vec{V}$ dann

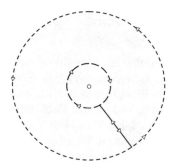

Abb. 4.6 Zum Residuensatz: Gegeben sei eine auf einem Gebiet, das die ausgefüllte Menge umfasst, komplex differenzierbare Funktion. Dabei können Punkte in der Bildmitte ausgespart sein. Das Integral entlang des kompletten gekennzeichneten Wegs ist null. Die beiden durchgezeichneten Wegstücke führen zu Integralen mit entgegengesetzten Vorzeichen, die sich wegheben. Damit hat das Kurvenintegral über den inneren Kreis den negativen Wert des Integrals über den äußeren Kreis. Durchläuft man beide Kreise positiv orientiert, haben die Integrale den gleichen Wert

ein Potenzial φ, also $\vec{V} = \operatorname{grad}\varphi$. Ist das Feld zusätzlich quellenfrei, so ist $0 = \operatorname{div}\vec{V} = \operatorname{div}\operatorname{grad}\varphi = \Delta\varphi$ mit dem Laplace-Operator $\Delta := \sum_{k=1}^{3}\frac{\partial^2}{\partial x_k^2}$ (vgl. Seite 124). Ein wirbel- und quellenfreies Feld hat damit ein Potenzial φ, das die **Laplace-Differenzialgleichung**

$$\Delta\varphi(x_1,x_2,x_3) = \frac{\partial^2\varphi}{\partial x_1^2}(x_1,x_2,x_3) + \frac{\partial^2\varphi}{\partial x_2^2}(x_1,x_2,x_3) + \frac{\partial^2\varphi}{\partial x_3^2}(x_1,x_2,x_3) = 0$$

$$(4.2)$$

erfüllt. Das Potenzial φ ist also eine Lösung dieser Gleichung, in der eine Bedingung an zweite partielle Ableitungen von φ gestellt wird. Daher handelt es sich hier wieder um eine **partielle Differenzialgleichung** (siehe auch Beispiel 1.8 auf Seite 18). Ersetzt man die Null auf der rechten Seite durch eine andere Funktion mit den Variablen x_1, x_2, x_3, so bekommt diese Differenzialgleichung den Namen **Poisson-Gleichung** oder **Potenzialgleichung**.

Beispiel 4.8 Jetzt betrachten wir die Jordan-Kurve K mit der Parametrisierung $(\vec{x}(t) := (\cos(t), \sin(t), 0), [0, 2\pi])$ und das Vektorfeld $\vec{V}(x_1, x_2, x_3) = (-x_2, x_1, 0)$ (vgl. Beispiel 4.7):

$$\oint_K \vec{V}\,\mathrm{d}\vec{x} = \int_0^{2\pi} \sin^2(t) + \cos^2(t)\,\mathrm{d}t = \int_0^{2\pi} 1\,\mathrm{d}t = 2\pi.$$

Hätten wir Wegunabhängigkeit, so müsste sich null ergeben. Tatsächlich ist auch die Rotation nicht $\vec{0}$: $\operatorname{rot}\vec{V}(x_1, x_2, x_3) = (0, 0, 2)$.

Hintergrund: Integrale von Funktionen mit einer komplexen Variable

Wir haben bislang (und werden im Folgenden) nur Funktionen mit einer reellen Variable integrieren. Integriert man von einer Stelle a zu einer Stelle $b \in \mathbb{R}$, so zerlegt man die Strecke von a nach b in (unendlich viele) kleine Teilintervalle, multipliziert jeweils einen Funktionswert mit einer Teilintervalllänge und summiert die reellen Produkte. Möchte man eine komplexwertige Funktion f mit der komplexen Variable $z = x + jy$ von einem Punkt $z_1 \in \mathbb{C}$ zu einem Punkt $z_2 \in \mathbb{C}$ integrieren, so kann man analog vorgehen und die Strecke zwischen z_1 und z_2 zerlegen. Die Differenz der Endpunkte eines Teilintervalls ist eine komplexe Zahl, die mit einem komplexen Funktionswert multipliziert wird. Aufsummiert ergibt sich dann eine komplexe Zahl als Integral. Neben der direkten Strecke kann man aber in der komplexen Ebene auch entlang anderer Kurven K von z_1 zu z_2 gelangen. Daher verwendet man Kurvenintegrale für das Vektorfeld $\vec{f} : \mathbb{R}^2 \to \mathbb{R}^2$ mit $f_1(x,y) = \mathrm{Re}(f(x+jy))$ und $f_2(x,y) = \mathrm{Im}(f(x+jy))$. Damit ist das komplexe Integral erklärt über

$$\int_K f(z)\,\mathrm{d}z := \int_K \begin{pmatrix} f_1(x,y) \\ -f_2(x,y) \end{pmatrix} \mathrm{d}(x,y) + j \int_K \begin{pmatrix} f_2(x,y) \\ f_1(x,y) \end{pmatrix} \mathrm{d}(x,y).$$

Die Definition wird verständlich, wenn wir die Punkte einer Kurve $K = ((x(t), y(t)), [\alpha, \beta])$ als komplexe Zahlen $x(t) + jy(t)$ auffassen und damit das Kurvenintegral überführen in ein Integral über das Produkt $f(x(t) + jy(t))[x'(t) + jy'(t)]$:

$$\int_K f(z)\,\mathrm{d}z = \int_\alpha^\beta f_1(x(t), y(t))x'(t) - f_2(x(t), y(t))y'(t)\,\mathrm{d}t$$

$$+ j \int_\alpha^\beta f_2(x(t), y(t))x'(t) + f_1(x(t), y(t))y'(t)\,\mathrm{d}t$$

$$= \int_\alpha^\beta [f_1(x(t), y(t)) + jf_2(x(t), y(t))][x'(t) + jy'(t)]\,\mathrm{d}t$$

$$= \int_\alpha^\beta f(x(t) + jy(t))[x'(t) + jy'(t)]\,\mathrm{d}t.$$

Hier haben wir statt separater reeller Integrale für Real- und Imaginärteil ein Integral geschrieben. Es ist aber genau so zu verstehen, dass man in Real- und Imaginärteil aufspaltet und separat integriert.

Beispiel 4.9 Entlang der positiv-orientierten Kurve K in der komplexen Ebene, die durch das Rechteck mit den Eckpunkten $1 + j$, $-1 + j$, $-1 - j$ und $1 - j$ gegeben ist, berechnen wir $\oint_K \frac{1}{z}\,\mathrm{d}z$.

$$\oint_K \frac{1}{z}\,\mathrm{d}z =$$

$$= \int_1^{-1} \frac{1}{t+j} \cdot 1 \, dt + \int_1^{-1} \frac{1}{-1+jt} \cdot j \, dt + \int_{-1}^1 \frac{1}{t-j} \cdot 1 \, dt + \int_{-1}^1 \frac{1}{1+jt} \cdot j \, dt$$

$$= \int_{-1}^1 -\frac{1}{t+j} - \frac{j}{-1+jt} + \frac{1}{t-j} + \frac{j}{1+jt} \, dt$$

$$= \int_{-1}^1 -2\frac{t-j}{t^2+1} + 2\frac{t+j}{t^2+1} \, dt = 4j \int_{-1}^1 \frac{1}{t^2+1} \, dt$$

$$= 4j[\arctan(1) - \arctan(-1)] = 4j \left[\frac{\pi}{4} - \frac{-\pi}{4} \right] = 2\pi j.$$

Man beachte, dass der Integrand auf der Kurve definiert ist. Die Polstelle 0 liegt jedoch im Inneren der Kurve.

Die Funktionentheorie ist die mathematische Disziplin, die sich mit Funktionen einer komplexen Variable beschäftigt. Wir gehen in Kürze auf einige ihrer zentralen Sätze ein: Wenn auf dem jetzt einfach zusammenhängenden Definitionsbereich die Funktion f komplex differenzierbar ist, d. h., $f'(z_0) := \lim_{z \to z_0} \frac{f(z_0)-f(z)}{z_0-z}$ existiert als komplexer Grenzwert für alle Stellen z_0 des Definitionsbereichs, dann führen die Cauchy-Riemann-Differenzialgleichungen (1.5) (siehe Seite 25) dazu, dass Wegunabhängigkeit vorliegt. Das sieht man das direkt mit der Rotation, die aber nur für Vektorfelder im $\mathbb{R}^3$ erklärt ist. Aufgrund der Differenzialgleichung $\frac{\partial}{\partial y} f_1(x,y) = -\frac{\partial}{\partial x} f_2(x,y)$ gilt für das Vektorfeld $\vec{V}(x,y,z) := (f_1(x,y), -f_2(x,y), 0)^\top$, dass

$$\mathrm{rot}\, \vec{V}(x,y,z) = \left(0, 0, -\frac{\partial}{\partial x} f_2(x,y) - \frac{\partial}{\partial y} f_1(x,y) \right)^\top = \vec{0}.$$

Eine Kurve K in $\mathbb{C}$ lässt sich durch Hinzufügen einer Nullkoordinate als Kurve im $\mathbb{R}^3$ auffassen. Damit folgt die Wegunabhängigkeit mit Lemma 4.3. Deshalb können wir von K unabhängig $\int_{z_1}^{z_2} f(z) \, dz$ schreiben. Insbesondere ist damit das Integral über eine geschlossene Kurve, die in einem einfach zusammenhängenden Gebiet liegt, auf dem die Funktion f komplex differenzierbar ist, gleich null. Das ist der **Cauchy-Integralsatz**. Ist die Kurve zusätzlich eine Jordan-Kurve (Definition 4.2), die im mathematisch positiven Sinn durchlaufen wird, so gilt für jeden Punkt z_0 im Inneren der Kurve:

$$f^{(n)}(z_0) = \frac{n!}{2\pi j} \oint_K \frac{f(z)}{(z-z_0)^{n+1}} \, dz.$$

Der neue Integrand $\frac{f(z)}{(z-z_0)^{n+1}}$ ist in z_0 nicht definiert, daher kann das Integral einen Wert ungleich null annehmen. Man erhält den Wert der n-ten komplexen Ableitung an der Stelle z_0. Insbesondere ist damit eine auf dem einfach zusammenhängenden Gebiet einmal komplex differenzierbare Funktion automatisch beliebig oft differenzierbar. Die Darstellung für $f^{(n)}(z_0)$ heißt die **Cauchy-Integralformel**. Mit ihr erhalten wir für $n=0$ und $f(z)=1$ den

Wert im obigen Beispiel schneller:

$$\oint_K \frac{1}{z} \, dz = \frac{2\pi j}{0!} f(0) = 2\pi j.$$

Ist eine Funktion auf einem einfach zusammenhängenden Gebiet differenzierbar bis auf einige Stellen $z_1, z_2, \ldots, z_n$ im Inneren einer geschlossene Kurve K in diesem Gebiet, so kann man das Integral über K zurückführen auf eine Summe von Integralen über geschlossene Kurven um die einzelnen Stellen z_k. Denn mit dem Cauchy-Integralsatz kann aus den einzelnen Integralen das Ausgangsintegral erhalten werden, indem man Integrale über geschlossene Kurven ergänzt, die allesamt den Wert null ergeben. Das ist in Abbildung 4.6 für eine Stelle z_1 (als Punkt in der Mitte) dargestellt.

Diese Reduktion auf Integrale um einzelne Stellen ist Gegenstand des **Residuensatzes**. Die einzelnen Summanden können gegebenenfalls mit der Cauchy-Integralformel unter Berücksichtigung der Anzahl der Kurvendurchläufe berechnet werden.

Beispiel 4.10 Entlang des positiv orientierten Kreises $|z| = 3$ integrieren wir $f(z) = \frac{z^3+2}{z(z-2)}$. Innerhalb des Kreises liegen die beiden Pole $z = 0$ und $z = 2$. Integrieren wir über positiv orientierte Kurven K_0 und K_2, innerhalb derer jeweils nur entweder 0 oder 2 liegt, so ist

$$\oint_K \frac{z^3+2}{z(z-2)} \, dz = \oint_{K_0} \frac{\frac{z^3+2}{z-2}}{z} \, dz + \oint_{K_1} \frac{\frac{z^3+2}{z}}{z-2} \, dz = \frac{2\pi j}{0!} \frac{0^3+2}{0-2} + \frac{2\pi j}{0!} \frac{2^3+2}{2}$$

$$= 8\pi j.$$

Eine Integrationstechnik für Funktionen mit einer reellen Variable besteht darin, dass man den Integranden zu einer Funktion mit einer komplexen Variable fortsetzt und dann entlang einer geschlossenen Kurve integriert, in der ein Intervall der reellen Achse enthalten ist. Der Integralwert für das reelle Teilstück entspricht dem gesuchten reellen Integral.

4.5 Satz von Green *

Wir nähern uns nun einigen zentralen Sätzen der Vektoranalysis und beginnen in diesem Abschnitt mit dem Satz von Green. Der **Satz von Green** stellt für ebene Flächen $E \subset \mathbb{R}^2$ einen Zusammenhang zwischen einem Integral über die Fläche und einem Kurvenintegral über die Randkurve ∂E der Fläche dar. Die Informationen des Randes reichen aus, um das Integral über die komplette Fläche anzugeben. Damit dieser Zusammenhang gilt, muss die Fläche einfach strukturiert sein und die Funktion $\vec{V}(x,y) = (V_1(x,y), V_2(x,y))$ stetig differenzierbar sein:

$$\iint_E \left[\frac{\partial V_2}{\partial x}(x,y) - \frac{\partial V_1}{\partial y}(x,y) \right] \mathrm{d}(x,y) = \oint_{\partial E} \vec{V} \, \mathrm{d}\vec{x}.$$

Mit dem Satz von Stokes werden wir später eine allgemeinere Aussage für Flächen in $\mathbb{R}^3$ erhalten.

Der Sachverhalt dieser Aussage ist gar nicht so überraschend, denn auch mit dem Hauptsatz der Differenzial- und Integralrechnung reduziert man ein Integral auf die Berechnung von Werten des Randes: $\int_a^b f'(x) \, \mathrm{d}x = f(b) - f(a)$. Der Rand des Intervalls $[a,b]$ wird durch die beiden Stellen a und b gebildet.

Mit vollständigen Voraussetzungen lautet der Satz so (vgl. [Blatter(1992), S. 238]):

Satz 4.2 (Satz von Green, auch Satz von Gauß in der Ebene) Sei $E \subset \mathbb{R}^2$ ein Gebiet, so dass E zusammen mit dem Rand von E ein zweidimensionaler Normalbereich (siehe Definition 3.5) ist, d.h., jede Gerade parallel zur x-Achse betritt das Gebiet höchstens einmal und verlässt es höchstens einmal. Entsprechendes gilt für jede Gerade parallel zur y-Achse. Interpretiert man jeweils (separat) die Eintritts- und Austrittspunkte als Funktionsgraphen, so müssen die zugehörigen Funktionen (dies sind f_1, f_2 und g_1, g_2 in Definition 3.5) hinreichend glatt sein (z.B. stetig differenzierbar).

Weiter sei $D \subseteq \mathbb{R}^2$, so dass E und die Randkurve von E in D liegen und zudem D offen ist (siehe Definition 1.2), d.h., zu jedem Punkt aus D liegt auch eine komplette Umgebung in D. Weiter sei $\vec{V} : D \to \mathbb{R}^2$ ein stetig differenzierbares Vektorfeld. Dann gilt:

$$\iint_E \left[\frac{\partial V_2}{\partial x}(x,y) - \frac{\partial V_1}{\partial y}(x,y) \right] \mathrm{d}(x,y) = \oint_{\partial E} \vec{V} \, \mathrm{d}\vec{x}. \qquad (4.3)$$

Dabei bezeichnet ∂E eine Kurve, die dem Rand von E entspricht und die im Gegenuhrzeigersinn, d.h. im mathematisch positiven Sinn durchlaufen wird.

- Die linke Seite von (4.3) ist ein „normales Integral" einer Funktion von E nach $\mathbb{R}$.
- Die rechte Seite von (4.3) ist ein Kurvenintegral, wobei man den Rand von E stückweise als Kurve im Gegenuhrzeigersinn parametrisieren muss.
- Wird dagegen die Kurve im Uhrzeigersinn durchlaufen, unterscheiden sich die beiden Integrale genau im Vorzeichen.
- Es wird gefordert, dass die Randfunktionen des Normalbereichs stetig differenzierbar sein sollen. Diese Bedingung ist z.B. für den Einheitskreis

verletzt. Dennoch ist dieses Gebiet glatt genug, damit der Satz von Green gilt.

Beweis (Skizze) Der Satz wird bewiesen, indem man sich aus den Bedingungen an das Gebiet E eine geeignete Parametrisierung der Randkurve konstruiert und dann das Kurvenintegral mittels des Hauptsatzes der Differenzial- und Integralrechnung (Seite xviii) in das Integral über E überführt. In einem ganz einfachen Spezialfall wollen wir den Satz beweisen. Dazu betrachten wir ein Rechteck $E :=]a_1, b_1[\times]a_2, b_2[$ mit den gegenüberliegenden Eckpunkten (a_1, a_2) und (b_1, b_2). Die positiv durchlaufene Randkurve von E setzt sich zusammen aus vier Kurven, die über $\vec{x}_1(t) := (t, a_2)$, $t \in [a_1, b_1]$, $\vec{x}_2(t) := (b_1, t)$, $t \in [a_2, b_2]$, $\vec{x}_3(t) := (a_1 + b_1 - t, b_2)$, $t \in [a_1, b_1]$ und $\vec{x}_4(t) := (a_1, a_2 + b_2 - t)$, $t \in [a_2, b_2]$ parametrisiert sind. Für ein stetig differenzierbares Vektorfeld $\vec{V} = (V_1, V_2)$ gilt mit dem Satz von Fubini (Seite 86):

$$
\iint_E \left[\frac{\partial V_2}{\partial x}(x, y) - \frac{\partial V_1}{\partial y}(x, y) \right] \mathrm{d}(x, y)
$$

$$
= \int_{a_2}^{b_2} \int_{a_1}^{b_1} \frac{\partial V_2}{\partial x}(x, y) \, \mathrm{d}x \, \mathrm{d}y - \int_{a_1}^{b_1} \int_{a_2}^{b_2} \frac{\partial V_1}{\partial y}(x, y) \, \mathrm{d}y \, \mathrm{d}x
$$

$$
= \int_{a_2}^{b_2} [V_2(b_1, y) - V_2(a_1, y)] \, \mathrm{d}y - \int_{a_1}^{b_1} [V_1(x, b_2) - V_1(x, a_2)] \, \mathrm{d}x
$$

$$
= \int_{a_1}^{b_1} V_1(x, a_2) \, \mathrm{d}x + \int_{a_2}^{b_2} V_2(b_1, y) \, \mathrm{d}y + \int_{a_1}^{b_1} V_1(x, b_2) \cdot (-1) \, \mathrm{d}x
$$

$$
+ \int_{a_2}^{b_2} V_2(a_1, y) \cdot (-1) \, \mathrm{d}y = \oint_{\partial E} \vec{V} \, \mathrm{d}\vec{x},
$$

da wir im vorletzten Schritt genau die Kurvenintegrale entlang den oben angegebenen vier Randkurven erhalten haben. $\square$

Beispiel 4.11 Sei $E :=]0, 1[\times]0, 1[$ und $\vec{V} : \mathbb{R}^2 \to \mathbb{R}^2$ mit $\vec{V}(x, y) = (x^4 - y^3, x^3 - y^3)$. Dann ist wegen des Satzes von Green

$$
\oint_{\partial E} (x^4 - y^3) \, \mathrm{d}x + (x^3 - y^3) \, \mathrm{d}y = \iint_E \left[\frac{\partial V_2}{\partial x}(x, y) - \frac{\partial V_1}{\partial y}(x, y) \right] \mathrm{d}(x, y)
$$

$$
= \iint_E 3x^2 + 3y^2 \, \mathrm{d}(x, y) = 3 \int_0^1 \int_0^1 x^2 + y^2 \, \mathrm{d}y \, \mathrm{d}x = 3 \int_0^1 x^2 + \frac{1}{3} \, \mathrm{d}x = 2.
$$

Wir kontrollieren das Ergebnis, indem wir das Kurvenintegral über eine Parametrisierung der vier Kanten ausrechnen:

$$
\oint_{\partial E} (x^4 - y^3) \, \mathrm{d}x + (x^3 - y^3) \, \mathrm{d}y = \int_0^1 (t^4 - 0^3, t^3 - 0^3) \begin{pmatrix} 1 \\ 0 \end{pmatrix} \mathrm{d}t
$$

$$+ \int_0^1 (1^4 - t^3, 1^3 - t^3) \begin{pmatrix} 0 \\ 1 \end{pmatrix} dt + \int_0^1 ((1-t)^4 - 1^3, (1-t)^3 - 1^3) \begin{pmatrix} -1 \\ 0 \end{pmatrix} dt$$

$$+ \int_0^1 (0^4 - (1-t)^3, 0^3 - (1-t)^3) \begin{pmatrix} 0 \\ -1 \end{pmatrix} dt$$

$$= \int_0^1 t^4 + 1 - t^3 + 1 - (1-t)^4 + (1-t)^3 \, dt = \frac{1}{5} + 1 - \frac{1}{4} + 1 - \frac{1}{5} + \frac{1}{4} = 2.$$

Beispiel 4.12 (Gauß'sche Trapezformel in 2D) Mit dem Satz von Green können wir den Flächeninhalt eines zweidimensionalen Normalbereichs E über ein Kurvenintegral berechnen. Dazu betrachten wir das Vektorfeld $\vec{V}(x,y) = (V_1(x,y), V_2(x,y)) = (0, x)$ mit $\frac{\partial V_2}{\partial x}(x,y) - \frac{\partial V_1}{\partial y}(x,y) = 1$ und erhalten

$$\iint_E 1 \, d(x,y) = \oint_{\partial E} \vec{V} \, d\vec{x}.$$

Beispielsweise ergibt sich so die Fläche für $E = [0,2] \times [3,6]$ mit einer Randkurve, die aus vier Strecken im Gegenuhrzeigersinn zusammengesetzt ist, zu

$$\iint_{[0,2] \times [3,6]} 1 \, d(x,y) = \int_0^2 0 \cdot 1 + t \cdot 0 \, dt + \int_3^6 0 \cdot 0 + 2 \cdot 1 \, dt$$

$$+ \int_2^0 0 \cdot 1 + t \cdot 0 \, dt + \int_6^3 0 \cdot 0 + 0 \cdot 1 \, dt = 6.$$

Mit diesem Ansatz erhält man auch direkt die Flächenformel für ein 2D-Polygon. Das polygonale Gebiet E sei im Gegenuhrzeigersinn durch n Kanten mit den verschiedenen Eckpunkten $(x_1, y_1), \ldots, (x_n, y_n)$ berandet, d.h., die erste Kante verbindet (x_1, y_1) mit (x_2, y_2), die nächste (x_2, y_2) mit (x_3, y_3), usw. Die letzte Kante schließt das Polygon, indem sie (x_n, y_n) mit $(x_{n+1}, y_{n+1}) := (x_1, y_1)$ verbindet. Wir zerlegen die Randkurve wieder in n einzelne Kurven, die über $\vec{x}_k(t) := (x_k, y_k) + t[(x_{k+1}, y_{k+1}) - (x_k, y_k)]$, $t \in [0,1]$, parametrisiert sind. Damit ergibt sich die Fläche zu

$$\oint_{\partial E} \vec{V} \, d\vec{x} = \sum_{k=1}^n \int_0^1 0 \cdot (x_{k+1} - x_k) + [x_k + t(x_{k+1} - x_k)](y_{k+1} - y_k) \, dt$$

$$= \sum_{k=1}^n (y_{k+1} - y_k) \left[x_k t + \frac{1}{2} t^2 (x_{k+1} - x_k) \right]_0^1 = \sum_{k=1}^n \frac{1}{2} (y_{k+1} - y_k)(x_k + x_{k+1})$$

$$= \frac{1}{2} \sum_{k=1}^n [x_k y_{k+1} - x_{k+1} y_k] - \frac{1}{2} \sum_{k=1}^n y_k x_k + \frac{1}{2} \sum_{k=1}^n y_{k+1} x_{k+1}$$

$$= \frac{1}{2} \sum_{k=1}^n [x_k y_{k+1} - x_{k+1} y_k],$$

da $(x_{n+1}, y_{n+1}) = (x_1, y_1)$. Diese Formel lässt sich auch über das Summieren von Trapezflächen erklären.

4.6 Flächenintegrale *

Hat man ein Vektorfeld, das eine Strömung beschreibt, so interessiert man sich häufig für die Flussmenge durch eine bestimmte Fläche. Um diese zu berechnen, verwendet man ein Flächenintegral. Hier werden die Strömungs-anteile „aufintegriert", die senkrecht zur Fläche stehen.

Definition 4.13 (Parameterdarstellung einer Fläche) Seien $S \subseteq \mathbb{R}^2$ ein Gebiet und $\vec{F}(u,v) := (x(u,v), y(u,v), z(u,v)) : S \to \mathbb{R}^3$ stetig differen-zierbar, so dass für jeden Punkt $(u,v) \in S$ die Jacobi-Matrix (siehe Seite 23) von $\vec{F}$ den Rang 2 besitzt:

$$\text{Rang} \begin{bmatrix} \frac{\partial x}{\partial u}(u,v) & \frac{\partial x}{\partial v}(u,v) \\ \frac{\partial y}{\partial u}(u,v) & \frac{\partial y}{\partial v}(u,v) \\ \frac{\partial z}{\partial u}(u,v) & \frac{\partial z}{\partial v}(u,v) \end{bmatrix} = 2.$$

Dann heißt die Menge

$$F := \{(x,y,z) \in \mathbb{R}^3 : x = x(u,v),\ y = y(u,v),\ z = z(u,v),\ (u,v) \in S\}$$

eine **Fläche** im $\mathbb{R}^3$, und $(\vec{F}, S)$ heißt eine **Parameterdarstellung** dieser Fläche.

Bei einer Kurve hat man einen Parameter, eine Fläche ist über zwei Variablen parametrisiert.

Definition 4.14 (Oberflächenintegral) Gegeben sei eine Fläche F in $\mathbb{R}^3$ mit Parameterdarstellung $(\vec{F}, S)$. Außerdem sei $g : F \to \mathbb{R}$ stetig. Das Integral

$$\int_F g \, d\sigma := \iint_S g(\vec{F}(u,v)) \left| \frac{\partial \vec{F}}{\partial u}(u,v) \times \frac{\partial \vec{F}}{\partial v}(u,v) \right| d(u,v)$$

heißt **Oberflächenintegral** von g über F (bezüglich der Parameterdarstel-lung $(\vec{F}, S)$), falls es existiert.

Auf Seite xv wird mit (ii) das Vektorprodukt für Vektoren $\vec{x}, \vec{y} \in \mathbb{R}^3$ definiert über

$$\vec{x} \times \vec{y} = (x_2 y_3 - y_2 x_3, x_3 y_1 - y_3 x_1, x_1 y_2 - y_1 x_2).$$

Sind $\vec{x}$ und $\vec{y}$ linear unabhängig, so steht der dabei resultierende Vektor senkrecht auf der von $\vec{x}$ und $\vec{y}$ aufgespannten Fläche. Aufgrund der Rang-Bedingung gilt das insbesondere für die linear unabhängigen (Tangenten-) Vektoren $\frac{\partial \vec{F}}{\partial u}(u,v)$ und $\frac{\partial \vec{F}}{\partial v}(u,v)$. Außerdem beschreibt $\left|\frac{\partial \vec{F}}{\partial u}(u,v) \times \frac{\partial \vec{F}}{\partial v}(u,v)\right|$ die Fläche des durch die Tangentenvektoren im Punkt $\vec{F}(u,v)$ aufgespannten Parallelogramms (siehe Band 1, S. 512) und drückt das Verzerrungsverhältnis durch die Parametrisierung aus. Damit wird der berechnete Wert insbesondere unabhängig von der Parametrisierung.

Um die Definition genauer zu verstehen, betrachten wir ein Parameterintervall $S =]a_1, b_1[\times]a_2, b_2[$ mit einer Parameterfunktion

$$\vec{F}(u,v) = (u, v, z(u,v)).$$

Die Fläche ist der Funktionsgraph der Funktion $z(u,v)$ und damit besonders anschaulich. Zu jedem $x = u$ und $y = v$ wird also eine Höhe $z(u,v)$ berechnet. Über jedem Teilintervall

$$\Big[\underbrace{a_1 + (i-1)\frac{b_1 - a_1}{n}}_{=:u_{i-1}}, \underbrace{a_1 + i\frac{b_1 - a_1}{n}}_{=u_i} \Big] \times \Big[\underbrace{a_2 + (k-1)\frac{b_2 - a_2}{m}}_{=:v_{k-1}}, \underbrace{a_2 + k\frac{b_2 - a_2}{m}}_{=v_k} \Big],$$

$1 \leq i \leq n$, $1 \leq k \leq m$, hat die Fläche näherungsweise den Flächeninhalt des von den beiden Vektoren

$$\left(\frac{b_1 - a_1}{n}, 0, \frac{b_1 - a_1}{n} \frac{\partial z}{\partial u}(u_{i-1}, v_{k-1}) \right) = \frac{b_1 - a_1}{n} \frac{\partial \vec{F}}{\partial u}(u_{i-1}, v_{k-1})$$

und

$$\left(0, \frac{b_2 - a_2}{m}, \frac{b_2 - a_2}{m} \frac{\partial z}{\partial v}(u_{i-1}, v_{k-1}) \right) = \frac{b_2 - a_2}{m} \frac{\partial \vec{F}}{\partial v}(u_{i-1}, v_{k-1})$$

aufgespannten Parallelogramms. Multiplizieren wir auf jedem Teilintervall einen Funktionswert von g (an der linken unteren Ecke (u_{i-1}, v_{k-1})) mit dem über das Vektorprodukt berechneten Flächeninhalt und summieren über alle Teilintervalle, so erhalten wir die Zahl

$$\frac{(b_1 - a_1) \cdot (b_2 - a_2)}{n \cdot m} \sum_{i=1}^{n} \sum_{k=1}^{m} g\left(\vec{F}(u_{i-1}, v_{k-1}) \right) \cdot$$

$$\cdot \left| \frac{\partial \vec{F}}{\partial u}(u_{i-1}, v_{k-1}) \times \frac{\partial \vec{F}}{\partial v}(u_{i-1}, v_{k-1}) \right|.$$

Lassen wir n und m gegen unendlich streben und damit die Zerlegung des Intervalls immer feiner werden, so erhalten wir das Oberflächenintegral aus der Definition.

Betrachtet man speziell die Funktion $g(\vec{x}) = 1$, so liefert das Oberflächenintegral $\int_F d\sigma$ den Flächeninhalt der parametrisierten Fläche.

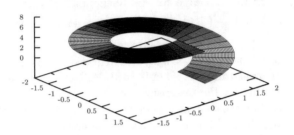

Abb. 4.7 Wendelfläche $\vec{F}(u,v) = (u\cos(v), u\sin(v), v)$, $S =]1,2[\times]0,2\pi[$

Beispiel 4.13 Wir berechnen den Flächeninhalt der Wendelfläche $(\vec{F}, S)$ mit

$$\vec{F}(u,v) = \begin{pmatrix} u\cos(v) \\ u\sin(v) \\ v \end{pmatrix} \text{ und } S =]1,2[\times]0,2\pi[\text{ (siehe Abbildung 4.7)}.$$

Zunächst ist

$$\left| \frac{\partial \vec{F}}{\partial u}(u,v) \times \frac{\partial \vec{F}}{\partial v}(u,v) \right|$$

$$= \left| \begin{pmatrix} \cos(v) \\ \sin(v) \\ 0 \end{pmatrix} \times \begin{pmatrix} -u\sin(v) \\ u\cos(v) \\ 1 \end{pmatrix} \right| = \left| \begin{pmatrix} \sin(v) \\ -\cos(v) \\ u\underbrace{[\cos^2(v) + \sin^2(v)]}_{=1} \end{pmatrix} \right|$$

$$= \sqrt{\sin^2(v) + \cos^2(v) + u^2} = \sqrt{1 + u^2}.$$

Damit erhalten wir für den Flächeninhalt:

$$\int_F d\sigma = \iint_S \sqrt{1+u^2} \, d(u,v) = \int_1^2 \int_0^{2\pi} \sqrt{1+u^2} \, dv \, du = 2\pi \int_1^2 \sqrt{1+u^2} \, du$$

$$= \pi \left[u\sqrt{1+u^2} + \ln\left(u + \sqrt{1+u^2}\right) \right]_1^2$$

$$= \pi \left[2\sqrt{5} - \sqrt{2} + \ln\left(\frac{2+\sqrt{5}}{1+\sqrt{2}}\right) \right].$$

Dass es sich beim letzten Schritt um eine Stammfunktion handelt, lässt sich durch Ableiten verifizieren:

$$\frac{\mathrm{d}}{\mathrm{d}u} \frac{1}{2} \left[u\sqrt{1+u^2} + \ln\left(u + \sqrt{1+u^2}\right) \right]$$

$$= \frac{1}{2} \left[\sqrt{1+u^2} + u\frac{2u}{2\sqrt{1+u^2}} + \frac{1}{u+\sqrt{1+u^2}} \left(1 + \frac{2u}{2\sqrt{1+u^2}}\right) \right]$$

$$= \frac{1}{2} \left[\sqrt{1+u^2} + \frac{(u^2+1)\left(u+\sqrt{1+u^2}\right)}{\sqrt{1+u^2}\left(u+\sqrt{1+u^2}\right)} \right] = \sqrt{1+u^2}.$$

Um die **Flussmenge** eines Vektorfelds $\vec{V}$ durch eine Fläche zu bestimmen, ist nur der Anteil der Strömung relevant, der senkrecht zur Fläche steht. Ein Anteil parallel zur Fläche spielt keine Rolle. Man erhält diesen Anteil an einer Stelle (x, y, z) der Fläche, indem man das Standardskalarprodukt mit einem Vektor $\vec{N} \in \mathbb{R}^3$ bildet, der senkrecht zur Fläche steht und den Betrag 1 hat. Das Standardskalarprodukt (i), Seite xv, hat die Darstellung

$$\vec{V}(x, y, z) \cdot \vec{N}(x, y, z) = |\vec{V}(x, y, z)| \cos(\varphi),$$

wobei φ der Winkel zwischen $\vec{N}$ und $\vec{V}$ an der Stelle (x, y, z) ist. Interessiert man sich für die Flussmenge durch die Fläche F, so erhält man diese über das Oberflächenintegral zu $g(x, y, z) := \vec{V}(x, y, z) \cdot \vec{N}(x, y, z)$:

$$\int_F \vec{V}(x, y, z) \cdot \vec{N}(x, y, z) \, \mathrm{d}\sigma$$

$$:= \iint_S \vec{V}(\vec{F}(u, v)) \cdot \vec{N}(\vec{F}(u, v)) \left| \frac{\partial \vec{F}}{\partial u}(u, v) \times \frac{\partial \vec{F}}{\partial v}(u, v) \right| \mathrm{d}(u, v).$$

Wenn wir nun noch den Normaleneinheitsvektor $\vec{N}$ über das Vektorprodukt (ii)

$$\vec{N}(\vec{F}(u, v)) = \frac{\frac{\partial \vec{F}}{\partial u}(u, v) \times \frac{\partial \vec{F}}{\partial v}(u, v)}{\left| \frac{\partial \vec{F}}{\partial u}(u, v) \times \frac{\partial \vec{F}}{\partial v}(u, v) \right|}$$

von Seite xv berechnen, erhalten wir das **Flussintegral**

$$\int_F \vec{V}(x, y, z) \cdot \vec{N}(x, y, z) \, \mathrm{d}\sigma$$

$$= \iint_S \vec{V}(\vec{F}(u, v)) \cdot \left(\frac{\partial \vec{F}}{\partial u}(u, v) \times \frac{\partial \vec{F}}{\partial v}(u, v) \right) \mathrm{d}(u, v). \tag{4.4}$$

Für den Wert des Integrals spielt die Orientierung des Normaleneinheitsvektors eine Rolle. Hier ist gegebenenfalls das Vorzeichen passend zur Aufgabenstellung anzupassen.

Beispiel 4.14 Wir betrachten die (geschlossene) Oberfläche einer Kugel mit Radius $r > 0$ um den Nullpunkt im $\mathbb{R}^3$. Unter Verwendung von Kugelkoordinaten können wir diese so für $(\varphi, \vartheta) \in S := [0, 2\pi] \times [-\pi/2, \pi/2]$ parametrisieren:

$$\vec{F}(\varphi, \vartheta) = (r\cos(\varphi)\cos(\vartheta), r\sin(\varphi)\cos(\vartheta), r\sin(\vartheta)).$$

Allerdings ist die Rangbedingung bei dieser Parametrisierung nicht für alle Punkte $(\varphi, \vartheta) \in S$ erfüllt. Die Menge der problematischen Stellen ist aber so klein, dass sie keinen Einfluss auf das Ergebnis der Integration hat. Unter Verwendung von $\sin^2(\alpha) + \cos^2(\alpha) = 1$ erhalten wir

$$\left| \frac{\partial \vec{F}}{\partial \varphi}(\varphi, \vartheta) \times \frac{\partial \vec{F}}{\partial \vartheta}(\varphi, \vartheta) \right| = \left| \begin{pmatrix} -r\sin(\varphi)\cos(\vartheta) \\ r\cos(\varphi)\cos(\vartheta) \\ 0 \end{pmatrix} \times \begin{pmatrix} -r\cos(\varphi)\sin(\vartheta) \\ -r\sin(\varphi)\sin(\vartheta) \\ r\cos(\vartheta) \end{pmatrix} \right|$$

$$= r^2 \left| \begin{pmatrix} \cos(\varphi)\cos^2(\vartheta) \\ \sin(\varphi)\cos^2(\vartheta) \\ \sin(\vartheta)\cos(\vartheta) \end{pmatrix} \right| = r^2 \sqrt{[\cos^2(\vartheta) + \sin^2(\vartheta)]\cos^2(\vartheta)} = r^2\cos(\vartheta).$$

Damit lässt sich das Oberflächenintegral einer Funktion $g : \mathbb{R}^3 \to \mathbb{R}$ über die Oberfläche der Kugel so berechnen:

$$\int_F g\, d\sigma$$

$$= \int_0^{2\pi} \int_{-\frac{\pi}{2}}^{\frac{\pi}{2}} g(r\cos(\varphi)\cos(\vartheta), r\sin(\varphi)\cos(\vartheta), r\sin(\vartheta))\, r^2\cos(\vartheta)\, d\vartheta\, d\varphi.$$

Das Flussintegral eines Vektorfelds durch die Oberfläche der Kugel erhält man bei Verwendung von Normaleneinheitsvektoren, die aus der Kugel heraus zeigen (äußere Normalen) über die Parametrisierung wie folgt.

$$\int_F \vec{V}(x, y, z) \cdot \vec{N}(x, y, z)\, d\sigma = \int_F \vec{V}(x, y, z) \cdot \frac{1}{r}(x, y, z)\, d\sigma$$

$$= \int_0^{2\pi} \int_{-\frac{\pi}{2}}^{\frac{\pi}{2}} \vec{V}(r\cos(\varphi)\cos(\vartheta), r\sin(\varphi)\cos(\vartheta), r\sin(\vartheta)) \cdot$$

$$\cdot \frac{1}{r}(r\cos(\varphi)\cos(\vartheta), r\sin(\varphi)\cos(\vartheta), r\sin(\vartheta))\, r^2\cos(\vartheta)\, d\vartheta\, d\varphi$$

$$= r^2 \int_0^{2\pi} \int_{-\frac{\pi}{2}}^{\frac{\pi}{2}} \vec{V}(r\cos(\varphi)\cos(\vartheta), r\sin(\varphi)\cos(\vartheta), r\sin(\vartheta)) \cdot$$

$$\cdot (\cos(\varphi)\cos^2(\vartheta), \sin(\varphi)\cos^2(\vartheta), \sin(\vartheta)\cos(\vartheta))\, d\vartheta\, d\varphi.$$

Wir betrachten zwei wichtige Spezialfälle: Ein konstantes Vektorfeld und ein Vektorfeld, das auf der Kugeloberfläche in Richtung der Normalen zeigt und dort einen konstanten Betrag hat. Sei zunächst $\vec{F} = (c_1, c_2, c_3)$ ein konstantes Vektorfeld. Dann erhalten wir

$$\int_F \vec{V}(x,y,z) \cdot \vec{N}(x,y,z) \, \mathrm{d}\sigma$$

$$= r^2 \int_0^{2\pi} \int_{-\frac{\pi}{2}}^{\frac{\pi}{2}} (c_1, c_2, c_3) \cdot (\cos(\varphi)\cos^2(\vartheta), \sin(\varphi)\cos^2(\vartheta), \sin(\vartheta)\cos(\vartheta)) \, \mathrm{d}\vartheta \, \mathrm{d}\varphi$$

$$= r^2 \int_{-\frac{\pi}{2}}^{\frac{\pi}{2}} \int_0^{2\pi} c_1\cos(\varphi)\cos^2(\vartheta) + c_2\sin(\varphi)\cos^2(\vartheta) + c_3\sin(\vartheta)\cos(\vartheta) \, \mathrm{d}\varphi \, \mathrm{d}\vartheta$$

$$= r^2 c_3 2\pi \int_{-\frac{\pi}{2}}^{\frac{\pi}{2}} \sin(\vartheta)\cos(\vartheta) \, \mathrm{d}\vartheta = 0.$$

Dabei haben wir ausgenutzt, dass die Integrale von Sinus und Kosinus über eine volle Periode gleich null sind. Bei der letzten Gleichung wird verwendet, dass der Integrand eine ungerade Funktion ist, so dass sich die Integralanteile links und rechts der Null aufheben.

Bei einem konstanten Vektorfeld ist der Fluss in die Kugel gleich dem Fluss aus der Kugel hinaus. Positive und negative Funktionswerte heben sich auf.

Der zweite wichtige Spezialfall ist ein radiales Vektorfeld, das für Punkte (x,y,z) der Kugeloberfläche die Darstellung $\vec{V}(x,y,z) = c \cdot \vec{N}(x,y,z)$ besitzt. Da die Normalenvektoren auf die Länge eins normiert sind, ist $\vec{N}(x,y,z) \cdot \vec{N}(x,y,z) = 1$, so dass

$$\int_F \vec{V}(x,y,z) \cdot \vec{N}(x,y,z) \, \mathrm{d}\sigma = \int_F c \, \mathrm{d}\sigma = \int_0^{2\pi} \int_{-\frac{\pi}{2}}^{\frac{\pi}{2}} c \, r^2 \cos(\vartheta) \, \mathrm{d}\vartheta \, \mathrm{d}\varphi$$

$$= 2\pi r^2 c [\sin(\vartheta)]_{-\frac{\pi}{2}}^{\frac{\pi}{2}} = 4\pi r^2 c.$$

4.7 Die Sätze von Gauß und Stokes *

Eine Anwendung der Integralsätze von Gauß und Stokes besteht in der Überführung der Maxwell'schen Gleichungen der Elektrotechnik aus der Differenzial- in die Integralform und umgekehrt. Diese sehen wir uns nach der Formulierung der Sätze als Beispiel an.

Beim Satz von Green kann man die Integration über eine ebene Fläche auf ein Integral über den Rand der Fläche zurückführen (und umgekehrt). Die Sätze von Gauß und Stokes sind sehr ähnliche Aussagen. Beim Satz von Gauß überführt man Volumenintegrale in Oberflächenintegrale (und umgekehrt). Der Satz von Stokes vergleicht Flächen- mit Randintegralen. Allerdings müssen hier die Flächen nicht eben sein wie beim Satz von Green.

4.7.1 Satz von Gauß

Mit dem Satz von Gauß kann man Quellen und Senken eines Vektorfelds über die Divergenz charakterisieren. In Kurzfassung besagt der Satz von Gauß, dass für ein (geeignetes) Gebiet $E \subset \mathbb{R}^3$ und eine stetig differenzierbare Funktion $\vec{V} : D \to \mathbb{R}^3$, die auf einer genügend großen Menge D definiert ist, ein Integral der Divergenz von $\vec{V}$ über E durch ein Oberflächenintegral über die Randfläche ∂E von E ausgerechnet werden kann (und umgekehrt), wobei das Oberflächenintegral den Fluss des Vektorfelds durch die Oberfläche angibt:

$$\iiint_E \operatorname{div} \vec{V}(x,y,z) \, \mathrm{d}(x,y,z) = \int_{\partial E} \vec{V} \cdot \vec{N} \, \mathrm{d}\sigma.$$

Mit ausführlichen Voraussetzungen sieht der Satz dann so aus (siehe z. B. [Blatter(1992), S. 259]):

Satz 4.3 (Satz von Gauß, der Divergenz-Satz) Sei $E \subset \mathbb{R}^3$ ein Gebiet, so dass E zusammen mit dem Rand von E ein Normalbereich im $\mathbb{R}^3$ (siehe Definition 3.5) ist, so dass die Randfunktionen des Normalbereichs stetig differenzierbar sind. Weiter sei $D \subseteq \mathbb{R}^3$, so dass E und die Randfläche von E in D liegen und zudem D offen ist (siehe Definition 1.2). Weiter sei $\vec{V} : D \to \mathbb{R}^3$ ein stetig differenzierbares Vektorfeld. Dann gilt:

$$\iiint_E \operatorname{div} \vec{V}(x,y,z) \, \mathrm{d}(x,y,z) = \int_{\partial E} \vec{V} \cdot \vec{N} \, \mathrm{d}\sigma. \qquad (4.5)$$

Dabei bezeichnet ∂E die Oberfläche von E, und $\int_{\partial E} \mathrm{d}\sigma$ ist das zugehörige Oberflächenintegral, das als Flussintegral eingesetzt wird. An jeder Stelle der Oberfläche ist $\vec{N}$ die **äußere Normale**. Dies ist ein Vektor der Länge 1, der senkrecht zur Oberfläche steht (Normaleneinheitsvektor) und aus E hinauszeigt.

• Die linke Seite von (4.5) ist ein „normales Integral" einer reellwertigen Funktion $\operatorname{div}(x,y,z)$ von drei Variablen x, y und z, das wir z. B. mit dem Satz von Fubini berechnen können.

• Die rechte Seite von (4.5) ist ein Flussintegral (4.4). Dabei wird der Rand ∂E stückweise als Fläche parametrisiert (was geht, da E ein Normalbereich ist). Für jede Parametrisierung $(\vec{F}, S)$ eines Teils der Oberfläche $\tilde{\partial} E$ ist das Flussintegral

$$\int_{\tilde{\partial} E} \vec{V} \cdot \vec{N} \, \mathrm{d}\sigma = \iint_S s(F) \cdot \vec{V}(\vec{F}(u,v)) \cdot \left(\frac{\partial \vec{F}}{\partial u}(u,v) \times \frac{\partial \vec{F}}{\partial v}(u,v) \right) \, \mathrm{d}(u,v).$$

Dabei ist $s(F)$ entweder als 1 oder -1 zu wählen, so dass der Vektor $\frac{\partial \vec{F}}{\partial u}(u,v) \times \frac{\partial \vec{F}}{\partial v}(u,v)$ aus E heraus nach außen zeigt. Man integriert jetzt über ein Skalarprodukt, dessen Vorzeichen durch $s(F)$ verändert wird. Damit ist der Integrand eine reellwertige Funktion. Schließlich werden die Integrale der Parametrisierungen der Teiloberflächen addiert.

- Auch dieser Satz wird mit dem Hauptsatz der Differenzial- und Integralrechnung (Seite xviii) und dem Satz von Fubini (Seite 86) bewiesen. Falls das Gebiet E ein Quader ist, wird der Satz genau wie in der Beweisskizze zum Satz von Green auf Seite 134 gezeigt. Tatsächlich unterscheiden sich die Sätze auch nur in der Raumdimension, wenn man die unterschiedliche Definition von Kurven- und Oberflächenintegralen berücksichtigt. Der Integrand auf der linken Seite des Satzes von Green wird zu einer „zweidimensionalen Divergenz", wenn man das Produkt mit einem Normalenvektor senkrecht zur Randkurve herausrechnet, siehe z. B. [Göllmann(2017), Band 2, S. 181].

Beispiel 4.15 Mit dem Satz von Gauß berechnen wir das Oberflächenintegral $\int_{\partial E} \vec{V} \cdot \vec{N}\, d\sigma$, wobei $\vec{V}(x,y,z) := (x^2, y^2, z^2)$ und $E =]0,1[\times]0,1[\times]0,1[$ ist:

$$\int_{\partial E} \vec{V} \cdot \vec{N}\, d\sigma = \iiint_E \operatorname{div} \vec{V}(x,y,z)\, d(x,y,z)$$
$$= \int_0^1 \int_0^1 \int_0^1 2x + 2y + 2z\, dz\, dy\, dx = 3.$$

Mit dem Satz von Gauß können wir nun die Definition der Divergenz besser verstehen. Wir betrachten eine Kugel K_r mit Oberfläche F_r und Radius r (d. h. Volumen $\frac{4}{3}\pi r^3$) um eine Stelle (x,y,z). Mit $\vec{N}$ sei der Normaleneinheitsvektor bezeichnet, der an einer Stelle der Kugeloberfläche senkrecht nach außen zeigt. Für eine stetige Funktion $\operatorname{div} \vec{V}$ kann der Funktionswert an der Stelle (x,y,z) auch als Grenzwert eines Integrals geschrieben werden (vgl. (14.9) in Band 1, S. 388), den wir mit dem Satz von Gauß anders schreiben können:

$$\operatorname{div} \vec{V}(x,y,z) = \lim_{r \to 0+} \frac{1}{\frac{4}{3}\pi r^3} \iiint_{K_r} \operatorname{div} \vec{V}(u,v,w)\, d(u,v,w)$$
$$= \lim_{r \to 0+} \frac{1}{\frac{4}{3}\pi r^3} \int_{F_r} \vec{V} \cdot \vec{N}\, d\sigma.$$

Hier betrachtet man die Flussmenge durch eine geschlossene Kugeloberfläche (pro Volumen der Kugel), die sich im Grenzwert auf einen Punkt zusammenzieht (vgl. (4.4)). Hat das Vektorfeld $\vec{V}$ in (x,y,z) eine „Quelle" (z. B. eine Punktladung), so ist die Divergenz positiv. Der Fluss aus der Kugel nach außen ist größer als der Fluss durch die Kugeloberfläche nach innen. Hat das Vektorfeld in (x,y,z) eine „Senke", so ist die Divergenz negativ. Der Fluss durch die Kugeloberfläche in die Kugel hinein ist größer als der durch die

Oberfläche nach außen. Hat das Vektorfeld weder Quelle noch Senke, so ist die Divergenz null. Dann ist der Fluss durch die Oberfläche ausgeglichen, innerhalb der Kugel kommt nichts hinzu und nichts verschwindet (vgl. Abbildung 4.4, Seite 123).

Hintergrund: Der Satz von Gauß und die Laplace-Differenzialgleichung

Mit dem Satz von Gauß gewinnen wir auch eine neue Sicht auf die Laplace-oder Poisson-Differenzialgleichung von Seite 129, die in der Theorie partieller Differenzialgleichungen als **Green'sche Formel** (und nicht, wie zu erwarten wäre, als Gauß'sche Formel) bekannt ist. Damit erhalten wir gleichzeitig neue Einblicke über Potenziale als Lösung einer Laplace-Gleichung, falls das Feld quellenfrei ist (siehe (4.2)), oder sonst als Lösung einer Poisson-Gleichung. Wählen wir in (4.5) die Funktion $\vec{V}(x,y,z) = (\operatorname{grad} f)(x,y,z) = \nabla f(x,y,z)$ für eine geeignete reellwertige Funktion f (z. B. wäre mit dem elektrischen Potenzial φ die Wahl $f := -\varphi$ möglich, und die elektrische Feldstärke wäre $\vec{E} = \vec{V} = -\operatorname{grad}\varphi$), so ergibt sich die Green'sche Formel für den Laplace-Operator Δ von Seite 124

$$\iiint_E \Delta f(x,y,z)\,\mathrm{d}(x,y,z)$$

$$= \iiint_E \frac{\partial^2}{\partial x^2}f(x,y,z) + \frac{\partial^2}{\partial y^2}f(x,y,z) + \frac{\partial^2}{\partial z^2}f(x,y,z)\,\mathrm{d}(x,y,z)$$

$$= \iiint_E \operatorname{div}(\operatorname{grad} f)(x,y,z)\,\mathrm{d}(x,y,z) = \iiint_E \operatorname{div}\vec{V}(x,y,z)\,\mathrm{d}(x,y,z)$$

$$\stackrel{(4.5)}{=} \int_{\partial E} \vec{V}\cdot\vec{N}\,\mathrm{d}\sigma = \int_{\partial E} (\operatorname{grad} f)\cdot\vec{N}\,\mathrm{d}\sigma = \int_{\partial E} \frac{\partial f}{\partial\vec{N}}\,\mathrm{d}\sigma,$$

wobei wir im letzten Schritt die Richtungsableitung von f in Richtung $\vec{N}$ erhalten haben, siehe Seite 17. Bei der Laplace-Gleichung ist eine Funktion f gesucht, bei der $\Delta f(x,y,z) = 0$ ist. Man nennt eine solche Funktion eine **harmonische Funktion**. Für diese verschwindet insbesondere das Integral auf der linken Seite. Zum Beispiel ist das Potenzial eines wirbel- und quellenfreien Felds eine harmonische Funktion. Hier muss notwendigerweise auf dem Rand von E das Integral $\int_{\partial E}\frac{\partial f}{\partial\vec{N}}\,\mathrm{d}\sigma$ der Richtungsableitung von f (des Potenzials) in Richtung der äußeren Normalen gleich null sein. Hat man allgemeiner die Poisson-Gleichung $\Delta f(x,y,z) = g(x,y,z)$, so muss jede Lösung f auch $\int_{\partial E}\frac{\partial f}{\partial\vec{N}}\,\mathrm{d}\sigma = \iiint_E g(x,y,z)\,\mathrm{d}(x,y,z)$ erfüllen. Üblicherweise sucht man hier eine Lösung f der Differenzialgleichung, die auf dem Rand von E einer vorgegebenen Bedingung (Randbedingung) genügt, z. B. die **Neumann-Randbedingung** $\frac{\partial f}{\partial\vec{N}} = h(x,y,z)$ auf ∂E. Damit es dann überhaupt eine Lösung geben kann, muss die vorgegebene Funktion h die Gleichung $\int_{\partial E} h\,\mathrm{d}\sigma = \iiint_E g(x,y,z)\,\mathrm{d}(x,y,z)$ erfüllen. Die vorgegebenen Daten (Funktionen) g und h müssen also zueinander passen.

Mit der Green'schen Formel kann man zeigen, dass Eigenschaften einer Lösungsfunktion im Inneren des Gebiets E durch Eigenschaften auf dem Rand festgelegt sind, z.B. wird ein Maximum einer Lösung f der Laplace-Gleichung auf dem Rand angenommen (**Maximumprinzip**). Damit lässt sich dann auch die Eindeutigkeit einer Lösung bei vorgegebener Randbedingung nachweisen.

Mit einer Erweiterung der Green'schen Formel findet man auch eine in der Praxis wichtige Darstellung der Lösungen der Poisson-Gleichung. Ist eine Funktion f gesucht, die auf einem geeigneten Gebiet E die Gleichung $\Delta f(x, y, z) = g(x, y, z)$ erfüllt und für die gleichzeitig die **Dirichlet-Randbedingung** $f(x, y, z) = h(x, y, z)$ auf dem Rand ∂E für eine dort vorgegebene Funktion h gilt, dann hat die Lösung f an jeder Stelle $\vec{x}_0 \in E$ die Darstellung

$$f(\vec{x}_0) = \int_{\partial E} h(\vec{x}) \frac{\partial G(\vec{x}, \vec{x}_0)}{\partial \vec{N}(\vec{x})} \, d\sigma + \iiint_E g(\vec{x}) G(\vec{x}, \vec{x}_0) \, d\vec{x}.$$

Hier ist $\vec{x}_0$ eine feste Stelle, an der der Wert der Lösung berechnet wird, und $\vec{x}$ ist jeweils die Integrationsvariable. $G(\vec{x}, \vec{x}_0)$ ist für jede Stelle $\vec{x}_0$ eine Funktion in der Variable $\vec{x}$. Eine solche Funktion, die aus den vorgegebenen Daten die Lösung generiert, existiert und heißt **Green'sche Funktion**. Neben der Stelle $\vec{x}_0$ hängt sie nur vom Gebiet E ab. Für gängige Gebiete ist die Green'sche Funktion bekannt, so dass man die Lösung der Differenzialgleichung über die beiden Integrale berechnen kann. Ist beispielsweise E eine Kugel mit Radius r um den Nullpunkt, so ist für $\vec{x}_0 \neq \vec{0}$ [Strauss(1995), S. 198]:

$$G(\vec{x}, \vec{x}_0) = \frac{1}{4\pi} \left[-\frac{1}{|\vec{x} - \vec{x}_0|} + \frac{r}{|\vec{x}_0| \left| \vec{x} - \frac{r^2 \vec{x}_0}{|\vec{x}_0|^2} \right|} \right].$$

Hier hat man allerdings die Schwierigkeit, dass die Funktion in jeder Umgebung von $\vec{x}_0$ unbeschränkt ist, so dass $\iiint_E g(\vec{x}) G(\vec{x}, \vec{x}_0) \, d\vec{x}$ nur sinnvoll ist, wenn man wie bei uneigentlichen Integralen eine Kugel um die Stelle $\vec{x}_0$ ausspart und deren Radius gegen null gehen lässt. Da $\vec{x}_0 \in E$ ist, gilt $|\vec{x}_0| < r$. Daher ist $\left| \frac{r^2 \vec{x}_0}{|\vec{x}_0|^2} \right| = \frac{r^2}{|\vec{x}_0|} > r$, so dass der Punkt $\frac{r^2 \vec{x}_0}{|\vec{x}_0|^2}$ nicht im Gebiet liegt und keine Schwierigkeiten bei der Integration macht.

Die Green'sche Funktion kann interpretiert werden als ein elektrisches Potenzial, wobei nur an der Stelle $\vec{x}_0$ eine Punktladung vorliegt.

4.7.2 Satz von Stokes

So wie der Satz von Gauß den Zusammenhang zwischen Divergenz und Quellen und Senken eines Felds beschreibt, drückt der Satz von Stokes den Zusammenhang zwischen Rotation und Wirbeln aus. In Kurzfassung besagt der Satz von Stokes, dass der Fluss der Rotation eines Vektorfelds durch eine Oberfläche F (vgl. (4.4)) durch ein Kurvenintegral bezüglich des Randes von F ausgerechnet werden kann (und umgekehrt):

$$\int_F (\operatorname{rot} \vec{V}) \cdot \vec{N} \, d\sigma = \oint_{\partial F} \vec{V} \, d\vec{x}.$$

Die vollständige Information über die Rotation eines Vektorfelds $\vec{V}$ senkrecht zur Fläche F steckt bereits in den Funktionswerten von $\vec{V}$ auf dem Rand ∂F der Fläche. Mit ausführlichen Voraussetzungen sieht der Satz so aus (vgl. [Blatter(1992), S. 274]):

Satz 4.4 (Satz von Stokes) Sei $(\vec{F}, S)$ die Parameterdarstellung einer Fläche $F \subset \mathbb{R}^3$, so dass die Parameterfunktion $\vec{F}$ zweimal stetig differenzierbar auf einer offenen Menge ist, die S und den Rand von S umfasst. Außerdem sei S ein zweidimensionaler Normalbereich mit stetig differenzierbaren Randfunktionen. Der Rand ∂F der Fläche F sei stückweise als Kurve parametrisierbar. Sei $D \subseteq \mathbb{R}^3$ offen und Definitionsbereich des stetig differenzierbaren Vektorfelds $\vec{V} : D \to \mathbb{R}^3$. Die Fläche F möge vollständig im Definitionsbereich von $\vec{V}$ liegen: $F \subseteq D$. Dann gilt:

$$\int_F (\operatorname{rot} \vec{V}) \cdot \vec{N} \, d\sigma = \oint_{\partial F} \vec{V} \, d\vec{x}. \qquad (4.6)$$

Dabei ist das Vorzeichen des Normaleneinheitsvektors $\vec{N}$ so zu wählen, dass die Vorzeichen beider Seiten übereinstimmen. Durchläuft man die Randkurve im Gegenuhrzeigersinn, so zeigt der Normaleneinheitsvektor relativ dazu nach oben.

- Die linke Seite von (4.6) ist ein Flussintegral. Dabei wird das Skalarprodukt der Rotation von $\vec{F}$ mit dem Normaleneinheitsvektor der Fläche integriert. Man erhält so den Fluss von $\operatorname{rot} \vec{V}$ durch die Fläche (vgl. (4.4)), den man den **Wirbelfluss** nennt.
- Die rechte Seite ist ein Kurvenintegral entlang der Randkurve der Fläche F.
- Der Satz von Green folgt aus dem Satz von Stokes, wenn man eine Fläche betrachtet, deren Punkte alle die z-Koordinate 0 haben. Denn dann ist $\vec{N} = (0, 0, 1)^\top$ und $[(\operatorname{rot} \vec{V}) \cdot \vec{N}](x, y, 0) = \frac{\partial V_2}{\partial x}(x, y, 0) - \frac{\partial V_1}{\partial y}(x, y, 0)$, also

entsteht der Integrand im Satz von Green. Der Satz von Green ist also ein Spezialfall des Satzes von Stokes.

Beispiel 4.16 (Gauß'sche Trapezformel in 3D) Wie mit dem Satz von Green im Beispiel 4.12 kann mit dem Satz von Stokes der Flächeninhalt einer Fläche $F \subset \mathbb{R}^3$ über ein Randintegral berechnet werden. Ist konkret eine ebene Fläche gegeben, die an jeder Stelle den gleichen Normaleneinheitsvektor $\vec{N} = (n_1, n_2, n_3)$ besitzt, so kann man dazu das Vektorfeld $\vec{V}(x, y, z) := (n_2 z, n_3 x, n_1 y)$ benutzen. Dann ist $\operatorname{rot} \vec{V}(x, y, z) = \vec{N}$ und $(\operatorname{rot} \vec{V}) \cdot \vec{N} = 1$, so dass der Betrag von $\int_F (\operatorname{rot} \vec{V}) \cdot \vec{N} \, d\sigma$ der Flächeninhalt ist. Wir betrachten als Beispiel eine ebene Polygonfläche F mit 3D-Koordinaten und Normaleneinheitsvektor $\vec{N}$, die (schaut man in Gegenrichtung des Normaleneinheitsvektors) im Gegenuhrzeigersinn durch n Kanten mit den verschiedenen Eckpunkten $(x_1, y_1, z_1), \ldots, (x_n, y_n, z_n)$ berandet ist, d. h., die erste Kante verbindet (x_1, y_1, z_1) mit (x_2, y_2, z_2), die nächste (x_2, y_2, z_2) mit (x_3, y_3, z_3), usw. Wie im Beispiel 4.12 schließt die letzte Kante das Polygon, indem sie (x_n, y_n, z_n) mit $(x_{n+1}, y_{n+1}, z_{n+1}) := (x_1, y_1, z_1)$ verbindet. Wird die Randkurve wieder in n einzelne Kurven zerlegt, die über $\vec{x}_k(t) := (x_k, y_k, z_k) + t[(x_{k+1}, y_{k+1}, z_{k+1}) - (x_k, y_k, z_k)]$, $t \in [0, 1]$, parametrisiert sind, so ergibt sich der Flächeninhalt zu

$$\oint_{\partial F} \vec{V} \, d\vec{x} = \sum_{k=1}^{n} \int_0^1 n_2 [z_k + t(z_{k+1} - z_k)] \cdot (x_{k+1} - x_k)$$
$$+ n_3 [x_k + t(x_{k+1} - x_k)](y_{k+1} - y_k) + n_1 [y_k + t(y_{k+1} - y_k)](z_{k+1} - z_k) \, dt$$
$$= \frac{1}{2} \sum_{k=1}^{n} n_2(z_k + z_{k+1})(x_{k+1} - x_k) + n_3(x_k + x_{k+1})(y_{k+1} - y_k)$$
$$+ n_1(y_k + y_{k+1})(z_{k+1} - z_k)$$
$$= \frac{1}{2} \vec{N} \cdot \sum_{k=1}^{n} \begin{pmatrix} (y_k + y_{k+1})(z_{k+1} - z_k) \\ (z_k + z_{k+1})(x_{k+1} - x_k) \\ (x_k + x_{k+1})(y_{k+1} - y_k) \end{pmatrix} = \frac{1}{2} \vec{N} \cdot \sum_{k=1}^{n} \begin{pmatrix} y_k z_{k+1} - y_{k+1} z_k \\ z_k x_{k+1} - z_{k+1} x_k \\ x_k y_{k+1} - x_{k+1} y_k \end{pmatrix}$$
$$= \frac{1}{2} \vec{N} \cdot \sum_{k=1}^{n} \begin{pmatrix} x_k \\ y_k \\ z_k \end{pmatrix} \times \begin{pmatrix} x_{k+1} \\ y_{k+1} \\ z_{k+1} \end{pmatrix}.$$

Im vorletzten Schritt haben sich viele Summanden ausgelöscht, da sie in aufeinander folgenden Summanden vorkommen und der $n+1$-te Punkt gleich dem ersten ist.

Beispiel 4.17 Mit dem Satz von Stokes berechnen wir $\oint_{\partial F} \vec{V} \, d\vec{x}$, wobei $\partial F = \{(x, y, z) : x = \cos(t), \, y = \sin(t), \, z = 1, \, t \in [0, 2\pi]\}$ und $\vec{V}(x, y, z) = (2y, -2x, z^2 x)$. Die berandete Fläche ist eine ebene Kreisscheibe mit Normaleneinheitsvektor $\vec{N} = (0, 0, 1)$, Radius 1 und Flächeninhalt π. $\operatorname{rot} \vec{V}(x, y, z) = (0, -z^2, -4)$. Damit:

$$\int_F (\text{rot}\,\vec{V}) \cdot \vec{N}\,\mathrm{d}\sigma = \int_F (0, -z^2, -4) \begin{pmatrix} 0 \\ 0 \\ 1 \end{pmatrix} \mathrm{d}\sigma = \int_F -4\,\mathrm{d}\sigma = -4\pi.$$

Wir erhalten das gleiche Ergebnis durch direktes Ausrechnen des Kurvenintegrals:

$$\begin{aligned} \oint_{\partial F} \vec{V}\,\mathrm{d}\vec{x} &= \int_0^{2\pi} \vec{V}(\cos(t), \sin(t), 1) \cdot \begin{pmatrix} -\sin(t) \\ \cos(t) \\ 0 \end{pmatrix} \mathrm{d}t \\ &= \int_0^{2\pi} (2\sin(t), -2\cos(t), \cos(t)) \cdot \begin{pmatrix} -\sin(t) \\ \cos(t) \\ 0 \end{pmatrix} \mathrm{d}t \\ &= \int_0^{2\pi} -2\,\mathrm{d}t = -4\pi. \end{aligned}$$

Der Satz von Stokes liefert eine Interpretation der Rotation (vgl. Abbildung 4.4 auf Seite 123). Wir betrachten eine Kreisscheibe K_r mit Rand ∂K_r und Radius r um den Punkt (x, y, z). $\vec{N}$ sei der passende Normaleneinheitsvektor zu dieser Kreisscheibe. Für eine stetige Funktion rot $\vec{V}$ kann der Funktionswert an der Stelle (x, y, z) auch als Grenzwert eines Integrals geschrieben werden, den wir mit dem Satz von Stokes anders schreiben können:

$$\text{rot}(\vec{V}(x,y,z)) \cdot \vec{N} = \lim_{r \to 0+} \frac{1}{\pi r^2} \int_{K_r} (\text{rot}\,\vec{V}) \cdot \vec{N}\,\mathrm{d}\sigma = \lim_{r \to 0+} \frac{1}{\pi r^2} \oint_{\partial K_r} \vec{V}\,\mathrm{d}\vec{x}.$$

Ist der Anteil der Rotation in Richtung des Normaleneinheitsvektors ungleich null, so sind auch die Kurvenintegrale für kleine Kreise K_r der rechten Seite ungleich null. Die Vektoranteile des Felds heben sich entlang der Kurve nicht auf. Das ist ein Indiz für geschlossene Feldlinien, also für Wirbel. Diese Beobachtung passt zu der bereits zuvor gemachten Feststellung, dass Wegunabhängigkeit des Kurvenintegrals genau dann vorliegt, wenn die Rotation null ist.

Hintergrund: Die Maxwell'schen Gleichungen

An dieser Stelle geschieht keine Herleitung der nach dem englischen Physiker James Clark Maxwell (1831–1879) benannten Gleichungen. Wir wollen lediglich auf den Zusammenhang mit den Sätzen von Gauß und Stokes aufmerksam machen. Die **Maxwell'schen Gleichungen** beschreiben Eigenschaften der folgenden Vektorfelder, die Abbildungen aus $\mathbb{R}^3$ in $\mathbb{R}^3$ sind:

- $\vec{E}$: elektrische Feldstärke, siehe Kapitel 4.1.
- $\vec{D}$: elektrische Erregung bzw. Verschiebungsdichte. Ein elektrisches Feld trennt positive und negative Ladungen in einer Metallplatte, die sich im Feld befindet. Die elektrische Erregung zeigt in Richtung der elektrischen

Feldstärke, und ihr Betrag ist gleich der Flächenladungsdichte (Ladung pro Fläche), die entsteht, wenn man zwei aufeinanderliegende Metallplatten, die sich senkrecht zum elektrischen Feld befinden, in Feldrichtung trennt. In einem isotropen, homogenen Medium ist die elektrische Erregung proportional zur Feldstärke.

- $\vec{S}$: elektrische Stromdichte. $\vec{S}$ zeigt in Richtung der Bewegung positiver Ladungsträger. $|\vec{S}|$ ist ein Grenzwert von Stromstärke pro senkrecht zum Strom stehender Fläche, wobei man die Größe der Fläche gegen null gehen lässt.

- $\vec{B}$: magnetische Flussdichte (Induktion). $\vec{B}$ zeigt in Richtung des magnetischen Felds. Der Betrag der Größe ist über die Kraft $\vec{F}$ definiert, die auf einen stromdurchflossenen, geraden Leiter der Länge l vom Magnetfeld ausgeübt wird, wenn der Leiter senkrecht zum Magnetfeld steht. Fließt der Strom i durch den Leiter, so ergibt sich der Betrag von $\vec{B}$ aus dem Quotienten $\frac{\vec{F}}{l \cdot |i|}$, indem man die Seitenlänge l der Leiterschleife und die Stromstärke $|i|$ gegen null gehen lässt.

- $\vec{H}$: magnetische Erregung bzw. Feldstärke. In einem homogenen, isotropen Material (mit Ausnahme von ferro- und ferrimagnetischen Materialien) ist die magnetische Erregung proportional zur magnetischen Flussdichte: $\vec{B} = \mu \vec{H}$.

Zudem benötigt man die Raumladungsdichte ϱ als reellwertige (skalare) Funktion, die die Verteilung von elektrischer Ladung im Raum beschreibt. Ist K_r eine Kugel mit Radius r (und Volumen $\frac{4}{3}\pi r^3$) um den Punkt (x, y, z), so ist

$$\varrho(x, y, z) := \lim_{r \to 0+} \frac{\text{Ladung der Kugel } K_r}{\frac{4}{3}\pi r^3}$$

und gibt damit die Ladungsdichte im Punkt (x, y, z) an.

In Differenzialform lauten die Maxwell'schen Gleichungen (ohne Bedingungen an das Verhalten an Grenzflächen):

$$\operatorname{div} \vec{B} = 0 \qquad (4.7) \qquad \operatorname{rot} \vec{H} = \vec{S} + \frac{\partial}{\partial t}\vec{D} \qquad (4.9)$$

$$\operatorname{div} \vec{D} = \varrho \qquad (4.8) \qquad \operatorname{rot} \vec{E} = -\frac{\partial}{\partial t}\vec{B}. \qquad (4.10)$$

Die erste Gleichung besagt, dass die magnetische Flussdichte keine Quellen oder Senken hat. Nach (4.8) ist dies für die elektrische Erregung (und damit auch für die elektrische Feldstärke) anders. Hier sind Ladungen (beschrieben durch die Raumladungsdichte ϱ) die Quellen und Senken. Die Gleichungen (4.9) und (4.10) beschreiben Wirbel der magnetischen bzw. elektrischen Feldstärke. Hier gehen zeitliche Änderungen der Vektorfelder $\vec{B}$ und $\vec{D}$ ein. Zeitliche Änderungen der magnetischen Flussdichte $\vec{B}$ führen gemäß (4.10) zu Wirbeln im elektrischen Feld. Zeitliche Änderungen im elektrischen Feld führen nach (4.9) zu Wirbeln der magnetischen Flussdichte, sofern $\vec{H}$ und $\vec{B}$

sowie $\vec{E}$ und $\vec{D}$ proportional sind. Mathematisch müssen wir eine Variable für die Zeit hinzufügen, z. B. $\vec{B}(x, y, z, t) : D \subseteq \mathbb{R}^4 \to \mathbb{R}^3$. Für feste Zeitpunkte t hat man dann weiterhin ein Vektorfeld.

Mit dem Satz von Gauß können (unter geeigneten Voraussetzungen) die Gleichungen (4.7) und (4.8) in die folgende Integralform gebracht werden:

$$0 = \iiint_A \operatorname{div} \vec{B}(x, y, z) \, \mathrm{d}(x, y, z) = \int_{\partial A} \vec{B} \cdot \vec{N} \, \mathrm{d}\sigma \qquad (4.11)$$

$$\iiint_A \varrho \, \mathrm{d}(x, y, z) = \iiint_A \operatorname{div} \vec{D}(x, y, z) \, \mathrm{d}(x, y, z) = \int_{\partial A} \vec{D} \cdot \vec{N} \, \mathrm{d}\sigma. \qquad (4.12)$$

Die magnetische Flussdichte hat keine Quellen und Senken. Alle Feldlinien, die A betreten, verlassen A wieder. Das Integral über die Oberfläche von A in (4.11) ist daher null. In der Gleichung (4.12) steht auf der linken Seite mit $\iiint_A \varrho \, \mathrm{d}(x, y, z)$ die Gesamtladung im Volumen A. Diese bestimmt die elektrische Erregung durch die Hüllenfläche von A.

Die Gleichungen (4.9) und (4.10) werden mit dem Satz von Stokes in die Integralform für eine geeignete Fläche A überführt, sofern Integration und Ableitung vertauscht werden dürfen (was man z. B. mit dem Satz von Fubini bewerkstelligen kann, vgl. Beweis zu Lemma 11.2 b) auf Seite 305):

$$\oint_{\partial A} \vec{H} \, \mathrm{d}\vec{x} = \int_A (\operatorname{rot} \vec{H}) \cdot \vec{N} \, \mathrm{d}\sigma = \int_A \vec{S} \cdot \vec{N} + \left(\frac{\partial}{\partial t} \vec{D} \right) \cdot \vec{N} \, \mathrm{d}\sigma$$

$$= \int_A \vec{S} \cdot \vec{N} \, \mathrm{d}\sigma + \frac{\partial}{\partial t} \int_A \vec{D} \cdot \vec{N} \, \mathrm{d}\sigma$$

$$\oint_{\partial A} \vec{E} \, \mathrm{d}\vec{x} = \int_A (\operatorname{rot} \vec{E}) \cdot \vec{N} \, \mathrm{d}\sigma = \int_A \left(-\frac{\partial}{\partial t} \vec{B} \right) \cdot \vec{N} \, \mathrm{d}\sigma = -\frac{\partial}{\partial t} \int_A \vec{B} \cdot \vec{N} \, \mathrm{d}\sigma.$$

Literaturverzeichnis

Blatter(1992). Blatter, C.: Analysis 2, Springer, Berlin, 1992.

Göllmann(2017). Göllmann, L., Hübl, R., Pulham, S., Ritter, S., Schon, H., Schüffler, K., Voß, U. und Vossen, G.: Mathematik für Ingenieure: Verstehen, Rechnen, Anwenden. Band 1 und 2. Springer Vieweg, Heidelberg, 2017.

Papula(2018/2015/2016). Papula, L.: Mathematik für Ingenieure und Naturwissenschaftler Band 1–3. Springer Vieweg, Wiesbaden, 2018/2015/2016.

Strauss(1995). Strauss, W. A.: Partielle Differentialgleichungen. Vieweg, Wiesbaden, 1995.

Kapitel 5

Aufgaben zu Teil I

5.1 Differenzialrechnung

Aufgabe 5.1 Berechnen Sie die folgenden Grenzwerte in $\mathbb{R}^n$:

a) $\displaystyle\lim_{k\to\infty}\left(\frac{\sin(k)}{k},\left(1+\frac{1}{k}\right)^k\right)$,   b) $\displaystyle\lim_{k\to\infty}\left(k\sin\left(\frac{1}{k}\right),1,\frac{k^2+2k+1}{2k^2}\right)$.

Aufgabe 5.2 Man berechne die gemischten zweiten partiellen Ableitungen $\dfrac{\partial^2 f}{\partial x\partial y}$ und $\dfrac{\partial^2 f}{\partial y\partial x}$ der Funktion

$$f(x,y)=(x^2+y^2)\sin\left(\frac{1}{x^2+y^2}\right)+\sin(y)+2x$$

für $(x,y)\neq(0,0)$ und zeige, dass diese nicht stetig ergänzbar in $(0,0)$ sind. Dazu betrachte man einen Grenzwert entlang der Gerade $y=x$.

Aufgabe 5.3 Man berechne alle partiellen Ableitungen erster Ordnung der Funktionen

a) $f(x,y)=x^2y+\sin(y)+\pi$,   b) $f(x,y,z)=\sqrt{x^2+y^2+z^2}$,

c) $f(x,y,z)=(xy)^z$ für $x,y>0$.

Ergänzende Information Die elektronische Version dieses Kapitels enthält Zusatzmaterial, auf das über folgenden Link zugegriffen werden kann https://doi.org/10.1007/978-3-662-68369-9_5.

Aufgabe 5.4 Man berechne die folgenden partiellen Ableitungen:

a) $\dfrac{\partial^2}{\partial y \partial x}[x + x^2 y + 3y^2]$,　　　b) $\dfrac{\partial^2}{\partial x^2} 3e^{2x+y^2}$,　　　c) $\dfrac{\partial^2}{\partial y \partial x}[3y\cos(x^2 y)]$,

d) $\dfrac{\partial^2}{\partial x^2}[y \sin(x^2 + y^2) + 3x^2 + 1]$.

Aufgabe 5.5 Bestimmen Sie den Gradienten der Funktion

$$f(x,y) := \frac{x}{\sqrt{x^2 + y^2}} - 3$$

an der Stelle $(2,3)$, also den Wert $[\operatorname{grad} f](2,3)$. Berechnen Sie damit die Richtungsableitung in Richtung des Vektors $(3, -2)$ an der Stelle $(2,3)$.

Aufgabe 5.6 Berechnen Sie den Gradienten von f unter Verwendung der Kettenregel:

$$f(x,y,z) = g(\vec{h}(x,y,z)),\ g(u,v,w) := 3u^2 + 4v + 16w,$$
$$\vec{h}(x,y,z) := (x^2 + 2z, y^3, x^2 - z^2).$$

Aufgabe 5.7 Man bestimme alle Stellen, an denen die Funktion $f(x,y) = (x+1)^2 + y^2 + 5$ lokale Extrema besitzt.

5.2 Nicht-lineare und lineare Optimierung

Aufgabe 5.8 Man bestimme alle (aber maximal zwei) Stellen, an denen die Funktion $f(x,y) = y^2 x - 4x$ lokale Extremstellen besitzen kann.

Aufgabe 5.9 Man bestimme das absolute Minimum der Funktion

$$f(x,y,z) = 3x^2 + 3y^2 + z^2 + 1$$

unter der Nebenbedingung $x + y + z = 1$.

Aufgabe 5.10 a) Wir suchen ein Minimum der Funktion

$$f(x,y,z) := \sin(x^2 + y^2 + z^2 - 1)\exp(x)$$

unter der Nebenbedingung $g(x,y,z) := (x-5)^2 + (y-3)^2 + (z-1)^2 = 0$. Stellen Sie dazu nach dem Satz über die Langange-Multiplikatoren vier verschiedene Gleichungen auf, die notwendigerweise erfüllt sein müssen, wenn in (x,y,z) ein Minimum unter der Nebenbedingung liegt. Das Lösen des Gleichungssystems ist hier **nicht** verlangt.

b) Geben Sie analog zu a) das Gleichungssystem für die Funktion

$$f(x, y, z) := \exp(x^2 + y^2 + z^2 - 1) \sin(x)$$

und die Nebenbedingung $g(x, y, z) := (x - 3)^2 + (y - 2)^2 + (z - 1)^2 = 0$ an.

c) Wo hat die Funktion $f : \mathbb{R}^3 \to \mathbb{R}$ mit $f(x, y, z) := x - y + 2z$ lokale Extremstellen unter der Nebenbedingung $x^2 + y^2 + 2z^2 = 2$, d. h. $g(x, y, z) = 0$ mit

$$g(x, y, z) := x^2 + y^2 + 2z^2 - 2 : \mathbb{R}^3 \to \mathbb{R}?$$

Die Nebenbedingung stellt einen Ellipsoid dar.

Aufgabe 5.11 Lösen Sie mit dem Simplex-Algorithmus die folgenden linearen Optimierungsprobleme:

a) Maximiere $x + 4y$ s. t. $x + y \leq 1$ und $2x + y \leq 3$ und $x \geq 0$, $y \geq 0$.

b) Maximiere $x - 2y$ s. t. $x + y \leq 1$ und $x \geq 0$, $y \geq 0$.

Aufgabe 5.12 Ein Rucksack soll mit maximal n Gegenständen gefüllt werden, die über die Zahlen aus $\{1, \ldots, n\}$ bezeichnet sind. Jeder Gegenstand hat ein Gewicht $g_k \geq 0$, $1 \leq k \leq n$. Der Rucksack soll maximal schwer werden, der Inhalt darf aber das Gewicht G nicht überschreiten. Formulieren Sie ein entsprechendes Optimierungsproblem mit Binärvariablen.

Aufgabe 5.13 Gegeben ist ein Münzsystem $C = \{c_1, \ldots, c_n\}$ mit n verschiedenen positiven natürlichen Zahlen (Münzen) $c_1 < c_2 < \cdots < c_n$ und ein positiver Betrag $c \in \mathbb{N}$. Das **Change-Making-Problem** besteht darin, Anzahlen für jede Münze zu finden, so dass sich der Betrag exakt mit den Münzen darstellen lässt und die Gesamtzahl der Münzen minimal ist. Schreiben Sie ein gemischt-ganzzahliges Programm zum Lösen des Change-Making-Problems.

5.3 Integralrechnung

Aufgabe 5.14 Man berechne folgende Integrale:

a) $\iint_{[0,2] \times [1,2]} 1 + x + y \, \mathrm{d}(x, y)$,   b) $\iint_{[0,2] \times [1,2]} y \sin(\pi x y) \, \mathrm{d}(x, y)$,

c) $\iiint_{[0,1] \times [0,1] \times [0,1]} x y z \, \mathrm{d}(x, y, z)$,   d) $\iiint_{[0,1] \times [0,1] \times [0,1]} x^3 + y^2 + z \, \mathrm{d}(x, y, z)$,

e) $\iint_{[0, \frac{\pi}{2}] \times [0, \frac{\pi}{2}]} \cos(y) \sin(x) \, \mathrm{d}(x, y)$,   f) $\iint_{[1,2] \times [0,1]} x^3 \cdot \exp(x^2 y) \, \mathrm{d}(x, y)$.

Aufgabe 5.15 a) B sei das durch die Geraden $x = 0$, $y = 0$ und $y = -\frac{1}{2}x + 1$ begrenzte Dreieck. Man berechne $\iint_B 2x^2 y \, \mathrm{d}(x, y)$.

b) Es sei B der von den Kurven $y = -x$, $y = x^2$, $x = 1$ im ersten und vierten Quadranten berandete Bereich. Man berechne $\iint_B x^2 + 2xy + 1 \, \mathrm{d}(x, y)$.

Aufgabe 5.16 Man berechne mittels Substitution $x = ar \cos(\varphi) \cos(\vartheta)$, $y = br \sin(\varphi) \cos(\vartheta)$, $z = cr \sin(\vartheta)$ das Volumen eines Ellipsoids mit Halbachsen $a, b, c > 0$:

$$\iiint_{\{(x,y,z):x^2/a^2+y^2/b^2+z^2/c^2 \leq 1\}} 1\, d(x,y,z).$$

5.4 Vektoranalysis

Aufgabe 5.17 Man gebe eine Formel für die kürzeste Entfernung zwischen zwei Punkten $(R, \varphi_1, \vartheta_1)$ und $(R, \varphi_2, \vartheta_2)$ auf der Oberfläche einer Kugel mit Radius R an. Die beiden Punkte in sind Kugelkoordinatendarstellung (Radius, Längen- und Breitengrad) gegeben. Zur Berechnung des Winkels zwischen den Strecken vom Ursprung zu den beiden Punkten in kartesischer Darstellung kann das Skalarprodukt verwendet werden.

Aufgabe 5.18 a) Berechnen Sie die Divergenz der Vektorfelder $\vec{V}(x, y, z) := (x^2, y^2, z^2)$ und $\vec{W}(x, y) = (x \sin(y), \cos(x) \exp(y))$.
b) Berechnen Sie die Rotation der Vektorfelder

$$\vec{V}(x, y, z) := \begin{pmatrix} z \cos(x) \\ z \sin(x) \\ z \end{pmatrix} \quad \text{und} \quad \vec{W}(x, y, z) := \begin{pmatrix} x^2 \\ y^2 \\ z^2 \end{pmatrix}.$$

Aufgabe 5.19 Mit der Gauß'schen Trapezformel aus Beispiel 4.16 rechne man nach, dass der Flächeninhalt des von $\vec{a}, \vec{b} \in \mathbb{R}^3$ „aufgespannten" Parallelogramms gleich dem Betrag des Vektorprodukts $|\vec{a} \times \vec{b}|$ ist (siehe (ii) auf Seite xv).

Teil II
Differenzialgleichungen

Differenzialgleichungen sind Gleichungen, in denen gesuchte Funktionen (die häufig mit y bezeichnet werden) und Ableitungen dieser Funktionen auftreten. Solche Gleichungen sind von fundamentaler Bedeutung für die Ingenieurmathematik, da viele physikalische Gesetze durch Differenzialgleichungen formuliert sind. Denn oft verhalten sich Änderungsraten (also Ableitungen) proportional zu den gesuchten physikalischen Größen. Durch Lösen von Differenzialgleichungen werden wir u. a. die folgenden Fragen beantworten:

- Wie biegen sich die Seile einer Hängebrücke wie z. B. der abgebildeten Mülheimer Brücke durch (Differenzialgleichung der Kettenlinie)?

$$y''(x) = k \cdot \sqrt{1 + (y'(x))^2}$$

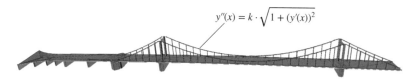

- Wie alt ist ein fossiler Knochen?
- Wie können wir Kaffee durch Zugabe von Milch schnell abkühlen?
- Wie entwickeln sich die Ströme beim Einschalten einer Spannung in einem elektrischen Netzwerk?

Mit der Herleitung von Differenzialgleichungen aus physikalischen oder technischen Aufgabenstellungen beschäftigt sich die **Mathematische Modellierung**.

In diesem Teil des Buchs erarbeiten wir Lösungsmethoden für gegebene Differenzialgleichungen aus der Praxis. Wir betrachten Methoden, die auf geschlossene Lösungen führen. Das sind Lösungen, die man mit Formeln exakt angeben kann. Die meisten technisch interessanten Differenzialgleichungen sind jedoch nicht geschlossen lösbar. Hier kommen Näherungsverfahren zur Anwendung, die wir kurz ansprechen.

Wir beginnen mit einzelnen gewöhnlichen Differenzialgleichungen erster Ordnung, d. h., es treten nur erste Ableitungen auf, und es sind Funktionen mit einer Variable gesucht. Dann schauen wir uns Systeme von linearen Differenzialgleichungen erster Ordnung an und werden ein ähnliches Verhalten wie bei linearen Gleichungssystemen erkennen. Das werden wir nutzen, um lineare Differenzialgleichungen höherer Ordnung (mit höheren Ableitungen) vergleichsweise einfach zu lösen. Danach sprechen wir auch kurz partielle

Differenzialgleichungen an, bei denen Funktionen mit mehreren Variablen gesucht werden, so dass partielle Ableitungen verwendet werden. Ein wichtiges numerisches Lösungsverfahren für gewisse partielle Differenzialgleichungen ist die Finite Elemente Methode, die wir zum Abschluss dieses Buchteils vorstellen.

Kapitel 6

Differenzialgleichungen und ihre Lösungen

In diesem Kapitel geht es um gewöhnliche Differenzialgleichungen: Gesucht sind Funktionen einer Variable, die eine Gleichung erfüllen, in der die Funktion, ihre erste Ableitung (Differenzialgleichung erster Ordnung) und gegebenenfalls auch höhere Ableitungen (Differenzialgleichung höherer Ordnung) vorkommen. Wir beschäftigen uns mit der Existenz von Lösungen und lernen dabei Näherungsverfahren kennen. Für die in der Praxis sehr häufig vorkommenden linearen Differenzialgleichungen erster Ordnung leiten wir Lösungsformeln her. Dabei benutzen wir die Techniken „Trennung der Variablen" und „Variation der Konstanten", die auch für andere Gleichungstypen funktionieren. Danach werden weitere Lösungstechniken für einige Typen von nicht-linearen Differenzialgleichungen erster Ordnung besprochen.

6.1 Beispiele für Differenzialgleichungen aus Physik und Technik

Wir beginnen mit einigen Beispielen.

Beispiel 6.1 Beim freien Fall eines Steins ohne Berücksichtigung des Luftwiderstands sei $y(t)$ die zurückgelegte Strecke. Die Fallbeschleunigung $y''(t)$ ist gleich der Gravitationskonstante $g = 9{,}81 \text{ m}/\text{s}^2$, d. h., es gilt die Differenzialgleichung

$$y''(t) = g.$$

Durch Integration erhalten wir die Fallgeschwindigkeit

$$y'(t) = gt + v_0$$

mit v_0 als Anfangsgeschwindigkeit des Steins zur Zeit $t = 0$ s. Nochmalige Integration ergibt das Weg-Zeit-Gesetz

$$y(t) = \frac{1}{2}gt^2 + v_0 t + s_0$$

mit s_0 als Anfangshöhe zur Zeit $t = 0$ s. Bei diesem einfachen Beispiel können wir die Differenzialgleichung durch elementare Integration lösen. Kompliziertere Beispiele erfordern speziellere Methoden, die wir uns in diesem Kapitel ansehen.

Beispiel 6.2 In einem Stromkreis (R/L-Kreis), in dem eine Spannungsquelle mit Spannung $u(t)$, ein Widerstand R und eine Induktivität hintereinandergeschaltet sind, ergibt sich für die Stromstärke aus der Kirchhoff'schen Maschengleichung und den Bauteilgesetzen von Ohm und Faraday die Differenzialgleichung

$$Li'(t) + Ri(t) = u(t). \tag{6.1}$$

Für sinus- oder kosinusförmige Spannungen $u(t) = \hat{u}\cos(\omega t + \varphi_u)$ kann man die Stromstärke über die komplexe Wechselstromrechnung ermitteln (siehe Band 1, Kapitel 5.4). Für andere Spannungsfunktionen (z. B. beim Einschalten) muss man aber die Differenzialgleichung lösen.

Eine sehr wichtige Rolle beim Lösen von Differenzialgleichungen spielt die Exponentialfunktion $\exp(x) = e^x$, die gleich ihrer Ableitung ist. Sie erfüllt also die Differenzialgleichung

$$y'(x) - y(x) = 0.$$

Betrachten wir als Erweiterung die Funktion $y(x) = ce^{ax}$ für Konstanten $a, c \in \mathbb{R}$, so ist $y'(x) = \frac{d}{dx}(ce^{ax}) = ace^{ax} = ay(x)$, und $y(x)$ erfüllt damit die Differenzialgleichung

$$y'(x) - ay(x) = 0. \tag{6.2}$$

Für $u(t) = 0$ erhalten wir somit eine Lösung $i(t) = ce^{-\frac{R}{L}t}$ der Gleichung (6.1). Gibt man die Stromstärke $i(0) = i_0$ als Anfangsbedingung zum Zeitpunkt $t = 0$ vor, so erhalten wir dazu den Stromverlauf $i(t) = i_0 e^{-\frac{R}{L}t}$.

Beispiel 6.3 Die Zerfallsrate einer radioaktiven Substanz ist proportional zur vorhandenen Menge der Substanz. Wir bezeichnen mit $y(t)$ die Menge der Substanz zum Zeitpunkt t. Die Ableitung $\frac{d}{dt}y(t)$ ist die Änderungsrate der Menge und entspricht der Zerfallsrate. Damit lautet das Zerfallsgesetz

$$y'(t) \sim y(t),$$

d. h., es gibt eine Konstante $k \in \mathbb{R}$ mit

$$y'(t) = k \cdot y(t). \tag{6.3}$$

Dies ist die Differenzialgleichung für den radioaktiven Zerfall. Die materialabhängige Konstante k ist negativ, da ja die Menge mit der Zeit abnimmt. Beispielsweise gilt für das Radium-Isotop $^{226}\mathrm{Ra}$ die Zerfallskonstante $k \approx -1{,}4 \cdot 10^{-11} \mathrm{\ s}^{-1}$.

Liegt zur Zeit $t = 0$ die Menge $y_0 = y(0)$ der Substanz vor, so erhält man $y(t)$ als Lösung eines sogenannten **Anfangswertproblems**

$$y'(t) = k \cdot y(t), \quad y(0) = y_0.$$

Wie im vorherigen Beispiel erfüllt die Funktion ce^{kt} die Differenzialgleichung. Wählt man speziell $c = y_0$, so ist auch die Anfangsbedingung $y(0) = y_0$ erfüllt.

Als nächstes Beispiel betrachten wir ein einfaches Feder-Masse-Dämpfer-System.

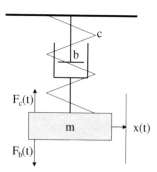

Abb. 6.1 Feder-Masse-Dämpfer-System

Beispiel 6.4 Die Beschleunigung $x''(t)$ der Masse m in Abbildung 6.1 ist bestimmt durch die durch die Feder und den Dämpfer ausgeübten Kräfte $F_c(t)$ und $F_b(t)$:

$$m\,x''(t) = F_c(t) + F_b(t). \tag{6.4}$$

Die beiden Kräfte sind durch die Feder mit Federkonstante c und Nullposition u sowie durch den Dämpfer mit Reibungskoeffizient b festgelegt:

$$F_c(t) = c(u - x(t)) \text{ (lineares Federgesetz)},$$
$$F_b(t) = -b\,x'(t) \quad \text{(lineare Dämpfung)}.$$

Einsetzen in die Gleichung (6.4) ergibt die Differenzialgleichung des Feder-Masse-Dämpfer-Systems für die zeitabhängige Auslenkung $x(t)$ der Masse

$$m\,x''(t) + b\,x'(t) + c\,x(t) = c\,u.$$

Hierbei handelt es sich um eine lineare Differenzialgleichung zweiter Ordnung (wegen der zweiten Ableitung x''), die wir auf Seite 233 für die Nullposition $u = 0$ lösen.

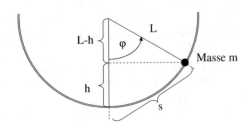

Abb. 6.2 Mathematisches
Pendel

Beispiel 6.5 An einem Pendel der Länge L schwingt eine Masse m. Die Auslenkung lässt sich sowohl durch den zeitabhängigen Winkel $\varphi(t)$ als auch durch die Länge des Bogens $s = s(t)$ (siehe Abbildung 6.2) messen. Um die Auslenkung in Abhängigkeit der Zeit zu beschreiben, leiten wir eine Differenzialgleichung her und starten mit dem Gesetz der Energieerhaltung, d. h.

$$E_{\text{kin}} + E_{\text{pot}} = \text{const.},$$

d. h., die Summe aus kinetischer und potentieller Energie der bewegten Masse ist konstant. Dabei gilt

$$E_{\text{kin}} = \frac{1}{2} m \cdot v^2(t) \quad \text{und} \quad E_{\text{pot}} = m \cdot g \cdot h,$$

wobei $g = 9{,}81 \text{ m}/\text{s}^2$ die Gravitationskonstante, h die jeweilige Höhe der Masse und v ihre Geschwindigkeit ist. Aus Abbildung 6.2 erhalten wir:

$$s(t) = L \cdot \varphi(t), \quad h(t) = L - L \cos(\varphi(t)) = L\left(1 - \cos(\varphi(t))\right).$$

Wir setzen die Gleichungen in den Energieerhaltungssatz ein:

$$\frac{1}{2} m \cdot s'(t)^2 + m \cdot g \cdot h(t) = \text{const.}$$

$$\Longleftrightarrow \frac{1}{2} m \cdot L^2 \, \varphi'(t)^2 + m \cdot g \cdot L - m \cdot g \cdot L \, \cos(\varphi(t)) = \text{const.}$$

Ableiten dieser Beziehung ergibt $m \cdot L^2 \, \varphi'(t) \, \varphi''(t) + m \cdot g \cdot L \, \sin(\varphi(t)) \cdot \varphi'(t) = 0$. Division durch $m \, L^2 \, \varphi'(t)$ liefert

$$\varphi''(t) + \frac{g}{L} \, \sin(\varphi(t)) = 0.$$

Es handelt sich hier um eine nicht-lineare Differenzialgleichung zweiter Ordnung (nicht-linear, da die gesuchte Funktion im Argument des Sinus vorkommt, zweiter Ordnung, da zweite Ableitungen vorkommen), die Differenzialgleichung des **mathematischen Pendels**. Nicht-lineare Differenzialgleichungen höherer Ordnung werden wir hier nicht betrachten. Ist die Auslenkung aber klein, so ist $\sin(\varphi(t)) \approx \varphi(t)$, so dass wir zu einer linearen Differenzialgleichung zweiter Ordnung

$$\varphi''(t) + \frac{g}{L}\,\varphi(t) = 0$$

gelangen. Dies ist eine homogene Schwingungsgleichung, siehe Kapitel 8.3.

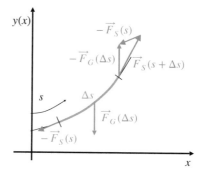

Abb. 6.3 Kräftegleichgewicht der Seilkurve bzw. Kettenlinie

Beispiel 6.6 In diesem Beispiel beschreiben wir, welche Linie ein an zwei Stellen befestigtes Seil beschreibt. Das Seil sei vollkommen biegsam und undehnbar. Außerdem sei sein Gewicht pro Längeneinheit konstant gleich m.

Wir betrachten den Verlauf des Seils als Funktionsgraph zu $y(x)$ von der tiefsten Stelle bei $x = 0$ bis zur Aufhängung. Auf ein beliebiges Seilstück der Länge Δs wirkt die Gravitationskraft $\vec{F}_G(\Delta s) = (0, -gm\Delta s)$ nach unten, wobei g die Erdbeschleunigung ist. Die Gravitationskraft wird kompensiert durch eine Kraft tangential zum Seil in Richtung der Aufhängung. Die Größe und Richtung dieser Kraft ist abhängig von der Position. Wir messen die Position nicht mittels der x-Koordinate, sondern über die Entfernung $s = s(x)$ vom Punkt der Kurve an der Stelle x entlang der Seilkurve bis zum tiefsten Punkt an der Stelle 0. Damit nennen wir die von s abhängige Kraft $\vec{F}_S(s) = (f_{(x)}(s), f_{(y)}(s))$. Auf ein Seilstück der Länge Δs, das an der Position s beginnt, wirkt so die Kraft $\vec{F}_S(s+\Delta s) - \vec{F}_S(s)$. Damit ist $\vec{F}_G(\Delta s) + \vec{F}_S(s+\Delta s) - \vec{F}_S(s) = \vec{0}$. Division durch Δs und Grenzübergang $\Delta s \to 0+$ ergibt:

$$\vec{0} = \lim_{\Delta s \to 0+} \frac{\vec{F}_G(\Delta s)}{\Delta s} + \frac{\vec{F}_S(s+\Delta s) - \vec{F}_S(s)}{\Delta s} = (0, -gm) + \frac{\mathrm{d}}{\mathrm{d}s}\vec{F}_S(s).$$

Damit ist $f'_{(x)}(s) = 0$ und $f'_{(y)}(s) = gm$. Integrieren wir beide Gleichungen, so erhalten wir $f_{(x)}(s) = c$ und $f_{(y)}(s) = gms + d$. Da an der Stelle $s =$

0 die y-Komponente der Seil-Kraft verschwindet, ist $d = 0$. Die Kraft $\vec{F}_S$ wirkt tangential zur Seilkurve. Für die Steigung der Tangente gilt mit den Komponenten der Kraft

$$\frac{\mathrm{d}}{\mathrm{d}x}y(x) = \frac{f_{(y)}(s(x))}{f_{(x)}(s(x))} = \frac{gms(x)}{c}.$$

Differenziation der Gleichung nach x liefert

$$\frac{\mathrm{d}^2}{\mathrm{d}x^2}y(x) = \frac{gm}{c}\frac{\mathrm{d}}{\mathrm{d}x}s(x) = \frac{gm}{c}\frac{\mathrm{d}}{\mathrm{d}x}\int_0^x \sqrt{1 + \left(\frac{\mathrm{d}}{\mathrm{d}u}y(u)\right)^2}\,\mathrm{d}u$$

$$= \frac{gm}{c}\sqrt{1 + (y'(x))^2}.$$

Dabei haben wir die Formel zur Längenberechnung einer Kurve von Seite 119 für die Kurve $((u, y(u)), [0, x])$ benutzt. Die Differenzialgleichung der Seilkurve oder der Kettenlinie lautet für eine Konstante $k \in \mathbb{R}$:

$$y''(x) = k\sqrt{1 + (y'(x))^2}.$$

Diese Gleichung lösen wir später auf Seite 192.

6.2 Grundbegriffe

Um den Begriff Differenzialgleichung exakt zu definieren, benutzen wir Funktionen F und f mit mehreren Variablen, mit denen wir uns nach Teil I gut auskennen. Dabei entspricht die erste Variable von F bzw. f der Variable der gesuchten Lösungsfunktion, in die weiteren Variablen werden die gesuchte Funktion und ihre Ableitungen eingesetzt. So lassen sich Differenzialgleichungen ganz allgemein formulieren und Eigenschaften der Gleichungen (wie z. B. eindeutige Lösbarkeit) mit Eigenschaften der Funktionen F und f in Verbindung bringen.

Definition 6.1 (Gewöhnliche Differenzialgleichung) Seien $n \in \mathbb{N}$ (die maximale Ordnung der auftretenden Ableitungen), $D \subseteq \mathbb{R}^{n+2}$, $G \subseteq \mathbb{R}^{n+1}$, $F : D \to \mathbb{R}$ und $f : G \to \mathbb{R}$.

- Eine Bestimmungsgleichung für Funktionen $y = y(x)$ der Form

$$F(x, y(x), y'(x), \dots, y^{(n)}(x)) = 0 \tag{6.5}$$

heißt **implizite gewöhnliche Differenzialgleichung n-ter Ordnung**.
- Lässt sich eine implizite Differenzialgleichung überführen in die Form

$$y^{(n)}(x) = f(x, y(x), y'(x), \ldots, y^{(n-1)}(x))$$

für eine geeignete Funktion f, so spricht man von einer **expliziten gewöhnlichen Differenzialgleichung** n**-ter Ordnung**.

- Eine auf einem Intervall $]a, b[$ n-mal differenzierbare Funktion $y :]a, b[\to \mathbb{R}$ heißt genau dann **Lösung** der impliziten Differenzialgleichung auf $]a, b[$, wenn die folgenden Bedingungen für alle $x \in]a, b[$ erfüllt sind:

a) $(x, y(x), y'(x), \ldots, y^{(n)}(x)) \in D$.
b) $F(x, y(x), y'(x), \ldots, y^{(n)}(x)) = 0$.

y ist genau dann Lösung der expliziten Differenzialgleichung auf $]a, b[$, wenn für alle $x \in]a, b[$ gilt:

a) $(x, y(x), y'(x), \ldots, y^{(n-1)}(x)) \in G$,
b) $y^{(n)}(x) = f(x, y(x), y'(x), \ldots, y^{(n-1)}(x))$.

Die Bezeichnung „gewöhnlich" bedeutet, dass Funktionen einer (reellen) Variable gesucht sind. Im Gegensatz dazu werden bei **partiellen Differenzialgleichungen** Funktionen mit mehreren Variablen gesucht, z. B. eine Funktion $u = u(x, t)$, die die Gleichung

$$\frac{\partial^2 u}{\partial t^2}(x, t) = c \frac{\partial^2 u}{\partial x^2}(x, t)$$

erfüllt (siehe Seite 249). Dies ist eine Differenzialgleichung zweiter Ordnung, da zweite partielle Ableitungen vorkommen. Der Name „partielle Differenzialgleichung" leitet sich von der Verwendung partieller Ableitungen ab. Abgesehen von einem kurzen Ausblick in Kapitel 9 werden wir nicht auf das umfangreiche Spezialgebiet der partiellen Differenzialgleichungen eingehen.

Beispiel 6.7 (Anwendung der Definition) Wir betrachten die Eingangsbeispiele vor dem Hintergrund der Definition:

a) Die Differenzialgleichung des freien Falls $y''(t) = g$ kann geschrieben werden als $F(t, y(t), y'(t), y''(t)) = 0$ mit $F(t, u, v, w) := w(t) - g$. In expliziter Form ist $y''(t) = f(t, y(t), y'(t))$ mit $f(t, u, v) := g$.
b) Im Beispiel (6.1) eines R/L-Kreises ist $F(t, v, w) := Lw + Rv - u(t)$. In expliziter Form lautet die Gleichung $\frac{d}{dt}i(t) = -\frac{R}{L}i(t) + \frac{u(t)}{L}$, also $\frac{d}{dt}i(t) = f(t, i(t))$ mit $f(t, v) := -\frac{R}{L}v + \frac{u(t)}{L}$.
c) Die Gleichung $y'(t) - ky(t) = 0$ des radioaktiven Zerfalls liest sich $F(t, y(t), y'(t)) = 0$ mit $F(t, v, w) := w - kv$ oder explizit $y'(t) = f(t, y(t))$ mit $f(t, v) := kv$.
d) Beim Feder-Masse-Dämpfer-System können wir die Gleichung $mx''(t) + bx'(t) + cx(t) = cu(t)$ schreiben als $F(t, x(t), x'(t), x''(t)) = 0$ mit

$$F(t, v, w, z) := mz + bw + cv - cu(t)$$

oder als $x''(t) = f(t, x(t), x'(t))$ mit

$$f(t, v, w) := -\frac{b}{m}w - \frac{c}{m}v + \frac{c}{m}u(t).$$

e) Die Gleichung $\varphi''(t) + \frac{g}{L}\sin(\varphi(t)) = 0$ des mathematischen Pendels ist äquivalent zu $F(t, \varphi(t), \varphi'(t), \varphi''(t)) = 0$ mit $F(t, v, w, z) := z + \frac{g}{L}\sin(v)$ bzw. $\varphi''(t) = f(t, \varphi(t), \varphi'(t))$ mit $f(t, v, w) := -\frac{g}{L}\sin(v)$.

f) Die über $y''(x) = k\sqrt{1 + (y'(x))^2}$ beschriebene Kettenlinie kann auch so dargestellt werden: $F(x, y(x), y'(x), y''(x)) = 0$ mit $F(x, v, w, z) := z - k\sqrt{1 + w^2}$ oder $y''(x) = f(x, y(x), y'(x))$ mit $f(x, v, w) := k\sqrt{1 + w^2}$.

Beispiel 6.8 Gesucht sind alle Lösungen von $y'(x) = f(x, y(x))$ mit $f(x, y) = 1$, also von $y'(x) = 1$. Offensichtlich erfüllt jede Funktion $y(x) = x + c$ mit $c \in \mathbb{R}$ die Differenzialgleichung. Haben wir damit bereits alle Lösungen gefunden? Sind y_1, y_2 zwei beliebige Lösungen der Differenzialgleichung, so gilt: $\frac{\mathrm{d}}{\mathrm{d}x}[y_1(x) - y_2(x)] = y_1'(x) - y_2'(x) = 1 - 1 = 0$. Da die Ableitung null ist, ist die Funktion $y_1 - y_2$ konstant. Lösungen unterscheiden sich nur durch eine Konstante, wir haben alle Lösungen gefunden.

Beispiel 6.9 Gesucht sind alle Lösungen von $y'(x) = f(x, y(x))$ mit $f(x, y) = 2x$, d. h. $y'(x) = 2x$ (siehe Abbildung 6.4). Gesucht sind also Stammfunktionen von $2x$. Alle Stammfunktionen und damit alle Lösungen der Gleichung sind: $y(x) = \int 2x\,\mathrm{d}x = x^2 + c$.

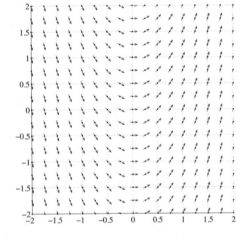

Abb. 6.4 $y'(x) = f(x, y(x))$ mit $f(x, y) = 2x$, die Pfeile haben genau die von der rechten Seite der Differenzialgleichung geforderte Steigung an der Stelle (x, y)

Häufig kennt man zusätzlich zur Differenzialgleichung noch Nebenbedingungen, z. B. eine Anfangsstromstärke $i(0)$ oder eine Anfangsposition s_0 zusammen mit einer Anfangsgeschwindigkeit v_0. Man sucht dann nach Lösungen, die diese Nebenbedingung erfüllen:

Definition 6.2 (Anfangswertproblem) Gegeben sei eine explizite Differenzialgleichung

$$y^{(n)}(x) = f(x, y(x), y'(x), \ldots, y^{(n-1)}(x))$$

mit $n \in \mathbb{N}$, $G \subseteq \mathbb{R}^{n+1}$ und $f : G \to \mathbb{R}$. Weiter seien zu einem $x_0 \in \mathbb{R}$ Werte für $y(x_0), y'(x_0), \ldots, y^{(n-1)}(x_0)$ vorgegeben, so dass

$$(x_0, y(x_0), y'(x_0), \ldots, y^{(n-1)}(x_0)) \in G.$$

Dies ist eine **Anfangsbedingung**.

Gesucht ist eine Lösung $y :]a, b[\to \mathbb{R}$ der Differenzialgleichung, die an der Stelle $x_0 \in]a, b[$ die Anfangsbedingung erfüllt. Diese Aufgabe heißt **Anfangswertproblem**.

Die Bezeichnung „Anfangsbedingung" ist etwas willkürlich, da es sich bei x_0 um irgendeine Stelle handeln kann. Häufig ist aber $x_0 = t_0 = 0$ der Zeitpunkt, für den man initiale Bedingungen wie z. B. eine Anfangsspannung kennt. Man ist dann an einer Lösung für $x > x_0$ interessiert. Gibt man dagegen Funktionswerte an verschiedenen Stellen vor, so spricht man von einer **Randbedingung** (vgl. auch die Hintergrundinformationen auf Seite 144).

Bei der Anfangsbedingung sind alle Werte vorgegeben, die man benötigt, um die rechte Seite der Differenzialgleichung für $x = x_0$ auszurechnen, d. h., man hat alle Daten, um hier den Wert von f zu bestimmen.

Beispiel 6.10 (Anfangsbedingungen legen Freiheitsgrade fest) Die folgenden Differenzialgleichungen werden durch Integration gelöst. Bei jeder Integration kommt eine Konstante als freier Parameter in die Lösung. Die Ordnung der Differenzialgleichung bestimmt, wie oft wir integrieren müssen und legt damit die Anzahl der Parameter fest. Es gibt also unendlich viele Lösungen, die sich durch die Wahl der Parameter (Freiheitsgrade) unterscheiden. Jede Vorgabe durch eine Anfangs- oder Randbedingung eliminiert einen freien Parameter:

a) $\frac{\mathrm{d}}{\mathrm{d}t} x(t) = 10$ ist eine lineare Differenzialgleichung erster Ordnung ohne Bedingung: Wir erwarten eine freie Konstante. $\frac{\mathrm{d}}{\mathrm{d}t} x(t) = 10 \Longleftrightarrow x(t) = 10t + C$.

b) Bei $\frac{\mathrm{d}^2}{\mathrm{d}t^2} x(t) = 2t$, $x(0) = 2$, handelt es sich um eine lineare Differenzialgleichung zweiter Ordnung mit einer Anfangsbedingung: Wir erwarten eine freie Konstante.

$$\frac{\mathrm{d}^2}{\mathrm{d}t^2} x(t) = 2t \Longleftrightarrow \frac{\mathrm{d}}{\mathrm{d}t} x(t) = t^2 + c \Longleftrightarrow x(t) = \frac{1}{3} t^3 + c \cdot t + d.$$

Die Anfangsbedingung liefert $x(0) = d = 2$. Damit lautet die gesuchte Lösung $x(t) = \frac{1}{3}t^3 + c \cdot t + 2$.

c) $\frac{d^2}{dt^2}x(t) = \sin(3t)$, $x\left(\frac{\pi}{6}\right) = 0$, $x\left(\frac{\pi}{2}\right) = \frac{2}{9}$, ist eine lineare Differenzialgleichung zweiter Ordnung mit zwei Randwerten: Wir erwarten keine freie Konstante.

$$\frac{d^2}{dt^2}x(t) = \sin(3t) \Longleftrightarrow \frac{d}{dt}x(t) = -\frac{1}{3}\cos(3t) + c$$

$$\Longleftrightarrow x(t) = -\frac{1}{9}\sin(3t) + c \cdot t + d.$$

Die Randbedingung liefert $x\left(\frac{\pi}{6}\right) = 0$ und $x\left(\frac{\pi}{2}\right) = \frac{2}{9}$, d. h.

$$0 = -\frac{1}{9}\sin\left(\frac{\pi}{2}\right) + c\frac{\pi}{6} + d \Longleftrightarrow \frac{\pi}{6}c + d = \frac{1}{9},$$

$$\frac{2}{9} = -\frac{1}{9}\sin\left(\frac{3\pi}{2}\right) + c\frac{\pi}{2} + d \Longleftrightarrow \frac{\pi}{2}c + d = \frac{1}{9}.$$

Die Lösung des Gleichungssystems lautet $c = 0$, $d = \frac{1}{9}$, und somit ist $x(t) = -\frac{1}{9}\sin(3t) + \frac{1}{9}$.

d) $\frac{d}{dt}x(t) + 2t = 0$, $x(1) = 7$: Bei dieser linearen Differenzialgleichung erster Ordnung mit einer Anfangsbedingung erwarten wir keine freie Konstante.

$$\frac{d}{dt}x(t) = -2t \Longleftrightarrow x(t) = -t^2 + c.$$

Wegen $x(1) = -1 + c = 7$ ist $c = 8$. Damit: $x(t) = -t^2 + 8$.

Bei der Modellierung einer technischen Aufgabenstellung durch ein Anfangswertproblem spricht man von einem **korrekt gestellten Problem**, wenn es eine eindeutige Lösung gibt (damit beschäftigen wir uns im nächsten Abschnitt) und wenn sich bei einer kleinen Änderung der Daten (Anfangswerte, Inhomogenität) auch die eindeutige Lösung nur geringfügig ändert. Die letzte Eigenschaft heißt **Stabilität**. Man benötigt sie, da die Daten häufig gemessen werden und damit nur näherungsweise zu bestimmen sind. Außerdem macht man bei numerischen Lösungen mittels Computer Diskretisierungs- und Rundungsfehler, so dass man auf die Gutmütigkeit der Lösung angewiesen ist. Ein bekanntes nicht-stabiles Problem ist die Berechnung des Wetters. Kleine Ursachen („Flügelschlag eines Schmetterlings") können mittel- bis langfristig zu einem völlig anderen Wetter führen. Gutmütigkeit von Funktionen bezüglich kleiner Änderungen ihrer Argumentwerte haben wir schon früher diskutiert. Der Begriff war nicht Stabilität, sondern Stetigkeit.

6.3 Konstruktion einer Lösung, Existenz und Eindeutigkeit

Nur in einfachen Fällen lassen sich Differenzialgleichungen mittels Integration ohne weitere Tricks lösen, nämlich wenn nur eine Ableitungsordnung auftritt. Bevor wir uns praktische Lösungsverfahren ansehen, untersuchen wir zunächst generell die Lösbarkeit.

Eine Näherungslösung für ein Anfangswertproblem erster Ordnung erhält man so: Ist $y(x)$ eine Lösung der Differenzialgleichung, die durch den Punkt (x_0, y_0) geht, für die also $y(x_0) = y_0$ gilt, so hat $y(x)$ hier die Steigung $y'(x_0) = f(x_0, y_0)$. Die Lösung $y(x)$ hat also eine Tangente mit Steigung $f(x_0, y_0)$ an der Stelle x_0.

Zeichnet man zu jedem Punkt (x, y) einen Pfeil (als Richtungsvektor, man spricht auch von einem **Linienelement**, siehe Abbildung 6.4) in Richtung der Tangente, so kann man Lösungen durch Verfolgen dieser Vektoren ablesen. Die Pfeile bilden ein Vektorfeld (siehe Kapitel 4.1), das sogenannte **Richtungsfeld**. Lösungen erhält man als Feldlinien.

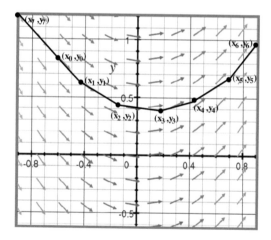

Abb. 6.5 Euler-Polygonzug-methode

Die **Euler-Cauchy-Polygonzugmethode** macht sich dies zunutze. Am Anfangswert (x_0, y_0) beginnend zeichnet man eine kurze Strecke mit Steigung $f(x_0, y_0)$ nach rechts. Am so gewonnenen neuen Punkt (anderer Endpunkt der Strecke) (x_1, y_1) schließt man eine weitere Strecke mit Steigung $f(x_1, y_1)$ an, die zum Punkt (x_2, y_2) führt usw. Entsprechend konstruiert man den Graphen auch nach links und erhält so die Näherung für den Funktionsgraphen einer Lösung des Anfangswertproblems (siehe Abbildung 6.5).

Dieses einfache Verfahren kann auch zur numerischen Berechnung von Lösungen mit dem Computer genutzt werden, falls z. B. exakte Ansätze nicht funktionieren. Man berechnet beginnend beim Punkt x_0 approximative Funktionswerte der Lösung über die Endpunkte der jeweiligen Strecken:

$$y_{k+1} = y_k + (x_{k+1} - x_k)f(x_k, y_k).$$

In der Praxis werden bessere Verfahren eingesetzt, z. B., das Runge-Kutta-Verfahren, das eine Weiterentwicklung der Polygonzugmethode ist, siehe Kapitel 6.5.

Peano (1858–1932) hat die Polygonzugmethode aufgegriffen, um die Existenz von Lösungen für Anfangswertprobleme zu beweisen. Verlangt man zusätzliche Eigenschaften von f und G, so erhält man darüber hinaus die Eindeutigkeit der Lösung. Diese ist nicht selbstverständlich:

Beispiel 6.11 Das Anfangswertproblem $y'(x) = f(x, y(x))$, $y(0) = 0$ mit

$$f(x, y) := 2x \, \text{sign}(y), \quad \text{sign}(y) := \left\{ \begin{array}{ll} 1, & y > 0, \\ 0, & y = 0, \\ -1, & y < 0, \end{array} \right.$$

hat neun Lösungen $y(x)$, die für $x < 0$ und für $x \geq 0$ jeweils mit einer der Funktionen $y_1(x) = x^2$, $y_2(x) = -x^2$, $y_3(x) = 0$ übereinstimmen. Diese Lösungen erhält man, indem man vom Nullpunkt ausgehend in Abbildung 6.6 den Pfeilen nach links und nach rechts folgt, die in jeweils drei Richtungen verzweigen.

Die eindeutige Lösbarkeit eines Anfangswertproblems hängt im Wesentlichen von der Funktion $f(x, y)$ ab. Dies besagt der Satz von Picard (1856–1941) und Lindelöf (1870–1946):

Satz 6.1 (Existenz- und Eindeutigkeitssatz, Variante 1) Gegeben sei das Anfangswertproblem

$$y'(x) = f(x, y), \quad y(x_0) = y_0.$$

Ist $f(x, y)$ in einer Umgebung des Punktes (x_0, y_0) stetig (siehe Definition 1.4 auf Seite 11) und existiert dort die partielle Ableitung $\frac{\partial f}{\partial y}(x, y)$ und ist beschränkt, so existiert auf einer hinreichend kleinen Umgebung von x_0 genau eine Lösung $y(x)$.

- Die Differenzialgleichung $y'(x) = f(x, y(x)) := \sqrt{y(x)}$ ist nur für $y \geq 0$ definiert. In jeder Umgebung eines Punktes $(x_0, 0)$ liegen Punkte mit negativer y-Koordinate, so dass in $(0, 0)$ die Voraussetzung des Satzes nicht erfüllt ist und man keine Lösung erwarten kann, die die Anfangsbedingung $y(x_0) = 0$ erfüllt.
- Wichtig ist auch, dass die Differenzialgleichung explizit vorliegt: Die implizite Differenzialgleichung

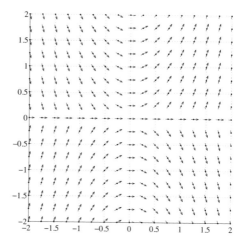

Abb. 6.6 Fehlende Eindeutigkeit: Im Punkt $(0,0)$ können die Lösungen verzweigen

$$F(x, y(x), y'(x)) = x^2 + y^2(x) + (y'(x))^2 + 1 = 0$$

hat keine Lösung, obwohl $F(x, v, w) = x^2 + v^2 + w^2 + 1$ beliebig oft stetig differenzierbar ist. Es gilt nämlich $F(x, v, w) \geq 1$ für alle x, v, w, so dass der Wert null nicht angenommen werden kann.

- Die partielle Ableitung $\frac{\partial}{\partial y} f(x, y)$ der Funktion $f(x, y) = 2x \, \text{sign}(y)$ existiert an den Stellen $(x, 0)$, $x \neq 0$, nicht und ist damit auch nicht in einer Umgebung des Punktes $(0, 0)$ erklärt. Die fehlende Eindeutigkeit ist daher kein Widerspruch zum Satz.

- Diese Fassung des Satzes sagt nichts über den maximalen Definitionsbereich der Lösungen aus. Außerdem gibt es auch dann noch eindeutige Lösungen, wenn f nicht partiell differenzierbar ist. Wir zitieren daher eine zweite Fassung des Satzes, die allerdings zusätzliche Begriffe benötigt.

Definition 6.3 (Lipschitz-Bedingung*) Sei $\emptyset \neq G \subseteq \mathbb{R}^2$ und $f : G \to \mathbb{R}$. f erfüllt genau dann auf G eine **Lipschitz-Bedingung**, wenn es eine Konstante $L > 0$ gibt, so dass für alle Punkte $(x, y_1), (x, y_2) \in G$ gilt:

$$|f(x, y_1) - f(x, y_2)| \leq L|y_1 - y_2|.$$

Für ein festes x folgt aus der Lipschitz-Bedingung insbesondere die (gleichmäßige) Stetigkeit der Funktion $g(y) := f(x, y)$.

Satz 6.2 (Existenz- und Eindeutigkeitssatz, Variante 2*) Die Funktion f genüge auf dem Gebiet G (siehe Definition 4.10 auf Seite 126) einer Lipschitz-Bedingung und sei stetig. Dann hat das Anfangswertproblem

$$y'(x) = f(x, y(x)), \quad y(x_0) = y_0,$$

für jeden Anfangswert $(x_0, y_0) \in G$ eine eindeutige Lösung $y = y(x)$, die sich beidseitig bis zum Rand von G erstreckt.

Eine Beweisskizze kann z. B. in [Meyberg und Vachenauer(1997), Band 2, S. 54] nachgelesen werden.

- Satz 6.1 folgt aus dieser Formulierung, indem man G als kleine Umgebung von (x_0, y_0) wählt. Die Lipschitz-Bedingung folgt dann aus dem Mittelwertsatz (siehe (v) xviii) und der Beschränktheit der partiellen Ableitung nach y mit einer Schranke M:

$$|f(x, y_1) - f(x, y_2)| = \left|\frac{\partial f}{\partial y}(x, \xi)\right| |y_1 - y_2| \le M|y_1 - y_2|.$$

- Im Beispiel $y'(x) = f(x, y) := 2x \operatorname{sign}(y)$ gab es mehrere Lösungen des Anfangswertproblems zu $y(0) = 0$. Damit muss eine Voraussetzung von Satz 6.2 verletzt sein. $G = \mathbb{R}^2$ ist ein Gebiet, aber die Lipschitz-Bedingung ist verletzt: Wählen wir $x = 1$ und $y_1 > 0$, $y_2 < 0$, dann ist

$$|f(1, y_1) - f(1, y_2)| = |2 + 2| = 4.$$

Zu einem beliebigen $L \in \mathbb{R}$ setzen wir konkret $y_1 = \frac{1}{L}$, $y_2 = -\frac{1}{L}$ und haben

$$L|y_1 - y_2| = 2.$$

Wegen $4 \not\le 2$ findet sich damit kein L, für das die Lipschitz-Bedingung für $x = 1$ erfüllt ist. Entsprechend gilt die Lipschitz-Bedingung für kein $x \ne 0$.
- Die hier verwendete Lipschitz-Bedingung erstreckt sich auf ganz G und ist damit keine lokale Bedingung wie die Existenz und Beschränktheit der partiellen Ableitung in Satz 6.1. Allerdings kann sie abgeschwächt werden zu einer lokalen Lipschitz-Bedingung. Dabei muss es zu jedem Punkt $(x, y) \in D$ eine Umgebung geben, in der f einer Lipschitz-Bedingung genügt. Für jeden Punkt (x, y) darf dabei eine andere Konstante $L = L(x, y)$ verwendet werden.

6.4 Iterationsverfahren von Picard und Lindelöf

Es ist durchaus möglich, dass eine eindeutige Lösung $y(x)$ für ein Anfangswertproblem existiert, diese aber nicht in geschlossener Form dargestellt werden kann. In diesem Fall kann man die eindeutige Lösung nahe bei x_0 über das folgende Iterationsverfahren (Fixpunktverfahren) von Picard und Lin-

delöf (z. B. mit dem Computer) approximieren. Durch Integration erhält man
aus dem Anfangswertproblem

$$y'(x) = f(x, y(x)), \quad y(x_0) = y_0,$$

die **Integralgleichung**

$$y(x) = y_0 + \int_{x_0}^{x} y'(t)\,\mathrm{d}t = y_0 + \int_{x_0}^{x} f(t, y(t))\,\mathrm{d}t,$$

die als Iterationsvorschrift verwendet wird:

$$y_0(x) := y_0,$$

$$y_n(x) := y_0 + \int_{x_0}^{x} f(t, y_{n-1}(t))\,\mathrm{d}t, \; n = 1, 2, 3, \ldots$$

Man kann mit dem Banach'schen Fixpunktsatz (Band 1, S. 648) zeigen, dass
die so konstruierte Folge $y_n(x)$ für $n \to \infty$ konvergiert. Die Grenzfunktion ist
ein Fixpunkt: Setzt man sie in die rechte Seite ein, erhält man sie als Ergebnis
zurück. Sie löst damit die Integral- und somit auch die Differenzialgleichung.

Beispiel 6.12 Für das bereits bekannte Anfangswertproblem $y'(x) = y(x) = f(x, y(x))$ mit $y(0) = 1$ und $f(t, u) = u$ erhält man mit der Startnäherung
$y_0(x) = 1$ die sukzessiven Approximationen

$$y_1(x) := y_0 + \int_{x_0}^{x} f(t, y_0(t))\,\mathrm{d}t = 1 + \int_{0}^{x} 1\,\mathrm{d}t = 1 + x$$

$$y_2(x) := y_0 + \int_{x_0}^{x} f(t, y_1(t))\,\mathrm{d}t = 1 + \int_{0}^{x} (1 + t)\,\mathrm{d}t = 1 + \left[t + \frac{t^2}{2} \right]_0^x$$

$$= 1 + x + \frac{x^2}{2}$$

$$y_3(x) := y_0 + \int_{x_0}^{x} f(t, y_2(t))\,\mathrm{d}t = 1 + \int_{0}^{x} \left(1 + t + \frac{t^2}{2} \right)\,\mathrm{d}t$$

$$= 1 + x + \frac{x^2}{2} + \frac{x^3}{3 \cdot 2}$$

$$\vdots$$

$$y_n(x) := y_0 + \int_{x_0}^{x} f(t, y_{n-1}(t))\,\mathrm{d}t = \cdots = 1 + x + \frac{x^2}{2} + \cdots + \frac{x^n}{n!},$$

und für $n \to \infty$ folgt $y(x) = \lim_{n \to \infty} \left(1 + x + \frac{x^2}{2} + \cdots + \frac{x^n}{n!} \right) = \sum_{k=0}^{\infty} \frac{x^k}{k!} = e^x.$

6.5 Runge-Kutta-Verfahren

Wir haben die Existenz und Eindeutigkeit der Lösung einer gewöhnlichen Differenzialgleichung $y'(x) = f(x, y(x))$ mit Anfangsbedingung $y(x_0) = y_0$ mit Hilfe der Euler-Cauchy-Polygonzugmethode betrachtet. Die Idee dabei ist, mit der Anfangsbedingung zu starten und dann mit dem durch die Gleichung gegebenen Wissen über die Ableitung die Lösung $y(x)$ durch einen Polygonzug anzunähern:

$$y_{k+1} := y_k + (x_{k+1} - x_k)f(x_k, y_k) = y_k + hf(x_k, y_k),$$

wobei y_0 der Anfangswert und y_k der näherungsweise Funktionswert von y an einer Stelle x_k sei. Der Abstand der Stellen x_k sei außerdem konstant gleich $h > 0$. Wir können $hf(x_k, y_k) = (x_{k+1} - x_k)f(x_k, y_k)$ als Näherungswert des Integrals

$$\int_{x_k}^{x_{k+1}} f(x, y(x))\,\mathrm{d}x = \int_{x_k}^{x_{k+1}} y'(x)\,\mathrm{d}x = y(x_{k+1}) - y(x_k)$$

auffassen. Wir erhielten statt der Näherungswerte y_k die exakten Funktionswerte $y(x_k)$, wenn wir dieses Integral nicht näherungsweise, sondern exakt berechnen würden:

$$y(x_{k+1}) = y(x_k) + \int_{x_k}^{x_{k+1}} f(x, y(x))\,\mathrm{d}x.$$

Eine analoge Darstellung $y_n(x) = y_0 + \int_{x_0}^{x} f(t, y_{n-1}(t))\,\mathrm{d}t$ wird beim Iterationsverfahren von Picard und Lindelöf eingesetzt, um ausgehend von einer gröberen Annäherung $y_{n-1}(x)$ an die Lösungsfunktion $y(x)$ durch Einsetzen in die rechte Seite und Integration eine bessere Näherung $y_n(x)$ zu erhalten. Diese wird dann wieder rechts eingesetzt usw. Durch Grenzwertbildung erhält man schließlich die exakte Lösung als Fixpunkt. Dabei wird in jedem Schritt exakt integriert, man erhält also jeweils eine komplette Näherungsfunktion und nicht nur einen einzelnen Funktionswert der Näherungslösung.

Bei der Euler-Cauchy-Polygonzugmethode wird dagegen das Integral auf sehr einfache Weise approximiert, und man erhält in jedem Schritt einen weiteren näherungsweisen Funktionswert y_{k+1} für $y(x_{k+1})$. Man diskutiert also keine Funktionenfolge von Näherungslösungen, sondern approximiert Funktionswerte der exakten Lösung. In etwa gilt: Halbiert man die Schrittweiten $h = x_{k+1} - x_k$, dann halbiert sich auch der Fehler $|y(x_k) - y_k|$.

Bei der Euler-Cauchy-Polygonzugmethode löst man also ein Anfangswertproblem mittels numerischer Integration. Wenn man sich hier mehr Mühe gibt, dann erhält man numerische Verfahren mit einem signifikant kleineren Fehler. Die Schwierigkeit dabei ist, dass wir $y(x)$ nur näherungsweise als y_k an der Stelle x_k kennen. Die anderen Funktionswerte auf dem Intervall $[x_k, x_{k+1}]$ sind nicht einmal näherungsweise bekannt.

Beim **Verfahren von Heun** wird das Integral dennoch näherungsweise mit der Trapezregel (Band 1, Kapitel 14.5) berechnet, es wird also auf dem Intervall $[x_k, x_{k+1}]$ die Sekante integriert:

$$\int_{x_k}^{x_{k+1}} f(x, y(x))\, dx \approx \frac{h}{2}[f(x_k, y(x_k)) + f(x_{k+1}, y(x_{k+1}))],$$

so dass wir Näherungswerte berechnen können über

$$y_{k+1} := y_k + \frac{h}{2}[f(x_k, y_k) + f(x_{k+1}, y_{k+1})].$$

Jetzt steht aber leider y_{k+1} sowohl auf der linken als auch auf der rechten Seite. Daher berechnet man zunächst in einer ersten Stufe eine vorläufige Näherungslösung (Prädiktor) $y_{k+1}^{(P)}$ über einen Schritt der Euler-Cauchy-Polygonzugmethode:

$$y_{k+1}^{(P)} := y_k + h f(x_k, y_k).$$

Der Prädiktor wird dann in einer zweiten Stufe zu y_{k+1} „korrigiert":

$$y_{k+1} := y_k + \frac{h}{2}[f(x_k, y_k) + f(x_{k+1}, y_{k+1}^{(P)})].$$

Wegen der beiden Stufen des Verfahrens von Heun spricht man von einem Prädiktor-Korrektor-Verfahren. Bei Halbierung der Schrittweiten h reduziert sich der Fehler $|y(x_k) - y_k|$ ungefähr um den Faktor $\frac{1}{4}$.

Der Fehler lässt sich sogar um den Faktor $\frac{1}{16}$ reduzieren, indem man die Trapezregel durch die Simpson-Regel (siehe ebenfalls Band 1, Abschnitt 14.5) ersetzt. Das entsprechende Verfahren ist das **Runge-Kutta-Verfahren**. Zunächst erhalten wir mit der Simpson-Regel für die Schrittweite $\frac{h}{2}$ den Ansatz

$$y_{k+1} := y_k + \frac{h}{6}\left[f(x_k, y_k) + 4f\left(x_k + \frac{h}{2}, y_{k+1/2}\right) + f(x_{k+1}, y_{k+1})\right].$$

Jetzt ist aber auf der rechten Seite nicht nur y_{k+1}, sondern auch $y_{k+1/2}$ nicht bekannt. Daher werden auch hier Näherungen berechnet:

$$\begin{aligned}
F_1 &:= f(x_k, y_k), \\
F_2 &:= f\left(x_k + \frac{h}{2}, y_k + \frac{h}{2}F_1\right), \\
F_3 &:= f\left(x_k + \frac{h}{2}, y_k + \frac{h}{2}F_2\right), \\
F_4 &:= f(x_{k+1}, y_k + h F_3).
\end{aligned}$$

Hier sind F_2 und F_3 Näherungswerte für $f\left(x_k + \frac{h}{2}, y_{k+1/2}\right)$, F_4 ist ein Näherungswert für $f(x_{k+1}, y_{k+1})$. Damit lautet die Rechenvorschrift des Runge-

Kutta-Verfahrens:

$$y_{k+1} := y_k + \frac{h}{6}\left[F_1 + 2F_2 + 2F_3 + F_4\right].$$

In Kapitel 9.3 sehen wir uns weitere numerische Verfahren an.

6.6 Lösungsmethoden für Differenzialgleichungen erster Ordnung

Nachdem wir uns im letzten Abschnitt Verfahren zur Berechnung von Näherungslösungen angesehen haben, wollen wir jetzt wieder exakte Lösungen herleiten. Das gelingt z. B. mit Potenzreihen, da wir sie gliedweise ableiten dürfen (siehe Satz 16.3 in Band 1, S. 469). Dies ist allerdings sehr aufwändig:

Beispiel 6.13 Wir betrachten erneut die Gleichung $y' = ay$ (vgl. (6.2)) mit einer Konstante $a \in \mathbb{R}$ und mit Anfangsbedingung $y(0) = 1$. Wir kennen bereits die Lösung $y(x) = e^{ax}$. Die Lösung konnten wir zu Beginn des Kapitels raten, da wir die Eigenschaften der Exponentialfunktion in der Differenzialgleichung erkannt haben. Im letzten Abschnitt haben wir mit dem Iterationsverfahren von Picard und Lindelöf im Fall $a = 1$ die Lösung berechnet.

Nun leiten wir die Lösung mit einem Potenzreihenansatz her. Dieser funktioniert wie das Iterationsverfahren auch für Gleichungen, bei denen man die Lösung nicht sofort sieht. Falls eine Lösung existiert, die als Potenzreihe um 0 (dort ist der Anfangswert gegeben) entwickelbar ist, gilt mit gliedweiser Ableitung:

$$y(x) = \sum_{k=0}^{\infty} a_k x^k, \quad y'(x) = \sum_{k=1}^{\infty} k a_k x^{k-1} = \sum_{k=0}^{\infty} (k+1) a_{k+1} x^k.$$

Wegen $y(0) = 1$ ist $a_0 = 1$. Einsetzen der Reihen in die Differenzialgleichung,

$$\sum_{k=0}^{\infty} (k+1) a_{k+1} x^k = a \sum_{k=0}^{\infty} a_k x^k,$$

und Koeffizientenvergleich liefern für $k \geq 0$ die Iterationsvorschrift $(k+1)a_{k+1} = a a_k$, also

$$a_{k+1} = \frac{a}{k+1} a_k = \frac{a}{k+1} \frac{a}{k} a_{k-1} = \cdots = \frac{a^{k+1}}{(k+1)!} a_0 = \frac{a^{k+1}}{(k+1)!}.$$

Damit ist $y(x) = \sum_{k=0}^{\infty} \frac{(ax)^k}{k!} = e^{ax}$.

In der Regel erweist sich dieser Potenzreihenansatz, aber auch das Iterationsverfahren von Picard und Lindelöf als sehr schwierig zum Berechnen exakter Lösungen. Für viele Varianten der Differenzialgleichung $y'(x) = f(x, y(x))$ gibt es wesentlich einfachere Lösungsverfahren. Einige sehen wir uns nun an.

6.7 Lineare Differenzialgleichungen erster Ordnung

Hier betrachten wir Differenzialgleichungen der Form

$$y'(x) = g(x)y(x) + h(x). \tag{6.6}$$

Wir identifizieren die einzelnen Bestandteile:

$$\underbrace{y'(x)}_{\substack{\text{Ableitung der} \\ \text{gesuchten Funktion}}} = \underbrace{g(x)y(x)}_{\substack{g(x) \text{ mal} \\ \text{gesuchte Funktion}}} + \underbrace{h(x)}_{\substack{\text{Inhomogenität, hier steht} \\ \text{keine gesuchte Funktion } y}}$$

Ist $h(x) = 0$ für alle x, so spricht man von einer **homogenen linearen Differenzialgleichung erster Ordnung**, ansonsten von einer **inhomogenen**. Bereits in der Einleitung dieses Kapitels (Seite 158) haben wir die homogenen linearen Differenzialgleichungen (6.2) und (6.3) gelöst, bei denen $g(x)$ eine Konstante war.

Mit $f(x, y) := g(x)y + h(x)$ lautet die Gleichung $y'(x) = f(x, y(x))$. Sind $g(x)$ und $h(x)$ stetig auf einem Intervall $]a, b[$, so ist f auf $G :=]a, b[\times \mathbb{R}$ stetig. Ist zusätzlich g beschränkt mit $|g(x)| \leq L$ für alle $x \in]a, b[$, so erfüllt f eine Lipschitz-Bedingung:

$$|f(x, y_1) - f(x, y_2)| = |g(x)||y_1 - y_2| \leq L|y_1 - y_2|$$

für alle $(x, y_1), (x, y_2) \in G$. Damit hat jedes Anfangswertproblem zu dieser Differenzialgleichung nach dem Existenz- und Eindeutigkeitssatz (Satz 6.2) eine eindeutige Lösung. Um diese zu berechnen, betrachtet man zunächst das zu (6.6) gehörende homogene Problem, indem man $h(x) = 0$ setzt. Man erhält **homogene Lösungen**, mit denen man anschließend eine Lösung des inhomogenen Problems berechnen kann.

6.7.1 Homogene lineare Differenzialgleichungen

In diesem Abschnitt untersuchen wir die homogene Differenzialgleichung

$$y'(x) = g(x)y(x).$$

Um zu einer allgemeinen Lösung zu gelangen, rechnen wir formal mit einer Lösung y_h, deren Eigenschaften wir aber noch gar nicht kennen. So erhalten wir aber einen Kandidaten, den wir anschließend noch prüfen müssen. Sofern die folgenden Rechenschritte erlaubt sind (insbesondere $y_h(x) > 0$ für alle betrachteten x oder $y_h(x) < 0$ für alle diese x), ergibt sich mit der Substitution $u = y_h(x)$, $du = y_h'(x)\,dx$:

$$y_h'(x) = g(x)y_h(x) \implies \frac{y_h'(x)}{y_h(x)} = g(x) \implies \int \frac{y_h'(x)}{y_h(x)}\,dx = \int g(x)\,dx + c$$

$$\implies \int \frac{1}{u}\,du = \int g(x)\,dx + c \implies \ln(|u|) = \int g(x)\,dx + c$$

$$\implies \ln(|y_h(x)|) = \int g(x)\,dx + c \implies y_h(x) = \pm e^c \exp\left(\int g(x)\,dx\right).$$

Damit haben wir mögliche Lösungen gefunden. Der hier verwendete Ansatz heißt **Trennung der Variablen** und wird in Kapitel 6.8.1 ausführlicher beschrieben.

Satz 6.3 (Formel für homogene Lösungen) Sei $g :]a, b[\to \mathbb{R}$ stetig. Dann ist

$$y_h(x) = k \exp\left(\int g(x)\,dx\right) \tag{6.7}$$

eine Lösung der Differenzialgleichung $y'(x) - g(x)y(x) = 0$ auf $]a, b[$, wobei $k \in \mathbb{R}$ beliebig gewählt werden kann.

! Achtung

Es werden hier häufig Vorzeichenfehler gemacht. Die Formel gilt, wenn auf der rechten Seite der Differenzialgleichung $g(x)y(x)$ oder auf der linken $-g(x)y(x)$ steht. Lautet dagegen die Differenzialgleichung $y'(x) + g(x)y(x) = 0$, so ist die homogene Lösung $y_h(x) = k \exp\left(-\int g(x)\,dx\right)$.

Beweis Nach Kettenregel (Seite 596) und Hauptsatz der Differenzial- und Integralrechnung (vii) auf Seite xviii ist

$$y_h'(x) = kg(x) \exp\left(\int g(x)\,dx\right) = g(x)y_h(x).$$

Damit erfüllt (6.7) die homogene Gleichung. $\square$

Die Stammfunktion $\int g(x)\,dx$ ist nur bis auf eine additive Konstante c eindeutig bestimmt. Da diese aber in (6.7) im Exponenten der Exponentialfunktion steht, führt sie zu einem Faktor e^c, der mit der frei wählbaren Konstante k verrechnet werden kann. Bei der Berechnung einer homogenen Lösung kann man also irgendeine Stammfunktion verwenden und muss nicht zusätzlich eine allgemeine Konstante addieren.

Satz 6.4 (Vektorraum der Lösungen) Die homogenen Lösungen der Gleichung (6.6) mit auf $]a, b[$ stetiger und beschränkter Koeffizientenfunktion $g(x)$ bilden einen eindimensionalen Vektorraum von Funktionen auf $]a, b[$.

Beweis Wir zeigen zunächst, dass die Lösungen einen Vektorraum bilden. Sie liegen in einem Vektorraum von Funktionen (vgl. Kapitel 3.5.2 und Band 1, S. 540), und wir müssen nur zeigen, dass sie einen Unterraum formen. Dazu muss die Menge abgeschlossen gegenüber Addition und Multiplikation mit einem Skalar sein: Sind $y_{h,1}$ und $y_{h,2}$ homogene Lösungen auf $]a, b[$ und sind $c_1, c_2 \in \mathbb{R}$, dann ist auch

$$c_1 y_{h,1} + c_2 y_{h,2}$$

eine homogene Lösung. Dies sieht man sofort durch Einsetzen in die Differenzialgleichung. Damit liegt ein Vektorraum vor. Dieser ist aber nur eindimensional:

- Jede Lösung hat die Gestalt (6.7): Sei $x_0 \in]a, b[$, und sei $z_h(x)$ eine Lösung. Wir wissen, dass nach (6.7) auch $y_h(x) = z_h(x_0) \exp\left(\int_{x_0}^{x} g(t)\, dt\right)$ eine Lösung ist, die die gleiche Anfangsbedingung in x_0 erfüllt. Da das Anfangswertproblem bei einer stetigen und beschränkten Koeffizientenfunktion g eine eindeutige Lösung hat, müssen beide Lösungen gleich sein: $y_h = z_h$.
- Zwei Lösungen unterscheiden sich nur durch einen Faktor. Denn beide Lösungen haben die Gestalt (6.7).
- Damit ist $\left\{ \exp\left(\int g(x)\, dx\right) \right\}$ eine einelementige Basis des Lösungsraums. $\qquad \square$

Beispiel 6.14 Bei der einfachsten homogenen linearen Differenzialgleichung $y'(x) = a y(x)$ ist $g(x) = a$ konstant. Bereits zuvor haben wir die Lösung über die Eigenschaften der Exponentialfunktion und über einen Potenzreihenansatz gefunden: $y_h = c \exp(ax)$. Diese allgemeine Lösung erhält man auch über die Formel (6.7):

$$y_h(x) = k_0 \exp\left(\int a\, dx\right) = k_0 \exp(ax + c) = k_1 \exp(ax).$$

Beispiel 6.15 (Radiocarbon-Methode) Das Gesetz $y'(t) - k \cdot y(t) = 0$ für den radioaktiven Zerfall (siehe (6.3)) ist eine homogene lineare Differenzialgleichung mit Lösung $y(t) = c \exp(kt)$. Liegt zum Zeitpunkt $t = 0$ die Anfangsmenge $y(0) = y_0$ vor, so lautet die Lösung des Anfangswertproblems

$$y(t) = y_0 e^{kt}.$$

Bei der Altersbestimmung nach der **Radiocarbon-** oder ^{14}C**-Methode** nutzt man aus, dass in der Natur das radioaktive Isotop ^{14}C und das nicht zerfallende ^{12}C in etwa dem Verhältnis $\frac{^{14}C}{^{12}C} \approx 10^{-12}$ vorkommen. Das gilt auch für lebende Organismen. Stirbt ein Organismus, so wird ab diesem Zeitpunkt kein ^{14}C mehr aufgenommen, da dies z. B. durch Atmung oder Nahrungsaufnahme geschieht. Das radioaktive ^{14}C zerfällt, während die Menge des nicht-radioaktiven ^{12}C unverändert bleibt. Aus dem Verhältnis der Mengen der beiden Isotope ^{14}C und ^{12}C wird auf das Alter eines Fossils geschlossen.

Wir bestimmen das Alter eines fossilen Knochens, der noch 20% der normalen Menge des Isotops ^{14}C enthält. Die Halbwertzeit von ^{14}C beträgt 5 730 Jahre. Daraus berechnen wir die Zerfallskonstante k: Sei $y_0 > 0$ die am Anfang vorhandene Menge, so ist

$$\frac{y_0}{2} = y(5\,730) \Longleftrightarrow \frac{y_0}{2} = y_0 \cdot e^{5\,730 \cdot k} \Longleftrightarrow \ln\left(\frac{1}{2}\right) = 5\,730 \cdot k$$

$$\Longleftrightarrow k = \frac{-\ln(2)}{5\,730} \approx -0{,}000121.$$

Das Zerfallsgesetz lautet

$$y(t) = y_0 e^{-0{,}000121 \cdot t}.$$

In unserem Beispiel ist die noch vorhandene Menge ^{14}C gleich einem Fünftel der Anfangsmenge:

$$\frac{1}{5} y_0 = y(T) = y_0 \cdot e^{-0{,}000121 \cdot T} \Longleftrightarrow -\ln(5) = -0{,}000121 \cdot T$$

$$\Longleftrightarrow T = \frac{\ln 5}{0{,}000121} \approx 13\,301.$$

Das Alter des Knochens wird zwischen 13 000 und 14 000 Jahre geschätzt.

Beispiel 6.16 (Basisreproduktionszahl) Die Basisreproduktionszahl $r_0 > 0$ gibt an, wie viele Personen eine an einer Krankheit Infizierte oder ein Infizierter im Mittel ansteckt. Der Verlauf einer Epidemie hängt also ganz wesentlich von r_0 ab. Wir betrachten dazu ein stark vereinfachtes Modell mit konstantem r_0: Der Anfangswert y_0 sei die initiale Zahl der Neuinfizierten, die ihrerseits die Krankheit in einer Epoche der Länge $\delta > 0$ an r_0 andere weitergegeben werden. Mit $y(t)$ sei die Anzahl der Neuinfizierten zu Zeitpunkten $t_k = k\delta$ als Funktion gesucht, $k \in \mathbb{N}_0$. Es ist

$$y'(t_k) \approx \frac{y(t_{k+1}) - y(t_k)}{t_{k+1} - t_k} = \frac{r_0 y(t_k) - y(t_k)}{\delta} = \frac{r_0 - 1}{\delta} y(t_k),$$

so dass wir das homogene, lineare Anfangswertproblem mit konstantem Koeffizienten

$$y'(t) = \frac{r_0 - 1}{\delta} y(t), \quad y(0) = y_0,$$

erhalten. Die zugehörige Lösung ist

$$y(t) = y_0 \exp\left(\frac{r_0 - 1}{\delta} t\right).$$

Daran sieht man, dass für $r_0 > 1$ exponentielles Wachstum der Neuinfiziertenzahl vorliegt, während diese für $r_0 < 1$ entsprechend fällt.

6.7.2 Inhomogene lineare Differenzialgleichungen

Mit den homogenen Lösungen lassen sich **partikuläre Lösungen** (spezielle Lösungen) der inhomogenen Ausgangsgleichung (6.6)

$$y'(x) = g(x)y(x) + h(x)$$

ermitteln.

Als Ansatz verändern wir dazu eine nicht-triviale homogene Lösung y_h so, dass auf der rechten Seite nicht 0, sondern die gewünschte Inhomogenität $h(x)$ herauskommt. Jede homogene Lösung können wir schreiben als $k y_h(x)$ mit einer Konstante $k \in \mathbb{R}$. Nun probieren wir aus, ob eine partikuläre Lösung der Differenzialgleichung $y'(x) = g(x)y(x) + h(x)$ die Gestalt

$$y_p(x) = K(x) \cdot y_h(x)$$

mit $K(x)$ als differenzierbare Funktion von x hat. Wir variieren also die Konstante k der homogenen Lösung in Abhängigkeit von x. Man nennt diesen Ansatz daher **Variation der Konstanten**. Zu diesem Zeitpunkt kann man nicht wissen, ob eine partikuläre Lösung tatsächlich diesen Aufbau hat. Das ist Ausprobieren. Durch Einsetzen in die Differenzialgleichung lässt sich $K(x)$ berechnen: Es gilt mit der Produktregel der Differenziation

$$y_p'(x) = K'(x)y_h(x) + K(x)y_h'(x) = K'(x)y_h(x) + K(x)g(x)y_h(x),$$

so dass wir beim Einsetzen in die Differenzialgleichung erhalten:

$$K'(x)y_h(x) \underbrace{+ g(x)\,K(x)y_h(x) - g(x)\,K(x)y_h(x)}_{=0} = h(x) \iff K'(x) = \frac{h(x)}{y_h(x)}.$$

Mit $K(x) = \int \frac{h(x)}{y_h(x)}\,dx$ erhalten wir also eine partikuläre Lösung der inhomogenen Gleichung zu

$$y_p(x) = y_h(x) \int \frac{h(x)}{y_h(x)}\,dx.$$

Wir fassen das in einem Satz zusammen:

Satz 6.5 (Formel für eine partikuläre Lösung) Seien $g, h :]a, b[\to \mathbb{R}$ stetig und g beschränkt. Weiter sei $y_h \neq 0$ eine Lösung der homogenen Differenzialgleichung $y'(x) - g(x)y(x) = 0$ auf $]a, b[$. Dann ist

$$y_p(x) = y_h(x) \int \frac{h(x)}{y_h(x)}\,dx \qquad (6.8)$$

eine (partikuläre) Lösung der inhomogenen Differenzialgleichung $y'(x) - g(x)y(x) = h(x)$ auf $]a, b[$.

Die Stammfunktion $\int \frac{h(x)}{y_h(x)}\,dx$ ist nur bis auf eine Konstante $c \in \mathbb{R}$ eindeutig. Die Konstante liefert einen Summanden $y_h(x) \cdot c$, der Lösung der homogenen Gleichung ist. Eine partikuläre Lösung erhält man insbesondere auch für $c = 0$.

Beweis Zunächst beachte man, dass die homogenen Lösungen einen eindimensionalen Vektorraum bilden, dessen Elemente nach (6.7) die Gestalt $y_h(t) = k\exp(\int g(x)\,dx) \neq 0$ für $k \neq 0$ haben. Damit ist entweder y_h die Nullfunktion, oder y_h ist an keiner Stelle gleich null, so dass wir durch y_h dividieren können.

Um zu sehen, dass y_p tatsächlich eine Lösung ist, setzen wir y_p in die Differenzialgleichung (6.6) ein:

$$y_p'(x) - g(x)y_p(x)$$
$$= y_h'(x) \int \frac{h(x)}{y_h(x)}\,dx + y_h(x)\frac{h(x)}{y_h(x)} - g(x)y_h(x) \int \frac{h(x)}{y_h(x)}\,dx$$
$$= (y_h'(x) - g(x)y_h(x)) \int \frac{h(x)}{y_h(x)}\,dx + h(x) = h(x),$$

da y_h als homogene Lösung für $y_h'(x) - g(x)y_h(x) = 0$ sorgt. $\square$

Hat man eine partikuläre Lösung y_p der Gleichung (6.6) gefunden, erhält man weitere Lösungen über den Ansatz $y_p + y_h$, wobei y_h eine beliebige homogene Lösung ist. Das sieht man direkt durch Einsetzen in die Differenzialgleichung.

Lemma 6.1 (Allgemeine Lösung) Hat man eine partikuläre Lösung y_p der Gleichung (6.6) gefunden, erhält man alle Lösungen über den Ansatz $y_p + y_h$, wobei y_h eine beliebige homogene Lösung ist.

Man benötigt also nur eine einzige partikuläre Lösung, um auf diese Art alle Lösungen anzugeben. Verwendet man bei der Berechnung einer Stammfunktion in der Formel (6.8) zur partikulären Lösung eine Konstante $c \neq 0$, so erhält man damit als Summanden eine homogene Lösung, die mit der beliebigen homogenen Lösung aus dem Lemma zusammengefasst werden kann.

Beweis Wir müssen nur noch zeigen, dass jede Lösung von (6.6) die Gestalt $y_p + y_h$ für eine homogene Lösung y_h hat. Dazu sei y eine beliebige Lösung. Die Differenz $y - y_p$ ist dann aber eine homogene Lösung $y_h := y - y_p$, und $y = y_p + y_h$. □

Da der Lösungsraum der homogenen Differenzialgleichung für eine stetige und beschränkte Koeffizientenfunktion $g(x)$ eindimensional ist, kann man mit einer homogenen Lösung $y_h \neq 0$ und einer partikulären Lösung y_p die Lösungsmenge der inhomogenen Differenzialgleichung vollständig beschreiben:

$$\{y : y(x) = y_p(x) + c y_h(x) \text{ für ein } c \in \mathbb{R}\}.$$

Die Konstante c entspricht einem Freiheitsgrad. Gibt man über eine Anfangsbedingung einen Funktionswert der Lösung vor, wird c dadurch eindeutig bestimmt. Insbesondere ist der Freiheitsgrad nötig, damit man zu jeder Anfangsbedingung eine Lösung findet.

Haben wir ein Anfangswertproblem mit der Anfangsbedingung $y(x_0) = y_0$, so erhalten wir mit der partikulären Lösung $y_p(x) = y_h(x) \int_{x_0}^{x} \frac{h(t)}{y_h(t)} \, dt$ die nach dem Existenz- und Eindeutigkeitssatz eindeutige Lösung

$$y(x) = y_p(x) + \frac{y_0}{y_h(x_0)} y_h(x) = y_h(x) \left[\int_{x_0}^{x} \frac{h(t)}{y_h(t)} \, dt + \frac{1}{y_h(x_0)} y_0 \right]. \quad (6.9)$$

dieses Anfangswertproblems. Allerdings verwendet man im Allgemeinen nicht diese Formel, sondern bestimmt die Konstante der allgemeinen Lösung durch Einsetzen von x_0 so, dass der Anfangswert angenommen wird. So gehen wir auch in einigen der folgenden Beispielen vor.

Beispiel 6.17 Wir betrachten $y'(x) + ay(x) = b$, $a, b \in \mathbb{R}$, und erhalten

$$y_h(x) = k \exp(-ax),$$

$$y_p(x) = k \exp(-ax) \int \frac{b}{k \exp(-ax)} \, dx = b \exp(-ax) \int \exp(ax) \, dx$$

$$= \frac{b}{a}\exp(-ax)[\exp(ax) + c_0] = \frac{b}{a} + c_1\exp(-ax). \qquad (6.10)$$

Da wir nicht eine spezielle Stammfunktion verwendet, sondern die allgemeine Konstante c_0 angegeben haben, ist die partikuläre Lösung direkt auch die allgemeine Lösung, bei der beliebige homogene Lösungen $c_1\exp(-ax)$, $c_1 \in \mathbb{R}$, addiert werden.

Beispiel 6.18 Jetzt können wir insbesondere auch das Eingangsbeispiel des R/L-Kreises (6.1)

$$L\frac{\mathrm{d}}{\mathrm{d}t}i(t) + Ri(t) = u(t) \iff \frac{\mathrm{d}}{\mathrm{d}t}i(t) = -\frac{R}{L}i(t) + \frac{u(t)}{L}.$$

lösen. Es ist $g(t) = -\frac{R}{L}$ und $h(t) = \frac{u(t)}{L}$ und $i_h(t) = k\exp\left(-\frac{R}{L}t\right)$,

$$i(t) = i_p(t) + c_1 i_h(t) = \exp\left(-\frac{R}{L}t\right)\int \frac{\frac{u(t)}{L}}{\exp\left(-\frac{R}{L}t\right)}\,\mathrm{d}t + c_1\exp\left(-\frac{R}{L}t\right).$$

Legen wir eine konstante Spannung $u(t) = u_0$ an, so bekommen wir die Lösung

$$i(t) = \exp\left(-\frac{R}{L}t\right)\frac{u_0}{L}\int \exp\left(\frac{R}{L}t\right)\,\mathrm{d}t + c_1\exp\left(-\frac{R}{L}t\right)$$

$$= \frac{u_0}{R} + c_2\exp\left(-\frac{R}{L}t\right).$$

Bei einer Anfangsbedingung $i(0) = 0$ ist $i(t) = \frac{u_0}{R}\left[1 - \exp\left(-\frac{R}{L}t\right)\right]$.

Beispiel 6.19 Das Anfangswertproblem $y'(x) = x^2 y(x) + x^2$, $y(0) = 2$, besitzt die homogene Lösung:

$$y_h(x) = k_0\exp\left(\int x^2\,\mathrm{d}x\right) = k_1\exp\left(\frac{x^3}{3}\right).$$

Damit gewinnen wir die partikuläre Lösung

$$y_p(x) = y_h(x)\int \frac{x^2}{y_h(x)}\,\mathrm{d}x = k_1\exp\left(\frac{x^3}{3}\right)\int^x \frac{t^2}{k_1\exp\left(\frac{t^3}{3}\right)}\,\mathrm{d}t.$$

Mit der Substitution $u = t^3/3$, $du = t^2\,dt$, erhalten wir daraus

$$y_p(x) = \exp\left(\frac{x^3}{3}\right)\int^{x^3/3} \frac{1}{\exp(u)}\,\mathrm{d}u = -\exp\left(\frac{x^3}{3}\right)\exp(-u)|^{x^3/3}$$

$$= -\exp\left(\frac{x^3}{3}\right)\exp\left(-\frac{x^3}{3}\right) + c\exp\left(\frac{x^3}{3}\right) = -1 + c\exp\left(\frac{x^3}{3}\right).$$

Da wir die Konstante c bei der Stammfunktion angegeben haben, ist dies zugleich die allgemeine Lösung für $c \in \mathbb{R}$. Wegen der Anfangsbedingung ist die gesuchte Lösung $y(x) = -1 + 3\exp(x^3/3)$ und erfüllt die Differenzialgleichung auf $\mathbb{R}$. Eine Probe bestätigt das: $y'(x) = 3x^2\exp(x^3/3) = x^2 y(x) + x^2$.

Beispiel 6.20 (Newton'sches Abkühlungsgesetz) In diesem Beispiel geht es um praktische Lebenshilfe mittels linearer Differenzialgleichungen. Um einen Kaffee abzukühlen, geben wir ein Teil Milch auf zwei Teile Kaffee hinzu und warten eine kurze Zeit, z. B. zwei Minuten. Wird der Kaffee kälter, wenn man erst die Milch hinzufügt und dann wartet, oder wird er kälter, wenn man erst wartet und dann die Milch hinzugibt?

Wir berechnen den Temperaturunterschied der beiden Ansätze. Dazu benötigen wir das Newton'sche Abkühlungsgesetz:

$$\frac{\mathrm{d}}{\mathrm{d}t}T(t) = k \cdot (T(t) - T_u), \quad T(0) = T_0.$$

Hier ist $T(t)$ die Temperatur des Kaffees in Abhängigkeit von der Zeit $t > 0$. T_0 ist die Anfangstemperatur des Kaffees, T_u ist die Umgebungstemperatur. k ist eine negative Proportionalitätskonstante. Je größer die Differenz zur Umgebungstemperatur ist, desto schneller kühlt der Kaffee ab. Die allgemeine Lösung dieser inhomogenen linearen Differenzialgleichung $\frac{\mathrm{d}}{\mathrm{d}t}T(t) - kT(t) = -kT_u$ mit konstantem Koeffizienten ist (siehe (6.10))

$$T(t) = \frac{-kT_u}{-k} + c\exp(kt) = T_u + c\exp(kt).$$

Aus der Anfangsbedingung $T_0 = T(0) = T_u + c$ erhalten wir die Konstante $c = T_0 - T_u$ und damit

$$T(t) = T_u + (T_0 - T_u)\exp(kt).$$

Entspricht also insbesondere die Anfangstemperatur T_0 des Kaffees genau der Umgebungstemperatur T_u, so bleibt die Temperatur des Kaffees konstant die Umgebungstemperatur. Sonst drückt die Exponentialfunktion die Temperaturänderung mit der Zeit aus.

Geben wir vor der Wartezeit t Milch mit der Temperatur T_M hinzu, so erhalten wir als neue Anfangstemperatur des Kaffees $\frac{2T_0 + T_M}{3}$ und damit (unter der Annahme, dass sich die Proportionalitätskonstante k nicht ändert) insgesamt die Temperatur

$$T_V(t) = T_u + \left(\frac{2T_0 + T_M}{3} - T_u\right)\exp(kt).$$

Geben wir erst nach der Wartezeit t die Milch hinzu, so benutzen wir das Abkühlungsgesetz für die gegebene Anfangstemperatur T_0 und mischen dann das Ergebnis mit der Temperatur der Milch:

$$T_N(t) = \frac{1}{3}\left[T_M + 2\left(T_u + (T_0 - T_u)\exp(kt)\right)\right].$$

Nun ist

$$T_N(t) < T_V(t)$$

$$\iff \frac{1 - \exp(kt)}{3} T_M < \frac{1}{3} T_u - \frac{2}{3}(T_0 - T_u)\exp(kt) + \left(\frac{2}{3}T_0 - T_u\right)\exp(kt)$$

$$\iff T_M < \frac{3}{1 - \exp(kt)}\left[\frac{1}{3}T_u - \frac{1}{3}T_u\exp(kt)\right] \iff T_M < T_u.$$

Man beachte, dass wegen $k < 0$ der Faktor $\frac{1-\exp(kt)}{3}$ positiv ist, so dass bei Multiplikation mit dem Kehrwert das „$<$"-Zeichen erhalten bleibt.

Ist die Milch kälter als die Umgebungstemperatur, so kühlt der Kaffee schneller ab, wenn man erst wartet. Ist die Milch wärmer, so kühlt das Getränk schneller, wenn erst die Milch hinzugegeben wird.

6.7.3 Konstanter Koeffizient

Hier sehen wir uns Gleichungen vom Typ

$$y'(x) - ay(x) = h(x)$$

an, die wir bereits allgemein lösen können. Allerdings müssen wir dazu das Integral in (6.8) ausrechnen. Für gängige Inhomogenitäten (rechte Seiten) $h(x)$ kann man stattdessen Kandidaten $y_p(x)$ für partikuläre Lösungen einer Tabelle (siehe Tabelle 6.1) entnehmen, die eine ähnliche Struktur wie die Inhomogenität haben. Man nennt dieses Vorgehen **Ansatz vom Typ der rechten Seite**, da man je nach Inhomogenität $h(x)$ der Tabelle einen Kandidaten y_p für die Lösung entnimmt, bei dem noch Konstanten zu bestimmen sind. Diese erhält man durch Einsetzen von y_p in die Differenzialgleichung. Der Ansatz funktioniert, da die rechten Seiten und mit ihnen die Kandidaten y_p eine Gestalt haben, die durch Einsetzen in die linke Seite der Differenzialgleichung erhalten bleibt. Damit stehen auf der linken und auf der rechten Seite Terme der gleichen Gestalt. Die auf der linken Seite vorkommenden Konstanten lassen sich dadurch mittels Koeffizientenvergleich über ein eindeutig lösbares lineares Gleichungssystem bestimmen. Der Fall $h(x) = A\,e^{\mu x}$ in Tabelle 6.1 fällt etwas aus der Rolle, da man im Fall $\mu = a$ einen Kandidaten $C \cdot x \cdot e^{\mu x}$ verwendet, der nicht direkt der Inhomogenität h entspricht. Das liegt daran, dass für $\mu = a$ die Funktion $A\,e^{\mu x}$ eine homogene Lösung der Differenzialgleichung ist. Daher muss man die Funktion etwas modifizieren, damit die rechte Seite und nicht null beim Einsetzen in die Differenzialgleichung herauskommt.

Tabelle 6.1 Ansatzfunktionen für die partikuläre Lösung von $y'(x) = ay(x) + h(x)$

Inhomogenität $h(x)$	Ansatz $y_p(x)$
Polynom vom Grad n	$y_p(x) = C_0 + C_1\,x + \cdots + C_n\,x^n$, unabhängig von der Inhomogenität verwende man alle Konstanten
$h(x) = A\,\sin(\omega x) + B\,\cos(\omega x)$	$y_p(x) = C_1\,\sin(\omega x) + C_2\,\cos(\omega x)$, auch bei $A = 0$ oder $B = 0$ sind beide Konstanten nötig
$h(x) = A\,e^{\mu\,x}$	$y_p(x) = \begin{cases} C \cdot e^{\mu x}, & \mu \neq a \\ C \cdot x \cdot e^{\mu x}, & \mu = a \end{cases}$ (Resonanzfall)

Ist die Inhomogenität $h(x)$ eine Summe mehrerer Funktionen, so wählt man den Lösungsansatz für y_p als Summe der Lösungsansätze für die einzelnen Funktionen. Das klappt, da das Ableiten linear ist. Entsprechend geht man bei Produkten $h(x) = h_1(x) \cdot h_2(x)$ vor. Kann man über die Tabelle 6.1 zu h_1 und h_2 Lösungsansätze y_{p_1} und y_{p_2} finden, so rechnet man mit dem Kandidaten $y_p(x) = y_{p_1}(x) \cdot y_{p_2}(x)$. Dass das funktioniert, ist nicht ganz so offensichtlich. Nach der Produktregel ist $y_p'(x) = y_{p_1}'(x)y_{p_2}(x) + y_{p_1}(x)y_{p_2}'(x)$, aber auch $y_{p_1}'(x)$ ist vom gleichen Typ wie y_{p_1} und $y_{p_2}'(x)$ ist vom gleichen Typ wie $y_{p_2}(x)$, so dass y_p' ebenfalls vom Typ $y_{p_1} \cdot y_{p_2}$ bzw. $h_1 \cdot h_2$ ist.

Beispiel 6.21 Wir bestimmen die allgemeine Lösung der Differenzialgleichung

$$y'(x) + 2y(x) = x^2 + 2.$$

Die homogene Gleichung besitzt die allgemeine Lösung

$$y_h(x) = C \cdot e^{-2x}, \quad C \in \mathbb{R}.$$

Der Ansatz für eine partikuläre Lösung lautet gemäß Tabelle 6.1

$$y_p(x) = C_2\,x^2 + C_1\,x + C_0 \quad \text{mit} \quad C_2,\ C_1,\ C_0 \in \mathbb{R}.$$

Setzen wir y_p mit der Ableitung $y_p'(x) = 2C_2\,x + C_1$ in die Differenzialgleichung ein, erhalten wir:

$$2C_2\,x + C_1 + 2C_2\,x^2 + 2C_1\,x + 2C_0 = x^2 + 2$$
$$\iff \quad x^2\,(2C_2) + x\,(2C_1 + 2C_2) + C_1 + 2C_0 = x^2 + 2,$$

und der Koeffizientenvergleich ergibt das lineare Gleichungssystem für die Konstanten C_0, C_1, C_2

$$2C_2 = 1 \iff C_2 = \frac{1}{2}$$

$$\wedge \quad C_1 + 2C_2 = 0, \text{ so dass } C_1 = -\frac{1}{2}$$

$$\wedge \quad C_1 + 2C_0 = 2, \text{ so dass } C_0 = \frac{5}{4}$$

und somit $y_p(x) = \frac{1}{2}x^2 - \frac{1}{2}x + \frac{5}{4}$. Die allgemeine Lösung lautet dann

$$y(x) = y_h(x) + y_p(x) = C \cdot e^{-2x} + \frac{1}{2}x^2 - \frac{1}{2}x + \frac{5}{4}, \quad C \in \mathbb{R}.$$

Beispiel 6.22 Für die Lösung der Differenzialgleichung

$$y'(x) + 9y(x) = -2\sin(x)$$

berechnen wir zunächst die Lösung der homogenen Gleichung $y'(x) + 9y(x) = 0$ zu

$$y_h(x) = C \cdot e^{-9x}, \quad C \in \mathbb{R}.$$

Die Lösung der inhomogenen Gleichung bestimmen wir mit dem Ansatz vom Typ der rechten Seite

$$y_p(x) = A \cdot \sin(x) + B \cdot \cos(x).$$

Einsetzen in die Differenzialgleichung liefert

$$A\cos(x) - B\sin(x) + 9A\sin(x) + 9B\cos(x) = -2\sin(x)$$
$$\Longleftrightarrow \quad (9A - B)\sin(x) + (A + 9B)\cos(x) = -2\sin(x).$$

Auch hier ist ein Koeffizientenvergleich möglich. Man kann nämlich zeigen, dass die Funktionen 1, $\sin(x)$ und $\cos(x)$ linear unabhängig sind und damit die Nullfunktion nur auf triviale Weise linear kombiniert werden kann. Der Koeffizientenvergleich ergibt $9A - B = -2$ und $A + 9B = 0$, also $A = -9B$, $B = \frac{1}{41}$ und $A = -\frac{9}{41}$, so dass $y_p(x) = -\frac{9}{41}\sin(x) + \frac{1}{41}\cos(x)$. Die allgemeine Lösung lautet dann

$$y(x) = y_h(x) + y_p(x) = C \cdot e^{-9x} - \frac{9}{41}\sin(x) + \frac{1}{41}\cos(x), \quad C \in \mathbb{R}.$$

Beispiel 6.23 Wir kommen noch einmal auf den R/L-Kreis mit der Differenzialgleichung (6.1)

$$\frac{\mathrm{d}}{\mathrm{d}t}i(t) + \frac{R}{L}i(t) = \frac{u(t)}{L}$$

und mit Anfangsbedingung $i(0) = 0$ zurück und legen nun eine Spannung $u(t) = u_0\sin(\omega t)$ mit $\omega > 0$ an. Die allgemeine Lösung $i_h(t) = c\exp\left(-\frac{R}{L}t\right)$ der homogenen Differenzialgleichung haben wir bereits zuvor berechnet.

Für eine partikuläre Lösung der inhomogenen Gleichung verwendet man den Ansatz vom Typ der rechten Seite

$$i_p(t) = A\cos(\omega t) + B\sin(\omega t)$$

mit Ableitung
$$i_p'(t) = -A\omega\,\sin(\omega t) + B\omega\,\cos(\omega t).$$
Wir setzen $i_p(t)$ in die inhomogene Differenzialgleichung ein und erhalten

$$-A\omega\,\sin(\omega t) + B\omega\,\cos(\omega t) + \frac{R}{L}\cdot(A\,\cos(\omega t) + B\,\sin(\omega t)) = \frac{u_0}{L}\cdot\sin(\omega t)$$
$$\Longleftrightarrow \left(\frac{R}{L}B - A\omega\right)\cdot\sin(\omega t) + \left(\frac{R}{L}A + B\omega\right)\cdot\cos(\omega t) = \frac{u_0}{L}\cdot\sin(\omega t).$$

Da $\sin(\omega t)$ und $\cos(\omega t)$ linear unabhängig sind, ergibt ein Koeffizientenvergleich:
$$\frac{R}{L}A + B\omega = 0 \Longleftrightarrow B = -\frac{R}{L\,\omega}A,$$
so dass damit aus der zweiten Gleichung
$$\frac{R}{L}B - A\omega = \frac{u_0}{L}$$
folgt
$$\left(-\frac{R^2}{L^2\,\omega} - \omega\right)\cdot A = \frac{u_0}{L} \Longleftrightarrow -\frac{R^2 + L^2\omega^2}{L^2\,\omega}\cdot A = \frac{u_0}{L}.$$
Damit erhalten wir $A = \frac{-\omega\,L\,u_0}{R^2+L^2\,\omega^2}$ und $B = \frac{R\,u_0}{R^2+L^2\,\omega^2}$ und haben eine partikuläre Lösung
$$i_p(t) = \frac{u_0}{R^2 + L^2\,\omega^2}\left(-\omega\,L\,\cos(\omega t) + R\,\sin(\omega t)\right).$$

Die allgemeine Lösung lautet
$$i(t) = C\,e^{-\frac{R}{L}t} + \frac{u_0}{R^2 + L^2\,\omega^2}\left(-\omega\,L\,\cos(\omega t) + R\,\sin(\omega t)\right).$$

Aus der Anfangsbedingung $i(0) = 0$ erhalten wir die Konstante C:
$$C\cdot 1 + \frac{u_0}{R^2 + L^2\,\omega^2}\cdot(-\omega\,L) = 0 \quad\Longleftrightarrow\quad C = \frac{\omega\,L\,u_0}{R^2 + L^2\,\omega^2},$$
und die Lösung des Anfangswertproblems lautet
$$i(t) = \frac{u_0}{R^2 + L^2\,\omega^2}\Big[\underbrace{\omega\,L\cdot e^{-\frac{R}{L}t}}_{\text{abklingender Anteil}}\;\underbrace{-\omega\,L\,\cos(\omega t) + R\,\sin(\omega t)}_{\text{stationäre Schwingung}}\Big].$$

Nach einer Einschwingphase dominiert die stationäre Schwingung, und der abklingende Anteil kann vernachlässigt werden, d. h., es gilt $i(t) \approx i_p(t)$ für große Werte von t.

Diese Situation nach der Einschwingphase erhält man auch über die komplexe Wechselstromrechnung, siehe Band 1, Kapitel 5.4. Mit der komplex erweiterten Spannung

$$\underline{u}(t) = u_0 \big[\,\underbrace{\cos\left(\omega t - \frac{\pi}{2}\right) + j\sin\left(\omega t - \frac{\pi}{2}\right)}_{\sin(\omega t)}\,\big]$$

und dem komplexen Widerstand $R + j\omega L$ gilt $\underline{u}(t) = (R + j\omega L)\underline{i}(t)$, also

$$i(t) = \mathrm{Re}(\underline{i}(t)) = \mathrm{Re}\left(\frac{1}{R + j\omega L}\underline{u}(t)\right) = \mathrm{Re}\left(\frac{R - j\omega L}{R^2 + \omega^2 L^2}\underline{u}(t)\right)$$

$$= \frac{u_0}{R^2 + \omega^2 L^2}\left[R\cos\left(\omega t - \frac{\pi}{2}\right) + \omega L\sin\left(\omega t - \frac{\pi}{2}\right)\right]$$

$$= \frac{u_0}{R^2 + \omega^2 L^2}\left[R\sin\left(\omega t\right) - \omega L\cos\left(\omega t\right)\right] = i_p(t).$$

Die komplexe Wechselstromrechnung berechnet eine spezielle Lösung der Differenzialgleichung für $C = 0$ in der Formel der allgemeinen Lösung. Die Konstante C wird durch einen Anfangswert $i(0)$ bestimmt. Damit funktioniert die komplexe Wechselstromrechnung in der Einschwingphase nicht für jeden Anfangswert.

Um den stationären Anteil der Schwingung etwas kompakter in der Form $A\sin(\omega t - \varphi)$ wie beim Rechnen mit Zeigerdiagrammen darzustellen, formen wir um:

$$i_p(t) = \frac{u_0}{\sqrt{R^2 + L^2\,\omega^2}}\left(\frac{R}{\sqrt{R^2 + L^2\,\omega^2}}\sin(\omega t) - \frac{\omega L}{\sqrt{R^2 + L^2\,\omega^2}}\cos(\omega t)\right).$$

In einem rechtwinkligen Dreieck mit Gegenkathete $L\omega$ und Ankathete R zum Winkel φ ist

$$\cos(\varphi) = \frac{R}{\sqrt{R^2 + L^2\,\omega^2}}, \quad \sin(\varphi) = \frac{\omega L}{\sqrt{R^2 + L^2\,\omega^2}}, \quad \tan(\varphi) = \frac{\omega L}{R}.$$

Mit diesem Winkel $\varphi \in \left]0, \frac{\pi}{2}\right]$ erhalten wir über ein Additionstheorem (siehe Seite 595)

$$i_p(t) = \frac{u_0}{\sqrt{R^2 + L^2\,\omega^2}}\left[\cos(\varphi)\sin(\omega t) - \sin(\varphi)\cos(\omega t)\right]$$

$$= \frac{u_0}{\sqrt{R^2 + L^2\,\omega^2}}\sin(\omega t - \varphi).$$

Legt man eine sinusförmige Spannung an, so reagiert das System mit einer Schwingung der Kreisfrequenz ω der anliegenden Spannung, frequenzabhängiger Amplitude $A(\omega)$ und Phasenverzögerung $\varphi(\omega)$ mit

$$A(\omega) = \frac{u_0}{\sqrt{R^2 + L^2\,\omega^2}}, \qquad \varphi(\omega) = \arctan\left(\frac{\omega L}{R}\right).$$

Je größer ω ist, desto kleiner ist die Amplitude, d. h., das System ist ein **Tiefpass** für den Strom. Für kleine, positive $\omega \approx 0$ ist die Amplitude des Stroms ungefähr $\frac{u_0}{R}$. Das entspricht dem Ohm'schen Gesetz. Wegen $\varphi(\omega) \approx 0$ schwingen Spannung und Strom etwa in Phase. Die Induktivität der Spule hat bei kleiner Frequenz geringen Einfluss.

6.8 Nicht-lineare Differenzialgleichungen erster Ordnung

Bei den zuvor betrachteten linearen Differenzialgleichungen kann man sofort wie angegeben die Lösung berechnen. Bei anderen Typen von Differenzialgleichungen geht das leider nicht. Hier gibt es einen Zoo unterschiedlicher Verfahren und keine einheitliche Theorie. Je nach Aussehen der Differenzialgleichung wählt man dabei ein Verfahren aus, das speziell nur für diesen Typ von Gleichung funktioniert. Man muss zunächst den Typ der Gleichung bestimmen, bevor man mit der Lösung beginnen kann.

Bei allen Verfahren geht man generell davon aus, dass es eine Lösung gibt und rechnet mit ihr formal, bis man eine Darstellung der Lösung gefunden hat. Anschließend sollte man das Ergebnis (und damit die Annahme, dass es eine Lösung gibt) durch Einsetzen in die Differenzialgleichung verifizieren und das Lösungsintervall bestimmen.

6.8.1 Trennung der Variablen (Separation)

In diesem Abschnitt betrachten wir Differenzialgleichungen, die die Gestalt

$$y'(x) = f(x, y(x)) = f_1(x) \cdot f_2(y(x)).$$

für auf geeignetem Definitionsbereich stetige Funktionen f_1 und f_2 haben. Den folgenden Ansatz kennen wir bereits aus der Herleitung der Formel (6.7) für homogene Lösungen einer linearen Differenzialgleichung erster Ordnung.

Angenommen, es gibt eine stetig differenzierbare Lösung $y(x)$ auf einem geeigneten Intervall I mit $x_0 \in I$, so dass $f_2(y(x)) \neq 0$ für alle $x \in I$ ist. Dann gilt:

$$\frac{y'(t)}{f_2(y(t))} = f_1(t) \text{ für alle } t \in I$$

$$\Longleftrightarrow \int_{x_0}^x \frac{y'(t)}{f_2(y(t))} \, dt = \int_{x_0}^x f_1(t) \, dt \text{ für alle } x \in I$$

$$\overset{v=y(t),\, dv=y'(t)\,dt}{\Longleftrightarrow} \int_{y(x_0)}^{y(x)} \frac{1}{f_2(v)} \, dv = \int_{x_0}^x f_1(t) \, dt \text{ für alle } x \in I.$$

Die Integrale müssen nun ausgerechnet und das Ergebnis nach $y(x)$ aufgelöst werden. Der Ansatz wird mit **Trennung der Variablen** bezeichnet, da nach der Umformung die gesuchte Funktion y bzw. $y(x)$ nur auf der linken Seite auftritt, während die rechte Seite nur von der Variable x, aber nicht von y abhängt. In diesem Sinne haben wir x und y getrennt.

Der Trick besteht hier darin, dass durch die Substitution die Ableitung $y'(x)$ in der Gleichung eliminiert wird. Damit liegt keine Differenzialgleichung mehr vor, so dass wir nur noch nach $y(x)$ umformen müssen. Wir werden später Differenzialgleichungen mittels der Laplace-Transformation lösen. Dahinter verbirgt sich ein ähnlicher Trick: Die Ableitungen werden mittels partieller Integration eliminiert.

Beispiel 6.24 Wir lösen die Differenzialgleichung

$$x(y(x)^2 - 1) + (x^2 - 1)y(x)y'(x) = 0.$$

Ist $x \neq \pm 1$ und $y(x) \neq 0$, können wir sie umformen zu

$$y'(x) = \frac{-x(y(x)^2 - 1)}{(x^2 - 1)y(x)} = -\frac{x}{x^2 - 1} \cdot \frac{y(x)^2 - 1}{y(x)} =: f_1(x) \cdot f_2(y(x)).$$

Damit erhalten wir einen Lösungskandidaten über

$$\int_{y(x_0)}^{y(x)} \frac{v}{v^2 - 1}\,\mathrm{d}v = \int_{x_0}^{x} -\frac{t}{t^2 - 1}\,\mathrm{d}t. \tag{6.11}$$

Man beachte, dass wir hier den Fall $f_2(y(t)) = 0$, also Lösungen $y(t)$ mit Funktionswerten ± 1, ausgeschlossen haben. Damit verlieren wir Lösungen der Ausgangsgleichung, insbesondere die konstanten Funktionen 1 und -1.

Mittels Substitution $u = t^2 - 1$, $du = 2t\,dt$ ist:

$$\int^{x} \frac{t}{t^2 - 1}\,\mathrm{d}t = \frac{1}{2}\int^{x^2 - 1} \frac{1}{u}\,\mathrm{d}u = \frac{1}{2}\ln(|x^2 - 1|) + c,$$

d.h., $\frac{1}{2}\ln(|x^2 - 1|)$ ist eine Stammfunktion zu $\frac{x}{x^2-1}$. Benutzen wir das für beide Seiten von (6.11), so erhalten wir

$$\ln(|y(x)^2 - 1|) + \ln(|x^2 - 1|) = c.$$

Jetzt müssen wir die Gleichung nach y auflösen:

$$\exp\left(\ln(|y(x)^2 - 1|) + \ln(|x^2 - 1|)\right) = \exp(c) \iff |y(x)^2 - 1| = \frac{c'}{|x^2 - 1|}$$

$$\iff y(x)^2 = 1 \pm \frac{c'}{|x^2 - 1|} \iff y(x) = \pm\sqrt{1 \pm \frac{c'}{|x^2 - 1|}},$$

wobei $c' > 0$ ist. Das Ergebnis ist unter Berücksichtigung des Definitionsbereichs zu verifizieren.

Rein formal kann man die Trennung der Variablen mit anschließender Integration und Substitution auch so schreiben:

$$\frac{dy}{dx} = f_1(x) \cdot f_2(y) \implies \frac{dy}{f_2(y)} = f_1(x)\, dx, \text{ d.\,h. } \int \frac{1}{f_2(y)}\, dy = \int f_1(x)\, dx + c.$$

Die Multiplikation mit dx ist lediglich eine formale Merkregel, die nach der Definition der Symbole nicht erklärt ist. Zudem wird nach der Variable y integriert. $y = y(x)$ ist aber eigentlich eine Funktion. Die Schreibweise drückt bereits die vorgenommene Substitution aus, nur dass keine neue Variable eingeführt wird. Nach der Berechnung der Stammfunktion wird y wieder als Funktion $y(x)$ interpretiert. Dies entspricht der Rücksubstitution bzw. dem Einsetzen der oberen Grenze. Im Folgenden verzichten wir auf diese Kurzschreibweise.

Beispiel 6.25 Zu lösen ist die Differenzialgleichung

$$y'(x) = \sqrt{1 - y^2(x)}.$$

Wir setzen $f_1(x) = 1$ und $f_2(y) = \sqrt{1 - y^2}$. Für eine Lösung y, die weder 1 noch -1 als Funktionswert hat (beachte: Aufgrund der Gleichung ist nur $-1 \leq y(x) \leq 1$ verlangt), erhalten wir die Gleichung

$$\int^x f_1(t)\, dt = \int^{y(x)} \frac{1}{f_2(v)}\, dv + c_1 \iff \int^x 1\, dt = \int^{y(x)} \frac{1}{\sqrt{1 - v^2}}\, dv + c_1$$
$$\iff x + c_2 = \arcsin(y(x)) + c_3 \iff y(x) = \sin(x + c_4).$$

Man beachte, dass $\frac{d}{dv} \arcsin(v) = 1/\sqrt{1 - v^2}$ nur für $-1 < v < 1$ gilt. Entsprechend wird der berechnete Kandidat $\sin(x + c_4)$ nicht auf $\mathbb{R}$ Lösung sein: Einsetzen des Kandidaten in die Differenzialgleichung liefert wegen $1 - \sin^2(x) = \cos^2(x)$

$$\cos(x + c_4) = \sqrt{1 - \sin^2(x + c_4)} = \sqrt{\cos^2(x + c_4)} = |\cos(x + c_4)|.$$

Das kann aber nur gelten, wenn Kosinus nicht-negative Werte annimmt, also z. B. auf $[-\frac{\pi}{2}, \frac{\pi}{2}]$, d. h., für ein Intervall $I \subseteq [-\frac{\pi}{2} - c_4, \frac{\pi}{2} - c_4]$ haben wir eine Lösung gefunden.

Auch $y(x) = 1$ und $y(x) = -1$ sind Lösungen, diese hatten wir durch unseren Ansatz zuvor aber ausgeschlossen.

Beispiel 6.26 Nun betrachten wir

$$y'(x) = e^{2y(x)} \cos(x).$$

Mit $f_1(x) = \cos(x)$ und $f_2(y) = e^{2y}$ erhalten wir für eine Lösung y die Gleichung (beachte: Jetzt ist $f_2(y) \neq 0$, so dass wir hier keine Lösungen verlieren)

$$\int^x f_1(t)\,\mathrm{d}t = \int^{y(x)} \frac{1}{f_2(v)}\,\mathrm{d}v + c_0 \iff \int^x \cos(t)\,\mathrm{d}t = \int^{y(x)} e^{-2v}\,\mathrm{d}v + c_0$$

$$\iff \sin(x) + c_1 = -\frac{1}{2}e^{-2v}\Big|^{y(x)} \iff \sin(x) + c_1 = -\frac{1}{2}e^{-2y(x)} + c_2$$

$$\iff y(x) = -\frac{1}{2}\ln(-2\sin(x) + c_3).$$

Damit haben wir für jedes $c > -2$ eine Lösung $y(x) = -\frac{1}{2}\ln(c - 2\sin(x))$ gefunden. Auf dem Lösungsintervall muss $2\sin(x) < c$ gelten. Für $c > 2$ ist die Lösung auf ganz $\mathbb{R}$ definiert. Die Probe bestätigt das:

$$y'(x) = -\frac{1}{2}\frac{1}{c - 2\sin(x)}(-2\cos(x)), \text{ andererseits:}$$

$$e^{2y(x)}\cos(x) = \frac{1}{c - 2\sin(x)}\cos(x).$$

Abb. 6.7 Hochspannungsleitungen, gezeichnet mit dem Kosinushyperbolikus

Beispiel 6.27 (Kettenlinie) Die Differenzialgleichung

$$y''(x) = k\sqrt{1 + (y'(x))^2},$$

die wir zu Beginn des Kapitels auf Seite 162 für die Kettenlinie hergeleitet haben, lässt sich mittels Trennung der Variablen lösen. Dazu berechnen wir zunächst $z(x) := y'(x)$:

$$z'(x) = k\sqrt{1 + (z(x))^2}, \text{ so dass } \int^{z(x)} \frac{1}{\sqrt{1 + v^2}}\,\mathrm{d}v = kx + c,$$

also $\operatorname{arsinh}(z(x)) = kx + c$ und damit $z(x) = \sinh(kx + c)$. Damit erhalten wir

Abb. 6.8 3D-Rekonstruktion der Rodenkirchener Brücke in Köln auf Basis von Laserscandaten von GeoBasis NRW. Die farbigen Tragseile stimmen jeweils nahezu exakt mit Graphen von Funktionen $f(x) = \frac{1}{k}\cosh(kx + c) + C$ überein. Die Parameter können über Tangentensteigungen m_1 und m_2 an zwei Stellen x_1 und x_2 geschätzt werden: $f'(x_1) = \sinh(kx_1 + c) = m_1 \wedge \sinh(kx_2 + c) = m_2$, so dass wir für k und c das Gleichungssystem $x_1 \cdot k + 1 \cdot c = \operatorname{arsinh}(m_1) \wedge x_2 \cdot k + 1 \cdot c = \operatorname{arsinh}(m_2)$ mit der Cramer'schen Regel lösen können: $k = \frac{\operatorname{arsinh}(m_1) - \operatorname{arsinh}(m_2)}{x_1 - x_2}$, $c = \frac{x_1 \operatorname{arsinh}(m_2) - x_2 \operatorname{arsinh}(m_1)}{x_1 - x_2}$. Damit ergibt sich auch $C = f(x_1) - \frac{1}{k}\cosh(kx_1 + c)$

$$y(x) = \int^x z(v)\,dv = \int^x \sinh(kv + c)\,dv = \frac{1}{k}\cosh(kx + c) + C.$$

Mit dem Kosinushyperbolikus kann man also die Form eines an den Enden befestigten Seils beschreiben, siehe Abbildungen 6.7, 6.8.

Beispiel 6.28 (Freier Fall mit Luftwiderstand) Wir berechnen die Fallgeschwindigkeit $v(t)$ eines Körpers der Masse m unter Berücksichtigung des Luftwiderstands, vgl. [Westermann(2020), S. 503]. Die auf den Körper wirkenden Kräfte sind:

- die Schwerkraft $m \cdot g$, mit $g = 9{,}81\,\mathrm{m/s^2}$,
- der Luftwiderstand $k \cdot v^2(t)$ mit Reibungskoeffizient $k > 0$.

Bei einer Startgeschwindigkeit $v(0) = 0$ erhält man aus dem Newton'schen Gesetz „Kraft = Masse mal Beschleunigung" das Anfangswertproblem

$$m \cdot v'(t) = m \cdot g - k \cdot v^2(t), \quad v(0) = 0.$$

Wir lösen diese Differenzialgleichung mittels Trennung der Variablen:

$$\int_{v(0)}^{v(t)} \frac{m}{m \cdot g - k \cdot u^2}\,du = \int_0^t 1\,du = t. \tag{6.12}$$

Für das linke Integral benutzen wir die Substitution $w = \sqrt{\frac{k}{mg}} \cdot u$:

$$\int_{v(0)}^{v(t)} \frac{1}{g - \frac{k}{m} \cdot u^2}\,du \overset{v(0)=0}{=} \int_0^{v(t)} \frac{1}{g - \frac{k}{m} \cdot u^2}\,du$$

$$= \frac{1}{g}\int_0^{v(t)} \frac{1}{1 - \left(\sqrt{\frac{k}{mg}} \cdot u\right)^2}\,du = \frac{1}{g\sqrt{\frac{k}{mg}}}\int_0^{\sqrt{\frac{k}{mg}}\cdot v(t)} \frac{1}{1 - w^2}\,dw$$

$$= \sqrt{\frac{m}{kg}} \left[\operatorname{artanh}\left(\sqrt{\frac{k}{mg}} \cdot v(t) \right) - \operatorname{artanh}(0) \right]$$

$$= \sqrt{\frac{m}{kg}} \operatorname{artanh}\left(\sqrt{\frac{k}{mg}} \cdot v(t) \right).$$

Eingesetzt in (6.12) erhalten wir

$$\operatorname{artanh}\left(\sqrt{\frac{k}{mg}} \cdot v(t) \right) = \sqrt{\frac{kg}{m}} \cdot t.$$

Um die Gleichung nach $v(t)$ aufzulösen, verwenden wir den Tangenshyperbolikus:

$$\sqrt{\frac{k}{mg}} \cdot v(t) = \tanh\left(\sqrt{\frac{kg}{m}} \cdot t \right),$$

und wir erhalten die zeitabhängige Geschwindigkeit

$$v(t) = \sqrt{\frac{mg}{k}} \cdot \tanh\left(\sqrt{\frac{kg}{m}} \cdot t \right).$$

Wegen

$$\lim_{x \to \infty} \tanh(x) = \lim_{x \to \infty} \frac{e^x - e^{-x}}{e^x + e^{-x}} = \lim_{x \to \infty} \frac{1 - e^{-2x}}{1 + e^{-2x}} = \frac{1 - 0}{1 + 0} = 1$$

finden wir

$$v_{\max} := \lim_{t \to \infty} v(t) = \sqrt{\frac{mg}{k}} \cdot \lim_{t \to \infty} \tanh\left(\sqrt{\frac{kg}{m}} \cdot t \right) = \sqrt{\frac{mg}{k}}$$

als Grenzgeschwindigkeit, d. h., für große Zeitpunkte t wird der Körper praktisch nicht weiter beschleunigt. Reibungskraft und Schwerkraft kompensieren sich gegenseitig. Der Körper fällt nicht schneller als $v_{\max}$.

6.8.2 Substitution

Beim Lösungsverfahren „Substitution" wird eine Differenzialgleichung durch Einführen einer gesuchten Funktion z, die von y abhängt, in eine neue Differenzialgleichung überführt, in der dann nur z, aber nicht mehr y vorkommt. Aus deren Lösung für z kann dann y ermittelt werden. Das haben wir bei der Differenzialgleichung zur Kettenlinie auf Seite 192 mit $z(x) := y'(x)$ getan, um eine Differenzialgleichung erster Ordnung zu erhalten. Substitution wird aber vor allem bei Differenzialgleichungen verwendet, deren rechte Seite die Gestalt

$$f(x, y) = g(ax + by + c)$$

mit $a, b, c \in \mathbb{R}$ hat. Wir nehmen an, dass $y(x)$ eine Lösung von $y'(x) = f(x, y(x)) = g(ax + by(x) + c)$ ist. Dann setzen wir

$$z(x) := ax + by(x) + c$$

und erhalten die neue Gleichung, bei der die Funktion z gesucht ist:

$$z'(x) = a + by'(x) = a + bg(z(x)) = 1 \cdot [a + bg(z(x))].$$

Die Gleichung können wir nun mittels Trennung der Variablen lösen:

$$\int_{x_0}^{x} 1 \, dt = x - x_0 = \int_{z(x_0)}^{z(x)} \frac{1}{a + bg(v)} \, dv.$$

Diese Gleichung muss jetzt für eine konkrete Funktion g nach $z(x)$ aufgelöst werden. Aus $z(x)$ erhalten wir danach $y(x) = \frac{1}{b}[z(x) - ax - c]$.

Beispiel 6.29 Wir lösen die Differenzialgleichung

$$y'(x) = (x + y(x))^2 - 1.$$

Wir setzen $z(x) := x + y(x)$ und erhalten $z'(x) = 1 + y'(x) = 1 + (x + y(x))^2 - 1 = z^2(x)$. Hat $z(x)$ keine Nullstellen, können wir mit $1 = z'(x)/z^2(x)$ rechnen:

$$\int_{x_0}^{x} 1 \, dt = x - x_0 = \int_{z(x_0)}^{z(x)} \frac{1}{t^2} \, dt = -t^{-1}\big|_{z(x_0)}^{z(x)} = -\frac{1}{z(x)} + \frac{1}{z(x_0)}.$$

Damit ist also $z(x) = -\frac{1}{x+c}$, und als Kandidaten erhalten wir $y(x) = -x - \frac{1}{x+c}$.

Wir haben zuvor $z(x) = 0$, also $y(x) = -x$, ausgeschlossen. Dabei handelt es sich aber auch um eine Lösung.

Beispiel 6.30 Bei der Differenzialgleichung (vgl. Beispiel 6.29)

$$y'(x) = (x + y(x))^2$$

substituieren wir $z(x) := x + y(x)$ und erhalten damit folgende Differenzialgleichung in z:

$$z'(x) = 1 + y'(x) = 1 + (x + y(x))^2 = 1 + z^2(x).$$

Diese wird wieder mittels Trennung der Variablen gelöst. Dabei ist $f_1(x) = 1$ und $f_2(z) = 1 + z^2$. Wir erhalten für eine Lösung z die Gleichung (beachte: $f_2(z) > 0$, wir verlieren keine Lösungen)

$$\int^x f_1(t) \, dt = \int^{z(x)} \frac{1}{f_2(v)} \, dv + c_0 \iff \int^x 1 \, dt = \int^{z(x)} \frac{1}{1+v^2} \, dv + c_0$$

$$\iff x + c_1 = \arctan(z(x)) + c_2 \iff z(x) = \tan(x + c).$$

Damit ist $y(x) = z(x) - x = \tan(x + c) - x$ auf einem geeigneten Intervall, auf dem $\tan(x + c)$ definiert ist, z. B. $\left] -\frac{\pi}{2} - c, \frac{\pi}{2} - c\right[$ eine Lösung. Probe:

$$y'(x) = \frac{d}{dx}[\tan(x + c) - x] = \frac{\cos^2(x + c) + \sin^2(x + c)}{\cos^2(x + c)} - 1$$

$$= 1 + \frac{\sin^2(x + c)}{\cos^2(x + c)} - 1 = \tan^2(x + c).$$

Andererseits: $(x + y(x))^2 = z(x)^2 = \tan^2(x + c)$.

6.8.3 Homogene Differenzialgleichungen *

Eine **homogene Differenzialgleichung** besitzt eine Darstellung

$$y'(x) = f(x, y(x)) = g\left(\frac{y(x)}{x}\right).$$

Dieser Typ einer Differenzialgleichung muss keine homogene lineare Differenzialgleichung sein und umgekehrt. Der Name „homogen" wird leider für zwei unterschiedliche Dinge benutzt und erschließt sich aus dem Zusammenhang.

Die Gleichung lässt sich wie im vorangehenden Abschnitt beschrieben mittels Substitution lösen, so dass man danach den Lösungsansatz zur Trennung der Variablen benutzen kann: Wir nehmen wieder an, dass $y(x)$ eine Lösung ist und substituieren $z(x) := \frac{y(x)}{x}$. Dann ist

$$g(z(x)) = y'(x) = z(x) + xz'(x), \quad z'(x) = \frac{g(z(x)) - z(x)}{x},$$

so dass die Variablen getrennt werden können:

$$\ln(|x|) - \ln(|x_0|) = \int_{x_0}^x \frac{1}{t} \, dt = \int_{z(x_0)}^{z(x)} \frac{1}{g(t) - t} \, dt.$$

Beispiel 6.31 Wir betrachten für $x \neq 0$ die Differenzialgleichung

$$xy(x)y'(x) = x^2 + y^2(x), \text{ d. h. } y'(x) = \frac{x}{y(x)} + \frac{y(x)}{x}.$$

Mit $z(x) := \frac{y(x)}{x}$ ist $g(z(x)) = \frac{1}{z(x)} + z(x)$, also

$$\ln(|x|) + c_1 = \int_{z(x_0)}^{z(x)} \frac{1}{\frac{1}{t} + t - t}\, dt = \frac{1}{2} t^2 \Big|_{z(x_0)}^{z(x)} = \frac{1}{2} z^2(x) + c_2.$$

Damit erhalten wir für Werte von x bzw. Konstanten c mit $\ln(x^2) + c > 0$:

$$y^2(x) = x^2 z^2(x) = x^2[2\ln(|x|) + c] = x^2[\ln(x^2) + c],\ y(x) = \pm\sqrt{x^2[\ln(x^2) + c]}.$$

6.8.4 Bernoulli-Differenzialgleichungen *

Eine **Bernoulli-Differenzialgleichung** hat die Form

$$y'(x) + g(x)y(x) = h(x)[y(x)]^\alpha,\ 1 \neq \alpha \in \mathbb{R}.$$

Diesen Typ kann man mittels Division durch $[y(x)]^\alpha$ und Substitution $z(x) = [y(x)]^{1-\alpha}$ auf eine lineare Differenzialgleichung zurückführen (für $\alpha = 1$ liegt bereits eine homogene lineare Differenzialgleichung vor). Sei also wieder $y(x)$ eine Lösung der Gleichung

$$\frac{y'(x)}{[y(x)]^\alpha} + g(x)[y(x)]^{1-\alpha} = h(x).$$

Wir setzen $z(x) := [y(x)]^{1-\alpha}$, dann ist nach Kettenregel $z'(x) = (1-\alpha)\frac{y'(x)}{[y(x)]^\alpha}$. Damit erhalten wir die lineare Differenzialgleichung

$$\frac{1}{1-\alpha} z'(x) + g(x)z(x) = h(x).$$

Mit ihrer Lösung findet man $y(x) = z(x)^{\frac{1}{1-\alpha}}$.

Beispiel 6.32 Die Differenzialgleichung

$$y'(x) - 3xy(x) = xy^2(x)$$

ist vom Bernoulli-Typ mit $g(x) = -3x$, $h(x) = x$, $\alpha = 2$. Die zugehörige lineare Differenzialgleichung lautet

$$\frac{1}{1-2} z'(x) - 3xz(x) = x \iff z'(x) + 3xz(x) = -x.$$

Eine zugehörige homogene Lösung ist (siehe Kapitel 6.7)

$$z_h(x) = k_0 \exp\left(-\int 3x\, dx\right) = k_1 \exp\left(-\frac{3}{2} x^2\right).$$

Eine partikuläre Lösung ist (mit $v = 3t^2/2$, $dv = 3t\, dt$)

$$z_p(x) = z_h(x) \int_{x_0}^{x} \frac{-t}{z_h(t)} \, \mathrm{d}t = -z_h(x) \int_{x_0}^{x} \frac{1}{k_1} t \exp\left(\frac{3}{2}t^2\right) \, \mathrm{d}t$$

$$= -\frac{1}{k_1} z_h(x) \int_{\frac{3}{2}x_0^2}^{\frac{3}{2}x^2} \frac{1}{3} \exp(v) \, \mathrm{d}v = -\frac{1}{k_1} z_h(x) \left(\frac{1}{3} \exp\left(\frac{3}{2}x^2\right) + c\right)$$

$$= -\frac{1}{3} - c \exp\left(-\frac{3}{2}x^2\right).$$

Für $c \in \mathbb{R}$ haben wir damit alle Lösungen, und wir kehren zu y zurück: $z(x) = [y(x)]^{1-2} = \frac{1}{y(x)}$, d. h., sofern nicht durch null geteilt wird:

$$y(x) = \frac{1}{z(x)} = \left(-\frac{1}{3} - c \exp\left(-\frac{3}{2}x^2\right)\right)^{-1}.$$

6.8.5 Ricatti-Differenzialgleichungen *

Hier betrachtet man den Fall der Bernoulli-Differenzialgleichung für $\alpha = 2$ mit einer zusätzlichen Inhomogenität. Es entsteht eine **Ricatti-Differenzial-gleichung**

$$y'(x) = P(x)[y(x)]^2 + Q(x)y(x) + R(x).$$

Man kommt bei der Lösung weiter, wenn mindestens eine Lösung bekannt ist. Diese kann man über den Ansatz $y_1(x) = kx^\beta$, $\beta \in \mathbb{R}$, raten. Dann setzt man $y(x) = y_1(x) + [z(x)]^{-1}$ (das ist die Substitution $z(x) := \frac{1}{y(x)-y_1(x)}$) und sucht eine Lösung für z. Einsetzen in die Differenzialgleichung ergibt:

$$y_1'(x) - \frac{z'(x)}{z^2(x)} = P(x)\left(y_1^2(x) + 2\frac{y_1(x)}{z(x)} + \frac{1}{[z(x)]^2}\right) + Q(x)\left(y_1(x) + \frac{1}{z(x)}\right) + R(x).$$

Da y_1 eine Lösung der Differenzialgleichung ist, können wir $R(x)$ entfernen:

$$-\frac{z'(x)}{z^2(x)} = P(x)\left(2\frac{y_1(x)}{z(x)} + \frac{1}{z^2(x)}\right) + \frac{Q(x)}{z(x)}$$

$$\implies z'(x) = -P(x)(2z(x)y_1(x) + 1) - Q(x)z(x)$$

$$= -[2P(x)y_1(x) + Q(x)]z(x) - P(x).$$

Damit sind wir zu einer einfach lösbaren linearen Differenzialgleichung gelangt. Rücksubstitution ihrer Lösung liefert die gesuchte Funktion y.

Beispiel 6.33 Für $x > 0$ betrachten wir die Gleichung

$$y'(x) = [y(x)]^2 - 3\frac{y(x)}{x} + \frac{1}{x^2}$$

mit $P(x) = 1$, $Q(x) = -\frac{3}{x}$ und $R(x) = \frac{1}{x^2}$. Durch Einsetzen sieht man, dass $y_1(x) = \frac{1}{x}$ eine Lösung ist. Damit ist die lineare Differenzialgleichung

$$z'(x) = -\left[2y_1(x) - \frac{3}{x}\right]z(x) - 1 = \frac{1}{x}z(x) - 1$$

zu lösen. Ihre allgemeine Lösung ist $z(x) = cx - x\ln(x)$. Rücksubstitution ergibt damit (sofern der Nenner nicht null wird)

$$y(x) = \frac{1}{x} + \frac{1}{cx - x\ln(x)} = \frac{c - \ln(x) + 1}{x(c - \ln(x))}.$$

6.8.6 Exakte Differenzialgleichungen *

In diesem Abschnitt sehen wir uns eine Klasse von Differenzialgleichungen an, die mit dem Potenzialbegriff der Vektoranalysis gelöst werden können. Die damit verbundene Theorie ist etwas anspruchsvoller, dafür lassen sich diese Gleichungen dann aber recht leicht lösen.

Definition 6.4 (Exakte Differenzialgleichung) Eine Differenzialgleichung vom Typ
$$P(x, y(x)) + Q(x, y(x))y'(x) = 0 \qquad (6.13)$$
heißt **exakt** genau dann, wenn es eine Funktion $F = F(u, v)$ als Abbildung einer offenen Teilmenge von $\mathbb{R}^2$ nach $\mathbb{R}$ gibt, so dass für alle (u, v) aus dem Definitionsbereich gilt:

$$\frac{\partial}{\partial u}F(u, v) = P(u, v), \qquad (6.14)$$

$$\frac{\partial}{\partial v}F(u, v) = Q(u, v). \qquad (6.15)$$

Die Funktion F heißt ein **Potenzial**.

Potenziale kennen wir bereits der Vektoranalysis, siehe Seite 127.

Satz 6.6 (Charakterisierung exakter Differenzialgleichungen) Sind P und Q stetig differenzierbar (der Einfachheit wegen auf $\mathbb{R}^2$), so gilt: Die Differenzialgleichung ist exakt genau dann, wenn

$$\frac{\partial}{\partial v}P(u, v) = \frac{\partial}{\partial u}Q(u, v). \qquad (6.16)$$

Beweis Ist die Differenzialgleichung exakt, so ist nach Satz von H. A. Schwarz (siehe Seite 28)

$$\frac{\partial}{\partial v} P(u,v) = \frac{\partial}{\partial v}\frac{\partial}{\partial u} F(u,v) = \frac{\partial}{\partial u}\frac{\partial}{\partial v} F(u,v) = \frac{\partial}{\partial u} Q(u,v).$$

Für die Umkehrung kann man die Funktion F konstruieren (kein Tippfehler: Der erste Integrand hängt von v ab, der zweite jedoch nicht von u, sondern von u_0):

$$F(u,v) = \int_{u_0}^{u} P(t,v)\,\mathrm{d}t + \int_{v_0}^{v} Q(u_0,t)\,\mathrm{d}t + c. \tag{6.17}$$

Diese Konstruktion fällt nicht vom Himmel. Man nutzt die Verbindung zwischen der Existenz eines Potenzials und der Wegunabhängigkeit eines Kurvenintegrals aus (Seite 127). Hinter der Formel für F verbirgt sich ein Kurvenintegral entlang eines L-förmigen Wegs (siehe Seite 124). Das müssen wir aber gar nicht wissen, um nachzurechnen, dass F die Gleichungen (6.14) und (6.15) erfüllt. Zunächst gilt mit dem Hauptsatz (vii) auf Seite xviii: $\frac{\partial}{\partial u} F(u,v) = P(u,v) + 0$. Die Eigenschaft $\frac{\partial}{\partial v} F(u,v) = Q(u,v)$ ist etwas schwieriger zu zeigen, da man Grenzwerte vertauschen muss:

$$\frac{\partial}{\partial v} F(u,v) = \frac{\partial}{\partial v} \int_{u_0}^{u} P(t,v)\,\mathrm{d}t + Q(u_0,v)$$

$$= \lim_{h\to 0} \frac{1}{h} \int_{u_0}^{u} P(t,v+h) - P(t,v)\,\mathrm{d}t + Q(u_0,v)$$

$$= \lim_{h\to 0} \frac{1}{h} \int_{u_0}^{u} \int_0^h \frac{\partial}{\partial v} P(t,v+w)\,\mathrm{d}w\,\mathrm{d}t + Q(u_0,v).$$

Nun verwenden wir den Satz von Fubini (Satz 3.1, Seite 86) (beachte: $\frac{\partial}{\partial v} P(t,v+w)$ ist stetig) und erhalten mit (6.16) und dem Hauptsatz der Differenzial- und Integralrechnung (vii) auf Seite xviii:

$$\frac{\partial}{\partial v} F(u,v) \overset{\text{Satz 3.1}}{=} \lim_{h\to 0} \frac{1}{h} \int_0^h \int_{u_0}^{u} \frac{\partial}{\partial v} P(t,v+w)\,\mathrm{d}t\,\mathrm{d}w + Q(u_0,v)$$

$$\overset{(6.16)}{=} \lim_{h\to 0} \frac{1}{h} \int_0^h \int_{u_0}^{u} \frac{\partial}{\partial t} Q(t,v+w)\,\mathrm{d}t\,\mathrm{d}w + Q(u_0,v)$$

$$\overset{\text{Hauptsatz}}{=} \lim_{h\to 0} \frac{1}{h} \int_0^h [Q(u,v+w) - Q(u_0,v+w)]\,\mathrm{d}w + Q(u_0,v)$$

$$= \quad Q(u,v) - Q(u_0,v) + Q(u_0,v) = Q(u,v),$$

wobei wir im vorletzten Schritt die Stetigkeit von Q verwendet haben: Im kleinen Bereich für w zwischen 0 und h gilt: $Q(u, v + w) \approx Q(u, v)$ und $Q(u_0, v + w) \approx Q(u_0, v)$. Exakter wird das in Band 1, S. 388 nachgerechnet.$\square$

Satz 6.7 (Lösung einer exakten Differenzialgleichung) Jede Lösung der Gleichung

$$F(x, y(x)) = c$$

ist auch Lösung der Differenzialgleichung (6.13) mit Potenzial $F(u, v)$.

Beweis Den Satz kann man leicht mit der Kettenregel für Funktionen mehrerer Veränderlicher (Seite 24) nachrechnen: Wir leiten beide Seiten nach x ab und erhalten

$$0 = \frac{\partial}{\partial x} c = \frac{\partial}{\partial x} F(x, y(x)) = \left(\frac{\partial F}{\partial u}(x, y(x)), \frac{\partial F}{\partial v}(x, y(x)) \right) \cdot \begin{pmatrix} 1 \\ y'(x) \end{pmatrix}$$

$$= (P(x, y(x)), Q(x, y(x))) \cdot \begin{pmatrix} 1 \\ y'(x) \end{pmatrix} = P(x, y(x)) + Q(x, y(x)) y'(x).$$

Damit erfüllt y die Gleichung (6.13). $\square$

Mit der Bedingung (6.16) kann man schnell prüfen, ob eine Differenzialgleichung exakt ist. In diesem Fall lässt sich ein Potenzial mit (6.17) berechnen und die Differenzialgleichung dann mit Satz 6.7 lösen.

Beispiel 6.34 Für die Differenzialgleichung

$$x + 3y^2(x) y'(x) = 0$$

ist $P(u, v) = u$ und $Q(u, v) = 3v^2$. Die Gleichung ist exakt, da $\frac{\partial P(u,v)}{\partial v} = 0 = \frac{\partial Q(u,v)}{\partial u}$ ist. Mit (6.17) erhalten wir ein zugehöriges Potenzial

$$F(u, v) = \int_{u_0}^{u} t \, \mathrm{d}t + \int_{v_0}^{v} 3t^2 \, \mathrm{d}t + c_0 = \frac{1}{2} u^2 + v^3 + c_1.$$

Damit ist nach Satz 6.7 eine Lösung y von $\frac{x^2}{2} + y^3(x) = c$ gesucht, also $y(x) = \left(c - \frac{x^2}{2} \right)^{1/3}$.

Man kommt auch etwas „pragmatischer" ans Ziel: Wegen $u = P(u, v) = \frac{\mathrm{d}}{\mathrm{d}u} F(u, v)$ folgt $F(u, v) = \frac{1}{2} u^2 + f(v)$ mit einer Integrationskonstante bezüglich der Variable u, die als Funktion $f(v)$ nur von v abhängt. Entsprechend folgt aus $3v^2 = Q(u, v) = \frac{\mathrm{d}}{\mathrm{d}v} F(u, v)$, dass $F(u, v) = v^3 + g(u)$. Zusammengesetzt ist damit $F(u, v) = \frac{1}{2} u^2 + v^3$ ein Potenzial, so dass wir wie oben aus $F(x, y(x)) = c$ die Lösung erhalten. Die Funktion F kann man damit häufig auch durch gedankliches Integrieren raten.

6.8.7 Integrierender Faktor*

Trifft man auf eine Differenzialgleichung, die nicht exakt ist, kann man sie eventuell mit einem Faktor exakt machen und dann als exakte Differenzialgleichung lösen. Hier betrachten wir wieder Differenzialgleichungen vom Typ

$$P(x, y(x)) + Q(x, y(x))y'(x) = 0,$$

wobei es eine Funktion $\mu = \mu(u, v)$ geben möge, so dass die damit erweiterte Gleichung

$$\mu(x, y(x))P(x, y(x)) + \mu(x, y(x))Q(x, y(x))y'(x) = 0$$

exakt ist. μ heißt **integrierender Faktor** oder **Euler'scher Multiplikator**. Wird die entstehende exakte Differenzialgleichung gelöst, hat man auch die Lösung der Ausgangsgleichung, sofern der integrierenden Faktor überall von null verschieden ist.

Häufig hängt ein integrierender Faktor nur von der Variable u oder nur von v ab. Daher kann man z. B. den Ansatz $\mu(u, v) = \mu(u)$ versuchen.

Beispiel 6.35 Die Differenzialgleichung

$$x^2 + y - xy'(x) = 0 \text{ mit } P(u, v) = u^2 + v \text{ und } Q(u, v) = -u$$

ist nicht exakt, da

$$\frac{\partial}{\partial v}P(u, v) = 1 \neq \frac{\partial}{\partial u}Q(u, v) = -1.$$

Hier klappt der Ansatz über den integrierenden Faktor $\mu(u)$: Wegen

$$\frac{\partial}{\partial u}F(u, v) = \mu(u)(u^2 + v) \text{ und } \frac{\partial}{\partial v}F(u, v) = -\mu(u)u$$

liefert der Satz von Schwarz (siehe Seite 28) die Bedingung

$$\frac{\partial^2}{\partial v \partial u}F(u, v) = \frac{\partial^2}{\partial u \partial v}F(u, v) \implies \mu(u) = -\mu'(u)u - \mu(u)$$

$$\implies \mu'(u) = -\frac{2\mu(u)}{u} \implies \mu(u) = cu^{-2}.$$

Multiplikation der Gleichung mit dem Faktor x^{-2} führt auf die exakte Differenzialgleichung

$$0 = x^{-2}(x^2 + y) - x^{-2}xy'(x) = 1 + x^{-2}y - x^{-1}y'(x),$$

die wir durch Bestimmung des Potenzials lösen: Aus $\frac{\partial}{\partial x}F(x, y) = 1 + x^{-2}y$ folgt $F(x, y) = x - \frac{y}{x} + f(y)$, und aus $\frac{\partial}{\partial y}F(x, y) = -\frac{1}{x}$ folgt $F(x, y) =$

$-\frac{y}{x}+g(x)$, so dass wir aus $F(x,y(x)) = x - \frac{y(x)}{x} = c$ die Lösung $y(x) = x^2 - cx$ erhalten.

Etwas formaler können wir zu integrierenden Faktoren in Spezialfällen auch so gelangen:

- Falls $Q(u,v) \neq 0$ (für alle relevanten u, v) ist und die Funktion

$$h(u,v) := \frac{\frac{\partial}{\partial v}P(u,v) - \frac{\partial}{\partial u}Q(u,v)}{Q(u,v)} = h(u)$$

  nur von u und nicht von v abhängig ist, erhält man den integrierenden Faktor

$$\mu(u,v) = \mu(u) = \exp\left(\int h(u)\,\mathrm{d}u\right).$$

- Falls $P(u,v) \neq 0$ und die Funktion

$$h(u,v) := \frac{\frac{\partial}{\partial v}P(u,v) - \frac{\partial}{\partial u}Q(u,v)}{P(u,v)} = h(v)$$

  nur von v und nicht von u abhängig ist, erhält man den integrierenden Faktor

$$\mu(u,v) = \mu(v) = \exp\left(-\int h(v)\,\mathrm{d}v\right).$$

Wir rechnen den ersten Fall nach. Zu zeigen ist nach Satz 6.6

$$\frac{\partial}{\partial v}[\mu(u)P(u,v)] = \frac{\partial}{\partial u}[\mu(u)Q(u,v)].$$

Da $\mu(u)$ nicht von v abhängt, ist die linke Seite gleich $\mu(u)\frac{\partial}{\partial v}P(u,v)$. Für die rechte Seite gilt:

$$\frac{\partial}{\partial u}[\mu(u)Q(u,v)] = \mu'(u)Q(u,v) + \mu(u)\frac{\partial}{\partial u}Q(u,v)$$

$$= h(u)\mu(u)Q(u,v) + \mu(u)\frac{\partial}{\partial u}Q(u,v)$$

$$= \mu(u)\left[\frac{\frac{\partial}{\partial v}P(u,v) - \frac{\partial}{\partial u}Q(u,v)}{Q(u,v)}Q(u,v) + \frac{\partial}{\partial u}Q(u,v)\right]$$

$$= \mu(u)\frac{\partial}{\partial v}P(u,v).$$

Damit stimmen beide Seiten überein.

Beispiel 6.36 Den integrierenden Faktor aus Beispiel 6.35 erhalten wir auch so:

$$\frac{\frac{\partial}{\partial v}P(u,v) - \frac{\partial}{\partial u}Q(u,v)}{Q(u,v)} = -\frac{2}{u} =: h(u),$$

$$\mu(u) = \exp\left(\int h(u)\, du\right) = c\exp(-2\ln(|u|)) = c|u|^{-2} = \frac{c}{u^2}.$$

Multiplikation der Gleichung mit dem Faktor x^{-2} führt wie zuvor auf eine exakte Differenzialgleichung.

Literaturverzeichnis

Meyberg und Vachenauer(1997). Meyberg, K. und Vachenauer, P.: Höhere Mathematik Band 1 und 2. Springer, Berlin Heidelberg, 1997.
Westermann(2020). Westermann, T.: Mathematik für Ingenieure. Springer Vieweg, Berlin Heidelberg, 2020.

Kapitel 7

Lineare Differenzialgleichungs-systeme

In diesem Kapitel wird ein Lösungsverfahren für lineare Differenzialglei-chungssysteme erster Ordnung mit konstanten Koeffizienten ausgehend von einer einfachen Aufgabenstellung aus der Elektrotechnik betrachtet. Die Idee dabei ist, Eigenvektoren und Eigenwerte mit den Eigenschaften der Expo-nentialfunktion zu verbinden.

7.1 Motivation: Eine Schaltung mit Induktivitäten

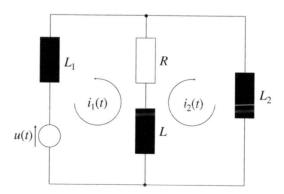

Abb. 7.1 Über eine Induk-tivität und einen Ohm'schen Widerstand gekoppelte Leiter-schleifen

Beispiel 7.1 In Abhängigkeit von der zeitveränderlichen Spannung $u(t)$ interessieren uns die Ströme $i_1(t)$ und $i_2(t)$ in Abbildung 7.1. Zu deren Berechnung wenden wir die Kirchhoff'schen Regeln an. Der Strom durch den Widerstand R beträgt nach der Knotenregel $i_1(t) + i_2(t)$. Nach der Maschenregel addieren sich alle Spannungen einer Masche zu null. Demnach erhalten wir

$$L_1 \frac{\mathrm{d}}{\mathrm{d}t} i_1(t) + L \frac{\mathrm{d}}{\mathrm{d}t} (i_1(t) + i_2(t)) + R(i_1(t) + i_2(t)) = u(t)$$

$$\wedge \quad L_2 \frac{\mathrm{d}}{\mathrm{d}t} i_2(t) + L \frac{\mathrm{d}}{\mathrm{d}t} (i_1(t) + i_2(t)) + R(i_1(t) + i_2(t)) = 0,$$

wobei für die Rechnung die Richtungen der Spannungen an den Spulen und am Ohm'schen Widerstand mit den eingezeichneten Stromrichtungen übereinstimmen.

Wir suchen nach solchen Lösungen, die zum Zeitpunkt $t = 0$ die Bedingung $i_1(0) = i_2(0) = 0$ erfüllen.

Ist $u(t)$ eine Überlagerung von sinus- oder kosinusförmigen Spannungen $u(t) = \hat{u} \cos(\omega t + \varphi_u)$, so kann man (abgesehen von einer Einschwingphase) die Stromstärken über die komplexe Wechselstromrechnung ermitteln (Band 1, S. 165). Hier betrachten wir aber einen beliebigen Spannungsverlauf $u(t)$.

Um die Darstellung im Folgenden übersichtlicher zu gestalten, wählen wir als Werte für die Induktivitäten $L_1 := L_2 := L := 1$ H und $R := 1\ \Omega$. Außerdem benennen wir die Variable t in x und die Funktionen i_1 und i_2 in y_1 und y_2 um, so dass wir die in der Theorie der Differenzialgleichungen übliche Notation erhalten. Damit ist das folgende Problem zu lösen: $y_1(0) = y_2(0) = 0$,

$$2y_1'(x) + y_2'(x) + y_1(x) + y_2(x) = u(x)$$

$$\wedge \quad 2y_2'(x) + y_1'(x) + y_1(x) + y_2(x) = 0.$$

7.2 Grundbegriffe

Definition 7.1 (Differenzialgleichungssystem) Ein System von n Gleichungen, das die unbekannten Funktionen $y_1(x), y_2(x), \ldots, y_n(x)$ sowie deren Ableitungen $y_1'(x), y_1''(x), \ldots, y_1^{(m_1)}(x), \ldots, y_n'(x), y_n''(x), \ldots, y_n^{(m_n)}(x)$ enthält, heißt **Differenzialgleichungssystem**. Die höchste auftretende Ableitung wird als **Ordnung** des Differenzialgleichungssystems bezeichnet.

Zuvor haben wir jeweils nur eine einzige Gleichung, also den Fall $n = 1$, diskutiert. Viele Methoden lassen sich aber direkt von einzelnen Differenzialgleichungen auf Systeme mit mehreren Gleichungen übertragen, vgl. die Hintergrundinformationen.

Hintergrund: Runge Kutta-Verfahren für ein System erster Ordnung

Das Runge-Kutta-Verfahren aus Kapitel 6.5 eignet sich auch zur numerischen Lösung von Differenzialgleichungssystemen. Betrachten wir statt der Gleichung $y'(x) = f(x, y(x))$ das System

$$y'_1(x) = f_1(x, y_1(x), y_2(x))$$
$$y'_2(x) = f_2(x, y_1(x), y_2(x)),$$

so erhält man ausgehend von einer vorgegebenen Anfangsbedingung $y_1(x_0) = y_{1,0}$, $y_2(x_0) = y_{2,0}$ eine Näherungslösung über $(i = 1, 2)$

$$F_{i,1} := f_i(x_k, y_{1,k}, y_{2,k}),$$
$$F_{i,2} := f_i\left(x_k + \frac{h}{2}, y_{1,k} + \frac{h}{2}F_{1,1}, y_{2,k} + \frac{h}{2}F_{2,1}\right),$$
$$F_{i,3} := f_i\left(x_k + \frac{h}{2}, y_{1,k} + \frac{h}{2}F_{1,2}, y_{2,k} + \frac{h}{2}F_{2,2}\right),$$
$$F_{i,4} := f_i(x_{k+1}, y_{1,k} + hF_{1,3}, y_{2,k} + hF_{2,3}).$$

mit der Iterationsvorschrift

$$y_{i,k+1} := y_{i,k} + \frac{h}{6}\left[F_{i,1} + 2F_{i,2} + 2F_{i,3} + F_{i,4}\right].$$

Entsprechend kann das Verfahren von zwei auf mehr Gleichungen erweitert werden.

Wir betrachten im Folgenden nur Systeme erster Ordnung – und hier auch nur den Spezialfall linearer Systeme mit konstanten Koeffizienten, zu dem es ein elegantes Lösungsverfahren gibt.

Definition 7.2 (Lineares Differenzialgleichungssystem erster Ordnung) Gegeben seien eine reelle $(n \times n)$-Matrix $\mathbf{A}$ und ein Vektor $\vec{b}$ von Funktionen:

$$\mathbf{A} = \begin{bmatrix} a_{1,1} & a_{1,2} & \cdots & a_{1,n} \\ a_{2,1} & a_{2,2} & \cdots & a_{2,n} \\ \vdots & \vdots & & \vdots \\ a_{n,1} & a_{n,2} & \cdots & a_{n,n} \end{bmatrix}, \quad \vec{b}(x) = \begin{pmatrix} b_1(x) \\ b_2(x) \\ \vdots \\ b_n(x) \end{pmatrix}.$$

Dabei seien die Funktionen $b_1, \ldots, b_n : I \to \mathbb{R}$ auf einem (ggf. unbeschränkten) Intervall $I \subseteq \mathbb{R}$ definiert.

Gesucht sind auf I differenzierbare Funktionen $y_1(x)$, $y_2(x)$, ..., $y_n(x)$ mit

$$
\begin{pmatrix} y_1'(x) \\ y_2'(x) \\ \vdots \\ y_n'(x) \end{pmatrix} = \begin{bmatrix} a_{1,1} & a_{1,2} & \cdots & a_{1,n} \\ a_{2,1} & a_{2,2} & \cdots & a_{2,n} \\ \vdots & \vdots & & \vdots \\ a_{n,1} & a_{n,2} & \cdots & a_{n,n} \end{bmatrix} \begin{pmatrix} y_1(x) \\ y_2(x) \\ \vdots \\ y_n(x) \end{pmatrix} + \begin{pmatrix} b_1(x) \\ b_2(x) \\ \vdots \\ b_n(x) \end{pmatrix},
$$

also $\frac{\mathrm{d}}{\mathrm{d}x}\vec{y}(x) = \mathbf{A}\vec{y}(x) + \vec{b}(x)$. Mit anderen Worten:

$$
y_1'(x) = a_{1,1}y_1(x) + a_{1,2}y_2(x) + \cdots + a_{1,n}y_n(x) + b_1(x)
$$
$$
\wedge \quad y_2'(x) = a_{2,1}y_1(x) + a_{2,2}y_2(x) + \cdots + a_{2,n}y_n(x) + b_2(x)
$$
$$
\vdots
$$
$$
\wedge \quad y_n'(x) = a_{n,1}y_1(x) + a_{n,2}y_2(x) + \cdots + a_{n,n}y_n(x) + b_n(x).
$$

Das Problem heißt ein **(gewöhnliches) lineares Differenzialgleichungssystem erster Ordnung mit konstanten Koeffizienten**.

- Für $\vec{b}(x) = \vec{0}$ heißt das Differenzialgleichungssystem **homogen**. Anderenfalls heißt es **inhomogen**.
- Eine (spezielle) Lösung eines inhomogenen Differenzialgleichungssystems heißt **partikuläre Lösung**. Eine Lösung eines homogenen Differenzialgleichungssystems wird auch als **homogene Lösung** bezeichnet.
- Stellt man zusätzlich die **Anfangsbedingung** $\vec{y}(x_0) = \vec{y}_0$ für ein $x_0 \in I$ und $\vec{y}_0 \in \mathbb{R}^n$, so spricht man von einem **Anfangswertproblem**.

Das Differenzialgleichungssystem aus der Definition heißt außerdem **explizit**, da auf der rechten Seite im Vektor $\vec{y}$ keine Ableitungen auftreten. Vielmehr steht in jeder Gleichung nur die Ableitung einer Komponentenfunktion auf der linken Seite. Lineare Differenzialgleichungssysteme, bei denen die Ableitungen $y_l'(x)$ von gesuchten Lösungen dagegen (linear) von anderen Ableitungen $y_i'(x)$ abhängen, können in die von der Definition geforderte explizite Gestalt gebracht werden. Dazu berechnet man mit dem Gauß'schen Eliminationsverfahren oder durch Einsetzen eine Lösung für die Variablen $y_1', \ldots, y_n'$. Für unser Beispiel sieht das z. B. so aus:

Beispiel 7.2 Wir bringen das aus der Schaltung abgeleitete System

$$
2y_1'(x) + y_2'(x) + y_1(x) + y_2(x) = u(x) \quad \wedge \quad 2y_2'(x) + y_1'(x) + y_1(x) + y_2(x) = 0
$$

in die in Definition 7.2 geforderte Struktur: Subtrahiert man die zweite Gleichung von der ersten, so erhält man die äquivalente Aufgabenstellung

$$y_1'(x) - y_2'(x) = u(x) \quad \wedge \quad 2y_2'(x) + y_1'(x) + y_1(x) + y_2(x) = 0.$$

Setzt man die erste Gleichung für $y_1'(x)$ in die zweite ein, wird dort die Abhängigkeit von $y_1'(x)$ eliminiert:

$$y_1'(x) = y_2'(x) + u(x) \quad \wedge \quad 3y_2'(x) = -y_1(x) - y_2(x) - u(x).$$

Schließlich:

$$y_1'(x) = -\frac{1}{3}y_1(x) - \frac{1}{3}y_2(x) + \frac{2}{3}u(x)$$

$$\wedge \quad y_2'(x) = -\frac{1}{3}y_1(x) - \frac{1}{3}y_2(x) - \frac{1}{3}u(x).$$

In der Matrixschreibweise lautet das Differenzialgleichungssystem

$$\frac{\mathrm{d}}{\mathrm{d}x}\vec{y}(x) = \mathbf{A}\vec{y} + \begin{pmatrix} \frac{2}{3}u(x) \\ -\frac{1}{3}u(x) \end{pmatrix} \text{ mit } \mathbf{A} := \begin{bmatrix} -\frac{1}{3} & -\frac{1}{3} \\ -\frac{1}{3} & -\frac{1}{3} \end{bmatrix}. \tag{7.1}$$

Satz 7.1 (Eindeutige Lösung des Anfangswertproblems) Gegeben sei ein lineares Differenzialgleichungssystem erster Ordnung mit konstanten Koeffizienten wie in Definition 7.2 und mit auf I stetigen Funktionen $b_1(x),\ldots,b_n(x)$ sowie $x_0 \in I$ und $\vec{y}_0 \in \mathbb{R}^n$. Dann existiert auf I eine eindeutige Lösung des Anfangswertproblems.

Dieser Satz folgt aus der allgemeineren Theorie für nicht notwendigerweise lineare Systeme, die analog zum bereits diskutieren Fall des Anfangswertproblems einer gewöhnlichen Differenzialgleichung aufgebaut ist (vgl. insbesondere Satz 6.2 auf Seite 169).

Wir wissen jetzt, dass es Lösungen gibt, aber noch nicht, wie man sie berechnet. Bei linearen Systemen besteht ein naheliegender Lösungsansatz darin, durch Gauß-Operationen, Einsetzen und zusätzlich durch Differenzieren die Abhängigkeiten einer gesuchten Funktion $y_k(x)$ von anderen Funktionen $y_l(x)$ zu eliminieren. Dabei entstehen durch das Ableiten aber Differenzialgleichungen höherer Ordnung, die wir zum jetzigen Zeitpunkt noch nicht lösen können.

Beispiel 7.3 Gegeben sei das lineare System

$$\begin{matrix} y_1'(x) = y_1(x) + y_2(x) + x \\ y_2'(x) = y_1(x) - y_2(x), \end{matrix} \text{ d. h. } \frac{\mathrm{d}}{\mathrm{d}x}\vec{y}(x) = \begin{bmatrix} 1 & 1 \\ 1 & -1 \end{bmatrix}\vec{y}(x) + \begin{pmatrix} x \\ 0 \end{pmatrix}.$$

Umformung der ersten Gleichung und Differenziation nach x ergibt

$$y_2(x) = y_1'(x) - y_1(x) - x \quad \text{und} \quad y_2'(x) = y_1''(x) - y_1'(x) - 1.$$

Einsetzen in die zweite Gleichung liefert die folgende Differenzialgleichung für $y_1(x)$:

$$y_1''(x) - y_1'(x) - 1 = y_1(x) - (y_1'(x) - y_1(x) - x) \iff y_1''(x) - 2\,y_1(x) = 1 + x.$$

Damit ist die Abhängigkeit von y_2 beseitigt, und es ist nun eine Gleichung höherer Ordnung für y_1 zu lösen (siehe Kapitel 8). Dann kann man y_2 durch Einsetzen von y_1 ermitteln.

Die Eliminationsmethode ist zwar einfach, wenn man Differenzialgleichungen höherer Ordnung lösen kann, in der Praxis aber nur für Systeme mit zwei oder drei Gleichungen sinnvoll anwendbar. Wir werden eine viel elegantere Lösungstechnik kennenlernen. Bei einem inhomogenen Differenzialgleichungssystem wird dabei wieder zunächst das entsprechende homogene System betrachtet und die Menge der zugehörigen homogenen Lösungen berechnet. Mit deren Hilfe kann dann in einem zweiten Schritt eine partikuläre Lösung gewonnen werden, die zugleich eine Anfangsbedingung erfüllt.

7.3 Homogene Lösungen

Eine Summe von Vielfachen homogener Lösungen ist selbst wieder eine homogene Lösung. Alle homogenen Lösungen kann man so aus n einzelnen (unabhängigen) Lösungen zusammenbauen. Genauer gilt:

Folgerung 7.1 (Vektorraum der homogenen Lösungen) Gegeben sei ein homogenes lineares Differenzialgleichungssystem erster Ordnung mit konstanten Koeffizienten wie in Definition 7.2 (ohne Anfangsbedingung). Die Menge $\mathcal{M}$ der Lösungen $\vec{y}$ dieser Aufgabe bildet (bezüglich der üblichen Verknüpfungen „+" und „·") einen reellen Vektorraum $(\mathcal{M}, +; \mathbb{R}, \cdot)$ der Dimension n von vektorwertigen Funktionen auf $\mathbb{R}$.

Hier wird $I = \mathbb{R}$ verwendet, da die Inhomogenität $\vec{b}(x) = \vec{0}$ offensichtlich auf ganz $\mathbb{R}$ definiert und stetig ist, so dass die homogenen Lösungen auf ganz $\mathbb{R}$ erklärt sind.

Die Eigenschaften eines Vektorraums rechnet man wie bei einzelnen linearen Differenzialgleichungen leicht nach (vgl. Seite 177). Bezüglich der Bestimmung der Dimension kann man ausnutzen:

Lemma 7.1 (Lineare Unabhängigkeit homogener Lösungen) Gegeben sei ein homogenes lineares Differenzialgleichungssystem erster Ordnung mit konstanten Koeffizienten wie in Definition 7.2. Für (homogene) Lösungen $\vec{y}_k$ dieses Systems sind folgende Aussagen äquivalent:

a) Die Funktionen $\vec{y}_k : \mathbb{R} \to \mathbb{R}^n$, $1 \leq k \leq m$, sind linear unabhängig.
b) Für ein $x_0 \in \mathbb{R}$ sind die Vektoren $\vec{y}_k(x_0) \in \mathbb{R}^n$ linear unabhängig.
c) Für jedes $x_0 \in \mathbb{R}$ sind die Vektoren $\vec{y}_k(x_0) \in \mathbb{R}^n$ linear unabhängig.

Das Lemma führt die lineare Unabhängigkeit von vektorwertigen Funktionen auf die lineare Unabhängigkeit von Vektoren des $\mathbb{R}^n$ zurück, also auf einen Begriff, der viel einfacher zu handhaben ist. Das klappt nicht für beliebige Funktionen, sondern nur speziell für homogene Lösungen.

Beweis • Die Aussage a) folgt aus b) mit der Definition der linearen Unabhängigkeit: Die Funktionen $\vec{y}_k$ heißen linear unabhängig, wenn aus

$$\sum_{i=1}^{m} r_k \vec{y}_k(x) = \vec{0}$$

für alle $x \in \mathbb{R}$ folgt, dass $r_1 = \cdots = r_m = 0$ (siehe Band 1, S. 549). Dies ergibt sich wegen b) aber bereits für ein spezielles $x = x_0$.
• Die Implikation c) $\Longrightarrow$ b) ist trivial, denn da die Unabhängigkeit der Vektoren für alle x_0 gilt, gilt sie insbesondere für ein spezielles.
• Es bleibt zu zeigen, dass a) die Aussage c) impliziert (und damit als Ringschluss automatisch auch b)). Hier verwenden wir die Eigenschaft, dass die $\vec{y}_k$ homogene Lösungen sind: Gilt c) für irgendein $x_0 \in \mathbb{R}$ nicht, so gibt es zu diesem x_0 Skalare $r_1, \cdots, r_m$, die nicht alle gleich null sind, mit $\sum_{k=1}^{m} r_k \vec{y}_k(x_0) = \vec{0}$. Die Funktion $\sum_{k=1}^{m} r_k \vec{y}_k(x)$ ist aber eine homogene Lösung des Anfangswertproblems zu $\vec{y}(x_0) = \vec{0}$, das gemäß Satz 7.1 eindeutig lösbar ist. Die Nullfunktion ist auch eine Lösung, so dass $\sum_{k=1}^{m} r_k \vec{y}_k(x) = \vec{0}$ für alle $x \in \mathbb{R}$ ist – im Widerspruch zu a), also zur linearen Unabhängigkeit der Funktionen $\vec{y}_k$. Also gilt c) für alle $x_0 \in \mathbb{R}$.

$\square$

Unter Verwendung von Lemma 7.1 kann man nun die Dimension des Lösungsraums ablesen: Nach Satz 7.1 gibt es zu jeder Anfangsbedingung eine Lösung. Wählt man als Anfangswerte die Elemente einer Basis des $(\mathbb{R}^n, +; \mathbb{R}, \cdot)$, hat man nach Lemma 7.1 n linear unabhängige Lösungen gefunden. Eine größere Anzahl von linear unabhängigen Lösungen kann es wegen Lemma 7.1 b) auch nicht geben. Die Dimension ist also n.

Definition 7.3 (Fundamentalsystem)   Gegeben sei ein homogenes lineares Differenzialgleichungssystem erster Ordnung mit konstanten Koeffizienten wie in Definition 7.2. Eine Menge von n linear unabhängigen Lösungen heißt ein **Fundamentalsystem** des Differenzialgleichungssystems. Die Matrix $\mathbf{W}$ ($= \mathbf{W}(x)$), deren Spalten gerade die n Lösungen sind, heißt eine **Wronski-Matrix** des Systems.

! Achtung

In der Definition wird nicht von **der** Wronski-Matrix gesprochen. Je nach Wahl der n linear unabhängigen Lösungen entsteht eine andere Matrix!

Jede homogene Lösung ist eine Linearkombination von Elementen des Fundamentalsystems bzw. von Spalten der Wronski-Matrix, da diese ja eine Basis des Vektorraums der homogenen Lösungen bilden. Jede homogene Lösung lässt sich also schreiben als Multiplikation einer Wronski-Matrix mit einem Vektor aus Konstanten.

Jetzt wird es Zeit, dass wir tatsächlich homogene Lösungen und damit Wronski-Matrizen berechnen. Das ist überraschend einfach, wenn man genügend Eigenwerte s und zugehörige Eigenvektoren $\vec{d}$ der Matrix $\mathbf{A}$ des Differenzialgleichungssystems hat. Ein Eigenvektor $\vec{d} \in \mathbb{C}^n$ (also $\vec{d} \neq \vec{0}$) zum Eigenwert $s \in \mathbb{C}$ erfüllt die Gleichung $\mathbf{A}\vec{d} = s\vec{d}$ (siehe (iii) auf Seite xvi). Das folgende Lemma beschreibt den entscheidenden Trick, mit dem man lineare Differenzialgleichungssysteme löst:

Lemma 7.2 (Exponentialansatz) Gegeben sei ein homogenes lineares Differenzialgleichungssystem erster Ordnung wie in Definition 7.2. Sei s ein reeller Eigenwert zu $\mathbf{A}$ und $\vec{d}$ ein reeller Eigenvektor zu s. Dann ist eine homogene Lösung gegeben über

$$\vec{y}(x) := \vec{d}e^{sx}.$$

Dies entspricht genau der bei einer linearen Differenzialgleichung $y'(x) = a_{1,1}y(x)$ berechneten homogenen Lösung $d_1 e^{a_{1,1}x}$ (siehe Kapitel 6.7). Den folgenden kleinen Beweis sollte man zum Verständnis nachvollziehen:

Beweis Einerseits nutzen wir aus, dass $\frac{\mathrm{d}}{\mathrm{d}x}e^{sx} = se^{sx}$:

$$\frac{\mathrm{d}}{\mathrm{d}x}\vec{y}(x) = \begin{pmatrix} \frac{\mathrm{d}}{\mathrm{d}x}d_1 e^{sx} \\ \cdots \\ \frac{\mathrm{d}}{\mathrm{d}x}d_n e^{sx} \end{pmatrix} = s\vec{y}(x),$$

andererseits ist $\vec{d}$ ein Eigenvektor zum Eigenwert s:

$$\mathbf{A}\vec{y}(x) = (\mathbf{A}\vec{d})e^{sx} = s\vec{d}e^{sx} = s\vec{y}(x),$$

so dass wir $\frac{\mathrm{d}}{\mathrm{d}x}\vec{y}(x) = \mathbf{A}\vec{y}(x)$ gezeigt haben.   □

Wir betrachten bei Differenzialgleichungssystemen ausschließlich reelle Matrizen $\mathbf{A}$, damit ist es keine Einschränkung, dass im Lemma zu einem reellen Eigenwert auch ein reeller Eigenvektor verlangt wird:

Lemma 7.3 (Existenz reeller Eigenvektoren) Zu jedem reellen Eigen-
wert einer reellen Matrix $\mathbf{A} \in \mathbb{R}^{n \times n}$ gibt es reelle Eigenvektoren.

Beweis Ist s ein Eigenwert, so erhalten wir Eigenvektoren als nicht-triviale
Lösungen des unterbestimmten reellen Gleichungssystems $(\mathbf{A} - s\mathbf{E})\vec{d} = \vec{0}$. Es
ist $\det(\mathbf{A} - s\mathbf{E}) = 0$ und damit $\mathrm{Rang}(\mathbf{A} - s\mathbf{E}) < n$. Die Lösungen dieses homogenen Gleichungssystems bilden einen reellen Vektorraum mit Dimension
$n - \mathrm{Rang}(\mathbf{A} - s\mathbf{E}) \geq 1$ (Band 1, S. 603). $\square$

In Band 1 ist nachzulesen (Lemma 22.2 auf Seite 621), dass Eigenvektoren
$\vec{d}$ zu verschiedenen Eigenwerten s linear unabhängig sind. Damit sind für verschiedene Eigenvektoren $\vec{d}$ wegen Lemma 7.1 für $x_0 = 0$ auch die Funktionen
$\vec{d}e^{sx}$ linear unabhängig.

Folgerung 7.2 (Existenz eines Fundamentalsystems) Gibt es zu einem linearen Differenzialgleichungssystem erster Ordnung wie in Definition
7.2 genau n verschiedene reelle Eigenwerte, lässt sich daraus ein Fundamentalsystem berechnen.

Diese Situation haben wir im Beispiel 7.2:

Beispiel 7.4 Zunächst bestimmen wir die Eigenwerte von $\mathbf{A}$ aus (7.1):

$$\det \begin{bmatrix} -\frac{1}{3} - s & -\frac{1}{3} \\ -\frac{1}{3} & -\frac{1}{3} - s \end{bmatrix} = \left(-\frac{1}{3} - s\right)^2 - \frac{1}{9} = \frac{2}{3}s + s^2 = s\left(\frac{2}{3} + s\right).$$

Die Nullstellen dieses charakteristischen Polynoms und damit die Eigenwerte
sind 0 und $-\frac{2}{3}$. Man beachte, dass der Eigenwert 0 zulässig ist (im Gegensatz
dazu ist $\vec{0}$ als Eigenvektor nicht definiert).
Bestimmung von Eigenvektoren $\vec{d}$ zum Eigenwert $-\frac{2}{3}$:

$$\begin{bmatrix} -\frac{1}{3} & -\frac{1}{3} \\ -\frac{1}{3} & -\frac{1}{3} \end{bmatrix} \begin{pmatrix} d_1 \\ d_2 \end{pmatrix} = -\frac{2}{3} \begin{pmatrix} d_1 \\ d_2 \end{pmatrix}, \text{ d.h. } \wedge \quad \begin{matrix} \frac{1}{3}d_1 - \frac{1}{3}d_2 = 0 \\ -\frac{1}{3}d_1 + \frac{1}{3}d_2 = 0, \end{matrix}$$

also $d_1 = d_2$, so dass wir einen Eigenvektor $(1,1)^\top$ erhalten ($r(1,1)^\top$ beschreibt für $r \in \mathbb{R} \setminus \{0\}$ alle zugehörigen Eigenvektoren). Analog findet man
zum Eigenwert 0 wegen

$$-\frac{1}{3}d_1 - \frac{1}{3}d_2 = 0 \quad \wedge \quad -\frac{1}{3}d_1 - \frac{1}{3}d_2 = 0$$

einen Eigenvektor $(1, -1)^\top$ (genauer ist nun jeder Vektor $r(1, -1)^\top$ für $r \in$
$\mathbb{R} \setminus \{0\}$ ein zugehöriger Eigenvektor).

Für die beiden ausgewählten Eigenvektoren erhalten wir eine Wronski-Matrix

$$\mathbf{W}(x) = \begin{bmatrix} 1 \cdot e^{0x} & 1 \cdot e^{-\frac{2}{3}x} \\ -1 \cdot e^{0x} & 1 \cdot e^{-\frac{2}{3}x} \end{bmatrix} = \begin{bmatrix} 1 & e^{-\frac{2}{3}x} \\ -1 & e^{-\frac{2}{3}x} \end{bmatrix}.$$

Beispiel 7.5 Wir berechnen die allgemeine Lösung des homogenen Systems

$$\begin{matrix} y_1'(x) = 3y_1(x) + 3y_2(x) \\ y_2'(x) = 3y_1(x) - 5y_2(x) \end{matrix} \quad \text{bzw.} \quad \vec{y}'(t) = \mathbf{A} \cdot \vec{y}(t), \quad \mathbf{A} := \begin{bmatrix} 3 & 3 \\ 3 & -5 \end{bmatrix}.$$

Das charakteristische Polynom $p(s)$ der Matrix $\mathbf{A}$ lautet

$$p(s) = \det(\mathbf{A} - s\mathbf{E}) = \begin{vmatrix} 3 - s & 3 \\ 3 & -5 - s \end{vmatrix} = (3-s)(-5-s) - 3 \cdot 3 = s^2 + 2s - 24$$

mit Nullstellen $s = -1 \pm \sqrt{\frac{4}{4} + 24}$, d. h. $s = 4$ oder $s = -6$. Wir bestimmen einen Eigenvektor zu $s = 4$ unter Verwendung des erweiterten Matrix-Schemas (vgl. Seite xv)

$$\begin{bmatrix} 3 - 4 & 3 & | & 0 \\ 3 & -5 - 4 & | & 0 \end{bmatrix} \Longleftrightarrow \begin{bmatrix} -1 & 3 & | & 0 \\ 3 & -9 & | & 0 \end{bmatrix} \Longleftrightarrow \begin{bmatrix} -1 & 3 & | & 0 \\ 0 & 0 & | & 0 \end{bmatrix},$$

d. h. $x_1 = 3x_2$. $\vec{d}_1 = (3, 1)^\top$ ist ein Eigenvektor zu $s = 4$. Dieser ist natürlich nicht eindeutig bestimmt, wir hätten auch jedes skalare Vielfache $r\vec{d}_1$, $r \neq 0$, auswählen können. Wir bestimmen einen Eigenvektor zu $s = -6$:

$$\begin{bmatrix} 3 + 6 & 3 & | & 0 \\ 3 & -5 + 6 & | & 0 \end{bmatrix} \Longleftrightarrow \begin{bmatrix} 9 & 3 & | & 0 \\ 3 & 1 & | & 0 \end{bmatrix} \Longleftrightarrow \begin{bmatrix} 3 & 1 & | & 0 \\ 0 & 0 & | & 0 \end{bmatrix},$$

d. h. $3x_1 = -x_2$. Ein Eigenvektor ist z. B. $\vec{d}_2 = (1, -3)^\top$. Die allgemeine Lösung lautet

$$\vec{y}(x) = C_1 \begin{pmatrix} 3 \\ 1 \end{pmatrix} e^{4x} + C_2 \begin{pmatrix} 1 \\ -3 \end{pmatrix} e^{-6x}, \quad C_1, C_2 \in \mathbb{R}.$$

Eine entsprechende Wronski-Matrix ist

$$\begin{bmatrix} 3 \cdot e^{4x} & 1 \cdot e^{-6x} \\ 1 \cdot e^{4x} & -3 \cdot e^{-6x} \end{bmatrix}.$$

Hintergrund: Wronski-Matrix mittels Matrixdiagonalisierung

Wir haben in diesem Abschnitt homogene Lösungen in der Situation berechnet, dass die Matrix $\mathbf{A}$ zu einer reellen Diagonalmatrix $\mathbf{D}$ mit Diagonalelementen $s_1, s_2, \ldots, s_n$ ähnlich ist (siehe Band 1, Kapitel 22.2). Es gibt also eine Transformationsmatrix $\mathbf{X}$ (deren Spalten Eigenvektoren sind) mit

$\mathbf{A} = \mathbf{X}\mathbf{D}\mathbf{X}^{-1}$:

$$\vec{y}'(x) = \mathbf{A}\vec{y}(x) \iff \vec{y}'(x) = \mathbf{X}\mathbf{D}\mathbf{X}^{-1}\vec{y}(x) \iff \mathbf{X}^{-1}\vec{y}'(x) = \mathbf{D}\mathbf{X}^{-1}\vec{y}(x)$$

$$\iff \left[\mathbf{X}^{-1}\vec{y}\right]'(x) = \mathbf{D}\left[\mathbf{X}^{-1}\vec{y}(x)\right] \tag{7.2}$$

mit $\vec{u}(x) := \mathbf{X}^{-1}\vec{y}(x)$ entsteht die Gleichung $\vec{u}'(x) = \mathbf{D}\vec{u}(x)$. Diese hat offensichtlich eine Wronski-Matrix $\mathbf{W}$, bei der nur die Hauptdiagonale besetzt ist – und zwar mit den Werten $e^{s_1 x}, e^{s_2 x}, \ldots, e^{s_n x}$. Damit erhalten wir aufgrund der Definition von $\vec{u}$ eine Wronski-Matrix des Ausgangsproblems über $\mathbf{X} \cdot \mathbf{W}$, deren Spalten Eigenvektoren sind, die mit den Faktoren $e^{s_k x}$ multipliziert werden.

7.4 Partikuläre Lösungen

Basierend auf den homogenen Lösungen des Differenzialgleichungssystems konstruieren wir nun eine partikuläre Lösung, also eine Lösung des inhomogenen Systems, die zusätzlich eine geforderte Anfangsbedingung erfüllt.

Lemma 7.4 (Berechnung einer partikulären Lösung) Sei $\mathbf{W}(x)$ eine Wronski-Matrix des Differenzialgleichungssystems erster Ordnung aus Definition 7.2 und seien $b_1(x), b_2(x), \ldots, b_n(x)$ stetig auf I sowie $x_0 \in I$. Dann ist

$$\vec{y}_p(x) = \mathbf{W}(x) \left(\int_{x_0}^{x} \mathbf{W}^{-1}(t)\vec{b}(t)\,\mathrm{d}t + \mathbf{W}^{-1}(x_0)\vec{y}_0 \right)$$

partikuläre Lösung des (inhomogenen) Systems mit Anfangsbedingung $\vec{y}(x_0) = \vec{y}_0$.

Diese Aussage entspricht genau der Berechnung der Lösung des Anfangswertproblems für $n = 1$ (siehe (6.9) auf Seite 181)

$$y(x) = y_h(x) \left[\int_{x_0}^{x} \frac{h(t)}{y_h(t)}\,\mathrm{d}t + \frac{1}{y_h(x_0)}y_0 \right],$$

wobei statt der einzelnen homogenen Lösung y_h nun eine Wronski-Matrix mit n linear unabhängigen homogenen Lösungen verwendet wird und die Inhomogenität statt $h(x)$ nun $\vec{b}(x)$ heißt. Bevor wir die Formel beweisen, müssen wir noch die Notation erläutern. Hier wird eine vektorwertige Funktion integriert. Darunter versteht man den Vektor der entsteht, wenn man die einzelnen reellwertigen Komponentenfunktionen integriert, also

$$\int_a^b \begin{pmatrix} f_1(x) \\ f_2(x) \end{pmatrix} \, \mathrm{d}x := \begin{pmatrix} \int_a^b f_1(x) \, \mathrm{d}x \\ \int_a^b f_2(x) \, \mathrm{d}x \end{pmatrix}.$$

Die Ableitung von Funktionen $\vec{f} : \mathbb{R} \to \mathbb{R}^n$ geschieht ebenfalls wieder separat für jede Komponentenfunktion, vgl. (1.4) auf Seite 23.

Beweis Zunächst beachte man, dass die Spalten von $\mathbf{W}(t)$ für jedes $t \in I$ wegen Lemma 7.1 linear unabhängig sind, so dass $\mathbf{W}(t)$ für jedes $t \in I$ invertierbar ist. Damit können wir also über $\mathbf{W}^{-1}(t)$ verfügen. Außerdem sind die Spalten der Matrix $\mathbf{W}(x)$ homogene Lösungen $\vec{y}_1(x), \ldots, \vec{y}_n(x)$. Mit $\mathbf{W}(x) = [\vec{y}_1(x) \ldots \vec{y}_n(x)]$ erhält man somit

$$\frac{\mathrm{d}}{\mathrm{d}x} \mathbf{W}(x) = \left[\frac{\mathrm{d}}{\mathrm{d}x} \vec{y}_1(x) \ldots \frac{\mathrm{d}}{\mathrm{d}x} \vec{y}_n(x) \right] = [\mathbf{A}\vec{y}_1(x) \ldots \mathbf{A}\vec{y}_n(x)]$$

$$= \mathbf{A} [\vec{y}_1(x) \ldots \vec{y}_n(x)] = \mathbf{A}\mathbf{W}(x). \tag{7.3}$$

$\vec{y}_p$ erfüllt offensichtlich die Anfangsbedingung, da das Integral für $x = x_0$ den Wert $\vec{0}$ annimmt und sich $\mathbf{W}$ und $\mathbf{W}^{-1}$ aufheben. Außerdem gilt nach Hauptsatz der Differenzial- und Integralrechnung ((vii) auf Seite xviii, beachte, dass alle Komponenten von $\mathbf{W}$ und damit auch von $\mathbf{W}^{-1}$ stetig sind, vgl. Beispiel 7.6):

$$\frac{\mathrm{d}}{\mathrm{d}x} \vec{y}_p(x) \overset{(1.4)}{=} \left(\frac{\mathrm{d}}{\mathrm{d}x} \mathbf{W}(x) \right) \left(\int_{x_0}^x \mathbf{W}^{-1}(t)\vec{b}(t) \, \mathrm{d}t + \mathbf{W}^{-1}(x_0)\vec{y}_0 \right)$$

$$+ \mathbf{W}(x) \frac{\mathrm{d}}{\mathrm{d}x} \left(\int_{x_0}^x \mathbf{W}^{-1}(t)\vec{b}(t) \, \mathrm{d}t + \mathbf{W}^{-1}(x_0)\vec{y}_0 \right)$$

$$\overset{\text{Hauptsatz}}{=} \left(\frac{\mathrm{d}}{\mathrm{d}x} \mathbf{W}(x) \right) \left(\int_{x_0}^x \mathbf{W}^{-1}(t)\vec{b}(t) \, \mathrm{d}t + \mathbf{W}^{-1}(x_0)\vec{y}_0 \right)$$

$$+ \mathbf{W}(x)\mathbf{W}^{-1}(x)\vec{b}(x)$$

$$\overset{(7.3)}{=} \mathbf{A}\mathbf{W}(x) \left(\int_{x_0}^x \mathbf{W}^{-1}(t)\vec{b}(t) \, \mathrm{d}t + \mathbf{W}^{-1}(x_0)\vec{y}_0 \right) + \vec{b}(x),$$

$$= \mathbf{A}\vec{y}_p(x) + \vec{b}(x).$$

Damit erfüllt die angegebene Funktion $\vec{y}_p$ die Differenzialgleichung. $\qquad \square$

Beispiel 7.6 Wir berechnen partikuläre Lösungen für das System (7.1). Dazu bestimmen wir $\mathbf{W}^{-1}(x)$ mittels des Gauß'schen Eliminationsverfahrens aus $\mathbf{W}(x)$. Addiert man die erste Zeile zur zweiten und multipliziert man diese dann mit $\frac{1}{2}$, ergibt sich:

$$\left[\begin{array}{cc|cc} 1 & e^{-\frac{2}{3}x} & 1 & 0 \\ -1 & e^{-\frac{2}{3}x} & 0 & 1 \end{array} \right] \quad \Longleftrightarrow \quad \left[\begin{array}{cc|cc} 1 & e^{-\frac{2}{3}x} & 1 & 0 \\ 0 & e^{-\frac{2}{3}x} & \frac{1}{2} & \frac{1}{2} \end{array} \right].$$

Zieht man von der ersten Zeile die zweite ab und multipliziert man die zweite Zeile mit $e^{\frac{2}{3}x}$, so erhält man schließlich

$$\begin{bmatrix} 1 & 0 \\ 0 & 1 \end{bmatrix} \begin{matrix} \frac{1}{2} & -\frac{1}{2} \\ \frac{1}{2}e^{\frac{2}{3}x} & \frac{1}{2}e^{\frac{2}{3}x} \end{matrix} \Bigg], \qquad W^{-1}(x) = \begin{bmatrix} \frac{1}{2} & -\frac{1}{2} \\ \frac{1}{2}e^{\frac{2}{3}x} & \frac{1}{2}e^{\frac{2}{3}x} \end{bmatrix}.$$

Insbesondere sehen wir, dass durch die Gauß-Umformungen stetige Komponentenfunktionen von $\mathbf{W}^{-1}$ entstehen.

Die partikuläre Lösung zur Anfangsbedingung $\vec{y}(0) = \vec{0}$ ($x_0 = 0$) erhält man für stetiges u damit zu

$$\vec{y}_p(x) = \begin{bmatrix} 1 & e^{-\frac{2}{3}x} \\ -1 & e^{-\frac{2}{3}x} \end{bmatrix} \left(\int_0^x \begin{bmatrix} \frac{1}{2} & -\frac{1}{2} \\ \frac{1}{2}e^{\frac{2}{3}t} & \frac{1}{2}e^{\frac{2}{3}t} \end{bmatrix} \begin{pmatrix} \frac{2}{3} \\ -\frac{1}{3} \end{pmatrix} u(t)\, \mathrm{d}t + \begin{bmatrix} \frac{1}{2} & -\frac{1}{2} \\ \frac{1}{2} & \frac{1}{2} \end{bmatrix} \cdot \vec{0} \right)$$

$$= \begin{bmatrix} 1 & e^{-\frac{2}{3}x} \\ -1 & e^{-\frac{2}{3}x} \end{bmatrix} \begin{pmatrix} \int_0^x \left(\frac{1}{3} + \frac{1}{6} \right) u(t)\, \mathrm{d}t \\ \int_0^x \left(\frac{1}{3}e^{\frac{2}{3}t} - \frac{1}{6}e^{\frac{2}{3}t} \right) u(t)\, \mathrm{d}t \end{pmatrix}$$

$$= \begin{pmatrix} \frac{1}{2}\int_0^x u(t)\mathrm{d}t + \frac{1}{6}e^{-\frac{2}{3}x}\int_0^x e^{\frac{2}{3}t}u(t)\, \mathrm{d}t \\ -\frac{1}{2}\int_0^x u(t)\mathrm{d}t + \frac{1}{6}e^{-\frac{2}{3}x}\int_0^x e^{\frac{2}{3}t}u(t)\, \mathrm{d}t \end{pmatrix}.$$

Wir berechnen die Lösung für die konkrete Spannung $u(t) := \sin(t)$ (für die man abgesehen von der Anfangsbedingung auch eine komplexe Wechselstromrechnung hätte durchführen können, siehe Band 1, Kapitel 5.4). Zunächst ist

$$\int_0^x e^{\frac{2}{3}t}\sin(t)\, \mathrm{d}t = \left[\frac{3}{2}e^{\frac{2}{3}t}\sin(t) \right]_0^x - \int_0^x \frac{3}{2}e^{\frac{2}{3}t}\cos(t)\, \mathrm{d}t$$

$$= \frac{3}{2}e^{\frac{2}{3}x}\sin(x) - \frac{9}{4}\left[e^{\frac{2}{3}t}\cos(t) \right]_0^x - \frac{9}{4}\int_0^x e^{\frac{2}{3}t}\sin(t)\, \mathrm{d}t,$$

so dass $\int_0^x e^{\frac{2}{3}t}\sin(t)\, \mathrm{d}t = \frac{6}{13}e^{\frac{2}{3}x}\sin(x) - \frac{9}{13}e^{\frac{2}{3}x}\cos(x) + \frac{9}{13}$.
Damit können wir die Lösung berechnen:

$$y_1(x) = \frac{1}{2}\int_0^x \sin(t)\, \mathrm{d}t + \frac{1}{6}e^{-\frac{2}{3}x}\int_0^x e^{\frac{2}{3}t}\sin(t)\, \mathrm{d}t$$

$$= \frac{1}{2}\left[-\cos(t) \right]_0^x + \frac{1}{13}\sin(x) - \frac{3}{26}\cos(x) + \frac{3}{26}e^{-\frac{2}{3}x}$$

$$= \frac{1}{13}\sin(x) - \frac{8}{13}\cos(x) + \frac{3}{26}e^{-\frac{2}{3}x} + \frac{1}{2}.$$

Analog erhält man $y_2(x) = \frac{1}{13}\sin(x) + \frac{5}{13}\cos(x) + \frac{3}{26}e^{-\frac{2}{3}x} - \frac{1}{2}$.
In der ursprünglichen Notation der Physik:

$$i_1(t) = \frac{1}{13}\sin(t) - \frac{8}{13}\cos(t) + \frac{3}{26}e^{-\frac{2}{3}t} + \frac{1}{2}$$

$$i_2(t) = \frac{1}{13}\sin(t) + \frac{5}{13}\cos(t) + \frac{3}{26}e^{-\frac{2}{3}t} - \frac{1}{2}.$$

Diese Lösungen sind auf $[0, \infty[$ beschränkt. Die Exponentialfunktion beschreibt das Einschwingen. Diesen schnell abfallenden Anteil der Lösung, der der Anfangsbedingung geschuldet ist, erhält man mit der komplexen Wechselstromrechnung nicht.

Legt man zum Zeitpunkt $t = 0$ eine konstante Spannung $u(t) = 1$ V an, erhält man

$$i_1(t) = \frac{1}{2}t + \frac{1}{4} - \frac{1}{4}e^{-\frac{2}{3}t}, \qquad i_2(t) = -\frac{1}{2}t + \frac{1}{4} - \frac{1}{4}e^{-\frac{2}{3}t}.$$

Hier sieht man, dass mit der Zeit t die Ströme nur (nahezu) linear anwachsen, obwohl die idealen Induktivitäten die Spannungsquelle bei Anlegen einer Gleichspannung vermeintlich kurzschließen. Aufgrund der Eigeninduktivität der Spulen wird der Strom aber auf einen (nahezu) linearen Anstieg begrenzt.

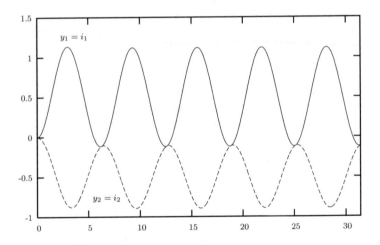

Abb. 7.2 Lösung zu $u(t) = \sin(t)$

Bei der Ermittlung einer partikulären Lösung $\vec{y}_p(x)$ des inhomogenen Systems

$$\vec{y}'(x) = \mathbf{A}\,\vec{y}(x) + \vec{b}(x)$$

führt häufig ein „**Ansatz vom Typ der rechten Seite** $\vec{b}(x)$" zum Ziel, ähnlich wie bei den linearen Differenzialgleichungen erster Ordnung (siehe Kapitel 6.7.3). Man erhält für Inhomogenitäten, deren Typ beim Einsetzen in das Differenzialgleichungssystem erhalten bleibt, einen allgemeinen Kandidaten für eine partikuläre Lösung und muss nur noch Konstanten bestimmen. Dadurch erspart man sich nicht nur das Ausrechnen des Integrals in Lemma 7.4, sondern auch das Invertieren der Wronski-Matrix.

Beispiel 7.7 Wir berechnen die allgemeine Lösung des inhomogenen Systems

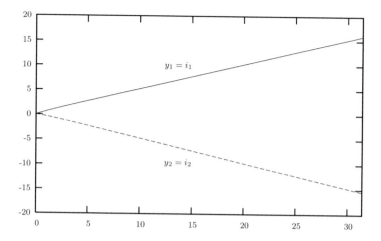

Abb. 7.3 Lösung zu $u(t) = 1$ V für $t \geq 0$

$$\vec{y}'(x) = \mathbf{A} \cdot \vec{y}(x) + \vec{b}(x) \quad \text{mit} \quad \mathbf{A} := \begin{bmatrix} -2 & 3 \\ 2 & -1 \end{bmatrix}, \quad \vec{b}(x) = \begin{pmatrix} x \\ e^{-x} \end{pmatrix}.$$

Das charakteristische Polynom

$$p(s) = \det(\mathbf{A} - s\mathbf{E}) = \begin{vmatrix} -2-s & 3 \\ 2 & -1-s \end{vmatrix} = (1+s)(2+s) - 6 = s^2 + 3s - 4$$

hat die Nullstellen $-\frac{3}{2} \pm \sqrt{\frac{9}{4} + 4}$, d. h. $s = -4$ und $s = 1$. Wegen

$$\begin{bmatrix} -2+4 & 3 & | & 0 \\ 2 & -1+4 & | & 0 \end{bmatrix} \iff \begin{bmatrix} 2 & 3 & | & 0 \\ 2 & 3 & | & 0 \end{bmatrix} \iff \begin{bmatrix} 2 & 3 & | & 0 \\ 0 & 0 & | & 0 \end{bmatrix} \iff \begin{bmatrix} 1 & \frac{3}{2} & | & 0 \\ 0 & 0 & | & 0 \end{bmatrix}$$

ist z. B. $\vec{d}_1 = \left(1, -\frac{2}{3}\right)^\top$ ein Eigenvektor zum Eigenwert -4. Für den Eigenwert $s = 1$ erhalten wir wegen

$$\begin{bmatrix} -2-1 & 3 & | & 0 \\ 2 & -1-1 & | & 0 \end{bmatrix} \iff \begin{bmatrix} -3 & 3 & | & 0 \\ 2 & -2 & | & 0 \end{bmatrix} \iff \begin{bmatrix} -1 & 1 & | & 0 \\ 0 & 0 & | & 0 \end{bmatrix}$$

einen Eigenvektor $\vec{d}_2 = (1,1)^\top$. Die allgemeine Lösung des homogenen Systems lautet damit

$$\vec{y}_h(x) = C_1 \cdot \begin{pmatrix} 1 \\ -\frac{2}{3} \end{pmatrix} e^{-4x} + C_2 \cdot \begin{pmatrix} 1 \\ 1 \end{pmatrix} e^x, \quad C_1, C_2 \in \mathbb{R}.$$

Für eine partikuläre Lösung $\vec{y}_p(x)$ verwenden wir den Ansatz vom Typ der rechten Seite, bei dem wir einen Kandidaten $\vec{y}_p(x)$ mit den Funktionen von $\vec{b}(x)$ zusammensetzen (Polynom von Grad 1 und e^{-x}):

$$\vec{y}_p(x) = \begin{pmatrix} a_0 + a_1 x + a_2 e^{-x} \\ b_0 + b_1 x + b_2 e^{-x} \end{pmatrix}.$$

Differenzieren und Einsetzen in das inhomogene System liefert

$$\begin{pmatrix} a_1 - a_2 e^{-x} \\ b_1 - b_2 e^{-x} \end{pmatrix} = \begin{bmatrix} -2 & 3 \\ 2 & -1 \end{bmatrix} \begin{pmatrix} a_0 + a_1 x + a_2 e^{-x} \\ b_0 + b_1 x + b_2 e^{-x} \end{pmatrix} + \begin{pmatrix} x \\ e^{-x} \end{pmatrix}$$

$$= \begin{pmatrix} -2a_0 - 2a_1 x - 2a_2 e^{-x} + 3b_0 + 3b_1 x + 3b_2 e^{-x} + x \\ 2a_0 + 2a_1 x + 2a_2 e^{-x} - b_0 - b_1 x - b_2 e^{-x} + e^{-x} \end{pmatrix}$$

bzw.

$$(a_1 + 2a_0 - 3b_0) + (2a_1 - 3b_1)x + (a_2 - 3b_2) e^{-x} = x,$$
$$(b_1 - 2a_0 + b_0) + (b_1 - 2a_1)x - 2a_2 e^{-x} = e^{-x}.$$

Nun ist ein Koeffizientenvergleich möglich, da die Funktionen 1, x und e^{-x} linear unabhängig sind. Er liefert das lineare Gleichungssystem

$$\begin{array}{ccc}
2a_0 + a_1 - 3b_0 = 0 & \wedge & b_1 - 2a_0 + b_0 = 0 \\
\wedge \qquad 2a_1 - 3b_1 = 1 & \wedge & b_1 - 2a_1 = 0 \\
\wedge \qquad a_2 - 3b_2 = 0 & \wedge & -2a_2 = 1
\end{array}$$

mit Lösungen $a_2 = -\frac{1}{2}$, $b_2 = -\frac{1}{6}$, $b_1 = -\frac{1}{2}$, $a_1 = -\frac{1}{4}$, $b_0 = -\frac{3}{8}$ und $a_0 = -\frac{7}{16}$. Wir erhalten die partikuläre Lösung

$$\vec{y}_p(x) = \begin{pmatrix} -\frac{7}{16} - \frac{1}{4}x - \frac{1}{2} e^{-x} \\ -\frac{3}{8} - \frac{1}{2}x - \frac{1}{6} e^{-x} \end{pmatrix}.$$

Die allgemeine Lösung lautet

$$\vec{y}(x) = C_1 \cdot \begin{pmatrix} 1 \\ -\frac{2}{3} \end{pmatrix} e^{-4x} + C_2 \cdot \begin{pmatrix} 1 \\ 1 \end{pmatrix} e^{x} + \begin{pmatrix} -\frac{7}{16} - \frac{1}{4}x - \frac{1}{2} e^{-x} \\ -\frac{3}{8} - \frac{1}{2}x - \frac{1}{6} e^{-x} \end{pmatrix}, \quad C_1, C_2 \in \mathbb{R}.$$

7.5 Komplexe und mehrfache Eigenwerte *

Bei dem zuvor verwendeten Lösungsweg können zwei Schwierigkeiten einzeln oder gemeinsam auftreten, so dass die Wronski-Matrix anders bestimmt werden muss.

- Das charakteristische Polynom $\det(\mathbf{A} - s\mathbf{E})$ hat keine n reellen Nullstellen. Hier muss komplex gerechnet werden.
- Es gibt im Fall mehrfacher Nullstellen keine n paarweise verschiedenen Eigenwerte und damit eventuell nicht genug linear unabhängige Eigenvektoren. Hier hilft der Übergang von Eigenvektoren zu Hauptvektoren.

7.5.1 Komplexe Eigenwerte

Nach dem Fundamentalsatz der Algebra (Band 1, S. 168) hat ein Polynom (mit reellen oder komplexen Koeffizienten) genau n komplexe Nullstellen unter Berücksichtigung ihrer Vielfachheit. Das wird z. B. bei der Partialbruchzerlegung ausgenutzt. Auch wenn komplexe Nullstellen auftreten, lassen sich reelle Lösungen des homogenen Differenzialgleichungssystems gewinnen.

Im Beispiel (7.1) ist $\mathbf{A}$ eine reelle, symmetrische Matrix. Solche Matrizen haben ausschließlich reelle Eigenwerte (Band 1, Satz 22.2), so dass wir bislang keine komplexwertigen Lösungen betrachten mussten.

Wir benutzen jetzt komplexwertige Funktionen einer reellen Variable. Alle gängigen Operationen auf diesen Funktionen sind komponentenweise separat für den Real- und für den Imaginärteil (sowie separat für alle Komponenten der Vektoren) erklärt. Die Exponentialfunktion einer komplexen Variable $z = u + jv$ ist erklärt über

$$e^z = e^{u+jv} := e^u e^{jv} := e^u(\cos(v) + j\sin(v)).$$

Diese Darstellung entsteht, wenn man in die Potenzreihe der Exponentialfunktion die komplexe Zahl z einsetzt (vgl. Band 1, Kapitel 5 und S. 479). Damit gilt für $s \in \mathbb{C}$ und $x \in \mathbb{R}$ wegen $sx = x\mathrm{Re}(s) + jx\mathrm{Im}(s)$:

$$
\begin{aligned}
\frac{\mathrm{d}}{\mathrm{d}x}e^{sx} &= \frac{\mathrm{d}}{\mathrm{d}x}\left[e^{x\,\mathrm{Re}(s)}(\cos(x\,\mathrm{Im}(s)) + j\sin(x\,\mathrm{Im}(s)))\right] \\
&= \mathrm{Re}(s)e^{x\,\mathrm{Re}(s)}\left[\cos(x\,\mathrm{Im}(s)) + j\sin(x\,\mathrm{Im}(s))\right] \\
&\quad + e^{x\,\mathrm{Re}(s)}\left[(-\mathrm{Im}(s)\sin(x\,\mathrm{Im}(s)) + j\,\mathrm{Im}(s)\cos(x\,\mathrm{Im}(s)))\right] \\
&= \mathrm{Re}(s)e^{x\,\mathrm{Re}(s)}\left[\cos(x\,\mathrm{Im}(s)) + j\sin(x\,\mathrm{Im}(s))\right] \\
&\quad + j\,\mathrm{Im}(s)e^{x\,\mathrm{Re}(s)}\left[(j\sin(x\,\mathrm{Im}(s)) + \cos(x\,\mathrm{Im}(s)))\right] \\
&= se^{x\,\mathrm{Re}(s)}\left[\cos(x\,\mathrm{Im}(s)) + j\sin(x\,\mathrm{Im}(s))\right] = se^{sx}. \qquad (7.4)
\end{aligned}
$$

Lemma 7.5 (Reelle Lösungen bei komplexen Eigenwerten) Sei $\mathbf{A} \in \mathbb{R}^{n \times n}$ die reelle Matrix des Differenzialgleichungssystems erster Ordnung aus Definition 7.2. Ist $s \in \mathbb{C}$ ein echt komplexer Eigenwert und $\vec{d} \in \mathbb{C}^n$, $\vec{d} = \vec{d_1} + j\vec{d_2}$, zugehöriger Eigenvektor von $\mathbf{A}$, dann sind $\mathrm{Re}(\vec{d}e^{sx})$ und $\mathrm{Im}(\vec{d}e^{sx})$ homogene Lösungen.

Mit s ist auch $\bar{s}$ Eigenwert mit Eigenvektor $\overline{\vec{d}} = \vec{d_1} - j\vec{d_2}$. Die zugehörigen homogenen Lösungen $\mathrm{Re}\left(\overline{\vec{d}}\,e^{\bar{s}x}\right)$ und $\mathrm{Im}\left(\overline{\vec{d}}\,e^{\bar{s}x}\right)$ stimmen (bis auf Vorzeichen) mit denen zu s überein und liefern damit keinen weiteren Beitrag zu einem reellen Fundamentalsystem.

Hat die Matrix $\mathbf{A}$ genau n verschiedene komplexe Eigenwerte, so erhält man ein reelles Fundamentalsystem, indem man neben den Lösungen zu reellen Eigenwerten zu jedem Paar s, $\overline{s}$ echt komplexer Eigenwerte Real- und Imaginärteil der Lösung zum Eigenwert s aufnimmt.

Beweis Wir zeigen, dass $\mathrm{Re}(\vec{d}e^{sx})$ eine homogene Lösung ist. Da Real- und Imaginärteil separat differenziert werden, ist

$$\frac{\mathrm{d}}{\mathrm{d}x}\,\mathrm{Re}\left(\vec{d}e^{sx}\right) = \mathrm{Re}\left(\frac{\mathrm{d}}{\mathrm{d}x}\vec{d}e^{sx}\right) \overset{(7.4)}{=} \mathrm{Re}\left(s\vec{d}e^{sx}\right) = \mathrm{Re}\left(\mathbf{A}\vec{d}e^{sx}\right)$$
$$= \mathbf{A}\,\mathrm{Re}\left(\vec{d}e^{sx}\right),$$

da $\vec{d}$ Eigenvektor zum Eigenwert s und $\mathbf{A}$ reell ist. Entsprechend sieht man, dass auch $\mathrm{Im}(\vec{d}e^{sx})$ das homogene System löst.

Mit jedem Eigenwert s ist auch $\overline{s}$ ein Eigenwert (denn die Nullstellen des reellen charakteristischen Polynoms $\det(\mathbf{A} - s\mathbf{E})$ treten konjugiert komplex auf) mit Eigenvektor $\overline{\vec{d}}$ (da $\overline{s}\overline{\vec{d}} = \overline{s\vec{d}} = \overline{\mathbf{A}\vec{d}} = \overline{\mathbf{A}}\,\overline{\vec{d}} = \mathbf{A}\overline{\vec{d}}$, vgl. Band 1, S. 623). Wegen

$$\vec{d}e^{sx} = (\vec{d_1} + j\vec{d_2})e^{(s_1+js_2)x} = (\vec{d_1} + j\vec{d_2})e^{s_1x}[\cos(s_2x) + j\sin(s_2x)]$$
$$= \vec{d_1}e^{s_1x}\cos(s_2x) - \vec{d_2}e^{s_1x}\sin(s_2x) + j\left[\vec{d_1}e^{s_1x}\sin(s_2x) + \vec{d_2}e^{s_1x}\cos(s_2x)\right]$$
$$\overline{\vec{d}}\,e^{\overline{s}x} = (\vec{d_1} - j\vec{d_2})e^{(s_1-js_2)x} = (\vec{d_1} - j\vec{d_2})e^{s_1x}[\cos(s_2x) - j\sin(s_2x)]$$
$$= \vec{d_1}e^{s_1x}\cos(s_2x) - \vec{d_2}e^{s_1x}\sin(s_2x) - j\left[\vec{d_1}e^{s_1x}\sin(s_2x) + \vec{d_2}e^{s_1x}\cos(s_2x)\right]$$

stimmen die Realteile überein, und die Imaginärteile unterscheiden sich lediglich durch ein Vorzeichen. Wir müssen noch zeigen, dass man durch Auswahl der Real- und Imaginärteile ein reelles Fundamentalsystem erhält. Da alle so entstehenden n Funktionen Lösungen sind, müssen wir nur ihre lineare Unabhängigkeit nachweisen. Nach Lemma 7.1 genügt es, die lineare Unabhängigkeit ihrer Werte an der Stelle $x_0 = 0$ zu untersuchen. Dazu betrachten wir eine reelle Linearkombination, die null ergibt. In der Linearkombination seien die Funktionswerte der Lösungen zu den echt komplexen Eigenwerten s und $\overline{s}$ an der Stelle $x_0 = 0$ vertreten durch $(a, b \in \mathbb{R})$

$$a \cdot \mathrm{Re}(\vec{d}e^{s0}) + b \cdot \mathrm{Im}(\vec{d}e^{s0}) = a \cdot \mathrm{Re}(\vec{d}) + b \cdot \mathrm{Im}(\vec{d}) = a\vec{d_1} + b\vec{d_2}$$
$$= \left(\frac{a}{2} - j\frac{b}{2}\right)(\vec{d_1} + j\vec{d_2}) + \left(\frac{a}{2} + j\frac{b}{2}\right)(\vec{d_1} - j\vec{d_2}).$$

Nun sind $\vec{d} = \vec{d_1} + j\vec{d_2}$ und $\overline{\vec{d}} = \vec{d_1} - j\vec{d_2}$ Eigenvektoren zu unterschiedlichen Eigenwerten s und $\overline{s}$. Schreibt man so die reelle Linearkombination für alle Paare s, $\overline{s}$ um, erhält man eine komplexe Linearkombination von komplexen

Eigenvektoren, die (nach Lemma 22.2 in Band 1) komplex linear unabhängig sind. Damit müssen alle komplexen Faktoren null sein. Aus $\frac{a}{2} - j\frac{b}{2} = 0$ und $\frac{a}{2} + j\frac{b}{2} = 0$ folgt $a = b = 0$. In der reellen Linearkombination sind damit auch alle Faktoren null, die Lösungen sind reell linear unabhängig. $\qquad\square$

Beispiel 7.8 Wir berechnen die allgemeine Lösung des homogenen Systems

$$\vec{y}\,'(x) = \mathbf{A} \cdot \vec{y}(x) \quad \text{mit} \quad \mathbf{A} := \begin{bmatrix} 1 & -1 \\ 4 & 1 \end{bmatrix}.$$

Das charakteristische Polynom

$$p(s) = \det(\mathbf{A} - s\mathbf{E}) = \begin{vmatrix} 1 - s & -1 \\ 4 & 1 - s \end{vmatrix} = (1 - s)^2 + 4 = s^2 - 2s + 5$$

hat die Nullstellen $s = 1 \pm \sqrt{\frac{4}{4} - 5} = 1 \pm 2j$. Wir berechnen einen Eigenvektor zu $s = 1 + 2j$:

$$\begin{bmatrix} 1 - (1 + 2j) & -1 & \Big| & 0 \\ 4 & 1 - (1 + 2j) & \Big| & 0 \end{bmatrix} \Longleftrightarrow \begin{bmatrix} -2j & -1 & \Big| & 0 \\ 4 & -2j & \Big| & 0 \end{bmatrix} \Longleftrightarrow \begin{bmatrix} 2j & 1 & \Big| & 0 \\ 0 & 0 & \Big| & 0 \end{bmatrix}$$

d. h. $x_2 = -2j\,x_1$. Damit ist beispielsweise $\vec{d}_1 = (1, -2j)^\top$ ein Eigenvektor. Dieser reicht bereits, um ein reelles Fundamentalsystem zu berechnen. Dieses ergibt sich über den Real- und Imaginärteil der komplexen Lösung: Mit $\vec{y}_1(x) = (1, -2j)^\top e^x \cdot e^{2j\,x}$ sind $\vec{y}_r(x) := \mathrm{Re}(\vec{y}_1(x))$ und $\vec{y}_i(x) := \mathrm{Im}(\vec{y}_1(x))$ Lösungen des homogenen Systems:

$$\vec{y}_r(x) = \mathrm{Re}\left(\begin{pmatrix} 1 \\ -2j \end{pmatrix} e^x \cdot e^{2j\,x} \right) = e^x \cdot \mathrm{Re}\left(\begin{pmatrix} \cos(2x) + j\sin(2x) \\ 2\sin(2x) - 2j\cos(2x) \end{pmatrix} \right)$$

$$= e^x \cdot \begin{pmatrix} \cos(2x) \\ 2\sin(2x) \end{pmatrix},$$

$$\vec{y}_i(x) = \mathrm{Im}\left(\begin{pmatrix} 1 \\ -2j \end{pmatrix} e^x \cdot e^{2j\,x} \right) = e^x \cdot \mathrm{Im}\left(\begin{pmatrix} \cos(2x) + j\sin(2x) \\ 2\sin(2x) - 2j\cos(2x) \end{pmatrix} \right)$$

$$= e^x \cdot \begin{pmatrix} \sin(2x) \\ -2\cos(2x) \end{pmatrix}.$$

Somit erhalten wir die allgemeine (reelle) Lösung

$$\vec{y}(x) = C_1 \cdot \begin{pmatrix} \cos(2x) \\ 2\sin(2x) \end{pmatrix} e^x + C_2 \cdot \begin{pmatrix} \sin(2x) \\ -2\cos(2x) \end{pmatrix} e^x, \quad C_1,\ C_2 \in \mathbb{R}.$$

Beispiel 7.9 Wir berechnen die allgemeine Lösung des homogenen (3×3)-Systems

$$\vec{y}\,'(x) = \mathbf{A} \cdot \vec{y}(x) \quad \text{mit} \quad \mathbf{A} := \begin{bmatrix} 2 & 0 & 2 \\ 0 & -2 & -2 \\ -2 & 2 & 0 \end{bmatrix}.$$

Das charakteristische Polynom

$$p(s) = \det(\mathbf{A} - s\mathbf{E}) = \begin{vmatrix} 2-s & 0 & 2 \\ 0 & -2-s & -2 \\ -2 & 2 & -s \end{vmatrix}$$

$$= (2-s) \cdot \begin{vmatrix} -2-s & -2 \\ 2 & -s \end{vmatrix} + 2 \begin{vmatrix} 0 & -2-s \\ -2 & 2 \end{vmatrix} = -s\left(s^2 + 4\right)$$

hat die Nullstellen 0, $2j$ und $-2j$. Einen Eigenvektor zu $s = 0$ erhalten wir über

$$\begin{bmatrix} 2 & 0 & 2 & | & 0 \\ 0 & -2 & -2 & | & 0 \\ -2 & 2 & 0 & | & 0 \end{bmatrix} \iff \begin{bmatrix} 1 & 0 & 1 & | & 0 \\ 0 & 1 & 1 & | & 0 \\ 0 & 0 & 0 & | & 0 \end{bmatrix} \iff \wedge \begin{matrix} x_1 = -x_3, \\ x_2 = -x_3, \end{matrix}$$

z. B. als $\vec{d}_1 = (1, 1, -1)^\top$. Zum Eigenvektor zu $s = 2j$:

$$\begin{bmatrix} 2-2j & 0 & 2 & | & 0 \\ 0 & -2-2j & -2 & | & 0 \\ -2 & 2 & -2j & | & 0 \end{bmatrix} \iff \begin{bmatrix} 1 & 0 & \frac{1}{1-j} & | & 0 \\ 0 & 1 & \frac{1}{1+j} & | & 0 \\ -1 & 1 & -j & | & 0 \end{bmatrix}$$

$$\iff \begin{bmatrix} 1 & 0 & \frac{1+j}{2} & | & 0 \\ 0 & 1 & \frac{1-j}{2} & | & 0 \\ -1 & 1 & -j & | & 0 \end{bmatrix} \iff \begin{bmatrix} 1 & 0 & \frac{1+j}{2} & | & 0 \\ 0 & 1 & \frac{1-j}{2} & | & 0 \\ 0 & 0 & 0 & | & 0 \end{bmatrix} \iff \wedge \begin{matrix} x_1 = -\frac{1+j}{2} x_3, \\ x_2 = -\frac{1-j}{2} x_3, \end{matrix}$$

also ist z. B. $\vec{d}_2 = (j, 1, -1-j)^\top$ ein zugehöriger Eigenvektor. Für $s = -2j$ ist ein Eigenvektor $\vec{d}_3 = \overline{\vec{d}}_2 = (-j, 1, -1+j)^\top$. Wir erhalten die allgemeine (komplexe) Lösung

$$\vec{y}(x) = C_1 \cdot \begin{pmatrix} 1 \\ 1 \\ -1 \end{pmatrix} + C_2 \cdot \begin{pmatrix} j \\ 1 \\ -1-j \end{pmatrix} e^{2jx} + C_3 \cdot \begin{pmatrix} -j \\ 1 \\ -1+j \end{pmatrix} e^{-2jx}.$$

Mit

$$\vec{y}_2(x) = \begin{pmatrix} j \\ 1 \\ -1-j \end{pmatrix} (\cos(2x) + j\sin(2x))$$

$$= \begin{pmatrix} -\sin(2x) + j\cos(2x) \\ \cos(2x) + j\sin(2x) \\ \sin(2x) - \cos(2x) - j(\sin(2x) + \cos(2x)) \end{pmatrix}$$

erhalten wir die reellen homogenen Lösungen

$$\mathrm{Re}(\vec{y}_2(x)) = \begin{pmatrix} -\sin(2x) \\ \cos(2x) \\ \sin(2x) - \cos(2x) \end{pmatrix}, \quad \mathrm{Im}(\vec{y}_2(x)) = \begin{pmatrix} \cos(2x) \\ \sin(2x) \\ -\sin(2x) - \cos(2x) \end{pmatrix}$$

und bekommen damit die allgemeine reelle Lösung (C_1, C_2, $C_3 \in \mathbb{R}$)

$$\vec{y}(x) = C_1 \begin{pmatrix} 1 \\ 1 \\ -1 \end{pmatrix} + C_2 \begin{pmatrix} -\sin(2x) \\ \cos(2x) \\ \sin(2x) - \cos(2x) \end{pmatrix} + C_3 \begin{pmatrix} \cos(2x) \\ \sin(2x) \\ -\sin(2x) - \cos(2x) \end{pmatrix}.$$

7.5.2 Mehrfache Eigenwerte: Hauptvektoren

Ist ein Eigenwert mehrfache Nullstelle des charakteristischen Polynoms, lassen sich ggf. keine n linear unabhängigen Eigenvektoren finden. Dann kann eine Wronski-Matrix nicht wie zuvor beschrieben gebaut werden. Man erhält nicht alle homogenen Lösungen. Hier hilft die Verwendung von Hauptvektoren bzw. die Jordan-Normalform der Matrix des Differenzialgleichungssystems (Band 1, Kapitel 22.3). Hat man mit ihrer Hilfe eine Wronski-Matrix bestimmt, ergibt sich daraus eine partikuläre Lösung wie in Abschnitt 7.4.

Bei einer reellen, symmetrischen Matrix $\mathbf{A}$ wie im Beispiel (7.1) gibt es diese Probleme nicht, da die Eigenwerte nicht nur alle reell sind, sondern es auch stets n linear unabhängige Eigenvektoren gibt (die sogar eine Orthogonalbasis bilden, siehe Band 1, Satz 22.7 auf Seite 630).

Ein Hauptvektor $\vec{d}_r$ von $\mathbf{A}$ der Stufe $r \in \mathbb{N}$ ist ein Vektor, der die beiden Bedingungen $(\mathbf{A} - s\mathbf{E})^r \vec{d}_r = \vec{0}$ und $(\mathbf{A} - s\mathbf{E})^{r-1} \vec{d}_r \neq \vec{0}$ erfüllt. Ein Eigenvektor ist ein Hauptvektor der Stufe $r = 1$. Hat man einen Hauptvektor $\vec{d}_r$ der Stufe r, dann erhält man daraus direkt Hauptvektoren $\vec{d}_i$ der Stufen $1 \leq i < r$ über $\vec{d}_i = (\mathbf{A} - s\mathbf{E})^{r-i} \vec{d}_r$. Daraus ergeben sich r linear unabhängige komplexwertigen homogenen Lösungen für das Differenzialgleichungssystem $\vec{y}'(t) = \mathbf{A}\vec{y}(t)$:

$$\vec{y}_1(x) := e^{sx} \vec{d}_1, \ \vec{y}_2(x) := e^{sx} \left[x\vec{d}_1 + \vec{d}_2 \right], \ \vec{y}_3(x) := e^{sx} \left[\frac{x^2}{2} \vec{d}_1 + x\vec{d}_2 + \vec{d}_3 \right],$$

$$\dots, \ \vec{y}_r(x) := e^{sx} \left[\frac{x^{r-1}}{(r-1)!} \vec{d}_1 + \frac{x^{r-2}}{(r-2)!} \vec{d}_2 + \cdots + \vec{d}_r \right]. \tag{7.5}$$

Wir zeigen exemplarisch, dass $\vec{y}_2(x)$ tatsächlich eine homogene Lösung ist. Dazu nutzen wir aus, dass

$$\vec{d}_1 = (\mathbf{A} - s\mathbf{E})\vec{d}_2 \iff s\vec{d}_2 + \vec{d}_1 = \mathbf{A}\vec{d}_2. \tag{7.6}$$

Damit erhalten wir einerseits

$$\vec{y}_2{}'(x) = se^{sx}(x\vec{d}_1 + \vec{d}_2) + e^{sx}\vec{d}_1$$

$$= sxe^{sx}\vec{d}_1 + e^{sx}(s\vec{d}_2 + \vec{d}_1) \overset{(7.6)}{=} sxe^{sx}\vec{d}_1 + e^{sx}\mathbf{A}\vec{d}_2.$$

Andererseits gilt, da $\vec{d}_1$ ein Eigenvektor ist:

$$\mathbf{A}\vec{y}_2(x) = e^{sx}x\mathbf{A}\vec{d}_1 + e^{sx}\mathbf{A}\vec{d}_2 = sxe^{sx}\vec{d}_1 + e^{sx}\mathbf{A}\vec{d}_2.$$

Damit ist die Gleichung $\vec{y}_2'(x) = \mathbf{A}\vec{y}_2(x)$ erfüllt.

Über das Schema (7.5) lassen sich stets n linear unabhängige homogene (komplexwertige) Lösungen gewinnen, indem man alle Eigenwerte und zu jedem Eigenwert linear unabhängige Ketten von Hauptvektoren berücksichtigt. Bei einem k-fachen Eigenwert erhält man so genau k linear unabhängige Hauptvektoren und die darüber gebildeten linear unabhängigen Lösungen. Ein Fundamentalsystem kann aus den Real- und Imaginärteilen aller so bestimmten Lösungen ausgewählt werden.

Dieser Lösungsansatz „fällt nicht vom Himmel", sondern resultiert analog zu (7.2) aus der Überführung der Matrix $\mathbf{A}$ in eine möglichst einfache ähnliche Matrix $\mathbf{T} = \mathbf{X}^{-1}\mathbf{A}\mathbf{X}$, die hier eine Jordan-Normalform ist (siehe Band 1, Kapitel 22.3).

Beispiel 7.10 a) Wir berechnen die allgemeine Lösung des homogenen (3×3)-Systems

$$\vec{y}'(x) = \mathbf{A} \cdot \vec{y}(x) \quad \text{mit} \quad \mathbf{A} := \begin{bmatrix} 1 & 1 & 1 \\ 1 & 1 & 1 \\ 1 & 1 & 1 \end{bmatrix}.$$

Das (nach der ersten Zeile entwickelte) charakteristische Polynom

$$\det(\mathbf{A} - s\mathbf{E}) = \begin{vmatrix} 1-s & 1 & 1 \\ 1 & 1-s & 1 \\ 1 & 1 & 1-s \end{vmatrix}$$

$$= (1-s) \cdot \begin{vmatrix} 1-s & 1 \\ 1 & 1-s \end{vmatrix} - \begin{vmatrix} 1 & 1 \\ 1 & 1-s \end{vmatrix} + \begin{vmatrix} 1 & 1-s \\ 1 & 1 \end{vmatrix}$$

$$= (1-s)((1-s)^2 - 1) - (1 - s - 1) + (1 - (1-s))$$

$$= (1-s)(-2s + s^2) + s + s = -2s + s^2 + 2s^2 - s^3 + 2s = s^2(3-s)$$

hat die Nullstellen $s = 0$ (doppelt) und $s = 3$. Wir bestimmen Eigenvektoren zu $s = 0$:

$$\begin{bmatrix} 1 & 1 & 1 & | & 0 \\ 1 & 1 & 1 & | & 0 \\ 1 & 1 & 1 & | & 0 \end{bmatrix} \Longleftrightarrow \begin{bmatrix} 1 & 1 & 1 & | & 0 \\ 0 & 0 & 0 & | & 0 \\ 0 & 0 & 0 & | & 0 \end{bmatrix} \Longleftrightarrow x_1 + x_2 + x_3 = 0.$$

Aus dieser Gleichung können die zwei linear unabhängigen Eigenvektoren

$$\vec{d}_1 = (1, -1, 0)^\top \quad \text{und} \quad \vec{d}_2 = (1, 0, -1)^\top$$

abgelesen werden. Damit haben wir Glück und müssen keine Hauptvektoren der Stufe $k > 1$ zum Eigenwert $s = 0$ bestimmen. Einen Eigenvektor zu $s = 3$ erhalten wir vermöge

$$\begin{bmatrix} -2 & 1 & 1 & | & 0 \\ 1 & -2 & 1 & | & 0 \\ 1 & 1 & -2 & | & 0 \end{bmatrix} \Longleftrightarrow \begin{bmatrix} 0 & 0 & 0 & | & 0 \\ 1 & -2 & 1 & | & 0 \\ 1 & 1 & -2 & | & 0 \end{bmatrix} \Longleftrightarrow \begin{bmatrix} 0 & 0 & 0 & | & 0 \\ 1 & -2 & 1 & | & 0 \\ 0 & 3 & -3 & | & 0 \end{bmatrix}$$

z. B. als $\vec{d}_3 = (1,1,1)^\top$. Wir erhalten die allgemeine Lösung

$$\vec{y}(x) = C_1 \cdot \begin{pmatrix} 1 \\ -1 \\ 0 \end{pmatrix} + C_2 \cdot \begin{pmatrix} 1 \\ 0 \\ -1 \end{pmatrix} + C_3 \cdot \begin{pmatrix} 1 \\ 1 \\ 1 \end{pmatrix} e^{3x}, \quad C_1,\ C_2,\ C_3 \in \mathbb{R}.$$

b) Wir berechnen ein Fundamentalsystem für das lineare System

$$\vec{y}'(t) = \begin{bmatrix} r & 1 & 0 \\ 0 & r & 1 \\ 0 & 0 & r \end{bmatrix} \vec{y}(t).$$

Dabei ist $r \in \mathbb{R}$ ein fester Parameter. Da es sich um eine Dreiecksmatrix handelt, können wir das charakteristische Polynom

$$\det(\mathbf{A} - s\mathbf{E}) = \det \begin{bmatrix} r-s & 1 & 0 \\ 0 & r-s & 1 \\ 0 & 0 & r-s \end{bmatrix}$$

direkt ablesen: $p(s) = (r-s)^3$. Damit haben wir nur den Eigenwert r, der dreifache Nullstelle des charakteristischen Polynoms ist. Allerdings finden wir hier nicht drei linear unabhängige Eigenvektoren zum Eigenwert r sondern maximal einen, nämlich einen Vielfachen von $(1,0,0)^\top$. Daher bestimmen wir homogene Lösungen über eine „Kette" von Hauptvektoren:

$$(\mathbf{A} - r\mathbf{E})^2 = \begin{bmatrix} 0 & 1 & 0 \\ 0 & 0 & 1 \\ 0 & 0 & 0 \end{bmatrix}^2 = \begin{bmatrix} 0 & 0 & 1 \\ 0 & 0 & 0 \\ 0 & 0 & 0 \end{bmatrix},$$

$$(\mathbf{A} - r\mathbf{E})^3 = \begin{bmatrix} 0 & 1 & 0 \\ 0 & 0 & 1 \\ 0 & 0 & 0 \end{bmatrix} \begin{bmatrix} 0 & 0 & 1 \\ 0 & 0 & 0 \\ 0 & 0 & 0 \end{bmatrix} = \begin{bmatrix} 0 & 0 & 0 \\ 0 & 0 & 0 \\ 0 & 0 & 0 \end{bmatrix}.$$

Jeder Vektor $\vec{d}_3 \in \mathbb{R}^3$ ist Lösung von $(\mathbf{A} - r\mathbf{E})^3 \vec{d}_3 = \vec{0}$. Aber z. B. $\vec{d}_3 = (0,0,1)^\top =: \vec{e}_3$ erfüllt $(\mathbf{A} - r\mathbf{E})^2 \vec{d}_3 \neq \vec{0}$ und ist Hauptvektor der Stufe 3. Damit erhalten wir Hauptvektoren der Stufen 2 und 1 über

$$\vec{d}_2 := (\mathbf{A} - r\mathbf{E})\vec{d}_3 = \begin{bmatrix} 0 & 1 & 0 \\ 0 & 0 & 1 \\ 0 & 0 & 0 \end{bmatrix} \begin{pmatrix} 0 \\ 0 \\ 1 \end{pmatrix} = \begin{pmatrix} 0 \\ 1 \\ 0 \end{pmatrix} =: \vec{e}_2,$$

$$\vec{d}_1 := (\mathbf{A} - r\mathbf{E})\vec{d}_2 = \begin{bmatrix} 0 & 1 & 0 \\ 0 & 0 & 1 \\ 0 & 0 & 0 \end{bmatrix} \begin{pmatrix} 0 \\ 1 \\ 0 \end{pmatrix} = \begin{pmatrix} 1 \\ 0 \\ 0 \end{pmatrix} =: \vec{e}_1.$$

Mit den Hauptvektoren bekommen wir ein Fundamentalsystem mit den linear unabhängigen homogenen Lösungen

$$\vec{y}_1(x) := e^{rx}\vec{d}_1 = e^{rx}\vec{e}_1, \quad \vec{y}_2(x) := e^{rx}\left[x\vec{d}_1 + \vec{d}_2\right] = e^{rx}\left[x\vec{e}_1 + \vec{e}_2\right],$$

$$\vec{y}_3(x) := e^{rx}\left[\frac{x^2}{2}\vec{d}_1 + x\vec{d}_2 + \vec{d}_3\right] = e^{rx}\left[\frac{x^2}{2}\vec{e}_1 + x\vec{e}_2 + \vec{e}_3\right].$$

Diese ergeben eine Wronski-Matrix $\mathbf{W}(x) := \begin{bmatrix} e^{rx} & xe^{rx} & \frac{x^2}{2}e^{rx} \\ 0 & e^{rx} & xe^{rx} \\ 0 & 0 & e^{rx} \end{bmatrix}.$

Zum Abschluss des Beispiels noch eine Anmerkung vor dem Hintergrund der Jordan-Normalform (Band 1, S. 634): Die Matrix $\mathbf{A}$ ist bereits in Jordan-Normalform mit Einsen oberhalb der Hauptdiagonalen gegeben. Wir können sie mit der Transformationsmatrix $\mathbf{X}$, in der wir die Spalten $\vec{e}_3$, $\vec{e}_2$ und $\vec{e}_1$ eintragen, in eine Jordan-Normalform mit Einsen unterhalb der Hauptdiagonalen überführen.

Kapitel 8

Lineare Differenzialgleichungen höherer Ordnung mit konstanten Koeffizienten

Wir kehren hier wieder zurück zu einer einzelnen Differenzialgleichung. Während wir bislang nur Ableitungen erster Ordnung betrachtet haben, sehen wir uns nun lineare Differenzialgleichungen höherer Ordnung mit konstanten Koeffizienten an. Diese Gleichungen lösen wir über ein lineares Differenzialgleichungssystem, das durch die Einführung von Hilfsfunktionen entsteht. Dabei erhalten wir einen einfach anzuwendenden Lösungsansatz für homogene Differenzialgleichungen über die Nullstellen eines Polynoms. Für inhomogene Gleichungen betrachten wir mit einem „Faltungsintegral" und dem Ansatz vom Typ der rechten Seite zwei darauf aufbauende Methoden. Eine Anwendung ist die für Ingenieure wichtige Schwingungsgleichung.

8.1 Lösung über ein lineares Differenzialgleichungssystem

Wir betrachten hier Gleichungen der Form

$$y^{(n)}(x) + a_1 y^{(n-1)}(x) + a_2 y^{(n-2)}(x) + \cdots + a_n y(x) = q(x), \text{ also}$$
$$y^{(n)}(x) = -a_n y(x) - a_{n-1} y^{(1)}(x) - \cdots - a_1 y^{(n-1)}(x) + q(x).$$

Für $n = 1$ haben wir den bereits bekannten Fall einer linearen Differenzialgleichung erster Ordnung mit konstantem Koeffizienten.

© Der/die Autor(en), exklusiv lizenziert an
Springer-Verlag GmbH, DE, ein Teil von Springer Nature 2023
S. Goebbels und S. Ritter, *Mathematik verstehen und anwenden:*
Differenzialgleichungen, Fourier- und Vektoranalysis, Laplace-
Transformation und Stochastik, https://doi.org/10.1007/978-3-662-68369-9_8

Mit dem folgenden Satz 8.1 können die zugehörigen homogenen Lösungen $(q(x) = 0)$ sehr einfach berechnet werden. Dazu sind lediglich die Nullstellen eines Polynoms zu ermitteln. Diesen Satz wollen wir nun mit unseren Kenntnissen über Differenzialgleichungssysteme herleiten. Als Anwender können Sie unbeschadet auch direkt zum Satz auf Seite 232 springen.

Wir überführen Differenzialgleichungen höherer Ordnung in ein Differenzialgleichungssystem, indem wir Hilfsfunktionen einsetzen, über die die höheren Ableitungen eliminiert werden. Dazu definieren wir diese Hilfsfunktionen:

$$y_0(x) := y(x), \quad y_1(x) := y'(x) = y_0'(x), \quad y_2(x) := y^{(2)}(x) = y_1'(x), \dots,$$

$$y_{n-1}(x) := y^{(n-1)}(x) = y_{n-2}'(x)$$

also $y^{(k)}(x) = y_k(x)$, $0 \le k \le n - 1$ und $y_k'(x) = y_{k+1}(x)$, $0 \le k \le n - 2$. Zusätzlich ergibt sich aus der Differenzialgleichung auch eine Gleichung für $y_{n-1}'(x)$:

$$y_{n-1}'(x) = -a_n y_0(x) - a_{n-1} y_1(x) - \cdots - a_1 y_{n-1}(x) + q(x).$$

Insgesamt erhalten wir das folgende lineare Differenzialgleichungssystem:

$$\begin{pmatrix} y_0'(x) \\ y_1'(x) \\ y_2'(x) \\ \cdots \\ y_{n-1}'(x) \end{pmatrix} = \begin{bmatrix} 0 & 1 & 0 & \cdots & 0 \\ 0 & 0 & 1 & \cdots & 0 \\ \vdots & \vdots & \vdots & & \vdots \\ 0 & 0 & 0 & \cdots & 1 \\ -a_n & -a_{n-1} & -a_{n-2} & \cdots & -a_1 \end{bmatrix} \begin{pmatrix} y_0(x) \\ y_1(x) \\ \vdots \\ y_{n-1}(x) \end{pmatrix} + \begin{pmatrix} 0 \\ 0 \\ \vdots \\ q(x) \end{pmatrix}.$$

Falls wir dieses System lösen können, haben wir mit y_0 auch eine Lösung der Ausgangsgleichung. Zur Lösung des homogenen Differenzialgleichungssystems benötigen wir das charakteristische Polynom. Sei $\mathbf{A}$ die obige Matrix. Es ist

$$\det(\mathbf{A} - s\mathbf{E}) = \det \begin{bmatrix} -s & 1 & 0 & \cdots & 0 & 0 \\ 0 & -s & 1 & \cdots & 0 & 0 \\ \vdots & \vdots & \vdots & & \vdots & \vdots \\ 0 & 0 & 0 & \cdots & -s & 1 \\ -a_n & -a_{n-1} & -a_{n-2} & \cdots & -a_2 & -a_1 - s \end{bmatrix}.$$

Entwicklung nach der jeweils letzten Spalte liefert

$$\det(\mathbf{A} - s\mathbf{E}) = (-a_1 - s) \cdot \underbrace{\det \begin{bmatrix} -s & 1 & 0 & \cdots & 0 \\ 0 & -s & 1 & \cdots & 0 \\ \vdots & \vdots & \vdots & & \vdots \\ 0 & 0 & 0 & \cdots & -s \end{bmatrix}}_{=(-1)^{n-1} s^{n-1}}$$

$$- \det \begin{bmatrix} -s & 1 & 0 & \cdots & 0 & 0 \\ 0 & -s & 1 & \cdots & 0 & 0 \\ \vdots & \vdots & \vdots & & \vdots & \vdots \\ 0 & 0 & 0 & \cdots & -s & 1 \\ -a_n & -a_{n-1} & -a_{n-2} & \cdots & -a_3 & -a_2 \end{bmatrix}$$

$$= (-1)^n s^n + (-1)^n a_1 s^{n-1} - (-s)^{n-2}(-a_2)$$

$$+ \det \begin{bmatrix} -s & 1 & 0 & \cdots & 0 & 0 \\ 0 & -s & 1 & \cdots & 0 & 0 \\ \vdots & \vdots & \vdots & & \vdots & \vdots \\ 0 & 0 & 0 & \cdots & -s & 1 \\ -a_n & -a_{n-1} & -a_{n-2} & \cdots & -a_4 & -a_3 \end{bmatrix}$$

$$= \cdots = (-1)^n \left[s^n + a_1 s^{n-1} + a_2 s^{n-2} + \cdots + a_{n-1} s + a_n \right]$$

$$= (-1)^n \left[s^n + \sum_{k=1}^{n} a_k s^{n-k} \right] =: p_n(s). \tag{8.1}$$

Bis auf das Vorzeichen (das für die Nullstellen keine Rolle spielt) ergibt sich das charakteristische Polynom genau aus der Differenzialgleichung, indem wir im Term $y^{(n)}(x) + a_1 y^{(n-1)}(x) + a_2 y^{(n-2)}(x) + \cdots + a_n y^{(0)}(x)$ die Ableitungen $y^{(k)}(x)$ ersetzen durch s^k.

! Achtung

$y(x) = y^{(0)}(x)$ wird insbesondere durch $s^0 = 1$ ersetzt. Hier passiert schnell ein Flüchtigkeitsfehler, wenn man $y(x)$ durch $s = s^1$ ersetzt.

Hintergrund: Begleitmatrix

Unabhängig von Differenzialgleichungen sind die Eigenwerte der Matrix $\mathbf{A}$ und ebenso der Matrix $\mathbf{A}^\top$ die Nullstellen des Polynoms (8.1). Das kann man allgemein nutzen, um umgekehrt Nullstellen von Polynomen über Eigenwerte zu berechnen, so dass effiziente numerische Verfahren zur Eigenwertbestimmung verwendet werden können. In diesem Zusammenhang heißt $\mathbf{A}^\top$ die **Begleitmatrix** des Polynoms $s^n + \sum_{k=1}^{n} a_k s^{n-k}$.

Über die Eigenwerte, d. h. Nullstellen dieses Polynoms, kann eine Lösung des homogenen Systems über Eigen- und Hauptvektoren wie im vorangehenden Kapitel dargestellt berechnet werden, wobei man bei komplexen Eigenwerten zu Real- und Imaginärteilen übergeht.

Man kann zeigen, dass man hier für einen k-fachen Eigenwert s einen Hauptvektor $\vec{d}_k$ der Stufe k findet, zu dem man mittels $\vec{d}_{k-1} = (\mathbf{A} -$

$s\mathbf{E})\vec{d_k}, \ldots, \vec{d_1} = (\mathbf{A} - s\mathbf{E})\vec{d_2}$ Hauptvektoren kleinerer Stufe erhält. Damit erhalten wir die (ggf. komplexen) linear unabhängigen homogenen Lösungen

$$\vec{y_1}(x) := e^{sx}\vec{d_1}$$

$$\vec{y_2}(x) := e^{sx}\left[x\vec{d_1} + \vec{d_2}\right]$$

$$\vec{y_3}(x) := e^{sx}\left[\frac{x^2}{2}\vec{d_1} + x\vec{d_2} + \vec{d_3}\right]$$

$$\cdots$$

$$\vec{y_k}(x) := e^{sx}\left[\frac{x^{k-1}}{(k-1)!}\vec{d_1} + \frac{x^{k-2}}{(k-2)!}\vec{d_2} + \ldots\right].$$

Wir sind nur an $y = y_0$ interessiert und damit nur an der ersten Komponentenfunktion der Lösungen.

Die erste Koordinate des Eigenvektors $\vec{d_1}$ ist von null verschieden. Denn wäre sie gleich null, so kann man aus der erfüllten ersten Gleichung von $(\mathbf{A} - s\mathbf{E})\vec{d_1} = \vec{0}$ ablesen, dass auch die zweite Koordinate null ist. Die zweite Gleichung erzwingt dann, dass die dritte Koordinate null ist usw. Es müsste also $\vec{d_1} = \vec{0}$ sein – im Widerspruch dazu, dass $\vec{0}$ als Eigenvektor nicht zugelassen ist.

Aus den ersten Komponentenfunktionen der Lösungen können wir damit zu s die linear unabhängigen homogenen Lösungen $e^{sx}, xe^{sx}, \ldots, x^{k-1}e^{sx}$ ablesen. Wir müssen dazu die Vektoren $\vec{d_1}, \ldots, \vec{d_k}$ gar nicht kennen.

Satz 8.1 (Fundamentalsystem) Gegeben sei die lineare, homogene Differenzialgleichung n-ter Ordnung

$$y^{(n)}(x) + a_1 y^{(n-1)}(x) + a_2 y^{(n-2)}(x) + \cdots + a_n y(x) = 0$$

mit konstanten Koeffizienten. Dazu gehört das charakteristische Polynom (siehe (8.1))

$$p_n(s) = (-1)^n \left(s^n + a_1 s^{n-1} + a_2 s^{n-2} + \cdots + a_n\right).$$

Sind s_l, $l = 1, \ldots, r \leq n$ die (ggf. komplexen) k_l-fachen Nullstellen dieses Polynoms (also $\sum_{l=1}^{r} k_l = n$), so sind die Funktionen

$$e^{s_1 x}, xe^{s_1 x}, \ldots, x^{k_1-1}e^{s_1 x}, e^{s_2 x}, \ldots, x^{k_2-1}e^{s_2 x}, \ldots, e^{s_r x}, \ldots, x^{k_r-1}e^{s_r x}$$

linear unabhängige Lösungen dieser homogenen Differenzialgleichung. Jede homogene Lösung ist eine Linearkombination dieser Funktionen.

Dass es sich bei den angegebenen Funktionen um Lösungen handelt, verifiziert man auch, ohne ein Differenzialgleichungssystem zu bemühen: Ist z. B. s_1 eine Nullstelle des charakteristischen Polynoms, so ist

$$\frac{d^n}{dx^n}e^{s_1 x} + a_1 \frac{d^{n-1}}{dx^{n-1}}e^{s_1 x} + a_2 \frac{d^{n-2}}{dx^{n-2}}e^{s_1 x} + \cdots + a_n e^{s_1 x}$$
$$= s_1^n e^{s_1 x} + a_1 s_1^{n-1} e^{s_1 x} + a_2 s_1^{n-2} e^{s_1 x} + \cdots + a_n e^{s_1 x} = (-1)^n p_n(s_1)e^{s_1 x} = 0.$$

Beispiel 8.1 Die homogene Differenzialgleichung

$$m\,x''(t) + b\,x'(t) + c\,x = 0$$

eines Feder-Masse-Dämpfer-Systems mit Nullposition $u = 0$, Masse $m > 0$ und Federkonstante $c > 0$ kann nun gelöst werden. Das charakteristische Polynom $p(s) = s^2 + \frac{b}{m}s + \frac{c}{m}$ hat die Nullstellen

$$s = -\frac{b}{2m} \pm \sqrt{\frac{b^2}{4m^2} - \frac{c}{m}} = -\frac{b}{2m} \pm \frac{\sqrt{b^2 - 4mc}}{2m}.$$

Im Fall $b^2 > 4mc$ gibt es zwei (negative) Nullstellen, und die allgemeine Lösung lautet

$$x(t) = c_1 \exp\left(\frac{-b - \sqrt{b^2 - 4mc}}{2m}t\right) + c_2 \exp\left(\frac{-b + \sqrt{b^2 - 4mc}}{2m}t\right). \quad (8.2)$$

Für diese Lösung gilt wegen der negativen Exponenten $\lim_{t \to \infty} x(t) = 0$, das System kehrt in seine Ruhelage zurück.

Eine gesuchte inhomogene Lösung kann man nun ohne die Invertierung der Wronski-Matrix berechnen. Es gilt der folgende Satz:

Satz 8.2 (Partikuläre Lösung) Gegeben sei die lineare, inhomogene Differenzialgleichung n-ter Ordnung

$$y^{(n)}(x) + a_1 y^{(n-1)}(x) + a_2 y^{(n-2)}(x) + \cdots + a_n y(x) = q(x)$$

mit konstanten Koeffizienten und einer auf einem Intervall I stetigen Funktion q. Weiter sei $x_0 \in I$. Sei $y_0(x)$ die eindeutige Lösung der homogenen Differenzialgleichung mit Anfangsbedingung $y_0(x_0) = y_0'(x_0) = \cdots = y_0^{(n-2)}(x_0) = 0$ und $y_0^{(n-1)}(x_0) = 1$. Dann ist

$$y_p(x) = \int_{x_0}^{x} y_0(x + x_0 - t)q(t)\,dt$$

eine partikuläre Lösung der inhomogenen Gleichung n-ter Ordnung mit $y_p(x_0) = 0$. Alle partikulären Lösungen y haben die Darstellung $y_p(x) + y_h(x)$, wobei y_h eine beliebige homogene Lösung ist.

Erfahrungsgemäß wirkt diese Formel zunächst abschreckend, da hier zwei Variablen auftreten und integriert wird. In der Tat kann das Berechnen solcher Integrale aufwändig sein. Im folgenden Abschnitt 8.2 betrachten wir daher eine einfacher zu benutzende Technik, mit der man ebenfalls eine partikuläre Lösung erhält. Diese funktioniert allerdings nur bei bestimmten Inhomogenitäten q. Daher lohnt sich doch ein Blick auf den Satz 8.2:

Bei der Berechnung von y_p ist ein Integral bezüglich der Variable t zu berechnen. Dabei ist x eine Konstante, von der das Ergebnis der Integration abhängt. Insgesamt ergibt sich so eine Funktion in der Variable x.

Das direkte Überprüfen der Lösungsformel durch Einsetzen in die Differenzialgleichung ist gar nicht so einfach, da die Variable x sowohl als Integrationsgrenze als auch im Integrand auftritt. Damit kann der Hauptsatz der Differenzial- und Integralrechnung nicht unmittelbar angewendet werden. Erst auf Seite 365 wird erklärt, wie man zu dieser Formel kommt. Hinter ihr verbirgt sich eine Verknüpfung von Funktionen, die man Faltung nennt. Diese werden wir später bei der Fourier- und Laplace-Transformation kennenlernen.

Nach Satz 8.1 lässt sich jede homogene Lösung als Linearkombination von n linear unabhängigen homogenen Lösungen $y_{h,1}(x), \ldots, y_{h,n}(x)$ schreiben. Damit hat die inhomogene Differenzialgleichung die allgemeine Lösung

$$y(x) = y_p(x) + c_1 y_{h,1}(x) + c_2 y_{h,2}(x) + \cdots + c_n y_{h,n}(x)$$

mit Freiheitsgraden $c_1, \ldots, c_n \in \mathbb{R}$. Über eine Anfangsbedingung, bei der an einer Stelle der Funktionswert und die Funktionswerte der Ableitungen bis zur Ordnung $n - 1$ der Lösung vorgegeben sind, sind die Freiheitsgrade eindeutig bestimmt.

Ist $n = 1$, so erhalten wir natürlich mit den Methoden für eine lineare Differenzialgleichung erster Ordnung die gleichen Lösungen: Die Gleichung

$$y'(x) = ay(x) + h(x) \Longleftrightarrow y'(x) - ay(x) = h(x)$$

mit konstantem Koeffizienten a hat nach (6.7) auf Seite 176 die allgemeine homogene Lösung $y_h(x) = c \exp\left(\int a \, dx\right) = c \exp(ax)$. Diese erhalten wir auch durch Bestimmung der Nullstelle $s = a$ des charakteristischen Polynoms $p(s) = s - a$ mit dem Ansatz $\exp(ax)$ aus Satz 8.1. Insbesondere ist $y_0(x) = \exp(-ax_0) \exp(ax) = \exp(a(x - x_0))$ die homogene Lösung, die die Anfangsbedingung $y_0(x_0) = 1$ für eine Stelle $x_0 \in \mathbb{R}$ erfüllt. Eine partikuläre Lösung ist nach (6.8) auf Seite 180

$$y_p(x) = \exp(ax) \int_{x_0}^{x} \frac{h(t)}{\exp(at)} \, dt = \int_{x_0}^{x} \exp(a[x - t]) h(t) \, dt$$
$$= \int_{x_0}^{x} y_0(x + x_0 - t) h(t) \, dt.$$

Damit haben wir genau die Darstellung aus Satz 8.2 erhalten.

Beispiel 8.2 Wir betrachten die Differenzialgleichung

$$y^{(3)}(x) + 2y^{(2)}(x) + y'(x) = 2.$$

Damit haben wir die Koeffizienten $a_1 = 2$, $a_2 = 1$, $a_3 = 0$ und die Inhomogenität $q(x) = 2$. Zur Berechnung der homogenen Lösungen bestimmen wir die Eigenwerte als Nullstellen des charakteristischen Polynoms

$$p_3(s) = (-1)^3(s^3 + 2s^2 + s) = -s(s^2 + 2s + 1) = -s(s + 1)^2.$$

Damit ist 0 einfache und -1 doppelte Nullstelle. Linear unabhängige Lösungen der homogenen Differenzialgleichung sind $e^{0x} = 1$, e^{-x} und xe^{-x}. Um nun die inhomogene Lösung zu berechnen, wenden wir den Satz 8.2 für die Stelle $x_0 = 0$ an. Dazu benötigen wir eine spezielle homogene Lösung $y_h(x) = c_1 + c_2e^{-x} + c_3xe^{-x}$, die $y_h(0) = y_h'(0) = 0$ und $y_h^{(2)}(0) = 1$ erfüllt. Dazu:

$$y_h'(x) = -c_2e^{-x} + c_3e^{-x} - c_3xe^{-x},$$
$$y_h^{(2)}(x) = c_2e^{-x} - c_3e^{-x} - c_3e^{-x} + c_3xe^{-x}.$$

Für die Koeffizienten ergibt sich also durch Einsetzen von $x = 0$ das lineare Gleichungssystem

$$\begin{array}{rl} c_1 + c_2 & = 0 \\ \wedge \quad - c_2 + c_3 & = 0 \\ \wedge \quad c_2 - 2c_3 & = 1. \end{array}$$

Addieren wir die zweite und dritte Gleichung, erhalten wir $c_3 = -1$ und damit $c_2 = -1$. Eingesetzt in die erste Gleichung ist $c_1 = 1$. Die homogene Lösung

$$y_0(x) = 1 - e^{-x} - xe^{-x}$$

erfüllt demnach die Bedingungen aus Satz 8.2 für $x_0 = 0$, und wir erhalten mittels partieller Integration:

$$y_p(x) = \int_0^x y_0(x - t)q(t)\,dt = \int_0^x (1 - e^{-(x-t)} - (x - t)e^{-(x-t)})2\,dt$$

$$= 2\left(\left[t - e^{t-x} - xe^{t-x}\right]_{t=0}^{t=x} + \int_0^x te^{t-x}\,dt\right)$$

$$= 2\left(x - 1 - x + e^{-x} + xe^{-x} + \left[te^{t-x}\right]_{t=0}^{t=x} - \int_0^x e^{t-x}\,dt\right)$$

$$= 2\left(-1 + e^{-x} + xe^{-x} + x - 1 + e^{-x}\right) = 4e^{-x} + 2xe^{-x} + 2x - 4.$$

Alle Lösungen haben damit die Gestalt ($c_l \in \mathbb{R}$)

$$y(x) = 4e^{-x} + 2xe^{-x} + 2x - 4 + c_1 + c_2e^{-x} + c_3xe^{-x} = 2x + c_4 + c_5e^{-x} + c_6xe^{-x}.$$
$$(8.3)$$

Die Lösung dieses Beispiels lässt sich wegen der einfachen Inhomogenität $q(x) = 2$ viel einfacher mit dem folgenden Ansatz vom Typ der rechten Seite bestimmen.

8.2 Lösung mit einem Ansatz vom Typ der rechten Seite

Für spezielle Inhomogenitäten $q(x)$ führt auch hier ein Ansatz für $y_p(x)$ „vom Typ der rechten Seite" schneller und einfacher zu einer partikulären Lösung von

$$\underbrace{y^{(n)}(x) + a_1 \, y^{(n-1)}(x) + \cdots + a_{n-2} \, y''(x) + a_{n-1} \, y'(x) + a_n \, y(x)}_{=:L_n[y](x)} = q(x)$$

$$(8.4)$$

als die Berechnung eines Faltungsintegrals nach Satz 8.2. Als abkürzende Schreibweise haben wir $L_n[y](x)$ als die Funktion definiert, die entsteht, wenn man eine Funktion y in die linke Seite der Differenzialgleichung einsetzt.

Wir erweitern das Vorgehen aus Kapitel 6.7.3 auf lineare Gleichungen höherer Ordnung. Es funktioniert weiterhin nur für Inhomogenitäten, deren Typ beim Einsetzen in die Differenzialgleichung erhalten bleibt. Dazu gehören auch hier Polynome, die Exponentialfunktion und die trigonometrischen Funktionen:

$$L_n[\text{Polynom vom Grad } m] = \text{ Polynom vom Grad } m, \quad L_n[a \cdot e^{\lambda \, x}] = A \cdot e^{\lambda \, x},$$

$$L_n[a \cdot \sin(\omega x) + b \cdot \cos(\omega x)] = A \cdot \sin(\omega x) + B \cdot \cos(\omega x).$$

Die Grundidee besteht nun wieder darin, bei einer Inhomogenität $q(x)$, die sich aus solchen Funktionen zusammensetzt, die partikuläre Lösung $y_p(x)$ als Funktion desselben Typs zu suchen.

8.2.1 Einfacher Ansatz

Wir betrachten nun Inhomogenitäten des Typs

$$q(x) = p_m(x) \cdot e^{\alpha x} \cdot \cos(\beta x) \quad \text{oder} \quad q(x) = p_m(x) \cdot e^{\alpha x} \cdot \sin(\beta x) \qquad (8.5)$$

mit $\alpha, \beta \in \mathbb{R}$ und einem reellen Polynom $p_m(x)$ vom Grad m.

Der **einfache Ansatz** für eine partikuläre Lösung der inhomogenen Differenzialgleichung (8.4) lautet

$$y_p(x) = r_m(x) \cdot e^{\alpha x} \cdot \cos(\beta x) + s_m(x) \cdot e^{\alpha x} \cdot \sin(\beta x) \qquad (8.6)$$

mit reellen Polynomen $r_m(x)$ und $s_m(x)$ vom Grad m. Die Koeffizienten von $r_m(x)$ und $s_m(x)$ sind durch Einsetzen in die Differenzialgleichung zu bestimmen. Ist eine Inhomogenität die Summe beider Typen, so entsteht die Lösung als Summe der beiden Einzellösungen.

Dieser Ansatz ist zielführend, falls $s = \alpha + j\beta$ nicht Nullstelle des charakteristischen Polynoms der Differenzialgleichung ist. Dann sind $\mathrm{Re}(e^{sx}) = e^{\alpha x} \cdot \cos(\beta x)$ und $\mathrm{Im}(e^{sx}) = e^{\alpha x} \cdot \sin(\beta x)$ nicht Lösungen der homogenen Differenzialgleichung. Dadurch erhält man beim Einsetzen der Ansatzfunktion (8.6) in die linke Seite L_n der Differenzialgleichung mit der Produktregel eine Funktion, die die Struktur der Inhomogenität $q(x)$ mit gleichem Grad m des Polynomanteils hat. Über einen Koeffizientenvergleich dieser Funktion mit der Inhomogenität erhält man ein lineares Gleichungssystem für die freien Parameter, das eindeutig lösbar ist.

Funktioniert der einfache Ansatz nicht, weil wir eine Lösung der homogenen Differenzialgleichung verwendet haben, so spricht man vom Resonanzfall. Dann benutzt man einen erweiterten Ansatz, den wir anschließend besprechen.

Beispiel 8.3 Für die Lösung der inhomogenen Differenzialgleichung

$$y''(x) + 3y'(x) + 2y(x) = 8x$$

betrachten wir zunächst die homogene Differenzialgleichung, zu der das charakteristische Polynom $p(s) = s^2 + 3s + 2$ mit Nullstellen $s_1 = -1$ und $s_2 = -2$ gehört. Damit lautet die allgemeine homogene Lösung $y_h(x) = C_1 e^{-x} + C_2 e^{-2x}$, $C_1, C_2 \in \mathbb{R}$. Die Inhomogenität $q(x) = 8x$ ist vom Typ (8.5) mit $\alpha = 0$, $\beta = 0$, und $p_m(x)$ ist ein Polynom vom Grad $m = 1$. Wegen $\alpha + j\beta = 0 + 0j = 0 \neq s_1$ und $0 \neq s_2$ führt der Ansatz vom Typ der rechten Seite

$$y_p(x) = A + B\,x$$

zum Ziel. Setzt man $y_p'(x) = B$ und $y_p''(x) = 0$ in die Differenzialgleichung ein, so folgt

$$3B + 2A + 2B\,x = 8x \text{ und damit } B = 4 \quad \wedge \quad A = -6,$$

und eine partikuläre Lösung lautet $y_p(x) = -6 + 4x$. Man erhält die allgemeine Lösung der inhomogenen Differenzialgleichung

$$y(x) = C_1\,e^{-x} + C_2\,e^{-2x} + 4x - 6, \quad C_1, C_2 \in \mathbb{R}.$$

Beispiel 8.4 Für die allgemeine Lösung der inhomogenen Differenzialgleichung

$$y''(x) + y'(x) - 2y(x) = 6\sin(2x)$$

betrachten wir ebenfalls zunächst die homogene Gleichung. Die Nullstellen des charakteristischen Polynoms $p(s) = s^2 + s - 2$ sind $s_1 = 1$ und $s_2 = -2$, und wir erhalten die allgemeine Lösung der homogenen Gleichung

$$y_h(x) = C_1\, e^x + C_2\, e^{-2x}, \quad C_1, C_2 \in \mathbb{R}.$$

Die Inhomogenität $q(x) = 6\sin(2x)$ ist vom Typ (8.5) mit $\alpha = 0$ und $\beta = 2$. Wegen $s_1 \neq 2j \neq s_2$ führt hier der einfache Ansatz zum Ziel. Setzen wir

$$y_p(x) = A\,\sin(2x) + B\,\cos(2x)$$

mit $y_p'(x) = 2A\,\cos(2x) - 2B\,\sin(2x)$, $y_p''(x) = -4A\,\sin(2x) - 4B\,\cos(2x)$ in die inhomogene Differenzialgleichung ein, erhalten wir

$$-4A\,\sin(2x) - 4B\,\cos(2x) + 2A\,\cos(2x) - 2B\,\sin(2x)$$
$$-2A\,\sin(2x) - 2B\,\cos(2x) = 6\sin(2x)$$
$$\Longleftrightarrow (-6A - 2B)\sin(2x) + (2A - 6B)\cos(2x) = 6\sin(2x)$$
$$\Longleftrightarrow -6A - 2B = 6 \;\wedge\; 2A - 6B = 0 \;\Longleftrightarrow\; A = -\frac{9}{10} \;\wedge\; B = -\frac{3}{10},$$

also $y_p(x) = -\frac{9}{10}\sin(2x) - \frac{3}{10}\cos(2x)$. Die allgemeine Lösung lautet

$$y(x) = C_1\, e^x + C_2\, e^{-2x} - \frac{9}{10}\,\sin(2x) - \frac{3}{10}\,\cos(2x), \quad C_1, C_2 \in \mathbb{R}.$$

Wenn wir versuchen, die Lösung (8.3) der Differenzialgleichung

$$y^{(3)}(x) + 2y^{(2)}(x) + y'(x) = 2$$

auf Seite 235 mit dem einfachen Ansatz der rechten Seite zu berechnen, dann scheitern wir: Wegen $q(x) = 2$ wählen wir $y_p(x) = c$ und $\alpha = \beta = 0$. Eingesetzt in die inhomogene Differenzialgleichung erhalten wir $0 = 2$. Das liegt daran, dass unser Ansatz gerade eine Lösung der homogenen Gleichung ist. Für diesen Fall benötigt man den folgenden erweiterten Ansatz.

8.2.2 Erweiterter Ansatz, Resonanzfall

Ist $s = \alpha + j\beta$ eine k-fache Nullstelle ($k \geq 1$) des charakteristischen Polynoms, so führt für Inhomogenitäten vom Typ

$$q(x) = p_m(x) \cdot e^{\alpha x} \cdot \cos(\beta x) \quad \text{oder} \quad q(x) = p_m(x) \cdot e^{\alpha x} \cdot \sin(\beta x),$$

mit $\alpha, \beta \in \mathbb{R}$ und einem reellen Polynom $p_m(x)$ vom Grad m, der einfache Ansatz (8.6) nicht zu Ziel. Denn mit ihm würde man für $m < k$ eine Lösung der homogenen Gleichung erhalten (vgl. Satz 8.1), für $m \geq k$ erhält man beim Einsetzen in L_n einen Polynomanteil vom Grad kleiner m. Hier spricht man von **Resonanz**. Man verwendet den **erweiterten Ansatz vom Typ der rechten Seite**

$$y_p(x) = x^k \cdot [r_m(x) \cdot e^{\alpha x} \cdot \cos(\beta x) + s_m(x) \cdot e^{\alpha x} \cdot \sin(\beta x)] \qquad (8.7)$$

mit reellen Polynomen $r_m(x)$, $s_m(x)$ vom Grad m, d. h., man multipliziert den einfachen Ansatz (8.6) mit x^k und benutzt so Polynome vom Grad $m + k$. Dadurch bleibt beim Einsetzen in die Differenzialgleichung eine Funktion vom Typ der rechten Seite übrig, und man kann wieder die Lösung mittels Koeffizientenvergleich berechnen.

Den Resonanzfall haben wir auch bei linearen Differenzialgleichungen erster Ordnung gesondert betrachtet, indem wir in Tabelle 6.1 auf Seite 185 eine entsprechende Fallunterscheidung passend zur Nullstelle a des charakteristischen Polynoms vorgenommen haben.

Beispiel 8.5 a) Wir berechnen die partikuläre Lösung der Differenzialgleichung

$$y^{(3)}(x) + 2y^{(2)}(x) + y'(x) = 2$$

aus Beispiel 8.2 mit dem erweiterten Ansatz viel schneller als mit Satz 8.2: Da $0 = \alpha + j\beta$ einfache Nullstelle des charakteristischen Polynoms $p(s) = -(s^3 + 2s^2 + s) = -s(s+1)^2$ ist, wählen wir statt $y_p(x) = c$ den Ansatz $y_p(x) = x^1 \cdot c$. Eingesetzt in die Differenzialgleichung erhalten wir $0 + 0 + c = 2$, also ist $y_p(x) = 2x$ eine partikuläre Lösung, die allgemeine Lösung (8.3) entsteht durch Addition homogener Lösungen.

b) Bei der inhomogenen Differenzialgleichung

$$y''(x) + 3y'(x) + 2y(x) = 2e^{-x}$$

ist $s = -1$ einfache Nullstelle ($k = 1$) des charakteristischen Polynoms. Die rechte Seite $2e^{-1 \cdot x}$, d. h. $\alpha = -1$, $\beta = 0$, macht daher den erweiterten Ansatz nötig:

$$y_p(x) = C \cdot x \cdot e^{-x}.$$

Setzt man $y_p'(x) = C\,e^{-x} - x\,C\,e^{-x}$ und $y_p''(x) = -C\,e^{-x} - C\,e^{-x} + x\,C\,e^{-x}$ in die Differenzialgleichung ein, so folgt

$$-2C\,e^{-x} + x\,C\,e^{-x} + 3C\,e^{-x} - 3x\,C\,e^{-x} + 2x\,C\,e^{-x} = 2e^{-x},$$

also $C = 2$, und eine partikuläre Lösung lautet $y_p(x) = 2x\,e^{-x}$. Die allgemeine Lösung der inhomogenen Differenzialgleichung ist

$$y(x) = C_1\,e^{-2x} + C_2\,e^{-x} + 2x\,e^{-x}, \quad C_1, C_2 \in \mathbb{R}.$$

Beispiel 8.6 Bei der inhomogenen Differenzialgleichung

$$y''(x) + 3y'(x) + 2y(x) = x\,e^{-x}$$

hat die Inhomogenität $q(x) = x\,e^{-x}$ die Gestalt „Polynom vom Grad $m = 1$ multipliziert mit $e^{\alpha x}\cos(0 \cdot x)$", wobei $\alpha = -1$ einfache ($k = 1$) Nullstelle des charakteristischen Polynoms $s^2 + 3s + 2 = (s+1)(s+2)$ ist. Deshalb wählen wir den erweiterten Ansatz

$$y_p(x) = \underbrace{(C_0 + C_1\,x)}_{r_1(x)} \cdot \underbrace{x}_{=x^k} \cdot e^{-x}.$$

Es gilt

$$y_p(x) = \left[C_1 x^2 + C_0 x\right] e^{-x}$$

$$y_p'(x) = (2C_1 x + C_0)\, e^{-x} - (C_1 x^2 + C_0 x)\, e^{-x}$$

$$\quad = \left[-C_1 x^2 + (2C_1 - C_0)x + C_0\right] e^{-x}$$

$$y_p''(x) = \left[-2C_1 x + 2C_1 - C_0\right] e^{-x} - \left[-C_1 x^2 + (2C_1 - C_0)x + C_0\right] e^{-x}$$

$$\quad = \left[C_1 x^2 + (C_0 - 4C_1)x + 2C_1 - 2C_0\right] e^{-x},$$

und Einsetzen in die Differenzialgleichung mit Koeffizientenvergleich liefert

$$\left[0 \cdot x^2 + 2C_1 x + 2C_1 + C_0\right] e^{-x} = x\,e^{-x},$$

so dass $C_1 = \frac{1}{2}$ und $C_0 = -1$. Wir erhalten eine partikuläre Lösung

$$y_p(x) = \left(\tfrac{1}{2}x^2 - x\right) e^{-x}.$$

8.2.3 Komplexer Ansatz

Verwendet man statt trigonometrischer Funktionen die komplexe Exponentialfunktion, so werden die Additionstheoreme zu Regeln der Potenzrechnung, und das Rechnen vereinfacht sich mitunter wesentlich. Wie bei der komplexen Wechselstromrechnung (Band 1, Kapitel 5.4) Ströme und Spannungen komplex erweitert werden, kann man zur Bestimmung einer partikulären Lösung der Differenzialgleichung

$$L_n[y](x) = q_1(x)$$

die Inhomogenität $q_1(x)$ mit einer geeigneten Funktion $q_2(x)$ komplex erweitern:

$$L_n[y](x) = q_1(x) + j \cdot q_2(x).$$

Eine günstige komplexe Erweiterung von

$$L_n[y](x) = \cos(\omega x)$$

ist gegeben durch

$$L_n[y](x) = \cos(\omega x) + j \cdot \sin(\omega x) = e^{j\omega x}.$$

Hier sind alle Daten der linken Seite reell. Daher erhält man durch Bildung des Realteils einer komplexen Lösung (wie bei Differenzialgleichungssystemen) die eigentlich gesuchte Lösung des reellen Problems.

Beispiel 8.7 Wir bestimmen die Lösung der Differenzialgleichung $y'(x) + ay(x) = 4\cos(2x)$. Die allgemeine Lösung der homogenen Differenzialgleichung lautet

$$y_h(x) = C \cdot e^{-a \cdot x}, \quad C \in \mathbb{R}.$$

Jetzt erweitern wir die Differenzialgleichung ins Komplexe durch

$$y'(x) + ay(x) = 4(\cos(2x) + j \cdot \sin(2x)) = 4e^{j \cdot 2x}.$$

Der (komplexe) Ansatz vom Typ der rechten Seite lautet nun $y_p^c(x) := A \cdot e^{2jx}$, und für die Ableitung gilt $(y_p^c)'(x) = 2jA\,e^{2jx}$. Einsetzen in die Differenzialgleichung liefert:

$$(2j + a) \cdot Ae^{2jx} = 4e^{2jx} \quad \Longleftrightarrow \quad A = \frac{4}{2j + a} = \frac{4a - 8j}{a^2 + 4}.$$

Eine partikuläre Lösung lautet somit $y_p^c(x) = \frac{4a-8j}{a^2+4} \cdot e^{2jx}$. Der Realteil der komplexen Lösung ist eine partikuläre Lösung der reellen Differenzialgleichung:

$$y_p(x) = \operatorname{Re}(y_p^c(x)) = \frac{4a}{a^2 + 4} \cos(2x) + \frac{8}{a^2 + 4} \sin(2x).$$

Insgesamt erhalten wir die allgemeine Lösung

$$y(x) = C \cdot e^{-ax} + \frac{4a}{a^2 + 4} \cos(2x) + \frac{8}{a^2 + 4} \sin(2x), \quad C \in \mathbb{R}.$$

8.3 Schwingungsgleichung *

In diesem Kapitel diskutieren wir als Anwendung der Differenzialgleichungen die mathematische Beschreibung von Schwingungen, wie sie häufig in der Maschinendynamik und Elektrotechnik auftreten.

Als mechanisches Beispiel betrachten wir wieder ein Schwingsystem, bestehend aus einem Massenpunkt $m > 0$, einer Feder (Federkonstante $c > 0$) und einem Dämpfungsglied (Dämpfungskonstante $b \geq 0$) wie auf Seite 159. Neu kommt eine periodische Anregung $F(t) = K_0 \cos(\omega t)$ hinzu. Die Funktion $x(t)$ beschreibt wieder die Auslenkung des Massenpunkts relativ zur Ruhelage und genügt der linearen Differenzialgleichung zweiter Ordnung

$$m\,x''(t) + b\,x'(t) + c\,x(t) = K_0 \cos(\omega t), \quad t \in [0, \infty[. \tag{8.8}$$

Durch die Anfangsbedingung $x(0) = x_0$ und $x'(0) = x_0'$ ist eine eindeutige Lösung festgelegt.

Als weiteres Beispiel betrachten wir einen elektrischen Schwingkreis, bestehend aus der Kapazität C, dem Ohm'schen Widerstand R, der Induktivität L sowie einer Spannungsquelle mit einer periodischen Spannung $u(t) = u_0 \cos(\omega t)$.

Für den Kondensator gilt $i(t) = Cu_C'(t)$, für den Ohm'schen Widerstand $u_R(t) = Ri(t) = RCu_C'(t)$ und für die Spule $u_L(t) = Li'(t) = LCu_C''(t)$. Addieren wir alle Spannungen, erhalten wir $u(t) = u_C(t) + u_R(t) + u_L(t) = u_C(t) + RCu_C'(t) + LCu_C''(t)$, also

$$L\,u_C''(t) + R\,u_C'(t) + \frac{1}{C}\,u_C(t) = \frac{u_0}{C}\cos(\omega t), \quad t \in [0, \infty[. \tag{8.9}$$

Da die Gleichungen (8.8) und (8.9) formal übereinstimmen, diskutieren wir im Folgenden den Prototyp der Schwingungsgleichung

$$x''(t) + 2D\omega_0\,x'(t) + \omega_0^2\,x(t) = K_0\cos(\omega t), \quad t \in [0, \infty[. \tag{8.10}$$

Die Konstante $D \geq 0$ heißt das **Lehr'sche Dämpfungsmaß**, die Konstante $\omega_0 \geq 0$ wird als Eigenfrequenz der ungedämpften Schwingung bezeichnet. Die Bedeutung beider Größen wird weiter unten verständlich. Im mechanischen Beispiel ist $\omega_0 = \sqrt{\frac{c}{m}} \geq 0$ und $2D\omega_0 = \frac{b}{m}$, so dass $D = \frac{b}{2m\omega_0} = \frac{b}{2\sqrt{cm}} \geq 0$. Beim elektrischen Schwingkreis ist $\omega_0 = \sqrt{\frac{1}{LC}} \geq 0$ und $2D\omega_0 = \frac{R}{L}$, also $D = \frac{R}{2L\omega_0} = \frac{R\sqrt{LC}}{2L} = \frac{R}{2}\sqrt{\frac{C}{L}} \geq 0$.

8.3.1 Die homogene Schwingungsgleichung

Betrachten wir zunächst die homogene Gleichung

$$x''(t) + 2D\omega_0\,x'(t) + \omega_0^2\,x(t) = 0, \quad t \in [0, \infty[. \tag{8.11}$$

Die Lösung dieser Gleichung haben wir mit (8.2) bereits berechnet. Die Gleichung hat das charakteristische Polynom $p(s) = s^2 + 2D\omega_0 s + \omega_0^2$ mit den Nullstellen

$$s = -D\omega_0 \pm \omega_0\sqrt{D^2 - 1}. \tag{8.12}$$

Wir unterscheiden drei Fälle:

a) Schwingfall: Dies ist der Fall, dass $0 \leq D < 1$ ist. Damit sind die Nullstellen der charakteristischen Gleichung $s = -D\omega_0 \pm j\omega_0\sqrt{1 - D^2}$ zueinander konjugiert komplex. Mit der Bezeichnung

$$\omega_D := \omega_0\sqrt{1 - D^2} \tag{8.13}$$

erhält man das (komplexe) Fundamentalsystem $x_\pm(t) = e^{-D\omega_0 t} \cdot e^{\pm j\omega_D t}$, und durch Übergang zu Real- bzw. Imaginärteil entsteht hieraus das reelle Fundamentalsystem

$$x_1(t) = e^{-D\omega_0 t}\cos(\omega_D t), \quad x_2(t) = e^{-D\omega_0 t}\sin(\omega_D t).$$

Diese Lösungen stellen für $D > 0$ gedämpfte harmonische Schwingungen dar, deren Amplitude $e^{-D\omega_0 t}$ für $t \to \infty$ gegen 0 strebt, siehe Abbildung 8.1. Jetzt wird verständlich, dass D als Dämpfungsmaß bezeichnet wird, da D das Abfallen der Amplitude bestimmt. Die Kreisfrequenz der Kosinus- und Sinus-Terme ist ω_D. Daher nennt man ω_D die **Eigenfrequenz** der Schwingung. Ist

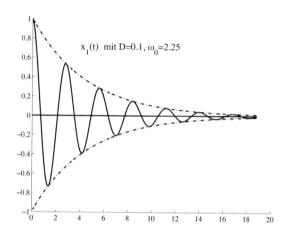

Abb. 8.1 Gedämpfte Schwingung $x_1(t) = e^{-D\omega_0 t}\cos(\omega_D t)$

das Dämpfungsmaß $D = 0$, so ist $e^{-D\omega_0 t} = 1$, und wir erhalten ungedämpfte harmonische Schwingungen

$$x_1(t) = \cos(\omega_0 t), \quad x_2(t) = \sin(\omega_0 t).$$

Hier ist außerdem $\omega_D = \omega_0$, so dass die eingangs gemachte Bezeichnung von ω_0 als Eigenfrequenz der ungedämpften Schwingung verständlich wird.

b) Kriechfall: Im Fall $D > 1$ besitzt die charakteristische Gleichung zwei reelle Nullstellen

$$s = -D\omega_0 \pm \omega_0\sqrt{D^2 - 1} < 0 \quad (\omega_0 \neq 0),$$

und man erhält das reelle Fundamentalsystem

$$x_{1,2}(t) = e^{(-D\omega_0 \pm \omega_0\sqrt{D^2-1})\,t}.$$

Wegen $s < 0$ klingen beide Lösungen $x(t)$ für große t exponentiell ab (siehe Abbildung 8.2). Dies ist der Fall, den wir beim Feder-Masse-Dämpfersystem auf Seite 233 berechnet haben.

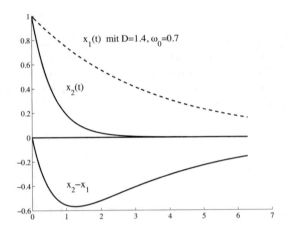

Abb. 8.2 Fundamentalsystem im Kriechfall

c) Aperiodischer Grenzfall: Für $D = 1$ erhält man aufgrund der doppelten Nullstelle $s = -D\omega_0 = -\omega_0$ das Fundamentalsystem

$$x_1(t) = e^{-\omega_0 t} \quad \text{und} \quad x_2(t) = te^{-\omega_0 t},$$

und somit qualitativ dasselbe Verhalten wie im Kriechfall, denn auch hier streben für $t \to \infty$ sowohl $x_1(t)$ als auch $x_2(t)$ gegen 0.

In allen drei Fällen ist die allgemeine Lösung gegeben durch

$$x(t) = c_1 x_1(t) + c_2 x_2(t) \quad \text{mit} \quad c_1, c_2 \in \mathbb{R}, \tag{8.14}$$

wobei $x_{1,2}(t)$ jeweils die unter a), b) und c) berechneten Funktionen sind.

8.3.2 Die inhomogene Schwingungsgleichung

Wir betrachten nun die inhomogene Gleichung mit periodischer Erregung

$$x''(t) + 2D\omega_0 x'(t) + \omega_0^2 x(t) = K_0 \cos(\omega t), \quad t \in [0, \infty[, \quad \omega > 0 \tag{8.15}$$

bzw. deren komplexe Form

$$x''(t) + 2D\omega_0 x'(t) + \omega_0^2 x(t) = K_0 e^{j\omega t}, \tag{8.16}$$

mit der leichter zu rechnen ist. Wie in Kapitel 8.2.3 erhalten wir aus der Lösung $x(t)$ von (8.16) durch Bildung des Realteils eine Lösung von (8.15). Wir unterscheiden nun zwei Fälle:

a) Normalfall: Als Normalfall bezeichnen wir die Situation, dass $e^{j\omega t}$ nicht Lösung der homogenen Gleichung ist.

- Dann können ω und ω_0 nicht gemeinsam gleich null sein. Denn für $\omega_0 = 0$ ist jede Konstante eine Lösung der homogenen Gleichung, und bei $\omega = 0$ ist auch die Inhomogenität $K_0 e^{j\omega t}$ eine Konstante.
- Zudem müssen im Fall $D = 0$ die Kreisfrequenzen ω und ω_0 verschieden sein (siehe homogene Lösung im Schwingfall).

Hier liefert der Ansatz vom Typ der rechten Seite $x(t) = Ce^{j\omega t}$ nach Einsetzen in (8.16) und Kürzen durch $e^{j\omega t}$

$$(-\omega^2 + j2D\omega_0\omega + \omega_0^2)C = K_0,$$

d. h. mit konjugiert komplexer Erweiterung:

$$C = \frac{K_0}{(\omega_0^2 - \omega^2)^2 + 4D^2\omega_0^2\omega^2}[(\omega_0^2 - \omega^2) - j2D\omega_0\omega].$$

Der Nenner $N := (\omega_0^2 - \omega^2)^2 + 4D^2\omega_0^2\omega^2$ ist nach den Vorüberlegungen größer als null:

- Falls $D \neq 0$ ist, kann der Term $(\omega_0^2 - \omega^2)^2$ nur null sein, wenn $0 \neq \omega_0 = \omega$ gilt. Dann ist aber $4D^2\omega_0^2\omega^2 > 0$.
- Falls $D = 0$ ist, gilt für die verschiedenen, nicht-negativen Kreisfrequenzen ω und ω_0 auch $\omega_0^2 \neq \omega^2$, so dass $N = (\omega_0^2 - \omega^2)^2 > 0$ ist.

Damit erhalten wir über

$$x(t) = C(\cos(\omega t) + j\sin(\omega t)) = \frac{K_0[(\omega_0^2 - \omega^2)\cos(\omega t) + 2D\omega_0\omega\sin(\omega t)]}{N} + j\ldots$$

eine (reelle) partikuläre Lösung von (8.15) mit zu

$$x_p(t) = \frac{K_0}{\sqrt{N}}\left[\frac{(\omega_0^2 - \omega^2)}{\sqrt{N}}\cos(\omega t) + \frac{2D\omega_0\omega}{\sqrt{N}}\sin(\omega t)\right].$$

Wir fassen nun die Terme in der Klammer zusammen, indem wir $\omega_0^2 - \omega^2$ als Ankathete und $2D_0\omega_0\omega$ als Gegenkathete in einem rechtwinkeligen Dreieck mit Hypotenuse $\sqrt{N}$ auffassen und so die Faktoren $\frac{\omega_0^2 - \omega^2}{\sqrt{N}} = \cos(\varphi(\omega))$ und $\frac{2D\omega_0\omega}{\sqrt{N}} = \sin(\varphi(\omega))$ für einen Winkel $\varphi(\omega)$ schreiben. Mit dem Additionstheorem (siehe Seite 595)

$$\cos(\omega t - \varphi(\omega)) = \cos(\varphi(\omega))\cos(\omega t) + \sin(\varphi(\omega))\sin(\omega t)$$

erhalten wir jetzt die Darstellung

$$x_p(t) = A(\omega)\cos(\omega t - \varphi(\omega))$$

mit der **Antwortamplitude**

$$A(\omega) := \frac{K_0}{\sqrt{(\omega_0^2 - \omega^2)^2 + 4D^2\omega_0^2\omega^2}}. \qquad (8.17)$$

Das System schwingt mit der Kreisfrequenz ω des Erregers; es reagiert phasenverzögert um $\varphi(\omega)$ mit der Amplitude $A(\omega)$ (vgl. Abbildung 8.3). Insgesamt folgt für die allgemeine Lösung der inhomogenen Differenzialgleichung im Schwingfall $0 \le D < 1$

$$x(t) = x_h(t) + x_p(t)$$
$$= \underbrace{e^{-D\omega_0 t} \cdot [C_1\sin(\omega_D t) + C_2\cos(\omega_D t)]}_{\text{zeitlich abklingende Schwingung}} + \underbrace{A(\omega) \cdot \sin(\omega t - \varphi(\omega))}_{\text{permanente Schwingung}}.$$

Die Gesamtlösung setzt sich zusammen aus einer **transienten** (d. h. zeit-

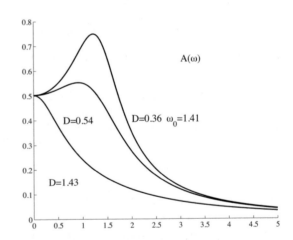

Abb. 8.3 Amplituden $A(\omega)$

lichen abklingenden) Schwingung der Kreisfrequenz ω_D, die von der homogenen Lösung x_h her stammt, und einer **permanenten** oder **stationären** Schwingung der Kreisfrequenz ω, der partikulären Lösung.

Wir berechnen nun die Kreisfrequenz ω_r, die zur maximalen Amplitude der permanenten Schwingung führt (vgl. Abbildung 8.3). Dazu benutzen wir die notwendige Bedingung, dass die Ableitung von $A(\omega)$ an der Stelle ω_r null sein muss. Es ist

$$0 = \frac{\mathrm{d}A}{\mathrm{d}\omega}(\omega_r) = -\frac{K_0}{2\sqrt{N}^3}(2(\omega_0^2 - \omega_r^2)(-2\omega_r) + 8D^2\omega_0^2\omega_r)$$

genau dann, wenn $\omega_r = 0$ oder $\omega_r^2 = \omega_0^2(1 - 2D^2)$ ist.

Im Fall $D \geq 1/\sqrt{2}$ (d. h. große Dämpfung) haben wir außer $\omega_r = 0$ keine weitere Extremstelle. Für $0 < D < 1/\sqrt{2}$ hingegen erhalten wir mit

$$\omega_r = \omega_0 \sqrt{1 - 2D^2}$$

die Anregungsfrequenz mit **maximaler Systemantwort**

$$
\begin{aligned}
A(\omega_r) &= \frac{K_0}{\sqrt{(\omega_0^2 - \omega_0^2[1 - 2D^2])^2 + 4D^2\omega_0^2\omega_0^2[1 - 2D^2]}} \\
&= \frac{K_0}{\sqrt{4D^4\omega_0^4 + 4D^2\omega_0^2\omega_0^2[1 - 2D^2]}} = \frac{K_0}{2D\omega_0^2\sqrt{D^2 + 1 - 2D^2}} \\
&= \frac{K_0}{2D\omega_0^2\sqrt{1 - D^2}}.
\end{aligned}
$$

Bei Anregung eines gedämpften Systems mit ω_r können mitunter Amplituden erzeugt werden, die die Belastungsgrenze des Systems überschreiten, so dass Schäden auftreten. Dies bezeichnet man als (technische) **Resonanzkatastrophe**. Dieses Phänomen ist bei der Konstruktion von Bauwerken (wie z. B. Brücken und Hochhäuser) und Fahrzeugen (z. B. badisch-schwäbischer Kleinwagen) unbedingt zu berücksichtigen. Noch dramatischer macht sich dieser Effekt bei ungedämpften Schwingungen bemerkbar. Für $D = 0$ hätten wir $\omega_r = \omega_0$. Da aber $\omega = \omega_0$ im Normalfall ausgeschlossen ist, müssen wir dazu einen zweiten Fall betrachten.

b) Resonanzfall: Der Resonanzfall liegt vor, wenn $e^{j\omega t}$ Lösung der homogenen Gleichung ist. Aufgrund der berechneten homogenen Lösungen kann der Fall nur eintreten, wenn sowohl $D = 0$ (keine Dämpfung) als auch $\omega = \omega_0$ ist. Hier wird die ungedämpfte Schwingung mit ihrer Eigenfrequenz ω_0 angeregt. Für $\omega_0 \neq 0$ führt der modifizierte Ansatz vom Typ der rechten Seite

$$x(t) = Cte^{j\omega_0 t}$$

auf $x'(t) = (1 + j\omega_0 t)Ce^{j\omega_0 t}$, $x''(t) = (-\omega_0^2 t + 2j\omega_0)Ce^{j\omega_0 t}$, und Einsetzen in die Differenzialgleichung $x''(t) + \omega_0^2 x(t) = K_0 e^{j\omega_0 t}$ (beachte $D = 0$) liefert die Gleichung $(-\omega_0^2 t + 2j\omega_0 + \omega_0^2 t)C = K_0$. Damit erhalten wir $C = -\frac{K_0}{2\omega_0}j$ und nach Realteilbildung schließlich

$$x_p(t) = \frac{K_0}{2\omega_0} t \sin(\omega_0 t),$$

eine Schwingung, deren Amplitude $\frac{K_0}{2\omega_0}t$ für $t \to \infty$ über alle Grenzen wächst (siehe Abbildung 8.4). Insgesamt lautet die allgemeine Lösung mit dem Fundamentalsystem des homogenen Schwingfalls (da $\omega_D = \omega_0$ wegen $D = 0$)

$$x(t) = C_1 \cos(\omega_0 t) + C_2 \sin(\omega_0 t) + \frac{K_0}{2\omega_0} t \sin(\omega_0 t).$$

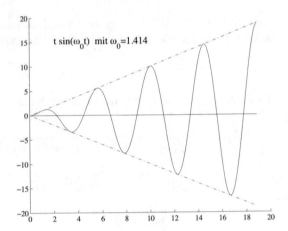

Abb. 8.4 Lösung im Resonanzfall

Kapitel 9

Partielle Differenzialgleichungen, Finite-Elemente *

Nachdem wir bislang mit Differenzialgleichungen nur Funktionen mit einer Variable gesucht haben, soll es in diesem Kapitel um Funktionen mehrerer Variablen gehen. Daher kommen in den Differenzialgleichungen partielle Ableitungen vor. Als erstes Beispiel einer partiellen Differenzialgleichung betrachten wir die Wellengleichung. Ihre Lösungen motivieren Fourier-Reihen, die im nächsten Teil des Buchs eingeführt werden. In den folgenden Unterkapiteln schauen wir uns allgemeiner partielle Differenzialgleichungen zweiter Ordnung an. Die darunter fallenden elliptischen Gleichungen werden in der Praxis näherungsweise mit der Finite-Elemente-Methode gelöst, die hier sowohl theoretisch als auch praktisch vorgestellt wird.

9.1 Eine schwingende Saite: Wellengleichung

Wir betrachten eine Saite, die in einer Ebene schwingen soll. Zu einem Zeitpunkt t beschreibe $u(x, t)$ die Auslenkung der Saite an der Stelle x. Die Funktion u ist Lösung einer **partiellen Differenzialgleichung**. Im Gegensatz zu den zuvor diskutierten gewöhnlichen Differenzialgleichungen ist $u(x, t)$ eine Funktion von zwei Variablen, und es kommen partielle Ableitungen vor:

$$\frac{\partial^2 u}{\partial t^2}(x, t) = c \frac{\partial^2 u}{\partial x^2}(x, t).$$

Dabei ist $c > 0$ eine Konstante (Spannung dividiert durch Massendichte der Saite). Diese Beispiel ist die **Wellengleichung**.

© Der/die Autor(en), exklusiv lizenziert an
Springer-Verlag GmbH, DE, ein Teil von Springer Nature 2023
S. Goebbels und S. Ritter, *Mathematik verstehen und anwenden:*
Differenzialgleichungen, Fourier- und Vektoranalysis, Laplace-
Transformation und Stochastik, https://doi.org/10.1007/978-3-662-68369-9_9

An den Stellen $x = 0$ und $x = \pi$ sei die Saite eingespannt, d. h. $u(0, t) = u(\pi, t) = 0$ für alle Zeitpunkte t. Dies ist eine **Randbedingung**, da im Gegensatz zu den Anfangsbedingungen nun Funktionswerte an verschiedenen Stellen vorgegeben werden. Statt der Stelle π kann man auch einen anderen Punkt wählen, dann wäre die folgende Rechnung minimal aufwändiger.

Um Lösungen zu finden, machen wir den Produktansatz

$$u(x, t) = v(x)w(t).$$

Jetzt suchen wir nur Lösungen, die diese Produktgestalt haben, andere Lösungen werden wir mit diesem Ansatz nicht finden. Die Auftrennung der Lösung nach Variablen ist ein etabliertes Lösungsverfahren für partielle Differenzialgleichungen.

Für jedes $k \in \mathbb{N}$ erfüllt $v(x) = \sin(kx)$ die Randbedingung. Denn da die Saite an den Enden befestigt ist, muss sie zu einem Zeitpunkt wie in Abbildung 9.1 aussehen. Mit einer solchen Wahl für v wird die Differenzialgleichung

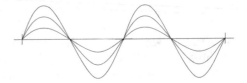

Abb. 9.1 Schwingende Saite $u(x, t)$ zu drei Zeitpunkten t

zu

$$w''(t) \sin(kx) = cw(t)(-k^2 \sin(kx)),$$

wir suchen also eine Funktion w mit

$$w''(t) + ck^2 w(t) = 0.$$

Das ist aber die im vorangehenden Kapitel diskutierte homogene Schwingungsgleichung (8.11) mit $\omega_0 = \sqrt{c}k$ im dämpfungsfreien Fall $(D = 0)$ mit Fundamentalsystem $\cos(\sqrt{c}kt)$, $\sin(\sqrt{c}kt)$. Damit haben wir für jedes $k \in \mathbb{N}$ die Lösungen

$$u_{k,1}(x, t) = \sin(kx) \cos(\sqrt{c}kt), \quad u_{k,2}(x, t) = \sin(kx) \sin(\sqrt{c}kt)$$

unseres Randwertproblems gefunden. Auch Linearkombinationen der Lösungen sind wieder Lösungen, und selbst eine Reihe

$$\sum_{k=1}^{\infty} \sin(kx) \left(a_k \cos(\sqrt{c}kt) + b_k \sin(\sqrt{c}kt) \right)$$

ist eine Lösung, sofern die Koeffizienten a_k und b_k geeignet gewählt sind, um die Konvergenz sicherzustellen. Welche dieser vielen Lösungen nun tatsächlich die Schwingung der Saite beschreibt, hängt von den vorgegebenen Auslenkungen zum Startzeitpunkt $t = 0$ ab. An einer festen Stelle $x = x_0$ beobachten wir dann zum Zeitpunkt t die Auslenkung $u(x_0, t) = f(\sqrt{c}t)$ mit

$$f(t) = \sum_{k=1}^{\infty} \left(\tilde{a}_k \cos(kt) + \tilde{b}_k \sin(kt) \right) \tag{9.1}$$

und $\tilde{a}_k := \sin(kx_0)a_k$ und $\tilde{b}_k := \sin(kx_0)b_k$. Mit solchen Summen von Sinus- und Kosinusfunktionen beschäftigen wir uns in Kapitel III intensiv.

9.2 Partielle Differenzialgleichungen zweiter Ordnung

In Beispiel 1.8 auf Seite 18 haben wir schon die Lösungen einer partiellen Differenzialgleichung erster Ordnung diskutiert. Auch bei der Differenzialform der Maxwell'schen Gleichungen (siehe Seite 148) handelt es sich um partielle Differenzialgleichungen erster Ordnung. Dagegen sind die Laplace- und die Poisson-Gleichung (siehe Seite 129 und die Hintergrundinformationen auf Seite 144) wie auch die im vorangehenden Kapitel diskutierte Wellengleichung Gleichungen zweiter Ordnung. Auf solche Gleichungen mit höchstens zweiten partiellen Ableitungen stößt man besonders häufig:

Eine homogene lineare partielle Differenzialgleichung zweiter Ordnung mit konstanten Koeffizienten $a, b, c, d, e, f \in \mathbb{R}$ für Funktionen mit zwei Variablen hat die allgemeine Gestalt

$$a\frac{\partial^2 u(x,y)}{\partial x^2} + b\frac{\partial^2 u(x,y)}{\partial x \partial y} + c\frac{\partial^2 u(x,y)}{\partial y^2} + d\frac{\partial u(x,y)}{\partial x} + e\frac{\partial u(x,y)}{\partial y} + fu(x,y) = 0.$$

Dabei ist eine Funktion $u(x, y)$ gesucht, so dass für alle Punkte (x, y) eines Gebiets $G \subseteq \mathbb{R}^2$ die Gleichung erfüllt ist.

Bei stetigen partiellen Ableitungen bis zur Ordnung zwei sagt der Satz von Schwarz (siehe Seite 28), dass die Reihenfolge der Ableitungen vertauscht werden darf. Damit können wir den zweiten Summanden auch so schreiben:

$$b\frac{\partial^2 u(x,y)}{\partial x \partial y} = \frac{b}{2}\frac{\partial^2 u(x,y)}{\partial x \partial y} + \frac{b}{2}\frac{\partial^2 u(x,y)}{\partial y \partial x}.$$

Wir tragen jetzt die Koeffizienten der zweiten Ableitungen in eine Matrix ein:

$$\mathbf{A} := \begin{bmatrix} a & \frac{b}{2} \\ \frac{b}{2} & c \end{bmatrix}, \quad \det \mathbf{A} = ac - \frac{b^2}{4}.$$

Die Matrix ist symmetrisch und wird für eine Typ-Einteilung herangezogen. Dabei werden geometrische Begriffe verwendet:

- Falls $\det \mathbf{A} > 0$ ist ($ac > \frac{b^2}{4}$), so heißt die Gleichung **elliptisch**. Durch Übergang zu neuen Variablen r und s (Substitution) kann man eine Differenzialgleichung ohne gemischte partielle Ableitungen gewinnen:

$$\frac{\partial^2 v(r,s)}{\partial^2 r} + \frac{\partial^2 v(r,s)}{\partial^2 s} + \cdots = 0.$$

Der Term mit den zweiten Ableitungen erinnert an die linke Seite der Gleichung $x^2 + y^2 = 1$, die einen Kreis, also eine spezielle Ellipse beschreibt.

- Falls $\det \mathbf{A} < 0$ ist ($ac < \frac{b^2}{4}$), so heißt die Gleichung **hyperbolisch**. Eine solche Gleichung kann man in die folgende Form ohne gemischte Ableitungen bringen:

$$\frac{\partial^2 v(r,s)}{\partial^2 r} - \frac{\partial^2 v(r,s)}{\partial^2 s} + \cdots = 0.$$

Der Term mit den zweiten Ableitungen erinnert jetzt an die linke Seite der Gleichung $x^2 - y^2 = 1$, die eine Hyperbel als Lösungsmenge hat.

- Falls $\det \mathbf{A} = 0$ ist ($ac = \frac{b^2}{4}$), so heißt die Gleichung **parabolisch**, und man erhält eine Darstellung mit nur einer partiellen Ableitung zweiter Ordnung:

$$\frac{\partial^2 v(r,s)}{\partial^2 r} + \cdots = 0.$$

Eine entsprechende Klassifikation ist auch bei mehr Variablen über Bedingungen an die Eigenwerte der entsprechenden Matrix möglich.

Bei der (zweidimensionalen) Poisson-Gleichung (siehe Seiten 129 und 144) ist $a = c = 1$ und $b = 0$. Damit ist $\det \mathbf{A} > 0$, es handelt sich um eine elliptische Gleichung. Elliptische Differenzialgleichungen werden in der Regel mit einer Randbedingung versehen. In den Anwendungen beschreiben sie zeitunabhängige Probleme wie z. B. das Höhenprofil einer Membran, auf die in jedem Raumpunkt eine feste Kraft wirkt. Über sie werden oft Zustände minimaler Energie beschrieben.

Bei der Wellengleichung (siehe Kapitel 9.1) für eine Saite ist a eine Konstante größer null, $c = -1$ und ebenfalls $b = 0$, so dass $\det \mathbf{A} < 0$ ist. Es handelt sich also um eine hyperbolische Differenzialgleichung. Eine hyperbolische Differenzialgleichung beschreibt in der Regel ein zeitabhängiges Phänomen und besitzt üblicherweise neben Randbedingungen eine Anfangsbedingung.

Parabolische Gleichungen findet man ebenfalls mit einer Mischung aus Anfangs- und Randbedingungen. Hier wird der Situation bei elliptischen Gleichungen noch eine zeitliche Dimension hinzugefügt. Das ist typisch für Wärmeleitung und Diffusionsprozesse.

In Spezialfällen lassen sich partielle Differenzialgleichungen exakt lösen. So verwenden wir beispielsweise für die Wellengleichung einen Separationsansatz, bei dem wir von einer zerfallenden Lösung ausgehen, die das Produkt von Funktionen nur einer Variablen ist. Eine andere Lösungstechnik ist die Methode der Charakteristiken, siehe Beispiel 1.8 auf Seite 18. Weitere Techniken, um partielle in gewöhnliche Differenzialgleichungen zu überführen, sind Substitution der Variablen und Integraltransformationen (siehe Kapitel III für gewöhnliche Differenzialgleichungen). Ein anderer Lösungsansatz besteht in der Überführung in Integralgleichungen. Umformulierungen zu Optimierungsproblemen (Variationsaufgaben) sind sowohl Ausgangspunkt für exakte als auch für numerische Lösungsansätze.

In der Regel werden partielle Differenzialgleichungen nicht exakt gelöst. Der einfachste Ansatz zur numerischen (näherungsweisen) Lösung besteht im Ersetzen der Ableitungen durch Differenzenquotienten. Zusammen mit Anfangs- oder Randbedingungen entsteht so ein Gleichungssystem für Funktionswerte der gesuchten Lösungsfunktion. Bei elliptischen Gleichungen hat sich die Finite-Elemente-Methode etabliert, mit der unterschiedliche Schrittweiten leicht zu realisieren sind und die sich damit auch an schwierig berandete Definitionsgebiete der Gleichungen anpasst. Näheres dazu finden Sie in den folgenden Kapiteln 9.3 und 9.4. Partielle Differenzialgleichungen, die auf physikalischen Erhaltungssätzen basieren, werden häufig mittels Finite-Volumen-Verfahren gelöst. Die Erhaltungssätze werden dann auf kleine Volumenelemente angewendet, wobei z. B. Zu- und Abfluss durch die Hülle des Elements betrachtet werden. Die Randelemente-Methode basiert auf einer Integralgleichungsformulierung und verwendet Ansatzfunktionen wie die Finite-Elemente-Methode.

9.3 Finite-Elemente-Methode

Die naheliegendsten Verfahren zum Lösen gewöhnlicher und partieller Differenzialgleichungen sind die Differenzenverfahren, bei denen Ableitungen durch Differenzenquotienten ersetzt werden. Bei komplizierten Randbedingungen ist aber das unmittelbare Aufstellen von Differenzenschemata schwierig. Hier hilft der Finite-Elemente-Ansatz. Wir beginnen den Abschnitt mit einer gewöhnlichen Randwertaufgabe, für die wir uns eine Differenzen- und Finite-Elemente-Diskretisierung ansehen. Dann gehen wir kurz auf funktionalanalytische Grundlagen für die Finite-Elemente-Methode ein. Schließlich betrachten wir im nächsten Abschnitt die Finite-Elemente-Lösung einer (immer noch einfachen, aber anwendungsnäheren) partiellen Differenzialgleichung mit zwei Variablen.

Gesucht ist eine Funktion $y : [0, 1] \to \mathbb{R}$ mit $y(0) = y(1) = 0$ (Randbedingung) und

$$y''(x) = f(x), \quad x \in [0, 1].$$

Für eine stetige Inhomogenität erhält man die Lösung exakt durch doppelte Integration:

$$y(x) = \int_0^x \left[\int_0^t f(u)\, \mathrm{d}u \right] \mathrm{d}t - x \int_0^1 \left[\int_0^t f(u)\, \mathrm{d}u \right] \mathrm{d}t.$$

Hier sorgt der rechte Term für die Einhaltung der Randbedingung.

Zur näherungsweisen Bestimmung der Funktionswerte von y an endlich vielen Stellen des Intervalls ersetzen wir die Ableitungen durch Differenzenquotienten. Wir möchten dabei y an den $n+1$ Stellen $t_k = \frac{k}{n}$, $k \in \{0, 1, \dots, n\}$ berechnen. Für $k \in \{1, \dots, n-1\}$ ist

$$y''(t_k) \approx \frac{y'(t_{k+1}) - y'(t_k)}{t_{k+1} - t_k} = n[y'(t_{k+1}) - y'(t_k)]$$

$$\approx n \left[\frac{y(t_{k+1}) - y(t_k)}{t_{k+1} - t_k} - \frac{y(t_k) - y(t_{k-1})}{t_k - t_{k-1}} \right]$$

$$= n^2[y(t_{k+1}) - 2y(t_k) + y(t_{k-1})].$$

Damit hat man ein eindeutig lösbares lineares Gleichungssystem mit zwei Gleichungen $y(t_0) = 0$ und $y(t_n) = 0$ aus den Randbedingungen sowie $n - 1$ Gleichungen

$$n^2[y(t_{k+1}) - 2y(t_k) + y(t_{k-1})] = f(t_k).$$

Rechenverfahren, bei denen man die Ableitungen durch Differenzenquotienten ersetzt, heißen **Differenzenverfahren**. Die Euler-Cauchy-Polygonzugmethode ist beispielsweise zugleich ein Differenzenverfahren:

$$\frac{y_{k+1} - y_k}{h} = f(x_k, y_k).$$

Betrachtet man partielle Differenzialgleichungen auf komplizierteren Gebieten als Intervalle, so gibt es mit den Differenzen an den Rändern Probleme, da man vielfach den Rand nicht genau mit äquidistanten Zerlegungspunkten treffen kann. Für Randwertprobleme hat sich hier ein anderes Verfahren durchgesetzt, das wir uns für die gleiche gewöhnliche Differenzialgleichung anschauen: Bei der **Finite-Elemente-Methode** überführt man das Randwertproblem mittels partieller Integration in ein „schwaches Problem", das dann über einem endlich-dimensionalen Vektorraum von Funktionen („**Ansatzfunktionen**") gelöst wird. Dazu muss dann wie bei Differenzenverfahren nur die Lösung eines linearen Gleichungssystems gefunden werden. Das Gleichungssystem kann sogar als zu einem Differenzenverfahren gehörend verstanden werden. Allerdings ergibt es sich trotz eines eventuell komplizierten Rands automatisch.

Zunächst multiplizieren wir beide Seiten der Differenzialgleichung mit einer stetig differenzierbaren „Testfunktion" v, die die Randbedingung $v(0) = v(1) = 0$ erfüllt, und integrieren dann partiell:

$$y''(x) = f(x) \implies y''(x)v(x) = f(x)v(x)$$

$$\implies \int_0^1 y''(x)v(x)\,\mathrm{d}x = \int_0^1 f(x)v(x)\,\mathrm{d}x$$

$$\implies [y'(x)v(x)]_0^1 - \int_0^1 y'(x)v'(x)\,\mathrm{d}x = \int_0^1 f(x)v(x)\,\mathrm{d}x$$

$$\Longrightarrow \int_0^1 y'(x)v'(x)\,\mathrm{d}x = -\int_0^1 f(x)v(x)\,\mathrm{d}x. \tag{9.2}$$

Mit der partiellen Integration wird eine Ableitung der gesuchten Funktion abgebaut. Dies ist ein Standard-Trick, der in ähnlicher Form auch bei der Definition der Ableitung von Distributionen (siehe Hintergrundinformationen auf Seite 377) und beim Lösen von Differenzialgleichungen mittels Integraltransformationen (siehe (13.3) auf Seite 361) verwendet wird. Nicht nur mittels partieller Integration, sondern auch mit der Substitutionsregel lassen sich Ableitungen eliminieren. Das haben wir bei der Trennung der Variablen in Kapitel 6.8.1 ausgenutzt.

Erfüllt y die Differenzialgleichung, so erfüllt y auch das „**schwache Problem**" (9.2) für jede Testfunktion v. Wir zerlegen nun das Intervall $[0, 1]$ wieder in n Teilintervalle $\left[\frac{k-1}{n}, \frac{k}{n}\right]$, $k \in \{1, 2, \ldots, n\}$ (auch unterschiedlich große Teilintervalle wären erlaubt) und betrachten stetige Ansatzfunktionen, die die Randbedingung erfüllen und auf jedem Teilintervall einer Gerade $a_k x + b_k$ entsprechen. Diese Funktionen dürfen Knicke an den Stellen $\frac{k}{n}$ haben, die einzelnen Geradenstücke müssen aber stetig zusammenpassen.

Jetzt suchen wir eine Näherungslösung y_n aus der Menge dieser Ansatzfunktionen, die für alle Ansatzfunktionen v das schwache Problem löst. Statt die exakte Lösung zu bestimmen, begnügen wir uns also mit einer Näherungslösung, die aus Geradenstücken zusammengesetzt ist. Je mehr Geradenstücke verwendet werden, je feiner also die Zerlegung wird, desto genauer entspricht die Näherungslösung der exakten Lösung.

Dass y_n an den endlich vielen Zerlegungsstellen nicht differenzierbar ist, spielt bei der Berechnung des Integrals keine Rolle. Auf jedem Teilintervall sind die Ableitungen der Ansatzfunktionen konstant, so dass für jede Wahl von $v(x)$ eine Gleichung für diese Konstanten entsteht.

Ist $y_n(x) = a_k x + b_k$ und $v(x) = c_k x + d_k$ auf $\left[\frac{k-1}{n}, \frac{k}{n}\right]$, so gilt:

$$\int_{\frac{k-1}{n}}^{\frac{k}{n}} y_n'(x)v'(x)\,\mathrm{d}x = \int_{\frac{k-1}{n}}^{\frac{k}{n}} a_k c_k\,\mathrm{d}x = \frac{c_k}{n} \cdot a_k.$$

Für eine Funktion $v(x)$ erhalten wir also die Gleichung

$$\sum_{k=1}^n \frac{c_k}{n} \cdot a_k = -\int_0^1 f(x)v(x)\,\mathrm{d}x.$$

Unter Verwendung von n (linear unabhängigen) Ansatzfunktionen $v(x)$ entsteht so ein Gleichungssystem, dessen Lösung die Koeffizienten a_k der gesuchten Näherungslösung liefert. Die Matrix des Gleichungssystems heißt **Steifigkeitsmatrix**. Die Konstanten b_k ergeben sich aus Randbedingung und Stetigkeit.

Bei partiellen Differenzialgleichungen mit zwei Variablen muss man ein Gebiet im $\mathbb{R}^2$ in einfache Teilmengen zerlegen. Dabei verwendet man häufig

Dreiecke (Triangulierung). Die Zerlegung in endlich viele Teilmengen führt zum Namen **Finite Elemente**, siehe Kapitel 9.4 und insbesondere Seite 270.

Ein großer Vorteil der schwachen Formulierung (9.2) ist, dass geringere Anforderungen an mögliche Lösungen gestellt werden als bei einer Differenzialgleichung (hier einmalige Differenzierbarkeit statt zweimaliger). Damit können schwache Probleme auch dann noch Lösungen besitzen, wenn die Differenzialgleichung streng genommen gar keine hat. Die Anforderungen lassen sich sogar noch weiter reduzieren, indem man schwache Ableitungen verwendet und Lösungen in Sobolev-Räumen sucht.

Für Leser, die Grundzüge der Funktionalanalysis kennen, sehen wir uns das nun mit den Notationen aus Kapitel 3.5.2 an und erhalten die Existenz und Eindeutigkeit der Lösung. Sie können den Absatz auch überspringen und im nächsten Unterkapitel weiterlesen.

Im Beispiel kann zu einer Inhomogenität $f \in L^2(\Omega)$, $\Omega := (0,1)$, eine Funktion $y \in W_0^{1,2}(\Omega)$ gesucht werden, so dass für alle Funktionen $v \in W_0^{1,2}(\Omega)$ gilt:

$$(y', v')_{L^2(\Omega)} = -\int_0^1 f(x)v(x)\,\mathrm{d}x.$$

Man beachte, dass im Skalarprodukt $(\cdot, \cdot)_{1,2,\Omega}$ des Raums $W^{1,2}(\Omega)$ auch die nicht-abgeleiteten Funktionen vorkommen. Auf $W_0^{1,2}(\Omega)$ kann aufgrund der zusätzlichen Randbedingung darauf verzichtet werden. Das ist eine Konsequenz der Poincaré-Ungleichung (Lemma 3.1 auf Seite 112). Damit ist $(y', v')_{L^2(\Omega)} = \int_0^1 y'(x)v'(x)\,\mathrm{d}x$ bereits ein Skalarprodukt auf $W_0^{1,2}(\Omega)$. Die darüber gebildete Norm ist auf $W_0^{1,2}(\Omega)$ äquivalent zur Norm in $W^{1,2}(\Omega)$, so dass $W_0^{1,2}(\Omega)$ auch mit diesem Skalarprodukt zum Hilbert-Raum wird.

Jetzt definiert die rechte Seite ein beschränktes lineares Funktional (eine stetige, lineare Abbildung in die reellen Zahlen) $f^*(v) := -\int_0^1 f(x)v(x)\,\mathrm{d}x$ auf dem Hilbert-Raum $W_0^{1,2}(\Omega)$. Die Beschränktheit, die zur Stetigkeit äquivalent ist, folgt mit der Hölder-Ungleichung (zweites Ungleichheitszeichen, siehe Band 1, S. 645) und der Poincaré-Ungleichung (Lemma 3.1 auf Seite 112) für die letzte Abschätzung:

$$\left| -\int_0^1 f(x)v(x)\,\mathrm{d}x \right| \leq \int_0^1 |f(x)v(x)|\,\mathrm{d}x \leq \|f\|_{L^2(\Omega)}\|v\|_{L^2(\Omega)}$$

$$\leq \|f\|_{L^2(\Omega)}\|v\|_{1,2,\Omega} \leq \frac{\|f\|_{L^2(\Omega)}}{c}\sqrt{(v',v')_{L^2(\Omega)}}.$$

Jetzt kommt der Satz von Riesz ins Spiel (Satz 23.6 in Band 1, S. 667). Er besagt hier, dass das Funktional $f^*(v)$ darstellbar ist als Skalarprodukt $(y', v')_{L^2(\Omega)}$ mit einem eindeutig bestimmten Element $y \in W_0^{1,2}(\Omega)$. Das bedeutet, dass es eine eindeutige Lösung y des schwachen Problems gibt.

Die Idee der Finite-Elemente-Methode ist nun, das schwache Problem über einem endlich-dimensionalen Hilbert-Raum V_n, der ein Untervektorraum von

$W_0^{1,2}(\Omega)$ ist, zu lösen. Ein entsprechender Algorithmus heißt **Ritz-Galerkin-Verfahren**. Dabei ist also eine Näherungslösung $y_n \in V_n$ des ursprünglichen schwachen Problems als exakte Lösung der neuen Aufgabe

$$(y_n', v_n')_{L^2(\Omega)} = - \int_0^1 f(x) v_n(x) \, \mathrm{d}x \text{ für alle } v_n \in V_n$$

zu berechnen. Auch hier gibt es nach dem Satz von Riesz eine eindeutige Lösung, die letztlich über ein Gleichungssystem gefunden werden kann. Wählt man V_n als Vektorraum der oben verwendeten Ansatzfunktionen, die stückweise Geraden entsprechen, dann entsteht auch das gleiche Gleichungssystem bzw. die Steifigkeitsmatrix wie oben.

Wir haben bei diesem Beispiel einen sehr einfachen Fall betrachtet. Im Allgemeinen führt die Differenzialgleichung nicht direkt auf das Skalarprodukt eines Sobolev-Raums. Aber auch dann erhält man oft Existenz und Eindeutigkeit von Lösungen mit einer erweiterten Fassung des Satzes von Riesz, dem Lemma von Lax und Milgram. Darüber hinaus kann man den Fehler zwischen Näherungslösung und exakter Lösung sehr gut abschätzen, das ist die Aussage des Lemmas von Céa.

Hintergrund: Funktionalanalytische Grundlagen der Finite-Elemente-Methode

Im Folgenden werden mit V und H reelle Hilbert-Räume bezeichnet. Die zugehörigen Skalarprodukte seien $(\cdot, \cdot)_V$ und $(\cdot, \cdot)_H$. Im zuvor betrachteten Beispiel ist $V = W_0^{1,2}(0,1)$ und $H = L^2(0,1)$.

Definition 9.1 (Bilinearform) Sei $a(\cdot, \cdot) : V \times V \to \mathbb{R}$ eine Bilinearform, d. h., für alle $r \in \mathbb{R}$ und $\vec{x}, \vec{y}, \vec{z} \in V$ gilt:

$$a(\vec{x} + \vec{y}, \vec{z}) = a(\vec{x}, \vec{z}) + a(\vec{y}, \vec{z}),$$
$$a(\vec{x}, \vec{y} + \vec{z}) = a(\vec{x}, \vec{y}) + a(\vec{x}, \vec{z}),$$
$$a(r\vec{x}, \vec{y}) = r a(\vec{x}, \vec{y}) = a(\vec{x}, r\vec{y}).$$

Die Bilinearform a heißt

a) **symmetrisch** genau dann, wenn $a(\vec{x}, \vec{y}) = a(\vec{y}, \vec{x})$ für alle $\vec{x}, \vec{y} \in V$,
b) **beschränkt** genau dann, wenn ein $C \in \mathbb{R}$ existiert mit

$$|a(\vec{x}, \vec{y})| \leq C \|\vec{x}\|_V \|\vec{y}\|_V \text{ für alle } \vec{x}, \vec{y} \in V, \tag{9.3}$$

c) **V-elliptisch (koerziv)** genau dann, wenn ein $c > 0$ existiert mit

$$a(\vec{x}, \vec{x}) \geq c \|\vec{x}\|_V^2 \text{ für alle } \vec{x} \in V. \tag{9.4}$$

Eine beschränkte elliptische Bilinearform a wird zu einem Skalarprodukt, wenn a zusätzlich symmetrisch ist. Die Symmetrie ist aber häufig nicht gegeben, wenn die Bilinearform aus einer partiellen Differenzialgleichung entsteht. Die Bezeichnung V-elliptisch ist nicht zufällig gewählt, da solche Bilinearformen in der Praxis aus elliptischen Differenzialgleichungen (siehe Seite 251) hervorgehen. Eine zugehörige Randwertaufgabe kann z. B. durch partielle Integration in das folgende Variationsproblem überführt werden, das auch schwaches Problem genannt wird:

Gegeben ist eine beschränkte und V-elliptische Bilinearform a und ein lineares beschränktes Funktional f^* auf V, d. h., f^* ist Element des Dualraums von V, also $f^* \in V^*$. Gesucht ist ein $\vec{x} = \vec{x}_{f^*} \in V$, so dass
$$a(\vec{x}, \vec{y}) = f^*(\vec{y}) \text{ für alle } \vec{y} \in V. \tag{9.5}$$

Im Gegensatz zur Differenzialgleichung ist aber hier die Frage nach der Lösbarkeit leicht zu beantworten. Für Skalarprodukte haben wir die Existenz und Eindeutigkeit der Lösung bereits mit dem Riesz'schen Darstellungssatz erhalten. Allgemeiner gilt [Alt(1992), S.118]:

Satz 9.1 (Lemma von Lax und Milgram) Sei a eine beschränkte V-elliptische Bilinearform. Dann existiert zu jedem $f^* \in V^*$ genau eine Lösung $\vec{x}$ von (9.5).

Das Lemma ist tatsächlich eine Folgerung aus dem Riesz-Darstellungssatz für Hilbert-Räume. Die Lösung von (9.5) ist zugleich auch die eindeutige Lösung der Minimierungsaufgabe, bei der ein $\vec{x}_0 \in V$ mit $J(\vec{x}_0) = \inf_{\vec{x} \in V} J(\vec{x})$ gesucht ist. Dabei ist $J(\vec{x}) := a(\vec{x}, \vec{x})/2 - f^*(\vec{x})$, siehe z. B. [Ciarlet(1990), S. 25].

Im Allgemeinen wird V unendlich-dimensional sein, so dass es schwierig ist, die Lösung von (9.5) explizit zu berechnen. Zur näherungsweisen Lösung von (9.5) betrachten wir wie im vorangehenden eindimensionalen Beispiel einen endlich-dimensionalen Untervektorraum $S_h \subseteq V$ und lösen die folgende Diskretisierung von (9.5):

Gegeben seien die beschränkte und V-elliptische Bilinearform a und die Inhomogenität $f^* \in V^*$ der Aufgabe (9.5). Gesucht ist ein $\vec{x}_h = \vec{x}_{h,f^*} \in S_h$, so dass
$$a(\vec{x}_h, \vec{y}) = f^*(\vec{y}) \text{ für alle } \vec{y} \in S_h. \tag{9.6}$$

Der Untervektorraum $S_h \subseteq V$ ist selbst wieder ein Hilbert-Raum mit dem Skalarprodukt $(\cdot, \cdot)_V$, so dass a auch S_h-elliptisch ist. Da außerdem Funktionale auf V auch Funktionale auf S_h sind (d. h., für die Dualräume gilt $V^* \subseteq V_h^*$), ist $f^* \in S_h^*$, d. h., f^* ist insbesondere ein beschränktes lineares

Funktional auf S_h. Ersetzen wir also in Satz 9.1 den Raum V durch V_h, so folgt, dass auch das diskrete Variationsproblem (9.6) eine eindeutige Lösung besitzt.

Wir ändern nun unseren Blickwinkel. Jedes $\vec{x} \in V$ ist trivialerweise Lösung einer Aufgabe (9.5) mit der Inhomogenität $f^*(\cdot) := a(\vec{x}, \cdot)$. Über die zugehörige diskrete Lösung $\vec{x}_h$ von (9.6) definieren wir die **Ritz-Projektion** $P_h : V \to V_h$ vermöge $P_h\vec{x} = \vec{x}_h$, also als eindeutige Lösung $P_h\vec{x} \in S_h$ von

$$a(P_h\vec{x}, \vec{y}) = a(\vec{x}, \vec{y}), \text{ d. h. } a(\vec{x} - P_h\vec{x}, \vec{y}) = 0 \text{ für alle } \vec{y} \in S_h. \qquad (9.7)$$

P_h ist offensichtlich eine lineare Abbildung, die wegen

$$c\|P_h\vec{x}\|_V^2 \overset{(9.4)}{\leq} a(P_h\vec{x}, P_h\vec{x}) \overset{(9.7)}{=} a(\vec{x}, P_h\vec{x}) \overset{(9.3)}{\leq} C\|\vec{x}\|_V\|P_h\vec{x}\|_V,$$

d. h. $\|P_h\vec{x}\|_V \leq \frac{C}{c}\|\vec{x}\|_V$, beschränkt ist ($P_h \in [V, S_h]$, vgl. Band 1, Kapitel 23.4). P_h wird auch als **elliptische Projektion** bezeichnet – Projektion, da nach (9.7) für alle $\vec{x} \in S_h$ gilt: $P_h\vec{x} = \vec{x}$.

Werden schwache Probleme betrachtet, die aus Randwertproblemen von Differenzialgleichungen durch partielle Integration entstehen, so haben die Inhomogenitäten f^* wie oben die spezielle Gestalt $(\vec{f}, \cdot)_H$ mit $H = L^2$:

Lemma 9.1 (Funktional der rechten Seite) Sei $V \subseteq H$ stetig eingebettet, d. h. $\|\vec{x}\|_H \leq C\|\vec{x}\|_V$ für alle $\vec{x} \in V$. Dann wird durch jedes $\vec{f} \in H$ ein Funktional $f^* := (\vec{f}, \cdot)_H \in V^* \subseteq S_h^*$ mit $\|f^*\|_{V^*} \leq C\|\vec{f}\|_H$ erzeugt.

Beweis $|(\vec{f}, \vec{x})_H| \leq \|\vec{f}\|_H\|\vec{x}\|_H \leq C\|\vec{f}\|_H\|\vec{x}\|_V$ für alle $\vec{x} \in V$. $\square$

Der Index h bei der Bezeichnung des endlich-dimensionalen Untervektorraums S_h deutet an, dass in den Anwendungen eine Familie von Untervektorräumen S_h betrachtet wird, so dass $\lim_{h\to 0+}\|\vec{x} - P_h\vec{x}\|_V = 0$ möglich werden kann. Bei der Finite-Elemente-Methode könnte z. B. h der größte Durchmesser der Zerlegungsintervalle oder Dreiecke sein, über die die Ansatzfunktionen definiert sind. Wenn $\vec{x}$ die exakte Lösung des Problems (9.5) und damit ggf. einer Differenzialgleichung ist, dann ist $P_h\vec{x}$ die zugehörige Näherungslösung, die über (9.6) berechnet wird.

Satz 9.2 (Lemma von Céa) Sei a eine beschränkte V-elliptische Bilinearform mit Konstanten C und c wie in (9.3) und (9.4). Dann gilt für jedes $\vec{x} \in V$ die folgende Abschätzung des Fehlers $\|\vec{x} - P_h\vec{x}\|_V$:

$$\|\vec{x} - P_h\vec{x}\|_V \leq \frac{C}{c} \inf_{\vec{y}\in S_h} \|\vec{x} - \vec{y}\|_V.$$

Der Fehler ist damit bis auf eine feste Konstante durch den **Fehler der besten Approximation** von $\vec{x}$ durch Elemente aus S_h beschränkt. Abgesehen
von der Konstanten $\frac{C}{c}$ geht es nicht besser. Um den Fehler in der Praxis
konkret anzugeben, müsste man aber die in der Regel unbekannte exakte
Lösung $\vec{x}$ kennen. Allerdings sind oft durch die Problemstellung Eigenschaften der Lösung gegeben, mit denen man Aussagen über den Fehler der besten
Approximation treffen kann.

Beweis Für beliebiges $\vec{y} \in S_h$ gilt

$$a(\vec{x} - P_h\vec{x}, P_h\vec{x}) \overset{(9.7)}{=} 0 \overset{(9.7)}{=} a(\vec{x} - P_h\vec{x}, \vec{y}), \tag{9.8}$$

$$
\begin{aligned}
c\|\vec{x} - P_h\vec{x}\|_V^2 &\overset{(9.4)}{\leq} a(\vec{x} - P_h\vec{x}, \vec{x} - P_h\vec{x}) = a(\vec{x} - P_h\vec{x}, \vec{x}) - a(\vec{x} - P_h\vec{x}, P_h\vec{x}) \\
&\overset{(9.8)}{=} a(\vec{x} - P_h\vec{x}, \vec{x}) - a(\vec{x} - P_h\vec{x}, \vec{y}) = a(\vec{x} - P_h\vec{x}, \vec{x} - \vec{y}) \\
&\overset{(9.3)}{\leq} C\|\vec{x} - P_h\vec{x}\|_V \|\vec{x} - \vec{y}\|_V.
\end{aligned}
$$

Der Übergang zum Infimum bezüglich $\vec{y} \in S_h$ liefert die Behauptung. $\qquad\square$

Ein wichtiger Vorteil von Finite-Elemente-Methoden gegenüber klassischen
Differenzenverfahren ist die Stabilität (Stetigkeit, siehe Band 1, Kapitel
23.4.3). Seien $f_1, f_2 \in H$ zwei Inhomogenitäten, über die die Funktionale
$f_1^*(\cdot) = (f_1, \cdot)_H$ und $f_2^*(\cdot) = (f_2, \cdot)_H$ definiert sind. Außerdem sei V stetig
in H eingebettet mit $\|\vec{x}\|_H \leq C\|\vec{x}\|_V$ wie in Lemma 9.1. Dann gilt für die
zugehörigen Lösungen $\vec{x}_{1,h}$ und $\vec{x}_{2,h}$ des diskreten Problems (9.6)

$$
\begin{aligned}
c\|\vec{x}_{1,h} - \vec{x}_{2,h}\|_V^2 &\overset{(9.4)}{\leq} a(\vec{x}_{1,h} - \vec{x}_{2,h}, \vec{x}_{1,h} - \vec{x}_{2,h}) \overset{(9.6)}{=} (f_1 - f_2, \vec{x}_{1,h} - \vec{x}_{2,h})_H \\
&\leq \|f_1 - f_2\|_H \|\vec{x}_{1,h} - \vec{x}_{2,h}\|_H \leq C\|f_1 - f_2\|_H \|\vec{x}_{1,h} - \vec{x}_{2,h}\|_V,
\end{aligned}
$$

so dass

$$\|\vec{x}_{1,h} - \vec{x}_{2,h}\|_V \leq \frac{C}{c}\|f_1 - f_2\|_H.$$

Kleine Änderungen der Eingabe (der Inhomogenität) führen also auch nur zu
kleinen Änderungen der Finite-Elemente-Lösung. Das Verfahren ist stabil.

9.4 Beispiel für die Finite-Elemente-Methode in 2-D

Im letzten Abschnitt des Kapitels wenden wir die Finite-Elemente-Methode
am Beispiel des zweidimensionalen Dirichlet-Randwertproblems für die Poisson-Gleichung mit homogenen Randbedingungen an.

9.4.1 Ein Dirichlet-Randwertproblem

Unter Verwendung des Laplace-Operators $\Delta u := \frac{\partial^2}{\partial x^2} u + \frac{\partial^2}{\partial y^2} u$ wird eine Lösung u des Randwertproblems

$$\Delta u(x,y) = f(x,y) \text{ für alle } (x,y) \in \Omega \text{ und } u(x,y) = 0 \text{ für alle } (x,y) \in \partial\Omega$$
(9.9)

gesucht. Hier ist $\Omega \subset \mathbb{R}^2$ ein Gebiet mit Rand $\partial\Omega$. In diesem Abschnitt liegt der Fokus auf der praktischen Umsetzung der Methode. Daher setzen wir das Gebiet, den Rand, die Inhomogenität f und damit auch die exakte Lösung u als hinreichend gutmütig für die Rechnungen voraus.

Die Poisson-Gleichung und den Laplace-Operator haben wir bereits auf den Seiten 124, 129 und in den Hintergrundinformationen auf Seite 144 kennen gelernt.

Ausgangspunkt für die Finite-Elemente-Methode ist die schwache Form der Differenzialgleichung. Wir betrachten den Sobolev-Raum der einmal schwach differenzierbaren Testfunktionen $V := W_0^{1,2}(\Omega)$, die die Randbedingung erfüllen, vgl. Kapitel 3.5.2 ab Seite 108. Für die Herleitung der schwachen Form von (9.9) multiplizieren wir beide Seiten der Differenzialgleichung mit einer Testfunktion $v \in V$ und integrieren analog zur eindimensionalen Rechnung (9.2) über Ω. Eine Lösung u erfüllt

$$\int_\Omega v(x,y) \cdot \Delta u(x,y)\, \mathrm{d}(x,y) = \int_\Omega f(x,y) \cdot v(x,y)\, \mathrm{d}(x,y).$$
(9.10)

Mit der Produktregel für die Divergenz (Lemma 4.1 auf Seite 122)

$$\mathrm{div}(v \cdot \mathrm{grad}\, u) = (\mathrm{grad}\, v) \cdot (\mathrm{grad}\, u) + v\, \mathrm{div}(\mathrm{grad}\, u) = (\mathrm{grad}\, v) \cdot (\mathrm{grad}\, u) + v\Delta u$$

und dem Satz von Green (Satz 4.2 auf Seite 133 ist aufgrund der in V eingebauten Randbedingung auch für diese Lebesgue-Integrale anwendbar) erhalten wir

$$\int_\Omega v \cdot \Delta u\, \mathrm{d}(x,y) = \int_\Omega \mathrm{div}(v \cdot \mathrm{grad}\, u)\, \mathrm{d}(x,y) - \int_\Omega (\mathrm{grad}\, v) \cdot (\mathrm{grad}\, u)\, \mathrm{d}(x,y)$$

$$= \int_\Omega \frac{\partial}{\partial x}\left[v(x,y)\frac{\partial}{\partial x}u(x,y)\right] - \frac{\partial}{\partial y}\left[-v(x,y)\frac{\partial}{\partial y}u(x,y)\right]\, \mathrm{d}(x,y)$$

$$- \int_\Omega (\mathrm{grad}\, v) \cdot (\mathrm{grad}\, u)\, \mathrm{d}(x,y)$$

$$= \underbrace{\oint_{\partial\Omega} v(x,y)\left[-\frac{\partial}{\partial y}u(x,y) + \frac{\partial}{\partial x}u(x,y)\right]\, \mathrm{d}(x,y)}_{=0 \text{ da } v|_{\partial\Omega} = 0} - \int_\Omega (\mathrm{grad}\, v) \cdot (\mathrm{grad}\, u)\, \mathrm{d}(x,y)$$

und gelangen durch Einsetzen in (9.10) zur schwachen Formulierung des Randwertproblems

$$\int_\Omega (\mathrm{grad}\, v) \cdot (\mathrm{grad}\, u)\, \mathrm{d}(x,y) = -\int_\Omega v \cdot f\, \mathrm{d}(x,y) \text{ für alle } v \in V. \qquad (9.11)$$

Bei drei (und mehr) Variablen gelingt diese mehrdimensionale partielle Integration mit dem Satz von Gauß (siehe Satz 4.3 auf Seite 142).

Mit der Bilinearform $a(.,.)$ und dem Funktional $l(.)$

$$a(v,u) := \int_\Omega (\mathrm{grad}\, v) \cdot (\mathrm{grad}\, u)\, \mathrm{d}(x,y), \quad l(v) := -\int_\Omega v \cdot f\, \mathrm{d}(x,y) \qquad (9.12)$$

erhalten wir die **schwache Form** (vgl. (9.5)) der Poisson-Gleichung (zur Poisson-Gleichung siehe auch die Hintergrundinformationen auf Seite 144): Wir suchen $u \in V$ mit

$$a(v,u) = l(v) \text{ für alle } v \in V. \qquad (9.13)$$

Tatsächlich ist a in unserem Beispiel eine beschränkte V-elliptische Bilinearform, so dass das schwache Problem eindeutig lösbar ist (siehe Satz 9.1).

Statt der Differenzialgleichung lösen wir nun dieses Problem wieder näherungsweise mit dem Ritz-Galerkin-Verfahren, indem wir (9.13) auf einem endlich-dimensionalen Ansatzfunktionenraum $V_N \subseteq V$ statt auf V betrachten. Hier liefert Satz 9.1 nun die eindeutige Existenz einer Näherungslösung. Diese wird in der Praxis über ein Gleichungssystem mit der Steifigkeitsmatrix berechnet, wie wir es im eindimensionalen Fall bereits angedeutet haben. Das führen wir nun genauer aus.

Wir betrachten endlich-dimensionale Untervektorräume $V_N \subseteq V$ mit Basen $B_N := \{\phi_1(x,y), \ldots, \phi_N(x,y)\}$ und suchen die eindeutig existierenden Näherungslösungen $\hat{u} \in V_N$ mit

$$a(v,\hat{u}) = l(v) \text{ für alle } v \in V_N. \qquad (9.14)$$

Die Wahl von V_N und der Basisfunktionen ϕ_k hängt vom Gebiet Ω ab, darauf gehen wir in den folgenden Abschnitten genauer ein. In den Hintergrundinformationen auf Seite 257 haben wir die endlich-dimensionalen Vektorräume mit V_h bezeichnet. Der Parameter h bezeichnet typischerweise eine Abschätzung des Durchmessers der finiten Elemente, siehe Seite 270. Mit wachsendem N wird dann h kleiner.

Die Lösung $\hat{u}$ und die Testfunktionen v aus V_N stellen wir als Linearkombinationen der Basisfunktionen dar:

$$\hat{u}(x,y) = \sum_{i=1}^{N} \hat{u}_i\, \phi_i(x,y), \quad v(x,y) = \sum_{k=1}^{N} v_k\, \phi_k(x,y), \quad \hat{u}_i, v_k \in \mathbb{R}.$$

Einsetzen in (9.14) liefert:

$$a(v, \hat{u}) = l(v) \iff a\left(\sum_{k=1}^{N} v_k\,\phi_k, \sum_{i=1}^{N} \hat{u}_i\,\phi_i\right) = l\left(\sum_{k=1}^{N} v_k\,\phi_k\right)$$

$$\iff \sum_{k=1}^{N}\sum_{i=1}^{N} v_k\,\hat{u}_i\,a\,(\phi_k, \phi_i) = \sum_{k=1}^{N} v_k\,l\,(\phi_k) \iff \vec{v}^{\top}\cdot \mathbf{A}\cdot\hat{\vec{u}} = \vec{v}^{\top}\cdot\vec{l}$$

$$(9.15)$$

mit $\vec{v} := (v_1, \dots, v_N)^{\top}$, $\hat{\vec{u}} := (\hat{u}_1, \dots, \hat{u}_N)^{\top}$, $\vec{l} := (l(\phi_1), \dots, l(\phi_N))^{\top}$ und der **Steifigkeitsmatrix**

$$\mathbf{A} = \begin{bmatrix} a(\phi_1, \phi_1) & \dots & a(\phi_1, \phi_N) \\ \vdots & \ddots & \vdots \\ a(\phi_N, \phi_1) & \dots & a(\phi_N, \phi_N) \end{bmatrix}. \tag{9.16}$$

Aufgrund der Eigenschaften der Bilinearform a ist die Matrix $\mathbf{A}$ symmetrisch und positiv definit (und damit insbesondere invertierbar). Der Vektor $\vec{l}$ heißt **Lastvektor**. Da die Gleichung (9.15) für beliebige Vektoren $\vec{v} \in \mathbb{R}^N$ gilt (also auch für die Standard-Einheitsvektoren), ist $\hat{\vec{u}}$ (eindeutige) Lösung des linearen Gleichungssystems

$$\mathbf{A}\cdot\hat{\vec{u}} = \vec{l}. \tag{9.17}$$

Der Ritz-Galerkin-Ansatz hat das schwache Randwertproblem in das lineare Gleichungssystem (9.17) überführt. Mit der Lösung $\hat{\vec{u}}$ von (9.17) erhalten wir die Finite-Elemente-Lösung

$$\hat{u}(x, y) = \sum_{i=1}^{N} \hat{u}_i\,\phi_i(x, y). \tag{9.18}$$

9.4.2 Finite-Elemente-Diskretisierung, nodale Basis

Im vorigen Abschnitt haben wir (9.14) auf dem endlich-dimensionalen Teilraum $V_N \subseteq V$ mit Basis $B_N = \{\phi_1(x, y), \dots, \phi_N(x, y)\}$ gelöst. Nun gehen wir auf die Konstruktion von konkreten Ansatzfunktionenräumen V_N mit Basen B_N für $\Omega \subset \mathbb{R}^2$ ein. Dazu zerlegen wir $\Omega \cup \partial\Omega$ in einfach strukturierte Teilmengen, die finiten Elemente. Bei zwei Variablen sind das in der Regel (und hier) Dreiecke. Damit eine solche Triangulierung gelingt, muss der Rand $\partial\Omega$ ein Polygonzug sein. Sonst wird $\Omega \cup \partial\Omega$ ersetzt durch eine polygonal berandete Menge $\hat{\Omega} \cup \partial\hat{\Omega}$, die als Vereinigung der finiten Elemente (hier Dreiecke) $E_r \subset \mathbb{R}^2$, $r = 1, \dots, N_{\mathrm{El}}$, geschrieben werden kann, vgl. Abbildung 9.2. Wir werden das diskretisierte schwache Problem nicht auf Ω, sondern lediglich auf der offenen Menge $\hat{\Omega}$ lösen. Die Dreiecke besitzen **Knoten** (Eckpunkte), die entweder in $\hat{\Omega}$ oder in $\partial\hat{\Omega}$ liegen. Seien $\vec{x}_i \in \hat{\Omega}$, $i = 1, \dots, N$, die in $\hat{\Omega}$ enthaltenen Knoten. Diese heißen **innere Knoten**. Knoten in $\partial\hat{\Omega}$ heißen dagegen **Randknoten**. Wir verlangen, dass die Randknoten auch auf dem ursprünglichen Rand $\partial\Omega$ liegen. Aufgrund der Randbedingung muss die gesuchte Finite-Elemente-Lösung hier null werden.

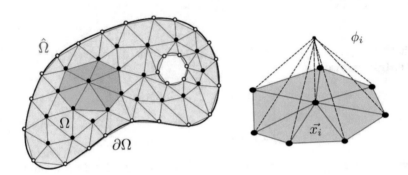

Abb. 9.2 Gebiet $\Omega \subset \mathbb{R}^2$ und Gebiet $\hat{\Omega}$ mit Knoten $\vec{x}_i$, $i = 1, \ldots, N$. Die finiten Elemente sind Dreiecke mit $\vec{x}_i$ als (innere) Ecken. Für die Knotenfunktion $\phi_i(x,y)$ gilt $\phi_i(\vec{x}_r) = \delta_{i,r}$. Der Träger von ϕ_i besteht aus den Dreiecken, die $\vec{x}_i$ als Ecke haben

Für einen inneren Knoten $\vec{x}_i$ erklären wir die **Knotenfunktion** (Basisfunktion) $\phi_i(x,y)$ wie folgt:

- Es gilt $\phi_i(\vec{x}_i) = 1$ und $\phi_i(\vec{x}_k) = 0$ für $k \neq i$, d. h. unter Verwendung des **Kronecker-Delta** $\delta_{i,k}$

$$\phi_i(\vec{x}_k) = \delta_{i,k} := \begin{cases} 1, \text{ falls } i = k, \\ 0, \text{ falls } i \neq k. \end{cases} \tag{9.19}$$

Darüber hinaus gilt $\phi_i(\vec{y}) = 0$ für alle Randknoten $\vec{y}$.

- ϕ_i „lebt" auf denjenigen Elementen E_k, die $\vec{x}_i$ als Ecke haben. Ist $\vec{x}_i$ nicht Ecke von E_l, so gilt $\phi_i(x,y) = 0$ für alle $(x,y) \in E_l$. Der **Träger**

$$\text{supp}(\phi_i) := \bigcup_{k \in \{1,\ldots,N_{\text{El}}\}\,:\,\vec{x}_i \text{ ist Ecke von } E_k} E_k \tag{9.20}$$

von ϕ_i besteht genau aus den finiten Elementen E_k, die $\vec{x}_i$ als Ecke besitzen, vgl. Abbildung 9.2. Außerhalb des Trägers gilt also $\phi_i(x,y) = 0$.

- $\phi_i(x,y)$ ist stückweise linear, also ein stückweise lineares Polynom in zwei Variablen: Auf jedem Element E ist $\phi_i(x,y) = c_{0,0} + c_{1,0}x + c_{0,1}y$ mit Koeffizienten $c_{0,0}, c_{1,0}, c_{0,1} \in \mathbb{R}$ (die durch die vorangehenden Bedingungen eindeutig bestimmt sind).

Jede stückweise lineare Ansatzfunktion $\phi_i(x,y)$ ist stetig und im Inneren jedes finiten Elements partiell nach x und y differenzierbar. Die fehlende

Differenzierbarkeit an den Elementrändern des Trägers ändert nichts an der Zugehörigkeit der Funktion zu $W_0^{1,2}(\hat{\Omega})$.

Die Funktionenmenge $B_N = \{\phi_i(x,y) : i = 1, \ldots, N\}$ heißt **nodale Basis**. Der von B_N erzeugte Funktionenraum $V_N \subseteq W_0^{1,2}(\hat{\Omega})$ hat die Dimension N.

Für die Elemente der Steifigkeitsmatrix $\mathbf{A}$ bezüglich V_N erhalten wir mit (9.12), (9.16) und (9.20)

$$a(\phi_i, \phi_r) = \int_{\hat{\Omega}} (\operatorname{grad} \phi_i) \cdot (\operatorname{grad} \phi_r) \, \mathrm{d}(x,y)$$

$$= \int_{\operatorname{supp}(\phi_i) \cap \operatorname{supp}(\phi_r)} (\operatorname{grad} \phi_i) \cdot (\operatorname{grad} \phi_r) \, \mathrm{d}(x,y). \qquad (9.21)$$

Es gilt $a(\phi_i, \phi_r) = 0$, wenn die Knoten $\vec{x}_i$ und $\vec{x}_r$ nicht beide Ecken desselben Dreiecks E_k sind. Der Integrationsbereich bei (9.21) besteht aus den finiten Elementen E_k, die $\vec{x}_i$ und $\vec{x}_r$ als Ecke besitzen:

$$a(\phi_i, \phi_r) = \sum_{k \in \{1, \ldots, N_{\mathrm{El}}\}: \ \vec{x}_i \text{ und } \vec{x}_r \text{ sind Ecken von } E_k} a(\phi_i, \phi_r)|_{E_k}$$

mit

$$a(\phi_i, \phi_r)|_{E_k} := \int_{E_k} (\operatorname{grad} \phi_i) \cdot (\operatorname{grad} \phi_r) \, \mathrm{d}(x,y). \qquad (9.22)$$

Entsprechend berechnen wir den Lastvektor $\vec{l} = (l(\phi_1), \ldots, l(\phi_N))^\top$ mit

$$l(\phi_i) := -\int_{\hat{\Omega}} \phi_i \cdot f \, \mathrm{d}(x,y) = -\int_{\operatorname{supp}(\phi_i)} \phi_i \cdot f \, \mathrm{d}(x,y) \qquad (9.23)$$

$$= -\sum_{k \in \{1, \ldots, N_{\mathrm{El}}\}: \ \vec{x}_i \text{ ist Ecke von } E_k} \int_{E_k} \phi_i \cdot f \, \mathrm{d}(x,y).$$

Die Steifigkeitsmatrix $\mathbf{A}$ und der Lastvektor $\vec{l}$ werden iterativ über alle Dreiecke E_n, $n = 1, \ldots, N_{\mathrm{El}}$, aufgebaut. Der Eintrag $a_{i,r} = a(\phi_i, \phi_r)$ der Matrix ist die Summe der Anteile $a(\phi_i, \phi_r)|_{E_n}$. Dabei liefern nur Dreiecke E_n einen Beitrag zu $a_{i,r}$, die als Ecken sowohl den Knoten $\vec{x}_i$ als auch $\vec{x}_r$ besitzen. Falls $\vec{x}_i$ und $\vec{x}_r$ nicht beide zu einem Dreieck gehören, ist $a(\phi_i, \phi_r) = 0$. Daher ist $\mathbf{A}$ dünn besetzt. Ein Eintrag $l_i = l(\phi_i)$, $i \in \{1, \ldots, N\}$, des Lastvektors entsteht durch Summation der Integrale $-\int_{E_n} \phi_i \cdot f \, \mathrm{d}(x,y)$. Diese Integrale über E_n können nur von null verschieden sein, falls $\vec{x}_i$ eine Ecke von E_n ist.

9.4.3 Transformation auf ein Referenzdreieck

Für die Berechnung der $a(\phi_i, \phi_r)$ nach (9.22) und der $l(\phi_i)$ nach (9.23) sind Integrale über Dreieckselemente E zu berechnen. Hierfür transformieren wir die Integrale auf ein Referenzdreieck R. Da die nodalen Basisfunktionen ϕ_k als stückweise linear angenommen werden, ist die Berechnung der Integrale dann einfach durchführbar.

Ein Dreieck E habe als Ecken die inneren oder äußeren Knoten $\vec{x}_r = (x_r, y_r)^\top$, $\vec{x}_k = (x_k, y_k)^\top$ und $\vec{x}_s = (x_s, y_s)^\top$. Die Transformation

$$\vec{X}(\xi_1, \xi_2) := \vec{x}_r + (\vec{x}_k - \vec{x}_r)\xi_1 + (\vec{x}_s - \vec{x}_r)\xi_2, \quad 0 \le \xi_1 \le 1, \quad 0 \le \xi_2 \le 1 - \xi_1,$$

bildet das Referenzdreieck

$$R := \{(\xi_1, \xi_2) : \quad 0 \le \xi_1 \le 1, \quad 0 \le \xi_2 \le 1 - \xi_1\}$$

in der (ξ_1, ξ_2)-Ebene mit den Ecken $(0,0)^\top$, $(1,0)^\top$ und $(0,1)^\top$ auf das Dreieck E in der (x, y)-Ebene ab, vgl. Abbildung 9.3. Es gilt

$$\vec{X}(0,0) = \vec{x}_r, \quad \vec{X}(1,0) = \vec{x}_k, \quad \vec{X}(0,1) = \vec{x}_s.$$

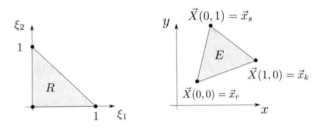

Abb. 9.3 Transformation des Referenzdreiecks R auf das Dreieck E

Wir betrachten für eine geeignete, auf E definierte reellwertige Funktion g die Substitution (vgl. Satz 3.5 auf Seite 96)

$$\int_E g(x, y)\, \mathrm{d}(x, y) = \int_R g(\vec{X}(\xi_1, \xi_2))\, |\det \vec{X}'(\xi_1, \xi_2)|\, \mathrm{d}(\xi_1, \xi_2).$$

Für die Jacobi-Matrix der Transformation $\vec{X}$ erhalten wir

$$\vec{X}'(\xi_1, \xi_2) = \left[\frac{\partial}{\partial \xi_1}\vec{X}(\xi_1, \xi_2), \ \frac{\partial}{\partial \xi_2}\vec{X}(\xi_1, \xi_2) \right] = [\vec{x}_k - \vec{x}_r, \ \vec{x}_s - \vec{x}_r]. \quad (9.24)$$

Da die Jacobi-Matrix konstant ist und nur vom Element E abhängt, schreiben wir im Folgenden $\mathbf{J}_E$ anstatt $\vec{X}'(\xi_1, \xi_2)$. Mit der Funktionaldeterminante

$$\det \mathbf{J}_E = \begin{vmatrix} x_k - x_r & x_s - x_r \\ y_k - y_r & y_s - y_r \end{vmatrix} = (x_k - x_r) \cdot (y_s - y_r) - (x_s - x_r) \cdot (y_k - y_r)$$

folgt

$$\int_E g(x,y)\,\mathrm{d}(x,y) = |\det \mathbf{J}_E| \int_R g(\vec{X}(\xi_1, \xi_2))\,\mathrm{d}(\xi_1, \xi_2).$$

Jetzt wenden wir die Substitution zur näherungsweisen Berechnung des Lastvektors (9.23) an. Auf E integrieren wir dazu die Funktion $g(x,y) := f(x,y)\phi_m(x,y)$:

$$\int_E f(x,y)\phi_m(x,y)\,\mathrm{d}(x,y) = |\det \mathbf{J}_E| \int_R f(\vec{X}(\xi_1, \xi_2))\phi_m(\vec{X}(\xi_1, \xi_2))\,\mathrm{d}(\xi_1, \xi_2).$$

$$(9.25)$$

Diese Integrale lassen sich mittels eines Quadraturverfahrens numerisch berechnen. Dazu approximieren wir die Funktion f auf E mit der nodalen Basis, die wir nur zu diesem Zweck um Basisfunktionen für die Randknoten erweitern. Denn die Inhomogenität muss nicht die Nullrandbedingung erfüllen. Wir setzen jetzt voraus, dass einzelne Funktionswerte an den Stellen $\vec{x}_r$, $\vec{x}_k$ und $\vec{x}_s$ von f aussagekräftig sind, z. B., weil f an diesen Stellen stetig ist. Dann erhalten wir

$$f(x,y) \approx \hat{f}(x,y) := f(\vec{x}_r)\phi_r(x,y) + f(\vec{x}_k)\phi_k(x,y) + f(\vec{x}_s)\phi_s(x,y),$$

und wir setzen in (9.25) ein:

$$\int_E \hat{f}(x,y)\phi_m(x,y)\,\mathrm{d}(x,y)$$

$$= \int_E [f(\vec{x}_r)\phi_r(x,y) + f(\vec{x}_k)\phi_k(x,y) + f(\vec{x}_s)\phi_s(x,y)] \cdot \phi_m(x,y)\,\mathrm{d}(x,y)$$

$$= |\det \mathbf{J}_E| \cdot (f(\vec{x}_r), f(\vec{x}_k), f(\vec{x}_s)) \cdot \begin{pmatrix} \int_R \phi_r(\vec{X}(\xi_1, \xi_2))\phi_m(\vec{X}(\xi_1, \xi_2))\,\mathrm{d}(\xi_1, \xi_2) \\ \int_R \phi_k(\vec{X}(\xi_1, \xi_2))\phi_m(\vec{X}(\xi_1, \xi_2))\,\mathrm{d}(\xi_1, \xi_2) \\ \int_R \phi_s(\vec{X}(\xi_1, \xi_2))\phi_m(\vec{X}(\xi_1, \xi_2))\,\mathrm{d}(\xi_1, \xi_2) \end{pmatrix}.$$

Wegen $\phi_r(\vec{X}(\xi_1, \xi_2)) = 1 - \xi_1 - \xi_2$, $\quad \phi_k(\vec{X}(\xi_1, \xi_2)) = \xi_1$, $\quad \phi_s(\vec{X}(\xi_1, \xi_2)) = \xi_2$ berechnen sich die Integrale (mittels Integration über das Referenzdreieck als Normalbereich, siehe Satz 3.4 auf Seite 93) zu

$$\int_R \phi_k^2(\vec{X}(\xi_1, \xi_2))\,\mathrm{d}(\xi_1, \xi_2) = \int_0^1 \int_0^{1-\xi_1} \xi_1^2\,\mathrm{d}\xi_2\,\mathrm{d}\xi_1 = \int_0^1 \xi_1^2 - \xi_1^3\,\mathrm{d}\xi_1 = \frac{1}{12}$$

$$\int_R \phi_r^2(\vec{X}(\xi_1, \xi_2))\,\mathrm{d}(\xi_1, \xi_2) = \int_0^1 \int_0^{1-\xi_1} (1 - \xi_1 - \xi_2)^2\,\mathrm{d}\xi_2\,\mathrm{d}\xi_1 = \frac{1}{12}$$

$$\int_R \phi_s^2(\vec{X}(\xi_1, \xi_2))\,\mathrm{d}(\xi_1, \xi_2) = \int_0^1 \int_0^{1-\xi_1} \xi_2^2\,\mathrm{d}\xi_2\,\mathrm{d}\xi_1 = \frac{1}{12}$$

$$\int_R \phi_r(\vec{X}(\xi_1,\xi_2))\phi_k(\vec{X}(\xi_1,\xi_2))\,\mathrm{d}(\xi_1,\xi_2) = \int_0^1 \int_0^{1-\xi_1} \xi_1 - \xi_1^2 - \xi_1\xi_2\,\mathrm{d}\xi_2\,\mathrm{d}\xi_1$$

$$= \frac{1}{24}$$

$$\int_R \phi_r(\vec{X}(\xi_1,\xi_2))\phi_s(\vec{X}(\xi_1,\xi_2))\,\mathrm{d}(\xi_1,\xi_2) = \int_0^1 \int_0^{1-\xi_1} \xi_2 - \xi_1\xi_2 - \xi_2^2\,\mathrm{d}\xi_2\,\mathrm{d}\xi_1$$

$$= \frac{1}{24}$$

$$\int_R \phi_k(\vec{X}(\xi_1,\xi_2))\phi_s(\vec{X}(\xi_1,\xi_2))\,\mathrm{d}(\xi_1,\xi_2) = \int_0^1 \int_0^{1-\xi_1} \xi_1\xi_2\,\mathrm{d}\xi_2\,\mathrm{d}\xi_1 = \frac{1}{24}.$$

Damit erhalten wir für $m \in \{r,k,s\}$:

$$\int_E \hat{f}(x,y)\phi_r(x,y)\,\mathrm{d}(x,y) = |\det \mathbf{J}_E|\;[f(\vec{x}_r),f(\vec{x}_k),f(\vec{x}_s)]\cdot\frac{1}{24}\begin{pmatrix}2\\1\\1\end{pmatrix}$$

$$\int_E \hat{f}(x,y)\phi_k(x,y)\,\mathrm{d}(x,y) = |\det \mathbf{J}_E|\;[f(\vec{x}_r),f(\vec{x}_k),f(\vec{x}_s)]\cdot\frac{1}{24}\begin{pmatrix}1\\2\\1\end{pmatrix}$$

$$\int_E \hat{f}(x,y)\phi_s(x,y)\,\mathrm{d}(x,y) = |\det \mathbf{J}_E|\;[f(\vec{x}_r),f(\vec{x}_k),f(\vec{x}_s)]\cdot\frac{1}{24}\begin{pmatrix}1\\1\\2\end{pmatrix}.$$

Weiter gilt

$$\int_E \hat{f}(x,y)\phi_m(x,y)\,\mathrm{d}(x,y) = 0 \quad \text{für} \quad m \notin \{r,k,s\}.$$

Für die Berechnung der Steifigkeitsmatrix benötigen wir als Summanden die Zahlen für $n,m \in \{r,k,s\}$

$$a(\phi_n,\phi_m)|_E = \int_E (\operatorname{grad}\phi_n)(x,y)\cdot(\operatorname{grad}\phi_m)(x,y)^\top\,\mathrm{d}(x,y).$$

Die mehrdimensionale Kettenregel (Satz 1.4, Seite 24) liefert

$$\operatorname{grad}[\phi_n(\vec{X}(\xi_1,\xi_2))] = [\operatorname{grad}\phi_n](\vec{X}(\xi_1,\xi_2))\cdot[\vec{x}_k - \vec{x}_r, \vec{x}_s - \vec{x}_r]$$

$$= [\operatorname{grad}\phi_n](\vec{X}(\xi_1,\xi_2))\cdot\mathbf{J}_E,$$

wobei $[\operatorname{grad}\phi_n](\vec{X}(\xi_1,\xi_2))$ den an der Stelle $\vec{X}(\xi_1,\xi_2)$ ausgewerteten Gradient von ϕ_n bezeichnet und wir rechts mit der (invertierbaren) Jacobi-Matrix von $\vec{X}$ multiplizieren. Insbesondere ist

$$[\operatorname{grad}\phi_n](\vec{X}(\xi_1,\xi_2)) = \operatorname{grad}[\phi_n(\vec{X}(\xi_1,\xi_2))]\cdot\mathbf{J}_E^{-1}.$$

Damit folgt als Beitrag des Integrals über das Element E zu $a(\phi_n, \phi_m)$

$$a(\phi_n, \phi_m)|_E = \int_E (\operatorname{grad} \phi_n)(x, y) \cdot (\operatorname{grad} \phi_m)(x, y)^\top \, d(x, y)$$

$$= |\det \mathbf{J}_E| \int_R (\operatorname{grad} \phi_n)(\vec{X}(\xi_1, \xi_2)) \cdot ((\operatorname{grad} \phi_m)(\vec{X}(\xi_1, \xi_2)))^\top \, d(\xi_1, \xi_2)$$

$$= |\det \mathbf{J}_E| \int_R \operatorname{grad}[\phi_n(\vec{X}(\xi_1, \xi_2))] \cdot \mathbf{J}_E^{-1} \cdot (\operatorname{grad}[\phi_m(\vec{X}(\xi_1, \xi_2))] \cdot \mathbf{J}_E^{-1})^\top \, d(\xi_1, \xi_2)$$

$$= |\det \mathbf{J}_E| \int_R \operatorname{grad}[\phi_n(\vec{X}(\xi_1, \xi_2))] \cdot \mathbf{Q}_E \cdot (\operatorname{grad}[\phi_m(\vec{X}(\xi_1, \xi_2))])^\top \, d(\xi_1, \xi_2)$$

mit der symmetrischen Matrix (vgl. Band 1, S. 197, Satz 6.5)

$$\mathbf{Q}_E = \begin{bmatrix} Q_{1,1} & Q_{1,2} \\ Q_{2,1} & Q_{2,2} \end{bmatrix} := \mathbf{J}_E^{-1} \cdot [\mathbf{J}_E^{-1}]^\top = \mathbf{J}_E^{-1} \cdot [\mathbf{J}_E^\top]^{-1} = [\mathbf{J}_E^\top \cdot \mathbf{J}_E]^{-1}.$$

Die Gradienten der auf das Referenzdreieck R transformierten Knotenfunktionen sind konstant: $\operatorname{grad}[\phi_r(\vec{X}(\xi_1, \xi_2))] = (-1, -1)$, $\operatorname{grad}[\phi_k(\vec{X}(\xi_1, \xi_2)] = (1, 0)$ und $\operatorname{grad}[\phi_s(\vec{X}(\xi_1, \xi_2))] = (0, 1)$. Damit folgt mit dem Flächeninhalt $\frac{1}{2}$ von R, falls $n, m \in \{r, k, s\}$:

$$a(\phi_n, \phi_m)|_E = \frac{|\det \mathbf{J}_E|}{2} \operatorname{grad}[\phi_n(\vec{X}(\xi_1, \xi_2))] \cdot \mathbf{Q}_E \cdot \operatorname{grad}[\phi_m(\vec{X}(\xi_1, \xi_2))]^\top.$$

Im Einzelnen gilt:

$$a(\phi_r, \phi_r)|_E = \frac{|\det \mathbf{J}_E|}{2} (-1, -1) \cdot \mathbf{Q}_E \cdot \begin{pmatrix} -1 \\ -1 \end{pmatrix}$$

$$a(\phi_k, \phi_k)|_E = \frac{|\det \mathbf{J}_E|}{2} (1, 0) \cdot \mathbf{Q}_E \cdot \begin{pmatrix} 1 \\ 0 \end{pmatrix} = \frac{|\det \mathbf{J}_E| Q_{1,1}}{2}$$

$$a(\phi_s, \phi_s)|_E = \frac{|\det \mathbf{J}_E|}{2} (0, 1) \cdot \mathbf{Q}_E \cdot \begin{pmatrix} 0 \\ 1 \end{pmatrix} = \frac{|\det \mathbf{J}_E| Q_{2,2}}{2}$$

$$a(\phi_r, \phi_k)|_E = \frac{|\det \mathbf{J}_E|}{2} (-1, -1) \cdot \mathbf{Q}_E \cdot \begin{pmatrix} 1 \\ 0 \end{pmatrix} = -\frac{|\det \mathbf{J}_E|}{2} (Q_{1,1} + Q_{2,1})$$

$$a(\phi_r, \phi_s)|_E = \frac{|\det \mathbf{J}_E|}{2} (-1, -1) \cdot \mathbf{Q}_E \cdot \begin{pmatrix} 0 \\ 1 \end{pmatrix} = -\frac{|\det \mathbf{J}_E|}{2} (Q_{1,2} + Q_{2,2})$$

$$a(\phi_k, \phi_s)|_E = \frac{|\det \mathbf{J}_E|}{2} (1, 0) \cdot \mathbf{Q}_E \cdot \begin{pmatrix} 0 \\ 1 \end{pmatrix} = \frac{|\det \mathbf{J}_E| Q_{1,2}}{2}.$$

Aufgrund der Symmetrie ist $a(\phi_n, \phi_m)|_E = a(\phi_m, \phi_n)|_E$. Für $n \notin \{r, k, s\}$ oder $m \notin \{r, k, s\}$ ist $a(\phi_n, \phi_m)|_E = 0$.

9.4.4 Lineares Gleichungssystem und Fehlerverhalten

Wir können nun alle Einträge der Steifigkeitsmatrix $\mathbf{A}$ und des Lastvektors $\vec{l}$ für das lineare Gleichungssystem (9.17) berechnen. Die Randbedingung $u(x, y) = 0$ für $(x, y) \in \partial\Omega$ ist bereits dadurch berücksichtigt, dass wir zu Randknoten keine Elemente der nodalen Basis gebildet haben.

Die Steifigkeitsmatrix $\mathbf{A}$ ist symmetrisch, positiv definit und dünn besetzt. Für derartige lineare Gleichungssysteme verwendet man standardmäßig CG-Verfahren, siehe Beispiel 2.6 auf Seite 44. Darüber hinaus wird eine Vorkonditionierung empfohlen (vgl. Band 1, Seite 657), beispielsweise durch Verwendung einer unvollständigen Cholesky-Zerlegung, siehe z. B. [Jung(2013), S. 493ff], vgl. Seite 49.

Mit Lemma 9.2 auf Seite 259 können wir (zumindest im Fall eines polygonalen Gebiets $\Omega = \hat{\Omega}$ und exakter Inhomogenität $\hat{f} = f$) eine Fehlerschranke in einer Sobolev-Norm (siehe Kapitel 3.5.2) angeben:

$$\|u - \hat{u}\|_{1,2,\Omega} \leq \frac{C}{c} \inf_{v \in V_N} \|u - v\|_{1,2,\Omega}.$$

Das Infimum gibt den geringstmöglichen Fehler der Approximation von u durch Ansatzfunktionen $v \in V_N$ an. Ist sogar $u \in W_0^{1,2}(\Omega) \cap W^{2,2}(\Omega)$, so kann bei den von uns betrachteten stückweise linearen Ansatzfunktionen weiter gegen eine von u abhängende Konstante C_u mal h abgeschätzt werden, wobei h der maximale Durchmesser der finiten Elemente ist: $\|u - \hat{u}\|_{1,2,\Omega} \leq C_u h$. Konstruiert man die Ansatzfunktionenräume über Polynome höheren Grades r, so lässt sich der Exponent von h von 1 zu r verbessern. Der Fehler wird hier in der Norm des Sobolev-Raums $W_0^{1,2}(\Omega)$ gemessen, bei der auch die ersten schwachen Ableitungen berücksichtigt werden. Mit dem sogenannten **Nitsche-Trick**, siehe [Ciarlet(1990), S. 141], lässt sich daraus eine Abschätzung des Fehlers in der $L^2(\Omega)$-Norm gewinnen: $\|u - \hat{u}\|_{L^2(\Omega)} \leq C_u h^2$. Da auf der linken Seite keine Ableitungen mehr verglichen werden, erhöht sich für stückweise lineare Ansatzfunktionen die Konvergenzordnung von h zu h^2. In der L^2-Norm wird durch die Integration der Fehler gemittelt. Interessanter ist aber häufig der punktweise Fehler an vorgegebenen Stellen. Bei stückweise linearen Ansatzfunktionen kann der punktweise Fehler außerhalb der Knoten aber um einen $|\ln(h)|$-Faktor größer sein, siehe [Schatz(1980)]. Dieser Faktor tritt bei Verwendung stückweiser Polynome höherer Ordnung aber nicht auf.

9.4.5 Triangulierung des Gebiets und Beispielrechnungen

Wesentlich für die Finite-Elemente-Methode ist die **Triangulierung** von Ω bzw. die **Gittergenerierung**, d. h. die Wahl der inneren Knoten und Randknoten sowie der zugehörigen finiten Elemente. Hierfür gibt es verschiedene Strategien und Algorithmen, auf die wir im Rahmen dieser Einführung nicht eingehen können. Für die Triangulation von Ω haben wir das Paket „DistMesh" von Per-Olof Persson und Gilbert Strang verwendet, siehe [Persson und Strang(2004)], das als MATLAB-Code verfügbar ist. Der Aufbau der Steifigkeitsmatrix $\mathbf{A}$ und des Lastvektors $\vec{l}$ sowie die Lösung des linearen Gleichungssystems werden mit dem MATLAB-Scriptfile „poissonv2.m" durchgeführt, das im Rahmen der „Math 692 one-page MATLAB FEM code challenge" unter der Leitung von Ed Bueler in 2005 erstellt wurde. Das DistMesh-Paket und das MATLAB-Scriptfile poissonv2.m unterliegen der GNU GPL.

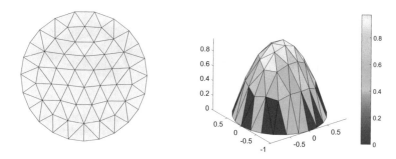

Abb. 9.4 Finite-Elemente-Lösung des homogenen Randwertproblems (9.26) (rechts) für den Einheitskreis Ω und der Triangulierung von Ω mit $h = 0,25$ (links)

Beispiel 9.1 Als Test für die Genauigkeit und Konvergenzordnung h^2 bzw. $|\ln(h)h^2|$ betrachten wir das Randwertproblem

$$\Delta u(x, y) = -4 \text{ für alle } (x, y) \in \Omega \text{ und } u(x, y) = 0 \text{ für alle } (x, y) \in \partial\Omega,$$
(9.26)

wobei $\Omega = \{(x, y) \in \mathbb{R}^2 : x^2 + y^2 < 1\}$ mit Rand

$$\partial\Omega = \{(x, y) \in \mathbb{R}^2 : x^2 + y^2 = 1\}$$

die Einheitskreisscheibe sei. Die Lösung ist $u(x, y) = 1 - x^2 - y^2$, $(x, y) \in \Omega$. Mit dem Paket DistMesh mit $h = 0,25$ und poissonv2.m erhalten wir die Finite-Elemente-Lösung, die in Abbildung 9.4 dargestellt ist. Für den maximalen Fehler $|\hat{u}(\vec{x}_k) - u(\vec{x}_k)|$ in den Knoten erhalten wir für verschiedene (maximale) Elementdurchmesser h die Werte in Tabelle 9.1. Die Tabelle bestätigt die Fehlerabschätzung gegen h^2. Bei Halbierung von h reduziert sich der maximale Fehler auf etwa ein Viertel.

Beispiel 9.2 Im zweiten Beispiel betrachten wir das Randwertproblem für die Poisson-Gleichung

Tabelle 9.1 Knotenfehler im Beispiel 9.1

h	$\max_k |\hat{u}(\vec{x}_k) - u(\vec{x}_k)|$
0.5	0.039
0.25	0.0115
0.125	0.0026

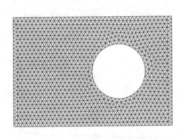 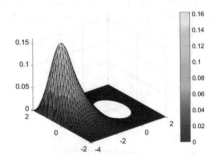

Abb. 9.5 Finite-Elemente-Lösung des homogenen Randwertproblems aus Beispiel 9.2 (rechts) für ein etwas komplizierteres Gebiet Ω mit der links gezeigten Triangulierung zu $h = 0{,}15$

$$\Delta u(x,y) = -e^{-4\left((x+3)^2 + (y-1)^2\right)} \text{ für alle } (x,y) \in \Omega$$

mit $u(x,y) = 0$ für alle $(x,y) \in \partial\Omega$ auf dem Gebiet

$$\Omega = \left\{ (x,y) \in \mathbb{R}^2 \ : \ 4 < x < 2 \ \wedge \ -2 < y < 2 \ \wedge \ x^2 + y^2 > 1 \right\}.$$

Mit dem Paket DistMesh mit $h = 0{,}15$ und poissonv2.m erhalten wir die Finite-Elemente-Lösung, die in Abbildung 9.5 dargestellt ist.

Literaturverzeichnis

Alt(1992). Alt, H. W.: Lineare Funktionalanalysis. Springer, Berlin, 1992.

Ciarlet(1990). Ciarlet, P. G.: Basic error estimates for elliptic problems. In: Ciarlet P. G., Lions, J- L. (Hrsg.) Handbook of Numerical Analysis, II, North-Holland, Amsterdam, 1990, S. 5–196.

Jung(2013). Jung, M. und Langer, U.: Methode der finiten Elemente für Ingenieure. Springer Vieweg, Wiesbaden, 2013.

Persson und Strang(2004). Persson, P.-O. und Strang, G.: A simple mesh generator in MATLAB. SIAM Review 46, 2004, S. 329–345.

Schatz(1980). Schatz, A. H.: A weak discrete maximum principle and stability of finite element method in L_∞ on plane polygonal domains. Math. Comp. 34, 1980, S. 77–91.

Kapitel 10

Aufgaben zu Teil II

10.1 Differenzialgleichungen erster Ordnung

Aufgabe 10.1 Man berechne die (eindeutigen) Lösungen der homogenen linearen Differenzialgleichungen

$$y'(x) + y(x)e^x = 0, \quad y'(x) + y(x)\sin(x) = 0,$$

die die Anfangsbedingung $y(0) = 1$ erfüllen.

Aufgabe 10.2 Man berechne die allgemeine Lösung der inhomogenen linearen Differenzialgleichung erster Ordnung:

$$y'(x) = \cos(3x)y(x) + \cos(3x).$$

Hinweis: Zur Berechnung des Integrals für die partikuläre Lösung substituiere man das auftretende Argument der Exponentialfunktion.

Aufgabe 10.3 Berechnen Sie die allgemeine Lösung der folgenden Differenzialgleichungen

a) $x'(t) = x(t) + t + 4t^2$,   b) $x'(t) = -tx(t) - 3t$,

c) $tx'(t) = -5x(t) + \dfrac{e^t}{t^3}$ für $t > 0$,   d) $x'(t) = -12t^2x(t) + t^2 + 2t^5$,

e) $x'(t) = \dfrac{x(t)}{t^2} + \dfrac{4}{t^2}$ für $t \neq 0$.

Ergänzende Information Die elektronische Version dieses Kapitels enthält Zusatzmaterial, auf das über folgenden Link zugegriffen werden kann https://doi.org/10.1007/978-3-662-68369-9_10.

Aufgabe 10.4 Berechnen Sie die Lösung der folgenden Anfangswertprobleme

a) $\dfrac{d}{dt}x(t) = -3x(t) + 1 + t$, $x(0) = \dfrac{1}{3}$, b) $\dfrac{d}{dt}x(t) = 2t(2x(t) - 2)$, $x(0) = 0$,

c) $\dfrac{d}{dt}x(t) = \dfrac{x(t)}{t} + t^2 - 1$, $x(1) = 1$, für $t > 0$,

d) $\dfrac{d}{dt}x(t) = x(t)\ln(t)$, $x(1) = 1$, für $t > 0$.

Aufgabe 10.5 Berechnen Sie Lösungen $x(t)$ der folgenden Differenzialgleichungen mittels Trennung der Variablen

a) $\dfrac{d}{dt}x(t) = 17 \cdot x(t)$,   b) $\dfrac{d}{dt}x(t) = 7t^2 \cdot x(t)$,   c) $t^2 \dfrac{d}{dt}x(t) = \sqrt{x(t)}$,

d) $\dfrac{d}{dt}x(t) = \cot(x(t)) \cdot (1 + t^2)$,   e) $x(t) \cdot \dfrac{d}{dt}x(t) = \exp(t)$,

f) $\dfrac{d}{dt}x(t) = a \cdot x(t)(x(t) - 2)$.

Aufgabe 10.6 Berechnen Sie Lösungen der folgenden Anfangswertprobleme mittels Trennung der Variablen:

a) $\dfrac{d}{dt}x(t) = e^{x(t)+t}$, $x(0) = 0$,   b) $\dfrac{d}{dt}x(t) = \dfrac{\sin(t)}{x^2(t)}$, $x(0) = 1$,

c) $t^2 \cdot \dfrac{d}{dt}x(t) = x(t)(x(t) + 1)$, $x(1) = 1$,

d) $\dfrac{d}{dt}x(t) = (x^2(t) - 1)\sin(t)$, $x(0) = 2$.

Aufgabe 10.7 Berechnen Sie Lösungen folgender Differenzialgleichungen erster Ordnung mit Hilfe einer geeigneten Substitution:

a) $\dfrac{d}{dx}y(x) = (x + y(x) + 1)^2$, b) $x\dfrac{d}{dx}y(x) = y(x) + 5x$,

c) $x^2 \dfrac{d}{dx}y(x) = \dfrac{5}{4}x^2 + y^2(x)$, d) $\dfrac{d}{dx}y(x) = 2\sin\left(\dfrac{y(x)}{x}\right) + \dfrac{y(x)}{x}$ für $x \neq 0$.

Hinweis: Es ist

$$\int \frac{1}{\sin(u)}\, du = \ln\left(\left|\tan\left(\frac{u}{2}\right)\right|\right) + c.$$

Aufgabe 10.8 Lösen Sie die folgenden linearen Anfangswertaufgaben:

a) $\dfrac{d}{dx}y(x) = -\tan(x)y(x) + 5\sin(2x)$, $y(\pi) = 0$,

b) $x\dfrac{d}{dx}y(x) = y(x) - x^2\sin(x)$, $y(2\pi) = 6\pi$, für $x > 0$.

10.2 Differenzialgleichungssysteme

Aufgabe 10.9 Man bestimme die allgemeine Lösung des linearen, homogenen Differenzialgleichungssystems

$$\vec{y}'(t) = \begin{bmatrix} 8 & 21 \\ 1 & 4 \end{bmatrix} \vec{y}(t).$$

Aufgabe 10.10 Man berechne eine Wronski-Matrix für das lineare Differenzialgleichungssystem

$$\vec{y}'(t) = \begin{bmatrix} 1 & 1 \\ 3 & 3 \end{bmatrix} \vec{y}(t).$$

Aufgabe 10.11 Man berechne ein reelles Fundamentalsystem des homogenen Systems $\frac{\mathrm{d}}{\mathrm{d}x}\vec{y}(x) = \mathbf{A}\vec{y}(x)$ mit

$$\mathbf{A} = \begin{bmatrix} 0 & 3 & -2 \\ -3 & 0 & 1 \\ 2 & -1 & 0 \end{bmatrix}.$$

Aufgabe 10.12 Gegeben sei das inhomogene lineare System

$$\vec{y}'(t) = \begin{bmatrix} -3 & 1 \\ 1 & -3 \end{bmatrix} \vec{y}(t) + \begin{pmatrix} 1 \\ 2 \end{pmatrix}.$$

a) Berechnen Sie die allgemeine Lösung des zugehörigen homogenen Systems über Eigenwerte und Eigenvektoren.
b) Bestimmen Sie damit eine partikuläre Lösung des inhomogenen Systems mit einem Ansatz vom Typ der rechten Seite.
c) Wie lautet die allgemeine Lösung?
d) Wie lautet die Lösung des Anfangswertproblems mit $y_1(0) = y_2(0) = 0$?

Aufgabe 10.13 Man bestimme die allgemeine Lösung des linearen, homogenen Systems

$$\vec{y}'(t) = \begin{bmatrix} 5 & 8 \\ 1 & 3 \end{bmatrix} \vec{y}(t).$$

Aufgabe 10.14 Lösen Sie das Anfangswertproblem für das homogene System erster Ordnung

$$\vec{y}'(t) = \begin{bmatrix} -1 & 3 \\ 1 & 1 \end{bmatrix} \vec{y}(t), \quad \vec{y}(0) = \begin{pmatrix} 1 \\ 1 \end{pmatrix},$$

a) durch Elimination einer Variable über eine Differenzialgleichung zweiter Ordnung,
b) durch Berechnung der Eigenwerte und Eigenvektoren.

10.3 Lineare Differenzialgleichungen höherer Ordnung

Aufgabe 10.15 Man bestimme die allgemeine Lösung der Differenzialgleichung vierter Ordnung

$$y^{(4)}(t) - 7y^{(2)}(t) + 12\,y(t) = 0,$$

sowie die allgemeine Lösung von $y^{(2)}(t) - 4y(t) = 0$.

Aufgabe 10.16 Man bestimme die Lösung der Differenzialgleichung zweiter Ordnung

$$y''(t) - 2y'(t) - 3\,y(t) = 0,$$

indem man die Hilfsfunktionen $y_1(t) := y(t)$ und $y_2(t) := y'(t)$ einführt und die Differenzialgleichung als System erster Ordnung schreibt und löst. Wie lautet die Lösung mit Anfangswerten $y(0) = 1$ und $y'(0) = 0$?

Aufgabe 10.17 Man bestimme alle Lösungen $y(x)$ der folgenden Differenzialgleichungen:

a) $y^{(2)}(x) + 3y'(x) + 2y(x) = 0$,
b) $y^{(3)}(x) - y'(x) = 0$,
c) $y^{(3)}(x) - y(x) = 0$,
d) $y^{(3)}(x) - 2y^{(2)}(x) + y'(x) = 0$.

Aufgabe 10.18 Man löse $y''(x) + y'(x) - 2y(x) = 10\,e^x$ mit dem Ansatz vom Typ der rechten Seite.

Aufgabe 10.19 Man bestimme alle Lösungen $y(x)$ von

$$y^{(2)}(x) + y'(x) - 12y(x) = 1 + x^2.$$

Teil III
Fourier-Reihen und Integraltransformationen

Für Wechselspannungen der Form $u(t) = \hat{u}\cos(\omega t + \varphi_u)$ gilt das Ohm'sche Gesetz auch für Spulen und Kondensatoren. Dabei rechnet man mit komplexen Widerständen (Impedanzen). Diese Widerstände hängen von der Kreisfrequenz ω ab und lassen sich nur für Spannungen angeben, die genau die angegebene Form haben (Band 1, Kapitel 5.4). Wie kann man nun die Ströme berechnen, wenn statt einer kosinusförmigen Spannung ein anderer periodischer Spannungsverlauf vorliegt (z. B. eine Sägezahnspannung)? Uns wäre damit geholfen, wenn man diese periodische Spannung schreiben könnte als Überlagerung (Summe) von kosinusförmigen Spannungen, so dass wir für jede einzelne Spannung die Ströme bestimmen und diese dann anschließend überlagern können. Damit beschäftigen wir uns in diesem Teil des Buchs. Die generelle Idee dabei ist, ein kompliziertes Problem in ein einfacheres zu transformieren, es in der einfacheren Form zu lösen und schließlich diese Lösung in die Lösung des Ursprungsproblems zurückzutransformieren. Möchte man Eisen verformen, so ist es auch einfacher, zunächst das Eisen zu erwärmen (Transformation), es im erwärmten Zustand zu verformen (Lösung des einfacheren Problems) und es anschließend wieder abzukühlen (Rücktransformation).

Indem man Funktionen mittels Sinus- und Kosinusausdrücken schreibt (transformiert), werden tatsächlich viele Aufgabenstellungen einfacher. Nicht nur die komplexe Wechselstromrechnung wird auf beliebige periodische Spannungen anwendbar, auch werden Differenzialgleichungen zu algebraischen Gleichungen, in denen keine Ableitungen mehr vorkommen – und damit leicht zu lösen sind. Kompressionsverfahren für Bild- und Tondaten nutzen die Eigenschaften der Sinus- und Kosinusdarstellungen. Außerdem lassen sich Zusammenhänge in der Regelungstechnik mit Übertragungsfunktionen und Blockschaltbildern beschreiben.

Periodische Spannungen können als Fourier-Reihen geschrieben werden. Das löst das eingangs beschriebene Problem. Mit Fourier-Reihen beschäftigen wir uns im ersten Kapitel dieses Teils. Dann werden wir die Darstellung von Funktionen durch Sinus- und Kosinus-Terme übertragen auf nicht-periodische Funktionen. Das Resultat ist die Fourier-Transformation. Wir werden sehen, dass man durch Anwendung dieser Transformation prinzipiell Ableitungen eliminieren kann. Dahinter steckt lediglich eine partielle Integration. Damit hat man ein weiteres Werkzeug zum Lösen von Differenzialgleichungen. Der Haken dabei ist aber, dass typische Lösungen (wie die Exponentialfunktion) nicht Fourier-transformierbar sind. Daher wird aus der Fourier-Transformation die Laplace-Transformation gewonnen, die eigentlich nur die Fourier-Transformation einer geeigneten Hilfsfunktion ist. In diesem Teil des Buchs beschäftigen wir uns aber auch mit der diskreten Fourier-Transformation, die eingesetzt werden kann, um Fourier-Reihen und die Fourier-Transformation auf der Basis endlich vieler Abtastwerte zu berechnen. Mit dem FFT-Algorithmus lernen wir eine schnelle Implementierung der diskreten Fourier-Transformation kennen. Außerdem diskutieren wir mittels Abtastsätzen, wie viele Abtastwerte zum Rechnen erforderlich sind, welche Fehler dabei entstehen und wie man die Fehler durch Einsatz von Fensterfunktionen beeinflussen kann. Ein Nachteil der Überlagerung von Sinus- und Kosinus-Funktionen in der Fourier-Analysis ist, dass man mit ihnen stets Werte auf dem gesamten betrachteten Definitionsbereich beeinflusst. Würde man nur eine Periode abschneiden und verschobene Instanzen dieses „Wellchens" mit individuellen Koeffizienten versehen, ließe sich lokales Verhalten besser reproduzieren. Das ist die Idee der Wavelets, die im letzten Kapitel dieses Buchteils vorgestellt wird.

Kapitel 11

Fourier-Reihen

Ein Ton, der z. B. von einer schwingenden Saite erzeugt werden kann, setzt sich aus Sinus- und Kosinus-Schwingungen unterschiedlicher Frequenzen mit zugehörigen Amplituden zusammen, siehe (9.1). Der Ausdruck

$$f(t) = \tilde{a}_0 + \sum_{k=1}^{\infty} \left[\tilde{a}_k \cos(kt) + \tilde{b}_k \sin(kt) \right]$$

beschreibt eine Überlagerung von Sinus- und Kosinus-Funktionen mit Amplituden $|\tilde{a}_k|$ bzw. $|\tilde{b}_k|$ zu den Kreisfrequenzen (Winkelgeschwindigkeiten) k bzw. zu den Frequenzen $\frac{k}{2\pi}$, vgl. Abbildung 11.1. Die Frequenzen geben die

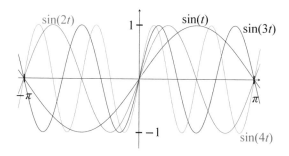

Abb. 11.1 Graphen von $\sin(kt)$ zu den Kreisfrequenzen $k \in \{1, 2, 3, 4\}$ auf $[-\pi, \pi]$

Anzahl der Schwingungen auf dem Intervall $[0, 1]$ an und werden in Hertz (Hz) gemessen. Dabei steht das Intervall für die Zeitspanne einer Sekunde.

© Der/die Autor(en), exklusiv lizenziert an
Springer-Verlag GmbH, DE, ein Teil von Springer Nature 2023
S. Goebbels und S. Ritter, *Mathematik verstehen und anwenden:
Differenzialgleichungen, Fourier- und Vektoranalysis, Laplace-
Transformation und Stochastik*, https://doi.org/10.1007/978-3-662-68369-9_11

Diese Reihendarstellung von f heißt eine **Fourier-Reihe**. Hier hat man abzählbar viele (diskrete) Kreisfrequenzen $k \in \mathbb{N}$. Außerdem hat man für $k = 0$ den Term $\tilde{a}_0 = \tilde{a}_0 \cos(0 \cdot t) + \tilde{b}_0 \sin(0 \cdot t)$. Man spricht von einem **diskreten Spektrum**. Bei einer schwingenden Saite sorgt die Randbedingung, dass sie an den Enden eingespannt ist, dafür, dass genau diese und keine anderen Frequenzen auftreten (siehe Kapitel 9.1).

Wir wollen periodische Funktionen als eine solche Summe von Sinus- und Kosinus-Funktionen schreiben. Mit den Potenzreihen haben wir in Band 1 bereits etwas sehr Ähnliches getan. Wir haben beliebig oft differenzierbare Funktionen als Summe von algebraischen Monomen $(t - t_0)^k$ innerhalb eines Konvergenzradius geschrieben: $\sum_{k=0}^{\infty} \frac{f^{(k)}(t_0)}{k!}(t - t_0)^k$. Betrachtet man periodische Funktionen, so kann man diese in vergleichbarer Weise mit trigonometrischen Monomen $\cos(kt)$ und $\sin(kt)$ für $k \in \mathbb{N}_0$ entwickeln. Dabei benötigt man erheblich weniger „Glattheit" (Differenzierbarkeit) der Funktionen als bei Potenzreihen. Allerdings sind Konvergenzaussagen, von denen wir eine in diesem Kapitel beweisen, etwas komplizierter.

Mit der Faltung wird in diesem Kapitel eine wichtige Verknüpfung zweier Funktionen zu einer neuen Funktion eingeführt. Technische Filter lassen sich in der Regel über eine Faltung beschreiben. Das liegt am Faltungssatz, der den Zusammenhang zwischen Fourier-Reihen und der Faltung beschreibt. Hier wird die Faltung konkret genutzt, um die Konvergenz von Fourier-Reihen zu verstehen.

Die Einschränkung, dass es sich um periodische Funktionen handeln soll, ist in der Praxis nicht hinderlich. Hat man eine Funktion, die auf einem Intervall $[0, T]$ definiert ist, so kann man sie mittels

$$f(t + T) := f(t)$$

T-periodisch auf ganz $\mathbb{R}$ fortsetzen. Aus Bequemlichkeit beginnen wir unsere Betrachtung mit $T = 2\pi$. Da dies die Periode von Sinus und Kosinus ist, werden die Formeln etwas einfacher. Bei einer allgemeineren Periode $T = 2p$ kommen Umrechnungsfaktoren hinzu, aber an den Aussagen ändert sich nichts. Das sehen wir am Ende des Kapitels.

Neben der reellen Schreibweise mittels Sinus und Kosinus wird eine komplexe Schreibweise mit den Funktionen $e^{jkt} = \cos(kt) + j\sin(kt)$ verwendet. Mit dieser lässt sich einfacher rechnen, da keine Additionstheoreme benötigt werden. Dadurch wird später auch die Beschreibung der diskreten Fourier-Transformation und des FFT-Algorithmus einfacher.

11.1 Fourier-Koeffizienten und Definition der Fourier-Reihe

Wir suchen zu einer integrierbaren, 2π-periodischen Funktion f die Koeffizienten a_0, a_k und b_k, $1 \leq k \leq n$, so dass die 2π-periodische Summe

$$a_0 + \sum_{k=1}^{n} (a_k \cos(kt) + b_k \sin(kt))$$

möglichst gut mit $f(t)$ übereinstimmt.

In Abbildung 11.2 sieht man beispielsweise eine Summe $2\sin(t) + \sin(2t) + 3\sin(3t)$, die sich aus drei Kreisfrequenzen $k \in \{1, 2, 3\}$ mit Amplituden $b_1 = 2$, $b_2 = 1$ und $b_3 = 3$ zusammensetzt. Man beachte, dass alle Summanden bereits 2π-periodisch sind. Addiert man Sinus- und Kosinusfunktionen zu beliebigen reellen Winkelgeschwindigkeiten $\omega_1 > 0$ und $\omega_2 > 0$, so kann man nicht davon ausgehen, dass wieder eine periodische Funktion entsteht. $\sin(\omega_1 t) + \sin(\omega_2 t)$ ist periodisch, wenn beide Summanden eine gemeinsame Periode besitzen. Der erste Summand hat die Perioden $\frac{2\pi}{\omega_1} i$ für $i \in \mathbb{N}$, der zweite Summand die Perioden $\frac{2\pi}{\omega_2} m$ für $m \in \mathbb{N}$. Eine gemeinsame Periode entsteht, wenn es natürlichen Zahlen i und m gibt mit $\frac{2\pi}{\omega_1} i = \frac{2\pi}{\omega_2} m \Longleftrightarrow \frac{\omega_1}{\omega_2} = \frac{i}{m} \in \mathbb{Q}$.

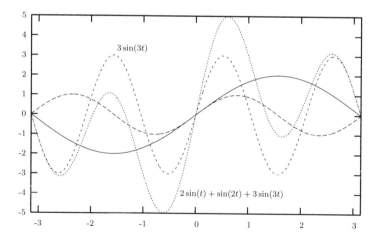

Abb. 11.2 Die Harmonischen $2\sin(t)$, $\sin(2t)$, $3\sin(3t)$ und ihre Überlagerung zu $2\sin(t) + \sin(2t) + 3\sin(3t)$

Den „Abstand" einer Summe von Sinus- und Kosinustermen zu f kann man auf viele Weisen messen. Eingehen sollte die Differenz

$$\left| f(t) - \left(a_0 + \sum_{k=1}^{n} (a_k \cos(kt) + b_k \sin(kt)) \right) \right|$$

für jeden Wert t des Periodenintervalls $[-\pi, \pi]$. Da der Betrag über eine Fallunterscheidung definiert ist, erweist er sich beim Rechnen als sperrig. Einfacher wird es, wenn wir die Differenz quadrieren. So bekommen wir für jedes t einen quadrierten Fehler. Wir messen nun die Summe der Fehler für alle Werte von t im Periodenintervall $[-\pi, \pi]$. Da es hier überabzählbar viele Werte gibt, können wir aber keine Summe $\sum_{t \in [-\pi, \pi]}$ verwenden, sondern müssen integrieren. Unsere Aufgabe besteht nun darin, die Koeffizienten so zu bestimmen, dass die Fehlerfunktion

$$g(a_0, \dots, a_n, b_1, \dots, b_n)$$
$$:= \int_{-\pi}^{\pi} \left| f(t) - \left(a_0 + \sum_{k=1}^{n} (a_k \cos(kt) + b_k \sin(kt)) \right) \right|^2 dt \qquad (11.1)$$

minimal wird. Nach Satz 2.1 ist grad $g = \vec{0}$ eine notwendige Bedingung für ein Minimum. Diese ist für genau einen Punkt $(a_0, a_1, \dots, a_n, b_1, \dots, b_n)$ erfüllt. Man kann zeigen, dass hier tatsächlich ein lokales und sogar globales Minimum der nicht-negativwertigen Funktion g vorliegt. Wir haben bereits auf Seite 40 als Beispiel zur Bestimmung lokaler Extrema aus der Bedingung

$$(\text{grad } g)(a_0, a_1, \dots, a_n, b_1, b_2, \dots, b_n) = \vec{0}$$

berechnet, dass $a_0 = \frac{1}{2\pi} \int_{-\pi}^{\pi} f(t) \, dt$ ist (siehe (2.2)). Werte für die anderen Koeffizienten a_k und b_k erhält man mit einem entsprechenden Ansatz, den wir in Kapitel 11.3 durchführen. Dabei stellt sich wie für a_0 heraus, dass die Werte unabhängig von n sind. Das ist wichtig, da wir bei einer Vergrößerung von n bereits berechnete Koeffizienten nicht neu berechnen müssen und so den Fall $n \to \infty$ betrachten können. Für $k \in \mathbb{N}$ erhält man:

$$a_k := \frac{1}{\pi} \int_{-\pi}^{\pi} f(t) \cos(kt) \, dt, \ k \in \mathbb{N}, \qquad b_k := \frac{1}{\pi} \int_{-\pi}^{\pi} f(t) \sin(kt) \, dt, \ k \in \mathbb{N}.$$

Da sowohl f als auch $\cos(kt)$ und $\sin(kt)$ die Periode 2π besitzen, kann man statt über $[-\pi, \pi]$ zu integrieren auch über jedes andere Intervall der Länge 2π integrieren (z. B. über $[0, 2\pi]$) und erhält den gleichen Wert.

Definition 11.1 (Fourier-Koeffizienten) Sei $f : \mathbb{R} \to \mathbb{R}$ eine 2π-periodische Funktion, d. h. $f(t + k2\pi) = f(t)$ für alle $t \in \mathbb{R}, k \in \mathbb{Z}$. Weiterhin sei f auf dem Intervall $[-\pi, \pi]$ Riemann-integrierbar. Die Zahlen

$$a_0 := \frac{1}{2\pi} \int_{-\pi}^{\pi} f(t) \, dt,$$

$$a_k := \frac{1}{\pi} \int_{-\pi}^{\pi} f(t) \cos(kt) \, dt, \quad k \in \mathbb{N},$$

$$b_k := \frac{1}{\pi} \int_{-\pi}^{\pi} f(t) \sin(kt) \, dt, \quad k \in \mathbb{N},$$

heißen **Fourier-Koeffizienten** der Funktion f. Die darüber erklärte Reihe

$$a_0 + \sum_{k=1}^{\infty} (a_k \cos(kt) + b_k \sin(kt))$$

heißt **Fourier-Reihe** von f. Die Partialsummen bezeichnen wir mit

$$S_n(f, t) := a_0 + \sum_{k=1}^{n} (a_k \cos(kt) + b_k \sin(kt)), \quad n \in \mathbb{N}_0.$$

Der Koeffizient a_0 heißt der **Gleichanteil**. Er entspricht einem „Mittelwert" aller Funktionswerte im Periodenintervall der Länge 2π. Um diesen herum „schwingen" die Funktionen $\cos(kt)$ und $\sin(kt)$. Man beachte, dass deshalb in der Definition von a_0 der Faktor $\frac{1}{2\pi}$ auftritt, während bei den anderen Koeffizienten $\frac{1}{\pi}$ steht. Dieser Unterschied wird später verschwinden, wenn wir zu komplexen Fourier-Koeffizienten übergehen.

! Achtung

In einigen Büchern, wie im Klassiker [Zygmund(2002)], wird a_0 abweichend mit dem Faktor $\frac{1}{\pi}$ statt $\frac{1}{2\pi}$ definiert, dann aber im Gegensatz zu diesem Text stets in Fourier-Reihen als $\frac{a_0}{2}$ verwendet. Inhaltlich hat dies keine Konsequenzen.

Die Berechnung der Fourier-Koeffizienten und damit die Zerlegung einer Funktion (eines Signals) in Frequenzanteile nennt man **Fourier-Analyse**. Das Zusammensetzen einzelner Frequenzbestandteile zu einer Funktion über die Fourier-Reihe heißt **Fourier-Synthese**. Das Teilgebiet der Mathematik, das sich mit diesen Themen beschäftigt, heißt die **Fourier-Analysis**.

Eine lokale Definitionsänderung der Funktion f kann zu vollständig anderen Fourier-Koeffizienten führen. Die **Wavelet-Transformation** vermeidet das, indem ihre entsprechenden Koeffizienten nicht nur von der Kreisfrequenz k sondern auch von der betrachteten Stelle t abhängen, siehe Kapitel 15.

Da die Fourier-Koeffizienten so gewählt sind, dass die Fourier-Partialsummen möglichst gut die Ursprungsfunktion wiedergeben, kann man hoffen, dass die Fourier-Reihe gegen die Ursprungsfunktion konvergiert, dass also für jedes $t \in \mathbb{R}$ die Zahlenfolge $s_n := S_n(f, t)$,

$$(s_n)_{n=1}^{\infty} = \left(a_0 + \sum_{k=1}^{n} (a_k \cos(kt) + b_k \sin(kt)) \right)_{n=1}^{\infty} ,$$

den Grenzwert $\lim_{n \to \infty} s_n = f(t)$ hat. In vielen Fällen ist das so, aber ganz ohne Voraussetzungen an f kann man die Konvergenz nicht erwarten. Um hier weiterzukommen, müssen wir erst die Fourier-Reihen näher kennenlernen. Wir greifen den Aspekt in Kapitel 11.5 wieder auf, indem wir dort eine hinreichende allgemeine Bedingung für die Konvergenz formulieren. Einfacher ist die Situation im folgenden Beispiel.

Beispiel 11.1 Wir geben die Fourier-Reihe eines **trigonometrischen Polynoms**

$$f(t) := \alpha_0 + \sum_{k=1}^{n} (\alpha_k \cos(kt) + \beta_k \sin(kt))$$

an. Dazu können wir die Koeffizienten über die in der Definition angegebenen Integrale ausrechnen. Einfacher wird es aber, wenn wir die Eigenschaft ausnutzen, dass die Koeffizienten den quadratischen Fehler (11.1) der Fourier-Partialsummen mit f minimieren. Der Fehler wird sogar null und damit sicher minimal, wenn wir

$$a_k = \begin{cases} \alpha_k, & \text{für } 0 \le k \le n, \\ 0, & \text{für } k > n, \end{cases} \quad b_k = \begin{cases} \beta_k, & \text{für } 1 \le k \le n, \\ 0, & \text{für } k > n. \end{cases}$$

setzen. Die Fourier-Reihe ist hier eine endliche Summe und gleich dem trigonometrischen Polynom f. Damit ist in diesem einfachen, aber wichtigen Fall die Konvergenz der Reihe offensichtlich. Diese Erkenntnis passt dazu, dass die Potenzreihe eines (algebraischen) Polynoms mit diesem übereinstimmt (siehe Band 1, S. 441). Entsprechend spricht man auch in diesem Zusammenhang von einer **Projektion**.

Bei der Berechnung von Fourier-Koeffizienten kann man sich auch dann viel Arbeit ersparen, wenn kein trigonometrisches Polynom gegeben ist. Dabei nutzt man aus, dass $\sin(kt)$ eine ungerade und $\cos(kt)$ eine gerade Funktion ist (d. h. $\sin(k(-t)) = -\sin(kt)$ und $\cos(k(-t)) = \cos(kt)$, siehe Definition 4.2 in Band 1). Das Integral von $-\pi$ bis π über eine ungerade Funktion ist 0, da sich positive und negative Flächen aufheben.

- Ist f eine gerade Funktion, so ist $f(t) \sin(kt)$ eine ungerade Funktion (siehe Band 1, S. 94) und damit $b_k = 0$. Die Fourier-Reihe ist eine **Kosinus-Reihe**.
- Ist f ungerade, so ist $f(t) \cos(kt)$ ebenfalls eine ungerade Funktion und somit $a_k = 0$. Die Fourier-Reihe ist eine **Sinus-Reihe**.

Beispiel 11.2 Wir berechnen die Fourier-Reihe der 2π-periodische Funktion f mit

$$f(t) := \begin{cases} t, & -\pi < t < \pi, \\ 0, & t = \pi. \end{cases} \tag{11.2}$$

Die Funktion f ist ungerade und daher als Sinusreihe darstellbar, also $a_k = 0$. Wir berechnen die Koeffizienten b_k mittels partieller Integration:

$$
\begin{aligned}
b_k &= \frac{1}{\pi} \int_{-\pi}^{\pi} t \sin(kt)\,\mathrm{d}t = \frac{1}{\pi} \left[t \left(-\frac{\cos(kt)}{k} \right) \right]_{-\pi}^{\pi} - \frac{1}{\pi} \int_{-\pi}^{\pi} 1 \cdot \left(-\frac{\cos(kt)}{k} \right) \mathrm{d}t \\
&= -\frac{\pi}{\pi}\frac{1}{k}\cos(k\pi) - \frac{-\pi}{\pi}\left(-\frac{\cos(k(-\pi))}{k} \right) + \frac{1}{k\pi} \int_{-\pi}^{\pi} \cos(kt)\,\mathrm{d}t \\
&= \frac{2(-1)^{k+1}}{k} + \left[\frac{\sin(kt)}{\pi k^2} \right]_{-\pi}^{\pi} = \frac{2(-1)^{k+1}}{k}.
\end{aligned}
$$

Damit erhalten wir die Fourier-Reihe

$$
\sum_{k=1}^{\infty} \frac{2(-1)^{k+1}}{k} \sin(kt). \tag{11.3}
$$

In Abbildung 11.3 sehen wir, dass die Fourier-Partialsummen mit wachsendem n die Ursprungsfunktion immer besser annähern. Es gibt lediglich eine Ausnahme: Die Unstetigkeitsstellen bei $(2k+1)\pi$. Hier streben die Partialsummen gegen das arithmetische Mittel der einseitigen Grenzwerte von f. Diese Beobachtung wird später mit dem Satz 11.4 präzisiert.

Wir erkennen aber schon jetzt, dass hohe Frequenzen wichtig sind, um die Sprungstellen gut wiederzugeben. Sprungstellen führen zu einem unendlich großen Spektrum. Denn eine endliche Summe von Sinus- und Kosinus-Termen wäre stetig, man benötigt also eine unendliche Reihe, um Sprünge wiederzugeben. Einige Autofokus-Systeme von Fotoapparaten basieren auf dieser Beobachtung. Sie berechnen die Frequenzverteilung im Bild, indem sie die Bildpunkte als Funktionswerte auffassen und die Fourier-Koeffizienten bestimmen. Das Bild wird schärfer, wenn der Anteil der hohen Frequenzen größer wird. Denn dann werden Kanten (Sprungstellen) klarer.

Gelegentlich kann man eine Funktion, die zunächst weder gerade noch ungerade ist, durch Verschiebung in eine solche verwandeln. Dann kann man dafür die Fourier-Reihe ausrechnen und diese anschließend wieder zurückverschieben:

- Hat man eine Fourier-Summe $a_0 + \sum_{k=1}^{n}(a_k \cos(kt) + b_k \sin(kt))$ für die Funktion $f(t) + c$, so ergibt sich daraus die Fourier-Summe $(a_0 - c) + \sum_{k=1}^{n}(a_k \cos(kt) + b_k \sin(kt))$ für $f(t)$.
- Hat man eine Fourier-Summe $a_0 + \sum_{k=1}^{n}(a_k \cos(kt) + b_k \sin(kt))$ für die Funktion $f(t+c)$, so erhält man durch Einsetzen von $t - c$ mit Additionstheoremen (siehe Seite 595) für $f(t)$ eine Fourier-Summe

$$
a_0 + \sum_{k=1}^{n} (a_k \cos(k(t-c)) + b_k \sin(k(t-c)))
$$

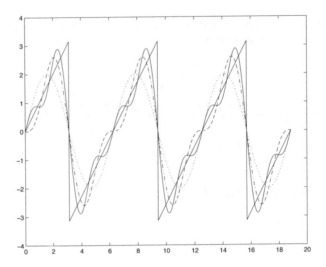

Abb. 11.3 Fourier-Summen $a_0 + \sum_{k=1}^{n}(a_k \cos(kt) + b_k \sin(kt))$ für $n = 1, 2, 3$ zur Funktion (11.2)

$$
\begin{aligned}
= a_0 + \sum_{k=1}^{n} \big(& a_k[\cos(kt)\cos(kc) + \sin(kt)\sin(kc)] \\
& + b_k[\sin(kt)\cos(kc) - \cos(kt)\sin(kc)] \big) \qquad (11.4) \\
= a_0 + \sum_{k=1}^{n} \big(& [a_k\cos(kc) - b_k\sin(kc)]\cos(kt) \\
& + [a_k\sin(kc) + b_k\cos(kc)]\sin(kt) \big).
\end{aligned}
$$

Die komplexe Schreibweise der Fourier-Reihen, die in Kapitel 11.3 eingeführt wird, vereinfacht solche Rechnungen, siehe Lemma 11.1 b) auf Seite 299.

Beispiel 11.3 Bei der Kompression von Musik in das MP3-Format beruht ein wichtiger Schritt auf dem sogenannten psychoakustischen Modell. Dabei überführt man u. a. das zu komprimierende Musiksignal in eine Fourier-Reihe. Dies geschieht mit einer diskreten Fourier-Transformation, die später noch besprochen wird und mit der man Fourier-Koeffizienten näherungsweise aus endlich vielen abgetasteten Funktionswerten berechnen kann. Der dabei auszuführende numerische Algorithmus heißt schnelle Fourier-Transformation (Fast Fourier Transformation, FFT, siehe Kapitel 14.4). Nun kennt man die einzelnen Frequenzen $\frac{k}{2\pi}$ (bzw. $k/$(Länge des Periodenintervalls), siehe Kapitel 11.7) und zugehörigen Amplituden a_k, b_k, aus denen sich das Signal zusammensetzt. Für das menschliche Ohr sind gewisse (leise) Frequenzen nicht hörbar und können ohne Klangeinbußen (in der Fourier-Reihe) weggelassen werden. Andere Frequenzen verhindern, dass man benachbarte

Frequenzen bis zu einer bestimmten Lautstärke gut hören kann. Auch diese können weglassen oder ihre Amplituden grob gerundet werden. Schließlich ist das Ohr träge und kann kurze Zeit nach lauten Frequenzen ebenfalls leisere nicht hören. Reduziert man das Ursprungssignal um all diese Komponenten, entsteht eine ausgedünnte Fourier-Reihe. Man hat weniger Koeffizienten bis zu einer vorgegebenen Grenzfrequenz und kann daher ein Musikfragment mit wenigen Daten darstellen.

Bei MP3 werden aber nicht die so reduzierten Fourier-Koeffizienten gespeichert. Vielmehr wird das Signal unter Verwendung der Ergebnisse des psychoakustischen Modells mit einer (modifizierten) diskreten Kosinus-Transformation gepackt. Dabei werden mit der diskreten Fourier-Transformation Koeffizienten einer Kosinus-Reihe berechnet (vgl. (11.19)). Die dabei vorgenommene periodische Fortsetzung der Signalstücke verhindert ungewünschte Sprünge. Die diskrete Kosinus-Transformation wird auch bei der JPEG-Bildkompression zur Transformation von 8×8-Pixelblöcken eingesetzt. Bei der MP3- und der JPEG-Kompression werden die berechneten Koeffizienten quantisiert (in Klassen eingeteilt, vgl. Kapitel 17.2), so dass man weniger Speicherplatz benötigt.

11.2 Sinus- und Kosinus-Form der Fourier-Reihe

Für ein festes $k \in \mathbb{N}$ haben die Funktionen $a_k \cos(kt)$ und $b_k \sin(kt)$ die gleiche Kreisfrequenz k bzw. Frequenz $\frac{k}{2\pi}$. Damit hat auch die Summe $a_k \cos(kt) + b_k \sin(kt)$ diese Frequenz. Man bezeichnet sie auch als die k-te **Harmonische**, sie ist der Anteil der Funktion, der dem k-Fachen der Grundfrequenz entspricht. Die Summe $a_k \cos(kt) + b_k \sin(kt)$ kann durch Addition der Zeiger in einem Zeigerdiagramm konstruiert werden (siehe Band 1, Kapitel 4.9):

$$a_k \cos(kt) + b_k \sin(kt) = \sqrt{a_k^2 + b_k^2} \, \sin(kt + \varphi_k), \qquad (11.5)$$

$$a_k \cos(kt) + b_k \sin(kt) = \sqrt{a_k^2 + b_k^2} \, \cos(kt - \psi_k), \qquad (11.6)$$

wobei der Nullphasenwinkel φ_k der Winkel mit Gegenkathete a_k und Ankathete b_k im rechtwinkligen Dreieck mit Hypotenusenlänge $\sqrt{a_k^2 + b_k^2}$ ist. Die Darstellung

$$a_0 + \sum_{k=1}^{n} \sqrt{a_k^2 + b_k^2} \, \sin(kt + \varphi_k)$$

heißt **Sinus-Form**, und mit $\psi_k = \frac{\pi}{2} - \varphi_k$ heißt

$$a_0 + \sum_{k=1}^{n} \sqrt{a_k^2 + b_k^2} \, \cos(kt - \psi_k)$$

Kosinus-Form der Fourier-Summe. Die Zahlen $\sqrt{a_k^2 + b_k^2}$ bilden das **Amplitudenspektrum**, die Winkel φ_k das **Phasenspektrum**. $\sqrt{a_k^2 + b_k^2}$ ist die Amplitude der Harmonischen zur Kreisfrequenz k. Der Winkel φ_k verschiebt den Graphen von $\sin(kt)$ um φ_k/k nach links zum Graphen von $\sin(k(t + \varphi_k/k)) = \sin(kt + \varphi_k)$. Entsprechend verschiebt ψ_k den Graphen von $\cos(kt)$ um ψ_k/k nach rechts.

Beweis Im Fall $a_k = b_k = 0$ sind beide Seiten in (11.5) und (11.6) gleich null und stimmen überein. Sei also $a_k \neq 0$ oder $b_k \neq 0$. Wir setzen $\cos(\varphi_k) = \frac{b_k}{\sqrt{a_k^2 + b_k^2}}$ und $\sin(\varphi_k) = \frac{a_k}{\sqrt{a_k^2 + b_k^2}}$ und erhalten mit einem Additionstheorem (Seite 595):

$$\sqrt{a_k^2 + b_k^2}\, \sin(kt + \varphi_k) = \sqrt{a_k^2 + b_k^2}\, [\cos(kt)\sin(\varphi_k) + \sin(kt)\cos(\varphi_k)]$$

$$= \sqrt{a_k^2 + b_k^2}\, \left[\frac{a_k}{\sqrt{a_k^2 + b_k^2}} \cos(kt) + \frac{b_k}{\sqrt{a_k^2 + b_k^2}} \sin(kt) \right]$$

$$= a_k \cos(kt) + b_k \sin(kt).$$

Wegen $\cos(kt - \psi_k) = \cos\left(kt - \frac{\pi}{2} + \varphi_k\right) = \sin(kt + \varphi_k)$ gilt insbesondere auch (11.6). □

Beispiel 11.4 Wir kommen nun zur Anfangsbemerkung des Kapitels zurück und betrachten wieder die komplexe Wechselstromrechnung (Band 1, Kapitel 5.4), die für Spannungen der Form $u(t) = \hat{u} \cos(\omega t + \varphi_u)$ funktioniert, wobei die komplexen Widerstände von ω abhängen. Hat man mehrere solcher Spannungen (Harmonischen), die sich überlagern, kann man mit diesen einzeln rechnen und erhält das Gesamtergebnis ebenfalls als Überlagerung. Lässt sich nun eine beliebige periodische Funktion als Fourier-Reihe schreiben, so ist sie eine Überlagerung von ggf. unendlich vielen dieser Harmonischen. Damit kann man ein Netzwerk ebenfalls wieder für die einzelnen Harmonischen berechnen und erhält das Ergebnis als Überlagerung (unendliche Summation) der Einzelergebnisse. Wir betrachten eine Sägezahnspannung, für die wir bereits mit (11.3) eine Fourier-Reihe ausgerechnet haben:

$$u(t) := \sum_{k=1}^{\infty} \frac{2(-1)^{k+1}}{k} \sin(kt) = \sum_{k=1}^{\infty} u_k(t),$$

wobei $u_k(t) = \frac{2(-1)^{k+1}}{k} \sin(kt) = \frac{2(-1)^{k+1}}{k} \cos\left(kt - \frac{\pi}{2}\right)$ die k-te Harmonische ist. Komplex erweitert ist diese Teilspannung

$$\underline{u}_k(t) := \frac{2(-1)^{k+1}}{k} \left[\cos\left(kt - \frac{\pi}{2}\right) + j \sin\left(kt - \frac{\pi}{2}\right) \right]$$

$$= \frac{2(-1)^{k+1}}{k} \exp\left(j \left[kt - \frac{\pi}{2}\right] \right).$$

Legen wir die Sägezahnspannung an eine Reihenschaltung aus Ohm'schem Widerstand R und Kondensator mit Kapazität C an, dann ist der komplexe Widerstand $R - \frac{j}{\omega C}$ abhängig von der Kreisfrequenz $\omega = k$. Das Ohm'sche Gesetz für eine Teilspannung $\underline{u}_k(t)$ lautet $\underline{i}_k(t) = \frac{\underline{u}_k(t)}{R - \frac{j}{kC}}$. Damit erhalten wir insgesamt den Strom

$$
\begin{aligned}
\underline{i}(t) &= \sum_{k=1}^{\infty} \frac{\underline{u}_k(t)}{R - \frac{j}{kC}} = \sum_{k=1}^{\infty} \frac{2(-1)^{k+1}}{k} \frac{\cos\left(kt - \frac{\pi}{2}\right) + j\sin\left(kt - \frac{\pi}{2}\right)}{R - \frac{j}{kC}} \\
&= \sum_{k=1}^{\infty} \frac{2(-1)^{k+1}}{k\left[R^2 + \frac{1}{k^2 C^2}\right]} \left[R\cos\left(kt - \frac{\pi}{2}\right) - \frac{1}{kC}\sin\left(kt - \frac{\pi}{2}\right) \right. \\
&\qquad \left. + jR\sin\left(kt - \frac{\pi}{2}\right) + \frac{j}{kC}\cos\left(kt - \frac{\pi}{2}\right) \right].
\end{aligned}
$$

Die Aufteilung der Summe in Real- und Imaginärteil liefert die reelle Stromstärke als Fourier-Reihe

$$
\begin{aligned}
i(t) &= \sum_{k=1}^{\infty} \left[\frac{2R(-1)^{k+1}}{kR^2 + \frac{1}{kC^2}} \cos\left(kt - \frac{\pi}{2}\right) - \frac{2(-1)^{k+1}}{k^2 R^2 C + \frac{1}{C}} \sin\left(kt - \frac{\pi}{2}\right) \right] \\
&= \sum_{k=1}^{\infty} \left[\frac{2R(-1)^{k+1}}{kR^2 + \frac{1}{kC^2}} \sin(kt) + \frac{2(-1)^{k+1}}{k^2 R^2 C + \frac{1}{C}} \cos(kt) \right].
\end{aligned}
$$

Die Konvergenz der Summe lässt sich mit den Konvergenzkriterien für Zahlenreihen nachrechnen. Man beachte, dass der komplexe Widerstand von der jeweiligen Kreisfrequenz $\omega = k$ abhängig ist. Damit haben wir für jeden der unendlich vielen Summanden einen anderen komplexen Widerstand. Das Ohm'sche Gesetz lässt sich somit nur auf die einzelnen Summanden, nicht aber auf die vollständige Summe und damit die Ursprungsfunktion anwenden. Ohne die Darstellung als Fourier-Reihe geht es hier also nicht. Durch Berechnung der Fourier-Koeffizienten haben wir die Ursprungsspannung so transformiert, dass wir Stromstärken berechnen können. Dass Transformation Aufgabenstellungen einfacher werden lässt, werden wir auch bei der Fourier-Transformation und der Laplace-Transformation sehen.

11.3 Komplexwertige Fourier-Koeffizienten und Funktionen

11.3.1 Komplexwertige Fourier-Koeffizienten

Mit $e^{j\varphi}$ lässt es sich einfacher rechnen als mit $\cos(\varphi)$ und $\sin(\varphi)$, da man die Regeln der Potenzrechnung nutzen kann und nicht die komplizierten Additionstheoreme verwenden muss.

Sinus- und Kosinus-Terme zur gleichen Kreisfrequenz lassen sich wie bei den komplexen Spannungen im vorangehenden Beispiel mittels der komplexen Exponentialfunktion zusammenfassen. Dadurch entstehen komplexe Fourier-Koeffizienten, deren Betrag die halbe Amplitude ist und deren Winkel sich aus der Phasenverschiebung der entsprechenden Harmonischen ergibt.

Mit $\exp(jt) = \cos(t) + j\sin(t)$, $t \in \mathbb{R}$ können wir die Fourier-Reihen $a_0 + \sum_{k=1}^{\infty} a_k \cos(kt) + b_k \sin(kt)$ von 2π-periodischen Funktionen etwas anders darstellen als

$$\sum_{k=-\infty}^{\infty} c_k \exp(jkt) := \lim_{n \to \infty} \sum_{k=-n}^{n} c_k \exp(jkt)$$

mit $(k \in \mathbb{N})$

$$c_0 = a_0, \qquad c_{-k} = \frac{1}{2}[a_k + jb_k], \qquad c_k = \frac{1}{2}[a_k - jb_k],$$

$$a_k = c_{-k} + c_k = 2\operatorname{Re}(c_k), \qquad b_k = j[c_k - c_{-k}] = -2\operatorname{Im}(c_k).$$

Denn fasst man die Summanden zu k und $-k$, $k \in \mathbb{N}$, zusammen, erhält man die bekannte Darstellung:

$$c_{-k} \exp(-jkt) + c_k \exp(jkt)$$

$$= \frac{1}{2}[a_k + jb_k][\cos(kt) - j\sin(kt)] + \frac{1}{2}[a_k - jb_k][\cos(kt) + j\sin(kt)]$$

$$= \frac{1}{2}[a_k \cos(kt) + b_k \sin(kt) + a_k \cos(kt) + b_k \sin(kt)]$$

$$\quad + \frac{j}{2}[-a_k \sin(kt) + b_k \cos(kt) + a_k \sin(kt) - b_k \cos(kt)]$$

$$= a_k \cos(kt) + b_k \sin(kt).$$

Trotz der komplexen Schreibweise sind (bei einer reellwertigen Funktion f) damit die hier verwendeten symmetrischen Summen rein reell, die Koeffizienten c_{-k} und c_k sind konjugiert komplex. Die komplexen Summanden ergänzen sich aufgrund der symmetrischen Summe von $-n$ bis n paarweise zu reellen. Im Gegensatz zu Integralen $\int_{-\infty}^{\infty} f(t)\, \mathrm{d}t$, die über zwei separate

Grenzwerte $\int_{-\infty}^{x_0} f(t)\,dt$ und $\int_{x_0}^{\infty} f(t)\,dt$ berechnet werden, muss man daher hier einen gekoppelten Grenzwert verwenden, bei dem die untere und die obere Summationsgrenze gemeinsam gegen $\pm\infty$ streben.

Beispiel 11.5 Die Fourier-Reihe der „Sägezahn"-Funktion (11.3) lautet in komplexer Schreibweise:

$$\sum_{k=1}^{\infty} \frac{2(-1)^{k+1}}{k}\sin(kt) = \sum_{\substack{k=-\infty \\ k\neq 0}}^{\infty} j\frac{(-1)^k}{k}e^{jkt}, \tag{11.7}$$

denn $a_0 = 0$, und für $k > 0$ ist $a_k = j\frac{(-1)^{-k}}{-k} + j\frac{(-1)^k}{k} = 0$ sowie

$$b_k = j\left[j\frac{(-1)^k}{k} - j\frac{(-1)^{-k}}{-k}\right] = -\left[\frac{(-1)^k}{k} + \frac{(-1)^k}{k}\right] = \frac{2(-1)^{k+1}}{k}.$$

Es ist üblich, für die (komplexen) Fourier-Koeffizienten c_k von f die Bezeichnung

$$f^\wedge(k) := c_k, \quad k \in \mathbb{Z},$$

(sprich: „f-Dach von k") zu verwenden. So ist auch direkt ersichtlich, zu welcher Funktion der Fourier-Koeffizient gebildet wurde. Man nennt die Gesamtheit der Fourier-Koeffizienten (also $(f^\wedge(k))_{k=-\infty}^{\infty}$) auch das (diskrete) **Spektrum** von f.

Die Amplitude der k-ten Harmonischen (siehe Kapitel 11.2) einer reellen, 2π-periodischen Funktion f berechnet sich aus $f^\wedge(k)$ für $k \in \mathbb{N}$ nun zu

$$\sqrt{a_k^2 + b_k^2} = \sqrt{[2\operatorname{Re}(f^\wedge(k))]^2 + [2\operatorname{Im}(f^\wedge(k))]^2} = 2|f^\wedge(k)|$$
$$= |f^\wedge(k)| + |f^\wedge(-k)|. \tag{11.8}$$

Für $k = 0$ ist die Amplitude $|a_0| = |f^\wedge(0)|$. Auch die Winkel der Phasenverschiebung φ_k aus (11.5) und ψ_k aus (11.6) entdecken wir in $f^\wedge(k)$ für $k \in \mathbb{N}$ wieder: φ_k ist der Winkel des rechtwinkligen Dreiecks mit Gegenkathete a_k und Ankathete b_k. Die komplexe Zahl $a_k - jb_k$ hat damit die Polarform $a_k - jb_k = |a_k - jb_k|\exp(-j[\pi/2 - \varphi_k])$, so dass

$$f^\wedge(k) = \frac{1}{2}[a_k - jb_k] = |f^\wedge(k)|\exp\left(j\left[\varphi_k - \frac{\pi}{2}\right]\right) = |f^\wedge(k)|\exp(-j\psi_k)$$
$$= \frac{\sqrt{a_k^2 + b_k^2}}{2}\exp(-j\psi_k) = \frac{\sqrt{a_k^2 + b_k^2}}{2}\exp\left(-j\frac{\pi}{2} + j\varphi_k\right)$$
$$= -j\frac{\sqrt{a_k^2 + b_k^2}}{2}\exp(j\varphi_k).$$

Die komplexen Fourier-Koeffizienten setzen sich also direkt aus Amplitude und Winkel der Phasenverschiebung zur Kreisfrequenz k zusammen.

In den nächsten beiden Abschnitten begründen wir die Definition der Fourier-Koeffizienten mit mehreren Ansätzen. Dann kommen wir in Abschnitt 11.3.4 auf die Berechnung der komplexen Fourier-Koeffizienten $f^{\wedge}(k)$ zurück.

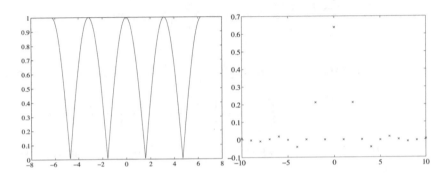

Abb. 11.4 Die 2π-periodische Funktion $|\cos(t)|$ (links) und die in diesem Fall reellen Fourier-Koeffizienten $f^{\wedge}(k)$, also das Spektrum (rechts)

11.3.2 Fourier-Koeffizienten als Optimum

Die Fourier-Koeffizienten sind so definiert, dass der Fehler (11.1) minimal wird. Für den Koeffizienten a_0 haben wir dies schon auf Seite 40 nachgerechnet. Jetzt holen wir dies für die anderen Koeffizienten nach. Dabei nutzen wir die sogenannte **Orthogonalität** (vgl. Kapitel 11.3.3) der komplexwertigen Funktionen e^{jkt} aus:

$$\int_{-\pi}^{\pi} e^{jkt} e^{jlt}\, \mathrm{d}t = \begin{cases} 2\pi, & k+l = 0, \\ 0, & k+l \neq 0. \end{cases}$$

Ist $k+l = 0$, so erhalten wir

$$\int_{-\pi}^{\pi} e^{jkt} e^{jlt}\, \mathrm{d}t = \int_{-\pi}^{\pi} e^{0}\, \mathrm{d}t = \int_{-\pi}^{\pi} 1\, \mathrm{d}t = 2\pi.$$

Für $k+l \neq 0$ ist

$$\int_{-\pi}^{\pi} e^{jkt} e^{jlt}\, \mathrm{d}t = \int_{-\pi}^{\pi} e^{j(k+l)t}\, \mathrm{d}t$$

$$= \int_{-\pi}^{\pi} \mathrm{Re}\left(e^{j(k+l)t}\right) \, \mathrm{d}t + j \int_{-\pi}^{\pi} \mathrm{Im}\left(e^{j(k+l)t}\right) \, \mathrm{d}t$$

$$= \int_{-\pi}^{\pi} \cos\left((k+l)t\right) \, \mathrm{d}t + j \int_{-\pi}^{\pi} \sin\left((k+l)t\right) \, \mathrm{d}t$$

$$= \left[\frac{1}{k+l}\sin\left((k+l)t\right)\right]_{-\pi}^{\pi} - j\left[\frac{1}{k+l}\cos\left((k+l)t\right)\right]_{-\pi}^{\pi}$$

$$= 0 - 0 - \frac{j}{k+l}\cos\left((k+l)\pi\right) + \frac{j}{k+l}\cos\left((k+l)\pi\right) = 0.$$

Bei dieser Rechnung haben wir Integrale von komplexwertigen Funktionen einer reellen Variable aufgeschrieben, ohne dass wir diese zuvor explizit definiert haben. Bei solchen Integralen wird der Real- und der Imaginärteil der komplexwertigen Funktion separat integriert und das Ergebnis wieder zu einer komplexen Zahl zusammengefasst (vgl. Kapitel 7.5.1):

$$\int_a^b f_1(t) + jf_2(t) \, \mathrm{d}t := \int_a^b f_1(t) \, \mathrm{d}t + j \int_a^b f_2(t) \, \mathrm{d}t.$$

Da die Variable reell ist, handelt es sich um ganz normale Integrale (und nicht um Kurvenintegrale, siehe Hintergrundinformationen auf Seite 130). Viele Regeln gelten direkt auch für Integrale von komplexwertigen Funktionen, ohne dass man sie explizit in zwei Einzelintegrale aufteilen muss, z. B. die Dreiecksungleichung für Integrale – hier mit dem Betrag komplexer Zahlen:

$$\left| \int_a^b f_1(t) + jf_2(t) \, \mathrm{d}t \right| \le \int_a^b |f_1(t) + jf_2(t)| \, \mathrm{d}t.$$

Kürzer darf man in unserem Fall auch wie folgt rechnen (vgl. (7.4) auf Seite 221):

$$\int_{-\pi}^{\pi} e^{jkt} e^{jlt} \, \mathrm{d}t = \int_{-\pi}^{\pi} e^{j(k+l)t} \, \mathrm{d}t = \left[\frac{1}{j(k+l)} e^{j(k+l)t}\right]_{-\pi}^{\pi} = 0.$$

Diese Identität ist generell bei der Berechnung von Fourier-Koeffizienten sehr hilfreich. In reeller Schreibweise sieht sie so aus (vgl. (14.12) in Band 1, S. 397):

$$\int_{-\pi}^{\pi} \cos(kt) \cdot \cos(lt) \, \mathrm{d}t = \int_{-\pi}^{\pi} \frac{e^{jkt} + e^{-jkt}}{2} \cdot \frac{e^{jlt} + e^{-jlt}}{2} \, \mathrm{d}t$$

$$= \frac{1}{4} \int_{-\pi}^{\pi} e^{j(k+l)t} + e^{j(k-l)t} + e^{j(-k+l)t} + e^{j(-k-l)t} \, \mathrm{d}t$$

$$= \begin{cases} \frac{1}{4}[2\pi + 0 + 0 + 2\pi] = \pi, & k = -l, \\ \frac{1}{4}[0 + 2\pi + 2\pi + 0] = \pi, & k = l, \\ 0, & k \ne \pm l. \end{cases} \qquad (11.9)$$

Völlig analog gilt für den Sinus (vgl. (14.11) in Band 1, S. 397):

$$\int_{-\pi}^{\pi} \sin(kt) \cdot \sin(lt)\, dt = \begin{cases} \pi, & k = l, \\ -\pi, & k = -l, \\ 0, & k \neq \pm l. \end{cases}$$

Daneben ist für $k, l \in \mathbb{N}_0$

$$\int_{-\pi}^{\pi} \sin(kt) \cdot \cos(lt)\, dt = 0, \tag{11.10}$$

da über eine ungerade Funktion integriert wird.

Nun berechnen wir die Fourier-Koeffizienten als Minimum von (11.1) mittels der eben gezeigten Orthogonalität über die notwendige Bedingung $\text{grad}\, g = \vec{0}$ für $1 \leq l \leq n$:

$$\begin{aligned}
0 &= \frac{\partial g}{\partial a_l}(a_0, \ldots, a_n, b_1, \ldots, b_n) \\
&= \frac{\partial}{\partial a_l} \int_{-\pi}^{\pi} \left[f(t) - \left(a_0 + \sum_{k=1}^{n} (a_k \cos(kt) + b_k \sin(kt)) \right) \right]^2 dt \\
&= \frac{\partial}{\partial a_l} \left[\int_{-\pi}^{\pi} \left(f(t) - a_0 - \sum_{k=1}^{n} b_k \sin(kt) \right)^2 dt \right. \\
&\qquad\quad - 2 \int_{-\pi}^{\pi} \left(f(t) - a_0 - \sum_{k=1}^{n} b_k \sin(kt) \right) \left(\sum_{i=1}^{n} a_i \cos(it) \right) dt \\
&\qquad\quad \left. + \int_{-\pi}^{\pi} \left(\sum_{k=1}^{n} a_k \cos(kt) \right) \left(\sum_{i=1}^{n} a_i \cos(it) \right) dt \right] \\
&= \frac{\partial}{\partial a_l} \left[\int_{-\pi}^{\pi} \left(f(t) - a_0 - \sum_{k=1}^{n} b_k \sin(kt) \right)^2 dt \right. \\
&\qquad\quad - 2 \sum_{i=1}^{n} a_i \int_{-\pi}^{\pi} \cos(it) \left(f(t) - a_0 - \sum_{k=1}^{n} b_k \sin(kt) \right) dt \\
&\qquad\quad \left. + \sum_{k=1}^{n} \sum_{i=1}^{n} a_k a_i \int_{-\pi}^{\pi} \cos(kt) \cos(it)\, dt \right].
\end{aligned}$$

Hier haben wir den quadratischen Term mit der Binomischen Formel ausmultipliziert. Das erste Integral ist unabhängig von a_l ($l \neq 0$), so dass dessen Ableitung 0 ist. Das gilt auch für die zweite Zeile für $i \neq l$, so dass deren Ableitung gleich

$$- 2 \int_{-\pi}^{\pi} \cos(lt) \left(f(t) - a_0 - \sum_{k=1}^{n} b_k \sin(kt) \right) \, dt$$

$$- 2 \int_{-\pi}^{\pi} f(t) \cos(lt) \, dt + 2a_0 \int_{-\pi}^{\pi} \cos(lt) \, dt + 2 \sum_{k=1}^{n} b_k \int_{-\pi}^{\pi} \cos(lt) \sin(kt) \, dt$$

$$= -2 \int_{-\pi}^{\pi} f(t) \cos(lt) \, dt$$

wegen (11.10) ist. Dabei haben wir die Orthogonalität von Sinus und Kosinus ausgenutzt. Sie hilft auch bei der Ableitung des verbleibenden Summanden:

$$\frac{\partial}{\partial a_l} \sum_{k=1}^{n} \sum_{i=1}^{n} a_k a_i \int_{-\pi}^{\pi} \cos(kt) \cos(it) \, dt \stackrel{(11.9)}{=} \frac{\partial}{\partial a_l} \sum_{k=1}^{n} a_k^2 \pi = 2a_l \pi.$$

Insgesamt haben wir damit die notwendige Bedingung

$$0 = -2 \int_{-\pi}^{\pi} f(t) \cos(lt) \, dt + 2a_l \pi,$$

so dass $a_l = \frac{1}{\pi} \int_{-\pi}^{\pi} f(t) \cos(lt) \, dt$ sein muss. Die Koeffizienten b_k findet man analog.

Nachdem wir jetzt nachgerechnet haben, dass die Fourier-Koeffizienten tatsächlich dafür sorgen, dass die Fourier-Partialsummen eine 2π-periodische Funktion f möglichst gut annähern, sehen wir uns noch kurz einen anderen Zugang zur Erklärung der Formeln für die Fourier-Koeffizienten an. Dazu nehmen wir an, dass die Fourier-Partialsummen so gegen die Ursprungsfunktion f streben, dass wir ein Integral über f schreiben dürfen als Grenzwert über Integrale der Partialsummen. Das ist z. B. erlaubt, wenn die Partialsummen gleichmäßig gegen f konvergieren (Band 1, S. 469). Zwar ist das in vielen Situationen nicht der Fall, aber wir nehmen es jetzt trotzdem einmal an. Dann gilt für $l \in \mathbb{N}_0$:

$$\int_{-\pi}^{\pi} f(t) \cdot \cos(lt) \, dt = \int_{-\pi}^{\pi} \left[a_0 + \sum_{k=1}^{\infty} (a_k \cos(kt) + b_k \sin(kt)) \right] \cdot \cos(lt) \, dt$$

$$= \int_{-\pi}^{\pi} \lim_{n \to \infty} \left[a_0 + \sum_{k=1}^{n} (a_k \cos(kt) + b_k \sin(kt)) \right] \cdot \cos(lt) \, dt$$

$$= \lim_{n \to \infty} \int_{-\pi}^{\pi} \left[a_0 + \sum_{k=1}^{n} (a_k \cos(kt) + b_k \sin(kt)) \right] \cdot \cos(lt) \, dt$$

$$= \int_{-\pi}^{\pi} a_0 \cos(lt) \, dt$$

$$+ \lim_{n \to \infty} \sum_{k=1}^{n} \left[a_k \int_{-\pi}^{\pi} \cos(kt) \cos(lt) \, dt + b_k \int_{-\pi}^{\pi} \sin(kt) \cos(lt) \, dt \right]$$

$$\stackrel{(11.10)}{=} \int_{-\pi}^{\pi} a_0 \cos(lt)\, dt + \lim_{n \to \infty} \sum_{k=1}^{n} a_k \int_{-\pi}^{\pi} \cos(kt) \cos(lt)\, dt.$$

Beim dritten Gleichheitszeichen wird der Grenzwert mit dem Integral vertauscht, was wie oben beschrieben nur unter zusätzlichen Voraussetzungen erlaubt ist.

Falls $l = 0$ ist, ergibt sich $\int_{-\pi}^{\pi} f(t)\, dt = \int_{-\pi}^{\pi} a_0\, dt = 2\pi a_0$, so dass wir wieder die Definition des Fourier-Koeffizienten a_0 erkennen. Für $l > 0$ werden nach (11.9) alle bis auf einen Summanden null und $\int_{-\pi}^{\pi} f(t) \cdot \cos(lt)\, dt = a_l \pi$. Analog erhält man die Darstellung der Sinus-Koeffizienten b_l durch Multiplikation der Reihe mit $\sin(lt)$ und anschließender Integration. Wenn die Fourier-Reihe die Ursprungsfunktion ergeben soll, dann müssen die Fourier-Koeffizienten genauso aussehen wie von uns definiert.

11.3.3 Fourier-Partialsummen als Orthogonalprojektion

Wir haben zuvor die Fourier-Koeffizienten über die Orthogonaliät der Funktionen e^{jkt} bzw. der Funktionen 1, $\cos(kt)$ und $\sin(kt)$ berechnet. Der Begriff Orthogonalität wird in der Linearen Algebra in Verbindung mit Skalarprodukten verwendet. Tatsächlich ist auch hier gar nichts anderes gemeint. Fourier-Reihen sind ein Spezialfall der allgemeinen Theorie der Linearen Algebra.

Genauer ist die Menge $\left\{ \frac{1}{\sqrt{2\pi}}, \frac{1}{\sqrt{\pi}} \cos(kt), \frac{1}{\sqrt{\pi}} \sin(kt) : 1 \leq k \leq n \right\}$ eine Orthonormalbasis des von diesen Funktionen aufgespannten Unterraums des Vektorraums der 2π-periodischen (integrierbaren) Funktionen, wenn wir das Skalarprodukt

$$f \bullet g := \int_{-\pi}^{\pi} f(t) g(t)\, dt$$

verwenden (vgl. Beispiel 19.7 in Band 1, S. 557). Dass die Funktionen zueinander senkrecht stehen und normiert sind, haben wir mit (11.9)–(11.10) berechnet. Die **orthogonale Projektion** einer 2π-periodischen Funktion f auf den Unterraum lautet (siehe iv auf Seite xvii sowie ausführlicher: Satz 19.11 in Band 1, S. 569):

$$\left(f \bullet \frac{1}{\sqrt{2\pi}} \right) \frac{1}{\sqrt{2\pi}} + \sum_{k=1}^{n} \left[\left(f \bullet \frac{\cos(kt)}{\sqrt{\pi}} \right) \frac{\cos(kt)}{\sqrt{\pi}} + \left(f \bullet \frac{\sin(kt)}{\sqrt{\pi}} \right) \frac{\sin(kt)}{\sqrt{\pi}} \right]$$

$$= \frac{1}{2\pi} \int_{-\pi}^{\pi} f(t)\, dt$$

$$+ \sum_{k=1}^{n} \left[\frac{1}{\pi} \int_{-\pi}^{\pi} f(t) \cos(kt)\, dt \cdot \cos(kt) + \frac{1}{\pi} \int_{-\pi}^{\pi} f(t) \sin(kt)\, dt \cdot \sin(kt) \right]$$

$$= a_0 + \sum_{k=1}^{n} [a_k \cos(kt) + b_k \sin(kt)].$$

Damit sind die Fourier-Partialsummen orthogonale Projektionen. Sie haben damit hinsichtlich des Skalarprodukts den kleinstmöglichen Abstand aller Funktionen des Unterraums zu f. Mit anderen Worten: Die Fourier-Koeffizienten bilden eine globale Minimalstelle der Fehlerfunktion g in (11.1). Mit wachsendem n wird die Dimension des Unterraums, auf den man projiziert, immer größer, so dass die Projektion immer besser die Ursprungsfunktion darstellt.

Damit haben wir jetzt drei (auf Orthogonalität basierende) Zugänge zu den Formeln der Fourier-Koeffizienten gefunden:

- Die Koeffizienten sind die Lösung eines Minimierungsproblems.
- Man erhält die Darstellung der Koeffizienten, falls man eine Funktion als ihre Fourier-Reihe schreiben kann und dann mit $\cos(kt)$ bzw. $\sin(kt)$ multipliziert und über $[-\pi, \pi]$ integriert.
- Die Koeffizienten entstehen durch Orthogonalprojektion.

Aus der Theorie der Orthogonalprojektionen geben wir ein weiteres Ergebnis an, mit dem man z. B. prüfen kann, ob berechnete Fourier-Koeffizienten korrekt sein können. Für 2π-periodische, integrierbare Funktionen f gilt die **Parseval'sche Gleichung** (siehe [Zygmund(2002), Teil 1, S. 12])

$$\frac{1}{2\pi} \int_{-\pi}^{\pi} |f(t)|^2 \, dt = \sum_{k=-\infty}^{\infty} |f^{\wedge}(k)|^2 = a_0^2 + \frac{1}{2} \sum_{k=1}^{\infty} (a_k^2 + b_k^2) \qquad (11.11)$$

und damit die **Bessel'sche Ungleichung**

$$\frac{1}{2\pi} \int_{-\pi}^{\pi} |f(t)|^2 \, dt \geq \sum_{k=-n}^{n} |f^{\wedge}(k)|^2.$$

11.3.4 Fourier-Koeffizienten komplexwertiger Funktionen

Mit den Formeln für die reellen Fourier-Koeffizienten können wir auch die komplexen über ein Integral ausrechnen. Dabei beachte man, dass nun einheitlich der Faktor $\frac{1}{2\pi}$ auftritt (vgl. Seite 290, $k \in \mathbb{N}$):

$$f^{\wedge}(k) = c_k = \frac{1}{2}[a_k - jb_k] = \frac{1}{2\pi} \int_{-\pi}^{\pi} f(t) \cos(kt) \, dt - j\frac{1}{2\pi} \int_{-\pi}^{\pi} f(t) \sin(kt) \, dt$$

$$= \frac{1}{2\pi} \int_{-\pi}^{\pi} f(t) \exp(-jkt) \, dt,$$

$$f^{\wedge}(-k) = c_{-k} = \frac{1}{2}[a_k + jb_k]$$

$$= \frac{1}{2\pi} \int_{-\pi}^{\pi} f(t)\cos(kt)\,\mathrm{d}t + j\frac{1}{2\pi} \int_{-\pi}^{\pi} f(t)\sin(kt)\,\mathrm{d}t$$

$$= \frac{1}{2\pi} \int_{-\pi}^{\pi} f(t)\exp(jkt)\,\mathrm{d}t = \frac{1}{2\pi} \int_{-\pi}^{\pi} f(t)\exp(-j(-k)t)\,\mathrm{d}t.$$

Beim Berechnen der Fourier-Koeffizienten wird mit $\exp(-jkt)$ gearbeitet, während in der Fourier-Reihe $\exp(jkt)$ verwendet wird. Das lässt sich so merken: Wir haben die Vorstellung, dass die Fourier-Reihe aus den Koeffizienten wieder die Ursprungsfunktion zurückgewinnt. Das passt zu $\exp(-jkt) \cdot \exp(jkt) = 1$.

Die Abbildung 11.5 zeigt eine Interpretation der Darstellung der komplexen Fourier-Koeffizienten über die vorangehenden Integrale. Mit der Parametrisierung $((\mathrm{Re}(e^{-jkt}), \mathrm{Im}(e^{-jkt})), [0, 2\pi]) = ((\cos(kt), -\sin(kt)), [0, 2\pi])$ ist für $k \in \mathbb{Z} \setminus \{0\}$ eine Kurve beschrieben (vgl. Kapitel 4.2), die ein Kreis mit Radius eins ist, der vom Punkt $(1, 0)$ ausgehend k-mal im Uhrzeigersinn (mathematisch negativer Sinn) durchlaufen wird, sofern $k > 0$ ist. Ist dagegen $k < 0$, so wird der Kreis $|k|$-mal im Gegenuhrzeigersinn durchlaufen. Nun betrachten wir eine reellwertige 2π-periodische Funktion f. Durch Multiplikation von e^{-jkt} mit $f(t)$ wird an der Stelle t des Parameterintervalls der Radius modifiziert und damit die Funktion auf diese Kurve moduliert. Die komplexen Fourier-Koeffizienten $f^{\wedge}(k) = \frac{1}{2\pi} \int_{-\pi}^{\pi} f(t)e^{-jkt}\,\mathrm{d}t = \frac{1}{2\pi} \int_0^{2\pi} f(t)e^{-jkt}\,\mathrm{d}t$ beschreiben den „Mittelpunkt" der so entstehenden Kurve. Ist f eine Funktion $a_l\cos(lt)$ oder $b_l\sin(lt)$, so hat man es genau im Fall $k = l$ bei jeder Umrundung des Kreises mit den Werten einer Periode des Kosinus oder Sinus zu tun. Damit wird genau ein Maximum und genau ein Minimum auf einen Kreisumlauf moduliert, und der Mittelpunkt verschiebt sich vom Nullpunkt weg zum Punkt $(\mathrm{Re}(f^{\wedge}(k)), \mathrm{Im}(f^{\wedge}(k)))$. Ist dagegen $k \neq l$, so gleichen sich die Maxima bzw. Minima aus, und der Mittelpunkt bleibt im Nullpunkt, also $f^{\wedge}(k) = 0$. Das ergibt sich aus der in den vorangehenden Abschnitten diskutierten Orthogonalität. Ist f als Fourier-Reihe eine Superposition solcher Kosinus- und Sinus-Funktionen, so können die einzelnen Summanden separat betrachtet werden, und man erhält ebenfalls als Mittelpunkte die komplexen Fourier-Koeffizienten.

Wir betrachten im Folgenden generell komplexwertige Funktionen $f : \mathbb{R} \to \mathbb{C}$, d. h. $f(t) = f_1(t) + jf_2(t)$ mit $f_1, f_2 : \mathbb{R} \to \mathbb{R}$. So wie zuvor schon Real- und Imaginärteil separat integriert wurden, beziehen sich Begriffe wie Stetigkeit und Differenzierbarkeit auf die Komponentenfunktionen f_1 und f_2.

$$f^{\wedge}(k) = \frac{1}{2\pi} \int_{-\pi}^{\pi} f(t)e^{-jkt}\,\mathrm{d}t := \frac{1}{2\pi} \int_{-\pi}^{\pi} f(t)[\cos(kt) - j\sin(kt)]\,\mathrm{d}t$$

$$= \frac{1}{2\pi} \int_{-\pi}^{\pi} \mathrm{Re}(f(t))\cos(kt) + \mathrm{Im}(f(t))\sin(kt)\,\mathrm{d}t$$

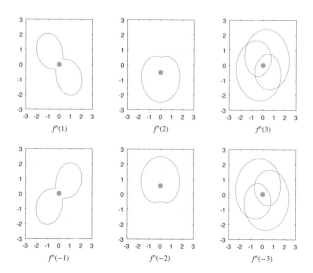

Abb. 11.5 Komplexe Fourier-Koeffizienten $f^\wedge(k)$ der Funktion $f(t) = \frac{3}{2} + \sin(2t)$: Zu $k \in \{-3, -2, -1, 1, 2, 3\}$ ist jeweils die Kurve $(\mathrm{Re}(f(t)e^{-jkt}), \mathrm{Im}(f(t)e^{-jkt})), [0, 2\pi])$ gezeichnet

$$+j\frac{1}{2\pi}\int_{-\pi}^{\pi} \mathrm{Im}(f(t))\cos(kt) - \mathrm{Re}(f(t))\sin(kt)\,\mathrm{d}t.$$

für $k \in \mathbb{Z}$. Die Theorie der Fourier-Reihen gilt auch für komplexwertige, 2π-periodische Funktionen ohne Änderungen. Letztlich stellen hier Real- und Imaginärteil zwei reellwertige 2π-periodische Funktionen dar. Ist f reellwertig, so sind a_k und b_k reell. Damit sind $c_{-k} = f^\wedge(-k) = \frac{a_k}{2} + j\frac{b_k}{2}$ und $c_k = f^\wedge(k) = \frac{a_k}{2} - j\frac{b_k}{2}$ konjugiert komplex. Nimmt f jedoch auch komplexe Werte an, so sind die Koeffizienten $f^\wedge(-k)$ und $f^\wedge(k)$ in der Regel komplexe Zahlen, die nicht konjugiert komplex sind.

Komplexwertige 2π-periodische Funktionen können als Parametrisierung einer Kurve mit Parameterintervall $[0, 2\pi]$ aufgefasst werden, vgl. Abbildung 11.5. Ebenso lassen sich die zugehörigen Fourier-Partialsummen als Kurven visualisieren. In Abbildung 11.6 sind so einige Partialsummen dargestellt.

Lemma 11.1 (Rechenregeln für die Fourier-Koeffizienten) Seien $f, g : \mathbb{R} \to \mathbb{C}$ auf dem Periodenintervall integrierbare, 2π-periodische Funktionen. Dann gelten die folgenden Rechenregeln für alle $k \in \mathbb{Z}$:

a) **Linearität**: $[af(t) + bg(t)]^\wedge(k) = af^\wedge(k) + bg^\wedge(k)$ für Zahlen $a, b \in \mathbb{C}$.

b) **Verschiebung** (Translation):

    i) $[f(t+h)]^\wedge(k) = e^{jhk}f^\wedge(k)$ für $h \in \mathbb{R}$.

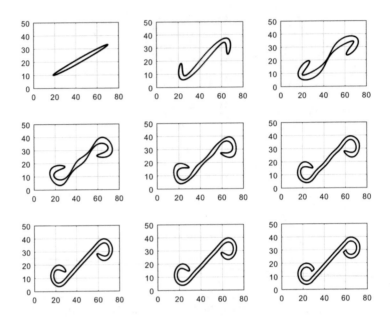

Abb. 11.6 Komplexe Fourier-Partialsummen $\sum_{k=-n}^{n} f^{\wedge}(k)e^{jkt}$ als Parameterisierung einer Kurve auf $[0, 2\pi]$ visualisiert, von oben links nach unten rechts: $n = 2, 4, 6, 8, 10, 12, 14, 16$ und die Originalfunktion f

ii) $[e^{-jht}f(t)]^{\wedge}(k) = f^{\wedge}(k+h)$ für $h \in \mathbb{Z}$.

c) **Konjugation:** $\overline{[f(t)]}^{\wedge}(k) = \overline{f^{\wedge}(-k)}$.

d) **Ableitung:** f möge zusätzlich stetig differenzierbar sein (separat für Real- und Imaginärteil):

$$(f')^{\wedge}(k) = jk f^{\wedge}(k).$$

Die Regel d) wird später im Rahmen der Fourier- und Laplace-Transformation sehr wichtig werden, da man mit ihr Ableitungen entfernen und so Differenzialgleichungen lösen kann.

Die Regel b) i) ist nicht verwunderlich, da der Winkel eines komplexen Fourier-Koeffizienten der Phasenverschiebung der Harmonischen entspricht. Mit dieser Regel schauen wir uns noch einmal die Formel (11.4) auf Seite 286 an. Dazu berechnen wir für die Funktion $f(t) := g(t-c)$ die Fourier-Koeffizienten. Dabei ist ein reelles trigonometrisches Polynom $g(t) = f(t+c) := a_0 + \sum_{k=0}^{n}(a_k \cos(kt) + b_k \sin(kt))$ gegeben, das die bekannten komplexen Fourier-Koeffizienten $g^{\wedge}(k) = \frac{1}{2}[a_k - jb_k]$ und $g^{\wedge}(-k) = \frac{1}{2}[a_k + jb_k]$, $0 \leq k \leq n$, besitzt. Mit b) erhalten wir

$$f^\wedge(k) = e^{-jck} g^\wedge(k).$$

Daraus ergeben sich für f die reellen Fourier-Koeffizienten

$$
\begin{aligned}
\tilde{a}_k &= f^\wedge(-k) + f^\wedge(k) = e^{jkc} g^\wedge(-k) + e^{-jkc} g^\wedge(k) \\
&= \frac{1}{2} \left[e^{jkc} [a_k + jb_k] + e^{-jkc} [a_k - jb_k] \right] \\
&= \frac{1}{2} \left[[\cos(kc) + j\sin(kc)][a_k + jb_k] + [\cos(kc) - j\sin(kc)][a_k - jb_k] \right] \\
&= a_k \cos(kc) - b_k \sin(kc)
\end{aligned}
$$

und analog

$$\tilde{b}_k = a_k \sin(kc) + b_k \cos(kc),$$

so dass wir die Koeffizienten im Ergebnis von (11.4) ohne Additionstheoreme erhalten.

Beweis a) Die Linearität folgt sofort aus der entsprechenden Eigenschaft des Integrals.

b) Mit der Substitution $v = t + h$ erhalten wir (siehe Seite 597):

$$
(f(t+h))^\wedge(k) = \frac{1}{2\pi} \int_{-\pi}^{\pi} f(t+h) e^{-jkt} \, \mathrm{d}t = \frac{1}{2\pi} \int_{-\pi+h}^{\pi+h} f(v) e^{-jk(v-h)} \, \mathrm{d}v
$$

$$
= e^{jkh} \frac{1}{2\pi} \int_{-\pi+h}^{\pi+h} f(v) e^{-jkv} \, \mathrm{d}v = e^{jkh} \frac{1}{2\pi} \int_{-\pi}^{\pi} f(v) e^{-jkv} \, \mathrm{d}v = e^{jkh} f^\wedge(k),
$$

da der Integrand 2π-periodisch ist und damit die Integration über $[-\pi + h, \pi + h]$ das gleiche Ergebnis liefert wie über $[-\pi, \pi]$. Zur zweiten Gleichung:

$$
(e^{-jht} f(t))^\wedge(k) = \frac{1}{2\pi} \int_{-\pi}^{\pi} f(t) e^{-j(k+h)t} \, \mathrm{d}t = f^\wedge(k+h).
$$

Hier ist zu beachten, dass h eine ganze Zahl sein muss, damit $k + h \in \mathbb{Z}$ sein kann.

c) Unter Verwendung der Regeln zur Konjugation ($\overline{\overline{z}} = z$, $\overline{z_1} \cdot \overline{z_2} = \overline{z_1 \cdot z_2}$, siehe Band 1, S. 151) und der Definition des Integrals einer komplexwertigen Funktion über die Integration des Real- und Imaginärteils erhalten wir

$$
\begin{aligned}
[\overline{f(t)}]^\wedge(k) &= \frac{1}{2\pi} \int_{-\pi}^{\pi} \overline{f(t)} e^{-jkt} \, \mathrm{d}t = \overline{\frac{1}{2\pi} \int_{-\pi}^{\pi} \overline{f(t)} e^{-jkt} \, \mathrm{d}t} \\
&= \overline{\frac{1}{2\pi} \int_{-\pi}^{\pi} f(t) \overline{e^{-jkt}} \, \mathrm{d}t} = \overline{\frac{1}{2\pi} \int_{-\pi}^{\pi} f(t) e^{jkt} \, \mathrm{d}t} = \overline{f^\wedge(-k)}.
\end{aligned}
$$

d) Mittels partieller Integration erhalten wir für $(f')^\wedge(k)$ die Darstellung

$$\frac{1}{2\pi}\int_{-\pi}^{\pi} f'(t)e^{-jkt}\,\mathrm{d}t = \frac{1}{2\pi}\underbrace{\left[f(t)e^{-jkt}\right]_{-\pi}^{\pi}}_{=0} + \frac{jk}{2\pi}\int_{-\pi}^{\pi} f(t)e^{-jkt}\,\mathrm{d}t = jkf^\wedge(k).$$

Der erste Ausdruck, der bei der partiellen Integration entsteht, ist null, da die 2π-periodische Funktion $f(t)e^{-jkt}$ bei π und $-\pi$ den gleichen Funktionswert hat. $\square$

Bei der Fourier-Transformation werden wir später auch eine Regel für die Streckung oder Stauchung $f(at)$ von $f(t)$ mit $a > 0$ verwenden. Allerdings ändert sich hier in der Regel die Periode. Zumindest können wir jetzt mit der Substitution $u = -t$, $\mathrm{d}u = -\mathrm{d}t$, zeigen:

$$[f(-t)]^\wedge(k) = \frac{1}{2\pi}\int_{-\pi}^{\pi} f(-t)e^{-jkt}\,\mathrm{d}t = -\frac{1}{2\pi}\int_{\pi}^{-\pi} f(u)e^{jku}\,\mathrm{d}u$$

$$= \frac{1}{2\pi}\int_{-\pi}^{\pi} f(u)e^{-j(-k)u}\,\mathrm{d}u = f^\wedge(-k). \tag{11.12}$$

11.4 Faltung

Die Faltung ist eine Rechenoperation, mit der man das Verhalten von Filtern mathematisch beschreiben kann.

Beispiel 11.6 Eine (2π-periodische) Funktion f soll geglättet werden. Kleine Schwankungen im Funktionsgraphen sollen dabei mit einem Filter ausgeglichen werden. Eine Anwendung ist z. B. das Weichzeichnen eines Bildes. Eine Lösung besteht darin, jeden Funktionswert $f(t_0)$ durch eine geeignete Mittelung aller Funktionswerte in einer Umgebung von t_0 zu ersetzen. Geeignet heißt, dass die Funktionswerte gewichtet berücksichtigt werden sollen. Die Funktionswerte nahe bei t_0 sollen stärker eingehen als weiter entfernte. Wir definieren uns dazu z. B. eine (gerade) Gewichtsfunktion (Dreiecksfunktion, siehe g in Abbildung 11.8)

$$g(t) := 2\pi \begin{cases} 1 - |t|, & \text{für } -1 \leq t \leq 1, \\ 0, & \text{für } 1 < |t| \leq \pi, \end{cases}$$

und setzen diese 2π-periodisch fort. Der Funktionsgraph besteht aus Dreiecken mit Spitzen bei $k2\pi$, $k \in \mathbb{Z}$. $g(t_0 - t)$ ist eine Verschiebung dieser Funktion um t_0, die Spitzen der Dreiecke liegen nun bei $t_0 + k2\pi$, $k \in \mathbb{Z}$. Wir benutzen diese Funktion, um den Funktionswert $f(t_0)$ zu mitteln, indem wir

$$\tilde{f}(t_0) := \frac{1}{2\pi}\int_{-\pi}^{\pi} f(t)g(t_0 - t)\,\mathrm{d}t$$

berechnen. Wäre f konstant, so würde das Integral den Wert

$$\tilde{f}(t_0) = f(t_0)\frac{1}{2\pi}\int_{-\pi}^{\pi} g(t_0 - t)\,\mathrm{d}t = f(t_0)\left[\frac{1}{2} + \frac{1}{2}\right] = f(t_0)$$

annehmen. Ist f nicht konstant, so ergibt sich eine neue, nun glattere Funktion. Diese ist das Ergebnis einer **Faltung** von f mit g. Betrachten wir konkret die 2π-periodisch fortgesetzt gedachte Funktion

$$f(t) := \begin{cases} 1, & \text{für } 0 \le t \le \pi, \\ 0, & \text{für } \pi < t < 2\pi. \end{cases}$$

Dann ist (siehe Abbildungen 11.7 und 11.8)

$\tilde{f}(t_0)$

$$= \frac{1}{2\pi}\int_{-\pi}^{\pi} f(t)g(t_0 - t)\,\mathrm{d}t = \begin{cases} \frac{1}{2}(1 + t_0)^2, & \text{für } -1 < t_0 \le 0, \\ 1 - \frac{1}{2}(1 - t_0)^2, & \text{für } 0 < t_0 \le 1, \\ 1, & \text{für } 1 < t_0 \le \pi - 1, \\ 1 - \frac{1}{2}(\pi - 1 - t_0)^2, & \text{für } \pi - 1 < t_0 \le \pi, \\ \frac{1}{2}(\pi + 1 - t_0)^2, & \text{für } \pi < t_0 \le \pi + 1, \\ 0, & \text{für } \pi + 1 < t_0 \le 2\pi - 1. \end{cases}$$

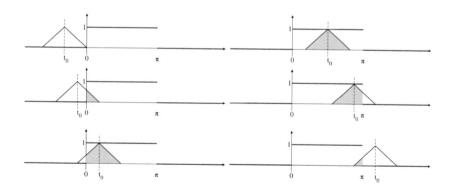

Abb. 11.7 Der Wert der Faltung eines Rechtecksignals mit einer Dreiecksfunktion an verschiedenen Stellen t_0 entspricht den eingezeichneten Flächeninhalten

Definition 11.2 (Faltung periodischer Funktionen) Die **Faltung** zweier 2π-periodischer, integrierbarer Funktionen f und g ist definiert als

$$[f * g](t) := \frac{1}{2\pi}\int_{0}^{2\pi} f(t - u)g(u)\,\mathrm{d}u.$$

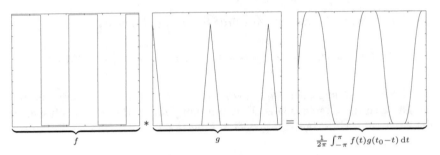

Abb. 11.8 Faltung eines Rechtecksignals mit einer Dreiecksfunktion als Kurve der Flächen aus Abbildung 11.7

Man beachte, dass für einen festen Wert t das Integral bezüglich der Variable u berechnet wird. Vor der Integration wird die Funktion f mittels $h(u) := f(t-u)$ an der y-Achse gespiegelt und dann um t nach rechts verschoben, bevor sie mit g multipliziert wird. Diese Spiegelung und Verschiebung wird durch den Namen Faltung (englisch: convolution) ausgedrückt.

Die Faltung ist kommutativ, d. h.

$$[f * g](t) = \frac{1}{2\pi} \int_0^{2\pi} f(t-u)g(u)\,\mathrm{d}u$$
$$= \frac{1}{2\pi} \int_0^{2\pi} f(u)g(t-u)\,\mathrm{d}u = [g * f](t).$$

Dass die beiden Integrale gleich sind, sieht man mittels Substitution $v = t-u$, $\mathrm{d}v = -\mathrm{d}u$, unter Ausnutzung der Periodizität von f und g (siehe Seite 597):

$$\int_0^{2\pi} f(t-u)g(u)\,\mathrm{d}u = -\int_{t-0}^{t-2\pi} f(v)g(t-v)\,\mathrm{d}v = \int_{t-2\pi}^{t} f(v)g(t-v)\,\mathrm{d}v$$
$$= \int_0^{2\pi} f(v)g(t-v)\,\mathrm{d}v.$$

Das Ergebnis der Faltung ist wieder eine 2π-periodische Funktion:

$$[f * g](t+2\pi) := \frac{1}{2\pi} \int_0^{2\pi} f(t+2\pi-u)g(u)\,\mathrm{d}u = \frac{1}{2\pi} \int_0^{2\pi} f(t-u)g(u)\,\mathrm{d}u$$
$$= [f * g](t).$$

Eng verwandt mit der Faltung ist die **Kreuzkorrelation** $(f \star g)(t) := \overline{f(-t)} * g(t) = \frac{1}{2\pi} \int_0^{2\pi} \overline{f(u-t)}g(u)\,\mathrm{d}u$, bei der komplexe Funktionswerte von $f(-t)$ konjugiert komplex in die Faltung eingehen. Hier entfällt die Spiegelung, so dass in vielen Anwendungen statt einer Faltung tatsächlich eine Kreuzkorrelation verwendet wird.

Die Funktion $f * g$ erbt die „Glattheit" beider beteiligter Funktionen (vgl. Abbildung 11.8, in der eine unstetige und eine stetige Funktion zu einer stetigen Funktion gefaltet werden):

Lemma 11.2 (Glättungseigenschaft der Faltung) Seien f und g zwei 2π-periodische, auf $[0, 2\pi]$ integrierbare Funktionen.

a) Ist f (oder alternativ g) stetig auf $\mathbb{R}$, so ist $f * g$ stetig auf $\mathbb{R}$.

b) Ist f zusätzlich stetig differenzierbar, so ist $f * g$ stetig differenzierbar mit

$$\frac{\mathrm{d}}{\mathrm{d}t}[f * g](t) = [f' * g](t).$$

Beweis a) Wir überprüfen die Stetigkeit mit der Definition. Sei dazu $\varepsilon > 0$. Wir zeigen, dass es ein $\delta > 0$ gibt, so dass $|[f * g](t+h) - [f * g](t)| < \varepsilon$ ist für alle $|h| < \delta$. Da g integrierbar ist, ist g mit einem $M > 0$ beschränkt. Da f stetig auf $[-2\pi, 2\pi]$ ist, ist f hier sogar gleichmäßig stetig (zu $\varepsilon > 0$ lässt sich δ sogar unabhängig von der Stelle t wählen, siehe Satz 11.11 in Band 1). Wir haben das Intervall so gewählt, dass es das Periodenintervall $[-\pi, \pi]$ überlappt. Damit ist die periodische Funktion f sogar auf $\mathbb{R}$ gleichmäßig stetig, d. h., zum vorgegebenen ε existiert ein δ, so dass $|f(t+h) - f(t)| < \frac{\varepsilon}{M}$ für alle $t \in \mathbb{R}$ und $|h| < \delta$. Für $|h| < \delta$ erhalten wir

$$|[f * g](t+h) - [f * g](t)| \leq \frac{1}{2\pi} \int_{-\pi}^{\pi} |f(t+h-u) - f(t-u)||g(u)|\,\mathrm{d}u$$

$$< \frac{1}{2\pi} \int_{-\pi}^{\pi} \frac{\varepsilon}{M} M\,\mathrm{d}u = \varepsilon.$$

b) Wir müssen hier den Grenzwert eines Differenzenquotienten berechnen, dessen Funktion über die Faltung gebildet ist. Um zum Ergebnis zu kommen, müssen wir das Integral der Faltung mit dem Grenzwert des Differenzenquotienten vertauschen. Das Vertauschen zweier Grenzwerte ist aber im Allgemeinen nicht erlaubt. Hier ist es aufgrund eines Tricks analog zum Beweis des Satzes 3.3 doch möglich: Mit dem Satz von Fubini (Satz 3.2, Seite 87) können zwei Integrale (als zwei Grenzwerte) vertauscht werden. Diesen Satz wenden wir hier geschickt an, indem wir den Differenzenquotienten mit dem Hauptsatz der Differenzial- und Integralrechnung (vii) auf Seite xviii umschreiben.

$$\frac{\mathrm{d}}{\mathrm{d}t}[f * g](t) = \lim_{h \to 0} \frac{[f * g](t+h) - [f * g](t)}{h}$$

$$= \lim_{h \to 0} \frac{1}{2\pi h} \int_{-\pi}^{\pi} [f(t+h-u) - f(t-u)]g(u)\,\mathrm{d}u$$

$$= \lim_{h \to 0} \frac{1}{2\pi h} \int_{-\pi}^{\pi} \left[\int_{0}^{t+h} f'(v-u) \, dv - \int_{0}^{t} f'(v-u) \, dv \right] g(u) \, du$$

$$= \lim_{h \to 0} \frac{1}{2\pi h} \int_{-\pi}^{\pi} \left[\int_{t}^{t+h} f'(v-u) \, dv \right] g(u) \, du.$$

$f'(v-u)g(u)$ ist nach u integrierbar, da nach Voraussetzung f' stetig (und damit integrierbar) und g integrierbar ist. Außerdem sind $\int_{-\pi}^{\pi} f'(v-u)g(u) \, du = [f' * g](v)$ und $\int_{-\pi}^{\pi} |f'(v-u)||g(u)| \, du = [|f'| * |g|](v)$ nach a) stetig und damit ebenfalls integrierbar. Damit ist Satz 3.2 anwendbar:

$$\frac{d}{dt}[f * g](t) = \lim_{h \to 0} \frac{1}{2\pi h} \int_{t}^{t+h} \int_{-\pi}^{\pi} f'(v-u)g(u) \, du \, dv$$

$$= \lim_{h \to 0} \frac{1}{h} \int_{t}^{t+h} [f' * g](v) \, dv = [f' * g](t),$$

wobei wir im letzten Schritt bei der Berechnung des Grenzwertes ausgenutzt haben, dass $f' * g$ nach a) stetig ist. Für sehr kleine Werte von $|h|$ ist dann $[f' * g](v) \approx [f' * g](t)$. Exakter ist dieses Argument mit (14.9) aus Band 1, S. 388, formuliert. $\qquad\square$

Ist f r_1-mal und g r_2-mal stetig differenzierbar, so ist die Faltung $f * g$ sogar $r_1 + r_2$-mal stetig differenzierbar:

$$\frac{d^{r_1+r_2}}{dt^{r_1+r_2}}[f * g](t) \overset{\text{Lemma 11.2b)}}{=} \frac{d^{r_2}}{dt^{r_2}}[f^{(r_1)} * g](t) = \frac{d^{r_2}}{dt^{r_2}}[g * f^{(r_1)}](t)$$

$$\overset{\text{Lemma 11.2b)}}{=} [g^{(r_2)} * f^{(r_1)}](t) = [f^{(r_1)} * g^{(r_2)}](t).$$

Die Ableitungsregel für die Faltung ist damit viel einfacher als die entsprechende Regel für das Produkt zweier Funktionen f und g:

$$\frac{d}{dt}[f * g](t) = [f' * g](t), \qquad \frac{d}{dt}[f \cdot g](t) = [f' \cdot g](t) + [f \cdot g'](t).$$

Durch Faltung mit einer glatten Hilfsfunktion g kann man die Ursprungsfunktion f wie im Eingangsbeispiel glätten. Dazu muss g so gewählt werden, dass $f * g$ näherungsweise mit f übereinstimmt. Entsprechende Funktionen g heißen **Glättungskerne**. Hier sehen wir uns dazu in Kürze den Dirichlet-Kern an. Es gibt übrigens keine Funktion g, die sich bezüglich der Faltung exakt als neutrales Element ($f * g = f$ für jede geeignete Funktion f) verhält. Dafür benötigt man das Konzept der Distributionen, das wir uns für die Fourier-Transformation in den Hintergrundinformationen auf Seite 377 ansehen.

Die Bedeutung der Faltung für die Fourier-Koeffizienten zeigt sich im folgenden Faltungssatz.

Satz 11.1 (Faltungssatz) Seien f und g integrierbare, 2π-periodische Funktionen. Nur für einen einfachen Beweis fordern wir zusätzlich, dass f (oder alternativ g) stetig auf $\mathbb{R}$ sei. Für $k \in \mathbb{Z}$ gilt:

$$(f * g)^\wedge(k) = f^\wedge(k) \cdot g^\wedge(k).$$

Der Faltungssatz ist ein ganz wesentlicher Grund, warum man sich mit Faltung beschäftigt! Die Fourier-Koeffizienten einer Faltung erhält man als Produkt der Fourier-Koeffizienten der beiden beteiligten Funktionen. Faltung wird bei der Berechnung der Fourier-Koeffizienten zur Multiplikation. Dem Produkt von Fourier-Koeffizienten entspricht die Faltung der zugehörigen Funktionen. Mit den Rechenregeln für die Fourier-Koeffizienten erhalten wir direkt für die Kreuzkorrelation:

$$(f \star g)^\wedge(k) = (\overline{f}(-t) * g(t))^\wedge(k) = (\overline{f}(-t))^\wedge(k) \cdot g^\wedge(k)$$

$$\overset{\text{Lemma 11.1 c)}}{=} \overline{[f(-t)]^\wedge(-k)} \cdot g^\wedge(k) \overset{(11.12)}{=} \overline{f^\wedge(k)} \cdot g^\wedge(k).$$

Beweis Die Stetigkeit von f oder g sichert nach Lemma 11.2 a) Stetigkeit und Integrierbarkeit von $f * g$, so dass wir $(f * g)^\wedge(k)$ ausrechnen können. Dabei verwenden wir wieder den Satz 3.2 von Fubini, um die Integrationsreihenfolge zu vertauschen:

$$(f * g)^\wedge(k) = \frac{1}{2\pi} \int_0^{2\pi} (f * g)(t) \exp(-jkt)\,\mathrm{d}t$$

$$= \frac{1}{2\pi} \int_0^{2\pi} \left[\frac{1}{2\pi} \int_0^{2\pi} f(t-u)g(u)\,\mathrm{d}u \right] \exp(-jkt)\,\mathrm{d}t$$

$$= \left(\frac{1}{2\pi} \right)^2 \int_0^{2\pi} \int_0^{2\pi} f(t-u)\exp(-jk(t-u))g(u)\exp(-jku)\,\mathrm{d}u\,\mathrm{d}t$$

$$\overset{\text{Satz 3.2}}{=} \left(\frac{1}{2\pi} \right)^2 \int_0^{2\pi} \int_0^{2\pi} f(t-u)\exp(-jk(t-u))g(u)\exp(-jku)\,\mathrm{d}t\,\mathrm{d}u$$

$$= \left(\frac{1}{2\pi} \right)^2 \int_0^{2\pi} \underbrace{\left[\int_0^{2\pi} f(t-u)\exp(-jk(t-u))\,\mathrm{d}t \right]}_{=\int_0^{2\pi} f(t)\exp(-jkt)\,\mathrm{d}t} g(u)\exp(-jku)\,\mathrm{d}u$$

$$= \frac{1}{2\pi} \int_0^{2\pi} f(t)\exp(-jkt)\,\mathrm{d}t \cdot \frac{1}{2\pi} \int_0^{2\pi} g(u)\exp(-jku)\,\mathrm{d}u$$

$$= f^\wedge(k) \cdot g^\wedge(k).$$

Wir müssen noch überprüfen, dass die Voraussetzungen von Satz 3.2 tatsächlich erfüllt sind (vgl. Seite 87): $f(t - u) \exp(-jk(t - u))g(u) \exp(-jku)$ ist nach Voraussetzung ein Produkt integrierbarer Funktionen bezüglich u und damit integrierbar.

$$\frac{1}{2\pi} \int_0^{2\pi} f(t - u) \exp(-jk(t - u))g(u) \exp(-jku) \, du$$
$$= [f(t) \exp(-jkt)] * [g(t) \exp(-jkt)]$$

und wegen $|\exp(-jk(t - u))| = |\exp(-jku)| = 1$

$$\frac{1}{2\pi} \int_0^{2\pi} |f(t - u) \exp(-jk(t - u))g(u) \exp(-jku)| \, du = [|f| * |g|](t)$$

sind nach Lemma 11.2 a) stetig und damit bezüglich t integrierbar.   □

Den Faltungssatz kann man für Filter nutzen. Möchte man gezielt Frequenzen verstärken oder ausblenden, so multipliziert man die zugehörigen Fourier-Koeffizienten mit den gewünschten Gewichten. Dieser Multiplikation im „**Frequenzbereich**" entspricht eine Faltung im Zeitbereich, bei der man mit der Fourier-Reihe, deren Koeffizienten genau die Gewichte sind, faltet.

Wir wollen nun den Faltungssatz auf die Faltung mit einem wichtigen Glättungskern anwenden:

$$D_n(t) := \sum_{k=-n}^{n} e^{jkt}$$

heißt **Dirichlet-Kern**. D_n ist ein trigonometrisches Polynom, und wir können die Fourier-Koeffizienten von D_n direkt ablesen:

$$D_n^\wedge(k) = \begin{cases} 1, & \text{für } |k| \leq n, \\ 0, & \text{für } |k| > n. \end{cases} \tag{11.13}$$

Wir werden den Dirichlet-Kern benutzen, um die Konvergenz von Fourier-Reihen zu beweisen. Dazu benötigen wir eine geschlossene Darstellung:

$$D_n(t) = 1 + \sum_{k=1}^{n} 2\cos(kt) = \begin{cases} \frac{\sin\left(\left(n+\frac{1}{2}\right)t\right)}{\sin\left(\frac{t}{2}\right)} = \frac{\sin\left((2n+1)\frac{t}{2}\right)}{\sin\left(\frac{t}{2}\right)}, & t \neq l2\pi, \\ 2n + 1, & t = l2\pi, \end{cases} \quad l \in \mathbb{Z}.$$

Beweis Zunächst erhalten wir die erste Darstellung über

$$D_n(t) = \sum_{k=-n}^{n} e^{jkt} = 1 + \sum_{k=1}^{n} \left[e^{jkt} + e^{-jkt}\right] = 1 + \sum_{k=1}^{n} 2\cos(kt).$$

Die zweite ergibt sich für $t \neq l2\pi$ über die Formel zur geometrischen Summe (siehe Seite 594):

$$D_n(t) = \sum_{k=0}^{n} e^{jkt} + \sum_{k=0}^{n} e^{-jkt} - 1 = \sum_{k=0}^{n} \left[e^{jt}\right]^k + \sum_{k=0}^{n} \left[e^{-jt}\right]^k - 1$$

$$= \frac{1 - \left[e^{jt}\right]^{n+1}}{1 - e^{jt}} + \underbrace{\frac{1 - \left[e^{-jt}\right]^{n+1}}{1 - e^{-jt}}}_{\frac{e^{jt} - e^{-jnt}}{e^{jt} - 1}} - 1$$

$$= \frac{1 - e^{j(n+1)t} - e^{jt} + e^{-jnt} - 1 + e^{jt}}{1 - e^{jt}} = \frac{-e^{j(n+1)t} + e^{-jnt}}{1 - e^{jt}}$$

$$= \frac{-e^{j\left(n+\frac{1}{2}\right)t} + e^{-j\left(n+\frac{1}{2}\right)t}}{e^{-j\frac{t}{2}} - e^{j\frac{t}{2}}} = \frac{\frac{e^{j\left[-\left(n+\frac{1}{2}\right)t\right]} - e^{-j\left[-\left(n+\frac{1}{2}\right)t\right]}}{2j}}{\frac{e^{j\left[-\frac{t}{2}\right]} - e^{-j\left[-\frac{t}{2}\right]}}{2j}}$$

$$= \frac{\sin\left(-\left(n+\frac{1}{2}\right)t\right)}{\sin\left(-\frac{t}{2}\right)} = \frac{\sin\left(\left(n+\frac{1}{2}\right)t\right)}{\sin\left(\frac{t}{2}\right)}.$$

Für $t = l2\pi$ ist $D_n(l2\pi) = 1 + \sum_{k=1}^{n} 2\cos(lk2\pi) = 1 + 2n$. □

Anhand der Definition oder der ersten Darstellung des Dirichlet-Kerns D_n sehen wir, dass die Funktion auch an den Stellen $l2\pi$ nicht nur stetig, sondern auf $\mathbb{R}$ beliebig oft stetig differenzierbar ist.

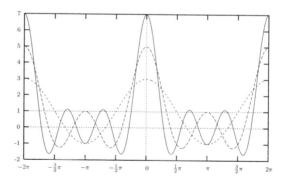

Abb. 11.9 Dirichlet-Kerne $D_0(t)$, $D_1(t)$, $D_2(t)$, $D_3(t)$ mit zunehmenden Frequenzen

Falten wir eine 2π-periodische, integrierbare Funktion f mit dem beliebig oft differenzierbaren Dirichlet-Kern D_n, so entsteht eine beliebig oft differenzierbare Funktion. Nach Satz 11.1 hat diese die Fourier-Koeffizienten

$$(f * D_n)^\wedge(k) = f^\wedge(k) \cdot D_n^\wedge(k) = \begin{cases} f^\wedge(k), & \text{für } |k| \leq n, \\ 0, & \text{für } |k| > n. \end{cases} \tag{11.14}$$

Bislang wissen wir noch nicht, unter welchen Voraussetzungen eine periodische Funktion als Grenzwert ihrer Fourier-Reihe darstellbar ist. Das ist aber bei der Funktion $f * D_n$ anders. Wir zeigen, dass $f * D_n$ exakt gleich der zugehörigen Fourier-Reihe ist, deren Fourier-Koeffizienten wir soeben berechnet haben und die mit einer Fourier-Partialsumme von f übereinstimmt:

$$[f * D_n](t) = \frac{1}{2\pi} \int_{-\pi}^{\pi} f(u) \sum_{k=-n}^{n} e^{jk(t-u)} \, \mathrm{d}u$$

$$= \sum_{k=-n}^{n} \left[\frac{1}{2\pi} \int_{-\pi}^{\pi} f(u) e^{-jku} \, \mathrm{d}u \right] e^{jkt} = \sum_{k=-n}^{n} f^\wedge(k) e^{jkt} = S_n(f,t).$$

An dieser Rechnung sehen wir auch, dass die Faltung mit einem trigonometrischen Polynom stets ein trigonometrisches Polynom ergibt. Hier glättet die Faltung also nicht nur, sondern führt sogar zu einer einfachen Darstellung. Wir haben eine sehr wichtige Sicht auf die Fourier-Partialsummen gewonnen, die wir bei der Untersuchung der Konvergenz von Fourier-Reihen benutzen werden:

Satz 11.2 (Partialsummen als Faltung mit Dirichlet-Kern)

$$S_n(f,t) = [f * D_n](t) = \frac{1}{2\pi} \int_{-\pi}^{\pi} f(t-u) \frac{\sin\left(\left[n + \frac{1}{2}\right] u\right)}{\sin\left(\frac{u}{2}\right)} \, \mathrm{d}u. \qquad (11.15)$$

Die Fourier-Partialsummen lassen sich also als Faltung mit dem Dirichlet-Kern schreiben. Sie sind das Ergebnis einer Glättung oder Filterung mit dem Dirichlet-Kern. Alle Kreisfrequenzen $> n$ bzw. Frequenzen $> \frac{n}{2\pi}$ werden durch diese Faltung entfernt. Sie kann daher als (ideales) **Tiefpassfilter** verwendet werden. Was das bedeutet, sieht man in Abbildung 11.10: Wir fassen die Grundrisskurve einer Brücke als 2π-periodische, komplexwertige Funktion $f(t)$ auf (vgl. Kapitel 4.2). Während t das Intervall $[0,2\pi]$ durchläuft, beschreibt $(x,y) = (\mathrm{Re}(f(t)), \mathrm{Im}(f(t)))$ den zugehörigen Punkt in der Ebene. Nachdem einmal der Grundriss umrundet ist, wiederholen sich die Punkte, daher ist die Funktion periodisch. Durch die Faltung mit $D_{10}(t)$ werden in der Fourier-Reihe alle Summanden zu Kreisfrequenzen $n > 10$ abgeschnitten. Es entsteht eine endliche Summe von Sinus- und Kosinus-Termen und damit eine beliebig oft differenzierbare Funktion. Entsprechend weist die dargestellte gefilterte Kurve keine Ecken mehr auf, der Grundriss wurde geglättet. Das Beispiel zeigt zudem, dass bereits in $21 = 2 \cdot 10 + 1$ Fourier-Koeffizienten genügend Information steckt, um den Grundriss weitgehend zu rekonstruieren. Das nutzt man zur verlustbehafteten Datenkompression (z. B. bei JPEG) und auch zur Mustererkennung aus. Die numerische Berechnung der Fourier-Reihe wurde mit dem FFT-Algorithmus durchgeführt, siehe Kapitel 14.4.

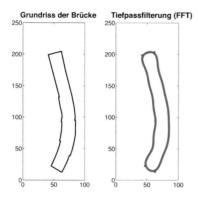

Abb. 11.10 Tiefpass-Filterung der Grundriss-Kurve einer Brücke. Im Vergleich zwischen gefilterter Kurve und Originalkurve können die relevanten vier Ecken der Brücke gefunden werden, die bei der Erstellung eines virtuellen Stadtmodells zum Einpassen der Brücke in die Landschaft benötigt werden. An diesen Ecken weichen die Kurven stark voneinander ab. Das rechte Bild zeigt das Ergebnis

11.5 Konvergenz von Fourier-Reihen *

Die Fourier-Koeffizienten minimieren den quadratisch über ein Integral gemittelten Fehler (11.1) auf Seite 282. Dass $\lim_{n\to\infty} \int_{-\pi}^{\pi} |f(t) - S_n(t)|^2 \, dt = 0$ gilt, ist damit nicht verwunderlich. Diese „Konvergenz im quadratischen Mittel" lässt sich über die Interpretation der Fourier-Partialsummen als Orthogonalprojektion vergleichsweise einfach beweisen. Daraus kann man aber keinesfalls Rückschlüsse auf die Konvergenz der Partialsummen an einer festen Stelle $t = t_0$ ziehen.

Satz 11.3 (Du Bois-Reymond 1831–1889, hier 1876) Es existiert eine 2π-periodische, auf $\mathbb{R}$ stetige (und damit insbesondere auf $[0, 2\pi]$ integrierbare) Funktion f_0 und eine streng monoton wachsende Folge $(n_k)_{k=1}^{\infty}$, $n_k \in \mathbb{N}$, so dass

$$\lim_{k\to\infty} S_{n_k}(f_0, 0) = \lim_{k\to\infty} \sum_{l=-n_k}^{n_k} f_0^{\wedge}(l) e^{jl\cdot 0} = \lim_{k\to\infty} \sum_{l=-n_k}^{n_k} f_0^{\wedge}(l) = \infty.$$

Insbesondere ist die Fourier-Reihe von f_0 im Punkt $t = 0$ nicht konvergent, obwohl f_0 sogar stetig ist.

Die Beweisidee des Satzes liefern wir als Hintergrundinformation. Die Stetigkeit reicht nicht aus, um auf die Konvergenz der Reihe für eine Stelle $t = t_0$ schließen zu können. Noch schwieriger wird es bei unstetigen Funktionen. Jede Fourier-Partialsumme ist als Summe beliebig oft differenzierbarer Funktionen ebenfalls beliebig oft differenzierbar, so dass man in jedem Fall eine unendliche Reihe benötigt, um der Ursprungsfunktion nahezukommen.

Entweder müssen wir die Fourier-Partialsummen so abändern, dass wir Konvergenz erzwingen (siehe Seite 316), oder wir benötigen eine Zusatzbedingung, die zur folgenden (etwas vereinfachten) Fassung einiger berühmter Konvergenzsätze führt. Unter der (abschwächbaren) Voraussetzung der Differenzierbarkeit in einer punktierten Umgebung des betrachteten Punktes können wir das **Riemann'sche Lokalisationsprinzip** und die darauf aufbauenden Kriterien von Dini (1845–1918) und Jordan (1838–1922) zusammenfassen.

Hintergrund: Divergenz von Fourier-Reihen

Zum hier skizzierten Beweis des Satzes von Du Bois-Reymond sind Grundkenntnisse in der Funktionalanalysis erforderlich, wie sie in Band 1, Kapitel 23 dargestellt sind. Er basiert im Wesentlichen auf dem Prinzip der gleichgradigen Beschränktheit (Satz 23.2 in Band 1, S. 660), nach dem aus der punktweisen Beschränktheit von linearen Abbildungen die Beschränktheit ihrer Operatornormen folgt. Die linearen Abbildungen sind hier Fourier-Partialsummen S_n. Da die Operatornormen der Fourier-Partialsummen nicht beschränkt sind, muss es eine Funktion geben, so dass für diese Funktion die Fourier-Partialsummen nicht beschränkt sind und die damit das gesuchte Gegenbeispiel ist. Wir gehen schrittweise vor. Die Partialsummen sind

$$S_n(f) := \sum_{k=-n}^{n} f^{\wedge}(k)e^{jkt} = D_n * f,$$

wobei D_n der n-te Dirichlet-Kern ist. S_n ist eine beschränkte lineare Abbildung (siehe Band 1, Kapitel 23) von $C_{2\pi}$ nach $C_{2\pi}$, wobei $C_{2\pi}$ der Vektorraum der 2π-periodischen stetigen Funktionen mit Norm $\|\cdot\|_{C_{2\pi}} := \|\cdot\|_{C[0,2\pi]}$, $\|f\|_{C[0,2\pi]} := \max\{|f(t)| : t \in [0,2\pi]\}$, ist. Die Menge der Operatornormen $\{\|S_n\|_{[C_{2\pi},C_{2\pi}]} : n \in \mathbb{N}\}$, wobei $\|S_n\|_{[C_{2\pi},C_{2\pi}]} := \sup\{\|S_nf\|_{C_{2\pi}} : f \in C_{2\pi}$ mit $\|f\|_{C_{2\pi}} = 1\}$, ist nicht beschränkt. Das kann man über Eigenschaften des Dirichlet-Kerns zeigen. Faltungsintegrale können generell als lineare Abbildungen von $L_{2\pi}^p$ nach $L_{2\pi}^2$, $1 \leq p \leq \infty$, oder von $C_{2\pi}$ in sich aufgefasst werden. Hier bezeichnet $L_{2\pi}^p$ den Banach-Raum der (messbaren) 2π-periodischen Funktionen auf $\mathbb{R}$ als Unterraum von $L^p[0,2\pi]$ (siehe Kapitel 3.5.2). Sei $X_{2\pi} = L_{2\pi}^p$ oder $X_{2\pi} = C_{2\pi}$, dann gilt für $f \in X_{2\pi}$ und $g \in L_{2\pi}^1$, dass $f * g \in X_{2\pi}$ und

$$\|f * g\|_{X_{2\pi}} \leq \frac{1}{2\pi}\|f\|_{X_{2\pi}}\|g\|_{L^1[0,2\pi]}. \tag{11.16}$$

Diese Aussage lässt sich mit dem Satz von Fubini und der Hölder-Ungleichung zeigen, siehe z. B. [Butzer und Nessel(1971), S. 10]. Damit gilt insbesondere für die Fourier-Partialsummen:

$$\|S_n\|_{[C_{2\pi},C_{2\pi}]} = \sup_{f \in C_{2\pi}, \|f\|_{C[0,2\pi]}=1} \|D_n * f\|_{C_{2\pi}} \le \frac{1}{2\pi}\|D_n\|_{L^1[0,2\pi]}.$$

Tatsächlich lässt sich mit dem Riesz'schen Darstellungssatz (siehe Band 1, S. 667) zeigen, dass für stetige Kerne wie D_n und die verwendete $C_{2\pi}$-Norm sogar die Gleichheit beider Seiten in (11.16) gilt [Butzer und Nessel(1971), S. 54]. Also ist insbesondere

$$\|S_n\|_{[C_{2\pi},C_{2\pi}]} = \frac{1}{2\pi}\|D_n\|_{L^1[0,2\pi]}, \qquad (11.17)$$

und man kann die L^1-Norm des Dirichlet-Kerns mit Konstanten $c, C \in \mathbb{R}$ abschätzen, so dass [Butzer und Nessel(1971), S. 42]

$$\frac{4}{\pi^2}\ln(n) + c \le \frac{1}{2\pi}\|D_n\|_{L^1[0,2\pi]} \le \frac{4}{\pi^2}\ln(n) + C. \qquad (11.18)$$

Für $n \to \infty$ streben die Operatornormen also gegen unendlich. Damit gibt es aber laut dem Prinzip der gleichgradigen Beschränktheit (Band 1, S. 660, Satz 23.2) eine stetige Funktion $f \in C_{2\pi}$, so dass $\{\|S_n(f)\|_{C_{2\pi}} : n \in \mathbb{N}\}$ nicht beschränkt ist. Es gibt also eine streng monoton wachsende Folge natürlicher Zahlen $(n_k)_{k=1}^\infty$, so dass $\lim_{k\to\infty}\|S_{n_k}(f)\|_{C_{2\pi}} = \infty$ gilt. Damit kann die Funktionenfolge $S_n(f)$ nicht gleichmäßig (also in der $C_{2\pi}$-Norm) gegen f konvergieren:

$$\lim_{k\to\infty}\|S_{n_k}(f) - f\|_{C_{2\pi}} \ge \lim_{k\to\infty}\|S_{n_k}(f)\|_{C_{2\pi}} - \|f\|_{C_{2\pi}} = \infty.$$

Es gibt aber auch eine Funktion $f \in C_{2\pi}$, deren Fourier-Partialsummen an der festen Stelle $x = 0$ nicht gegen $f(0)$ konvergieren. Dazu benutzt man, dass die Menge der Operatornormen der Funktionale $F_n(f) := (S_n(f))(0)$ ebenfalls nicht beschränkt ist. Dann liefert der Satz sogar eine Funktion $f \in C_{2\pi}$ mit

$$\lim_{k\to\infty}\left|\sum_{l=-n_k}^{n_k} f^\wedge(l)\right| = \lim_{k\to\infty}\left|\sum_{l=-n_k}^{n_k} f^\wedge(l)e^{jl\cdot 0}\right| = \lim_{k\to\infty}|(S_{n_k}(f))(0)| = \infty.$$

Untersucht man die Konvergenz von Fourier-Reihen in den L^p-Normen, so stellt man fest, dass sie für $p = 1$ divergent sein können (da wie oben die Operatornormen nicht beschränkt sind), während sie für $1 < p < \infty$ stets in der Norm gegen die Funktion konvergieren. Hier sind die Operatornormen der Partialsummenoperatoren tatsächlich beschränkt, und es gilt nicht die Gleichheit in (11.16). Das Verhalten von beschränkten linearen Abbildungen kann also je nach Raum sehr unterschiedlich sein. Die Konvergenz in den L^p-Normen für $1 < p < \infty$ folgt aus dem Satz von Banach-Steinhaus (Folgerung 23.1 in Band 1, S. 665): Die trigonometrischen Polynome sind

Fourier-Summen, und es lässt sich (z. B. mit dem hier nicht behandelten Approximationssatz von Weierstraß für trigonometrische Polynome) zeigen, dass diese dicht in den L^p-Räumen liegen. Für trigonometrische Polynome konvergieren die Partialsummen.

Satz 11.4 (Konvergenzsatz für Fourier-Reihen) Sei $f : \mathbb{R} \to \mathbb{C}$ eine 2π-periodische Funktion, die auf $[0, 2\pi]$ beschränkt und stetig bis auf endlich viele Unstetigkeitsstellen ist. Zu $t_0 \in \mathbb{R}$ möge eine punktierte Umgebung $U_\delta := [t_0 - \delta, t_0[\cup]t_0, t_0 + \delta]$ existieren, in der f differenzierbar (und damit insbesondere stetig) ist. Die Ableitung f' sei auf U_δ beschränkt. Dann gilt:

$$\lim_{n\to\infty} S_n(f, t_0) = \lim_{n\to\infty} \sum_{k=-n}^{n} f^\wedge(k) e^{jkt_0} = \frac{1}{2}\left(\lim_{t\to t_0+} f(t) + \lim_{t\to t_0-} f(t) \right).$$

Für interessierte Leser geben wir einen Beweis des Satzes ab Seite 322. Die Voraussetzung der Stetigkeit bis auf endlich viele Unstetigkeitsstellen lässt sich auf Integrierbarkeit abschwächen, auch die Differenzierbarkeit kann durch weniger einschränkende Eigenschaften aufgeweicht werden, die wir hier aber nicht einführen wollen (Stichwort: beschränkte Variation, siehe Definition 4.5 auf Seite 120 für $n = 1$).

Zum Konvergenzsatz sind einige Anmerkungen erforderlich.

- Das Beispiel von du Bois-Reymond zeigt, dass Stetigkeit alleine für die Konvergenz der Fourier-Reihe an einer Stelle t_0 nicht ausreicht.
- Der Konvergenzsatz dagegen sagt, dass die Ursprungsfunktion nur in einer kleinen Umgebung der betrachteten Stelle t_0 „glatt" sein soll, damit die Fourier-Reihe in t_0 konvergiert. Man muss also lokal Eigenschaften der Funktion überprüfen. Dabei handelt es sich aber in der Formulierung des Konvergenzsatzes lediglich um eine hinreichende Voraussetzung, die durch die nirgends differenzierbare Weierstraß-Funktion (Band 1, S. 465) verletzt ist. Diese ist aber über eine konvergente Fourier-Reihe definiert. Das Riemann'sche Lokalisationsprinzip ist im Gegensatz zum hier angegebenen Konvergenzsatz eine notwendige und hinreichende (lokale) Bedingung für die Konvergenz einer Fourier-Reihe an einer Stelle t_0. Allerdings ist die Bedingung sehr unhandlich und schwierig zu überprüfen. Wir werden sie als Zwischenergebnis (11.24) im Beweis des Konvergenzsatzes auf Seite 323 erhalten.
- In einer Umgebung der betrachteten Stelle soll die Funktion stetig und differenzierbar mit beschränkter Ableitung sein. Dabei darf die Stelle selbst ausgenommen werden. Aus der geforderten Beschränktheit der Ableitung kann man mit dem Mittelwertsatz (siehe (v) auf Seite xviii) zeigen, dass die

einseitigen Grenzwerte $\lim_{t \to t_0+} f(t)$ und $\lim_{t \to t_0-} f(t)$ existieren. Damit ist f in t_0 stetig (ergänzbar) oder hat dort eine Sprungstelle.

– Ist f stetig in t_0, so konvergiert die Fourier-Reihe gegen den Funktionswert $f(t_0)$, der mit den einseitigen Grenzwerten übereinstimmt.
– Hat f in t_0 eine Sprungstelle, so strebt hier die Fourier-Reihe gegen die „Mitte des Sprungs" im Sinne des Mittelwerts der einseitigen Grenzwerte. Das liegt daran, dass die Fourier-Partialsummen stetig sind und ihr Funktionsgraph quasi einen Sprung der Funktion f überbrückt.

• Ist f eine stetig differenzierbare, 2π-periodische Funktion, so ist f' stetig auf $[0, 2\pi]$, und f' ist wegen der Stetigkeit insbesondere beschränkt (Band 1, S. 322). Damit konvergiert die Fourier-Reihe in jedem Punkt $t_0 \in \mathbb{R}$.

$$\lim_{n \to \infty} S_n(f, t_0) = \sum_{k=-\infty}^{\infty} f^\wedge(k) e^{jkt_0} = f(t_0) \text{ für alle } t_0 \in \mathbb{R}.$$

• Die Voraussetzungen für Konvergenz gegen den Mittelwert der einseitigen Grenzwerte sind z. B. auch überall erfüllt, wenn eine periodische Funktion f stückweise zusammengesetzt ist aus endlich vielen stetig differenzierbaren Funktionen, die an den Nahtstellen ggf. nicht stetig (Sprungstellen) oder nicht differenzierbar (Knicke) zusammenpassen.
• Ohne die im Satz geforderte Differenzierbarkeit ist es für die Konvergenz gegen den Mittelwert der einseitigen Grenzwerte an jeder Stelle beispielsweise hinreichend, wenn das Periodenintervall in endlich viele Teilintervalle zerlegt werden kann, auf denen f stetig und monoton ist. Zudem müssen an den Intervallgrenzen die einseitigen Grenzwerte existieren. Alle Unstetigkeitsstellen müssen also Sprungstellen sein.
• Ist eine 2π-periodische Funktion sogar unendlich oft differenzierbar, so können wir die Funktion sowohl als Fourier- als auch als Taylor- bzw. Potenzreihe um den Punkt $t_0 = 0$ mit Konvergenzradius ϱ für $t \in]-\varrho, \varrho[$ darstellen:

$$f(t) = \sum_{k=0}^{\infty} \frac{f^{(k)}(0)}{k!} x^k, \qquad f(t) = \sum_{k=-\infty}^{\infty} f^\wedge(k) \left[e^{jt} \right]^k.$$

Wir können f also sowohl durch ein algebraisches Polynom als auch durch ein trigonometrisches Polynom annähern.
• Nach dem mathematisch sehr tiefgründigen Carleson'schen Satz von 1966 konvergiert die Fourier-Reihe einer Riemann-integrierbaren Funktion unabhängig von Voraussetzungen, wie wir sie gemacht haben, fast überall, d. h. für jedes x mit Ausnahme von Elementen einer Menge von Lebesgue-Maß null, siehe Kapitel 3.5.1. Dass man nicht die Konvergenz an jeder Stelle erwarten kann, zeigt das stetige und damit integrierbare Beispiel von du Bois-Reymond. Das Beispiel zeigt auch, dass die Nullmenge ver-

schieden von der Menge der Unstetigkeitsstellen sein kann. Das Konvergenzverhalten von Fourier-Reihen ist also ein schwieriges Thema.

Beispiel 11.7 Die 2π-periodisch fortgesetzte Sägezahn-Funktion f aus (11.2) auf Seite 284 erfüllt die Voraussetzungen von Satz 11.4, so dass die zugehörige Fourier-Reihe, die wir zuvor auf Seite 285 berechnet haben, in jedem Punkt $t \in \mathbb{R}$ gegen $f(t)$ konvergiert:

$$f(t) = \sum_{k=1}^{\infty} \frac{2(-1)^{k+1}}{k} \sin(kt).$$

Man beachte, dass die Funktionswerte an den Unstetigkeitsstellen $(2k+1)\pi$ als arithmetisches Mittel 0 der einseitigen Grenzwerte definiert sind: $\lim_{t \to 2(k+1)\pi-} f(t) = \pi$ und $\lim_{t \to 2(k+1)\pi+} f(t) = -\pi$.

Hintergrund: Fejér-Summen statt Fourier-Partialsummen

Nach dem Satz von Du Bois-Reymond muss die Fourier-Reihe einer stetigen Funktion nicht an jeder Stelle t_0 konvergieren. Die Fourier-Koeffizienten sind so definiert, dass die Fourier-Partialsummen einen über ein Integral definierten quadratischen Fehler minimieren. Sie minimieren keinen punktweisen Fehler $f(t_0) - S_n(f, t_0)$. Daher kommt es zu der Divergenzaussage.

Wenn wir die Partialsummen aber etwas modifizieren, können wir stetige, 2π-periodische Funktionen doch mittels trigonometrischer Polynome ohne die Zusatzvoraussetzungen des Konvergenzsatzes punktweise beliebig genau annähern, so dass wir Konvergenz für alle Stellen t_0 erhalten. Die Fourier-Reihe von f an der Stelle t_0 ist die Folge der Partialsummen

$$\left(S_n(f, t_0) \right)_{n=0}^{\infty} = \left(\sum_{k=-n}^{n} f^\wedge(k) e^{jkt_0} \right)_{n=0}^{\infty}.$$

Stattdessen betrachten wir nun eine Folge arithmetischer Mittel der ersten $n+1$ Partialsummen $\left(\frac{1}{n+1} \sum_{l=0}^{n} S_l(f, t_0) \right)_{n=0}^{\infty}$. Dabei ist

$$\frac{1}{n+1} \sum_{l=0}^{n} S_l(f, t_0) = \frac{1}{n+1} \sum_{l=0}^{n} \sum_{k=-l}^{l} f^\wedge(k) e^{jkt_0}.$$

Der Term $f^\wedge(0) e^{j \cdot 0 \cdot t_0}$ kommt hier in $n+1$ Summanden vor. $f^\wedge(1) e^{j \cdot 1 \cdot t_0}$ und $f^\wedge(-1) e^{j(-1)t_0}$ kommen in n Summanden vor, und allgemein gibt es $n+1-|k|$ Summanden $f^\wedge(k) e^{jkt_0}$. Daher ist

$$\frac{1}{n+1} \sum_{l=0}^{n} S_l(f, t_0) = \frac{1}{n+1} \sum_{k=-n}^{n} (n+1-|k|) f^\wedge(k) e^{jkt_0}.$$

$$= \sum_{k=-n}^{n} \left(1 - \frac{|k|}{n+1} \right) f^{\wedge}(k) e^{jkt_0}.$$

Man beachte, dass es sich bei dieser Folge nicht mehr um eine Reihendarstellung handelt, da für jedes n andere Glieder aufsummiert werden.

Man kann zeigen, dass durch die Mittelung sich tatsächlich eine Folge ergibt, die für stetiges f ohne Zusatzvoraussetzungen gegen $f(t_0)$ konvergiert, siehe [Natanson(1955), S. 140].

Das Polynom $\sum_{k=-n}^{n} \left(1 - \frac{|k|}{n+1} \right) f^{\wedge}(k) e^{jkt}$ entsteht als Faltung $f * \chi_n$ von f mit dem **Fejér-Kern**, der das arithmetische Mittel der Dirichlet-Kerne ist.

$$\chi_n(t) := \frac{1}{n+1} \sum_{l=0}^{n} D_l(t) = \sum_{k=-n}^{n} \left(1 - \frac{|k|}{n+1} \right) e^{jkt}.$$

Außerdem lässt sich elementar nachrechnen, dass der Fejér-Kern die geschlossene Darstellung

$$\chi_n(t) = \frac{1}{n+1} \left(\frac{\sin \left(\frac{n+1}{2} t \right)}{\sin \left(\frac{t}{2} \right)} \right)^2$$

besitzt. Der Fejér-Kern ist ein weiteres klassisches Beispiel für einen Glättungskern. Insbesondere sehen wir die folgende Aussage:

Lemma 11.3 (Fourier-Reihen stetiger Funktionen) Ist die Fourier-Reihe einer stetigen Funktion an einer Stelle t_0 konvergent, so ist der Grenzwert der Reihe der Funktionswert $f(t_0)$ und keine andere Zahl.

Beweis Unter Verwendung des Fejér-Kerns ist

$$f(t_0) = \lim_{n \to \infty} \sum_{k=-n}^{n} \left(1 - \frac{|k|}{n+1} \right) f^{\wedge}(k) e^{jkt_0} = \lim_{n \to \infty} \frac{1}{n+1} \sum_{l=0}^{n} S_l(f, t_0)$$
$$= \lim_{l \to \infty} S_l(f, t_0),$$

da die Folge der Fourier-Partialsummen konvergent ist und die arithmetischen Mittel der ersten n Folgenglieder einer konvergenten Folge selbst eine konvergente Folge mit gleichem Grenzwert bilden (Band 1, S. 257). Damit ist also $f(t_0)$ Grenzwert der Fourier-Reihe für t_0. $\square$

Beispiel 11.8 (Kosinus-Transformation) Sei f eine auf dem Intervall $[0, \pi]$ stetig differenzierbare Funktion (damit ist f' beschränkt). Dann können wir f auf $[0, \pi]$ als Kosinus-Reihe (ohne Nullphasenwinkel) schreiben: Wir erweitern f auf $[0, 2\pi]$ über die Spiegelung $f(\pi + t) = f(\pi - t)$, $0 < t < \pi$, und setzen dann f 2π-periodisch auf $\mathbb{R}$ fort. f ist nun so konstruiert, dass f eine gerade Funktion (ohne ungewünschte Sprungstellen, vgl. Kapitel 11.6) ist und die Fourier-Reihe nur Kosinus-Terme enthält. Da die fortgesetzte Funktion f stetig auf $\mathbb{R}$ und differenzierbar mit beschränkter Ableitung auf $\mathbb{R} \setminus \{k\pi, \, k \in \mathbb{Z}\}$ ist, konvergiert die Fourier-Reihe für jedes $t \in \mathbb{R}$ und insbesondere für $t \in [0, \pi]$:

$$f(t) = \sum_{k=0}^{\infty} a_k \cos(kt), \qquad (11.19)$$

wobei

$$a_0 = \frac{1}{2\pi} \int_0^{2\pi} f(t) \, \mathrm{d}t = \frac{1}{\pi} \int_0^{\pi} f(t) \, \mathrm{d}t,$$

$$a_k = \frac{1}{\pi} \int_0^{2\pi} f(t) \cos(kt) \, \mathrm{d}t = \frac{2}{\pi} \int_0^{\pi} f(t) \cos(kt) \, \mathrm{d}t, \quad k \in \mathbb{N}.$$

Hat man nur endlich viele abgetastete Funktionswerte zur Verfügung, so erhält man die Koeffizienten a_k näherungsweise über eine diskrete Kosinus-Transformation, die sich durch Anwendung der weiter hinten beschriebenen diskreten Fourier-Transformation auf die durch Spiegelung fortgesetzte Funktion ergibt und für Verfahren der Datenkompression sehr wichtig ist.

Eine Fourier-Reihe kann nur konvergieren, wenn die Folge der Summanden hinreichend schnell gegen null konvergiert. Das hängt von der jeweiligen Funktion ab. Allerdings sorgt bereits die Bildung der Fourier-Koeffizienten dafür, dass die Summanden bzw. die Fourier-Koeffizienten gegen null streben (wenn auch eventuell nicht schnell genug). Das ist die Aussage des Riemann-Lebesgue-Lemmas, das direkt aus der Konvergenz der Summe in (11.11) folgt, aber auch mit der Stetigkeit im Mittel (siehe Folgerung 11.1) bewiesen werden kann:

Satz 11.5 (Riemann-Lebesgue-Lemma) Für jede integrierbare, 2π-periodische Funktion f gilt:

$$\lim_{k \to \pm\infty} f^{\wedge}(k) = 0. \qquad (11.20)$$

Die Amplituden der hohen Kreisfrequenzen periodischer Funktionen werden zwangsläufig beliebig klein. Für numerische Zwecke kann man also bei einem genügend großen k mit der Berechnung der Fourier-Koeffizienten aufhören. Ein Analogon zum Riemann-Lebesgue-Lemma gilt übrigens nicht für Potenzreihen: $\sum_{k=0}^{\infty} 1 \cdot x^k$ hat den Konvergenzradius $\varrho = 1$, ist also für $-1 < x < 1$ konvergent. Dennoch ist die konstante Folge $(1)_{k=1}^{\infty}$ keine Nullfolge.

Hintergrund: Stetigkeit im Mittel

Ist f stetig an einer Stelle t, so ist $\lim_{h \to 0} |f(t) - f(t - h)| = 0$. Bei der **Stetigkeit im Mittel** (11.21) betrachtet man nicht eine Stelle t, sondern mittelt durch die Integration über alle Werte von t.

Lemma 11.4 (Stetigkeit im Mittel) Sei $f : [a, b] \to \mathbb{C}$ auf $[a, b]$ beschränkt und stetig bis auf endliche viele Stellen $t_1, t_2, \ldots, t_n$, $n \in \mathbb{N}_0$, an denen Real- oder Imaginärteil von f unstetig sein dürfen, dann ist

$$\lim_{h \to 0+} \int_{a+h}^{b} f(t) - f(t - h) \, \mathrm{d}t = \lim_{h \to 0+} \int_{a+h}^{b} |f(t) - f(t - h)| \, \mathrm{d}t = 0. \quad (11.21)$$

Eine stetige Funktion ist auch stetig im Mittel, die Umkehrung gilt aber nicht, da z. B. (11.21) auch bei Funktionen mit Sprungstellen erfüllt ist.

Beweis Im Beweis wählen wir $n \geq 1$. Der Fall von $n = 0$ Unstetigkeitsstellen ist darin enthalten, da f an der Stelle t_1 auch stetig sein darf. Für den Nachweis des Grenzwerts sei $\varepsilon > 0$. Wir zeigen, dass es zu diesem ε ein $\delta > 0$ gibt, so dass für $0 < h < \delta$ der Betrag des Integrals kleiner als ε ist. Damit wir am Ende tatsächlich eine Abschätzung gegen ε ohne unschöne Faktoren bekommen, wählen wir zunächst einige Parameter recht kompliziert. Die Wahl wird verständlich, wenn man den Beweis rückwärts liest. So ist die Wahl auch entstanden.

Wegen der vorausgesetzten Stetigkeit ist f beschränkt auf $[a, b]$, also $|f(t)| < M$. Die Voraussetzung der Stetigkeit nutzen wir nur in einiger Entfernung zu den möglichen Unstetigkeitsstellen aus, da wir dort außer der Beschränktheit nichts von f wissen. Die Funktion f ist stetig auf den Intervallen $[a, b] \cap \left[a, t_1 - \frac{\varepsilon}{8Mn}\right]$, $[a, b] \cap \left[t_1 + \frac{\varepsilon}{8Mn}, t_2 - \frac{\varepsilon}{8Mn}\right], \ldots, [a, b] \cap \left[t_n + \frac{\varepsilon}{8Mn}, b\right]$, sofern sie nicht-leer sind. Auf jedem dieser Intervalle ist f sogar gleichmäßig stetig (Band 1, S. 325), d. h., zum vorgegebenen $\varepsilon > 0$ gibt es damit ein $0 < \delta = \delta(\varepsilon)$ (das für alle Teilintervalle durch Bildung des Minimums gemeinsam gewählt werden kann), so dass $|f(t) - f(t - h)| < \frac{\varepsilon}{2[b-a+n2M]}$ für alle $0 < h < \delta$, sofern t und $t + h$ gemeinsam in einem der $n + 1$ Teilintervalle liegen. Für $0 < h < \min\left\{b - a, \delta, \frac{\varepsilon}{2[b-a+n2M]}\right\}$ erhalten wir:

$$\left| \int_{a+h}^{b} f(t) - f(t - h) \, \mathrm{d}t \right| \leq \int_{a+h}^{b} |f(t) - f(t - h)| \, \mathrm{d}t$$

$$< \int_{[a+h,b] \setminus \left[\bigcup_{k=1}^{n} \left[t_k - \frac{\varepsilon}{8Mn}, t_k + \frac{\varepsilon}{8Mn} + h\right]\right]} |f(t) - f(t - h)| \, \mathrm{d}t + n \left[h + 2\frac{\varepsilon}{8Mn}\right] 2M$$

$$\leq [b - (a + h)] \frac{\varepsilon}{2[b - a + n2M]} + n2M \frac{\varepsilon}{2[b - a + n2M]} + \frac{\varepsilon}{2}$$

$$\leq [b - a + n2M]\frac{\varepsilon}{2[b - a + n2M]} + \frac{\varepsilon}{2} = \frac{\varepsilon}{2} + \frac{\varepsilon}{2} = \varepsilon,$$

wobei für die „$<$"-Abschätzung die Integrale von $|f(t) - f(t-h)| < 2M$ über jedem der $n > 0$ Intervalle $[a + h, b] \cap \left[t_k - \frac{\varepsilon}{8Mn}, t_k + \frac{\varepsilon}{8Mn} + h\right]$ echt durch $\left[h + 2\frac{\varepsilon}{8Mn}\right] 2M$ vergrößert wurden, so dass wir $n\left[h + 2\frac{\varepsilon}{8Mn}\right] 2M$ addiert haben. Das verbleibende Integral über einen eventuell nicht-zusammenhängenden Integrationsbereich ist mit Definition 3.4 auf Seite 92 zu verstehen. Damit ist der Grenzwert 0 nachgerechnet. $\qquad\square$

Die Aussage des Lemmas bleibt gültig, wenn man statt der stückweisen Stetigkeit nur die Riemann-Integrierbarkeit der Funktion f fordert (vgl. Band 1, S. 385).

Mit der Stetigkeit im Mittel erhalten wir direkt eine Aussage für hohe Frequenzen, die ebenfalls auch für integrierbare Funktionen f gilt:

Folgerung 11.1 (Riemann-Lebesgue-Typ-Lemma) Sei $f : [a, b] \to \mathbb{C}$ beschränkt und stetig bis auf endlich viele Unstetigkeitsstellen von Real- und Imaginärteil. Dann ist

$$\lim_{x \to \infty} \int_a^b f(t) \sin(xt)\, \mathrm{d}t = 0. \tag{11.22}$$

Beweis Wir erzeugen eine Differenz von Funktionswerten wie in (11.21), indem wir geschickt substituieren:

$$\int_a^b f(t) \sin(xt)\, \mathrm{d}t = -\int_a^b f(t) \sin\left(x\left[t + \frac{\pi}{x}\right]\right)\, \mathrm{d}t$$

$$= -\int_{a+\frac{\pi}{x}}^{b+\frac{\pi}{x}} f\left(u - \frac{\pi}{x}\right) \sin(xu)\, \mathrm{d}u.$$

Hier haben wir die Substitution $u = t + \frac{\pi}{x}$ vorgenommen (mit der Substitutionsregel von Seite 597). Damit erhalten wir die Differenz der Funktionswerte:

$$\left|\int_a^b f(t) \sin(xt)\, \mathrm{d}t\right| = \frac{1}{2}\left|\int_a^b f(t) \sin(xt)\, \mathrm{d}t - \int_{a+\frac{\pi}{x}}^{b+\frac{\pi}{x}} f\left(t - \frac{\pi}{x}\right) \sin(xt)\, \mathrm{d}t\right|$$

$$= \frac{1}{2}\left|\int_a^{a+\frac{\pi}{x}} f(t) \sin(xt)\, \mathrm{d}t\right.$$

$$\left. + \int_{a+\frac{\pi}{x}}^b \left[f(t) - f\left(t - \frac{\pi}{x}\right)\right] \sin(xt)\, \mathrm{d}t + \int_b^{b+\frac{\pi}{x}} f\left(t - \frac{\pi}{x}\right) \sin(xt)\, \mathrm{d}t\right|$$

$$\leq \frac{1}{2}\left[\int_a^{a+\frac{\pi}{x}} |f(t)|\, \mathrm{d}t\right.$$

$$+ \left| \int_{a+\frac{\pi}{x}}^{b} \left[f(t) - f\left(t - \frac{\pi}{x}\right) \right] \sin(xt)\, \mathrm{d}t \right| + \int_{b}^{b+\frac{\pi}{x}} \left| f\left(t - \frac{\pi}{x}\right) \right| \mathrm{d}t \right]$$

$$\leq \frac{1}{2} \left[\frac{\pi}{x} M + \int_{a+\frac{\pi}{x}}^{b} \left| f(t) - f\left(t - \frac{\pi}{x}\right) \right| \mathrm{d}t + \frac{\pi}{x} M \right].$$

Dabei haben wir ausgenutzt, dass f auf $[a, b]$ mit einer Zahl $M > 0$ beschränkt ist. Für $x \to \infty$ konvergiert $\frac{\pi}{x} M$ gegen null. Für das verbleibende Integral nutzen wir die Stetigkeit im Mittel (11.21) mit $h = \frac{\pi}{x}$, so dass auch dieser Term gegen 0 strebt.   □

Auch diese Aussage gilt für Riemann-integrierbare Funktionen und auch, wenn man den Sinus durch einen Kosinus oder durch $\exp(-jxt)$ ersetzt. In dieser Form ergibt sich für das Intervall $[0, 2\pi]$ das Riemann-Lebesgue-Lemma (Satz 11.5).

Beispiel 11.9 Die Sägezahnfunktion f mit der Fourier-Reihe (11.7) auf Seite 291 hat für $k \neq 0$ die Fourier-Koeffizienten $f^{\wedge}(k) = j\frac{(-1)^k}{k}$. Offensichtlich ist sowohl $\lim_{k \to \infty} f^{\wedge}(k) = \lim_{k \to \infty} j\frac{(-1)^k}{k} = 0$ als auch $\lim_{k \to -\infty} f^{\wedge}(k) = 0$.

Man kann sich nun fragen, wie „schnell" eine Fourier-Reihe konvergiert. Eine erste einfache Fehlerabschätzung ergibt sich direkt aus den nicht verwendeten Fourier-Koeffizienten. Lässt sich f für ein $t_0 \in \mathbb{R}$ als Grenzwert der Fourier-Reihe schreiben (z. B. bei Voraussetzungen wie in Satz 11.4), so gilt für den Fehler:

$$|f(t_0) - S_n(f, t_0)| = \left| \sum_{k=-\infty}^{\infty} f^{\wedge}(k) e^{jkt_0} - \sum_{k=-n}^{n} f^{\wedge}(k) e^{jkt_0} \right|$$

$$= \left| \sum_{|k|>n} f^{\wedge}(k) e^{jkt_0} \right| \leq \sum_{|k|>n} |f^{\wedge}(k)| \cdot |e^{jkt_0}| = \sum_{|k|>n} |f^{\wedge}(k)|.$$

Für die Sägezahnfunktion im vorangehenden Beispiel ist die Schranke bereits zu grob, da rechts eine divergente harmonische Reihe entsteht. Wegen ihrer Unstetigkeitsstellen kann man aber auch keine Fehlerschranke unabhängig von der betrachteten Stelle t_0 erwarten (siehe Kapitel 11.6).

In Verschärfung zu (11.20) kann man zeigen, dass die Fourier-Koeffizienten glatter Funktionen schneller gegen null streben. Genauer gilt für eine r-mal stetig differenzierbare 2π-periodische Funktion f, dass

$$|f^{\wedge}(k)| \leq C_r \frac{1}{|k|^r}$$

ist, wobei die Konstante C_r nur von f und r aber nicht von k und t_0 abhängt. Damit lässt sich für $r > 1$ eine Fehlerschranke herleiten, wie wir sie vom

Restglied der Taylor-Entwicklung kennen:

$$|f(t_0) - S_n(f,t_0)| \leq C_r \sum_{|k|>n} \frac{1}{|k|^r} = 2C_r \sum_{k=n+1}^{\infty} \frac{1}{k^r} \leq 2C_r \sum_{k=n+1}^{\infty} \int_{k-1}^{k} \frac{1}{t^r}\, dt$$

$$= 2C_r \int_{n}^{\infty} \frac{1}{t^r}\, dt = 2C_r \lim_{u\to\infty} \frac{1}{1-r} t^{1-r} \Big|_{n}^{u} = \frac{2C_r}{r-1} \frac{1}{n^{r-1}}.$$

Der Fehler strebt also bis auf einen konstanten Faktor mindestens so schnell gegen null wie die Folge $(n^{-r+1})_{n=1}^{\infty}$. Diese Abschätzung lässt sich unter den gleichen Voraussetzungen für $n > 1$ noch weiter verschärfen zu [Natanson(1955), S. 136]

$$|f(t_0) - S_n(f,t_0)| \leq C_r \frac{\ln(n)}{n^r} \qquad (11.23)$$

für jedes $t_0 \in \mathbb{R}$. Hier ist die rechte Seite für große Werte von n kleiner als zuvor, der Fehler wird genauer abgeschätzt, die Folge $(\frac{\ln(n)}{n^r})_{n=2}^{\infty}$ strebt schneller gegen null als $(n^{-r+1})_{n=1}^{\infty}$.

Für Funktionen, die nur stetig sind, muss die Fourier-Reihe gar nicht konvergieren (Satz 11.23), so dass auch eine Abschätzung wie (11.23), die sogar gleichmäßige Konvergenz (Konvergenz unabhängig von der Stelle t_0, siehe Definition 16.4 in Band 1, S. 463) bedeutet, nicht gelten kann. Hat eine Funktion eine Sprungstelle, d. h., ist sie nicht einmal stetig, so kann man erst recht keine gleichmäßige Konvergenz erwarten. Damit beschäftigt sich das Gibbs-Phänomen, mit dem es nach dem Einschub des Beweises von Satz 11.4 weitergeht.

Hintergrund: Beweis des Konvergenzsatzes (Satz 11.4) für Fourier-Reihen

Der Beweis ist etwas technisch und nur für die Leser gedacht, die ein vertieftes Verständnis für das Funktionieren von Fourier-Reihen gewinnen möchten. Im Wesentlichen basiert er darauf, dass man unter geeigneten Voraussetzungen durch Faltung von f mit einem Dirichlet-Kern einen Funktionswert $f(t) = f(t + k2\pi)$ in guter Näherung erhalten kann. Durch die Faltung wird der Dirichlet-Kern so verschoben, dass er an den Stellen $t + k2\pi$ die größten Funktionswerte hat. Integriert man nun das Produkt des verschobenen Kerns und der Funktion f, d. h. berechnet man die Faltung, so gewinnt man durch die Gewichtung mit dem Dirichlet-Kern ungefähr den Funktionswert $f(t)$. Da die Faltung mit einem Dirichlet-Kern einer Fourier-Partialsumme entspricht, lässt sich so deren Konvergenz gegen $f(t)$ zeigen.

Beweis Wir stellen die Fourier-Partialsummen als Faltung mit dem Dirichlet-Kern dar (siehe (11.15)) und vergleichen mit dem Wert

$$c := \frac{1}{2} \left(\lim_{t \to t_0+} f(t) + \lim_{t \to t_0-} f(t) \right).$$

Dies führt zu Integralen, die wegen der Stetigkeit im Mittel (siehe Folgerung 11.1) und aufgrund der Voraussetzungen gegen 0 konvergieren.

Da $1 = D_n^{\wedge}(0) = \frac{1}{2\pi} \int_{-\pi}^{\pi} D_n(t)\,dt$ (siehe (11.13)) und $S_n(f, t_0) = (f * D_n)(t_0) = \frac{1}{2\pi} \int_{-\pi}^{\pi} f(t_0 - t) D_n(t)\,dt$ gilt (siehe (11.15)), ist

$$S_n(f, t_0) - c = \frac{1}{2\pi} \int_{-\pi}^{\pi} [f(t_0 - t) - c] D_n(t)\,dt$$

$$= \frac{1}{2\pi} \left[\int_{-\pi}^{0} [f(t_0 - t) - c] D_n(t)\,dt + \int_0^{\pi} [f(t_0 - t) - c] D_n(t)\,dt \right]$$

$$= \frac{1}{2\pi} \left[\int_0^{\pi} [f(t_0 + t) - c] D_n(-t)\,dt + \int_0^{\pi} [f(t_0 - t) - c] D_n(t)\,dt \right]$$

$$= \frac{1}{2\pi} \int_0^{\pi} \underbrace{[f(t_0 + t) + f(t_0 - t) - 2c]}_{=:g(t)} \frac{\sin\left(\frac{(2n+1)t}{2}\right)}{\sin\left(\frac{t}{2}\right)}\,dt. \tag{11.24}$$

Im letzten Schritt haben wir ausgenutzt, dass $D_n(t) = \frac{\sin\left(\frac{(2n+1)t}{2}\right)}{\sin\left(\frac{t}{2}\right)}$ eine gerade Funktion ist, also $D_n(t) = D_n(-t)$.

Die Darstellung (11.24) der Fourier-Reihe an der Stelle t_0 ist das eigentliche Riemann'sche Lokalisationsprinzip. Strebt (11.24) für $n \to \infty$ gegen 0, so konvergiert die Fourier-Reihe an der Stelle t_0 gegen c und umgekehrt.

Jetzt nutzen wir die weiteren Voraussetzungen aus, um damit zu zeigen, dass (11.24) tatsächlich gegen 0 konvergiert und um so ein hinreichendes Kriterium für die Konvergenz zu gewinnen. Um dabei die punktierte Umgebung $[t_0 - \delta, t_0[\cup]t_0, t_0 + \delta]$ ins Spiel zu bringen, zerlegen wir das Integrationsintervall $[0, \pi]$ in die Intervalle $[0, \delta]$ und $[\delta, \pi]$ und ergänzen geschickt

$$0 = g(t) \left[\frac{\sin\left(\frac{(2n+1)t}{2}\right)}{\frac{t}{2}} - \frac{\sin\left(\frac{(2n+1)t}{2}\right)}{\frac{t}{2}} \right]:$$

$$\frac{1}{2\pi} \int_0^{\pi} g(t) \frac{\sin\left(\frac{(2n+1)t}{2}\right)}{\sin\left(\frac{t}{2}\right)}\,dt = \frac{1}{2\pi} \int_0^{\delta} g(t) \frac{\sin\left(\frac{(2n+1)t}{2}\right)}{\frac{t}{2}}\,dt$$

$$+ \frac{1}{2\pi} \int_0^{\delta} g(t) \left[\frac{1}{\sin\left(\frac{t}{2}\right)} - \frac{1}{\frac{t}{2}} \right] \sin\left(\frac{(2n+1)t}{2}\right)\,dt$$

$$+ \frac{1}{2\pi} \int_{\delta}^{\pi} g(t) \frac{1}{\sin\left(\frac{t}{2}\right)} \sin\left(\frac{(2n+1)t}{2}\right)\,dt =: I_1(n) + I_2(n) + I_3(n).$$

Mit Folgerung 11.1 zeigen wir jetzt, dass $\lim_{n \to \infty} I_2(n) = \lim_{n \to \infty} I_3(n) = 0$ ist. Die Funktion g ist nach Voraussetzung stetig auf $]0, \delta]$, und da f höchstens eine Sprungstelle bei t_0 besitzt, existiert der Grenzwert $\lim_{t \to 0+} g(t)$, und g

ist in 0 stetig ergänzbar und auf $[0, \delta]$ beschränkt. Die Funktion $\frac{1}{\sin(\frac{t}{2})} - \frac{1}{\frac{t}{2}}$ ist stetig auf $]0, \delta]$ und wegen

$$
\begin{aligned}
\lim_{t \to 0+} \left[\frac{1}{\sin\left(\frac{t}{2}\right)} - \frac{1}{\frac{t}{2}} \right] &= \lim_{t \to 0+} \frac{\frac{t}{2} - \sin\left(\frac{t}{2}\right)}{\frac{t}{2}\sin\left(\frac{t}{2}\right)} = \lim_{t \to 0+} \frac{\frac{1}{2} - \frac{1}{2}\cos\left(\frac{t}{2}\right)}{\frac{1}{2}\sin\left(\frac{t}{2}\right) + \frac{t}{4}\cos\left(\frac{t}{2}\right)} \\
&= \lim_{t \to 0+} \frac{\frac{1}{4}\sin\left(\frac{t}{2}\right)}{\frac{1}{4}\cos\left(\frac{t}{2}\right) + \frac{1}{4}\cos\left(\frac{t}{2}\right) - \frac{t}{8}\sin\left(\frac{t}{2}\right)} = 0
\end{aligned}
$$

kann sie ebenfalls stetig auf $[0, \delta]$ fortgesetzt werden und ist insbesondere beschränkt. Dabei haben wir zweimal den Satz von L'Hospital angewendet (siehe Band 1, Sätze 13.7, 13.8).

Für $x = \frac{2n+1}{2}$ folgt damit aus Folgerung 11.1 $\lim_{n \to \infty} I_2(n) = 0$.

Nun zu $I_3(n)$: Auf $[\delta, \pi]$ sind sowohl $g(t)$ beschränkt und stetig bis auf endlich viele Unstetigkeitsstellen (von $f(t_0 + t)$ und von $f(t_0 - t)$) und $\frac{1}{\sin(\frac{t}{2})}$ stetig (und beschränkt), so dass $\lim_{n \to \infty} I_3(n) = 0$ nun ebenfalls mit Folgerung 11.1 für $x = \frac{2n+1}{2}$ folgt.

Wir wissen jetzt: $\lim_{n \to \infty} S_n(f, t_0) - c = 0 \iff \lim_{n \to \infty} I_1(n) = 0$, die Fourier-Reihe konvergiert an der Stelle t_0 also gegen c genau dann, wenn das erste Integral für $n \to \infty$ gegen 0 strebt, wobei hier nur Werte von f über die Definition der Funktion g in einer δ-Umgebung von t_0 berücksichtigt werden. Deshalb spricht man vom Lokalisationsprinzip. Um nun auch noch $\lim_{n \to \infty} I_1(n) = 0$ zu zeigen, verwenden wir die zusätzlichen Voraussetzungen des Satzes. Auf $]0, \delta]$ ist

$$
\begin{aligned}
g(t) &= f(t_0 + t) + f(t_0 - t) - 2c \\
&= f(t_0 + t) - \lim_{h \to 0+} f(t_0 + h) + f(t_0 - t) - \lim_{h \to 0-} f(t_0 + h) \\
&= t f'(\xi_1) - t f'(\xi_2),
\end{aligned}
$$

wobei es nach dem Mittelwertsatz (siehe (v) auf Seite xviii) für die auf $[t_0, t_0 + t]$ bzw. $[t_0 - t, t_0]$ mit den einseitigen Grenzwerten stetig fortgesetzte Funktion f entsprechende Stellen $\xi_1 \in]t_0, t_0 + t[\subseteq]t_0, t_0 + \delta[$ und $\xi_2 \in]t_0 - t, t_0[\subseteq]t_0 - \delta, t_0[$ gibt. Nach Voraussetzung ist f' auf $]t_0 - \delta, t_0[\cup]t_0, t_0 + \delta[$ beschränkt: $|f'(t)| \leq M$. Damit ist $|g(t)| \leq 2Mt$, und $\left| \frac{g(t)}{\frac{t}{2}} \right|$ ist beschränkt auf $[0, \delta]$ sowie nach Voraussetzung stetig auf $]0, \delta]$. Mit Folgerung 11.1 erhalten wir schließlich wieder für $x = \frac{2n+1}{2}$:

$$
\lim_{n \to \infty} I_1(n) = \lim_{x \to \infty} \frac{1}{2\pi} \int_0^\delta \frac{g(t)}{\frac{t}{2}} \sin(xt) \, \mathrm{d}t = 0.
$$

$\square$

11.6 Gibbs-Phänomen

In diesem Abschnitt untersuchen wir das Verhalten einer Fourier-Reihe an einer Sprungstelle der Ursprungsfunktion genauer. In der praktischen Anwendung entstehen Sprungstellen, wenn man ein Signal periodisch fortsetzt. Selbst wenn man ein periodisches Signal hat, kennt man eventuell die Periode nicht und setzt es mit einer anderen Periode fort (siehe Kapitel 14.7). Sprungstellen führen zu einem unendlich großen Spektrum, das durch eine endliche Fourier-Partialsumme nicht vollständig erfasst werden kann. Als Konsequenz beobachtet man ein Überschwingen der Fourier-Partialsummen in der Nähe der Unstetigkeitsstellen, das wir an einem Beispiel analysieren wollen.

Beispiel 11.10 Die 2π-periodische Funktion f sei im Intervall $[-\pi, \pi[$ erklärt über:

$$f(t) = \begin{cases} 0, & t = -\pi \text{ und } t = 0, \\ 1, & t \in]-\pi, 0[, \\ -1, & t \in]0, \pi[. \end{cases}$$

Hat man irgendeine 2π-periodische Funktion g mit Sprungstelle bei t_0 und einseitigen Grenzwerten $L := \lim_{t \to t_0-} g(t)$ und $R := \lim_{t \to t_0+} g(t)$, so ist

$$g(t) = \underbrace{g(t) - h(t)}_{\text{stetig ergänzbar in } t_0 \text{ mit } 0} + h(t), \quad h(t) = \frac{L-R}{2} f(t - t_0) + \frac{L+R}{2}. \quad (11.25)$$

Daher ist für das besondere Verhalten an der Sprungstelle auch hier das „Rechtecksignal" f entscheidend, sofern sich die Fourier-Reihe von $g(t) - h(t)$ bei t_0 gutmütig verhält. Die Funktion f erfüllt die Voraussetzungen des Konvergenzsatzes (Satz 11.4): Bis auf die Sprungstellen $k\pi$ ist f als stückweise konstante Funktion stetig mit $f'(t) = 0$. Außerdem gilt für die Sprungstellen

$$\frac{\lim_{t \to k\pi+} f(t) + \lim_{t \to k\pi-} f(t)}{2} = 0 = f(k\pi).$$

Damit konvergiert die Fourier-Reihe in jedem Punkt. Bei der Berechnung der Fourier-Koeffizienten nutzen wir aus, dass f ungerade ist. Damit sind alle Koeffizienten $a_k = 0$, und wir erhalten eine Sinus-Reihe. Bei der Berechnung der Koeffizienten b_k stellt man fest, dass sich aufgrund der Funktionswerte des Kosinus die Koeffizienten b_{2k} zu geraden Indizes $2k$ (also $b_2, b_4, b_6, \ldots$) anders verhalten als die Koeffizienten b_{2k-1} zu ungeraden Indizes $2k-1$ (also $b_1, b_3, b_5, \ldots$): $\cos(2k\pi) = 1$, $\cos((2k-1)\pi) = -1$.

$$b_{2k} = \frac{1}{\pi} \int_{-\pi}^{\pi} f(t) \sin(2kt)\, dt = \frac{1}{\pi} \int_{-\pi}^{0} \sin(2kt)\, dt - \frac{1}{\pi} \int_{0}^{\pi} \sin(2kt)\, dt$$

$$= -\frac{1}{2k\pi} \cos(2kt)\Big|_{-\pi}^{0} + \frac{1}{2k\pi} \cos(2kt)\Big|_{0}^{\pi}$$

$$= -\frac{1}{2k\pi} - \left[-\frac{1}{2k\pi}\right] + \frac{1}{2k\pi} - \frac{1}{2k\pi} = 0,$$

$$b_{2k-1} = \frac{1}{\pi} \int_{-\pi}^{\pi} f(t) \sin((2k-1)t)\, dt$$

$$= \frac{1}{\pi} \int_{-\pi}^{0} \sin((2k-1)t)\, dt - \frac{1}{\pi} \int_{0}^{\pi} \sin((2k-1)t)\, dt$$

$$= -\frac{1}{(2k-1)\pi} \cos((2k-1)t)\Big|_{-\pi}^{0} + \frac{1}{(2k-1)\pi} \cos((2k-1)t)\Big|_{0}^{\pi}$$

$$= -\frac{1}{(2k-1)\pi} + \frac{1}{(2k-1)\pi}(-1) + \frac{1}{(2k-1)\pi}(-1) - \frac{1}{(2k-1)\pi}$$

$$= -\frac{4}{(2k-1)\pi}.$$

Damit ist

$$f(t) = -\sum_{k=1}^{\infty} \frac{4}{(2k-1)\pi} \sin((2k-1)t). \tag{11.26}$$

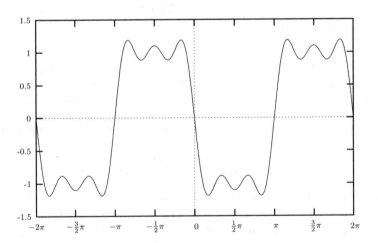

Abb. 11.11 $-\sum_{k=1}^{3} \frac{4}{(2k-1)\pi} \sin(2k-1)t$ auf $[-2\pi, 2\pi]$

In diesem Beispiel haben wir die unstetige Funktion f als Grenzwert von Fourier-Partialsummen geschrieben. Für jedes (einzelne und fest gewählte) $t \in \mathbb{R}$ konvergieren die Fourier-Partialsummen als Folge gegen den Funktionswert $f(t)$. Dies ist eine punktweise Konvergenz der Funktionenfolge (Band 1, S. 461). Man kann aber nicht erwarten, dass es eine „Mindestgeschwindigkeit" gibt, mit der die Partialsummen gleichmäßig in jedem Punkt $t \in \mathbb{R}$ gegen $f(t)$ streben in dem Sinne, dass

$$\lim_{n \to \infty} \left(\sup_{t \in \mathbb{R}} \left| f(t) - \left[-\sum_{k=1}^{n} \frac{4}{(2k-1)\pi} \sin((2k-1)t) \right] \right| \right) = 0. \qquad (11.27)$$

Man kann also keine gleichmäßige Konvergenz (Band 1, Seite 463) der Funktionenfolge erwarten. Das liegt daran, dass die Fourier-Partialsummen als Summe der stetigen Sinus- und Kosinus-Funktionen stetig sind. Auch an den Unstetigkeitsstellen von f kann man die Funktionsgraphen der Partialsummen im Gegensatz zum Graphen von f durchzeichnen. Dabei macht man zwangsläufig einen Approximationsfehler. Hätten wir gleichmäßige Konvergenz, dann müsste auch die Grenzfunktion stetig sein, was sie hier nicht ist (Band 1, S. 466).

Um zu verdeutlichen, was (11.27) bedeutet, sehen wir uns statt der Fourier-Partialsummen die stückweise linearen und stetigen Funktionen f_n an, die 2π-periodisch fortgesetzt seien (siehe Abbildung 11.12):

$$f_n(t) := \begin{cases} -nt, & t \in \left[-\frac{1}{n}, \frac{1}{n}\right], \\ n(t-\pi), & t \in \left[\pi - \frac{1}{n}, \pi + \frac{1}{n}\right], \\ 1, & t \in \left]-\pi + \frac{1}{n}, -\frac{1}{n}\right[, \\ -1, & t \in \left]\frac{1}{n}, \pi - \frac{1}{n}\right[. \end{cases}$$

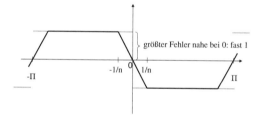

Abb. 11.12 Approximation von f durch eine stückweise lineare Funktion f_n

Für jedes $t \in \mathbb{R}$ gilt $\lim_{t \to \infty} f_n(t) = f(t)$, aber es liegt keine gleichmäßige Konvergenz unabhängig von einem einzelnen $t \in \mathbb{R}$ vor (siehe Abbildung 11.12):

$$\sup_{t \in \mathbb{R}} |f(t) - f_n(t)| = 1.$$

Wir können diesen Effekt auch an einzelnen Funktionswerten festmachen. Dazu betrachten wir zu jedem f_n die (von n abhängige) Stelle $\frac{1}{2n}$. Hier ist $f_n\left(\frac{1}{2n}\right) = -\frac{1}{2}$, und wir haben für jedes $n \in \mathbb{N}$ den Fehler $\left| f\left(\frac{1}{2n}\right) - f_n\left(\frac{1}{2n}\right) \right| = \frac{1}{2}$. Bei der Approximation durch Fourier-Partialsummen kommt aber noch ein weiterer Effekt hinzu. In der Nähe der Unstetigkeitsstellen gibt es zusätzlich zum Fehler, den man macht, weil man die stetigen Partialsummen durchzeichnet, noch Überschwinger. Dies sind die überhohen „Höcker" in Abbildung 11.11 und 11.14. Die Fourier-Koeffizienten werden so berechnet, dass ein mittlerer quadrierter Fehler minimal wird, siehe (11.1) auf Seite 282.

Durch die Überschwinger werden die Flanken der Fourier-Partialsummen an der Sprungstelle steiler, so dass im Mittel die gegebene Funktion besser angenähert wird. Ein ähnlicher Effekt lässt sich bei der Annäherung von Höhendaten $h(x,y)$ durch eine aus Dreiecken fester Größe zusammengesetzte Oberfläche mit Höhen $\Delta(x,y)$ (Triangulierung) auf einem Gebiet G beobachten, wenn die Parameter der Dreiecke so gewählt werden, dass $\iint_G (h(x,y) - \Delta(x,y))^2 \, \mathrm{d}(x,y)$ minimal wird. In Abbildung 11.13 ragen die gezeichneten Höhen $\Delta(x,y)$ am Rand einer Brücke durch die Gleise. An dieser Stelle fällt der Boden im verwendeten digitalen Höhenmodell von der Höhe des Bahndamms auf die Höhe der Straße unter der Brücke, d. h., $h(x,y)$ ist hier unstetig, und $\Delta(x,y)$ hat einen Überschwinger.

Abb. 11.13 Bei der Annäherung von Höhendaten durch Dreiecksflächen entsteht ein Überschwinger, der die Bahngleise durchbricht. Er liegt an der Sprungstelle von Bahndamm zur Straße unter der Brücke

Wir zeigen jetzt, dass die Überschwinger von Fourier-Partialsummen nicht verschwinden, wenn man die Summen für sehr große n berechnet und diese auch nicht kleiner werden. Das ist der **Gibbs-Effekt**. Dazu berechnen wir für die Folge $t_n = \frac{\pi}{2n}$ (das sind gerade die Stellen, an denen der Höcker bei der entsprechenden Partialsumme auftritt) den Grenzwert

$$\lim_{n\to\infty} -\sum_{k=1}^{n} \frac{4}{(2k-1)\pi} \sin((2k-1)t_n).$$

Zur Berechnung des Grenzwerts der „Höckerfunktionswerte" interpretieren wir die Summe als summierte Mittelpunktsregel (Band 1, S. 414) und damit als Riemann-Zwischensumme der stetigen und damit integrierbaren Funktion $\mathrm{sinc}(t) = \frac{\sin(t)}{t}$ (Band 1, S. 312). Für $n \to \infty$ wird dann mit der Mittelpunktsregel ein Integral über $\mathrm{sinc}(t)$ berechnet. Zunächst ist

$$-\sum_{k=1}^{n} \frac{4}{(2k-1)\pi} \sin((2k-1)t_n) = -\sum_{k=1}^{n} \frac{4}{(2k-1)\pi} \sin\left(\frac{(2k-1)\pi}{2n}\right)$$

$$= -\frac{2}{n}\sum_{k=1}^{n} \frac{2n}{(2k-1)\pi} \sin\left(\frac{(2k-1)\pi}{2n}\right) = -\frac{2}{\pi}\sum_{k=1}^{n} \frac{\pi}{n} \frac{\sin\left(\frac{(2k-1)\pi}{2n}\right)}{\frac{(2k-1)\pi}{2n}}$$

$$= -\frac{2}{\pi} \sum_{k=1}^{n} \frac{\pi}{n} \operatorname{sinc}\left(\frac{(2k-1)\pi}{2n}\right).$$

Unterteilt man das Intervall $[0, \pi]$ in n Teilintervalle $[(k-1)\frac{\pi}{n}, k\frac{\pi}{n}]$, $1 \le k \le n$, der Länge $\frac{\pi}{n}$, so haben diese jeweils den Mittelpunkt $\frac{1}{2}\left[(k-1)\frac{\pi}{n} + k\frac{\pi}{n}\right] = \frac{(2k-1)\pi}{2n}$, so dass hier genau die Mittelpunktsregel für das Integral $\int_0^\pi \operatorname{sinc}(t)\,dt$ steht. Es gilt:

$$\lim_{n\to\infty} \sum_{k=1}^{n} \frac{\pi}{n} \operatorname{sinc}\left(\frac{(2k-1)\pi}{2n}\right) = \int_0^\pi \operatorname{sinc}(t)\,dt = \int_0^\pi \underbrace{\frac{\sin(t)}{t}}_{>0,\, 0<t<\pi}\,dt =: C > 0.$$

Damit ist

$$\lim_{n\to\infty} -\sum_{k=1}^{n} \frac{4}{(2k-1)\pi} \sin((2k-1)t_n) = -\frac{2}{\pi}C \approx -1{,}17898.$$

Der Höcker wandert mit wachsendem n immer näher an die Unstetigkeitsstelle und wird dabei auch immer schmaler. Allerdings hat die Funktion f für t_n jeweils den Wert -1, d. h., der Höcker verschwindet auch für große n nicht, und im Grenzwert überragt er f um $0{,}17898$ und damit um etwa 18 % der halben Sprunghöhe. Wegen (11.25) gilt das sogar generell für Sprungstellen unabhängig vom konkreten Beispiel f.

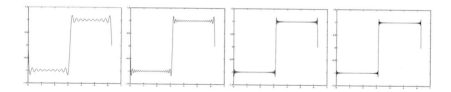

Abb. 11.14 $-\sum_{k=1}^{n} \frac{4}{(2k-1)\pi} \sin((2k-1)t)$ für $n = 10, 20, 50, 100$ auf $[0, 2\pi]$

Dieser Effekt steht nicht im Widerspruch zur (punktweisen) Konvergenz der Fourier-Reihe für jedes t. An den Unstetigkeitsstellen $t = k\pi$ sind die Partialsummen gleich dem Funktionswert $f(k\pi) = 0$. Für jede andere Stelle t gilt, dass ein gegebenenfalls störender Höcker die Stelle t auf seinem Weg zur Unstetigkeitsstelle mit wachsendem n irgendwann passiert hat.

Ist eine 2π-periodische Funktion f stetig auf $[0, 2\pi]$ bis auf endliche viele Sprungstellen $x_1, \dots, x_m$ und ist f auf jedem Intervall $[0, x_1]$, $[x_1, x_2], \dots,$ $[x_m, 2\pi]$ stetig differenzierbar, so erfüllt sie an jeder Stelle die Voraussetzungen des Konvergenzsatzes. Darüber hinaus kann man zeigen, dass die Fourier-Reihe sogar auf jedem Intervall $[a, b]$, das keine der Sprungstellen $x_1, \dots, x_m$ enthält, gleichmäßig gegen f konvergiert [Heuser(2004), S. 148]. Effekte nichtgleichmäßiger Konvergenz unter diesen Voraussetzungen können also ausschließlich an Sprungstellen auftreten.

Durch Mittelwertbildung kann man auch dort die Überschwinger verhindern. Das lässt sich z. B. durch Faltung mit dem Fejér-Kern (siehe Hintergrundinformationen auf Seite 316) bewerkstelligen: Statt f über eine Fourier-Reihe wie in (11.26) darzustellen, lässt sich f so durch zusätzliche Fejér-Mittelung annähern:

$$f(t) = -\lim_{n\to\infty} \sum_{k=1}^{n} \left(1 - \frac{2k-1}{2n}\right) \frac{4}{(2k-1)\pi} \sin((2k-1)t).$$

Für die Stellen t_n sehen wir (analog zur vorangehenden Berechnung)

$$-\lim_{n\to\infty} \sum_{k=1}^{n} \left(1 - \frac{2k-1}{2n}\right) \frac{4}{(2k-1)\pi} \sin((2k-1)t_n)$$

$$= -\lim_{n\to\infty} \frac{2}{\pi} \sum_{k=1}^{n} \left(1 - \frac{2k-1}{2n}\right) \frac{\pi}{n} \operatorname{sinc}\left(\frac{(2k-1)\pi}{2n}\right)$$

$$= -\lim_{n\to\infty} \frac{2}{\pi^2} \sum_{k=1}^{n} \frac{\pi}{n} \left(\pi - \frac{(2k-1)\pi}{2n}\right) \operatorname{sinc}\left(\frac{(2k-1)\pi}{2n}\right)$$

$$= -\frac{2}{\pi^2} \int_0^\pi (\pi - t)\operatorname{sinc}(t)\,\mathrm{d}t = -\frac{2}{\pi^2} \int_0^\pi \pi \operatorname{sinc}(t) - \sin(t)\,\mathrm{d}t$$

$$= -\frac{2}{\pi}C + \frac{2}{\pi^2} \int_0^\pi \sin(t)\,\mathrm{d}t = -\frac{2}{\pi}C + \frac{4}{\pi^2} \approx -0{,}7737.$$

Damit gibt es an den Stellen t_n asymptotisch kein Überschwingen mehr über -1 hinaus, allerdings auch weiterhin keine gleichmäßige Konvergenz in einer Umgebung der Sprungstelle.

Gängiger als Mittelwertbildung ist der Einsatz von Fensterfunktionen (vgl. Kapitel 14.7 und 14.10).

Den Gibbs-Effekt kann man auch bei im JPEG-Format vorliegenden Bildern beobachten, die mit Mitteln der Fourier-Analysis komprimiert wurden. An kontrastreichen Kanten treten hier Geisterlinien auf, die durch Überschwinger verursacht werden. Man kann diesen Effekt nutzen, um Kanten in einem Bild noch schärfer erscheinen zu lassen.

11.7 Entwicklung 2p-periodischer Funktionen

Bislang haben wir nur 2π-periodische Funktionen betrachtet, da dafür die Schreibweise (etwas) einfacher als bei einer beliebigen Periode $2p$ ist, die man in den Anwendungen vorfindet. Sei jetzt aber f eine integrierbare Funktion mit der allgemeinen Periode $2p > 0$, d. h.

$$f(t + 2p) = f(t) \text{ für alle } t \in \mathbb{R}.$$

Die daraus mittels Substitution gewonnene Funktion $g(t) := f\left(\frac{p}{\pi}t\right)$ ist wieder 2π-periodisch, denn

$$g(t + 2\pi) = f\left(\frac{p}{\pi}(t + 2\pi)\right) = f\left(\frac{p}{\pi}t + 2p\right) = f\left(\frac{p}{\pi}t\right) = g(t).$$

Damit können wir $g(t)$ als Fourier-Reihe entwickeln. Wir berechnen die zugehörigen Fourier-Koeffizienten mittels Substitution $u = \frac{p}{\pi}t$, $du = \frac{p}{\pi}dt$:

$$a_0 := \frac{1}{2\pi}\int_{-\pi}^{\pi} f\left(\frac{p}{\pi}t\right) dt = \frac{1}{2p}\int_{-p}^{p} f(u)\, du,$$

$$a_k := \frac{1}{\pi}\int_{-\pi}^{\pi} f\left(\frac{p}{\pi}t\right)\cos(kt)\, dt = \frac{1}{p}\int_{-p}^{p} f(u)\cos\left(\frac{\pi}{p}ku\right) du, \quad k \in \mathbb{N},$$

$$b_k := \frac{1}{\pi}\int_{-\pi}^{\pi} f\left(\frac{p}{\pi}t\right)\sin(kt)\, dt = \frac{1}{p}\int_{-p}^{p} f(u)\sin\left(\frac{\pi}{p}ku\right) du, \quad k \in \mathbb{N}.$$

Ist die $2p$-periodische Funktion $f : \mathbb{R} \to \mathbb{R}$ auf $[-p, p]$ stetig bis auf endlich viele Sprungstellen und existiert f' außerhalb der Sprungstellen und ist beschränkt, so sind für $g(t) = f\left(\frac{p}{\pi}t\right)$ die Voraussetzungen des Konvergenzsatzes (Satz 11.4) erfüllt. Mit den soeben berechneten Koeffizienten gilt in jedem Stetigkeitspunkt $\frac{p}{\pi}t$ von f:

$$g(t) = f\left(\frac{p}{\pi}t\right) = a_0 + \sum_{k=1}^{\infty}(a_k\cos(kt) + b_k\sin(kt)),$$

also

$$f(t) = g\left(\frac{\pi}{p}t\right) = a_0 + \sum_{k=1}^{\infty}\left(a_k\cos\left(\frac{\pi}{p}kt\right) + b_k\sin\left(\frac{\pi}{p}kt\right)\right).$$

In komplexer Schreibweise erhalten wir (sogar für komplexwertige Funktionen $f : \mathbb{R} \to \mathbb{C}$)

$$f(t) = \sum_{k=-\infty}^{\infty} c_k\exp\left(j\frac{\pi}{p}kt\right) := \lim_{n\to\infty}\sum_{k=-n}^{n} c_k\exp\left(j\frac{\pi}{p}kt\right) \tag{11.28}$$

mit

$$c_k = \frac{1}{2p}\int_{-p}^{p} f(t)\exp\left(-j\frac{\pi}{p}kt\right) dt = \frac{1}{2p}\int_{-p}^{p} f(t)\exp\left(-j\frac{k}{2p}2\pi t\right) dt. \tag{11.29}$$

In der Signalverarbeitung bezeichnet man den Quotienten $\omega_0 := \frac{\pi}{p} = \frac{2\pi}{2p}$ als **Grundfrequenz**. Unter Verwendung von ω_0 werden (11.28) und (11.29) zu

$$f(t) = \sum_{k=-\infty}^{\infty} c_k \exp\left(jk\omega_0 t\right), \qquad c_k = \frac{\omega_0}{2\pi} \int_{-\pi/\omega_0}^{\pi/\omega_0} f(t) \exp\left(-jk\omega_0 t\right) \mathrm{d}t.$$

Die Fourier-Koeffizienten c_{-k} und c_k, $k \in \mathbb{N}_0$, gehören zur in Hertz gemessenen Frequenz

$$\frac{\omega_0}{2\pi} \cdot k = \frac{k}{2p}.$$

Wir diskutieren also jetzt ein Spektrum mit den Frequenzen $\frac{k}{2p}$ Hz, $k \in \mathbb{N}_0$, benachbarte Frequenzen haben den Abstand $\frac{1}{2p}$ Hz.

Alles, was wir zuvor für 2π-periodische Funktionen gemacht haben, lässt sich direkt auf $2p$-periodische Funktionen übertragen, indem man π durch p ersetzt. Beispielsweise berechnet sich die Amplitude der Frequenz $\frac{k}{2p}$ analog zu Kapitel 11.2 und (11.8) aus den Fourier-Koeffizienten als

$$\sqrt{a_k^2 + b_k^2} = \sqrt{[2\,\mathrm{Re}(c_k)]^2 + [2\,\mathrm{Im}(c_k)]^2} = 2|c_k| = |c_k| + |c_{-k}|.$$

Außerdem ist die Faltung zweier $2p$-periodischer Funktionen definiert als $\frac{1}{2p} \int_{-p}^{p} f(t-u)g(u)\,\mathrm{d}u$, es gilt der Faltungssatz, und Fourier-Reihen sind unter den Voraussetzungen des Konvergenzsatzes für Fourier-Reihen konvergent.

Beispiel 11.11 (Eins-periodische Funktionen) Wählen wir als Periodenintervall $[0,1]$, also $2p = 1$ bzw. $p = 1/2$, so lautet die Fourier-Reihe einer 1-periodischen, reellen Funktion $f(t)$

$$a_0 + \sum_{k=1}^{\infty} \left(a_k \cos\left(2\pi kt\right) + b_k \sin\left(2\pi kt\right)\right) \quad = \quad \sum_{k=-\infty}^{\infty} c_k \exp\left(j2\pi kt\right),$$

wobei sich die reellen Fourier-Koeffizienten a_k, b_k und die komplexen Fourier-Koeffizienten c_k berechnen zu

$$a_0 = \int_{-\frac{1}{2}}^{\frac{1}{2}} f(t)\,\mathrm{d}t = \int_0^1 f(t)\,\mathrm{d}t, \quad a_k = 2\int_0^1 f(t)\cos\left(2\pi kt\right)\,\mathrm{d}t,$$

$$b_k = 2\int_0^1 f(t)\sin\left(2\pi kt\right)\,\mathrm{d}t, \ k \in \mathbb{N}, \ c_k = \int_0^1 f(t)\exp\left(-j2\pi kt\right)\,\mathrm{d}t, \ k \in \mathbb{Z}.$$

Hier ist die Grundfrequenz $\omega_0 = 2\pi$, und die Variable $k = \frac{\omega_0}{2\pi} \cdot k$ beschreibt in der Fourier-Reihe die Frequenz des jeweiligen Summanden direkt in Hertz.

Literaturverzeichnis

Heuser(2004). Heuser H.: Lehrbuch der Analysis Teil 2. Teubner, Wiesbaden, 2004.

Natanson(1955). Natanson I. P.: Konstruktive Funktionentheorie. Akademie-Verlag, Berlin, 1995.

Butzer und Nessel(1971). Butzer P. L. und Nessel R. J.: Fourier Analysis and Approximation. Birkhäuser, Basel, 1971.

Zygmund(2002). Zygmund A.: Trigonometric Series. Cambridge University Press, Cambridge, 2002 (erste Auflage 1935).

Kapitel 12

Fourier-Transformation

Fourier-Reihen lassen sich nur für periodische Funktionen nutzen, da jede einzelne Harmonische, also jeder Summand, die Periode der ersten Harmonischen (Index $k = 1$) hat. Damit hat auch die Grenzfunktion diese Periode. In der Mathematik als Strukturwissenschaft versucht man aber, bereits gefundene Resultate in einen allgemeineren Zusammenhang zu übertragen, so dass sie auch in anderen Bereichen genutzt werden können. Das gelingt hier, man kann auch gewisse nicht-periodische Funktionen über Sinus- und Kosinusfunktionen darstellen. Wir betrachten in diesem Kapitel den formalen Grenzwert der Periode gegen unendlich, um Fourier-Transformierte nicht-periodischer Funktionen zu motivieren. Dann vergleichen wir sie mit den Fourier-Koeffizienten und schauen uns die Eigenschaften dieser neuen Transformation an. Dabei sehen wir, dass die Transformation ein nützliches Rechenwerkzeug sein kann. Auch übertragen wir die Faltung auf nicht-periodische Funktionen.

12.1 Fourier-Integral

Die Fourier-Reihendarstellung

$$\sum_{k=-\infty}^{\infty} c_k \exp\left(j\frac{\pi}{p}kx\right), \quad c_k = \frac{1}{2p} \int_{-p}^{p} g(t) \exp\left(-j\frac{\pi}{p}kt\right) \, \mathrm{d}t,$$

für eine $2p$-periodische Funktion g aus (11.28) und (11.29) dient als Ausgangspunkt für die Fourier-Transformation nicht-periodischer Funktionen.

Wir betrachten jetzt aber eine nicht-periodische Funktion $f : \mathbb{R} \to \mathbb{C}$ zunächst auf einem Intervall $[-p, p[$. Auch wenn die Ursprungsfunktion nicht die Periode $2p$ hat, können wir sie vom Intervall $[-p, p[$ mit der Periode $2p$ (zu einer anderen Funktion) fortsetzen und eine Fourier-Reihe angeben. Falls f auf $[-p, p[$ genügend glatt ist, konvergiert diese Fourier-Reihe, und wir können die Werte der Ursprungsfunktion f zwar nicht auf ganz $\mathbb{R}$ aber immerhin auf $[-p, p[$ über die Reihe berechnen. Mit der Hilfsgröße $h_k := \frac{\pi}{p} k$ (also $h_{k+1} - h_k = \frac{\pi}{p}$) erhalten wir hier die Darstellung

$$
f(x) = \sum_{k=-\infty}^{\infty} \left[\frac{1}{2p} \int_{-p}^{p} f(t) \exp\left(-j\frac{\pi}{p} kt \right) \, dt \right] \exp\left(j\frac{\pi}{p} kx \right)
$$

$$
= \frac{1}{2\pi} \sum_{k=-\infty}^{\infty} [h_{k+1} - h_k] \left[\int_{-\pi/(h_{k+1}-h_k)}^{\pi/(h_{k+1}-h_k)} f(t) \exp\left(-jh_k t \right) \, dt \right] \exp\left(jh_k x \right).
$$

Wir lassen nun formal p gegen ∞ streben, so dass wir uns von der Periodizität verabschieden und f auf immer größeren Intervallen und schließlich auf $]-\infty, \infty[$ betrachten. Mit $p \to \infty$ gilt insbesondere $h_{k+1} - h_k \to 0$. Das Integral $\int_{-\pi/(h_{k+1}-h_k)}^{\pi/(h_{k+1}-h_k)}$ wird dadurch zu $\int_{-\infty}^{\infty}$. Die Summe (die wir so eigentlich nicht hinschreiben dürfen, da wir so zwei separate und nicht einen über h_k im Inneren des Integrals gekoppelten Grenzwert betrachten)

$$
\frac{1}{2\pi} \sum_{k=-\infty}^{\infty} [h_{k+1} - h_k] \left[\int_{-\infty}^{\infty} f(t) \exp\left(-jh_k t \right) \, dt \right] \exp\left(jh_k x \right)
$$

ist eine Riemann-Zwischensumme zum unbeschränkten Intervall $]-\infty, \infty[$, das durch Intervalle $[h_k, h_{k+1}] = \left[\frac{\pi}{p} k, \frac{\pi}{p}(k+1) \right]$ zerlegt wird. Dies suggeriert, dass wie bei einer Quadraturformel (vgl. Band 1, S. 414) für $p \to \infty$ die Summe gegen das Integral

$$
\frac{1}{2\pi} \int_{-\infty}^{\infty} \left[\int_{-\infty}^{\infty} f(t) \exp(-j\omega t) \, dt \right] \exp(j\omega x) \, d\omega \tag{12.1}
$$

strebt. Diese Überlegung ist rein heuristisch und kein Beweis! Allerdings ist der Ausdruck nun für nicht-periodische Funktionen f sinnvoll. Damit das Integral wohldefiniert ist, benötigt man Zusatzbedingungen wie z. B. die Existenz der Majorante $\int_{-\infty}^{\infty} |f(t)| \, dt$, so dass man hauptsächlich Funktionen mit $\lim_{t\to\pm\infty} f(t) = 0$ betrachtet. Wir nennen nun das Ergebnis des inneren Integrals die Fourier-Transformierte der Funktion f. Das äußere Integral überführt diese Fourier-Transformierte zurück in die Ursprungsfunktion.

Definition 12.1 (Fourier-Transformation) Sei $f : \mathbb{R} \to \mathbb{C}$ (d. h. $f(t) = f_1(t) + jf_2(t)$ mit reellwertigen Funktionen f_1 und f_2) und $f(t)$ auf jedem endlichen Intervall integrierbar, so dass

$$\int_{-\infty}^{\infty} |f(t)|\,\mathrm{d}t := \lim_{u \to \infty} \int_{-u}^{0} |f(t)|\,\mathrm{d}t + \lim_{u \to \infty} \int_{0}^{u} |f(t)|\,\mathrm{d}t$$

existiert. Dann heißt f **Fourier-transformierbar**, und die **Fourier-Transformation** von f ist definiert durch

$$[\mathcal{F}(f)](\omega) := \int_{-\infty}^{\infty} f(t)e^{-j\omega t}\,\mathrm{d}t.$$

Die Funktion $f^{\wedge}(\omega) := [\mathcal{F}(f)](\omega) : \mathbb{R} \to \mathbb{C}$ heißt die **Fourier-Transformierte** der Funktion f.

- Die Fourier-Transformation $\mathcal{F}$ überführt eine Funktion f in eine andere Funktion $\mathcal{F}(f)$, die Fourier-Transformierte $f^{\wedge}$. Möchte man den Funktionswert $f^{\wedge}(\omega)$ der Transformierten an einer Stelle ω berechnen, so muss man dazu das Integral $\int_{-\infty}^{\infty} f(t)e^{-j\omega t}\,\mathrm{d}t$ lösen, wobei ω für die Integration konstant ist und eine Funktion der Variable t integriert wird. Daher wird die Fourier-Transformation als **Integraltransformation** bezeichnet.
- Für die Ursprungsfunktion f wird (neben x) häufig die Variable t verwendet, da f in vielen Anwendungen von der Zeit abhängt (ein zeitabhängiges Signal beschreibt). Man spricht daher auch von einer Funktion im **Zeitbereich**. Die Zielfunktion wird üblicherweise mit der Variable ω geschrieben, um die Abhängigkeit von Frequenzen anzudeuten. Hier spricht man von einer Funktion im **Frequenzbereich**. Der Wert der Variablen ω ist aber eine Kreisfrequenz. Durch Division mit 2π wird daraus eine Frequenz $\frac{\omega}{2\pi}$, die in Hertz angegeben werden kann. Denn $f^{\wedge}(\omega)$ ist in (12.1) der Vorfaktor der 2π-periodischen Funktion $\exp(j\omega x)$ mit der Frequenz $\frac{\omega}{2\pi}$.
- Die Fourier-Transformierte $[\mathcal{F}(f)](\omega)$ ist eine Funktion von $\mathbb{R}$ nach $\mathbb{C}$. Da sie für jeden Wert $\omega \in \mathbb{R}$ erklärt ist, spricht man von einem **kontinuierlichen Spektrum**. Dagegen bilden die Fourier-Koeffizienten

$$\left(\frac{1}{2p} \int_{-p}^{p} f(t) \exp\left(-j\frac{k\pi t}{p} \right)\,\mathrm{d}t \right)_{k=-\infty}^{\infty}$$

eine Folge und damit eine Funktion von $\mathbb{Z}$ nach $\mathbb{C}$. Da als Frequenzen nur abzählbar viele Werte $\frac{k}{2p}$ auftreten, spricht man von einem **diskreten Spektrum**. Benachbarte Frequenzen haben dabei den Abstand $\frac{1}{2p}$ Hz. Durch die formale Rechnung für $p \to \infty$ geht der Abstand gegen null, so dass das kontinuierliche Spektrum der Fourier-Transformation entsteht. Mit $f^{\wedge}(k)$ bzw. $f^{\wedge}(\omega)$ bezeichnen wir sowohl Fourier-Koeffizienten als auch die Fourier-Transformierte (Doppelbezeichnung). Aufgrund der Eigenschaften der Funktion f (2π-periodisch oder $|f|$ auf $\mathbb{R}$ integrierbar und damit bei existierendem Grenzwert mit Grenzwert null im Unendlichen) ist jedoch stets klar, welche Definition gemeint ist. Genau wie Fourier-Koeffizienten lassen sich für $\omega \neq 0$ die Werte $f^\wedge(\omega)$ der Fourier-Transformierten einer reellwertigen Funktion f als Mittelpunkt einer „Kurve" auffassen, siehe Abbildung 11.5 auf Seite 299. Die „Kurve" entsteht, indem ein Einheitskreis unendlich oft mit Winkelgeschwindigkeit $|\omega|$ (im Uhrzeigersinn falls $\omega > 0$, im Gegenuhrzeigersinn falls $\omega < 0$ ist) durchlaufen wird, wobei dessen Radius eins mit den Werten von f multipliziert wird. Bei den Fourier-Koeffizienten $f^\wedge(k)$ entspricht dagegen die Anzahl der Umläufe dem Absolutbetrag des Indexes k.

- $f^\wedge(\omega)$ ist eine komplexe Zahl, $f^\wedge$ eine komplexwertige Funktion. Die zugehörige reellwertige Funktion $|f^\wedge|$ heißt **Amplitudenspektrum**. Sie wird häufig verwendet, um die Transformierte als Funktionsgraph darzustellen.

- Man kann das Integral der Fourier-Transformation ausrechnen, da uns die Voraussetzung der Definition eine integrierbare Majorante $|f(t)|$ liefert. Zunächst schreiben wir die Transformierte über Integrale von reellwertigen Funktionen:

$$\int_{-\infty}^{\infty} f(t)e^{-j\omega t}\,\mathrm{d}t = \int_{-\infty}^{\infty} [\mathrm{Re}(f(t)) + j\,\mathrm{Im}(f(t))] \cdot [\cos(\omega t) - j\sin(\omega t)]\,\mathrm{d}t$$

$$= \int_{-\infty}^{\infty} \mathrm{Re}(f(t))\cos(\omega t) + \mathrm{Im}(f(t))\sin(\omega t)\,\mathrm{d}t$$

$$+j \int_{-\infty}^{\infty} -\mathrm{Re}(f(t))\sin(\omega t) + \mathrm{Im}(f(t))\cos(\omega t)\,\mathrm{d}t.$$

Da $|\mathrm{Re}(f(t))| \leq |f(t)|$, $|\mathrm{Im}(f(t))| \leq |f(t)|$ und $|\cos(\omega t)| \leq 1$, $|\sin(\omega t)| \leq 1$, ist die Funktion $2|f(t)|$ eine Majorante für beide Integrale. Damit existieren nach Voraussetzung an f und dem Majorantenkriterium (Band 1, S. 420) beide Integrale, und für jedes $\omega \in \mathbb{R}$ ist der Funktionswert $f^\wedge(\omega) \in \mathbb{C}$ wohldefiniert. Damit ist auch die Bezeichnung „Fouriertransformierbar" gerechtfertigt.

- Man beachte, dass durch die Voraussetzung $\int_{-\infty}^{\infty} |f(t)|\,\mathrm{d}t < \infty$ eine sogenannte absolute Konvergenz des Integrals $\int_{-\infty}^{\infty} f(t)e^{-j\omega t}\,\mathrm{d}t$ vorliegt. In einem solchen Fall darf man (wie bei der Umordnung von Reihen, vgl. Band 1, S. 281) statt der beiden Grenzwerte

$$\int_{-\infty}^{\infty} f(t)e^{-j\omega t}\,\mathrm{d}t = \lim_{u\to -\infty} \int_{u}^{0} f(t)e^{-j\omega t}\,\mathrm{d}t + \lim_{u\to\infty} \int_{0}^{u} f(t)e^{-j\omega t}\,\mathrm{d}t$$

auch einen symmetrischen Grenzwert ausrechnen:

$$\int_{-\infty}^{\infty} f(t)e^{-j\omega t}\,\mathrm{d}t = \lim_{u\to\infty} \int_{-u}^{u} f(t)e^{-j\omega t}\,\mathrm{d}t.$$

- Häufig wird die Fourier-Transformation mit einem Vorfaktor $\frac{1}{2\pi}$ (wie bei Fourier-Koeffizienten) oder $\frac{1}{\sqrt{2\pi}}$ definiert. Auf diese Fehlerquelle gehen wir bei der Behandlung der Umkehrtransformation ein.

Beispiel 12.1 Wir betrachten den **Rechteckimpuls**

$$f(t) := \begin{cases} 1, & -1 \leq t \leq 1, \\ 0, & |t| > 1. \end{cases} \tag{12.2}$$

Dieser hat die reelle Fourier-Transformierte

$$
\begin{aligned}
[\mathcal{F}f(t)](\omega) &= \int_{-1}^{1} e^{-j\omega t}\,\mathrm{d}t = \int_{-1}^{1} \cos(\omega t) - j\sin(\omega t)\,\mathrm{d}t \\
&= \begin{cases} \frac{1}{\omega}\left[\sin(\omega t) + j\cos(\omega t)\right]_{-1}^{1} = 2\frac{\sin(\omega)}{\omega}, & \omega \neq 0, \\ 2, & \omega = 0. \end{cases} \\
&= 2 \cdot \mathrm{sinc}(\omega).
\end{aligned}
\tag{12.3}
$$

Den Sinus Cardinalis $\mathrm{sinc}(\omega)$ haben wir ebenfalls beim Gibbs-Phänomen (siehe Seite 325) vorgefunden. Dort haben wir die Fourier-Reihe eines periodischen Rechtecksignals analysiert. Auch bei Treppenfunktionen, wie sie bei der Signalabtastung auftreten, werden wir den Sinus Cardinalis wiedersehen, da die Transformierten der einzelnen Treppenstufen analog zum Rechteckimpuls transformiert werden.

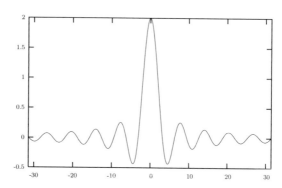

Abb. 12.1 $2 \cdot \mathrm{sinc}(\omega)$

Bevor wir später auf die Eigenschaften der Fourier-Transformierten eingehen, möchten wir schon auf ein sehr schönes Verhalten hinweisen:

Lemma 12.1 (Riemann-Lebesgue-Lemma) Sei $f : \mathbb{R} \to \mathbb{C}$ Fourier-transformierbar. Bezogen auf Real- und Imaginärteil ist

- $f^{\wedge}(\omega)$ stetig und
- $\lim_{\omega \to \pm\infty} f^{\wedge}(\omega) = 0$ (**Riemann-Lebesgue-Lemma**, vgl. mit (11.20)).

Wie beim entsprechend lautenden Riemann-Lebesgue-Lemma für Fourier-Koeffizienten (Satz 11.5 auf Seite 318) steckt hinter dieser Aussage die Stetigkeit im Mittel (vgl. Folgerung 11.1), für einen jetzt unendlich großen Integrationsbereich.

Der Graph des Amplitudenspektrums $|f^\wedge|$ kann also durchgezeichnet werden, und er strebt für $\omega \to \pm\infty$ gegen null. Dies ermöglicht in der Praxis, nur mit Werten aus einem genügend großen Intervall $[-\Omega, \Omega]$ zu rechnen, das so gewählt ist, dass $f^\wedge$ außerhalb sehr klein und damit zu vernachlässigen ist.

Wie für die Fourier-Koeffizienten gilt auch für die Fourier-Transformierte eine Parseval'sche Gleichung (siehe (11.11) auf Seite 297), die jetzt **Satz von Plancherel** heißt. Falls beide Integrale existieren (was nicht selbstverständlich ist), gilt:

$$\int_{-\infty}^{\infty} |f(t)|^2 \, dt = \frac{1}{2\pi} \int_{-\infty}^{\infty} |f^\wedge(\omega)|^2 \, d\omega.$$

12.2 Fourier-Umkehrtransformation

Ausgehend von den Fourier-Reihen haben wir als Kandidaten für eine Rücktransformation vom Frequenzbereich in den Zeitbereich mit (12.1) die Umkehrformel

$$f(t) = [\mathcal{F}^{-1} f^\wedge](t) \stackrel{?}{=} \frac{1}{2\pi} \int_{-\infty}^{\infty} f^\wedge(\omega) \exp(j\omega t) \, d\omega \qquad (12.4)$$

erhalten. Durch Integration für jeden festen Wert von t wird so aus der Fourier-Transformierten wieder die Ursprungsfunktion. Die **Fourier-Umkehrtransformation** $\mathcal{F}^{-1}$ überführt $f^\wedge$ in f.

Die Summe von periodischen Funktionen, deren Periodenlängen keine rationalen Vielfachen voneinander sind, muss nicht wieder eine periodische Funktion sein (siehe Seite 281). Das wird hier ausgenutzt, um nichtperiodische Funktionen über die Umkehrtransformation mit Sinus und Kosinus darzustellen. Bei einer periodischen Funktion werden die Fourier-Koeffizienten mit der Fourier-Reihe zurück transformiert. Allerdings wird jetzt nicht summiert, sondern integriert.

Das Problem dabei ist jedoch, dass im Allgemeinen $\int_{-\infty}^{\infty} |f^\wedge(\omega)| \, d\omega$ nicht existiert, obwohl für f gilt: $\int_{-\infty}^{\infty} |f(t)| \, dt < \infty$. Man kann also das Integral in (12.4) dann in der Regel gar nicht ausrechnen. Das ist vergleichbar damit, dass die Fourier-Reihe einer stetigen, periodischen Funktion ebenfalls (an einer Stelle t_0) nicht konvergieren muss. Gelingt hier aber die Berechnung des Integrals, und ist f stetig, so erhält man tatsächlich f zurück:

Die Umkehrtransformation kann dann über die Fourier-Transformation ausgedrückt werden:

$$[\mathcal{F}^{-1}f^\wedge](t) = \frac{1}{2\pi}\int_{-\infty}^{\infty} f^\wedge(\omega)\exp(j\omega t)\,d\omega = \frac{1}{2\pi}[f^\wedge]^\wedge(-t),$$

also erhalten wir mit $g = f^\wedge$ und wegen $f = \mathcal{F}^{-1}f^\wedge$:

$$[\mathcal{F}^{-1}g](t) = \frac{1}{2\pi}g^\wedge(-t),\ g^\wedge(t) = 2\pi[\mathcal{F}^{-1}g](-t)\ \text{und}\ f(t) = \frac{1}{2\pi}f^{\wedge\wedge}(-t).$$

$$(12.5)$$

Fourier-Transformation und Fourier-Umkehrtransformation funktionieren problemlos für alle Funktionen des **Schwartz-Raums**, das sind Funktionen f, die beliebig oft differenzierbar auf $\mathbb{R}$ sind und für die $|x^p f^{(k)}(x)|$ für jede Potenz $p \in \mathbb{N}_0$ und jede Ableitungsordnung $k \in \mathbb{N}_0$ auf ganz $\mathbb{R}$ beschränkt ist, also

$$|x^p f^{(k)}(x)| \leq C_{p,k}\ \text{für alle}\ x \in \mathbb{R}.$$

$$(12.6)$$

Ist dagegen die Ursprungsfunktion nicht so schön glatt oder streben die Ableitungen für $x \to \pm\infty$ nicht schnell genug gegen null, kann man die Umkehrtransformation über sogenannte Summationsverfahren berechnen, die an die Stelle von (12.4) treten.

Für die konkrete Anwendung ist es am einfachsten, wenn man die Umkehrtransformation mittels Eigenschaften der Fourier-Transformation (siehe Abschnitt 12.4) und Tabellenwerken bestimmt. Diesen Weg werden wir später auch für die Laplace-Transformation beschreiten.

Bei der Umkehrtransformation findet sich hier der Faktor $\frac{1}{2\pi}$. Alternativ wird dieser Faktor in der Literatur auch bei der Fourier-Transformation (und dann nicht bei der Umkehrtransformation) gesetzt. Auch findet man jeweils bei Fourier- und Umkehrtransformation den Faktor $\frac{1}{\sqrt{2\pi}}$. Wendet man beide Transformationen hintereinander an, benötigt man in jedem Fall zusammen den Faktor $\frac{1}{2\pi}$ – unabhängig davon, welche Definition man verwendet.

Wir betrachten den Rechteckimpuls im Frequenzbereich (so wie wir ihn zuvor im Zeitbereich betrachtet haben):

$$g(\omega) := \begin{cases} 1, & -1 \leq \omega \leq 1, \\ 0, & |\omega| > 1. \end{cases}$$

Auf g wenden wir die Umkehrtransformation an (vgl. Abbildung 12.1, beachte, dass $\mathrm{sinc}(t)$ gerade ist, also $\mathrm{sinc}(-t) = \mathrm{sinc}(t)$):

$$[\mathcal{F}^{-1}g(\omega)](t) = \frac{1}{2\pi}g^\wedge(-t) \overset{(12.3)}{=} \frac{1}{2\pi}2\,\mathrm{sinc}(-t) = \frac{1}{\pi}\mathrm{sinc}(t).$$

Man könnte also glauben, dass g die Fourier-Transformierte von $\frac{1}{\pi}\mathrm{sinc}(t)$ ist. Dem ist aber nicht so, $\int_{-\infty}^{\infty} |\mathrm{sinc}(t)|\,dt$ existiert nicht, und die Funktion $\mathrm{sinc}(t)$ ist nicht Fourier-transformierbar. Des Rätsels Lösung: g kann nicht Fourier-Transformierte sein, da g nicht stetig ist.

Die Umkehrtransformation (12.4) produziert analog zur Fourier-Transformation stetige Funktionen, deren Grenzwerte für $t \to \pm\infty$ null sind (vgl.

Lemma 12.1). Die einfache Formel (12.4) kann also insbesondere auch nur dann funktionieren, wenn die Ursprungsfunktion stetig ist.

Mit der stetigen (Dreiecks-) Funktion im Frequenzbereich haben wir mehr Glück:

$$g(\omega) := \begin{cases} \pi(1 - |\omega|), & -1 \leq \omega \leq 1, \\ 0, & |\omega| > 1. \end{cases}$$

Man erhält mittels Umkehrtransformation die stetige Funktion im Zeitbereich, deren Fourier-Transformierte g ist. Wir geben ohne Rechnung das Ergebnis an:

$$[\mathcal{F}^{-1}g](t) = \begin{cases} \frac{1-\cos(t)}{t^2} = \frac{1-\cos^2\left(\frac{t}{2}\right)+\sin^2\left(\frac{t}{2}\right)}{t^2} = \frac{2\sin^2\left(\frac{t}{2}\right)}{t^2}, & t \neq 0, \\ \frac{1}{2}, & t = 0. \end{cases} \qquad (12.7)$$

Beim Umformen haben wir das Additionstheorem $-\cos(t) = -2\cos^2(t/2) - 1$ (Band 1, S. 136, (4.10)) zusammen mit $1 = \cos^2(t) + \sin^2(t)$ verwendet. Die Transformierte und ihre Umkehrtransformierte sind reellwertig (da eine gerade Funktion transformiert wird, siehe Lemma 12.2 unten). In der Regel erhält man durch die Transformation eine komplexwertige Funktion. Für später berechnen wir noch

$$\left(\frac{1}{\pi}g\right)^{\wedge}(\omega) = \frac{2\pi}{\pi}[\mathcal{F}^{-1}g](-\omega) = \begin{cases} \frac{\sin^2\left(\frac{\omega}{2}\right)}{\left(\frac{\omega}{2}\right)^2}, & \omega \neq 0, \\ 1, & \omega = 0. \end{cases} \qquad (12.8)$$

12.3 Fourier-Koeffizienten und Fourier-Transformation

Ein Vergleich der Begriffe Fourier-Koeffizienten und Fourier-Transformation ist in Tabelle 12.1 dargestellt. Wir können die Fourier-Koeffizienten als Funktionswerte einer Fourier-Transformierten auffassen:

Sei f eine stetige, 2π-periodische Funktion. Dann ist

$$g(t) := \begin{cases} f(t), & t \in [-\pi, \pi], \\ 0, & |t| > \pi. \end{cases}$$

eine Funktion, die Fourier-transformiert werden kann:

$$g^{\wedge}(\omega) = \int_{-\infty}^{\infty} g(t)e^{-j\omega t} \, \mathrm{d}t = \int_{-\pi}^{\pi} f(t)e^{-j\omega t} \, \mathrm{d}t.$$

Ist speziell $\omega \in \mathbb{Z}$, so nimmt die Fourier-Transformierte als Wert bis auf einen Faktor 2π den Fourier-Koeffizienten $f^{\wedge}(\omega)$ der Fourier-Reihe von f an:

$$g^{\wedge}(\omega) = 2\pi f^{\wedge}(\omega).$$

Hintergrund: Poisson-Summationsformel

Der allgemeine Zusammenhang zwischen Fourier-Koeffizienten und Fourier-Transformierten ist durch die **Poisson-Summationsformel** gegeben. Sei g stetig auf $\mathbb{R}$ und $\int_{-\infty}^{\infty} |g(t)|\,\mathrm{d}t < \infty$ und $\sum_{k=-\infty}^{\infty} |g^{\wedge}(k)| < \infty$, wobei hier $g^{\wedge}(k)$ ein Funktionswert der Fourier-Transformierten von g und kein Fourier-Koeffizient ist. Außerdem möge $\sum_{k=-\infty}^{\infty} g(t + k2\pi)$ gegen eine Funktion $f(t)$ gleichmäßig konvergieren, d. h.

$$f(t) = \sum_{k=-\infty}^{\infty} g(t + k2\pi)$$

konvergiert punktweise für jedes $t \in \mathbb{R}$, und zu jedem noch so kleinen $\varepsilon > 0$ existiert ein $n_0 = n_0(\varepsilon)$ (unabhängig von t), so dass für alle $n > n_0$ unabhängig vom konkreten $t \in \mathbb{R}$ gilt (siehe Band 1, S. 463):

$$\left| \sum_{k=-n}^{n} g(t + k2\pi) - f(t) \right| < \varepsilon.$$

Aus der nicht-periodischen Ursprungsfunktion g wird durch die Summation eine 2π-periodische Funktion f gemacht, so dass wir jetzt Werte $g^{\wedge}(k)$ der Fourier-Transformierten von g als Fourier-Koeffizienten $f^{\wedge}(k)$ von f auffassen können, d. h., f ist in eine konvergente Fourier-Reihe entwickelbar, und es gilt die **Poisson-Summationsformel**, (vgl. [Zygmund(2002), Teil 1, S. 68]):

$$f(t) = \frac{1}{2\pi} \sum_{k=-\infty}^{\infty} g^{\wedge}(k) e^{jkt}.$$

Wir wenden nun diese Formel für eine Funktion g an, die ihrerseits Fourier-Transformierte einer stetigen Funktion h ist: $g(\omega) := h^{\wedge}(\omega)$. Damit erhalten wir einen Anhaltspunkt, wie man die Funktionswerte einer Fourier-Transformierten numerisch mit dem Computer berechnen kann. Sei also $h : \mathbb{R} \to \mathbb{C}$ mit $\int_{-\infty}^{\infty} |h(t)|\,\mathrm{d}t < \infty$. Als Fourier-Transformierte ist $g = h^{\wedge}$ stetig. Um die weiteren Voraussetzungen der Summationsformel für $g = h^{\wedge}$ zu erfüllen, muss zusätzlich $\int_{-\infty}^{\infty} |h^{\wedge}(\omega)|\,\mathrm{d}\omega < \infty$ sein (so dass sich die Fourier-Umkehrtransformation aus der Fourier-Transformation berechnen lässt) und

$$\sum_{k=-\infty}^{\infty} |(h^{\wedge})^{\wedge}(k)| = 2\pi \sum_{k=-\infty}^{\infty} \left| \frac{1}{2\pi}(h^{\wedge})^{\wedge}(-k) \right| = 2\pi \sum_{k=-\infty}^{\infty} |h(k)| < \infty$$

erfüllt sein. Weiterhin muss $\sum_{k=-\infty}^{\infty} h^{\wedge}(\omega + k2\pi)$ gleichmäßig gegen eine Grenzfunktion konvergieren. Dann sind die Voraussetzungen für $g = h^{\wedge}$ erfüllt, und wir erhalten im ersten Schritt mit der Summationsformel, dann durch Änderung der Summationsreihenfolge und schließlich über die Fourier-Umkehrtransformation mit (12.5):

$$\sum_{k=-\infty}^{\infty} h^{\wedge}(\omega + 2k\pi) = \frac{1}{2\pi} \sum_{k=-\infty}^{\infty} (h^{\wedge})^{\wedge}(k)e^{jk\omega} = \sum_{k=-\infty}^{\infty} \frac{1}{2\pi}(h^{\wedge})^{\wedge}(-k)e^{-jk\omega}$$

$$\overset{(12.5)}{=} \sum_{k=-\infty}^{\infty} h(k)e^{-jk\omega}. \tag{12.9}$$

Auf der linken Seite steht eine Summe von Werten der Fourier-Transformierten und auf der rechten eine Formel, wie man diese aus einzelnen Funktionswerten der Ursprungsfunktion berechnen kann. Wenn die Voraussetzungen so sind, dass die Summe auf der linken Seite nur aus einem Summanden besteht, dann hat man eine Rechenvorschrift zur Berechnung von Werten der Fourier-Transformierten ohne Integration. Das ist eine Aussage des Abtastsatzes von Shannon und Nyquist, den wir später auf Seite 425 behandeln.

Tabelle 12.1 Vergleich von Fourier-Koeffizienten und Fourier-Transformation

Fourier-Koeffizienten	Fourier-Transformation
$f : \mathbb{R} \to \mathbb{C}$ ist 2π-periodisch (oder $2p$-periodisch).	$f : \mathbb{R} \to \mathbb{C}$ ist absolut integrierbar: $\int_{-\infty}^{\infty} \lvert f(t) \rvert \, \mathrm{d}t < \infty$. In der Regel: $\lim_{t \to \pm\infty} f(t) = 0$
Fourier-Koeffizienten für $k \in \mathbb{Z}$: $f^{\wedge}(k) = \frac{1}{2\pi} \int_{-\pi}^{\pi} f(t)e^{-jkt} \, \mathrm{d}t$	Fourier-Transformierte für $\omega \in \mathbb{R}$: $f^{\wedge}(\omega) = \int_{-\infty}^{\infty} f(t)e^{-j\omega t} \, \mathrm{d}t$
Unter den Voraussetzungen des Konvergenzsatzes (Seite 314) kann f aus den Fourier-Koeffizienten mittels einer Fourier-Reihe rekonstruiert werden: $f(t) = \sum_{k=-\infty}^{\infty} f^{\wedge}(k)e^{jkt}$.	Sollte das Integral der Fourier-Umkehrtransformation existieren (siehe Kapitel 12.2), kann f aus der Fourier-Transformierten rekonstruiert werden: $f(t) = \frac{1}{2\pi} \int_{-\infty}^{\infty} f^{\wedge}(\omega)e^{j\omega t} \, \mathrm{d}\omega$.

Ein anderer Aspekt ist, dass man auch 2π-periodische Funktionen Fourier-transformieren kann. Da periodische Funktionen im Allgemeinen auf $\mathbb{R}$ nicht absolut integrierbar sind, kann man dazu aber nicht die klassische Fourier-Transformation verwenden. Vielmehr muss man dann 2π-periodische Funktionen zu sogenannten Distributionen verallgemeinern. Auf Distributionen und diesen Zusammenhang gehen wir knapp im Rahmen der Hintergrundinformationen auf Seite 377 ein.

12.4 Eigenschaften der Fourier-Transformation

Lemma 12.2 (Symmetrie) Sei $f : \mathbb{R} \to \mathbb{R}$ eine reellwertige, Fourier-transformierbare Funktion. Dann gilt:

a) Der Realteil von $f^\wedge$ ist gerade.
b) Der Imaginärteil von $f^\wedge$ ist ungerade.
c) Ist f gerade, so ist $f^\wedge$ reellwertig und gerade.
d) Ist f ungerade, so ist $f^\wedge$ rein imaginär und ungerade.

Ein Beispiel zu c) ist der Rechteckimpuls auf Seite 339.

Beweis

$$f^\wedge(\omega) = \int_{-\infty}^{\infty} f(t) e^{-j\omega t}\, \mathrm{d}t$$

$$= \lim_{u \to \infty} \left[\int_{-u}^{u} f(t)\cos(\omega t)\, \mathrm{d}t - j \int_{-u}^{u} f(t)\sin(\omega t)\, \mathrm{d}t \right]$$

$$= \lim_{u \to \infty} \left[\int_{-u}^{0} f(t)\cos(\omega t)\, \mathrm{d}t + \int_{0}^{u} f(t)\cos(\omega t)\, \mathrm{d}t \right.$$

$$\left. - j \int_{-u}^{0} f(t)\sin(\omega t)\, \mathrm{d}t - j \int_{0}^{u} f(t)\sin(\omega t)\, \mathrm{d}t \right]$$

$$= \lim_{u \to \infty} \left[\int_{0}^{u} f(-t)\cos(\omega t)\, \mathrm{d}t + \int_{0}^{u} f(t)\cos(\omega t)\, \mathrm{d}t \right.$$

$$\left. + j \int_{0}^{u} f(-t)\sin(\omega t)\, \mathrm{d}t - j \int_{0}^{u} f(t)\sin(\omega t)\, \mathrm{d}t \right], \text{ also}$$

$$f^\wedge(\omega) = \lim_{u \to \infty} \left[\int_{0}^{u} [f(-t) + f(t)]\cos(\omega t)\, \mathrm{d}t + j \int_{0}^{u} [f(-t) - f(t)]\sin(\omega t)\, \mathrm{d}t \right]$$

$$= \int_{0}^{\infty} [f(-t) + f(t)]\cos(\omega t)\, \mathrm{d}t + j \int_{0}^{\infty} [f(-t) - f(t)]\sin(\omega t)\, \mathrm{d}t.$$

Die Aussagen lassen sich nun an der Darstellung der Fourier-Transformierten direkt ablesen. $\qquad\square$

Die Aussagen c) und d) lassen sich z. B. für stetige Funktionen f auch umkehren.

Ein beliebter Lösungsansatz in der Mathematik ist die Überführung eines Problems in ein gleichwertiges (Transformation), das aber einfacher zu lösen ist. Es ist z. B. recht aufwändig, zwei große Zahlen a und b zu multiplizieren. Früher wurden Logarithmen mittels Tabellen bestimmt. So konnte man das Problem durch Anwenden des Logarithmus transformieren, es im transformierten Zustand lösen und die Lösung dann zurücktransformieren:

- Ursprungsproblem: Es ist $a \cdot b$ für große positive Zahlen auszurechnen.
- Transformiertes Problem: Berechne $\ln(a \cdot b)$. Dieses Problem lässt sich nun durch Addition einfach lösen: $\ln(a \cdot b) = \ln(a) + \ln(b)$.
- Rücktransformation führt zur Lösung des Ursprungsproblems: $a \cdot b = \exp(\ln(a) + \ln(b))$.

Mit diesem Trick kann man leicht die Ableitung des Produkts von n positivwertigen Funktionen $f_1, \ldots, f_n$ berechnen. Während die Ableitung einer Summe die Summe der Ableitungen ist, ist das beim Produkt nicht so einfach. Hier muss man wiederholt die Produktregel anwenden (siehe Aufgabe 17.23 in Band 1). Mit der Transformation über den Logarithmus erhält man aber:

$$\frac{\mathrm{d}}{\mathrm{d}x} \prod_{k=1}^{n} f_k(x) = \frac{\mathrm{d}}{\mathrm{d}x} \exp\left(\ln\left(\prod_{k=1}^{n} f_k(x) \right) \right) = \frac{\mathrm{d}}{\mathrm{d}x} \exp\left(\sum_{k=1}^{n} \ln(f_k(x)) \right)$$

$$= \exp\left(\sum_{k=1}^{n} \ln(f_k(x)) \right) \sum_{k=1}^{n} \frac{\mathrm{d}}{\mathrm{d}x} \ln(f_k(x)) = \left(\prod_{k=1}^{n} f_k(x) \right) \sum_{k=1}^{n} \frac{f_k'(x)}{f_k(x)}.$$

Das folgende Lemma zeigt, dass z. B. die Ableitung unter der Fourier-Transformation zur Multiplikation wird, so dass man leichter ableiten kann.

Lemma 12.3 (Rechenregeln für die Fourier-Transformation) Seien $f, g : \mathbb{R} \to \mathbb{C}$ Fourier-transformierbar. Dann gelten analog zu den Fourier-Koeffizienten, siehe Lemma 11.1 auf Seite 299, die folgenden Rechenregeln für alle $\omega \in \mathbb{R}$:

a) **Linearität**: Für Konstanten $a, b \in \mathbb{C}$ gilt:

$$[af(t) + bg(t)]^{\wedge}(\omega) = af^{\wedge}(\omega) + bg^{\wedge}(\omega).$$

b) **Verschiebung** (Translation):

   i) $[f(t+h)]^{\wedge}(\omega) = e^{jh\omega} f^{\wedge}(\omega)$ für $h \in \mathbb{R}$.
   ii) $[e^{-jht} f(t)]^{\wedge}(\omega) = f^{\wedge}(\omega + h)$ für $h \in \mathbb{R}$.

c) **Streckung**: $[f(at)]^{\wedge}(\omega) = \frac{1}{a} f^{\wedge}\left(\frac{\omega}{a}\right)$ für $a \in \mathbb{R}$, $a > 0$.

d) **Konjugation**: $[\overline{f(t)}]^{\wedge}(\omega) = \overline{f^{\wedge}(-\omega)}$.

e) **Ableitung im Zeitbereich**: f möge zusätzlich stetig differenzierbar sein (separat für Real- und Imaginärteil) mit $\lim_{t \to \pm\infty} f(t) = 0$, f' sei Fourier-transformierbar:

$$(f')^{\wedge}(\omega) = j\omega f^{\wedge}(\omega).$$

f) **Ableitung im Frequenzbereich**: Ist $t \cdot f(t)$ Fourier-transformierbar, so ist $f^{\wedge}$ differenzierbar mit

$$(-jt \cdot f(t))^{\wedge}(\omega) = \frac{\mathrm{d}}{\mathrm{d}\omega} f^{\wedge}(\omega).$$

- Bei der Regel a) darf man nur konstante Faktoren wie a oder b aus der Transformation herausziehen. Dies gilt nicht für von t abhängige Funktionen. Falsch ist $[tf(t)]^\wedge(\omega) = tf^\wedge(\omega)$.

- Konzentriert man eine Funktion auf eine Umgebung der Null, indem man die Argumente mit $a > 1$ multipliziert, so besagt Regel c), dass die zugehörige Transformierte dazu gegenläufig ausgedehnt wird (nicht zu vermeidender Trade-off).

- Die Regel e) macht die Fourier-Transformation für das Lösen von Differenzialgleichungen interessant: Die Transformierte einer Ableitung ist gleich der Transformierten der Ursprungsfunktion, multipliziert mit j und der Variable. Das motiviert die später diskutierte Modifikation der Fourier-Transformation zur Laplace-Transformation. In den Wirtschaftswissenschaften werden zum Beispiel die Black-Scholes-Differenzialgleichungen, mit denen man Optionspreise berechnen kann, mittels der Fourier-Transformation gelöst.

- Die Anwendung mehrerer Regeln nacheinander macht in Übungsaufgaben immer wieder Probleme. Man darf nur dann eine Regel anwenden, wenn man exakt die beschriebene Situation vorfindet. Beispielsweise ist

$$[f(3t+4)]^\wedge(\omega) = \frac{1}{3}[f(t+4)]^\wedge\left(\frac{\omega}{3}\right) = \frac{1}{3}e^{j4\frac{\omega}{3}}f^\wedge\left(\frac{\omega}{3}\right).$$

Im ersten Schritt haben wir die Regel c) auf $g(3t)$ mit der Funktion $g(x) := f(x+4)$ angewendet. Im zweiten Schritt haben wir dann Regel b) i) verwendet, wobei allerdings die Transformierte hier nicht an der Stelle ω, sondern an der Stelle $\frac{\omega}{3}$ betrachtet wird. Wendet man die Regeln in umgekehrter Reihenfolge an, dann ergibt sich ebenfalls:

$$[f(3t+4)]^\wedge(\omega) = \left[f\left(3\left(t+\frac{4}{3}\right)\right)\right]^\wedge(\omega) = e^{j\frac{4}{3}\omega}[f(3t)]^\wedge(\omega)$$
$$= \frac{1}{3}e^{j\frac{4}{3}\omega}f^\wedge\left(\frac{\omega}{3}\right).$$

Beispiel 12.2 Für den Rechteckimpuls f aus (12.2) mit $f^\wedge(\omega) = 2\operatorname{sinc}(\omega)$ gilt:

$$\frac{\mathrm{d}}{\mathrm{d}\omega}2\operatorname{sinc}(\omega) = (-jtf(t))^\wedge(\omega) = -j\int_{-1}^{1} te^{-j\omega t}\,\mathrm{d}t.$$

Wir kommen zum Beweis von Lemma 12.3.

Beweis Unter Berücksichtigung des unbeschränkten Integrationsbereichs lassen sich die Aussagen a), b), d) und e) analog zum Beweis von Lemma 11.1 (siehe Seite 299) zeigen, wobei wir das wegen der besonderen Bedeutung nur für e) tun. Wir beginnen mit c): Mit der Substitution $v = at$, $\mathrm{d}v = a\,\mathrm{d}t$, erhalten wir (siehe Substitutionsregel auf Seite 597):

$$(f(at))^\wedge(\omega) = \lim_{u\to\infty} \int_{-u}^{u} f(at)e^{-j\omega t}\,\mathrm{d}t = \frac{1}{a}\lim_{u\to\infty}\int_{-au}^{au} f(v)e^{-j\frac{\omega}{a}v}\,\mathrm{d}v$$
$$= \frac{1}{a}f^\wedge\left(\frac{\omega}{a}\right).$$

e) Mittels partieller Integration erhält man wegen $\lim_{t\to\pm\infty} f(t) = 0$:

$$(f')^\wedge(\omega) = \lim_{u\to\infty}\int_{-u}^{u} f'(t)e^{-j\omega t}\,\mathrm{d}t$$
$$= \lim_{u\to\infty}\left[\underbrace{\left[f(t)e^{-j\omega t}\right]_{-u}^{u}}_{\to 0,\, u\to\infty} + j\omega\int_{-u}^{u} f(t)e^{-j\omega t}\,\mathrm{d}t\right] = j\omega f^\wedge(\omega).$$

f) Wir haben unter strengeren als den hier gegebenen Voraussetzungen den Satz 3.3 auf Seite 89 zur Ableitung von Parameterintegralen formuliert. Da der Satz von Fubini aber auch für unbeschränkte Integrationsbereiche formuliert werden kann und $[tf(t)]^\wedge(\omega)$ nach Voraussetzung existiert und als Fourier-Transformierte stetig ist (siehe Seite 339), kann der Beweis des Satzes 3.3 an die hier gegebenen Voraussetzungen angepasst werden. Lange Rede kurzer Sinn: Wir dürfen Ableitung und Integral vertauschen:

$$\frac{\mathrm{d}}{\mathrm{d}\omega}f^\wedge(\omega) = \frac{\mathrm{d}}{\mathrm{d}\omega}\int_{-\infty}^{\infty} f(t)e^{-j\omega t}\,\mathrm{d}t = \int_{-\infty}^{\infty} f(t)\frac{\mathrm{d}}{\mathrm{d}\omega}e^{-j\omega t}\,\mathrm{d}t$$
$$= \int_{-\infty}^{\infty} f(t)\left[-jte^{-j\omega t}\right]\,\mathrm{d}t = (-jtf(t))^\wedge(\omega).$$

$\square$

Die Ableitungsregel e) entsteht unmittelbar durch partielle Integration. Den gleichen Trick haben wir bereits bei der Herleitung des schwachen Problems für die Finite-Elemente-Methode in (9.2) auf Seite 255 und bei der Definition der Ableitung von Distributionen (Hintergrundinformationen auf Seite 377) verwendet.

Beispiel 12.3 Wir berechnen für $g(t) := 4f(t) + e^{jt}f(8t)$ mit den soeben bewiesenen Rechenregeln eine Darstellung der Fourier-Transformierten, in der nur Funktionswerte von $f^\wedge$ verwendet werden:

$$[\mathcal{F}g(t)](\omega) = 4f^\wedge(\omega) + \mathcal{F}[e^{jt}f(8t)](\omega) = 4f^\wedge(\omega) + \mathcal{F}f(8t)(\omega - 1)$$
$$= 4f^\wedge(\omega) + \frac{1}{8}f^\wedge\left(\frac{\omega - 1}{8}\right).$$

Mit der Linearität a) und der Ableitungsregel e) können wir Differenzialgleichungen lösen, bei denen eine Funktion $y(t)$ gesucht wird. Dazu werden beide Seiten der Gleichung transformiert, wobei die Ableitungen entfallen. Betrachten wir beispielsweise die inhomogene lineare Differenzialgleichung

$$y'(t) + 3y(t) = f(t).$$

Unter der oft zu starken Voraussetzung, dass die auftretenden Funktionen Fourier-transformierbar sind, wird daraus mit a) und e):

$$j\omega y^\wedge(\omega) + 3y^\wedge(\omega) = f^\wedge(\omega) \Longleftrightarrow y^\wedge(\omega) = \frac{1}{3 + j\omega} \cdot f^\wedge(\omega).$$

Hier sehen wir, warum man Integraltransformationen zur Lösung von Differenzialgleichungen verwendet. Durch das Integrieren lassen sich mit der Regel zur partiellen Integration (siehe Beweis zur Regel e)) die Ableitungen entfernen. Nach der Transformation findet sich in der Gleichung nur noch die unbekannte Funktion $y^\wedge$, so dass wir danach auflösen können. Es handelt sich um eine einfache algebraische Gleichung ohne Ableitungen.

Hat man so $y^\wedge$ berechnet, dann muss man lediglich $y^\wedge$ zurücktransformieren, um die ursprünglich gesuchte Lösung y zu erhalten. Dabei gibt es im Beispiel aber ein kleines Problem, da wir das Produkt von $\frac{1}{3+j\omega}$ und $f^\wedge(\omega)$ zurücktransformieren müssen. Mit der Funktion

$$g(t) := \begin{cases} e^{-3t}, & t \geq 0, \\ 0, & t < 0, \end{cases} \tag{12.10}$$

stellen wir dieses Produkt anders dar. Sie hat die Fourier-Transformierte

$$g^\wedge(\omega) = \int_{-\infty}^{\infty} g(t)e^{-j\omega t}\, \mathrm{d}t = \int_{0}^{\infty} e^{-3t}e^{-j\omega t}\, \mathrm{d}t$$

$$= \lim_{u \to \infty} \left[-\frac{1}{3 + j\omega} e^{(-3-j\omega)t} \right]_0^u = -\frac{1}{3 + j\omega}[0 - 1] = \frac{1}{3 + j\omega}.$$

Damit haben wir für $y^\wedge$ gezeigt:

$$y^\wedge(\omega) = g^\wedge(\omega) \cdot f^\wedge(\omega).$$

Unsere verbleibende Aufgabe besteht also darin, eine Funktion y zu finden, deren Transformierte das Produkt von $g^\wedge$ und $f^\wedge$ ist. Bei den Fourier-Koeffizienten haben wir solche Produkte im Rahmen des Faltungssatzes (siehe Seite 307) gesehen. Sie entsprachen dort den Fourier-Koeffizienten einer Faltung. Das gilt auch für die Fourier-Transformation, wie wir im nächsten Abschnitt sehen. Wenn wir die Faltung zur Verfügung haben, rechnen wir hier weiter und lösen noch eine ähnliche Differenzialgleichung aus der Elektrotechnik (siehe (12.12)).

12.5 Faltung

Die Ableitung $(f \cdot g)'$ ist im Allgemeinen **nicht** das Produkt von f' und g'. Hier muss man die Produktregel anwenden. Analog gilt in der Regel **nicht** $(f \cdot g)^\wedge(\omega) = f^\wedge(\omega) \cdot g^\wedge(\omega)$. Dies ist ein gerne gemachter Fehler. Man benötigt etwas Analoges zur Produktregel, und das sind Faltungssätze, die wir schon von Fourier-Koeffizienten her kennen.

Definition 12.2 (Faltung nicht-periodischer Funktionen) Die Faltung zweier Funktionen $f, g : \mathbb{R} \to \mathbb{C}$ ist definiert über (vgl. Seite 303)

$$(f * g)(t) := \int_{-\infty}^{\infty} f(t-u)g(u)\,du,$$

sofern dieses Integral (bezogen auf Real- und Imaginärteil) existiert.

Mittels Substitution zeigt man auch hier die Kommutativität

$$[f * g](t) = [g * f](t) = \int_{-\infty}^{\infty} g(t-u)f(u)\,du.$$

Ein Produkt im Zeitbereich führt zu einer Faltung im Frequenzbereich, und eine Faltung im Zeitbereich führt zu einem Produkt im Frequenzbereich. Damit beginnen wir:

Satz 12.1 (Faltungssatz für die Faltung im Zeitbereich) Seien $f, g :$ $\mathbb{R} \to \mathbb{C}$ für die $\int_{-\infty}^{\infty} |f(t)|\,dt < \infty$ und $\int_{-\infty}^{\infty} |g(t)|\,dt < \infty$. Dann ist $f * g$ Fourier-transformierbar, und es gilt:

$$(f * g)^\wedge(\omega) = f^\wedge(\omega) \cdot g^\wedge(\omega). \tag{12.11}$$

Nach den Rechenregeln für die Ableitung ist der Faltungssatz ein weiteres Beispiel dafür, wie die Fourier-Transformation Rechnungen vereinfacht: Die schwierige Berechnung der Faltung wird unter Anwendung der Fourier-Transformation zu einer einfachen Multiplikation (der Transformierten der Ursprungsfunktionen).

Den Satz beweist man analog zum Faltungssatz für Fourier-Koeffizienten (Satz 11.1). Allerdings muss man dabei den unbeschränkten Integrationsbereich berücksichtigen.

Die eingangs gestellte Frage, wie man das Produkt zweier Funktionen Fourier-transformiert, beantwortet jetzt diese Variante des Faltungssatzes:

Folgerung 12.1 (Faltungssatz für die Faltung im Frequenzbereich)
Seien die Funktionen f und g Elemente des Schwartz-Raums (siehe (12.6)),
d. h. so gewählt, dass sowohl die Fourier-Transformation als auch die
Fourier-Umkehrtransformation in der Form (12.4) anwendbar sind. Dann
gilt:
$$(f \cdot g)^\wedge(\omega) = \frac{1}{2\pi}[f^\wedge * g^\wedge](\omega).$$

Beweis Wir fassen $f \cdot g$ als Produkt im Frequenzbereich auf. Nach (12.11)
ist $f \cdot g = \mathcal{F}([\mathcal{F}^{-1}f] * [\mathcal{F}^{-1}g])$, so dass

$$(f \cdot g)^\wedge(\omega) \stackrel{(12.5)}{=} 2\pi\mathcal{F}^{-1}(f \cdot g)(-\omega)$$

$$= 2\pi[\mathcal{F}^{-1}f] * [\mathcal{F}^{-1} \cdot g](-\omega) \stackrel{(12.5)}{=} 2\pi \left[\frac{1}{2\pi}f^\wedge(-t)\right] * \left[\frac{1}{2\pi}g^\wedge(-t)\right](-\omega)$$

$$= \frac{1}{2\pi}\int_{-\infty}^{\infty} f^\wedge(\omega+u)g^\wedge(-u)\,\mathrm{d}u = \frac{1}{2\pi}\int_{-\infty}^{\infty} f^\wedge(\omega-u)g^\wedge(u)\,\mathrm{d}u$$

$$= \frac{1}{2\pi}[f^\wedge * g^\wedge](\omega).$$

$\square$

Die Voraussetzungen in Folgerung 12.1 können noch abgeschwächt werden.
Man muss lediglich dafür sorgen, dass alle im Beweis benutzen Transformationen und Umkehrtransformationen erklärt sind. Der Satz gilt z. B. auch,
wenn nur eine der beiden Funktionen f aus dem Schwartz-Raum ist und die
andere Funktion g integrierbar ist mit $\int_{-\infty}^{\infty} |g(t)|\,\mathrm{d}t < \infty$.

Man benötigt den Satz in der Praxis, wenn man nur ein endliches Zeitfenster eines Signals zur Verfügung hat. Dann multipliziert man das Signal
im Zeitbereich mit einer sogenannten Fensterfunktion, um durch die Faltung
im Frequenzbereich störende Artefakte zu verhindern (siehe Seite 435).

Beispiel 12.4 (Theoretisches Tiefpassfilter) Wir falten mit einer Funktion, die im Frequenzbereich außerhalb eines Intervalls $[-\Omega, \Omega]$ verschwindet
(z. B. mit $\frac{1-\cos(t)}{t^2}$, deren Transformierte auf $\mathbb{R} \setminus [-1, 1]$ null ist, siehe (12.7)).
Die Fourier-Transformierte der Faltung ist dann außerhalb dieses Intervalls
ebenfalls 0, d. h., höhere Frequenzen werden unterdrückt.

Wir haben bereits auf Seite 349 gesehen, dass bei der Überführung der
Differenzialgleichung $y'(t) + 3y(t) = f(t)$ in den Frequenzbereich ein Produkt
$g^\wedge \cdot f^\wedge$ mit der Transformierten der Inhomogenität auftritt. Hier hilft jetzt
der Faltungssatz:

$$y(t) = \mathcal{F}^{-1}(g^\wedge \cdot f^\wedge)(t) = \mathcal{F}^{-1}((g * f)^\wedge)(t) = (g * f)(t) = (f * g)(t)$$
$$= \int_0^\infty f(t-u)e^{-3u}\mathrm{d}u.$$

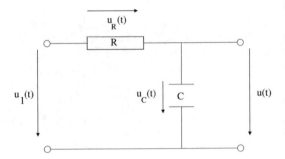

Abb. 12.2 R/C-Glied

Wir betrachten ein ähnliches Beispiel aus der Elektrotechnik:

Beispiel 12.5 (R/C-Glied als Tiefpassfilter) Ein einfaches analoges passives Tiefpassfilter für Spannungen ist das **R/C-Glied** (vgl. mit dem R/L-Kreis ab Seite 186). Dabei handelt es sich um einen Spannungsteiler, der aus einem Ohm'schen Widerstand R und einem Kondensator mit Kapazität C besteht. Der Wechselstrom-Widerstand des Kondensators ist frequenzabhängig. Bei niedrigen Frequenzen ist der Widerstand groß, bei großen Frequenzen wird er klein. Dann fällt nahezu die gesamte Spannung am Ohm'schen Widerstand ab. Greifen wir also die Spannung am Kondensator ab, erhalten wir hauptsächlich tiefe Frequenzen der Ursprungsspannung. Sei u_1 die Eingangsspannung, u_R die Spannung am Widerstand und u_C die Spannung am Kondensator. Die am Spannungsteiler abgegriffene Spannung sei $u = u_C$. Dann gilt: $u_R(t) = RQ'(t)$, wobei $Q(t)$ die Ladung des Kondensators ist und $Q'(t)$ der daraus resultierende Strom $i(t)$. Mit $Q(t) = Cu_C(t)$ ist $u_R(t) = RCu_C'(t)$. Nach Maschenregel ist $u_R(t) + u_C(t) = u_1(t)$, so dass wir insgesamt erhalten:

$$0 = -u_1(t) + RCu_C'(t) + u_C(t) = -u_1(t) + RCu'(t) + u(t).$$

Diese inhomogene Differenzialgleichung

$$RC\,u'(t) + u(t) = u_1(t) \tag{12.12}$$

lösen wir nun mittels Fourier-Transformation. Dazu nehmen wir an, dass die gegebene Spannungsfunktion $u_1(t)$ Fourier-transformierbar ist. Wir transformieren beide Seiten und erhalten wegen Linearität und Ableitungsregel ($RC \neq 0$)

$$RC\,j\omega u^{\wedge}(\omega) + u^{\wedge}(\omega) = u_1^{\wedge}(\omega), \qquad u^{\wedge}(\omega) = \frac{1}{1 + j\omega RC} \cdot u_1^{\wedge}(\omega).$$

Der Multiplikation auf der rechten Seite entspricht im Zeitbereich eine Faltung mit der Inhomogenität:

$$u(t) = \left[\mathcal{F}^{-1} \left(\frac{1}{1 + j\omega RC} \right) \right](t) * u_1(t).$$

Analog zu (12.10) ist $[\mathcal{F}f](\omega) = \frac{1}{1+j\omega RC}$ mit

$$f(t) := \left[\mathcal{F}^{-1}\left(\frac{1}{1+j\omega RC}\right)\right](t) = \frac{1}{RC}\begin{cases} e^{-\frac{1}{RC}t}, & t \geq 0, \\ 0, & t < 0. \end{cases} \qquad (12.13)$$

Man erhält eine Lösung der Differenzialgleichung als Faltung der Inhomogenität (der Eingangsspannung $u_1(t)$) mit der Funktion (12.13). Das RC-Glied wirkt so als Tiefpassfilter auf die Eingangsspannung. Das Filter ist allerdings nicht besonders gut, da

$$\left|\frac{1}{1+j\omega RC}\right| = \frac{1}{\sqrt{1+\omega^2(RC)^2}}$$

für $|\omega| \to \infty$ nur langsam gegen 0 strebt und so höhere Frequenzen nur wenig gedämpft werden.

Hintergrund: Mehrdimensionale Fourier-Reihen und Fourier-Transformation

Die Theorie der Fourier-Reihen lässt sich direkt auf Funktionen mit mehreren Variablen übertragen. Ist $f : \mathbb{R}^n \to \mathbb{C}$ eine Funktion, die in jeder der n Variablen 2π-periodisch ist, so lässt sich diese unter geeigneten Voraussetzungen wie in einer Dimension als **Fourier-Reihe** schreiben:

$$f(\vec{t}) = \sum_{\vec{k} \in \mathbb{Z}^n} f^{\wedge}(\vec{k}) e^{j\vec{k}\cdot\vec{t}}.$$

Dabei ist $\vec{k}\cdot\vec{t}$ das Skalarprodukt $k_1 t_1 + \cdots + k_n t_n$. Die **Fourier-Koeffizienten** sind hier

$$f^{\wedge}(\vec{k}) := \frac{1}{(2\pi)^n} \int_{[0,2\pi]\times\cdots\times[0,2\pi]} f(\vec{t}) e^{-j\vec{k}\cdot\vec{t}} \, d\vec{t}.$$

In der Fourier-Reihe wird über $\mathbb{Z}^n$ summiert. Falls die Reihe absolut konvergiert, spielt es keine Rolle, in welcher Reihenfolge die abzählbare Menge $\mathbb{Z}^n$ durchlaufen wird. Anderenfalls wirkt sich die Reihenfolge aber auf das Konvergenzverhalten aus. Üblich sind beispielsweise radiale Partialsummen

$$\sum_{\vec{k} \in \mathbb{Z}^n} f^{\wedge}(\vec{k}) e^{j\vec{k}\cdot\vec{t}} := \lim_{\varrho\to\infty} \sum_{\vec{k}\in\mathbb{Z}^n \text{ mit } |\vec{k}|<\varrho} f^{\wedge}(\vec{k}) e^{j\vec{k}\cdot\vec{t}}$$

oder quadratische Partialsummen (Summation über Punkte aus $\mathbb{Z}^n$, die in einem „n-dimensionalen Quadrat" liegen)

$$\sum_{\vec{k} \in \mathbb{Z}^n} f^{\wedge}(\vec{k}) e^{j\vec{k}\cdot\vec{t}} := \lim_{\varrho\to\infty} \sum_{\vec{k}\in\mathbb{Z}^n \text{ mit } |k_1|<\varrho,\ldots,|k_n|<\varrho} f^{\wedge}(\vec{k}) e^{j\vec{k}\cdot\vec{t}}.$$

Beide Definitionen können sich unterschiedlich verhalten. Diese Schwierigkeiten gibt es in einer Dimension nicht.

Auch die Fourier-Transformation kann auf Funktionen mit mehreren Variablen ausgedehnt werden. Sei $f : \mathbb{R}^n \to \mathbb{C}$ eine Funktion, für die

$$\int_{\mathbb{R}^n} |f(\vec{t})| \, \mathrm{d}t := \int_{-\infty}^{\infty} \int_{-\infty}^{\infty} \cdots \int_{-\infty}^{\infty} |f(t_1, t_2, \ldots, t_n)| \, \mathrm{d}t_1 \ldots \mathrm{d}t_{n-1} \mathrm{d}t_n$$

als reelle Zahl existiert. Hier setzen wir also bereits eine absolute Konvergenz voraus, so dass wir nicht wie bei den Fourier-Reihen verschiedene Grenzwerte betrachten müssen. Damit ist die **Fourier-Transformation**

$$f^{\wedge}(\vec{\omega}) := \int_{\mathbb{R}^n} f(\vec{t}) e^{j \vec{t} \cdot \vec{\omega}} \, \mathrm{d}\vec{t}$$

wohldefiniert und hat als Verallgemeinerung der eindimensionalen Fourier-Transformation vergleichbare Eigenschaften. Ist insbesondere f zerfallend, d. h. $f(t_1, t_2, \ldots, t_n) = f_1(t_1) \cdot f_2(t_2) \cdots f_n(t_n)$, so wird aus der mehrdimensionalen Fourier-Transformation das Produkt eindimensionaler Fourier-Transformationen:

$$f^{\wedge}(\vec{\omega}) = f_1^{\wedge}(\omega_1) \cdot f_2^{\wedge}(\omega_2) \cdots f_n^{\wedge}(\omega_n).$$

Das gilt aber nur in diesem Spezialfall. Weiterführende Literatur: z. B. [Zygmund(2002), Teil 2, Kap. 17] und [Stein und Shakarchi(2003), Kap. 6].

Literaturverzeichnis

Stein und Shakarchi(2003). Stein E. M. und Shakarchi R.: Fourier Analysis – An Introduction, Princeton University Press, Princeton, NJ, 2003.

Zygmund(2002). Zygmund A.: Trigonometric Series. Cambridge University Press, Cambridge, 2002 (erste Auflage 1935).

Kapitel 13

Laplace-Transformation

Das Problem bei der Fourier-Transformation ist, dass das Integral zu ihrer Berechnung nur unter zusätzlichen Voraussetzungen wie

$$\int_{-\infty}^{\infty} |f(t)|\, dt < \infty$$

existiert. Wenn die Grenzwerte $\lim_{t\to\pm\infty} f(t)$ erklärt sind, dann müssen sie gleich null sein.

Lösungen von Differenzialgleichungen setzen sich häufig aus Exponentialfunktionen zusammen. Bereits $f(t) = e^t$ erfüllt die Konvergenzbedingung nicht: $\int_{-\infty}^{\infty} |f(t)|\, dt = \int_{-\infty}^{\infty} e^t\, dt = \infty$. Mit der Fourier-Transformation findet man daher keine entsprechenden Lösungen, sie ist trotz der schönen Rechenregel für Ableitungen nicht gut zum Lösen von Differenzialgleichungen geeignet. Der Trick der Integraltransformation, durch partielle Integration eine Ableitung zu eliminieren, ist aber zu schön, um an dieser Stelle aufzugeben. Daher wurde die Fourier-Transformation zur Laplace-Transformation modifiziert. Dabei wird statt der Funktion f eine Hilfsfunktion Fouriertransformiert, für die das Integral existiert. In diesem Kapitel schauen wir uns Definition und Eigenschaften der Laplace-Transformation an. Wir lösen mit der Laplace-Transformation lineare Differenzialgleichungen mit konstanten Koeffizienten, die auch von höherer Ordnung sein können, und stellen den Bezug zu der zuvor behandelten Lösungsmethode her. In der Systemtheorie und Regelungstechnik ist die Laplace-Transformation ein wichtiges Hilfsmittel. Am Ende des Kapitels wird daher auf diesen praktischen Einsatz der Transformation eingegangen.

© Der/die Autor(en), exklusiv lizenziert an
Springer-Verlag GmbH, DE, ein Teil von Springer Nature 2023
S. Goebbels und S. Ritter, *Mathematik verstehen und anwenden:*
Differenzialgleichungen, Fourier- und Vektoranalysis, Laplace-
Transformation und Stochastik, https://doi.org/10.1007/978-3-662-68369-9_13

13.1 Von der Fourier- zur Laplace-Transformation

Um die Fourier-Transformation umzubauen, wird ausgenutzt, dass häufig Differenzialgleichungen als Anfangswertproblem definiert sind und man nur an Lösungen interessiert ist, die erst ab einem Startzeitpunkt $t = 0$ (Anfangsbedingung) erklärt sind.

Für solche Funktionen f, die für $t < 0$ identisch 0 sind, kann die Konvergenzbedingung

$$\int_{-\infty}^{\infty} |f(t)|\,\mathrm{d}t = \int_{0}^{\infty} |f(t)|\,\mathrm{d}t < \infty$$

häufig erzwungen werden, indem man statt f die Funktion $f(t)\exp(-\delta t)$ mit $\delta > 0$ betrachtet und transformiert. Der Faktor $\exp(-\delta t)$ strebt dabei für $t \to \infty$ schnell gegen null und kann damit für die Existenz des Integrals sorgen. Dagegen ist $\lim_{t \to -\infty} \exp(-\delta t) = \infty$. Daher ist es gut, dass wir $f(t) = 0$ für $t < 0$ verlangen, so dass dieses divergente Verhalten keine Rolle spielt.

Wählen wir beispielsweise für $f(t) = \begin{cases} e^t, & \text{für } t \geq 0, \\ 0, & \text{für } t < 0, \end{cases}$ einen Wert $\delta > 1$, so ist

$$\int_{-\infty}^{\infty} |f(t)\exp(-\delta t)|\,\mathrm{d}t = \int_{0}^{\infty} \exp(-[\delta - 1]t)\,\mathrm{d}t = \frac{1}{\delta - 1} < \infty.$$

Man modifiziert durch dieses Vorgehen die Fourier-Transformation durch Einfügen des Faktors $e^{-\delta t}$ zu

$$\int_{-\infty}^{\infty} f(t)e^{-\delta t}e^{-j\omega t}\,\mathrm{d}t = \int_{0}^{\infty} f(t)e^{-\delta t}e^{-j\omega t}\,\mathrm{d}t = \int_{0}^{\infty} f(t)\exp(-\underbrace{(\delta + j\omega)}_{=:s}t)\,\mathrm{d}t$$

und erhält damit eine Funktion mit einer komplexen Variable, die **Laplace-Transformierte** (nach dem französischen Mathematiker Laplace, der von 1749–1827 und damit während der französischen Revolution lebte und unter Napoleon Minister war). Dabei verwenden wir wieder die komplexe Exponentialfunktion

$$e^z := e^{\mathrm{Re}(z)} \cdot e^{j\,\mathrm{Im}(z)} = e^{\mathrm{Re}(z)} \cdot [\cos(\mathrm{Im}(z)) + j\sin(\mathrm{Im}(z))].$$

Definition 13.1 (Laplace-Transformation) Eine Funktion $f : [0, \infty[\to \mathbb{C}$ heißt genau dann **Laplace-transformierbar**, wenn das Integral

$$F(s) := [\mathcal{L}f](s) := \int_{0}^{\infty} f(t)\exp(-st)\,\mathrm{d}t = \lim_{u \to \infty} \int_{0}^{u} f(t)\exp(-st)\,\mathrm{d}t$$

für ein $s \in \mathbb{C}$ erklärt ist und konvergiert.

Ist eine Funktion f Laplace-transformierbar, dann ist über $F := \mathcal{L}f$ wieder eine Funktion definiert, die **Laplace-Transformierte** F von f.

Die Laplace-Transformation ist nach der Fourier-Transformation die zweite **Integraltransformation**, die wir kennenlernen. Die Laplace-Transformierte wird zur Abgrenzung gegen die Ausgangsfunktion mit dem entsprechenden Großbuchstaben gekennzeichnet. Man schreibt auch $f(t) \circ\!\!-\!\!\bullet F(s)$ bzw. $F(s) \bullet\!\!-\!\!\circ f(t)$, um den Zusammenhang zwischen f und F auszudrücken.

Beispiel 13.1 a) Für die Funktion $f(t) = t^n$ konvergiert das Laplace-Integral

$$[\mathcal{L}(t^n)](s) = \int_0^\infty t^n e^{-st} \mathrm{d}t$$

für alle $s \in \mathbb{C}$ mit $\mathrm{Re}(s) > 0$, da e^{-st} für $t \to \infty$ schneller abnimmt, als jede Potenz von t wächst. Für $n = 1$ folgt für $\mathrm{Re}(s) > 0$ durch partielle Integration

$$[\mathcal{L}(t)](s) = \int_0^\infty t e^{-st} \mathrm{d}t = \lim_{r \to \infty} \left[-\frac{t}{s} e^{-st} \right]_{t=0}^{t=r} + \int_0^\infty \frac{e^{-st}}{s} \mathrm{d}t$$

$$= 0 + \lim_{r \to \infty} \left[-\frac{e^{-st}}{s^2} \right]_{t=0}^{t=r} = \frac{1}{s^2},$$

und mit Vollständiger Induktion zeigen wir

$$[\mathcal{L}(t^n)](s) = \frac{n!}{s^{n+1}}.$$

Für den Induktionsschluss folgern wir aus der Gültigkeit der Transformationsformel für n wieder mit partieller Integration

$$[\mathcal{L}(t^{n+1})](s) = \int_0^\infty t^{n+1} e^{-st} \mathrm{d}t$$

$$= \lim_{r \to \infty} \left[-\frac{t^{n+1}}{s} e^{-st} \right]_{t=0}^{t=r} + \int_0^\infty (n+1) t^n \frac{e^{-st}}{s} \mathrm{d}t$$

$$= \frac{n+1}{s} \int_0^\infty t^n e^{-st} \, \mathrm{d}t = \frac{(n+1)!}{s^{n+2}}.$$

b) Für $f(t) = e^{at}$ mit $a \in \mathbb{R}$ erhalten wir ($s \neq a$)

$$[\mathcal{L}(e^{at})](s) = \int_0^\infty e^{at} e^{-st} \, \mathrm{d}t = \int_0^\infty e^{-(s-a)t} \, \mathrm{d}t$$

$$= \lim_{r \to \infty} \left[-\frac{1}{s-a} e^{-(s-a)t} \right]_{t=0}^{t=r}.$$

Für $\mathrm{Re}(s) > a$ gilt $\lim_{r\to\infty} |e^{-(s-a)r}| = 0$, und man erhält

$$[\mathcal{L}(e^{at})](s) = \frac{1}{s-a}.$$

Für $\mathrm{Re}(s) \leq a$ existiert das Laplace-Integral nicht.

Die Laplace-Transformierte ist eine Funktion einer komplexen Variable. Wir werden aber im Folgenden nicht bezüglich dieser komplexen Variable differenzieren oder integrieren (vgl. Seite 130). Darauf sind wir nur am Rande eingegangen, und wir müssen auch gar nicht mit der komplexen Variable rechnen.

Wir haben also für Funktionen f mit $f(t) = 0$ für $t < 0$ die Laplace-Transformation als die Fourier-Transformation der mit dem Faktor $\exp(-\mathrm{Re}(s)t)$ gewichteten Funktion f definiert:

$$F(s) = [\mathcal{L}f](s) = \int_0^\infty f(t)\exp(-st)\,dt \tag{13.1}$$

$$= \int_0^\infty f(t)\exp(-\mathrm{Re}(s)t)\exp(-j\,\mathrm{Im}(s)t)\,dt$$

$$= [\mathcal{F}(f(t)\exp(-\mathrm{Re}(s)t))](\mathrm{Im}(s)) = [f(t)\exp(-\mathrm{Re}(s)t)]^\wedge(\mathrm{Im}(s)). \tag{13.2}$$

Der Imaginärteil von s hat die Bedeutung der Kreisfrequenz ω bei der Fourier-Transformation. Trotz des zusätzlichen Realteils von s spricht man auch bei Anwendung der Laplace-Transformation vom Übergang in den Frequenzbereich.

Satz 13.1 (Existenz- und Eindeutigkeitssatz der Laplace-Transformation) Sei $f : [0,\infty[\,\to \mathbb{C}$ auf jedem endlichen Intervall $[0,b]$ integrierbar und **von höchstens exponentiellem Wachstum**, d. h., es existieren reelle Zahlen $M, s_0 \geq 0$ mit
$$|f(t)| \leq M\exp(s_0 t)$$
für alle $t \geq 0$ (Majorantenbedingung), dann gilt:

a) $F(s) := [\mathcal{L}f](s)$ existiert für (mindestens) alle $s \in \mathbb{C}$ mit $\mathrm{Re}(s) > s_0$.

b) f ist bis auf die Funktionswerte in Unstetigkeitsstellen durch F eindeutig bestimmt.

c) $\lim_{\mathrm{Re}(s)\to\infty} F(s) = 0$ (bei beliebiger Wahl des Imaginärteils von s).

Vielfach sind Lösungen von Differenzialgleichungen über die Exponentialfunktion gebildet und erfüllen damit das geforderte exponentielle Wachstum. Eine ähnliche Wachstumsbedingung wie diese für Funktionen wird auch für Folgen im Rahmen der Z-Transformation benutzt (vgl. Band 1, S. 287).

Beweis (Skizze) b) kann man mit der entsprechenden Aussage für die Fourier-Transformation beweisen. Insbesondere kann man analog zur Herleitung der Laplace-Transformation aus der Fourier-Transformation auch eine Laplace-Umkehrtransformation aus der Umkehrformel (12.4) für das Fourier-Integral herleiten. Dabei handelt es sich dann aber um ein komplexes Kurvenintegral, siehe Seite 130 und z. B. [Arens et al.(2022), S. 1263]. Eine genauere Betrachtung würde hier den Rahmen sprengen.

Die anderen Aussagen folgen aus dem Majorantenkriterium (Band 1, S. 420) für uneigentliche Integrale: Können wir den Betrag des Integranden nach oben gegen eine Funktion abschätzen, für die das entsprechende uneigentliche Integral existiert, so existiert es erst recht für die kleinere gegebene Funktion. Dazu:

$$|f(t)\exp(-st)| = |f(t)\exp(-\operatorname{Re}(s)t)\exp(-j\operatorname{Im}(s)t)| = |f(t)\exp(-\operatorname{Re}(s)t)|$$
$$\leq M\exp(s_0 t)\exp(-\operatorname{Re}(s)t) = M\exp([s_0 - \operatorname{Re}(s)]t),$$

für $\operatorname{Re}(s) > s_0$ ist $s_0 - \operatorname{Re}(s) < 0$ und

$$\int_0^\infty \exp([s_0 - \operatorname{Re}(s)]t)\,\mathrm{d}t = \lim_{r\to\infty}\int_0^r \exp([s_0 - \operatorname{Re}(s)]t)\,\mathrm{d}t$$
$$= \lim_{r\to\infty}\frac{1}{s_0 - \operatorname{Re}(s)}\exp([s_0 - \operatorname{Re}(s)]t)\Big|_0^r = -\frac{1}{s_0 - \operatorname{Re}(s)}.$$

Damit ist $\exp([s_0 - \operatorname{Re}(s)]t)$ eine integrierbare Majorante sowohl für den Real- als auch für den Imaginärteil von $f(t)\exp(-st)$, und die Integrale über beide Teile existieren, und ihr Betrag ist mit $\frac{M}{\operatorname{Re}(s)-s_0}$ beschränkt. Insbesondere folgt wegen $\lim_{\operatorname{Re}(s)\to\infty}\frac{M}{\operatorname{Re}(s)-s_0} = 0$ auch die Grenzwertaussage c), wobei hier $\operatorname{Im}(s)$ keine Rolle spielt. □

Betrachtet man bei festem (genügend großen) Realteil den Grenzwert des Imaginärteils von s gegen $\pm\infty$, so ist das Riemann-Lebesgue-Lemma der Fourier-Transformation (Lemma 12.1) anwendbar, und die Laplace-Transformierte konvergiert ebenfalls gegen null.

Beispiel 13.2 a) Laut Beispiel 13.1 sind $f(t) = t^n$ und $f(t) = e^{at}$ Laplace-transformierbar, beide Funktionen sind von exponentiellem Wachstum, z. B. mit der gemeinsamen Majorante $\exp(|a|\cdot t)$.
b) Für $f(t) = \frac{1}{t}$ und $f(t) = \exp(t^2)$ ist die Voraussetzung jedoch nicht erfüllt, und es gibt auch keine Laplace-Transformierte. Die Funktion $f(t) = \exp(t^2)$ erfüllt die Majoranten-Bedingung für große t nicht. $f(t) = \frac{1}{t}$ ist nicht beschränkt in einer Umgebung des Nullpunktes, damit kann es hier keine Majorante $M\exp(s_0 t)$ geben.
In der Ingenieurliteratur wird bisweilen nur $|f(t)| \leq M\exp(s_0 t)$ für Integrierbarkeit von f auf endlichen Intervallen voraussetzen, ist f insbesondere auf jedem Intervall $[0,T]$ beschränkt, so dass wir $T = 0$ wählen können. Wir verzichten hier auf die Untersuchung von Funktionen f, die z. B. wie

$f(t) = \frac{1}{\sqrt{t}}$ auf $[0,T]$ zwar nicht beschränkt (und damit nicht integrierbar), aber uneigentlich integrierbar sind und für die die Laplace-Transformation sinnvoll sein könnte. Die Funktion $f(t) = \frac{1}{t}$ hingegen ist nicht einmal uneigentlich integrierbar auf $[0,T]$.

Tabelle 13.1 Einige Laplace-Transformierte (mit $f(t) = 0$ für $t < 0$, $\mathrm{Re}(s) > 0$, reelle Zahlen a, δ und ω, sowie $c = \delta + j\omega$ mit $\delta < \mathrm{Re}(s)$)

Zeitfunktion $f(t)$	Transformierte $F(s)$	Zeitfunktion $f(t)$	Transformierte $F(s)$
1	$\frac{1}{s}$	$\sinh^2(at)$	$\frac{2a^2}{s(s^2-4a^2)}$, $\mathrm{Re}(s) > 2|a|$
$\exp(at)$	$\frac{1}{s-a}$, $\mathrm{Re}(s) > a$	$\cosh^2(at)$	$\frac{s^2-2a^2}{s(s^2-4a^2)}$, $\mathrm{Re}(s) > 2|a|$
$\frac{t^n}{n!}\exp(ct)$	$\frac{1}{(s-c)^{n+1}}$,	$t\sin(\omega t)$	$2\omega\frac{s}{(s^2+\omega^2)^2}$
$\cos(\omega t)$	$\frac{s}{s^2+\omega^2}$	$t\cos(\omega t)$	$\frac{s^2-\omega^2}{(s^2+\omega^2)^2}$
$\sin(\omega t)$	$\frac{\omega}{s^2+\omega^2}$	$\exp(-\delta t)\cos(\omega t)$	$\frac{s+\delta}{(s+\delta)^2+\omega^2}$, $\mathrm{Re}(s)+\delta > 0$
$\sin^2(\omega t)$	$\frac{2\omega^2}{s(s^2+4\omega^2)}$	$\exp(-\delta t)\sin(\omega t)$	$\frac{\omega}{(s+\delta)^2+\omega^2}$, $\mathrm{Re}(s)+\delta > 0$
$\cos^2(\omega t)$	$\frac{s^2+2\omega^2}{s(s^2+4\omega^2)}$	$\frac{\delta\sin(\omega t)-\omega\sin(\delta t)}{\omega\delta(\delta^2-\omega^2)}$	$\frac{1}{(s^2+\omega^2)(s^2+\delta^2)}$, $\begin{array}{l}\omega\neq\delta,\\ \omega,\delta\neq 0\end{array}$
$\sin(\omega t + \varphi)$	$\frac{s\sin(\varphi)+\omega\cos(\varphi)}{s^2+\omega^2}$	$\frac{\cos(\omega t)-\cos(\delta t)}{\delta^2-\omega^2}$	$\frac{s}{(s^2+\omega^2)(s^2+\delta^2)}$, $\omega\neq\delta$
$\cos(\omega t + \varphi)$	$\frac{s\cos(\varphi)-\omega\sin(\varphi)}{s^2+\omega^2}$	$\frac{\sin(\omega t)-\omega t\cos(\omega t)}{2\omega^3}$	$\frac{1}{(s^2+\omega^2)^2}$, $\omega\neq 0$
t^n	$\frac{n!}{s^{n+1}}$	$\frac{\sin(\omega t)+\omega t\cos(\omega t)}{2\omega}$	$\frac{s^2}{(s^2+\omega^2)^2}$, $\omega\neq 0$
$\cosh(at)$	$\frac{s}{s^2-a^2}$, $\mathrm{Re}(s) > |a|$	$\delta(t)$ (siehe	1
$\sinh(at)$	$\frac{a}{s^2-a^2}$, $\mathrm{Re}(s) > |a|$	Seite 377)	

13.2 Rechnen mit der Laplace-Transformation

Mit der Laplace-Transformation kann man Differenzialgleichungen lösen. Das liegt einerseits daran, dass im Gegensatz zur Fourier-Transformation die typischen Lösungen Laplace-transformierbar sind. Andererseits gelten Rechenregeln wie bei der Fourier-Transformation, die aus einer Differenzialgleichung eine algebraische Gleichung ohne Ableitungen machen. Diese Rechenregeln sehen wir uns jetzt an.

13.2.1 Rechenregeln

Im Folgenden mögen alle zu transformierenden Funktionen, Ableitungen und Stammfunktionen auf jedem endlichen Intervall $[0, b]$ integrierbar und von höchstens exponentiellem Wachstum sein, so dass ihre Laplace-Transformierten existieren.

a) **Linearität**:

$$[\mathcal{L}(af(t) + bg(t))](s) = a[\mathcal{L}f](s) + b[\mathcal{L}g](s),\ a, b \in \mathbb{R}.$$

Beispiel 13.3 Für $\text{Re}(s) > 4$ ist (siehe Tabelle 13.1)

$$[\mathcal{L}(3\exp(4t) + 7\exp(-2t))](s)$$
$$= 3[\mathcal{L}(\exp(4t))](s) + 7[\mathcal{L}(\exp(-2t))](s) = \frac{3}{s-4} + \frac{7}{s+2}.$$

b) **Streckung**:

$$[\mathcal{L}(f(ct))](s) = \frac{1}{c}[\mathcal{L}f]\left(\frac{s}{c}\right),\ c > 0.$$

Beispiel 13.4 $[\mathcal{L}(\cos(3t))](s) = \dfrac{1}{3}[\mathcal{L}(\cos(t))]\left(\dfrac{s}{3}\right) = \dfrac{1}{3}\dfrac{\frac{s}{3}}{\left(\frac{s}{3}\right)^2 + 1} = \dfrac{s}{s^2 + 9}.$

c) **Dämpfung**:

$$[\mathcal{L}(\exp(-at)f(t))](s) = [\mathcal{L}f](s + a),\ a > 0.$$

Beispiel 13.5 $[\mathcal{L}(\exp(-t)\exp(t))](s) = [\mathcal{L}(\exp(t))](s+1) = \dfrac{1}{(s+1) - 1} = \dfrac{1}{s} = [\mathcal{L}(1)](s).$

d) **Ableitung**: Sei f zusätzlich stetig differenzierbar auf $[0, \infty[$ (oder zumindest differenzierbar, wobei f' auf jedem Intervall nur endlich viele Sprungstellen besitzt).

$$[\mathcal{L}(f')](s) = s[\mathcal{L}f](s) - f(0). \tag{13.3}$$

Die Regel sieht der Ableitungsregel für die Fourier-Transformation aus Lemma 12.3 sehr ähnlich, so dass sich die Laplace-Transformation tatsächlich zum Lösen von Differenzialgleichungen eignet. Statt $j\omega$ hat man hier nur die (jetzt komplexe) Variable s als Vorfaktor. Da man aber ein

Integral von 0 bis ∞ berechnet, bekommt man zusätzlich den Einfluss der Stelle 0 in Form des Funktionswerts $f(0)$.

Beispiel 13.6

$$[\mathcal{L}(\sin' t)](s) = s[\mathcal{L}(\sin(t))](s) - \sin(0) = s\frac{1}{s^2+1} = [\mathcal{L}(\cos(t))](s).$$

Für höhere Ableitungen gilt für n-mal auf $[0, \infty[$ stetig differenzierbares f iterativ:

$$[\mathcal{L}(f^{(n)})](s) = s^n[\mathcal{L}f](s) - f^{(n-1)}(0) - sf^{(n-2)}(0) - \cdots - s^{n-1}f(0)$$

$$= s^n[\mathcal{L}f](s) - \sum_{k=0}^{n-1} s^k f^{(n-1-k)}(0). \tag{13.4}$$

Die Funktionswerte $f(0)$, $f'(0), \ldots, f^{(n-1)}(0)$ gehen so in die Formel ein, dass bei wachsenden Potenzen von s der Grad der Ableitung fällt. In Anwendungen sind diese Werte meist als Anfangswerte vorgegeben.

e) **Stammfunktion** für stetiges f:

$$\left[\mathcal{L}\left(\int_0^t f(u)\,\mathrm{d}u\right)\right](s) = \frac{1}{s}[\mathcal{L}f](s).$$

Beispiel 13.7

$$\left[\mathcal{L}\left(\int_0^t \cos(u)\,\mathrm{d}u\right)\right](s) = \frac{1}{s}[\mathcal{L}(\cos(t))](s) = \frac{1}{s}\frac{s}{s^2+1} = [\mathcal{L}\sin(t)](s).$$

f) **Faltung**:

$$[\mathcal{L}(f * g)](s) = [\mathcal{L}f](s) \cdot [\mathcal{L}g](s),$$

wobei hier die **Faltung** für Funktionen f und g mit $f(t) = g(t) = 0$, $t < 0$, genauso definiert ist wie bei der Fourier-Transformation (siehe Definition 12.2). Allerdings kann man das Integrationsintervall auf den Bereich beschränken, auf dem die Funktionen von null verschieden sind:

$$(f * g)(t) := \int_0^t f(t-u)g(u)\,\mathrm{d}u = \int_0^\infty f(t-u)g(u)\,\mathrm{d}u$$

$$= \int_{-\infty}^\infty f(t-u)g(u)\,\mathrm{d}u.$$

Man beachte, dass die Faltung periodischer Funktionen analog definiert ist, allerdings wird dabei nur über ein Periodenintervall integriert und mit einem zusätzlichen Faktor normiert.

Beispiel 13.8 $[\mathcal{L}(e^t * e^t)](s) = \left[[\mathcal{L}(e^t)](s)\right]^2 = \dfrac{1}{(s-1)^2}$. Andererseits ist

$$e^t * e^t = \int_0^t e^{t-u} e^u \, du = t e^t, \quad [\mathcal{L}(te^t)](s) = \frac{1}{(s-1)^2}.$$

Beweis (Skizze) Die Linearität a) folgt sofort aus der Linearität des Integrals. Exemplarisch zeigen wir d) mittels partieller Integration. Da f von höchstens exponentiellem Wachstum ist, sei $|f(t)| \le M \exp(s_0 t)$.

$$\begin{aligned}
[\mathcal{L}(f')](s) &= \int_0^\infty f'(t) \exp(-st) \, dt = \lim_{r \to \infty} \int_0^r f'(t) \exp(-st) \, dt \\
&= \lim_{r \to \infty} \left[f(r) \exp(-sr) - f(0) \exp(0) + s \int_0^r f(t) \exp(-st) \, dt \right] \\
&= s[\mathcal{L}(f)](s) - f(0),
\end{aligned}$$

denn für $\mathrm{Re}(s) > s_0$:

$$\begin{aligned}
0 &\le \lim_{r \to \infty} |f(r) \exp(-sr)| = \lim_{r \to \infty} |f(r)| \exp(-\mathrm{Re}(s)r) \\
&\le \lim_{r \to \infty} M \exp([s_0 - \mathrm{Re}(s)]r) = 0.
\end{aligned}$$

Mit der Regel für Ableitungen ergibt sich direkt auch die Regel für Stammfunktionen von höchstens exponentiellem Wachstum mit dem Hauptsatz der Differenzial- und Integralrechnung:

$$\begin{aligned}
[\mathcal{L}(f)](s) &= \left[\mathcal{L}\left(\frac{d}{dt} \int_0^t f(u) \, du \right) \right](s) \\
&= s \left[\mathcal{L}\left(\int_0^t f(u) \, du \right) \right](s) - \int_0^0 f(u) \, du,
\end{aligned}$$

also

$$\left[\mathcal{L}\left(\int_0^t f(u) \, du \right) \right](s) = \frac{1}{s} [\mathcal{L}(f)](s).$$

$\square$

13.2.2 Lösen von Differenzialgleichungen

Analog zur Fourier-Transformation können wir nun eine Differenzialgleichung Laplace-transformieren und dabei die Linearität a) und Ableitungsregel d) aus dem letzten Abschnitt anwenden. Dann hat man eine Gleichung ohne Ableitungen und kann diese (im günstigsten Fall) im Bildraum lösen. Anschließend muss man die Lösung zurücktransformieren. Dazu lesen wir die Tabelle der Laplace-Transformationen von Standard-Funktionen (siehe Tabelle 13.1) von rechts nach links und verwenden die Rechenregeln rückwärts. Um auf Funktionen zu kommen, die in der Tabelle stehen, hilft oft eine Partialbruchzerlegung. Treten dabei mehrfache konjugiert komplexe Nullstellen auf, kann man eine komplexe Partialbruchzerlegung machen. Dabei ist für eine komplexe Zahl $c = \delta + j\omega$ die Transformierte der Funktion $\frac{t^n}{n!}\exp(ct) = \frac{t^n}{n!}\exp(\delta t)[\cos(\omega t) + j\sin(\omega t)]$ gleich $(s - c)^{-(n+1)} = [s - (\delta + j\omega)]^{-(n+1)}$ für $\mathrm{Re}(s) > \delta = \mathrm{Re}(c)$, siehe Tabelle 13.1.

Man kann mit der Anwendung der Laplace-Transformation natürlich nur Lösungen finden, die auch Laplace-transformierbar sind. Dabei ist die Ausbeute aber besser als bei der Fourier-Transformation.

Beispiel 13.9 Wir betrachten das allgemeine lineare Anfangswertproblem zweiter Ordnung mit konstanten Koeffizienten (das wir auch mit Satz 8.2 auf Seite 233 lösen können):

$$y''(t) + ay'(t) + by(t) = f(t), \quad y(0) = y_0,\, y'(0) = y_1.$$

Wir transformieren beide Seiten und erhalten wegen der Linearität und der Ableitungsregel ($s^2 + as + b \neq 0$):

$$(s^2 Y(s) - sy_0 - y_1) + a(sY(s) - y_0) + bY(s) = F(s)$$
$$\Longleftrightarrow (s^2 + as + b)Y(s) = F(s) + (s + a)y_0 + y_1$$
$$\Longleftrightarrow Y(s) = \frac{F(s)}{(s^2 + as + b)} + \frac{(s + a)y_0 + y_1}{(s^2 + as + b)}. \tag{13.5}$$

Der Nenner ist hier das charakteristische Polynom der Differenzialgleichung. Es entsteht durch Anwendung der Ableitungsregel. Jetzt erhält man eine Lösung des Ursprungsproblems durch Rücktransformation:

$$y(t) = [\mathcal{L}^{-1}Y](t)$$
$$= \left[\mathcal{L}^{-1}\left(F(s) \cdot \frac{1}{(s^2 + as + b)}\right)\right](t) + \left[\mathcal{L}^{-1}\left(\frac{(s + a)y_0 + y_1}{(s^2 + as + b)}\right)\right](t)$$
$$= \left[\mathcal{L}^{-1}F(s)\right](t) * \left[\mathcal{L}^{-1}\left(\frac{1}{(s^2 + as + b)}\right)\right](t) + \left[\mathcal{L}^{-1}\left(\frac{(s + a)y_0 + y_1}{(s^2 + as + b)}\right)\right](t)$$
$$= \underbrace{f(t) * \left[\mathcal{L}^{-1}\left(\frac{1}{(s^2 + as + b)}\right)\right](t)}_{\text{spezielle inhomogene Lösung}} + \underbrace{\left[\mathcal{L}^{-1}\left(\frac{(s + a)y_0 + y_1}{(s^2 + as + b)}\right)\right](t)}_{\text{homogene Lösung}}.$$

Dabei haben wir den Faltungssatz f) aus dem vorangehenden Abschnitt eingesetzt. Für lineare Differenzialgleichungen höherer Ordnung kann man analog vorgehen, das sehen wir weiter unten an.

Hintergrund: Zusammenhang zwischen Laplace-Transformation und Lösungsformel Satz 8.2 für lineare Differenzialgleichungen höherer Ordnung

Mit Satz 8.2 (Seite 233) haben wir zunächst unabhängig von der Laplace-Transformation ein Verfahren kennengelernt, um eine partikuläre Lösung der Differenzialgleichung

$$y^{(2)}(t) + ay'(t) + by(t) = f(t)$$

basierend auf einer homogenen Lösung $y_0(t)$ zu erhalten. Wir zeigen jetzt, dass dieses Verfahren mit der Laplace-Transformation erklärt werden kann: Mit $x_0 = 0$ und Inhomogenität $q(t) = f(t)$ lautet die dort angegebene Formel für $n = 2$

$$y_p(x) = \int_0^x y_0(x - t)f(t)\,\mathrm{d}t = [y_0 * f](x),$$

wobei y_0 eine spezielle homogene Lösung mit $y_0(0) = 0$ und $y_0'(0) = 1$ ist. Bereits in Satz 8.2 wurde y_p also über ein Faltungsintegral angegeben, nur dass wir die Faltung damals noch nicht kannten.

Nach Wahl von $y_0(t)$ ist $0 = y_0''(t) + ay_0'(t) + by_0(t)$ und damit Laplace-transformiert (siehe (13.5) für $y_0 = 0$, $y_1 = 1$ und $f(t) = 0$)

$$0 = s^2 Y_0(s) - y_0'(0) - sy_0(0) + a(sY_0(s) - y_0(0)) + bY_0(s)$$
$$= s^2 Y_0(s) - 1 + asY_0(s) + bY_0(s) = [s^2 + as + b]Y_0(s) - 1.$$

Demnach ist $Y_0(s) = \frac{1}{s^2+as+b}$. Wir können diese homogene Lösung durch Rücktransformation ausrechnen: Das charakteristische Polynom $s^2 + as + b$ hat die Nullstellen $s_0 = -\frac{a}{2} + \sqrt{\frac{a^2}{4} - b}$ und $s_1 = -\frac{a}{2} - \sqrt{\frac{a^2}{4} - b}$. Sind diese verschieden, erhalten wir eine Partialbruchzerlegung

$$Y_0(s) = \frac{1}{s_0 - s_1}\left[\frac{1}{s - s_0} - \frac{1}{s - s_1}\right],$$

und eine Rücktransformation liefert

$$y_0(t) = \frac{1}{s_0 - s_1}\left[e^{s_0 t} - e^{s_1 t}\right].$$

Sind die Nullstellen $s_1 = s_2$ gleich, so lautet die Partialbruchzerlegung

$$Y_0(s) = \frac{1}{(s - s_0)^2} + \frac{0}{s - s_0},$$

und wir erhalten über die Rücktransformation $y_0(t) = te^{s_0 t}$.

Dieses Ergebnis entspricht dem in Satz 8.1 auf Seite 232 dargestellten Vorgehen für homogene Gleichungen, bei dem man linear unabhängige Lösungen direkt aus den Nullstellen des charakteristischen Polynoms gewinnt. Wählt man in der dort berechneten allgemeinen homogenen Lösung die Konstanten so, dass die Anfangsbedingung $y_0(0) = 0$ und $y_0'(0) = 1$ erfüllt ist, ergibt sich das hier berechnete $y_0(t)$. Generell entstehen genau die homogenen Lösungen aus Satz 8.1 auch mit der Laplace-Transformation, wobei die Konstanten durch die Anfangsbedingungen bestimmt sind und umgekehrt.

Nun aber zurück zur inhomogenen Lösung $y_p = y_0 * f$ aus Satz 8.2:

$$[\mathcal{L}y_p](s) = [\mathcal{L}(y_0 * f)](s) = [\mathcal{L}y_0](s) \cdot [\mathcal{L}f](s) = Y_0(s) \cdot F(s) = \frac{F(s)}{s^2 + as + b}.$$

Damit ist aber $\mathcal{L}y_p$ die Transformierte Y einer Lösung, die wir mit (13.5) für die Anfangswerte $y_0 = y_1 = 0$ berechnet haben. Daher muss y_p mit dieser Lösung übereinstimmen. Damit haben wir für Differenzialgleichungen zweiter Ordnung nachgerechnet, dass die in Satz 8.2 angegebene Funktion y_p tatsächlich eine partikuläre Lösung der Differenzialgleichung ist.

Ein Faltungsintegral tritt sowohl auf bei Anwendung von Satz 8.2 als auch bei Verwendung der Laplace-Transformation im Rahmen der Rücktransformation von (13.5). Allerdings kann man hier bei bestimmten Inhomogenitäten auf das Ausrechnen der Faltung verzichten, wenn man die Umkehrtransformation des Produkts durch Ablesen aus einer Tabelle ermitteln kann.

Beispiel 13.10 Wir setzen im vorangehenden Beispiel 13.9 konkrete Daten ein:

$$y''(t) + 4y(t) = \sin(\omega t), \quad \omega > 0.$$

Als allgemeinen Anfangswert wählen wir $y(0) = c_0$, $y'(0) = c_1$ und erhalten mit der obigen Rechnung für $a = 0$, $b = 4$ und $f(t) = \sin(\omega t)$:

$$Y(s) = \frac{[\mathcal{L}(\sin(\omega t))](s)}{(s^2 + 4)} + \frac{sc_0 + c_1}{(s^2 + 4)}.$$

Setzen wir die bekannte Laplace-Transformierte von $f(t)$ ein, ergibt sich:

$$Y(s) = \frac{\frac{\omega}{s^2 + \omega^2}}{(s^2 + 4)} + \frac{sc_0 + c_1}{(s^2 + 4)} = \frac{\omega}{(s^2 + \omega^2)(s^2 + 4)} + \frac{sc_0 + c_1}{(s^2 + 4)}.$$

Die Rücktransformation geschieht nun durch Ablesen von bekannten Urbildern in Tabelle 13.1 unter Berücksichtigung der Rechenregeln (ohne Ausrechnen eines Faltungsintegrals).

$$\left[\mathcal{L}^{-1}\left(\frac{sc_0 + c_1}{(s^2 + 4)} \right) \right](t)$$
$$= c_0 \left[\mathcal{L}^{-1}\left(\frac{s}{(s^2 + 2^2)} \right) \right](t) + \frac{c_1}{2} \left[\mathcal{L}^{-1}\left(\frac{2}{(s^2 + 2^2)} \right) \right](t)$$
$$= c_0 \cos(2t) + \frac{c_1}{2} \sin(2t).$$

$$\left[\mathcal{L}^{-1}\left(\frac{\omega}{(s^2+\omega^2)(s^2+4)}\right)\right](t)$$
$$= \omega\frac{2\sin(\omega t) - \omega\sin(2t)}{2\omega(4-\omega^2)} = \frac{2\sin(\omega t) - \omega\sin(2t)}{2(4-\omega^2)},$$

falls $\omega \neq 2$. Im Fall $\omega = 2$ ist

$$\left[\mathcal{L}^{-1}\left(\frac{\omega}{(s^2+\omega^2)(s^2+4)}\right)\right](t) = 2\left[\mathcal{L}^{-1}\left(\frac{1}{(s^2+2^2)^2}\right)\right](t)$$
$$= 2\frac{\sin(2t) - 2t\cos(2t)}{2\cdot 2^3} = \frac{1}{8}(\sin(2t) - 2t\cos(2t)).$$

Insgesamt erhalten wir damit

$$y(t) = c_0\cos(2t) + \frac{c_1}{2}\sin(2t) + \begin{cases} \frac{2\sin(\omega t) - \omega\sin(2t)}{2(4-\omega^2)}, & \omega \neq 2, \\ \frac{1}{8}(\sin(2t) - 2t\cos(2t)), & \omega = 2. \end{cases}$$

Ist die Laplace-transformierte Lösung eine gebrochen rationale Funktion, so hilft wie oben eine Partialbruchzerlegung, um die Funktion mit der Tabelle 13.1 zurückzutransformieren. Im folgenden Beispiel hat die rechte Seite bereits direkt die Gestalt einer Partialbruchzerlegung:

Beispiel 13.11 Wir bestimmen die Lösung y des folgenden Anfangswertproblems mittels Laplace-Transformation:

$$y'(t) + 2y(t) = \exp(-2t), \ y(0) = 1.$$

Dabei verwenden wir aus Tabelle 13.1 die Regel

$$\left[\mathcal{L}\left(\frac{t^n}{n!}\exp(ct)\right)\right](s) = \frac{1}{(s-c)^{n+1}}, \ \operatorname{Re}(s) > \operatorname{Re}(c), \ n \in \mathbb{N}_0.$$

$$[\mathcal{L}(y'(t) + 2y(t))](s) = [\mathcal{L}(\exp(-2t))](s) = \frac{1}{s+2},$$

wegen $[\mathcal{L}(y'(t) + 2y(t))](s) = sY(s) - y(0) + 2Y(s) = sY(s) + 2Y(s) - 1$ ist

$$Y(s) = \frac{1}{(s+2)^2} + \frac{1}{s+2}.$$

Rücktransformation liefert $y(t) = t\exp(-2t) + \exp(-2t)$.

Beispiel 13.12 (Differenzialgleichungen höherer Ordnung) Wir haben zuvor lineare Differenzialgleichungen erster und zweiter Ordnung gelöst. Mit der Laplace-Transformation können wir genauso lineare Anfangswertprobleme beliebiger n-ter Ordnung

$$y^{(n)}(t) + a_1 y^{(n-1)}(t) + a_2 y^{(n-2)}(t) + \cdots + a_n y(t) = f(t),$$

$$y^{(k)}(0) = y_k, \ 0 \le k < n,$$

mit konstanten reellen Koeffizienten $a_1, \ldots, a_n$, Laplace-transformierbarer Inhomogenität f und den Anfangswerten $y_0, \ldots, y_{n-1}$ lösen. Dabei gelangt man zur Gleichung

$$s^n Y(s) - \sum_{k=0}^{n-1} s^k y_{n-1-k} + a_1 \left[s^{n-1} Y(s) - \sum_{k=0}^{n-2} s^k y_{n-2-k} \right] + \cdots + a_n Y(s) = F(s).$$

Löst man diese nach $Y(s)$ auf, erhält man

$$Y(s) = \frac{1}{s^n + a_1 s^{n-1} + \cdots + a_n s^0} \cdot$$
$$\cdot \left[F(s) + \sum_{k=0}^{n-1} s^k y_{n-1-k} + a_1 \sum_{k=0}^{n-2} s^k y_{n-2-k} + \cdots \right],$$

wobei der Nenner wieder das charakteristische Polynom der Differenzialgleichung ist. Damit erhalten wir unter Verwendung des Faltungssatzes

$$y = \left[\mathcal{L}^{-1} \left(\frac{1}{s^n + a_1 s^{n-1} + \cdots + a_n s^0} \right) \right] * f$$
$$+ \mathcal{L}^{-1} \left(\frac{\sum_{k=0}^{n-1} s^k y_{n-1-k} + a_1 \sum_{k=0}^{n-2} s^k y_{n-2-k} + \cdots}{s^n + a_1 s^{n-1} + \cdots + a_n s^0} \right). \qquad (13.6)$$

Nun besteht die Aufgabe lediglich noch darin, die Umkehrtransformation der beiden gebrochen-rationalen Funktionen zu bestimmen. Dazu berechnet man jeweils eine Partialbruchzerlegung. In den Zerlegungen treten bis auf Faktoren nur Summanden der Form

$$\frac{1}{(s-a)^k}, \quad \frac{s+c}{[(s-a)^2 + b^2]^k}$$

mit $a, b, c \in \mathbb{R}$ auf. Die Umkehrfunktion des ersten Terms sehen wir in Tabelle 13.1 nach:

$$\mathcal{L}^{-1} \left(\frac{1}{(s-a)^k} \right)(t) = \frac{t^{k-1}}{(k-1)!} \exp(at).$$

Für den zweiten Term (komplexe Nullstellen $a \pm jb$) betrachten wir zunächst den

- Fall $k = 1$: $\mathcal{L}^{-1} \left(\dfrac{s+c}{(s-a)^2 + b^2} \right)(t) = e^{at} \cos(bt) + \dfrac{c+a}{b} e^{at} \sin(bt),$
  denn laut Tabelle 13.1 ist

$$\mathcal{L}\left(e^{at} \cos(bt)\right) = \frac{s-a}{(s-a)^2 + b^2}, \quad \mathcal{L}\left(e^{at} \sin(bt)\right) = \frac{b}{(s-a)^2 + b^2},$$

$$\mathcal{L}\left(e^{at}\cos(bt) + \frac{c+a}{b}e^{at}\sin(bt)\right) = \frac{s-a}{(s-a)^2+b^2} + \frac{c+a}{b}\frac{b}{(s-a)^2+b^2}$$
$$= \frac{s+c}{(s-a)^2+b^2}.$$

- Ist $k > 1$, so ist die Umkehrtransformierte eines Produkts von $\frac{s+c}{[(s-a)^2+b^2]}$ mit $k-1$ Termen $\frac{1}{(s-a)^2+b^2}$ zu berechnen, das sich wieder über die Faltung der einzelnen Umkehrtransformierten ergibt. Dazu benötigen wir nur noch zusätzlich, dass

$$\mathcal{L}\left(\frac{1}{b}e^{at}\sin(bt)\right)(s) = \frac{1}{(s-a)^2+b^2}:$$

$$\mathcal{L}^{-1}\left(\frac{s+c}{[(s-a)^2+b^2]^k}\right)(t)$$
$$= \left(e^{at}\cos(bt) + \frac{c+a}{b}e^{at}\sin(bt)\right) * \underbrace{\left(\frac{1}{b}e^{at}\sin(bt)\right) * \cdots * \left(\frac{1}{b}e^{at}\sin(bt)\right)}_{(k-1)\text{-mal}}.$$

Mit einer Partialbruchzerlegung und diesen Rücktransformationen kann so die Lösung (13.6) vollständig ausgerechnet werden.

Wir vergleichen abschließend die Laplace-Transformation und die Fourier-Transformation als Lösungsmethoden für Differenzialgleichungen:

- Im Gegensatz zur Laplace-Transformation führt die Ableitungsregel der Fourier-Transformation zu keiner Anfangsbedingung. Dies liegt daran, dass wir hier von $-\infty$ bis ∞ integrieren und nicht wie bei Laplace das Integral erst bei null starten.
- Funktionen mit exponentiellem Wachstum sind Laplace- aber nicht Fourier-transformierbar. Man findet solche Lösungen nicht mit dem Fourier-Ansatz. Da die Exponentialfunktion ein Grundbaustein von Lösungen von Differenzialgleichungen ist, ist dies der entscheidende Vorteil der Laplace-Transformation.

13.2.3 Grenzwertsätze

Den Aufwand für die Rücktransformation einer Laplace-Transformierten $F(s)$ kann man sich unter Umständen ersparen, wenn man nur an den Werten $f(0)$ und $\lim_{t\to\infty} f(t)$ interessiert ist. In der Regelungstechnik ist gerade dieser Grenzwert einer mittels Laplace-Transformation berechneten Lösung einer Differenzialgleichung wichtig. Existiert er, so nennt man die Lösung **stabil**. Sonst heißt die Lösung **instabil**.

Die Werte $f(0)$ und $\lim_{t\to\infty} f(t)$ können direkt aus der Transformierten $F(s)$ über Grenzwerte berechnet werden. Den Anfangswertsatz, der $f(0)$ liefert, erhält man unter Ausnutzung der Ableitungsregel (13.3), wobei wir jetzt in die Variable s nur reelle Zahlen einsetzen (da wir in diesem Buch $s \to \infty$ für komplexe Zahlen s nicht definiert haben und wir uns hier nicht mit dem Übergang zum Betrag oder Realteil von s belasten möchten):

$$\lim_{s\to\infty} sF(s) = \lim_{s\to\infty} s[\mathcal{L}(f)](s) \overset{(13.3)}{=} \lim_{s\to\infty} [\mathcal{L}(f')](s) + f(0) = f(0).$$

Im letzten Schritt der Rechnung haben wir die Grenzwertaussage

$$\lim_{s\to\infty} [\mathcal{L}g](s) = 0$$

für eine Laplace-transformierbare Funktion g aus Satz 13.1 (Seite 358) verwendet. Der Grenzwert $\lim_{s\to\infty} sF(s)$ ist damit auch insbesondere vom Typ $[\infty \cdot 0]$ und kann durch Umstellung in einen der Typen $[0/0]$ oder $[\infty/\infty]$ mit dem Satz von L'Hospital (siehe Seite xviii) berechnet werden.

Wir haben in der Rechnung die Ableitung f' verwendet. Der Anfangswertsatz lässt sich aber auch ohne eine Voraussetzung an die Differenzierbarkeit von f zeigen:

Satz 13.2 (Anfangswertsatz) Sei die Funktion $f : [0, \infty[\to \mathbb{C}$ auf $[0, \infty[$ stetig und von höchstens exponentiellem Wachstum. Dann gilt ($s \in \mathbb{R}$):

$$\lim_{s\to\infty} sF(s) = f(0).$$

Der Beweis unter diesen Voraussetzungen geschieht in der Übungsaufgabe 16.12.

Eine ähnliche Aussage gilt für den Endwert $f(\infty) := \lim_{t\to\infty} f(t)$, falls dieser existiert. Die Existenz ist alles andere als selbstverständlich, da eine Funktion von exponentiellem Wachstum recht schnell gegen ∞ streben darf.

Satz 13.3 (Endwertsatz) Sei die Funktion $f : [0, \infty[\to \mathbb{C}$ stetig auf $[0, \infty[$, so dass der Grenzwert $\lim_{t\to\infty} f(t) = c$ als (komplexe) Zahl existiert. Dann gilt ($s \in \mathbb{R}$):

$$\lim_{s\to 0+} sF(s) = \lim_{t\to\infty} f(t).$$

Da der Grenzwert $\lim_{t\to\infty} f(t)$ existiert, ist die stetige Funktion f auf $[0, \infty[$ beschränkt. Damit ist sie insbesondere von exponentiellem Wachstum, so dass die Laplace-Transformation erklärt ist. $F(s)$ existiert für jedes $s \in \mathbb{R}$ mit $s > s_0 := 0$.

Wie der Anfangswertsatz lässt sich auch der Endwertsatz über die Ableitungsregel (13.3) herleiten. Allerdings ist hier der Umgang mit den Grenzwerten etwas schwieriger:

$$
\begin{aligned}
\lim_{s \to 0+} sF(s) &\overset{(13.3)}{=} \lim_{s \to 0+}[\mathcal{L}(f')](s) + f(0) = \lim_{s \to 0+} \int_0^\infty f'(t)e^{-st}\,\mathrm{d}t + f(0) \\
&= \int_0^\infty \left[\lim_{s \to 0+} f'(t)e^{-st}\right]\mathrm{d}t + f(0) = \int_0^\infty f'(t)\,\mathrm{d}t + f(0) \\
&= \lim_{u \to \infty}[f(t)]_0^u + f(0) = \lim_{u \to \infty} f(u).
\end{aligned}
$$

Bei dieser Rechnung haben wir Integral und Grenzwert vertauscht. Das ist leider nicht generell erlaubt. Außerdem haben wir die Ableitung benötigt. Im elementaren Beweis des Satzes kommen wir ohne diese Einschränkungen aus (vgl. Aufgabe 16.12):

Beweis Nach Definition der Laplace-Transformation ist

$$
sF(s) = s \int_0^\infty f(t)e^{-st}\,\mathrm{d}t = s \int_0^{\frac{1}{\sqrt{s}}} f(t)e^{-st}\,\mathrm{d}t + s \int_{\frac{1}{\sqrt{s}}}^\infty f(t)e^{-st}\,\mathrm{d}t.
$$

Hier haben wir das Laplace-Integral in zwei Teile zerlegt, die wir für kleine $s > 0$ näher untersuchen. Da die Funktion f für $t \to \infty$ konvergiert, wissen wir etwas über die Funktionswerte für große t. Das werden wir zur Berechnung des zweiten Integrals einsetzen: Die Grenze $\frac{1}{\sqrt{s}}$, an der wir das Integral aufspalten, ist so gewählt, dass sie für $s \to 0+$ gegen unendlich geht und wir damit das Wissen über f verwenden können. Andererseits ist die Grenze so gewählt, dass das erste Integral gerade noch keinen signifikanten Beitrag liefert.

Wie zuvor bemerkt, ist f wegen der Stetigkeit und der Konvergenz auf $[0, \infty[$ beschränkt, z. B. mit $M > 0$. Damit erhalten wir für das erste Integral

$$
\left| s \int_0^{\frac{1}{\sqrt{s}}} f(t)e^{-st}\mathrm{d}t \right| \le s \int_0^{\frac{1}{\sqrt{s}}} \underbrace{|f(t)|}_{\le M} e^{-st}\mathrm{d}t \le M \left[s\left(-\frac{1}{s}\right)e^{-st} \right]_{t=0}^{t=\frac{1}{\sqrt{s}}}
$$

$$
= -M \left[e^{-\sqrt{s}} - e^0 \right].
$$

Für $s \to 0+$ strebt die rechte Seite und damit auch die linke Seite gegen 0. Für das zweite Integral nutzen wir aus, dass $\lim_{t \to \infty} f(t) = c$ ist. Zu einem beliebig gewählten $\varepsilon > 0$ gibt es damit ein $t_0 = t_0(\varepsilon) > 0$, so dass $|f(t) - c| < \varepsilon$ für alle Werte $t > t_0$. Insbesondere ist also dafür $|\operatorname{Re}(f(t)) - \operatorname{Re}(c)| < \varepsilon$ und $|\operatorname{Im}(f(t)) - \operatorname{Im}(c)| < \varepsilon$. Sei nun $0 < s < \frac{1}{t_0^2}$, d. h. $\frac{1}{\sqrt{s}} > t_0$. Für diese s gilt:

$$\mathrm{Re}\left(s\int_{\frac{1}{\sqrt{s}}}^{\infty} f(t)e^{-st}\,\mathrm{d}t\right) = s\int_{\frac{1}{\sqrt{s}}}^{\infty} \mathrm{Re}(f(t))e^{-st}\,\mathrm{d}t \leq s\int_{\frac{1}{\sqrt{s}}}^{\infty}[\mathrm{Re}(c)+\varepsilon]e^{-st}\,\mathrm{d}t$$

$$= [\mathrm{Re}(c)+\varepsilon]\lim_{u\to\infty}\left[s\left(-\frac{1}{s}\right)e^{-st}\right]_{t=\frac{1}{\sqrt{s}}}^{t=u} = [\mathrm{Re}(c)+\varepsilon]e^{-\sqrt{s}}.$$

Analog zeigt man $\mathrm{Re}\left(s\int_{\frac{1}{\sqrt{s}}}^{\infty} f(t)e^{-st}\,\mathrm{d}t\right) \geq [\mathrm{Re}(c)-\varepsilon]e^{-\sqrt{s}}$.

Da wieder $\lim_{s\to 0+} e^{-\sqrt{s}} = 1$ ist und außerdem $\varepsilon > 0$ beliebig gewählt wurde, ist

$$\lim_{s\to 0+}\mathrm{Re}\left(s\int_{\frac{1}{\sqrt{s}}}^{\infty} f(t)e^{-st}\,\mathrm{d}t\right) = \mathrm{Re}(c).$$

Entsprechendes erhält man für den Imaginärteil, so dass insgesamt gilt:

$$\lim_{s\to 0+} s\int_{\frac{1}{\sqrt{s}}}^{\infty} f(t)e^{-st}\,\mathrm{d}t = c.$$

Zusammen erhalten wir $\lim_{s\to 0+} sF(s) = 0 + c = \lim_{t\to\infty} f(t)$. $\square$

Im Beweis wird die Existenz des Grenzwerts $\lim_{t\to\infty} f(t)$ zweimal benötigt. Ist diese nicht gegeben, so gilt der Satz nicht. Für die Funktion $f(t) = \sin(t)$ ist $F(s) = \frac{1}{s^2+1}$, so dass der Grenzwert $\lim_{s\to 0+} sF(s) = \lim_{s\to 0+}\frac{s}{s^2+1} = 0$ existiert. Aber $\lim_{t\to\infty} f(t)$ existiert nicht.

Beispiel 13.13 a) Für $f(t) = 1 + 3e^{-t}$ ist offensichtlich $f(0) = 4$ und $\lim_{t\to\infty} f(t) = 1$. Die gleichen Werte erhalten wir über den Anfangs- und Endwertsatz: Nach Tabelle 13.1 ist $F(s) = \frac{1}{s} + \frac{3}{s+1}$. $\lim_{s\to\infty} sF(s) = \lim_{s\to\infty}\left[1 + \frac{3s}{s+1}\right] = 4$ und $\lim_{s\to 0+} sF(s) = \lim_{s\to 0+}\left[1 + \frac{3s}{s+1}\right] = 1$.

b) Für die Funktion $f(t) = \exp(-t)\sin(t)$ ist $f(0) = \lim_{t\to\infty} f(t) = 0$. Auch diese Werte erhalten wir über den Anfangs- und den Endwertsatz. Nach Tabelle 13.1 ist $F(s) = \frac{1}{(s+1)^2+1}$. Damit ist $\lim_{s\to\infty} sF(s) = \lim_{s\to\infty}\frac{s}{s^2+2s+2} = 0 = f(0)$ sowie $\lim_{s\to 0+} sF(s) = \frac{0}{0+0+2} = 0 = \lim_{t\to\infty} f(t)$.

13.3 Laplace-Transformation in der Systemtheorie [*]

Die Laplace-Transformation findet überwiegend in der Systemtheorie und der Regelungstechnik ihre Anwendung. Darauf wollen wir hier kurz eingehen.

13.3.1 Lineare zeitinvariante Übertragungssysteme

Ein großer Teil der **linearen zeitinvarianten Übertragungssysteme** (sogenannte LTI-Systeme, wobei LTI für „Linear-Time-Invariant" steht) wird durch gewöhnliche lineare Differenzialgleichungen n-ter Ordnung

$$a_n \frac{\mathrm{d}^n}{\mathrm{d}t^n} y(t) + a_{n-1} \frac{\mathrm{d}^{n-1}}{\mathrm{d}t^{n-1}} y(t) + \cdots + a_1 \frac{\mathrm{d}}{\mathrm{d}t} y(t) + a_0 y(t)$$

$$= b_m \frac{\mathrm{d}^m}{\mathrm{d}t^m} x(t) + b_{m-1} \frac{\mathrm{d}^{m-1}}{\mathrm{d}t^{m-1}} x(t) + \cdots + b_1 \frac{\mathrm{d}}{\mathrm{d}t} x(t) + b_0 x(t)$$

mit Koeffizienten $a_k, b_k \in \mathbb{R}$, $a_n \neq 0$ und $b_m \neq 0$ beschrieben. Aus dem Eingangssignal $x(t)$, $t \geq 0$, erzeugt das System ein Ausgangssignal $y(t)$, $t \geq 0$. Die Inhomogenität auf der rechten Seite der Differenzialgleichung berechnet sich aus dem gegebenen Eingangssignal $x(t)$. Gesucht ist ein Ausgangssignal $y(t)$, das zu einer Inhomogenität berechnet werden soll, die sich aus den Ableitungen des Eingangssignals zusammensetzt.

Man spricht von Zeitinvarianz, da die Koeffizienten a_k und b_k nicht von t abhängig sind. Bei einem zeitlich verschobenen Eingangssignal $x(t + t_0)$ ist ein entsprechend verschobenes Ausgangssignal Lösung der Gleichung. Ist $y(t)$ eine zu $x(t)$ gehörende Lösung, so ist $y(t + t_0)$ eine zu $x(t + t_0)$ gehörende Lösung. Das lässt sich wegen $\frac{\mathrm{d}}{\mathrm{d}t}[y(t + t_0)] = \left[\frac{\mathrm{d}}{\mathrm{d}t} y\right](t + t_0)$ durch Einsetzen in die Differenzialgleichung verifizieren.

Hat man die Anfangsbedingung $y(0) = y'(0) = \cdots = y^{(n-1)}(0) = x(0) = \cdots = x^{(m-1)}(0) = 0$, so erhält man mit der Ableitungsregel (13.4)

$$[a_n s^n + a_{n-1} s^{n-1} + \ldots + a_1 s + a_0][\mathcal{L}y](s)$$

$$= [b_m s^m + b_{m-1} s^{m-1} + \cdots + b_1 s + b_0][\mathcal{L}x](s),$$

indem man beide Seiten der Differenzialgleichung Laplace-transformiert. Die Funktion

$$H(s) = \frac{Y(s)}{X(s)} = \frac{(\mathcal{L}y)(s)}{(\mathcal{L}x)(s)} = \frac{b_m s^m + b_{m-1} s^{m-1} + \cdots + b_1 s + b_0}{a_n s^n + a_{n-1} s^{n-1} + \cdots + a_1 s + a_0}$$

heißt **Übertragungsfunktion** des Systems.

Die Übertragungsfunktion lässt sich direkt aus der Differenzialgleichung ablesen, ist unabhängig vom Eingangssignal $x(t)$ und damit wohldefiniert. Mit der Übertragungsfunktion $H(s)$ wird die Dynamik eines Übertragungssystems vollständig beschrieben: Hat man ein Eingangssignal $x(t)$ mit der Anfangsbedingung

$$x(0) = \cdots = x^{(m-1)}(0) = 0,$$

so erhält man im Bildbereich (transformierten Zustand) sofort das (wegen der Anfangsbedingung

$$y(0) = y'(0) = \cdots = y^{(n-1)}(0) = 0$$

eindeutige) Ausgangssignal über die Multiplikation mit der Übertragungs-funktion:

$$(\mathcal{L}y)(s) = H(s)(\mathcal{L}x)(s). \tag{13.7}$$

> **! Achtung**
>
> Dieses Vorgehen funktioniert nur für Eingangssignale, die die Bedingung
>
> $$(\mathcal{L}x^{(k)})(s) = s^k X(s), \quad k \in \{1, \ldots, m\}, \tag{13.8}$$
>
> erfüllen. Diese ergibt sich aus der Ableitungsregel der Laplace-Transformation und der geforderten Anfangsbedingung.

Beispiel 13.14 Wir betrachten einfache elektrische Bauteile als Regler, die ein Eingangssignal in ein Ausgangssignal überführen.

a) An einem Kondensator gilt $i(t) = Cu'(t)$.
   Wir betrachten $u(t)$ als Eingangssignal mit $u(0) = 0$ und $i(t)$ als Ausgangssignal. Dann ist

$$H(s) = \frac{Cs}{1} = Cs \text{ und } (\mathcal{L}i)(s) = Cs(\mathcal{L}u)(s).$$

b) Ist am Kondensator $i(t)$ Eingangs- und $u(t)$ Ausgangssignal, so gilt

$$H(s) = \frac{1}{Cs}.$$

c) Für einen Ohm'schen Widerstand R gilt die „Differenzialgleichung" $u(t) = Ri(t)$. Für das Eingangssignal $i(t)$ und das Ausgangssignal $u(t)$ erhalten wir die Übertragungsfunktion $H(s) = R$.

d) Ist $u(t)$ das Eingangssignal am Widerstand, so ist $H(s) = \frac{1}{R}$.

Der Nenner der Übertragungsfunktion ist das charakteristische Polynom der Differenzialgleichung. Über die Nullstellen dieses Polynoms findet man mit Satz 8.1 (Seite 232) die homogenen Lösungen des Übertragungssystems, also die Lösungen für $x(t) = 0$.

Hat eine Nullstelle s_0 einen positiven Realteil, so gibt es mit $e^{s_0 t}$ eine homogene Lösung, deren Betrag für $t \to \infty$ gegen Unendlich strebt, die also instabil ist (vgl. Kapitel 13.2.3).

Eine spezielle Lösung der inhomogenen Differenzialgleichung erhält man durch Rücktransformation von (13.7) in den Zeitbereich als Faltungsintegral

$$y(t) = (h * x)(t) = \int_0^t h(t-u)x(u)\,\mathrm{d}u \tag{13.9}$$

mit der **Gewichtsfunktion** $h(t) = [\mathcal{L}^{-1}H](t)$ als Laplace-Umkehrtransformierte der Übertragungsfunktion $H(s)$. Hier sieht man sehr schön, dass in $y(t)$ nur Werte $x(u)$ mit $u \leq t$ eingehen, der Systemzustand zum Zeitpunkt t also durch die Vergangenheit $u < t$ bestimmt ist.

Ist die Übertragungsfunktion unbekannt, so kann sie experimentell bestimmt werden, indem ein geeignetes Eingangssignal angelegt wird. Optimal wäre eine Funktion $x(t)$ mit $\mathcal{L}x(s) = 1$. Dann hätten wir $H(s) = (\mathcal{L}y)(s)$, wobei $y(t)$ als Antwort gemessen werden kann. Leider gibt es aber z. B. wegen Satz 13.1 c) auf Seite 358 keine Funktion, deren Laplace-Transformierte die Konstante eins ist. Man verwendet daher verallgemeinerte Funktionen und hier speziell die **Dirac'sche δ-Distribution**. Man kann sich δ als eine „Funktion" vorstellen, die bis auf die Stelle 0 überall den Wert null annimmt und an der Stelle 0 den Wert ∞ hat, so dass das Integral über die Funktion den Wert eins ergibt. Der Wert ∞ verletzt die oben geforderte Anfangsbedingung $x(0) = 0$ für $m > 0$. Das ist aber wegen Eigenschaften der Distribution kein Problem (siehe Hintergrundinformationen ab Seite 377), insbesondere erfüllt sie die Bedingung (13.8), da wegen (13.13) $(\mathcal{L}\delta^{(k)})(s) = s^k(\mathcal{L}\delta)(s) = s^k$:

$$\left[\mathcal{L} \left(b_m \frac{\mathrm{d}^m}{\mathrm{d}t^m}\delta + b_{m-1} \frac{\mathrm{d}^{m-1}}{\mathrm{d}t^{m-1}}\delta + \cdots + b_1 \frac{\mathrm{d}}{\mathrm{d}t}\delta + b_0\delta \right) \right] (s)$$
$$= b_m s^m + b_{m-1}s^{m-1} + \ldots + b_0.$$

Als Systemantwort auf diesen kurzen, aber heftigen Impuls erhält man die Gewichtsfunktion, und ihre Laplace-Transformierte ist die Übertragungsfunktion.

Nicht nur mit der Impulsantwort sondern auch aus der Reaktion $y(t)$ auf eine Sprungfunktion $x(t)$ kann man die Übertragungsfunktion berechnen. Sei $x(t) := 1$ für $t \geq 0$ und $x(t) = 0$ für $t < 0$. Für die Laplace-Transformation verhält sich $x(t)$ wie die konstante Funktion 1 mit $(\mathcal{L}x)(s) = \frac{1}{s}$. Allerdings fassen wir $x(t)$ wieder als verallgemeinerte Funktion auf, deren Ableitung die δ-Distribution (und nicht die Nullfunktion, siehe (13.12)) ist. In diesem Sinne kann man zeigen, dass die Laplace-Transformierte der k-ten Ableitung $\frac{1}{s}s^k$ ist, die Bedingung (13.8) ist wieder erfüllt. Damit folgt $Y(s) = H(s) \cdot \frac{1}{s}$, also $H(s) = sY(s)$. Die Antwort

$$y(t) = \left[\mathcal{L}^{-1} \left(\frac{H(s)}{s} \right) \right] (t)$$

auf die Sprungfunktion nennt man **Übergangsfunktion** oder **Sprungantwort**.

In der Systemtheorie sind einige Begriffe sehr wichtig, die auf der Übertragungsfunktion basieren. Setzt man $s = j\omega$ (also $\mathrm{Re}(s) = 0$) in die Übertragungsfunktion ein, so erhält man eine Funktion mit einer reellen Variable ω, die **Frequenzgang** $H(j\omega)$ heißt. Verwendet man statt der Laplace- die Fourier-Transformation, um zu einer Eingangsfunktion die Ausgangsfunktion eines LTI-Systems zu berechnen, dann erhält man statt der Übertragsungsfunktion den Frequenzgang. Schreibt man den Frequenzgang in Polarkoordinatenform $H(j\omega) = A(\omega)e^{j\varphi(\omega)}$, so heißt $A(\omega)$ der **Amplitudengang** und $\varphi(\omega)$ der **Phasengang**. Trägt man die komplexen Werte für $\omega \in [0, \infty[$ als Punkte in der komplexen Ebene auf, so entsteht eine Kurve, die man **Ortskurve** nennt. Analog zu Definition 4.2 (siehe Seite 117) kann man sie mit einem unbeschränkten Parameterintervall über eine Parametrisierung $((\operatorname{Re} H(j\omega), \operatorname{Im} H(j\omega)), [0, \infty[)$ mit der Parametervariable ω darstellen.

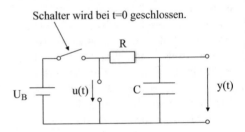

Schalter wird bei t=0 geschlossen.

Abb. 13.1 Laden eines Kondensators

Beispiel 13.15 Ein Kondensator wird über eine Gleichspannungsquelle geladen. Zum Zeitpunkt $t = 0$ wird dazu eine konstante Spannung $u(t) = U_B$ an eine Reihenschaltung aus Kondensator mit Kapazität C und Ohm'schem Widerstand R angelegt, siehe Abbildung 13.1. Für $t < 0$ ist $u(t) = 0$ (Sprungfunktion), so dass $[\mathcal{L}u](s) = U(s) = \frac{U_B}{s}$. Die Spannung am Kondensator wird mit $y(t)$ bezeichnet. Gesucht ist $\lim_{t\to\infty} y(t)$, also die Spannung, die der Kondensator nach sehr langer Ladezeit hat. Diese ermitteln wir über den Endwertsatz der Laplace-Transformation.

Für die Spannungen gilt: $u(t) - y(t) - Ri(t) = 0 \iff i(t) + \frac{1}{R}y(t) = \frac{1}{R}u(t)$ und $i(t) = Cy'(t)$, also $Cy'(t) + \frac{1}{R}y(t) = \frac{1}{R}u(t)$ mit der Anfangsbedingung $y(0) = 0$. Die Übertragungsfunktion kann damit sofort abgelesen werden:

$$H(s) = \frac{\frac{1}{R}}{Cs + \frac{1}{R}} = \frac{1}{RCs + 1}.$$

Damit erhalten wir über den Endwertsatz (siehe Satz 13.3)

$$\lim_{t\to\infty} y(t) = \lim_{s\to 0+} sY(s) = \lim_{s\to 0+} sH(s)U(s) = \lim_{s\to 0+} s\frac{1}{RCs + 1}\frac{U_B}{s} = U_B.$$

Asymptotisch stellt sich also die Ladespannung ein.

Den vollständigen Spannungsverlauf erhalten wir durch Rücktransformation von

$$Y(s) = H(s)U(s) = \frac{1}{RCs + 1}\frac{U_B}{s} = \frac{\frac{U_B}{RC}}{\left(s + \frac{1}{RC}\right)s} = -\frac{U_B}{s + \frac{1}{RC}} + \frac{U_B}{s}$$

zu $y(t) = U_B\left[-\exp\left(-\frac{t}{RC}\right) + 1\right]$.

Die Gewichtsfunktion ist in diesem Beispiel $h(t) = [\mathcal{L}^{-1}H](t) = \dfrac{1}{RC}e^{-\frac{t}{RC}}$.
Damit können wir $y(t)$ alternativ (als Sprungantwort) auch so gewinnen:

$$y(t) = h(t) * u(t) = \int_0^t \frac{1}{RC}e^{-\frac{t-w}{RC}}u(w)\,\mathrm{d}w = \frac{U_B}{RC}\int_0^t e^{-\frac{t-w}{RC}}\,\mathrm{d}w$$

$$= \frac{U_B}{RC}e^{-\frac{t}{RC}}\int_0^t e^{\frac{w}{RC}}\,\mathrm{d}w = U_B e^{-\frac{t}{RC}}\left[e^{\frac{w}{RC}}\right]_{w=0}^{w=t} = U_B\left(1 - e^{-\frac{t}{RC}}\right).$$

Wir nutzen das Beispiel auch noch zur Illustration des Anfangswertsatzes.
Durch Messen von Spannungswerten $y(t)$ kann man den Wert für RC ermitteln. Da $y'(t) = U_B\frac{1}{RC}\exp\left(-\frac{t}{RC}\right)$ ist, gilt $RC = \frac{U_B}{y'(0)}$. Das gleiche Ergebnis erhält man auch mit den Sätzen zur Laplace-Transformation. Zunächst gilt wegen der Ableitungsregel (siehe (13.3) und beachte, dass die Spannung $y(0)$ am Kondensator zunächst 0 ist), dass $[\mathcal{L}y'](s) = sY(s) - y(0) = sY(s) = \frac{U_B}{RCs+1}$. Mit dem Anfangswertsatz (Satz 13.2) erhalten wir damit ebenfalls $RC = \frac{U_B}{y'(0)}$, da

$$y'(0) = \lim_{s\to\infty} s[\mathcal{L}y'](s) = \lim_{s\to\infty} s\frac{U_B}{RCs+1} = \frac{U_B}{RC}.$$

Betrachtet man Ein- und Ausgangssignale nicht als Funktionen, sondern als Folgen einzelner Messwerte, so kann man mit der Z-Transformation (Band 1, S. 287) ähnlich arbeiten, wie wir es hier mit der Laplace-Transformation tun, siehe z. B. [Goebbels(2014)]. Das liegt daran, dass sich die Z-Transformation für Differenzen (bzw. Differenzenquotienten) analog zur Laplace-Transformation für Ableitungen verhält.

Hintergrund: Distributionen

Die Reaktion $y(t)$ eines linearen zeitinvarianten Übertragungssystems mit $y(0) = 0$ auf ein Eingangssignal $x(t), t \geq 0$, ist gegeben durch das Faltungsintegral (13.9) aus der Gewichtsfunktion $h(t)$ und dem Signal $x(t)$: $y(t) = \int_0^t h(t-u)x(u)\,\mathrm{d}u$.

In zahlreichen Anwendungen interessiert die Reaktion des technischen Systems auf eine kurzzeitig wirkende Störung $x(t)$, eine sogenannte **Impulsfunktion**, wobei sich der Gesamtimpuls $\int_{t_0}^{t_1} x(t)\,\mathrm{d}t$ auf ein kleines Zeitfenster $[t_0, t_1]$ konzentriert. Man denke etwa an die Reaktion eines mechanischen Systems auf einen Hammerschlag oder die Reaktion einer elektrischen Schaltung auf einen Stromstoß.

Eine Impulsfunktion ist für kleines $\varepsilon > 0$ gegeben durch

$$\delta_\varepsilon(t) := \begin{cases} 0, & t < 0, \\ \frac{1}{\varepsilon}, & 0 < t < \varepsilon, \\ 0, & \varepsilon < t < \infty, \end{cases} \quad \text{mit} \quad \int_{-\infty}^{\infty} \delta_\varepsilon(t)\,\mathrm{d}t = \int_0^{\infty} \delta_\varepsilon(t)\,\mathrm{d}t = 1.$$

Ist der Gesamtimpuls auf den Zeitpunkt $t = 0$ konzentriert, dann müsste durch

$$\delta(t) := \lim_{\varepsilon \to 0+} \delta_\varepsilon(t) = \begin{cases} 0, & t \neq 0, \\ \infty, & t = 0, \end{cases}$$

eine „Funktion" erklärt sein, für die $\int_{-\infty}^{\infty} \delta(t) = 1$ gilt. Eine solche Funktion gibt es nicht, da weder ∞ ein Funktionswert ist noch das Riemann'sche Integral existiert. Dennoch ist es sinnvoll, den Grenzwert der Systemreaktion auf die Eingangssignale $\delta_\varepsilon(t)$ für $\varepsilon \to 0+$ zu betrachten, denn die Gewichtsfunktion δ_ε ist ja eine „vernünftige" Funktion. Ist h in einer Umgebung von t stetig, so gilt (vgl. Band 1, S. 374)

$$y(t) = \lim_{\varepsilon \to 0+} \int_{-\infty}^{\infty} h(t-u)\delta_\varepsilon(u)\,\mathrm{d}u = \lim_{\varepsilon \to 0+} \int_0^t h(t-u)\delta_\varepsilon(u)\,\mathrm{d}u = h(t).$$
$$(13.10)$$

Um ohne den Umweg eines Grenzwerts mit δ rechnen zu können, erweitert man den Funktionenbegriff und kommt dabei zu verallgemeinerten Funktionen, auch **Distributionen** genannt. In der Menge der Distributionen finden sich die bekannten Funktionen wieder. Es gibt aber darüber hinaus neue Elemente wie δ. Zu einer (geeigneten) Funktion $g : \mathbb{R} \to \mathbb{C}$ ist über

$$T_g(f) := \int_{-\infty}^{\infty} g(t) \cdot f(t)\,\mathrm{d}t \qquad\qquad (13.11)$$

eine Distribution definiert. Dabei muss das Integral existieren. Das ist z. B. der Fall, wenn f aus dem Schwartz-Raum stammt (siehe (12.6), Seite 341) und die Funktion g langsam wachsend im Sinne von $|g(x)| \leq C(1 + |x|)^n$ für ein $C > 0$, ein $n \in \mathbb{N}_0$ und alle $x \in \mathbb{R}$ ist. Langsam wachsende Funktionen wachsen für $x \to \pm\infty$ nicht schneller als Polynome und damit erheblich langsamer als beispielsweise die Exponentialfunktion.

Die Distribution T_g bildet Funktionen (sogenannte Testfunktionen, die z. B. aus dem Schwartz-Raum stammen) auf komplexe Zahlen ab. Eine solche Abbildung nennt man auch **Funktional**. Sie ist also ein völlig anderes Objekt als die Ursprungsfunktion g. Es gibt aber eine Korrespondenz zwischen g und T_g. Man sagt, dass g diese Distribution erzeugt, T_g heißt **reguläre Distribution**, da sie von g erzeugt wird.

δ wird nun als Distribution definiert, die von keiner Funktion erzeugt wird, also keine reguläre Distribution ist. δ ist eine Abbildung, die den Funktionswert der Testfunktion an der Stelle 0 liefert: $\delta(f) := f(0)$. Das passt dazu, dass für eine in einer Umgebung von 0 stetige Testfunktion f gilt (vgl. (13.10)): $\lim_{\varepsilon \to 0+} T_{\delta_\varepsilon}(f) = \lim_{\varepsilon \to 0+} \frac{1}{\varepsilon} \int_0^\varepsilon f(t)\,\mathrm{d}t = f(0)$.

Begriffe und Eigenschaften von Funktionen kann man konsistent auf Distributionen ausdehnen, so dass man mit ihnen (fast) wie mit Funktionen rechnen kann. Die Grundidee dabei ist folgende: Führt man mit einer Funktion g Rechenoperationen aus, so soll das Ergebnis die gleiche Distribution erzeugen wie die, die bei Anwendung der analogen Rechenoperationen für

Distributionen auf der von g erzeugten Distribution entsteht. So kann man beim Rechnen zwischen Funktionen und Distributionen hin- und herwechseln.

Sind beispielsweise g und g' langsam wachsende stetige Funktionen, so gilt für jede Funktion f aus dem Schwartz-Raum mittels partieller Integration ($\lim_{t \to \pm\infty} f(t) = 0$):

$$T_{g'}(f) = \int_{-\infty}^{\infty} g'(t)f(t)\,\mathrm{d}t = -\int_{-\infty}^{\infty} g(t)f'(t)\,\mathrm{d}t = -T_g(f'),$$

wobei mit f auch f' im Schwartz-Raum ist, also in T_g eingesetzt werden kann. Die distributionentheoretische Ableitung ist daher (vgl. mit schwachen Ableitungen in Kapitel 3.5.2)

$$T'(f) := -T(f'), \quad T^{(n)}(f) = (-1)^n T(f^{(n)}).$$

Als Beispiel leiten wir die von der Sprungfunktion $g(t) := 1$ für $t \geq 0$ und $g(t) = 0$ für $t < 0$ erzeugte reguläre Distribution ab. Dabei erhalten wir die δ-Distribution:

$$T_g'(f) = -T_g(f') = -\int_0^{\infty} f'(t)\,\mathrm{d}t = f(0) = \delta(f). \tag{13.12}$$

Ist für eine (geeignete) Funktion g die Fourier-Transformation $\mathcal{F}g$ erklärt, so sollte also für die Transformation der zugehörigen Distribution T_g die Distribution $T_{\mathcal{F}g}$ entstehen. Unter Verwendung des Satzes von Fubini (vgl. Satz 3.2) erhält man daraus:

$$T_{g^\wedge}(f) = \int_{-\infty}^{\infty} g^\wedge(t) \cdot f(t)\,\mathrm{d}t = \int_{-\infty}^{\infty} \int_{-\infty}^{\infty} g(u)e^{-jut}\,\mathrm{d}u \cdot f(t)\,\mathrm{d}t$$

$$= \int_{-\infty}^{\infty} g(u) \cdot \int_{-\infty}^{\infty} f(t)e^{-jut}\,\mathrm{d}t\,\mathrm{d}u = \int_{-\infty}^{\infty} g(u) \cdot f^\wedge(u)\,\mathrm{d}u = T_g(f^\wedge).$$

Die rechte Seite macht auch hier für Distributionen Sinn, die nicht von einer (Fourier-transformierbaren) Funktion erzeugt werden. Daher wird so die Fourier-Transformation für Distributionen definiert. Man beachte, dass für Testfunktionen f aus dem Schwartz-Raum auch $f^\wedge$ im Schwartz-Raum ist, so dass T_g auf $f^\wedge$ anwendbar ist. Damit:

$$\delta^\wedge(f) = \delta(f^\wedge) = f^\wedge(0) = \int_{-\infty}^{\infty} 1 \cdot f(t)\,\mathrm{d}t = T_1(f).$$

Die Fourier-Transformierte der δ-Distribution ist also regulär und wird von der konstanten Funktion 1 erzeugt. Wir starten mit einem Funktional δ, das keine klassische Funktion ist, und erhalten als Fourier-Transformierte eine Distribution, die mit einer (konstanten) klassischen Funktion korrespondiert. Oft identifiziert man eine reguläre Distribution mit ihrer erzeugenden Funktion, also hier $\delta^\wedge(\omega) = 1$. Mit δ lässt sich wie mit einer Funktion rechnen.

Die Faltung einer Distribution mit einer (geeigneten) Funktion lässt sich so als Funktion definieren, dass der Faltungssatz gilt. Insbesondere erhält man für die δ-Distribution mit $\delta^\wedge = 1$: $(f * \delta)^\wedge = f^\wedge \cdot \delta^\wedge = f^\wedge \cdot 1$, so dass $f * \delta = f$ ist. Passend zu (13.10) ist δ neutrales Element der Faltung.

Bei der Laplace-Transformation verfährt man analog zur Fourier-Transformation. Die Laplace-Transformation einer Funktion f (mit $f(t) = 0$, $t < 0$) ergibt sich durch Anwendung einer Distribution auf die Funktion e^{-st} für $t \geq 0$, die sich für $t < 0$ zu einer Funktion aus dem Schwartz-Raum fortsetzen lässt:

$$[\mathcal{L}f](s) = \int_0^\infty f(t)e^{-st}\,\mathrm{d}t = \int_{-\infty}^\infty f(t)e^{-st}\,\mathrm{d}t = T_f(e^{-st}).$$

So lässt sich als Verallgemeinerung auch die δ-Distribution Laplace-transformieren:

$$[\mathcal{L}\delta](s) = \delta(e^{-st}) = e^{-s\cdot 0} = 1,$$

$$[\mathcal{L}\delta^{(n)}](s) = \delta^{(n)}(e^{-st}) = (-1)^n \delta\left(\frac{\mathrm{d}^n}{\mathrm{d}t^n}e^{-st}\right)$$

$$= (-1)^n(-s)^n e^{-s\cdot 0} = s^n. \tag{13.13}$$

Distributionen erlauben eine neue Sicht der Fourier-Reihen als Fourier-Transformierte. Dazu berechnen wir zu einem $k \in \mathbb{Z}$ die Fourier-Transformation der von e^{jku} als Funktion von u erzeugten regulären Distribution $T_{e^{jku}}$:

$$[T_{e^{jku}}]^\wedge (f) = T_{e^{jku}}(f^\wedge) = \int_{-\infty}^\infty e^{jku} f^\wedge(u)\,\mathrm{d}u = 2\pi f(k),$$

sofern im letzten Schritt die Fourier-Umkehrformel (12.4) anwendbar ist. Damit können wir nun auch (2π-) periodische Funktionen g Fourier-transformieren, indem wir sie als Distributionen auffassen. Ist g darstellbar als Fourier-Reihe $g(t) = \sum_{k=-\infty}^\infty g^\wedge(k)e^{jkt}$, so gilt, wenn wir die Konvergenz der Summe voraussetzen und die Vertauschung von Summe und Integral erlaubt ist:

$$[T_g]^\wedge(f) = \int_{-\infty}^\infty \left[\sum_{k=-\infty}^\infty g^\wedge(k)e^{jku}\right] f^\wedge(u)\,\mathrm{d}u$$

$$= \sum_{k=-\infty}^\infty g^\wedge(k) \int_{-\infty}^\infty e^{jku} f^\wedge(u)\,\mathrm{d}u = \sum_{k=-\infty}^\infty g^\wedge(k) [T_{e^{jku}}]^\wedge (f)$$

$$= \sum_{k=-\infty}^\infty g^\wedge(k)2\pi f(k) = \sum_{k=-\infty}^\infty g^\wedge(k)2\pi\delta_k(f),$$

wobei $\delta_k(f) := f(k)$, also $\delta_0(f) := f(0)$ und damit $\delta_0 = \delta$. Obwohl δ keine reelle Variable ω hat, schreibt man in Anlehnung an Funktionen auch $\delta(\omega - k) := \delta_k$. Die Fourier-Transformierte von g ist damit die Distribution $2\pi \sum_{k=-\infty}^\infty g^\wedge(k)\delta_k = 2\pi \sum_{k=-\infty}^\infty g^\wedge(k)\delta(\omega - k)$. Statt der Darstellung einer

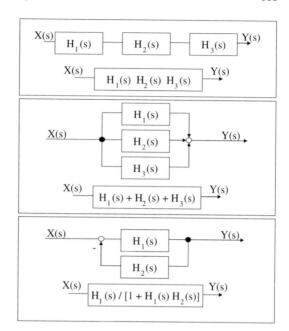

Abb. 13.2 Blockschaltbilder: Reihenschaltung, Parallelschaltung und Rückkopplung jeweils mit Ersatzschaltbild

periodischen Funktion als Fourier-Reihe findet man bisweilen diese distributionentheoretische Schreibweise.

13.3.2 Verknüpfung von Übertragungssystemen

Reihenschaltung

Schaltet man mehrere Übertragungssysteme hintereinander (das Ausgangssignal wird bei passenden Anfangsbedingungen zum Eingangssignal des nächsten Übertragungssystems, siehe erstes Blockschaltbild in Abbildung 13.2), so erhält man ein neues Übertragungssystem, dessen Übertragungsfunktion das Produkt der Einzelnen ist.

Beispiel 13.16 Wir schalten zwei Widerstände R_1 und R_2 parallel. Für R_1 ist das Eingangssignal der Strom $i(t)$. Das führt zu einer Spannung $u(t) = R_1 i(t)$ als Ausgangssignal, das als Eingangssignal an R_2 anliegt. Daraus ergibt sich ein Strom $\frac{1}{R_2} u(t) = R_1 \frac{1}{R_2} i(t)$ als Ausgangssignal des zweiten Widerstands. Die Übertragungsfunktion ist also das Produkt der beiden Einzelnen: $H(s) = \frac{R_1}{R_2}$. Man beachte, dass zwar die Widerstände parallel geschaltet, die Übertragungssysteme aber in Reihe angeordnet sind. Das liegt daran, dass das Eingangssignal des Ersten ein Strom ist, während das Eingangssignal des Zweiten kein Strom, sondern hier eine Spannung ist.

Parallelschaltung

Schaltet man zwei Übertragungssysteme mit Übertragungsfunktionen H_1 und H_2 parallel, so gilt für die Transformierte $Y(s)$ der Ausgangsgröße $y(t)$:

$$Y(s) = H_1(s)X(s) + H_2(s)X(s) = [H_1 + H_2](s)X(s).$$

Entsprechend ergibt sich die neue Übertragungsfunktion bei einer Parallelschaltung von n Übertragungssystemen als die Summe der einzelnen (siehe zweites Blockschaltbild in Abbildung 13.2).

Rückkopplung

Hat man eine Rückkopplung (siehe drittes Blockschaltbild in Abbildung 13.2) ohne zeitlichen Verzug, so wird vom transformierten Eingangssignal $X(s)$ das aus der Rückkopplung entstehende Signal $Y_R(s)$ abgezogen:

$$Y(s) = H_1(s)[X(s) - Y_R(s)] = H_1(s)[X(s) - H_2(s)Y(s)]$$

$$\Longleftrightarrow [1 + H_1(s)H_2(s)]Y(s) = H_1(s)X(s).$$

Damit lautet die Übertragungsfunktion

$$\frac{Y(s)}{X(s)} = \frac{H_1(s)}{1 + H_1(s)H_2(s)}.$$

Unter Verwendung der vorangehenden Regeln für die Verknüpfung von Übertragungsfunktionen kann man eine Schaltung in eine einfach zu lösende algebraische Gleichung übertragen. Dabei wird quasi die Schaltung direkt in den Frequenzbereich transformiert, während wir zuvor erst aus der Schaltung eine Differenzialgleichung gewonnen und diese dann zur Lösung transformiert haben.

Literaturverzeichnis

Arens et al.(2022). Arens T. et al.: Mathematik. Springer Spektrum, Heidelberg, 2022.

Goebbels(2014). Goebbels, St.: Mathematik der Z-Transformation. Technischer Bericht 2-2014 des Fachbereichs Elektrotechnik und Informatik der Hochschule Niederrhein, Krefeld, 2014, `http://www.hs-niederrhein.de/fb03/`.

Kapitel 14

Diskrete Fourier-Transformation

In diesem Kapitel beschäftigen wir uns damit, wie aus endlich vielen abgetasteten Funktionswerten Fourier-Koeffizienten und Werte der Fourier-Transformation näherungsweise berechnet werden können und sich im zweiten Schritt auch die Funktion selbst rekonstruieren lässt. In der Praxis liegen meist (durch Messung) nur endlich viele Funktionswerte aus einem endlichen Intervall vor. Indem man die Integrale durch einfache Quadraturformeln ersetzt, kann man aus diesen Daten die gesuchten Fourier-Koeffizienten oder Werte der Transformierten annähern. Dabei erhalten wir eine weitere Transformation, die Vektoren des $\mathbb{C}^n$ auf Vektoren des $\mathbb{C}^n$ durch Multiplikation mit einer speziellen Matrix abbildet. Das ist die diskrete Fourier-Transformation, deren Eigenschaften wir diskutieren und anwenden. Mit dem Fast-Fourier-Transform-Algorithmus (FFT) gibt es eine schnelle Implementierung dieser speziellen Matrixmultiplikation. Wir untersuchen außerdem, welche Fehler bei den näherungsweisen Berechnungen auftreten können. Das führt zu Abtastsätzen für periodische und nicht-periodische Funktionen. In der Praxis lassen sich Fehler aber nicht vermeiden. Mit den ebenfalls in diesem Kapitel behandelten Fensterfunktionen können wir sie aber anwendungsspezifisch beeinflussen.

14.1 Ausgangspunkt: Koeffizienten einer Fourier-Reihe

Wir beschäftigen uns nun damit, wie man Fourier-Koeffizienten und die Fourier-Transformation automatisch berechnen kann. Dies geschieht heute natürlich mit dem Computer. Vor dem Computerzeitalter halfen mechanische Apparaturen wie der Harmonic Analyzer, der von Olaus Henrici (1840–1918) erfunden und von Gottlieb Coradi in Zürich gebaut wurde, siehe Abbildung 14.1. Dabei hat man ausgenutzt, dass man das Integral eines Fourier-Koeffizienten (nach einer partiellen Integration) durch mechanische Längenbestimmung einer Kurve auf einer Kugeloberfläche ausrechnen kann, wobei sich die Kurve durch Überlagerung von zwei Bewegungen beim Abfahren eines Funktionsgraphen ergibt.

Abb. 14.1 Coradi Harmonic Analyzer an der Hochschule Niederrhein

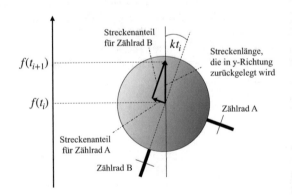

Abb. 14.2 Integration mittels Glaskugel

Hintergrund: Funktionsweise des historischen Coradi Harmonic Analyzers

Ausgangspunkt ist der gezeichnete Funktionsgraph einer vollen Periode einer (zur Vereinfachung wieder 2π-) periodischen, stetig differenzierbaren Funktion f. Hat man eine nicht-periodische Funktion, so kann man sich diese als periodisch fortgesetzt vorstellen (siehe Kapitel 14.7 hinsichtlich der Konsequenzen).

Aufgrund des Konvergenzsatzes für Fourier-Reihen (Satz 11.4 auf Seite 314) lässt sich f als Fourier-Reihe mit reellen Koeffizienten schreiben:

$$f(t) = a_0 + \sum_{k=1}^{\infty} \left(a_k \cos(kt) + b_k \sin(kt) \right).$$

Der entscheidende Trick für die Konstruktion der Maschine besteht nun darin, dass man die Fourier-Koeffizienten $a_k = \frac{1}{\pi} \int_0^{2\pi} f(t) \cos(kt)\,dt$ und $b_k = \frac{1}{\pi} \int_0^{2\pi} f(t) \sin(kt)\,dt$ partiell integriert und so für $k > 0$ Integrale über f' erhält:

$$\pi a_k = \int_0^{2\pi} f(t) \cos(kt)\,dt = \left[\frac{1}{k} f(t) \sin(kt) \right]_0^{2\pi} - \frac{1}{k} \int_0^{2\pi} f'(t) \sin(kt)\,dt$$

$$= -\frac{1}{k} \int_0^{2\pi} f'(t) \sin(kt)\,dt,$$

$$\pi b_k = \frac{1}{k} \int_0^{2\pi} f'(t) \cos(kt)\,dt.$$

Dabei haben wir ausgenutzt, dass f und auch $f(t)\sin(kt)$ sowie $f(t)\cos(kt)$ 2π-periodisch sind und damit den gleichen Funktionswert bei 2π und 0 haben.

Fährt man den Funktionsgraphen von f über ein Intervall $[a, b]$ der t-Achse von links nach rechts mit der an der Apparatur vorne angebrachten Linse ab, so bewegt sich die gesamte Vorrichtung um die parallel zur y-Achse zurückgelegten Entfernungen vor und zurück. Diese Bewegung wird über ein Rad auf eine Glaskugel mit sehr gleichmäßiger Oberfläche übertragen, die sich mit gleicher Geschwindigkeit wie die Apparatur parallel zur $y(= f(t))$-Achse dreht. Die Kugel läuft nicht auf der Grundfläche und hat keinen Bewegungsanteil in t-Richtung.

Um die Kugel herum dreht sich ein Träger in der t-y-Ebene beim Abfahren des Graphen in Abhängigkeit von der t-Position. Die Bewegung der Linse in t-Richtung wird nicht auf die Kugel, sondern ausschließlich auf den Träger übertragen. Nach einem kompletten Periodenintervall hat er sich zur Berechnung der ersten reellen Fourier-Koeffizienten a_1 und b_1 einmal komplett gedreht. Möchte man statt der ersten die k-ten Fourier-Koeffizienten berechnen, so muss sich der Träger k-mal drehen. Dies geschieht über ein Getriebe mit auswechselbaren Zahnrädern, die an der Oberseite der Maschine angeordnet sind. Durch Austausch der Zahnräder kann man unterschiedliche Werte für k einstellen. Da die abgebildete Maschine über sechs Kugeln verfügt, können damit sechs Paare (a_k, b_k) zu unterschiedlichen k gleichzeitig bestimmt werden.

Am Träger sind in einem Winkel von 90 Grad zwei Messrädchen A und B angebracht, die auf der Kugel rollen. Im Startzustand ($t = 0$) befindet sich zunächst das Rädchen A parallel zur t-Achse und B parallel zur y-Achse. Die Rädchen summieren die von ihnen auf der Kugeloberfläche zurückgelegten Entfernungen auf. Dabei muss die Überlagerung der Drehung der Kugel in y-Richtung und die Drehung des Trägers beachtet werden. Aus der relativen Sicht des Trägers dreht sich die Kugel mit der Geschwindigkeit, die die Maschine in y-Richtung zurücklegt, um eine Achse in der t-y-Ebene, die insgesamt k-mal gedreht wird (siehe Abbildung 14.2). An den beiden Rädchen können die Koeffizienten a_k und b_k am Ende des Periodenintervalls abgelesen werden.

Wir berechnen die Kurvenlänge, die das Rädchen A zurücklegt, indem wir diese durch kleine Teilstrecken annähern. Deren Länge können wir anschließend gegen null gehen lassen (siehe Bemerkung zu Definition 4.4 auf Seite 119). Dazu sei $0 = t_0 < t_1 < t_2 < \cdots < t_n = 2\pi$ eine Zerlegung des Intervalls $[0, 2\pi]$. Zwischen zwei nahe zusammenliegenden Stellen t_i und t_{i+1} legt die Kugeloberfläche in Richtung der y-Achse die Strecke $f(t_{i+1}) - f(t_i)$ zurück. An der Stelle t_i hat die Drehbewegung der Kugel aber den Winkel $k \cdot t_i$ im Bogenmaß relativ zur Achse des Rads A des Trägers (beachte: f ist 2π-periodisch, bei anderen Winkeln kommt hier ein Umrechnungsfaktor hinzu), da sich dieser entsprechend weitergedreht hat. Der Winkel vergrößert sich bis zur Stelle t_{i+1} zu $k \cdot t_{i+1}$. Die Stellen mögen so nahe zusammenliegen, dass wir nur mit dem Winkel $k \cdot t_i$ rechnen müssen. Die Strecke, die Rad A auf der Kugeloberfläche zurücklegt, ist dann $[f(t_{i+1}) - f(t_i)] \sin(k \cdot t_i)$, die Strecke, die sich Rad B bewegt, ist $[f(t_{i+1}) - f(t_i)] \cos(k \cdot t_i)$. Insgesamt misst das Rad A ungefähr den Wert

$$\sum_{i=0}^{n-1} [f(t_{i+1}) - f(t_i)] \sin(kt_i) = \sum_{k=0}^{n-1} \underbrace{\frac{f(t_{i+1}) - f(t_i)}{t_{i+1} - t_i}}_{=f'(\xi_i)} \sin(kt_i)(t_{i+1} - t_i)$$

$$\approx \sum_{i=0}^{n-1} f'(\xi_i) \sin(k\xi_i)(t_{i+1} - t_i),$$

wobei wir den Mittelwertsatz der Differenzialrechnung (v) von Seite xviii verwendet haben, der die Zwischenstellen ξ_i liefert. Das ist aber eine Riemann-Zwischensumme, die für immer feinere Zerlegungen gegen das Integral

$$\int_0^{2\pi} f'(t) \sin(kt) \, \mathrm{d}t$$

konvergiert. Das Rad B zeigt den Wert $\int_0^{2\pi} f'(t) \cos(kt) \, \mathrm{d}t$ nach Abfahren des Periodenintervalls. Die Fourier-Koeffizienten sind damit über die eingangs beschriebene partielle Integration bestimmt.

In der digitalen Realität (wie z. B. bei der MP3-Codierung oder in Messgeräten) haben wir für die Berechnung einer Fourier-Reihe nur endlich viele abgetastete Funktionswerte einer 2π-periodischen Funktion f zur Verfügung. Den Vorgang des Abtastens von endlich vielen Funktionswerten nennt man **Sampling**, man spricht bei einem Übergang zu endlich (oder höchstens abzählbar) vielen Werten von **Diskretisierung**.

Auf Basis von n Abtastungen von f im Intervall $[0, 2\pi[$ zu den Zeitpunkten $t_l = l \cdot \frac{2\pi}{n}$, $l = 0, 1, \dots, n-1$, müssen die Integrale zur Berechnung der Fourier-Koeffizienten numerisch approximiert werden. Dazu benutzen wir eine einfache Quadraturformel (vgl. Band 1, S. 414), für die wir $[0, 2\pi]$ in n Teilintervalle der Länge $\frac{2\pi}{n}$ unterteilen und pro Teilintervall den Funktionswert am linken Intervallrand berechnen, d. h. beim l-ten Intervall die Funktion f an der Stelle $t_l = l \cdot \frac{2\pi}{n}$ auswerten:

$$f^\wedge(k) = \frac{1}{2\pi} \int_0^{2\pi} f(t) \exp(-jkt)\,\mathrm{d}t \approx \frac{1}{2\pi} \sum_{l=0}^{n-1} \frac{2\pi}{n} f\left(l\frac{2\pi}{n}\right) \exp\left(-jkl\frac{2\pi}{n}\right)$$

$$= \frac{1}{n} \sum_{l=0}^{n-1} f\left(l\frac{2\pi}{n}\right) \left[\exp\left(-j\frac{2\pi}{n}\right)\right]^{kl} = \frac{1}{n} \sum_{l=0}^{n-1} f_l v^{kl} =: d_k, \qquad (14.1)$$

wobei $f_l := f\left(l\frac{2\pi}{n}\right)$ und $v := \exp\left(-j\frac{2\pi}{n}\right)$. Mit n Funktionswerten f_l erhalten wir näherungsweise Fourier-Koeffizienten d_k (und unter gewissen Voraussetzungen sogar exakte – siehe Abschnitt 14.6). Die d_k nennt man **Fourier-Lagrange-Koeffizienten** oder **gestörte Fourier-Koeffizienten**. In Matrix-Schreibweise wird aus (14.1)

$$\begin{pmatrix} d_0 \\ d_1 \\ \dots \\ d_{n-1} \end{pmatrix} = \frac{1}{n} \underbrace{\begin{bmatrix} v^{0\cdot 0} & v^{0\cdot 1} & \dots & v^{0\cdot(n-1)} \\ v^{1\cdot 0} & v^{1\cdot 1} & \dots & v^{1\cdot(n-1)} \\ \vdots & \vdots & & \vdots \\ v^{(n-1)\cdot 0} & v^{(n-1)\cdot 1} & \dots & v^{(n-1)\cdot(n-1)} \end{bmatrix}}_{\mathbf{F}} \begin{pmatrix} f_0 \\ f_1 \\ \vdots \\ f_{n-1} \end{pmatrix}.$$

Man nennt das Produkt dieser speziellen Matrix $\mathbf{F}$ (ohne den Faktor $\frac{1}{n}$) mit dem Vektor der Funktionswerte eine **diskrete Fourier-Transformation**.

Beispiel 14.1 Für $n = 4$ ist $v = \exp\left(-j\frac{2\pi}{4}\right) = \cos\left(\frac{\pi}{2}\right) - j\sin\left(\frac{\pi}{2}\right) = -j$ mit $v^0 = 1$, $v^1 = -j$, $v^2 = -1$ und $v^3 = j$. Danach wiederholen sich die Werte periodisch, so dass

$$\begin{pmatrix} d_0 \\ d_1 \\ d_2 \\ d_3 \end{pmatrix} = \frac{1}{4} \begin{bmatrix} 1 & 1 & 1 & 1 \\ 1 & -j & -1 & +j \\ 1 & -1 & 1 & -1 \\ 1 & +j & -1 & -j \end{bmatrix} \begin{pmatrix} f(0) \\ f\left(\frac{2\pi}{4}\right) \\ f\left(2\cdot\frac{2\pi}{4}\right) \\ f\left(3\cdot\frac{2\pi}{4}\right) \end{pmatrix}. \qquad (14.2)$$

Die Zahl v ist eine n-te komplexe Wurzel der 1: $v^n = \exp(-j2\pi) = \cos(2\pi) - j\sin(2\pi) = 1$. Man bezeichnet v als eine n-te **Einheitswurzel**. Insbesondere ist $v^{nl} = 1^l = 1$, und wir erhalten eine Periode n für die näherungsweisen Fourier-Koeffizienten d_k im folgenden Sinne:

$$d_k = \frac{1}{n} \sum_{l=0}^{n-1} f_l v^{kl} = \frac{1}{n} \sum_{l=0}^{n-1} f_l v^{kl} \underbrace{v^{nl}}_{=1} = \frac{1}{n} \sum_{l=0}^{n-1} f_l v^{nl+kl}$$

$$= \frac{1}{n} \sum_{l=0}^{n-1} f_l v^{(n+k)l} = d_{n+k}. \tag{14.3}$$

Bei n vorliegenden Funktionswerten kann man also nur maximal n verschiedene Fourier-Lagrange-Koeffizienten berechnen. Deshalb hat die Fourier-Matrix $\mathbf{F}$ auch nicht mehr als n Zeilen. Man benötigt für eine Fourier-Partialsumme $\sum_{k=-m}^{m} f^\wedge(k)e^{jkx}$ daher mindestens $2m + 1$ Funktionswerte zur näherungsweisen Angabe der Fourier-Koeffizienten und der Partialsumme. Wollen wir die Partialsumme durch $\sum_{k=-m}^{m} d_k e^{jkx}$ annähern, so benötigen wir auch Fourier-Lagrange-Koeffizienten zu negativen Indizes k. Mit (14.3) gilt für einen geraden Wert für n:

$$\left(d_0, d_1, \dots, d_{\frac{n}{2}-1}, d_{-\frac{n}{2}}, \dots, d_{-2}, d_{-1}\right)^\top$$

$$= \left(d_0, d_1, \dots, d_{\frac{n}{2}-1}, d_{\frac{n}{2}}, \dots, d_{n-2}, d_{n-1}\right)^\top = \frac{1}{n}\mathbf{F} \cdot (f_0, f_1, \dots, f_{n-1})^\top. \tag{14.4}$$

An dieser Stelle ist noch nicht verständlich, dass die n so berechneten Fourier-Lagrange-Koeffizienten tatsächlich auch genau die Fourier-Koeffizienten mit den Indizes von $-\frac{n}{2}$ bis $\frac{n}{2} - 1$ gut wiedergeben. Es könnte auch sein, dass die Werte $d_{\frac{n}{2}}, \dots, d_{n-1}$ nicht den Koeffizienten $f^\wedge\left(-\frac{n}{2}\right), \dots, f^\wedge(-1)$, sondern $f^\wedge\left(\frac{n}{2}\right), \dots, f^\wedge(n - 1)$ entsprechen. Wir werden aber in Kapitel 14.6 sehen, dass wir hier die richtige Wahl getroffen haben.

Nun befinden sich die Fourier-Lagrange-Koeffizienten zu negativen Indizes in der zweiten Vektorhälfte. Um das zu ändern, vertauschen wir in einem ersten Schritt die ersten $\frac{n}{2}$ mit den zweiten $\frac{n}{2}$ Zeilen von $\mathbf{F}$.

$$
\begin{pmatrix} d_{-\frac{n}{2}} \\ \vdots \\ d_{-1} \\ d_0 \\ d_1 \\ \vdots \\ d_{\frac{n}{2}-1} \end{pmatrix}
= \frac{1}{n}
\begin{bmatrix}
v^{\frac{n}{2}\cdot 0} & v^{\frac{n}{2}\cdot 1} & \dots & v^{\frac{n}{2}\cdot(n-1)} \\
\vdots & \vdots & & \vdots \\
v^{(n-1)\cdot 0} & v^{(n-1)\cdot 1} & \dots & v^{(n-1)\cdot(n-1)} \\
v^{0\cdot 0} & v^{0\cdot 1} & \dots & v^{0\cdot(n-1)} \\
\vdots & \vdots & & \vdots \\
v^{\left(\frac{n}{2}-1\right)\cdot 0} & v^{\left(\frac{n}{2}-1\right)\cdot 1} & \dots & v^{\left(\frac{n}{2}-1\right)\cdot(n-1)}
\end{bmatrix}
\begin{pmatrix} f_0 \\ f_1 \\ \vdots \\ f_{n-1} \end{pmatrix}
$$

$$
= \frac{1}{n}
\begin{bmatrix}
v^{\frac{n}{2}\cdot\frac{n}{2}} & \cdots & v^{\frac{n}{2}\cdot(n-1)} & v^{\frac{n}{2}\cdot 0} & \cdots & v^{\frac{n}{2}\cdot\left(\frac{n}{2}-1\right)} \\
\vdots & & \vdots & \vdots & & \vdots \\
v^{(n-1)\cdot\frac{n}{2}} & \cdots & v^{(n-1)\cdot(n-1)} & v^{(n-1)\cdot 0} & \cdots & v^{(n-1)\cdot\left(\frac{n}{2}-1\right)} \\
v^{0\cdot\frac{n}{2}} & \cdots & v^{0\cdot(n-1)} & v^{0\cdot 0} & \cdots & v^{0\cdot\left(\frac{n}{2}-1\right)} \\
\vdots & & \vdots & \vdots & & \vdots \\
v^{\left(\frac{n}{2}-1\right)\cdot\frac{n}{2}} & \cdots & v^{\left(\frac{n}{2}-1\right)\cdot(n-1)} & v^{\left(\frac{n}{2}-1\right)\cdot 0} & \cdots & v^{\left(\frac{n}{2}-1\right)\cdot\left(\frac{n}{2}-1\right)}
\end{bmatrix}
\begin{pmatrix}
f_{-\frac{n}{2}} \\
f_{-\frac{n}{2}+1} \\
\vdots \\
f_0 \\
f_1 \\
\vdots \\
f_{\frac{n}{2}-1}
\end{pmatrix}.
$$

$$(14.5)$$

Bei der zweiten Gleichung haben wir die ersten $\frac{n}{2}$ Spalten mit den zweiten vertauscht. Dabei verwenden wir, dass f 2π-periodisch ist mit $f_{-\frac{n}{2}} = f\left(-\frac{n}{2}\cdot\frac{2\pi}{n}\right) = f(-\pi) = f(\pi) = f_{\frac{n}{2}}$, $f_{-\frac{n}{2}+1} = f_{\frac{n}{2}+1}, \ldots, f_{-1} = f_{n-1}$. So stehen in den Vektoren auf der linken und rechten Seite die gleichen Indizes. Für $n = 4$ wird daraus

$$
\begin{pmatrix} d_{-2} \\ d_{-1} \\ d_0 \\ d_1 \end{pmatrix}
= \frac{1}{4}
\begin{bmatrix}
1 & -1 & 1 & -1 \\
-1 & -j & 1 & +j \\
1 & 1 & 1 & 1 \\
-1 & +j & 1 & -j
\end{bmatrix}
\begin{pmatrix} f(-\pi) \\ f\left(-\frac{\pi}{2}\right) \\ f(0) \\ f\left(\frac{\pi}{2}\right) \end{pmatrix}.
$$

Tatsächlich koppelt man die Anzahl der zu berechnenden Koeffizienten an die Anzahl ausgewerteter Funktionswerte. Für gerades n kann man so mit n Funktionswerten symmetrisch $n - 1$ Koeffizienten $f^\wedge\left(-\frac{n}{2}+1\right) \approx d_{-\frac{n}{2}+1} = d_{\frac{n}{2}+1}, \ldots, f^\wedge\left(\frac{n}{2}-1\right) \approx d_{\frac{n}{2}-1}$ approximieren, und für ungerades n erhält man analog n Koeffizienten $f^\wedge\left(-\frac{n-1}{2}\right) \approx d_{-\frac{n-1}{2}} = d_{\frac{n+1}{2}}, \ldots, f^\wedge\left(\frac{n-1}{2}\right) \approx d_{\frac{n-1}{2}}$ (siehe Kapitel 14.5).

Zur Berechnung der Fourier-Lagrange-Koeffizienten d_k mit einem Computer verwendet man effiziente Implementierungen der diskreten Fourier-Transformation. Auf die diskrete Fourier-Transformation gehen wir in den folgenden Abschnitten ein und nehmen anschließend in Kapitel 14.5 wieder Bezug zur numerischen Berechnung einer Fourier-Reihe, indem wir die vorangehenden Überlegungen mittels der diskreten Fourier-Transformation schreiben. Anschließend sehen wir uns auch an, wie die Fourier-Transformation (und damit wegen (13.2) auch die Laplace-Transformation) numerisch berechnet werden kann.

14.2 Diskrete Fourier-Transformation

In diesem Abschnitt diskutieren wir in einem allgemeineren Rahmen den Aufbau und die Eigenschaften der $(n \times n)$-Matrizen **F**, die wir im vorangehenden Kapitel kennengelernt haben. Möchte man die Fourier-Koeffizienten von sehr hochfrequenten Funktionen bestimmen, so benötigt man sehr viele abgetastete Funktionswerte. Die Matrix $\mathbf{F}$ wird sehr groß. Selbst mit schnellen Computern ist die Multiplikation einer großen Matrix mit einem Vektor eine aufwändige Operation, bei der eine Größenordnung von n^2 Multiplikationen zu bewerkstelligen ist (bei n Elementen des Ergebnisvektors wird jedes mittels n Multiplikationen berechnet). Das geht deutlich besser. Um zu verstehen, wie man die Berechnung optimieren kann, verwenden wir in diesem Abschnitt neben $v = \exp\left(-j\frac{2\pi}{n}\right)$ weitere Zahlen mit ähnlichen Eigenschaften, die zu allgemeineren Matrizen $\mathbf{F}$ führen. Das dabei gewonnene Wissen führt dann anschließend zum FFT-Algorithmus.

Das Polynom $z^n - 1$ hat nach dem Fundamentalsatz der Algebra (Band 1, S. 168) genau n komplexe Nullstellen unter Berücksichtigung ihrer Vielfachheit. Hier gibt es tatsächlich n verschiedene einfache Nullstellen. Dies sind die n-ten Wurzeln der Eins, die n-ten **Einheitswurzeln**

$$\exp\left(jl\frac{2\pi}{n}\right) = \exp\left(j\frac{2\pi}{n}\right)^l = \cos\left(l\frac{2\pi}{n}\right) + j\sin\left(l\frac{2\pi}{n}\right), \quad 0 \leq l \leq n-1,$$
(14.6)

denn (vgl. Band 1, Kapitel 5)

$$\exp\left(jl\frac{2\pi}{n}\right)^n = \exp\left(jl\frac{2\pi}{n} \cdot n\right) = \exp\left(j2\pi\right) = 1.$$

Die zuvor für die numerische Berechnung von Fourier-Koeffizienten verwendete Zahl v ist eine dieser Wurzeln:

$$v := \exp\left(-j\frac{2\pi}{n}\right) = \exp\left(j\left[2\pi - \frac{2\pi}{n}\right]\right) = \exp\left(j(n-1)\frac{2\pi}{n}\right).$$

Neben den über Potenzen von v gebildeten Matrizen $\mathbf{F}$ werden wir entsprechende Matrizen auch für andere n-te Einheitswurzeln w aufstellen. Es wird sich zeigen, dass man diese sogar benötigt, wenn man ursprünglich nur mit v arbeiten möchte. Damit die Matrizen invertierbar werden, verwendet man dabei aber nur solche w, die eine zusätzliche Bedingung erfüllen:

Definition 14.1 (Primitive Einheitswurzel) Eine n-te Einheitswurzel $w \in \mathbb{C}$, d. h., w ist eine Zahl aus (14.6) mit $w^n = 1$, heißt **primitiv** genau dann, wenn

$$w^k \neq 1, 1 \leq k \leq n-1.$$
(14.7)

Durch Bildung der Potenzen w^k, $k \in \mathbb{N}$, einer primitiven n-ten Einheitswurzel erhält man n verschiedene komplexe Zahlen. So ist z. B. $j = \exp\left(\frac{2\pi}{4}j\right) = e^{\frac{\pi}{2}j}$ eine primitive vierte Einheitswurzel: $j^1 = j$, $j^2 = -1$, $j^3 = -j$, $j^4 = 1$, $j^5 = j$, $j^6 = -1$, ... Bei der Bildung der Potenzen wiederholen sich die Zahlen, wenn man ein Vielfaches von $n = 4$ und damit den Wert 1 erreicht.

Lemma 14.1 (Potenzen einer primitiven n-ten Einheitswurzel) Sei w eine primitive n-te Einheitswurzel. Dann sind die Potenzen $w^1, w^2, \ldots, w^n$ alle voneinander verschieden.

Beweis Wäre $w^k = w^m$ für zwei Zahlen k und m mit $0 < k < m \leq n$, so wäre $w^{m-k} = \frac{w^m}{w^k} = 1$. Allerdings ist $1 \leq m - k \leq n - 1$. Das ist ein Widerspruch dazu, dass w primitiv ist. $\qquad\square$

Wegen $(w^k)^n = (w^n)^k = 1^k = 1$ (bzw. mit der Darstellung $w = \exp\left(jl\frac{2\pi}{n}\right)$ ist $\left[\exp\left(jl\frac{2\pi}{n}\right)\right]^n = \exp\left(jl2\pi\right) = 1$) sind alle Potenzen einer n-ten Einheitswurzel w ebenfalls n-te Einheitswurzeln. Ist zudem w primitiv, so erhält man durch Bildung der Potenzen nach der vorangehenden Überlegung n verschiedene und damit alle n-ten Einheitswurzeln. Mit einer primitiven Einheitswurzel erhält man also alle Einheitswurzeln durch Potenzieren.

Lemma 14.2 (Charakterisierung primitiver Wurzeln) Primitive n-te Einheitswurzeln sind genau die Zahlen $\exp\left(jl\frac{2\pi}{n}\right)$, $1 \leq l < n$, bei denen l und n teilerfremd sind.

Insbesondere ist $v = \exp\left(j(n-1)\frac{2\pi}{n}\right)$ eine primitive n-te Wurzel, da $n-1$ und n teilerfremd sind.

Beweis DieZahlen sind n-te Wurzeln, so dass wir zeigen müssen, dass sie a) primitiv sind und es b) keine weiteren primitiven Wurzeln gibt.

a) Wir untersuchen, ob für teilerfremde Zahlen l und n die Gleichung

$$\left[\exp\left(jl\frac{2\pi}{n}\right)\right]^k = \exp\left(jlk\frac{2\pi}{n}\right) = 1$$

eine Lösung $1 \leq k < n$ besitzen kann (dann wäre diese n-te Wurzel nicht primitiv). Die Gleichung ist genau dann erfüllt, wenn lk ein Vielfaches von n ist, also $lk = mn$, d. h. $k = \frac{mn}{l}$. Da n und l teilerfremd sind, ist dann m durch l teilbar, $\frac{m}{l}$ eine natürliche Zahl und k ein Vielfaches von n. Es gibt daher keine Lösung $1 \leq k < n$, und die Wurzel ist primitiv.

b) Es gibt keine weiteren primitiven n-ten Wurzeln. Denn falls l ($1 \leq l < n$) und n nicht teilerfremd sind, ist $l = mr$ und $n = ms$ für Zahlen $m, r, s \in \mathbb{N}$ mit $1 \leq r, s < n$. Damit ist aber

$$\left[\exp\left(jl\frac{2\pi}{n}\right)\right]^s = \exp\left(j\underbrace{mr}_{=l}\,s\frac{2\pi}{n}\right) = \exp\left(j\underbrace{ms}_{=n}\,r\frac{2\pi}{n}\right) = 1^r = 1.$$

Die Zahl $\exp\left(jl\frac{2\pi}{n}\right)$ ist also keine primitive n-te Wurzel. $\qquad\square$

Lemma 14.3 (Eigenschaften primitiver n-ter Einheitswurzeln) Für eine primitive n-te Einheitswurzel w gilt:

a) w^{-1} ist ebenfalls eine n-te primitive Einheitswurzel, erfüllt also (14.7). Außerdem ist $w^{-1} = \overline{w}$.

b) Ist n gerade, so ist die Zahl w^2 eine $\frac{n}{2}$-te primitive Einheitswurzel von 1. Außerdem ist

$$w^{\frac{n}{2}} = -1. \tag{14.8}$$

Beweis a) Zunächst ist der Kehrwert jeder n-ten Einheitswurzel wieder eine n-te Einheitswurzel, da

$$(w^{-1})^n = \frac{1}{w^n} = \frac{1}{1} = 1. \tag{14.9}$$

Mit w ist auch w^{-1} primitiv. Denn angenommen, es gibt ein $1 \le k \le n-1$ mit $1 = (w^{-1})^k$, dann ist $1 = w^0 = w^{k-k} = w^k (w^{-1})^k = w^k$. Dies ist ein Widerspruch dazu, dass w primitiv ist, siehe (14.7).

Wegen $1 = |w^n| = |w|^n$ ist $|w| = 1$, so dass außerdem $w^{-1} = \frac{1}{w} = \frac{\overline{w}}{w\overline{w}} = \frac{\overline{w}}{|w|^2} = \overline{w}$.

b) Die Zahl w^2 ist eine $\frac{n}{2}$-te Wurzel von 1, da

$$(w^2)^{\frac{n}{2}} = w^n = 1. \tag{14.10}$$

w^2 ist primitiv, d. h. $(w^2)^k \ne 1$, $1 \le k < \frac{n}{2}$. Das ergibt sich für die Exponenten $2k$ direkt daraus, dass w primitiv ist, vgl. (14.7).

Da $(w^{\frac{n}{2}})^2 = 1$ gilt, ist entweder $w^{\frac{n}{2}} = 1$ oder $w^{\frac{n}{2}} = -1$. 1 kommt aber nicht in Frage, da w primitiv ist. Damit gilt (14.8). $\qquad\square$

Wir abstrahieren nun von der numerischen Berechnung von Fourier-Koeffizienten. Das Ergebnis ist die diskrete Fourier-Transformation, die unabhängig vom Bezug zu den Fourier-Koeffizienten eine interessante lineare Abbildung (vgl. Kapitel 20 in Band 1) ist:

Definition 14.2 (Diskrete Fourier-Transformation) Sei w eine primitive n-te Einheitswurzel. Die **diskrete Fourier-Transformation** $\mathrm{DFT}_w :$ $\mathbb{C}^n \to \mathbb{C}^n$ bildet (Zeilen- oder Spalten-) Vektoren $\vec{y} = (y_0, y_1, \ldots, y_{n-1})$ ab auf (Zeilen- oder Spalten-) Vektoren $\vec{c} = (c_0, c_1, \ldots, c_{n-1})$ mit

$$\mathrm{DFT}_w(\vec{y}) = \vec{c}, \text{ wobei } c_k = \sum_{l=0}^{n-1} y_l w^{kl}. \tag{14.11}$$

Üblicherweise beginnt man hier den Index bei 0. Über eine (symmetrische) **Fourier-Matrix** ausgedrückt lautet die (lineare) Abbildung:

$$
\begin{pmatrix} c_0 \\ c_1 \\ \vdots \\ c_{n-1} \end{pmatrix} = \begin{bmatrix} w^{0\cdot 0} & w^{0\cdot 1} & \ldots & w^{0\cdot(n-1)} \\ w^{1\cdot 0} & w^{1\cdot 1} & \ldots & w^{1\cdot(n-1)} \\ \vdots & \vdots & & \vdots \\ w^{(n-1)\cdot 0} & w^{(n-1)\cdot 1} & \ldots & w^{(n-1)\cdot(n-1)} \end{bmatrix} \begin{pmatrix} y_0 \\ y_1 \\ \vdots \\ y_{n-1} \end{pmatrix}.
$$

Beispiel 14.2 a) In (14.2) haben wir die Fourier-Matrix zur primitiven vierten Wurzel $w = v = j$ verwendet.

b) Die Fourier-Matrix für die diskrete Fourier-Transformation in $\mathbb{C}^6$ zur primitiven Wurzel $w := e^{j\frac{\pi}{3}}$ lautet

$$
\begin{bmatrix} w^{0\cdot 0} & w^{0\cdot 1} & w^{0\cdot 2} & w^{0\cdot 3} & w^{0\cdot 4} & w^{0\cdot 5} \\ w^{1\cdot 0} & w^{1\cdot 1} & w^{1\cdot 2} & w^{1\cdot 3} & w^{1\cdot 4} & w^{1\cdot 5} \\ w^{2\cdot 0} & w^{2\cdot 1} & w^{2\cdot 2} & w^{2\cdot 3} & w^{2\cdot 4} & w^{2\cdot 5} \\ w^{3\cdot 0} & w^{3\cdot 1} & w^{3\cdot 2} & w^{3\cdot 3} & w^{3\cdot 4} & w^{3\cdot 5} \\ w^{4\cdot 0} & w^{4\cdot 1} & w^{4\cdot 2} & w^{4\cdot 3} & w^{4\cdot 4} & w^{4\cdot 5} \\ w^{5\cdot 0} & w^{5\cdot 1} & w^{5\cdot 2} & w^{5\cdot 3} & w^{5\cdot 4} & w^{5\cdot 5} \end{bmatrix} = \begin{bmatrix} 1 & 1 & 1 & 1 & 1 & 1 \\ 1 & w & w^2 & w^3 & w^4 & w^5 \\ 1 & w^2 & w^4 & 1 & w^2 & w^4 \\ 1 & w^3 & 1 & w^3 & 1 & w^3 \\ 1 & w^4 & w^2 & 1 & w^4 & w^2 \\ 1 & w^5 & w^4 & w^3 & w^2 & w \end{bmatrix}
$$

$$
= \begin{bmatrix} 1 & 1 & 1 & 1 & 1 & 1 \\ 1 & e^{j\pi/3} & e^{j2\pi/3} & -1 & e^{j4\pi/3} & e^{j5\pi/3} \\ 1 & e^{j2\pi/3} & e^{j4\pi/3} & 1 & e^{j2\pi/3} & e^{j4\pi/3} \\ 1 & -1 & 1 & -1 & 1 & -1 \\ 1 & e^{j4\pi/3} & e^{j2\pi/3} & 1 & e^{j4\pi/3} & e^{j2\pi/3} \\ 1 & e^{j5\pi/3} & e^{j4\pi/3} & -1 & e^{j2\pi/3} & e^{j\pi/3} \end{bmatrix}. \tag{14.12}
$$

Die diskrete Fourier-Transformation hat eine Umkehrtransformation (**inverse diskrete Fourier-Transformation, IDFT**), die wir erhalten, indem wir die Fourier-Matrix invertieren (vgl. Kapitel 20.4 in Band 1). Wir werden sehen, dass die Matrix gerade deshalb invertierbar ist, weil wir primitive Einheitswurzeln verwenden. Die Berechnung der Inversen gestaltet sich hier besonders einfach. Man muss nicht den Gauß-Algorithmus bemühen oder die Cramer'sche Regel anwenden. Vielmehr genügt es, die Adjungierte (Transponierte mit konjugiert komplexen Einträgen), die sich hier aus den Kehrwerten der Elemente von $\mathbf{F}$ zusammensetzt, mit dem Faktor $\frac{1}{n}$ zu multiplizieren:

Lemma 14.4 (Inverse der Fourier-Matrix) Die Fourier-Matrix $\mathbf{F}$ zu einer n-ten primitiven Wurzel w der Eins hat die inverse Matrix $\mathbf{F}^{-1} = \frac{1}{n}\mathbf{F}^*$, wobei $\mathbf{F}^*$ die Adjungierte von $\mathbf{F}$ ist, d. h.

$$
\mathbf{F}^{-1} = \frac{1}{n} \begin{bmatrix} w^{-0\cdot 0} & w^{-0\cdot 1} & \ldots & w^{-0\cdot(n-1)} \\ w^{-1\cdot 0} & w^{-1\cdot 1} & \ldots & w^{-1\cdot(n-1)} \\ \vdots & \vdots & & \vdots \\ w^{-(n-1)\cdot 0} & w^{-(n-1)\cdot 1} & \ldots & w^{-(n-1)\cdot(n-1)} \end{bmatrix}.
$$

Beweis Wir prüfen, dass $\mathbf{F}^{-1}$ tatsächlich die inverse Matrix der Fourier-Matrix $\mathbf{F}$ ist, indem wir $\mathbf{F}^{-1}\mathbf{F}$ berechnen. Das Ergebnis muss die Einheitsmatrix sein, da wir $\vec{y} = \mathbf{F}^{-1}\mathbf{F}\vec{y}$ für jeden Vektor $\vec{y}$ erwarten. Dazu verwenden wir die schon häufig eingesetzte Formel für eine endliche geometrische Summe:

$$\sum_{r=0}^{n-1} x^r = \frac{1 - x^n}{1 - x}.$$

Dabei muss $x \neq 1$ sein. Es ist

$$[\mathbf{F}^{-1}\mathbf{F}]_{k,l} = \sum_{r=0}^{n-1} \frac{1}{n} w^{-kr} w^{rl} = \frac{1}{n} \sum_{r=0}^{n-1} [w^{l-k}]^r$$

$$= \begin{cases} \frac{1}{n} \sum_{r=0}^{n-1} 1 = 1, & l = k, \\ \frac{1}{n} \frac{1 - [w^{l-k}]^n}{1 - w^{l-k}} = \frac{1}{n} \frac{1-1}{1-w^{l-k}} = 0, & l \neq k. \end{cases}$$

Dabei ist $x = w^{l-k}$ im Nenner nur deshalb von 1 verschieden, da w primitiv ist. An genau dieser Stelle benötigt man die Einschränkung auf primitive Einheitswurzeln. Wir erhalten die Einheitsmatrix und haben die explizite Darstellung von $\mathbf{F}^{-1}$ verifiziert. Da $\mathbf{F}$ symmetrisch ist und $w^{-1} = \overline{w}$ die zu w konjugiert komplexe Zahl ist, entspricht die Inverse der Adjungierten bis auf den Faktor $\frac{1}{n}$.   □

Die Fourier-Umkehrtransformation wird bezeichnet mit $\text{IDFT}_w(\vec{c}) := \mathbf{F}^{-1}\vec{c}$, bezogen auf einen Eintrag y_l des Vektors $\vec{y} := \text{IDFT}_w(\vec{c})$ ist also

$$y_l = \frac{1}{n} \sum_{k=0}^{n-1} c_k w^{-kl}.$$

Insbesondere sehen wir im Vergleich mit (14.11), dass wir die IDFT über die DFT berechnen können:

Folgerung 14.1 (Berechnung der Umkehrtransformation) Seien w eine n-te primitive Einheitswurzel, DFT_w und IDFT_w die zugehörige diskrete Fourier-Transformation und Fourier-Umkehrtransformation. Dann gilt:

$$\text{IDFT}_w(\vec{c}) = \frac{1}{n} \text{DFT}_{w^{-1}}(\vec{c}). \tag{14.13}$$

Man beachte dabei, dass mit w auch w^{-1} eine primitive n-te Einheitswurzel ist (siehe (14.9) und die zugehörigen Bemerkungen).

Beispiel 14.3 Für $n = 4$ und $w = v$ ist die zu $\mathbf{F}$ aus (14.2) inverse Matrix gegeben durch

$$\mathbf{F}^{-1} = \frac{1}{4} \begin{bmatrix} 1 & 1 & 1 & 1 \\ 1 & j & -1 & -j \\ 1 & -1 & 1 & -1 \\ 1 & -j & -1 & j \end{bmatrix}.$$

Beispiel 14.4 Wir berechnen $\mathbf{F}^{-1}$ in $\mathbb{C}^6$ für die primitive Wurzel $w := e^{j\frac{\pi}{3}}$ (siehe (14.12)). Da $e^{-jk\pi/3} = e^{j[2\pi - k\pi/3]} = e^{j[6-k]\pi/3}$ ist

$$\mathbf{F}^{-1} = \frac{1}{6} \begin{bmatrix} 1 & 1 & 1 & 1 & 1 & 1 \\ 1 & e^{-j\pi/3} & e^{-j2\pi/3} & -1 & e^{-j4\pi/3} & e^{-j5\pi/3} \\ 1 & e^{-j2\pi/3} & e^{-j4\pi/3} & 1 & e^{-j2\pi/3} & e^{-j4\pi/3} \\ 1 & -1 & 1 & -1 & 1 & -1 \\ 1 & e^{-j4\pi/3} & e^{-j2\pi/3} & 1 & e^{-j4\pi/3} & e^{-j2\pi/3} \\ 1 & e^{-j5\pi/3} & e^{-j4\pi/3} & -1 & e^{-j2\pi/3} & e^{-j\pi/3} \end{bmatrix}$$

$$= \frac{1}{6} \begin{bmatrix} 1 & 1 & 1 & 1 & 1 & 1 \\ 1 & e^{j5\pi/3} & e^{j4\pi/3} & -1 & e^{j2\pi/3} & e^{j\pi/3} \\ 1 & e^{j4\pi/3} & e^{j2\pi/3} & 1 & e^{j4\pi/3} & e^{j2\pi/3} \\ 1 & -1 & 1 & -1 & 1 & -1 \\ 1 & e^{j2\pi/3} & e^{j4\pi/3} & 1 & e^{j2\pi/3} & e^{j4\pi/3} \\ 1 & e^{j\pi/3} & e^{j2\pi/3} & -1 & e^{j4\pi/3} & e^{j5\pi/3} \end{bmatrix}.$$

Damit ist die DFT eine bijektive Abbildung von $\mathbb{C}^n$ auf $\mathbb{C}^n$, d. h., jeder Vektor hat ein eindeutiges Bild, und jedes $\vec{c} \in \mathbb{C}^n$ wird auch als Wert der Abbildung angenommen.

Hintergrund: Diskrete Fourier-Transformation in reeller Notation

Wir können die diskrete Fourier-Transformation analog zu den Fourier-Koeffizienten auch rein reell schreiben. Das ist sinnvoll, wenn Vektoren aus $\mathbb{R}^n$ transformiert werden sollen. Die diskrete Fourier-Transformation bildet diese auf Vektoren eines n-dimensionalen reellen Untervektorraums des $\mathbb{C}^n$ ab. Damit lässt sich die Transformierte mit n reellen Zahlen statt mit $2n$ reellen Werten für die n Real- und die n Imaginärteile ausdrücken. Sei $w = \exp\left(j\frac{r}{n}2\pi\right)$ eine primitive n-te Einheitswurzel, d. h., r und n sind teilerfremd. Für $k, l \in \mathbb{N}_0$ ist $w^{kl} = \cos\left(kl\frac{r}{n}2\pi\right) + j\sin\left(kl\frac{r}{n}2\pi\right)$, so dass die Fourier-Matrix $\mathbf{F} = [w^{k \cdot l}]_{0 \leq k, l < n}$ als Summe $\mathbf{F}_1 + j\mathbf{F}_2$ mit den beiden reellen Matrizen

$$\mathbf{F}_1 =$$
$$\begin{bmatrix} \cos\left(0 \cdot 0\frac{r}{n}2\pi\right) & \cos\left(0 \cdot 1\frac{r}{n}2\pi\right) & \ldots \cos\left(0 \cdot (n-1)\frac{r}{n}2\pi\right) \\ \cos\left(1 \cdot 0\frac{r}{n}2\pi\right) & \cos\left(1 \cdot 1\frac{r}{n}2\pi\right) & \ldots \cos\left(1 \cdot (n-1)\frac{r}{n}2\pi\right) \\ \vdots & \vdots & \vdots \\ \cos\left((n-1) \cdot 0\right)\frac{r}{n}2\pi\right) & \cos\left((n-1) \cdot 1\frac{r}{n}2\pi\right) & \ldots \cos\left((n-1) \cdot (n-1)\frac{r}{n}2\pi\right) \end{bmatrix},$$

$$\mathbf{F}_2 =$$
$$\begin{bmatrix} \sin\left(0 \cdot 0 \frac{r}{n} 2\pi\right) & \sin\left(0 \cdot 1 \frac{r}{n} 2\pi\right) & \dots \sin\left(0 \cdot (n-1) \frac{r}{n} 2\pi\right) \\ \sin\left(1 \cdot 0 \frac{r}{n} 2\pi\right) & \sin\left(1 \cdot 1 \frac{r}{n} 2\pi\right) & \dots \sin\left(1 \cdot (n-1) \frac{r}{n} 2\pi\right) \\ \vdots & \vdots & \vdots \\ \sin\left((n-1) \cdot 0) \frac{r}{n} 2\pi\right) & \sin\left((n-1) \cdot 1 \frac{r}{n} 2\pi\right) & \dots \sin\left((n-1) \cdot (n-1) \frac{r}{n} 2\pi\right) \end{bmatrix}$$

geschrieben werden kann. Wir erkennen, dass die $(n-k)$-te Zeile von $\mathbf{F}_1$ mit der k-ten übereinstimmt für $1 \leq k \leq \frac{n}{2}$, da der Kosinus eine gerade Funktion ist und und Vielfache von $n \cdot \frac{r}{n} 2\pi$ wegen der 2π-Periodizität im Argument weggelassen werden können. Bei $\mathbf{F}_2$ haben die k-te und $(n-k)$-te Zeile genau entgegengesetzte Vorzeichen für $1 \leq k \leq \frac{n}{2}$. Ist n gerade, so ist die Zeile zu $\frac{n}{2}$ in $\mathbf{F}_2$ daher gleich $\vec{0}$. Außerdem ist die nullte Zeile von $\mathbf{F}_2$ der Nullvektor.

Wir transformieren nun $\vec{x} \in \mathbb{R}^n$ in das Paar $(\vec{a}, \vec{b})$ reeller Vektoren mit $\vec{a} = \mathbf{F}_1 \cdot \vec{x}$ und $\vec{b} = \mathbf{F}_2 \cdot \vec{x}$, wobei $\mathbf{F}\vec{x} = \vec{a} + j\vec{b}$. Aufgrund der soeben beschriebenen redundanten Struktur der Matrizen $\mathbf{F}_1$ und $\mathbf{F}_2$ müssen aber nur die Einträge $a_0, a_1, \dots, a_{m_1}$ und $b_1, b_2, \dots, b_{m_2}$ berechnet werden, wobei $m_1 = \frac{n}{2}$ und $m_2 = \frac{n}{2} - 1$ für gerades n und $m_1 = m_2 = \frac{n-1}{2}$ für ungerades n gilt. Lösen wir die Matrixmultiplikation auf, dann entstehen diese relevanten Einträge von $\vec{a}$ und $\vec{b}$ so:

$$a_k = \sum_{l=0}^{n-1} x_l \cos\left(kl\frac{r}{n} 2\pi\right) \text{ für } 0 \leq k \leq m_1,$$

$$b_k = \sum_{l=1}^{n-1} x_l \sin\left(kl\frac{r}{n} 2\pi\right) \text{ für } 1 \leq k \leq m_2.$$

Für die verbleibenden Einträge von $\vec{a}$ und $\vec{b}$ gilt: $b_0 = 0$, $a_k = a_{n-k}$ und $b_k = -b_{n-k}$ für $m_1 < k < n$ bzw. $m_2 < k < n$.

Aus $\vec{a} + j\vec{b}$ erhalten wir $\vec{x}$ über die inverse diskrete Fourier-Transformation zurück: $\vec{x} = \mathbf{F}^{-1}[\vec{a} + j\vec{b}]$. Dabei entsteht $\mathbf{F}^{-1}$ aus $\mathbf{F}$, indem alle Einträge durch ihre Kehrwerte ersetzt werden und die so entstehende Matrix mit $\frac{1}{n}$ multipliziert wird. Da $\vec{x}$ hier reellwertig ist, müssen wir bei der Umkehrtransformation nur die Realteile ausrechnen ($0 \leq k < n$):

$$x_k = \frac{1}{n} \sum_{l=0}^{n-1} \left[\cos\left(-kl\frac{r}{n} 2\pi\right) + j \sin\left(-kl\frac{r}{n} 2\pi\right) \right] (a_l + jb_l)$$

$$= \frac{1}{n} \sum_{l=0}^{n-1} \left[\cos\left(kl\frac{r}{n} 2\pi\right) - j \sin\left(kl\frac{r}{n} 2\pi\right) \right] (a_l + jb_l)$$

$$= \frac{1}{n} \sum_{l=0}^{n-1} \left[a_l \cos\left(kl\frac{r}{n} 2\pi\right) + b_l \sin\left(kl\frac{r}{n} 2\pi\right) \right] = \frac{1}{n} \sum_{l=0}^{n-1} (a_l, b_l) \begin{pmatrix} \cos\left(kl\frac{r}{n} 2\pi\right) \\ \sin\left(kl\frac{r}{n} 2\pi\right) \end{pmatrix}.$$

Insbesondere sehen wir, dass $\mathbf{F}^{-1} = \frac{1}{n}[\mathbf{F}_1 - j\mathbf{F}_2]$ ist. Wenn wir die redundanten Koeffizienten a_k und b_k in dieser Formel ersetzen, dann erhalten wir bei ungeradem n:

$$x_k = \frac{a_0}{n} + \frac{1}{n} \sum_{l=1}^{n-1} \left[a_l \cos\left(kl\frac{r}{n}2\pi\right) + b_l \sin\left(kl\frac{r}{n}2\pi\right) \right]$$

$$= \frac{a_0}{n} + \frac{1}{n} \sum_{l=1}^{\frac{n-1}{2}} \left[a_l \cos\left(kl\frac{r}{n}2\pi\right) + b_l \sin\left(kl\frac{r}{n}2\pi\right) \right] +$$

$$\frac{1}{n} \sum_{l=\frac{n-1}{2}+1}^{n-1} \left[a_{n-l} \cos\left(k[n-l]\frac{r}{n}2\pi\right) + b_{n-l} \sin\left(k[n-l]\frac{r}{n}2\pi\right) \right]$$

$$= \frac{a_0}{n} + \frac{1}{n} \sum_{l=1}^{\frac{n-1}{2}} \left[a_l \cos\left(kl\frac{r}{n}2\pi\right) + b_l \sin\left(kl\frac{r}{n}2\pi\right) \right] +$$

$$\frac{1}{n} \sum_{i=1}^{\frac{n-1}{2}} \left[a_i \cos\left(ki\frac{r}{n}2\pi\right) + b_i \sin\left(ki\frac{r}{n}2\pi\right) \right] \quad \text{(Substitution } i = n-l\text{)}$$

$$= \frac{a_0}{n} + \frac{2}{n} \sum_{l=1}^{\frac{n-1}{2}} \left[a_l \cos\left(kl\frac{r}{n}2\pi\right) + b_l \sin\left(kl\frac{r}{n}2\pi\right) \right].$$

Wir haben damit eine Darstellung, die analog zu der der Fourier-Partialsummen für reelle periodische Funktionen ist. Das gilt mit $b_{\frac{n}{2}} = 0$ auch, wenn n gerade ist:

$$x_k = \frac{a_0}{n} + \frac{2}{n} \sum_{l=1}^{\frac{n}{2}} \left[a_l \cos\left(kl\frac{r}{n}2\pi\right) + b_l \sin\left(kl\frac{r}{n}2\pi\right) \right].$$

Wir betrachten im Folgenden Vektoren $\vec{y} \in \mathbb{C}^n$ als n-periodisch fortgesetzt, d. h. $y_{k\pm n} := y_k$. So können wir auch mit einem Index außerhalb $\{0, 1, \ldots, n-1\}$ zugreifen. Für $\vec{y} = (1, 2, 3)$ ist beispielsweise $y_0 = y_3 = y_{-3} = y_6 = \cdots = 1$, $y_1 = y_4 = y_{-2} = 2$.

Es gelten analog zu den Eigenschaften der Fourier-Koeffizienten und -Transformation (siehe Seiten 299 und 346) die folgenden Rechenregeln ($\vec{y}, \vec{z} \in \mathbb{C}^n$, $a, b \in \mathbb{C}$):

a) **Linearität**:

$$\mathrm{DFT}_w(a \cdot \vec{y} + b \cdot \vec{z}) = a \cdot \mathrm{DFT}_w(\vec{y}) + b \cdot \mathrm{DFT}_w(\vec{z}).$$

b) Verschiebung (Translation) im Frequenzbereich:

Aus $\mathrm{DFT}_w(\vec{y}) = \vec{c}$ folgt für $m \in \mathbb{Z}$
$$\mathrm{DFT}_w((w^{lm}y_l)_{l=0}^{n-1}) = (c_{k+m})_{k=0}^{n-1}. \tag{14.14}$$

Beispiel 14.5 Mit $n = 4$, $w = v = -j$, $\mathbf{F}$ aus (14.2) und $m = 1$ erhalten wir
$$\mathrm{DFT}_v((1,2,3,4)) = (10, -2 + 2j, -2, -2 - 2j),$$

$$\begin{aligned}
\mathrm{DFT}_v((v^0 \cdot 1, v^1 \cdot 2, v^2 \cdot 3, v^3 \cdot 4)) &= \mathrm{DFT}_v((1, -2j, -3, 4j)) \\
&= (-2 + 2j, -2, -2 - 2j, 10).
\end{aligned}$$

c) Verschiebung im Zeitbereich:

Aus $\mathrm{DFT}_w(\vec{y}) = \vec{c}$ folgt für $m \in \mathbb{Z}$
$$\mathrm{DFT}_w((y_{l+m})_{l=0}^{n-1}) = \left(w^{-km}c_k\right)_{k=0}^{n-1}. \tag{14.15}$$

In vielen Anwendungen ist bereits der Betrag der Einträge c_k aussagekräftig. Da $|w^{-km}| = 1$ ist, sind die Beträge invariant gegen Verschiebungen im Zeitbereich. Das lässt sich z. B. zur Erkennung von Mustern ausnutzen.

Beispiel 14.6 Für $n = 4$, $w = v$, also $w^{-1} = j$, $\mathbf{F}$ aus (14.2) und $m = 1$ gilt einerseits

$$\mathrm{DFT}_v((2,3,4,1)) = (10, -2 - 2j, 2, -2 + 2j),$$

andererseits ist

$$\begin{aligned}
&(v^0 \cdot 10, v^{-1} \cdot (-2 + 2j), v^{-2} \cdot (-2), v^{-3} \cdot (-2 - 2j)) \\
&= (1 \cdot 10, j \cdot (-2 + 2j), (-1) \cdot (-2), (-j) \cdot (-2 - 2j)) \\
&= (10, -2 - 2j, 2, -2 + 2j).
\end{aligned}$$

Beweis Aus der Linearität der Matrixmultiplikation folgt a).

Die Regel b) resultiert daraus, dass sich die Einträge einer Zeile der Fourier-Matrix aus den der vorangehenden ergeben, indem man den Eintrag der Spalte l der vorangehenden Zeile mit w^l multipliziert. Wegen $w^n = 1$ ergibt sich außerdem die erste Zeile durch Multiplikation der letzten mit w^l pro Spalte l. Bei einer zyklischen Rotation aller Zeilen um m Stellen (Multiplikation aller Spalten l mit w^{lm}) nach oben und anschließender Multiplikation mit $\vec{y}$ ergibt sich ein um m Stellen zyklisch nach oben verschobener Ergebnisvektor $(c_{k+m})_{k=0}^{n-1}$:

$$\mathrm{DFT}_w((w^{lm}y_l)_{l=0}^{n-1}) = \mathbf{F} \cdot \begin{bmatrix} w^{0 \cdot m} & 0 & \dots & 0 \\ 0 & w^{1 \cdot m} & \dots & 0 \\ 0 & 0 & \dots & 0 \\ \vdots & \vdots & & \vdots \\ 0 & 0 & \dots & w^{(n-1) \cdot m} \end{bmatrix} \cdot \vec{y} = (c_{k+m})_{k=0}^{n-1}.$$

Bei der Regel c) können wir eine Verschiebung der Einträge des Vektors $\vec{y}$ nach oben durch eine Verschiebung der Spalten der Matrix nach rechts darstellen:

$$\mathrm{DFT}_w((y_{l+m})_{l=0}^{n-1}) = \mathbf{F} \cdot (y_{l+m})_{l=0}^{n-1} = \begin{bmatrix} w^{-0 \cdot m} & 0 & \dots & 0 \\ 0 & w^{-1 \cdot m} & \dots & 0 \\ 0 & 0 & \dots & 0 \\ \vdots & \vdots & & \vdots \\ 0 & 0 & \dots & w^{-(n-1) \cdot m} \end{bmatrix} \mathbf{F} \cdot \vec{y}$$

$$= \begin{bmatrix} w^{-0 \cdot m} & 0 & \dots & 0 \\ 0 & w^{-1 \cdot m} & \dots & 0 \\ 0 & 0 & \dots & 0 \\ \vdots & \vdots & & \vdots \\ 0 & 0 & \dots & w^{-(n-1) \cdot m} \end{bmatrix} \vec{c} = (w^{-km}c_k)_{k=0}^{n-1}.$$

$\square$

Ist n gerade und $m = \frac{n}{2}$, so ergibt sich aus c) wegen $w^{\frac{n}{2}} = -1$ der folgende Spezialfall für die Verschiebung im Zeitbereich, der später für die Anwendung der diskreten Fourier-Transformation bei der Berechnung von Fourier-Koeffizienten verwendet werden kann:

$$\mathrm{DFT}_w((y_{l+n/2})_{l=0}^{n-1}) = ((-1)^k c_k)_{k=0}^{n-1}. \tag{14.16}$$

Hintergrund: Zweidimensionale diskrete Fourier-Transformation

Möchten wir Bilddaten transformieren, so liegt kein Vektor, sondern eine Matrix mit Helligkeitsinformationen der Bildpunkte vor. Eine Matrix von Funktionswerten haben wir auch, wenn wir zweidimensionale Fourier-Koeffizienten oder eine zweidimensionale Fourier-Transformation näherungsweise berechnen wollen (vgl. Hintergrundinformationen auf Seite 353). Seien $\mathbf{A} \in \mathbb{C}^{m \times n}$, w eine m-te und v eine n-te primitive Einheitswurzel. Die **diskrete Fourier-Transformation** zu w und v bildet dann $\mathbf{A}$ auf eine Matrix $\mathbf{B} \in \mathbb{C}^{m \times n}$ ab, wobei für die Einträge (deren Index wir wie zuvor bei 0 beginnen) gilt:

$$b_{i,k} := \sum_{r=0}^{m-1} \sum_{s=0}^{n-1} a_{r,s} w^{ir} v^{ks} = \sum_{r=0}^{m-1} w^{ir} \sum_{s=0}^{n-1} a_{r,s} v^{ks}.$$

Für jeden festen Wert von r berechnet die innere Summe den k-ten Eintrag der eindimensionalen diskreten Fourier-Transformation

$$\mathrm{DFT}_v((a_{r,0}, a_{r,1}, \ldots, a_{r,n-1})).$$

Mit diesen Ergebnissen wird dann eine weitere eindimensionale Fourier-Transformation zur Wurzel w durchgeführt:

$$b_{i,k} = \mathrm{DFT}_w \left(\left(\mathrm{DFT}_v((a_{r,0}, a_{r,1}, \ldots, a_{r,n-1}))_k \right)_{r=0}^{m-1} \right)_i.$$

Mit $m + n$ eindimensionalen diskreten Fourier-Transformationen ist die zweidimensionale diskrete Fourier-Transformation berechnet. Denn man kann zunächst für jedes $r \in \{0, 1, \ldots, m-1\}$ die innere Transformation ausrechnen und sich die Ergebnisse merken. Für jedes $k \in \{0, 1, \ldots, n-1\}$ wird nun aus den zuvor berechneten Transformierten ein neuer Vektor gebildet, indem man deren k-te Einträge zu einem neuen Vektor zusammenfasst. Dieser Vektor wird dann transformiert, so dass zu den inneren m Transformationen noch n äußere kommen.

Eine Umkehrtransformation erhält man nun über

$$a_{i,k} := \frac{1}{m \cdot n} \sum_{r=0}^{m-1} \sum_{s=0}^{n-1} b_{r,s} w^{-ir} v^{-ks}.$$

In höheren Raumdimensionen wird dieser Ansatz analog verwendet.

14.3 Diskrete Faltung *

Bislang haben wir bei Fourier-Reihen nur die Faltung im Zeitbereich betrachtet. Haben wir dagegen ein Produkt im Zeitbereich, so erhalten wir unter geeigneten Voraussetzungen wie bei der Fourier-Transformation eine Faltung im Frequenzbereich. Dazu betrachten wir die Fourier-Koeffizienten des Produkts zweier 2π-periodischer Funktionen f und g. Falls die zugehörigen Fourier-Reihen konvergieren und wir Summe und Integral vertauschen dürfen, erhalten wir für die Fourier-Koeffizienten des Produkts der beiden Funktionen:

$$(f \cdot g)^\wedge(k) = \frac{1}{2\pi} \int_{-\pi}^{\pi} f(t) \cdot g(t) \cdot e^{-jkt} \, \mathrm{d}t$$

$$= \frac{1}{2\pi} \int_{-\pi}^{\pi} f(t) \cdot \left[\sum_{r=-\infty}^{\infty} g^\wedge(r) e^{jrt} \right] \cdot e^{-jkt} \, \mathrm{d}t$$

$$= \sum_{r=-\infty}^{\infty} \frac{1}{2\pi} \int_{-\pi}^{\pi} f(t) \cdot g^{\wedge}(r) e^{jrt} e^{-jkt} \, dt$$

$$= \sum_{r=-\infty}^{\infty} g^{\wedge}(r) \frac{1}{2\pi} \int_{-\pi}^{\pi} f(t) e^{-j[k-r]t} \, dt = \sum_{r=-\infty}^{\infty} f^{\wedge}(k-r) g^{\wedge}(r). \quad (14.17)$$

Die Summe ist eine Faltung der Folgen der Fourier-Koeffizienten. Im Hinblick auf die diskrete Fourier-Transformation wollen wir aber hier nicht unendliche Folgen, sondern Vektoren mit endlich vielen Komponenten falten. Diese Faltung ist analog definiert:

Definition 14.3 (Faltung von (periodisch fortgesetzten) Vektoren)
Die (diskrete, zirkulare oder zyklische) **Faltung** zweier Vektoren $\vec{y}, \vec{z} \in \mathbb{C}^n$ ist erklärt über

$$\vec{y} * \vec{z} := \left(\sum_{r=0}^{n-1} y_{k-r} z_r \right)_{k=0}^{n-1},$$

wobei wir das Ergebnis in Abhängigkeit von $\vec{y}$ und $\vec{z}$ als Zeilen- oder als Spaltenvektor verstehen.

Zu dieser Definition gelangen wir auch, wenn wir ein Faltungsintegral über eine Riemann-Zwischensumme annähern und die dabei ausgewerteten Funktionswerte mit $f_k := f\left(k\frac{2\pi}{n}\right)$ und $g_k := g\left(k\frac{2\pi}{n}\right)$ bezeichnen:

$$(f * g)\left(k\frac{2\pi}{n}\right) = \frac{1}{2\pi} \int_0^{2\pi} f\left(k\frac{2\pi}{n} - u\right) g(u) \, du$$

$$\approx \frac{1}{2\pi} \sum_{r=0}^{n-1} \frac{2\pi}{n} f\left(k\frac{2\pi}{n} - r\frac{2\pi}{n}\right) g\left(r\frac{2\pi}{n}\right) = \frac{1}{n} \sum_{r=0}^{n-1} f\left([k-r]\frac{2\pi}{n}\right) g\left(r\frac{2\pi}{n}\right)$$

$$= \frac{1}{n} \sum_{r=0}^{n-1} f_{k-r} g_r = \left[\frac{1}{n}(f_0, \ldots, f_{n-1}) * (g_0, \ldots, g_{n-1})\right]_k.$$

Die Definition der Faltung von Vektoren entspricht also der Faltung zweier 2π-periodischer Funktionen f und g: $\frac{1}{2\pi} \int_{-\pi}^{\pi} f(t-u)g(u) \, du$. Statt zu integrieren, wird nun summiert, die Integrationsvariable u wird durch die Summationsvariable r ersetzt. Der Vorfaktor $\frac{1}{2\pi}$ würde einem Faktor $\frac{1}{n}$ bei der diskreten Faltung entsprechen. Der wurde aber in der Definition weggelassen, denn die diskrete Fourier-Transformation haben wir im Gegensatz zu den Fourier-Koeffizienten ohne Vorfaktor definiert. Der Vorfaktor wird dafür bei der diskreten Umkehrtransformation angegeben.

Beispiel 14.7 $(1,2,3)*(4,5,6) = (1\cdot4+3\cdot5+2\cdot6,\ 2\cdot4+1\cdot5+3\cdot6,\ 3\cdot4+2\cdot5+1\cdot6)$

Auch die diskrete Faltung ist kommutativ, d. h. $\vec{y} * \vec{z} = \vec{z} * \vec{y}$, denn mit $l = k - r$ und der Periodizität der Vektoren ist

$$\vec{z} * \vec{y} := \left(\sum_{r=0}^{n-1} z_{k-r} y_r \right)_{k=0}^{n-1} = \left(\sum_{l=k-[n-1]}^{k} z_l y_{k-l} \right)_{k=0}^{n-1} = \left(\sum_{l=0}^{n-1} y_{k-l} z_l \right)_{k=0}^{n-1}$$

$$= \vec{y} * \vec{z}.$$

! Achtung

Die Koeffizienten des Polynomprodukts

$$(y_0 x^0 + y_1 x^1 + \cdots + y_{n-1} x^{n-1}) \cdot (z_0 x^0 + z_1 x^1 + \cdots + z_{n-1} x^{n-1})$$

erhält man über die Faltung

$$(y_0, y_1, \ldots, y_{n-1}, \underbrace{0, 0, \ldots, 0}_{n-1}) * (z_0, z_1, \ldots, z_{n-1}, \underbrace{0, 0, \ldots, 0}_{n-1}).$$

Das passt zur Definition des Cauchy-Produkts (siehe S. 282 in Band 1), und über die Ergebniskoeffizienten einer Polynommultiplikation ist bisweilen die Faltung zweier Vektoren $(y_0, y_1, \ldots, y_{n-1})$ und $(z_0, z_1, \ldots, z_{n-1})$ alternativ zur zyklischen Faltung definiert. Da das Produktpolynom einen höheren Grad als die Eingangspolynome hat, hat das Ergebnis aber mehr Komponenten als die Eingangsvektoren. Daher verwenden wir diese Definition hier nicht.

Beispiel 14.8 (Multiplikation natürlicher Zahlen mittels Faltung)
Wir multiplizieren $123 = 3 \cdot 10^0 + 2 \cdot 10^1 + 1 \cdot 10^2$ mit $45 = 5 \cdot 10^0 + 4 \cdot 10^1 + 0 \cdot 10^2$, indem wir wie zuvor das Polynomprodukt für $x = 10$ mittels Faltung berechnen:

$$(3, 2, 1, 0, 0) * (5, 4, 0, 0, 0) = (15, 22, 13, 4, 0).$$

Damit ist $123 \cdot 45 = 15 \cdot 10^0 + 22 \cdot 10^1 + 13 \cdot 10^2 + 4 \cdot 10^3 + 0 \cdot 10^4 = 5\,535$.

Beispiel 14.9 (Faltungsnetze) „Convolutional Neural Networks" (CNN) sind neuronale Netze (siehe Beispiel 1.10 auf Seite 20), bei denen es Faltungsschichten gibt. In diesen Schichten werden eingehende Daten (dargestellt als Vektoren oder Matrizen) mit in der Regel mehreren Faltungskernen (ebenfalls jeweils ein Vektor oder eine Matrix bestehend aus Gewichten der Schicht) gefaltet (bzw. kreuzkorreliert, vgl. Seite 304). Jede einzelne Faltung erzeugt einen Vektor oder eine Matrix, auf die koordinatenweise eine Aktivierungsfunktion angewendet wird. Das Ergebnis heißt eine „Feature-Map" bzw. „Activation-Map". Die Feature-Maps bilden die Eingangsdaten der nächsten Schicht.

Im Beispiel 1.10, siehe Abbildung 1.6, wird in der verdeckten mittleren Schicht die Aktivierungsfunktion koordinatenweise auf den Vektor $(x_1 w_1 + x_2 w_3, x_1 w_2 + x_2 w_4)$ angewendet, der allerdings nicht durch Faltung entstanden ist (er entspricht den ersten beiden Koordinaten von $(w_1, w_2, w_3, w_4) * (x_1, 0, x_2, 0)$, wobei wir zwei zusätzliche Null-Eingänge zu (x_1, x_2) hinzufügen mussten).

Die Kerne werden durch das neuronale Netz in einer Trainingsphase (mittels Gradientenabstieg) gelernt. Prinzipiell lassen sich in der Bildverarbeitung Filter durch Faltung mit entsprechenden Kernen darstellen, aber auch bildspezifische Merkmale berechnen, die zur Mustererkennung genutzt werden können. Die von neuronalen Netzen berechneten Merkmale sind aber schwierig direkt zu interpretieren und zunächst nur interne, abstrakte Repräsentationen – was das Verstehen trainierter Netze leider erschwert.

Die Faltungskerne bestehen in der Regel nur aus wenigen Gewichten, die von null verschieden sein dürfen. Insbesondere werden dann zur Berechnung jeder Koordinate des aus einer Schicht ausgehenden Vektors nur wenige Koordinaten des eingehenden Vektors verwendet. Damit gibt es nur wenige Verbindungen zwischen Neuronen einer Schicht und einer nachfolgenden Faltungschicht, und diese Verbindungen teilen sich die noch kleinere Anzahl von Gewichten der Faltungskerne. Im Gegensatz zu Schichten, bei denen jedes Neuron mit jedem der nächsten Schicht mit einem individuellen Gewicht verbunden ist („fully connected layers", siehe mittlere Schicht in Beispiel 1.10), reduziert das den Rechenaufwand und ermöglicht tiefe Netze mit vielen Schichten und beeindruckenden Leistungen – beispielsweise bei der Objekterkennung.

Die Übertragungsfunktion der Regelungstechnik kann man als Laplace-Transformierte einer Impulsantwort finden (siehe Seite 378). Ähnlich ist folgendes Beispiel:

Beispiel 14.10 (Faltung mit der Impulsantwort) Die folgende Matrix $\mathbf{A}$ bildet durch Multiplikation einen Vektor $\vec{y}$ auf einen Vektor $\vec{c}$ ab, d. h. $\vec{c} = \mathbf{A}\vec{y}$, indem jeder Eintrag mit den benachbarten verknüpft wird:

$$\mathbf{A} := \begin{bmatrix} 2 & 1 & 0 & 1 \\ 1 & 2 & 1 & 0 \\ 0 & 1 & 2 & 1 \\ 1 & 0 & 1 & 2 \end{bmatrix}.$$

Es gilt also $c_k = 2y_k + y_{k-1} + y_{k+1}$. Die Gewichtung mit Nachbareinträgen ist eine Situation, wie sie z. B. häufig in der Bildverarbeitung (Weichzeichnen) oder in der Signalverarbeitung auftritt. Verschiebt man das Eingangssignal (Translation des (periodisch fortgesetzten) Vektors $\vec{y}$), so entsteht bei dieser Form der Abbildung ein entsprechend zu $\vec{c}$ verschobenes Ausgangssignal. Man spricht daher von einer **zeitinvarianten** (oder **verschiebeinvarianten**) Abbildung. Bei einer Verschiebung um m Stellen lautet das bei einer $(n \times n)$-Matrix $\mathbf{A}$ als Formel:

$$\mathbf{A}(y_{k+m})_{k=0\ldots n-1} = (c_{k+m})_{k=0\ldots n-1}. \tag{14.18}$$

Insbesondere erhält man in unserem Beispiel alle Einheitsvektoren durch Verschieben des „Impulses" $(1,0,0,0)^\top$, die zugehörigen Ausgangssignale sind $\mathbf{A}(1,0,0,0)^\top = (2,1,0,1)^\top$ (Impulsantwort), $\mathbf{A}(0,1,0,0)^\top = (1,2,1,0)^\top$ (um eine Stelle verschobene Impulsantwort), $\mathbf{A}(0,0,1,0)^\top = (0,1,2,1)^\top$ (um zwei Stellen verschobene Impulsantwort) und $\mathbf{A}(0,0,0,1)^\top = (1,0,1,2)^\top$ (um drei Stellen verschobene Impulsantwort). Damit lässt sich die Multiplikation mit einem beliebigen Vektor (die Verarbeitung eines beliebigen Eingangssignals) auf eine Faltung mit der Impulsantwort zurückführen:

$$\mathbf{A}\begin{pmatrix}1\\2\\3\\4\end{pmatrix} = 1\cdot\mathbf{A}\begin{pmatrix}1\\0\\0\\0\end{pmatrix} + 2\cdot\mathbf{A}\begin{pmatrix}0\\1\\0\\0\end{pmatrix} + 3\cdot\mathbf{A}\begin{pmatrix}0\\0\\1\\0\end{pmatrix} + 4\cdot\mathbf{A}\begin{pmatrix}0\\0\\0\\1\end{pmatrix}$$

$$= \begin{pmatrix}2\cdot 1+1\cdot 2+0\cdot 3+1\cdot 4\\1\cdot 1+2\cdot 2+1\cdot 3+0\cdot 4\\0\cdot 1+1\cdot 2+2\cdot 3+1\cdot 4\\1\cdot 1+0\cdot 2+1\cdot 3+2\cdot 4\end{pmatrix} = \begin{pmatrix}2\\1\\0\\1\end{pmatrix} * \begin{pmatrix}1\\2\\3\\4\end{pmatrix}.$$

So kann man generell bei linearen, verschiebeinvarianten Abbildungen vorgehen.

Ist $\mathbf{A} = \mathbf{E}_n$ die Einheitsmatrix im $\mathbb{C}^{n\times n}$, so erfüllt offensichtlich auch diese das Translationsverhalten (14.18). Der Impuls $\vec{e}_0$ wird auf $\vec{e}_0$ abgebildet. Demnach ist $\vec{e}_0 * \vec{y} = \vec{y}$ für jeden Vektor $\vec{y} \in \mathbb{C}^n$. Das lässt sich mit der Definition der Faltung nachrechnen:

$$\vec{e}_0 * \vec{y} = \left(\sum_{l=0}^{n-1} e_{0,k-l}y_l\right)_{k=0}^{n-1} = \left(\sum_{l=k}^{k} e_{0,k-l}y_l\right)_{k=0}^{n-1} = (y_k)_{k=0}^{n-1} = \vec{y}.$$

Ähnlich verhält sich auch die Faltung 2π-periodischer Funktionen mit einem Testimpuls, den man dann aber als Distribution definieren muss (vgl. Seite 378).

Auch im diskreten Fall gilt ein **Faltungssatz** (vgl. Seite 307 und Seite 350):

Satz 14.1 (Faltungssatz) Ist $\mathrm{DFT}_w(\vec{y}) = \vec{c}$ und $\mathrm{DFT}_w(\vec{z}) = \vec{d}$, so gilt:

a) $\mathrm{DFT}_w(\vec{y} * \vec{z}) = (c_k \cdot d_k)_{k=0}^{n-1}$,

b) $\mathrm{DFT}_w((y_k z_k)_{k=0}^{n-1}) = \frac{1}{n}[\vec{c} * \vec{d}] = \frac{1}{n}[\mathrm{DFT}_w(\vec{y}) * \mathrm{DFT}_w(\vec{z})]$.

Dieser Satz kann z. B. genutzt werden, um die Faltung mit einer Impulsantwort zu einer Multiplikation im Frequenzbereich zu vereinfachen. Während die Faltungssätze für Fourier-Koeffizienten und für die Fourier-Transformation über das Vertauschen der Integrationsreihenfolge mit dem Satz von Fubini bewiesen wurden, vertauschen wir hier die (endlichen) Summen. Dafür braucht man keinen Satz:

Beweis a) Wir zeigen, dass der k-te Eintrag des Vektors auf der linken gleich dem k-ten Eintrag des Vektors auf der rechten Seite ist.

$$[\mathrm{DFT}_w(\vec{y} * \vec{z})]_k$$

$$= \sum_{l=0}^{n-1} w^{kl}[\vec{y} * \vec{z}]_l = \sum_{l=0}^{n-1} \left[w^{kl} \sum_{r=0}^{n-1} y_{l-r} z_r \right] = \sum_{r=0}^{n-1} \sum_{l=0}^{n-1} w^{kl} y_{l-r} z_r$$

$$= \sum_{r=0}^{n-1} w^{kr} z_r \sum_{l=0}^{n-1} w^{k[l-r]} y_{l-r} = \sum_{r=0}^{n-1} w^{kr} z_r \left[\sum_{l=0}^{n-1-r} w^{kl} y_l + \sum_{l=-r}^{-1} w^{kl} y_l \right]$$

$$= \sum_{r=0}^{n-1} w^{kr} z_r \left[\sum_{l=0}^{n-1-r} w^{kl} y_l + \sum_{l=-r+n}^{-1+n} w^{k(l-n)} y_{l-n} \right]$$

$$= \sum_{r=0}^{n-1} w^{kr} z_r \left[\sum_{l=0}^{n-1-r} w^{kl} y_l + \sum_{l=n-r}^{n-1} w^{kl} y_l \right] = \sum_{r=0}^{n-1} w^{kr} z_r \sum_{l=0}^{n-1} w^{kl} y_l$$

$$= \left[\sum_{r=0}^{n-1} w^{kr} z_r \right] \cdot \left[\sum_{l=0}^{n-1} w^{kl} y_l \right] = [\mathrm{DFT}_w(\vec{z})]_k \cdot [\mathrm{DFT}_w(\vec{y})]_k = d_k \cdot c_k.$$

b) Da die Fourier-Transformation eine bijektive Abbildung ist und $\frac{1}{n} \mathrm{DFT}_{w^{-1}}$ die Umkehrtransformation zu DFT_w ist, genügt es,

$$\frac{1}{n} \mathrm{DFT}_{w^{-1}} \mathrm{DFT}_w((y_k z_k)_{k=0}^{n-1}) = \frac{1}{n^2} \mathrm{DFT}_{w^{-1}}[\mathrm{DFT}_w(\vec{y}) * \mathrm{DFT}_w(\vec{z})]$$

zu zeigen. Wegen a) für $\mathrm{DFT}_{w^{-1}}$ erhalten wir aber genau diese Gleichung:

$$\frac{1}{n^2} \mathrm{DFT}_{w^{-1}}[\mathrm{DFT}_w(\vec{y}) * \mathrm{DFT}_w(\vec{z})] = \frac{1}{n^2}(ny_k \cdot nz_k)_{k=0}^{n-1} = (y_k \cdot z_k)_{k=0}^{n-1}$$

$$= \frac{1}{n} \mathrm{DFT}_{w^{-1}} \left[\mathrm{DFT}_w((y_k z_k)_{k=0}^{n-1}) \right].$$

$\square$

14.4 FFT-Algorithmus

Zur Berechnung einer diskreten Fourier-Transformation multipliziert man eine $(n \times n)$-Matrix $\mathbf{F}$ mit einem Vektor. Dabei benötigt man n^2 Multiplikationen. Multiplikationen benötigen auf Computern relativ viel Rechenzeit. Die

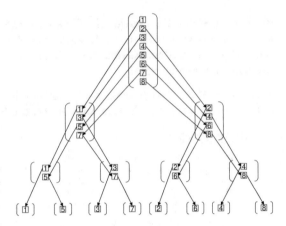

Abb. 14.3 So werden die Einträge des Ergebnisvektors beim FFT-Algorithmus berechnet

Matrix $\mathbf{F}$ besitzt zwar n^2 Einträge, aber alle sind Potenzen einer primitiven Einheitswurzel w, so dass es nur genau n verschiedene Einträge gibt. Diese spezielle Form der Matrix ermöglicht ein schnelleres Vorgehen: Der berühmte Algorithmus von Cooley und Tukey zur schnellen (diskreten) Fourier-Transformation (**Fast Fourier Transform, FFT**) reduziert die Anzahl der Multiplikationen auf eine Größenordnung $n \log_2 n$, die für große n erheblich besser als n^2 ist. Denn mit dem Satz von L'Hospital für einen Grenzwert $\left[\frac{\infty}{\infty}\right]$ (siehe (vi) auf S. xviii) gilt:

$$\lim_{n\to\infty} \frac{n \log_2 n}{n^2} = \lim_{n\to\infty} \frac{\frac{\ln(n)}{\ln(2)}}{n} = \frac{1}{\ln(2)} \lim_{n\to\infty} \frac{\frac{1}{n}}{1} = 0.$$

Der Trick dabei ist das schon aus der Antike bekannte Prinzip „**Teile und herrsche!**". Dazu muss $n = 2^m$ eine Zweierpotenz sein, so dass man n fortlaufend durch 2 teilen kann. Der Algorithmus bildet aus dem zu multiplizierenden Vektor zwei Vektoren mit halb so vielen Einträgen, die einzeln mit $\left(\frac{n}{2} \times \frac{n}{2}\right)$-Matrizen multipliziert werden. Dies sind auch wieder Fourier-Matrizen. Aus dem Ergebnis kann man den ursprünglich gesuchten Ergebnisvektor zusammensetzen, vgl. Abbildung 14.3. Die beiden Matrixmultiplikationen benötigen zusammen nur noch $2\frac{n^2}{4} = \frac{n^2}{2}$ Multiplikationen. Hinzu kommen aber noch einige Multiplikationen, die man für die Berechnung der Vektoren mit halb so vielen Einträgen benötigt. Jetzt führt man nicht die Multiplikationen mit den $\left(\frac{n}{2} \times \frac{n}{2}\right)$-Fourier-Matrizen durch, sondern führt diese auf $\left(\frac{n}{4} \times \frac{n}{4}\right)$-Fourier-Matrizen zurück usw. Schließlich gelangt man zur (1×1)-Matrix $[1]$, deren Multiplikation trivial ist. Relevant sind damit nur die Multiplikationen, die für den sukzessiven Aufbau der Vektoren halber Länge benötigt werden.

Wir sehen uns jetzt den Algorithmus von Cooley und Tukey für $n = 2^m$ genauer an. Zu berechnen ist das Produkt

$$
\begin{pmatrix} a_0 \\ a_1 \\ \vdots \\ a_{n-1} \end{pmatrix} = \begin{bmatrix} w^{0\cdot 0} & w^{0\cdot 1} & \cdots & w^{0\cdot(n-1)} \\ w^{1\cdot 0} & w^{1\cdot 1} & \cdots & w^{1\cdot(n-1)} \\ \vdots & \vdots & & \vdots \\ w^{(n-1)\cdot 0} & w^{(n-1)\cdot 1} & \cdots & w^{(n-1)\cdot(n-1)} \end{bmatrix} \begin{pmatrix} y_0 \\ y_1 \\ \vdots \\ y_{n-1} \end{pmatrix}.
$$

Die Aufgabe wird wie angekündigt in zwei gleichwertige Aufgaben der halben Größe aufgeteilt, die dann ihrerseits wieder genauso aufgeteilt werden usw. Die erste Aufgabe besteht in der Berechnung der Einträge a_{2k} von $\vec{a}$ mit geradem Index, $0 \le k < \frac{n}{2}$. Die zweite Aufgabe ist dann später die Bestimmung der Einträge an ungradzahligen Positionen.

$$
a_{2k} = \sum_{l=0}^{n-1} w^{2kl} y_l = \sum_{l=0}^{\frac{n}{2}-1} w^{2kl} y_l + \sum_{l=\frac{n}{2}}^{n-1} w^{2kl} y_l \quad (n = 2^m \text{ ist durch 2 teilbar})
$$

$$
= \sum_{l=0}^{\frac{n}{2}-1} w^{2kl} y_l + \sum_{l=0}^{\frac{n}{2}-1} w^{2k\left(l+\frac{n}{2}\right)} y_{l+\frac{n}{2}} = \sum_{l=0}^{\frac{n}{2}-1} w^{2kl} y_l + \sum_{l=0}^{\frac{n}{2}-1} w^{2kl} \underbrace{w^{nk}}_{=1} y_{l+\frac{n}{2}}
$$

$$
= \sum_{l=0}^{\frac{n}{2}-1} w^{2kl}(y_l + y_{l+\frac{n}{2}}) = \sum_{l=0}^{\frac{n}{2}-1} v^{kl}(y_l + y_{l+\frac{n}{2}}),
$$

wobei $v := w^2$ eine primitive $\frac{n}{2}$-te Einheitswurzel ist (siehe Lemma 14.3 b)). Damit ist a_{2k} der k-te Eintrag von $\mathrm{DFT}_v\left((y_l + y_{l+\frac{n}{2}})_{l=0}^{\frac{n}{2}-1}\right)$, berechnet mit v statt mit w. Den Vektor halber Größe $(y_l + y_{l+\frac{n}{2}})_{l=0}^{\frac{n}{2}-1}$ kann man gänzlich ohne eine Multiplikation aus den Eingangsdaten erstellen. Man beachte, dass die Halbierung nur dadurch ermöglicht wird, dass $w^{nk} = 1$ ist. Denn deshalb lassen sich die beiden Teilsummen wieder geschickt zusammenfassen.

Ähnlich können die Einträge a_{2k+1} an ungradzahligen Positionen berechnet werden, $0 \le k < \frac{n}{2}$:

$$
a_{2k+1} = \sum_{l=0}^{n-1} w^{(2k+1)l} y_l = \sum_{l=0}^{\frac{n}{2}-1} w^{(2k+1)l} y_l + \sum_{l=\frac{n}{2}}^{n-1} w^{(2k+1)l} y_l
$$

$$
= \sum_{l=0}^{\frac{n}{2}-1} w^{(2k+1)l} y_l + \sum_{l=0}^{\frac{n}{2}-1} w^{(2k+1)\left(l+\frac{n}{2}\right)} y_{l+\frac{n}{2}}
$$

$$
\overset{(14.8)}{=} \sum_{l=0}^{\frac{n}{2}-1} w^{2kl} w^l y_l + \sum_{l=0}^{\frac{n}{2}-1} w^{2kl} \underbrace{w^{nk}}_{=1} w^l \underbrace{w^{\frac{n}{2}}}_{=-1} y_{l+\frac{n}{2}}
$$

$$
= \sum_{l=0}^{\frac{n}{2}-1} w^{2kl} w^l (y_l - y_{l+\frac{n}{2}}) = \sum_{l=0}^{\frac{n}{2}-1} v^{kl} w^l (y_l - y_{l+\frac{n}{2}}),
$$

wobei wie oben $v = w^2$. Damit ist a_{2k+1} der k-te Eintrage von $\mathrm{DFT}_v((w^l[y_l - y_{l+\frac{n}{2}}])_{l=0}^{\frac{n}{2}-1})$ berechnet mit v statt mit w. Den Vektor $(w^l[y_l - y_{l+\frac{n}{2}}])_{l=0}^{\frac{n}{2}-1}$ kann man mit maximal $\frac{n}{2}$ Multiplikationen aus den Ursprungsdaten erstellen. Berücksichtigt man $w^0 = 1$, so sind sogar nur $\frac{n}{2} - 1$ Multiplikationen nötig. Auch bei dieser Rechnung wird ausgenutzt, dass w eine n-te Wurzel ist, um die beiden Summen wieder zu einer zusammenzufassen. Dadurch wird die Hälfte der Multiplikationen mit w^l eingespart.

Beim Berechnen von Polynomwerten können mit dem Horner-Schema geschickt Faktoren ausgeklammert und so die Anzahl der Multiplikationen reduziert werden (Band 1, Kapitel 4.6.4). Hier wird also ein ähnlicher Trick angewendet, indem in den beiden vorangehenden Rechnungen die Summen geteilt und anschließend (nach einer Indextransformation) so zusammengefasst werden, dass sich die gemeinsamen Faktoren ausklammern lassen.

Wir haben das Ursprungsproblem überführt in zwei neue Probleme für $v = w^2$:

$$(a_0, a_2, a_4, a_6, \ldots, a_{n-2}) = \mathrm{DFT}_v\left((y_l + y_{l+\frac{n}{2}})_{l=0}^{\frac{n}{2}-1}\right),$$

$$(a_1, a_3, a_5, a_7, \ldots, a_{n-1}) = \mathrm{DFT}_v\left((w^l[y_l - y_{l+\frac{n}{2}}])_{l=0}^{\frac{n}{2}-1}\right).$$

$\mathrm{DFT}_v((y_l + y_{l+\frac{n}{2}})_{l=0}^{\frac{n}{2}-1})$ und $\mathrm{DFT}_v((w^l[y_l - y_{l+\frac{n}{2}}])_{l=0}^{\frac{n}{2}-1})$ kann man, da $\frac{n}{2} = 2^{m-1}$ wieder durch zwei teilbar ist, entsprechend aufteilen in jeweils zwei weitere diskrete Fourier-Transformationen für Vektoren der Länge $\frac{n}{4}$.

Man zerlegt nun sukzessive weiter. Dabei hat man stets mit Vektorlängen zu tun, die durch 2 teilbar sind. Schließlich erhält man Vektoren, die nur noch einen Eintrag haben. Die Matrix-Multiplikation wird dafür zur Multiplikation mit der Konstanten $v^0 = 1$.

Beispiel 14.11 Zur achten primitiven Wurzel der Eins $w = e^{j\frac{2\pi}{8}} = e^{j\frac{\pi}{4}} = \frac{1}{\sqrt{2}}(1 + j)$ berechnen wir $(a_0, a_1, \ldots, a_{n-1}) = \mathrm{DFT}_w((0, 1, 2, 3, 4, 5, 6, 7))$. Zunächst ist $w^2 = j$, $w^3 = j\frac{1}{\sqrt{2}}(1+j) = \frac{1}{\sqrt{2}}(j-1)$, $w^4 = -1$, $w^5 = -\frac{1}{\sqrt{2}}(1+j)$.

Im ersten Schritt wird das Ursprungsproblem in zwei Probleme der halben Größe zerlegt:

$$(a_0, a_2, a_4, a_6) = \mathrm{DFT}_{w^2}\left((0 + 4, 1 + 5, 2 + 6, 3 + 7)\right)$$

$$(a_1, a_3, a_5, a_7) = \mathrm{DFT}_{w^2}\left((w^0[0 - 4], w^1[1 - 5], w^2[2 - 6], w^3[3 - 7])\right).$$

Im zweiten Schritt werden auch diese halbiert:

$$(a_0, a_4) = \mathrm{DFT}_{w^4}\left((0 + 4 + 2 + 6, 1 + 5 + 3 + 7)\right)$$

$$(a_2, a_6) = \mathrm{DFT}_{w^4}\left(([w^2]^0[0 + 4 - 2 - 6], [w^2]^1[1 + 5 - 3 - 7])\right)$$

$$(a_1, a_5) = \mathrm{DFT}_{w^4}\left((w^0[0 - 4] + w^2[2 - 6], w^1[1 - 5] + w^3[3 - 7])\right)$$

$$(a_3, a_7) = \mathrm{DFT}_{w^4}\left(([w^2]^0[w^0[0-4] - w^2[2-6]], [w^2]^1[w^1[1-5] - w^3[3-7]])\right)$$

$$= \mathrm{DFT}_{w^4}\left(([0 - 4] - w^2[2 - 6], w^3[1 - 5] - w^5[3 - 7])\right).$$

Nochmalige Teilung liefert das Ergebnis:

$$
\begin{aligned}
(a_0) &= \mathrm{DFT}_{w^8}\left((0+4+2+6+1+5+3+7)\right) \\
&= (0+4+2+6+1+5+3+7) = (28) \\
(a_4) &= \mathrm{DFT}_{w^8}\left([w^4]^0(0+4+2+6-1-5-3-7)\right) \\
&= (0+4+2+6-1-5-3-7) = (-4) \\
(a_2) &= \mathrm{DFT}_{w^8}\left(([w^2]^0[0+4-2-6]+[w^2]^1[1+5-3-7])\right) = (-4-4j) \\
(a_6) &= \mathrm{DFT}_{w^8}\left(([w^4]^0[[w^2]^0[0+4-2-6]-[w^2]^1[1+5-3-7]])\right) \\
&= (-4+4j) \\
(a_1) &= \mathrm{DFT}_{w^8}\left((w^0[0-4]+w^2[2-6]+w^1[1-5]+w^3[3-7])\right) \\
&= \left(-4-4j-\frac{4}{\sqrt{2}}(1+j)-\frac{4}{\sqrt{2}}(j-1)\right) = (-4-4[1+\sqrt{2}]j) \\
(a_5) &= \mathrm{DFT}_{w^8}\left(([w^4]^0[w^0[0-4]+w^2[2-6]-w^1[1-5]-w^3[3-7]])\right) \\
&= \left(-4-4j+\frac{4}{\sqrt{2}}(1+j)+\frac{4}{\sqrt{2}}(j-1)\right) = (-4-4[1-\sqrt{2}]j) \\
(a_3) &= \mathrm{DFT}_{w^8}\left(([0-4]-w^2[2-6]+w^3[1-5]-w^5[3-7])\right) \\
&= \left(-4+4j-\frac{4}{\sqrt{2}}(j-1)-\frac{4}{\sqrt{2}}(1+j)\right) = (-4+4(1-\sqrt{2})j) \\
(a_7) &= \mathrm{DFT}_{w^8}\left(([w^4]^0[[0-4]-w^2[2-6]-w^3[1-5]+w^5[3-7]])\right) \\
&= \left(-4+4j+\frac{4}{\sqrt{2}}(j-1)+\frac{4}{\sqrt{2}}(1+j)\right) = (-4+4(1+\sqrt{2})j).
\end{aligned}
$$

Insbesondere sehen wir, dass a_0 die Summe aller Einträge ist.

Wir betrachten den Aufwand der schnellen Fourier-Transformation:

- Beim ersten Schritt zerlegt man den Eingangsvektor in zwei Vektoren mit je $n/2 = 2^m/2 = 2^{m-1}$ Einträgen.
- Beim zweiten Schritt zerlegt man diese zwei Vektoren wieder in zwei Vektoren mit nun $2^{m-1}/2 = 2^{m-2}$ Einträgen und erhält $4 = 2^2$ Vektoren.
- Beim k-ten Schritt zerlegt man 2^{k-1} Vektoren in 2^k Vektoren mit 2^{m-k} Einträgen.
- Im m-ten Schritt zerlegt man schließlich 2^{m-1} Vektoren in 2^m Vektoren mit einem Eintrag.

Wegen $n = 2^m$ benötigt der Algorithmus also $m = \log_2 n$ Schritte. In jedem Schritt muss man die Vektoren für den nächsten Schritt vorbereiten. Hier fasst man jeweils $n = 2^m$ Einträge an (Produkt der Anzahl der Vektoren mit der Anzahl ihrer Einträge). Dabei wird maximal die Hälfte der Einträge mit einem Faktor w^l multipliziert, so dass wir insgesamt nur eine Größenordnung von $\frac{n}{2}\log_2 n$ Multiplikationen erhalten (siehe Tabelle 14.1).

Tabelle 14.1 In der Tabelle ist der Zeitbedarf für n^2 komplexe Multiplikationen im Vergleich zu den ca. $\frac{n}{2} \log_2 n$ Multiplikationen der schnellen Fourier-Transformation dargestellt, wobei wir von 10^8 Multiplikationen pro Sekunde ausgehen. Der Zeitaufwand aller anderen Operationen ist nicht berücksichtigt

n	Zeitbedarf Multiplikation Matrix mit Vektor (n^2)	Zeitbedarf FFT ($\frac{n}{2} \log_2 n$)
10^3	0,01 s	ca. $5 \cdot 10^{-5}$ s
10^4	1,0 s	ca. $6{,}6 \cdot 10^{-4}$ s
10^5	100 s	ca. $8 \cdot 10^{-3}$ s
10^6	ca. 2,8 h	ca. 0,1 s

Wir erhalten unmittelbar weitere Anwendungen des Algorithmus:

- Den Algorithmus kann man wegen (14.13) mit w ersetzt durch w^{-1} direkt auch für die inverse diskrete Fourier-Transformation verwenden. Dabei muss das Ergebnis noch mit $\frac{1}{n}$ multipliziert werden.
- Wir können die diskrete Faltung $\vec{y} * \vec{z}$ beschleunigen. Bislang haben wir für jeden der n Einträge $(\vec{y} * \vec{z})_k$ des Ergebnisvektors n Produkte $y_{k-r}z_r$ ($0 \leq r < n$) ausgerechnet und addiert. Das macht n^2 Multiplikationen. Wenn wir aber zunächst beide Vektoren transformieren zu $\vec{c} = \mathrm{DFT}_w(\vec{y})$ und $\vec{d} = \mathrm{DFT}_w(\vec{z})$, so können wir die Faltung mit dem Faltungssatz Satz 14.1 a) auch so schreiben:

$$\vec{y} * \vec{z} = \mathrm{IDFT}_w(c_k \cdot d_k)_{k=0}^{n-1} = \frac{1}{n} \, \mathrm{DFT}_{w^{-1}}(c_k \cdot d_k)_{k=0}^{n-1}.$$

Dabei wenden wir dreimal die schnelle Fourier-Transformation an (zur Berechnung von $\vec{c}$, $\vec{d}$ und $\mathrm{DFT}_{w^{-1}}(c_k \cdot d_k)_{k=0}^{n-1}$ und müssen zudem ein Produkt pro Eintrag bilden. Das ist eine Größenordnung von $n + 3\frac{n}{2} \log_2 n$. Für große n sind damit wesentlich weniger als n^2 Multiplikationen auszuführen (**schnelle Faltung**).

- Die Multiplikation sehr großer ganzer Zahlen lässt sich effizient mit der schnellen Faltung durchführen, vgl. Beispiel 14.8. Das ist die Idee hinter dem Schönhage-Strassen-Algorithmus für die effiziente Multiplikation sehr sehr großer ganzer Zahlen.

Wir haben vorausgesetzt, dass n eine Zweierpotenz ist. Für die Anwendungen ist das in der Regel keine Einschränkung, da man lediglich n groß genug wählen muss und dabei Zweierpotenzen verwenden kann. Es gibt aber auch Varianten des Algorithmus, die ohne diese Voraussetzung auskommen, aber dann nicht ganz so schnell sind. Lässt sich beispielsweise n in zwei ganzzahlige Faktoren p und q zerlegen, d. h. $n = pq$, so kann man auf eine Größenordnung von $n(p + q)$ Multiplikationen gelangen.

14.5 Numerische Berechnung von Fourier-Koeffizienten

Nach dem Exkurs zur schnellen Fourier-Transformation kommen wir nun wieder zu unserem Problem aus Kapitel 14.1 zurück. Wir wollen Fourier-Koeffizienten aus abgetasteten Funktionswerten berechnen.

Will man eine Funktion näherungsweise als Fourier-Reihe schreiben, so benötigt man Näherungswerte für die Fourier-Koeffizienten $f^\wedge(k)$ und $f^\wedge(-k)$ paarweise. Denn so kann man eine symmetrische Partialsumme berechnen:

$$\sum_{k=-m}^{m} f^\wedge(k)e^{jkt} = f^\wedge(0) + \sum_{k=1}^{m} \left[f^\wedge(-k)e^{-jkt} + f^\wedge(k)e^{jkt} \right].$$

Näherungsweise ergeben sich Fourier-Koeffizienten als Fourier-Lagrange-Koeffizienten $d_k = \frac{1}{n}\sum_{l=0}^{n-1} f_l v^{kl} \approx f^\wedge(k)$, siehe (14.1), aus der diskreten Fourier-Transformation $\vec{a} := \mathrm{DFT}_v[(f_0, f_1, \ldots, f_{n-1})]$ mit $v = \exp\left(-j\frac{2\pi}{n}\right)$. Wir müssen lediglich den Vektor $\vec{a}$ mit $\frac{1}{n}$ multiplizieren und seine Einträge in die richtige Reihenfolge bringen.

- Für eine gerade Anzahl n von Abtastwerten haben wir bereits auf Seite 388 mit (14.4) gesehen, dass

$$d_k = \frac{1}{n} \begin{cases} a_k, & 0 \le k \le \frac{n}{2} - 1, \\ a_{n+k}, & -\frac{n}{2} \le k < 0. \end{cases}$$

Damit kann man die symmetrische Partialsumme für $m = \frac{n}{2} - 1$ numerisch bilden.

- Falls n ungerade ist, erhält man dazu analog mit (14.3):

$$d_k = \frac{1}{n} \begin{cases} a_k, & 0 \le k \le \frac{n-1}{2}, \\ a_{n+k}, & -\frac{n-1}{2} \le k < 0. \end{cases}$$

So lassen sich die Koeffizienten einer Partialsumme für $m = \frac{n-1}{2}$ annähern.

Insbesondere können wir die Berechnung der $d_k \approx f^\wedge(k)$ z. B. für gerades n mit der Verschiebung im Frequenzbereich (14.14) auch so berechnen:

$$(d_{-\frac{n}{2}}, \ldots, d_{-1}, d_0, \ldots, d_{\frac{n}{2}-1}) = \frac{1}{n} \mathrm{DFT}_v[(v^{\frac{n}{2}0}f_0, v^{\frac{n}{2}1}f_1, \ldots, v^{\frac{n}{2}(n-1)}f_{n-1})].$$

Hier vertauschen die Faktoren die ersten $\frac{n}{2}$ Einträge des Ergebnisvektors mit den zweiten $\frac{n}{2}$ Einträgen (siehe auch (14.5)). Für ungerades n werden die ersten $\frac{n+1}{2}$ Einträge mit den dann folgenden $\frac{n-1}{2}$ Einträgen wie folgt getauscht:

$$(d_{-\frac{n-1}{2}}, \ldots, d_{-1}, d_0, \ldots, d_{\frac{n-1}{2}})$$
$$= \frac{1}{n} \mathrm{DFT}_v[(v^{\frac{n+1}{2}0}f_0, v^{\frac{n+1}{2}1}f_1, \ldots, v^{\frac{n+1}{2}(n-1)}f_{n-1})].$$

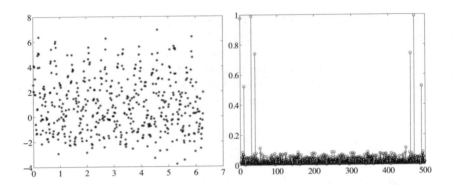

Abb. 14.4 Links: verrauschte Abtastwerte einer Periode, rechts: Beträge der aus den Abtastwerten berechneten Fourier-Koeffizienten

Beispiel 14.12 Wir betrachten ein 2π-periodisches Signal $f(t) = 1 + \sin(10 \cdot t) + 2\cos(30 \cdot t) + \frac{3}{2}\sin(40 \cdot t)$, das durch Rauschen gestört ist. Mit der diskreten Fourier-Transformation lassen sich die ursprünglichen Kreisfrequenzen über abgetastete Werte rekonstruieren. Zur Simulation des Rauschens wählen wir 500 Abtastwerte von f im Intervall $[0, 2\pi[$ und addieren je eine Zufallszahl (mit Erwartungswert 0 und Varianz 1, vgl. Kapitel 18.6). Das Ergebnis entspricht den Abtastwerten eines verrauschten Signals und ist links in Abbildung 14.4 dargestellt. Mit diesen Abtastwerten führen wir eine diskrete Fourier-Transformation durch, um Annäherungen an die Fourier-Koeffizienten zu erhalten. Geplottet sind rechts in Abbildung 14.4 die Beträge der so näherungsweise berechneten komplexen Fourier-Koeffizienten $f^\wedge(k)$, wobei die rechte Bildhälfte (ab 250) Fourier-Koeffizienten zu negativen Indizes darstellt. Wir haben also noch nicht, wie oben beschrieben, die beiden Vektorhälften vertauscht. Ein Strich bei 450 ist der Betrag des Fourier-Koeffizienten $f^\wedge(450 - 500)$. Man erkennt deutlich die Kreisfrequenzen 0, 10, 30 und 40. Filtern wir die durch das Rauschen entstehenden kleinen Fourier-Koeffizienten weg, so kann man nun durch Bildung der Fourier-Summe zu den verbliebenen

Koeffizienten das Ursprungssignal ohne Rauschen sehr gut rekonstruieren. Wir haben ein digitales Filter zur Rauschunterdrückung.

Der nächste Abschnitt beantwortet die Frage, welchen Fehler man macht, wenn man in einer Fourier-Reihe die Fourier-Koeffizienten durch die Näherungswerte d_k ersetzt.

14.6 Trigonometrische Interpolation, Abtastsatz für trigonometrische Polynome, Aliasing

Die Frage nach der Güte einer näherungsweise berechneten Fourier-Reihe klärt sich überraschenderweise aus einer völlig anderen Fragestellung heraus: Gegeben ist eine 2π-periodische, stetige Funktion f. Wir suchen ein trigonometrisches Polynom

$$\sum_{k=-n}^{n} d_k e^{jkt} = \sum_{k=0}^{2n} d_{k-n} e^{j(k-n)t},$$

das an den Stützstellen $t_l = l\frac{2\pi}{2n+1}$, $0 \le l \le 2n$, die gleichen Funktionswerte hat wie f (vgl. Abbildung 14.5), also

$$f(t_l) = \sum_{k=0}^{2n} d_{k-n} e^{j(k-n)l\frac{2\pi}{2n+1}}. \tag{14.19}$$

Diese Aufgabenstellung nennt man **trigonometrische Interpolation**. Sie entspricht der algebraischen Interpolation, die wir in Band 1, S. 105, behandelt haben.

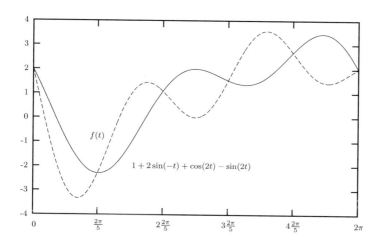

Abb. 14.5 Interpolation einer Funktion f an den Stellen $k\frac{2\pi}{5}$, $k \in \{0, 1, 2, 3, 4\}$, mit dem trigonometrischen Polynom $1 + 2\sin(-t) + \cos(2t) - \sin(2t)$

Eine Fourier-Partialsumme und ein Interpolationspolynom sind (zunächst) zwei verschiedene Dinge. Bei der Fourier-Partialsumme wird ein trigonometrisches Polynom so berechnet, dass die quadrierte Differenz zur Ursprungsfunktion eine möglichst kleine Fläche unter dem Funktionsgraphen hat. Ein

Interpolationspolynom wird so gebildet, dass an vorgegebenen Stellen der Fehler null ist, aber alle anderen Stellen nicht betrachtet werden.

Die $2n + 1$ Koeffizienten $d_{-n}, d_{-n+1}, \dots, d_n$ sind als Lösungen des Gleichungssystems (14.19) mit Gleichungen für $0 \le l \le 2n$ zu berechnen. Mit der $2n + 1$-ten primitiven Einheitswurzel $w = \exp\left(j\frac{2\pi}{2n+1}\right)$ ist

$$e^{j(k-n)l\frac{2\pi}{2n+1}} = w^{(k-n)l} = w^{(k-n+2n+1)l} = w^{(k+n+1)l},$$

$$
\begin{aligned}
f(t_l) &= \sum_{k=0}^{2n} d_{k-n} w^{(k-n)l} = \sum_{k=0}^{n-1} d_{-n+k} w^{(n+1+k)l} + \sum_{k=n}^{2n} d_{k-n} w^{(k-n)l} \\
&= \sum_{k=0}^{n} d_k w^{kl} + \sum_{k=0}^{n-1} d_{-n+k} w^{(n+1+k)l} \\
&= (\mathrm{DFT}_w((d_0, d_1, \dots, d_n, d_{-n}, \dots, d_{-1})))_l .
\end{aligned}
$$

Damit erhält man aber die Koeffizienten des Interpolationspolynoms über die inverse diskrete Fourier-Transformation (siehe Seite 394) zu

$$
\begin{aligned}
(d_0, d_1, \dots, d_n, d_{-n}, \dots, d_{-1}) &= \mathrm{IDFT}_w(f(t_0), \dots, f(t_{2n})) \\
&\overset{(14.13)}{=} \frac{1}{2n+1} \mathrm{DFT}_{w^{-1}}(f(t_0), \dots, f(t_{2n})).
\end{aligned}
$$

Daraus ergeben sich die einige Schlussfolgerungen.

- Mit den $2n + 1$ Funktionswerten sind die $2n + 1$ Koeffizienten des trigonometrischen Interpolationspolynoms eindeutig bestimmt. Wenn wir für die Ursprungsfunktion f selbst schon ein trigonometrisches Polynom mit Kreisfrequenzen von $-n$ bis n wählen, muss das Interpolationspolynom mit diesem übereinstimmen (Projektion).

- Vergleichen wir die hier bestimmten Koeffizienten mit den bei der numerischen Berechnung der Fourier-Koeffizienten für $2n + 1$ mit der Einheitswurzel $v = \exp\left(-j\frac{2\pi}{2n+1}\right)$ erhaltenen, so sind diese wegen $w^{-1} = v$ identisch! Damit liefert die numerische Berechnung der Fourier-Reihe genau das trigonometrische (Interpolations-) Polynom, das an den Stellen t_l die durch f vorgegebenen Werte hat. Da man diese Form der Interpolation Lagrange-Interpolation nennt, heißen die näherungsweise berechneten Fourier-Koeffizienten auch Fourier-Lagrange-Koeffizienten.

- Hat man also ein trigonometrisches Polynom f mit Kreisfrequenzen von $-n$ bis n, so ist die numerisch approximierte Fourier-Reihe gleich dem Interpolationspolynom gleich der Ursprungsfunktion f. Die Ursprungsfunktion stimmt als trigonometrisches Polynom außerdem mit ihrer Fourier-Reihe überein (siehe Seite 284). Damit berechnen wir die Fourier-Koeffizienten und die Fourier-Reihe exakt (= statt $\approx$):

Satz 14.2 (Abtastsatz für trigonometrische Polynome) Ist $f(t)$ ein trigonometrisches Polynom

$$f(t) = \sum_{k=-n}^{n} d_k e^{jkt} = a_0 + \sum_{k=1}^{n} a_k \cos(kt) + b_k \sin(kt)$$

mit Koeffizienten d_k bzw. a_k und b_k, so sind a_k und b_k genau die reellen und $d_k = f^\wedge(k)$ die komplexen Fourier-Koeffizienten von f, und diese lassen sich exakt berechnen über $2n + 1$ Funktionswerte:

$$f^\wedge(k) = \begin{cases} \frac{1}{2n+1} \sum_{l=0}^{2n} f\left(l\frac{2\pi}{2n+1}\right) \left[\exp\left(-j\frac{2\pi}{2n+1}\right)\right]^{kl}, & -n \leq k \leq n, \\ 0, & |k| > n. \end{cases}$$

$$(14.20)$$

$$(f^\wedge(0), f^\wedge(1), \ldots, f^\wedge(n), f^\wedge(-n), f^\wedge(-n+1), \ldots, f^\wedge(-1))$$

$$= \frac{\mathrm{DFT}_{\exp(-j\frac{2\pi}{2n+1})}\left(f(0), f\left(\frac{2\pi}{2n+1}\right), f\left(\frac{2\cdot 2\pi}{2n+1}\right), \ldots, f\left(\frac{2n\cdot 2\pi}{2n+1}\right)\right)}{2n+1}.$$

Diesen Zusammenhang werden wir später auch bei der Fourier-Transformation nicht-periodischer Funktionen vorfinden. Dort wird er als Abtastsatz von Shannon und Nyquist (siehe Satz 14.3) formuliert.

Im Hinblick auf den FFT-Algorithmus ist die ungradzahlige Wahl von $2n+1$ Stützstellen ungünstig, aber hier vereinfacht sie die Darstellung. Modifiziert man die Aufgabe, so dass man ein Interpolationspolynom der Gestalt

$$\sum_{k=-(n-1)}^{n-1} d_k e^{jkt} + \frac{d_{-n}}{2}[e^{jnx} + e^{-jnx}]$$

für $2n$ Stützstellen betrachtet, ergeben sich ähnliche Formeln.

! Achtung

Ist n die größte Kreisfrequenz, so benötigt man mindestens $2n + 1$ Abtastwerte, um die Funktion exakt zu rekonstruieren. Es genügen im Allgemeinen nicht $2n$ Werte. Häufig findet man hier irreführende Formulierungen. Tastet man z. B. $\sin(2t)$ an den $2 \cdot 2 = 4$ Stellen $0, \frac{\pi}{2}, \pi, \frac{3\pi}{2}$ ab, so sind alle Abtastwerte 0, und man würde fälschlich alle Fourier-Koeffizienten zu null berechnen.

Verwendet man für das trigonometrische Polynom $f(t) = \sum_{k=-n}^{n} d_k e^{jkt}$ sogar mehr Funktionswerte, als im Satz gefordert, also z. B. $2m + 1$ Werte

mit $m > n$, so ergeben sich auch in diesem Fall die exakten Fourier-Koeffi-
zienten (**Oversampling**). Denn das Polynom kann aufgefasst werden als ein
Polynom mit Kreisfrequenzen bis m, wobei $d_k = 0$, $n < |k| \leq m$. Da die
Koeffizienten aber schon für $2n + 1$ Werte exakt berechnet werden, macht die
Verwendung von mehr Funktionswerten hier keinen Sinn.

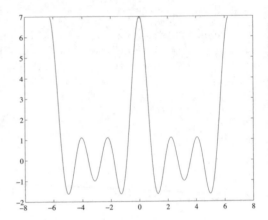

Abb. 14.6 Exakte Approximation von D_3 mittels 7
Abtastwerten

In Abbildung 14.6 sehen wir den Dirichlet-Kern D_3 mit Kreisfrequenzen
bis drei. Gezeichnet wurde nicht direkt der Graph von $D_3(t)$, sondern die
mit den nach (14.20) berechneten Fourier-Koeffizienten gebildete Fourier-
Reihe zu $n = 3$. Bei der Berechnung wurden $2n + 1 = 7$ Funktionswerte
herangezogen, so dass die Koeffizienten exakt bestimmt sind und sich tatsächlich der Graph von $D_3(t)$ zeigt.

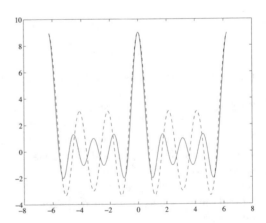

Abb. 14.7 Approximation
(gestrichelt) von D_4 (durchgezogen) mittels 7 Abtastwerten

Man macht jedoch einen prinzipiellen Fehler, wenn es noch Kreisfrequen-
zen $|k| > n$ gibt und man daher mit $2n + 1$ zu wenige Abtastwerte verwendet.
In den Abbildungen 14.7 und 14.8 sind D_4 bzw. D_6 durchgezogen dargestellt,

die näherungsweise mit 7 Abtastwerten (statt der mindestens erforderlichen 9 bzw. 13) berechneten Fourier-Partialsummen gestrichelt. Die Abweichungen sind offensichtlich.

Hier beeinflussen höhere Kreisfrequenzen von f (also k mit $|k| > n$) die approximierten Fourier-Koeffizienten. Dies heißt **Aliasing** oder **Undersampling**. Bei 7 Abtastwerten erhalten wir für Dirichlet-Kerne höherer Ordnung

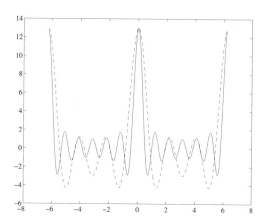

Abb. 14.8 Approximation (gestrichelt) von D_6 (durchgezogen) mittels 7 Abtastwerten

statt der Fourier-Koeffizienten $(f^\wedge(-3), \dots, f^\wedge(3)) = (1,1,1,1,1,1,1)$ die folgenden numerischen Werte:

D_4	$(2,1,1,1,1,1,2)$
D_5	$(2,2,1,1,1,2,2)$
D_6	$(2,2,2,1,2,2,2)$
D_7	$(2,2,2,3,2,2,2)$
D_8	$(2,2,3,3,3,2,2)$.

Die Ursache ist in Abbildung 14.9 zu erkennen. D_4 setzt sich zusammen als Überlagerung von 1 und den Schwingungen $2\cos(kt)$, $1 \leq k \leq 4$. Wenn wir sieben äquidistante Abtastwerte verwenden, dann haben $2\cos(3t)$ (gestrichelt) und $2\cos(4t) = 2\cos(-4t) = 2\cos([3-7]t)$ (durchgezogen) an diesen äquidistanten Stellen die gleichen Funktionswerte (die Graphen schneiden sich). Wir erkennen damit fälschlich eine $4\cos(3t)$-Funktion, die statt $f^\wedge(-3) = f^\wedge(3) = 1$ zu den fehlerhaft berechneten Fourier-Koeffizienten $f^\wedge(-3) = f^\wedge(3) \approx 2$ führt. Der $2\cos(4t)$-Anteil wird quasi am Rand des betrachteten Frequenzbereichs nach innen gespiegelt und überlagert den $2\cos(3t)$-Anteil. Entsprechend wird ein $2\cos(5t)$-Anteil von D_5 nach innen gespiegelt und überlagert den $2\cos(2t)$-Anteil usw.

Wir sehen uns die Ursache des Aliasing-Phänomens etwas genauer an. Bei $2n + 1$ Abtastwerten werden nur Funktionswerte an den Stellen $t_l = l\frac{2\pi}{2n+1}$, $0 \leq l \leq 2n$, ausgewertet. Die Funktionen $f_m(t) := e^{j(k+m[2n+1])t}$, $m \in \mathbb{Z}$, haben an den Stellen t_l alle die gleichen Funktionswerte und können daher

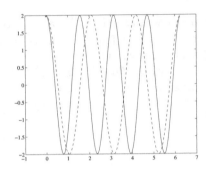

Abb. 14.9 Frequenzanteile $2\cos(3t)$ (gestrichelt) und
$2\cos(4t)$ (durchgezogen) von
D_4: Wenn genau an den
Schnittstellen abgetastet wird,
kann nicht zwischen den beiden Funktionen unterschieden
werden. Das führt zum Aliasing

nicht unterschieden werden. Denn es gilt (vgl. (14.3)):

$$e^{j(k+m[2n+1])t_l} = e^{j(k+m[2n+1])l\frac{2\pi}{2n+1}} = e^{j\left(kl\frac{2\pi}{2n+1}+ml2\pi\right)} = e^{jkl\frac{2\pi}{2n+1}} = e^{jkt_l}.$$
$$(14.21)$$

Hat man nun eine Funktion $f(t) = \sum_{k=-\infty}^{\infty} f^{\wedge}(k)e^{jkt}$, wobei die Fourier-Reihe mindestens an den Stellen t_l absolut konvergieren möge, dann darf man die Summationsreihenfolge vertauschen (Band 1, S. 281) und erhält:

$$f(t_l) = \sum_{k=-\infty}^{\infty} f^{\wedge}(k)e^{jkt_l} = \sum_{k=-n}^{n}\sum_{m=-\infty}^{\infty} f^{\wedge}(k+m(2n+1))e^{j[k+m(2n+1)]t_l}$$

$$\overset{(14.21)}{=} \sum_{k=-n}^{n}\left[\sum_{m=-\infty}^{\infty} f^{\wedge}(k+m(2n+1))\right]e^{jkt_l}.$$

Die Vertauschung der Summationsreihenfolge geschieht durch Einführung der Summationsvariable m. Wenn k von $-n$ bis n läuft und m alle ganzen Zahlen durchläuft, dann erhält man über $k + m(2n + 1)$ ebenfalls jede ganze Zahl genau einmal.

Damit ist aber das Polynom

$$\sum_{k=-n}^{n}\left[\sum_{m=-\infty}^{\infty} f^{\wedge}(k+m(2n+1))\right]e^{jkt}$$

das eindeutige Interpolationspolynom vom Grad höchstens n für die Stellen t_l. Die Koeffizienten dieses Interpolationspolynoms sind die diskret berechneten Fourier-Koeffizienten, bei denen damit $f^{\wedge}(k)$ durch höhere Koeffizienten überlagert wird. Statt $f^{\wedge}(k)$ berechnet man also mit der diskreten Fourier-Transformation

$$f^{\wedge}(k) + \sum_{m=1}^{\infty} f^{\wedge}(k-m[2n+1]) + f^{\wedge}(k+m[2n+1]).$$

Bei der Berechnung der Koeffizienten von D_4 erhalten wir so statt $D_4^\wedge(3)$ den Wert $(n = 3)$

$$\sum_{m=-\infty}^{\infty} D_4^\wedge(3 + m \cdot 7) = D_4^\wedge(3 - 7) + D_4^\wedge(3) = D_4^\wedge(-4) + D_4^\wedge(3).$$

Da $D_4^\wedge(-4) = D_4^\wedge(4)$ ist, sieht es so aus, als würden die Koeffizienten am Rand gespiegelt. Tatsächlich überlagert sich jeder siebte (allgemein: jeder $2n + 1$-te) Koeffizient. Dieses Aliasing-Phänomen werden wir auch bei der diskretisierten Fourier-Transformation entdecken.

Beispiel 14.13 In einem Film, der mit 24 Bildern pro Sekunde gezeigt wird, scheinen sich ab und zu Speichenräder in die falsche Richtung zu drehen. Hier wird eine höhere Frequenz falsch abgetastet. Dieser Effekt entsteht auch bei stillstehenden Computerbildern, die aus einzelnen abgetasteten Pixeln zusammengesetzt werden. Ändert sich zwischen zwei Pixeln die Farbe, so geht diese Information verloren. Feine Strukturen werden dadurch verfälscht. Das sieht man in der Nähe des Horizontes am Schachbrettmuster in Abbildung 14.10.

Aufgrund der Auflösung der Wiedergabegeräte werden diagonale Linien häufig als Treppen dargestellt. Auch dieser Effekt wird Aliasing genannt, da zu grob abgetastet wird.

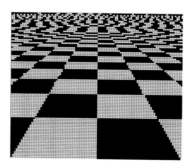

Abb. 14.10 Aliasing in Horizontnähe bei der Abtastung eines Bildes

Eine gängige Lösung zur Verhinderung von Aliasing besteht darin, vor der Fourier-Analyse ein **analoges** Tiefpassfilter auf eine Funktion f anzuwenden, das hohe Kreisfrequenzen $|k| > n$ wegfiltert. Die aus der Faltung von f mit dem Dirichlet-Kern D_n hervorgehende Funktion $g := f * D_n$ (vgl. (11.13) auf Seite 308) entspricht wegen des Faltungssatzes (Satz 11.1 auf Seite 307) der auf diese Weise gefilterten Funktion. Die Funktion g ist nun ein trigonometrisches Polynom mit $2n + 1$ Koeffizienten, das sich mit der diskreten Fourier-Transformation exakt über $2n + 1$ Funktionswerte berechnen lässt. Digitale Oszilloskope verwenden z. B. ein (nicht ganz so gutes) analoges Tiefpassfilter, bevor ein Signal an n Stellen abgetastet und für eine Darstellung der Frequenzen anschließend eine diskrete Fourier-Transformation durchgeführt wird. Ergänzend zu einem analogen Tiefpassfilter kann man auch zunächst noch für höhere Frequenzen abtasten (Oversampling) und dann anschließend ein digitales Tiefpassfilter einsetzen.

Eine mögliche andere Lösung nutzt das Riemann-Lebesgue-Lemma (11.20) aus, das besagt, dass $\lim_{|k|\to\infty} f^\wedge(k) = 0$ ist. Damit ist die Größe der Fourier-Koeffizienten ab einem genügend groß zu wählenden n von keinem großen Einfluss mehr. Dabei weiß man aber vor dem Sampling in der Regel nicht, wo diese Frequenz liegt. Hier könnte man iterativ vorgehen und die Sampling-Rate erhöhen, bis keine signifikante Änderung mehr eintritt. Oder man startet mit einer sehr hohen Sampling-Rate und reduziert sie dann in Abhängigkeit der vorgefundenen Fourier-Koeffizienten. Das MP3-Format sieht unterschiedliche Sampling-Raten innerhalb einer Datei vor.

Die maximale Abweichung des Interpolationspolynoms von der Fourier-Partialsumme $S_n(f,t)$ kann man für eine stetige 2π-periodische Funktion f (d. h. $f \in C_{2\pi}$) unter Verwendung der mit $\frac{4}{\pi^2}\ln(n) + C$ beschränkten Operator-Norm von S_n, siehe (11.17) und (11.18) auf Seite 313, wie folgt eingrenzen:

$$
\max_{t\in[-\pi,\pi]}\left|\sum_{k=-n}^{n} d_k e^{jkt} - S_n(f,t)\right| = \max_{t\in[-\pi,\pi]}\left|S_n\left(\sum_{k=-n}^{n} d_k e^{jk\cdot} - f,t\right)\right|
$$

$$
\leq \left(\frac{4}{\pi^2}\ln(n) + C\right)\max_{t\in[-\pi,\pi]}\left|\sum_{k=-n}^{n} d_k e^{jkt} - f(t)\right|.
$$

Dabei wird genutzt, dass die Fourier-Partialsummen eine Projektion sind und das Interpolationspolynom nicht verändern. Die Konstante C ist unabhängig von n. Die rechte Seite beschreibt, abgesehen vom Vorfaktor, den Fehler der trigonometrischen Interpolation der Funktion f. Er kann analog zum Fehler der algebraischen Interpolation abgeschätzt werden (Band 1, Seite 368).

14.7 Abtastung 2p-periodischer Funktionen und Leck-Effekt *

Wir haben zuvor ausschließlich 2π-periodische Signale abgetastet. Völlig analog berechnet man die Fourier-Koeffizienten von $2p$-periodischen Funktionen, indem man Funktionswerte auf $[-p,p]$ oder $[0,2p]$ abtastet. Wie bereits bei der Berechnung von Fourier-Koeffizienten zu $2p$-periodischen Funktionen auf Seite 330 betrachten wir zu einer $2p$-periodischen Funktion f die 2π-periodische Hilfsfunktion $g(t) := f\left(\frac{2p}{2\pi}t\right) = f\left(\frac{t}{\omega_0}\right)$ mit der Grundfrequenz $\omega_0 = \frac{\pi}{p}$. Diese tasten wir äquidistant auf $[0,2\pi]$ an Stellen $t_l := l\frac{2\pi}{2n+1}$ ab: $g_l := g(t_l)$, $0 \leq l < 2n+1$. Das entspricht der Abtastung der Funktion f auf

$[0, 2p]$ an den Stellen $l\frac{2p}{2n+1}$: $f_l := f\left(l\frac{2p}{2n+1}\right) = g_l$. Die Funktion f wird somit mit einer **Abtastfrequenz** von

$$\frac{1}{\frac{2p}{2n+1}}\,\text{Hz} = \frac{2n+1}{2p}\,\text{Hz}$$

abgetastet. Mit der diskreten Fourier-Transformation von $(f_0, f_1, \ldots, f_{2n})$ berechnen sich die Fourier-Lagrange-Koeffizienten von g, die eine numerische Näherung der Fourier-Koeffizienten $g^\wedge$ sind:

$$(g^\wedge(0), g^\wedge(1), \ldots, g^\wedge(n), g^\wedge(-n), \ldots, g^\wedge(-1))$$

$$\approx (d_0, d_1, \ldots, d_n, d_{-n}, \ldots, d_{-1}) = \frac{1}{2n+1}\,\text{DFT}_{\exp(-j2\pi/(2n+1))}(f_0, \ldots, f_{2n}).$$

Die Fourier-Koeffizienten c_k zu den Frequenzen $\frac{k}{2p}$ Hz $= \frac{\omega_0}{2\pi} \cdot k$ Hz der $2p$-periodischen Funktion f stimmen mit $g^\wedge(k)$ überein (siehe Kapitel 11.7) und sind damit ebenfalls näherungsweise berechnet. Sie sind wegen des Abtastsatzes sogar exakt bestimmt, falls die Kreisfrequenzen von g kleinergleich n sind, d. h., wenn $c_k = 0$ für $|k| > n$ ist. Das ist der Fall, wenn f keine Frequenzen größer $\frac{n}{2p}$ Hz oder größer der halben Abtastfrequenz hat.

Beispiel 14.14 (Fourier-Koeffizienten einer 0,1-periodischen Funktion) Wir betrachten eine reellwertige 0,1-periodische Funktion

$$f(t) := \sum_{k=-n}^{n} c_k \exp(jk20\pi t) = \sum_{k=-n}^{n} c_k \exp(jk\omega_0 t),$$

wobei $\omega_0 = \frac{\pi}{0,1/2} = 10 \cdot 2\pi$ die Grundfrequenz ist. Auf dem Intervall $[0, 0,1]$ tasten wir mit mindestens einer Abtastfrequenz $\frac{2n+1}{0,1}$ Hz $= 20n + 10$ Hz ab und erhalten damit mindestens $2n + 1$ Funktionswerte $f_l = f(l \cdot 0,1/(2n+1))$, $0 \le l \le 2n$. Damit sind die Fourier-Koeffizienten c_k zu den Frequenzen $\frac{|k|}{0,1} = 10|k|$ bis einschließlich zur Frequenz $\frac{n}{0,1} = 10n$ (und damit bis zur halben Abtastfrequenz $10n + 5$, da Frequenzen nur mit der Schrittweite $1/0,1$ Hz $= 10$ Hz > 5 Hz auftreten) exakt bestimmt:

$$(c_0, c_1, \ldots, c_n, c_{-n}, \ldots, c_{-1}) = \frac{1}{2n+1}\,\text{DFT}_{\exp(-j2\pi/(2n+1))}(f_0, \ldots, f_{2n}).$$

Die Koeffizienten c_k und c_{-k} beschreiben die Harmonische

$$c_{-k} \exp(-jk\omega_0 t) + c_k \exp(jk\omega_0 t)$$

zu $10|k|$ Hz, die die Amplitude $2|c_k| = |c_k| + |c_{-k}|$ besitzt. Die Amplitude des Gleichanteils (Frequenz $k = 0$) ist $|c_0|$.

Ein reales Problem besteht darin, dass man häufig im Voraus nicht weiß, welche Periode ein Signal hat. Wählt man ein falsches Periodenintervall, so werden gegebenenfalls Informationen des Signals abgeschnitten. Der daraus resultierende Fehler heißt **Leck-Effekt** (**Leakage**). Genauer betrachten wir durch das Abschneiden eine neue Funktion, die auf dem angenommenen Periodenintervall identisch mit f ist, über das angenommene Periodenintervall hinaus aber mit der angenommenen Periode periodisch fortgesetzt ist. Solange wir also nur innerhalb des angenommenen Intervalls bleiben, sollte es also keine Probleme geben. Dem ist aber nicht so. Denn durch die Fortsetzung entsteht in der Regel eine Sprungstelle, die sich mit dem Gibbs-Phänomen bemerkbar macht und zu beliebig hohen Frequenzen führt. Bei der Diskretisierung ziehen diese dann zwangsläufig auch noch Aliasing nach sich. Man kann die Sprungstelle in praktischen Anwendungen durch Modifikation des Ursprungssignals verhindern:

- Ein Ausweg ist, die Funktion mit einer (möglichst) stetigen Hilfsfunktion zu multiplizieren, die an den Rändern des Abtastintervalls gleich null ist. Man nennt solche Funktionen **Fensterfunktionen**. In Verbindung mit der Fourier-Transformation werden wir uns Fensterfunktionen noch genauer ansehen (vgl. Kapitel 14.10).
- Statt die Länge des Abtastintervalls als volle Periodenlänge aufzufassen, interpretiert man sie als halbe Periodenlänge und setzt das Ursprungssignal stetig durch Spiegelung auf die volle Periodenlänge fort. Damit kann das Signal auf dem Abtastintervall als Kosinus-Reihe geschrieben werden (siehe Seite 318).

Sei f eine $2p$-periodische Funktion mit Fourier-Reihe

$$f(t) = \sum_{k=-\infty}^{\infty} f^{\wedge}(k) e^{j \frac{\pi}{p} kt}.$$

Wir wollen uns ansehen, was passiert, wenn man statt

$$f^{\wedge}(k) = \frac{1}{2p} \int_{-p}^{p} f(t) e^{-j \frac{\pi}{p} kt} \, \mathrm{d}t$$

fälschlicherweise $\frac{1}{2q} \int_{-q}^{q} f(t) e^{-j \frac{\pi}{q} kt} \, \mathrm{d}t$ für eine abweichende Periode $2q < 2p$ berechnet ohne die Funktion zu modifizieren (da f insbesondere $2pn$-periodisch ist für $n \in \mathbb{N}$, kann der Fall $q > p$ zurückgeführt werden auf $q < pn$ für ein $n \in \mathbb{N}$).

Mit der Funktion $1_{[-1,1]}$, die auf dem Intervall $[-1,1]$ gleich eins und sonst gleich null ist, erhalten wir über den Umweg der Fourier-Transformation

$$\frac{1}{2q} \int_{-q}^{q} f(t) e^{-j \frac{\pi}{q} kt} \, \mathrm{d}t = \frac{1}{2q} \int_{-q}^{q} \sum_{n=-\infty}^{\infty} f^{\wedge}(n) e^{j \frac{\pi}{p} nt} e^{-j \frac{\pi}{q} kt} \, \mathrm{d}t$$

$$= \sum_{n=-\infty}^{\infty} f^{\wedge}(n) \frac{1}{2q} \int_{-q}^{q} e^{j\frac{\pi}{p}nt} e^{-j\frac{\pi}{q}kt}\, \mathrm{d}t$$

$$= \sum_{n=-\infty}^{\infty} f^{\wedge}(n) \frac{1}{2q} \int_{-\infty}^{\infty} 1_{[-1,1]}\left(\frac{t}{q}\right) e^{-j\left[\frac{\pi}{q}k - \frac{\pi}{p}n\right]t}\, \mathrm{d}t$$

$$= \sum_{n=-\infty}^{\infty} f^{\wedge}(n) \frac{1}{2q} \mathcal{F}\left[1_{[-1,1]}\left(\frac{t}{q}\right)\right]\left(\frac{\pi}{q}k - \frac{\pi}{p}n\right)$$

$$= \sum_{n=-\infty}^{\infty} f^{\wedge}(n) \frac{1}{2q} q \mathcal{F}[1_{[-1,1]}]\left(q\frac{\pi}{q}k - q\frac{\pi}{p}n\right) \quad \text{(Lemma 12.3 c), Seite 346)}$$

$$= \sum_{n=-\infty}^{\infty} f^{\wedge}(n) \frac{1}{2} 2 \operatorname{sinc}\left(\pi k - \frac{\pi q}{p}n\right) = \sum_{n=-\infty}^{\infty} f^{\wedge}(n) \operatorname{sinc}\left(\frac{\pi pk - \pi qn}{p}\right),$$

$$\tag{14.22}$$

wobei wir im vorletzten Schritt (12.3) von Seite 339 verwendet haben. Wir erhalten also eine Summe, die einer diskreten Faltung sehr ähnelt (siehe (14.17)). Voraussetzung für diese Rechnung ist die Vertauschbarkeit von Summe und Integral (die z. B. im Fall gleichmäßiger Konvergenz der Fourier-Reihe gegeben ist (Band 1, S. 469), wobei man diese wiederum für eine differenzierbare Funktion f mit beschränkter Ableitung mittels (11.23) zeigen kann).

Da $\operatorname{sinc}(k\pi) = \frac{\sin(k\pi)}{k\pi} = 0$ für $k \in \mathbb{Z} \setminus \{0\}$ ist, bleibt von der Summe im Fall $p = q$ erwartungsgemäß nur $f^{\wedge}(k)$ übrig. Bei einer Abweichung der Periode kommt es jedoch zu einer über den Sinus-Cardinalis gewichteten Verschmierung mit anderen Fourier-Koeffizienten. Die Koeffizienten (14.22) gehören im Gegensatz zu $f^{\wedge}(k)$ zu einer $2q$-periodischen Funktion. Entsprechend würden wir damit über eine $2q$-periodische Fourier-Reihe die Funktion f auf $[-q, q]$ korrekt rekonstruieren. Daher dürfen wir die Differenz von (14.22) und $f^{\wedge}(k)$ nicht als Fehler auffassen – beide Koeffizienten gehören lediglich zu unterschiedlichen Perioden.

14.8 Numerische Berechnung der Fourier-Transformation

Wir können nicht nur die Koeffizienten von Fourier-Reihen mittels der diskreten Fourier-Transformation berechnen, sondern auch Funktionswerte der Fourier-Transformation nicht-periodischer Funktionen f. Bei der Berechnung von Fourier-Koeffizienten haben wir Abtastwerte aus genau einem Periodenintervall verwendet. Jetzt ist die Funktion f auf ganz $\mathbb{R}$ definiert und nicht-periodisch. Da wir nur mit endlich vielen Abtastwerten arbeiten können, müssen wir aber die Abtastpunkte zwangsläufig aus einem beschränkten Intervall $[-R, R]$ wählen. Da wir hier $\lim_{t \to \pm\infty} f(t) = 0$ voraussetzen können, kann man ein Intervall $[-R, R]$ für ein $R > 0$ auswählen, so dass f außerhalb

dieses Intervalls keinen signifikanten Beitrag mehr liefert. Dieses Intervall
wird nun z. B. in $2n$ Teilintervalle zerlegt, f wird an $2n$-Stellen abgetastet,
mit denen das Fourier-Integral näherungsweise als Riemann-Zwischensumme
(Quadraturformel, Band 1, S. 414) berechnet wird:

$$f^\wedge(\omega) = \int_{-\infty}^{\infty} f(t)e^{-j\omega t}\,\mathrm{d}t \approx \int_{-R}^{R} f(t)e^{-j\omega t}\,\mathrm{d}t$$

$$\approx \frac{R}{n} \sum_{l=-n}^{n-1} f\left(l\frac{R}{n}\right) \exp\left(-j\omega l\frac{R}{n}\right). \tag{14.23}$$

Um die rechte Seite als diskrete Fourier-Transformation zu interpretieren,
müssen wir ω speziell wählen. Wir können so nicht alle Funktionswerte von $f^\wedge$
ausrechnen, sondern erhalten auch für die Transformierte nur Abtastwerte.
Wir betrachten nun Werte von $f^\wedge$ an den Stellen $\omega_k := \frac{\pi}{R}k$, $-n \le k < n$.
Dafür treten in der Summe Potenzen einer $2n$-ten primitiven Einheitswurzel
auf:

$$f^\wedge(\omega_k) \approx \frac{R}{n} \sum_{l=-n}^{n-1} f\left(l\frac{R}{n}\right) \exp\left(-j\frac{2\pi}{2R}kl\frac{R}{n}\right)$$

$$= \frac{R}{n} \sum_{l=-n}^{n-1} f\left(l\frac{R}{n}\right) v^{lk} = \frac{R}{n} \sum_{l=0}^{2n-1} f\left([l-n]\frac{R}{n}\right) v^{[l-n]k}$$

mit der $2n$-ten primitiven Einheitswurzel $v = \exp\left(-j\frac{2\pi}{2n}\right)$. Der Exponent k
kann jetzt noch negativ sein. Das ändern wir zu $0 \le k < 2n$:

$$f^\wedge(\omega_{k-n}) = \frac{R}{n} \sum_{l=0}^{2n-1} f\left([l-n]\frac{R}{n}\right) v^{[l-n][k-n]},$$

wobei mit $v^{2n} = 1$ und $v^{\frac{2n}{2}} = v^n = -1$:

$$v^{[l-n][k-n]} = v^{lk}[v^{ln}\underbrace{v^{-2ln}}_{=1}]v^{-nk+n^2} = v^{lk}v^{ln}[v^n]^{n-k} = v^{lk}v^{ln}(-1)^{n-k}.$$

Damit haben wir eine Gestalt erreicht, die wir mit der diskreten Fourier-
Transformation berechnen können. Der Faktor v^{ln} führt wegen (14.14) auf
Seite 398 lediglich zu einer Vertauschung der beiden Vektorhälften der Transformierten (wie schon bei der Berechnung der Fourier-Reihen). Wir berechnen
also

$$\mathrm{DFT}_v\left(\left(f\left(-n\frac{R}{n}\right), f\left([-n+1]\frac{R}{n}\right), \ldots, f\left((n-1)\frac{R}{n}\right)\right)\right).$$

Dann vertauschen wir die beiden Vektorhälften. Außerdem müssen wir noch
die k-te Komponente des Ergebnisses mit $\frac{R}{n}(-1)^{n-k}$ multiplizieren, da wir

diesen Faktor noch nicht berücksichtigt haben. Nach (14.16) entfällt der Faktor $(-1)^{n-k} = [v^n]^{n-k}$, wenn man die beiden Vektorhälften des Vektors der Funktionswerte vertauscht.

Genau die gleiche Rechnung haben wir in (14.5) auf Seite 389 im Fall einer geraden Anzahl von Abtastwerten für die Berechnung der Fourier-Koeffizienten durchgeführt, wenn wir $R = \pi$ setzen und den Faktor $\frac{1}{2\pi}$ der Fourier-Koeffizienten berücksichtigen. Man kann also den Algorithmus zur Berechnung der Fourier-Transformation mit der Wahl $R = \pi$ direkt auch zur Berechnung von Fourier-Koeffizienten einer 2π-periodischen Funktion einsetzen. Ingenieure unterscheiden daher häufig nicht zwischen der Berechnung von Fourier-Koeffizienten und der Berechnung von Funktionswerten einer Fourier-Transformierten.

Es stellt sich auch hier die Frage, wie gut die so berechneten Werte der Transformierten sind und ob man vielleicht ähnlich wie bei der Diskretisierung der Fourier-Reihen (fast) exakte Werte erhalten kann. Die Antwort liefert der nächste Abschnitt.

14.9 Abtastsatz der Fourier-Transformation

Eine periodische Funktion, die keine höhere Kreisfrequenz als n besitzt und daher gleich einem trigonometrischen Polynom ist, konnten wir mittels (14.20) aus $2n+1$ Funktionswerten rekonstruieren. Eine ähnliche Rekonstruktion einer nicht-periodischen Zeitfunktion $f(t)$ aus diskreten Funktionswerten ist ebenfalls möglich. Damit diese funktioniert, müssen aber auch hier die auftretenden Kreisfrequenzen beschränkt sein. Entsprechende Funktionen heißen bandbegrenzt. Ihre Fourier-Transformierte nimmt nur auf einem beschränkten Intervall $[-\Omega, \Omega]$ von null verschiedene Funktionswerte an. Der Frequenzbereich von f ist also entsprechend beschränkt.

Im Gegensatz zu periodischen Funktionen kommt man aber nicht mit endlich vielen abgetasteten Funktionswerten aus, wenn man eine exakte Rekonstruktion ohne Näherungsfehler haben möchte. Hier benötigt man Funktionswerte zu unendlich vielen diskreten Zeitpunkten $k\Delta t$, $k \in \mathbb{Z}$, um das komplette „Periodenintervall" $]-\infty, \infty[$ abzutasten (zuvor haben wir $\Delta t := R/n$ verwendet):

Satz 14.3 (Abtastsatz von Shannon und Nyquist) Sei f stetig auf $\mathbb{R}$ mit $\int_{-\infty}^{\infty} |f(t)|\, dt < \infty$ (also insbesondere Fourier-transformierbar). Außerdem sei für $\Delta t > 0$ die technische Bedingung

$$\sum_{k=-\infty}^{\infty} |f(k\Delta t)| < \infty \tag{14.24}$$

erfüllt. Weiter sei $f^\wedge(\omega) = 0$ für alle $|\omega| > \Omega$. Es dürfen also keine Kreisfrequenzen $|\omega|$ größer als Ω auftreten, f ist in diesem Sinne **bandbegrenzt**.

Unter der **Shannon-Nyquist-Bedingung** für den Abstand Δt von Abtastpunkten

$$\Delta t \leq \frac{\pi}{\Omega}$$

lässt sich die Fourier-Transformierte (analog zu den Fourier-Koeffizienten einer Fourier-Reihe, siehe (14.20)) für jedes $\omega \in [-\Omega, \Omega]$ exakt aus den Funktionswerten von f an den Stellen $k\Delta t$ berechnen (vgl. mit (14.23) für $\Delta t = \frac{R}{n}$):

$$f^\wedge(\omega) = \Delta t \sum_{k=-\infty}^{\infty} f(k\Delta t) \exp\left(-j\omega k\Delta t\right). \qquad (14.25)$$

Außerdem lässt sich dann die Funktion f selbst vollständig aus ihren Funktionswerten an den Stellen $k\Delta t$, $k \in \mathbb{Z}$, rekonstruieren. Dabei ist für $t \in \mathbb{R}$:

$$f(t) = \sum_{k=-\infty}^{\infty} f(k\Delta t) \operatorname{sinc}\left(\frac{\pi}{\Delta t}(t - k\Delta t)\right). \qquad (14.26)$$

Diese Formel heißt **Whittaker'sche Rekonstruktion**.

- Werden bei $2p$-periodischen Funktionen $2n + 1$ Abtastwerte verwendet, so sprechen wir von einer Abtastfrequenz von $\frac{2n+1}{2p}$ Hz $= \frac{1}{\Delta t}$ Hz, wobei Δt der Abstand zwischen zwei Abtaststellen ist. Im Rahmen des Shannon-Nyquist-Abtastsatzes verwenden wir ebenfalls $\frac{1}{\Delta t}$ als **Abtastfrequenz** und zählen damit die Samples, also die abgetasteten Funktionswerte, pro $[0, 1]$-Intervall. Aus den Abtastwerten ist f rekonstruierbar, wenn $\frac{1}{\Delta t} \geq \frac{1}{\frac{\pi}{\Omega}} = 2\frac{\Omega}{2\pi}$ ist, d. h., wenn mit **mindestens der doppelten Frequenz** (im Sinne von Kreisfrequenz dividiert durch Länge des „Periodenintervalls" von Sinus und Kosinus) abgetastet wird, die im Fourier-transformierten Zustand auftritt.

- Beim Abtastsatz für 2π-periodische Funktionen (siehe Kapitel 14.6) haben wir zuvor die Bedingung kennengelernt, dass bei einer höchsten Kreisfrequenz $\Omega = n$ mindestens $2n + 1$ Abtastwerte erforderlich sind. Da wir nun unendlich viele Abtastwerte verwenden müssen, wird die Shannon-Nyquist-Bedingung nicht für die Anzahl, sondern für den Abstand Δt zweier Abtastwerte formuliert. Wenn wir das auch im Fall der 2π-periodischen Funktionen tun, dann erhalten wir fast die gleiche Bedingung: Dort ist bei k Abtastwerten der Abstand $\Delta t = \frac{2\pi}{k}$, wobei $k \geq 2n + 1$ sein musste, d. h.

$$\frac{2\pi}{\Delta t} = \frac{2\pi}{\frac{2\pi}{k}} = k \geq 2n + 1 = 2\Omega + 1 > 2\Omega, \text{ d. h. } \Delta t < \frac{\pi}{\Omega}.$$

- Die Voraussetzung, dass f stetig sein soll, ist in dieser Situation keine Einschränkung, sondern natürlich. Einerseits wird es erst durch die Stetigkeit sinnvoll, mit einzelnen abgetasteten Funktionswerten zu rechnen, da die Werte aussagekräftig für eine ganze Umgebung sind. Andererseits folgt aus der Bandbegrenztheit von f, dass die Fourier-Umkehrtransformation von $f^\wedge$ mit dem Fourier-Integral berechnet werden kann (siehe Kapitel 12.2). Man beachte, dass die Umkehrtransformierte wie die Fourier-Transformierte stetig ist. So erhält man als zusätzliche Eigenschaft von f auch noch $\lim_{t\to\pm\infty} f(t) = 0$ (Riemann-Lebesgue-Lemma für die Umkehrtransformierte) und zusammen mit der Stetigkeit die Beschränktheit von f.

- Der Abtastsatz (also die exakte Gleichheit in (14.25) und (14.26)) funktioniert tatsächlich nur für bandbegrenzte Funktionen. (14.26) zeigt, wie diese aussehen: Sie sind eine Überlagerung von gedämpften Sinus-Schwingungen (vgl. Band 1, S. 312).

- Bandbegrenztheit ist eine sehr einschränkende Bedingung. Wir haben bereits mit Lemma 12.3 c) auf Seite 346 gesehen, dass die Ausdehnung einer Funktion im Zeitbereich gegenläufig zur Ausdehnung im Frequenzbereich sein kann. Tatsächlich verhindert die Begrenzung im Frequenzbereich eine Begrenzung im Zeitbereich. Ist eine bandbegrenzte Funktion auf einem kleinen Stück der x-Achse (in einem offenen Intervall) gleich null, so sind zwangsläufig alle Funktionswerte auf ganz $\mathbb{R}$ gleich null. Das folgt aus dem hier nicht behandelten Satz von Paley-Wiener und Eigenschaften von Funktionen einer komplexen Variablen. Damit haben wir ein echtes Problem bei der Anwendung des Satzes, da wir im realen Leben nicht unendlich viele Funktionswerte berücksichtigen können. Wir müssen innerhalb eines beschränkten Intervalls zwischen einem Anfangs- und einem Endzeitpunkt abtasten. Dazu setzen wir alle Werte der Funktion außerhalb dieses Intervalls zu null und verletzen so die Bandbegrenztheit. Glücklicher Weise gilt der Satz dann aber auch noch näherungsweise. Ist beispielsweise für eine auf $\mathbb{R}$ stetige Funktion f mit $\int_{-\infty}^{\infty} |f(t)|\,\mathrm{d}t < \infty$ statt der Bandbegrenztheit „nur" $\int_{-\infty}^{\infty} |f^\wedge(\omega)|\,\mathrm{d}\omega$ eine endliche Zahl, so gilt statt (14.26) für jedes $t \in \mathbb{R}$ (siehe [Brown(1967)])

$$f(t) = \lim_{\Delta t \to 0+} \sum_{k=-\infty}^{\infty} f(k\Delta t)\,\mathrm{sinc}\left(\frac{\pi}{\Delta t}(t - k\Delta t)\right). \qquad (14.27)$$

Diese Konvergenz ist sogar gleichmäßig für alle $t \in \mathbb{R}$ (vgl. Definition in Band 1, S. 463).

Ohne Bandbegrenztheit gilt auch die Berechnung von Werten der Transformierten über Werte der Ursprungsfunktion in (14.25) nicht mehr. Den entstehenden Aliasing-Fehler diskutieren wir in den Hintergrundinformationen auf Seite 433.

- Man beachte, dass sich die Summe in (14.26) für $t = n\Delta t$ auf den einen Summanden $f(n\Delta t)\,\mathrm{sinc}(0) = f(n\Delta t)$ reduziert, da $\mathrm{sinc}(k\pi) = 0$ für

$k \in \mathbb{Z} \setminus \{0\}$. Hat man unendlich viele Abtastwerte $f(k\Delta t)$, so erhält man über die unendliche Summe eine Funktion, die an allen Abtaststellen $\{n\Delta t : n \in \mathbb{Z}\}$ mit der Ursprungsfunktion f übereinstimmt. Die Summen-funktion interpoliert f an diesen Stellen. Man beachte, dass wir auch in Kapitel 14.6 eine Interpolationsfunktion diskutiert haben, dort allerdings für trigonometrische Polynome unter Verwendung endlich vieler Abtast-stellen.

- Für $t = n\Delta t$ kann (14.26) als diskrete Faltung der Folgen $(a_k)_{k=1}^{\infty} := (f(k\Delta t))_{k=-\infty}^{\infty}$ und $(b_k)_{k=1}^{\infty} := (\mathrm{sinc}(\pi k))_{k=-\infty}^{\infty}$ verstanden werden (vgl. Seite 401). Es gilt:

$$f(n\Delta t) = [(b_k)_{k=-\infty}^{\infty} * (a_k)_{k=-\infty}^{\infty}]_n := \sum_{k=-\infty}^{\infty} b_{n-k} a_k$$

$$= \sum_{k=-\infty}^{\infty} \mathrm{sinc}(\pi(n-k)) f(k\Delta t) = \sum_{k=-\infty}^{\infty} \mathrm{sinc}\left(\frac{\pi}{\Delta t}(n\Delta t - k\Delta t)\right) f(k\Delta t).$$

Dabei hat der Vektor $(b_k)_{k=-\infty}^{\infty}$, wie zuvor bemerkt, nur einen Eintrag ungleich null. Diese Faltung bildet den Ausgangspunkt für allgemeinere Abtastreihen.

- Die technische Bedingung (14.24) sorgt für einen einfachen Beweis von (14.25). Häufig findet man (14.26) unter der Voraussetzung, dass (für ei-ne stetige und bandbegrenzte Funktion) $\int_{-\infty}^{\infty} |f(t)|^2 \, dt < \infty$ ist, z. B. in [Arens et al.(2022), S. 1283]. Dabei lässt sich die Definition der Fourier-Transformation auf solche quadrat-integrierbaren Funktionen ausdehnen. Darauf gehen wir hier nicht ein und sichern die Existenz der Fourier-Trans-formation über die restriktivere Bedingung $\int_{-\infty}^{\infty} |f(t)| \, dt < \infty$. Wegen der Beschränktheit von f mit $M > 0$ folgt daraus sofort $\int_{-\infty}^{\infty} |f(t)|^2 \, dt \leq M \int_{-\infty}^{\infty} |f(t)| \, dt < \infty$.

Die Gleichung (14.25) folgt direkt aus der Poisson-Summationsformel mit (12.9) auf Seite 344 für $h(t) := \Delta t f(t \cdot \Delta t)$ (vgl. die Hintergrundinformationen auf Seite 433). Da die Summationsformel hier unbewiesen angegeben ist, wollen wir den Beweis, den Sie gerne überspringen können, explizit führen.

Beweis Der Beweis basiert auf einer Kombination der Fourier-Umkehrtrans-formation mit Fourier-Reihen. Die Fourier-Umkehrtransformation (12.4) von $f^{\wedge}$ funktioniert, da $f^{\wedge}$ außerhalb von $[-\Omega', \Omega']$ verschwindet (siehe Kapitel 12.2).

Nach Voraussetzung ist $\Delta t \leq \frac{\pi}{\Omega}$. Wir setzen $\Omega' := \frac{\pi}{\Delta t}$. Dann ist $\Omega' \geq \Omega$ und $f^{\wedge}(\omega) = 0$ für alle $|\omega| \geq \Omega'$ (auch für $|\omega| = \Omega'$, da die Fourier-Transfor-mierte stetig ist). Wir führen eine 2π-periodische Hilfsfunktion ein:

$$g(\omega) := f^{\wedge}\left(\frac{\Omega'}{\pi}\omega\right), \quad -\pi < \omega \leq \pi,$$

sei 2π-periodisch fortgesetzt. Jetzt können wir diese nach Lemma 12.1 stetige Funktion in eine Fourier-Reihe entwickeln. Zur Vereinfachung der Schreibweise benutzen wir dabei eine „anonyme" Variable $\cdot$, wobei die Funktion $f\left(\frac{\pi}{\Omega'}\cdot\right)$ definiert ist über $f\left(\frac{\pi}{\Omega'}\cdot\right)(t) := f\left(\frac{\pi}{\Omega'}t\right)$.

$$g^\wedge(k) = \frac{1}{2\pi}\int_{-\pi}^{\pi} f^\wedge\left(\frac{\Omega'}{\pi}v\right)e^{-jkv}\,\mathrm{d}v = \frac{1}{2\pi}\int_{-\infty}^{\infty} f^\wedge\left(\frac{\Omega'}{\pi}v\right)e^{-jkv}\,\mathrm{d}v$$

$$= \frac{\pi}{\Omega'}\frac{1}{2\pi}\int_{-\infty}^{\infty}\left[f\left(\frac{\pi}{\Omega'}\cdot\right)\right]^\wedge(v)e^{-jkv}\,\mathrm{d}v \quad \text{(Lemma 12.3, Streckung)}$$

$$= \frac{\pi}{\Omega'}\left[\mathcal{F}^{-1}\left(f\left(\frac{\pi}{\Omega'}\cdot\right)^\wedge\right)\right](-k) = \frac{\pi}{\Omega'}f\left(-\frac{\pi}{\Omega'}k\right) = \Delta t\,f(-k\Delta t).$$

Damit ist die Fourier-Reihe der 2π-periodischen Funktion $g(\omega)$ gleich

$$\sum_{k=-\infty}^{\infty} g^\wedge(k)e^{jk\omega} = \sum_{k=-\infty}^{\infty} g^\wedge(-k)e^{-jk\omega} = \sum_{k=-\infty}^{\infty} \Delta t\,f(k\Delta t)\,e^{-jk\omega}.$$

Die Tatsache, dass g stetig ist, lässt bekanntlich noch nicht darauf schließen, dass diese Reihe auch konvergiert. Wegen (14.24) hat sie aber für jedes ω mit $\sum_{k=-\infty}^{\infty}|f(k\Delta t)|$ eine absolut konvergente Majorante und konvergiert damit nach dem Majorantenkriterium (Band 1, S. 284) für jedes $\omega \in \mathbb{R}$. Wenn die Fourier-Reihe einer stetigen Funktion konvergiert, dann gegen den Funktionswert der Ursprungsfunktion (siehe Lemma 11.3 auf Seite 317). Insbesondere ist nach Definition von g und Ω' für $\omega \in [-\Omega, \Omega] \subseteq [-\Omega', \Omega']$

$$f^\wedge(\omega) = g\left(\frac{\pi}{\Omega'}\omega\right) = g(\omega\Delta t) = \Delta t \sum_{k=-\infty}^{\infty} f(k\Delta t)\,e^{-j\omega k\Delta t}.$$

Damit ist die Darstellung der Fourier-Transformierten im Satz gezeigt. Die Darstellung von f erhalten wir durch Anwendung der Fourier-Umkehrtransformation auf die Reihendarstellung von $f^\wedge$. Dabei erlaubt die Voraussetzung (14.24) die Vertauschung von Integration und Summation. Denn sie erzwingt gleichmäßige Konvergenz der Funktionenreihe (Band 1, S. 464), so dass ein entsprechender Vertauschungssatz (Band 1, S. 469) anwendbar ist.

$$f(t) = \frac{1}{2\pi}\int_{-\infty}^{\infty} f^\wedge(\omega)e^{j\omega t}\,\mathrm{d}\omega = \frac{1}{2\pi}\int_{-\Omega'}^{\Omega'} f^\wedge(\omega)e^{j\omega t}\,\mathrm{d}\omega$$

$$= \frac{1}{2\pi}\int_{-\Omega'}^{\Omega'}\Delta t\left[\sum_{k=-\infty}^{\infty} f(k\Delta t)\,e^{-j\omega k\Delta t}\right]e^{j\omega t}\,\mathrm{d}\omega$$

$$= \Delta t \sum_{k=-\infty}^{\infty} f(k\Delta t)\frac{1}{2\pi}\int_{-\Omega'}^{\Omega'} e^{j\omega[t-k\Delta t]}\,\mathrm{d}\omega$$

$$= \Delta t \sum_{k=-\infty}^{\infty} f(k\Delta t) \frac{\Omega'}{2\pi} \int_{-1}^{1} e^{j\Omega' v[t-k\Delta t]} \, \mathrm{d}v$$

mit der Substitution $v = \frac{\omega}{\Omega'}$, $\mathrm{d}v = \frac{1}{\Omega'} \, \mathrm{d}\omega$. Im Beispiel (12.3) auf Seite 339 haben wir diese Fourier-Transformation berechnet:

$$\int_{-1}^{1} e^{j\Omega' v[t-k\Delta t]} \, \mathrm{d}v = \int_{-1}^{1} e^{-jv[-\Omega'[t-k\Delta t]]} \, \mathrm{d}v$$
$$= 2 \, \mathrm{sinc}(-\Omega'(t - k\Delta t)) = 2 \, \mathrm{sinc}(\Omega'(t - k\Delta t)),$$

da sinc eine gerade Funktion ist. Dies eingesetzt ergibt:

$$f(t) = \Delta t \sum_{k=-\infty}^{\infty} f(k\Delta t) \frac{\Omega'}{\pi} \, \mathrm{sinc}(\Omega'(t - k\Delta t))$$
$$= \sum_{k=-\infty}^{\infty} f(k\Delta t) \, \mathrm{sinc}\left(\frac{\pi}{\Delta t}(t - k\Delta t)\right).$$

$\square$

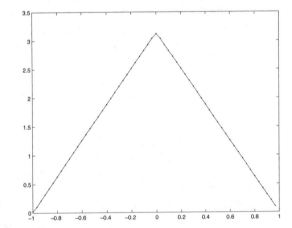

Abb. 14.11 Approximation von $\mathcal{F}\left(\frac{1-\cos(t)}{t^2}\right)$ mit $R = 30\pi$ und $n = 30$

Eine Abtastung einer Funktion f an unendlich vielen Stellen ist nur theoretisch denkbar, nicht jedoch technisch umsetzbar. Bei der im vorangehenden Abschnitt 14.8 hergeleiteten Diskretisierung der Fourier-Transformation haben wir f daher nur an endlich vielen Stellen (nämlich an $2n$) aus einem Intervall $[-R, R[$ (statt $]\infty, \infty[$) abgetastet und $\Delta t = \frac{R}{n}$ gewählt. (14.23) sieht also so aus:

$$f^{\wedge}(\omega) \approx \frac{R}{n} \sum_{l=-n}^{n-1} f\left(l\frac{R}{n}\right) \exp\left(-j\omega l\frac{R}{n}\right) = \Delta t \sum_{l=-n}^{n-1} f(l\Delta t) \exp\left(-j\omega l\Delta t\right).$$

Diese Formel stimmt mit (14.25) überein, falls die Funktion f außerhalb des Intervalls $[-R, R[$ null ist. Das ist aber nach den vorangehenden Bemerkungen zum Abtastsatz bei bandbegrenzten Funktionen nur für die Nullfunktion $f(t) = 0$ möglich. Daher sollte R zumindest so groß sein, dass die Funktionswerte von f außerhalb des Intervalls $[-R, R[$ keinen wesentlichen Beitrag mehr liefern. Das ist möglich, da $\lim_{u \to \infty} \left[\int_{-\infty}^{-u} |f(t)| \, dt + \int_{u}^{\infty} |f(t)| \, dt \right] = 0$ ist. Wählt man das Intervall $[-R, R[$ zu klein, so steht nicht genügend Information über die Ursprungsfunktion zur Verfügung, und man erhält einen Fehler wie in Abbildung 14.12, den man wie bei Fourier-Reihen auch hier **Leck-Effekt** (Leakage) nennt. In Abschnitt 14.10 wird dieser nicht komplett vermeidbare Fehler näher untersucht.

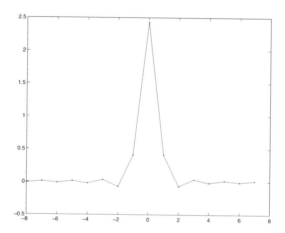

Abb. 14.12 Leck-Effekt bei der Approximation von $\mathcal{F}\left(\frac{1-\cos(t)}{t^2}\right)$ mit $R = \pi$ und $n = 8$

Laut Abtastsatz sollte n nun so gewählt werden, dass

$$\frac{R}{n} = \Delta t \leq \frac{\pi}{\Omega}, \text{ also } n \geq \frac{R\Omega}{\pi}.$$

Im Frequenzbereich erhält man so äquidistante Werte $\omega_k = \frac{\pi}{R}k$, $-n \leq k < n$, aus dem Intervall $[-\frac{\pi}{R}n, \frac{\pi}{R}(n-1)]$. Die Schrittweite $\frac{\pi}{R}$ im Frequenzbereich ist unabhängig von der Größe von Δt. Wählt man für n die Grenzfrequenz $n = \frac{R\Omega}{\pi}$, so ergibt sich genau eine Zerlegung von $[-\Omega, \Omega]$ (siehe Abbildung 14.11). Wählt man dagegen n größer, bekommt man auch Frequenzen außerhalb dieses Intervalls. Diese sind aber 0, so dass wir (zumindest bei Verwendung von Abtastwerten auch über das Intervall $[-R, R[$ hinaus) durch eine höhere Abtastfrequenz **keine** Verbesserung erzielen (siehe Abbildung 14.13).

Wählt man dagegen n zu klein, so können wie bei den Fourier-Reihen Aliasing-Effekte auftreten. Für zu kleines n zeigt Abbildung 14.15, dass an den Rändern $\pm\frac{\pi}{R}n$ bei einer Funktion $f^\wedge$ Fehler durch Superposition mit höheren Frequenzen entstehen (vgl. Abschnitt 14.6 und die folgenden Hintergrundinformationen). Die Grafik 14.14 verdeutlicht die Entstehung dieses

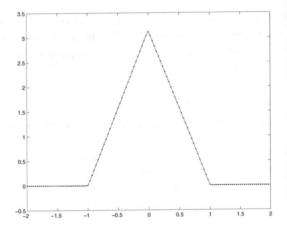

Abb. 14.13 Approximation
von $\mathcal{F}\left(\frac{1-\cos(t)}{t^2}\right)$ mit $R = 30\pi$
und $n = 60$

Effekts. Damit sollte n möglichst so gewählt sein, dass $n \geq \frac{R\Omega}{\pi}$, $n < \frac{R\Omega}{\pi} + 1$.

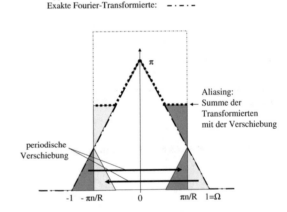

Abb. 14.14 Aliasing-Effekt
bei zu grober Abtastrate mit
$\frac{\pi}{R}n < \Omega$

Beispiel 14.15 Häufig werden Signale mit einer vorgegebenen Abtastfrequenz von f_a Werten pro Sekunde abgetastet – also mit f_a Hz (vgl. Beispiel 14.14). Zwei Abtastwerte liegen $\Delta t = \frac{1}{f_a}$ Sekunden auseinander. Verwendet man nun eine gerade Anzahl von n Abtastwerte auf dem Zeitintervall der Länge $n\Delta t = \frac{n}{f_a}$ um 0, so lassen sich mit der diskreten Fourier-Transformation Näherungswerte der Fourier-Transformierten an Stellen $\omega_k = \frac{2\pi}{n\Delta t}k = \frac{2\pi f_a}{n}k$ für $-\frac{n}{2} \leq k < \frac{n}{2}$ berechnen:

$$f^\wedge\left(\frac{2\pi f_a}{n}k\right) \approx \frac{1}{f_a}\sum_{l=0}^{n-1} f\left(\frac{l}{f_a}\right)\exp\left(-j2\pi k\frac{l}{n}\right).$$

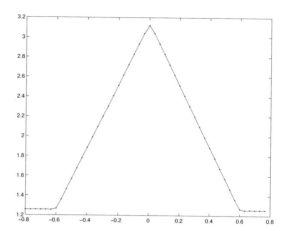

Abb. 14.15 Approximation von $\mathcal{F}\left(\frac{1-\cos(t)}{t^2}\right)$ mit $R = 30\pi$ und $n = 25$

Die Shannon-Nyquist-Bedingung lautet hier $f_a \geq \frac{\Omega}{\pi}$ für eine mit Ω bandbegrenzte Funktion f.

Für Funktionen, deren Transformierte nicht außerhalb eines Intervalls $[-\Omega, \Omega]$ verschwinden, die also nicht bandbegrenzt sind, ist der Abtastsatz nicht anwendbar. Hier könnte man ein (analoges) Tiefpassfilter vorschalten, das hohe Frequenzen entfernt. Alternativ kann man aber auch das Riemann-Lebesgue-Lemma (Lemma 12.1) ausnutzen. Da $\lim_{|\omega| \to \infty} f^\wedge(\omega) = 0$ ist, kann man Ω so groß wählen, dass die Funktionswerte von $f^\wedge$ außerhalb von $[-\Omega, \Omega]$ sehr klein sind und nahezu keinen Beitrag mehr leisten. Dann ist die Funktion nahezu bandbegrenzt mit Ω. Die Shannon-Nyquist-Bedingung bewirkt, dass bei einer Vergrößerung von Ω die Abtastfrequenz größer und Δt kleiner werden muss. Aber auch wenn man Ω sehr groß wählt, bleibt ein kleiner prinzipieller Fehler. Dies ist der gleiche Aliasing-Fehler, der auch bei der Wahl einer zu kleinen Abtastfrequenz bei bandbegrenzten Funktionen auftritt.

Hintergrund: Aliasing

Der Aliasing-Effekt tritt auf, wenn eine Funktion nicht bandbegrenzt ist oder wenn die Abtastrate zu klein gewählt wird, so dass die Shannon-Nyquist-Bedingung verletzt ist. Was hier genau geschieht, erkennt man durch Anwendung der Poisson-Summationsformel. Im Beweis des Abtastsatzes wird $f^\wedge$ zu einer 2π-periodischen Funktion fortgesetzt. Dabei werden alle von null verschiedenen Funktionswerte in das Periodenintervall abgebildet. Hat man keine Bandbegrenzung, dann ist das etwas schwieriger. Zur Funktion f und $\Delta t > 0$ definieren wir uns die Hilfsfunktion $h(t) := \Delta t f(t \Delta t)$, so dass mit den Rechenregeln der Fourier-Transformation $h^\wedge(\omega) = f^\wedge\left(\frac{\omega}{\Delta t}\right)$ ist. Die Funktion f muss jetzt nicht bandbegrenzt sein, allerdings soll h die schwächeren Voraussetzungen der Gleichung (12.9) erfüllen, die sich aus der Poisson-Summationsformel ergibt (siehe Seite 344). Dann wird (12.9) für jeden Wert

$\omega_0 \in \mathbb{R}$ zu

$$\sum_{k=-\infty}^{\infty} f^{\wedge}\left(\frac{1}{\Delta t}\omega_0 + k\frac{2\pi}{\Delta t}\right) = \sum_{k=-\infty}^{\infty} \Delta t f(k\Delta t)e^{-jk\omega_0}.$$

Setzen wir $\omega_0 := \omega \Delta t$, so erhalten wir für alle $\omega \in \mathbb{R}$:

$$\sum_{k=-\infty}^{\infty} f^{\wedge}\left(\omega + k\frac{2\pi}{\Delta t}\right) = \Delta t \sum_{k=-\infty}^{\infty} f(k\Delta t)e^{-j\omega k\Delta t}.$$

Damit ist

$$f^{\wedge}(\omega) - \Delta t \sum_{k=-\infty}^{\infty} f(k\Delta t)e^{-j\omega k\Delta t}$$
$$= -\underbrace{\left[\sum_{k=1}^{\infty} f^{\wedge}\left(\omega - k\frac{2\pi}{\Delta t}\right) + \sum_{k=1}^{\infty} f^{\wedge}\left(\omega + k\frac{2\pi}{\Delta t}\right)\right]}_{\text{Aliasing-Fehler}}. \qquad (14.28)$$

Diese Darstellung entspricht genau der Situation, die wir auch schon bei der Berechnung von Fourier-Koeffizienten auf Seite 418 vorgefunden haben. Der Aliasing-Fehler verschwindet, wenn f bandbegrenzt und die Shannon-Nyquist-Bedingung erfüllt ist. Dann erhält man die Formel (14.25) aus dem Abtastsatz. Sonst führen die zusätzlichen Summen zu dem in Abbildung 14.14 dargestellten Effekt.

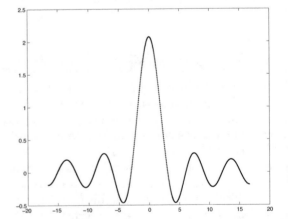

Abb. 14.16 Approximation der Fourier-Transformierten $2\,\mathrm{sinc}(\omega)$ mittels $R = 30\pi$ und $n = 500$

Beispiel 14.16 Der Rechteckimpuls (12.2) hat die Fourier-Transformierte $2 \operatorname{sinc}(\omega)$, die in Abbildung 12.1 dargestellt ist. Diese ist nicht bandbegrenzt. Tastet man $2n = 1000$ Funktionswerte innerhalb des Intervalls $[-R, R] = [-30\pi, 30\pi]$ ab, so erhält man die in Abbildung 14.16 eingezeichnete Näherung für $2 \operatorname{sinc}(\omega)$, die dem Graphen in Abbildung 12.1 bereits sehr nahekommt. Das liegt daran, dass die Transformierte außerhalb des Intervalls $\left[-\frac{\pi}{R}n, \frac{\pi}{R}(n-1)\right] = \left[-\frac{500}{30}, \frac{499}{30}\right]$ bereits sehr klein ist.

14.10 Leck-Effekt und Fensterfunktionen *

Für die Diskretisierung der Fourier-Transformation müssen wir uns auf Funktionswerte aus einem (Zeit-) Intervall $[-R, R]$ beschränken. Auch wenn wir R so groß wählen, dass die zu transformierende Funktion f außerhalb von $[-R, R]$ sehr klein ist, transformieren wir dann nicht die Funktion $f(t)$, sondern eine Funktion $f(t) \cdot 1_{[-R,R]}(t)$, wobei der als **Fensterfunktion** gewählte Rechteckimpuls $1_{[-R,R]}(t)$ auf dem Intervall $[-R, R]$ gleich 1 und sonst gleich 0 ist. Die daraus resultierende Verfälschung ist der Leck-Effekt.

Für den Rechteckimpuls (12.2) kennen wir bereits die Fourier-Transformierte:

$$[\mathcal{F}1_{[-R,R]}(t)](\omega) = \left[\mathcal{F}1_{[-1,1]}\left(\frac{t}{R}\right)\right](\omega) = R\left[\mathcal{F}1_{[-1,1]}(t)\right](R\omega)$$
$$= 2R \operatorname{sinc}(R\omega).$$

Der Faltungssatz im Frequenzbereich (Folgerung 12.1, siehe insbesondere die Anmerkung zu den Voraussetzungen) besagt nun, dass

$$\mathcal{F}[f \cdot 1_{[-R,R]}](\omega) = \frac{R}{\pi}f^{\wedge}(\omega) * \operatorname{sinc}(R\omega).$$

Man berechnet diese Funktion statt $f^{\wedge}(\omega)$. Das ist analog zur Berechnung von Fourier-Koeffizienten mit einem zu kleinen Abtastintervall (kleiner als eine volle Periodenlänge), die ebenfalls zur Verknüpfung mit der sinc-Funktion führt (siehe (14.22)). Statt mit einer Rechteckfunktion kann man f auch mit anderen Fensterfunktionen multiplizieren, die außerhalb eines Intervalls $[-R, R]$ gleich null sind.

Ist f nicht die Nullfunktion, so ist leider das Produkt von f mit einer Fensterfunktion g nicht bandbegrenzt, und wir müssen bei der Berechnung von $(f \cdot g)^{\wedge}(\omega)$ mittels diskreter Fourier-Transformation einen Aliasing-Fehler in Kauf nehmen, der durch die Wahl der Fensterfunktion beeinflusst wird. Sei $[(f \cdot g)^{\wedge}]^*(\omega)$ der mit der diskreten Fourier-Transformation ermittelte zugehörige Wert. Dann lässt sich der Gesamtfehler mit der Dreiecksungleichung so abschätzen:

$$|f^\wedge(\omega) - [(f \cdot g)^\wedge]^*(\omega)| = |f^\wedge(\omega) - (f \cdot g)^\wedge(\omega) + (f \cdot g)^\wedge(\omega) - [(f \cdot g)^\wedge]^*(\omega)|$$

$$\leq \underbrace{|f^\wedge(\omega) - (f \cdot g)^\wedge(\omega)|}_{\text{Leck-Fehler}} + \underbrace{|(f \cdot g)^\wedge(\omega) - [(f \cdot g)^\wedge]^*(\omega)|}_{\text{Aliasing-Fehler}}.$$

Um den hier auftretenden Aliasing-Fehler zu berechnen, muss man für f in die Fehlerdarstellung (14.28) die Funktion $f \cdot g$ einsetzen. Ist die Ursprungsfunktion f bandbegrenzt und die Fensterfunktion g so gewählt, dass $(f \cdot g)^\wedge = f^\wedge * g^\wedge$ sich möglichst gut an $f^\wedge$ annähert, so wird nicht nur der Leck-Fehler, sondern auch der Aliasing-Fehler klein. Denn dann sind die Werte $|(f \cdot g)^\wedge(\omega)|$ zu großen $|\omega|$ wegen $f^\wedge(\omega) = 0$ sehr klein, und damit werden die beiden Summen des Fehlers in (14.28) ebenfalls klein.

Die Funktion $2R\,\text{sinc}(R\omega)$ hat als Transformierte des Rechteckfensters $1_{[-R,R]}(t)$ ein absolutes Maximum bei $\omega = 0$, aber unendlich viele weitere positive Maxima und negative Minima, siehe erste Zeile in Abbildung 14.17. Aufgrund des Aussehens des Funktionsgraphen spricht man bei diesen Extrema von Keulen. Durch die Faltung mit $f^\wedge$ wird damit statt der exakten Transformierten $f^\wedge(\omega)$ eine Mittelung der Werte von $f^\wedge(\omega)$ berechnet. Dabei gehen durch das hohe Hauptmaximum (die hohe Hauptkeule) bei 0 vor allem Werte zu nahe benachbarten ω ein. Allerdings gehen durch die vielen weiteren Minima und Maxima auch weiter entfernte Werte ein, die zum Leck-Fehler beitragen und auch außerhalb des Bandbereichs von f Werte ungleich null produzieren. Wählt man R größer, so zieht sich $\text{sinc}(R\omega)$ um den Nullpunkt zusammen, und weiter entfernte Werte werden weniger berücksichtigt, Leck- und Aliasing-Fehler werden kleiner.

Günstiger als Rechteckfenster sind Fensterfunktionen g, deren Fourier-Transformierte $g^\wedge$ der δ-Distribution ähneln, vgl. Hintergrundinformationen auf Seite 377. Denn die δ-Distribution ist das neutrale Element der Faltung. Leider ist aber die δ-Distribution keine Funktion im klassischen Sinne, und es gibt keine Fensterfunktion, die sie als Transformierte hat. Damit muss man einen Kompromiss eingehen. Prima ist, wenn $g^\wedge$ betragsmäßig kleine Nebenmaxima (Nebenkeulen) hat. Fallen diese für $|\omega| \to \infty$ schnell ab, dann werden Leck- und Aliasing-Fehler bei der Verbreiterung des Abtastintervalls für $R \to \infty$ schnell klein. Allerdings erkauft man sich das schnelle Abfallen in der Regel mit relativ großen Nebenmaxima in der Nähe der Hauptkeule bei Null. Da sich in der Praxis das Abtastintervall nicht beliebig vergrößern lässt, führen die großen Nebenmaxima bei Null durch die Faltung dazu, dass nah benachbarte Frequenzen nicht gut aufgelöst werden können. Es gilt also, einen Kompromiss zwischen schnellem Abfallen der Nebenkeulen und kleinen Nebenkeulen in der Nähe von Null zu finden.

Beispielsweise hat die Dreiecksfunktion (**Bartlett-Fenster**) $g(t) := 1 - \left|\frac{t}{R}\right|$ für $-R \leq t \leq R$ und $g(t) := 0$ für $|t| > R$ die Transformierte (vgl. (12.8), Seite 342)

$$g^\wedge(\omega) = R\frac{\sin^2\left(\frac{\omega R}{2}\right)}{\left(\frac{\omega R}{2}\right)^2} = R\,\text{sinc}^2\left(\frac{\omega R}{2}\right).$$

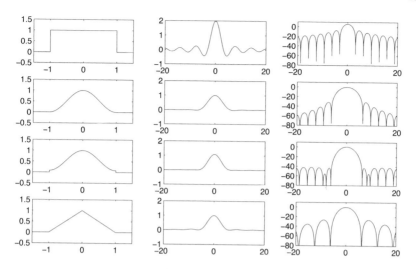

Abb. 14.17 Rechteck-, Hann-, Hamming- und Bartlett-Fenster: Links sind die Fensterfunktionen $g(t)$ zu $R = 1$ und in der Mitte die zugehörigen Transformierten $g^\wedge(\omega)$ eingezeichnet. Die Darstellung trügt: Keine der Fensterfunktionen ist bandbegrenzt. Das sieht man besser, wenn man eine logarithmische Darstellung der Graphen benutzt. Dazu ist rechts $10 \cdot \lg(|g^\wedge(\omega)|^2)$ eingezeichnet (Intensitätsverhältnisse in Dezibel)

Durch das Quadrat fällt diese Transformierte für $|\omega| \to \infty$ schneller ab als die sinc-Funktion. Dabei entspricht $g^\wedge$ dem Fejér-Kern bei 2π-periodischen Funktionen (siehe Seite 316), und die Faltung von $f^\wedge$ mit $g^\wedge$ strebt für $R \to \infty$ entsprechend gut gegen $f^\wedge$. Das ist ein Ergebnis der **Approximationstheorie**. In der Nachrichtentechnik werden andere gängige Fensterfunktionen eingesetzt, um den oben beschriebenen Kompromiss zu realisieren. Sie ergeben sich durch Wahl des Parameters $0 \leq a \leq 1$ aus

$$g(t) := \begin{cases} a + (1 - a) \cos\left(\frac{\pi}{R} t\right), & -R \leq t \leq R, \\ 0, & |t| > R. \end{cases}$$

Für $a = 1$ ist $g(t)$ die bereits bekannte Fensterfunktion eines Rechteckfensters, für $a = \frac{1}{2}$ spricht man vom **Hann-Fenster** (Hanning-Fenster). In diesem Fall ergibt sich mit dem Additionstheorem $\cos(2x) = 2\cos^2(x) - 1 \iff \frac{1}{2} + \frac{1}{2}\cos(2x) = \cos^2(x)$ (Band 1, S. 136)

$$g(t) := \begin{cases} \frac{1}{2} + \frac{1}{2}\cos\left(\frac{\pi}{R} t\right) = \cos^2\left(\frac{\pi}{2R} t\right), & -R \leq t \leq R, \\ 0, & |t| > R, \end{cases}$$

so dass man g auch $\cos^2$-Fenster nennt. Um die Nebenkeulen in der Nähe der Hauptkeule bei Null zu reduzieren, hat man festgestellt, dass ein kleiner Sprung an den Rändern des Fensters einen positiven Effekt haben kann. Das ist für $a = 0{,}54$ der Fall. Hier heißt $g(t)$ die Fensterfunktion des **Hamming-**

Fensters, wobei die Fensterfunktion des Hann-Fensters auf einen kleinen Sockel der Höhe 0,08 gesetzt wird (siehe Abbildung 14.17):

$$g(t) := \begin{cases} 0{,}54 + 0{,}46 \cos\left(\frac{\pi}{R}t\right) = 0{,}08 + 0{,}92 \left(\frac{1}{2} + \frac{1}{2}\cos\left(\frac{\pi}{R}t\right)\right) \\ \qquad = 0{,}08 + 0{,}92 \cos^2\left(\frac{\pi}{2R}t\right), & -R \leq t \leq R, \\ 0, & |t| > R. \end{cases}$$

Die Fourier-Transformierte von g wird in Aufgabe 16.22 berechnet:

$$g^\wedge(\omega) = 2R\operatorname{sinc}(\omega R) \left[a + (1-a)\frac{1}{\left(\frac{\pi}{R\omega}\right)^2 - 1} \right].$$

Für $|\omega| \to \infty$ strebt der Term in der eckigen Klammer gegen $a - (1-a) = 2a - 1$. Insbesondere im Fall des Hann-Fensters ($a = \frac{1}{2}$) werden dadurch die Schwingungen der sinc-Funktion zusätzlich gedämpft, der Aliasing-Fehler ist (für großes R) günstiger als beim Rechteck- und Bartlett-Fenster. Beim Hamming-Fenster strebt der Term in der eckigen Klammer zwar nicht gegen null, dafür ist er aber, wie angekündigt, nahe beim Hauptmaximum kleiner als beim Hann-Fenster, siehe Abbildung 14.17. Das liegt daran, dass die Transformierte eine Linearkombination der Transformierten des Sockels, also des Rechteckfensters und der Transformierten des Hann-Fensters ist. Dabei nutzt man aus, dass die Hauptkeule der Transformierten $2\operatorname{sinc}(\omega)$ des Rechteckfensters für $R = 1$ von den Nullstellen bei $-\pi$ bis π reicht. An diesen Stellen wechselt der Sinus-Cardinalis das Vorzeichen und ist auf $]-2\pi, -\pi[$ und $]\pi, 2\pi[$ negativ. Dann wechselt das Vorzeichen, so dass die Funktion auf $]-3\pi, -2\pi[$ und $]2\pi, 3\pi[$ wieder positiv ist. Die Transformierte des von Hann-Fensters dagegen ist auf $]-2\pi, 2\pi[$ positiv und auf $]-3\pi, -2\pi[$ und $]2\pi, 3\pi[$ negativ (siehe Abbildung 14.17). Aufgrund des unterschiedlichen Vorzeichens kommt es durch die Addition des Sinus-Cardinalis zu Auslöschungen auf $]-3\pi, -\pi[$ und $]\pi, 3\pi[$.

Weitere Fenster findet man z. B. in [Butz(2007), S. 87].

14.11 Zusammenfassung

Möchte man die Fourier-Koeffizienten einer Fourier-Reihe oder Werte einer Fourier-Transformierten praktisch ausrechnen, benutzt man dazu endlich viele Funktionswerte der Ursprungsfunktion. Diese werden in einem Vektor zusammengefasst, mit dem dann eine diskrete Fourier-Transformation (Matrix-Multiplikation mit einer speziellen Matrix) vorgenommen wird. Das Ergebnis sind näherungsweise berechnete Fourier-Koeffizienten oder Funktionswerte der Fourier-Transformierten. Unter gewissen Voraussetzungen ist das Ergebnis für Fourier-Koeffizienten sogar exakt, nämlich dann, wenn die Ursprungsfunktion keine zu hohen Frequenzen besitzt (Abtastsatz). Diese kann man aber vor dem Ausrechnen der Fourier-Koeffizienten mit einem Tiefpassfilter beseitigen. Außerdem muss man die richtige Periodenlänge kennen. Für die Fourier-Transformation gilt ein entsprechender Abtastsatz, wobei man aber einen zusätzlichen kleinen Fehler dadurch erhält, dass man im Gegensatz zur Berechnung der Fourier-Koeffizienten (hier betrachtet man als ideales Abtastintervall eine volle Periode der Funktion) ein beschränktes Abtastintervall $[-R, R]$ auswählen muss und nicht $]-\infty, \infty[$ verwenden kann. Dieser Fehler ist vergleichbar mit der Wahl eines falschen Periodenintervalls. Der dann unvermeidbare Aliasing-Fehler kann durch eine genügend hohe Abtastrate und die Verwendung einer geeigneten Fensterfunktion klein gehalten werden.

Literaturverzeichnis

Arens et al.(2022). Arens T. et al.: Mathematik. Springer Spektrum, Heidelberg, 2022.

Brown(1967). Brown J. L. Jr.: On the error in reconstructing a non-bandlimited function by means of the bandpass sampling theorem. J. Math. Anal. Appl. 18, 1967, S. 75–84. Erratum Ibid. 21, 1968, S. 699.

Butz(2007). Butz T.: Fouriertransformation für Fußgänger. Teubner, Wiesbaden, 2007.

Kapitel 15

Wavelets und schnelle Wavelet-Transformation *

In die Berechnung von Fourier-Koeffizienten und von Werten der Fourier-Transformierten gehen alle Werte der Eingangsfunktion ein. Schöner wäre es, wenn sich nur Funktionswerte aus kleinen Intervallen auf gewisse zugehörige Werte der Fourier-Transformierten auswirken würden. Denn in der Praxis lassen sich nur endlich viele Abtastwerte aus einem endlichen Intervall verwenden, die Werte außerhalb des Intervalls spielen aber leider für die exakte Berechnung aller Werte der Transformierten eine Rolle. Bei zu analysierenden Signalen liegen sie zum Teil in der Zukunft. Hier kann man sich mit Fensterfunktionen behelfen, die die nicht verfügbaren Daten ausblenden, aber leider auch zu einem Fehler führen. Die Verwendung von Fenstern ist eine Lokalisierung der Fourier-Transformation.

Das folgende Beispiel zeigt, wie sich bei einer Verschiebung des Abtastfensters tatsächlich alle Werte eines Fourier-Spektrums ändern.

Beispiel 15.1 (Fortlaufende diskrete Fourier-Transformation) Wir möchten ein zeitlich fortlaufendes Signal Fourier-analysieren, so wie es beispielsweise für die Frequenzanzeige einer Stereo-Anlage erforderlich ist.

In einem Abtastintervall stehen uns zunächst n Werte $f_0, \ldots, f_{n-1}$ zur Verfügung, mit denen wir über die diskrete Fourier-Transformation (mit dem FFT-Algorithmus) ein Spektrum berechnen können. Das Ergebnis der diskreten Fourier-Transformation sei $(a_k)_{k=0}^{n-1} := DFT_w((f_0, \ldots, f_{n-1}))$, also $a_k = \sum_{i=0}^{n-1} w^{ki} f_i$.

Dann werden alle Abtastwerte um eine Position nach links geschoben. f_0 fällt weg, dafür kommt rechts ein neuer Abtastwert f_n dazu. Eine erneute diskrete Fourier-Transformation führt in der Regel zu völlig anderen Werten $(b_k)_{k=0}^{n-1} := DFT_w((f_1, \ldots, f_n))$.

Statt diesen Vektor mit einem Aufwand der Größenordnung $n\,\mathrm{ld}(n)$ vollständig neu zu berechnen, können wir schneller mit dem bereits vorliegenden ersten Ergebnis $(a_k)_{k=0}^{n-1}$ weiterrechnen:

$$b_k = \sum_{i=0}^{n-1} w^{ki} f_{i+1} = \sum_{i=1}^{n} w^{k(i-1)} f_i = w^{k(n-1)} f_n + w^{-k} \sum_{i=1}^{n-1} w^{ki} f_i$$

$$= w^{k(n-1)} f_n - w^{-k} f_0 + w^{-k} \sum_{i=0}^{n-1} w^{ki} f_i = w^{k(n-1)} f_n - w^{-k}[f_0 + a_k].$$

Damit lässt sich die zweite diskrete Fourier-Transformation (und alle weiteren) unter Berücksichtigung der vorangehenden Transformierten mit höchstens $2n$ Multiplikationen berechnen. Dieser Ansatz funktioniert aber nur, solange keine Fensterfunktion eingesetzt wird, die die Abtastwerte in Abhängigkeit ihrer Position verändern würde.

Die Ursache des globalen Verhaltens der Fourier-Transformation liegt darin, dass die verwendeten Sinus- und Kosinus-Funktionen nicht nur lokal Werte ungleich null annehmen. Während im Beispiel das geänderte Spektrum effizient berechnet werden kann, müssen bei anderen Änderungen alle Werte neu berechnet werden.

Bei der **Wavelet-Transformation** werden die Sinus- und Kosinus-Funktionen durch Funktionen ersetzt, die mit wachsenden Frequenzen auf immer kleineren Intervallen von null verschieden sind. Bei einer lokalen Änderung ändern sich dann nur die Koeffizienten bzw. Werte der Transformierten, die einen lokalen Bezug haben, die anderen bleiben unverändert. Wie Fourier-Transformationen werden Wavelet-Transformationen z. B. zur verlustbehafteten Datenkompression eingesetzt, u. a. bei JPEG 2000. Das Frequenzverhalten kann je nach Bildausschnitt sehr unterschiedlich sein. Ausgeprägte Kanten führen beispielsweise zu hohen auftretenden Frequenzen. Wird daher die diskrete Fourier-Transformation im Rahmen von JPEG eingesetzt, so geschieht dies auf kleinen Bildausschnitten. Diese Zusatzverarbeitung ist bei der Nutzung von Wavelets nicht erforderlich. In diesem Kapitel besprechen wir die Idee der Wavelets am einfachsten Beispiel des Haar-Wavelets. Daraus wird die diskrete Wavelet-Transformation hergeleitet.

15.1 Idee der Wavelet-Transformation

Eine gegebene Funktion wird zunächst auf eine feine Näherung abgebildet. Diese Näherung kann dann durch eine gröbere Näherung plus der Differenz zur feineren Näherung ausgedrückt werden. So verfährt man weiter und drückt die gröbere Näherung wieder durch eine noch gröbere plus eine Differenz aus. Um die feine Näherung zu erhalten, benötigt man schließlich die gröbste Näherung zuzüglich aller Differenzen. Das ist letztlich auch der Ansatz der Fourier-Reihe. Mit höheren Frequenzen kommen immer feinere Differenzen dazu. Diese werden bei Fourier-Reihen aber global berechnet und bei der Wavelet-Transformation nach Möglichkeit lokal.

Der Begriff **Multiskalenanalyse** drückt aus, dass bei der Wavelet-Transformation mit unterschiedlich genauen Auflösungen einer Funktion gearbeitet wird. Die gröbste Skala erhält den Index 0, die feinste Skala, mit der die Berechnung begonnen wird, hat den größten Index.

Mit einer Wavelet-Transformation kann man verlustbehaftet Daten packen, indem man die Werte der Differenzen zwischen je zwei Skalen quantisiert (in Klassen einteilt), also mit geringerer Genauigkeit speichert.

Wir beschreiben das Prinzip der Transformation zunächst anhand einer stückweise konstanten Funktion. In Abbildung 15.1 ist links diese Funktion

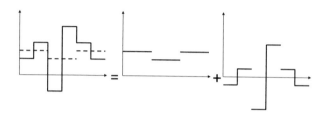

Abb. 15.1 Links: Approximation einer Funktion auf einer (feinen) Skala V_n mittels der Skalierungsfunktion. Mitte: Approximation der Funktion auf der nächst-gröberen Skala V_{n-1}. Rechts: Differenz zwischen beiden Darstellungen als Vielfache des Wavelets

(durchgezeichnet) dargestellt. Jetzt vergröbern wir die Darstellung, indem wir das arithmetische Mittel von Funktionswerten zu Paaren benachbarter konstanter Bereiche bilden. Die daraus entstehende gröbere Funktion ist in der Mitte dargestellt. Von dieser gröberen Funktion gelangen wir wieder zur feineren Startfunktion, indem wir die rechts dargestellten Funktionen („kleine Wellen") addieren. Die mittlere Funktion kann nun durch Mittelwertbildung weiter vergröbert werden, wobei wobei sich die Differenzen wieder mittels „kleinen Wellen" beschreiben lassen. Die Wellen lassen sich alle als Faktor mal verschobener und skalierter Standardfunktion, dem Wavelet, schreiben. Die Faktoren sind die bei der Transformation berechneten Werte.

Wir haben soeben die Wavelet-Transformation am Beispiel des (einfachen, aber leider unstetigen) Haar-Wavelets betrachtet. Um die gegebene Funktion zu beschreiben, benötigen wir eine **Skalierungsfunktion** Φ. Beim Haar-Wavelet ist

$$\Phi(x) := \begin{cases} 1, & 0 \leq x < 1, \\ 0, & \text{sonst.} \end{cases}$$

Durch Verschiebung (um k nach rechts) erhalten wir die Funktionen

$$\Phi_{0,k}(x) := \Phi(x - k).$$

Wir können jede auf $\mathbb{R}$ definierte Funktion, die auf jedem Intervall $[k, k+1[$ für $k \in \mathbb{Z}$ konstant ist, als (unendliche) Linearkombination der Funktionen $\Phi_{0,k}(x)$ schreiben. Damit wir aber auch Funktionen, die nicht stückweise konstant sind oder deren konstante Abschnitte kleiner sind, näherungsweise als eine solche Linearkombination ausdrücken können, benötigen wir beliebig kleine konstante Stücke, die sich aneinandersetzen lassen. Diese erhalten wir durch Skalierung von $\Phi_{0,k}$:

$$\Phi_{i,k}(x) := 2^{i/2}\Phi(2^i x - k) = \begin{cases} 2^{i/2}, & \text{falls } \frac{k}{2^i} \le x < \frac{k+1}{2^i}, \\ 0, & \text{sonst.} \end{cases}$$

In der Tat kann man sich über Linearkombinationen dieser Funktionen jeder integrierbaren Funktion beliebig genau nähern, wenn man als Fehlermaß das Integral über Fehlerquadrate nimmt, das bereits zur Definition der Fourier-Koeffizienten geführt hat.

Die Faktoren 2^i verkleinern die Länge der Intervalle, auf denen die Funktionen einen Beitrag liefern, auf 2^{-i}. Die Werte von i werden den Frequenzen der Sinus- und Kosinus-Terme bei Fourier-Reihen entsprechen. Mit wachsenden Frequenzen werden hier entsprechend die Periodenintervalle kleiner. Neu im Vergleich zur Fourier-Analysis ist die durch $-k$ verursachte Translation, die den lokalen Bezug der Funktionen herstellt. Der Vorfaktor $2^{i/2}$ dient lediglich der Normierung. Auf ihn gehen wir später ein, er ist zunächst nicht wichtig.

Den (unabhängig von den Vorfaktoren $2^{i/2}$) von den Funktionen $\Phi_{i,k}(x)$ für festes i und alle $k \in \mathbb{Z}$ erzeugte Vektorraum von Funktionen nennen wir V_i. Dann gilt:

$$V_i \subseteq V_{i+1}.$$

Wir haben also eine Skala von Verfeinerungen. Bei der Wavelet-Transformation stellt man zunächst die gegebene Funktion möglichst gut über eine Funktion in V_n für ein vorgegebenes n dar. Dann schreibt man diese als Funktion aus V_{n-1} (der nächst gröberen Skala) plus einer Differenz (zwischen den beiden Skalen, siehe Abbildung 15.1). Der Ansatz wird fortgesetzt, bis man eine Funktion aus V_0 plus n Differenzen erhält.

Wir können nun wie in der Abbildung 15.1 vorgehen. Dazu sei mit $d_{n,k} := a_k$

$$g(x) := \sum_{k=0}^{2^n-1} d_{n,k}\Phi(2^n x - k) = \sum_{k=0}^{2^n-1} a_k\Phi(2^n x - k) = 2^{-n/2}\sum_{k=0}^{2^n-1} a_k\Phi_{n,k}(x) \in V_n$$

eine Näherung an eine Funktion f auf einem Intervall $[0,1]$, die aus 2^n stückweise konstanten Abschnitten besteht. Wir können nun $g(x)$ umschreiben in

$$g(x) = \sum_{k=0}^{2^{n-1}-1} d_{n-1,k}\Phi(2^{n-1}x - k) + h_{n-1,k}\Psi(2^{n-1}x - k), \qquad (15.1)$$

wobei mit den Funktionen $\Phi(2^{n-1}x - k)$ die größeren konstanten Bereiche beschrieben werden und die Differenzen mit dem **Haar-Wavelet**

$$\Psi(x) := 2\Phi(2x) - \Phi(x) = \begin{cases} 1, & 0 \leq x < \frac{1}{2}, \\ -1, & \frac{1}{2} \leq x < 1, \\ 0, & \text{sonst,} \end{cases}$$

ausgedrückt werden. Die Koeffizienten $d_{n-1,k}$ entstehen dabei durch Mittelwertbildung:

$$d_{n-1,k} = \frac{d_{n,2k} + d_{n,2k+1}}{2}. \tag{15.2}$$

Die Koeffizienten der verschobenen und skalierten Wavelets sind

$$h_{n-1,k} = \frac{d_{n,2k} - d_{n,2k+1}}{2}. \tag{15.3}$$

Wir beobachten, dass $d_{n-1,k} + h_{n-1,k} = d_{n,2k}$ und $d_{n-1,k} - h_{n-1,k} = d_{n,2k+1}$ ist. Aufgrund der Definition von Ψ wird daher tatsächlich g in (15.1) berechnet, Ψ liefert genau die vor $h_{n-1,k}$ stehenden Vorzeichen $+$ und $-$. Wenn wir als nächstes $\sum_{k=0}^{2^{n-1}-1} d_{n-1,k}\Phi(2^{n-1}x - k) \in V_{n-1}$ wieder über eine gröbere Darstellung und Differenzen schreiben und das solange fortsetzen, bis wir eine konstante Funktion erhalten, dann haben wir fast die Haar-Wavelet-Transformation durchgeführt und diese Darstellung von g gewonnen:

$$g(x) = d_{0,0} + \sum_{l=0}^{n-1} \sum_{k=0}^{2^l-1} h_{l,k}\Psi(2^l x - k).$$

Wir erhalten also den Koeffizientenvektor

$$(d_{0,0}, h_{0,0}, h_{1,0}, h_{1,1}, h_{2,0}, h_{2,1}, h_{2,2}, h_{2,3}, h_{3,0}, \ldots, h_{n-1,2^{n-1}-1})$$

aus den gegebenen Funktionswerten $\vec{a} = (a_0, a_1, \ldots, a_{2^n-1})$ über den Algorithmus 2, der sukzessive den in Algorithmus 1 beschriebenen Transformationsschritt verwendet. In den Algorithmen verwenden wir die Schreibweise $\vec{a}[i : k]$, um den Vektor mit den $k - i + 1$ Einträgen $a_i, a_{i+1}, \ldots, a_k$ zu bezeichnen. Die Algorithmen sind mit „**diskrete** Wavelet-Transformation" beschriftet, da sie mit einem Vektor von endlich vielen Funktionswerten und nicht mit einer Funktion mit überabzählbar vielen Funktionswerten arbeiten.

Die einzige kleine Erweiterung zur üblicher Weise verwendeten Haar-Wavelet-Transformation besteht noch in der Verwendung von zur Normierung dienenden Faktoren, die wir bislang nur in der Definition von $\Phi_{i,k}$ berücksichtigt haben und auf die man in praktischen Anwendungen aber auch verzichten kann. Die Faktoren resultieren daraus, dass man gerne mit einem Orthonormalsystem von Funktionen arbeitet, so dass sich die beste Annäherung an eine Funktion leicht über eine Orthogonalprojektion berechnen lässt. Das wird dann wichtiger, wenn man mit komplizierteren Funktionen Φ und Ψ arbeitet, die schönere Eigenschaften (z. B. Stetigkeit) als die Haar-Skalierungsfunktion und das Haar-Wavelet haben. Zwar betrachten wir weiterhin konkret die Haar-Funktionen, aber wir stellen die Wavelet-Theorie jetzt so dar, dass die Formeln auch für andere orthogonale Wavelets hergeleitet werden.

Algorithmus 1 Ein Schritt der vereinfacht normierten diskreten Wavelet-Transformation

---

   procedure DWTSCHRITT($\vec{a}$)
      $n :=$ ANZAHLKOMPONENTEN($\vec{a}$) (muss gerade sein)
      for $j = 0 : n/2 - 1$ **do**
         $b_j := \frac{a_{2j} + a_{2j+1}}{2}$
         $b_{j+n/2} := \frac{a_{2j} - a_{2j+1}}{2}$
      return $\vec{b}$

Algorithmus 2 Vereinfacht normierte eindimensionale diskrete Wavelet-Transformation

---

   procedure DWT($\vec{a}$)
      $n :=$ ANZAHLKOMPONENTEN($\vec{a}$) (muss Zweierpotenz sein)
      if $n \leq 1$ **then**
         return $\vec{a}$
      $\vec{b} :=$ DWTSCHRITT($\vec{a}$)
      $\vec{c}[0 : n/2 - 1] :=$ DWT($\vec{b}[0 : n/2 - 1]$)
      $\vec{c}[n/2 : n - 1] := \vec{b}[n/2 : n - 1]$
      return $\vec{c}$

15.2 Eindimensionale Wavelet-Transformation

Wir sind zuvor mit einer Funktion $g \in V_n$ gestartet. Wenn eine Funktion $f \notin V_n$ gegeben ist, dann müssen wir sie zunächst möglichst gut durch eine Funktion aus V_n ersetzen. Die beste Approximation (im quadratischen Mittel) aus V_n an eine gegebene Funktion erhält man (wie Fourier-Partialsummen) über eine Orthogonalprojektion. Der Vorfaktor $2^{i/2}$ der $\Phi_{i,k}(x)$ im Falle des Haar-Wavelets, den wir erst einmal nicht erklärt haben, sorgt dafür, dass die Funktionen zu festem i bezüglich des (reellen) Skalarprodukts $f \bullet g := \int_{-\infty}^{\infty} f(x)g(x)\, dx$ (vgl. mit Beispiel (19.7) in Band 1, S. 557) nicht nur paarweise orthogonal, sondern auch zu 1 normiert sind. Man erhält als beste Approximation aus V_n an f die Funktion (siehe (iv) auf Seite xvii, vgl. Band 1, S. 569 für endlich-dimensionales $U := V_n$)

$$\sum_{k\in\mathbb{Z}}(\Phi_{n,k}\bullet f)\Phi_{n,k}(x) = \sum_{k\in\mathbb{Z}}\int_{-\infty}^{\infty}\Phi_{n,k}(t)f(t)\,\mathrm{d}t\cdot\Phi_{n,k}(x).$$

Die für die Orthogonalprojektion zu berechnenden Integrale können näherungsweise mittels Quadraturverfahren aus Abtastwerten berechnet werden. So kann man abgesehen vom Haar-Wavelet auch bei anderen Wavelet-Skalierungsfunktionen Φ vorgehen, wenn die skalierten und verschobenen Funktionen $\Phi_{n,k}$ eine Orthonormalbasis von V_n bilden.

Die Haar-Skalierungsfunktion $\Phi \in V_0$ lässt sich in der nächst feineren Stufe V_1 ausdrücken:

$$\Phi(x) = \Phi(2x) + \Phi(2x - 1) = \frac{1}{\sqrt{2}}\Phi_{1,0}(x) + \frac{1}{\sqrt{2}}\Phi_{1,1}(x).$$

Allgemein benötigt man für eine Multiskalenanalyse eine Skalierungsfunktion Φ, die sich als Linearkombination der $\Phi_{1,k}$ schreiben lässt, so dass $V_0 \subseteq V_1$ ist. Diese Linearkombination heißt **Verfeinerungsgleichung** oder **Skalierungsgleichung** (two-scale relation):

$$\Phi(x) = \sum_{k\in\mathbb{Z}}\frac{c_k}{\sqrt{2}}\Phi_{1,k}(x) = \sum_{k\in\mathbb{Z}}c_k\Phi(2^1 x - k). \tag{15.4}$$

Die Koeffizienten c_k sind für die Wavelet-Transformation sehr wichtig. Speziell für die Skalierungsfunktion des Haar-Wavelets gilt $c_0 = c_1 = 1$ und $c_k = 0$ für $k \in \mathbb{Z} \setminus \{0,1\}$. Bei den ebenfalls orthogonalen und zusätzlich stetigen Daubechies-Skalierungsfunktionen D_4, D_6, D_8,... sind 4, 6, 8,... Koeffizienten ungleich null, siehe z. B. [Louis, Maaß und Rieder(1998), S. 169ff]. Wir betrachten nur Verfeinerungsgleichungen mit endlichen Summen.

Die für die ersten beiden Skalen formulierte Verfeinerungsgleichung gilt auch für den Übergang zwischen höheren Skalen:

$$\Phi_{i,k}(x) = \sum_{l\in\mathbb{Z}}\frac{c_l}{\sqrt{2}}\Phi_{i+1,2k+l}(x). \tag{15.5}$$

Diese Gleichung im Rahmen des Haar-Wavelets lautet

$$\Phi_{i,k}(x) = \frac{1}{\sqrt{2}}\left[\Phi_{i+1,2k}(x) + \Phi_{i+1,2k+1}(x)\right].$$

Mit den Koeffizienten der Verfeinerungsgleichung lassen sich ganz allgemein aus Skalierungsfunktionen Wavelets konstruieren, mit denen die Differenzen zwischen des Skalen ausgedrückt werden können. Zu jeder Skalierungsfunktion, bei der die Funktionen $\Phi_{i,k}(x)$ für festes i ein Orthonormalsystem bilden, erhält man ein zugehöriges Wavelet über den Ansatz [Louis, Maaß und Rieder(1998), S. 122]

$$\Psi(x) = \sum_{k \in \mathbb{Z}} (-1)^k c_{1-k} \Phi(2x - k), \tag{15.6}$$

wobei $(c_k)_{k \in \mathbb{Z}}$ die Folge der Koeffizienten der Verfeinerungsgleichung (15.4) ist. Tatsächlich ist so auch das Haar-Wavelet ($c_0 = c_1 = 1$, $c_k = 0$ für $k \in \mathbb{Z} \setminus \{0, 1\}$) gebildet: Da für das Haar-Wavelet

$$\Phi(x) + \Psi(x) = 2\Phi(2x) \tag{15.7}$$

$$\Phi(x) - \Psi(x) = 2\Phi(2x - 1) \tag{15.8}$$

gilt, erhalten wir in diesem Fall

$$\sum_{k \in \mathbb{Z}} (-1)^k c_{1-k} \Phi(2x - k) = \Phi(2x - 0) - \Phi(2x - 1) = \frac{1}{2}[2\Phi(2x) - 2\Phi(2x - 1)]$$

$$= \frac{1}{2}[\Phi(x) + \Psi(x) - \Phi(x) + \Psi(x)] = \Psi(x).$$

Abweichend von dieser Darstellung (15.6) findet man in der Literatur auch die Definition

$$\Psi(x) := \sum_{k \in \mathbb{Z}} (-1)^{k+1} c_{1-k} \Phi(2x - k),$$

bei der das Wavelet genau ein entgegengesetztes Vorzeichen hat. Das führt dann lediglich zu einem anderen Vorzeichen der über die Wavelet-Transformation berechneten Koeffizienten.

Wie zuvor für Φ verschieben und skalieren wir Ψ und schreiben normiert

$$\Psi_{i,k}(x) := 2^{i/2} \Psi(2^i x - k).$$

Aus (15.6) erhalten wir für höhere Skalen

$$\Psi_{i,k}(x) = 2^{i/2} \Psi(2^i x - k) = 2^{i/2} \sum_{l \in \mathbb{Z}} (-1)^l c_{1-l} \Phi(2[2^i x - k] - l)$$

$$= 2^{i/2} \sum_{l \in \mathbb{Z}} (-1)^l c_{1-l} \Phi(2^{i+1} x - [2k + l]) = 2^{i/2} \sum_{l \in \mathbb{Z}} (-1)^l c_{1-l} \frac{1}{2^{\frac{i+1}{2}}} \Phi_{i+1, 2k+l}(x)$$

$$= \sum_{l \in \mathbb{Z}} (-1)^l \frac{c_{1-l}}{\sqrt{2}} \Phi_{i+1, 2k+l}(x). \tag{15.9}$$

Die **schnelle Wavelet-Transformation** basiert auf den Gleichungen (15.5) und (15.9). Wir beginnen mit der besten Approximation $g_n \in V_n$ an f:

$$g_n(x) = \sum_{k \in \mathbb{Z}} d_{n,k} \Phi_{n,k}(x),$$

wobei die Koeffizienten $d_{n,k} = \Phi_{n,k} \bullet f$ wie oben beschrieben mittels Quadratur berechnet werden können. Verwenden wir beispielsweise das Haar-Wavelet, so können wir eine Funktion f auf jedem Teilintervall $[k2^{-n}, (k +$

$1)2^{-n}[$ durch eine konstante Funktion mit Wert $f(k2^{-n})$ ersetzen. Damit erhalten wir

$$d_{n,k} \approx f(k2^{-n}) \int_{-\infty}^{\infty} \Phi_{n,k}(x)\,\mathrm{d}x = f(k2^{-n}) \int_{-\infty}^{\infty} 2^{n/2}\Phi(2^n x - k)\,\mathrm{d}x$$

$$= f(k2^{-n})2^{-n/2} \int_{-\infty}^{\infty} \Phi(u)\,\mathrm{d}u = 2^{-n/2}f(k2^{-n}).$$

Hier entsprechen (bis auf Normierung) die Koeffizienten $d_{n,k}$, die die Eingangsdaten für die schnelle Wavelet-Transformation sind, genau äquidistant gebildeten Abtastwerten der darzustellenden Funktion f.

Jetzt verlangen wir, dass die Funktionen $\{\Phi_{i,k}, \Psi_{i,k} : k \in \mathbb{Z}\}$ für jedes feste i ein Orthonormalsystem bilden. Beim Haar-Wavelet ist offensichtlich $\Phi \bullet \Phi = \int_0^1 1\,\mathrm{d}x = 1$, $\Psi \bullet \Psi = \int_0^1 1\,\mathrm{d}x = 1$, $\Phi \bullet \Psi = \int_0^{\frac{1}{2}} 1\,\mathrm{d}x + \int_{\frac{1}{2}}^1 (-1)\,\mathrm{d}x = 0$. Durch Skalierung und Translation ergibt sich daraus sofort, dass tatsächlich für jedes feste i ein Orthonormalsystem vorliegt.

Eine Funktion

$$g_{i+1}(x) = \sum_{k\in\mathbb{Z}} d_{i+1,k}\Phi_{i+1,k}(x) \in V_{i+1}$$

(die ja für $i+1 = n$ als beste Approximation an f bereits berechnet ist) kann in der i-ten Skala geschrieben werden als Orthogonalprojektion

$$g_{i+1}(x) = \sum_{k\in\mathbb{Z}} d_{i,k}\Phi_{i,k}(x) + \sum_{k\in\mathbb{Z}} h_{i,k}\Psi_{i,k}(x),$$

wobei sich die Koeffizienten über Skalarprodukte berechnen. Wegen der Orthonormalität für festes i erhalten wir mit (15.5):

$$d_{i,k} = g_{i+1} \bullet \Phi_{i,k} = \sum_{m\in\mathbb{Z}} d_{i+1,m}\Phi_{i+1,m} \bullet \Phi_{i,k}$$

$$\overset{(15.5)}{=} \sum_{m\in\mathbb{Z}} d_{i+1,m}\Phi_{i+1,m} \bullet \left(\sum_{l\in\mathbb{Z}} \frac{c_l}{\sqrt{2}}\Phi_{i+1,2k+l}\right)$$

$$= \sum_{m\in\mathbb{Z}}\sum_{l\in\mathbb{Z}} d_{i+1,m}\frac{c_l}{\sqrt{2}}\Phi_{i+1,m} \bullet \Phi_{i+1,2k+l} = \sum_{l\in\mathbb{Z}} d_{i+1,2k+l}\frac{c_l}{\sqrt{2}}.$$

Hier haben wir eine Summe mit dem Skalarprodukt (also einem Integral) vertauscht. Solange die Summe wie beim Haar-Wavelet endlich ist, ist das kein Problem. Ebenso ergibt sich mit (15.9):

$$h_{i,k} = g_{i+1} \bullet \Psi_{i,k} = \sum_{m\in\mathbb{Z}} d_{i+1,m}\Phi_{i+1,m} \bullet \Psi_{i,k}$$

$$\overset{(15.9)}{=} \sum_{m \in \mathbb{Z}} d_{i+1,m} \Phi_{i+1,m} \bullet \left(\sum_{l \in \mathbb{Z}} (-1)^l \frac{c_{1-l}}{\sqrt{2}} \Phi_{i+1,2k+l} \right)$$

$$= \sum_{l \in \mathbb{Z}} d_{i+1,2k+l} (-1)^l \frac{c_{1-l}}{\sqrt{2}}.$$

Damit können wir mit einer Darstellung von $g \in V_n$ beginnen und daraus mit den beiden vorangehenden Gleichungen eine Darstellung in V_{n-1} mit Koeffizienten $d_{n-1,k}$ plus einer Differenz mit Koeffizienten $h_{n-1,k}$ berechnen. Das wird fortgesetzt, bis man bei V_0 ankommt. Gespeichert werden müssen die Koeffizienten $d_{0,k}$ der Darstellung in V_0 und alle Koeffizienten $h_{i,k}$ der Differenzen, $0 \le i < n$. Obwohl in den Summen als Indexmenge $\mathbb{Z}$ verwendet wird, sind beim Haar-Wavelet beispielsweise nur zwei Werte c_l von null verschieden. Es müssen also nur Summen mit zwei Summanden berechnet werden.

Aus den Werten $d_{i+1,k}$ einer Stufe $i + 1$ werden halb so viele Werte $d_{i,k}$ der Stufe i berechnet. Aus m Werten der Stufe $i = n$ werden damit

$$m \left(1 + \frac{1}{2} + \frac{1}{4} + \cdots + \frac{1}{2^{n-1}} \right) \le m \cdot \sum_{n=0}^{\infty} \frac{1}{2^n} = 2m$$

Werte (geometrische Reihe, siehe Seite 594). Ebenso werden ca. $2m$ Koeffizienten $h_{i,k}$ bestimmt. Jeder einzelne Koeffizient wird über die endliche Summe in „konstanter" Zeit berechnet. Damit hängt die Rechenzeit der schnellen Wavelet-Transformation (bei Summation über eine endliche Indexmenge) linear von der Anzahl der gegebenen Abtastwerte (oder alternativ: linear von der Anzahl der zu berechnenden Koeffizienten) ab. Sie ist damit effizienter als die schnelle Fourier-Transformation. Auch sieht man, wie sich lokale Änderungen an der Eingangsfunktion auswirken. Beim Haar-Wavelet beeinflussen sie nur wenige Koeffizienten in der V_n-Darstellung. Durch die kurzen Summen bei der Berechnung der $d_{i,k}$ und $h_{i,k}$ ändern sich auch nur wenige dieser Koeffizienten. Die Auswirkungen bleiben lokal.

Speziell für das Haar-Wavelet sieht die schnelle Wavelet-Transformation so aus ($0 \le i \le n - 1$):

$$d_{n,k} \approx 2^{-n/2} f(k2^{-n}), \quad d_{i,k} = \frac{d_{i+1,2k} + d_{i+1,2k+1}}{\sqrt{2}},$$

$$h_{i,k} = \frac{d_{i+1,2k} - d_{i+1,2k+1}}{\sqrt{2}}.$$

Im Vergleich mit (15.2) und (15.3) sowie dem Algorithmus 1 fällt auf, dass durch $\sqrt{2}$ und nicht durch 2 dividiert wird. Das liegt ausschließlich an der Normierung für das Orthonormalsystem. Die Algorithmen 1 und 2 werden also zur üblichen diskreten Wavelet-Transformation, wenn die Koordinaten von $\vec{a}$ vorab mit $2^{-n/2}$ multipliziert werden und dann in Algorithmus 1 statt durch 2 durch $\sqrt{2}$ dividiert wird.

Die Rekonstruktion der Näherung g der gegebenen Funktion f geschieht nun durch Summation über die berechneten Differenzen:

$$g(x) = \sum_{k \in \mathbb{Z}} d_{0,k} \Phi_{0,k}(x) + \sum_{i=0}^{n-1} \sum_{k \in \mathbb{Z}} h_{i,k} \Psi_{i,k}(x).$$

Im Vergleich zu Fourier-Koeffizienten, die von der Frequenz abhängen, hängen die hier verwendeten Koeffizienten $h_{i,k}$ von zwei Parametern ab: i beschreibt die Skala und entspricht damit der Frequenz bei Fourier-Koeffizienten. Der Ort auf der x-Achse wird durch k adressiert. Durch diesen Parameter wirken sich lokale Änderungen an einer Eingangsfunktion auch nur auf die entsprechenden lokalen Koeffizienten aus.

15.3 Zweidimensionale diskrete Wavelet-Transformation

Wir haben zuvor einen Vektor von Funktionswerten transformiert. In der Bildverarbeitung hat man es dagegen oft mit Matrizen von Grauwerten zu tun. Die in Algorithmus 3 beschriebene Standard-Wavelet-Transformation für Matrizen nutzt die eindimensionale diskrete Wavelet-Transformation DWT, indem zuerst alle Zeilen damit transformiert werden. Die Ergebniskoeffizienten bilden eine neue Matrix, bei der nun die Spalten transformiert werden. Dadurch entsteht die Ergebnismatrix. Dieses Vorgehen lässt sich auch mittels Skalierungs- und Wavelet-Funktionen mit zwei Variablen erklären. Diese Funktionen sind zerfallend und entstehen als Produkt der Funktionen mit einer Variable und ihren Skalierungen.

Algorithmus 3 Diskrete zweidimensionale Standard-Wavelet-Transformation

---

> **procedure** STANDARDDWT($\mathbf{A}$)
> $\quad n \times n := $ MATRIXFORMAT($\mathbf{A}$)
> $\quad$ **if** $n \leq 1$ **then**
> $\quad\quad$ **return** $\mathbf{A}$
> $\quad$ **for** $j = 0 : n-1$ **do**
> $\quad\quad \mathbf{B}[j, 0 : n-1] := $ DWT($\mathbf{A}[j, 0 : n-1]$)
> $\quad$ **for** $j = 0 : n-1$ **do**
> $\quad\quad \mathbf{C}[0 : n-1, j] := $ DWT($\mathbf{B}[0 : n-1, j]$)
> $\quad$ **return** $\mathbf{C}$

Bei der Standard-Transformation werden auch die bereits berechneten Wavelet-Faktoren durch die Spaltentransformationen weiter zerlegt. Das ist bei der Realisierung von Filtern, bei denen Koeffizienten klassifiziert oder weggelassen werden, aber gar nicht unbedingt erforderlich. Daher wird häufig in der Bildverarbeitung eine vereinfachte Transformation vorgenommen, bei der zunächst ein Schritt der Transformation auf alle Zeilen und dann auf alle Spalten angewendet wird. Danach geht es aber nur mit dem linken oberen Viertel der Matrix in dieser Form weiter, siehe Algorithmus 4 und Abbildung 15.2. Alle anderen Einträge der Matrix werden nicht weiter modifiziert. Auf diese Weise benötigt man etwas weniger Rechenoperationen.

Algorithmus 4 Diskrete zweidimensionale Nichtstandard-Wavelet-Transformation

---

procedure NICHTSTANDARDDWT($\mathbf{A}$)
    $n \times n :=$ MATRIXFORMAT($\mathbf{A}$)
    if $n \leq 1$ **then**
        return A
    for $j = 0 : n - 1$ **do**
        $\mathbf{B}[j, 0 : n - 1] :=$ DWTSCHRITT($\mathbf{A}[j, 0 : n - 1]$)
    for $j = 0 : n - 1$ **do**
        $\mathbf{C}[0 : n - 1, j] :=$ DWTSCHRITT($\mathbf{B}[0 : n - 1, j]$)
    $\mathbf{D}[0 : n/2 - 1, 0 : n/2 - 1] :=$ NICHTSTANDARDDWT($\mathbf{C}[0 : n/2 - 1, 0 : n/2 - 1]$)
    $\mathbf{D}[n/2 : n - 1, 0 : n - 1] := \mathbf{C}[n/2 : n - 1, 0 : n - 1]$
    $\mathbf{D}[0 : n/2 - 1, n/2 : n - 1] := \mathbf{C}[0 : n/2 - 1, n/2 : n - 1]$
    return D

In [Goebbels und Pohle-Fröhlich(2015)] wird beispielsweise die diskrete zweidimensionale Nichtstandard-Wavelet-Transformation genutzt, um damit Laserscan-Höhendaten der Stadt Krefeld stark zu komprimieren. Dabei werden vergleichsweise kleine Wavelet-Koeffizienten zu feinen Skalen (d. h. zu hohen Frequenzen) weggelassen (Tiefpass-Filterung), falls aufgrund der lokalen Bodennutzung Details für die Visualisierung unwichtig sind.

Abb. 15.2 Erste Schritte einer Nichtstandard-Wavelet-Transformation eines Grauwertbildes: Der Betrag der Wavelet-Koeffizienten wird ebenfalls als Grauwert dargestellt, null ist schwarz. Da die Koeffizienten klein sind, wurden sie zur besseren Sichtbarkeit mit zehn multipliziert

Literaturverzeichnis

Goebbels und Pohle-Fröhlich(2015). Goebbels, St. und Pohle-Fröhlich, R.: Context-Sensitive Filtering of Terrain Data based on Multi Scale Analysis. In: Proceedings International Conference on Computer Graphics Theory and Applications (GRAPP), Berlin, 2015, S. 106–113.

Louis, Maaß und Rieder(1998). Louis, A. K., Maaß, P. und Rieder, A.: Wavelets. Teubner, Stuttgart, 1998.

Kapitel 16

Aufgaben zu Teil III

16.1 Fourier-Reihen und Fourier-Transformation

Aufgabe 16.1 Man entwickle die Funktionen $\sin(t)$ und $\cos(3t)$ als Fourier-Reihe und gebe diese sowohl in der Gestalt $a_0 + \sum_{k=1}^{\infty}(a_k \cos(kt) + b_k \sin(kt))$ als auch in der Darstellung $\sum_{k=-\infty}^{\infty} c_k \exp(jkt)$ an.

Aufgabe 16.2 Sei $f(t) = |\sin(t)|$.

a) Man berechne die Fourier-Reihe $a_0 + \sum_{k=1}^{\infty}(a_k \cos(kt) + b_k \sin(kt))$ von f.
b) Für welche $t \in \mathbb{R}$ konvergiert die Fourier-Reihe (als Zahlenreihe) gegen $f(t)$?

Aufgabe 16.3 Man berechne die Fourier-Transformierte der Funktion

$$f(t) := \begin{cases} e^{-t}, & t \geq 0, \\ 0, & t < 0. \end{cases}$$

Aufgabe 16.4 Man berechne mittels Integration die Fourier-Transformierte der Impulsfunktion

$$f(t) := \begin{cases} \frac{1}{T}, & 0 \leq t \leq T, \\ 0, & \text{sonst,} \end{cases} \quad \text{für } T > 0,$$

die unabhängig von T eine Fläche der Größe 1 einschließt: $\frac{1}{T}\int_0^T 1\,dt = 1$. Was geschieht mit der Transformierten, wenn man $T \to 0+$ gehen lässt?

Ergänzende Information Die elektronische Version dieses Kapitels enthält Zusatzmaterial, auf das über folgenden Link zugegriffen werden kann https://doi.org/10.1007/978-3-662-68369-9_16.

Aufgabe 16.5 Man berechne die Fourier-Transformierte von

$$g(t) := 3e^{-j4t} f(t) + 4f(2t),$$

wobei

$$f(t) := \begin{cases} 1, & -1 \le t \le 1, \\ 0, & \text{sonst,} \end{cases} \quad \text{und } f^{\wedge}(\omega) = 2\operatorname{sinc}(\omega) = 2 \cdot \begin{cases} \frac{\sin(\omega)}{\omega}, & \omega \ne 0, \\ 1, & \omega = 0. \end{cases}$$

Aufgabe 16.6 Man berechne mittels der Rechenregeln für die Fourier-Transformation die aus Aufgabe 16.4 bekannte Transformierte der Impulsfunktion f für $T > 0$.

16.2 Laplace-Transformation

Aufgabe 16.7 Man berechne a) $[\mathcal{L}(3\sin(5t) + 2\cos(t))](s)$, b) $[\mathcal{L}((3t)^2)](s)$.

Aufgabe 16.8 Man zeige mittels der Regel $[\mathcal{L}(f')](s) = s[\mathcal{L}f](s) - f(0)$, dass

$$[\mathcal{L}e^t](s) = \frac{1}{s-1}.$$

Aufgabe 16.9 Man löse das folgende Anfangswertproblem mittels Laplace-Transformation:

$$y'(t) + 3y(t) = t, \ y(0) = 1.$$

Dabei verwende man $\left[\mathcal{L}\left(\frac{t^n}{n!}\exp(at)\right)\right](s) = \frac{1}{(s-a)^{n+1}}$, $s > a$, $n \in \mathbb{N}_0$. Eine Partialbruchzerlegung von $\frac{1}{(s+3)s^2}$ kann hilfreich sein.

Aufgabe 16.10 Man löse das folgende Anfangswertproblem mittels Laplace-Transformation:

$$y''(t) + 2y'(t) + y(t) = 0, \quad y(0) = -3, \ y'(0) = 11.$$

Die Laplace-Transformierte von $\frac{t^n}{n!}\exp(at)$ ist $\frac{1}{(s-a)^{n+1}}$.

Aufgabe 16.11 Man verifiziere unter Verwendung der Faltungsregel, dass die Funktion, deren Laplace-Transformierte

$$F(s) = \frac{s}{s^2+1} \cdot \frac{1}{s^2+1}$$

ist, $f(t) = \frac{1}{2}t\sin(t)$ lautet. Dabei hilft $\cos(t-u) = \cos(t)\cos(u) + \sin(t)\sin(u)$.

Aufgabe 16.12 Man beweise den Anfangswertsatz (Satz 13.2): Ist f stetig auf $[0, \infty[$ und von höchstens exponentiellem Wachstum, dann gilt: $f(0) = \lim_{s \to \infty} sF(s)$.

Der Beweis kann analog zum Beweis des Endwertsatzes (Satz 13.3) aufgebaut werden. Man zerlege das Laplace-Integral in zwei Integrale und zeige, dass s-mal das erste Integral wegen der Stetigkeit von f an der Stelle 0 für $s \to \infty$ gegen $f(0)$ strebt. Anschließend zeige man, dass s-mal das zweite Integral für $s \to \infty$ gegen 0 konvergiert. Dazu kann man ausnutzen, dass f von höchstens exponentiellem Wachstum ist.

16.3 Diskrete Fourier-Transformation und Abtastsatz

Aufgabe 16.13 Bestimmen Sie alle primitiven dritten Wurzeln der 1.

Aufgabe 16.14 a) Bestimmen Sie die Matrix für die diskrete Fourier-Transformation in $\mathbb{C}^3$ zur primitiven Wurzel $w := e^{j\frac{2\pi}{3}}$.
b) Wie sieht die Matrix der zugehörigen Umkehrtransformation aus?
c) Berechnen Sie $\mathrm{DFT}_w((1,0,1))$.

Aufgabe 16.15 a) Bestimmen Sie alle primitiven (komplexen) fünften Wurzeln der Eins.
b) Bestimmen Sie die Matrix für die diskrete Fourier-Transformation in $\mathbb{C}^5$ zur primitiven Wurzel $w := e^{j\frac{2\pi}{5}}$. Berechnen Sie $\mathrm{DFT}_w((1,0,1,0,0))$.
c) Geben Sie die Matrix der zugehörigen Umkehrtransformation so an, dass keine negativen Exponenten innerhalb der Matrix auftreten.

Aufgabe 16.16 Gegeben sei die Funktion $f(t) := 17 + 23\cos(5t) + \sin(8t) + 11\sin(3t) + \cos(2t)$.

a) Wie viele äquidistant auf einem Intervall $[0, 2\pi[$ berechnete Funktionswerte benötigt man, um alle Fourier-Koeffizienten von f mittels diskreter Fourier-Transformation exakt zu bestimmen?
b) Was geschieht, wenn mehr oder wenn weniger Funktionswerte verwendet werden?

Aufgabe 16.17 Was bedeutet „Teile und herrsche!" in Bezug auf die schnelle Fourier-Transformation?

Aufgabe 16.18 a) Man falte die Vektoren $\vec{y} := (3, 2)$ und $\vec{z} := (1, -1)$.
b) Verifizieren Sie den Faltungssatz anhand der diskreten Fourier-Transformation DFT_{-1} in $\mathbb{C}^2$ zur Fourier-Matrix $F := \begin{bmatrix} 1 & 1 \\ 1 & -1 \end{bmatrix}$.

Aufgabe 16.19 a) Man falte $\vec{y} := (4, 3, 2, 1)$ und $\vec{z} := (5, 6, 7, 8)$.
b) Verifizieren Sie den Faltungssatz anhand der diskreten Fourier-Transformation DFT_j, die über die folgende Fourier-Matrix gegeben ist:

$$F := \begin{bmatrix} 1 & 1 & 1 & 1 \\ 1 & j & -1 & -j \\ 1 & -1 & 1 & -1 \\ 1 & -j & -1 & j \end{bmatrix}.$$

c) Man invertiere die Fourier-Matrix F aus Teil b).

Aufgabe 16.20 Beantworten Sie die Fragen mit eigenen Worten:

a) Was ist die diskrete Fourier-Transformation?
b) Wie sehen Interpolationspolynom vom Grad n und Fourier-Reihe eines trigonometrischen Polynoms $p(x) = \sum_{k=-m}^{m} d_k e^{jkx}$ aus, wenn $m \leq n$ ist?
c) Was ist der Unterschied zwischen einem trigonometrischen Interpolationspolynom vom Grad n und der mittels der diskreten Fourier-Transformation im $\mathbb{C}^{2n+1}$ näherungsweise berechneten n-ten Partialsumme einer Fourier-Reihe einer 2π-periodischen, stetigen Funktion f?
d) Wie kann die diskrete Fourier-Transformation genutzt werden, um

   i) ein Interpolationspolynom vom Grad n zu berechnen,
   ii) Fourier-Koeffizienten $f^\wedge(-n), \ldots, f^\wedge(n)$ zu berechnen?

Aufgabe 16.21 Die stetige, Fourier-transformierbare Funktion $f : \mathbb{R} \to \mathbb{C}$ mit $\int_{-\infty}^{\infty} |f(t)| \, dt < \infty$ erfülle die Bedingung, dass $f^\wedge$ außerhalb von $[-1, 1]$ null ist.

a) Wie ist $\Delta t > 0$ zu wählen, damit man die Fourier-Transformierte exakt über die Reihe

$$f^\wedge(\omega) = \Delta t \sum_{k=-\infty}^{\infty} f(k\Delta t) \exp\left(-j\omega k \Delta t\right), \ |\omega| \leq \Omega,$$

erhält, die absolut konvergieren möge (d. h., die Reihe der Beträge möge konvergieren)?
b) Um $f^\wedge$ mittels der diskreten Fourier-Transformation zu berechnen, werten wir f auf einem Intervall $[-R, R]$ mit einer Schrittweite R/n aus. Wie groß muss n gewählt werden, damit nur der Fehler des Abschneidens auf $[-R, R]$ und nicht zusätzlich der Fehler einer zu großen Schrittweite auftritt?
c) Was passiert, wenn man n größer oder kleiner wählt?

Aufgabe 16.22 Da man eine auf ganz $\mathbb{R}$ definierte Funktion nur auf einem endlichen Intervall $[-R, R]$ abtasten kann, kann man praktisch nicht $f^\wedge$ berechnen, sondern man berechnet die Fourier-Transformierte des Produkts von f mit einer Fensterfunktion, die außerhalb des Intervalls $[-R, R]$ gleich null ist. Gängige Fensterfunktionen sind ($0 \leq a \leq 1$):

$$g(t) := \begin{cases} a + (1-a)\cos\left(\frac{\pi}{R}t\right), & -R \leq t \leq R, \\ 0, & |t| > R. \end{cases}$$

Ein Rechteckfenster liegt bei $a = 1$ vor, das Hann-Fenster bei $a = \frac{1}{2}$ und bei $a = 0{,}54$ das Hamming-Fenster. Berechnen Sie die Fourier-Transformierte $g^\wedge(\omega)$.

Teil IV
Wahrscheinlichkeitsrechnung und Statistik

„Statistics are like bikinis. What they reveal is suggestive, but what they conceal is vital." – Aaron Levenstein

Der Begriff „Statistik" ist aus einer Vorlesung mit der Bezeichnung „collegium politico-statisticum" von Martin Schmeitzel (1679–1747) entstanden. siehe [Menges(1982), S. 4]. Hier ging es um Staatenkunde, eine Disziplin, die sich mit (ziemlich vagen) Informationen über Staaten beschäftigte – ein entfernter Vorläufer der heutigen Statistik. Heute werden mittels Statistik große und unübersichtliche Datenmengen übersichtlich aufbereitet. Mit der Darstellung der Daten und der Berechnung von aussagekräftigen Kenngrößen beschäftigt sich die **beschreibende Statistik** (deskriptive Statistik, siehe Kapitel 17). Ein Beispiel ist die Berechnung der mittleren Studienzeit (in Semestern) aller Absolventen der Hochschule Niederrhein im Jahr 2022. Dazu muss die Studienzeit aller Absolventen von 2022 vorliegen. Neben dem bekannteren arithmetischen Mittel ist hier der Median aussagekräftiger, den wir kennenlernen werden.

Oft kann man sich nicht die Gesamtheit der Daten ansehen, sondern ist auf einen kleinen Ausschnitt (eine Stichprobe) angewiesen. Dies gilt insbesondere, wenn man Aussagen über die Zukunft machen möchte. Hier liegen nur Daten der Vergangenheit vor, die Daten der Zukunft sind natürlich nicht verfügbar. Die **schließende Statistik** versucht, aus Stichproben Aussagen für die Gesamtheit zu schließen (siehe Kapitel 19). Da man nur einen Teil der Informationen zur Verfügung hat, muss man hier mit Wahrscheinlichkeiten operieren (siehe Kapitel 18). Als Beispiel betrachten wir ein Softwareprojekt, in dem die Anzahl der nach einer gewissen Zeit gefundenen Fehler pro Klasse als Qualitätsmaß eingesetzt wird. Zur Klasse A mit 1 000 Programmzeilen wurden 10 Fehler gefunden, zur Klasse B mit 2 000 Programmzeilen wurden 18 Fehler gefunden, d. h., Klasse A hat $\frac{10}{1\,000} = 0{,}01$ und Klasse B hat $\frac{18}{2\,000} = 0{,}009$ Fehler pro Programmzeile. A und B wurden durch unterschiedliche Teams erstellt. Kann man daraus schließen, dass Team A schlechter arbeitet als Team B? Die schließende Statistik ermöglicht es, zu prüfen, ob man dieser Hypothese zustimmen sollte oder nicht. Eine Antwort finden Sie am Ende dieses Buchteils in Kapitel 19 auf Seite 580.

Kapitel 17

Beschreibende Statistik

In diesem Kapitel beschäftigen wir uns mit den wichtigsten Begriffen zur Aufbereitung und Darstellung großer Datenmengen. Anhand weniger Kenngrößen soll ein fundierter und möglichst nicht-verfälschter Eindruck wiedergegeben werden. Allerdings kann man beschreibende Statistik auch manipulativ einsetzen ohne zu lügen (vgl. Aufgabe 20.1). Während das arithmetische Mittel allgemein bekannt ist, werden vermutlich viele Leser den Median nicht kennen. Wenn man von einem Mittelwert liest, dann ist tatsächlich erst einmal unklar, was sich dahinter verbirgt. Wir diskutieren Ausreißer (z. B. mit dem Begriff der Quantile) und die Streuung von Daten (Varianz). Außerdem untersuchen wir mit der Regressionsrechnung, ob es einen (linearen oder polynomialen) Zusammenhang zwischen zwei Datensätzen gibt. Ein wichtiger Begriff der beschreibenden Statistik ist die relative Häufigkeit. Ihr nachgebildet ist im nächsten Kapitel der Begriff der Wahrscheinlichkeit. Außerdem wird beschreibende Statistik in der schließenden Statistik genutzt, um auf der Basis von Stichproben Schätzungen vorzunehmen.

Das Kapitel orientiert sich an der Darstellung in [Sachs(2003)]. Dieses Buch eignet sich damit sehr gut zur Vertiefung und Ergänzung (z. B. hinsichtlich der hier nicht behandelten Begriffe für klassifizierte Merkmale).

17.1 Grundbegriffe

17.1.1 Modellbildung und Häufigkeit

Um Mathematik betreiben zu können, müssen wir zunächst den Untersuchungsgegenstand mit einem Modell beschreiben. Dazu führen wir halbformal einige Begriffe ein:

- Wer wird untersucht?
  Die **statistische Masse (Grundgesamtheit, Population)** ist die Menge von Objekten, deren Eigenschaften untersucht werden sollen. Die Elemente der statistischen Masse heißen **Merkmalsträger (statistische Elemente, statistische Einheiten)**. Wir werden ausschließlich endliche statistische Massen betrachten. Dies ist sinnvoll, da wir die Eigenschaften der Merkmalsträger tatsächlich erfassen müssen (z. B. durch Messen, Befragung etc.).
  Bei der Untersuchung der Studienzeit bilden beispielsweise die Absolventen der Hochschule Niederrhein in 2022 die statistische Masse. Weitere Beispiele statistischer Massen sind

  - Personen und Sachen sowie
  - Ereignisse (z. B. Fehler, Geburten, Todesfälle).

- Was wird untersucht?
  Merkmalsträger besitzen (gemeinsame) **Merkmale**, die gewisse **Merkmalsausprägungen (Merkmalswerte)** annehmen können. So hat jeder Absolvent das Merkmal Studiendauer, das Merkmalsausprägungen aus $\mathbb{N}$ (mit der Einheit Semester) annehmen kann.

Die beschreibende Statistik beschäftigt sich mit der Aufbereitung der vorgefundenen Merkmalsausprägungen aller Elemente einer statistischen Masse. Man spricht hier von einer **Voll-** oder **Totalerhebung**. Arbeitet man dagegen nur mit einer echten Teilmenge der statistischen Masse, spricht man von einer **Teilerhebung** oder **Stichprobe**. Eine besondere Rolle spielen **repräsentative Stichproben**. Darin weisen die Merkmalsausprägungen gewisser Merkmale die gleiche relative Häufigkeit auf wie in der statistischen Masse. Die schließende Statistik beschäftigt sich mit Rückschlüssen von Stichproben auf die Grundgesamtheit. Überall dort, wo wir in der beschreibenden Statistik die statistische Masse betrachten, kann man diese durch eine Stichprobe austauschen.

Man unterscheidet zwischen verschiedenen Typen von Merkmalsausprägungen, wobei sich die Typen durchaus überlappen können:

- **Qualitative Merkmale**: Die Merkmalsausprägungen gehören einer endlichen Aufzählung an wie z. B. „grün", „rot", „blau". In der Regel werden hier keine Zahlen verwendet.

- **Quantitative Merkmale**: Die Merkmalsausprägungen sind reelle Zahlen (ggf. ergänzt durch physikalische Einheiten). Hier unterscheidet man zwischen **diskreten** und **stetigen** Merkmalen. Bei diskreten Merkmalen gibt es „relativ wenige" verschiedene Merkmalsausprägungen, so dass gleiche Ausprägungen i. Allg. für mehrere Merkmalsträger angenommen werden, insbesondere wenn die statistische Masse groß ist. Die Studiendauer in Semestern ist ein diskretes Merkmal. Hier ist es sinnvoll, zu zählen, wie oft eine Merkmalsausprägung angenommen wird. Dies gilt auch für qualitative Merkmale. Bei stetigen Merkmalen gibt es zu nahezu jedem Merkmalsträger eine eigene, von den anderen verschiedene Merkmalsausprägung, und zwar auch dann, wenn die statistische Masse sehr groß ist. Hier ist es daher nicht sinnvoll, das Auftreten einer einzelnen Merkmalsausprägung zu zählen. Betrachtet man beispielsweise das Gewicht von Personen in Gramm, so wird eine Merkmalsausprägung nur selten für mehrere Merkmalsträger (Personen) angenommen.

Ein Merkmal X kann als Abbildung (Funktion) verstanden werden, die einem Merkmalsträger i die zugehörige Merkmalsausprägung x_i zuordnet.

! Achtung

Bei einem stetigen Merkmal kann man keineswegs auf eine irgendwie definierte Stetigkeit dieser Funktion schließen. Die Stetigkeit einer Funktion ist ein völlig anderer Begriff!

Definition 17.1 (Notationen, Häufigkeit) Gegeben seien $n \in \mathbb{N}$ statistische Elemente (z. B. Absolventen), die zur Vereinfachung von 1 bis n durchnummeriert sind. Weiter sei X ein Merkmal (z. B. Studiendauer). Dann bezeichnen wir mit

$$x_i = X(i), \ 1 \leq i \leq n,$$

die Merkmalsausprägung des Merkmals X für das statistische Element i. Weiter sei $m \in \mathbb{N}$ $(m \leq n)$ die Anzahl der **unterschiedlichen** Merkmalsausprägungen, die X auf der statistischen Masse annimmt. Wir nummerieren die unterschiedlichen Merkmalsausprägungen durch und bezeichnen sie mit a_k, $1 \leq k \leq m$. Zu jedem a_k interessiert uns, wie viele statistischen Elemente diese Merkmalsausprägung besitzen. Die absolute Häufigkeit $h_k > 0$ und die relative Häufigkeit $f_k > 0$ sind definiert über

$h_k :=$ Anzahl der Merkmalsausprägungen x_i, die gleich a_k sind,

$$f_k := \frac{h_k}{n}.$$

Für die absolute und die relative Häufigkeit gelten:

$$\sum_{k=1}^{m} h_k = n, \qquad \sum_{k=1}^{m} f_k = \frac{1}{n} \sum_{k=1}^{m} h_k = 1.$$

Relative Häufigkeiten sind der Schlüssel zum Verständnis von Wahrscheinlichkeiten im nächsten Kapitel. Etwas unpräzise formuliert sind Wahrscheinlichkeiten relative Häufigkeiten für größere Anzahlen n, also für $n \to \infty$.

Beispiel 17.1 Merkmalsträger bzw. statistische Elemente sind die Studenten 1 (Simon), 2 (Sandra), 3 (Ralf), 4 (Schluffi) und 5 (Eva). Wir betrachten das Merkmal X Studiendauer und erhalten dazu pro Merkmalsträger (Student) einen Wert:

Student i	1	2	3	4	5
Studiendauer $x_i = X(i)$	7	8	7	20	8.

Damit haben wir $m = 3$ verschiedene Merkmalsausprägungen $a_1 = 7$, $a_2 = 8$ und $a_3 = 20$. Die zugehörigen absoluten und relativen Häufigkeiten sind:

	$a_1 = 7$	$a_2 = 8$	$a_3 = 20$
absolute Häufigkeit h_k	2	2	1
relative Häufigkeit f_k	$\frac{2}{5}$	$\frac{2}{5}$	$\frac{1}{5}$.

Beispiel 17.2 (Bilderkennung) Viele Verfahren zur Bilderkennung stützen sich auf die beschreibende Statistik. Möchte man beispielsweise berechnen, ob auf einem Foto eine Null „0" oder ein Pluszeichen „+" abgebildet ist, so kann man das über ein Merkmal tun. Die statistischen Elemente sind die Schwarzweißfotos, auf denen die schwarzen Zeichen bildfüllend zentriert abgebildet seien. Jedes Bild besteht aus einer Matrix mit schwarzen und weißen Punkten. Wir betrachten ein Merkmal, dass eine Spalte mit den meisten schwarzen Punkten ermittelt. Gibt es insgesamt n Spalten und liegt der Wert des Merkmals im Bereich der Spalten $\left[\frac{n}{4}, \frac{3n}{4}\right]$, also in der Bildmitte, so ist ein Pluszeichen wahrscheinlich. Liegt das Maximum außerhalb dieses Intervalls, also an den Rändern, so ist eine Null wahrscheinlich.

17.1.2 Darstellungen der Häufigkeit

Mit gängigen Darstellungen von absoluten und relativen Häufigkeiten werden wir jeden Tag in den Medien konfrontiert. Beim **Stabdiagramm** oder **Bar Chart** wird die Häufigkeit durch die Länge einer Line (Bar) dargestellt. Dabei gibt es zwei Varianten (siehe Abbildung 17.1):

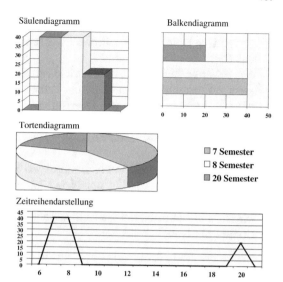

Abb. 17.1 Darstellung der
Studiendauern in Prozent

- **Säulendiagramm**: Statt Linien werden Rechtecke gleicher Breite gezeichnet.
- **Balkendiagramm**: Dies ist ein Säulendiagramm mit vertauschten x- und y-Achsen.

Geht es um Anteile (also relative Häufigkeiten), so findet man oft **Tortendiagramme** vor. Die Häufigkeiten werden dabei über die Größe von Tortenstücken dargestellt. Als Winkel des k-ten Tortenstücks wählt man $f_k \cdot 2\pi$, also den Anteil f_k von 360 Grad. Die zugehörige Fläche bei einem Kreis mit Radius r ist $f_k \cdot \pi r^2$.

Möchte man eine zeitliche Entwicklung von Häufigkeiten in den Vordergrund stellen, so verwendet man eine **Zeitreihendarstellung**. Hier verbindet man diskrete Häufigkeitspunkte mit Strecken, so dass der Graph einer stückweise linearen Funktion entsteht. Man interpoliert, obwohl keine Zwischenwerte vorliegen. Dadurch suggeriert man eine Tendenz.

In der Rheinischen Post vom 08.05.2010 ist auf Seite eins der Aufmacher eine Prognose zur Landtagswahl in Nordrhein-Westfalen. Als Zeitreihe werden Wahlergebnisse ab 2005 und zwei Prognosen vom 06.05.2010 (irrtümlich: 06.05.2009) chronologisch dargestellt. Die Abstände der Einzelwerte sind konstant und entsprechen nicht der Zeitspanne zwischen den jeweiligen Ergebnissen. Selbst die Prognosewerte mit gleichem Datum werden mit diesem Abstand dargestellt. Dadurch entsteht fälschlich der Eindruck einer Tendenz, was durchaus das Wahlergebnis beeinflussen konnte.

In die Irre führende Interpretationen sind ein großes Problem bei der Aufbereitung statistischer Daten, siehe [Beck-Bornholdt et al.(2006)]:

- In einem Raum befinden sich 4 Eier und 4 Würstchen. Die relative Häufigkeit des Lebensmittels Eier beträgt 50%. Dann wird ein Hund in den Raum gelassen. Er frisst 3 Würstchen. Nachdem der Hund im Raum war, beträgt die relative Häufigkeit der Eier 80%. Man könnte nun schließen: Der Hund legt Eier.

- Wir möchten herausfinden, wie viele Züge bei der Bahn überfüllt sind und befragen „zufällig" einen Tag lang Reisende am Krefelder Hauptbahnhof. 300 von 1 000 berichten von überfüllten Zügen. Sind dann 30% aller Züge überfüllt? Nein, denn in einem überfüllten Zug sind mehr Fahrgäste, so dass wir auch entsprechend häufiger Reisende aus überfüllten Zügen treffen.

- Es werden Autounfälle bei Nebel und bei nebelfreiem Wetter gezählt. Die absolute Zahl der Unfälle bei Nebel ist viel geringer als die bei klarem Wetter. Kann man daraus schließen, dass bei Nebel vorsichtiger gefahren wird? Nein, denn Nebel ist sehr selten, so dass alleine deswegen weniger Unfälle bei Nebel geschehen.

Neben der fragwürdigen Interpretation korrekter Daten können aber auch bereits die Daten verfälscht sein. Bei Umfragen neigen Befragte dazu, mit Ja zu antworten. Durch entsprechende Formulierung der Fragen kann so das Ergebnis manipuliert werden. Auch ist nicht klar, wie ehrlich geantwortet wird. Die Westdeutsche Zeitung vom 10.12.2009 beschäftigt sich auf Seite 25 mit diesem Thema und nennt als Beispiel eine Statistik, nach der in Großbritannien mehr verheiratete Frauen als Männer leben.

Wie oben gesehen, kann auch die grafische Aufbereitung von Daten trügerisch sein:

- Es wird nur ein Ausschnitt der Daten gezeigt, der zu einer These passt.
- Koordinatenachsen beginnen nicht bei 0. Eine relativ kleine Veränderung kann dadurch riesig erscheinen. Diese Manipulation ist heute fast üblich.
- Es werden Flächen eingesetzt, deren Inhalt nicht proportional zur dargestellten Größe ist. Ein Beispiel dazu liefert wieder die Rheinische Post, die am 22.05.2010 mit den Wahrscheinlichkeiten für Koalitionen nach der Landtagswahl aufmacht. Diese sind jeweils als Kreisscheiben mit unterschiedlichen Durchmessern visualisiert:

  - Große Koalition aus SPD und CDU: 50%, Durchmesser 10 cm
  - Neuwahlen: 35%, Durchmesser 8 cm
  - Jamaika-Koalition aus CDU, Grünen und FDP: 10%, Durchmesser 2 cm
  - Ampel-Koalition aus SPD, FDP und Grünen: 5%, Durchmesser 1 cm.

Wir fragen uns lieber nicht, wie die Prozentangaben begründet sind (zumal es eine rot-grüne Minderheitsregierung geworden ist) und beschränken die Betrachtung auf die Darstellung der Prozentwerte. Bei der großen Koalition, der Ampel- und der Jamaika-Koalition sind die Prozente proportional zum Durchmesser. Das ist irreführend, da man die Flächen und nicht die Durchmesser vergleicht. Die Große Koalition wirkt also viel wahrscheinlicher, als sie ist. Der Kreis zu Neuwahlen müsste, führt man die Darstellung konsequent fort, einen Durchmesser von 7 cm haben, aber bei den verwendeten 8 cm sehen Neuwahlen wahrscheinlicher aus, und die Dramatik nimmt zu.

- Durch eine dreidimensionale Anordnung verzerrt die Perspektive die tatsächlichen Größenverhältnisse.

17.2 Empirische Verteilungsfunktionen

In diesem Abschnitt führen wir die empirische Verteilungsfunktion ein. Sie wird uns dabei helfen, wichtige Lageparameter und damit aussagekräftige Kenngrößen für unsere Daten zu bestimmen. Außerdem entspricht sie der Verteilungsfunktion in der Wahrscheinlichkeitsrechnung, die bei der Berechnung von Wahrscheinlichkeiten eine große Rolle spielt (siehe Kapitel 18.5.3).

Bei stetigen Merkmalsausprägungen ist in der Regel $h_k = 1$ und $f_k = \frac{1}{n}$, so dass diese Größen keine Aussagekraft besitzen. Statt mit einzelnen Merkmalsausprägungen zu arbeiten, rechnet man daher hier mit Klassen, mit denen Merkmalsausprägungen zusammengefasst werden. Insbesondere macht es nun Sinn, zu zählen, wie oft Merkmalsausprägungen einer Klasse angenommen werden. Dabei verliert man etwas von der Genauigkeit der einzelnen Merkmalsausprägungen, erhält dafür aber neue diskrete Merkmalsausprägungen. In der Literatur, siehe z. B. [Sachs(2003)], werden Begriffe für diskrete und stetige Merkmalsausprägungen etwas unterschiedlich definiert. Wir begnügen uns mit den Begriffen für diskrete Ausprägungen.

Im Folgenden betrachten wir durchgängig reellwertige Merkmalsausprägungen. Außerdem seien die verschiedenen Ausprägungen sortiert: $a_1 < a_2 < \cdots < a_m$. Uns interessiert nun die relative Häufigkeit der Merkmalsausprägungen bis zu einer vorgegebenen Zahl. Damit bilden wir eine Funktion:

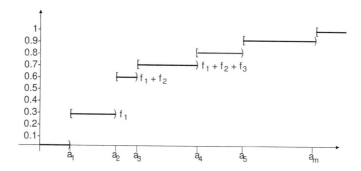

Abb. 17.2 Verteilungsfunktion eines Merkmals

Definition 17.2 (Empirische Verteilungsfunktion) Die verschiedenen reellen Ausprägungen seien wie im restlichen Kapitel der Größe nach aufsteigend sortiert. Die **empirische Verteilungsfunktion** $F(x) : \mathbb{R} \to [0, 1]$ ist definiert über die Summe der relativen Häufigkeiten aller Ausprägungen, die kleiner oder gleich der Zahl x sind.

$$F(x) := \sum_{k \in \{1, \dots, n\} \text{ mit } a_k \leq x} f_k.$$

Dabei besagt $n \cdot F(x)$, wie viele Merkmalsausprägungen kleiner oder gleich x sind, und $F(x)$ gibt die relative Häufigkeit aller Merkmalsausprägungen kleiner oder gleich x an. Wir erhalten eine rechtsseitig stetige, monoton wachsende Treppenfunktion (siehe Abbildung 17.2).

Beispiel 17.3 Wir greifen das Beispiel der Studiendauern auf und erhalten für die verschiedenen Merkmalsausprägungen $a_1 = 7$, $a_2 = 8$ und $a_3 = 20$ die Verteilungsfunktion

$$F(x) = \begin{cases} 0, & x < 7, \\ \frac{2}{5}, & 7 \leq x < 8, \\ \frac{4}{5}, & 8 \leq x < 20, \\ 1, & x \geq 20. \end{cases}$$

Beachten Sie, dass **nicht** $F(9) = \frac{2}{5}$ gilt, obwohl die relative Häufigkeit aller Merkmalsausprägungen im Intervall $[8, 20[$ diesen Wert hat. Um $F(9)$ zu berechnen, muss man die relative Häufigkeit aller Merkmalsausprägungen kleiner oder gleich 9 (also von 7 und 8) summieren: $F(9) = \frac{4}{5}$.

17.3 Lageparameter

Das Hauptziel der beschreibenden Statistik besteht darin, eine unübersichtliche Datenmenge durch wenige Kennzahlen (Lageparameter) zu charakterisieren. Ein ähnliches Vorgehen haben wir bei der Kurvendiskussion benutzt, um das Aussehen von Funktionsgraphen aus wenigen Parametern abzuleiten.

17.3.1 Arithmetisches Mittel

In der Bildverarbeitung benötigt man eine Information über die Helligkeit des Bildes. Dazu kann man die Helligkeit (den **Grauwert**) jedes einzelnen Bildpunktes bestimmen und anschließend daraus einen mittleren Grauwert über alle Bildpunkte berechnen. Dabei verwendet man das arithmetische Mittel:

Definition 17.3 (Arithmetisches Mittel) Das **arithmetische Mittel** $\overline{x}$ eines Merkmals X wird berechnet, indem man die Summe aller (reellen) Merkmalsausprägungen x_i bildet und durch ihre Anzahl n dividiert:

$$\overline{x} = \frac{x_1 + x_2 + \cdots + x_n}{n} = \frac{1}{n} \sum_{i=1}^{n} x_i$$

$$= \frac{a_1 h_1 + a_2 h_2 + \cdots + a_m h_m}{n} = \frac{1}{n} \sum_{k=1}^{m} a_k h_k = \sum_{k=1}^{m} a_k f_k. \qquad (17.1)$$

! Achtung

In diesem Kapitel bezeichnet $\overline{x}$ nicht die konjugiert komplexe Zahl zu x, sondern das arithmetische Mittel.

Beispiel 17.4 Das arithmetische Mittel der Studiendauern ist $\frac{1}{5}(7 + 8 + 7 + 20 + 8) = 10$.

Wir können das arithmetische Mittel auch als Lösung der folgenden Optimierungsaufgabe verstehen: Gesucht ist ein Wert, für den die auf $\mathbb{R}$ erklärte Funktion

$$f(u) := \sum_{i=1}^{n} (x_i - u)^2 \qquad (17.2)$$

ein Minimum annimmt, der also die Summe der quadrierten Differenzen zu den einzelnen Merkmalsausprägungen minimiert. Da f nicht-negativwertig und $\lim_{u \to \pm\infty} f(u) = \infty$ ist, muss die Funktion mindestens ein Minimum annehmen. Da sie differenzierbar ist, muss die Ableitung an der Stelle des Minimums null sein. Wir suchen also die Nullstellen von

$$f'(u) = -2 \sum_{i=1}^{n} (x_i - u) = 2 \left(nu - \sum_{i=1}^{n} x_i \right) = 2n(u - \overline{x}).$$

Nur $\overline{x}$ ist Nullstelle dieser linearen Funktion, und damit muss hier auch das Minimum angenommen werden.

Das arithmetische Mittel erfüllt wegen $f'(u) = -2 \sum_{i=1}^{n} (x_i - u)$

$$\sum_{i=1}^{n} (\overline{x} - x_i) = -\sum_{i=1}^{n} (x_i - \overline{x}) = \frac{1}{2} f'(\overline{x}) = 0. \qquad (17.3)$$

Das sieht man auch direkt ohne Verwendung der Ableitung:

$$\sum_{i=1}^{n}(\overline{x}-x_i) = n\overline{x} - \sum_{i=1}^{n}x_i = n\overline{x} - n\overline{x} = 0.$$

In diesem Sinne ist $\overline{x}$ der Schwerpunkt der Merkmalsausprägungen x_i: Die Addition aller vorzeichenbehafteter Entfernungen der x_i zu $\overline{x}$ ergibt null. Stellt man sich die Strecken von $\overline{x}$ zu den Werten x_i als gleich dicke Rohre vor, dann ist $\overline{x}$ die Position des physikalischen Schwerpunkts der zusammengeklebten Rohre auf dem Zahlenstrahl.

Das arithmetische Mittel ist linear: Für Werte $x_1, \dots, x_n$ und $y_1, \dots, y_n$ und eine Konstante $c \in \mathbb{R}$, gilt:

$$\overline{cx} = \frac{1}{n}\sum_{i=1}^{n}cx_i = c\frac{1}{n}\sum_{i=1}^{n}x_i = c\overline{x},$$

d. h., wenn man zunächst alle Merkmalsausprägungen mit c multipliziert und dann das arithmetische Mittel berechnet, kommt man zum gleichen Ergebnis wie bei der anschließenden Multiplikation von $\overline{x}$ mit c. Außerdem gilt

$$\overline{x+y} = \frac{1}{n}\sum_{i=1}^{n}(x_i+y_i) = \frac{1}{n}\sum_{i=1}^{n}x_i + \frac{1}{n}\sum_{i=1}^{n}y_i = \overline{x} + \overline{y}.$$

Hat man also zwei Merkmale X und Y und bildet man daraus ein neues Merkmal als Linearkombination $c{\cdot}X + d{\cdot}Y$, so ist dessen arithmetisches Mittel gleich der entsprechenden Linearkombination der arithmetischen Mittel von X und Y.

17.3.2 Median

Einzelne Ausreißer, also besonders kleine und besonders große Werte, können das arithmetische Mittel stark beeinflussen. Im Beispiel der Studiendauern zieht ein Bummelstudent mit seinen 20 Semestern den ganzen Schnitt deutlich nach oben. Das kann nicht im Interesse einer Hochschule sein. Möchte man den Einfluss von Ausreißern klein halten, eignet sich der folgende Lageparameter besser:

Definition 17.4 (Median) Der **Median** (**Zentralwert**) Z ist der mittlere Wert der nach Größe geordneten (reellen) Merkmalsausprägungen, d. h., für die aufsteigend geordneten Ausprägungen $x_1, x_2, \dots, x_n$ ist

$$Z := \begin{cases} x_{\frac{n+1}{2}}, & \text{falls } n \text{ ungerade,} \\ \frac{1}{2}\left(x_{\frac{n}{2}} + x_{\frac{n}{2}+1}\right), & \text{falls } n \text{ gerade.} \end{cases}$$

> **! Achtung**
>
> Bei $x_{\frac{n+1}{2}}$ handelt es sich um die Merkmalsausprägung an der Stelle $\frac{n+1}{2}$ in der Liste aller geordneten Merkmalsausprägungen. Die Zahl $\frac{n+1}{2}$ ist ein Index und nicht der Wert des Medians.

Beispiel 17.5 (Wahre und scheinbare Armut) In der Rheinischen Post vom 06.04.2013 erschien auf Seite B4 eine Kolumne, in der behauptet wurde, dass eine Einwanderung des Milliardärs Bill Gates die Zahl der nach einer offiziellen Statistik als arm geltenden Menschen in Deutschland erhöhen würde: „Das Problem dieser Armutsmessung ist die Orientierung am mittleren Einkommen, dem Median. Das führt zu dem paradoxen Ergebnis, dass die Zahl der Armen in einem Land steigt, sobald ein Milliardär einwandert". Hier verwechselt die Autorin die Begriffe „Median" und „arithmetisches Mittel". Der Median wird gerade deshalb verwendet, um den Einfluss von Ausreißern gering zu halten. Als Beispiel betrachten wir die Einkommen 1 000, 2 000, 3 000, 3 000 und 11 000 Euro. Das arithmetische Mittel ist $\overline{x} = 20\,000/5 = 4\,000$ Euro, der Median liegt bei 3 000 Euro. Jetzt kommt ein Einkommensmilliardär hinzu. Das arithmetisches Mittel liegt jetzt bei 166 670 000 Euro, der Median bleibt aber bei 3 000 Euro.

Beispiel 17.6 Üblicherweise wird die mittlere Studiendauer über den Median und nicht über das arithmetische Mittel angegeben. In unserem Beispiel sortieren wir die Werte von X der Größe nach: 7, 7, 8, 8, 20. Der mittlere Wert (und damit der Median) ist 8. Die lange Studiendauer von 20 Semestern spielt hier keine Rolle mehr.

So wie das arithmetische Mittel die Zahl mit der kleinsten Summe quadrierter Abstände zu den Merkmalsausprägungen ist, minimiert der Median die Summe der absoluten Differenzen $f(u) := \sum_{i=1}^{n} |x_i - u|$. Bei geradem n ist jeder Wert zwischen $x_{\frac{n}{2}}$ und $x_{\frac{n}{2}+1}$ ein Minimum.

17.3.3 p-Quantil

Der Begriff des Medians lässt sich verallgemeinern zum p-Quantil x_p (wobei der Name an Quantum erinnert): Die Werte $x_1, \ldots, x_n$ seien aufsteigend sortiert. Links vom Median liegen höchstens 50% der Merkmalsausprägungen, rechts vom Median liegen ebenfalls höchstens 50% der Merkmalsausprägungen. Jetzt wählen wir statt 50% eine beliebige Prozentzahl $(100 \cdot p)$% (beim Median ist $p = \frac{1}{2}$) und suchen einen Wert x_p, so dass links von x_p höchstens $(100 \cdot p)$% der Merkmalsausprägungen und rechts von x_p höchstens $[100 \cdot (1 - p)]$% der Merkmalsausprägungen liegen. Da x_p dadurch noch nicht eindeutig festgelegt ist, werden wir etwas präziser und verwenden sowohl bei der Definition als auch bei der Berechnung des p-Quantils die Verteilungsfunktion F:

Definition 17.5 (p-Quantil) Ein **p-Quantil** ist die Stelle, an der die Verteilungsfunktion den Wert p überspringt. Falls diese Stelle nicht eindeutig ist, nimmt man die Mitte des Intervalls, auf dem die Verteilungsfunktion gleich p ist (siehe Abbildung 17.3).

Für $p = 0{,}5$ kann man so auch direkt den Median an der Verteilungsfunktion ablesen. In Formeln lautet die Definition: Zu $p \in \,]0,1[$ ist das p-Quantil x_p definiert zu

- $x_p := a_k$, falls $F(a_k) > p$ und ($k = 1$ oder $F(a_{k-1}) < p$),
- $x_p := \frac{a_k + a_{k+1}}{2}$, falls $F(a_k) = p$.

Die Mittelwertbildung $\frac{a_k + a_{k+1}}{2}$ ist üblich, aber es gibt leider einige abweichende Definitionen und Implementierungen in Statistiksoftware.

Beispiel 17.7 Für die Studiendauern (7, 7, 8, 8, 20) berechnen wir einige Quantile:

a) $x_{0,2} = 7$, $x_{0,00001} = 7$, denn $F(7) = \frac{2}{5} = 0{,}4$, $0{,}4 > 0{,}2 > 0{,}00001$ und $7 = a_1$,

b) $x_{0,4} = 7{,}5$, denn $F(7) = 0{,}4$, also $x_{0,4} = \frac{7+8}{2}$.

c) $x_{0,25} = 7$ (wie oben), $x_{0,75} = 8$, denn $F(8) = \frac{4}{5} > 0{,}75$ und $F(7) = 0{,}4 < 0{,}75$.

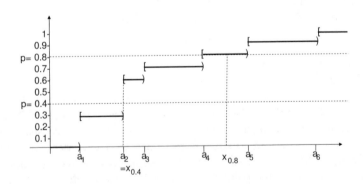

Abb. 17.3 Bestimmung der Quantile zu $p = 0{,}4$ und $p = 0{,}8$

Eine besondere Rolle bei der Einschätzung der Streuung spielen die 0,25-
und 0,75-Quantile, die auch als **Quartile** bezeichnet werden (siehe Kapitel
17.4). Der Name stammt aus dem Lateinischen und ist verwandt mit dem
englischen „quarter" (Viertel). $x_{0,25}$ gibt an, bis wo das erste Viertel der
Werte reicht, $x_{0,75}$ besagt, wo das letzte Viertel beginnt.

17.3.4 Modalwert

Definition 17.6 (Modalwert) Ein häufigster Wert (**Modalwert**) ist eine
Merkmalsausprägung a_k mit einer größten absoluten (oder – äquivalent –
relativen) Häufigkeit h_k (oder f_k). Gibt es nur einen häufigen Wert (einen
Modalwert, der sich bezüglich der Häufigkeiten deutlich von den anderen
Werten abhebt), spricht man von einer **unimodalen Verteilung**, bei zwei
Werten, die im Vergleich mit den anderen Werten sehr häufig sind, von einer
bimodalen Verteilung

Der Modalwert eignet sich nicht bei stetigen Merkmalen, da ja hier in der
Regel gilt: $h_k = 1$. Dagegen ist er gut anwendbar bei diskreten Merkmalen.

Beispiel 17.8 Bei unseren Studiendauern gibt es die beiden Modalwerte 7
und 8, es liegt damit eine bimodale Verteilung vor.

Bimodale Verteilungen finden sich oft auch bei den Ergebnissen von
Mathe-Klausuren im ersten Semester, da die Vorkenntnisse sehr unterschiedlich sind und damit sowohl die Note 1 als auch die Note 5 häufig vorkommen.
Eine schwierige Aufgabe der digitalen Bildverarbeitung ist das Separieren
von Objekten in Bildern. Ein Ansatz besteht darin, Helligkeitsinformationen
der einzelnen Bildpunkte (**Grauwerte**) zu betrachten. Gibt es eine Häufung
von nahe zusammenliegenden Grauwerten, so könnte sich dahinter ein Objekt
mit entsprechender Farbinformation verbergen. Man sucht hier nicht nur nach
Modalwerten, sondern generell nach häufigen Werten.

17.3.5 Geometrisches Mittel

Ein weiterer Lageparameter ist das geometrische Mittel, das schon kurz auf
Seite 80 in Band 1 im Rahmen von Ungleichungen erwähnt wird. Dort wird
es als Mittelwert für Wachstumsraten wie beispielsweise Zinssätze eingesetzt.
Wenn die Inflation in den letzten drei Jahren jeweils 5%, 10% und 15% be-
tragen hat, dann ist die durchschnittliche Inflation nicht das arithmetische
Mittel 10%. Denn ein Artikel, der zunächst x Euro gekostet hat, kostet nach

den drei Jahren $x \cdot 1{,}05 \cdot 1{,}1 \cdot 1{,}15 = x \cdot 1{,}32825$ Euro. Das arithmetische Mittel führt aber zu einem Faktor $1{,}1 \cdot 1{,}1 \cdot 1{,}1 = 1{,}331$ und ist damit etwas zu groß. Richtig wäre eine Aufteilung des Faktors $1{,}32825$ auf drei Jahre, indem wir die dritte Wurzel ziehen: $1{,}0992\ldots$ Die durchschnittliche Inflation beträgt ca. $9{,}92\%$.

Definition 17.7 (Geometrisches Mittel) Seien die Merkmalsausprägungen x_i größer als null, $1 \le i \le n$. Dann ist das **geometrische Mittel** definiert als die n-te Wurzel des Produkts der Ausprägungen:

$$G := \sqrt[n]{x_1 \cdot x_2 \cdot x_3 \cdots x_n} = \sqrt[n]{\prod_{i=1}^{n} x_i}.$$

Betrachten wir statt der Ausprägungen x_i die Werte $\ln(x_i)$ und bilden deren arithmetisches Mittel L, so gilt:

$$L := \frac{1}{n} \sum_{i=1}^{n} \ln(x_i) = \frac{1}{n} \ln\left(\prod_{i=1}^{n} x_i\right) = \ln\left(\left[\prod_{i=1}^{n} x_i\right]^{\frac{1}{n}}\right).$$

Damit ist $\exp(L) = G$. Beim geometrischen Mittel betrachtet man in diesem Sinne die einzelnen Merkmalsausprägungen auf einer logarithmischen Skala.

17.4 Streuungsparameter

In diesem Abschnitt interessiert uns, ob die einzelnen Merkmalsausprägungen alle eng zusammenliegen, ob sie sich über einen breiten Bereich erstrecken oder ob es einzelne Ausreißer gibt. Durch Vergleich des arithmetischen Mittels $\bar{x}$ (Schwerpunkt) und des Medians Z (mittlerer Wert) erhält man bereits ein Gefühl zur Streuung:

- $\bar{x} \approx Z$: symmetrische Verteilung,
- $\bar{x} > Z$: rechts stärker als links streuende Verteilung,
- $\bar{x} < Z$: links stärker als rechts streuende Verteilung.

Allerdings lassen sich auch Ausnahmen zu diesen heuristischen Regeln angeben, siehe [von Hippel(2005)].

Definition 17.8 (Einfache Streuungsparameter) Die **Spannweite** R (Range) der Merkmalsausprägungen $x_1, \ldots, x_n$ ist definiert als die maximale Differenz zweier Ausprägungen, also als

Abb. 17.4 Box-Plot

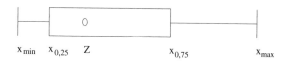

$$R := \max\{x_k : k = 1, \ldots, n\} - \min\{x_k : k = 1, \ldots, n\}.$$

Der **Quartilsabstand** Q ist der Abstand zwischen dem 0,75- und dem 0,25-Quartil:

$$Q := x_{0,75} - x_{0,25}.$$

- Man beachte, dass man hier wegen der Wahl von $p = 1/4$ und $p = 3/4$ von Quartilsabstand und nicht von Quantilsabstand spricht.
- Mit der Spannweite misst man insbesondere den Abstand zwischen einem kleinsten und einem größten Ausreißer.
- Diese Ausreißer gehen nicht in den Quartilsabstand ein.

Beispiel 17.9 Bei den Studienlängen 7, 7, 8, 8 und 20 ist $R = 20 - 7 = 13$ und $Q = 8 - 7 = 1$.

Zeichnet man die $x_{0,75}$- und $x_{0,25}$-Quartile zusammen mit dem Median, der kleinsten und der größten Merkmalsausprägung in eine Grafik (**Box-Plot**), so sieht man sofort, ob die Verteilung symmetrisch ist und ob es Ausreißer gibt.

Definition 17.9 (Empirische Varianz) Die **empirische Varianz** s^2 der Merkmalsausprägungen $x_1, \ldots, x_n$ ist definiert über die Summe der quadrierten Differenzen durch $n - 1$:

$$s^2 := \frac{1}{n-1} \sum_{i=1}^{n} (x_i - \overline{x})^2. \qquad (17.4)$$

Beispiel 17.10 Bei den Studiendauern 7, 7, 8, 8 und 20 mit arithmetischem Mittel 10 ist die Varianz

$$s^2 = \frac{1}{4} \left[(7-10)^2 + (7-10)^2 + (8-10)^2 + (8-10)^2 + (20-10)^2 \right]$$
$$= \frac{126}{4} = 31{,}5.$$

- Wir haben bereits in (17.2) gesehen, dass das arithmetische Mittel die Funktion $f(u) := \sum_{i=1}^{n} (x_i - u)^2$ minimiert. Das Minimum ist nun $(n-1)s^2$.
- Die Bezeichnung s^2 rührt daher, dass wir hier quadrierte Abstände aufsummieren und daher das Ergebnis ≥ 0 ist.

- Die Summe wird durch $n-1$ geteilt. Naheliegender wäre bei n Summanden die Division durch n. Daher findet man auch $s^2 := \frac{1}{n}\sum_{i=1}^{n}(x_i - \overline{x})^2$ als abweichende Definition. Für große n sind beide Definitionen nahezu gleich. Wir werden jedoch (17.4) verwenden, da die Formel eine wichtige Eigenschaft besitzt, durch die sie auch in der schließenden Statistik eingesetzt werden kann (Erwartungstreue, siehe Seite 564).

- Statt der quadrierten Differenzen wäre es naheliegend, ein Streuungsmaß über Beträge der Differenzen einzuführen, wie wir es schon beim Median gesehen haben:

$$\tilde{s} := \frac{1}{n}\sum_{i=1}^{n}|x_i - \overline{x}|.$$

Allerdings ist der Absolutbetrag wegen der eingebauten Fallunterscheidung schwieriger zu handhaben als die Quadratfunktion. Diese Größe findet sich auch nicht als Parameter in Ergebnissen der Wahrscheinlichkeitsrechnung wieder – im Gegensatz zur Varianz, die ein Parameter der Normalverteilung ist und damit quasi in der Natur vorkommt.

- Für die im nächsten Abschnitt besprochene Regressionsrechnung hilft eine etwas andere Darstellung der Varianz:

$$s^2 = \frac{1}{n-1}\sum_{i=1}^{n}(x_i - \overline{x})^2 = \frac{1}{n-1}\sum_{i=1}^{n}(x_i^2 - 2x_i\overline{x} + \overline{x}^2)$$

$$= \frac{1}{n-1}\left[\sum_{i=1}^{n}x_i^2\right] - 2\frac{n}{n-1}\overline{x}^2 + \frac{n}{n-1}\overline{x}^2 = \frac{1}{n-1}\left(\left[\sum_{i=1}^{n}x_i^2\right] - n\overline{x}^2\right).$$

$$(17.5)$$

Definition 17.10 (Empirische Standardabweichung) Sei s^2 die empirische Varianz aus (17.4). Man nennt $s = \sqrt{s^2}$ die **empirische Standardabweichung** der Merkmalsausprägungen $x_1, \ldots, x_n$.

Eigentlich wäre einer der beiden Begriffe Varianz und Standardabweichung ausreichend. Historisch bedingt werden jedoch beide eingesetzt.

17.5 Zweidimensionale Häufigkeitsverteilungen und Korrelation

Statt nur ein Merkmal X zu betrachten, sehen wir uns nun zwei Merkmale X und Y an, die für die gleiche statistische Masse erklärt sind. Jedem Merkmalsträger i wird dadurch ein Paar von Merkmalsausprägungen (x_i, y_i) zugeordnet. Jetzt mögen $a_1, \ldots, a_l$ die verschiedenen Merkmalsausprägungen von X und $b_1, \ldots, b_m$ die verschiedenen Merkmalsausprägungen von Y bezeichnen. Die absolute Häufigkeit jeder Ausprägung a_i von X bezeichnen wir nun mit $h_{i,\bullet}$, die absolute Häufigkeit jeder Ausprägung b_k von Y mit $h_{\bullet,k}$. Nun interessiert auch die absolute Häufigkeit eines Werts (a_i, b_k), die wir $h_{i,k}$ nennen. $h_{i,k}$ ist also genau die Anzahl der statistischen Elemente, für die gleichzeitig X den Wert a_i und Y den Wert b_k annimmt. Damit entsteht die folgende **zweidimensionale Häufigkeitstabelle** (**Kontingenztafel**):

	$Y = b_1$	$Y = b_2$	$\cdots$	$Y = b_m$	$\sum$
$X = a_1$	$h_{1,1}$	$h_{1,2}$	$\cdots$	$h_{1,m}$	$h_{1,\bullet}$
$X = a_2$	$h_{2,1}$	$h_{2,2}$	$\cdots$	$h_{2,m}$	$h_{2,\bullet}$
$\vdots$	$\vdots$	$\vdots$		$\vdots$	$\vdots$
$X = a_l$	$h_{l,1}$	$h_{l,2}$	$\cdots$	$h_{l,m}$	$h_{l,\bullet}$
$\sum$	$h_{\bullet,1}$	$h_{\bullet,2}$	$\cdots$	$h_{\bullet,m}$	n

- Die absoluten Häufigkeiten der Zeile i ergeben in Summe die absolute Häufigkeit $h_{i,\bullet}$ von a_i.
- Die absoluten Häufigkeiten der Spalte k ergeben in Summe die absolute Häufigkeit $h_{\bullet,k}$ von b_k.
- Diese Werte in der rechten Spalte und unteren Zeile werden als **Randhäufigkeiten** bezeichnet.
- Man beachte, dass hier $h_{i,k} = 0$ erlaubt ist. Für $X = Y$ ist beispielsweise nur die Hauptdiagonale gefüllt. Die Randhäufigkeiten sind dagegen stets größer null.

Trägt man die Punkte (x_i, y_i) in ein Diagramm ein, spricht man von einem **Streudiagramm** oder auch von einer **Punktwolke**. Hier kann man ablesen, ob es einen funktionalen Zusammenhang zwischen den Werten von X und von Y gibt. Der folgende Begriff ist ein erster Schritt, einen solchen Zusammenhang zu erfassen:

Definition 17.11 (Empirische Kovarianz) Die **empirische Kovarianz** der Punkte $(x_1, y_1), (x_2, y_2), \ldots, (x_n, y_n)$ ist

$$\mathrm{Cov}(X, Y) := \frac{1}{n-1} \sum_{i=1}^{n} (x_i - \overline{x})(y_i - \overline{y}).$$

Analog zur Varianz verwenden wir auch die Schreibweise $s_{xy} := \mathrm{Cov}(X, Y)$.

- Die Formel erinnert stark an die Definition der Varianz. Man beachte, dass hier aber die Bezeichnung s_{xy} und nicht s_{xy}^2 ist. Das hat einen guten Grund: Die Kovarianz kann negativ sein.

- Die absolute Größe der Kovarianz sagt wenig aus, da wir mit den Werten von X und Y zwei völlig verschiedene Größen multiplizieren.
- Das Vorzeichen der Kovarianz hingegen erlaubt einen Rückschluss:

  - Ist die Kovarianz positiv, so überwiegen Punkte im ersten und dritten Quadranten eines zum Ursprung $(\overline{x}, \overline{y})$ verschobenen Koordinatensystems. Es liegt eine **positive Korrelation** vor.
  - Ist die Kovarianz negativ, so überwiegen Punkte im zweiten und vierten Quadranten. Es liegt eine **negative Korrelation** vor (siehe Abbildung 17.5).

- Multipliziert man das Produkt innerhalb der Summe aus, erhält man eine Darstellung, die wir später noch verwenden:

$$
\begin{aligned}
s_{xy} &= \frac{1}{n-1} \sum_{i=1}^{n} (x_i y_i - x_i \overline{y} - \overline{x} y_i + \overline{x}\,\overline{y}) \\
&= \frac{1}{n-1} \left(\left[\sum_{i=1}^{n} x_i y_i \right] + n\overline{x}\,\overline{y} \right) - \frac{1}{n-1} \sum_{i=1}^{n} x_i \overline{y} - \frac{1}{n-1} \sum_{i=1}^{n} \overline{x} y_i \\
&= \frac{1}{n-1} \left(\left[\sum_{i=1}^{n} x_i y_i \right] + n\overline{x}\,\overline{y} \right) - \frac{2n}{n-1} \overline{x}\,\overline{y} = \frac{1}{n-1} \left(\left[\sum_{i=1}^{n} x_i y_i \right] - n\overline{x}\,\overline{y} \right).
\end{aligned}
$$

$$(17.6)$$

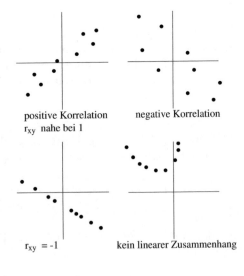

positive Korrelation   negative Korrelation

r_{xy} nahe bei 1

$r_{xy} = -1$ kein linearer Zusammenhang

Abb. 17.5 Korrelation

Während die Kovarianz nur die Tendenz des Zusammenhangs im Sinne positiver oder negativer Korrelation angibt, wird der Wert erst durch Normierung aussagekräftig:

Definition 17.12 (Pearson'scher Korrelationskoeffizient) Gegeben seien $(x_1, y_1), (x_2, y_2), \ldots, (x_n, y_n) \in \mathbb{R}^2$, wobei mindestens ein $x_i \neq \overline{x}$ und ein $y_i \neq \overline{y}$ ist, d.h., nicht alle x_i sind gleich, und nicht alle y_i sind gleich. Der **empirische Korrelationskoeffizient**

$$r_{xy} := \frac{s_{xy}}{s_x s_y} = \frac{\frac{1}{n-1} \sum_{i=1}^{n} (x_i - \overline{x})(y_i - \overline{y})}{\sqrt{\frac{1}{n-1} \sum_{i=1}^{n} (x_i - \overline{x})^2} \sqrt{\frac{1}{n-1} \sum_{i=1}^{n} (y_i - \overline{y})^2}}$$

$$= \frac{\sum_{i=1}^{n} (x_i - \overline{x})(y_i - \overline{y})}{\sqrt{\sum_{i=1}^{n} (x_i - \overline{x})^2 \sum_{i=1}^{n} (y_i - \overline{y})^2}}$$

ist der Quotient aus Kovarianz und dem Produkt der Standardabweichungen.

Satz 17.1 (Bedeutung des Pearson'schen Korrelationskoeffizienten) Unter den Voraussetzungen von Definition 17.12 gilt:

a) $-1 \leq r_{xy} \leq 1$,

b) $r_{xy} = 1$ gilt genau dann, wenn die Punkte auf einer Gerade mit positiver Steigung liegen, also $y_i = c + dx_i$ mit $c, d \in \mathbb{R}$ und $d > 0$,

c) $r_{xy} = -1$ gilt genau dann, wenn die Punkte auf einer Gerade mit negativer Steigung liegen, also $y_i = c + dx_i$ mit $c, d \in \mathbb{R}$ und $d < 0$ (siehe Abbildung 17.5).

Beweis Für Vektoren $\vec{a} := (a_1, a_2, \ldots, a_n)$ und $\vec{b} := (b_1, b_2, \ldots, b_n) \in \mathbb{R}^n$ ist das Standardskalarprodukt $\vec{a} \cdot \vec{b} = \sum_{k=1}^{n} a_k b_k$, vgl. Seite xv. Ist φ der Winkel zwischen $\vec{a}$ und $\vec{b}$, so gilt (siehe Band 1, S. 503):

$$|\vec{a} \cdot \vec{b}| = |\vec{a}| \cdot |\vec{b}| \cdot |\cos(\varphi)| \leq |\vec{a}||\vec{b}| = \sqrt{\sum_{k=1}^{n} a_k^2} \sqrt{\sum_{k=1}^{n} b_k^2}.$$

Gleichheit liegt in dieser Beziehung genau dann vor, wenn φ ein Vielfaches von π ist, d.h., falls es ein $\lambda \in \mathbb{R}$ gibt mit $\vec{b} = \lambda \vec{a}$.

Wir wenden nun diese Aussage an, indem wir $\vec{a} = (x_1 - \overline{x}, x_2 - \overline{x}, \ldots, x_n - \overline{x})$ und $\vec{b} = (y_1 - \overline{y}, y_2 - \overline{y}, \ldots, y_n - \overline{y})$ setzen:

$$|s_{xy}| = \frac{1}{n-1} \left| \sum_{i=1}^{n} (x_i - \overline{x})(y_i - \overline{y}) \right| = \frac{1}{n-1} |\vec{a} \cdot \vec{b}|$$

$$\leq \frac{1}{n-1}|\vec{a}||\vec{b}| = \sqrt{\frac{1}{n-1}\sum_{i=1}^{n}(x_i - \overline{x})^2}\sqrt{\frac{1}{n-1}\sum_{i=1}^{n}(y_i - \overline{y})^2} = s_x s_y,$$

also $-1 \leq r_{xy} = \frac{s_{xy}}{s_x s_y} \leq 1$. Gleichheit $|r_{xy}| = 1$ gilt genau dann, wenn es ein $\lambda \in \mathbb{R}$ gibt mit $\vec{b} = \lambda \vec{a}$, d. h. $y_i - \overline{y} = \lambda(x_i - \overline{x})$ für alle Einträge zu $1 \leq i \leq n$. Damit gilt aber $y_i = c + dx_i$ mit $d = \lambda$ und $c = -\lambda \overline{x} + \overline{y}$, $1 \leq i \leq n$.

Wir berechnen r_{xy} für $y_i = c + dx_i$ mit $c, d \in \mathbb{R}$: Zunächst ist $\overline{y} = c + d\overline{x}$, so dass

$$r_{xy} = \frac{\sum_{i=1}^{n}(x_i - \overline{x})(c + dx_i - (c + d\overline{x}))}{\sqrt{\sum_{i=1}^{n}(x_i - \overline{x})^2 \sum_{i=1}^{n}(c + dx_i - (c + d\overline{x}))^2}} = \frac{ds_x^2}{|d|s_x^2} = \operatorname{sign}(d).$$
(17.7)

Damit ist die Richtung $\Longleftarrow$ in b) und c) gezeigt. Umgekehrt haben wir für $\Longrightarrow$ bereits bewiesen, dass $y_i = c + dx_i$ gilt. Wegen (17.7) folgt außerdem für b) $d > 0$ und für c) $d < 0$. $\Box$

- Ist der Wert $|r_{xy}|$ nahe bei 1, liegen die Punkte fast auf einer Gerade. Je nach Vorzeichen spricht man dann von einer **stark positiven** oder **stark negativen** Korrelation.

- Ist $r_{xy} = 0$, so nennt man X und Y **unkorreliert**. Die Vektoren $\vec{a}$ und $\vec{b}$ aus dem vorangehenden Beweis (Vektoren der Differenzen zum arithmetischen Mittel) stehen dann senkrecht zueinander.

- Eine starke Korrelation muss nicht automatisch bedeuten, dass zwischen den Merkmalswerten für X und Y ein ursächlicher Zusammenhang besteht. Wenn überhaupt, so kann dies auch nur Hinweis auf **lineare** Zusammenhänge sein. Es mag eine starke Korrelation zwischen der Anzahl von Störchen und der Geburtenrate geben, aber was kann man daraus schließen?

17.6 Kovarianzmatrix

Die Rolle der Kovarianz wird verständlicher, wenn wir Eigenschaften der **Kovarianzmatrix**

$$\mathbf{K} := \begin{bmatrix} s_x^2 & s_{xy} \\ s_{yx} & s_y^2 \end{bmatrix} = \begin{bmatrix} s_x^2 & s_{xy} \\ s_{xy} & s_y^2 \end{bmatrix}$$

untersuchen. Hier liegen zwei Merkmale X und Y mit gleich vielen Merkmalswerten und den empirischen Varianzen s_x^2 und s_y^2 sowie der empirischen Kovarianz s_{xy} vor. Untersucht man nicht nur zwei sondern $n \geq 2$ Merkmale, so entsteht eine $n \times n$-Kovarianzmatrix analog zur Systematik beim Aufbau der Hesse-Matrix der zweiten Ableitungen. Wir beschränken uns in der Darstellung aber auf den 2×2-Fall. Offensichtlich ist die Kovarianzmatrix symmetrisch, so dass wir den folgenden Hilfssatz über Eigenwerte anwenden können. Zur Definition von Eigenwerten und Eigenvektoren siehe (iii) auf Seite xvi (oder die ausführliche Beschreibung in Band 1, Kapitel 22).

Satz 17.2 (Bedeutung der Eigenwerte symmetrischer Matrizen)
Sei $\mathbf{A} \in \mathbb{R}^{2 \times 2}$ eine symmetrische Matrix. Wir betrachten (Richtungs-) Vektoren der Länge eins in der Darstellung $(\cos(\alpha), \sin(\alpha))$ $\alpha \in [0, 2\pi[$. Dann wird

$$(\cos(\alpha), \sin(\alpha)) \cdot \mathbf{A} \cdot \begin{pmatrix} \cos(\alpha) \\ \sin(\alpha) \end{pmatrix}$$

genau dann maximal, falls $(\cos(\alpha), \sin(\alpha))$ ein Eigenvektor zum größten Eigenwert λ ist. Die Zahl wird genau dann minimal, falls $(\cos(\alpha), \sin(\alpha))$ ein Eigenvektor zum kleinsten Eigenwert μ ist.

Die Aussage gilt allgemein auch für beliebige symmetrische $n \times n$-Matrizen.

Beweis Eine symmetrische Matrix $\mathbf{A} \in \mathbb{R}^{2 \times 2}$ hat entweder einen doppelten reellen Eigenwert $\lambda = \mu$ (dann sind alle Vektoren $\vec{d} \in \mathbb{R}^2$ mit $\vec{d} \neq \vec{0}$ bereits Eigenvektoren zu λ), oder sie hat zwei linear unabhängige und zueinander orthogonale Eigenvektoren zu zwei reellen Eigenwerten $\lambda > \mu$. Das folgt aus Sätzen in Band 1 (Satz 22.5, S. 627 und Satz 22.7, S. 630). Im ersten Fall sind insbesondere $(\cos(\alpha), \sin(\alpha))$ Eigenvektoren und

$$(\cos(\alpha), \sin(\alpha)) \cdot \mathbf{A} \cdot \begin{pmatrix} \cos(\alpha) \\ \sin(\alpha) \end{pmatrix} = \lambda(\cos(\alpha), \sin(\alpha)) \begin{pmatrix} \cos(\alpha) \\ \sin(\alpha) \end{pmatrix}$$
$$= \lambda[\cos^2(\alpha) + \sin^2(\alpha)] = \lambda.$$

Damit ist in diesem Fall die Aussage trivial.

Interessanter ist die Situation mit zwei Eigenwerten $\lambda > \mu$ und zwei zugehörigen linear unabhängigen und zueinander orthogonalen Eigenvektoren $\vec{d}_\lambda$ und $\vec{d}_\mu$, deren Länge wir durch Normierung zu eins wählen können. Zusammenfassend haben wir in diesem Fall die Situation

$$\mathbf{A}\vec{d}_\lambda = \lambda\vec{d}_\lambda, \quad \mathbf{A}\vec{d}_\mu = \mu\vec{d}_\mu, \quad \vec{d}_\lambda \cdot \vec{d}_\mu = 0, \quad \vec{d}_\lambda \cdot \vec{d}_\lambda = 1, \quad \vec{d}_\mu \cdot \vec{d}_\mu = 1.$$

Wegen der linearen Unabhängigkeit der Eigenvektoren können wir die Richtungsvektoren als Linearkombination schreiben:

$$\begin{pmatrix} \cos(\alpha) \\ \sin(\alpha) \end{pmatrix} = r\vec{d}_\lambda + s\vec{d}_\mu.$$

Wegen der normierten Länge gilt dann

$$1 = (r\vec{d}_\lambda + s\vec{d}_\mu) \cdot (r\vec{d}_\lambda + s\vec{d}_\mu) = r^2\vec{d}_\lambda \cdot \vec{d}_\lambda + 2rs\vec{d}_\lambda\vec{d}_\mu + s^2\vec{d}_\mu \cdot \vec{d}_\mu = r^2 + s^2,$$

so dass wir $r = \cos(\varphi)$ und $s = \sin(\varphi)$ schreiben können. Damit suchen wir Maxima und Minima der Funktion

$$
\begin{aligned}
f(\varphi) &:= (\cos(\varphi)\vec{d}_\lambda + \sin(\varphi)\vec{d}_\mu)^\top \cdot \mathbf{A} \cdot (\cos(\varphi)\vec{d}_\lambda + \sin(\varphi)\vec{d}_\mu) \\
&= \cos^2(\varphi)\lambda \vec{d}_\lambda \cdot \vec{d}_\lambda + \cos(\varphi)\sin(\varphi)[\lambda + \mu]\vec{d}_\lambda \cdot \vec{d}_\mu + \sin^2(\varphi)\mu \vec{d}_\mu \cdot \vec{d}_\mu \\
&= \cos^2(\varphi)\lambda + \sin^2(\varphi)\mu.
\end{aligned}
$$

Mittels eindimensionaler Extremwertrechnung bestimmen wir die Winkel φ, für die Maxima bzw. Minima angenommen werden. Aus der notwendigen Bedingung

$$
0 = f'(\varphi) = 2\sin(\varphi)\cos(\varphi)\underbrace{[-\lambda + \mu]}_{<0}
$$

folgt $\varphi = n\frac{\pi}{2}$, $n \in \mathbb{Z}$. Wegen

$$
f''(\varphi) = 2[\cos^2(\varphi) - \sin^2(\varphi)][-\lambda + \mu]
$$

und $f''(0) = f''(\pi) = 2[-\lambda + \mu] < 0$, $f''\left(\frac{\pi}{2}\right) = f''\left(\frac{3}{2}\pi\right) = -2[-\lambda + \mu] > 0$, liegen im Intervall $[0, 2\pi[$ bei 0 und π lokale (und wegen der Periodizität auch globale) Maxima mit Wert λ und bei $\frac{\pi}{2}$ und $\frac{3}{2}\pi$ lokale und globale Minima mit Wert μ. Genau in Richtung des Eigenvektors $\pm\vec{d}_\lambda$ wird also dessen größerer Eigenwert λ als Maximum und genau in Richtung des Eigenvektors $\pm\vec{d}_\mu$ wird dessen kleinerer Eigenwert μ als Minimum angenommen. $\square$

Wir zeigen jetzt, dass die Zahl

$$
(\cos(\alpha), \sin(\alpha)) \cdot \mathbf{K} \cdot \begin{pmatrix} \cos(\alpha) \\ \sin(\alpha) \end{pmatrix}
$$

die Varianz eines Merkmals $D = D(\alpha)$ beschreibt, dessen n Merkmalswerte d_i durch Projektion der n Punkte (x_i, y_i) auf die Ursprungsgerade mit Richtungsvektor $(\cos(\alpha), \sin(\alpha))$ und dazu senkrechter Normale $(-\sin(\alpha), \cos(\alpha))$ entstehen. Genauer ist d_i die (vorzeichenbehaftete) Entfernung des Lotfußpunktes (Lot von (x_i, y_i) auf die Gerade) zum Nullpunkt. Diese Entfernung entspricht der Entfernung der Gerade mit Richtungsvektor $(-\sin(\alpha), \cos(\alpha))$ durch (x_i, y_i) zum Nullpunkt, die sich gemäß der Hesse-Normalform (siehe Band 1, S. 531) zu

$$
d_i = (\cos(\alpha), \sin(\alpha)) \cdot (x_i, y_i) = x_i \cos(\alpha) + y_i \sin(\alpha)
$$

ergibt. Damit berechnen wir die Varianz des Merkmals $D = D(\alpha)$. Dessen arithmetisches Mittel ist $\overline{d} = \overline{x}\cos(\alpha) + \overline{y}\sin(\alpha)$, so dass

$$
\begin{aligned}
s_d^2 &= \frac{1}{n-1}\sum_{i=1}^{n}(d_i - \overline{d})^2 = \frac{1}{n-1}\sum_{i=1}^{n}((x_i - \overline{x})\cos(\alpha) + (y_i - \overline{y})\sin(\alpha))^2 \\
&= s_x^2 \cos^2(\alpha) + 2s_{xy}\cos(\alpha)\sin(\alpha) + s_y^2 \sin^2(\alpha)
\end{aligned}
$$

$$= (\cos(\alpha), \sin(\alpha)) \cdot \mathbf{K} \cdot \begin{pmatrix} \cos(\alpha) \\ \sin(\alpha) \end{pmatrix}.$$

Nach Lemma 17.2 zeigen Eigenvektoren zum größten Eigenwert von $\mathbf{K}$ in Richtung der größten und Eigenvektoren zum kleinsten Eigenwert in Richtung der kleinsten Varianz. Der Eigenvektor zum größten Eigenwert drückt daher die Richtung aus, in der die Punktwolke $\{(x_i, y_i) : 1 \leq i \leq n\}$ am größten streut. Bei der Erstellung eines virtuellen Stadtmodells kann so z. B. die Lage des Firstes einer Kirche aus einer Wolke von Grundrisspunkten abgeschätzt werden, siehe Abbildung 17.6.

Die Kovarianz s_{xy} ist genau dann null, wenn $(1, 0)$ und $(0, 1)$ Eigenvektoren der Kovarianzmatrix sind, wenn also die größte Streuung in Richtung einer Koordinatenachse liegt. Dreht man eine gegebene Punktwolke entsprechend z. B. um den Schwerpunkt $(\overline{x}, \overline{y})$, so erhält man Punkte mit Werten zweier unkorrelierter Merkmale. Dieses Vorgehen, mit dem beliebige in unkorrelierte Merkmale überführt werden, heißt **Hauptachsentransformation (Principal Component Analysis)**. Untersucht man bei der Analyse großer Datenmengen Vektoren, deren Einträge die Werte unterschiedlicher Merkmale sind, so kann man mit der Hauptachsentransformation die Dimension des Vektorraums dieser Merkmalvektoren reduzieren. Nach der Hauptachsentransformation haben häufig einige jetzt unkorrelierte Merkmale eine kleine Varianz und sind damit nahezu konstant. Die Kenntnis ihrer Werte liefert bei der weiteren Analyse keinen wesentlichen Beitrag, und die zugehörigen Komponenten der Vektoren können in diesem Sinne weggelassen werden.

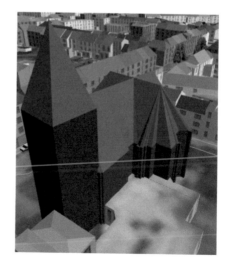

Abb. 17.6 Der Hauptfirst der Kirche wurde mit einer Hauptachsentransformation berechnet. Der First liegt auf einer Gerade durch den Schwerpunkt der (x, y)-Koordinaten des Grundrisses. Die Richtung der Gerade ist durch einen Eigenvektor zum größten Eigenwert der Kovarianzmatrix festgelegt

Hat man die Punktwolke so gedreht, dass die größte Streuung in x-Richtung vorliegt, dann wird zugleich die Varianz der y-Koordinaten minimal, d. h., die quadrierten Abstände der y-Werte zu deren arithmetischem

Mittel werden aufsummiert minimal. Betrachtet man eine horizontale Gerade, deren y-Achsenabschnitt dieses arithmetische Mittel ist, so ist daher die Summe der quadrierten Abstände der Punkte zur Gerade minimal. In dieser Lage geht die Gerade durch den Schwerpunkt der Punktwolke. Wenn wir nun die Drehung der Punktwolke rückgängig machen, so wird verständlich, dass die Gerade durch den Schwerpunkt $(\overline{x}, \overline{y})$ mit einem Eigenvektor zum größten Eigenwert der Kovarianzmatrix als Richtungsvektor den kleinsten aufsummierten quadrierten Abstand zu den Punkten aufweist.

Der kürzeste Abstand eines Punktes zur Gerade ist die Länge des Lots auf die Gerade. Häufig wird aber ein anderer Abstand minimiert, nämlich die Differenz der y-Koordinate eines Punktes zur y-Koordinate der Gerade bei gemeinsamer x-Koordinate. Das ist also der Abstand in Richtung der y-Achse. Wird die Gerade durch eine Funktion g beschrieben, dann ergibt sich für einen Punkt (x, y) der quadrierte Abstand $(g(x) - y)^2$. Die Gerade, die diese Abstände minimiert, zeigt in der Regel (falls die größte Streuung nicht in x-Richtung vorliegt) in eine andere Richtung als der Eigenvektor und heißt Regressionsgerade. Damit beschäftigt sich der nächste Abschnitt.

17.7 Lineare Regressionsrechnung

Ist der Korrelationskoeffizient nahe bei ± 1, so stellt sich die Frage nach der Gerade, die einen möglichen Zusammenhang der Werte am besten beschreibt. Dies führt zum Begriff **Regressionsgerade**. Sie wird z. B. benötigt, wenn man über das Ohm'sche Gesetz $U = R \cdot I$ aus Messpunkten für Strom I und Spannung U den Widerstand R als Steigung der Gerade, die I auf U abbildet, ermitteln möchte. Verwendet man eine logarithmische Darstellung (wie in Band 1, Kapitel 4.8.4), so kann man mit einer Regressionsgerade auch exponentielle oder logarithmische Zusammenhänge analysieren.

Definition 17.13 (Empirische Regressionsgerade) Gegeben seien die Punkte $(x_1, y_1), (x_2, y_2), \ldots, (x_n, y_n) \in \mathbb{R}^2$, wobei mindestens ein $x_i \neq \overline{x}$ ist. Wir betrachten die quadrierten Abweichungen einer Gerade $u + vx$ von den vorliegenden Punkten im Sinne von

$$f(u, v) := \sum_{i=1}^{n} [y_i - (u + v \cdot x_i)]^2 = \sum_{i=1}^{n} [y_i - u - v \cdot x_i]^2.$$

Wird die Fehlerfunktion f für Parameter $u = u_0$ und $v = v_0$ minimal, so heißt die Gerade $y(x) := u_0 + v_0 x$, die damit den Punkten am nächsten liegt, eine **empirische Regressionsgerade**.

Die Forderung, dass ein x_i vom arithmetischen Mittel $\overline{x}$ verschieden ist, verhindert, dass man eine Parallele zur y-Achse erhält. Diese kann man nicht als Funktionsgraph schreiben. Die analoge Forderung, dass mindestens ein $y_i \neq \overline{y}$, ist nicht nötig. Dieser Fall führt zu einer Parallelen zur x-Achse.

Man spricht hier von der **Methode der kleinsten Quadrate**, da wir die Summe der quadrierten Differenzen minimieren. Etwas Vergleichbares haben wir auch bereits bei der Einführung der Fourier-Koeffizienten getan (siehe Seite 282).

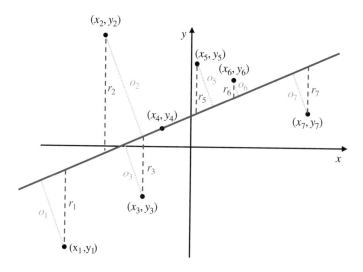

Abb. 17.7 Empirische Regressionsgerade: $\sum_{i=1}^{7} r_i^2$ ist minimal, dagegen ist dann die Summe $\sum_{i=1}^{7} o_i^2$ der kürzesten Distanzen zur Gerade in der Regel nicht minimal, diese Abstände werden nicht mit Regression sondern, wie in Kapitel 17.6 beschrieben, mit einer Gerade durch den Schwerpunkt $(\overline{x}, \overline{y})$ und mit einem Richtungsvektor minimiert, der ein Eigenvektor zum größten Eigenwert der Kovarianzmatrix ist

Wir überlegen uns jetzt, wie die Regressionsgerade berechnet wird und sehen insbesondere, dass sie eindeutig ist. Dazu betrachten wir die „Straffunktion" $f(u, v)$ mit den beiden Variablen u und v. Die Funktion ist stetig differenzierbar auf $\mathbb{R}^2$, und wir suchen eine Stelle $(u_0, v_0) \in \mathbb{R}^2$, an der die Funktion ein Minimum annimmt. Eine notwendige Bedingung dazu ist, dass beide partiellen Ableitungen an der Stelle (u_0, v_0) null sind (siehe Satz 2.1). Wir berechnen zunächst beide partiellen Ableitungen:

$$\frac{\partial}{\partial u} f(u, v) = \sum_{i=1}^{n} \frac{\partial}{\partial u}(y_i - u - vx_i)^2 = \sum_{i=1}^{n} -2(y_i - u - vx_i)$$

$$= -2 \left(\left[\sum_{i=1}^{n} y_i \right] - nu - v \sum_{i=1}^{n} x_i \right) = -2n(\overline{y} - u - v\overline{x}),$$

$$\frac{\partial}{\partial v} f(u,v) = \sum_{i=1}^{n} \frac{\partial}{\partial v} (y_i - u - vx_i)^2 = \sum_{i=1}^{n} -2x_i(y_i - u - vx_i)$$

$$= -2\left(\sum_{i=1}^{n} x_i y_i - u \sum_{i=1}^{n} x_i - v \sum_{i=1}^{n} x_i^2 \right)$$

$$= -2n\left(\frac{1}{n}\left[\sum_{i=1}^{n} x_i y_i \right] - u\overline{x} - v\frac{1}{n}\sum_{i=1}^{n} x_i^2 \right).$$

Aus der notwendigen Bedingung, dass die partiellen Ableitungen null sein müssen, ergibt sich das folgende lineare Gleichungssystem:

$$u + v\overline{x} = \overline{y} \quad \wedge \quad u\overline{x} + v\frac{1}{n}\sum_{i=1}^{n} x_i^2 = \frac{1}{n}\sum_{i=1}^{n} x_i y_i.$$

Ziehen wir von der zweiten Gleichung die erste multipliziert mit $\overline{x}$ ab, ergibt sich:

$$v\left(\frac{1}{n}\left[\sum_{i=1}^{n} x_i^2 \right] - \overline{x}^2 \right) = \frac{1}{n}\left[\sum_{i=1}^{n} x_i y_i \right] - \overline{xy}$$

$$\Longleftrightarrow \quad v\left(\left[\sum_{i=1}^{n} x_i^2 \right] - n\overline{x}^2 \right) = \left[\sum_{i=1}^{n} x_i y_i \right] - n\overline{xy}$$

$$\Longleftrightarrow \quad v\frac{1}{n-1}\left(\left[\sum_{i=1}^{n} x_i^2 \right] - n\overline{x}^2 \right) = \frac{1}{n-1}\left(\left[\sum_{i=1}^{n} x_i y_i \right] - n\overline{xy} \right)$$

$$\overset{(17.5),\,(17.6)}{\Longleftrightarrow} \quad vs_x^2 = s_{xy} \overset{s_x^2 > 0}{\Longleftrightarrow} v = \frac{s_{xy}}{s_x^2}.$$

Man beachte, dass nach Voraussetzung mindestens ein x_i von $\overline{x}$ abweicht, so dass $s_x^2 > 0$ ist. Wir setzen den für v berechneten Wert in die erste Gleichung des Systems ein:

$$u = \overline{y} - \frac{s_{xy}}{s_x^2}\overline{x}.$$

Das Gleichungssystem hat also genau diese eine Lösung $(u_0, v_0) := (\overline{y} - \frac{s_{xy}}{s_x^2}\overline{x}, \frac{s_{xy}}{s_x^2})$. Es gibt also höchstens ein (lokales) Maximum oder Minimum. Die Hesse-Matrix, in der die zweiten partiellen Ableitungen stehen (siehe Seite 29), ist hier die konstante Matrix $\begin{bmatrix} 2n & 2n\overline{x} \\ 2n\overline{x} & 2\sum_{i=1}^{n} x_i^2 \end{bmatrix}$.

Die erste Hauptabschnittsdeterminante ist $2n > 0$, die zweite ist

$$\det \begin{bmatrix} 2n & 2n\overline{x} \\ 2n\overline{x} & 2\sum_{i=1}^{n} x_i^2 \end{bmatrix} = 4n\sum_{i=1}^{n} x_i^2 - 4n^2\overline{x}^2 = 4\left[n\sum_{i=1}^{n} x_i^2 - \left(\sum_{i=1}^{n} x_i \right)^2 \right].$$

$$(17.8)$$

Als Anwendung des Standardskalarprodukts (i), siehe Seite xv, ist

$$\sum_{i=1}^{n} x_i = (x_1, x_2, \ldots, x_n) \cdot (1, 1, \ldots, 1)$$

$$= |(x_1, x_2, \ldots, x_n)| \cdot |(1, 1, \ldots, 1)| \cdot \cos(\varphi) = \sqrt{\sum_{i=1}^{n} x_i^2} \cdot \sqrt{n} \cdot \cos(\varphi),$$

wobei φ der Winkel zwischen $(x_1, x_2, \ldots, x_n)$ und $(1, 1, \ldots, 1)$ ist. Damit erhalten wir $\left(\sum_{i=1}^{n} x_i\right)^2 = \cos^2(\varphi) \cdot n \sum_{i=1}^{n} x_i^2$ und insbesondere $\left(\sum_{i=1}^{n} x_i\right)^2 \leq n \sum_{i=1}^{n} x_i^2$, wobei Gleichheit nur gilt, wenn $\cos^2(\varphi) = 1$ ist. Das ist nur der Fall, wenn alle x_i den gleichen Wert haben, was wir aber mit der Forderung, dass ein Wert von $\overline{x}$ verschieden sein muss, ausgeschlossen haben. Damit ist aber die Determinante in (17.8) positiv, und die Hesse-Matrix ist nach Lemma 2.1 auf Seite 47 positiv definit. Es liegt also nach Satz 2.3 auf Seite 46 ein lokales Minimum vor. Man kann zeigen, dass es sich dabei auch um ein globales Minimum handelt.

Satz 17.3 (Regressionsgerade) Die Regressionsgerade aus Definition 17.13 ist eindeutig bestimmt und lautet

$$y(x) = \left(\overline{y} - \frac{s_{xy}}{s_x^2}\overline{x}\right) + \frac{s_{xy}}{s_x^2}x,$$

d. h., mit den Darstellungen für s_{xy} und s_x^2 aus (17.5) und (17.6):

$$y(x) = \left(\overline{y} - \overline{x}\frac{\sum_{i=1}^{n} x_i y_i - n\overline{x}\,\overline{y}}{\sum_{i=1}^{n} x_i^2 - n\overline{x}^2}\right) + \left(\frac{\sum_{i=1}^{n} x_i y_i - n\overline{x}\,\overline{y}}{\sum_{i=1}^{n} x_i^2 - n\overline{x}^2}\right) x.$$

- Man sieht sofort, dass das Vorzeichen der Steigung $\frac{s_{xy}}{s_x^2}$ dieser Gerade direkt dem Vorzeichen der Kovarianz entspricht.
- Setzt man $x = \overline{x}$ in die Geradengleichung ein, erhält man den Funktionswert $\overline{y}$. Der Schwerpunkt $(\overline{x}, \overline{y})$ der Punkte liegt damit auf der Regressionsgerade.

Beispiel 17.11 Wir berechnen eine Regressionsgerade zu den Punkten (1, 1), (2, 3) und (3, 2): Die arithmetischen Mittel sind $\overline{x} = \frac{1}{3}(1+2+3) = 2$ und $\overline{y} = \frac{1}{3}(1+3+2) = 2$. Für die Kovarianz erhalten wir

$$s_{xy} = \frac{1}{2}\sum_{i=1}^{3}(x_i - \overline{x})(y_i - \overline{y}) = \frac{1}{2}[-1 \cdot (-1) + 0 \cdot 1 + 1 \cdot 0] = \frac{1}{2}.$$

Die Varianz des ersten Merkmals ist $s_x^2 = \frac{1}{2}\sum_{i=1}^{3}(x_i - \overline{x})^2 = \frac{1}{2}[1 + 0 + 1] = 1$,

so dass $s_x = \sqrt{s_x^2} = 1$. Die Regressionsgerade ist damit

$$y(x) = \left(\overline{y} - \frac{s_{xy}}{s_x^2}\overline{x}\right) + \frac{s_{xy}}{s_x^2}x = \left(2 - \frac{1}{2}\cdot 2\right) + \frac{1}{2}x = 1 + \frac{1}{2}x.$$

Wir betrachten nun den Fehler, der entsteht, wenn wir die Werte y_i durch die Funktionswerte $\hat{y}_i := a + bx_i$ der Regressionsgerade ersetzen. Die $\hat{y}_i$ heißen **theoretische y-Werte**. Diese haben das gleiche arithmetische Mittel wie die Werte y_i:

$$\overline{\hat{y}} := \frac{1}{n}\sum_{i=1}^{n}\hat{y}_i = \overline{y},$$

denn wegen der Linearität des arithmetischen Mittels ist $\overline{\hat{y}} = \left(\overline{y} - \frac{s_{xy}}{s_x^2}\overline{x}\right) + \frac{s_{xy}}{s_x^2}\overline{x} = \overline{y}$. Falls tatsächlich zwischen den Merkmalen X und Y nicht nur ein vermuteter, sondern ein echter linearer Zusammenhang besteht, dann kann die Differenz $r_i := y_i - \hat{y}_i$ als durch zufällige Einflüsse entstanden verstanden werden. Die Differenz r_i heißt i-tes **Residuum**. Die Summe aller Residuen ist null:

$$\sum_{i=1}^{n}r_i = \sum_{i=1}^{n}(y_i - \hat{y}_i) = n\left[\frac{1}{n}\sum_{i=1}^{n}y_i - \frac{1}{n}\sum_{i=1}^{n}\hat{y}_i\right] = n(\overline{y} - \overline{\hat{y}}) = 0.$$

Für den durch die Regressionsgerade minimierten Fehler der Quadrate gilt:

$$\sum_{i=1}^{n}r_i^2 = f\left(\overline{y} - \frac{s_{xy}}{s_x^2}\overline{x}, \frac{s_{xy}}{s_x^2}\right) = \sum_{i=1}^{n}\left(y_i - \overline{y} + \frac{s_{xy}}{s_x^2}\overline{x} - \frac{s_{xy}}{s_x^2}x_i\right)^2$$

$$= \sum_{i=1}^{n}\left[(y_i - \overline{y}) - \frac{s_{xy}}{s_x^2}(x_i - \overline{x})\right]^2$$

$$= \sum_{i=1}^{n}(y_i - \overline{y})^2 - 2\frac{s_{xy}}{s_x^2}\sum_{i=1}^{n}(x_i - \overline{x})(y_i - \overline{y}) + \left(\frac{s_{xy}}{s_x^2}\right)^2\sum_{i=1}^{n}(x_i - \overline{x})^2$$

$$= (n-1)\left[s_y^2 - 2\frac{s_{xy}}{s_x^2}s_{xy} + \frac{s_{xy}^2}{s_x^4}s_x^2\right] = \frac{n-1}{s_x^2}\left[s_x^2 s_y^2 - 2s_{xy}^2 + s_{xy}^2\right]$$

$$= \frac{n-1}{s_x^2}\left[s_x^2 s_y^2 - s_{xy}^2\right].$$

Der Fehler $\sum_{i=1}^{n}r_i^2$ ist also genau dann null, wenn $s_x^2 s_y^2 = s_{xy}^2$, d. h., wenn für den Korrelationskoeffizienten r_{xy} gilt: $r_{xy}^2 := \frac{s_{xy}^2}{s_x^2 s_y^2} = 1$. Diese Aussage haben wir bereits in Satz 17.1 kennengelernt, denn genau für $|r_{xy}| = 1$ liegen die Punkte (x_i, y_i) auf einer Gerade, die damit die Regressionsgerade sein muss.

Hintergrund: Regressionsrechnung mit Polynomen

Bei der linearen Regressionsrechnung haben wir eine Gerade, also ein Polynom ersten Grades, gesucht, die möglichst gut das Verhalten einer Punktwolke annähert. Statt eines Polynoms ersten Grades kann man analog auch Polynome höheren Grades verwenden, um nicht-lineare Zusammenhänge abzubilden. Möchte man beispielsweise das Weg-Zeit-Diagramm eines freien Falls basierend auf n Messwerten berechnen, so kann man keine Gerade durch die Punkte aus Zeit- und Wegkoordinate legen. Vielmehr wird der Zusammenhang zwischen Zeit t und Weg s bei Vernachlässigung des Luftwiderstands durch ein Polynom vom Grad zwei der Zeit beschrieben: $s(t) = a_2 \cdot t^2 + a_1 \cdot t + a_0$ mit $a_0, a_1, a_2 \in \mathbb{R}$. Diese Funktion kann man aus den Messdaten über **polynomiale Regression** bestimmen:

Es seien wieder die Punkte (x_1, y_1), (x_2, y_2), ..., $(x_n, y_n) \in \mathbb{R}^2$ gegeben. Statt der Gerade $u + vx$ ist nun ein Polynom m-ten Grads $\sum_{k=0}^{m} a_k x^k$ gesucht, für das der Fehler

$$f(a_0, a_1, \ldots, a_m) := \sum_{i=1}^{n} \left[y_i - \sum_{k=0}^{m} a_k x_i^k \right]^2$$

minimal wird. Aus der notwendigen Bedingung, dass bei einem Minimum die partiellen Ableitungen nach den Polynomkoeffizienten $a_0, \ldots, a_m$ alle null sind (siehe wieder Satz 2.1 auf Seite 38), erhält man auch in diesem allgemeineren Fall Kandidaten für die Koeffizienten des Polynoms, $l = 0, \ldots, m$:

$$0 = \frac{\partial f(a_0, a_1, \ldots, a_m)}{\partial a_l} = 2 \sum_{i=1}^{n} \left[y_i - \sum_{k=0}^{m} a_k x_i^k \right] \cdot (-x_i^l)$$

$$\iff \sum_{i=1}^{n} \sum_{k=0}^{m} a_k x_i^k x_i^l = \sum_{i=1}^{n} y_i x_i^l \iff \sum_{k=0}^{m} \left(\sum_{i=1}^{n} x_i^k x_i^l \right) a_k = \sum_{i=1}^{n} y_i x_i^l. \quad (17.9)$$

Mit

$$\mathbf{A} := \begin{bmatrix} 1 & x_1 & x_1^2 & \ldots & x_1^m \\ 1 & x_2 & x_2^2 & \ldots & x_2^m \\ \vdots & \vdots & \vdots & & \vdots \\ 1 & x_n & x_n^2 & \ldots & x_n^m \end{bmatrix} \quad \text{und} \quad \mathbf{A}^\top = \begin{bmatrix} 1 & 1 & \ldots & 1 \\ x_1 & x_2 & \ldots & x_n \\ x_1^2 & x_2^2 & \ldots & x_n^2 \\ \vdots & \vdots & & \vdots \\ x_1^m & x_2^m & \ldots & x_n^m \end{bmatrix}$$

sowie der $((m+1) \times (m+1))$-Matrix $\mathbf{A}^\top \mathbf{A} = \left[\sum_{i=1}^{n} x_i^l x_i^k \right]_{l=0,\ldots,m,\, k=0,\ldots,m}$ kann (17.9) geschrieben werden in der Form

$$\mathbf{A}^\top \mathbf{A} \vec{a} = \mathbf{A}^\top \vec{y}$$

mit $\vec{a} = (a_0, \ldots, a_m)^\top$ und $\vec{y} = (y_1, \ldots, y_n)^\top$.

Man nennt dieses lineare Gleichungssystem zur Bestimmung von $\vec{a}$ die
Gauß'schen Normalgleichungen. Für $m = 1$ sind die Koeffizienten der
Regressionsgraden die Lösung.

Literaturverzeichnis

Beck-Bornholdt et al.(2006). Beck-Bornholdt, H.-P. und Dubben, H.-H.: Der Hund, der
    Eier legt. Rowohlt, Reinbek, 2006.
von Hippel(2005). von Hippel, P. T.: Mean, Median, and Skew: Correcting a Textbook
    Rule. Journal of Statistics Education 13, 2005, S. 965–971.
Menges(1982). Menges, G.: Die Statistik: 12 Stationen des statistischen Arbeitens. Gabler,
    Wiesbaden, 1982.
Sachs(2003). Sachs, M.: Wahrscheinlichkeitsrechnung und Statistik für Ingenieurstudenten
    an Fachhochschulen. Fachbuchverlag Leipzig/Hanser, München, 2003.

Kapitel 18

Wahrscheinlichkeitsrechnung

Bei der beschreibenden Statistik liegen alle Daten vor. Hat man dagegen nur einen Ausschnitt und möchte man damit dennoch Aussagen über die Gesamtheit machen (z. B. bei Prognosen), benötigt man die Wahrscheinlichkeitsrechnung. In den folgenden Abschnitten werden ihre Grundzüge dargestellt. Dazu werden zunächst Ereignisse als Teilmengen der Grundgesamtheit der überhaupt möglichen Ergebnisse eines Zufallsexperiments modelliert. Dann wird auf der Menge der Ereignisse ein Wahrscheinlichkeitsmaß definiert, das den Ereignissen ihre Eintrittswahrscheinlichkeit zuordnet. Wahrscheinlichkeitsmaße orientieren sich oft an relativen Häufigkeiten. Daher muss man die Elemente einer Menge zählen. Hier helfen die Formeln der Kombinatorik. Damit man nicht immer ein aufwändiges Modell mit Ereignissen erstellen und zählen muss, kann man Zufallsvariablen einsetzen. Das sind entgegen ihres Namens Funktionen, die Versuchsausgänge eines Zufallsexperiments auf Zahlen abbilden. In vielen Situationen ist bekannt, mit welchen Wahrscheinlichkeiten dann gewisse Zahlen angenommen werden. Außerdem kann man nun mit Zahlen rechnen und z. B. einen Mittelwert bilden. Der heißt nun aber Erwartungswert und drückt aus, welchen Wert man im Mittel für die Zufallsvariable erwartet. Ebenso kann man nun die Streuung von Zufallsvariablen messen. Mit dem Gesetz der großen Zahlen und dem zentralen Grenzwertsatz werden wir sehen, dass durch das unabhängige Wiederholen von Zufallsexperimenten nicht nur die Streuung reduziert werden kann, sondern dass man auch dann Wissen über Wahrscheinlichkeiten erhält, wenn die Wahrscheinlichkeiten des einzelnen Zufallsexperiments (das wiederholt wird) unbekannt sind. Dadurch wird die schließende Statistik möglich.

Damit die Darstellung nicht zu kompliziert wird, gehen wir nur am Rande auf Ereignis- bzw. Sigma-Algebren als Mengen von Ereignissen ein. Außerdem benutzen wir keine Maß- und Integrationstheorie, indem wir (fast) nur Zufallsvariablen mit abzählbar vielen Werten betrachten. So können z. B. Erwartungswerte mittels Summen berechnet werden, und es werden, abgesehen vom letzten Unterkapitel, keine Integrale benötigt.

S. Goebbels und S. Ritter, *Mathematik verstehen und anwenden: Differenzialgleichungen, Fourier- und Vektoranalysis, Laplace-Transformation und Stochastik*, https://doi.org/10.1007/978-3-662-68369-9_18

18.1 Zufallsexperimente und Ereignisse

Wir reden von einem **Zufallsexperiment**, wenn wir nicht alle Faktoren, die einen Einfluss auf das Ergebnis des Experiments haben, kennen oder bestimmen können. Der **Zufall** ist dabei der Einfluss dieser unbekannten Faktoren. Die Messung nahezu aller physikalischer Größen ist ein Zufallsexperiment. Die Quantentheorie basiert darüber hinaus auf der Existenz eines echten Zufalls, der nicht nur auf fehlendes Wissen zurückzuführen ist und sich bei der Messung von Quantenzuständen äußert (siehe Beispiel 18.18 auf Seite 510).

Was ist nun die Wahrscheinlichkeit, dass ein gewisses Ergebnis eintritt? Die exakte Formulierung des vagen Begriffs Wahrscheinlichkeit, so dass man damit einerseits exakt rechnen kann und die Ergebnisse andererseits mit der Anschauung dieses Begriffs übereinstimmen, war eine schwierige Aufgabe für die Mathematik. Der Erfolg lag darin, aus der Anschauung ein Modell zu gewinnen und dann ohne weitere Anschauung rein mathematisch auf der Basis von Axiomen vorzugehen. Als Begründer der modernen Wahrscheinlichkeitsrechnung kann man den sowjetischen Mathematiker Andrey Nikolaevich Kolmogorov (1903–1987) sehen, der den axiomatischen Zugang in [Kolmogorov(1933)] (auf Deutsch) publizierte.

Betrachten wir eine Urne mit 20 weißen und 30 schwarzen Kugeln, die alle gleich seien. Anschaulich ist die Wahrscheinlichkeit, mit geschlossenen Augen eine weiße Kugel zu ziehen, gleich der relativen Häufigkeit der Merkmalsausprägung „weiß", also 20/50 = 2/5 bzw. 40%. Die relative Häufigkeit dient als Vorbild für die Definition der Wahrscheinlichkeit. Weiß man nicht, wie viele weiße und schwarze Kugeln in der Urne liegen, kann man n-mal mit Zurücklegen ziehen und dann die relative Häufigkeit der vorgefundenen Merkmalsausprägungen weiß und schwarz als Wahrscheinlichkeit für das Ziehen von „weiß" oder „schwarz" auffassen. Allerdings kann man bei einer erneuten Messung zu einem anderen Wert gelangen. Für eine Definition ist dies also ungeeignet. Allerdings vermuten wir, dass mit wachsendem n die relative Häufigkeit immer näher an der tatsächlichen Wahrscheinlichkeit ist. Eine vernünftige mathematische Definition der Wahrscheinlichkeit muss dies nachbilden (das führt zum Gesetz der großen Zahlen). Dazu benötigen wir ein mathematisches Modell für Zufallsexperimente.

Die Durchführung eines Zufallsexperiments heißt ein **Versuch**, sein Ergebnis ein **Elementarereignis**. Die Menge aller möglichen Versuchsausgänge, also aller Elementarereignisse, heißt **Grundgesamtheit** oder **Elementarereignisraum** und wird üblicherweise mit Ω bezeichnet. Ω entspricht dem Begriff der statistischen Masse in der beschreibenden Statistik. Ein **Ereignis** ist eine Teilmenge der Grundgesamtheit Ω. Mit einem Ereignis fasst man Elementarereignisse zusammen. Wir sagen, dass bei einem Experiment ein Ereignis E eingetreten ist, genau dann, wenn ein Elementarereignis beobachtet wird, das Element von E ist. Als Ereignis sind auch $\emptyset$ und Ω zugelassen. Da in $\emptyset$ keine Elementarereignisse liegen, kann $\emptyset$ auch niemals eintreten. Da in Ω alle Elementarereignisse sind, tritt das Ereignis Ω bei jedem Experiment ein. Man spricht hier einerseits vom **unmöglichen Ereignis** $\emptyset$ und andererseits vom **sicheren Ereignis** Ω.

Beispiel 18.1 Die Grundgesamtheit beim einmaligen Würfeln ist

$$\Omega := \{1, 2, 3, 4, 5, 6\}.$$

Das Ereignis eines geraden Wurfs ist dann $G := \{2, 4, 6\}$, das Ereignis eines ungeraden Wurfs ist $U := \{1, 3, 5\}$.

Bei einer endlichen Grundgesamtheit Ω mit N Elementen gibt es genau 2^N unterschiedliche Teilmengen und damit Ereignisse. Denn wir erhalten unterschiedliche Ereignisse, indem wir für jedes der N Elementarereignisse die beiden Möglichkeiten betrachten, dass es Element des Ereignisses ist oder nicht.

Häufig möchte man nicht alle möglichen Ereignisse eines Zufallsexperiments betrachten, sondern nur eine Teilmenge $\mathcal{U}$ der Menge aller Ereignisse. Dies ist insbesondere dann der Fall, wenn die Grundgesamtheit unendlich viele Elemente hat. Diese Menge $\mathcal{U}$ bezeichnen wir als **Ereignis-Algebra**. Damit wir später den Ereignissen Wahrscheinlichkeiten zuordnen können, muss dann $\mathcal{U}$ eine gewisse Struktur haben, die bei den hier diskutierten Experimenten immer gegeben ist.

Hintergrund: Ereignis-Algebren

Die folgende Definition der Ereignis-Algebra ist für die mathematische Theorie vor allem dann wichtig, wenn die Grundgesamtheit überabzählbar viele Elemente hat. Damit man dann Wahrscheinlichkeiten sinnvoll definieren kann (mittels Maß- und Integrationstheorie), muss man die Struktur der Ereignisalgebra wie in der folgenden Definition festlegen. Diese spielt für die praktische Anwendung der Wahrscheinlichkeitstheorie aber keine besondere Rolle.

Definition 18.1 (Ereignis-Algebra) Sei die Grundgesamtheit Ω eine nicht-leere Menge und $\mathcal{U}$ eine Menge von Ereignissen, für die folgende Bedingungen erfüllt sind:

- $\mathcal{U} \neq \emptyset$, es gibt also Ereignisse.
- Für jedes $E \in \mathcal{U}$ gilt: $\mathcal{C}_\Omega E \in \mathcal{U}$ (mit $\mathcal{C}E := \mathcal{C}_\Omega E := \{\omega \in \Omega : \omega \notin E\}$), d. h., mit jedem Ereignis E ist auch das Gegenereignis $\mathcal{C}E$ (d. h. E tritt nicht ein) vorhanden.
- Jede (höchstens abzählbare) Vereinigung von Mengen $E_k \in \mathcal{U}$, $k \in \mathbb{N}$, gehört selbst wieder zu $\mathcal{U}$. Man hat also auch das Ereignis zur Verfügung, dass mindestens eines der Ereignisse E_k eintritt.

Dann heißt $\mathcal{U}$ eine **Ereignis-Algebra** (**Sigma-Algebra** bzw. σ-**Algebra**) über Ω.

Man beachte, dass für ein beliebiges Ereignis $E \in \mathcal{U}$ gilt:

$$\Omega = E \cup \mathcal{C}E \in \mathcal{U}, \quad \emptyset = \mathcal{C}\Omega \in \mathcal{U}.$$

Das unmögliche und das sichere Ereignis gehören also in jedem Fall zur Ereignis-Algebra.

Es lässt sich nachrechnen, dass die Menge der Lebesgue-messbaren Teilmengen des $\mathbb{R}^n$ eine Sigma-Algebra über $\Omega = \mathbb{R}^n$ bilden, vgl. Kapitel 3.5.1.

Die Wahrscheinlichkeitsrechnung kann auch ohne Ereignis-Algebren verstanden werden:

- Die Potenzmenge von Ω, das ist die Menge aller Teilmengen von Ω (siehe Band 1, S. 4) und wird mit $\mathcal{P}(\Omega)$ bezeichnet, erfüllt die Bedingungen der Definition 18.1. Hier können und werden wir also alle denkbaren Ereignisse betrachten.
- Bei einer unendlichen Grundgesamtheit Ω benötigt man bisweilen aber „kleinere" Ereignisalgebren als die Potenzmenge. In diesen Fällen (z. B. wenn wir Folgen von untereinander unabhängigen Wahrscheinlichkeitsexperimenten betrachten), kann $\mathcal{U}$ geeignet konstruiert werden.

18.2 Wahrscheinlichkeit und Satz von Laplace

Der Ausgang eines einzelnen Zufallsexperiments ist völlig offen. Die Erfahrung zeigt aber, dass man durch n-fache Wiederholung eine Gesetzmäßigkeit erkennen kann. Man beobachtet, dass die relative Häufigkeit des Eintretens eines Ereignisses E für $n \to \infty$ gegen einen festen Wert $p \in [0, 1]$ konvergiert:

$$p = \lim_{n \to \infty} \frac{\text{„Anzahl des Eintretens des Ereignisses E"}}{n}. \tag{18.1}$$

Damit liegt es nahe, dem Ereignis E die Wahrscheinlichkeit p zuzuordnen: $P(E) = p$. Die folgende Definition gibt die Eigenschaften relativer Häufigkeiten wieder:

Definition 18.2 (Axiome des Wahrscheinlichkeitsmaßes) Mit den zuvor eingeführten Bezeichnungen sei P eine Abbildung, die jedem Ereignis eine Zahl aus $[0, 1]$ zuordnet und die beide folgenden Axiome erfüllt:

- Die Wahrscheinlichkeit, dass bei einem Wahrscheinlichkeitsexperiment irgendetwas herauskommt, ist auf eins normiert (also auf $\frac{100}{100} = 100\%$):

$$P(\Omega) = 1.$$

- Für jede endliche oder unendliche Folge von Ereignissen E_k, die paarweise disjunkt (d. h. elementfremd, $E_i \cap E_k = \emptyset$ für $i \neq k$) sind, gilt die **Additivität**:

$$P(E_1 \cup E_2 \cup E_3 \cup \ldots) = P(E_1) + P(E_2) + P(E_3) + \ldots.$$

P heißt ein **Wahrscheinlichkeitsmaß**.

Wenn wir ein Wahrscheinlichkeitsmaß verwenden, dann gehen wir ab jetzt stets davon aus, dass wir eine Grundgesamtheit Ω und eine zugehörige Menge $\mathcal{U}$ aller relevanten Ereignisse kennen, die eine Ereignis-Algebra ist (siehe Definition 18.1). Man sagt, dass diese Objekte einen **Wahrscheinlichkeitsraum** bilden. Der Vollständigkeit halber sei gesagt, dass die in Definition 18.2 aus Ereignissen gebildeten Mengen dann alle selbst wieder Ereignisse sind.

Vereinigt man zwei disjunkte Ereignisse, so tritt das neue Ereignis ein, wenn entweder das eine oder das andere Ereignis eintritt. Da sie disjunkt sind, können sie nicht zugleich eintreten. Die relative Häufigkeit des vereinigten Ereignisses ist damit gleich der Summe der relativen Häufigkeiten der beiden einzelnen Ereignisse. Dies ist mit dem Axiom zur Additivität nachempfunden. Ab jetzt lösen wir uns von der Anschauung und rechnen mit den Axiomen eines Wahrscheinlichkeitsmaßes, so dass wir für Wahrscheinlichkeiten praktisch anwendbare Sätze zeigen können.

Beispiel 18.2 Beim einmaligen Würfeln mit einem ungezinkten Würfel wird P in Übereinstimmung mit der Realität so festgelegt:

$$P(\{1\}) = P(\{2\}) = P(\{3\}) = P(\{4\}) = P(\{5\}) = P(\{6\}) := \frac{1}{6}.$$

Die Wahrscheinlichkeit eines geraden Wurfs ist dann

$$P(\{2, 4, 6\}) = P(\{2\}) + P(\{4\}) + P(\{6\}) = \frac{3}{6} = \frac{1}{2},$$

die eines ungeraden Wurfs ist ebenfalls $P(\{1, 3, 5\}) = \frac{1}{2}$.

Lemma 18.1 (Rechenregeln für ein Wahrscheinlichkeitsmaß) Für ein Wahrscheinlichkeitsmaß P sowie Ereignisse A, B und das zu A entgegengesetzte Ereignis $\mathcal{C}A := \mathcal{C}_\Omega A := \{\omega \in \Omega : \omega \notin A\}$ gelten die Rechenregeln

$$P(\mathcal{C}A) = 1 - P(A),$$
$$P(A \cup B) = P(A) + P(B) - P(A \cap B). \tag{18.2}$$

Beweis Es ist $1 = P(\Omega) = P(A \cup \mathcal{C}A) = P(A) + P(\mathcal{C}A)$, so dass die erste Aussage folgt. Weiter ist mit $A \setminus B = A \cap \mathcal{C}B = \{\omega \in A : \omega \notin B\}$:

$$
\begin{aligned}
P(A \cup B) &= P((A \setminus B) \cup (B \setminus A) \cup (A \cap B)) \\
&= P(A \setminus B) + P(B \setminus A) + P(A \cap B) \\
&= P(A \setminus B) + P(A \cap B) + P(B \setminus A) + P(A \cap B) - P(A \cap B) \\
&= P(A) + P(B) - P(A \cap B).
\end{aligned}
$$

$\square$

Die Regel (18.2) kann von 2 auf $n \geq 2$ Ereignisse $E_1, \ldots, E_n$ erweitert werden und heißt dann **Siebformel von Sylvester und Poincaré**:

$$
P\left(\bigcup_{i=1}^{n} E_i\right) = \sum_{l=1}^{n} (-1)^{l+1} \sum_{1 \leq k_1 < k_2 < k_3 < \cdots < k_l \leq n} P\left(\bigcap_{i=1}^{l} E_{k_i}\right).
$$

Die Wahrscheinlichkeit (Elementarwahrscheinlichkeit) von Elementarereignissen $\omega \in \Omega$ ist erklärt über $P(\{\omega\})$. Ist Ω endlich, so ist P vollständig erklärt über die Elementarwahrscheinlichkeiten $P(\{\omega\})$. Wegen $P(E) = \sum_{\omega \in E} P(\omega)$ nennt man die Abbildung $\omega \mapsto P(\{\omega\})$ **Zähldichte**. Besonders wichtig ist der Fall, bei dem (wie oben) alle Elementarwahrscheinlichkeiten gleich sind:

Beispiel 18.3 (Würfelexperiment) Das folgende Würfelexperiment wird uns durch die nächsten Abschnitte der Wahrscheinlichkeitsrechung begleiten. Es ist kein Beispiel aus dem Berufsalltag, dafür aber viel leichter zu durchschauen als „echte" Probleme: Mit einem Würfel wird zweimal gewürfelt. Dieses Zufallsexperiment lässt sich beschreiben über $\Omega := \{(i,k) : 1 \leq i \leq 6, 1 \leq k \leq 6\}$. Ist der Würfel nicht gezinkt, ist jedes Ergebnis gleich wahrscheinlich. Wir lassen als Ereignisse alle Teilmengen von Ω zu, so dass die Menge der Ereignisse die Potenzmenge $\mathcal{P}(\Omega)$ ist und definieren P über $P(\{(i,k)\}) := \frac{1}{|\Omega|} = \frac{1}{36}$. $E := \{(i,1) : 1 \leq i \leq 6\}$ ist das Ereignis, dass mit dem zweiten Wurf eine 1 gewürfelt wurde. $P(E) = \frac{6}{36} = \frac{1}{6}$.

Das Würfelbeispiel ist ein **Laplace-Experiment**:

Satz 18.1 (Laplace-Experiment) Die Grundgesamtheit Ω sei endlich, und alle Elementarereignisse mögen die gleiche Wahrscheinlichkeit haben. Dann gilt für jedes Ereignis E:

$$
P(E) = \frac{|E|}{|\Omega|} = \frac{\text{Anzahl der Elementarereignisse in E}}{\text{Anzahl aller möglichen Elementarereignisse}}.
$$

Wir wissen quasi alles über dieses Experiment und sind nicht auf Beobachtungen angewiesen. Die Wahrscheinlichkeit ergibt sich aus der relativen Häufigkeit der Elementarereignisse eines Ereignisses.

Beweis Sei p die gemeinsame Wahrscheinlichkeit aller Elementarereignisse und $\Omega = \{\omega_1, \omega_2, \ldots, \omega_N\}$. Dann ist

$$1 = P(\Omega) = P\left(\bigcup_{k=1}^{N} \{\omega_k\}\right) = \sum_{k=1}^{N} P(\{\omega_k\}) = N \cdot p,$$

also ist $p = \frac{1}{N}$. Damit ist $P(E) = \sum_{\omega \in E} \frac{1}{N} = \frac{|E|}{N} = \frac{|E|}{|\Omega|}$. $\qquad\square$

Um die Wahrscheinlichkeit eines Ereignisses bei Laplace-Experimenten zu berechnen, muss man die Mächtigkeit des Ereignisses bestimmen. Dieses Abzählen von Elementen kann sich bisweilen als recht schwierig erweisen – daher folgt im nächsten Abschnitt ein kleiner Exkurs in die Kombinatorik.

! Achtung

Ein häufig gemachter Fehler besteht darin, dass man bei einem Experiment alle möglichen Ergebnisse (Elementarereignisse) zählt und dann einfach annimmt, dass jedes Elementarereignis gleich wahrscheinlich ist. Das ist aber oft nicht so! Diese Situation stand auch am Anfang der Wahrscheinlichkeitstheorie. In dem Fall, dass ein Würfelspiel vorzeitig abgebrochen wird, sollen die Spieler einen Gewinnanteil erhalten, der ihrer Gewinnwahrscheinlichkeit zum Zeitpunkt des Abbruchs entspricht [von Randow(2005), S. 24]. Konkret würfeln zwei Spieler A und B in jeder Runde. Derjenige mit der höheren Augenzahl erhält einen Punkt (wenn die gleiche Augenzahl vorliegt, wird nochmal gewürfelt). Die Wahrscheinlichkeit, einen Punkt zu erhalten, ist pro Spieler und Runde $\frac{1}{2}$. Derjenige, der zuerst fünf Punkte hat, hat gewonnen. Das Spiel wird abgebrochen bei einem Spielstand von 4 (A) zu 3 (B). Welche Gewinnanteile erhalten A und B? 1654 löste Blaise Pascal (1623–1662) diese Frage in einem Briefwechsel an Pierre de Fermat (1601–1665), der als Geburtsstunde der Wahrscheinlichkeitsrechnung angesehen werden kann. Zuvor hatte man die möglichen Spielfortsetzungen gezählt:

- A würfelt eine höhere Zahl als B und gewinnt.
- B würfelt eine höhere Zahl als A und gleicht aus zu 4:4.
  - A gewinnt den nächsten Wurf und damit das Spiel.
  - B gewinnt den nächsten Wurf und das Spiel.

A hat also zwei Gewinnmöglichkeiten, B nur eine. Damit hatte man $\frac{2}{3}$ des Einsatzes an A und $\frac{1}{3}$ des Einsatzes an B gegeben. Dies entspricht aber nicht den Gewinnwahrscheinlichkeiten, da die drei Ausgänge unterschiedlich wahrscheinlich sind. Sie sind keine Elementarereignisse eines Laplace-Experiments.

Dies hat Pascal festgestellt und die Wahrscheinlichkeiten berechnet. Wir machen das auf Seite 512.

Beispiel 18.4 Wenn man die Grundgesamtheit des Würfelexperiments (zweimaliger Wurf) anders wählt, hat man ggf. auch kein Laplace-Experiment mehr. Statt

$$\Omega = \{(i,k) : 1 \le i \le 6, \quad 1 \le k \le 6\}$$

definieren wir nun

$$\Omega^* := \{(k_1, k_2, k_3, k_4, k_5, k_6) : \quad k_1, k_2, \ldots, k_6 \in \{0,1,2\}$$
$$\text{und } k_1 + k_2 + \cdots + k_6 = 2\}.$$

Als Elementarereignis betrachtet man dabei nur noch die reinen Anzahlen pro Augenzahl, nicht mehr die Reihenfolge, in der die Augenzahlen gewürfelt werden. Dann ist $P(\{(1,1,0,0,0,0)\}) = \frac{2}{36}$ die Wahrscheinlichkeit, dass eine 1 und eine 2 gewürfelt wird. Dagegen ist die Wahrscheinlichkeit $P(\{(2,0,0,0,0,0)\}) = \frac{1}{36}$, dass zwei Einsen gewürfelt werden, eine andere. Es hängt also viel davon ab, wie man die Grundgesamtheit modelliert.

18.3 Kombinatorik

Die Fakultät $n! = 1 \cdot 2 \cdot 3 \cdots n$, $0! := 1$, ist die Anzahl der Permutationen von n verschiedenen Objekten, d.h., $n!$ gibt an, auf wie viele verschiedene Weisen man die Zahlen von 1 bis n in einer Liste anordnen kann: Für die erste Zahl gibt es n Möglichkeiten, für die zweite noch $n-1$ usw., bis es für die letzte Zahl noch eine Möglichkeit gibt (vgl. Band 1, Kapitel 2.2.4). Mit der Fakultät wird der Binomialkoeffizient

$$\binom{n}{m} := \begin{cases} \frac{n!}{(n-m)! \cdot m!}, & \text{falls } n \ge m \ge 0, \\ 0, & \text{falls } m < 0 \text{ oder } m > n, \end{cases}$$

definiert, der zusammen mit der Fakultät das wichtigste Hilfsmittel ist, um die Elementarereignisse eines Zufallsexperiments zu zählen.

Wir betrachten vier verschiedene Szenarien, bei denen m Kugeln aus einer Urne mit n unterscheidbaren Kugeln (mit Nummern 1 bis n) gezogen werden:

a) Die Reihenfolge der gezogenen Kugeln ist wichtig. Werden die gleichen Kugeln in einer anderen Reihenfolge gezogen, so handelt es sich um einen anderen Ausgang (ein anderes Elementarereignis) des Experiments. Man spricht hier von **Variationen**.

i) Wird nach dem Ziehen die Kugel nicht wieder zurückgelegt, so spricht man von einem **Ziehen ohne Zurücklegen**. Jede Kugel kann im Ergebnis maximal einmal vorkommen. Hier handelt es sich um **Variationen ohne Wiederholung**.

Es gibt n Möglichkeiten, die erste Kugel zu ziehen. Da diese nicht zurückgelegt wird, hat man anschließend für die zweite nur noch $n - 1$ Möglichkeiten, für die dritte $n - 2$ usw. Schließlich gibt es beim m-ten Ziehen noch $n - m + 1$ verbleibende Kugeln und damit Möglichkeiten. Insgesamt gibt es damit

$$n \cdot (n - 1) \cdot (n - 2) \cdots (n - m + 1) \cdot \frac{(n - m)!}{(n - m)!} = \frac{n!}{(n - m)!}$$

verschiedene Elementarereignisse.

Beispiel 18.5 Wir haben 365 nummerierte Kugeln und ziehen ohne Zurücklegen m Kugeln. Unter Beachtung der Reihenfolge gibt es $\frac{365!}{(365-m)!}$ Elementarereignisse.

ii) Wird nach dem Ziehen eine Kugel sofort wieder zurückgelegt, bevor die nächste gezogen wird, so spricht man von einem **Ziehen mit Zurücklegen**. Jede Kugel kann im Ergebnis bis zu m-mal vorkommen. Hier handelt es sich um **Variationen mit Wiederholung**.

Beispiel 18.6 Wir ziehen fünf Kugeln mit Zurücklegen aus einer Urne mit 10 Kugeln, die mit 0 bis 9 beschriftet sind und notieren das Ergebnis unter Berücksichtigung der Reihenfolge. Jedes Elementarereignis ist eine Ziffernfolge, die als natürliche Zahl zwischen 0 und 99 999 interpretiert werden kann. Es gibt also 10^5 verschiedene Elementarereignisse.

Da man m-mal die Wahl zwischen n Kugeln hat, gibt es allgemein

$$n^m$$

verschiedene Variationen mit Wiederholung.

Beispiel 18.7 m Personen schreiben nacheinander ihren Geburtstag (als Tag 1 bis 365 im Jahr) auf. Es gibt damit genau 365^m verschiedene Ausgänge des Experiments.

b) Die Reihenfolge der gezogenen Kugeln ist unwichtig. Werden die gleichen Kugeln in einer anderen Reihenfolge gezogen, so handelt es sich um den gleichen Ausgang (das gleiche Elementarereignis) des Experiments. Man spricht hier von **Kombinationen**.

i) Beim Ziehen ohne Zurücklegen handelt es sich um **Kombinationen ohne Wiederholung**.

Beispiel 18.8 Beim Lotto wird eine Kombination von 6 Zahlen aus 49 gezogen. Die Reihenfolge, mit der die Zahlen gezogen werden, spielt keine Rolle. Eine Kugel wird nicht zurückgelegt, jede Zahl kann also höchstens einmal vorkommen.

Die Anzahl der Elementarereignisse ergibt sich aus der Formel für Variationen ohne Wiederholung. Da nun jedoch die Reihenfolge unwichtig ist, müssen wir noch durch die Anzahl der Permutationen dividieren, mit der m Zahlen unterschiedlich angeordnet werden können – also durch $m!$. Wir erhalten den Binomialkoeffizienten (vgl. Band 1, Kapitel 2.2.4)

$$\frac{n!}{(n-m)!m!} = \binom{n}{m}.$$

Beim Lotto gibt es demnach genau

$$\binom{49}{6} = \frac{49 \cdot 48 \cdot 47 \cdot 46 \cdot 45 \cdot 44}{6 \cdot 5 \cdot 4 \cdot 3 \cdot 2 \cdot 1} = 13\,983\,816$$

Elementarereignisse. Geht man davon aus, dass Lotto ein Laplace-Experiment ist, dann ist die Wahrscheinlichkeit, bei einer Ziehung mit einem Tipp sechs Richtige zu bekommen, gleich $\frac{1}{|\Omega|} = 1/13\,983\,816$. Hinsichtlich der Gewinnwahrscheinlichkeit ist es also völlig egal, welche Zahlen man ankreuzt. Im Falle eines Gewinns ist diese Wahl aber dennoch wichtig. Denn Muster oder Geburtstage werden häufiger angekreuzt. Mehrere Gewinner müssen sich den Gewinn teilen. Daher sollte man seltene Zahlenkombinationen wählen. Der erwartete Gewinn ist dann höher. Darauf basiert z. B. das Geschäftsmodell der Firma Faber. Gemäß einer Pressererklärung von Westlotto (9.12.2014), die auf einer Auswertung von 80 Millionen Lottoscheinen basiert, werden in NRW am häufigsten die folgenden Zahlen getippt (absteigende Reihenfolge): 9, 11, 7, 19, 17, 3. Am seltensten wird die 43 angekreuzt, wobei 9 ca. 40% häufiger als 43 ist. Das Feld der 43 befindet sich in der linken unteren Ecke und wirkt durch eine Diagonale kleiner.

ii) Beim Ziehen mit Wiederholung spricht man von **Kombinationen mit Wiederholung**.

Wir ziehen m Kugeln mit Zurücklegen. Da die Reihenfolge nun keine Rolle spielt, können wir die m Zahlen aufsteigend sortieren. Das resultierende m-Tupel ist ein Elementarereignis. Die Anzahl dieser Elementarereignisse entspricht der Anzahl der Kombinationen mit Wiederholung. Diese berechnet sich zu

$$\binom{n+m-1}{m} = |\{(x_1, \ldots, x_m) \in \{1, 2, \ldots, n\}^m : x_1 \leq x_2 \leq \cdots \leq x_m\}|.$$

Diese Formel lässt sich so interpretieren: Zu den n Kugeln fügt man $m-1$ weitere mit $n+1, n+2, \ldots, n+m-1$ beschriftete Kugeln hinzu. Die Anzahl der Kombinationen mit m Elementen ohne Wiederholung zu dieser erweiterten Menge ist $\binom{n+m-1}{m}$. Jetzt kann aber jede dieser neuen Kombinationen als eine eindeutige Kodierung einer Kombination mit Wiederholung verstanden werden und umgekehrt: Falls in einer

Kombination mit Wiederholung das bei Sortierung k-te Element ($k > 1$) schon vorher (an der Stelle $k - 1$) vorkommt, dann ersetze es durch $n + k - 1$. Zum Beispiel wird bei $n = 3$ die Kombination $\{1, 1, 2, 2, 2, 3\}$ kodiert durch $\{1, 4, 2, 6, 7, 3\} = \{1, 2, 3, 4, 6, 7\}$. Das Vorkommen von $n + k - 1$ heißt also: An der Stelle k steht der gleiche Wert wie an der Stelle $k - 1$. Umgekehrt kann man aus dieser Kodierung auch genau wieder die Kombination mit Wiederholungen zurückgewinnen.

Beispiel 18.9 Wir würfeln einmal mit drei Würfeln. Dann notieren wir, wie oft bei diesem Wurf die Zahlen 1, 2, 3, 4, 5 und 6 auftreten. Wie viele verschiedene Ausgänge (Elementarereignisse) hat dieses Experiment? Wir können dies als dreimaliges ($m = 3$) Ziehen mit Zurücklegen aus einer Menge von $n = 6$ Kugeln auffassen, wobei die Reihenfolge keine Rolle spielt. Die Anzahlformel liefert:

$$\binom{n + m - 1}{m} = \binom{8}{3} = \frac{8 \cdot 7 \cdot 6}{3 \cdot 2} = 56.$$

Wir können die Anzahl aber auch anders herleiten: Es gibt $\binom{6}{3}$ Möglichkeiten, drei verschiedene Zahlen zu würfeln. Die Anzahl der Möglichkeiten für zwei verschiedene Zahlen ergibt sich als Produkt von $\binom{6}{2}$ (Auswahl von zwei verschiedenen Zahlen) mit 2 (Welche der beiden Zahlen wird verdoppelt?). Dazu kommen die 6 Möglichkeiten, dass dreimal die gleiche Zahl gezogen wurde.

Wir verallgemeinern den Zählansatz aus dem Beispiel: Sei $W_{n,m}$ die Anzahl der Kombinationen mit Wiederholung von m aus n und $W_{n,0} := 1$, so gilt:

$$W_{1,m} = 1, \quad W_{n,m} = \sum_{k=1}^{m} \binom{n}{k} W_{k,m-k}, \tag{18.3}$$

wobei die Summanden null sind für $k > n$. Hier ist $\binom{n}{k}$ die Anzahl der Kombinationen, k verschiedene Kugeln aus n zu ziehen. Für jede dieser Möglichkeiten können die verbleibenden $m - k$ Plätze mit Wiederholungen aufgefüllt werden. Dabei kann man jeweils aus k Kugeln ohne Berücksichtigung der Reihenfolge und mit Zurücklegen ziehen. Dies sind wieder Kombinationen mit Wiederholung, also $W_{k,m-k}$ Stück. So erhält man als Produkt damit die Zahl aller Möglichkeiten, genau k verschiedene Kugeln beim Ziehen von m Kugeln zu erhalten, und die Gesamtzahl entsteht durch Summation über k. Dieser Ansatz ist vielleicht etwas naheliegender als die Ergänzung um $m - 1$ Kugeln, die wir zuvor verwendet haben.

(18.3) liefert eine Vorschrift, mit der man rekursiv den Wert für $W_{n,m} = \binom{n+m-1}{m}$ aus der Anfangsbedingung $W_{1,m} = 1$ eindeutig berechnen kann.

Beispiel 18.10 Für die Anzahl der Ergebnisse beim dreimaligen Würfeln aus dem vorangehenden Beispiel erhalten wir damit so:

$$W_{6,3} = \sum_{k=1}^{3} \binom{6}{k} W_{k,3-k} = 6W_{1,2} + 15W_{2,1} + 20W_{3,0}$$

$$= 6 \left[\binom{1}{1} W_{1,1} + \binom{1}{2} W_{2,1} \right] + 15 \left[\binom{2}{1} W_{1,0} \right] + 20W_{3,0}$$

$$= 6[1+0] + 30 + 20 = 56.$$

Reihenfolge	mit Wiederholung	ohne Wiederholung
unwichtig: Kombinationen	$\binom{n+m-1}{m}$	$\binom{n}{m} := \frac{n!}{(n-m)!\,m!}$
wichtig: Variationen	n^m	$\frac{n!}{(n-m)!}$

Abb. 18.1 Anzahlformeln für Kombinationen und Variationen

Beispiel 18.11 Wie wahrscheinlich ist es, dass in einer Gruppe mit m Personen mindestens zwei am gleichen Tag Geburtstag haben, wenn die Wahrscheinlichkeit für jeden Geburtstag $\frac{1}{365}$ ist?

Wir bilden ein Modell mit $\Omega = \{(x_1, x_2, \ldots, x_m) : x_k \in \{1, \ldots, 365\}\}$. Damit können wir als Elementarereignis die Geburtstage der m Personen erfassen (Variationen mit Wiederholung). Wie bereits oben gesehen, gibt es 365^m dieser Elementarereignisse, so dass jeder Ausgang des Experimentes die Wahrscheinlichkeit $\frac{1}{365^m}$ besitzt. Jetzt überlegen wir uns, wie viele Elementarereignisse es gibt, bei denen kein Tag mehrfach vorkommt. Dies sind genau die oben betrachteten $\frac{365!}{(365-m)!}$ Variationen ohne Wiederholung. Die Wahrscheinlichkeit, dass alle Geburtstage verschieden sind, ist also $\frac{365!}{(365-m)!365^m}$. Die komplementäre Wahrscheinlichkeit, dass mindestens zwei den gleichen Geburtstag haben, ist $1 - \frac{365!}{(365-m)!365^m}$. Bereits bei $m = 23$ ist diese Wahrscheinlichkeit größer als 50%.

Beispiel 18.12 Zu Weihnachten gab es eine Modelleisenbahn mit 12 identischen gebogenen und vielen identischen geraden Gleisen. Mit jeweils 6 gebogenen Gleisen werden zwei Halbkreise gebaut, die mit zwei gegenüberliegenden geraden Gleisen zu einem Oval zusammengesteckt werden. An einem der beiden Geradenstücke wird ein Bahnhof positioniert (siehe Abbildung 18.2 links).

Jetzt soll die Eisenbahn mit den restlichen Geradenstücken erweitert werden. Dazu werden jeweils zwei Stücke an gegenüberliegenden Positionen eingebaut, damit die Strecke geschlossen bleibt (siehe Abbildung 18.2 rechts).

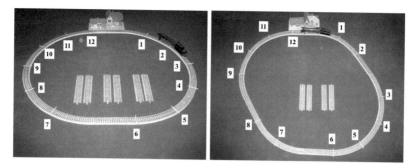

Abb. 18.2 Aufbau verschiedener Gleispläne

Mit dem Einbau des ersten Geradenpaares können 6 verschiedene Gleispläne gebaut werden: Wenn wir den Anfang jedes Kurvenstücks von 1 bis 12 wie bei einer Uhr durchnummerieren, dann können wir an jeder Position $1 \le n \le 6$ ein Geradenstück einfügen und müssen das zweite Stück an der Position $n+6$ einpassen.

- Wie viele verschiedene Gleispläne können entstehen, wenn man nicht nur ein, sondern zwei Geradenpaare einbaut? Wie viele können bei drei Geradenpaaren entstehen und wie viele bei $n \in \mathbb{N}$?
  Für jedes Geradenpaar lässt sich eine Position $1, 2, \ldots, 6$ mit Wiederholung auswählen. Die Reihenfolge spielt dabei keine Rolle. Es handelt sich um Kombinationen mit Wiederholung. Bei n Geradenpaaren gibt es daher $\binom{6+n-1}{n}$ verschiedene Gleispläne, speziell für $n = 2$: $\binom{7}{2} = 21$ und für $n = 3$: $\binom{8}{3} = 56$.
  Durch den Bahnhof ist ein Gleis des Ovals so ausgezeichnet, dass durch Drehung und Spiegelung eine andere Modellbahn entsteht.
- Wenn man für das erste Geradenpaar zufällig eine der Positionen $1, 2, \ldots, 6$ (alle gleich wahrscheinlich) und ebenso zufällig eine dieser Positionen für das zweite Geradenpaar auswählt, wie wahrscheinlich ist dann das Gleisbild, bei dem jeweils eine Gerade an Position 3 und 4 eingefügt wird?
  Mit $\Omega := \{(x_1, x_2) : x_1, x_2 \in \{1, 2, 3, 4, 5, 6\}\}$ hat jedes Elementarereignis die gleiche Wahrscheinlichkeit: $P(\{(x_1, x_2)\}) = \frac{1}{|\Omega|} = \frac{1}{36}$. Für das gesuchte Ereignis gilt: $P(\{(3, 4), (4, 3)\}) = \frac{2}{36} = \frac{1}{18}$. Man beachte, dass nicht alle Gleisbilder gleich wahrscheinlich sind. So ist z. B. $P(\{(1, 1)\}) = \frac{1}{36}$.

18.4 Unabhängige Ereignisse und bedingte Wahrscheinlichkeiten

Beispiel 18.13 (Fortsetzung des Würfelexperiments) Sei wie oben $E := \{(i,1) : 1 \le i \le 6\}$ das Ereignis, dass mit dem zweiten Wurf eine 1 gewürfelt wird, und $F := \{(1,k) : 1 \le k \le 6\}$ das Ereignis, dass mit dem ersten Wurf eine 1 gewürfelt wird. Die Wahrscheinlichkeit, dass bei Eintreten von F auch E eintritt, ist

$$P(\text{„}E \text{ tritt ein, wenn } F \text{ eintritt}\text{“}) = \frac{|\{(1,1)\}|}{|F|} = \frac{1}{6}.$$

Das Ergebnis des zweiten Wurfs hängt damit nicht vom ersten ab.

Allgemein betrachten wir ein Laplace-Experiment mit Ereignissen E und F. Wie wahrscheinlich ist E, wenn man weiß, dass in jedem Fall das Ereignis F eintritt (bzw. F schon eingetreten ist)? Statt die Grundgesamtheit Ω zu betrachten, kann man hier zur neuen Grundgesamtheit F übergehen. Das Ereignis E wird dann zu $E \cap F$. Die Eintrittswahrscheinlichkeit ist damit

$$\frac{|E \cap F|}{|F|} = \frac{\frac{|E \cap F|}{|\Omega|}}{\frac{|F|}{|\Omega|}} = \frac{P(E \cap F)}{P(F)}.$$

Die rechte Seite ist für jedes Wahrscheinlichkeitsmaß sinnvoll (und wieder durch relative Häufigkeiten motiviert):

Definition 18.3 (Bedingte Wahrscheinlichkeit) Für Ereignisse E und F mit $P(F) > 0$ heißt

$$P(E|F) := \frac{P(E \cap F)}{P(F)}$$

die **bedingte Wahrscheinlichkeit** von E unter der Bedingung von F.

Für $P(\text{„}E \text{ tritt ein, wenn } F \text{ eintritt}\text{“})$ schreiben wir kurz $P(E|F)$. Dies ist die Wahrscheinlichkeit, dass E eintritt, falls bekannt ist, dass F eintritt.

Wir sagen, dass zwei Ereignisse stochastisch unabhängig sind, wenn die Eintrittswahrscheinlichkeit des einen nicht davon abhängt, ob das andere Ereignis eintritt, wenn also z. B. $P(E|F) = P(E)$ ist, d. h., wenn $\frac{P(E \cap F)}{P(F)} = P(E) \Longleftrightarrow P(E \cap F) = P(E) \cdot P(F)$ gilt:

Definition 18.4 (Unabhängigkeit von Ereignissen) Zwei Ereignisse E_1 und E_2 heißen **stochastisch unabhängig** bezüglich eines Wahrscheinlichkeitsmaßes P genau dann, wenn

$$P(E_1 \cap E_2) = P(E_1)P(E_2).$$

Allgemeiner heißen n Ereignisse $E_1, \ldots, E_n$ **stochastisch unabhängig** unter P genau dann, wenn die Wahrscheinlichkeit des gemeinsamen Eintretens von 2 bis n dieser Ereignisse gleich dem Produkt der jeweiligen Einzelwahrscheinlichkeiten ist, d. h., wenn

$$P\left(\bigcap_{k \in J} E_k\right) = \prod_{k \in J} P(E_k)$$

für jede Teilmenge $J \subseteq \{1, \ldots, n\}$ mit mindestens zwei Elementen.

Man erhält eine andere Definition, wenn man bei $n > 2$ Ereignissen lediglich die paarweise stochastische Unabhängigkeit fordert.

Für die praktische Anwendung haben wir den wichtigen Multiplikationssatz kennengelernt: Die Wahrscheinlichkeit, dass zwei unabhängige Ereignisse gleichzeitig eintreten, ist gleich dem Produkt der Einzelwahrscheinlichkeiten.

Beispiel 18.14 (Fortsetzung des Würfelexperiments) Da $P(E \cap F) = P(\{(1,1)\}) = \frac{1}{36} = P(E)P(F)$, sind die Ereignisse E und F stochastisch unabhängig.

Hintergrund: Modellierung unabhängiger Ereignisse

Im Würfelexperiment wird das zweimalige Würfeln durch eine Grundgesamtheit $\Omega = \Omega_1 \times \Omega_2$ als kartesisches Produkt modelliert, wobei $\Omega_1 = \Omega_2 = \{1,2,3,4,5,6\}$. Die Ereignisse sind $E = \{1,2,3,4,5,6\} \times \{1\}$ und $F = \{1\} \times \{1,2,3,4,5,6\}$.

Generell kann man über das kartesische Produkt das Ergebnis unabhängiger Versuche so modellieren, dass unabhängige Ereignisse entstehen. Seien dazu Ω_1 und Ω_2 endliche Grundgesamtheiten, wobei wir jeweils alle Teilmengen als Ereignisse betrachten. Weiter seien P_1 ein Wahrscheinlichkeitsmaß auf Ω_1 und P_2 ein Wahrscheinlichkeitsmaß auf Ω_2.

$$\Omega := \Omega_1 \times \Omega_2 := \{(\omega_1, \omega_2) : \omega_1 \in \Omega_1, \omega_2 \in \Omega_2\}$$

Dann ist über die Zähldichte

$$P(\{(\omega_1, \omega_2)\}) := P_1(\{\omega_1\}) \cdot P_2(\{\omega_2\}) \tag{18.4}$$

ein Wahrscheinlichkeitsmaß auf Ω gegeben. Die Additivität folgt sofort aus der Definition über die Zähldichte. Es bleibt zu zeigen: $P(\Omega) = 1$. Dazu:

$$P(\Omega) = \sum_{\omega_1 \in \Omega_1} \sum_{\omega_2 \in \Omega_2} P(\{(\omega_1, \omega_2)\}) = \sum_{\omega_1 \in \Omega_1} \sum_{\omega_2 \in \Omega_2} P_1(\{\omega_1\}) \cdot P_2(\{\omega_2\})$$

$$= \sum_{\omega_1 \in \Omega_1} P_1(\{\omega_1\}) \cdot \sum_{\omega_2 \in \Omega_2} P_2(\{\omega_2\}) = P(\Omega_1) \cdot P(\Omega_2) = 1.$$

P und Ω sind so konstruiert, dass Ereignisse $E \times \Omega_2$ und $\Omega_1 \times F$ für jedes $E \subseteq \Omega_1$ und $F \subseteq \Omega_2$ stochastisch unabhängig sind:

$$P([E \times \Omega_2] \cap [\Omega_1 \times F]) = P(E \times F) = \sum_{\omega_1 \in E} \sum_{\omega_2 \in F} P_1(\{\omega_1\}) \cdot P_2(\{\omega_2\})$$

$$= P_1(E) \cdot P_2(F) = P(E \times \Omega_2) \cdot P(\Omega_1 \times F). \quad (18.5)$$

Beispiel 18.15 Die Ausfallwahrscheinlichkeit einer Glühbirne sei 0,01. Schaltet man zwei Glühbirnen parallel, ist die Wahrscheinlichkeit, dass beide ausfallen, $0,01 \cdot 0,01 = 0,0001$ (wir gehen dabei davon aus, dass die Ausfälle unabhängig voneinander sind – auch wenn es durch den Ausfall eine Wechselwirkung geben sollte). Mittels Redundanz kann man also die Fehleranfälligkeit signifikant senken. Schaltet man aber beide Birnen hintereinander, führt der Ausfall einer Lampe zum Ausfall beider Lampen. Die Ereignisse sind nicht mehr stochastisch unabhängig. Die Wahrscheinlichkeit ergibt sich nun als Summe der Wahrscheinlichkeiten, dass die erste kaputtgeht, die zweite aber nicht, dass umgekehrt die zweite kaputtgeht, die erste aber nicht, und dass beide kaputtgehen: $2 \cdot 0,01 \cdot 0,99 + 0,01 \cdot 0,01 = 0,0199$. Die Fehlerwahrscheinlichkeit hat sich gegenüber einer einzelnen Lampe fast verdoppelt.

Beispiel 18.16 Gegeben sei eine Dezimalzahl mit unendlich vielen Nachkommastellen, die unabhängig voneinander zufällig aus den Ziffern 0 bis 9 ausgewählt seien. Wie wahrscheinlich ist es, dass Ihr Geburtstag (in der Form TTMMJJJJ) irgendwo am Stück in den Nachkommastellen auftritt?

Die Wahrscheinlichkeit, dass sich Ihr Geburtstag (acht Ziffern) aus zehn zufälligen Ziffern ergibt, ist $\frac{1}{10^8}$ (Variationen mit Wiederholung). Die Wahrscheinlichkeit, dass an keiner $8k$-ten Nachkommastelle, $1 \le k \le n$, der Geburtstag steht, ist aufgrund der Unabhängigkeit der n Ereignisse $(1 - \frac{1}{10^8})^n$ und wird damit umso kleiner, je größer n wird: $\lim_{n \to \infty} (1 - \frac{1}{10^8})^n = 0$. Damit ist die Wahrscheinlichkeit, bereits an einer solchen ($8k$-ten) Stelle den Geburtstag zu finden, bereits 100% und damit fast sicher. Dies gilt dann erst recht für beliebige Startstellen. Es ist sogar fast sicher, dass der Geburtstag unendlich oft auftritt. Da es sich um Zufall handelt, beachte man, dass man durchaus beobachten könnte, dass der Geburtstag gar nicht auftritt, z.B. bei der Zahl $0,\overline{1}$. Nur gibt es eben extrem viel mehr Zahlen, bei denen die Ziffernkombination zu finden ist.

Beispiel 18.17 (RANSAC) Mit einem Laserscanner werden Objekte auf eine 3D-Punktwolke (Menge von n Punkten aus $\mathbb{R}^3$) abgebildet. Um Modelle der gescannten Objekte zu erstellen, wird oft nach Ebenen gesucht, auf denen sehr viele Punkte liegen (Unterstützerpunkte), vgl. Beispiel 2.19 auf Seite 74. Auf einer vorgegebenen Ebene mögen genau m Unterstützerpunkte (mit einer gewissen Toleranz) liegen.

Es werden drei verschiedene Punkte aus der gesamten Wolke zufällig ausgewählt (Ziehen ohne Zurücklegen). Die Wahrscheinlichkeit, dass alle drei Punkten als Unterstützerpunkte auf der Ebene liegen ist

$$\frac{\binom{m}{3}}{\binom{n}{3}} = \frac{m(m-1)(m-2)}{n(n-1)(n-2)}.$$

Die Wahrscheinlichkeit, dass mindestens ein Punkt nicht auf der Ebene liegt, ist damit

$$1 - \frac{m(m-1)(m-2)}{n(n-1)(n-2)}.$$

Nun werden unabhängig voneinander k-mal zufällig 3 verschiedene Punkte gezogen, d. h., das zuvor betrachtete Auswählen von drei Punkten wird k-mal durchgeführt, stets wieder auf der gleichen Punktwolke. Da die k Experimente unabhängig voneinander sind, ist die Wahrscheinlichkeit, dass kein Tripel von drei Unterstützerpunkten gefunden wird, gleich

$$\left(1 - \frac{m(m-1)(m-2)}{n(n-1)(n-2)}\right)^k.$$

Nun können wir die Frage beantworten, wie oft man ziehen muss, d. h., wie groß k gewählt werden muss, damit man mindestens einmal mit vorgegebener Wahrscheinlichkeit $0 < p < 1$ in den k Experimenten drei Punkte der Ebene auswählt? Anders formuliert: Wie groß muss k sein, damit der Fall höchstens mit Wahrscheinlichkeit $1 - p$ eintritt, dass bei keinem Experiment drei Punkte der Ebene gewählt werden? Das ist der Fall, wenn die zuvor berechnete Wahrscheinlichkeit kleiner oder gleich $1 - p$ ist:

$$\left(1 - \frac{m(m-1)(m-2)}{n(n-1)(n-2)}\right)^k \leq 1 - p$$

$$\Longleftrightarrow k \ln\left(1 - \frac{m(m-1)(m-2)}{n(n-1)(n-2)}\right) \leq \ln(1-p)$$

$$\Longleftrightarrow k \geq \frac{\ln(1-p)}{\ln\left(1 - \frac{m(m-1)(m-2)}{n(n-1)(n-2)}\right)}.$$

Man beachte dabei, dass alle Logarithmenwerte negativ sind. Der „**Random Sampling Consensus**"-Algorithmus (kurz: **RANSAC**) nutzt aus, dass diese untere Schranke für k häufig klein ist: In einer Punktwolke wird zunächst die Ebene mit den meisten Unterstützerpunkten (und damit die größte planare Fläche der gescannten Objekte) durch wiederholtes unabhängiges Ziehen von je drei Punkten ermittelt. Sind die gezogenen Punkte nicht kollinear, so legen sie eine Ebene fest, und die Anzahl der Unterstützerpunkte kann gezählt werden. Die zur Ebene mit den meisten Unterstützerpunkten gehörenden Punkte werden aus der Wolke entfernt. Dann kann mit dem gleichen Verfahren die Ebene mit den zweit-meisten Unterstützerpunkten gefunden werden, usw., siehe Abbildung 18.3.

Abb. 18.3 Die Dachflächen eines Stadtmodells wurden in der gezeigten Laserscanning-Punktwolke mittels RANSAC gefunden und zu Gebäuden in einem Stadtmodell verbunden

Beispiel 18.18 (Quantencomputer) In der klassischen Informatik ist die kleinste Informationseinheit das Bit, das entweder eins oder null ist. Bei Quantencomputern, die die Quantentheorie der Physik ausnutzen, wird in einem Bit eine komplexe Linearkombination (Überlagerung) der „Zustände" $|0>$ und $|1>$ gespeichert. Hier verwenden wir die aus der Quantenmechanik übliche Klammerschreibweise. $\{|0>, |1>\}$ ist Basis eines zweidimensionalen komplexen Vektorraums. Nur solche Linearkombinationen $\alpha \cdot |0> + \beta \cdot |1>$ sind als Wert eines Bits erlaubt, für die $(\alpha, \beta) \in \mathbb{C}^2$ mit $|\alpha|^2 + |\beta|^2 = 1$ gilt. Die Koeffizienten α und β sind aber leider nicht auslesbar. Ein Bit lässt sich nur „messen". Beim Messen wird allerdings die Linearkombination aufgelöst und der echte Zufall schlägt zu. Auf der Grundgesamtheit $\Omega = \{|0>, |1>\}$ führt die Messung mit der Wahrscheinlichkeit $P(\{|0>\}) = |\alpha|^2$ zum Wert $|0>$, und $|1>$ wird mit Wahrscheinlichkeit $P(\{|1>\}) = |\beta|^2$ gemessen. Mehr erfahren wir nicht über das Bit. Technisch ist es auch nicht möglich mehrfach zu messen. Die Wahrscheinlichkeiten $|\alpha|^2$ und $|\beta|^2$ lassen sich also nicht bestimmen, erst recht nicht die komplexen Zahlen α und β.

Zum Glück lässt sich aber vor einer Messung mit der kompletten Linearkombination rechnen. Technisch lässt sich die Multiplikation von unitären Matrizen $\mathbf{A}$ (die konjugiert-komplexe Transponierte ist gleich der inversen Matrix, siehe Band 1, S. 201) mit den Vektoren $(\alpha, \beta)^\top$ realisieren, so dass der Wert eines Bits von $\alpha \cdot |0> + \beta \cdot |1>$ in $\alpha' \cdot |0> + \beta' \cdot |1>$ mit $(\alpha', \beta')^\top = \mathbf{A} \cdot (\alpha, \beta)^\top$ übergeht. Da die Matrix unitär ist, bleibt bei Multiplikation mit der Matrix der Betrag des Vektors erhalten (siehe Folgerung 19.2

in Band 1, S. 571). Damit ist $|\alpha'|^2+|\beta'|^2 = 1$, so dass ein neuer wohldefinierter Wert des Bits entsteht.

Durch formale Multiplikation lassen sich die Werte von zwei einzelnen Bits in den Wert eines 2 Bit-Registers überführen:

$$(\alpha \cdot |0> +\beta \cdot |1>) \cdot (\alpha' \cdot |0> +\beta' \cdot |1>)$$
$$„ = " \quad \alpha\alpha'|0> |0> +\alpha\beta'|0> |1> +\beta\alpha'|1> |0> +\beta\beta'|1> |1> .$$

Das ist hier eine rein formale Rechnung, dahinter steckt eigentlich das Tensorprodukt von Vektorräumen (ähnlich dem Kreuzprodukt von Mengen). Wir beobachten, dass

$$|\alpha\alpha'|^2 + |\alpha\beta'|^2 + |\beta\alpha'|^2 + |\beta\beta'|^2 = (|\alpha|^2 + |\beta|^2) \cdot (|\alpha'|^2 + |\beta'|^2) = 1 \cdot 1 = 1$$

ist. Damit können wir die vier Faktoren $|\alpha\alpha'|^2$, $|\alpha\beta'|^2$, $|\beta\alpha'|^2$ und $|\beta\beta'|^2$ als Wahrscheinlichkeiten für die neuen Basisvektoren $|00 >$, $|01 >$, $|10 >$ und $|11>$, die den klassischen Werten eines 2 Bit-Wortes entsprechen, verwenden. Sind die Werte der beiden verknüpften Bits stochastisch unabhängig, dann ergibt sich die Wahrscheinlichkeit eines Werts des 2-Bit-Registers zu dieser Rechnung passend als Produkt der Einzelwahrscheinlichkeiten, z. B. ist für $|00>$ die Wahrscheinlichkeit $|\alpha\alpha'|^2 = |\alpha|^2|\alpha'|^2$.

Der Wert des Quanten-2-Bit-Registers ist

$$\alpha\alpha'|00> +\alpha\beta'|01> +\beta\alpha'|10> +\beta\beta'|11> .$$

Wird er gemessen, dann wird auf der Grundgesamtheit $\Omega = \{|00 >, |01 >, |10>, |11>\}$ ein Zufallsexperiment ausgeführt, und mit Wahrscheinlichkeit $P(\{|00>\}) = |\alpha\alpha'|^2$ wird $|00>$ beobachtet usw. Auf die gleiche Weise werden durch formale Multiplikation Register mit n Bits beschrieben. Diese können dann analog zu einem Bit über unitäre $2^n \times 2^n$-Matrizen manipuliert werden. Register können aber auch Werte annehmen, die sich nicht mit der stochastischen Unabhängigkeit der einzelnen Bits erklären lassen. Hier sind die Werte der Bits miteinander verknüpft, man spricht von Verschränkung. Der Wert eines Bits beeinflusst den Wert eines anderen. Beispielsweise gibt es zu $\frac{1}{\sqrt{2}}(|01> +|10>)$ keine Lösung des Gleichungssystems

$$\alpha\alpha' = 0 \quad \wedge \quad \alpha\beta' = \frac{1}{\sqrt{2}} \quad \wedge \quad \beta\alpha' = \frac{1}{\sqrt{2}} \quad \wedge \quad \beta\beta' = 0.$$

So können n-Bit Quantenregister viel mehr Information aufnehmen als n stochastisch unabhängige Quantenbits oder n klassische Bits. Zudem können mit verschränkten Bits Informationen teleportiert werden, d. h. ohne die Beschränkung durch die Lichtgeschwindigkeit übertragen werden.

Trotz der Umkehrbarkeit jeder Matrixmultiplikation (unitäre Matrizen sind invertierbar) erhält man überraschender Weise über die Matrixmultiplikationen ein Maschinenmodell, das genau so universell ist, wie die klassischen Computer. Einige Probleme lassen sich mit Quantencomputern sogar effizienter realisieren, z. B. die Primfaktorzerlegung, die zum Brechen von gängigen Verschlüsselungen benötigt wird. Geheimdienste finden Quantencomputer daher sicher sehr interessant.

Satz 18.2 (Totale Wahrscheinlichkeit) Seien $E_1, E_2, \ldots, E_n$ paarweise disjunkte Ereignisse mit $P(E_k) > 0$, $1 \leq k \leq n$, und $\Omega = \bigcup_{k=1}^{n} E_k$. Die Ereignisse bilden also eine Zerlegung von Ω (wie beim Würfeln die Ereignisse „gerader Wurf" und „ungerader Wurf"). Dann gilt für jedes Ereignis A:

$$P(A) = \sum_{k=1}^{n} P(A|E_k)P(E_k). \qquad (18.6)$$

Die **totale Wahrscheinlichkeit** (Wahrscheinlichkeit ohne Nebenbedingungen) von A kann also aus den bedingten Wahrscheinlichkeiten berechnet werden, indem man für jedes Ereignis E_k die bedingte Wahrscheinlichkeit $P(A|E_k)$ (Wahrscheinlichkeit, dass A eintritt, wenn E_k eintritt) mit der Wahrscheinlichkeit des Eintretens von E_k multipliziert (gewichtet) und dann alle Werte aufsummiert. Das hilft, wenn man die Wahrscheinlichkeit von A nur unter gewissen Voraussetzungen kennt und daraus die Gesamtwahrscheinlichkeit von A berechnen möchte.

Beweis In (18.6) wird A lediglich in elementfremde Mengen $A \cap E_K$ zerlegt, die vereinigt A ergeben. Deren Einzelwahrscheinlichkeiten addieren sich zu $P(A)$:

$$\sum_{k=1}^{n} P(A|E_k)P(E_k) \overset{\text{Def. 18.3}}{=} \sum_{k=1}^{n} \frac{P(A \cap E_k)}{P(E_k)} P(E_k) = \sum_{k=1}^{n} P(A \cap E_k)$$

$$\overset{\text{Def. 18.2}}{=} P\left(\bigcup_{k=1}^{n} (A \cap E_k)\right) = P\left(A \cap \bigcup_{k=1}^{n} E_k\right) = P(A \cap \Omega) = P(A).$$

$\square$

Beispiel 18.19 Wir müssen noch die Gewinnwahrscheinlichkeiten bestimmen, die Pascal für das abgebrochene Würfelspiel (siehe Seite 499) ermittelt hat. Hier liefert die achte Runde die Ereignisse:

- Ereignis E_1: A würfelt in der achten Spielrunde eine höhere Zahl als B (und gewinnt).
- Ereignis E_2: B würfelt in der achten Spielrunde eine höhere Zahl als A und gleicht aus zu 4:4.

E_1 und E_2 sind disjunkte Ereignisse, und wir diskutieren $\Omega = E_1 \cup E_2$. Sei F das Ereignis, dass Spieler A (in der achten oder neunten Runde) gewinnt. Dann liefert der Satz über die totale Wahrscheinlichkeit:

$$P(F) = P(F|E_1)P(E_1) + P(F|E_2)P(E_2) = 1 \cdot \frac{1}{2} + P(F|E_2) \cdot \frac{1}{2} = \frac{1}{2} + \frac{1}{2} \cdot \frac{1}{2} = \frac{3}{4}.$$

Entsprechend gewinnt B nur mit Wahrscheinlichkeit $\frac{1}{4}$. Diese Wahrscheinlichkeiten stimmen nicht mit dem Teilungsverhältnis $\frac{2}{3} : \frac{1}{3}$ überein, das vor Pascal verwendet wurde.

Beispiel 18.20 (Test auf eine Krankheit) In einem geeigneten Wahrscheinlichkeitsraum (Ω sei z. B. die Menge der Menschen in Krefeld) hat man die folgenden vier Ereignisse:

- K sei die Menge der kranken Menschen, CK die der gesunden,
- T sei die Menge der Menschen mit einem positiven Testergebnis, CT die Menge mit einem negativen Ergebnis.

Die Qualität eines Krankheitstests ist bestimmt durch die Werte von

- $P(T|K)$, also der Wahrscheinlichkeit, dass der Test bei einem Kranken die Krankheit auch erkennt (**Sensitivität**) und
- $P(CT|CK)$, also der Wahrscheinlichkeit, dass ein Gesunder auch als gesund erkannt wird (**Spezifität**).

Oft kann man nicht Sensitivität und Spezifität gemeinsam optimieren. Daher sind Testergebnisse generell mit Vorsicht zu beurteilen. Wichtig ist auch die Prävalenz, d. h. die Wahrscheinlichkeit, überhaupt an einer Krankheit zu erkranken, also $P(K)$. Die Wahrscheinlichkeit eines positiven Tests ist

$$
\begin{aligned}
P(T) &= P(T|CK)P(CK) + P(T|K)P(K) \\
&= [1 - P(CT|CK)]P(CK) + P(T|K)P(K) \\
&= [1 - \underbrace{P(CT|CK)}_{\text{Spezifität}}] \cdot (1 - \underbrace{P(K)}_{\text{Prävalenz}}) + \underbrace{P(T|K)}_{\text{Sensitivität}} \cdot \underbrace{P(K)}_{\text{Prävalenz}}.
\end{aligned}
$$

Sei z. B. $P(K) = 0,01$ (1% ist krank), die Sensitivität $P(T|K) = 0,99$ sei hoch und die Spezifität $P(CT|CK) = 0,8$. Dann ist $P(T) = (1 - 0,8)(1 - 0,01) + 0,99 \cdot 0,01 = 0,21 \cdot 0,99 = 0,2079$, also mehr als 20%. Die Krankheit tritt aber nur bei 1% auf.

Zweifelt man die Hypothese an, dass ein Mensch gesund ist, so liefert der Test in Abhängigkeit von den beiden Wahrscheinlichkeiten also ein Ergebnis, das fehlerhaft sein kann.

- Trifft die Hypothese zu, d. h., der Mensch ist tatsächlich gesund, aber der Test diagnostiziert eine Krankheit (und ist in diesem Sinne falsch positiv), so spricht man von einem **Fehler erster Art** (vgl. Seite 579). Die Wahrscheinlichkeit dieses Fehlers ist $P(T|CK) = 1 - P(CT|CK)$. Je niedriger die Spezifität ist, desto größer ist die Wahrscheinlichkeit eines Fehlers erster Art.

- Trifft die Hypothese nicht zu, d. h., der Mensch ist tatsächlich krank, aber der Test diagnostiziert keine Krankheit (und ist in diesem Sinne falsch negativ), so spricht man von einem **Fehler zweiter Art**. Die Wahrscheinlichkeit dieses Fehlers ist $P(\mathcal{C}T|K) = 1 - P(T|K)$. Je niedriger die Sensitivität ist, desto größer ist die Wahrscheinlichkeit eines Fehlers zweiter Art.

Die Begriffe „Fehler erster Art" und „Fehler zweiter Art" sind verwirrend, da sie sich auf eine zu formulierende Hypothese beziehen. Negiert man die Hypothese, so wird aus dem Fehler erster Art ein Fehler zweiter Art und umgekehrt.

Beispiel 18.21 Drei Maschinen produzieren einen Artikel mit unterschiedlichen Fehlerraten. Die relative Häufigkeit von fehlerhaften Teilen beträgt bei Maschine 1: 1%, bei Maschine 2: 2% und bei Maschine 3: 3%. Insgesamt werden 10%, 40% und 50% der Teile mit Maschine 1, 2 bzw. 3 produziert. Wie wahrscheinlich ist es, dass ein zufällig ausgewähltes Teil der Tagesproduktion defekt ist (Ereignis D)? Sei M_1 das Ereignis, dass ein Teil aus Maschine 1 stammt, entsprechend seien M_2 und M_3 die Ereignisse, dass der Ursprung Maschine 2 und 3 ist:

$$P(D) = P(D|M_1)P(M_1) + P(D|M_2)P(M_2) + P(D|M_3)P(M_3)$$
$$= 0{,}01 \cdot 0{,}1 + 0{,}02 \cdot 0{,}4 + 0{,}03 \cdot 0{,}5 = 0{,}024.$$

In der Regel sind also 2,4% aller Teile defekt.

Beispiel 18.22 In einer Urne befinden sich 99 weiße und eine schwarze Kugel. Zwei Spieler ziehen abwechselnd mit verbundenen Augen Kugeln. Der Spieler, der die schwarze Kugel zieht, hat gewonnen. Naheliegend ist die Frage, ob der Starter einen Vorteil hat,

- falls mit Zurücklegen gezogen wird.
- falls ohne Zurücklegen gezogen wird.

Er hat einen Vorteil, wenn die Kugeln zurückgelegt werden. Hier hat jeder Zug die gleiche Gewinnwahrscheinlichkeit 1%. Der Starter hat die Gewinnwahrscheinlichkeit

$$0{,}01 + [0{,}99]^2 \cdot 0{,}01 + [0{,}99]^4 \cdot 0{,}01 + [0{,}99]^6 \cdot 0{,}01 \cdots$$
$$= 0{,}01 \sum_{k=0}^{\infty} ([0{,}99]^2)^k = \frac{0{,}01}{1 - [0{,}99]^2} = 0{,}5025 \cdots > \frac{1}{2},$$

die wir mittels der geometrischen Reihe berechnet haben. Er hat aber keinen Vorteil, wenn die Kugeln nicht zurückgelegt werden. Denn hier wächst mit der Spiellänge die Trefferwahrscheinlichkeit. Dass hier $\frac{1}{2}$ herauskommt, sieht man, da zu jedem Zeitpunkt beide Spieler die gleichen Chancen haben, z. B. beim ersten Zug: Spieler A: $\frac{1}{100}$, Spieler B: $\frac{99}{100} \cdot \frac{1}{99} = \frac{1}{100}$.

Die bedingte Wahrscheinlichkeit, dass ein Ereignis E_k eintritt, wenn A eingetreten ist, lässt sich umgekehrt ermitteln aus den bedingten Wahrscheinlichkeiten, dass A eintritt, wenn E_k eingetreten ist. Dazu wird der Satz über die totale Wahrscheinlichkeit mit der Definition der bedingten Wahrscheinlichkeit kombiniert:

Satz 18.3 (Satz von Bayes (1702–1761)) Seien $E_1, E_2, \ldots, E_n$ paarweise disjunkte Ereignisse mit $P(E_k) > 0$, $1 \leq k \leq n$, und $\Omega = \bigcup_{k=1}^{n} E_k$. Die Ereignisse E_k bilden also wie zuvor eine Zerlegung von Ω. Dann gilt für jedes Ereignis A mit $P(A) > 0$ und $1 \leq k \leq n$:

$$P(E_k|A) = \frac{P(E_k \cap A)}{P(A)} = \frac{\frac{P(A \cap E_k)P(E_k)}{P(E_k)}}{P(A)} \overset{(18.6)}{=} \frac{P(A|E_k)P(E_k)}{\sum_{i=1}^{n} P(A|E_i)P(E_i)}.$$

Der Satz von Bayes kann in der Mustererkennung zur Klassifizierung von Objekten eingesetzt werden. Beispielsweise sollen Pferde (Ereignis E_1) und Hunde (Ereignis E_2) unterschieden werden, $\Omega = E_1 \cup E_2$. Zur Klassifikation nehmen wir das Merkmal Gewicht. Wir können nun experimentell getrennt für Pferde und Hunde die Wahrscheinlichkeit gewisser Gewichtsklassen $A_1, \ldots, A_m$ ermitteln. Diesen Schritt nennt man auch Training. Jede Gewichtsklasse $A_i \subseteq \Omega$ ist formal eine Menge von Pferden und Hunden, deren Gewichte im spezifizierten Bereich liegen. Wir erhalten also die bedingten Wahrscheinlichkeiten der Gewichtsklassen unter den Bedingungen Pferd bzw. Hund: $P(A_i|E_1)$ bzw. $P(A_i|E_2)$. Wenn wir nun umgekehrt die Gewichtsklasse A_i eines Tieres kennen, dann lässt sich mit dem Satz die Wahrscheinlichkeit berechnen, mit der das Tier ein Pferd ist: $P(E_1|A_i)$. Dazu benötigen wir lediglich noch die nicht-bedingten Wahrscheinlichkeiten $P(E_1)$ (relative Häufigkeit der Pferde) und $P(E_2) = 1 - P(E_1)$ (relative Häufigkeit der Hunde).

Beispiel 18.23 Acht Tage nach der Infektion sind 80% der Infizierten einer Krankheit symptomatisch. Die Wahrscheinlichkeit, dass sich eine Person bei einem Kontakt infiziert hat sei 50%. Mit welcher Wahrscheinlichkeit ist sie infiziert, wenn sich acht Tage später noch keine Symptome gezeigt haben?

Es sei E das Ereignis, dass sich eine Person infiziert hat und A das Ereignis, dass diese Person acht Tage nach dem Kontakt noch keine Symptome hat. Ohne weiteres Wissen sei $P(E) = 0{,}5$. Die Wahrscheinlichkeit $P(A)$ setzt sich mit dem Satz über die totale Wahrscheinlichkeit so zusammen:

$$P(A) = P(A|E)P(E) + P(A|\mathcal{C}E)(1 - P(E)) \approx (1 - 0{,}8) \cdot 0{,}5 + 1 \cdot 0{,}5 = 0{,}6,$$

wobei $P(A|E) = 1 - 0{,}8 = 0{,}2$ und die Wahrscheinlichkeit, dass ohne eine Infektion keine Symptome auftreten, ungefähr 1 ist. Damit ist

$$P(E|A) = \frac{P(E \cap A)}{P(A)} = \frac{P(A \cap E)}{P(E)} \frac{P(E)}{P(A)} = P(A|E) \frac{P(E)}{P(A)}$$

$$\approx 0{,}2 \cdot \frac{0{,}5}{0{,}6} = \frac{1}{6} \approx 17\%.$$

Beispiel 18.24 (Das Ziegenproblem, siehe [von Randow(2005)]) Bei einer Quiz-Show sind zwei Ziegen und ein Auto hinter je einer Tür versteckt. Der Kandidat soll erraten, wo sich das Auto befindet. Dazu darf er eine Tür raten. Dann öffnet der Moderator eine der beiden verbleibenden Türen, wobei er die Tür so wählt, dass sich dahinter eine Ziege befindet. (Das kann er immer tun, da sich hinter den beiden verbleibenden Türen mindestens eine Ziege verbergen muss). Der Kandidat darf nun erneut zwischen den beiden noch geschlossenen Türen wählen. Lohnt es sich für ihn, sich umzuentscheiden?

In der Kolumne „Ask Marilyn" des amerikanischen Wochenmagazins „Parade" erklärte die Journalistin Marilyn vos Savant 1991: „Es ist besser, zu wechseln, da sich die Gewinnchancen dann verdoppeln.". Und sie hat recht. Beim ersten Raten hat er das Auto mit einer Wahrscheinlichkeit von $\frac{1}{3}$ getroffen. Die Wahrscheinlichkeit, dass es sich hinter den beiden anderen Türen befindet, ist $\frac{2}{3}$. Daran ändert auch das Öffnen einer dieser Türen durch den Moderator nichts. Denn er kann immer eine Tür öffnen. Nun konzentriert sich aber die $\frac{2}{3}$-Wahrscheinlichkeit auf die nicht geöffnete Tür. Der Kandidat verdoppelt seine Gewinnchancen, wenn er die Tür wechselt (vgl. Abbildung 18.4). Das wird klarer, wenn man 1 000 Türen betrachtet und der Moderator 998 davon öffnet.

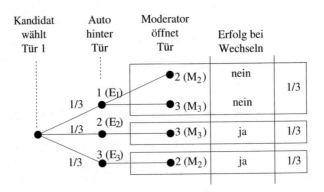

Abb. 18.4 Entscheidungsbaum zum Ziegenproblem: Mit Wahrscheinlichkeit $\frac{2}{3}$ führt Umentscheiden zum Ziel

Wir können mit dem Satz von Bayes berechnen, wie wahrscheinlich ein Erfolg mit Wechseln in Abhängigkeit von der Reaktion des Moderators ist:

Der Kandidat entscheidet sich für Tür 1 (alle andere Fälle sind analog). E_k sei das Ereignis, dass sich das Auto hinter Tür k verbirgt. E_1, E_2 und E_3 sind disjunkt mit $E_1 \cup E_2 \cup E_3 = \Omega$. Es ist $P(E_1) = P(E_2) = P(E_3) =$

$\frac{1}{3}$. Entscheidet sich der Kandidat unabhängig von der gezeigten Tür um, so ist seine Trefferwahrscheinlichkeit $P(E_2 \cup E_3) = \frac{2}{3}$. Nun sehen wir uns mit dem Satz von Bayes an, ob man noch weitere Informationen aus der vom Moderator gewählten Tür ableiten kann. M_k sei das Ereignis, dass der Moderator Tür k öffnet. Da der Kandidat sich für Tür 1 entschieden hat, ist $P(M_1) = 0$. $P(M_2|E_3) = P(M_3|E_2) = 1$, da der Moderator in diesen Fällen nur die jeweilige Tür öffnen darf. $P(M_2|E_2) = P(M_3|E_3) = 0$, da der Moderator nicht das Auto zeigen darf. $P(M_2|E_1) + P(M_3|E_1) = 1$, da der Moderator zwischen Tür 2 und Tür 3 wählen kann.

$$P(E_2|M_3) = \frac{P(M_3|E_2)P(E_2)}{P(M_3|E_1)P(E_1) + P(M_3|E_2)P(E_2) + P(M_3|E_3)P(E_3)}$$

$$= \frac{1 \cdot \frac{1}{3}}{P(M_3|E_1)\frac{1}{3} + 1 \cdot \frac{1}{3} + 0 \cdot \frac{1}{3}} = \frac{1}{1 + P(M_3|E_1)},$$

$$P(E_3|M_2) = \frac{P(M_2|E_3)P(E_3)}{P(M_2|E_1)P(E_1) + P(M_2|E_2)P(E_2) + P(M_2|E_3)P(E_3)}$$

$$= \frac{1 \cdot \frac{1}{3}}{P(M_2|E_1)\frac{1}{3} + 0 \cdot \frac{1}{3} + 1 \cdot \frac{1}{3}} = \frac{1}{1 + P(M_2|E_1)}.$$

Entscheidet sich der Moderator mit gleicher Wahrscheinlichkeit zwischen den Türen 2 und 3, also $P(M_2|E_1) = P(M_3|E_1) = \frac{1}{2}$, so erhalten wir wie zuvor überlegt die Wahrscheinlichkeit $P(E_2|M_3) = P(E_3|M_2) = \frac{2}{3}$. Vielleicht gibt es aber eine Absprache zwischen Moderator und Kandidat. Er könnte sich z. B. immer für Tür 3 entscheiden, falls dies möglich ist. Dann ist $P(M_2|E_1) = 0$ und $P(M_3|E_1) = 1$, so dass $P(E_2|M_3) = \frac{1}{2}$ und $P(E_3|M_2) = 1$. Wählt der Moderator nun die zweite Tür und kennt der Kandidat dessen Vorgehen, so weiß der Kandidat, dass das Auto nur hinter der dritten Tür sein kann. Allerdings ist dann $P(M_2) = P(E_3) = \frac{1}{3}$ und $P(M_3) = 1 - P(M_2) = \frac{2}{3}$. Der Kandidat weiß also nur in einem Drittel der Fälle Bescheid. In $\frac{2}{3}$ der Fälle hat er dagegen nur eine Chance von 50%. Im Mittel sind die Chancen des Kandidaten bei einer Umentscheidung selbst dann, wenn er die Strategie des Moderators genau kennt, $\frac{2}{3}$. Aus den bedingten Wahrscheinlichkeiten ergibt sich natürlich auch in diesem Fall die bekannte Wahrscheinlichkeit von $P(E_2 \cup E_3) = \frac{2}{3}$:

$$P(E_2 \cup E_3) = P(E_2 \cup E_3|M_2)P(M_2) + P(E_2 \cup E_3|M_3)P(M_3)$$

$$= P(E_3|M_2)P(M_2) + P(E_2|M_3)P(M_3) = 1 \cdot \frac{1}{3} + \frac{1}{2} \cdot \frac{2}{3} = \frac{2}{3}.$$

18.5 Zufallsvariablen

18.5.1 Diskrete Zufallsvariablen und ihre Verteilung

Statt mit unhandlichen Elementarereignissen oder Ereignissen zu hantieren, möchte man mit Zahlenwerten arbeiten. Daher führt man Zufallsvariablen ein. Eine Zufallsvariable ist eine Funktion (der Name „Variable" ist irreführend, deckt sich aber später mit der Anschauung), die Elemente der Grundgesamtheit auf Zahlen abbildet. Man betrachtet in der Praxis nur noch die Werte von Zufallsvariablen und nicht mehr die ursprünglichen Elementarereignisse. Damit braucht man sich in vielen Fällen nicht mit dem Erstellen eines Wahrscheinlichkeitsraums aufzuhalten (den wir daher auch kaum behandelt haben), sondern kann direkt mit bekannten Eigenschaften der Zufallsvariablen rechnen. Die Idee ist ähnlich wie bei der Laplace- oder Fourier-Transformation, bei denen man ein anderes mathematisches Modell wählt, um leichter rechnen zu können. In Abbildung 18.5 ist beispielsweise eine Zufallsvariable dargestellt, die die Augensumme beim zweimaligen Würfeln durch Addition der Einzelergebnisse berechnet. Statt mit Ω kann man nun mit der Menge $\{2, 3, \ldots, 12\}$ arbeiten, wobei sich die Wahrscheinlichkeit für jede dieser Zahlen aus der Wahrscheinlichkeit der Elementarereignisse in Ω addiert, die zu dieser Augensumme führen.

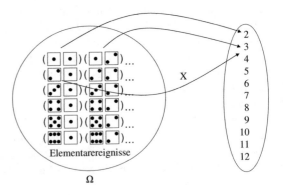

Abb. 18.5 Zufallsvariable X für die Augensumme, die mit der Wahrscheinlichkeit $\frac{1}{36}$ den Wert 2 und mit der Wahrscheinlichkeit $\frac{2}{36}$ den Wert 3 annimmt

Man braucht noch rein technische Zusatzeigenschaften, damit Zufallsvariablen in das mathematische Modell passen und Wahrscheinlichkeiten für ihre Funktionswerte erklärt sind. Für die Anwendung sind diese aber nicht entscheidend, so dass Sie sich in erster Linie an die Schreibweisen gewöhnen sollten.

Definition 18.5 (Zufallsvariable) Eine Abbildung $X : \Omega \to \mathbb{R}$ heißt eine **diskrete Zufallsvariable** (für ein Wahrscheinlichkeitsmaß P) genau dann, wenn

- sie nur endlich oder abzählbar unendlich viele Werte annimmt, d. h., wenn $X(\Omega) := \{X(\omega) : \omega \in \Omega\}$ eine endliche oder abzählbare Menge reeller Zahlen ist und damit die Zahlen durchnummeriert werden können. (vgl. Band 1, Kapitel 2.2.3). Das gestattet die Summation über alle Werte der Zufallsvariable.
- für jeden Wert x der Abbildung die Wahrscheinlichkeit $P(X = x)$ erklärt ist, dass X den Wert x annimmt. Dies ist dann der Fall, wenn für jedes x aus dem Wertebereich von X die Menge der zugehörigen Elementarereignisse $\{\omega \in \Omega : X(\omega) = x\} = X^{-1}(\{x\})$ (vgl. Definition 1.4 in Band 1, S. 9) ein Ereignis ist, so dass dessen Eintrittswahrscheinlichkeit mit P bekannt ist. Man spricht hier von der **Messbarkeit** von X.

Die in der Definition enthaltenen Einschränkungen können vermieden werden.

- Ohne die Bedingung, dass die Wertemenge von X höchstens abzählbar ist, spricht man von einer Zufallsvariable (ohne das Attribut „diskret"). Diesen allgemeinen Fall werden wir nur erwähnen, ohne in die Tiefe zu gehen, siehe Kapitel 18.9. Prinzipiell ist er aber analog zum diskreten Fall, man muss „nur" die Summen, die wir noch verwenden werden, durch ein geeignetes Integral ersetzen.
- Die „Messbarkeitsbedingung" ist nur erforderlich, wenn man nicht alle Teilmengen von Ω als Ereignisse betrachten möchte oder kann. In diesem Fall benötigt man die Definition der Ereignis-Algebra (siehe Seite 495). Sie stellt sicher, dass man auch in dieser Situation die Wahrscheinlichkeit angeben kann, mit der die Zufallsvariable X einen Wert x annimmt.

Statt mit Ereignissen aus Ω können wir nun mit reellen Zahlen und Mengen von reellen Zahlen rechnen. Mit

- $P(X = x)$ bezeichnen wir die Wahrscheinlichkeit des Ereignisses, dass die reelle Zahl x von der Zufallsvariablen X angenommen wird.
- $P(X \le x)$ ist die Wahrscheinlichkeit, dass ein reeller Wert kleiner oder gleich x angenommen wird.
- $P(X \in A)$ ist die Wahrscheinlichkeit, dass der Wert von X in der Menge $A \subseteq \mathbb{R}$ liegt.

Entsprechend sind analoge Schreibweisen zu deuten. Unter $X \le x$ verstehen wir das Ereignis mit den Elementen $\omega \in \Omega$, für die $X(\omega) \le x$ ist. Die wie logische Ausdrücke aussehenden Terme $X = x$, $X \le x$ und $X \in A$ beschreiben also Mengen. Soll daher z. B. die Wahrscheinlichkeit des gemeinsamen Eintretens der Ereignisse $X \le x$ und $X \in A$ angegeben werden, so schreiben wir $P((X \leq x) \cap (X \in A))$. Man findet in der Literatur dagegen auch die gleichbedeutende Notation $P((X \leq x) \wedge (X \in A))$.

Die mit den Kurzschreibweisen angegebenen Wahrscheinlichkeiten können sinnvoll berechnet werden:

Satz 18.4 (Induziertes Wahrscheinlichkeitsmaß) Mit einer diskreten Zufallsvariable X aus Definition 18.5 ist ein Wahrscheinlichkeitsmaß auf $\mathbb{R}$ gegeben, das jeder Teilmenge von $\mathbb{R}$ eine Wahrscheinlichkeit zuordnet. Da es sich aus dem auf Ω gegebenen Wahrscheinlichkeitsmaß P über die Zufallsvariable X berechnet, wird es mit P^X bezeichnet. Für jede Teilmenge $B \subseteq \mathbb{R}$ berechnet sich $P^X(B)$, indem man die Wahrscheinlichkeit der Menge aller Elementarereignisse aus Ω, die von X in B abgebildet werden, bestimmt. Damit gibt P^X die Wahrscheinlichkeit an, dass X einen Wert aus B annimmt:

$$P^X(B) := P(X \in B) = P(X^{-1}(B)) = P(\{\omega \in \Omega : X(\omega) \in B\}).$$

In der Schreibweise P^X ist das X lediglich als Zusatz und nicht als Exponent zu verstehen.

Beweis Wir müssen zeigen, dass P^X sinnvoll definiert und tatsächlich ein Wahrscheinlichkeitsmaß ist.

Damit $P(X^{-1}(B))$ wohldefiniert ist, muss $X^{-1}(B)$ ein Ereignis sein. Hier können wir ausnutzen, dass X höchstens abzählbar viele Werte annehmen kann. Denn damit kann X auch höchstens abzählbar viele Werte aus B annehmen. Diese seien $\{x_k \in B : k \in J\}$ für eine Indexmenge $J \subseteq \mathbb{N}$. Dann ist

$$X^{-1}(B) = X^{-1}(\{x_k \in B : k \in J\}) = \bigcup_{k \in J} X^{-1}(\{x_k\}).$$

Das Urbild von B ist also die Vereinigung der elementfremden Urbilder der abzählbar vielen Elemente von B, die tatsächlich von X angenommen werden. Wegen der Messbarkeit der Zufallsvariable X ist jedes Urbild $X^{-1}(\{x_k\})$ ein Ereignis. Wegen der Definition der Ereignis-Algebra (Seite 495) ist auch die abzählbare Vereinigung dieser Mengen wieder ein Ereignis, und $X^{-1}(B)$ ist als Argument von P erklärt.

Wir müssen die beiden Eigenschaften des Wahrscheinlichkeitsmaßes aus Definition 18.2 nachrechnen. Dazu benutzen wir, dass P diese Eigenschaften hat.

- Die Wahrscheinlichkeit, dass die Zufallsvariable irgendeine reelle Zahl annimmt, ist eins: $P^X(\mathbb{R}) = P(X^{-1}(\mathbb{R})) = P(\Omega) = 1$.
- Seien $E_1, E_2, \ldots$ paarweise disjunkte Teilmengen von $\mathbb{R}$. Dann sind auch die verschiedenen Mengen $X^{-1}(E_1)$, $X^{-1}(E_2)$, $\ldots$ der Elementarereignisse, die durch X auf diese Teilmengen abgebildet werden, elementfremd,

so dass die Wahrscheinlichkeit ihrer Vereinigung gleich der Summe ihrer Einzelwahrscheinlichkeiten ist:

$$P^X(E_1 \cup E_2 \cup \dots) = P(X^{-1}(E_1 \cup E_2 \cup \dots))$$
$$= P(X^{-1}(E_1) \cup X^{-1}(E_2) \cup \dots)$$
$$= P(X^{-1}(E_1)) + P(X^{-1}(E_2)) + \dots = P^X(E_1) + P^X(E_2) + \dots.$$

$\square$

$P^X(B) = P(X \in B)$ gibt also die Wahrscheinlichkeit an, dass beim Experiment ein $\omega \in \Omega$ beobachtet wird, das durch die Zufallsvariable X auf eine reelle Zahl $X(\omega)$ aus B abgebildet wird, dass wir also nach Anwendung der Zufallsvariable das Ereignis $B \subseteq \mathbb{R}$ beobachten. Wir haben damit Wahrscheinlichkeiten auf der „neuen Grundgesamtheit" $\mathbb{R}$ und können hier als Ereignisse Teilmengen wie z. B. Intervalle betrachten. Jetzt müssen wir uns in den Anwendungen nicht mehr um das ursprüngliche Ω kümmern.

Definition 18.6 (Verteilung einer Zufallsvariable) Das von der Zufallsvariable X erzeugte Wahrscheinlichkeitsmaß P^X aus Satz 18.4 heißt die **Verteilung** von X. Es gibt an, mit welcher Wahrscheinlichkeit die Zufallsvariable X ihre Werte x annimmt.

Die eingangs eingeführten Schreibweisen $P(X = x)$, $P(X \leq x)$ usw. drücken damit tatsächlich wohldefinierte Wahrscheinlichkeiten aus. Es ist

- $P(X = x) := P(\{\omega \in \Omega : X(\omega) = x\}) = P^X(\{x\}) = P(X^{-1}(\{x\}))$,
- $P(X \leq x) := P(\{\omega \in \Omega : X(\omega) \leq x\}) = P^X(]-\infty, x])$
  $= P(X^{-1}(]-\infty, x]))$,
- $P(X \in A) := P(\{\omega \in \Omega : X(\omega) \in A\}) = P^X(A) = P(X^{-1}(A))$.

Nun kann man auch verstehen, warum die Abbildung $X(\omega)$ eine Zufallsvariable genannt wird. In der Schreibweise $P(X = x)$ ist X eine Variable, die zufällig Werte annimmt. Die Wahrscheinlichkeit, dass in X zufällig der Wert x steht, ist $P(X = x)$.

Beispiel 18.25 (Fortsetzung des Würfelexperiments) Wir definieren eine Zufallsvariable $X_1 : \Omega \to \{1, 2, \dots, 6\}$ über $X_1((i, k)) := i$. Analog sei $X_2 : \Omega \to \{1, 2, \dots, 6\}$ mit $X_2((i, k)) := k$. Die Zufallsvariablen liefern also den Wert des ersten bzw. zweiten Wurfs. $X_1^{-1}(\{i\}) = \{(i, k) : 1 \leq k \leq 6\}$, $X_2^{-1}(\{k\}) = \{(i, k) : 1 \leq i \leq 6\}$, $P(X_1 = i) = P(\{(i, k) : 1 \leq k \leq 6\}) = \frac{1}{6} = P(X_2 = k)$.

Beispiel 18.26 (Geometrische Verteilung) Bei einem Experiment möge ein Ereignis A mit Wahrscheinlichkeit p eintreten. Das Experiment wird nun immer wieder (und unabhängig von den vorausgehenden Versuchen) durchgeführt. Auf einem geeigneten Wahrscheinlichkeitsraum definieren wir eine

Zufallsvariable X, die die Nummer des ersten Experiments angibt, bei dem A eintritt:

$$P(X = n) = (1 - p)^{n-1} \cdot p, \quad n \in \mathbb{N},$$

denn in den ersten $n - 1$ Experimenten tritt A mit Wahrscheinlichkeit $1 - p$ nicht ein, dagegen im n-ten Experiment mit Wahrscheinlichkeit p ein. Die Wahrscheinlichkeiten dürfen wegen der Unabhängigkeit der Experimente multipliziert werden. Der Name **geometrische Verteilung** und die Bezeichnung $X \sim \mathrm{G}(p)$ leiten sich von der geometrischen Summe (siehe Seite 594) ab, denn die Wahrscheinlichkeit, dass A in mindestens einem der ersten n Experimente eintritt, ist

$$P(X \leq n) = \sum_{k=1}^{n} P(X = k) = \sum_{k=1}^{n} (1 - p)^{k-1} \cdot p$$

$$= p \cdot \sum_{k=0}^{n-1} (1 - p)^k = p \cdot \frac{1 - (1 - p)^n}{1 - (1 - p)} = 1 - (1 - p)^n.$$

Für $n \to \infty$ strebt die Wahrscheinlichkeit erwartungsgemäß gegen 1.

18.5.2 Hypergeometrische Verteilung

Wir betrachten folgende Aufgabenstellung: In einer Kiste befinden sich N Teile, von denen $M \leq N$ defekt sind. Nun werden zufällig n Teile der Kiste entnommen. Wie wahrscheinlich ist es, dass davon genau m defekt sind? Die Zufallsvariable X möge die Anzahl der bei dem Experiment gezogenen defekten Teile angeben. Es handelt sich hier um ein „Ziehen ohne Zurücklegen". Beim Ziehen des ersten Teils ist die Wahrscheinlichkeit, ein defektes Teil zu treffen, genau $p := \frac{M}{N}$. Die Wahrscheinlichkeiten für jeden weiteren Zug hängen jetzt aber von den Ergebnissen der vorangehenden ab.

Wir suchen jetzt $P(X = m)$. Dazu müssen wir die Anzahl der Kombinationen zählen, bei denen genau m Teile defekt sind, und mit der Elementarwahrscheinlichkeit $1/\binom{N}{n}$ multiplizieren. Es gibt genau $\binom{M}{m}$ Kombinationen von m unterschiedlichen defekten Teilen ohne Beachtung der Reihenfolge. Aus den $N - M$ funktionierenden Teilen können $\binom{N-M}{n-m}$ verschiedene Kombinationen für die verbleibenden $n - m$ Teile der Auswahl gebildet werden, so dass es insgesamt $\binom{M}{m}\binom{N-M}{n-m}$ Elementarereignisse mit genau m defekten Teilen gibt. Die Multiplikation ist korrekt, da sich Elementarereignisse bei unterschiedlichen defekten Teilen oder bei unterschiedlichen funktionierenden Teilen unterscheiden. Insgesamt erhalten wir:

Definition 18.7 (Hypergeometrische Verteilung) Eine Zufallsvariable X heißt genau dann **hypergeometrisch verteilt** bzw. hat eine **hy-**

pergeometrische Verteilung, wenn

$$P(X = m) = \frac{\binom{M}{m}\binom{N-M}{n-m}}{\binom{N}{n}}.$$

Bezeichnung: $X \sim H(N; M; n)$.

Beispiel 18.27 Die Wahrscheinlichkeit beim Lotto ($n = 6$ aus $N = 49$), genau m Richtige zu haben, kann über die hypergeometrische Verteilung bestimmt werden. Die $M = 6$ gezogenen Kugeln stellen dabei die defekten Teile dar, also

$$P(X = m) = \frac{\binom{6}{m}\binom{43}{6-m}}{\binom{49}{6}}.$$

Damit erhalten wir folgende Wahrscheinlichkeiten:

$$P(X = 0) = \frac{6\,096\,454}{13\,983\,816} \approx 0{,}436 \qquad P(X = 1) = \frac{5\,775\,588}{13\,983\,816} \approx 0{,}413$$
$$P(X = 2) = \frac{1\,851\,150}{13\,983\,816} \approx 0{,}132 \qquad P(X = 3) = \frac{246\,820}{13\,983\,816} \approx 0{,}018$$
$$P(X = 4) = \frac{13\,545}{13\,983\,816} \approx 0{,}001 \qquad P(X = 5) = \frac{258}{13\,983\,816} \approx 0$$
$$P(X = 6) = \frac{1}{13\,983\,816} \approx 0.$$

18.5.3 Verteilungsfunktion und Dichte

Definition 18.8 (Verteilungsfunktion einer Zufallsvariable) Sei X eine diskrete Zufallsvariable. Die Funktion $F^X : \mathbb{R} \to [0, 1]$ mit

$$F^X(x) := P(X \le x) = P^X(]-\infty, x])$$

heißt die zu P^X gehörende **Verteilungsfunktion**. Zwei Zufallsvariablen heißen genau dann **identisch verteilt**, wenn sie die gleiche Verteilungsfunktion besitzen.

Der Funktionswert $F^X(x)$ der Verteilungsfunktion ist also die Wahrscheinlichkeit, dass die Zufallsvariable einen Wert $\le x$ annimmt. Die Funktion $F^X(x)$ ist zwangsläufig monoton steigend mit $\lim_{x\to\infty} F^X(x) = 1$ und $\lim_{x\to-\infty} F^X(x) = 0$.

Wir haben bereits die empirische Verteilungsfunktion mit den gleichen Eigenschaften kennengelernt. Hier war für reelle Merkmalsausprägungen $x_1, \ldots, x_n$

$$F(x) := \frac{\text{Anzahl der Merkmalsausprägungen } x_k \leq x}{n}.$$

Für großes n kann diese relative Häufigkeit genau als die Wahrscheinlichkeit verstanden werden, dass eine Merkmalsausprägung im Intervall $]-\infty, x]$ liegt. Genau wie bei der empirischen Verteilungsfunktion lassen sich auch hier **Quantile** definieren, also Stellen, an denen die Verteilungsfunktion angegebene Wahrscheinlichkeitsmarken übersteigt, siehe Definition 17.5 auf Seite 474.

Beispiel 18.28 (Fortsetzung des Würfelexperiments) Die Zufallsvariablen X_1 und X_2 besitzen die gleiche Verteilungsfunktion (Treppenfunktion)

$$F^{X_1}(x) = F^{X_2}(x) = \begin{cases} 0, & x < 1, \\ \frac{k}{6}, & k \leq x < k+1 \text{ für } k \in \{1, 2, 3, 4, 5\}, \\ 1, & x \geq 6. \end{cases}$$

Mit P^X hat man ein Wahrscheinlichkeitsmaß, das man auf Intervalle als spezielle Ereignisse anwenden kann. Die Verteilungsfunktion gibt die Wahrscheinlichkeit der speziellen Intervalle $]-\infty, x]$ an. Möchte man unabhängig von einer Zufallsvariable Wahrscheinlichkeiten für reelle Intervalle definieren, kann man dies auch mittels einer nicht-negativwertigen, reellen Funktion f tun, die die Bedingung

$$\int_{-\infty}^{\infty} f(t)\,\mathrm{d}t = 1 \tag{18.7}$$

erfüllt. Eine solche Funktion heißt **(Wahrscheinlichkeits-) Dichte**. Mit ihr führen wir ein Wahrscheinlichkeitsmaß ein vermöge

$$P([a, b]) := \int_a^b f(t)\,\mathrm{d}t.$$

Genauso sind die Wahrscheinlichkeiten der Intervalle $]a, b[$, $]a, b]$ und $[a, b[$ über das Integral $\int_a^b f(t)\,\mathrm{d}t$ festgelegt. Tatsächlich lässt sich P zu einem Wahrscheinlichkeitsmaß auf der Lebesgue-Sigma-Algebra fortsetzen, in der z. B. abzählbare Vereinigungen von Intervallen liegen. Das Wahrscheinlichkeit eines beliebigen Ereignisses E ist das Lebesgue-Intergral über die charakteristische Funktion 1_E von E, siehe Kapitel 3.5.1. Insbesondere ist wegen (18.7) bereits $P(\mathbb{R}) = \int_{-\infty}^{\infty} f(t)\,\mathrm{d}t = 1$. Lebesgue-messbare Mengen und das Lebesgue Integral werden wir in diesem Kapitel nur im Rahmen eines Ausblicks in Abschnitt 18.9 verwenden, so dass Kenntnisse des Riemann-Integrals genügen.

Die zu einer Dichte gehörende und unabhängig von einer Zufallsvariable definierte Verteilungsfunktion

$$F(x) := P(]-\infty, x]) = \int_{-\infty}^x f(t)\,\mathrm{d}t \tag{18.8}$$

eine Stammfunktion der Dichte. Die Dichte ist die Ableitung der Verteilungsfunktion.

Beispiel 18.29 An einem Bahnhof fährt ein Zug im Stundentakt. Wenn man
zu einem rein zufälligen Zeitpunkt zum Bahnhof gelangt, dann sind alle exakten Wartezeiten zwischen null Minuten und einer Stunde gleich wahrscheinlich. Gibt X die Wartezeit an, so ist bei einer Rechnung in Minuten mit

$$f(x) := \begin{cases} \frac{1}{60}, & x \in [0, 60[, \\ 0, & x < 0 \lor x \geq 60, \end{cases}$$

die Wahrscheinlichkeit, einen Zug nach höchstens $x \geq 0$ Minuten zu bekommen, gleich

$$F(x) = P(X \leq x) = \int_{-\infty}^{x} f(t)\,dt = \int_{0}^{\min\{x,60\}} \frac{1}{60}\,dt = \frac{\min\{x,60\}}{60}.$$

Nach einer halben Stunde hat man also mit 50% Wahrscheinlichkeit einen
Zug bekommen. Man nennt X eine **gleichverteilte Zufallsvariable**.

Wir haben zuvor mit Zähldichten gearbeitet und die Wahrscheinlichkeit eines Ereignisses durch Summation der Zähldichte erhalten. Hier wird
die Wahrscheinlichkeit durch eine „überabzählbar-unendliche Summation",
nämlich durch Integration der Dichte, gewonnen. Hat man (nicht-diskrete)
Zufallsvariablen, die wie eine gleichverteilte Zufallsvariable jede reelle Zahl
aus einem Intervall als Wert haben können, so gibt man deren Verteilungsfunktionen wie in (18.8) über eine Dichte an.

! Achtung

Über eine Dichte ist ein Wahrscheinlichkeitsmaß P definiert, das für alle ein-
elementigen Ereignisse $\{x\}$ den Wert 0 hat (Integration über ein Intervall
der Länge 0). Das entspricht ungefähr den relativen Häufigkeiten von Merkmalsausprägungen eines stetigen Merkmals in der beschreibenden Statistik
(siehe Seite 465). Die Wahrscheinlichkeit, einen Zug genau nach einer vorgegebenen Zeit mit unendlich vielen Nachkommastellen zu bekommen, ist null.
Trotzdem tritt bei einem Experiment zwangsläufig auch ein einelementiges
Ereignis ein. Eine Wahrscheinlichkeit 0 bedeutet hier nicht, dass etwas gar
nicht passieren kann. Das Ereignis ist lediglich **fast** unmöglich. Ebenso bedeutet eine Wahrscheinlichkeit 1 im Allgemeinen nur, dass ein Ereignis **fast**
sicher eintritt. Andererseits kann man bei den Ereignissen $\emptyset$ und Ω auf den
Zusatz „fast" verzichten, da sie nie bzw. in jedem Fall eintreten.

Die neben der Dichte der Gleichverteilung vielleicht wichtigste Dichte ist
die **Dichte der Standardnormalverteilung**

$$f(x) = \frac{1}{\sqrt{2\pi}} e^{-\frac{x^2}{2}},$$

deren Graph die Gauß'sche Glockenkurve (siehe Abbildung 18.9 auf Seite 551) ist. Tatsächlich kann man ausrechnen, dass die Fläche unter dem Funktionsgraphen gleich eins ist. Auf die Standardnormalverteilung kommen wir zurück, wenn wir uns den Zentralen Grenzwertsatz ansehen.

18.5.4 Stochastische Unabhängigkeit von Zufallsvariablen

Wenn man ein Zufallsexperiment n-fach wiederholt, sollten sich die einzelnen Experimente nicht gegenseitig beeinflussen. Beschreibt man jedes Einzelexperiment über eine Zufallsvariable und den Ausgang über ihren Wert (wie im Würfelexperiment), so sind dann die Zufallsvariablen unabhängig:

Definition 18.9 (Unabhängigkeit von Zufallsvariablen) Seien X_1, $\ldots, X_n$, $n \geq 2$, diskrete Zufallsvariablen auf Ω. Genau dann heißen X_1 und X_2 **stochastisch unabhängig** (bezüglich eines Wahrscheinlichkeitsmaßes P), falls für beliebige Funktionswerte x_1 von X_1 und x_2 von X_2 die Ereignisse $X_1 = x_1$ und $X_2 = x_2$ unter P stochastisch unabhängig sind, d. h., die Funktionswerte beeinflussen sich gegenseitig nicht:

$$P\left((X_1 = x_1) \cap (X_2 = x_2)\right) = P(X_1 = x_1) \cdot P(X_2 = x_2).$$

Die n Zufallsvariablen $X_1, \ldots, X_n$ heißen genau dann **stochastisch unabhängig**, wenn die Kenntnis der Werte eines Teils der Variablen keinen Einfluss auf die Wahrscheinlichkeiten der Werte der anderen Variablen hat, d. h., wenn für jede Indexmenge $J \subseteq \{1, \ldots, n\}$, $|J| \geq 2$, mit der mindestens zwei Zufallsvariablen ausgewählt werden, und für jeden Wert $x_i \in X_i(\Omega)$, $i \in J$, der mittels J ausgewählten Variablen gilt:

$$P\left(\bigcap_{i \in J}(X_i = x_i)\right) = \prod_{i \in J} P(X_i = x_i),$$

d. h., die Ereignisse $X_i = x_i$ sind stochastisch unabhängig im Sinne der Definition 18.4 auf Seite 506.

Beispiel 18.30 (Fortsetzung des Würfelexperiments) Die Zufallsvariablen X_1 und X_2 sind stochastisch unabhängig, da für jedes $1 \leq i \leq 6$ und $1 \leq k \leq 6$ gilt:

$$P((X_1 = i) \cap (X_2 = k)) = P(\{(i, k)\}) = \frac{1}{36} = \frac{1}{6} \cdot \frac{1}{6} = P(X_1 = i) \cdot P(X_2 = k).$$

Das Beispiel lässt sich verallgemeinern. In den folgenden Hintergrundinformationen wird gezeigt, dass man die Ergebnisse unabhängiger Experimente generell über die Werte unabhängiger Zufallsvariablen schreiben kann.

Hintergrund: Darstellung unabhängiger Experimente über unabhängige Zufallsvariablen

Sei $\Omega := \Omega_1 \times \Omega_2$ mit $\Omega_1 = \Omega_2$ sowie P, P_1 und P_2 wie in (18.4) auf Seite 507. Damit können wir wieder die Ergebnisse zweier unabhängiger Experimente abbilden. Weiter sei X eine Zufallsvariable auf Ω_1. Dann sind $X_1 : \Omega \to \mathbb{R}$, $X_1((\omega_1, \omega_2)) := X(\omega_1)$ und $X_2 : \Omega \to \mathbb{R}$, $X_2((\omega_1, \omega_2)) := X(\omega_2)$ stochastisch unabhängige Zufallsvariablen auf Ω (Projektion einer Koordinate):

$$P\big((X_1 = x_1) \cap (X_2 = x_2)\big) = P\big([X^{-1}(\{x_1\}) \times \Omega_2] \cap [\Omega_1 \times X^{-1}(\{x_2\})]\big)$$

$$= P\big(X^{-1}(\{x_1\}) \times X^{-1}(\{x_2\})\big) \overset{(18.5)}{=} P_1\big(X^{-1}(\{x_1\})\big) \cdot P_2\big(X^{-1}(\{x_2\})\big)$$

$$= P(X_1 = x_1) \cdot P(X_2 = x_2).$$

Wiederholt man ein Experiment völlig unabhängig von der ersten Durchführung, so kann man mittels X_1 das Ergebnis der ersten und mit X_2 das Ergebnis der zweiten Durchführung darstellen. Dies lässt sich auf n-malige Wiederholung (Zufallsvariablen $X_1, \ldots, X_n$) und sogar auf abzählbar-unendliche Wiederholung eines Experiments ausdehnen.

18.5.5 Binomialverteilung

Wir führen ein Wahrscheinlichkeitsexperiment durch, bei dem zwei Ereignisse A („A tritt ein") und CA („A tritt nicht ein") interessieren. Das Ereignis A trete mit der Wahrscheinlichkeit p und CA mit der Wahrscheinlichkeit $1 - p$ ein. Das Experiment wird n-mal wie schon zuvor im Beispiel zur geometrischen Verteilung (siehe Seite 521) wiederholt, wobei sich die Experimente wechselseitig nicht beeinflussen mögen. Es stellt sich die Frage, mit welcher Wahrscheinlichkeit das Ereignis A dabei genau k-mal eintritt. Hierbei handelt es sich um ein „Ziehen mit Zurücklegen". Die Zufallsvariable X möge angeben, wie oft A eingetreten ist. Wir suchen $P(X = k)$.

Wegen der Unabhängigkeit der Einzelexperimente hat jeder mögliche Ausgang der n Experimente, bei dem genau k-mal A beobachtet wird, die Elementarwahrscheinlichkeit $p^k(1-p)^{n-k}$. Wir müssen also nur noch zählen, wie viele Ausgänge des Experiments die Bedingung $X(\omega) = k$ erfüllen: Auf wie viele Arten kann man k von n Stellen markieren, d. h., wie viele Kombinationen ohne Wiederholung von k Elementen aus der Menge der n Stellen gibt es? Dies sind $\binom{n}{k}$. Damit ist

$$P(X = k) = \binom{n}{k} p^k (1-p)^{n-k}.$$

Dies ist die **Binomialverteilung**. Man sagt, X ist **binomialverteilt** und $X \sim \text{Bi}(n; p)$. Der Binomische Satz (Seite 594) kann nun als Eigenschaft eines Wahrscheinlichkeitsmaßes interpretiert werden:

$$P(\Omega) = \sum_{k=0}^{n} P(X = k) = \sum_{k=0}^{n} \binom{n}{k} p^k (1-p)^{n-k} = (p + 1 - p)^n = 1.$$

Der Unterschied zur hypergeometrischen Verteilung besteht im Zurücklegen. Eine Lieferung von N Teilen enthalte M defekte Teile. Bei einer Qualitätskontrolle entnehmen wir n Teile der Lieferung. Die Zufallsvariable X_i, $i = 1, \ldots n$, möge das Ergebnis der i-ten Entnahme ohne Zurücklegen bezeichnen. Dabei bedeutet $X_i = 1$, dass bei der i-ten Entnahme ein defektes Teil gefunden wird, sonst ist $X_i = 0$. Dann sind die X_i nicht stochastisch unabhängig, da z. B. für die Wahrscheinlichkeit von defekten Teilen in den ersten beiden Zügen gilt (hypergeometrische Verteilung mit $m = n = 2$):

$$P\left((X_1 = 1) \cap (X_2 = 1)\right) = P(X_1 + X_2 = 2) = \frac{\binom{M}{2}\binom{N-M}{2-2}}{\binom{N}{2}}$$

$$= \frac{M!(N-2)!}{(M-2)!N!} = \frac{M(M-1)}{N(N-1)}.$$

Andererseits ist für den ersten Zug $P(X_1 = 1) = \frac{M}{N}$, $P(X_1 = 0) = 1 - \frac{M}{N} = \frac{N-M}{N}$, und nach Formel zur totalen Wahrscheinlichkeit gilt für den zweiten Zug

$$P(X_2 = 1) = P(X_2 = 1 | X_1 = 1)P(X_1 = 1) + P(X_2 = 1 | X_1 = 0)P(X_1 = 0)$$

$$= \frac{M-1}{N-1}\frac{M}{N} + \frac{M}{N-1}\frac{N-M}{N} = \frac{M(N-1)}{N(N-1)} = \frac{M}{N},$$

so dass

$$P(X_1 = 1) \cdot P(X_2 = 1) = \frac{M}{N}\frac{M}{N} = \frac{M^2}{N^2} \neq \frac{M(M-1)}{N(N-1)} = P(X_1 + X_2 = 2).$$

Beispiel 18.31 Zur Schätzung der Kreiszahl π mit einer Monte-Carlo-Methode kann man ein Experiment durchführen und zufällig Punkte aus einem Quadrat mit Kantenlänge $2r$ auswählen. Eine binomialverteilte Zufallsvariable X gibt dabei zu n unabhängigen Versuchen die Anzahl der Treffer an, die innerhalb eines Kreises mit Radius r liegen, der sich vollständig im Quadrat befindet. Damit ist $X \sim \mathrm{Bi}(n;p)$ mit $p = \frac{\pi r^2}{4r^2} = \frac{\pi}{4}$. In Band 1, S. 250, wird zur Motivation der Folgenkonvergenz über X eine Folge $a_n = \frac{1}{n}X$ definiert.

Beispiel 18.32 Bei einem Multiple-Choice-Test werden zehn Fragen mit jeweils vier Antworten vorgegeben. Davon ist jeweils genau eine Antwort richtig. Zum Bestehen muss man mindestens m Fragen richtig beantwortet haben. Wie wahrscheinlich ist das Bestehen bei rein zufälligem Ankreuzen je einer Lösung?

Die Zufallsvariable X gebe die Anzahl der richtigen Treffer an. Für jede Frage ist die Trefferwahrscheinlichkeit $p = \frac{1}{4}$. Damit ist

$$P(X = k) = \binom{10}{k} \left(\frac{1}{4}\right)^k \left(\frac{3}{4}\right)^{10-k}.$$

Man besteht also mit Wahrscheinlichkeit

$$P(X \geq m) = \sum_{k=m}^{10} \binom{10}{k} \left(\frac{1}{4}\right)^k \left(\frac{3}{4}\right)^{10-k}.$$

Beispiel 18.33 Wird ein binärer Datenstrom über einen gestörten Kanal übertragen, so interessiert den Nachrichtentechniker die Wahrscheinlichkeit, dass innerhalb eines Blocks von n übertragenen Bits k Bits falsch sind, d. h. ihren Wert von 0 nach 1 oder umgekehrt geändert haben. Kennt man diese Wahrscheinlichkeit, so kann man geeignete Sicherungsmaßnahmen ergreifen, die eine Erkennung oder sogar eine Korrektur von Übertragungsfehlern ermöglichen. Ist p die Wahrscheinlichkeit für eine Störung eines Bits und treten Störungen unabhängig voneinander auf, so ist wieder $P(X = k) = \binom{n}{k}p^k(1-p)^{n-k}$, wobei die Zufallsvariable X die Anzahl der falschen Bits angibt. Auf einem ISDN-Kanal ist z. B. $p \approx 10^{-7}$ und damit sehr klein. Dagegen kann p im Mobilfunk erheblich größer sein.

18.5.6 Poisson-Verteilung

Beispiel 18.34 Ein Hersteller von Computerchips sagt, dass durchschnittlich pro Quadratzentimeter Oberfläche $\lambda > 0$ punktförmige Materialfehler vorliegen. Man weiß, dass hier generell nur endlich viele Fehler auftreten, die sich damit an keiner Stelle häufen. Die punktförmigen Fehler sind also selten.

Die Zufallsvariable X möge die tatsächliche endliche Anzahl der Fehler auf einem Quadratzentimeter angeben. Uns interessiert die Wahrscheinlichkeit $P(X = k)$, dass k Fehler vorliegen. Dazu unterteilen wir das Quadrat in n gleich große Abschnitte (z. B. $n = m^2$ Quadrate). Da nur endlich viele Fehler vorliegen, können wir davon ausgehen, dass bei genügend großem $n > \lambda$ in jedem Abschnitt höchstens ein Fehler liegt. Die Wahrscheinlichkeit für einen Fehler in einem Abschnitt ist $p(n) := \frac{\lambda}{n}$. Nun ist $X \approx X_n$, wobei die

Zufallsvariable X_n die Anzahl der Abschnitte mit einem Fehler zählt und damit Bi$(n; p)$-verteilt ist. Um nun die Unschärfe „genügend großes n", das von der zufälligen Fehleranordnung abhängt, zu beseitigen, lassen wir die Anzahl der Abschnitte gegen Unendlich gehen und erhalten:

$$\lim_{n\to\infty} P(X_n = k) = \lim_{n\to\infty} \binom{n}{k} p(n)^k (1 - p(n))^{n-k}$$

$$= \lim_{n\to\infty} \binom{n}{k} \left(\frac{\lambda}{n}\right)^k \left(1 - \frac{\lambda}{n}\right)^{n-k}$$

$$= \frac{\lambda^k}{k!} \cdot \underbrace{\lim_{n\to\infty} \frac{n!}{n^k(n-k)!}}_{=1} \cdot \underbrace{\lim_{n\to\infty} \left(1 - \frac{\lambda}{n}\right)^n}_{=\exp(-\lambda)} \cdot \underbrace{\lim_{n\to\infty} \left(1 - \frac{\lambda}{n}\right)^{-k}}_{=1} = \frac{\lambda^k}{k!} \exp(-\lambda).$$

Hier haben wir verwendet:

$$\lim_{n\to\infty} \frac{n!}{n^k(n-k)!} = \lim_{n\to\infty} \frac{n(n-1)\cdots(n-k+1)}{n^k}$$

$$= \lim_{n\to\infty} 1 \cdot \left(1 - \frac{1}{n}\right) \cdots \left(1 - \frac{k-1}{n}\right) = 1.$$

Die Wahrscheinlichkeit, dass ein solch seltener, im Durchschnitt λ-fach auftretender Fehler tatsächlich k-mal beobachtet wird, ist also $P(X = k) = \frac{\lambda^k}{k!} \exp(-\lambda)$.

Definition 18.10 (Poisson-Verteilung) Eine Zufallsvariable X, welche die Werte $0, 1, 2, \ldots$ annimmt, heißt genau dann **Poisson-verteilt**, d. h. $X \sim \text{Po}(\lambda)$, wenn ihre Verteilung gegeben ist durch ($\lambda > 0$)

$$P(X = k) = \frac{\lambda^k}{k!} \exp(-\lambda).$$

Aufgrund der Taylor-Entwicklung der Exponentialfunktion ist darüber auch tatsächlich eine Verteilung definiert:

$$P^X(\mathbb{R}) = \sum_{k=0}^{\infty} P(X = k) = \exp(-\lambda) \sum_{k=0}^{\infty} \frac{\lambda^k}{k!} = \exp(-\lambda) \exp(\lambda) = 1.$$

Hintergrund: Generieren von Wahrscheinlichkeitsverteilungen

Benötigt man für eine Simulation Zufallswerte, die einer gewissen Wahrscheinlichkeitsverteilung genügen, so muss man bisweilen Werte eines Zufallszahlengenerators an die gewünschte Verteilung anpassen. Wir nehmen an, dass wir Werte einer Zufallsvariablen X mit einer Verteilungsfunktion F^X haben, aber Zufallswerte einer Zufallsvariable Y mit einer (anderen) Verteilungsfunktion F^Y benötigen. Falls es eine streng monotone Funktion g gibt, so dass Y und $g(X)$ die gleiche Verteilung haben, dann können wir die verfügbaren Zufallswerte mittels g umrechnen. Falls es eine entsprechende Funktion g gibt, dann gilt

$$F^Y(x) = P(Y \le x) = P(g(X) \le x) = P(X \le g^{-1}(x)) = F^X(g^{-1}(x)).$$

Über diese Gleichung können wir die unbekannte Funktion g finden, indem wir „nur" noch nach g^{-1} auflösen und g als Umkehrfunktion von g^{-1} berechnen. Diese Methode zur Anpassung von Zufallswerten heißt **Inversionsmethode**.

Beispiel 18.35 (Gleichverteilte Punkte) In eine Kreisscheibe mit Radius $R > 0$ um den Nullpunkt sollen zufällig Punkte eingetragen werden. Das soll gleichverteilt geschehen, d. h., auf jedem Quadratzentimeter der Fläche sollen ungefähr gleich viele Punkte gezeichnet werden. Es stehen dazu zwei stochastisch unabhängige gleichverteilte Zufallsvariablen X_1 und X_2 mit Werten in $[0, 1]$ zur Verfügung mit Verteilungsfunktion

$$F^{X_{1,2}}(x) = P(X_{1,2} \le x) = \int_0^x 1 \, dt = x \text{ für } x \in [0, 1].$$

Werte von $X_{1,2}$ erhält man üblicherweise mit einem Zufallszahlengenerator, der in vielen Programmiersprachen zur Verfügung steht.

Wie können wir nun mit $X_{1,2}$ sukzessive Punkte in den Kreis einzeichnen? Die erste Lösung besteht darin, einen Punkt

$$(x, y) = (-R + 2RX_1(\omega), -R + 2RX_2(\omega))$$

nur dann einzuzeichnen, wenn er nicht weiter als R vom Nullpunkt entfernt ist. Punkte im Quadrat mit den Kantenlängen $2R$, die nicht im Kreis liegen, werden verworfen. Diese **Rückweisungsmethode** ist nicht schön, da Zufallswerte weggeworfen werden müssen. Eleganter wäre eine Berechnung über Polarkoordinaten:

$$(x, y) = RX_1(\omega) \cdot (\cos(2\pi X_2(\omega)), \sin(2\pi X_2(\omega))).$$

Hier sind die Werte für den Radius und für den Winkel gleichverteilt. Das wollen wir aber gar nicht. Wenn wir damit viele Punkte zeichnen, dann liegen nahe beim Nullpunkt pro Quadratzentimeter viel mehr Punkte als am Rand des Kreises. Wir dürfen zwar den Winkel, aber nicht den Radius gleichverteilt wählen, da der Umfang eines Kreises mit kleinem Radius kleiner als der Umfang eines Kreises mit größerem Radius ist. Damit müssen kleine Radien seltener als große vorkommen. Damit auf jedem Kreis mit Radius $0 \le r \le R$ die Dichte der Punkte etwa gleich ist, muss die entsprechende Wahrscheinlichkeit proportional zum Umfang $2\pi r$ und damit zu r sein. Genauer benötigen wir statt RX_1 eine Zufallsvariable X_3 mit der Dichte $f(r) = cr$, wobei $c = \frac{2}{R^2}$ gewählt ist, damit $\int_0^R f(r)\,dr = \frac{c}{2}R^2 = 1$, also

$$F^{X_3}(x) = P(X_3 \le x) = \int_0^x \frac{2}{R^2} r\,dr = \frac{x^2}{R^2} \text{ für } x \in [0, R].$$

Wir stellen nun mit der Inversionsmethode X_3 als $g(X_1)$ mit einer streng monotonen Funktion g dar.

$$\frac{x^2}{R^2} = P(X_3 \le x) = P(g(X_1) \le x) = P(X_1 \le g^{-1}(x)) = \int_0^{g^{-1}(x)} 1\,dt$$
$$= g^{-1}(x).$$

Damit ist also $g(x) = R\sqrt{x}$, und wir erhalten die gewünschten Zufallspunkte über

$$(x, y) = R\sqrt{X_1(\omega)} \cdot (\cos(2\pi X_2(\omega)), \sin(2\pi X_2(\omega))).$$

Was wir soeben für eine Kreisscheibe gemacht haben, funktioniert auch für eine Kugel mit Radius $R > 0$. Dabei ergibt sich die Wahrscheinlichkeitsverteilung für die einzelnen Variablen r, φ und ϑ der geometrischen Kugelkoordinatendarstellung über das Verzerrungsverhältnis der Kugelkoordinatentransformation, also über die Funktionaldeterminante $r^2 \cos(\vartheta)$ (welche für die oben betrachteten Polarkoordinaten r ist, siehe Kapitel 3.4). Die Funktionaldeterminante beschreibt, wie sich das Volumen eines (infinitesimalen) Raumelements beim Übergang von kartesischen Koordinaten zu Kugelkoordinaten ändert.

Wir halten nun jeweils zwei Variablen fest und arbeiten mit der Verteilung für die verbleibende:

- Seien φ und r fest. Bezüglich ϑ ist die Dichte $\cos(\vartheta)/2$ auf $[-\frac{\pi}{2}, \frac{\pi}{2}]$ proportional zum Faktor $\cos(\vartheta)$ der Funktionaldeterminante, wobei durch 2 geteilt wird, um auf 1 zu normieren: $\int_{-\frac{\pi}{2}}^{\frac{\pi}{2}} \cos(\vartheta)/2\,d\vartheta = 1$. Wir möchten eine Zufallsvariable mit dieser Dichte über die gleichverteilte Zufallsvariable X_1, jetzt mit Werten in $[-\frac{\pi}{2}, \frac{\pi}{2}]$, generieren.

$$\frac{1}{2} \int_{-\frac{\pi}{2}}^{x} \cos(\vartheta)\,d\vartheta = P(f_1(X_1) \le x) = P(X_1 \le f_1^{-1}(x))$$
$$= \frac{1}{\pi} \int_{-\frac{\pi}{2}}^{f_1^{-1}(x)} 1\,d\vartheta = \frac{1}{\pi} f_1^{-1}(x) + \frac{1}{2}.$$

Damit ist $f_1^{-1}(x) = \frac{\pi}{2}\sin(x)$, also $f_1(x) = \arcsin(\frac{2}{\pi}x)$. Wenn man statt der geometrischen die astronomischen Kugelkoordinaten verwendet, ist die Funktionaldeterminante $r^2 \sin(\vartheta)$, X_1 muss gleichverteilt auf $[0, \pi]$ sein und

$$\frac{1}{2}\int_0^x \sin(\vartheta)\,\mathrm{d}\vartheta = P(f_1(X_1) \leq x) = P(X_1 \leq f_1^{-1}(x)) = \frac{1}{\pi}\int_0^{f_1^{-1}(x)} 1\,\mathrm{d}\vartheta$$

$$= \frac{1}{\pi}f_1^{-1}(x).$$

Damit ist in diesem Fall $f_1^{-1}(x) = \frac{\pi}{2}(-\cos(x)+1)$, $f(x) = \arccos(1-\frac{2}{\pi}x)$, also wird ϑ über $\arccos(1-\frac{2}{\pi}X_1)$ berechnet.

- Zur Berechnung des Radius halten wir φ und ϑ fest. Wir konstruieren eine Zufallsvariable mit Werten in $[0, R]$ und Dichte $\frac{3}{R^3}r^2$, die proportional zu r^2 ist. Mit der gleichverteilten Zufallsvariable X_2, die Werte in $[0, R]$ annimmt und hier die Dichte $1/R$ hat, suchen wir eine Funktion f_2, so dass

$$\frac{3}{R^3}\int_0^x r^2\,\mathrm{d}r = \frac{1}{R}\int_0^{f_2^{-1}(x)} 1\,\mathrm{d}r = \frac{1}{R}f_2^{-1}(x)$$

  gilt. Damit ist $f_2^{-1}(x) = \frac{3}{R^2}\int_0^x r^2\,\mathrm{d}r = \frac{1}{R^2}x^3$ und $f_2(x) = R^{2/3}x^{1/3}$. So können wir für den Radius r Werte der Zufallsvariable $R^{2/3}X_2^{1/3}$ verwenden.

- Schließlich kann $\varphi \in [0, 2\pi]$ direkt gleichverteilt gewählt werden.

Für höhere Dimensionen funktioniert der Ansatz exakt in dieser Weise. Allerdings wird das Rechnen sehr aufwändig, da in der Funktionaldeterminante für die zusätzlichen Winkel $\cos^k$- bzw. $\sin^k$-Faktoren auftreten, die durch die Integration auf schwierig zu invertierende Funktionen führen.

18.6 Lage- und Streuungsparameter von Zufallsvariablen

Da wir mit Zufallsvariablen die Ergebnisse eines Experiments als Zahlen ausdrücken können, können wir nun auch einen Mittelwert und ein Maß für die Streuung angeben.

Definition 18.11 (Erwartungswert einer Zufallsvariable) Sei X eine diskrete Zufallsvariable auf Ω mit

$$\sum_{x \in X(\Omega)} |x| \cdot P(X = x) < \infty. \tag{18.9}$$

Der **Erwartungswert** (oder der **Mittelwert**) von X unter P ist

$$\mathrm{E}(X) := \sum_{x \in X(\Omega)} x \cdot P(X = x).$$

Das Symbol $\sum_{x \in X(\Omega)}$ bedeutet, dass über alle (höchstens abzählbar vielen) Werte x summiert wird, die die Zufallsvariable X annehmen kann. Gibt X die Augenzahl eines Wurfs mit einem Würfel an, so wird über die Werte 1, 2, 3, 4, 5 und 6 summiert. Jeder dieser Werte x wird bei der Summation mit der Wahrscheinlichkeit seines Eintreffens $P(X = x)$ multipliziert. Beim Würfeln wäre das immer $\frac{1}{6}$:

Beispiel 18.36 (Fortsetzung des Würfelexperiments) Die identisch verteilten Zufallsvariablen X_1 und X_2 besitzen den gleichen Erwartungswert: $E(X_1) = E(X_2) = \sum_{k=1}^{6} k \cdot \frac{1}{6} = \frac{21}{6} = 3{,}5$. Im Durchschnitt erwarten wir also eine Augenzahl von 3,5.

Die rein technische Voraussetzung (18.9) der absoluten Konvergenz wird nur benötigt, wenn X unendlich viele Werte annimmt. Dann sichert sie die Konvergenz der Summe und erlaubt Änderungen der Summationsreihenfolge (vgl. Band 1, S. 281).

Der Erwartungswert entspricht dem arithmetischen Mittel (17.1) $\bar{x} = \sum_{k=1}^{m} a_k f_k$ in der beschreibenden Statistik. Dabei sind a_k die verschiedenen Merkmalsausprägungen mit ihrer relativen Häufigkeit f_k. Wenn man die Wahrscheinlichkeit $P(X = x)$ als die relative Häufigkeit f_k der Merkmalsausprägung $a_k = x$ versteht, gehen beide Begriffe ineinander über.

Der Name „Erwartungswert" drückt aus, dass man als Wert von X bei der Durchführung vieler Experimente im Mittel die Zahl $E(X)$ erwartet. Damit beschäftigen wir uns in Kapitel 18.7.

Statt über die Werte der Zufallsvariablen zu summieren, kann es einfacher sein, die Summe über die Elementarereignisse des Experiments aufzubauen. Denn mehrere Elementarereignisse können zum gleichen Wert der Zufallsvariable führen, dessen Wahrscheinlichkeit dann nicht sofort ablesbar ist. Allerdings bekommen wir es so mit den ursprünglichen Elementarereignissen zu tun, von denen wir uns mit der Zufallsvariable eigentlich befreien möchten.

Satz 18.5 (Erwartungswert diskreter Zufallsvariablen*) Sei X eine diskrete Zufallsvariable auf höchstens abzählbarer Grundgesamtheit Ω.

a) Die Bedingung

$$\sum_{x \in X(\Omega)} |x| P(X = x) < \infty$$

ist äquivalent mit

$$\sum_{\omega \in \Omega} |X(\omega)| P(\{\omega\}) < \infty.$$

b) Besitzt X (gemäß der Bedingung unter a)) einen Erwartungswert, so ist

$$E(X) = \sum_{x \in X(\Omega)} x P(X = x) = \sum_{\omega \in \Omega} X(\omega) P(\{\omega\}). \tag{18.10}$$

Gibt X z. B. beim Würfeln mit zwei Würfeln die Augenzahl an und ist auf $\Omega := \{(l,k) : 1 \leq l,k \leq 6\}$ definiert, so gilt:

$$\mathrm{E}(X) = \sum_{x \in \{2,3,\ldots,12\}} x \cdot P(X = x) = \sum_{(l,k) \in \Omega} X((l,k)) \cdot P(\{(l,k)\})$$

$$= \sum_{l=1}^{6} \sum_{k=1}^{6} (l+k) \frac{1}{36} = \frac{1}{36} \sum_{l=1}^{6} \left[6l + \frac{6 \cdot 7}{2} \right] = \frac{12}{36} \frac{6 \cdot 7}{2} = 7. \quad (18.11)$$

Beweis Wir zeigen nur b). Die Aussage unter a) ergibt sich völlig analog. Wegen der absoluten Konvergenz der Summe nach a) dürfen wir beliebig umsortieren:

$$\sum_{\omega \in \Omega} X(\omega) P(\{\omega\}) = \sum_{x \in X(\Omega)} \sum_{\omega \in \Omega : X(\omega) = x} X(\omega) P(\{\omega\})$$

$$= \sum_{x \in X(\Omega)} x \sum_{\omega \in \Omega : X(\omega) = x} P(\{\omega\}) = \sum_{x \in X(\Omega)} x P(X^{-1}(\{x\}))$$

$$= \sum_{x \in X(\Omega)} x P(X = x).$$

Dabei haben wir die Additivität von P ausgenutzt. $\qquad\square$

Falls die Verteilung P^X einer (nicht-diskreten) Zufallsvariable über eine Dichte f (siehe Seite 524) gegeben ist, so verwendet man bei der Berechnung des Erwartungswerts ein Integral statt der Summe. Da die Wahrscheinlichkeit $P(X = x)$ für jede Zahl $x \in \mathbb{R}$ dann gleich null ist, fassen wir Werte in kleinen Intervallen der Länge $\frac{1}{n}$ zusammen und ordnen einem Wert $\frac{k}{n}$ pro Intervall $\left[\frac{k}{n}, \frac{k+1}{n}\right]$ die Wahrscheinlichkeit des Intervalls zu. Wählen wir n hinreichend groß und damit die Intervalle sehr klein, so erhalten wir

$$\mathrm{E}(X) \approx \sum_{k \in \mathbb{Z}} \frac{k}{n} P\left(X \in \left[\frac{k}{n}, \frac{k+1}{n}\right] \right) = \sum_{k \in \mathbb{Z}} \frac{k}{n} P^X\left(\left[\frac{k}{n}, \frac{k+1}{n}\right] \right)$$

$$= \sum_{k \in \mathbb{Z}} \frac{k}{n} \int_{\frac{k}{n}}^{\frac{k+1}{n}} f(t)\,\mathrm{d}t \approx \sum_{k \in \mathbb{Z}} \int_{\frac{k}{n}}^{\frac{k+1}{n}} t \cdot f(t)\,\mathrm{d}t = \int_{-\infty}^{\infty} t \cdot f(t)\,\mathrm{d}t.$$

Dieses Integral findet man häufig als Definition des Erwartungswerts. Das liegt daran, dass man mit einem etwas allgemeineren Integrationsbegriff als dem von Riemann auch unendliche Summen als Integrale schreiben kann.

Den Erwartungswert einer standardnormalverteilten Zufallsvariable X mit der Dichte $f(t) = \frac{1}{\sqrt{2\pi}} e^{-\frac{t^2}{2}}$ (siehe ebenfalls Seite 524) erhalten wir damit über eine Substitution $u = \frac{t^2}{2}$, $\mathrm{d}u = t\,\mathrm{d}t$:

$$\mathrm{E}(X) = \int_{-\infty}^{\infty} t \cdot \frac{1}{\sqrt{2\pi}} e^{-\frac{t^2}{2}} \, \mathrm{d}t = \frac{1}{\sqrt{2\pi}} \left[\int_{\infty}^{0} e^{-u} \, \mathrm{d}u + \int_{0}^{\infty} e^{-u} \, \mathrm{d}u \right] = 0.$$

$$\tag{18.12}$$

Satz 18.6 (Linearität des Erwartungswerts)

a) Seien X eine diskrete Zufallsvariable mit Erwartungswert $\mathrm{E}(X)$ und $a, b \in \mathbb{R}$. Dann gilt analog zum arithmetischen Mittel für die Zufallsvariable $a \cdot X + b$:

$$\mathrm{E}(a \cdot X + b) = a \cdot \mathrm{E}(X) + b.$$

b) Seien X und Y zwei diskrete Zufallsvariablen auf Ω, für die der Erwartungswert erklärt ist. Dann existiert $\mathrm{E}(X + Y)$ und

$$\mathrm{E}(X + Y) = \mathrm{E}(X) + \mathrm{E}(Y).$$

Beweis (Skizze) a) Da X eine diskrete Zufallsvariable ist, ist $X(\Omega)$ höchstens abzählbar, und wir können über den Wertebereich summieren:

$$\sum_{y \in (aX+b)(\Omega)} y P(aX + b = y) = \sum_{x \in X(\Omega)} (ax + b) P(X = x)$$

$$= a \sum_{x \in X(\Omega)} x P(X = x) + \sum_{x \in X(\Omega)} b P(X = x)$$

$$= a \mathrm{E}(X) + b P(\Omega) = a \mathrm{E}(X) + b.$$

b) Wir zeigen die Aussage nur für höchstens abzählbares Ω mittels (18.10):

$$\sum_{\omega \in \Omega} |(X + Y)(\omega)| P(\{\omega\}) \leq \sum_{\omega \in \Omega} [|X(\omega)| + |Y(\omega)|] P(\{\omega\})$$

$$= \sum_{\omega \in \Omega} |X(\omega)| P(\{\omega\}) + \sum_{\omega \in \Omega} |Y(\omega)| P(\{\omega\}) < \infty.$$

$$\mathrm{E}(X + Y) = \sum_{\omega \in \Omega} (X + Y)(\omega) P(\{\omega\})$$

$$= \sum_{\omega \in \Omega} X(\omega) P(\{\omega\}) + \sum_{\omega \in \Omega} Y(\omega) P(\{\omega\}) = \mathrm{E}(X) + \mathrm{E}(Y).$$

$\square$

Wir berechnen den Erwartungswert für die diskreten Verteilungen, mit denen wir uns zuvor beschäftigt haben:

- Für eine geometrisch verteilte Zufallsvariable $X \sim \mathrm{G}(p)$ (siehe Beispiel 18.26, $k \in \mathbb{N}$) mit $P(X = k) = (1 - p)^{k-1}p$ erhalten wir den Erwartungswert mittels gliedweiser Ableitung (Band 1, S. 476) der Potenzreihe $\sum_{k=0}^{\infty} x^k$, die den Konvergenzradius 1 hat (Band 1, S. 474) und für $|x| < 1$ gegen $\frac{1}{1-x}$ konvergiert (Band 1, S. 275). Für $|x| < 1$ ist

$$\frac{1}{(1-x)^2} = \frac{\mathrm{d}}{\mathrm{d}x}\frac{1}{1-x} = \frac{\mathrm{d}}{\mathrm{d}x}\sum_{k=0}^{\infty} x^k = \sum_{k=0}^{\infty} \frac{\mathrm{d}}{\mathrm{d}x} x^k = \sum_{k=1}^{\infty} kx^{k-1}.$$

Damit erhalten wir für den Erwartungswert für $x = 1 - p$:

$$\mathrm{E}(X) = \sum_{k=1}^{\infty} k(1-p)^{k-1}p = p\sum_{k=1}^{\infty} k(1-p)^{k-1} = p \cdot \frac{1}{(1-(1-p))^2} = \frac{1}{p}.$$

- Sei $X \sim \mathrm{H}(N; M; n)$ hypergeometrisch verteilt. Der Trick beim Ausrechnen des Erwartungswerts ist die Beziehung

$$\binom{i}{k} = \frac{i}{k}\frac{(i-1)!}{(i-1-(k-1))!(k-1)!} = \frac{i}{k}\binom{i-1}{k-1}.$$

$$\mathrm{E}(X) = \sum_{k=0}^{n} kP(X=k) = \sum_{k=0}^{n} k\frac{\binom{M}{k}\binom{N-M}{n-k}}{\binom{N}{n}} = \sum_{k=1}^{n} k\frac{\frac{M}{k}\binom{M-1}{k-1}\binom{N-M}{n-k}}{\frac{N}{n}\binom{N-1}{n-1}}$$

$$= n\frac{M}{N}\sum_{k=1}^{n}\frac{\binom{M-1}{k-1}\binom{N-M}{n-k}}{\binom{N-1}{n-1}} = n\frac{M}{N}\sum_{k=0}^{n-1}\frac{\binom{M-1}{k}\binom{N-1-(M-1)}{n-k-1}}{\binom{N-1}{n-1}} = n\frac{M}{N},$$

denn hier werden die Wahrscheinlichkeiten der hypergeometrischen Verteilung $H(N-1; M-1; n-1)$ aufsummiert. $\frac{M}{N}$ ist das Verhältnis der defekten zu allen Teilen. Wir „erwarten", dass dieses Verhältnis auch für die Stichprobe vorliegt, d. h., wir erwarten Stichprobenumfang n multipliziert mit $\frac{M}{N}$ fehlerhafte Teile in der Stichprobe – genau den Erwartungswert.
- Für die Binomialverteilung $\mathrm{Bi}(n; p)$ gilt wegen des Binomischen Lehrsatzes (Seite 594):

$$\mathrm{E}(X) = \sum_{k=0}^{n} k\binom{n}{k}p^k(1-p)^{n-k}$$

$$= \sum_{k=1}^{n} k\frac{n(n-1)!}{k(k-1)![n-1-(k-1)]!}p^k(1-p)^{n-k}$$

$$= \sum_{k=1}^{n} k\frac{n}{k}\binom{n-1}{k-1}p^k(1-p)^{n-1-(k-1)}$$

$$= n \sum_{k=0}^{n-1} \binom{n-1}{k} p^{k+1}(1-p)^{n-1-k} = np(p+1-p)^{n-1} = np.$$

Das passt zur Anschauung: Wir erwarten im Mittel np-maliges Eintreffen.

- Schließlich erhalten wir für die Poisson-Verteilung $\mathrm{Po}(\lambda)$:

$$\mathrm{E}(X) = \sum_{k=0}^{\infty} kP(X=k) = \sum_{k=0}^{\infty} k\exp(-\lambda)\frac{\lambda^k}{k!} = \exp(-\lambda)\sum_{k=1}^{\infty} k\frac{\lambda^k}{k!}$$

$$= \lambda\exp(-\lambda)\sum_{k=1}^{\infty}\frac{\lambda^{k-1}}{(k-1)!} = \lambda\exp(-\lambda)\sum_{k=0}^{\infty}\frac{\lambda^k}{k!} = \lambda\exp(-\lambda)\exp(\lambda)$$

$$= \lambda.$$

Beispiel 18.37 Eine Lotterie hat im September 2009 ein Gewinnspiel 4 aus 48 an Haushalte verschickt. Dabei wird ein Gewinn einer Rente von 1 000 Euro für 120 Monate (also 120 000 Euro ohne Zinsen) versprochen, wenn vier verschiedene rein zufällig aufgedruckte Zahlen (zwischen 1 und 48) mit vier verschiedenen bereits gezogenen Zahlen der gleichen Menge übereinstimmen. Wir nehmen an, dass die Wahrscheinlichkeit, mit der ein Adressat am Gewinnspiel teilnimmt, 0,1 ist und dass insgesamt eine Million Briefe verschickt wurden. Welche auszuschüttende Gewinnsumme muss die Lotterie erwarten?

Ist X die Anzahl der Gewinner, so ist X binomialverteilt. Jeder Adressat hat die gleiche Chance. Stochastisch unabhängig davon, ob seine Zahlen gewinnen, nimmt er mit der Wahrscheinlichkeit $\frac{1}{10}$ teil. Die Anzahl der Kombinationen von 4 aus 48 ohne Wiederholung ist $\binom{48}{4}$. Die Wahrscheinlichkeit, dass ein Adressat gewinnt, ist also

$$p = \frac{1}{10}\cdot\frac{1}{\binom{48}{4}} = \frac{2\cdot 3\cdot 4}{10\cdot 48\cdot 47\cdot 46\cdot 45} = \frac{1}{5\cdot 12\cdot 47\cdot 46\cdot 15} = \frac{1}{1\,945\,800}.$$

Damit sind $\mathrm{E}(X) = 1\,000\,000\cdot p = \frac{10\,000}{19\,458}$ Gewinne zu erwarten, also muss mit einer Gewinnsumme von $\mathrm{E}(X)\cdot 120\,000 \approx 61\,671$ Euro gerechnet werden. Wenn die Lotterie das Gewinnspiel oft durchführt, wird sie im Mittel diesen Betrag zahlen müssen. Bei einmaliger Durchführung ist 120 000 Euro etwas wahrscheinlicher als 0 Euro. Wenn das Spiel nur an 500 000 Personen verschickt wird, ist $\mathrm{E}(X) \approx \frac{1}{4}$, und damit ist es recht wahrscheinlich, dass die Lotterie gar nichts zahlen muss.

Ist X eine diskrete Zufallsvariable mit Erwartungswert $\mathrm{E}(X)$ und $f: \mathbb{R} \to \mathbb{R}$ eine Abbildung, so dass auch der Erwartungswert der Verkettung $f \circ X : \Omega \to \mathbb{R}, \omega \mapsto f(X(\omega))$ existiert, dann können wir diesen auch mit dem Wissen über P^X (wie beim Nachrechnen der Linearität des Erwartungswerts) berechnen. $P(f(X)=y)$ ist die Wahrscheinlichkeit, dass X einen Wert annimmt, der von f auf y abgebildet wird. Man erhält diese Wahrscheinlichkeit, indem man die Einzelwahrscheinlichkeiten aller Werte von X aufsummiert, die von f auf y abgebildet werden.

$$E(f \circ X) = \sum_{y \in f(X(\Omega))} yP(f(X) = y) = \sum_{y \in f(X(\Omega))} \sum_{\{x \in X(\Omega): f(x) = y\}} \underbrace{yP(X = x)}_{= f(x)P(X = x)}$$

$$= \sum_{x \in X(\Omega)} f(x)P(X = x). \tag{18.13}$$

Man darf hier die Summationsreihenfolge beliebig wählen und auch beim Zusammenfassen der Summen ändern, da in der Definition des Erwartungswerts auf Seite 534 die absolute Konvergenz der Summen gefordert ist.

Beispiel 18.38 Erwartungswerte benötigt man in der Theorie des maschinellen Lernens, z. B. bei der Analyse neuronaler Netzwerke (Seite 20). Gegeben ist eine (endliche) Menge Ω von Objekten (z. B. von Tierbildern) ω, die mit gewissen Wahrscheinlichkeiten $P(\{\omega\})$ beobachtet werden. Die Objekte sind über die Werte einer Menge $\mathcal{Y}$ klassifiziert, d. h., es gibt eine Abbildung $f : \Omega \to \mathcal{Y}$, die den Objekten ihre Klasse zuordnet und sie damit (z. B. als Hund oder Katze) identifiziert. Die Abbildung ist aber nicht vollständig bekannt. Allerdings liegt ein m-Tupel von Trainingsdaten $((\omega_1, y_1), \ldots, (\omega_m, y_m))$ mit Paaren (ω_k, y_k) aus $\Omega \times \mathcal{Y}$ vor, d. h. $f(\omega_k) = y_k$. Mittels dieser Trainingsdaten soll nun ein Algorithmus lernen, auch die Elemente von Ω zu klassifizieren, über die keine Trainingsinformationen vorliegen. Der Algorithmus berechnet also eine Abbildung (einen Klassifizierer) $h : \Omega \to \mathcal{Y}$. Diese wird aufgrund der fehlenden Informationen nicht gleich f sein. Auch können in der Regel nur gewisse Typen von Funktionen realisiert werden, die z. B. bei neuronalen Netzen durch die verwendete Aktivierungsfunktion bestimmt sind. Den daraus resultierenden Klassifizierungsfehler können wir über die Zufallsvariable $X : \Omega \to \{0, 1\}$ mit

$$X(\omega) := \begin{cases} 0, & \text{falls } f(\omega) = h(\omega), \\ 1, & \text{falls } f(\omega) \neq h(\omega), \end{cases}$$

ausdrücken. Eine Kennzahl für die Güte des geschätzten Klassifizierers h ist damit der erwartete Fehler, also der Erwartungswert $E(X)$:

$$E(X) = \sum_{\omega \in \Omega} X(\omega)P(\{\omega\}) = P(\{\omega \in \Omega : f(\omega) \neq h(\omega)\}).$$

Da in der Praxis aber weder P noch f vollständig bekannt sind, wird statt dieses Erwartungswerts z. B. der empirische Fehler $\frac{1}{m} \sum_{k=1}^{m} X(\omega_k)$ auf den Trainingsdaten verwendet. Ein Algorithmus kann nun eine Funktion h durch Minimieren dieses Fehlers berechnen. Damit ist dann aber noch nicht sichergestellt, dass die Klassifizierung mit h auch außerhalb der Trainingsdaten funktioniert. Scheitert sie dort, spricht man von einer Überanpassung (overfitting) an die Trainingsdaten. Um das zu verhindern, müssen Trainingsdaten repräsentativ sein.

Wie in der beschreibenden Statistik interessieren wir uns nicht nur für den Mittel- bzw. Erwartungswert, sondern auch für die Streuung:

Definition 18.12 (Streuung einer Zufallsvariable) Sei X eine diskrete Zufallsvariable auf Ω, für die der Erwartungswert erklärt ist.

$$\operatorname{Var}(X) := E([X - \operatorname{E}(X)]^2)$$

heißt die **Varianz** von X unter P. Die **Standardabweichung**

$$\sigma := \sqrt{\operatorname{Var}(X)}$$

ist (analog zur beschreibenden Statistik) die Wurzel aus der Varianz. Daher wird die Varianz mit σ^2 und die Standardabweichung mit σ bezeichnet.

Man misst hier, wie viel die Werte der Zufallsvariable vom Erwartungswert abweichen, wobei man den Abstand quadriert. Dabei muss berücksichtigt werden, dass die Werte von X mit unterschiedlicher Wahrscheinlichkeit angenommen werden. Eine große Abweichung $[X(\omega) - \operatorname{E}(X)]^2$ spielt keine große Rolle, wenn $P(\{\omega\})$ klein ist, diese Abweichung also selten beobachtet wird. Daher definiert man die Varianz über den Erwartungswert von $[X - \operatorname{E}(X)]^2$, so dass die Wahrscheinlichkeiten der Abweichungen berücksichtigt sind. Die Varianz ist die erwartete quadrierte Abweichung von $\operatorname{E}(X)$.

In (17.4) haben wir die empirische Varianz als $s^2 := \frac{1}{n-1} \sum_{k=1}^n (x_k - \overline{x})^2$ definiert. s^2 und σ^2 sind fast analog definiert. Der Erwartungswert $\operatorname{E}(X)$ entspricht dem arithmetischen Mittel $\overline{x}$, ebenso entspricht $E([X - \operatorname{E}(X)]^2)$ dem arithmetischen Mittel

$$\overline{(x - \overline{x})^2} = \frac{1}{n} \sum_{k=1}^n (x_k - \overline{x})^2 = \frac{n-1}{n} \cdot \frac{1}{n-1} \sum_{k=1}^n (x_k - \overline{x})^2 = \frac{n-1}{n} s^2.$$

Der Vorfaktor ist für große Anzahlen n nahe bei 1. Er entsteht, weil man bei der empirischen Varianz durch $n-1$ statt durch n teilt. Bis auf diesen Faktor ergibt sich die Varianz aus der empirischen Varianz, indem man relative Häufigkeiten als Wahrscheinlichkeiten interpretiert. Die Bedeutung des Vorfaktors wird später in Kapitel 19.1 verständlich.

Die Varianz ist ein Erwartungswert, der für die Zufallsvariable $f \circ X$ mit $f(x) := [x - \operatorname{E}(X)]^2$ zu berechnen ist. Dabei hilft uns (18.13):

$$\operatorname{Var}(X) = \sum_{x \in X(\Omega)} [x - \operatorname{E}(X)]^2 P(X = x).$$

Beispiel 18.39 Wir berechnen den Erwartungswert und die Varianz einer Zufallsvariable X mit $P(X = 1) = 0{,}2$, $P(X = 2) = 0{,}4$ und $P(X = 5) = 0{,}4$:

$$E(X) = 1 \cdot 0{,}2 + 2 \cdot 0{,}4 + 5 \cdot 0{,}4 = 3,$$
$$\mathrm{Var}(X) = (1-3)^2 \cdot 0{,}2 + (2-3)^2 \cdot 0{,}4 + (5-3)^2 \cdot 0{,}4 = 2{,}8.$$

Beispiel 18.40 (Fortsetzung des Würfelexperiments) Die identisch verteilten Zufallsvariablen X_1 und X_2 mit dem Erwartungswert 3,5 besitzen die Varianz $\mathrm{Var}(X_1) = \mathrm{Var}(X_2) = \mathrm{E}([X_1 - \mathrm{E}(X_1)]^2) = \frac{1}{6}\sum_{k=1}^{6}[k-3{,}5]^2 = (17{,}5)/6 = 2{,}916\ldots$

Wegen der Linearität des Erwartungswerts (Satz 18.6) können wir die Varianz bei Existenz von $\mathrm{E}(X^2)$ einfacher darstellen:

$$\mathrm{Var}(X) := E([X - \mathrm{E}(X)]^2) = E(X^2 - 2X\,\mathrm{E}(X) + \mathrm{E}(X)^2)$$
$$= \mathrm{E}(X^2) - 2\,\mathrm{E}(X)^2 + \mathrm{E}(X)^2 = \mathrm{E}(X^2) - \mathrm{E}(X)^2.$$

Für einen Faktor $\lambda \in \mathbb{R}$ gilt offenbar

$$\mathrm{Var}(\lambda X) = \mathrm{E}(\lambda^2 X^2) - \mathrm{E}(\lambda X)^2 = \lambda^2(\mathrm{E}(X^2) - \mathrm{E}(X)^2) = \lambda^2\,\mathrm{Var}(X).$$
$$(18.14)$$

Beispiel 18.41 Wir berechnen die Varianz einer standardnormalverteilten Zufallsvariable X. Wir wissen bereits, dass $\mathrm{E}(X) = 0$ ist (siehe Seite 536). Analog zu (18.13) erhalten wir mittels partieller Integration

$$\mathrm{E}([X - \mathrm{E}(X)]^2) = \mathrm{E}(X^2) - \mathrm{E}(X)^2 = \mathrm{E}(X^2) = \int_{-\infty}^{\infty} t^2 \cdot \frac{1}{\sqrt{2\pi}} e^{-\frac{t^2}{2}}\,\mathrm{d}t$$
$$= \frac{1}{\sqrt{2\pi}}\left[\left[-te^{-\frac{t^2}{2}}\right]_{-\infty}^{0} + \left[-te^{-\frac{t^2}{2}}\right]_{0}^{\infty}\right] + \frac{1}{\sqrt{2\pi}}\int_{-\infty}^{\infty} e^{-\frac{t^2}{2}}\,\mathrm{d}t$$
$$= 0 + P^X(]-\infty, \infty[) = 1.$$
$$(18.15)$$

Wir geben die Varianz für die diskreten Verteilungen, mit denen wir uns zuvor beschäftigt haben, an:

- Geometrische Verteilung $\mathrm{G}(p)$: $\sigma^2 = \mathrm{Var}(X) = \frac{1-p}{p^2}$.
- Sei $X \sim \mathrm{H}(N; M; n)$ hypergeometrisch verteilt. Dann ist

$$\sigma^2 = \mathrm{Var}(X) = n\frac{M}{N}\left(1 - \frac{M}{N}\right)\frac{N-n}{N-1}.$$

- Binomialverteilung $\mathrm{Bi}(n; p)$: $\sigma^2 = \mathrm{Var}(X) = np(1-p)$.
- Poisson-Verteilung $\mathrm{Po}(\lambda)$: $\sigma^2 = \mathrm{Var}(X) = \lambda$.

Die Varianz der hypergeometrischen Verteilung sieht sehr kompliziert aus. Betrachtet man aber das Verhältnis von defekten zu ganzen Teilen $\frac{M}{N}$ als initiale Wahrscheinlichkeit p, auf ein defektes Teil zu stoßen, so wird daraus für $n \geq 2$

$$\sigma^2 = np(1-p)\frac{N-n}{N-1} \le np(1-p).$$

Rechts steht jetzt die Varianz der Binomialverteilung. Ziehen „ohne Zurücklegen" hat also eine kleinere Varianz als „Ziehen mit Zurücklegen". Für $N \to \infty$ verschwindet dieser Vorteil.

Mittels der Varianz können wir die Wahrscheinlichkeit abschätzen, dass eine Zufallsvariable Werte annimmt, die einen gewissen Abstand zum Erwartungswert haben. Dies ist die wahrscheinlichkeitstheoretische Interpretation der Varianz als Streuung:

Satz 18.7 (Ungleichung von Tschebycheff (1821–1894)) Sei X eine diskrete Zufallsvariable auf (höchstens abzählbarem) Ω, für die nicht nur $E(X)$, sondern auch $E(X^2)$ (und damit $\text{Var}(X)$) existiert. Dann gilt für jedes $\varepsilon > 0$: Die Wahrscheinlichkeit, dass X einen Wert annimmt, der mehr als ε vom Erwartungswert abweicht, ist kleiner oder gleich $\frac{\text{Var}(X)}{\varepsilon^2}$. Je kleiner die Varianz ist, desto kleiner ist auch diese Wahrscheinlichkeit:

$$P(|X - E(X)| > \varepsilon) = P(\{\omega \in \Omega : |X(\omega) - E(X)| > \varepsilon\}) \le \frac{\text{Var}(X)}{\varepsilon^2}. \quad (18.16)$$

Insbesondere findet man damit Werte, die weiter als eins vom Erwartungswert entfernt sind, höchstens mit der Wahrscheinlichkeit $\min\{1, \text{Var}(X)\}$. Der Beweis ist überraschend einfach, wenn man hier den Satz 18.5 verwendet, mit dem der Erwartungswert als Summe über Elementarereignisse geschrieben werden kann:

Beweis Sei $A_\varepsilon := \{\omega \in \Omega : |X(\omega) - E(X)| > \varepsilon\}$ das zu bewertende Ereignis, dass X einen Wert liefert, der weiter als ε vom Erwartungswert entfernt ist:

$$\text{Var}(X) = E\big((X - E(X))^2\big) = \sum_{\omega \in \Omega} (X(\omega) - E(X))^2 P(\{\omega\})$$

$$\ge \sum_{\omega \in A_\varepsilon} (X(\omega) - E(X))^2 P(\{\omega\}) \ge \sum_{\omega \in A_\varepsilon} \varepsilon^2 P(\{\omega\}) = \varepsilon^2 P(A_\varepsilon).$$

Beim ersten „$\ge$" haben wir wegen $A_\varepsilon \subseteq \Omega$ nicht-negative Summanden weggelassen, beim zweiten „$\ge$" wird die Definition der Menge A_ε ausgenutzt. Damit ist $P(A_\varepsilon) \le \frac{\text{Var}(X)}{\varepsilon^2}$. $\qquad\square$

Wie in der beschreibenden Statistik kann man auch hier den Begriff der Kovarianz definieren, um mittels des Korrelationskoeffizienten im Falle einer stochastischen Abhängigkeit einen (linearen) Zusammenhang zwischen Zufallsvariablen weiter zu klassifizieren.

Definition 18.13 (Korrelation von Zufallsvariablen) Seien X und Y diskrete Zufallsvariablen, so dass nicht nur die Erwartungswerte, sondern auch $E(X^2)$ und $E(Y^2)$ existieren.

a) Die **Kovarianz** von X und Y ist erklärt durch

$$\mathrm{Cov}(X,Y) := \mathrm{E}(XY) - \mathrm{E}(X)\,\mathrm{E}(Y).$$

b) Sind $\mathrm{Var}(X) > 0$ und $\mathrm{Var}(Y) > 0$, so heißt

$$\varrho(X,Y) := \frac{\mathrm{Cov}(X,Y)}{\sqrt{\mathrm{Var}(X)\,\mathrm{Var}(Y)}}$$

der **Korrelationskoeffizient** von X und Y.
c) Im Fall $\mathrm{Cov}(X,Y) = 0$ heißen die Zufallsvariablen X und Y **unkorreliert**.

Wir haben in der Definition keine separate Forderung zur Existenz von $E(XY)$ gestellt. In der Tat folgt diese bereits daraus, dass $E(X^2)$ und $E(Y^2)$ existieren: Damit $E(XY)$ existiert und die Kovarianz wohldefiniert ist, müssen wir bei einem höchstens abzählbaren Ω zeigen, dass

$$\sum_{\omega \in \Omega} |X(\omega)Y(\omega)|P(\{\omega\}) < \infty$$

ist. Wegen $(|X(\omega)| - |Y(\omega)|)^2 \geq 0$ ist $|X(\omega)Y(\omega)| \leq \frac{1}{2}(X^2(\omega) + Y^2(\omega))$, so dass

$$\sum_{\omega \in \Omega} |X(\omega)Y(\omega)|P(\{\omega\}) \leq \frac{1}{2}\left(\sum_{\omega \in \Omega} X^2(\omega)P(\{\omega\}) + \sum_{\omega \in \Omega} Y^2(\omega)P(\{\omega\})\right)$$

$$= \frac{1}{2}\left(\mathrm{E}(X^2) + \mathrm{E}(Y^2)\right) < \infty.$$

Ohne Beweis zitieren wir das folgende Lemma:

Lemma 18.2 (Multiplikationssatz für Erwartungswerte) Sind die Zufallsvariablen X und Y mit Erwartungswerten $E(X)$ und $E(Y)$ stochastisch unabhängig, so ist

$$\mathrm{E}(XY) = \mathrm{E}(X)\,\mathrm{E}(Y). \tag{18.17}$$

Damit ist insbesondere $\mathrm{Cov}(X,Y) = 0$, X und Y sind also auch unkorreliert.

Den Bezug zur empirischen Kovarianz (siehe Definition 17.11 auf Seite 479) erhält man über die linke Seite von

$$E((X - E(X))(Y - E(Y))) = E(XY) - 2\,E(X)\,E(Y) + E(X)\,E(Y)$$
$$= E(XY) - E(X)\,E(Y) = \operatorname{Cov}(X, Y).$$

Wir werden später sehen, dass man über die empirischen Größen die stochastischen schätzen kann. Entsprechend „passt" der (stochastische) Korrelationskoeffizient zum empirischen. Man kann nachrechnen, dass auch wieder $|\varrho(X, Y)| \leq 1$ ist.

Die Bedeutung der Kovarianz erschließt sich aus dem folgenden Satz:

Satz 18.8 (Varianz einer Summe) Seien X und Y wieder diskrete Zufallsvariablen, für die nicht nur die Erwartungswerte, sondern auch $E(X^2)$ und $E(Y^2)$ existieren. Dann existiert $\operatorname{Var}(X + Y)$ mit

$$\operatorname{Var}(X + Y) = \operatorname{Var}(X) + \operatorname{Var}(Y) + 2\,\operatorname{Cov}(X, Y).$$

Beweis

$$\operatorname{Var}(X + Y) = E\big((X + Y - E(X + Y))^2\big)$$
$$= E\big((X - E(X) + Y - E(Y))^2\big)$$
$$= E\big((X - E(X))^2\big) + E\big((Y - E(Y))^2\big) + 2E\big((X - E(X))(Y - E(Y))\big)$$
$$= \operatorname{Var}(X) + \operatorname{Var}(Y) + 2(E(XY) - E(X)\,E(Y))$$
$$= \operatorname{Var}(X) + \operatorname{Var}(Y) + 2\,\operatorname{Cov}(X, Y).$$

$\square$

Für diskrete Zufallsvariablen $X_1, \ldots, X_n$ kann man mittels Vollständiger Induktion den Satz 18.8 erweitern:

$$\operatorname{Var}\left(\sum_{i=1}^{n} X_i\right) = \sum_{i=1}^{n} \operatorname{Var}(X_i) + 2 \sum_{1 \leq i < k \leq n} \operatorname{Cov}(X_i, X_k). \tag{18.18}$$

Mit der Kovarianz können wir also die Streuung einer Summenverteilung ausrechnen.

18.7 Gesetz der großen Zahlen

Führt man ein Wahrscheinlichkeitsexperiment sehr oft durch und bildet dann das arithmetische Mittel der beobachteten Werte, so liegt dieses erfahrungsgemäß sehr nah beim Erwartungswert. Das ist das **Gesetz der großen Zahlen**. Würfelt man sehr oft, wird man im Mittel eine Augenzahl von 3,5 erhalten. In diesem Kapitel formulieren wir dieses Gesetz mathematisch, so dass es bewiesen werden kann. Vorweg eine Warnung: Wenn Sie zehnmal die Eins gewürfelt haben, dann ist die Wahrscheinlichkeit, mit dem nächsten Wurf wieder eine 1 zu bekommen, immer noch $\frac{1}{6}$. Der Würfel hat kein Gedächtnis. Das Ereignis, elfmal (unabhängig) eine Eins zu würfeln, ist dagegen nur $\frac{1}{6^{11}}$. Wenn aber bereits zehn Einsen gewürfelt wurden, ist dieses unwahrscheinliche Ereignis, das a priori die Wahrscheinlichkeit $\frac{1}{6^{10}}$ hatte, schon eingetreten. Man kann also beim Roulette nicht reich werden, indem man auf Schwarz setzt, wenn fünfmal Rot gekommen ist. Auch hat man keinen Vorteil, wenn man beim Lotto nur Zahlen ankreuzt, die in der Vergangenheit seltener (oder alternativ: häufiger) gezogen wurden. Wenn die Kugeln nicht manipuliert sind (wovon wir ausgehen können), dann wird jede mit der gleichen Wahrscheinlichkeit unabhängig von der Vergangenheit gezogen.

Wir erwarten, dass sich die axiomatisch eingeführten Wahrscheinlichkeiten wie relative Häufigkeiten verhalten. Für eine sehr große Versuchsanzahl n sollte daher ein Wert x einer Zufallsvariable X ca. $n \cdot P(X = x)$-mal auftreten.

Bildet man das arithmetische Mittel aller beobachteten Werte von X, so würde man also ungefähr

$$\frac{1}{n} \sum_{x \in X(\Omega)} nP(X = x) \cdot x = \mathrm{E}(X)$$

erhalten. Sollte man dies sogar beweisen können, hätte man die Bestätigung, dass die axiomatische Definition von Wahrscheinlichkeiten mit der Vorstellung relativer Häufigkeiten zusammenpasst. Dem ist so, und der entsprechende Satz heißt das Gesetz der großen Zahlen (siehe Satz 18.9).

Um zur mathematischen Formulierung dieses Gesetzes zu gelangen, betrachten wir im Folgenden nicht n Werte einer Zufallsvariable X, sondern stattdessen je einen Wert von n Zufallsvariablen.

Beispiel 18.42 (Fortsetzung des Würfelexperiments) Wir betrachten die Zufallsvariable $X : \Omega \to [2, 12]$ definiert über $X := X_1 + X_2$. Damit ist X die Augensumme beider Würfe. Wir berechnen die Wahrscheinlichkeit $P(X = k)$, dass X den Wert k annimmt (vgl. (18.11)):

$P(X = 2) = P(X^{-1}(\{2\})) = P(\{(1,1)\}) = \frac{1}{36} = P(X = 12)$,
$P(X = 3) = P(\{(1,2),(2,1)\}) = \frac{2}{36} = P(X = 11)$,
$P(X = 4) = P(X = 10) = \frac{3}{36}$, $P(X = 5) = P(X = 9) = \frac{4}{36}$,
$P(X = 6) = P(X = 8) = \frac{5}{36}$, $P(X = 7) = \frac{6}{36}$, $\mathrm{E}(X) = 7$.

Wir können das Beispiel so erweitern, dass wir statt zweimal unendlich oft unabhängig voneinander würfeln (vgl. mit den Überlegungen auf Seite 527). So entsteht eine Folge von identisch verteilten Zufallsvariablen $(X_n)_{n=1}^{\infty}$, wobei X_n die Augenzahl des n-ten Wurfs angibt. Diese Zufallsvariablen sind stochastisch unabhängig. Im Sinne von Definition 18.9 auf Seite 526 meinen wir damit, dass jede endliche Auswahl von Zufallsvariablen der Folge stochastisch unabhängig ist. Im Folgenden reicht es aber schon, wenn je zwei der Zufallsvariablen unabhängig sind.

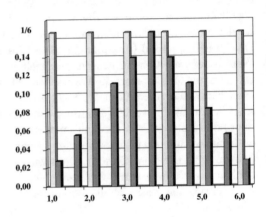

Abb. 18.6 Wahrscheinlichkeiten $P(X_1 = x)$ (hell) und $P\left(\frac{X_1+X_2}{2} = x\right)$ (dunkel) der Werte der Zufallsvariablen X_1 und $\frac{X_1+X_2}{2}$ zu unabhängigen Würfelergebnissen X_1 und X_2

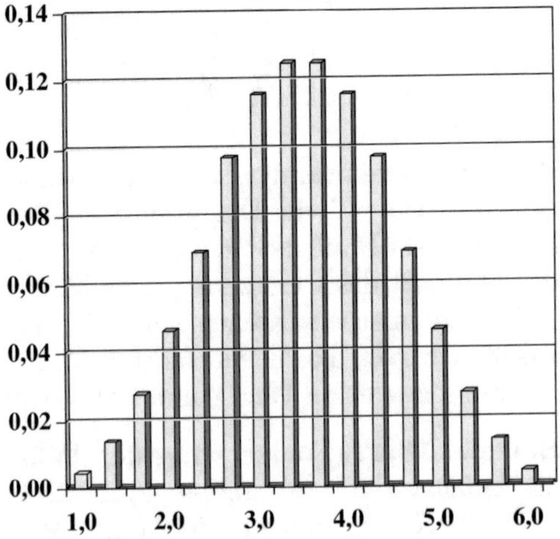

Abb. 18.7 Wahrscheinlichkeiten $P\left(\frac{X_1+X_2+X_3}{3} = x\right)$ der Werte der Zufallsvariable $\frac{X_1+X_2+X_3}{3}$, die über das Ergebnis von drei unabhängigen Würfen mit einem Würfel gebildet ist

Betrachtet man nun allgemein n (n sehr groß) (paarweise) stochastisch unabhängige, identisch verteilte Zufallsvariablen $X_1, \dots, X_n$ auf einem Wahrscheinlichkeitsraum und führt ein einziges Experiment mit Ergebnis $\omega \in \Omega$ durch, so werden den Wert $x \in X_1(\Omega)$ ca. $nP(X_1 = x)$ Zufallsvariablen der $X_1, \dots, X_n$ annehmen. Bei der Erläuterung des Erwartungswerts haben wir n Experimente gemacht und jeweils eine Zufallsvariable ausgewertet. Nun machen wir ein Experiment und werten stattdessen n Zufallsvariablen aus. Der Wahrscheinlichkeitsraum ist dabei im Prinzip so aufgebaut, dass er die n Experimente als ein Experiment ausdrücken kann (wie das mehrfache Würfeln im obigen Beispiel). Wir erwarten also

$$\frac{1}{n} \sum_{i=1}^{n} X_i(\omega) \approx \frac{1}{n} \sum_{x \in X_1(\Omega)} nP(X_1 = x)x = \mathrm{E}(X_1).$$

Exakt ausgedrückt ist dies der folgende Satz, der in dieser Form (paarweise stochastische Unabhängigkeit der Zufallsvariablen) auf Etemadi (1981) zurückgeht, siehe [Klenke(2020), S. 126], und zuvor schon von Kolmogorov unter stärkeren Voraussetzungen bewiesen wurde. Schaut man auf die Jahreszahl, so erkennt man, dass die Wahrscheinlichkeitsrechnung im Vergleich zur Differenzialrechnung ein relativ junger Bereich der Mathematik ist.

Satz 18.9 (Starkes Gesetz der großen Zahlen) Sei $(X_k)_{k=1}^{\infty}$ eine Folge identisch verteilter (diskreter) Zufallsvariablen auf Ω, die (nur) paarweise stochastisch unabhängig sind und deren (gemeinsamer) Erwartungswert $\mathrm{E}(X_k) = \mathrm{E}(X_1)$ definiert ist. Dann genügt $(X_k)_{k=1}^{\infty}$ dem **starken Gesetz der großen Zahlen**, d. h.

$$\lim_{n \to \infty} \frac{1}{n} \sum_{k=1}^{n} X_k(\omega) = \mathrm{E}(X_1)$$

für alle $\omega \in \Omega \setminus N$, wobei N ein Ereignis ist, das fast sicher nicht eintritt: $P(N) = 0$.

Der Satz wird verständlicher, wenn man berücksichtigt, dass für identisch verteilte stochastisch unabhängige Zufallsvariablen, die damit insbesondere unkorreliert sind $(\mathrm{Cov}(X_i, X_k) = 0, i \neq k)$, gilt:

$$\mathrm{Var}\left(\frac{1}{n} \sum_{k=1}^{n} X_k\right) \overset{(18.14)}{=} \frac{1}{n^2} \mathrm{Var}\left(\sum_{k=1}^{n} X_k\right) \overset{(18.18)}{=} \frac{1}{n^2} \sum_{k=1}^{n} \mathrm{Var}(X_k) = \frac{\mathrm{Var}(X_1)}{n}.$$
$$(18.19)$$

Die Streuung der Summenverteilung geht also gegen 0, die Werte liegen daher immer näher beim Erwartungswert

$$\mathrm{E}\left(\frac{1}{n} \sum_{k=1}^{n} X_k\right) = \frac{1}{n} \sum_{k=1}^{n} \mathrm{E}(X_k) = \frac{1}{n} n \, \mathrm{E}(X_1) = \mathrm{E}(X_1). \qquad (18.20)$$

Man beachte, dass die Einschränkung $\omega \in \Omega \setminus N$ notwendig ist. So ergibt sich im Würfelexperiment für $\omega = (1, 1, \ldots, 1, \ldots)$, also wenn alle unendlich vielen Würfe das Ergebnis 1 haben, $\lim_{n \to \infty} \frac{1}{n} \sum_{k=1}^{n} X_k(\omega) = \lim_{n \to \infty} 1 = 1 \neq 3{,}5 = \mathrm{E}(X_1)$. Betrachten wir solche unendlichen Folgen von Würfelausgängen als Elementarereignisse, so hat ein einzelnes Elementarereignis die

Wahrscheinlichkeit null. Wir geraten in die Situation eines überabzählbaren Ω, das wir hier nicht weiter behandeln werden.

Der Satz bestätigt das anschauliche Verständnis von Zufall im Sinne der Definition (18.1): Wir führen ein Experiment n-mal durch und betrachten jeweils, ob ein Ereignis $A \subseteq \mathbb{R}$ eingetreten ist. A trete mit Wahrscheinlichkeit p ein. Es lassen sich n stochastisch unabhängige, identisch verteilte Zufallsvariablen X_k konstruieren, wobei $X_k = 1$ genau das Eintreten des Ereignisses A im k-ten Experiment bezeichnet (sonst ist $X_k = 0$). Offensichtlich ist $E(X_k) = E(X_1) = p$ (außerdem ist $\sum_{k=1}^{n} X_k \sim \mathrm{Bi}(n;p)$). Dann ist

$$\frac{1}{n} \sum_{k=1}^{n} X_k = \frac{\text{„Anzahl des Eintretens von } E\text{“}}{n} \text{ und}$$

$$\lim_{n \to \infty} \frac{1}{n} \sum_{k=1}^{n} X_k(\omega) = E(X_1) = p$$

für fast alle Versuchsausgänge $\omega \in \Omega$. Die Modellbildung, die auf dem Wahrscheinlichkeitsmaß aus Definition 18.2 basiert, passt also mit einer intuitiven statistischen Abschätzung von Wahrscheinlichkeiten zusammen:

> Die relative Häufigkeit des Eintretens eines Ereignisses bei einer sehr großen Anzahl von unabhängigen Experimenten entspricht fast sicher der Wahrscheinlichkeit seines Eintretens.

Beispiel 18.43 Die $\mathrm{Bi}\left(n; \frac{\pi}{4}\right)$-verteilte Zufallsvariable X, die im Beispiel 18.31 auf Seite 529 angibt, wie viele Treffer innerhalb eines Kreises liegen, kann als Summe von unabhängigen Zufallsvariablen X_k geschrieben werden, die wie oben das Treffen des Kreises im k-ten Versuch beschreiben: $X = \sum_{k=1}^{n} X_k$. Damit strebt für fast alle Versuchsausgänge die Folge $a_n = \frac{1}{n} \sum_{k=1}^{n} X_k$ gegen den Erwartungswert $E(X_1) = \frac{\pi}{4}$, vgl. Band 1, S. 250.

Das Gesetz der großen Zahlen eignet sich auch, um in der schließenden Statistik den Erwartungswert von Zufallsvariablen abzuschätzen. Auch die Varianz, die über einen Erwartungswert definiert ist, lässt sich so approximieren (siehe Kapitel 19.1).

Hier können wir das starke Gesetz der großen Zahlen nicht beweisen – jedoch eine schwächere Variante. Die in Satz 18.9 beschriebene Konvergenz der Zahlenfolge $\left(\frac{1}{n} \sum_{k=1}^{n} X_k(\omega)\right)_{n=1}^{\infty}$ für jeden festen Punkt aus $\omega \in \Omega \setminus N$ (also fast jedes Elementarereignis ω) wird als starke Konvergenz bezeichnet. Schwächt man diesen Begriff ab, indem man die Konvergenz nicht mehr für feste Punkte $\omega \in \Omega$ verlangt, erhält man das schwache Gesetz der großen Zahlen (Jakob Bernoulli, 1655–1705):

Satz 18.10 (Schwaches Gesetz der großen Zahlen) Sei $(X_k)_{k=1}^{\infty}$ eine Folge identisch verteilter diskreter Zufallsvariablen auf Ω, die paarweise unkorreliert sind (was z. B. erfüllt ist, wenn sie paarweise stochastisch unabhängig sind, siehe Seite 543) und deren Erwartungswerte $\mathrm{E}(X_k) = \mathrm{E}(X_1)$ sowie $\mathrm{E}(X_k^2) = \mathrm{E}(X_1^2)$ definiert sind. Dann gilt für jedes $\varepsilon > 0$:

$$\lim_{n \to \infty} P\left(\left| \frac{1}{n} \sum_{k=1}^{n} X_k - \mathrm{E}(X_1) \right| > \varepsilon \right)$$

$$= \lim_{n \to \infty} P\left(\left\{ \omega \in \Omega : \left| \frac{1}{n} \sum_{k=1}^{n} X_k(\omega) - \mathrm{E}(X_1) \right| > \varepsilon \right\} \right) = 0.$$

Hier hat man keine Aussage über feste Elementarereignisse, sondern erhält für jedes n eine bezüglich P unwahrscheinlicher werdende Menge von Elementarereignissen, die zu Werten fern des Erwartungswerts führen. Für jedes n kann diese Menge aber völlig anders aussehen. Man spricht auch von **stochastischer Konvergenz**. Man kann zeigen, dass aus der starken (punktweisen) Konvergenz die stochastische Konvergenz folgt, das schwache Gesetz der großen Zahlen folgt aus dem starken Gesetz.

Mittels der Varianz können wir das schwache Gesetz direkt aus der Tschebycheff-Ungleichung gewinnen:

Beweis Die Voraussetzungen sind so gewählt, dass (18.19) und (18.20) gelten, die Streuung konvergiert mit wachsendem n gegen null, die Werte der Zufallsvariablen liegen also immer näher beim Erwartungswert. Wir konkretisieren diese Anschauung mit der Ungleichung von Tschebycheff:

$$0 \leq P\left(\left| \frac{1}{n} \sum_{k=1}^{n} X_k - \mathrm{E}(X_1) \right| > \varepsilon \right)$$

$$\overset{(18.20)}{=} P\left(\left| \frac{1}{n} \sum_{k=1}^{n} X_k - \mathrm{E}\left(\frac{1}{n} \sum_{k=1}^{n} X_k \right) \right| > \varepsilon \right)$$

$$\overset{(18.16)}{\leq} \frac{\mathrm{Var}\left(\frac{1}{n} \sum_{k=1}^{n} X_k \right)}{\varepsilon^2} \overset{(18.19)}{=} \frac{\mathrm{Var}(X_1)}{n \varepsilon^2} \longrightarrow 0 \quad (n \to \infty).$$

$\square$

18.8 Zentraler Grenzwertsatz

Das Gesetz der großen Zahlen besagt, dass das arithmetische Mittel von Zufallsvariablen gegen den gemeinsamen Erwartungswert strebt:

$$\frac{1}{n}\sum_{i=1}^{n}[X_i - E(X_1)] \to 0, \ n \to \infty.$$

Der Zentrale Grenzwertsatz gibt eine Aussage für $\frac{\sqrt{n}}{n}\sum_{i=1}^{n}[X_i - E(X_1)]$. Durch den Faktor $\sqrt{n}$ zieht man den Definitionsbereich des Graphen der Verteilungsfunktion bzw. der Dichte auseinander, so dass man genauer sieht, wie die mit dem Gesetz der großen Zahlen beschriebene Konvergenz gegen den Erwartungswert funktioniert. Eine grobe Tendenz kann man bereits in Abbildung 18.7 erkennen.

Durch den Faktor $\sqrt{n}$ sorgt man dafür, dass die Varianz der Summenverteilung identisch verteilter unabhängiger Zufallsvariablen konstant bleibt und nicht gegen 0 geht (vgl. Satz 18.8):

$$\operatorname{Var}\left(\frac{1}{\sqrt{n}}\sum_{k=1}^{n}X_k\right) = \frac{1}{n}\sum_{k=1}^{n}\operatorname{Var}(X_k) = \frac{1}{n}n\operatorname{Var}(X_1) = \operatorname{Var}(X_1).$$

Subtrahiert man den gemeinsamen Erwartungswert, so ändert sich daran nichts:

$$\operatorname{Var}\left(\frac{1}{\sqrt{n}}\sum_{k=1}^{n}[X_k - E(X_1)]\right) = \frac{1}{n}\sum_{k=1}^{n}\operatorname{Var}(X_k - E(X_1))$$
$$= \frac{1}{n}\sum_{k=1}^{n}\operatorname{Var}(X_k) = \operatorname{Var}(X_1).$$

So kann die Verteilung von $\frac{1}{\sqrt{n}}\sum_{k=1}^{n}[X_k - E(X_1)]$ gegen eine Grenzverteilung konvergieren. Bevor wir dies (mit dem zusätzlichen Normierungsfaktor $\operatorname{Var}(X_1)^{-\frac{1}{2}}$) präzisieren, vorab ein paar Definitionen:

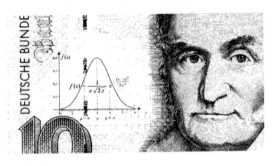

Abb. 18.8 Die Dichtefunktion der Standardnormalverteilung zusammen mit einem Porträt von Gauß auf dem alten 10-D-Mark-Schein (Foto: Deutsche Bundesbank)

Die Funktion $\frac{1}{\sqrt{2\pi}}e^{-\frac{x^2}{2}}$ ist die **Dichte der Standardnormalverteilung** bzw. die Dichte der **Gauß'schen Normalverteilung** (siehe Abbildungen 18.8, 18.9 und Kapitel 18.5.3) und ist vom ehemaligen 10-D-Mark-Schein bekannt. Integriert man über die Dichte, so erhält man die Verteilungsfunktion

Abb. 18.9 Dichtefunktion $\frac{1}{\sqrt{2\pi}}e^{-\frac{x^2}{2}}$ der Standardnormalverteilung

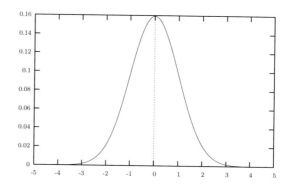

Φ der Standardnormalverteilung (vgl. (18.8) auf Seite 524)

$$\Phi(x) := \frac{1}{\sqrt{2\pi}} \int_{-\infty}^{x} e^{-\frac{t^2}{2}}\, dt.$$

Φ ist Verteilungsfunktion einer nicht-diskreten Zufallsvariable, die mehr als nur abzählbar unendlich viele Werte annimmt (vgl. Aufgabe 20.23). Die Wahrscheinlichkeit, dass die Zufallsvariable einen Wert $\leq x$ annimmt, ist also $\Phi(x)$. Einige Werte von Φ sind in Tabelle 18.1 aufgelistet. Die zugehörige **Standardnormalverteilung** (das als Verteilung zugehörige Wahrscheinlichkeitsmaß auf $\mathbb{R}$) mit Erwartungswert 0 (siehe (18.12) auf Seite 536) und Varianz 1 (siehe (18.15) auf Seite 541) wird mit $\mathcal{N}(0,1)$ bezeichnet. Es ist $\lim_{x\to\infty} \Phi(x) = 1$, und wegen der Symmetrie der Dichte gilt: $\Phi(0) = \frac{1}{2}$ und für $x > 0$:

$$\Phi(x) - \Phi(-x) = 2(\Phi(x) - \Phi(0)) = 2\Phi(x) - 1. \tag{18.21}$$

Tabelle 18.1 Näherungswerte der Verteilungsfunktion $\Phi(x)$ der Standardnormalverteilung mit Erwartungswert $\mu = 0$ und Varianz $\sigma^2 = 1$. Man beachte, dass für eine standardnormalverteilte Zufallsvariable X gilt: $P(X \leq x) = \Phi(x)$ und $P(X \in [-x,x]) = 2\left[\Phi(x) - \frac{1}{2}\right]$

x	0	0,1	0,2	0,3	0,4	0,5	0,6	0,7	0,8	0,9	1,0	1,1	1,2	1,3
$\Phi(x)$	0,5000	0,5398	0,5793	0,6179	0,6554	0,6915	0,7257	0,7580	0,7881	0,8159	0,8413	0,8643	0,8849	0,9032

x	1,4	1,5	1,6	1,7	1,8	1,9	2	2,1	2,2	2,3	2,4	2,5	2,6	2,7
$\Phi(x)$	0,9192	0,9332	0,9452	0,9554	0,9641	0,9713	0,9772	0,9821	0,9861	0,9893	0,9918	0,9938	0,9953	0,9965

x	2,8	2,9	3	3,1	3,2	3,3	3,4	3,5	3,6	3,7	3,8	3,9	4	4,1
$\Phi(x)$	0,9974	0,9981	0,9987	0,9990	0,9993	0,9995	0,9997	0,9998	0,9998	0,9999	0,9999	1,0000	1,0000	1,0000

$\Phi(x)$	0,95	0,96	0,97	0,98	0,99	0,995	0,999	0,9995	0,9999
x	1,6449	1,7507	1,8808	2,0537	2,3263	2,5758	3 0902	3,2905	3,7190

In der Natur beobachtet man häufig Verteilungsfunktionen $F^X(x)$, die sehr nah bei $\Phi(x)$ sind, wenn man Φ um den Erwartungswert von X verschiebt und mit der Standardabweichung $\sqrt{\text{Var}(X)}$ streckt. Für die Wahrscheinlichkeit $F^X(x)$, dass man einen Wert $\leq x$ beobachtet, gilt dann

$$\left| F^X(x) - \Phi\left(\frac{x - \text{E}(X)}{\sqrt{\text{Var}(X)}} \right) \right| < \varepsilon$$

für ein hinreichend kleines ε und alle $x \in \mathbb{R}$. Man sagt in diesem Fall, dass X annähernd $\mathcal{N}(\text{E}(X), \text{Var}(X))$-verteilt ist, wobei $\mathcal{N}(\mu, \sigma^2)$ die (nicht-diskrete) **Normalverteilung** mit Erwartungswert μ und Varianz σ^2 bezeichnet. Die übliche Darstellung der Verteilungsfunktion erhalten wir mit der Substitution $u = \sigma \cdot t + \mu$, $t = \frac{u-\mu}{\sigma}$, $du = \sigma\, dt$:

$$\Phi\left(\frac{x - \mu}{\sqrt{\sigma^2}} \right) = \Phi\left(\frac{x - \mu}{\sigma} \right) = \frac{1}{\sqrt{2\pi}} \int_{-\infty}^{\frac{x-\mu}{\sigma}} e^{-\frac{t^2}{2}}\, dt = \frac{1}{\sigma\sqrt{2\pi}} \int_{-\infty}^{x} e^{-\frac{(u-\mu)^2}{2\sigma^2}}\, du.$$

Die zugehörige Dichtefunktion ist

$$\frac{d}{dx} \Phi\left(\frac{x - \mu}{\sigma} \right) = \frac{1}{\sigma\sqrt{2\pi}} e^{-\frac{1}{2}\frac{(x-\mu)^2}{\sigma^2}}.$$

Dass die Natur sich häufig so verhält, liegt daran, dass sehr viele Dinge unabhängig (und unkontrollierbar) voneinander ablaufen und man so arithmetische Mittel unabhängiger Experimente beobachtet. In solchen Situationen wird der Zentrale Grenzwertsatz anwendbar sein und das Verhalten der Natur mathematisch begründen.

Ist X annähernd $\mathcal{N}(\mu, \sigma^2)$-verteilt mit $\mu = \text{E}(X)$ und $\sigma^2 = \text{Var}(X)$, so ist

$$P(X \in [\mu - c, \mu + c]) = P^X([\mu - c, \mu + c]) \approx \Phi\left(\frac{c}{\sigma} \right) - \Phi\left(\frac{-c}{\sigma} \right) = 2\Phi\left(\frac{c}{\sigma} \right) - 1$$

die Wahrscheinlichkeit, dass ein Wert von X nicht weiter als c vom Erwartungswert entfernt liegt. Dies ist umgekehrt gleichzeitig die Wahrscheinlichkeit, dass der Erwartungswert μ im Intervall $[X - c, X + c]$ liegt, also ist

$$P(\mu \in [X - c, X + c]) := P(\{\omega \in \Omega : \mu \in [X(\omega) - c, X(\omega) + c]\})$$
$$= P^X([\mu - c, \mu + c]) \approx 2\Phi\left(\frac{c}{\sigma} \right) - 1. \qquad (18.22)$$

Auf der Basis eines Experiments (eines Werts $x = X(\omega)$) kann man damit eine Prognose über den Erwartungswert treffen, die mit der angegebenen Wahrscheinlichkeit stimmt. Auf dieser Abschätzung beruhen viele Verfahren der schließenden Statistik, bei denen man weiß oder annimmt, dass man es mit einer Normalverteilung zu tun hat.

Der folgende Satz konkretisiert die eingangs gemachte Überlegung, wie die Konvergenz beim Gesetz der großen Zahlen genauer geschieht, und ist der Grund dafür, dass tatsächlich sehr oft eine Normalverteilung vorliegt:

Satz 18.11 (Zentraler Grenzwertsatz) Sei $(X_i)_{i=1}^{\infty}$ eine Folge identisch verteilter (diskreter) Zufallsvariablen auf Ω mit existierenden Erwartungswerten $\mu := \mathrm{E}(X_1) = \mathrm{E}(X_n)$, wobei die $X_1, \ldots, X_n$ für jedes $n \geq 2$ stochastisch unabhängig seien. Weiter sei $0 < \mathrm{Var}\,(X_1) = \mathrm{Var}\,(X_n) =: \sigma^2 < \infty$. Wir setzen

$$Y_n := \frac{\sqrt{n}}{\sigma} \left[\frac{1}{n} \sum_{i=1}^{n} X_i - \mu \right],$$

wobei wir wie oben durch die Subtraktion von μ den Erwartungswert von Y_n auf 0 und durch den Faktor $\frac{\sqrt{n}}{\sigma}$ die Varianz auf 1 normieren.

Dann existiert zu jedem (noch so kleinen) $\varepsilon > 0$ eine Stelle $n_0 \in \mathbb{N}$ unabhängig von $x \in \mathbb{R}$, so dass für alle $n > n_0$ gilt:

$$\left| F^{Y_n}(x) - \Phi(x) \right| < \varepsilon.$$

Für jedes $x \in \mathbb{R}$ gilt also $\lim_{n \to \infty} F^{Y_n}(x) = \Phi(x)$. Die Verteilungsfunktionen der Zufallsvariablen Y_n streben gegen die Verteilungsfunktion der Standardnormalverteilung. Der Satz sagt darüber hinaus, dass das n_0 sogar unabhängig von x gewählt werden kann und damit diese Konvergenz gleichmäßig ist (vgl. Definition 16.4 in Band 1, S. 463).

Mit dem Zentralen Grenzwertsatz kann man also abschätzen, wie wahrscheinlich es bei großem n ist, dass Y_n einen Wert aus $[a, b]$ annimmt, nämlich ungefähr $\Phi(b) - \Phi(a)$. Die Wahrscheinlichkeit entspricht der Fläche unter der Kurve der Dichte der Standardnormalverteilung im Intervall $[a, b]$, siehe Abbildung 18.9.

Der Beweis würde den Rahmen dieses Kapitels sprengen. Der heute übliche, auf Lyapunov zurückgehende Beweis vom Beginn des 20. Jahrhunderts nutzt die Fourier-Transformation. Dabei erhält man für jedes feste x die Konvergenzaussage. Die Unabhängigkeit der Konvergenz von x wird z. B. in [Bauer(1968), S. 223] gezeigt.

Beispiel 18.44 (Summenverteilung) Die Verteilung einer Summe von stochastisch unabhängigen Zufallsvariablen berechnet sich über die Faltung, die aus dem Kapitel über Fourier-Analysis bekannt ist. Wir betrachten wieder einen Wurf mit zwei Würfeln. Dabei möge X_1 das Ergebnis des ersten Würfels und X_2 das (vom ersten stochastisch unabhängige) Ergebnis des zweiten Würfels angeben. Dann ergeben sich die Werte der Summenverteilung wie folgt:

$$P(X_1 + X_2 = 2) = P(X_1 = 1)P(X_2 = 1) = \frac{1}{36},$$

$$P(X_1 + X_2 = 3) = P(X_1 = 2)P(X_2 = 1) + P(X_1 = 1)P(X_2 = 2) = \frac{2}{36},$$

$$P(X_1 + X_2 = 4) = P(X_1 = 3)P(X_2 = 1) + P(X_1 = 2)P(X_2 = 2)$$

$$+P(X_1 = 1)P(X_2 = 3) = \frac{3}{36}, \ldots$$

Die stochastische Unabhängigkeit haben wir ausgenutzt, da wir Wahrscheinlichkeiten multipliziert haben. Wahrscheinlichkeiten können hier summiert werden, da die zugehörigen Ereignisse disjunkt sind.

Man erkennt, dass dies die Einträge der Faltung der beiden Vektoren

$$(P(X_1 = 1), P(X_1 = 2), P(X_1 = 3), \ldots, P(X_1 = 6), 0, 0, \ldots, 0)$$
$$\text{und } (P(X_2 = 1), P(X_2 = 2), P(X_2 = 3), \ldots, P(X_2 = 6), 0, 0, \ldots, 0)$$

sind (siehe Kapitel 14.3). Da sich Summenverteilungen über die Faltung berechnen lassen, ist es nicht verwunderlich, dass der übliche Beweis des Zentralen Grenzwertsatzes mit Mitteln der Fourier-Analysis geführt wird. Dabei hat man einen Faltungssatz zur Verfügung und kann statt der Faltung ein einfaches Produkt ausrechnen.

Man kennt annähernd die Verteilung von Y_n, obwohl man über die Verteilungen der X_k nichts weiß, außer dass die X_k stochastisch unabhängig sind. Wenn man also die Werte von X_k als Ergebnisse von unabhängigen Experimenten versteht, so kann man bei genügend großer Experimentanzahl die Ergebnisse mit einer Gauß-Verteilung beschreiben!

Betrachtet man zu identisch verteilten, unabhängigen Zufallsvariablen das arithmetische Mittel

$$Z_n := \frac{1}{n} \sum_{k=1}^{n} X_k,$$

so ist $Y_n = \frac{\sqrt{n}}{\sigma}(Z_n - \mu)$ und damit $Z_n = \frac{\sigma}{\sqrt{n}}Y_n + \mu$. Damit erhalten wir für die Verteilungsfunktion von Z_n:

$$F^{Z_n}(x) = P^{Z_n}(]-\infty, x]) = P(\{\omega \in \Omega : Z_n(\omega) \leq x\})$$
$$= P\left(\left\{\omega \in \Omega : \frac{\sigma}{\sqrt{n}}Y_n(\omega) + \mu \leq x\right\}\right)$$
$$= P\left(\left\{\omega \in \Omega : Y_n(\omega) \leq \frac{x-\mu}{\frac{\sigma}{\sqrt{n}}}\right\}\right) = F^{Y_n}\left(\frac{\sqrt{n}}{\sigma}(x-\mu)\right).$$

Das in Satz 18.11 zu betrachtende Argument der Verteilungsfunktion hängt jetzt allerdings von n ab. Glücklicherweise ist die Konvergenz aus dem Zentralen Grenzwertsatz gleichmäßig und damit unabhängig vom Argument der Verteilungsfunktion: Zu jedem $\varepsilon > 0$ gibt es ein n_0, so dass für $n > n_0$ gilt:

$$\left|F^{Z_n}(x) - \Phi\left(\frac{\sqrt{n}}{\sigma}(x-\mu)\right)\right| = \left|F^{Y_n}\left(\frac{\sqrt{n}}{\sigma}(x-\mu)\right) - \Phi\left(\frac{\sqrt{n}}{\sigma}(x-\mu)\right)\right| < \varepsilon.$$
$$\tag{18.23}$$

Hier entdecken wir wieder das Gesetz der großen Zahlen: Mit wachsendem n nähert sich die Verteilungsfunktion immer mehr einer Funktion an, die an der Stelle des Erwartungswerts μ von 0 nach 1 springt.

Mit den Gesetz der großen Zahlen haben wir bereits zuvor gesehen, dass das intuitive Verständnis von Wahrscheinlichkeit als relative Häufigkeit bei unendlicher Wiederholung eines Experiments mit der Theorie übereinstimmt. Dabei haben wir die Wahrscheinlichkeit über den Erwartungswert der Binomialverteilung erhalten. Jetzt können wir diese Konstruktion unter dem Blickwinkel des Zentralen Grenzwertsatzes erneut betrachten.

Satz 18.12 (Grenzwertsatz von de Moivre und Laplace) Sei die Zufallsvariable X binomialverteilt mit $X \sim \mathrm{Bi}(n; p)$. Dann gilt für jedes $x \in \mathbb{R}$:

$$P(X \leq x) = \sum_{0 \leq k \leq \min\{n,x\}} \binom{n}{k} p^k (1-p)^{n-k} = \Phi\left(\frac{x - np}{\sqrt{np(1-p)}}\right) + \varepsilon_n,$$

wobei ε_n unabhängig von x ist mit $\lim_{n \to \infty} \varepsilon_n = 0$.

Wählt man also n genügend groß, so kann man statt mit der Binomialverteilung mit der Normalverteilung $\mathcal{N}(np; np(1-p))$ arbeiten:

$$P(X \leq x) \approx \Phi\left(\frac{x - np}{\sqrt{np(1-p)}}\right).$$

Beweis Hier kann man den Grenzwert ohne Wahrscheinlichkeitsrechnung als Folgengrenzwert mit den Mitteln der Analysis ausrechnen. Wir wählen aber einen anderen Weg und berechnen ihn wie angekündigt über den Zentralen Grenzwertsatz. Dazu betrachten wir n identisch verteilte und stochastisch unabhängige Zufallsvariablen $X_1, \ldots, X_n$ mit $P(X_k = 1) = p$, $P(X_k = 0) = 1 - p$, so dass wir wie im Beispiel zur Berechnung von π auf Seite 548 die binomialverteilte Zufallsvariable X darstellen als

$$X = \sum_{k=1}^{n} X_k.$$

Es ist $\mu := \mathrm{E}(X_k) = p$ und $\sigma^2 := \mathrm{Var}(X_k) = \mathrm{E}(X_k^2) - \mathrm{E}(X_k)^2 = p - p^2 = p(1-p)$.

Für die Zufallsvariable $\frac{1}{n} X$ gilt nach (18.23) für $t \in \mathbb{R}$:

$$F^{\frac{1}{n}X}(t) = P\left(\frac{1}{n} X \leq t\right) = \Phi\left(\frac{\sqrt{n}}{\sigma}(t - \mu)\right) + \varepsilon_n$$

$$= \Phi\left(\frac{\sqrt{n}}{\sqrt{p(1-p)}}(t-p)\right) + \varepsilon_n,$$

wobei der Fehler ε_n der Approximation unabhängig von t ist mit $\lim_{n\to\infty} \varepsilon_n = 0$. Setzen wir $x := nt$, dann erhalten wir

$$P(X \le x) = \Phi\left(\frac{\sqrt{n}}{\sqrt{p(1-p)}}\left(\frac{x}{n}-p\right)\right) + \varepsilon_n = \Phi\left(\frac{x-np}{\sqrt{np(1-p)}}\right) + \varepsilon_n.$$

□

In praktischen Anwendungen rechnet man häufig ab $np(1-p) > 9$ mit der Normal- statt der Binomialverteilung.

Beispiel 18.45 Die Zahl π lässt sich mit einer Monte-Carlo-Simulation ermitteln, siehe Beispiel 18.31 auf Seite 529. Gibt die Zufallsvariable X_n die Anzahl der Treffer im Kreis bei n Experimenten an, so ist X_n binomialverteilt mit $X_n \sim \text{Bi}\left(n; \frac{\pi}{4}\right)$ und $\text{E}(X_n) = n \cdot \frac{\pi}{4}$. Möchten wir abschätzen, wie viele Versuche n wir benötigen, bis die Wahrscheinlichkeit, dass $\frac{4}{n} \cdot X_n$ weniger als ein vorgegebenes ε von π abweicht, größer als $0{,}999$ ist, so können wir näherungsweise mit der Verteilungsfunktion

$$F^{X_n}(x) \approx \Phi\left(\frac{x - n\frac{\pi}{4}}{\sqrt{n\frac{\pi}{4}\left(1 - \frac{\pi}{4}\right)}}\right)$$

rechnen.

$$P\left(\left|\frac{4}{n} \cdot X_n - \pi\right| < \varepsilon\right)$$

$$= P\left(\left|X_n - n\frac{\pi}{4}\right| < \frac{n}{4}\varepsilon\right) = F^{X_n}\left(\frac{n}{4}\varepsilon + n\frac{\pi}{4}\right) - F^{X_n}\left(-\frac{n}{4}\varepsilon + n\frac{\pi}{4}\right)$$

$$\approx \Phi\left(\frac{\frac{n}{4}\varepsilon}{\sqrt{n\frac{\pi}{4}\left(1-\frac{\pi}{4}\right)}}\right) - \Phi\left(-\frac{\frac{n}{4}\varepsilon}{\sqrt{n\frac{\pi}{4}\left(1-\frac{\pi}{4}\right)}}\right) = 2\Phi\left(\sqrt{n}\frac{\varepsilon}{\sqrt{4\pi-\pi^2}}\right) - 1.$$

Für $n \to \infty$ strebt die rechte Seite gegen $2 \cdot 1 - 1 = 1$. Damit kann die Anzahl n nun so mit einem Tabellenwerk für Φ wie Tabelle 18.1 bestimmt werden, dass die Wahrscheinlichkeit größer als $0{,}999$ ist. Dazu wählen wir einen möglichst kleinen Wert x mit $2\Phi(x) - 1 > 0{,}999 \iff \Phi(x) > 0{,}9995$, also z. B. $x = 3{,}4$. Damit gewinnen wir wegen der Monotonie von Φ einen Wert für n aus

$$\sqrt{n}\frac{\varepsilon}{\sqrt{4\pi-\pi^2}} \ge x = 3{,}4 \iff n \ge (3{,}4)^2(4\pi - \pi^2)\frac{1}{\varepsilon^2}.$$

Man verwendet Satz 18.12 häufig mit einem zusätzlichen Korrekturterm $\frac{1}{2}$, der die Konvergenz verbessert. Es gilt auch

$$P(X \leq x) = \sum_{0 \leq k \leq x} \binom{n}{k} p^k (1-p)^{n-k} = \Phi \left(\frac{x - np + \frac{1}{2}}{\sqrt{np(1-p)}} \right) + \varepsilon_n',$$

wobei ε_n' ebenfalls unabhängig von x ist mit $\lim_{n \to \infty} \varepsilon_n' = 0$. Dies folgt direkt aus dem Satz, denn nach dem Mittelwertsatz der Differenzialrechnung (Band 1, Satz 13.3) ist

$$\left| \Phi \left(\frac{x - np + \frac{1}{2}}{\sqrt{np(1-p)}} \right) - \Phi \left(\frac{x - np}{\sqrt{np(1-p)}} \right) \right| = \left| \Phi'(\xi) \frac{1}{2\sqrt{np(1-p)}} \right|$$

$$= \frac{1}{\sqrt{2\pi}} \exp(-\xi^2/2) \frac{1}{2\sqrt{np(1-p)}} \leq \frac{1}{\sqrt{2\pi}} \frac{1}{2\sqrt{np(1-p)}} \to 0, \quad n \to \infty.$$

18.9 Integrale über Zufallsvariablen *

Eine Zufallsvariable X ist eine Abbildung von der Menge der Elementarereignisse Ω in die reellen Zahlen. Wir wollen hier X über Ω integrieren, um so eine äquivalente Definition des Erwartungswerts zu erhalten. Dabei werden wir außerdem sehen, dass man Zufallsvariablen ohne das Attribut „diskret" definieren kann, so wie dies in der Literatur auch üblich ist.

Problematisch ist, dass Ω eine Menge von irgend welchen Objekten ist, oft sind die Elementarereignisse keine Zahlen. Denn man verwendet genau deshalb Zufallsvariablen, um mit den Zahlen $X(\omega)$ für $\omega \in \Omega$ zu rechnen. Damit ist aber auch nicht klar, was ein Integral über Ω sein soll. Hier hilft das Lebesgue-Integral aus Kapitel 3.5. Beim Lebesgue-Integral wird eine σ-Algebra von Lebesgue-messbaren Mengen definiert. Hier haben wir eine σ-Algebra von Ereignissen (Ereignis-Algebra), die hinsichtlich eines Wahrscheinlichkeitsmaßes P messbar sind. Wir sagen, eine Menge ist P-messbar genau dann, wenn sie Element der Ereignis-Algebra ist.

Wir können nun mit dem Wahrscheinlichkeitsmaß jeder P-messbaren Menge einen Inhalt zwischen 0 und 1 zuordnen. Nun kann man analog zum Kapitel 3.5.1 messbare Funktionen und einen Integralbegriff einführen, für den weitgehend die gleichen Eigenschaften wie für das Lebesgue-Integral gelten. Wir verwenden die Notation

$$\text{P-} \int_A X(\omega) \, d\omega,$$

wobei A ein Ereignis und $X : \Omega \to \mathbb{R}$ eine P-integrierbare Funktion sei.

Insbesondere gilt für jedes Ereignis A:

$$P(A) = \int_A 1 \, d\omega.$$

Beispiel 18.46 Wir betrachten ein Würfelexperiment mit $\Omega = \{1, 2, \ldots, 6\}$. Die Ereignis-Algebra sei die Potenzmenge von Ω, also die Menge aller Teilmengen von Ω. Das Wahrscheinlichkeitsmaß ist hier als Zähldichte über $P(\{\omega\}) = \frac{1}{6}$, $\omega \in \Omega$, definiert. Die Zufallsvariable $X : \Omega \to \mathbb{R}$ sei 1 bei einem geraden Wurf, also falls das Ereignis $\{2, 4, 6\}$ vorliegt, und X sei 3 bei einem ungeraden Wurf, also wenn das Ereignis $\{1, 3, 5\}$ eintritt. Dann ist

$$\text{P-}\int_\Omega X(\omega)\,d\omega = 1 \cdot P(X^{-1}(\{1\})) + 3 \cdot P(X^{-1}(\{3\}))$$

$$= 1 \cdot P(\{2, 4, 6\}) + 3 \cdot P(\{1, 3, 5\}) = \frac{1}{2} + \frac{3}{2} = 2.$$

Wir haben diskrete Zufallsvariablen als Abbildungen $X : \Omega \to \mathbb{R}$ eingeführt, die nur endlich oder abzählbar unendlich viele Werte annehmen und für deren Werte eine Wahrscheinlichkeit erklärt ist. Die letzte Bedingung entspricht genau der P-Messbarkeit von X. Auf die Bedingung, dass höchstens abzählbar viele Werte angenommen werden, kann verzichtet werden, wenn man das P-Integral verwendet. Ohne diese Bedingung spricht man statt von diskreten Zufallsvariablen nur von **Zufallsvariablen**.

Die Abzählbarkeit ist erforderlich, wenn man beispielsweise den Erwartungswert ohne P-Integral definiert. Für eine diskrete Zufallsvariable ist er definiert als

$$\text{E}(X) := \sum_{x \in X(\Omega)} x P(X = x),$$

sofern die Summe absolut konvergiert (siehe 18.11 auf Seite 533). Ohne die Abzählbarkeit des Wertebereichs $X(\Omega)$ macht die Summe keinen Sinn. Jetzt können wir aber den Erwartungswert mit dem Integral

$$\text{E}(X) := \text{P-}\int_\Omega X(\omega)\,d\omega$$

definieren und benötigen dazu lediglich die (weitaus allgemeinere) P-Integrierbarkeit von X. Tatsächlich sind beide Definitionen für einen abzählbaren Wertebereich gleich. So haben wir im obigen Beispiel den Erwartungswert berechnet. Allgemeiner gilt mit (3.4) auf Seite 107, übertragen auf das P-Integral (beachte, dass die Urbilder der Werte von X disjunkt sind und ihre Vereinigung ganz Ω ergibt):

$$\text{P-}\int_\Omega X(\omega)\,d\omega = \sum_{x \in X(\Omega)} \int_{X^{-1}(\{x\})} X(\omega)\,d\omega = \sum_{x \in X(\Omega)} \int_{X^{-1}(\{x\})} x\,d\omega$$

$$= \sum_{x \in X(\Omega)} P(X^{-1}(\{x\}))x = \sum_{x \in X(\Omega)} x P(X = x).$$

Die über den Erwartungswert definierte Varianz $\text{Var}(X) = \text{E}((X - \text{E}(X)^2)$ ist nun ebenfalls über das P-Integral erklärt:

$$\text{Var}(X) = \text{P-}\int_{\Omega} [X(\omega) - \text{E}(X)]^2 \, d\omega.$$

Beispiel 18.47 Wir betrachten $\Omega = [0,1]$, und als Ereignis-Algebra wählen wir die σ-Algebra der Lebesgue-messbaren Teilmengen von $[0,1]$ (siehe Kapitel 3.5.1). $P = m$ sei das Lebesgue-Maß m, das wegen $m([0,1]) = 1$ tatsächlich ein Wahrscheinlichkeitsmaß ist. Weiter sei $X : [0,1] \to \mathbb{R}$ eine Lebesgue-integrierbare und damit P-integrierbare Funktion, also eine Zufallsvariable. Es gilt:

$$\text{E}(X) = \text{P-}\int_{\Omega} X(\omega) \, d\omega = \text{L-}\int_0^1 X(t) \, dt.$$

Wählen wir speziell $X(\omega) := \omega^2$, so nimmt X überabzählbar viele Funktionswerte an, es handelt sich also nicht um eine diskrete Zufallsvariable. Ihr Erwartungswert berechnet sich mit dem klassischen Riemann-Integral:

$$\text{L-}\int_0^1 t^2 \, dt = \int_0^1 t^2 \, dt = \frac{1}{3}[1^3 - 0^3] = \frac{1}{3}.$$

Literaturverzeichnis

Bauer(1968). Bauer, H.: Wahrscheinlichkeitstheorie und Grundzüge der Maßtheorie. de Gruyter, Berlin, 1968.

Klenke(2020). Klenke, A.: Wahrscheinlichkeitstheorie. Springer Spektrum, Berlin Heidelberg, 2020.

Kolmogorov(1933). Kolmogorov, A.: Grundbegriffe der Wahrscheinlichkeitsrechnung. Springer, Berlin Heidelberg, 1933.

von Randow(2005). von Randow, G.: Das Ziegenproblem. Rowohlt, Hamburg, 2005.

Kapitel 19

Schließende Statistik

Wir setzen in diesem Kapitel die Ergebnisse der Wahrscheinlichkeitsrechnung ein, um auf der Basis unvollständiger Daten Aussagen zu treffen. Dabei können diese Aussagen nur mit einer gewissen Wahrscheinlichkeit gelten. Beispiele sind Wahlprognosen, Qualitätsprüfungen auf der Basis von Stichproben, Wettervorhersagen oder Monte-Carlo-Simulationen analoger Schaltkreise. Die Grundidee dabei ist das Gesetz der großen Zahlen und der Zentrale Grenzwertsatz. Obwohl man die Wahrscheinlichkeiten der Ausgänge eines Experiments nicht kennt, kann man durch hinreichend häufige unabhängige Wiederholung dieses Experiments und Übergang zum arithmetischen Mittel der Ergebnisse etwas über Wahrscheinlichkeiten sagen. Denn das arithmetische Mittel konvergiert gegen den Erwartungswert und ist annähernd normalverteilt – unabhängig davon, welche Verteilung das einzelne Experiment hat.

Das Kapitel fasst kurz einige wichtige Schätzverfahren zusammen. Dazu gehören die Punktschätzungen, bei denen ein Zahlenwert möglichst gut vorhergesagt werden soll. Bei Intervallschätzungen sucht man ein kleines Intervall, in dem ein vorherzusagender Wert mindestens mit vorgegebener Wahrscheinlichkeit liegt. Bei Hypothesentests soll entschieden werden, ob einer Hypothese aufgrund der vorliegenden Daten zugestimmt werden sollte oder ob sie abzulehnen ist. Mit der statistischen Prozesslenkung betrachten wir zudem ein Anwendungsbeispiel.

19.1 Punktschätzungen

In der beschreibenden Statistik haben wir die komplette statistische Masse (Grundgesamtheit) zur Verfügung. Die schließende Statistik dagegen beruht auf den Daten einer Stichprobe, die nur eine (in der Regel kleine) Teilmenge der statistischen Masse ist. Damit die Ergebnisse so aussehen, als hätte man die komplette statistische Masse untersucht, muss die Stichprobe die statistische Masse geeignet repräsentieren. Man spricht von einer **repräsentativen Stichprobe**. So sollten die relativen Häufigkeiten von Merkmalsausprägungen übereinstimmen. Man wählt dazu aber nicht gezielt Merkmalsträger aus der Grundgesamtheit aus, sondern überlässt dies dem Zufall. Dadurch stellen sich bei einer genügend großen Stichprobe automatisch annähernd die Häufigkeiten ein, die in der statistischen Masse vorliegen. Hier muss man aber dem Zufall eine Chance geben und darf die Stichprobe nicht durch eine gezielte Vorauswahl einschränken, vgl. [Quatember(2008), S. 119].

Wir sind nun nicht an den Merkmalsträgern einer Stichprobe interessiert, sondern an der Ausprägung eines ihrer Merkmale. Daher können wir Zufallsvariablen verwenden, die uns die Merkmalsausprägungen der Stichprobe liefern:

Definition 19.1 (Stichprobe) Unter einer **Zufallsstichprobe** vom Umfang n versteht man n stochastisch unabhängige und identisch verteilte (diskrete) Zufallsvariablen (**Stichprobenvariablen**) $X_1, \ldots, X_n$, wobei X_k die reelle Merkmalsausprägung des k-ten Elements der Stichprobe liefert.

Wir können die Definition so interpretieren: Wir greifen n-mal in die statistische Masse und ziehen jedes mal einen Merkmalsträger. Das Elementarereignis ω möge den Vektor dieser Merkmalsträger beschreiben. Die Stichprobenwerte $X_1(\omega), \ldots, X_n(\omega)$ sind dann die Merkmalsausprägungen zu den betrachteten n Merkmalsträgern.

Ist das Ziehen der Merkmalsträger eine Ziehen ohne Zurücklegen, können die Zufallsvariablen bei endlicher Grundgesamtheit nicht stochastisch unabhängig sein (siehe Bemerkung zur hypergeometrischen Verteilung auf Seite 528). Wir gehen also entweder von einem Ziehen mit Zurücklegen oder einer unendlichen (oder sehr großen) Grundgesamtheit aus. So kann man leichter mit den Zufallsvariablen rechnen. Auf der Grundlage einer Stichprobe möchte man z. B. angeben, wie viele Wähler sich bei einer bevorstehenden Wahl für eine bestimmte Partei entscheiden. Der gesuchte Prozentsatz entspricht der Wahrscheinlichkeit, dass ein zufälliger Wähler (und damit eine Stichprobenvariable) diese Partei wählt. Ein naheliegender Ansatz ist nun, die relative Häufigkeit aller Wähler der Partei in der Stichprobe als Schätzung dieser Wahrscheinlichkeit zu nehmen. Diese relative Häufigkeit muss nicht mit der (unbekannten) relativen Häufigkeit in der kompletten statistischen Masse übereinstimmen. Die Schätzung ist also mit einem Fehler behaftet, der sicherlich auch vom Umfang der Stichprobe beeinflusst ist. In diesem Abschnitt sehen wir uns zunächst Schätzfunktionen und ihre wichtigen Eigenschaften an. Dabei kümmern wir uns noch nicht um quantitative Abschätzungen des Fehlers. Das holen wir später nach, wenn wir Konfidenzintervalle berechnen (siehe insbesondere Kapitel 19.3.2).

Bei Punktschätzungen ist ein fester, aber unbekannter Parameter θ gesucht, der sich über eine Rechenvorschrift aus dem zugrunde liegenden Wahrscheinlichkeitsraum ergibt. θ ist keine Zufallsvariable, sondern eine feste Konstante wie z. B. der Erwartungswert, die Varianz oder eine Wahrscheinlichkeit. Diese Größen sind unabhängig von den Ergebnissen einzelner Experimente und, auch wenn man sie im Allgemeinen nicht kennt, eindeutig festgelegt.

Man möchte nun den gesuchten Parameter aus dem Ergebnis endlich vieler Experimente näherungsweise ermitteln. Die Zufallsvariable X_k möge dazu das Ergebnis des k-ten Versuchs ausdrücken. Damit entsteht eine Stichprobe, die wir mit den Mitteln der beschreibenden Statistik auswerten können. Dabei werden wir sehen, dass wir mit den Lage- und Streuungsparametern der beschreibenden Statistik die entsprechenden Parameter der Wahrscheinlichkeitsrechnung erhalten.

Definition 19.2 (Schätzer) Sei $f : \mathbb{R}^n \to \mathbb{R}$ eine reelle Funktion mit n Variablen. Wir setzen in f die n Zufallsvariablen einer Stichprobe ein. Die so gebildete Funktion (**Stichprobenfunktion**)

$$\hat{\theta} : \Omega \to \mathbb{R} \text{ mit } \hat{\theta} := f(X_1, X_2, \ldots, X_n)$$

sei selbst bereits wieder eine (diskrete) Zufallsvariable. Wird ihr Wert zur Schätzung eines gesuchten Parameters θ verwendet, so heißt sie **Schätzfunktion** bzw. **Schätzer** für θ.

Man nimmt also Stichprobenwerte $X_1(\omega), \ldots, X_n(\omega)$ und setzt diese in eine Rechenvorschrift (eine Funktion) f ein, um den Schätzwert des gesuchten Parameters zu erhalten. Die Stichprobe entsteht zufällig durch das beobachtete Elementarereignis $\omega \in \Omega$.

Beispiel 19.1 Das Stichprobenmittel

$$\hat{\mu} := \frac{1}{n} \sum_{k=1}^{n} X_k$$

ist eine Schätzfunktion für den (unbekannten, aber festen) Erwartungswert μ der identisch verteilten Zufallsvariablen X_k. Nach dem Gesetz der großen Zahlen konvergieren für $n \to \infty$ diese arithmetischen Mittel in einem geeigne-

ten Sinne gegen den Erwartungswert. Diese Schätzfunktion hat zwei „schöne"
Eigenschaften:

a) Der Erwartungswert des Schätzers ist gleich dem gesuchten Parameter μ:

$$\mathrm{E}(\hat{\mu}) = \mathrm{E}\left(\frac{1}{n}\sum_{k=1}^{n} X_k\right) = \frac{1}{n}\sum_{k=1}^{n} \mathrm{E}(X_k) = \mathrm{E}(X_1) = \mu.$$

Der Schätzer liefert also im Mittel tatsächlich den Wert, den er schätzen
soll. Wenn er das nicht täte, dann hätten wir damit einen prinzipiellen
Fehler.

b) Die Varianz des Schätzers konvergiert mit wachsendem n gegen null. Da
die X_k insbesondere paarweise stochastisch unabhängig und damit unkorreliert sind (siehe Seite 543), ist nach Satz 18.8

$$\mathrm{Var}\left(\frac{1}{n}\sum_{k=1}^{n} X_k\right) = \frac{1}{n^2}\sum_{k=1}^{n} \mathrm{Var}(X_k) = \frac{1}{n}\mathrm{Var}(X_1) \to 0 \quad (n \to \infty).$$

Der Schätzer wird damit immer genauer, je größer der Stichprobenumfang
wird. Streng genommen handelt es sich für jeden Stichprobenumfang n
um eine andere Schätzfunktion, so dass wir eine Folge von Schätzern diskutieren. Den Folgenparameter n schreibt man aber in der Regel nicht an
den Schätzer.

Definition 19.3 (Eigenschaften von Schätzern)

a) Eine Schätzfunktion $\hat{\theta}$ heißt **erwartungstreu (unverfälscht, unbia-
   sed)** genau dann, wenn ihr Erwartungswert der gesuchte Parameter θ
   ist, also wenn $\mathrm{E}(\hat{\theta}) = \theta$. Generell bezeichnet man die mittlere (systemati-
   sche) Abweichung $\mathrm{Bias}(\hat{\theta}) := \mathrm{E}(\hat{\theta}) - \theta$ einer Schätzfunktion $\hat{\theta}$ vom wahren
   Parameter θ als **Bias**.

b) Eine erwartungstreue Schätzfunktion $\hat{\theta}$ (genauer: eine Folge $(\hat{\theta}_n)_{n=1}^{\infty}$ von
   erwartungstreuen Schätzfunktionen) heißt **konsistent** genau dann, wenn
   bei wachsendem Stichprobenumfang die Varianz gegen null strebt:

$$\lim_{n\to\infty} \mathrm{Var}(\hat{\theta}) = \lim_{n\to\infty} \mathrm{Var}(\hat{\theta}_n) = 0.$$

Nach der Ungleichung von Tschebycheff (siehe Seite 542) gilt zum Beispiel
für einen erwartungstreuen, konsistenten Schätzer:

$$P(|\hat{\theta} - \mathrm{E}(\hat{\theta})| > \varepsilon) = P(|\hat{\theta} - \theta| > \varepsilon) \leq \frac{\mathrm{Var}(\hat{\theta})}{\varepsilon^2},$$

wobei man durch Wahl der Stichprobengröße die rechte Seite beliebig klein gestalten kann.

Beispiel 19.2 (Schätzer für eine Wahrscheinlichkeit) Wir haben das Kapitel mit der Frage begonnen, wie wir auf der Basis einer Stichprobe die Prozentpunkte einer Partei bei einer Wahl schätzen können. Dazu suchen wir die Wahrscheinlichkeit p, mit der ein beliebiger Wähler die Partei wählt.

Die n unabhängigen, identisch verteilten Stichprobenvariablen $X_1, \ldots, X_n$ drücken das Ergebnis einer zufälligen Umfrage aus. Dabei nimmt X_k den Wert 1 an, wenn der k-te befragte Wähler die Partei wählen möchte. Sonst ist sie 0. Die Wahrscheinlichkeit, dass 1 angenommen wird, ist das gesuchte, aber unbekannte p, also $P(X_k = 1) = p$. Für den Erwartungswert gilt: $\mathrm{E}(X_k) = 1 \cdot p + 0 \cdot (1 - p) = p$.

Wir haben bereits das Stichprobenmittel $\hat{\mu} := \frac{1}{n} \sum_{k=1}^{n} X_k$ als erwartungstreuen und konsistenten Schätzer für den Erwartungswert und damit für die gesuchte Wahrscheinlichkeit kennengelernt. Über die Güte dieser Schätzung machen wir uns in Abschnitt 19.3.2 Gedanken, siehe insbesondere Beispiel 19.6 auf Seite 573.

Neben der Schätzfunktion für den Erwartungswert ist eine Schätzfunktion für die Varianz wichtig. Dazu nehmen wir die Formel für die empirische Varianz. Hier wird gleichzeitig der Erwartungswert μ der unabhängigen, identisch verteilten $X_1, \ldots, X_n$ mitgeschätzt:

$$\hat{\sigma}^2 := \frac{1}{n-1} \sum_{i=1}^{n} \left(X_i - \frac{1}{n} \sum_{k=1}^{n} X_k \right)^2. \tag{19.1}$$

Auch dieser Schätzer ist erwartungstreu und konsistent. Wir rechnen die Erwartungstreue nach und benutzen dabei, dass für unabhängige Variablen X_k und X_l (für die die verwendeten Erwartungswerte existieren mögen) die Regel (18.17), also $\mathrm{E}(X_k X_l) = \mathrm{E}(X_k)\,\mathrm{E}(X_l)$, gilt. Da die Zufallsvariablen außerdem identisch verteilt sind, können wir $\mathrm{E}(X_k) = \mathrm{E}(X_1)$ und $\mathrm{E}(X_k^2) = \mathrm{E}(X_1^2)$ nutzen:

$$\mathrm{E}\left(\frac{1}{n-1} \sum_{l=1}^{n} \left(X_l - \frac{1}{n} \sum_{k=1}^{n} X_k \right)^2 \right)$$

$$= \frac{1}{n-1} \sum_{l=1}^{n} \left[\mathrm{E}(X_l^2) - \frac{2}{n} \mathrm{E}\left(\sum_{k=1}^{n} X_l X_k \right) + \frac{1}{n^2} \mathrm{E}\left(\sum_{k=1}^{n} \sum_{i=1}^{n} X_k X_i \right) \right]$$

$$= \frac{1}{n-1} \sum_{l=1}^{n} \left[\mathrm{E}(X_l^2) - \frac{2}{n} \mathrm{E}(X_l^2) - \frac{2}{n} \sum_{k \neq l} \mathrm{E}(X_l)\,\mathrm{E}(X_k) + \frac{1}{n^2} \sum_{k=1}^{n} \mathrm{E}(X_k^2) \right.$$

$$\left. + \frac{1}{n^2} \sum_{k=1}^{n} \sum_{i \neq k} \mathrm{E}(X_k)\,\mathrm{E}(X_i) \right]$$

$$= \frac{1}{n-1} \sum_{l=1}^{n} \left[\left[1 - \frac{2}{n} + \frac{n}{n^2} \right] \mathrm{E}(X_1^2) - \left[\frac{2(n-1)}{n} - \frac{n(n-1)}{n^2} \right] \mathrm{E}(X_1)^2 \right]$$

$$= \frac{n}{n-1} \left[\frac{n^2 - 2n + n}{n^2} \mathrm{E}(X_1^2) - \frac{2n^2 - 2n - n^2 + n}{n^2} \mathrm{E}(X_1)^2 \right]$$

$$= \mathrm{E}(X_1^2) - \mathrm{E}(X_1)^2 = \mathrm{Var}(X_1).$$

Dies ist der Grund, warum wir bei der empirischen Varianz durch $n-1$ und nicht durch n geteilt haben! Setzt man statt des Schätzers für den Erwartungswert einen bekannten Erwartungswert μ ein, muss man durch n teilen.

Werten wir also n unabhängige Zufallsexperimente mittels der beschreibenden Statistik aus, so ist die dabei berechnete empirische Varianz eine gute Schätzung für die stochastische Varianz.

Wenn wir später die Güte von Schätzungen untersuchen, benötigen wir dazu die Varianz der Stichprobenvariablen. Da diese in der Regel nicht bekannt ist, greifen wir auf die empirische Varianz zurück (siehe Kapitel 19.3.3).

In der Statistik werden häufig **Maximum-Likelihood-Schätzer** verwendet. Hier nimmt man aus plausiblen Gründen an, dass eine bestimmte Wahrscheinlichkeitsverteilung vorliegt, und bestimmt einen Parameter der Verteilung über ein Experiment. Durch die Annahme ist das Verfahren bereits mit einer Unsicherheit verbunden, denn der zu bestimmende Parameter ist nicht notwendigerweise wie in der Definition 19.2 ein Parameter des Wahrscheinlichkeitsraums. Vielmehr wird dies nur angenommen. Die Annahme einer Wahrscheinlichkeitsverteilung lässt sich allerdings mit statistischen Mitteln überprüfen (siehe Kapitel 19.4.3).

Um den Parameter der angenommenen Verteilung zu finden, definiert man eine Funktion (**Likelihood-Funktion**), die die Wahrscheinlichkeit des vorliegenden Experimentausgangs in Abhängigkeit des Parameters beschreibt. Ein Parameter, für den die Funktion maximal wird, ist dann die Maximum-Likelihood-Schätzung, siehe z. B. [Arens et al.(2022), S. 1510]. Man bestimmt den Parameter also so, dass der beobachtete Experimentausgang für diesen Parameter am wahrscheinlichsten ist.

Beispiel 19.3 Nimmt man an, dass eine Binomialverteilung $P(X = k) = \binom{n}{k} p^k (1-p)^{n-k}$ mit $n = 3$ vorliegt, und beobachtet den Wert $X = 1$, so schätzt man p so, dass für dieses p die Wahrscheinlichkeit von $X = 1$ im Vergleich zu anderen Werten von p maximal wird. Wir suchen also ein p, für das die Funktion

$$f(p) = \binom{3}{1} p^1 (1-p)^{3-1} = 3(p - 2p^2 + p^3)$$

ein Maximum annimmt. Für ein solches p muss die Ableitung null werden: $0 = f'(p) = 3 - 12p + 9p^2$. Die Nullstellen sind 1 und $\frac{1}{3}$. Wegen $f''(p) = -12 + 18p$ ist $f''\left(\frac{1}{3}\right) = -6 < 0$ und $f''(1) = 6 > 0$. Damit wird nur für $p = \frac{1}{3}$ ein lokales Maximum angenommen mit Wert $\frac{4}{9}$. An den Intervallrändern $p = 1$ und

$p = 0$ ist $f(p) = 0$. Da die stetige Funktion f auf $[0, 1]$ ein globales Maximum annimmt, liegt dieses bei $p = \frac{1}{3}$, und dieser Wert ist die Maximum-Likelihood-Schätzung für p.

19.2 Begriffe der Fehlerrechnung *

Man misst eine physikalische Größe häufig n-mal, um sie durch Bildung des arithmetischen Mittels genauer angeben zu können. Jeder Messwert x_k ist das Ergebnis einer Zufallsvariable X_k, $1 \leq k \leq n$, wobei die X_k identisch verteilt und stochastisch unabhängig sind. Dabei schätzt man den (gemeinsamen) Erwartungswert $E(X_1)$. Macht man keinen systematischen Fehler (z. B. dejustiertes Messgerät), so sollte der Erwartungswert mit der gesuchten Größe übereinstimmen.

Die (gemeinsame) Varianz der Zufallsvariablen X_k lässt sich annähernd als s^2 mit dem Schätzer (19.1) bestimmen, der die empirische Varianz der gegebenen n Messwerte berechnet. Die empirische Standardabweichung $s = \sqrt{s^2}$ ist eine Schätzung der Standardabweichung der Zufallsvariablen und heißt in der Fehlerrechnung **mittlerer Fehler der Einzelmessungen**. Dadurch, dass man zum arithmetischen Mittel übergeht, reduziert man diesen Fehler. Die Zufallsvariable $\overline{X} := \frac{1}{n} \sum_{k=1}^{n} X_k$ hat die Varianz $\frac{1}{n^2} \sum_{k=1}^{n} \mathrm{Var}(X_k) = \frac{1}{n} \mathrm{Var}(X_1)$ und die Standardabweichung $\sigma = \sqrt{\mathrm{Var}(X_1)/n}$, die durch $\frac{s}{\sqrt{n}}$ geschätzt wird. Wie beim Gesetz der großen Zahlen und beim Zentralen Grenzwertsatz diskutiert, konvergiert die Standardabweichung gegen null für $n \to \infty$.

Definition 19.4 (Unsicherheit) Man bezeichnet

$$u := \frac{s}{\sqrt{n}} = \frac{\sqrt{\frac{1}{n-1} \sum_{i=1}^{n} \left(x_i - \frac{1}{n} \sum_{k=1}^{n} x_k \right)^2}}{\sqrt{n}} \qquad (19.2)$$

als **mittleren Fehler des Mittelwerts** oder **Unsicherheit des Mittelwerts**.

Die Unsicherheit ist eine Schätzung der Standardabweichung des arithmetischen Mittels $\overline{X}$. Diese Zufallsvariable $\overline{X}$ ist als Konsequenz des Zentralen Grenzwertsatzes für große n annähernd normalverteilt, so dass man mit u die Standardabweichung und mit u^2 die Varianz dieser Normalverteilung annähernd kennt. Mit der Unsicherheit weiß man also sehr viel über das Verhalten der Mittelwerte.

Vielfach kann eine Größe nicht direkt gemessen werden, sondern sie berechnet sich über eine reellwertige Funktion $f(y_1, y_2, \ldots, y_m)$ aus m anderen

Messgrößen. Nun möchte man auf Basis der Daten der einzelnen Messgrößen auch Schätzungen für die zusammengesetzte Größe angeben. Dies haben wir bereits im Kontext der mehrdimensionalen Differenzialrechnung in Kapitel 1.5 diskutiert.

Seien $x_{1,1}, x_{1,2}, \ldots, x_{1,n_1}$ die Messwerte der ersten Messgröße (die in y_1 eingesetzt werden) mit zugehörigem arithmetischen Mittel $\overline{x_1}$. Entsprechend werden die Messwerte der weiteren Größen bezeichnet. Die Werte für die m-te Messgröße seien $x_{m,1}, x_{m,2}, \ldots, x_{m,n_m}$ mit Mittelwert $\overline{x_m}$. Die m Messgrößen mögen die Unsicherheiten $u_1, \ldots, u_m$ haben.

Als arithmetisches Mittel der zusammengesetzten Größe verwenden wir

$$\frac{1}{n_1 n_2 n_3 \cdots n_m} \sum_{k_1=1}^{n_1} \sum_{k_2=1}^{n_2} \cdots \sum_{k_m=1}^{n_m} f(x_{1,k_1}, x_{2,k_2}, \ldots, x_{m,k_m}),$$

wobei wir die Werte aller Einzelmessungen miteinander kombiniert haben.

Nun wollen wir die Unsicherheit u dieses Mittelwerts angeben. Das geht, wenn man die Funktion f in der Nähe des Vektors $(\overline{x_1}, \ldots, \overline{x_m})$ näherungsweise durch eine abgebrochene Taylor-Entwicklung erster Ordnung schreiben kann (siehe Satz 1.6 auf Seite 30, vgl. Kapitel 1.5)

$$f(y_1, y_2, \ldots, y_m) \approx f(\overline{x_1}, \ldots, \overline{x_m}) + \sum_{i=1}^{m} \frac{\partial f}{\partial y_i}(\overline{x_1}, \ldots, \overline{x_m})(\overline{x_i} - y_i)$$

und wenn die einzelnen Messgrößen unabhängig voneinander und damit unkorreliert sind. In diesem Fall gilt das Gauß'sche **Fehlerfortpflanzungsgesetz**

$$u \approx \sqrt{\sum_{k=1}^{m} \left(\frac{\partial f}{\partial y_k}(\overline{x_1}, \ldots, \overline{x_m}) \cdot u_k \right)^2}. \tag{19.3}$$

Man kann dieses Gesetz zeigen, indem man mittels der abgebrochenen Taylor-Entwicklung das arithmetische Mittel näherungsweise darstellt als $f(\overline{x_1}, \ldots, \overline{x_m})$. Dann setzt man das Ergebnis für das arithmetische Mittel in (19.2) ein. Außerdem teilt man dabei nicht durch $n - 1$, sondern durch n (was für große Werte kaum einen Unterschied macht), wobei wir für n nun $n_1 \cdot n_2 \cdots n_m$ setzen müssen:

$$u^2 \approx \frac{1}{(n_1 n_2 n_3 \cdots n_m)^2} \sum_{k_1=1}^{n_1} \sum_{k_2=1}^{n_2} \cdots \sum_{k_m=1}^{n_m} [f(x_{1,k_1}, x_{2,k_2}, \ldots, x_{m,k_m})$$
$$- f(\overline{x_1}, \ldots, \overline{x_m})]^2.$$

Daraus ergibt sich durch erneute Taylor-Entwicklung von f und unter Ausnutzung der Unabhängigkeit der einzelnen Messgrößen das Gesetz (19.3).

19.3 Intervallschätzungen, Konfidenzintervalle

Wir haben bislang nicht den möglichen Fehler betrachtet, den wir mit einer Punktschätzung machen. Hier helfen Intervallschätzungen, bei denen man keinen einzelnen Wert, sondern ein Intervall bestimmt, in dem der gesuchte Parameter mit angegebener hoher Wahrscheinlichkeit $1 - \alpha$ liegt. Beispielsweise ist die Prognose „Mit einer Wahrscheinlichkeit von 99% gewinnt eine bestimmte Partei 29% bis 31% der Stimmen" viel aussagekräftiger als „Voraussichtlich gewinnt die Partei 30% der Stimmen".

Definition 19.5 (Konfidenzintervall) Sei $0 \le \alpha \le 1$ eine kleine Wahrscheinlichkeit. Ein Intervall, welches mit der großen Wahrscheinlichkeit $1-\alpha$ den gesuchten Parameter θ beinhaltet, heißt **Konfidenzintervall (Vertrauensintervall) zum Niveau** $1 - \alpha$ für θ.

Man vertraut also diesem Intervall und kann das Ausmaß des Vertrauens (Konfident = Vertrauter) mit der Wahrscheinlichkeit $1 - \alpha$ angeben. Es ist üblich (wenn auch vielleicht etwas kompliziert aussehend), die Wahrscheinlichkeit hier mit $1 - \alpha$ zu bezeichnen, so dass α die (kleine) Fehlerwahrscheinlichkeit ist, dass der Parameter nicht im Konfidenzintervall liegt. Je größer $1 - \alpha$ gewählt wird, desto größer ist auch das Intervall. Für die Anwendungen reicht es in der Regel aus, wenn man ein möglichst kleines Intervall, das den Parameter mit **mindestens** der Wahrscheinlichkeit $1 - \alpha$ überdeckt, findet. Die Überdeckungswahrscheinlichkeit muss oft nicht genau gleich $1 - \alpha$ sein.

19.3.1 Erwartungswert bei bekannter Varianz

In diesem Abschnitt erweitern wir die Punktschätzung für den Erwartungswert zu einem Konfidenzintervall und geben damit die Genauigkeit der Schätzung an.

Als Stichprobenvariablen sind $X_1, \ldots, X_n$ stochastisch unabhängig und identisch verteilt. Wir erstellen eine Intervallschätzung für den (gemeinsamen) Erwartungswert μ. Hierzu verwenden wir die bekannte Punktschätzung mit der Schätzfunktion

$$\hat{\mu} := Z_n := \frac{1}{n} \sum_{k=1}^{n} X_k$$

auf der Zufallsstichprobe $X_1, \ldots, X_n$, wobei wir die (gemeinsame) Varianz σ^2 der Zufallsvariablen kennen. Es ist

$$\mathrm{Var}(Z_n) = \frac{1}{n} \mathrm{Var}(X_1) = \frac{\sigma^2}{n}.$$

Der Schätzer liefert uns eine Punktschätzung, aus der wir eine Intervallschätzung machen, indem wir das Intervall $[Z_n - c, Z_n + c]$ für ein $c > 0$ benutzen. Man beachte, dass das Intervall über die Stichprobe gebildet wird und damit das Ergebnis eines Zufallsexperiments ist. Wir konstruieren hier ein **zweiseitiges Konfidenzintervall**, da wir mit $Z_n - c$ sowohl eine untere als auch mit $Z_n + c$ eine obere Intervallgrenze ermitteln. Um dieses Konfidenzintervall zum Niveau $1 - \alpha$ zu erhalten, ist der Wert c nun so zu wählen, dass die Wahrscheinlichkeit, dass $\mu \in [Z_n - c, Z_n + c]$ ist, gleich $1 - \alpha$ ist. Diese Wahrscheinlichkeit ist gleich der Wahrscheinlichkeit von $|Z_n - \mu| \leq c$ bzw. von $Z_n \in [\mu - c, \mu + c]$.

Ist der Stichprobenumfang genügend groß ($n \geq 30$), können wir wegen des Zentralen Grenzwertsatzes für $Z_n = \frac{1}{n} \sum_{k=1}^{n} X_k$ die Approximation (18.23) benutzen:

$$P^{Z_n}([a,b]) = F^{Z_n}(b) - F^{Z_n}(a) \approx \Phi\left(\frac{\sqrt{n}}{\sigma}(b - \mu)\right) - \Phi\left(\frac{\sqrt{n}}{\sigma}(a - \mu)\right).$$

Damit ist also (mit (18.21))

$$P^{Z_n}([\mu - c, \mu + c]) = \Phi\left(\frac{\sqrt{n}}{\sigma}c\right) - \Phi\left(\frac{\sqrt{n}}{\sigma}(-c)\right) = 2\Phi\left(\frac{\sqrt{n}}{\sigma}c\right) - 1.$$

Demnach ist c so zu wählen, dass

$$2\Phi\left(\frac{\sqrt{n}}{\sigma}c\right) - 1 = 1 - \alpha \iff \Phi\left(\frac{\sqrt{n}}{\sigma}c\right) = 1 - \frac{\alpha}{2}$$

ist. Dann ist die Wahrscheinlichkeit von $\mu \in [Z_n - c, Z_n + c]$ genau $1 - \alpha$.

Man kann in Abhängigkeit von $1 - \frac{\alpha}{2}$ folgende Urbilder x für Φ bestimmen, d. h. $\Phi(x) = 1 - \frac{\alpha}{2} = [1 - \alpha + 1]/2$ ($1 - \frac{\alpha}{2}$-Quantil der Standardnormalverteilung, vgl. Tabelle 18.1 auf Seite 551):

$$1 - \alpha = 0{,}9 \implies x \approx 1{,}645,$$
$$1 - \alpha = 0{,}95 \implies x \approx 1{,}960,$$
$$1 - \alpha = 0{,}99 \implies x \approx 2{,}576.$$

Damit erhält man

$$c = x \cdot \frac{\sigma}{\sqrt{n}} = x \cdot \sqrt{\mathrm{Var}(Z_n)}.$$

Algorithmus zur Berechnung eines $1 - \alpha$ Konfidenzintervalls für den Erwartungswert bei bekannter Varianz σ^2 aus n Stichprobenwerten:

a) Berechne einen geschätzten Erwartungswert als Wert von Z_n, d. h. als arithmetisches Mittel der n Stichprobenwerte.

b) Zu α bestimme x mit $\Phi(x) = 1 - \frac{\alpha}{2}$ über eine Tabelle wie Tabelle 18.1 oder ein Computer-Algebra-Programm, z. B. $x \approx 1{,}645$ für $1 - \alpha = 0{,}9$.

c) Berechne c als $c = \frac{\sigma}{\sqrt{n}}x$, also z. B. für $1 - \alpha = 0{,}9$: $c \approx \frac{\sigma}{\sqrt{n}}1{,}645$.

Damit liegt der unbekannte Erwartungswert μ mit der Wahrscheinlichkeit $1 - \alpha$ im Intervall $[Z_n - c, Z_n + c]$.

Beispiel 19.4 Mit einem Kerbschlagbiegeversuch wird in der Werkstoffprüfung das Zähigkeitsverhalten von Werkstoffen bestimmt. Dazu wird eine Probe eingekerbt. Ein Pendelhammer zerschlägt die Probe, indem er mit einer bestimmten kinetischen Energie auf die ungekerbte Rückseite der Probe aufschlägt. Durch die Verformung der Probe wird kinetische Energie absorbiert, und der Pendelhammer schwingt auf der anderen Seite weniger hoch.

Für Blöcke aus Stahl werden bei zehn Kerbschlagversuchen die folgenden Werte für die Kerbschlagarbeit W in Joule gemessen:

64,3, 64,6, 64,5, 64,7, 64,5, 64,1, 64,6, 64,8, 64,3, 64,2.

Die Kerbschlagarbeit W sei normalverteilt mit $\sigma = 1$. Wir bestimmen das Konfidenzintervall zum Niveau 0,95 für die mittlere Kerbschlagarbeit μ. Die benötigten Daten sind $n = 10$, $\alpha = 0{,}05$ sowie x mit $\Phi(x) = 0{,}975$, also $x \approx 1{,}96$ und $\overline{W} = 64{,}46$. Mit $c = x\sigma/\sqrt{n} = \frac{1{,}96 \cdot 1}{3{,}162} = 0{,}62$ erhalten wir das Konfidenzintervall zum Niveau 0,95 aus der Ungleichung

$$\overline{W} - c \leq \mu \leq \overline{W} + c \iff 64{,}46 - 0{,}62 \leq \mu \leq 64{,}46 + 0{,}62$$
$$\iff \mu \in [63{,}84, \ 65{,}08].$$

Auf Basis der Messungen haben wir einen (hochplausiblen) Bereich für die Kerbschlagarbeit des verwendeten Stahls gefunden.

Die Definition des Konfidenzintervalls lässt auch einseitig unbegrenzte Konfidenzintervalle zu. Ersetzen wir in $[Z_n - c, Z_n + c]$ einen der beiden Randpunkte durch ∞, so erhalten wir ein **einseitiges Konfidenzintervall** $]-\infty, Z_n + c]$ oder $[Z_n - c, \infty[$ zum vergrößerten Niveau $1 - \alpha + \frac{\alpha}{2} = 1 - \frac{\alpha}{2}$. Möchte man auch hier das Niveau $1 - \alpha$ haben, so kann man c wie oben berechnen und muss nur statt α den Wert 2α verwenden.

Insbesondere sehen wir, dass es viele Konfidenzintervalle zu einem vorgegebenen Niveau gibt. Eine sinnvolle Wahl hängt von der Anwendung des Intervalls ab.

19.3.2 Wahrscheinlichkeit

Das Vorgehen im vorangehenden Absatz ist unabhängig vom konkreten Schätzer für den Erwartungswert, solange dieser erwartungstreu und (annähernd) normalverteilt ist. Betrachten wir statt der zuvor benutzten Z_n einen beliebigen Schätzer $\hat{\theta}$ für $\theta_0 = \mathrm{E}(\hat{\theta})$ mit Varianz σ^2, der diese Voraussetzungen erfüllt, so ist nach (18.22)

$$P\big(\,\mathrm{E}(\hat{\theta}) \in [\hat{\theta} - c, \hat{\theta} + c]\big) \approx 2\Phi\left(\frac{c}{\sigma}\right) - 1.$$

Mit einem $x > 0$, für das $\Phi(x) = 1 - \frac{\alpha}{2}$ gilt, und mit $c = x \cdot \sigma = x \cdot \sqrt{\mathrm{Var}(\hat{\theta})}$ ist analog zum vorangehenden Abschnitt wieder

$$P\left(\mathrm{E}(\hat{\theta}) \in \left[\hat{\theta} - x \cdot \sqrt{\mathrm{Var}(\hat{\theta})}, \ \hat{\theta} + x \cdot \sqrt{\mathrm{Var}(\hat{\theta})}\right]\right) \approx 1 - \alpha,$$

d. h. $\left[\hat{\theta} - x \cdot \sqrt{\mathrm{Var}(\hat{\theta})}, \ \hat{\theta} + x \cdot \sqrt{\mathrm{Var}(\hat{\theta})}\right]$ ist ein Konfidenzintervall zum Niveau $1 - \alpha$ für den zu schätzenden Parameter θ_0, der wegen der Erwartungstreue von $\hat{\theta}$ mit $\mathrm{E}(\hat{\theta})$ übereinstimmt.

Dies können wir anwenden, um ein Konfidenzintervall zum Niveau $1 - \alpha$ für eine unbekannte Wahrscheinlichkeit p für ein Ereignis zu berechnen. Wie in Beispiel 19.2 machen wir dazu n unabhängige Experimente und zählen, wie oft das Ereignis eingetreten ist. Dies ist der Wert einer $\mathrm{Bi}(n;p)$-verteilten Zufallsvariable X_n (Trefferzahl beim n-maligen Ziehen mit Zurücklegen) mit $\mathrm{E}(X_n) = np$ und bekannter $\mathrm{Var}(X_n) = np(1 - p)$.

Daraus wird mit $\hat{p} := \frac{1}{n}X_n$ ein erwartungstreuer Schätzer für die unbekannte Wahrscheinlichkeit p: Es ist $\mathrm{E}(\hat{p}) = \frac{1}{n}np = p$ und $\mathrm{Var}(\hat{p}) = \frac{1}{n^2}np(1 - p) = \frac{p(1-p)}{n}$. Um nun zum Konfidenzintervall zu kommen, nutzen wir aus, dass X_n $\mathrm{Bi}(n;p)$-verteilt ist. Mit dem Satz von de Moivre (Satz 18.12) lässt sich ihre Verteilung durch die einer Normalverteilung annähern. Genauer folgt, dass es eine Nullfolge $(\varepsilon_n)_{n=1}^{\infty}$ gibt, so dass für alle $t \in \mathbb{R}$:

$$P(\hat{p} \le t) = P\left(\frac{1}{n}X_n \le t\right) = P(X_n \le nt)$$

$$= \Phi\left(\frac{nt - np}{\sqrt{np(1 - p)}}\right) + \varepsilon_n = \Phi\left(\frac{t - p}{\sqrt{\frac{p(1-p)}{n}}}\right) + \varepsilon_n.$$

Damit ist der Schätzer $\hat{p}$ annähernd $\mathcal{N}(p; p(1 - p)/n)$-verteilt (bis auf einen kleinen Fehler ε_n), und wir können das eingangs angegebene Konfidenzintervall für den Erwartungswert einer normalverteilten Zufallsvariable anwenden. Für p erhalten wir also mit der aus Tabelle 18.1 zu bestimmenden Zahl x, die $\Phi(x) = 1 - \frac{\alpha}{2}$ erfüllt, das Konfidenzintervall

$$\left[\hat{p} - x \cdot \sqrt{\frac{p(1 - p)}{n}}, \ \hat{p} + x \cdot \sqrt{\frac{p(1 - p)}{n}}\right].$$

Das Problem dabei ist, dass hier noch p vorkommt. Man darf allerdings p durch dessen Punktschätzung $\hat{p}$ ersetzen ohne einen zu großen Fehler zu machen. Damit erhält man das gängige Wald-Intervall

$$\left[\hat{p} - x \cdot \sqrt{\frac{\hat{p}(1-\hat{p})}{n}}, \ \hat{p} + x \cdot \sqrt{\frac{\hat{p}(1-\hat{p})}{n}}\right].$$

Allerdings ist die Wahrscheinlichkeit, dass kleine oder große gesuchte Wahrscheinlichkeiten p in diesem Intervall liegen, deutlich kleiner als $1 - p$. Eine Berücksichtigung der für p eingesetzten Punktschätzung führt zum genaueren Wilson-Intervall, siehe z. B. [Dalitz(2017)]:

$$\left[\frac{\hat{p} + \frac{x^2}{2n} - x \cdot \sqrt{\frac{\hat{p}(1-\hat{p})}{n} + \frac{x^2}{4n^2}}}{1 + \frac{x^2}{n}}, \ \frac{\hat{p} + \frac{x^2}{2n} + x \cdot \sqrt{\frac{\hat{p}(1-\hat{p})}{n} + \frac{x^2}{4n^2}}}{1 + \frac{x^2}{n}}\right].$$

Beispiel 19.5 Um die Wahrscheinlichkeit zu schätzen, mit der ein Zug (in einem anderen Land als Deutschland) Verspätung hat, werden innerhalb einer Stunde alle verspäteten (100) und alle pünktlichen Züge (1 900) gezählt. Damit ist die relative Häufigkeit $\hat{p} = \frac{100}{2\,000} = 0,05$ eine Schätzung der Wahrscheinlichkeit. Wir suchen ein Intervall, das mit 99%-iger Sicherheit ($\alpha = 0,01$) die tatsächliche Wahrscheinlichkeit p überdeckt. Aus $\Phi(x) = 1 - 0,005 = 0,995$ erhalten wir $x = 2,5758$ und das Wald-Konfidenzintervall

$$\left[0,05 - 2,5758 \cdot \sqrt{\frac{0,05 \cdot 0,95}{2\,000}}, \ 0,05 + 2,5758 \cdot \sqrt{\frac{0,05 \cdot 0,95}{2\,000}}\right] \approx [0,037, \ 0,062].$$

Völlig analog erhält man ein Konfidenzintervall für das Abschneiden einer Partei bei einer Wahl (siehe Beispiel 19.2).

Beispiel 19.6 (Bestimmung der Stichprobengröße) Häufig ist die Breite des Konfidenzintervalls bereits vorgegeben, d. h., eine gewisse Genauigkeit der Schätzung wird erwartet. Um diese Genauigkeit zu treffen, kann man die Anzahl der Experimente n variieren. Wie groß muss man n bei einem vorgegebenen $\varepsilon > 0$ wählen, damit die Wahrscheinlichkeit, dass die zu schätzende unbekannte Wahrscheinlichkeit p im Intervall $[\hat{p} - \varepsilon, \hat{p} + \varepsilon]$ liegt, mindestens $1 - \alpha$ ist?

Dazu wählen wir n so groß, dass $x \cdot \sqrt{\frac{p(1-p)}{n}} < \varepsilon$ bzw. $x \cdot \sqrt{\frac{\hat{p}(1-\hat{p})}{n}} < \varepsilon$ ist, wobei $\Phi(x) = 1 - \frac{\alpha}{2}$. Da p nicht bekannt ist und $\hat{p}$ von der Anzahl der Experimente abhängt, nutzen wir aus, dass $p(1-p) \leq \frac{1}{4}$ und $\hat{p}(1-\hat{p}) \leq \frac{1}{4}$ sind ($t(1-t)$ ist auf $[0,1]$ nicht-negativ und hat das Maximum bei $t = \frac{1}{2}$). Damit verlangen wir $x \cdot \frac{1}{2\sqrt{n}} < \varepsilon$ bzw. $n > \left(\frac{x}{2\varepsilon}\right)^2$. Soll also die zu schätzende Wahrscheinlichkeit selbst mindestens mit Wahrscheinlichkeit 0,99 in einem Konfidenzintervall mit Radius $\varepsilon = 0,01$ (maximale Abweichung: ein Prozentpunkt) um den Schätzwert liegen, so wird das mit

$$n > \left(\frac{2,5758}{2 \cdot 0,01}\right)^2 \approx 16\,587$$

Stichprobenwerten erreicht. Verlangt man nur eine Sicherheit von 0,9 für das Konfidenzintervall, so ergeben sich die Parameter $\alpha = 0,1$, $\Phi(x) = 1 - \frac{\alpha}{2} = 0,95$ und $x = 1,6449$. Erlaubt man zudem eine Abweichung von fünf Prozentpunkten ($\varepsilon = 0,05$), so ist

$$n > \left(\frac{1,6449}{2 \cdot 0,05}\right)^2 \approx 271$$

zu wählen.

19.3.3 Erwartungswert bei unbekannter Varianz

Bei der Ermittlung des Konfidenzintervalls haben wir in Abschnitt 19.3.1 die bekannte Varianz σ^2 der Zufallsvariable verwendet. Realistischer ist jedoch, dass weder Erwartungswert noch Varianz bekannt sind und man die Varianz mit dem bereits bekannten Schätzer

$$\hat{\sigma}^2 := \frac{1}{n-1} \sum_{i=1}^{n} \left(X_i - \frac{1}{n} \sum_{k=1}^{n} X_k\right)^2$$

ermitteln muss. Sind die identisch verteilten, unabhängigen Zufallsvariablen X_i schon normalverteilt, so kann man analog zur Situation eines bekannten σ^2 vorgehen, muss aber statt der Normalverteilung die **Student'sche t-Verteilung** nutzen:

Zu $1 - \alpha$ bestimme einen Wert x mit $F_{n-1}(x) = 1 - \frac{\alpha}{2}$, wobei F_{n-1} die Verteilungsfunktion der t-Verteilung mit $n - 1$ Freiheitsgraden ist. Diese ähnelt der Standardnormalverteilung, die zugehörige Dichte ist insbesondere eine gerade Funktion, also achsensymmetrisch mit $F_n(0) = \frac{1}{2}$. Der Wert x kann auch ohne Kenntnisse dieser Funktion nachgeschlagen oder mit einem Mathematikprogramm berechnet werden, siehe Tabelle 19.1. Mit der Zahl x ist das gesuchte Konfidenzintervall

$$\left[Z_n - x \cdot \frac{\hat{\sigma}}{\sqrt{n}}, \; Z_n + x \cdot \frac{\hat{\sigma}}{\sqrt{n}}\right].$$

Beispiel 19.7 Gegeben seien $n = 5$ Messdaten für den maximalen Durchmesser d von Kartoffeln in Zentimeter (als Werte von 5 unabhängigen, identisch normalverteilten Zufallsvariablen):

$$10, \quad 10,12, \quad 8,7, \quad 9,9, \quad 9,5.$$

Tatsächlich ist Gauß durch einen Größenvergleich von Kartoffeln auf die Standardnormalverteilung gestoßen. Wir berechnen das Konfidenzintervall für den Erwartungswert des Durchmessers zum Niveau $1 - \alpha = 0,99$. Es ist $Z_5 = \overline{d} = 9,644$ und

$$\hat{\sigma} = s = \sqrt{\frac{1}{4}\left((10 - 9,644)^2 + \cdots + (9,5 - 9,644)^2\right)} \approx 0,57678.$$

Aus $F_4(x) = 1 - \frac{\alpha}{2} = 0,995$ kann man mit Tabelle 19.1 den Wert $x \approx 4,604$ bestimmen und erhält weiter $x \cdot \frac{\hat{\sigma}}{\sqrt{n}} \approx 4,604 \cdot \frac{0,57678}{\sqrt{5}} \approx 1,188$. Das Konfidenzintervall lautet

$$[9,644 - 1,188, \ 9,644 + 1,188] \approx [8,456, \ 10,832].$$

Tabelle 19.1 Quantile der Verteilungsfunktionen $F_n(x)$ der t-Verteilung zu $n = 4, 10, 20$ und 30 Freiheitsgraden

$F_4(x)$	0,95	0,96	0,97	0,98	0,99	0,995	0,999	0,9995	0,9999
x	2,1318	2,3329	2,6008	2,9985	3,7469	4,6041	7,1732	8,6103	13,0337

$F_{10}(x)$	0,95	0,96	0,97	0,98	0,99	0,995	0,999	0,9995	0,9999
x	1,8125	1,9481	2,1202	2,3593	2,7638	3,1693	4,1437	4,5869	5,6938

$F_{20}(x)$	0,95	0,96	0,97	0,98	0,99	0,995	0,999	0,9995	0,9999
x	1,7247	1,8443	1,9937	2,1967	2,5280	2,8453	3,5518	3,8495	4,5385

$F_{30}(x)$	0,95	0,96	0,97	0,98	0,99	0,995	0,999	0,9995	0,9999
x	1,6973	1,8120	1,9546	2,1470	2,4573	2,7500	3,3852	3,6460	4,2340

Für große Werte von n kann die t-Verteilung F_n näherungsweise durch die handlichere Standardnormalverteilung Φ ersetzt werden. Groß bedeutet in der Praxis etwa $n \geq 30$. Dann sind auch die arithmetischen Mittel Z_n selbst in der Situation annähernd normalverteilt, in der die Verteilung der X_i nicht bekannt oder keine Normalverteilung ist. Bei genügend großem Stichprobenumfang kann man wie in Kapitel 19.3.1 rechnen, wenn man das dort bekannte σ^2 durch $\hat{\sigma}^2$ ersetzt.

19.3.4 Statistische Prozesslenkung *

Die Statistische Prozesslenkung (Statistical Process Control, SPC) wurde bereits 1931 von Walter Shewhard konzipiert und hat sich zu einem der wichtigsten Werkzeuge der Qualitätssicherung entwickelt. SPC ermöglicht Aussagen über den Zustand eines Fertigungsprozesses auf Basis von Stichproben. Die Ergebnisse der Stichproben werden mit Regelkarten erfasst und bewertet,

Abb. 19.1 Eine $\overline{x}$-Regelkarte

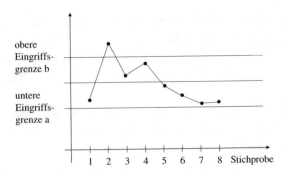

siehe z. B. [Logothetis(1992)], [Theden und Colsman(2002)]. Die Mathematik steckt im Aufbau der Regelkarte und muss von einem Arbeiter, der Kontrollen durchführt, nicht verstanden werden. Damit geben wir uns hier aber nicht zufrieden.

Bei der Durchführung der SPC werden in regelmäßigen Abständen (z. B. stündlich) Zufallsstichproben aus dem Prozess gezogen. Oft betrachtet man $k = 20$ Zufallsstichproben. Jede Stichprobe i hat einen möglichst großen Umfang n, ausgedrückt durch die Zufallsvariablen $X_{i,1}, \dots, X_{i,n}$. Zu jeder Stichprobe i wird als Schätzer des Erwartungswerts

$$\overline{X}_i := \frac{1}{n} \sum_{l=1}^{n} X_{i,l}$$

verwendet. Die damit gewonnenen k Punktschätzungen werden dann in eine sogenannte $\overline{x}$-Regelkarte eingetragen, siehe Abbildung 19.1 und für weitere Typen von Regelkarten z. B. [Theden und Colsman(2002)].

Auf der Basis der Werte aller Zufallsstichproben $X_{1,1}, \dots, X_{k,n}$ kann man zudem eine Intervallschätzung für den Erwartungswert (bei unbekannter Varianz) vornehmen, wobei ein Konfidenzintervall $[a, b]$ zum (hohen) Niveau $1 - \alpha$ bestimmt wird. Liegen nun einzelne Punktschätzungen des Erwartungswerts außerhalb dieses Konfidenzintervalls, dann ist das ein Anzeichen dafür, dass evtl. mit dem Prozess etwas nicht stimmt (z. B. durch Verstellung von Maschinen liegt keine identische Verteilung vor).

Wir sehen uns das Verfahren etwas genauer an: Für jede Stichprobe i sind die $X_{i,l}$, $1 \leq l \leq n$, stochastisch unabhängig und identisch verteilt. Bei genügend großem n sind damit die $\overline{X}_i$ nach dem Zentralen Grenzwertsatz annähernd $\mathcal{N}(\mu, \sigma^2/n)$-verteilt. Ist der Prozess in Ordnung, so geht man davon aus, dass nicht nur die Zufallsvariablen einer Stichprobe, sondern die aller Stichproben stochastisch unabhängig und identisch verteilt sind. Als Punktschätzung für den Erwartungswert μ verwenden wir daher:

$$\hat{\mu} := \overline{\overline{X}} := \frac{1}{k} \sum_{i=1}^{k} \overline{X}_i = \frac{1}{kn} \sum_{i=1}^{k} \sum_{l=1}^{n} X_{i,l}.$$

Um einen Anhaltspunkt für die Varianz zu bekommen, wird die Spannweite R_i der i-ten Stichprobe berechnet:

$$R_i := \max\left\{X_{i,l} - X_{i,m} : l, m \in \{1, 2, \dots, n\}\right\}.$$

Damit approximieren wir die Varianz σ^2 bzw. die Standardabweichung σ durch

$$\hat{\sigma} := \frac{\overline{R}}{d_2(n)} \text{ mit } \overline{R} := \frac{1}{k}\sum_{i=1}^{k} R_i,$$

wobei man den Wert für d_2 der Tabelle 19.2 entnehmen kann. Die Zufalls-

Tabelle 19.2 Werte für die Statistische Prozesslenkung, siehe z. B. [Logothetis(1992), S. 237]

n	2	3	4	5	6	7	8	9	10
$d_2(n)$	1,128	1,693	2,059	2,326	2,534	2,704	2,847	2,970	3,078

variablen $\overline{X}_i$ haben damit eine Verteilungsfunktion, die durch $\Phi\left(\dfrac{x - \hat{\mu}}{\hat{\sigma}/\sqrt{n}}\right)$ approximiert wird.

Die Ergebnisse der Untersuchung werden in Regelkarten eingetragen. Bei der $\overline{X}$-Karte werden die Schranken (Quantile) $\hat{\mu} - 3\frac{\hat{\sigma}}{\sqrt{n}}$ und $\hat{\mu} + 3\frac{\hat{\sigma}}{\sqrt{n}}$ sowie die einzelnen $\overline{X}$-Werte eingezeichnet. Verfeinerungen des Ansatzes benutzen z. B. weitere Schranken bei $\mu - 2\frac{\hat{\sigma}}{\sqrt{n}}$ und $\mu + 2\frac{\hat{\sigma}}{\sqrt{n}}$ und teilen die Skala damit in grüne, gelbe und rote Zonen ein.

Die Wahrscheinlichkeit α, dass bei dieser Normalverteilung ein Wert $\overline{X}_i$ außerhalb des Intervalls $[\hat{\mu} - 3\frac{\hat{\sigma}}{\sqrt{n}}, \hat{\mu} + 3\frac{\hat{\sigma}}{\sqrt{n}}]$ und damit in der roten Zone liegt, ist ungefähr

$$\alpha_1 = 1 - \left[\Phi\left(\frac{\hat{\mu} + 3\frac{\hat{\sigma}}{\sqrt{n}} - \hat{\mu}}{\hat{\sigma}/\sqrt{n}}\right) - \Phi\left(\frac{\hat{\mu} - 3\frac{\hat{\sigma}}{\sqrt{n}} - \hat{\mu}}{\hat{\sigma}/\sqrt{n}}\right)\right]$$

$$= 1 - [\Phi(3) - \Phi(-3)] = 1 - 2\left[\Phi(3) - \frac{1}{2}\right] = 2 - 2\Phi(3)$$

$$\approx 2 - 2 \cdot 0{,}9986 = 0{,}0028,$$

also gleich 0,28%. Das ist so gering und damit unwahrscheinlich, dass die Ursache dieses dennoch eingetretenen $\overline{X}_i$ untersucht werden sollte. Hier kann sich etwas verstellt haben, so dass die Zufallsvariablen unterschiedlicher Stichproben doch nicht identisch verteilt sind. In einer Regelkarte wird der Bereich außerhalb dieses Intervalls rot markiert.

Liegt dagegen ein Wert zwar noch innerhalb dieses Intervalls aber in Randnähe, so kann eine Warnung sinnvoll sein. Die Wahrscheinlichkeit für einen Wert außerhalb von $[\hat{\mu} - 2\frac{\hat{\sigma}}{\sqrt{n}},\ \hat{\mu} + 2\frac{\hat{\sigma}}{\sqrt{n}}]$ ist ungefähr $\alpha_2 = 2 - 2\Phi(2) \approx$ $2 - 2 \cdot 0{,}9772\ =\ 0{,}0456$. Die beiden Streifen $[\hat{\mu} - 3\frac{\hat{\sigma}}{\sqrt{n}},\ \hat{\mu} - 2\frac{\hat{\sigma}}{\sqrt{n}}[$ und $]\hat{\mu} + 2\frac{\hat{\sigma}}{\sqrt{n}},\ \hat{\mu} + 3\frac{\hat{\sigma}}{\sqrt{n}}]$ sind der gelbe Bereich der Regelkarte.

Beispiel 19.8 Wir wenden die Statistische Prozesslenkung im Form einer $\overline{X}$-Regelkarte für die sieben Stichproben aus Tabelle 19.3 an und erhalten den

Tabelle 19.3 Stichprobendaten für eine Regelkarte

Stichprobe	Mittel-wert	Spann-weite	Stichprobe	Mittel-wert	Spann-weite
(10, 9, 8, 11, 12)	10	4	(10, 10, 10, 10, 10)	10	0
(1, 17, 10, 11, 11)	10	16	(9, 9, 9, 9, 9)	9	0
(1, 2, 3, 4, 5)	3	4	(11, 11, 11, 11, 11)	11	0
(15, 16, 17, 18, 19)	17	4			

geschätzten Erwartungswert $\hat{\mu} = \frac{1}{7}(10+10+3+17+10+9+11) = 10$ und mit $\overline{R} = 4$ die geschätzte Standardabweichung $\hat{\sigma}/\sqrt{n} = 4/(\sqrt{7} \cdot 2{,}326) = 0{,}77$. Damit sind alle Mittelwerte außerhalb von $[10 - 2 \cdot 0{,}77,\ 10 + 2 \cdot 0{,}77] =$ $[8{,}46,\ 11{,}54]$ kritisch (im gelben oder roten Bereich). Dies sind 3 und 17.

19.4 Hypothesentests

Häufig möchte man nicht nur Parameter schätzen, sondern möchte mittels eines Tests auf Basis einer Stichprobe wissen, ob man eine Aussage (**Nullhypothese**) H_0 akzeptieren oder zu Gunsten einer Alternativhypothese $H_1 =$„H_0 gilt nicht" ablehnen sollte. Dazu sind die Hypothese sowie die Testvorschrift vor Durchführung der Stichprobe festzulegen (damit man sie nicht nachträglich der Beobachtung anpassen kann). Diese Regel wird häufig verletzt, um z. B. bei einer Studie irgendein Ergebnis in die Stichprobe hereinzuinterpretieren.

19.4.1 Ablehnung einer Hypothese mittels Konfidenzintervall

Als Beispiel betrachten wir die Nullhypothese, dass ein Parameter θ, der sich über eine Rechenvorschrift aus dem zugrunde liegenden Wahrscheinlichkeitsraum ergibt, gleich einem Wert θ_0 sei. Hier ist θ wie bei der Betrachtung von Schätzern eine Kennzahl des Wahrscheinlichkeitsraums, die unabhängig von den Ausgängen einzelner Experimente ist und die man in der Regel nicht kennt. Man kann also nur vermuten, dass dieser Parameter den Wert θ_0 hat. Diese Nullhypothese lautet:

$$H_0: \quad \theta = \theta_0.$$

Wir kennen zwar θ nicht, können aber die Kennzahl wie zuvor über eine Stichprobe schätzen. Dazu berechnen wir über einen Schätzer $\hat{\theta}$ ein Konfidenzintervall zum (hohen) Niveau $1 - \alpha$ (häufig: $\alpha = 0{,}05$). Der wahre Parameter θ liegt mit der Wahrscheinlichkeit $1 - \alpha$ in diesem statistisch ermittelten Intervall. Die Wahrscheinlichkeit, dass θ_0 nicht im Konfidenzintervall liegt, aber die Nullhypothese $\theta = \theta_0$ gilt, ist damit nicht mehr als α (z. B. 0,05). Damit ist die Nullhypothese abzulehnen, wenn sich θ_0 nicht im Konfidenzintervall befindet. Man sagt, die Abweichung von der Nullhypothese ist **signifikant**, und spricht auch von einem **Signifikanztest**. Falls aber θ_0 im Konfidenzintervall liegt, hat man nicht die Hypothese verifiziert – sie kann immer noch mit großer Wahrscheinlichkeit falsch sein. Wir können sie lediglich auf Basis der Stichprobe nicht ablehnen.

Man hat es hier mit zwei möglichen Fehlertypen zu tun:

- Eine korrekte Nullhypothese abzulehnen, nennt man **Fehler erster Art**. Diesen Fehler macht man, wenn trotz $\theta = \theta_0$ der Wert θ_0 außerhalb des berechneten Konfidenzintervalls liegt. Die Wahrscheinlichkeit, dass das passiert, ist α. Im Beispiel 18.20 auf Seite 513 liefert ein Test zur Hypothese „Der Mensch ist gesund." einen großen Fehler erster Art von $\alpha = 0{,}2$. α heißt das **Signifikanzniveau** des Tests.
- Eine falsche Nullhypothese nicht abzulehnen, nennt man **Fehler zweiter Art**. Im Beispiel 18.20 ist dieser Fehler 0,01.

Häufig besteht bei Tests ein Trade-Off zwischen diesen beiden Fehlern, d. h., dass man nicht beide Fehler gleichzeitig klein halten kann.

19.4.2 Vergleich zweier geschätzter Wahrscheinlichkeiten

In Abschnitt 19.3.2 haben wir das Konfidenzintervall zum Niveau $1 - \alpha$ für eine Wahrscheinlichkeit p_1 eines Ereignisses E_1 kennengelernt, die mit einem Schätzer $\hat{p}_1$ ermittelt wurde. Dabei zählt $\hat{p}_1$, wie oft das Ereignis E_1 beim n_1-maligen Ziehen mit Zurücklegen eintrifft und dividiert diese Summe durch n_1. Die Verteilung von $\hat{p}_1$ lässt sich bei genügend großem n_1 durch $\mathcal{N}(p_1; p_1(1-p_1)/n_1)$ approximieren. Ist $\hat{p}_2$ eine zu $\hat{p}_1$ stochastisch unabhängige Zufallsvariable, die analog die Wahrscheinlichkeit eines Ereignisses E_2 auf Basis von n_2 Werten schätzt, so interessiert uns, ob wir die Nullhypothese N_0: $p_1 = p_2$ anhand der Ergebnisse der Schätzer ablehnen müssen. Wir fragen uns also, ob der durch den Wahrscheinlichkeitsraum vorgegebene Parameter $p_1 - p_2$ mit dem Wert 0 übereinstimmt: N_0: $p_1 - p_2 = 0$. Dazu ermitteln wir zu $\hat{p}_1 - \hat{p}_2$ ein Konfidenzintervall zum hohen Niveau $1 - \alpha$ für $p_1 - p_2$. Liegt der

Wert 0 nicht im Intervall, dann ist die Wahrscheinlichkeit von $p_1 - p_2 = 0$, also $p_1 = p_2$, höchstens α. Bei kleinem α ist damit die Nullhypothese abzulehnen.

Wir benötigen zur Berechnung des Konfidenzintervalls die Verteilung von $\hat{p}_1 - \hat{p}_2$. Dabei hilft der Additionssatz der Normalverteilung [Sachs(2003), S. 126], auf den wir hier nicht näher eingehen können, da wir nur diskrete Zufallsvariablen betrachten. Für unsere Zwecke reicht: Sind X_1 bzw. X_2 stochastisch unabhängige Zufallsvariablen, deren Verteilung durch $\mathcal{N}(\mu_1, \sigma_1^2)$ bzw. $\mathcal{N}(\mu_2, \sigma_2^2)$ approximiert werden kann, dann kann die Verteilung von $X_1 + X_2$ durch $\mathcal{N}(\mu_1 + \mu_2, \sigma_1^2 + \sigma_2^2)$ approximiert werden.

Damit ist $\hat{p}_1 - \hat{p}_2$ annähernd $\mathcal{N}(p_1 - p_2, \frac{p_1(1-p_1)}{n_1} + \frac{p_2(1-p_2)}{n_2})$ verteilt (beachte: $-\hat{p}_2$ ist annähernd $\mathcal{N}(-p_2, \frac{p_2(1-p_2)}{n_2})$-verteilt).

Ein $1-\alpha$-Konfidenzintervall ergibt sich für die Zahl $x > 0$ mit $\Phi(x) = 1 - \frac{\alpha}{2}$ zu

$$
\left[\hat{p}_1 - \hat{p}_2 - x \cdot \sqrt{\frac{p_1(1-p_1)}{n_1} + \frac{p_2(1-p_2)}{n_2}}, \right.
$$

$$
\left. \hat{p}_1 - \hat{p}_2 + x \cdot \sqrt{\frac{p_1(1-p_1)}{n_1} + \frac{p_2(1-p_2)}{n_2}} \right].
$$

Hier kann man wieder p_1 durch $\hat{p}_1$ und p_2 durch $\hat{p}_2$ ersetzen ohne einen zu großen Fehler zu machen.

Jetzt können wir am Ende des Kapitels die Fragestellung der Einleitung beantworten (siehe Seite 461):

Beispiel 19.9 In einem Softwareprojekt wird die Anzahl der nach einer gewissen Zeit gefundenen Fehler pro Klasse als Qualitätsmaß eingesetzt. Zur Klasse A mit 1 000 Programmzeilen wurden 10 Fehler gefunden, zur Klasse B mit 2 000 Programmzeilen wurden 18 Fehler gefunden. Damit haben wir Schätzwerte für die Fehlerwahrscheinlichkeiten (Wahrscheinlichkeit eines Fehlers pro Programmzeile) p_1 und p_2: $\hat{p}_1(\omega) = \frac{10}{1\,000} = 0{,}01$ und $\hat{p}_2(\omega) = \frac{18}{2\,000} = 0{,}009$. Zu $\alpha = 0{,}05$ ist $x = 1{,}96$, und damit erhalten wir das (gerundete) Konfidenzintervall

$$
\left[0{,}01 - 0{,}009 - 1{,}96\sqrt{\frac{0{,}01(1-0{,}01)}{1\,000} + \frac{0{,}009(1-0{,}009)}{2\,000}}, \ 0{,}001 + 1{,}96 \cdot 0{,}0038 \right],
$$

also $[-0{,}006448, \ 0{,}008448]$. Da 0 in diesem Intervall enthalten ist, kann die Nullhypothese einer gleichen Wahrscheinlichkeit zum Signifikanzniveau $\alpha = 0{,}05$ nicht abgelehnt werden. Wir können nicht schließen, dass das Team, das Klasse A erstellt hat, schlechter arbeitet als das Team von Klasse B.

19.4.3 Test auf eine Wahrscheinlichkeitsverteilung

Neben dem Vergleich zweier Wahrscheinlichkeiten kann man auch testen, ob eine vermutete Wahrscheinlichkeitsverteilung tatsächlich vorliegt. Die Nullhypothese beim sogenannten **Chi-Quadrat-Test** (χ^2-Test) ist dabei, dass die angenommene Verteilung vorliegt. Beim Test wird eine nicht-negative Zufallsvariable χ^2 eingesetzt, die bei wahrer Nullhypothese einer **Chi-Quadrat-Verteilung** (χ^2-Verteilung) genügt (siehe Abbildung 19.2).

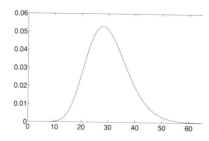 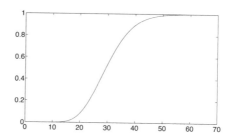

Abb. 19.2 Dichtefunktion und Verteilungsfunktion der χ^2-Verteilung zum Freiheitsgrad 30

Sei $x_{1-\alpha}$ die Stelle, an der die χ^2-Verteilung den Wert $1-\alpha$ annimmt: $x_{1-\alpha}$ ist das $1-\alpha$-Quantil der Verteilung. Dann ist Wahrscheinlichkeit, einen Wert aus $[0, x_{1-\alpha}]$ zu beobachten, gleich $1-\alpha$, und einen Wert aus $]x_{1-\alpha}, \infty[$ zu beobachten, gleich α. Die Nullhypothese zum Niveau $1-\alpha$ ist abzulehnen, wenn ein Wert größer als $x_{1-\alpha}$ beobachtet wird, da dieses Ergebnis bei einem kleinen α sehr unwahrscheinlich ist. Die Annahme, dass eine χ^2-Verteilung vorliegt, ist damit unwahrscheinlich, so dass die Nullhypothese vermutlich nicht wahr ist. Genauso haben wir auch mit der Normalverteilung bei der Statistischen Prozesslenkung argumentiert.

Eine χ^2-Verteilung zum Freiheitsgrad (d. h. Parameter) n entsteht als Verteilung einer Zufallsvariablen $Z := \sum_{k=1}^{n} X_k^2$, die als Summe der Quadrate von n stochastisch unabhängigen, standardnormalverteilten Zufallsvariablen $X_1, \ldots, X_n$ definiert ist. Für jeden Wert $n \in \mathbb{N}$ erhält man eine andere Verteilung. Die Werte der Verteilungen findet man in Tabellenwerken (siehe Tabelle 19.4).

Die Zufallsvariable χ^2 wird für den Test so berechnet: Es möge m mögliche Zufallswerte geben. Falls es unendlich viele gibt, so muss man diese in m Klassen gruppieren, also wie in der beschreibenden Statistik eine Klasseneinteilung vornehmen. Wenn man nun N Experimente, N sehr viel größer als m, durchführt, so erwartet man für den k-ten Zufallswert oder die k-te Klasse „N mal angenommene Eintrittswahrscheinlichkeit des Zufallswerts" Werte, die bei Experimenten beobachtet werden sollten. Diese positive Anzahl sei a_k. Nun werden in einem Experiment tatsächlich N Stichprobenwerte

Tabelle 19.4 Quantile der χ^2-Verteilungsfunktionen zu $n = 5, 10, 20$ und 30 Freiheitsgraden, erste Zeile: Wert der Verteilungsfunktion, zweite Zeile: Argument, bei dem der Wert angenommen wird (zugehöriges Quantil)

$n = 5$	0,95	0,96	0,97	0,98	0,99	0,995	0,999	0,9995	0,9999
x	11,0705	11,6443	12,3746	13,3882	15,0863	16,7496	20,5150	22,1053	25,7448
$n = 10$	0,95	0,96	0,97	0,98	0,99	0,995	0,999	0,9995	0,9999
x	18,3070	19,0207	19,9219	21,1608	23,2093	25,1882	29,5883	31,4198	35,5640
$n = 20$	0,95	0,96	0,97	0,98	0,99	0,995	0,999	0,9995	0,9999
x	31,4104	32,3206	33,4624	35,0196	37,5662	39,9968	45,3147	47,4985	52,3860
$n = 30$	0,95	0,96	0,97	0,98	0,99	0,995	0,999	0,9995	0,9999
x	43,7730	44,8336	46,1599	47,9618	50,8922	53,6720	59,7031	62,1619	67,6326

$X_1(\omega), \ldots, X_N(\omega)$ beobachtet, und es wird gezählt, wie oft jeder der m Zufallswerte angenommen wird. Diese Anzahlen seien $n_1, \ldots, n_m$. Damit ist

$$\chi^2(\omega) := \sum_{i=1}^{m} \frac{(n_i - a_i)^2}{a_i}.$$

Diese Zufallsvariable ist (falls die Anzahlen n_i hinreichend groß sind) annähernd χ^2-verteilt zum Freiheitsgrad $n = m - 1$. Je kleiner der Wert der Variablen ist, desto besser passen die beobachteten Ergebnisse mit der zu testenden Wahrscheinlichkeitsverteilung zusammen. Ist der Wert jedoch so groß, dass er außerhalb des $1 - \alpha$-Quantils der χ^2-Verteilung zum Freiheitsgrad $m - 1$ liegt, so liegt vermutlich nicht die angenommene Wahrscheinlichkeitsverteilung vor.

Beispiel 19.10 Wir testen, ob ein Würfel gezinkt ist. Unsere Nullhypothese ist, dass er in Ordnung ist und alle Zahlen mit der Wahrscheinlichkeit $\frac{1}{6}$ auftreten. Jetzt würfeln wir 6 000-mal. Wir erwarten, dass jede Augenzahl 1 000-mal auftritt. Tatsächlich erhalten wir die folgenden Anzahlen:

1	2	3	4	5	6
800	900	1 100	1 200	990	1 010.

Ist die Nullhypothese zum Niveau $1 - \alpha = 0{,}95$ abzulehnen? Die zu berechnende Zufallsvariable hat den Wert

$$\frac{1}{1000}\left[(800 - 1000)^2 + 100^2 + 100^2 + 200^2 + 10^2 + 10^2\right] = 100{,}2.$$

Dieser Wert ist (erheblich) größer als der Wert 11,0705 des 0,95-Quantils (siehe Tabelle 19.4 für $n = m - 1 = 6 - 1 = 5$) und sogar größer als das 0,9999-Quantil. Damit muss von einem gezinkten Würfel ausgegangen werden. Hätten wir

1	2	3	4	5	6
1 020	1 010	1 004	990	980	996

beobachtet, so würde daraus der Wert $\frac{1}{1000}[400+100+16+100+400+16] = 1{,}032$ berechnet, der weit unterhalb des 0,95-Quantils liegt. Damit gibt es in diesem Fall kein Anhaltszeichen für einen gezinkten Würfel.

Literaturverzeichnis

Arens et al.(2022). Arens, T. et al.: Mathematik. Springer Spektrum, Heidelberg, 2022.

Dalitz(2017). Dalitz, Ch.: Konstruktionsmethoden für Konfidenzintervalle. Technischer Bericht 1-2017 des Fachbereichs Elektrotechnik und Informatik der Hochschule Niederrhein, Krefeld, 2017, http://www.hs-niederrhein.de/fb03/.

Logothetis(1992). Logothetis, N.: Managing for Total Quality: from Deming to Taguchi and SPC. Prentice Hall, Englewood Cliffs, NJ, 1992.

Quatember(2008). Quatember, A.: Statistik ohne Angst vor Formeln. Pearson, München, 2008.

Sachs(2003). Sachs, M.: Wahrscheinlichkeitsrechnung und Statistik für Ingenieurstudenten an Fachhochschulen, 2003. Fachbuchverlag Leipzig/Hanser, München.

Theden und Colsman(2002). Theden, P. und Colsman, H.: Qualitätstechniken – Werkzeuge zur Problemlösung und ständigen Verbesserung. Hanser, München, 2002.

Kapitel 20

Aufgaben zu Teil IV

20.1 Beschreibende Statistik

Aufgabe 20.1 (Paradoxon von Simpson) An einer Hochschule bewirbt sich für die Fächer Soziologie und Elektrotechnik die in Tabelle 20.1 angegebene Anzahl von Männern und Frauen, vgl. [Krämer(1992)]. In der Tabelle sind außerdem die Annahmequoten angegeben. Es erhalten also nur 14% der Bewerberinnen im Gegensatz zu mehr als 20% bei den männlichen Bewerbern einen Studienplatz. Kann man daraus schließen, dass Bewerberinnen diskriminiert werden?

Tabelle 20.1 Daten für Aufgabe 20.1: Bewerberzahlen und Annahmequoten

		Soziologie	Elektrotechnik	$\sum$
Bewerber:	Männer	320	180	500
	Frauen	480	20	500
		800	200	1 000

		Soziologie	Elektrotechnik	gesamt
Quoten:	Männer	10%	40%	$(0{,}1 \cdot 320 + 0{,}4 \cdot 180)/500 = 104/500 > 0{,}2$
	Frauen	12,5%	50%	$(0{,}125 \cdot 480 + 0{,}5 \cdot 20)/500 = 0{,}14$

Aufgabe 20.2 Für ein Merkmal X werden bei einer Umfrage die Ausprägungen $x_1 = 1$, $x_2 = 2$, $x_3 = 2$, $x_4 = 5$ und $x_5 = 10$ erfasst. Geben Sie die

Ergänzende Information Die elektronische Version dieses Kapitels enthält Zusatzmaterial, auf das über folgenden Link zugegriffen werden kann https://doi.org/10.1007/978-3-662-68369-9_20.

a) Verteilungsfunktion an, und berechnen Sie

b) das arithmetische Mittel,

c) den Median,

d) das 0,25- und das 0,75-Quantil und

e) die Varianz.

f) Zeichnen Sie einen Box-Plot.

20.2 Zufallsexperimente und Kombinatorik

Aufgabe 20.3 In einem Prozess werden 2 500 Aktionen durchgeführt. Hierbei verlaufen 500 Aktionen fehlerhaft. Wie groß ist die Wahrscheinlichkeit, dass eine zufällig ausgewählte Aktion zu einem Fehler führt, wenn die Fehlerwahrscheinlichkeit für jede Aktion gleich groß ist? Wie groß ist die Wahrscheinlichkeit, dass eine Aktion fehlerfrei durchgeführt wird?

Aufgabe 20.4 Wie groß ist die Wahrscheinlichkeit, mit drei Würfeln mit einem Wurf dreimal die Augenzahl 6 zu würfeln?

Aufgabe 20.5 (Das klassische Kartenspiel-Modell) Ein Skatblatt besteht aus 32 Karten in den vier Farben (absteigende Wertigkeit) Kreuz, Pik, Herz und Karo. Zu jeder Farbe gibt es die Karten (absteigende Reihenfolge) Ass, König, Dame, Bube, 10, 9, 8, 7. Zusammen ergibt sich damit die Kartenreihenfolge Kreuz-Ass, Pik-Ass, Herz-Ass, Karo-Ass, Kreuz-König,... Aus allen Karten wird zufällig eine Karte gezogen, **zurückgelegt** und dann eine weitere gezogen. Jedes mögliche Kartenpaar wird mit gleicher Wahrscheinlichkeit gezogen. Geben Sie einen geeigneten Wahrscheinlichkeitsraum (Ω, P) zur Beschreibung des Experiments an, und beschreiben Sie die drei folgenden Ereignisse:

a) Die erste gezogene Karte ist Kreuz-Ass und die zweite ist Karo-7.

b) Die erste Karte hat eine kleinere Wertigkeit als die zweite.

c) Beide Karten haben die Farbe Herz.

Bestimmen Sie die Wahrscheinlichkeit dieser Ereignisse.

Aufgabe 20.6 Zehn Personen einer Reisegruppe geben in einem Hotel je einen Rucksack und einen Koffer am Empfang ab, da die Zimmer noch nicht fertig sind. Später erhalten sie zufällig je einen Rucksack und zufällig einen Koffer zurück. Wir groß ist die Wahrscheinlichkeit, dass alle Reisenden sowohl den richtigen Rucksack als auch den richtigen Koffer erhalten?

Aufgabe 20.7 a) Wie viele Wörter kann man aus den Buchstaben des Worts „MATHEMATIK" unter Verwendung aller Buchstaben bilden?

b) Aus einer Gruppe von 30 Personen soll ein siebenköpfiger Ausschuss gebildet werden. Wie viele Möglichkeiten gibt es? Die Reihenfolge der Personen im Ausschuss soll dabei keine Rolle spielen.

Aufgabe 20.8 Wie viele verschiedene Farbmuster können entstehen, wenn man 4 grüne, 3 blaue und zwei rote Steine nebeneinander legt?

Aufgabe 20.9 Es werden n gleiche Kugeln auf k Urnen verteilt, so dass keine Urne leer bleibt. Wir notieren die Anzahl der Kugeln pro Urne. Wie viele verschiedene Möglichkeiten gibt es hier?

Eine Lösungsansatz besteht darin, die Kugeln nebeneinander zu legen und die Zwischenräume zu betrachten. Wie viele Möglichkeiten gibt es, $k - 1$ Trenner in verschiedenen Zwischenräumen zu positionieren?

Aufgabe 20.10 Zur Markierung von Werkstücken mit Farbstrichen stehen n Farben zur Verfügung. Bei einer Markierung wird die Reihenfolge der Striche nicht ausgewertet (z. B. weil das Werkstück gedreht sein könnte). Wie viele Markierungen sind möglich, wenn ein Werkstück

a) zwei verschiedenfarbige Striche und

b) drei Striche, die untereinander auch gleichfarbig sein können,

erhält? Wie viele Farben braucht man im Falle von 20 Werkstücken bei a) und b) mindestens?

Aufgabe 20.11 Zum Bau einer Mauer stehen 5 grüne, 3 blaue und 2 rote Steine einer vollen Breite zur Verfügung. Außerdem gibt es noch 4 Steine der halben Breite, davon sind 2 blau und je einer rot und einer grün.

Die Mauer soll vier große Steine breit und drei Steine hoch sein. Dabei sollen sich vertikale Fugen nicht über zwei Reihen erstrecken. Es ergibt sich somit ein Muster wie in der Abbildung 20.1.

a) Wie viele verschiedene Muster können gemauert werden? Eine Vereinfachung des Werts bis zu einer Dezimalzahl ist nicht erforderlich.

b) Wie wahrscheinlich ist es, dass der erste Stein unten links blau ist?

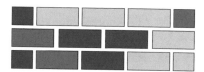

Abb. 20.1 Eine Mauer mit drei Reihen und einer Breite von vier großen Steinen

Aufgabe 20.12 In einer Fabrik sollen n Aufträge produziert werden. Jeder Auftrag kann auf einer von m Produktionsstraßen vollständig erstellt werden (Einstufenfertigung). Gleichzeitig kann auf einer Produktionsstraße immer nur ein Auftrag bearbeitet werden, die Produktion läuft also pro Straße sequentiell. Unterschiedliche Straßen produzieren parallel. Begründen Sie, dass es

$$n! \cdot \binom{n + m - 1}{m - 1}$$

verschiedene Zuordnungen der Aufträge zu Produktionsstraßen gibt.

Aufgabe 20.13 Sechs Badminton-Spieler wollen zusammen Doppel spielen. Dazu müssen bei jedem Spiel zwei Spieler aussetzen.

a) Wie viele verschiedene Möglichkeiten gibt es, vier Spieler für ein Spiel auszuwählen?

b) Wie viele Spielpaarungen gibt es? Paarungen sind unterschiedlich, wenn verschiedene Zweierteams gegeneinander antreten.

c) Wie viele Paarungen gibt es, wenn zudem die Seite, auf der die Teams spielen, berücksichtigt wird?

d) Wie wahrscheinlich ist es, dass in diesem Fall zwei zufällig gebildete Paarungen gleich sind?

Aufgabe 20.14 In einer Urne befinden sich 50 Kugeln. Davon sind 20 grün, 25 blau und 5 rot. Es werden drei Kugeln der Reihe nach mit Zurücklegen gezogen.

a) Wie groß ist die Wahrscheinlichkeit, dass die drei Kugeln in der Reihenfolge grün, blau, rot gezogen wurden?

b) Wie groß ist die Wahrscheinlichkeit, dass die drei Kugeln eine unterschiedliche Farbe haben?

Aufgabe 20.15 Ein viermotoriges Flugzeug stürzt ab, wenn mehr als zwei Triebwerke ausfallen. Wir nehmen an, dass der Ausfall von Triebwerken stochastisch unabhängig ist. Die Wahrscheinlichkeit, dass ein Triebwerk bei einem Flug ausfällt, sei 10% ($= 0{,}1$). Wie groß ist dann die Wahrscheinlichkeit, dass das Flugzeug abstürzt?

Aufgabe 20.16 Ein Auto wird als Modell „Harlekin" mit Karosserieteilen in unterschiedlichen Farben angeboten. Es stehen die Farben Blau, Grün, Gelb und Rot zur Verfügung. Die Türen (vier Stück), das Heck, die Motorhaube und die beiden vorderen Kotflügel erhalten je eine andere Farbe als die benachbarten Teile. Außerdem unterscheidet sich die Farbe des Dachs von den Türen. Benachbart sind Motorhaube und Kotflügel, Kotflügel und vordere Türen, vordere Türen und hintere Türen, hintere Türen und Heck. Die Farben auf der rechten und linken Wagenseite sind gleich.

a) Wie viele verschiedene Fahrzeuglackierungen gibt es?

b) Alle Lackierungen verkaufen sich gleich gut. Wie wahrscheinlich ist es, dass ein zufällig gesichtetes Fahrzeug ein blaues Dach und ein rotes Heck hat?

c) Sind die Ereignisse „Auto hat blaues Dach" und „Auto hat rotes Heck" stochastisch unabhängig?

Aufgabe 20.17 Eine Kreisringscheibe wird in sechs gleich große Stücke unterteilt. Die Vorderseiten werden eingefärbt. Drei Stücke werden rot, zwei blau und eins grün. Die Stücke werden mit der farbigen Seite nach oben auf einen Tisch gelegt.

a) Auf wie viele verschiedene Arten kann der Ring durch Verschieben der Teile zusammengesetzt werden? Zwei Ringe heißen verschieden, wenn ihre Farbmuster durch Drehen nicht in Einklang gebracht werden können.

b) Wie wahrscheinlich ist es, dass bei einer rein zufälligen Anordnung der Farben zwei rote Stücke gegenüberliegen, wie wahrscheinlich ist es, dass zwei blaue Stücke gegenüberliegen, und wie wahrscheinlich ist es, dass beide Fälle gemeinsam eintreten?

20.3 Bedingte Wahrscheinlichkeiten

Aufgabe 20.18 Die Gesamtproduktion eines Werkes verteilt sich wie folgt auf drei Maschinen:
Maschine A: 25%, Maschine B: 35%, Maschine C: 40%. Jede Maschine produziert einen gewissen Ausschuss. Der Anteil fehlerhafter Teile beträgt bei Maschine A: 5%, Maschine B: 4% und Maschine C: 2%. Ein zufällig ausgewähltes Teil ist fehlerhaft. Mit welcher Wahrscheinlichkeit wurde es auf Maschine A produziert?

Aufgabe 20.19 Ein Zug kommt nachmittags mit der Wahrscheinlichkeit 0,5 verspätet an, und sein Zugführer trinkt mit Wahrscheinlichkeit 0,7 mittags ein Bier. Wenn er ein Bier getrunken hat, hat der Zug nachmittags sogar mit Wahrscheinlichkeit 0,8 Verspätung.

a) Mit welcher Wahrscheinlichkeit ist der Zug nachmittags verspätet, wenn der Zugführer kein Bier getrunken hat?
b) Warum ist das Ergebnis aus Teil a) sinnlos?

Aufgabe 20.20 Gegeben sind zwei Urnen. Die erste enthalte zwei schwarze und drei weiße (ansonsten gleiche) Kugeln, die zweite eine schwarze und eine weiße. Zunächst werden zufällig zwei Kugeln aus der ersten Urne gezogen und in die zweite gelegt. Es handelt sich also um ein Ziehen ohne Zurücklegen. Dann werden aus der zweiten Urne zwei Kugeln zufällig ebenfalls ohne Zurücklegen gezogen.

a) Wie wahrscheinlich ist es, dass aus der ersten Urne eine schwarze und eine weiße Kugel gezogen wurde?
b) Wie wahrscheinlich ist es, dass auch aus der zweiten Urne eine schwarze und eine weiße Kugel gezogen wurde?

20.4 Zufallsvariablen

Aufgabe 20.21 Sei X eine diskrete Zufallsvariable, die die Werte $1, 2, 3, 11$ mit der Wahrscheinlichkeit $P(X = 1) = \frac{1}{4}$, $P(X = 2) = \frac{1}{2}$, $P(X = 3) = \frac{1}{8}$ und $P(X = 11) = \frac{1}{8}$ annimmt. Berechnen Sie den Erwartungswert und die Varianz von X.

Aufgabe 20.22 Eine Urne enthalte n von 1 bis n (n gerade) durchnummerierte Kugeln. Es werden k Kugeln mit Zurücklegen sukzessive und unabhängig voneinander gezogen.

a) Wie groß ist die Wahrscheinlichkeit, dass alle k gezogenen Kugeln unterschiedliche Nummern tragen?

b) Wie groß ist die Wahrscheinlichkeit, dass von den k Kugeln genau r gerade sind?

Aufgabe 20.23 Auf einem geeigneten Wahrscheinlichkeitsraum sei X eine Zufallsvariable mit $X(\Omega) = [0,1]$ und $P^X([0,x]) = x$ für $0 \le x \le 1$.

a) Berechnen Sie $P^X(\{x\})$ für $x \in [0,1]$.

b) Versuchen Sie, den Erwartungswert von X zu berechnen. Warum klappt das nicht?

Aufgabe 20.24 (Nadelexperiment von Buffon) Der französische Adelige Georges-Louis Leclerc de Buffon hat 1727 ein einfaches Experiment zur Bestimmung der Zahl π erfunden: Er hat eine Nadel der Länge l auf ein liniertes Blatt fallen lassen, wobei der Abstand zweier Linien $a > l$ war. Bestimmen Sie die Wahrscheinlichkeit, dass die Nadel eine Linie trifft. Wie kann man damit π bestimmen? Als Modell für dieses Experiment eignet sich die Menge

$$\Omega = \left\{ (x,\varphi) : 0 \le x < a, -\frac{\pi}{2} \le \varphi < \frac{\pi}{2} \right\},$$

wobei ein Elementarereignis (x,φ) bedeutet, dass ein linker Endpunkt der Nadel die Entfernung x von einer unteren Linie hat und dass die Nadel bezogen auf die Linien um φ gedreht ist.

20.5 Zentraler Grenzwertsatz und schließende Statistik

Aufgabe 20.25 Mit einer Maschine werden Schrauben hergestellt. Dabei gibt es gewisse Fertigungstoleranzen. Die Zufallsvariable X misst die Länge der Schrauben und ist annähernd $\mathcal{N}(\mu, \sigma^2)$-verteilt. Dabei ist der Erwartungswert μ die angestrebte Länge der Schrauben. Die Varianz σ^2 kann durch Justierung beeinflusst werden. Als fehlerhaft gelten alle Schrauben mit Länge $l < \mu - \tau$ oder $l > \mu + \tau$. Dabei ist $\tau > 0$ die maximale Toleranz. Wie muss σ^2 durch Justierung der Maschine eingestellt werden, damit 99,9999998% aller Schrauben fehlerfrei sind?

Aufgrund der Normalverteilung ist $P^X(\mu - 6\sigma, \mu + 6\sigma) \approx 0,999999998$.

Aufgabe 20.26 Ein Zufallsgenerator produziert eine Folge von Zufallswerten, die einer (gemeinsamen) Verteilung mit Erwartungswert 0 und Varianz 1 entsprechen (Rauschsignal). Summiert man n so generierte Folgenglieder auf, beobachtet man, dass bei größeren Werten von n die Summe mit über

99% Wahrscheinlichkeit zwischen $-3\sqrt{n}$ und $3\sqrt{n}$ liegt. Begründen Sie diese Beobachtung. Hinweis: $\Phi(3) \approx 0{,}9987$ (vgl. Tabelle 18.1).

Aufgabe 20.27 In einem Reservat befindet sich eine unbekannte Anzahl N Tiere. Um eine Schätzung für die Anzahl zu gelangen, geht man so vor: Es werden M Tiere gefangen und markiert. Diese markierten („defekten") Tiere werden wieder ausgesetzt. Dann wird eine Zeit gewartet, so dass sich die Tiere gut durchmischen. Danach werden n Tiere gefangen. Darunter befinden sich m markierte. Ein vernünftiger Schätzwert ist dann die Zahl $N = N_0$, für die die Wahrscheinlichkeit, genau m „defekte" Tiere beim Ziehen von n Tieren ohne Zurücklegen zu erhalten, maximal ist. Bestimmen Sie den Schätzwert. Beachten Sie, dass N eine natürliche Zahl ist.

Aufgabe 20.28 Bei 10.000 Personen einer Stichprobe wird bei einer Webseite eine mittlere Zeit von 0,8 s bis zu einem Klick gemessen. Wir setzen voraus, dass die Zeiten einer bekannten Varianz $\sigma^2 = 0{,}04$ unterliegen. Geben Sie ein zweiseitiges Konfidenzintervall zum Vertrauensniveau $1-\alpha = 90\%$ für das arithmetische Mittel der Klickzeiten an. Bei wie vielen Personen muss die Zeit mindestens gemessen werden, damit man bereits vor Durchführung des Experiments sicher ist, dass das Konfidenzintervall zum Niveau 90% eine maximale Länge von 0,01 hat? Ist die Nullhypothese, dass die generelle mittlere Klickzeit 0,85 s beträgt, zum Signifikanzniveau $\alpha = 10\%$ auf Basis der Stichprobe zu akzeptieren oder abzulehnen?

Tabelle 20.2 Daten für den χ^2-Test in Aufgabe 20.29

vermutete Wahrscheinlichkeit p_i:	$\frac{1}{10}$	$\frac{2}{10}$	$\frac{3}{10}$	$\frac{1}{10}$	$\frac{1}{10}$	$\frac{2}{10}$
Beobachtete Anzahl n_i:	90	205	305	105	100	195

Aufgabe 20.29 Bei einem Experiment gibt es sechs Elementarereignisse. Wir vermuten die Elementarwahrscheinlichkeiten aus Tabelle 20.2 (Nullhypothese). Tatsächlich treten bei 1 000 Experimenten die Elementarereignisse mit den ebenfalls in der Tabelle angegebenen absoluten Häufigkeiten auf. Prüfen Sie die Nullhypothese mit einem χ^2-Test zum Signifikanzniveau $\alpha = 0{,}05$.

Literaturverzeichnis

Krämer(1992). Krämer, W.: Wie lügt man mit Statistik. In: Stochastik in der Schule 11, 1992, S. 3–24.

Kleine Formelsammlung

Logik

Kommutativgesetze: $A \wedge B = B \wedge A, \quad A \vee B = B \vee A$
Assoziativgesetze: $(A \wedge B) \wedge C = A \wedge (B \wedge C), \quad (A \vee B) \vee C = A \vee (B \vee C)$
Distributivgesetze:
$\quad A \wedge (B \vee C) = (A \wedge B) \vee (A \wedge C), \ A \vee (B \wedge C) = (A \vee B) \wedge (A \vee C)$
De Morgan'sche Regeln:
$\quad \neg(A \wedge B) = (\neg A) \vee (\neg B), \ \neg(A \vee B) = (\neg A) \wedge (\neg B)$

Mengenlehre

Kommutativgesetze: $A \cap B = B \cap A, \quad A \cup B = B \cup A$
Assoziativgesetze: $(A \cap B) \cap C = A \cap (B \cap C), \quad (A \cup B) \cup C = A \cup (B \cup C)$
Distributivgesetze:
$\quad A \cap (B \cup C) = (A \cap B) \cup (A \cap C), \ A \cup (B \cap C) = (A \cup B) \cap (A \cup C)$
De Morgan'sche Regeln:
$\quad \mathcal{C}_G(A \cap B) = (\mathcal{C}_G A) \cup (\mathcal{C}_G B), \ \mathcal{C}_G(A \cup B) = (\mathcal{C}_G A) \cap (\mathcal{C}_G B)$

Potenzrechnung

Ganzzahliger Exponent: $x^n = \underbrace{x \cdot x \cdot \dots \cdot x}_{n \text{ mal}}, \ x^{-n} := \frac{1}{x^n}, \ x \neq 0, \ n \in \mathbb{N}$
Produkt von Potenzen: $x^{\alpha+\beta} = x^\alpha x^\beta, \ [x^\alpha]^\beta = x^{\alpha\beta}, \ x^{-\alpha} = \frac{1}{x^\alpha}$

Binomialkoeffizienten und Summenformeln

Fakultät: $n! := 1 \cdot 2 \cdot 3 \cdots n = \prod_{k=1}^{n} k, \ 0! := 1$
Binomialkoeffizient:
$$\binom{n}{m} := \frac{n!}{(n-m)! \, m!}, \ n, m \in \mathbb{N}_0 \text{ mit } n \geq m$$

© Der/die Herausgeber bzw. der/die Autor(en), exklusiv lizenziert an
Springer-Verlag GmbH, DE, ein Teil von Springer Nature 2023
S. Goebbels und S. Ritter, *Mathematik verstehen und anwenden:
Differenzialgleichungen, Fourier- und Vektoranalysis, Laplace-
Transformation und Stochastik*, https://doi.org/10.1007/978-3-662-68369-9

Rechenregeln:
$$\binom{n}{m} = \binom{n}{n-m}, \quad \binom{n}{m-1} + \binom{n}{m} = \binom{n+1}{m}$$

Binomischer Lehrsatz:
$$(a+b)^n = \sum_{k=0}^{n} \binom{n}{k} a^k b^{n-k}$$

Binomische Formeln:
$(a+b)^2 = a^2 + 2ab + b^2, \quad (a-b)^2 = a^2 - 2ab + b^2, \quad (a-b)(a+b) = a^2 - b^2$

Formel vom kleinen Gauß:
$$\sum_{k=1}^{n} k = \frac{n(n+1)}{2}$$

Geometrische Summe bzw. Reihe: Für $q \in \mathbb{R}$, $q \neq 0$ und $|q| < 1$ gilt:
$$\sum_{k=0}^{n} q^k = \frac{1 - q^{n+1}}{1-q}, \quad \sum_{k=0}^{\infty} q^k = \frac{1}{1-q}.$$

Harmonische Reihe: $\sum_{k=1}^{\infty} \frac{1}{k} = \infty$

Reelle Zahlen und Funktionen

Euler'sche Zahl: $e = \frac{1}{0!} + \frac{1}{1!} + \frac{1}{2!} + \frac{1}{3!} + \frac{1}{4!} + \frac{1}{5!} + \cdots = 2{,}7182818\ldots$

Kreiszahl: $\pi = 3{,}14159265\ldots$

Dreiecksungleichung: $|a+b| \leq |a| + |b|$

Exponentialfunktion: $\exp(x) := e^x$

Rechenregeln für die Exponentialfunktion:
$$\exp(x+y) = e^{x+y} = e^x e^y = \exp(x)\exp(y),$$
$$\exp(xy) = e^{xy} = [e^x]^y = [\exp(x)]^y,$$
$$\exp(0) = e^0 = 1, \quad \exp(1) = e^1 = e,$$
$$\exp(-x) = e^{-x} = \frac{1}{e^x} = \frac{1}{\exp(x)}$$

Natürlicher Logarithmus: $\ln(\exp(x)) = x$, $x \in \mathbb{R}$; $\exp(\ln(x)) = x$, $x > 0$

Rechenregeln für den Logarithmus:
$$\ln(x) + \ln(y) = \ln(xy), \quad \ln(x) - \ln(y) = \ln(x/y),$$
$$\ln(1) = 0, \quad \ln(e) = 1, \quad -\ln(x) = \ln(1/x)$$

Potenz und Logarithmus zur Basis $0 < a \neq 1$:
$$a^x = e^{x\ln(a)}, \quad \log_a(x) = \frac{\ln(x)}{\ln(a)}$$

Hyperbelfunktionen:
$$\sinh(x) := \frac{e^x - e^{-x}}{2}, \quad \cosh(x) := \frac{e^x + e^{-x}}{2},$$
$$\tanh(x) := \frac{\sinh(x)}{\cosh(x)}, \quad \coth(x) := \frac{\cosh(x)}{\sinh(x)}$$

Trigonometrische Funktionen:
$$\sin(x) = \frac{\text{Gegenkathete}}{\text{Hypotenuse}}, \ \cos(x) = \frac{\text{Ankathete}}{\text{Hypotenuse}},$$
$$\tan(x) = \frac{\sin(x)}{\cos(x)}, \ \cot(x) = \frac{\cos(x)}{\sin(x)}$$

Umrechnung des Winkels α vom Grad- ins Bogenmaß: $\alpha 2\pi/360$

Periode: $\cos(x + 2\pi) = \cos(x)$, $\sin(x + 2\pi) = \sin(x)$

Umrechnung von Sinus zum Kosinus: $\sin\left(x + \frac{\pi}{2}\right) = \cos(x)$

Trigonometrischer Satz des Pythagoras: $\sin^2(x) + \cos^2(x) = 1$

Additionstheoreme:
$$\cos(x + y) = \cos(x)\cos(y) - \sin(x)\sin(y),$$
$$\sin(x + y) = \sin(x)\cos(y) + \cos(x)\sin(y),$$
$$\cos(x - y) = \cos(x)\cos(y) + \sin(x)\sin(y),$$
$$\sin(x - y) = \sin(x)\cos(y) - \cos(x)\sin(y),$$
$$\sin(x) - \sin(y) = 2\cos\left(\frac{x+y}{2}\right)\sin\left(\frac{x-y}{2}\right)$$

Komplexe Zahlen

Rechenregeln: $j^2 = -1$,
$$(x_1 + jy_1) + (x_2 + jy_2) = x_1 + x_2 + j(y_1 + y_2),$$
$$(x_1 + jy_1) \cdot (x_2 + jy_2) = x_1 x_2 - y_1 y_2 + j(x_1 y_2 + y_1 x_2)$$

Konjugation:
$$\overline{x + jy} = x - jy, \ \overline{z_1 + z_2} = \overline{z_1} + \overline{z_2}, \ \overline{z_1 \cdot z_2} = \overline{z_1} \cdot \overline{z_2}$$

Division:
$$\frac{x_1 + jy_1}{x_2 + jy_2} = \frac{x_1 x_2 + y_1 y_2}{x_2^2 + y_2^2} + j\frac{x_2 y_1 - x_1 y_2}{x_2^2 + y_2^2}$$

Betrag:
$$|x + jy| := \sqrt{x^2 + y^2} = \sqrt{(x + jy)\overline{(x + jy)}}$$

Polarkoordinaten: $x + jy = re^{j\varphi}$ mit
$$|e^{j\varphi}| = \sqrt{\cos^2(\varphi) + \sin^2(\varphi)} = 1, \ r = |x + jy|, \ \varphi = \arccos\left(\frac{x}{r}\right) = \arcsin\left(\frac{y}{r}\right)$$

Multiplikation in Polarkoordinatendarstellung:
$$r_1 e^{j\varphi_1} r_2 e^{j\varphi_2} = r_1 r_2 e^{j(\varphi_1 + \varphi_2)}$$

Division in Polarkoordinatendarstellung:
$$\frac{r_1 e^{j\varphi_1}}{r_2 e^{j\varphi_2}} = \frac{r_1}{r_2} e^{j(\varphi_1 - \varphi_2)}$$

Potenzierung in Polarkoordinatendarstellung:
$$\left[re^{j\varphi}\right]^n = r^n e^{jn\varphi}$$

n-**te Wurzeln aus** $re^{j\varphi}$, also Lösungen von $z^n = re^{j\varphi}$, sind
$$\sqrt[n]{r}e^{j\frac{\varphi + 2k\pi}{n}}, \ 0 \leq k < n$$

p-q-Formel:

$$z^2 + pz + q = 0 \iff z = -\frac{p}{2} + \sqrt{\left(\frac{p}{2}\right)^2 - q} \text{ oder } z = -\frac{p}{2} - \sqrt{\left(\frac{p}{2}\right)^2 - q}$$

Grenzwerte

$$\lim_{x \to \infty} x^n = \infty,\, n > 0; \quad \lim_{x \to \pm\infty} \frac{1}{x} = 0; \quad \lim_{x \to \infty} e^x = \infty; \quad \lim_{x \to -\infty} e^x = 0;$$

$$\lim_{x \to \infty} \ln(x) = \infty; \quad \lim_{x \to 0+} \ln(x) = -\infty; \quad \lim_{x \to 0} \frac{\sin(x)}{x} = 1; \quad \lim_{x \to \infty} \left(1 + \frac{a}{x}\right)^x = e^a$$

Ableitungen und Integrale

Linearität der Ableitung:
$$(f + g)'(x) = f'(x) + g'(x), \quad (cf)'(x) = cf'(x)$$

Produktregel:
$$(f \cdot g)'(x) = f'(x)g(x) + f(x)g'(x)$$

Quotientenregel:
$$\left(\frac{f}{g}\right)'(x) = \frac{f'(x)g(x) - f(x)g'(x)}{g(x)^2}$$

Kettenregel:
$$\frac{\mathrm{d}}{\mathrm{d}x} f(g(x)) = (f \circ g)'(x) = f'(g(x))g'(x)$$

Ableitung der Umkehrfunktion:
$$f^{-1'}(x) = \frac{1}{f'(f^{-1}(x))}$$

Satz von L'Hospital: Seien $\lim_{x \to \infty} f(x) = \lim_{x \to \infty} g(x) = 0$ oder $\lim_{x \to \infty} f(x) = \pm \lim_{x \to \infty} g(x) = \pm\infty$. Dann gilt
$$\lim_{x \to \infty} \frac{f(x)}{g(x)} = \lim_{x \to \infty} \frac{f'(x)}{g'(x)},$$
sofern der rechte Grenzwert (auch uneigentlich) existiert (entsprechend für Grenzwerte an einer Stelle und für $x \to -\infty$)

Berechnung des Integrals mittels Fundamentalsatz:
$$\int_a^b f'(x)\, \mathrm{d}x = f(b) - f(a)$$

Linearität des Integrals:

$$\int_a^b cf(x) + dg(x)\,dx = c\int_a^b f(x)\,dx + d\int_a^b g(x)\,dx$$

Partielle Integration:

$$\int_a^b f(x)g'(x)\,dx = f(x)g(x)\Big|_a^b - \int_a^b f'(x)g(x)\,dx$$

Substitutionsregel: Mit $t = g(x)$ ist formal $dt = g'(x)\,dx$ und

$$\int_a^b f(g(x))g'(x)\,dx = \int_{g(a)}^{g(b)} f(t)\,dt, \quad \int_\alpha^\beta f(t)\,dt = \int_{g^{-1}(\alpha)}^{g^{-1}(\beta)} f(g(x))g'(x)\,dx.$$

Ableitungen und Stammfunktionen elementarer Funktionen auf ihrem Definitionsbereich:

Ableitung	Stammfunktion
$\frac{d}{dx}x^{k+1} = (k+1)\,x^k$	$\int x^k\,dx = \frac{x^{k+1}}{k+1} + c, \quad k \neq -1$
$\frac{d}{dx}\ln(|x|) = \frac{1}{x}$	$\int \frac{1}{x}\,dx = \ln(|x|) + c$
$\frac{d}{dx}e^x = \frac{d}{dx}\exp(x) = e^x = \exp(x)$	$\int e^x\,dx = e^x + c$
$\frac{d}{dx}\sin(x) = \cos(x)$	$\int \cos(x)\,dx = \sin(x) + c$
$\frac{d}{dx}\cos(x) = -\sin(x)$	$\int \sin(x)\,dx = -\cos(x) + c$
$\frac{d}{dx}\tan(x) = \frac{1}{\cos^2(x)}$	$\int \frac{1}{\cos^2(x)}\,dx = \tan(x) + c$
$\frac{d}{dx}\arcsin(x) = \frac{1}{\sqrt{1-x^2}}$	$\int \frac{1}{\sqrt{1-x^2}}\,dx = \arcsin(x) + c$
$\frac{d}{dx}\arccos(x) = -\frac{1}{\sqrt{1-x^2}}$	$\int \frac{1}{\sqrt{1-x^2}}\,dx = -\arccos(x) + c$
$\frac{d}{dx}\arctan(x) = \frac{1}{1+x^2}$	$\int \frac{1}{1+x^2}\,dx = \arctan(x) + c$
$\frac{d}{dx}\sinh(x) = \cosh(x)$	$\int \cosh(x)\,dx = \sinh(x) + c$
$\frac{d}{dx}\cosh(x) = \sinh(x)$	$\int \sinh(x)\,dx = \cosh(x) + c$
$\frac{d}{dx}\tanh(x) = \frac{1}{\cosh^2(x)}$	$\int \frac{1}{\cosh^2(x)}\,dx = \tanh(x) + c$
$\frac{d}{dx}\operatorname{arsinh}(x) = \frac{1}{\sqrt{x^2+1}}$	$\int \frac{1}{\sqrt{x^2+1}}\,dx = \operatorname{arsinh}(x) + C$
	$= \ln(x + \sqrt{x^2+1}) + c$
$\frac{d}{dx}\operatorname{arcosh}(x) = \frac{1}{\sqrt{x^2-1}}$	$\int \frac{1}{\sqrt{x^2-1}}\,dx = \operatorname{arcosh}(x) + C, \ x > 1$
	$= \ln(x + \sqrt{x^2-1}) + c$
$\frac{d}{dx}\operatorname{artanh}(x) = \frac{1}{1-x^2}, \ |x| < 1$	$\int \frac{1}{1-x^2}\,dx = \operatorname{artanh}(x) + c, \ |x| < 1$
$\frac{d}{dx}\operatorname{arcoth}(x) = \frac{1}{1-x^2}, \ |x| > 1$	$\int \frac{1}{1-x^2}\,dx = \operatorname{arcoth}(x) + c, \ |x| > 1.$

Index